ALTERA Quartus II와 ModelSim을 사용한

Verilog HDL 논리회로 설계

이 승 호 지음

한티미디어

ALTERA Quartus II와 ModelSim을 사용한 Verilog HDL 논리회로 설계

발행일 2011년 1월 17일 초판 1쇄
저 자 이승호
발행인 김준호
발행처 한티미디어
총 괄 오성준
마케팅 박재인 이재명
편 집 김호경 조영주 홍현정
관 리 전보라

등 록 제15-571호
주 소 서울시 마포구 연남동 570-20
전 화 02)332-7993~4
팩 스 02)332-7995
디자인 이경은
인 쇄 이산문화사
가 격 30,000원
홈페이지 www.hanteemedia.co.kr
이 메 일 hantee@empal.com

ISBN 978-89-6421-053-6 (93560)

머리말

근래 비메모리 설계에 중요성이 대두됨에 따라 ASIC(Application Specific Integrated Circuit) 설계에 대한 관심이 고조되고 있는 실정이다. 그 한 예로 정부에서 비메모리 반도체 분야에 대한 설계 인력 양성 사업을 수행하고 있으며, 각 기업체에서도 비메고리 분야에 많은 투자를 하고 있다. 그러나 실제로 ASIC을 제작하는데 있어 실패에 다른 비용 및 시간 낭비가 큰 부담요소가 되고 있다. 이에 따라 ASIC을 제작하기 전에 이를 바로 현장에서 검증할 수 있는 CPLD(Complex Programmable Logic Device)와 FPGA(Filed Programmable Gate Array) 디바이스 기술이 개발되어 설계 소프트웨어와 같이 공급되고 있으며 ALTERA, Xilinx, Lattice, Actel, ORCA 등이 대표적인 회사들이다.

본서에서는 전문대학과 학부과정에서 디지털 논리회로를 ALTERA Quartus II와 ModelSim을 사용한 Verilog HDL 논리회로 설계를 실습할 수 있도록 풍부한 예제 중심으로 설명하였다. 제1장에서는 ALTERA Quartus II와 ModelSim을 설치하는 법과 ALTERA FPGA 디바이스 구조에 대하여 설명하였다. 제2장에서는 사용자가 ALTERA 디바이스에 프로그래밍 한 후에 이를 동작시키기 위하여 PCB 기판을 제작하는 매우 번거롭고 어려운 문제를 쉽게 해결할 수 있도록 (주)한백전자가 개발한 HBE-COMBO II 트레이닝 키트에 대하여 설명하였다. 제3장에서는 ALTERA Quartus II의 Verilog HDL 문법에 대하여 자세히 설명하였고 다양한 실습예제도 수록하였다. 제4장에서는 4비트 2진 덧셈기 예제를 ALTERA Quartus II의 Verilog HDL을 사용하여 설계한 후에 HBE-COMBO II 트레이닝 키트에 구현하는 과정에 대하여 알기 쉽게 설명하였으며, ModelSim을 사용한 시뮬레이션 사용법도 알기 쉽게 설명하였다. 제4장에서 제17장까지는 4비트 2진 덧셈기, 4비트 2진 뺄셈기, 4비트 2진 곱셈기, 4비트 2진 나눗셈기 등을 ALTERA Quartus II와 ModelSim을 사용한 Verilog HDL 설계 결과를 led, 7-segment, vfd 등으로 출력하는 과정에 대하여 알기 쉽게 설명하였다.

본서에 수록된 예제들에 대한 파일이 필요한 사용자들은 국립 한밭대학교 이승호 교수의 홈페이지(http://cad.hanbat.ac.kr) 자료실에서 다운로드 받기를 바란다. 끝으로 항상 출판에 많은 사랑과 정성을 기울이시는 한티미디어 김준호 사장님과 임직원 여러분께 깊은 감사를 드린다.

2011년 1월

저자 이승호

저자 약력

공학박사 이승호(李昇昊)

- 한양대학교 공과대학 전자공학과 공학사
- 한양대학교 대학원 전자공학과 공학석사
- 한양대학교 대학원 전자공학과 공학박사
- IDEC Working Group 참여교수
- 現 국립 한밭대학교 전기 · 전자 · 제어공학부 교수

[주 관심분야]
집적회로설계(VLSI&CAD), 디지털시스템설계,
마이크로프로세서,
임베디드시스템설계, 컴퓨터응용 등

[저서]
PC에서의 Internet, 파워 유저를 위한 Internet, 파워 유저를 위한 홈페이지 작성법, ALTERA MAX+ PLUS II를 사용한 디지털시스템설계, ALTERA MAX+PLUS II를 사용한 디지털 논리 회로 설계의 기초와 활용, ALTERA MAX+PLUS II를 사용한 디지털 논리 회로 설계(기초와 활용), ALTERA MAX+PLUS II를 사용한 디지털 논리회로 설계(Graphic Editor), ALTERA MAX+PLUS II를 사용한 디지털 논리회로 설계(VHDL)(이상 복두출판사), C 언어 프로그래밍, C++ 언어 프로그래밍(이상 한밭대학교 출판부), 모바일 통신을 적용한 임베디드 리눅스 실습, ALTERA Quartus II를 사용한 디지털 논리회로 설계, Xilinx ISE WebPACK을 사용한 디지털 논리회로 설계(이상 한티미디어) 등

- **2010년 문화체육관광부 우수 학술도서 선정**
  『ALTERA Quartus II를 사용한 디지털 논리회로 설계(한티미디어)』

- 홈페이지 주소 : http://cad.hanbat.ac.kr
- E-Mail Address : shlee@cad.hanbat.ac.kr

차 례

CHAPTER 01 21

ALTERA Quartus II Web Edition 10.0의 Verilog HDL 문법과 실습

1.1 PC의 윈도우 상에서 ALTERA Quartus II Web Edition 10.0 설치법 22
1.2 ModelSim-Altera Edition 6.5e 설치법 29
1.3 ALTERA Quartus II Web Edition 10.0 설계 과정 35
1.4 Projects 39
1.5 ALTERA Quartus II Web Edition 10.0 구성 39
1.6 ALTERA Quartus II Web Edition 10.0의 툴바의 아이콘들 40
1.7 ALTERA FPGA 디바이스 구조(Architecture) 42
1.7.1 Logic Element 42
1.7.2 LAB(Logic Array Block) 44
1.7.3 M4K RAM Block 45
1.7.4 Embedded Multiplier Block 46
1.7.5 Cyclone II Device Feature 46

CHAPTER 02 49

HBE-COMBO II 트레이닝 키트의 사용법

2.1 HBE-COMBO II 트레이닝 키트의 특징 51
2.2 HBE-COMBO II 트레이닝 키트의 구성도 52

2.3 HBE-COMBO II 트레이닝 키트의 모듈 및 핀 구성 57
2.3.1 클록 제어 블록 57
2.3.2 VFD(16×2 라인) 59
2.3.3 7-Segment Array 63
2.3.4 LED 66
2.3.5 Dotmatrix LED 68
2.3.6 Keypad 71
2.3.7 버튼 스위치(Button Switch) 74
2.3.8 버스 스위치(Bus Switch) 76
2.3.9 Piezo 78
2.3.10 SRAM 80
2.3.11 Step Motor 83
2.3.12 IrDA 86
2.3.13 UART 88
2.3.14 USB/Serial 포트 90
2.3.15 VGA 92
2.3.16 PS/2 포트 사용하기 98
2.3.17 확장 포트 100
2.3.18 Flash Memory 106

CHAPTER 03 113

ALTERA Quartus II Web Edition 10.0의 Verilog HDL 문법과 실습

3.1 Verilog HDL의 역사 114
3.2 Verilog HDL의 장점과 문제점 115
3.3 Verilog HDL 표현 115
3.4 Verilog HDL 표현 예 118

3.5 Verilog HDL 어휘 요소와 기본 구성 125
3.5.1 어휘 요소 125
3.5.2 모듈 선언/입출력 포트 선언과 논리회로 표현 131
3.6 자료형(data type) 136
3.6.1 기본 논리형(basic logic type) 136
3.6.2 네트(nets type) 137
3.6.3 레지스터(register type) 140
3.6.4 벡터(vectors type) 142
3.6.5 배열(arrays type) 143
3.6.6 메모리(memory type) 144
3.6.7 파라미터(parameter type) 144
3.7 연산자(operator) 175
3.8 하위모듈의 Verilog HDL 소스를 상위모듈의 Verilog HDL 소스에 포함하는 기능 185
3.9 부프로그램(subprogram) 188
3.9.1 부프로그램 188
3.10 게이트 레벨 표현(gate level representation) 202
3.11 자료흐름적 표현(dataflow representation) 207
3.11.1 연속 할당문(continuous assignment statement) 207
3.11.2 사용할 수 있는 연산자(operator)의 종류 208
3.12 동작적 표현(behavioral representation) 216
3.12.1 구조적 프로시쥬어(structural procedure) 217
3.12.2 프로시쥬어문(procedural statements) 229
3.13 구조적 표현(structural representation) 271
3.13.1 하위 모듈문 271
3.13.2 생성문(generate statement) 278

CHAPTER 04 283

Verilog HDL을 사용하여 설계한 4비트 2진 덧셈기를 HBE-COMBO Ⅱ 트레이닝 키트의 led로 출력하기

4.1 HBE-COMBO II 트레이닝 키트 상에서의 동작 설명 284

4.2 HBE-COMBO II 트레이닝 키트의 led에 4비트 2진 덧셈기를 디스플레이 하는 전체블록 개요 285

4.3 1비트 2진 덧셈기인 bitadder 블록의 Verilog HDL 설계하기 286

4.3.1 Verilog HDL File 화면 생성 286
4.3.2 새로운 project명 및 파일명 저장하기 287
4.3.3 1비트 2진 덧셈기인 bitadder 블록을 Verilog HDL로 설계하기 291
4.3.4 설계한 1비트 2진 덧셈기인 bitadder 블록의 저장 및 오류 검사하기 296

4.4 4비트 2진 덧셈기인 adder4 블록의 Verilog HDL 설계하기 297

4.4.1 Verilog HDL File 화면 생성 297
4.4.2 새로운 project명 및 파일명 저장하기 298
4.4.3 4비트 2진 덧셈기인 adder4 블록을 Verilog HDL로 설계하기 302
4.4.4 설계한 4비트 2진 덧셈기인 adder4 블록의 저장 및 오류 검사하기 307
4.4.5 4비트 2진 덧셈기인 adder4 블록에 대하여 컴파일 과정 수행 308
4.4.6 4비트 2진 덧셈기인 adder4 블록에 대하여 시뮬레이션 과정 수행 308

4.5 keypad의 입력을 4비트 데이터로 변환하고, 변환된 데이터를 A, B 레지스터에 저장하는 keyin 블록의 Verilog HDL 설계하기 324

4.5.1 3×4 keypad의 값을 제어하는 keymatrix 블록의 Verilog HDL 설계하기 324
4.5.2 keyin 전체블록의 Verilog HDL 설계하기 335

4.6 HBE-COMBOII 트레이닝 키트의 dotmatrix led 모듈에 "Verilog HDL" 문자열을 출력하는 dotmatrix 블록의 Verilog HDL 설계하기 347

4.6.1 HBE-COMBOII 트레이닝 키트의 dotmatrix led 모듈 설명 347
4.6.2 dot_data 블록의 Verilog HDL 설계하기 350
4.6.3 dot_com 블록의 Verilog HDL 설계하기 365
4.6.4 bit14_d_flipflop 블록의 Verilog HDL 설계하기 374
4.6.5 dotmatrix 전체블록의 Verilog HDL 설계하기 381

4.7 HBE-COMBOII 트레이닝 키트의 led에 4비트 2진 덧셈기를 디스플레이 하는 전체블록의 Verilog HDL 설계하기 393

4.7.1 Verilog HDL File 화면 생성 393

4.7.2 새로운 project명 및 파일명 저장하기 394

4.7.3 kit_4adder_led 전체블록의 Verilog HDL 설계하기 398

4.7.4 설계한 kit_4adder_led 전체블록의 저장 및 오류 검사하기 404

4.8 kit_4adder_led 전체블록에 대하여 핀 할당 과정 수행하기 405

4.9 kit_4adder_led 전체블록에 대하여 컴파일 과정 수행하기 407

4.10 kit_4adder_led 전체블록에 대하여 타이밍 시뮬레이션 과정 수행하기 408

4.10.1 kit_4adder_led 전체블록의 Test Bench 파일을 Verilog HDL로 설계하기 408

4.10.2 ModelSim-Altera Edition 6.5e를 이용하여 타이밍 시뮬레이션을 하기 위한 ALTERA 설정 과정 410

4.10.3 설계한 kit_4adder_led 전체블록에 대하여 타이밍 시뮬레이션 과정 수행하기 414

4.11 설계한 kit_4adder_led 전체블록에 대하여 프로그래밍 과정 수행하기 416

4.11.1 ALTERA FPGA 디바이스로의 다운로드 418

4.11.2 ALTERA Configuration PROM 디바이스로의 다운로드 420

CHAPTER 05 425

Verilog HDL을 사용하여 설계한 4비트 2진 덧셈기를 HBE-COMBO Ⅱ 트레이닝 키트의 7-segment로 출력하기

5.1 HBE-COMBO II 트레이닝 키트 상에서의 동작 설명 426

5.2 HBE-COMBO II 트레이닝 키트의 7-segment에 4비트 2진 덧셈기를 디스플레이 하는 전체블록 개요 427

5.3 HBE-COMBO II 트레이닝 키트의 7-segment에 4비트 2진 덧셈기를 디스플레이 하는 전체블록의 Verilog HDL 설계하기 428
5.3.1 모듈 선언 및 입출력 포트 선언(module and input/output port declaration) 428
5.3.2 논리회로 표현(logic circuit representation) 429
5.4 2개의 4비트 2진 코드를 BCD 코드로 변환하고 더하는 블록의 Verilog HDL 설계하기 433
5.4.1 모듈 선언 및 입출력 포트 선언(module and input/output port declaration) 433
5.4.2 논리회로 표현(logic circuit representation) 434
5.5 keypad의 입력을 4비트 데이터로 변환하고, 변환된 데이터를 A, B 레지스터에 저장하는 keyin 블록의 Verilog HDL 설계하기 438
5.5.1 keyin 블록의 Verilog HDL 설계하기 438
5.6 HBE-COMBO II 트레이닝 키트의 7-segment에 출력하는 블록의 Verilog HDL 설계하기 443
5.6.1 모듈 선언 및 입출력 포트 선언(module and input/output port declaration) 446
5.6.2 논리회로 표현(logic circuit representation) 447
5.7 타이밍 시뮬레이션 파형에 의한 분석 및 검증 452
5.8 HBE-COMBO II 트레이닝 키트의 led에 4비트 2진 덧셈기를 디스플레이 하는 전체블록 개요 455

CHAPTER 06 457

Verilog HDL을 사용하여 설계한 4비트 2진 덧셈기를 HBE-COMBO II 트레이닝 키트의 vfd로 출력하기

6.1 vfd(vacuum fluorescent display) 모듈 458
6.1.1 vfd 모듈 규격 459
6.1.2 vfd 모듈 내부 구조 460
6.1.3 명령어 464
6.1.4 vfd 디스플레이의 제어과정 470
6.1.5 vfd 디스플레이의 제어과정의 예 471

6.2 HBE-COMBO II 트레이닝 키트의 vfd에 문자와 4비트 2진 덧셈기를 디스플레이 하는 전체블록의 개요 및 동작 설명 475

6.3 HBE-COMBO II 트레이닝 키트의 vfd에 문자와 4비트 2진 덧셈기를 디스플레이 하는 전체블록의 Verilog HDL 설계하기 477

6.3.1 모듈 선언 및 입출력 포트 선언(module and input/output port declaration) 477

6.3.2 논리회로 표현(logic circuit representation) 479

6.4 HBE-COMBO II 트레이닝 키트의 vfd에 출력하는 vfd_display 블록의 Verilog HDL 설계하기 482

6.4.1 모듈 선언 및 입출력 포트 선언(module and input/output port declaration) 482

6.4.2 논리회로 표현(logic circuit representation) 483

6.4.3 data_select 블록의 Verilog HDL 설계하기 484

6.4.4 vfd 블록의 Verilog HDL 설계하기 491

6.5 타이밍 시뮬레이션 파형에 의한 분석 및 검증 497

6.6 HBE-COMBO II 트레이닝 키트에 프로그래밍 하기 위한 핀 할당 정보 501

CHAPTER 07 503

Verilog HDL을 사용하여 설계한 4비트 2진 뺄셈기(2의 보수 사용)를 HBE-COMBO II 트레이닝 키트의 led로 출력하기

7.1 HBE-COMBO II 트레이닝 키트 상에서의 동작 설명 504

7.2 HBE-COMBO II 트레이닝 키트의 led에 2의 보수를 사용한 4비트 2진 뺄셈기를 디스플레이 하는 전체블록 개요 505

7.3 HBE-COMBO II 트레이닝 키트의 led에 2의 보수를 사용한 4비트 2진 뺄셈기를 디스플레이 하는 전체블록의 Verilog HDL 설계하기 506

7.3.1 모듈 선언 및 입출력 포트 선언(module and input/output port declaration) 506

7.3.2 논리회로 표현(logic circuit representation) 507

7.4 2의 보수를 이용하여 뺄셈을 하는 블록의 Verilog HDL 설계하기 511

7.4.1 모듈 선언 및 입출력 포트 선언(module and input/output port declaration) 511

7.4.2 논리회로 표현(logic circuit representation) 512

7.5 타이밍 시뮬레이션 파형에 의한 분석 및 검증 515

7.6 HBE-COMBO II 트레이닝 키트에 프로그래밍 하기 위한 핀 할당 정보 518

CHAPTER 08 519

Verilog HDL을 사용하여 설계한 4비트 2진 뺄셈기(2의 보수 사용)를 HBE-COMBO II 트레이닝 키트의 7-segment로 출력하기

8.1 HBE-COMBO II 트레이닝 키트 상에서의 동작 설명 520

8.2 HBE-COMBO II 트레이닝 키트의 7-segment에 2의 보수를 사용한 4비트 2진 뺄셈기를 디스플레이 하는 전체블록 개요 521

8.3 HBE-COMBO II 트레이닝 키트의 7-segment에 2의 보수를 사용한 4비트 2진 뺄셈기를 디스플레이 하는 전체블록의 Verilog HDL 설계하기 522

8.3.1 모듈 선언 및 입출력 포트 선언(module and input/output port declaration) 522

8.3.2 논리회로 표현(logic circuit representation) 523

8.4 2의 보수를 이용하여 2개의 4비트 2진 코드를 BCD 코드로 변환하고 빼는 블록의 Verilog HDL 설계하기 527

8.4.1 모듈 선언 및 입출력 포트 선언(module and input/output port declaration) 527

8.4.2 논리회로 표현(logic circuit representation) 528

8.5 HBE-COMBO II 트레이닝 키트의 7-segment에 디스플레이 하는 블록의 Verilog HDL 설계하기 532

8.5.1 모듈 선언 및 입출력 포트 선언(module and input/output port declaration) 532

8.5.2 논리회로 표현(logic circuit representation) 533

8.6 타이밍 시뮬레이션 파형에 의한 분석 및 검증 538

8.7 HBE-COMBO II 트레이닝 키트에 프로그래밍 하기 위한 핀 할당 정보 541

CHAPTER 09 543

Verilog HDL을 사용하여 설계한 4비트 2진 뺄셈기(2의 보수 사용)를 HBE-COMBO II 트레이닝 키트의 vfd로 출력하기

9.1 HBE-COMBO II 트레이닝 키트의 vfd에 문자와 2의 보수를 사용한 4비트 2진 뺄셈기를 디스플레이 하는 전체블록의 개요 및 동작 설명 544

9.2 HBE-COMBO II 트레이닝 키트의 vfd에 문자와 2의 보수를 사용한 4비트 2진 뺄셈기를 디스플레이 하는 전체블록의 Verilog HDL 설계하기 545

9.2.1 모듈 선언 및 입출력 포트 선언(module and input/output port declaration) 545

9.2.2 논리회로 표현(logic circuit representation) 546

9.3 HBE-COMBO II 트레이닝 키트의 vfd에 출력하는 vfd_display 블록의 Verilog HDL 설계하기 550

9.3.1 모듈 선언 및 입출력 포트 선언(module and input/output port declaration) 550

9.3.2 논리회로 표현(logic circuit representation) 551

9.3.3 data_select 블록의 Verilog HDL 설계하기 553

9.3.4 vfd 블록의 Verilog HDL 설계하기 559

9.4 타이밍 시뮬레이션 파형에 의한 분석 및 검증 565

9.5 HBE-COMBO II 트레이닝 키트에 프로그래밍 하기 위한 핀 할당 정보 570

CHAPTER 10 571

Verilog HDL을 사용하여 설계한 4비트 2진 뺄셈기(1의 보수 사용)를 HBE-COMBO II 트레이닝 키트의 led로 출력하기

10.1 HBE-COMBO II 트레이닝 키트 상에서의 동작 설명 572

10.2 HBE-COMBO II 트레이닝 키트의 led에 1의 보수를 사용한 4비트 2진 뺄셈기를 디스플레이 하는 전체블록 개요 573

10.3 HBE-COMBO II 트레이닝 키트의 led에 1의 보수를 사용한 4비트 2진 뺄셈기를 디스플레이 하는 전체블록의 Verilog HDL 설계하기 574

10.3.1 모듈 선언 및 입출력 포트 선언(module and input/output port declaration) 574
10.3.2 논리회로 표현(logic circuit representation) 575

10.4 1의 보수를 이용하여 뺄셈을 하는 블록의 Verilog HDL 설계하기 579
10.4.1 모듈 선언 및 입출력 포트 선언(module and input/output port declaration) 579
10.4.2 논리회로 표현(logic circuit representation) 580

10.5 타이밍 시뮬레이션 파형에 의한 분석 및 검증 582

10.6 HBE-COMBO II 트레이닝 키트에 프로그래밍 하기 위한 핀 할당 정보 585

CHAPTER 11 587

Verilog HDL을 사용하여 설계한 4비트 2진 뺄셈기(1의 보수 사용)를 HBE-COMBO II 트레이닝 키트의 7-segment로 출력하기

11.1 HBE-COMBO II 트레이닝 키트 상에서의 동작 설명 588

11.2 HBE-COMBO II 트레이닝 키트의 7-segment에 1의 보수를 사용한 4비트 2진 뺄셈기를 디스플레이 하는 전체블록 개요 589

11.3 HBE-COMBO II 트레이닝 키트의 7-segment에 1의 보수를 사용한 4비트 2진 뺄셈기를 디스플레이 하는 전체블록의 Verilog HDL 설계하기 590
11.3.1 모듈 선언 및 입출력 포트 선언(module and input/output port declaration) 590
11.3.2 논리회로 표현(logic circuit representation) 591

11.4 1의 보수를 이용하여 2개의 4비트 2진 코드를 BCD 코드로 변환하고 빼는 블록의 Verilog HDL 설계하기 595
11.4.1 모듈 선언 및 입출력 포트 선언(module and input/output port declaration) 595
11.4.2 논리회로 표현(logic circuit representation) 596

11.5 타이밍 시뮬레이션 파형에 의한 분석 및 검증 599

11.6 HBE-COMBO II 트레이닝 키트에 프로그래밍 하기 위한 핀 할당 정보 602

CHAPTER 12 603

Verilog HDL을 사용하여 설계한 4비트 2진 뺄셈기(1의 보수 사용)를 HBE-COMBO II 트레이닝 키트의 vfd로 출력하기

12.1 HBE-COMBO II 트레이닝 키트의 vfd에 문자와 1의 보수를 사용한 4비트 2진 뺄셈기를 디스플레이 하는 전체블록의 개요 및 동작 설명 604

12.2 HBE-COMBO II 트레이닝 키트의 vfd에 문자와 1의 보수를 사용한 4비트 2진 뺄셈기를 디스플레이 하는 전체블록의 Verilog HDL 설계하기 605

12.2.1 모듈 선언 및 입출력 포트 선언(module and input/output port declaration) 605

12.2.2 논리회로 표현(logic circuit representation) 606

12.3 타이밍 시뮬레이션 파형에 의한 분석 및 검증 609

12.4 HBE-COMBO II 트레이닝 키트에 프로그래밍 하기 위한 핀 할당 정보 614

CHAPTER 13 615

Verilog HDL을 사용하여 설계한 4비트 2진 곱셈기를 HBE-COMBO II 트레이닝 키트의 led로 출력하기

13.1 HBE-COMBO II 트레이닝 키트 상에서의 동작 설명 616

13.2 HBE-COMBO II 트레이닝 키트의 led에 4비트 2진 곱셈기를 디스플레이 하는 전체블록 개요 617

13.3 HBE-COMBO II 트레이닝 키트의 led에 4비트 2진 곱셈기를 디스플레이 하는 전체블록의 Verilog HDL 설계하기 618

13.3.1 모듈 선언 및 입출력 포트 선언(module and input/output port declaration) 618

13.3.2 논리회로 표현(logic circuit representation) 619

13.4 4비트 × 4비트 2진 곱셈기 블록의 Verilog HDL 설계하기 623

13.4.1 모듈 선언 및 입출력 포트 선언(module and input/output port declaration) 623

13.4.2 논리회로 표현(logic circuit representation) 624

13.5 타이밍 시뮬레이션 파형에 의한 분석 및 검증 626

13.6 HBE-COMBO II 트레이닝 키트에 프로그래밍 하기 위한 핀 할당 정보 629

CHAPTER 14 631

Verilog HDL을 사용하여 설계한 4비트 2진 곱셈기를 HBE COMBOR II 트레이닝 키트의 7-segment로 출력하기

14.1 HBE-COMBO II 트레이닝 키트 상에서의 동작 설명 632

14.2 HBE-COMBO II 트레이닝 키트의 7-segment에 4비트 2진 곱셈기를 디스플레이 하는 전체블록 개요 633

14.3 HBE-COMBO II 트레이닝 키트의 7-segment에 4비트 2진 곱셈기를 디스플레이 하는 전체블록의 Verilog HDL 설계하기 634

14.3.1 모듈 선언 및 입출력 포트 선언(module and input/output port declaration) 634

14.3.2 논리회로 표현(logic circuit representation) 635

14.4 4비트 2진 코드를 BCD 코드로 변환하고 곱하는 블록의 Verilog HDL 설계하기 639

14.4.1 모듈 선언 및 입출력 포트 선언(module and input/output port declaration) 639

14.4.2 논리회로 표현(logic circuit representation) 640

14.4.3 8비트의 2진 코드를 BCD로 변환하는 블록의 Verilog HDL 설계하기 642

14.4.4 4비트 2진 코드를 101코드로 나누기 위한 bit4bin2bcd2 블록의 Verilog HDL설계하기 649

14.5 HBE-COMBO II 트레이닝 키트의 7-segment에 디스플레이 하는 블록의 Verilog HDL 설계하기 652

14.5.1 모듈 선언 및 입출력 포트 선언(module and input/output port declaration) 652

14.5.2 논리회로 표현(logic circuit representation) 653

14.6 타이밍 시뮬레이션 파형에 의한 분석 및 검증 659

14.7 HBE-COMBO II 트레이닝 키트에 프로그래밍 하기 위한 핀 할당 정보 662

CHAPTER 15 663

Verilog HDL을 사용하여 설계한 4비트 2진 곱셈기를 HBE-COMBO II 트레이닝 키트의 vfd로 출력하기

15.1 HBE-COMBO II 트레이닝 키트의 vfd에 문자와 4비트 2진 곱셈기를 디스플레이 하는 전체블록의 개요 및 동작 설명 664

15.2 HBE-COMBO II 트레이닝 키트의 vfd에 문자와 4비트 2진 곱셈기를 디스플레이 하는 전체블록의 Verilog HDL 설계하기 665

15.2.1 모듈 선언 및 입출력 포트 선언(module and input/output port declaration) 665

15.2.2 논리회로 표현(logic circuit representation) 666

15.3 HBE-COMBO II 트레이닝 키트의 vfd에 출력하는 vfd_display 블록의 Verilog HDL 설계 670

15.3.1 모듈 선언 및 입출력 포트 선언(module and input/output port declaration) 670

15.3.2 논리회로 표현(logic circuit representation) 671

15.3.3 data_select 블록의 Verilog HDL 설계 673

15.3.4 vfd 블록의 Verilog HDL 설계 681

15.4 타이밍 시뮬레이션 파형에 의한 분석 및 검증 686

15.5 HBE-COMBO II 트레이닝 키트에 프로그래밍 하기 위한 핀 할당 정보 691

CHAPTER 16 693

Verilog HDL을 사용하여 설계한 4비트 2진 나눗셈기를 HBE-COMBO II 트레이닝 키트의 7-segment로 출력하기

16.1 HBE-COMBO II 트레이닝 키트 상에서의 동작 설명 694

16.2 HBE-COMBO II 트레이닝 키트의 7-segment에 4비트 2진 나눗셈기를 디스플레이 하는 전체블록 개요 695

16.3 HBE-COMBO II 트레이닝 키트의 7-segment에 4비트 2진 나눗셈기를 디스플레이 하는 전체블록의 Verilog HDL 설계하기 696

16.3.1 모듈 선언 및 입출력 포트 선언(module and input/output port declaration) 696

16.3.2 논리회로 표현(logic circuit representation) 697

16.4 4비트 2진 코드를 BCD 코드로 변환하고 나눗셈하는 블록의 Verilog HDL 설계하기 701

16.4.1 모듈 선언 및 입출력 포트 선언(module and input/output port declaration) 701

16.4.2 논리회로 표현(logic circuit representation) 702

16.4.3 4비트의 2진 코드를 나누어 정수 부분의 몫과 나머지를 출력하는 integer_divider 블록의 Verilog HDL 설계하기 706

16.4.4 integer_divider 블록에서 생성된 나머지에 0을 붙여 4비트의 데이터를 8비트로 변환하여 피젯수로 만드는 divider_expansion 블록의 Verilog HDL 설계 711

16.4.5 8비트의 2진 코드인 나머지를 제수로 나누어 몫의 소수점 자리를 출력하는 decimal_divider 블록의 Verilog HDL 설계하기 714

16.4.6 소수점 셋째자리에서 반올림을 실행하는 round 블록의 논리회로 설계하기 719

16.5 HBE-COMBO II 트레이닝 키트의 7-segment에 디스플레이 하는 블록의 Verilog HDL 설계하기 721

16.5.1 모듈 선언 및 입출력 포트 선언(module and input/output port declaration) 721

16.5.2 논리회로 표현(logic circuit representation) 723

16.6 타이밍 시뮬레이션 파형에 의한 분석 및 검증 729

16.7 HBE-COMBO II 트레이닝 키트에 프로그래밍 하기 위한 핀 할당 정보 732

CHAPTER 17 733

Verilog HDL을 사용하여 설계한 4비트 2진 나눗셈기를 HBE-COMBO Ⅱ 트레이닝 키트의 vfd로 출력하기

17.1 HBE-COMBO II 트레이닝 키트의 vfd에 문자와 4비트 2진 나눗셈 기를 디스플레이 하는 전체블록의 논리회로 개요 및 동작 설명 734

17.2 HBE-COMBO II 트레이닝 키트의 vfd에 문자와 4비트 2진 나눗셈기를 디스플레이 하는 전체블록의 Verilog HDL 설계하기 735

17.2.1 모듈 선언 및 입출력 포트 선언(module and input/output port declaration) 735

17.2.2 논리회로 표현(logic circuit representation) 736

17.3 HBE-COMBO II 트레이닝 키트의 vfd에 출력하는 vfd_display 블록의 Verilog HDL 설계하기 740

17.3.1 모듈 선언 및 입출력 포트 선언(module and input/output port declaration) 740

17.3.2 논리회로 표현(logic circuit representation) 741

17.3.3 data_select 블록의 Verilog HDL 설계하기 743

17.3.4 vfd 블록의 Verilog HDL 설계하기 750

17.4 타이밍 시뮬레이션 파형에 의한 분석 및 검증 756

17.5 HBE-COMBO II 트레이닝 키트에 프로그래밍 하기 위한 핀 할당 정보 761

INDEX 763

CHAPTER 01

ALTERA Quartus II Web Edition 10.0의 Verilog HDL 문법과 실습

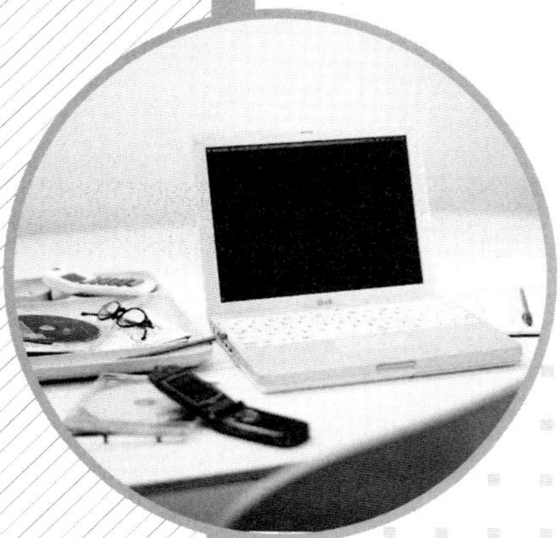

1.1 PC의 윈도우 상에서 ALTERA Quartus II Web Edition 10.0 설치법

1.2 ModelSim-Altera Edition 6.5e 설치법

1.3 ALTERA Quartus II Web Edition 10.0 설계 과정

1.4 Projects

1.5 ALTERA Quartus II Web Edition 10.0 구성

1.6 ALTERA Quartus II Web Edition 10.0의 툴바의 아이콘들

1.7 ALTERA FPGA 디바이스 구조(Architecture)

1.1 PC의 윈도우 상에서 ALTERA Quartus II Web Edition 10.0 설치법

ALTERA에서 제공하는 설계 소프트웨어인 Quartus II Web Edition 10.0을 설치하기 위해서는 ALTERA 홈페이지(www.altera.com)의 Download Center에서 Quartus II Web Edition 10.0을 받아야 한다. 한편, Quartus II Web Edition 버전은 계속 업데이트 되므로 사용자가 원하는 버전을 선택하여 다운받는다. 이 책은 10.0 버전을 기준으로 설명하기로 한다. 그림 1.1.1은 ALTERA 홈페이지를 보이고 있다.

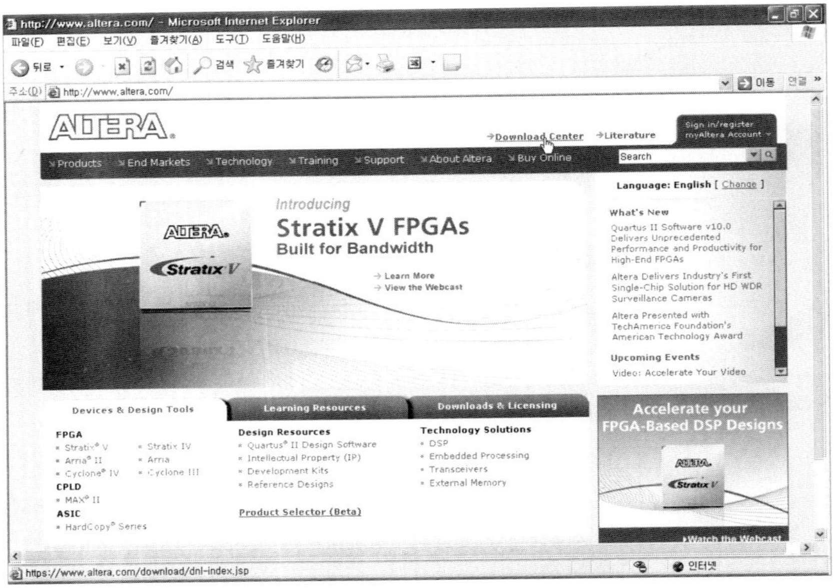

그림 1.1.1 ALTERA 홈페이지(www.altera.com)

그림 1.1.1과 같이 ALTERA 홈페이지 상단에서 **→Download Center** 아이콘을 마우스 왼쪽 버튼으로 클릭하면, 그림 1.1.2와 같이 ALTERA Download Center로 들어가게 된다.

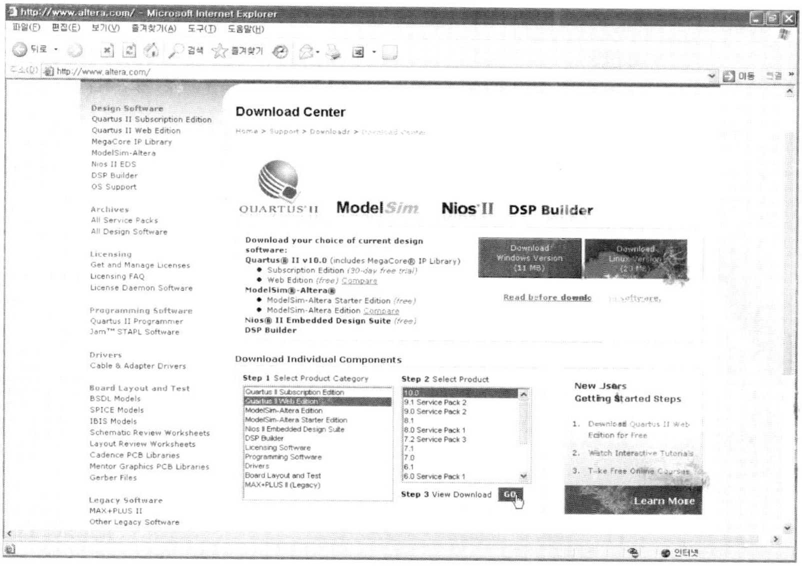

그림 1.1.2 ALTERA Download Center

그림 1.1.2와 같이 ALTERA Download Center의 화면에서 Quartus II Web Edition 10.0을 다운로드할 것이므로 그림 1.1.2와 같이 **Step 1**에서 Quartus II Web Edition을 선택한다. **Step 2**에서 다운로드 하고자 하는 버전인 10.0을 선택한 후 **Step 3**의 GO 버튼을 마우스 왼쪽 버튼으로 클릭하면, 그림 1.1.3과 같이 Windows 버전과 Liunx 버전 중에서 어떠한 버전을 받을 것인지 선택하는 화면이 나타난다.

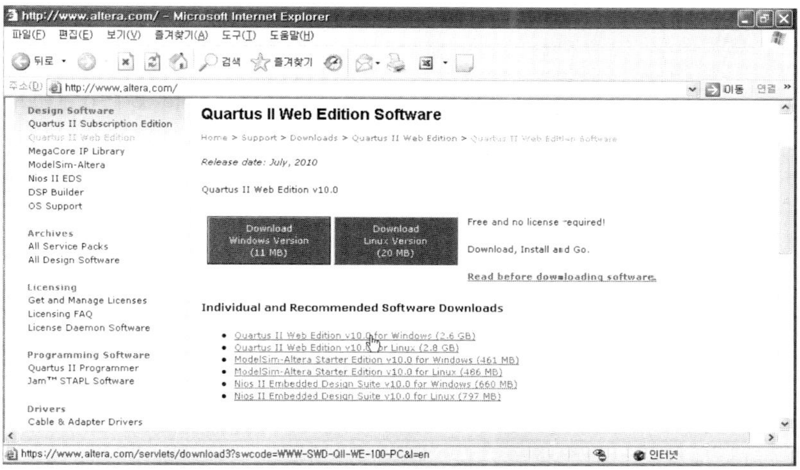

그림 1.1.3 Windows 버전과 Liunx 버전 중에서 어떠한 버전을 받을 것인지 선택하는 화면

그림 1.1.3의 화면에서 Windows 버전인 Quartus II Web Edition v10.0 for Windows (2.6 GB) 버튼을 마우스 왼쪽 버튼으로 클릭하면, 그림 1.1.4와 같이 Important Info 화면이 나타난다.

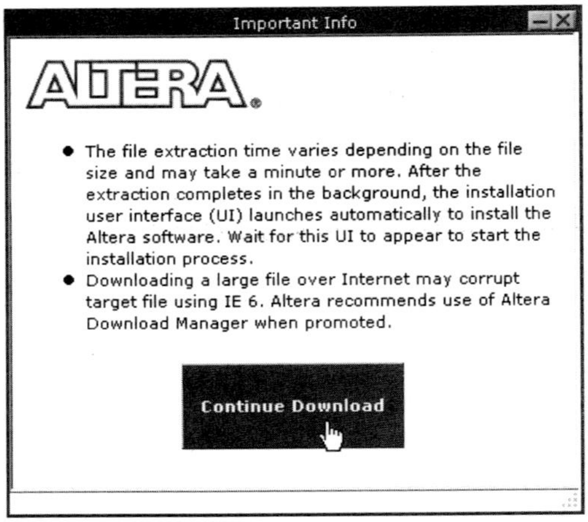

그림 1.1.4 Important Info 화면

그림 1.1.4의 화면에서 Continue Download 버튼을 마우스 왼쪽 버튼으로 클릭하면 그림 1.1.5와 같이 Sign-In 과정의 화면이 나타난다.

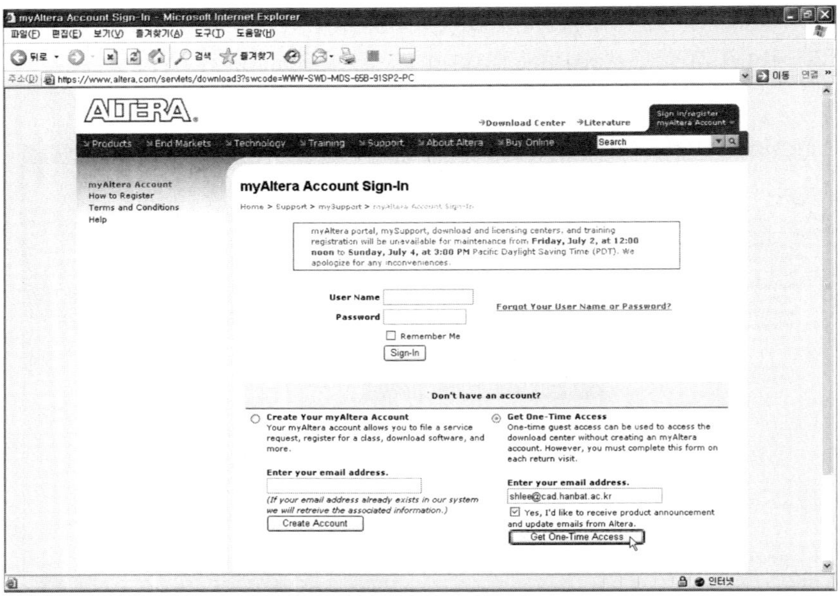

그림 1.1.5 Sign-In 과정의 화면

그림 1.1.5의 화면에서 Get One-Time Access 항목을 선택하고, 사용자의 E-mail을 입력 한 후에 Get One-Time Access 버튼을 마우스 왼쪽 버튼으로 클릭하면, 그림 1.1.6과 같이 ALTERA Quartus II Web Edition 10.0 파일의 저장 경로를 선택하는 화면이 나타난다.

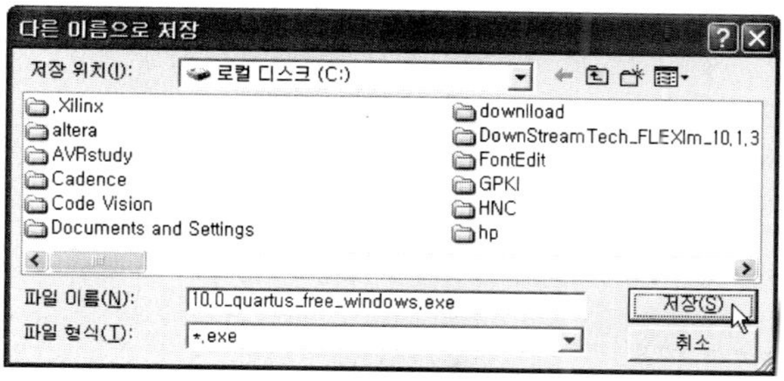

그림 1.1.6 ALTERA Quartus II Web Edition 10.0 파일의 저장 경로를 선택하는 화면

그림 1.1.6의 화면에서 저장 경로를 선택하고 저장(S) 버튼을 마우스 왼쪽 버튼으로 클릭하면, 그림 1.1.7과 같이 ALTERA Quartus II Web Edition 10.0 파일의 다운로드가 진행된다.

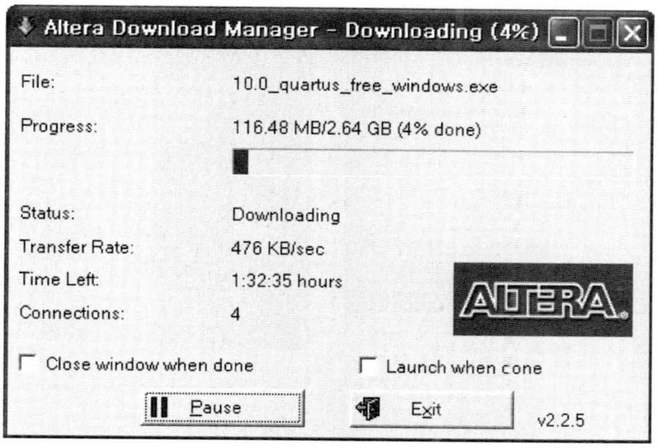

그림 1.1.7 ALTERA Quartus II Web Edition 10.0 파일의 다운로드 진행 화면

다음으로 해야 할 작업은 ALTERA 홈페이지에서 다운로드 받은 ALTERA Quartus II Web Edition 10.0 파일을 PC에 설치해야 한다. 먼저 그림 1.1.8과 같이 다운로드 받은 ALTERA Quartus II Web Edition 10.0 파일을 마우스 왼쪽 버튼으로 더블 클릭하면, 그림 1.1.9와 같이 압축을 풀 폴더의 경로를 선택하는 화면이 나타난다.

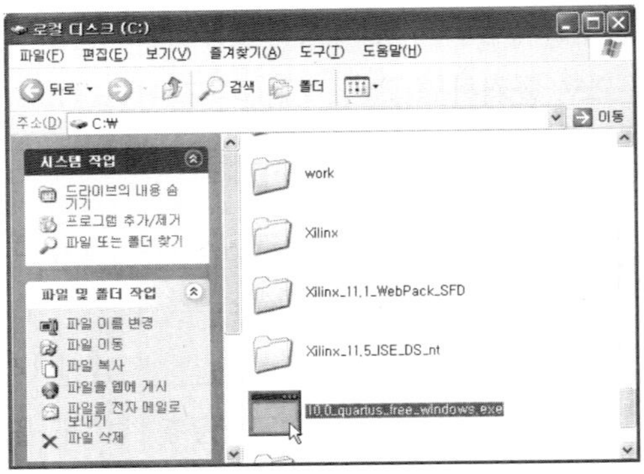

그림 1.1.8 다운로드 받은 ALTERA Quartus II Web Edition 10.0 파일을 마우스 왼쪽 버튼으로 더블 클릭

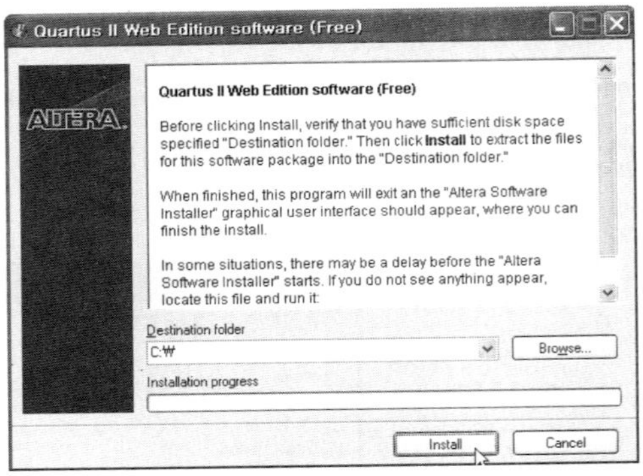

그림 1.1.9 압축을 풀 폴더의 경로를 선택하는 화면

그림 1.1.9의 화면과 같이 경로를 선택하고 [Install] 버튼을 마우스의 왼쪽 버튼으로 클릭하면, 그림 1.1.10과 같이 압축파일을 풀고 있는 화면이 나타난다. 압축파일이 풀리고 나면 자동적으로 실행파일을 실행시켜, 그림 1.1.11과 같이 설치 초기 화면이 나타난다.

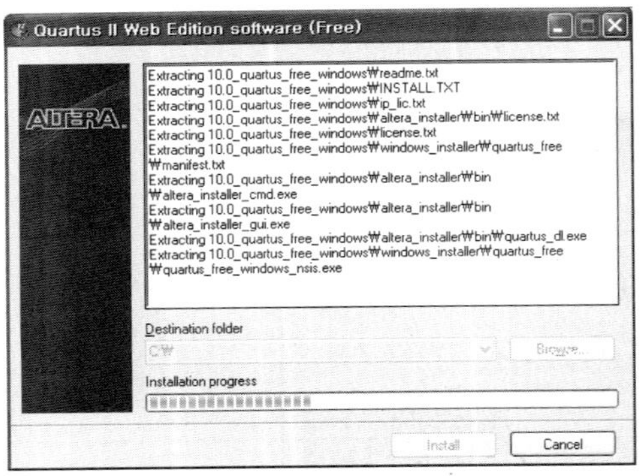

그림 1.1.10 압축파일을 풀고 있는 화면

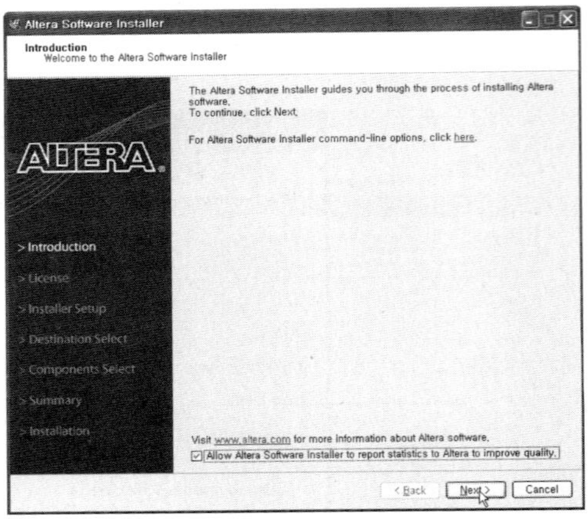

그림 1.1.11 설치 초기 화면

그림 1.1.11의 화면에서 [Next >] 버튼을 마우스의 왼쪽 버튼으로 클릭하면, 그림 1.1.12와 같이 소프트웨어의 license에 동의를 할 것인가에 관하여 묻는 화면이 나타난다. 그림 1.1.12의 화면에서 동의함에 체크를 하고 [Next >] 버튼을 마우스의 왼쪽 버튼으로 클릭하면, 그림 1.1.13과 같이 ALTERA Quartus II Web Edition 10.0파일을 설치할 폴더의 경로 선택화면이 나타난다. 여기서 사용자가 [Select...] 버튼을 마우스 왼쪽 버튼으로 클릭하여 경로를 변경 할 수 있다.

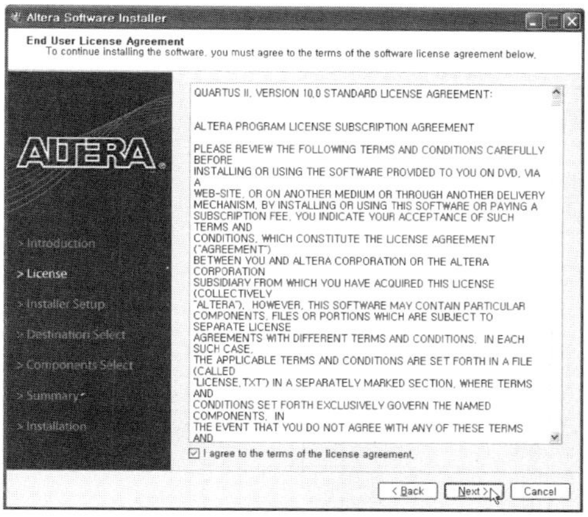

그림 1.1.12 소프트웨어의 license에 동의 여부를 묻는 화면

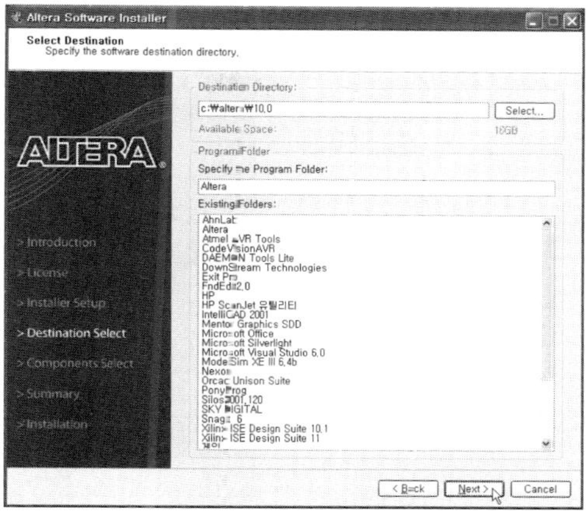

그림 1.1.13 ALTERA Quartus II Web Edition 10.0 파일을 설치할 폴더의 경로 선택화면

그림 1.1.13의 화면에서 파일을 설치할 폴더의 경로를 선택하고, Next > 버튼을 마우스의 왼쪽 버튼으로 클릭하면, 그림 1.1.14와 같이 설치할 소프트웨어의 구성요소를 선택하는 화면이 나타난다. 그림 1.1.14의 화면에서 설치할 셋업 타입을 선택하고, Next > 버튼을 마우스의 왼쪽 버튼으로 클릭하면, 그림 1.1.15와 같이 ALTERA Quartus II Web Edition 10.0의 설정을 확인하는 화면이 나타난다. 앞의 설치과정에서 입력한 경로, 폴더, 소프트웨어의 구성요소 등의 이름이 표시된다.

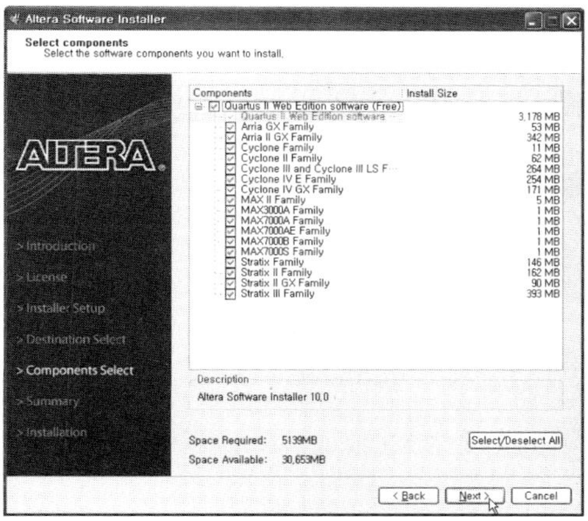

그림 1.1.14 설치할 소프트웨어의 구성요소를 선택하는 화면

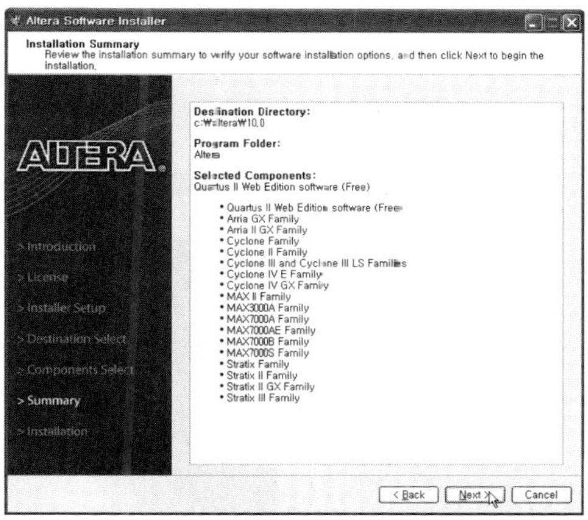

그림 1.1.15 ALTERA Quartus II Web Edition 10.0의 설정을 확인하는 화면

그림 1.1.15의 화면에서 Next > 버튼을 마우스의 왼쪽 버튼으로 클릭하면, 그림 1.1.16과 같이 ALTERA Quartus II Web Edition 10.0의 설치 화면이 나타난다.

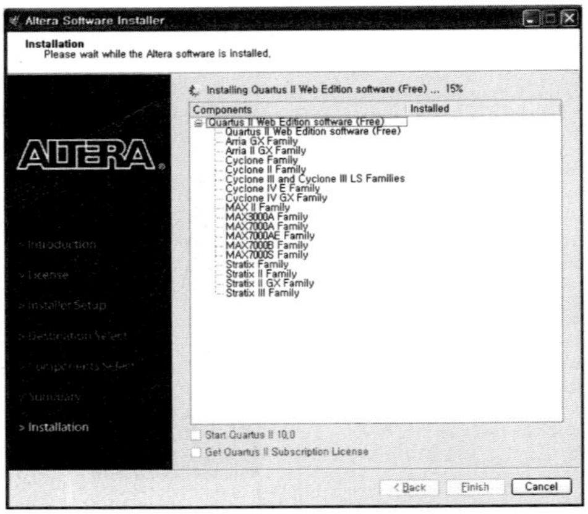

그림 1.1.16 ALTERA Quartus II Web Edition 10.0의 설치 화면

설치 과정이 끝나면 그림 1.1.17과 같이 ALTERA Quartus II Web Edition 10.0의 설치 과정이 완료되었다는 화면이 나타난다. 그림 1.1.17의 화면에서 OK 버튼을 마우스 왼쪽 버튼으로 클릭하면 그림 1.1.18과 같이 설치된 소프트웨어의 구성요소를 확인하는 화면이 나타난다. 그림 1.1.18의 화면에서 Finish 버튼을 마우스 왼쪽 버튼으로 클릭하면 ALTERA Quartus II Web Edition 10.0의 설치 과정이 완료된다.

그림 1.1.17 ALTERA Quartus II Web Edition 10.0 설치가 완료 되었다는 화면

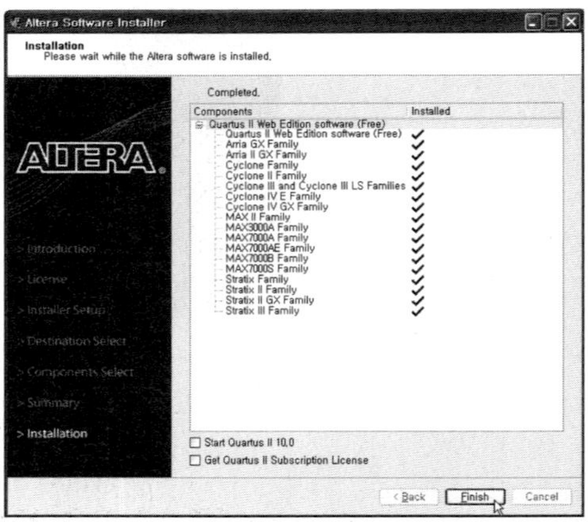

그림 1.1.18 설치된 소프트웨어의 구성요소를 확인하는 화면

1.2 ModelSim-Altera Edition 6.5e 설치법

ModelSim-Altera Edition 6.5e는 Mentor사의 홈페이지가 아닌 ALTERA사의 홈페이지를 통해서 다운로드 받아야한다. 먼저 ModelSim-Altera Edition 6.5e를 다운로드 받기 위하여 그림 1.2.1과 같이 ALTERA 홈페이지(www.altera.com)에 접속한다. 한편, ModelSim-Altera Edition 버전은 계속 업데이트 되므로 사용자가 원하는 버전을 선택하여 다운받는다. 이 책은 6.5e 버전을 기준으로 설명하기로 한다.

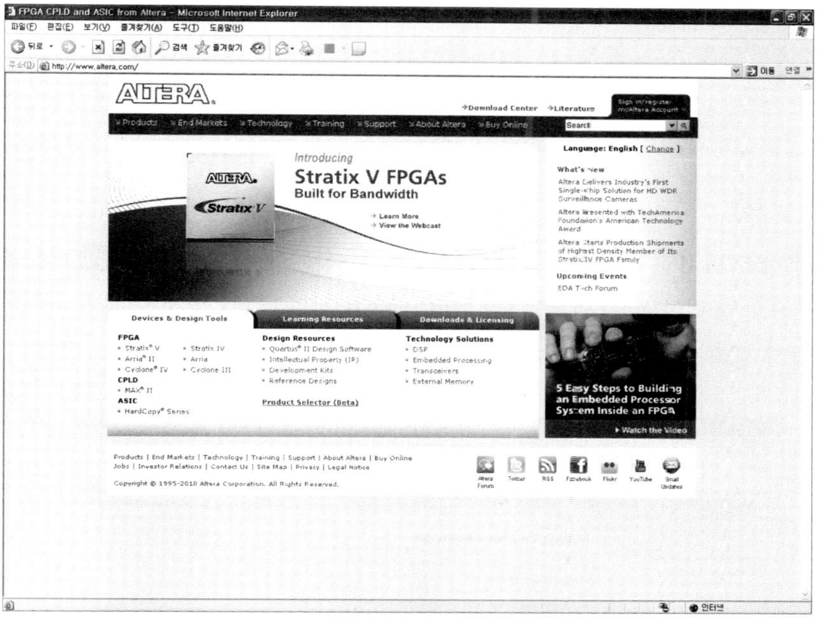

그림 1.2.1 ALTERA 홈페이지(www.altera.com)

그림 1.2.1과 같이 ALTERA 홈페이지 상단에서 →Download Center 아이콘을 마우스 왼쪽 버튼으로 클릭하면, 그림 1.2.2와 같이 ALTERA Download Center로 들어가게 된다.

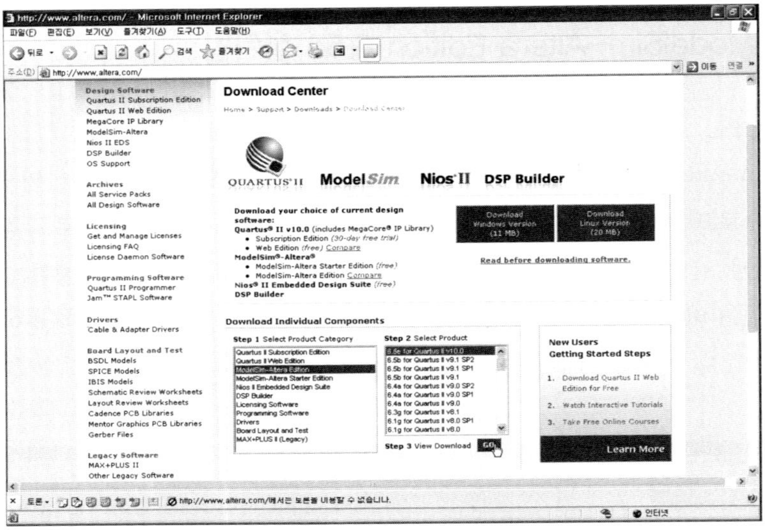

그림 1.2.2 ALTERA Download Center

그림 1.2.2와 같이 Step 1에서 ModelSim-Altera Edition을 선택한다. Step 2에서 다운로드 하고자 하는 버전인 6.5e for Quartus II v10.0을 선택한 후 Step 3의 GO 버튼을 마우스 왼쪽 버튼으로 클릭하면, 그림 1.2.3과 Windows 버전과 Liunx 버전 중에서 어떠한 버전을 받을 것인지 선택하는 화면이 나타난다.

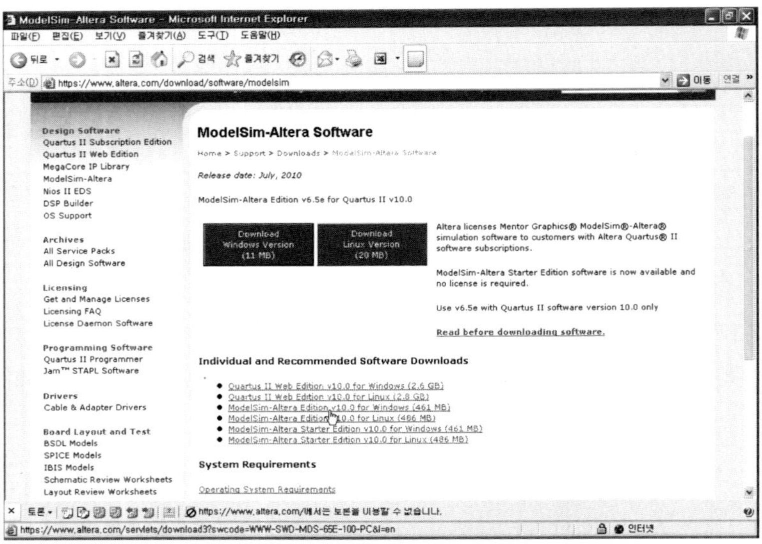

그림 1.2.3 Windows 버전과 Liunx 버전 중에서 어떠한 버전을 받을 것인지 선택하는 화면

그림 1.2.3의 화면에서 ModelSim-Altera Edition v10.0 for Windows (461 MB) 버튼을 마우스 왼쪽 버튼으로 클릭하면, 그림 1.2.4와 같이 Sign-In 과정의 화면이 나타난다.

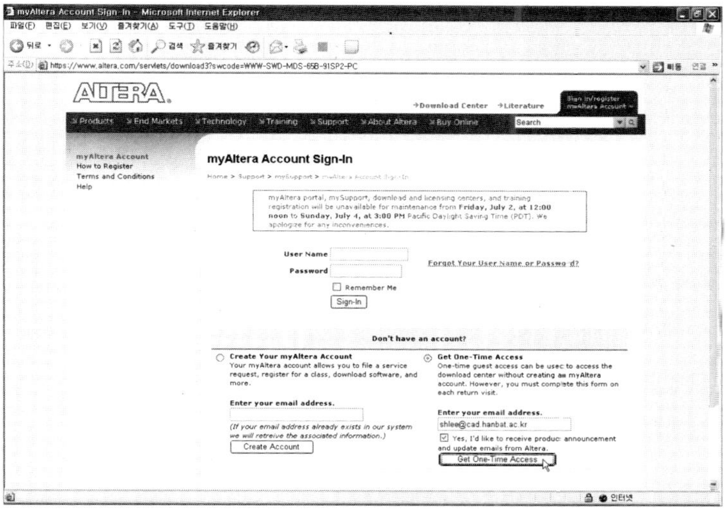

그림 1.2.4 Sign-In 과정의 화면

그림 1.2.4의 화면에서 Get One-Time Access 항목을 선택하고, E-mail을 입력 한 후 Get One-Time Access 버튼을 마우스 왼쪽 버튼으로 클릭하면, 그림 1.2.5와 같이 ModelSim-Altera Edition 6.5e 파일의 저장 경로를 선택하는 화면이 나타난다.

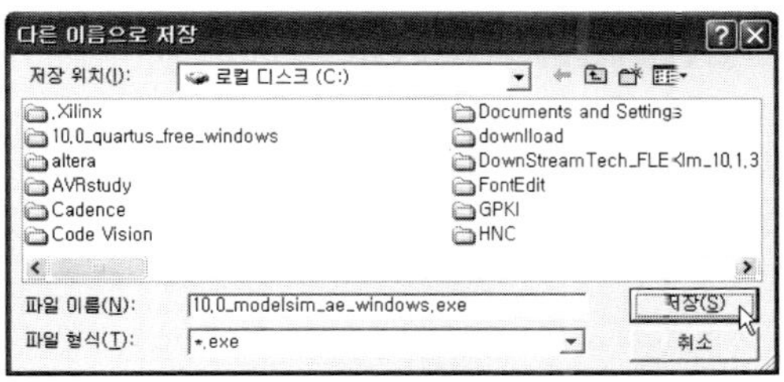

그림 1.2.5 ModelSim-Altera Edition 6.5e 파일의 저장 경로를 선택하는 화면

그림 1.2.5의 화면에서 저장 경로를 선택하고 저장(S) 버튼을 마우스 왼쪽 버튼으로 클릭하면, 그림 1.2.6과 같이 ModelSim-Altera Edition 6.5e 파일의 다운로드가 진행된다.

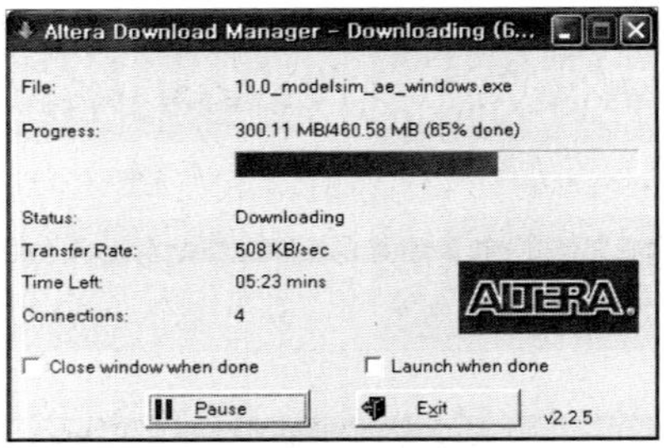

그림 1.2.6 ModelSim-Altera Edition 6.5e 파일의 다운로드 진행 화면

다음으로 해야 할 작업은 ALTERA 홈페이지에서 다운로드 받은 ModelSim-Altera Edition 6.5e 파일을 PC에 설치해야 한다. 먼저 그림 1.2.7과 같이 다운로드 받은 ModelSim- Altera Edition 6.5e 파일을 마우스 왼쪽 버튼으로 더블 클릭하면, 그림 1.2.8과 같이 압축을 풀 폴더의 경로를 선택하는 화면이 나타난다.

그림 1.2.7 다운로드 받은 ModelSim-Altera Edition 6.5e 파일을 마우스 왼쪽 버튼으로 더블 클릭

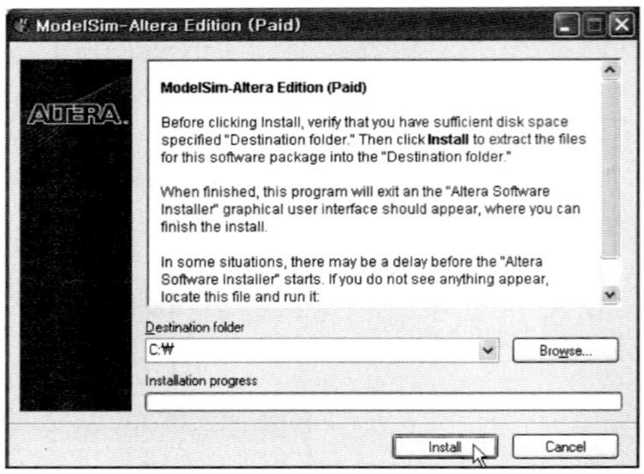

그림 1.2.8 압축을 풀 폴더의 경로를 선택하는 화면

그림 1.2.8의 화면과 같이 경로를 선택하고 [Install] 버튼을 마우스의 왼쪽 버튼으로 클릭하면, 그림 1.2.9와 같이 압축파일을 풀고 있는 화면이 나타난다. 압축파일이 풀리고 나면 자동적으로 실행파일을 실행시켜, 그림 1.2.10과 같이 설치 초기 화면이 나타난다.

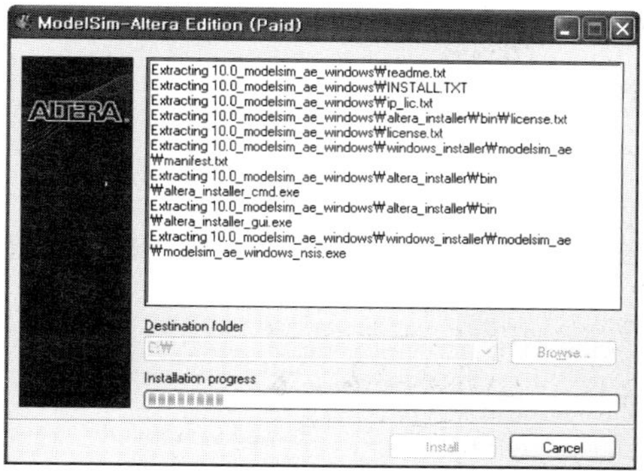

그림 1.2.9 압축파일을 풀고 있는 화면

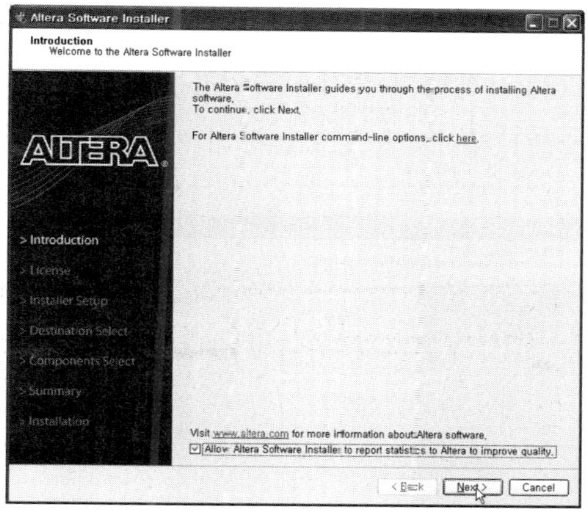

그림 1.2.10 설치 초기 화면

그림 1.2.10의 화면에서 Next > 버튼을 마우스의 왼쪽 버튼으로 클릭하면, 그림 1.2.11과 같이 소프트웨어의 license에 동의를 할 것인가에 관하여 묻는 화면이 나타난다. 그림 1.2.11의 화면에서 동의함에 체크하고 Next > 버튼을 마우스의 왼쪽 버튼으로 클릭하면, 그림 1.2.12와 같이 ModelSim-Altera Edition 6.5e 파일을 설치할 폴더의 경로 선택화면이 나타난다. 여기서 사용자가 Select... 버튼을 마우스 왼쪽 버튼으로 클릭하여 경로를 변경 할 수 있다.

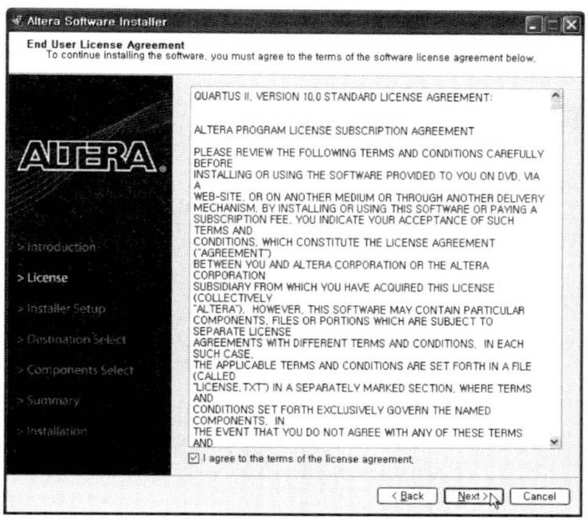

그림 1.2.11 소프트웨어의 license에 동의 여부를 묻는 화면

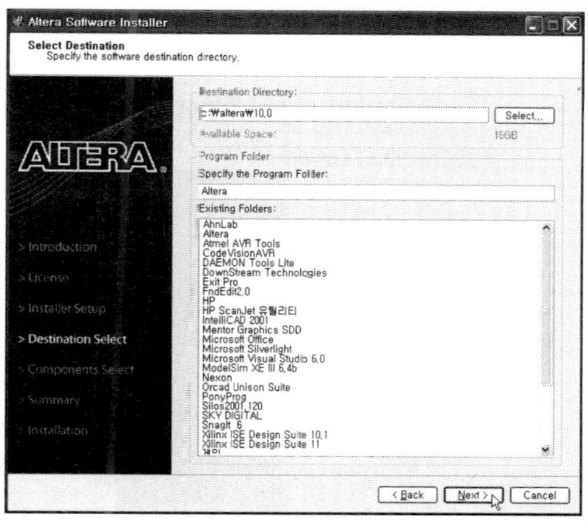

그림 1.2.12 ModelSim-Altera Edition 6.5e 파일을 설치할 폴더의 경로 선택화면

그림 1.2.10의 화면에서 파일을 설치할 폴더의 경로를 선택하고, Next > 버튼을 마우스의 왼쪽 버튼으로 클릭하면, 그림 1.2.13과 같은 프로그램 폴더의 이름을 선택하는 화면이 나타난다. 여기서 사용자가 저장 폴더의 이름을 변경할 수 있다. 그림 1.2.13의 화면에서

Next > 버튼을 마우스의 왼쪽 버튼으로 클릭하면, 그림 1.2.14와 같이 ModelSim-Altera Edition 6.5e의 설정을 확인하는 화면이 나타난다. 앞의 설치과정에서 입력한 경로, 폴더, 소프트웨어의 구성요소 등의 이름이 표시된다.

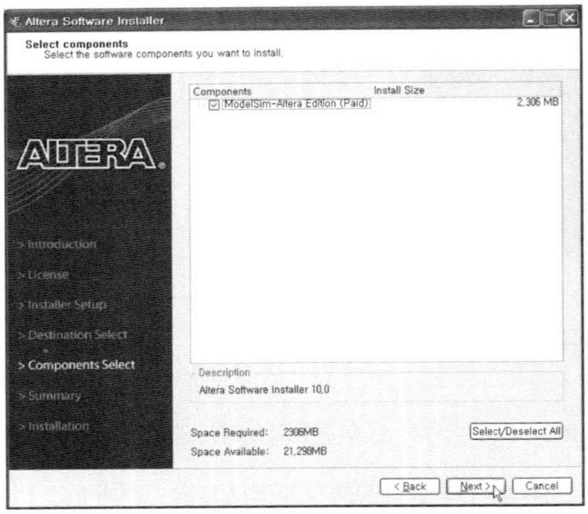

그림 1.2.13 설치할 소프트웨어의 구성요소를 선택하는 화면

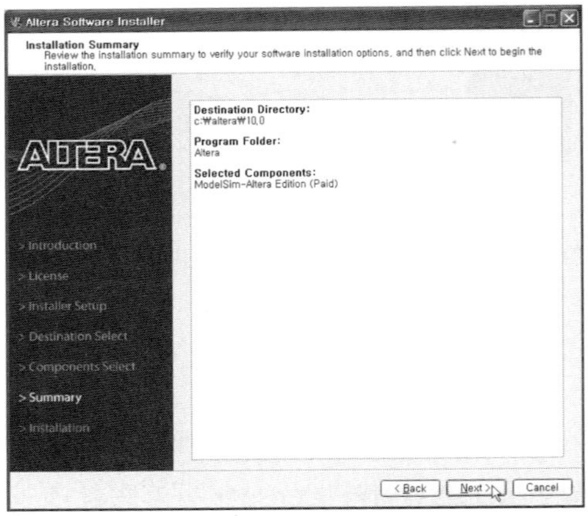

그림 1.2.14 ModelSim-Altera Edition 6.5e의 설정을 확인하는 화면

그림 1.2.14의 화면에서 Next > 버튼을 마우스의 왼쪽 버튼으로 클릭하면, 그림 1.2.15와 같이 ModelSim-Altera Edition 6.5e의 설치 화면이 나타난다.

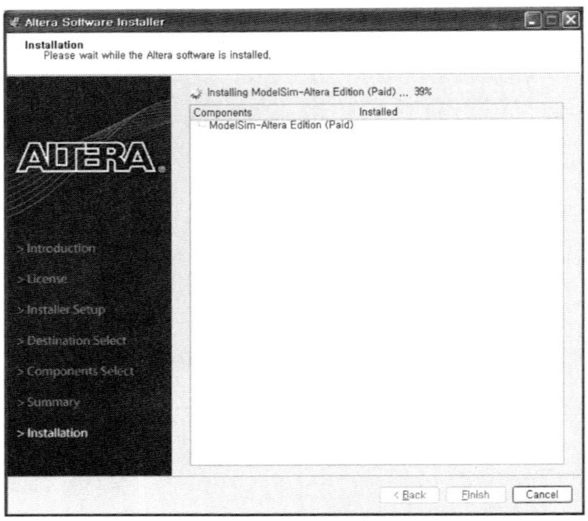

그림 1.2.15 ModelSim-Altera Edition 6.5e의 설치 화면

ModelSim-Altera Edition 6.5e의 인스톨 과정이 끝나면 ModelSim-Altera Edition 6.5e의 설치 과정이 완료되었다는 화면이 나타난다. 그림 1.2.16의 화면에서 OK 버튼을 마우

스 왼쪽 버튼으로 클릭하면 그림 1.2.17과 같이 설치된 소프트웨어의 구성요소를 확인하는 화면이 나타난다. 그림 1.2.17의 화면에서 Finish 버튼을 마우스 왼쪽 버튼으로 클릭하면 ModelSim-Altera Edition 6.5e의 설치 과정이 완료된다.

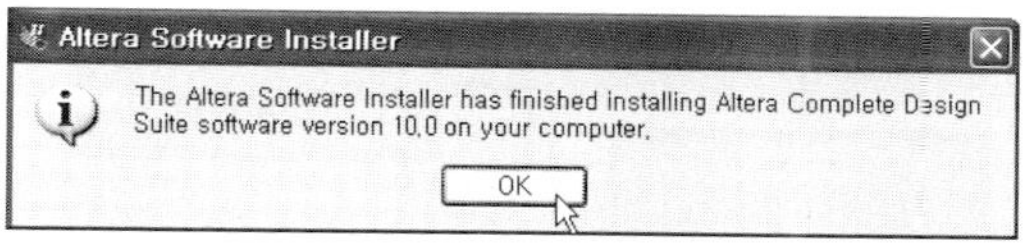

그림 1.2.16 ModelSim–Altera Edition 6.5e의 설치가 완료 되었다는 화면

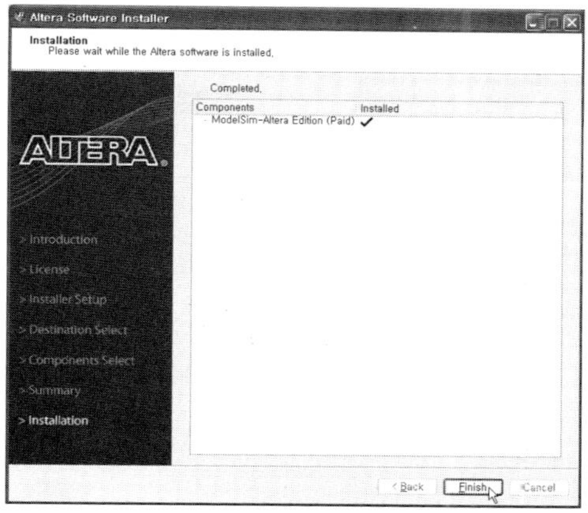

그림 1.2.17 설치된 소프트웨어의 구성요소를 확인하는 화면

1.3 ALTERA Quartus II Web Edition 10.0 설계 과정

ALTERA Quartus II Web Edition 10.0의 설계환경은 사용하기 쉬운 강력한 그래픽 사용자 인터페이스 형태로 되어있으며 전체 구성도는 그림 1.3.1과 같다. 한편, ALTERA Quartus II Web Edition 10.0의 설계 과정은 먼저 사용자가 Design Entry를 사용하여 디지털 논리회로를 설계한다. 그림 1.3.2는 ALTERA Quartus II Web Edition 10.0의 Design Entry들과 이와 관련된 설계파일의 종류를 나타내고 있다.

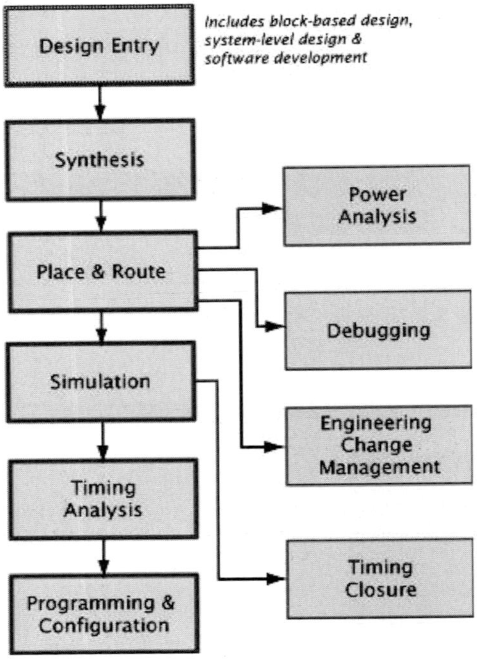

그림 1.3.1 ALTERA Quartus II Web Edition 10.0의 설계 과정

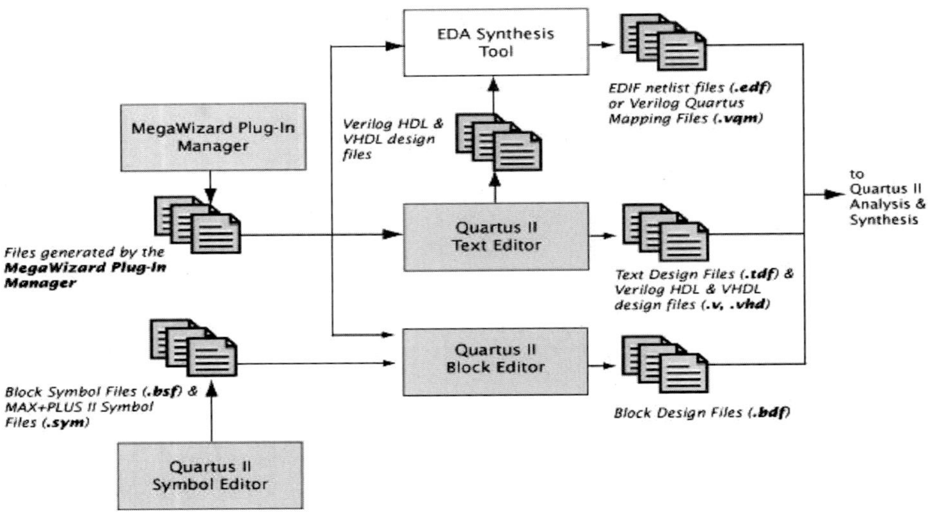

그림 1.3.2 ALTERA Quartus II Web Edition 10.0의 Design Entry 들과 설계파일의 종류

다음에 사용자가 설계한 디지털 논리회로에 대하여 4단계의 Compiler 과정을 수행한다. 첫 번째 단계는 Analysis & Synthesis 과정, 두 번째 단계는 Fitter 과정, 세 번째 단계는 Assembler 과정, 네 번째는 Timing Analyzer 과정 순으로 진행한다. 그림 1.3.3은 ALTERA Quartus II Web Edition 10.0의 Compiler 각 단계별 과정을 나타내고 있다.

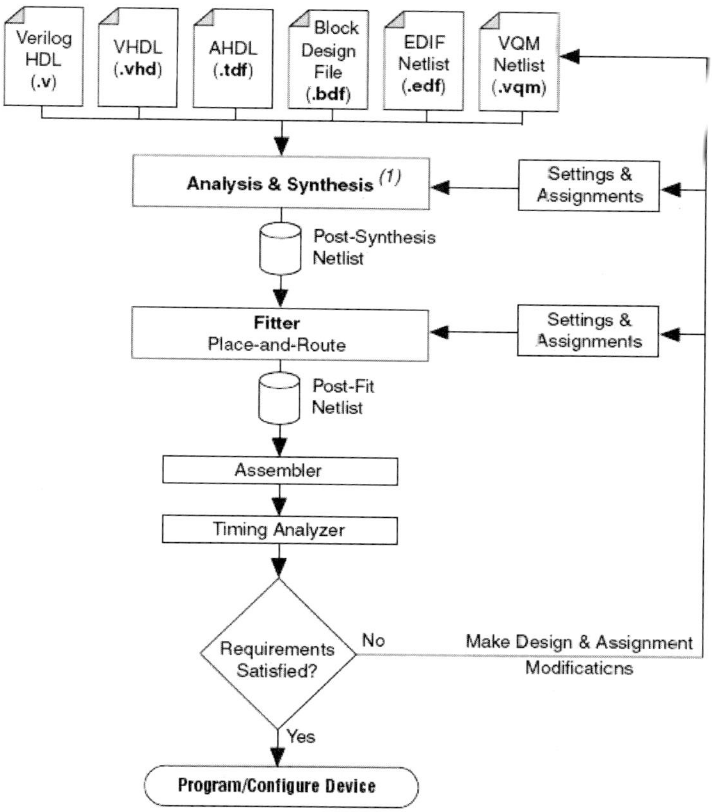

그림 1.3.3 ALTERA Quartus II Web Edition 10.0의 Compiler 각 단계별 과정

Compiler 과정이 에러가 없이 성공적으로 끝났다면 Simulator 과정을 수행하게 된다. 그림 1.3.4는 ALTERA Quartus II Web Edition 10.0의 Simulator가 수행되는 과정과 입출력 파일의 종류를 나타내고 있다.

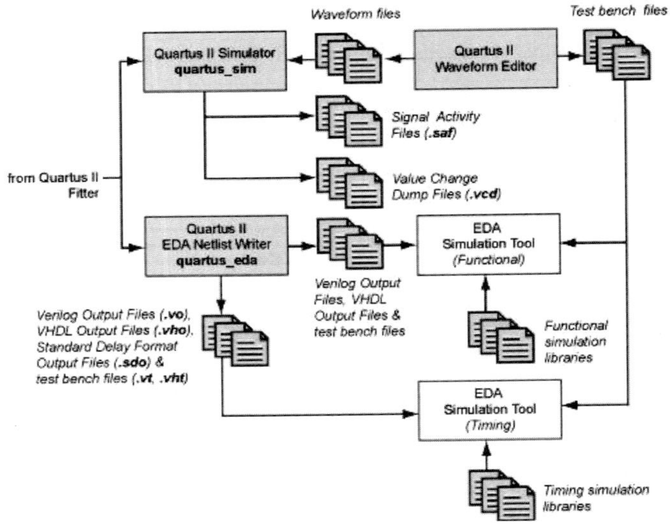

그림 1.3.4 ALTERA Quartus II Web Edition 10.0의 Simulator가 수행되는 과정과 입출력 파일의 종류

Simulator 과정이 성공적으로 끝났다면 다음 단계는 Programming 과정을 통하여 ALTERA 디바이스에 디지털 논리회로를 구현하게 된다. 그림 1.3.5는 ALTERA Quartus II 1Web Edition 0.0의 Programming이 수행되는 과정과 입출력 파일의 종류를 나타내고 있다.

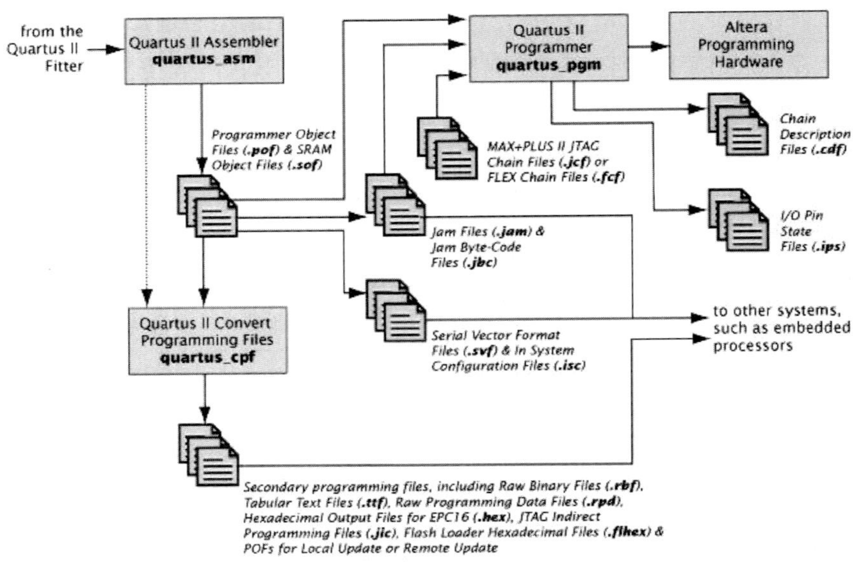

그림 1.3.5 ALTERA Quartus II Web Edition 10.0의 Programming이 수행되는 과정과 입출력 파일의 종류

1.4 Projects

ALTERA Quartus II Web Edition 10.0의 Design Entry를 사용하여 설계할 경우에는 반드시 가장 상위의 설계 파일 이름을 확장자가 없이 project명으로 설정하여야 한다. Project에는 계층적으로 설계된 파일들이 포함되어 있다. 따라서 ALTERA Quartus II Web Edition 10.0는 project명으로 Compiler, Simulator, Programming 과정 등을 수행하게 된다.

1.5 ALTERA Quartus II Web Edition 10.0 구성

ALTERA Quartus II Web Edition 10.0는 ALTERA 디바이스들에 디지털 논리회로를 구현하기 위한 소프트웨어로써 계층 구조적인 설계를 위한 다양한 Design Entry 기법을 제공하며, 강력한 논리 합성 및 타이밍을 고려한 컴파일, 기능 및 타이밍 시뮬레이션, 타이밍 분석, 디바이스 프로그래밍 등의 기능을 제공한다. 사용자가 ALTERA Quartus II Web Edition 10.0을 실행 시키면 그림 1.5.1과 같이 ALTERA Quartus II Web Edition 10.0이 자동적으로 열리게 되어 있으며,ALTERA Quartus II Web Edition 10.0의 메뉴로부터 다른 응용 프로그램들을 선택할 수가 있도록 되어있다. ALTERA Quartus II Web Edition 10.0은 그림 1.5.1에 나타난 바와 같이 현재 실행중인 project의 경로와 이름을 나타내는 타이틀 바(Title Bar), 각종 명령을 수행하기 위한 메뉴들을 포함되어 있는 풀다운 메뉴(Pull-down Menu), 풀다운 메뉴들 중에서 자주 사용되는 메뉴들을 아이콘 화 하여 모아 놓은 툴바(Toolbar), project의 설계 시 project에 사용된 심볼들을 보여주는 Project Navigator 화면, project의 Compile 과정 및 각종 명령을 수행하기 위한 메뉴들이 모여 있는 Tasks 화면, ALTERA Quartus II Web Edition 10.0의 작업 공간, project의 수행과정에 대한 메시지들을 출력하는 Message 화면 등으로 구성되어 있다.

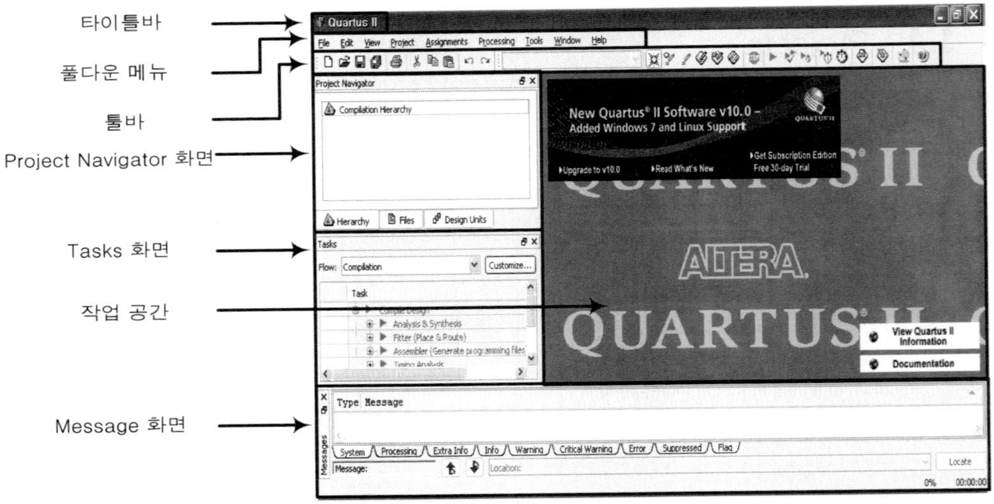

그림 1.5.1 ALTERA Quartus II Web Edition 10.0의 구성 화면

1.6 ALTERA Quartus II Web Edition 10.0의 툴바의 아이콘들

ALTERA Quartus II Web Edition 10.0의 툴바는 풀다운 메뉴 중에서 자주 사용되는 메뉴들을 아이콘화 하여 모아놓은 것이다. 색이 선명한 아이콘은 현 작업 상태에서는 사용할 수 있다는 것을 나타내고 색이 흐릿한 아이콘은 현 작업 상태에서는 사용할 수 없다는 것을 나타낸다. 한편, 툴바는 그림 1.6.1과 같이 18개의 수평 아이콘으로 구성되어 있다.

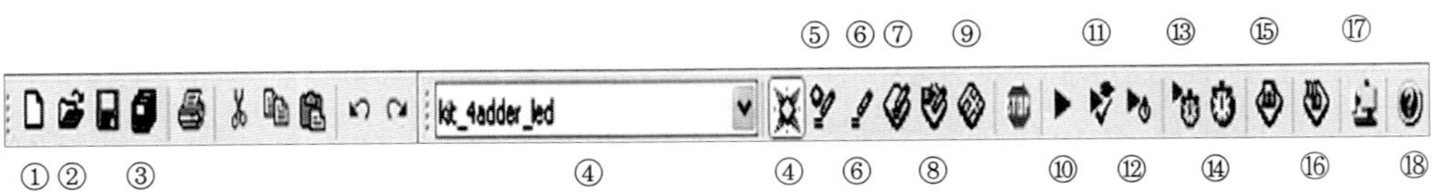

그림 1.6.1 ALTERA Quartus II Web Edition 10.0의 툴바의 아이콘들

① Design Files, Memory Files, Verification/Debugging Files, AHDL Include, Block Symbol File, Chain Description File, Synopsys Design Constraints File, Text File 중에서 사용자가 선택한 File를 나타나게 하며, Quartus II의 풀다 운 메뉴에서 [File]의 서브 메뉴인 [New... Ctrl + N]과 같은 기능을 한다.

② 사용자가 선택한 모든 종류의 파일을 화면상에 나타나게 하며, Quartus II 10.0의 풀다운 메뉴에서 [File]의 서브 메뉴인 [Open... Ctrl + O] 같은 기능을 한다.

③ Project에서 생성된 File들을 저장하는 기능을 수행하며, Quartus II의 풀다운 메뉴 에서 [File]의 서브 메뉴인 [Save As...]와 같은 기능을 한다.

④ 현재의 project명을 표시한다.

⑤ Project Navigator를 토글 식으로 표시한다. 아이콘이 눌려 있으면 Quartus II의 화면에 Project Navigator가 나타나고 아이콘이 눌려있지 않으면 Quartus II의 화 면에 Project Navigator가 표시되지 않는다.

⑥ Settings화면을 생성하거나 전면에 나타나게 하며, Quartus II의 풀다운 메뉴에서 [Assign-ments]의 서브 메뉴인 [Settings As... Ctrl + Shift + E]와 같은 기능을 한다.

⑦ Assignment Editor 화면을 생성하거나 전면에 나타나게 하며, Quartus II의 풀다운 메뉴에서 [Assignments]의 서브 메뉴인 [Assignment Editor Ctrl+Shift+A]와 같은 기능을 한다.

⑧ Pin Planner 화면을 생성하거나 전면에 나타나게 하며, Quartus II의 풀다운 메뉴에서 [Assign-ments]의 서브 메뉴인 [Pin Planner Ctrl + Shift + N]과 같은 기능을 한다.

⑨ Chip Planner 화면을 생성하거나 전면에 나타나게 하며, Quartus II의 풀다운 메뉴에서 [Tools]의 서브 메뉴인 [Chip Planner (Floorplan and Chip Editor)]와 같은 기능을 한다.

⑩ Compiler를 실행하며, Quartus II의 풀다운 메뉴에서 [Processing]의 서브 메뉴인 [Start Compilation Ctrl + L]과 같은 기능을 한다.

⑪ Analysis & Synthesis를 실행하며, Quartus II의 풀다운 메뉴에서 [Processing] 의 서브 메뉴인 [Start]의 [Start Analysis & Synthesis Ctrl + K]와 같은 기능 을 한다.

⑫ Classic Timing Analysis를 실행하며 Quartus II의 풀다운 메뉴에서 [Process ing]의 서브 메뉴인 [Start]의 [Start Classic Timing Analysis Ctrl + Shift + L]과 같은 기능을 한다.

⑬ TimeQuest Timing Analysis를 실행하며 Quartus II의 풀다운 메뉴에서 [Proces sing]의 서브 메뉴인 [Start]의 [Start TimeQuest Timing Analysis Ctrl + Shift + T]와 같은 기능을 한다.

⑭ TimeQuest Timing Analysis를 생성하거나 전면에 나타나게 하며, Quartus II의 풀다운 메뉴에서 [Tools]의 서브 메뉴인 [TimeQuest Timing Analysis]와 같은 기능을 한다.

⑮ Compilation Report 생성하거나 전면에 나타나게 하며, Quartus II의 풀다운 메뉴에서 [Pro-cessing]의 서브 메뉴인 [Compilation Report Ctrl + R]과 같은 기능을 한다.

⑯ Programmer를 생성하거나 전면에 나타나게 하며, Quartus II의 풀다운 메뉴에서 [Tools]의 서브 메뉴인 [Programmer]와 같은 기능을 한다.

⑰ SOPC Builder를 생성하거나 전면에 나타나게 하며, Quartus II의 풀다운 메뉴에서 [Tools]의 서브 메뉴인 [SOPC Builder]와 같은 기능을 한다.

⑱ Help Index를 전면에 나타나게 하며, Quartus II의 풀다운 메뉴에서 [Help]의 서브 메뉴인 [Index]와 같은 기능을 한다.

1.7 ALTERA FPGA 디바이스 구조(Architecture)

HBE-COMBO II 장비에서 사용하는 ALTERA FPGA 디바이스인 Cyclone II FPGA Device가 갖고 있는 주요 특징과 기본 구조에 대해서 간략하게 설명하도록 하겠다. 그림 1.7.1은 Cyclone II 디바이스의 내부 Architecture에 대한 블록도이다. 여기에서 볼 수 있듯이 Cyclone II 내부 구조는 크게 로직을 설계하는 부분은 논리 게이트가 설계되는 Logic Array Block, 데이터를 저장할 수 있는 장소인 메모리가 구성되는 M4K Block, 신호처리 부분에서 연산의 속도를 올려주기 위한 Embedded Multipliers Block 등으로 나누 어 진다. 이외에 디바이스 외부의 입.출력을 위한 IOEs 블록과 클록을 관리해 주는 PLL 블록으로 구성되어 있다.

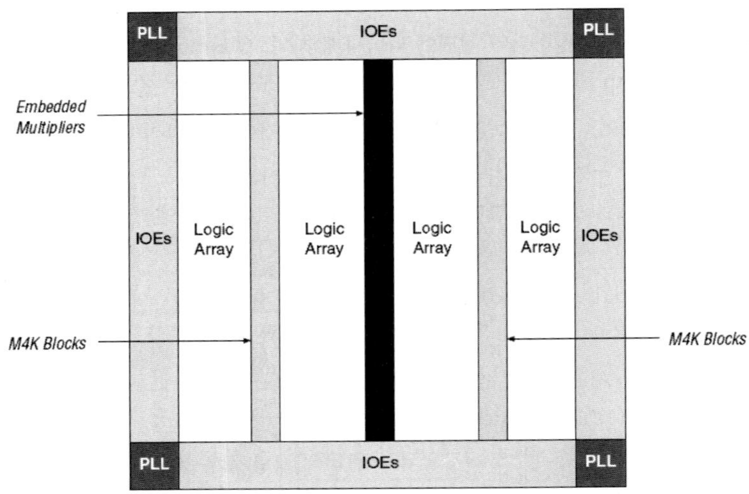

그림 1.7.1 Cyclone II 디바이스의 내부 구조에 대한 블록도

1.7.1 Logic Element

그림 1.7.2는 FPGA를 구성하는 가장 기본 블록인 Logic Element의 내부 구조를 나타내고 있다. 사용자가 FPGA를 이용하여 회로 또는 시스템을 설계하였다면, 설계한회로 또는 시스템에서 사용되는 논리 회로가 Logic Element에서 구성된다. Logic Element 블록도에서 나타나듯이 Logic Element는 크게 Look-Up Table(LUT)과 Programmable Register,

Routing 선으로 이루어지는 것을 알 수 있다. LUT는 논리회로가 구성되는 곳이다. LUT는 다른 Logic Element 또는 IO의 입력 신호를 4개 받아서 출력시키는 구조로 구성되어 있다. 4개 이상의 입력 신호를 받는 논리 회로의 경우에는 LUT 옆에 붙어 있는 Carry Chain을 통해서 다른 Logic Element와 연결되어 회로가 구성된다. 또, 플립플롭이 사용되는 회로의 경우에는 Logic Element에 포함되어 있는 플립플롭을 사용하도록 구성된다. LUT와 플립플롭을 거쳐서 만들어진 신호는 Routing 신호선을 통해서 다른 Logic Element 또는 FPGA의 Routing Bus로 이루어진 있는 Interconnection Bus에 연결되도록 구성되어 있다. 보통 1개의 Logic Element에는 약 20개의 논리 게이트가 합성되지만, 그렇다고 해서 AND 게이트를 20개를 사용하였을 때 1개의 Logic Element에 구성된다는 말은 아니다. Logic Element는 FPGA내에 수만 ~ 수십만개가 구성되어 있다.

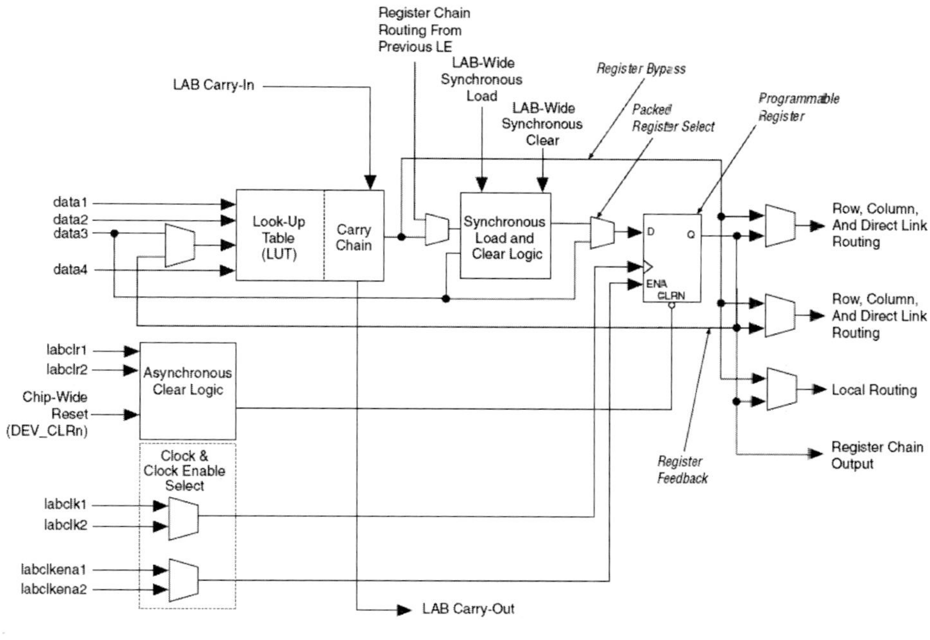

그림 1.7.2 Logic Element의 내부 구조

1.7.2 LAB(Logic Array Block)

Logic Element는 각각 1개씩 FPGA에 구성되어 있지 않다. 그림 1.7.3과 같이 16개의 Logic Element가 묶여져서 구성되는 Logic Array Block으로 FPGA는 구성된다. LAB와 LAB는 Interconnection Bus를 통해 연결된다.

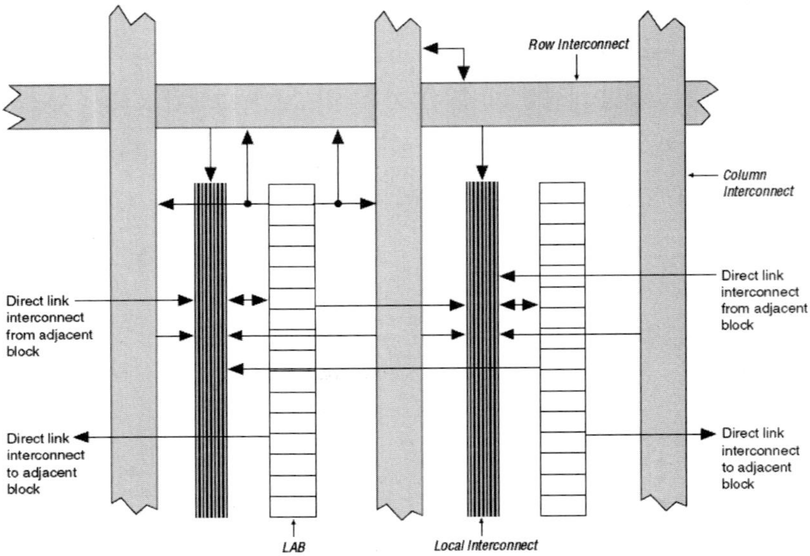

그림 1.7.3 16개의 Logic Element가 묶여져서 구성되는 Logic Array Block

한편, Interconnection Bus는 그림 1.7.4와 같이 Row와 Column Interconnect Connection으로 구성되어 FPGA내에 LAB를 더 많이 구성할 수 있도록 도와준다.

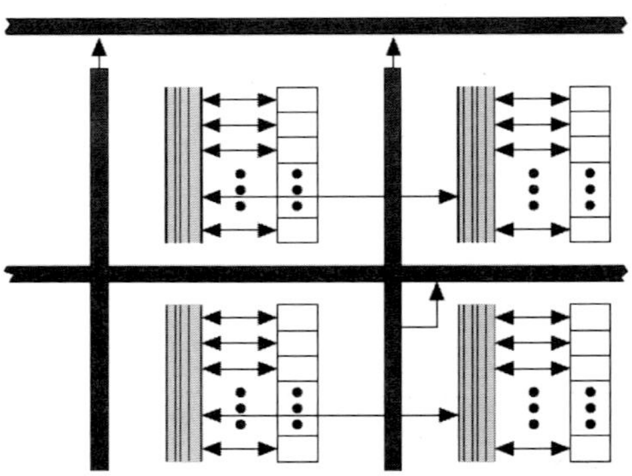

그림 1.7.4 Interconnection Bus

1.7.3 M4K RAM Block

그림 1.7.5는 FPGA 내부에서 메모리를 설계하는데 최적화되도록 구성된 M4K RAM Block에 대한 블록도이다. Logic Element에도 플립플롭이 구성되어 있기 때문에 이 Logic Element를 사용해서 메모리를 설계할 수 도 있지만, 회로의 최적화와 동작 속도를 빠르게 하기 위해서는 M4K RAM Block을 사용하는 것이 좋다. 일반적으로 사용하는 메모리는 IC로써 하드웨어 적으로 구성되기 때문에 어드레스와 데이터의 비트 수가 고정되어 있는데, FPGA 내에 구성된 M4K RAM Block은 일정 메모리의 용량을 갖고 있지만, 어드레스와 데이터의 비트 수는 가변적이다. 예를 들어 1개의 M4K RAM Block은 약 4Kbit의 메모리를 설계 할 수 있는데, 이것은 4Kbit = 4 × 1024 = 4096개의 데이터를 저장할 수 있음을 의미한다. 만약 4비트의 데이터를 저장하는 메모리를 설계할 경우에는 총 1024개의 어드레스를 갖고 있는 메모리를 설계할 수 있다. 같은 용량을 두고 8비트의 데이터를 사용할 경우에는 512개의어드레스를 갖는 메모리를 설계할 수 있다. 즉, 4096 = 4bit × 1024 = 8bit × 512 = 16bit × 256 = … 의 구성이 가능해 진다. 물론 FPGA내에 M4K RAM Block이 여러 개 구성되어 있기 때문에 설계되는 용량이 4Kbit를 초과할 경우에는 다른 Block과 연결되어 FPGA에서 지원하는 메모리 용량까지 설계할 수 있다. 또한 M4K RAM Block은 Interconnect Connection과 연결되어 있어서 이 블록을 필요로 하는 로직과 빠르게 연결할 수 있도록 구성되어 있다.

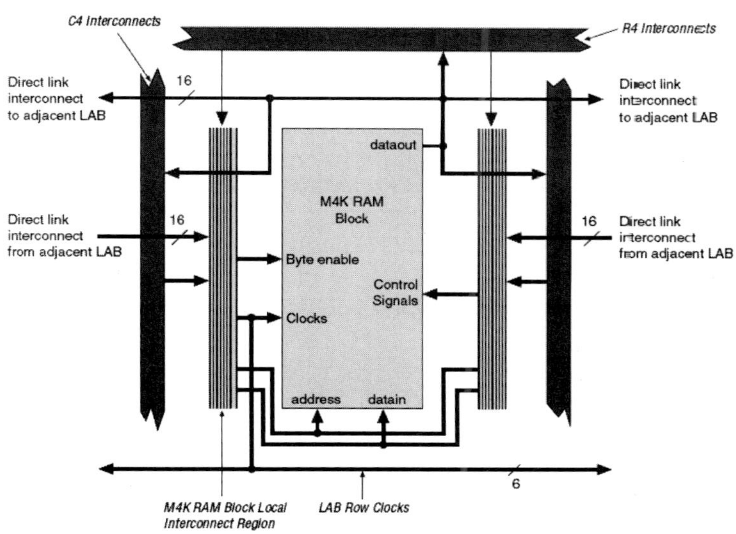

그림 1.7.5 M4K RAM Block에 대한 블록도

1.7.4 Embedded Multiplier Block

그림 1.7.6은 Cyclone II 내부에 구성되어 있는 Embedded Multiplier Block의 블록도를 나타낸 것이다. 1개의 Embedded Multiplier Block에는 18bit × 18bit곱셈 연산을 할 수 있는 블록이 구성되어 있다. 사용하는 방법에 따라서 1개의 블록에서 9bit × 9bit 곱셈 연산 2개를 구성도 가능하다. 이것은 DSP와 같은 신호처리 시스템을 설계하거나, 연산을 많이 하는 시스템을 설계할 때 도움이 많이 된다. M4K RAM Block과 마찬가지로, 이런 연산회로를 Logic Element로 설계할 수도 있지만, 설계의 최적화와 동작 performance의 향상을 위해서 이런 연산을 위한 전용 블록인 Embedded Multiplier Block이 Cyclone II 디바이스 내부에 구성되어 있다.

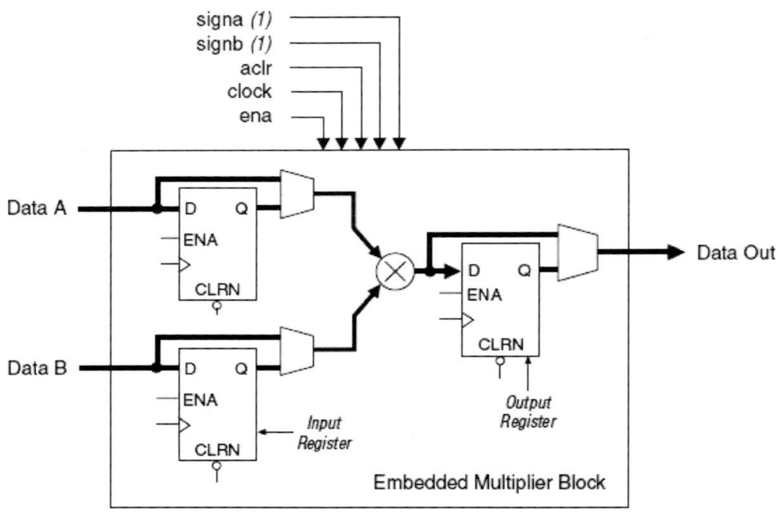

그림 1.7.6 Embedded Multiplier Block의 블록도

1.7.5 Cyclone II Device Feature

표 1.7.1은 Cyclone II 디바이스 Family의 특징을 보여주고 있다. Cyclone II 디바이스에는 디바이스에 설계할 수 있는 게이트의 크기와 Package에 따라 디바이스 모델명에 차이를 갖고 있다.

표 1.7.1 Cyclone II 디바이스 Family의 특징

Feature	EP2C5	EP2C8	EP2C15	EP2C20	EP2C35	EP2C50	EP2C75
LEs	4,608	8,256	14,448	18,752	33,216	50,528	68,416
M4K RAM Blocks (4Kbits + 512 parity bits)	26	36	52	52	105	129	250
Total RAM bits	119,808	165,888	239,616	239,616	483,840	594,432	1,152,000
Embedded Multipliers	13	18	26	26	35	86	150
PLLs	2	2	4	4	4	4	4

CHAPTER 02

HBE-COMBO II 트레이닝 키트의 사용법

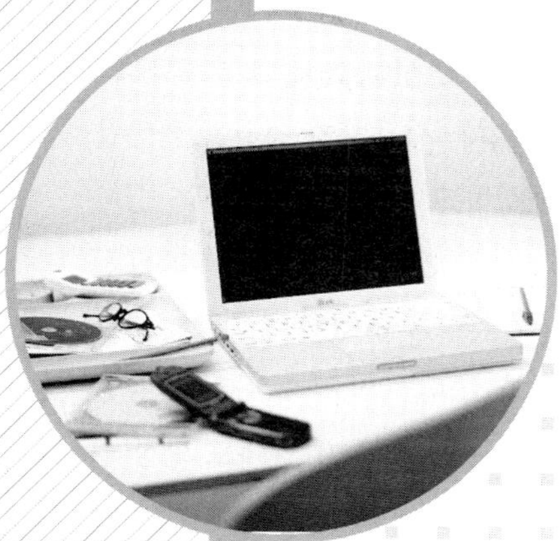

2.1 HBE-COMBO II 트레이닝 키트의 특징

2.2 HBE-COMBO II 트레이닝 키트의 구성도

2.3 HBE-COMBO II 트레이닝 키트의 모듈 및 핀 구성

HBE-COMBO II 트레이닝 키트는 현대의 전자, 정보통신 산업현장에서 필요로 하는 디지털 논리회로 설계에 대한 학교 교육에서 이론적인 교육환경을 벗어나 이론에서 얻은 결과를 직접 눈으로 확인 할 수 있도록 하는 환경을 제공하기 위한 디지털 논리 회로 설계 실습장비다. HBE-COMBO II 트레이닝 키트는 산업 현장에서 디지털 회로설계에 많이 적용되고 있는 FPGA를 이용하여 사용자가 설계한 회로를 직접 하드웨어를 이용하여 동작시킴으로 이론교육에서 얻을 수 없었던 여러 가지 동작 현상을 실험을 통해 얻을 수 있으며, 이와 아울러 학생들에게 디지털 논리 회로 설계에 대한 흥미를 유발 시킬 수 있다. 그리고 본 제품에서는 ALTERA사와 Xilinx사의 두 디바이스를 한 보드 내에서 사용할 수 있도록 메인 디바이스를 모듈화 하였다. 따라서 하나의 보드에서 메인 디바이스 모듈의 탈, 장착을 통해 두 회사에서 제공하는 디바이스를 경험해 볼 수 있도록 구성을 해 놓았다. 여기에 사용하는 디바이스도 두 회사에서 최근에 개발된 디바이스를 사용하도록 구성하고, 설계할 수 있는 용량도 대폭 늘려서 여유롭게 설계할 수 있는 구성을 가지고 있다. 사용자가 원하는 클록을 손쉽게 입력 받아 사용할 수 있도록 클록 컨트롤 블록을 구성하고 있고, 여기에서는 클록 제어 스위치를 이용하여 16개의 클록을 출력하게 구성하였다. 또한 디바이스 모듈에 별도의 사용자 클록을 두어 원하는 오실레이터를 꽂아 사용할 수 있도록 구성하고 있다. 이 밖에도 동작에 필요한 설정을 단순화하여 사용상의 어려움을 최소화 하였으며, 다양한 응용 모듈을 내장하여 별도의 장치 없이 충분한 실습이 이루어지도록 하였다. 이외에도 확장 입출력 포트를 통해 제품에서 구성되지 않는 기능을 실습할 수 있도록 구성 하였다. 장비에 구성하고 있는 장치들을 살펴보면, VFD(Vacuum Fluorescent Display) 및 고휘도 LED를 두어 시인성을 더욱 강화하였다. 또한 다양한 입력 장치 (키 패드, 푸쉬 버튼 스위치, 버스 스위치)를 사용하여 보드 내에서 직접 제어하여 실험할 수 있게 구성하고 있다. 또한 적외선 통신 실험을 할 수 있는 IrDA, USB to Serial 통신 실험을 할 수 있는 USB 포트, 자기센서를 이용한 스텝 모터 구동을 할 수 있도록 구성하였다. 또한 보드 내에 50핀 커넥터를 이용하여 다양한 확장 모듈을 장착하여 실험할 수 있도록 구성하고 있다. HBE-COMBO II 트레이닝 키트를 이용하면, 디지털 논리회로 설계의 기본의 이론적인 부분을 벗어나 다양한 응용 모듈과 장치들을 이용한 설계에서 더 높은 회로 설계의 기술을 익히고 배우게 될 것이다. 제품에 장착되어 있는 최신의 디바이스와 대용량의 디바이스로 설계에 대한 제약이 없이 설계를 할 수 있다. 또한 두 회사의 디바이스를 사용하여 설계하는 회사의 제약 없이 회로를 설계 할 수 있는 방법을 익히게 될 것이다.

2.1 HBE-COMBO II 트레이닝 키트의 특징

(1) ALTERA, Xilinx 디바이스의 모듈화

FPGA 디바이스의 유연성과 확장성을 고려하여 ALTERA 디바이스(EP2C35F672, EP2C50F672, EP2C70F672)와 Xilinx 디바이스(XC3S1000FG676, XC3S1500FG676, XC3S2000FG676, XC3S4000FG676)의 교체 사용이 가능하도록 모듈화 하였으며 ALTERA사의 Cyclone II Series(3.5M ~ 7M System Gates)와 Xilinx사의 Spartan3 Series(1M ~ 4M System Gates)를 사용할 수 있도록 구성하고 있다.

(2) 디바이스 모듈의 독립성

Device Module 내에 FPGA 디바이스와 Configuration PROM을 같이 두어 모듈의 Configuration Device에서 한 번의 프로그램으로 다음의 전원 인가 시 Configuration PROM에 의한 데모 동작을 할 수 있도록 구성하고 있다. 또한 별도의 오실레이터를 모듈에 장착하여 사용이 가능하도록 구성하고 있으므로 모듈에 전원 공급만으로 단독 사용이 가능하게 구성하고 있다.

(3) Clock Control Block

베이스 보드에 있는 50MHz의 오실레이터 출력을 Clock Control Block을 이용하여 0Hz ~ 50MHz의 16종류의 클록으로 분주하여 사용할 수 있도록 구성하고 있다. 또한 디바이스 모듈에서 별도의 사용자 클록이 있어 모듈에 사용하는 오실레이터 값이 그대로 전달되어 사용할 수 있도록 구성하였다. 따라서 베이스 보드와 디바이스 모듈의 2개의 클록을 입력 받아 다양한 클록 선택을 통한 설계가 가능하게 구성하였다. 이러한 두 종류의 클록은 디바이스 별로 각각의 클록 전용 핀에 연결되어 있어 제어 프로그램에서의 클록 핀의 선택 따라 원하는 클록을 선택하여 사용이 가능하다. 이러한 클록의 선택은 디바이스 모듈에 있는 User Clk EN 스위치를 이용하여 디바이스모듈에 있는 클록 입력을 제어할 수 있다.

(4) 장비의 확장성

사용자가 제작한 입출력 장치들을 인터페이스 할 수 있도록 50pin × 2의 확장 포트를 지원하여 사용자가 보드 이외의 곳에 데이터를 출력하여 제어가 가능하도록 구성하고 있다. 또한 별도의 50핀 확장 커넥터를 통해 HBE-COMBO II 트레이닝 키트용 모듈을 장착하여 다양한 실험을 하도록 구성하고 있다.

(5) 손쉬운 프로그래밍 작업

다양한 작업 (FPGA Download, PROM Program)에 사용되는 전용 케이블 모듈을 이용하여 PC와 장비를 연결하여 손쉽게 프로그램 할 수 있도록 구성하였다.

2.2 HBE-COMBO II 트레이닝 키트의 구성도

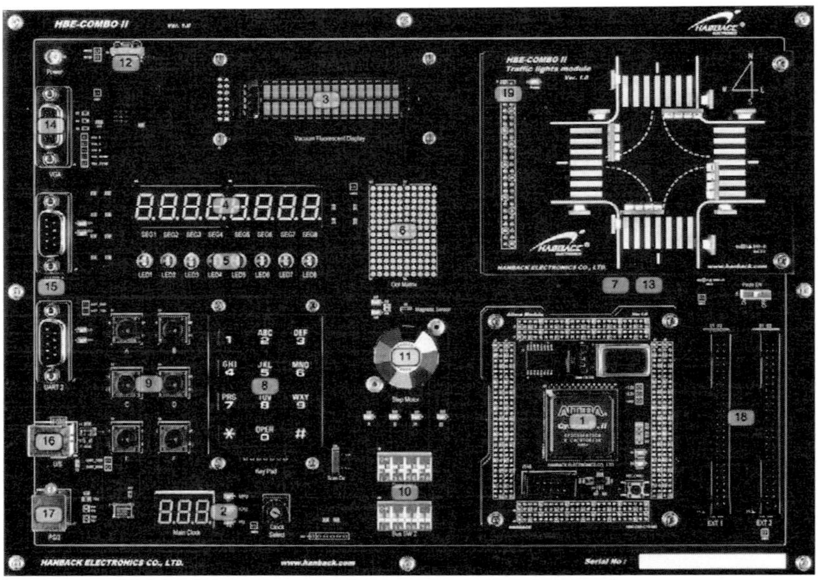

(1) FPGA 모듈

ALTERA 디바이스(EP2C35F672, EP2C50F672, EP2C70F672)와 Xilinx 디바이스(XC3S1000FG676, XC3S1500FG676, XC3S2000FG676, XC3S4000FG676)를 겸용으로 장착하여 사용 가능하도록 커넥터로 구성하였다. 따라서 사용자가 사용하려는 FPGA Module

을 선택 장착하여 사용이 가능하다. 여기에서 선택하는 모듈에 따라서 설계 소프트웨어도 달리 해 주어야 한다. 이렇게 설계된 환경은 전용 다운로드 케이블을 이용하여 디바이스 모듈의 JTAG 커넥터로 FPGA 디바이스와 Configuration PROM에 다운할 수 있다. 따라서 FPGA 모듈은 전원 공급을 통해 디바이스에서 다운이 가능하게 구성하였다. 또한 FPGA 디바이스는 RAM 타입의 디바이스로 전원 OFF시 디바이스 내부의 데이터가 사라짐으로 다시 전원을 ON 하더라도 이전의 동작이 계속 유지가 되지 않는다. 그래서 전원을 켤 때마다 디바이스에 재 프로그램 해 주어야 한다. 이런 불편한 점을 보완하기 위해 별도의 Configuration PROM을 두어, 한 번의 프로그램만으로 데이터가 사라지지 않고 RESET 버튼을 통해 Configuration PROM을 통해 미리 저장된 데이터를 넘겨주어 동작이 가능하게 구성을 하였다. 현재 FPGA 모듈에서 사용하는 Configuration PROM은 ALTERA는 EPCS16S116N, Xilinx는 XCF08PVO48C를 사용하고 있다. 그리고 베이스 보드로부터 클록을 입력을 받아 사용하고, 모듈 내에 오실레이터를 장착하여 User Clock을 입력 받아 사용할 수 있도록 구성하였다.

(2) 클록 제어 블록

메인 클록은 Base Board에서 제공하는 50MHz를 로터리 스위치를 이용하여 0Hz ~ 50MHz 까지의 16개로 클록 형태로 분주 하여 사용하도록 구성하고 있다. 또한 모듈에 별도의 User Clock을 달아서 사용할 수 있도록 구성을 해 놓았다. 사용자가 사용하려는 오실레이터의 값이 그대로 FPGA 디바이스에 전달되어 사용을 할 수 있도록 구성이 되어 있다. 따라서 사용자가 원하는 클록을 오실레이터를 꽂으면 그 클록이 바로 디바이스에 전달되어 사용이 가능하다. 이 User Clock은 옆에 잉카 스위치를 두어서 사용하는 오실레이터가 없을 때 스위치를 OFF 시켜서 클록 핀을 안정화 시켜 놓았다. 사용하는 클록은 몇 개의 클록 입력 전용 핀을 이용해서 입력을 받고 있으므로 메인 클록과 User Clock을 동시에 받아서 회로를 설계 할 수 있다.

(3) VFD(Vacuum Fluorescent Display)

16문자 × 2라인을 출력할 수 있도록 구성된 VFD 모듈이다. VFD란 진공 형광 표시 장치로써 저속 전자선에 의한 형광체의 여기 발광 현상을 이용한 표시 장치이다. 따라서 일반 Text LCD 보다 도트 자체적으로 발광을 하기 때문에 밝기 면에서 우수하여 시인성이 뛰어나고 응답 속도가 빠른 특징이 있다. 동작은 영문, 숫자, 특수문자 등을 문자표를 보고 데이터 값을 보내서 표시가 가능하다. 또한 코드의 수정으로 문자의 밝기를 4가지 모드로 조절할 있는 특징이 있다.

(4) 7-Segment Array

총 8자리의 숫자를 표시할 수 있도록 구성된 7-Segment Array 모듈이다. 각 7-Segment에서 사용하는 핀의 수를 줄이기 위해 7-Segment의 Common 핀을 이용하여 7-Segment를 하나씩 선택하고, 이렇게 선택된 7-Segment에 data를 주는 동적 방식을 이용하여 제어한다. 따라서 FPGA I/O가 제한되어 있는 곳에서 적은 핀으로 보다 많은 7-Segment를 제어할 수 있다.

(5) High light LED

8개의 고휘도 LED로 구성되어 있다. 따라서 보다 선명한 빛을 통해 LED의 동작을 확인할 수 있다.

(6) Dotmatrix LED

10×14 도트로 구성된 Dotmatrix LED로서 최대 4자의 영문자 또는 1자의 한글을 표시할 수 있도록 구성되었다.

(7) Piezo

특정 주기의 클록 소스를 인가할 경우 멜로디를 출력하는 장치이다. 10KHz ~ 1Hz의 클록 소스를 사용하여 다양한 멜로디를 출력 할 수 있다. 그림에서는 신호등 모듈 밑에 위치하고 있다.

(8) Keypad

3×4 keypad 모듈을 사용하여 숫자 1 ~ 0과 #, *를 표현 할 수 있는 스위치를 사용하고 있다. 스위치의 동작은 스캔 방식을 이용하여 제어를 하도록 구성이 되어 있다. 스캔으로 사용할 수 있는 라인인 Column과 Row 라인을 "Scan Dir" 스위치를 통해 선택 할 수 있다.

(9) 버튼 스위치

A ~ F까지의 입력을 할 수 있도록 버튼 스위치 6개로 구성이 되어 있다. 이 푸쉬 버튼에 대한 표시는 보드에 표기되어 있다. 또한 스위치에는 채터링을 방지하기 위한 회로가 추가 되어 있어 버튼의 입력을 확실히 받을 수 있다.

(10) 버스 스위치

16비트의 버스 입력을 위한 딥(DIP) 타입의 스위치이다. 이 스위치에는 차터링 방지 회로가 내장되어 있지 않으므로 버튼 스위치의 용도로 사용할 경우 정상적인 입력이 되지 않을 수 있다.

(11) Step Motor

4개의 데이터 라인을 통해 1상 여자 방식, 2상 여자 방식, 1-2상 여자 방식으로 모터를 구동하게 된다. 따라서 이러한 데이터의 신호에 따라서 모터가 가지고 있는 정해진 각도에 따라 모터 축이 회전하는 원리를 가지고 있는 모터를 구성해 놓았다. 또한 모터의 회전을 감지하기 위해 자기센서를 부착하고 있어, 모터의 제어를 더욱 다양하게 할 수 있다.

(12) IrDA

적외선 주파수 스펙트럼 내의 모아진 광선을 이용하여 비교적 짧은 거리 내에 있는 송, 수신기 사이의 무선 데이터 통신에 이용할 수 있는 블록을 구성하고 있다. 송,수신기를 하나의 모듈로 구성한 HSDL-3600 1개를 보드 가장 자리에 배치하고 있어 다른 장비와 연동하여 서로간의 적외선 통신 실습을 구현할 수 있다.

(13) Memory

512Kbit의 SRAM과 16Mbit의 Flash Memory로 구성되어 있으며, SRAM과 Flash Memory는 각각 별도의 데이터 라인을 통해 독립적으로 제어가 가능하다. 이러한 메모리들의 핀을 제어하여 메모를 영역을 제어할 수 있도록 구성해 놓았다. 그림에서는 신호등 모듈 밑에 위치하고 있다.

⒁ VGA 포트

컬러 VGA 모니터를 구동할 수 있도록 디지털 RGB를 아날로그 RGB 신호로 변환해줄 수 있는 D/A Converter가 연결되어 최대 1024 × 768 해상도에 최대 24bit RGB 컬러를 구현할 수 있도록 구성되어 있다.

⒂ RS-232 통신 포트

PC 등의 개발 호스트와 RS-232 포트와의 통신을 위한 시리얼 포트이다. 9핀 Male로 2개가 장착되어 있다.

⒃ USB to Serial 포트

시리얼 통신을 하기 위한 포트로써 RS-232 포트를 지원하지 않는 호스트에서 USB 포트를 이용하여 실험할 수 있는 장치이다. 지원하는 디바이스로 FT232를 사용하고 있고, http://www.ftdichip.com/에서 윈도우용 드라이버를 설치하여 사용하면 된다.

⒄ PS/2 포트

PC의 입력 장치로 사용되는 PS/2 키보드나 마우스를 연결해 키보드 컨트롤러나 마우스 컨트롤러를 설계해 볼 수 있는 PS/2 커넥터 2개로 구성되어 있다.

⒅ 확장 포트

외부 Application 장치나 사용자께서 제작한 장치를 연결하기 위한 포트로 50핀 Male 커넥터로 구성되어 있으며 총 2 포트를 제공한다.

⒆ 확장 포트(Daughter)

장비 내에 50핀 확장 커넥터에 확장 모듈을 장착하여 실험할 수 있는 포트이다. 이 모듈에는 신호등, 자판기부터 오디오 코덱을 실험할 수 있는 모듈 등이 구성되어 있다.

2.3 HBE-COMBO II 트레이닝 키트의 모듈 및 핀 구성

2.3.1 클록 제어 블록

(1) 구성

장비 내부에는 Clock control block이 있어서 사용자가 원하는 클록을 간단한 스위치의 조작으로 입력 받아 사용할 수 있다. 이 제어 블록은 오실레이터로 입력되는 50MHz의 클록을 별도의 CPLD에서 16분주하여 FPGA 디바이스 모듈의 입력 전용 핀으로 분주된 클록이 입력되고 있다. 따라서 사용자는 Clock Control Switch를 이용하여 16개의 클록을 선택할 수 있다. Clock Control Block의 구성은 50 MHz의 오실레이터와 표시 부, 클록 제어부의 3부분으로 구성하고 있다.

오실레이터 부는 전원 공급으로 주파수를 생성하는 장치로 장비에서 필요한 클록을 생성하고 있다. 표시 부는 7-Segment와 LED로 구성하고 있고, 7-Segment에서는 주파수 값이 LED에는 주파수 대역(MHz, KHz, Hz)을 표시하게 된다. 클록 제어부는 오실레이터에서 나오는 값을 클록 제어 스위치에 따라 16분주하여 FPGA 디바이스 모듈로 전달하는 역할을 하고 있다.

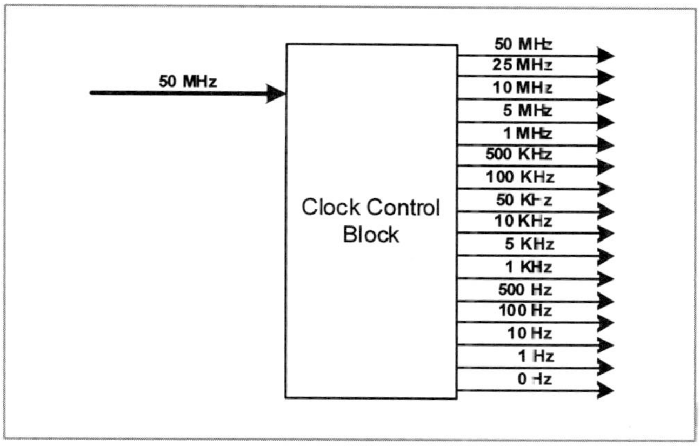

(2) 동작

장비에서 사용하는 클록은 기본으로 Base board 에 있는 50 MHz를 가지고 사용하게 된다. 따라서 클록 제어 스위치를 조절하면 7-Segment에 현재 FPGA 디바이스 모듈로 공급되는 클록 값이 표시되고 오른 쪽에 있는 LED를 통해 현재 주파수 대역을 확인할 수 있다.

이 스위치를 조절하여 0Hz ~ 50MHz 의 분주된 클록의 값을 FPGA 디바이스 모듈로 전달되게 된다. 또한 FPGA 디바이스 모듈에는 별도로 오실레이터를 꼽아 사용할 수 있는 소켓을 구성해 놓았다. 이 소켓에는 사용자가 원하는 값을 가진 오실레이터를 장착해서 사용할 수 있다. 따라서 이 자리에 오실레이터를 장착하고 User Clk EN 스위치를 On 하여 사용하면 된다. Main clock 과 User clock은 서로 다른 입력 전용 핀으로 연결이 되어 있으므로 설계 소프트웨어에서 핀 연결을 하여 사용하면 된다.

오실레이터의 출력 클록은 다음에서 확인할 수 있다. 다음 표에서는 Clock Select 스위치에 따른 출력 주파수를 확인할 수 있다. 장비에서는 출력 클록의 확인은 3개의 7-Segment를 이용하여 주파수 값을 확인할 수 있고, 7-Segment 옆에 있는 3개의 LED를 통해 주파수 대역을 확인할 수 있다. 이처럼 장비에서는 손쉽게 원하는 클록을 제어하여 FPGA 디바이스로 입력할 수 있다.

Clock Select	클록 입력	Clock Select	클록 입력	Clock Select	클록 입력	Clock Select	클록 입력
0	0Hz	4	100Hz	8	10KHz	C	1MHz
1	1Hz	5	500Hz	9	50KHz	D	5MHz
2	10Hz	6	1KHz	A	100KHz	E	25MHz
3	50Hz	7	5KHz	B	500KHz	F	50MHz

(3) 회로도

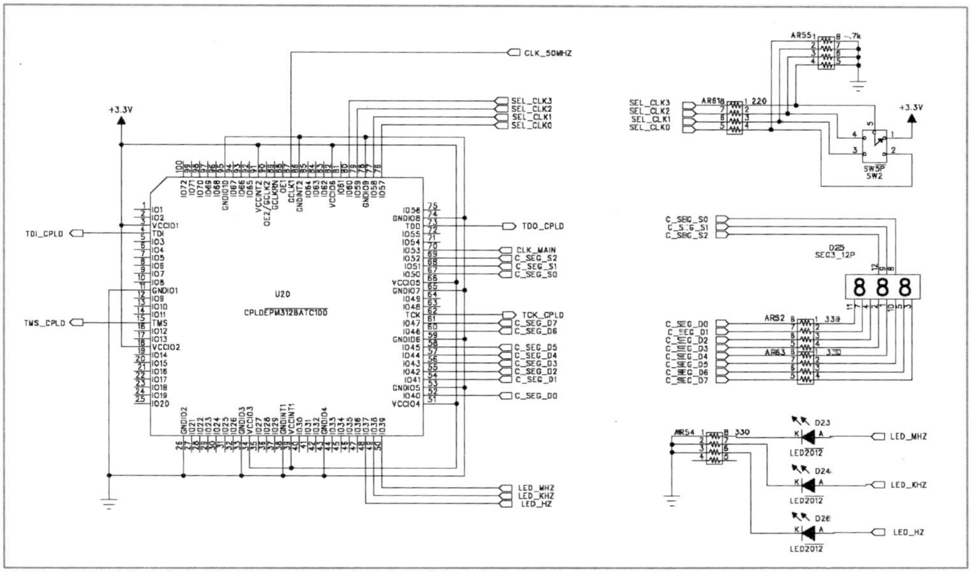

(4) 핀 구성표

FPGA Signal	ALTERA	Xilinx	Description
CLK_MAIN[0]	N1	A13	Main Clock Input
CLK_MAIN[1]	A13	C14	Main Clock Input
CLK_USER[0]	N2	B13	User Clock Input
CLK_USER[1]	B13	B14	User Clock Input

2.3.2 VFD(16×2 라인)

(1) VFD(vacuum fluorescent display)란

VFD는 형광 표시판으로써 1960년도에 개발되어 전자계산기에 적용되기 시작 하였으며, 80년대에 다색화에 성공하여 여러 색깔을 만들어 가고 있다. 이 모듈은 CRT의 전자총 역할을 하는 필라멘트에서 항시 방출되는 전자를 형광체에 충돌시켜 자체적으로 발광시키는 소자이다. 따라서 예전의 Text LCD에서 보는 백 라이트에서 보는 것과 달리 하나의 도트마다 자체 발광하여 출력하는 장치라 할 수 있다.

(2) 특징

VFD는 형광 물질의 조절로 여러가지 색의 표시가 용이하고, 자체적으로 발광하기 때문에 시인성이 뛰어나다. 또한 LED등과 비교 시 빛이 부드러워 눈의 피로를 덜고 어두운 곳이나 밝은 곳에서도 문자 식별이 가능하며, 시야 각 또한 우수하고 저 전압으로 구동이 가능하여 부품의 적용이 쉬우며 고 신뢰성을 가지고 있다.

(3) 구성

VFD 모듈의 외부 구조는 다음의 그림과 같이 16문자 × 2의 표시부를 가지며 표시부 좌측에 커넥터가 위치한 형태이다.

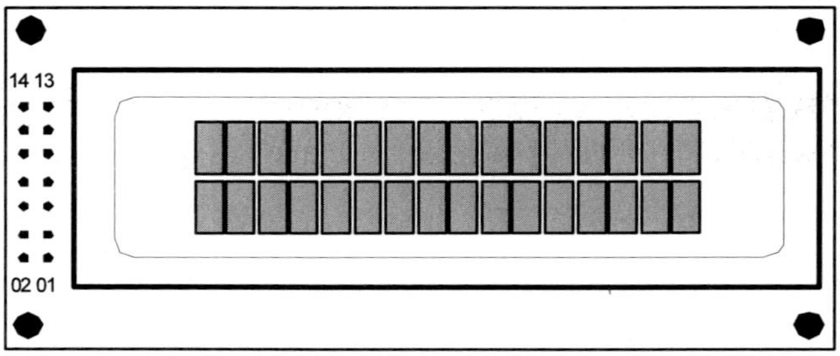

사용되는 인터페이스 커넥터 핀의 기능을 요약하면 다음의 표와 같다.

핀	신호명	기 능
1	GND	전원 GND
2	VCC	전원 +5V
3	/RST	Reset input
4	RS	Register Select (0 = instruction, 1 = data)
5	R/W	Read/Write (0 = FPGA → LCD, 1 : FPGA ← LCD)
6	E	Enable Signal for read/write LCD
7	DB0 (LSB)	
8	DB1	
9	DB2	
10	DB3	
11	DB4	
12	DB5	
13	DB6	
14	DB7	

(4) 동작 타이밍

VFD 모듈은 FPGA로 접속할 때는 각 제어신호의 동작 타이밍을 고려하여야 한다. VFD 모듈은 과거의 Text LCD 보다 동작 타이밍에 대한 성능이 우수해 졌다. VFD 모듈의 read 및 write 동작시의 타이밍 도를 보면 다음의 그림과 같다.

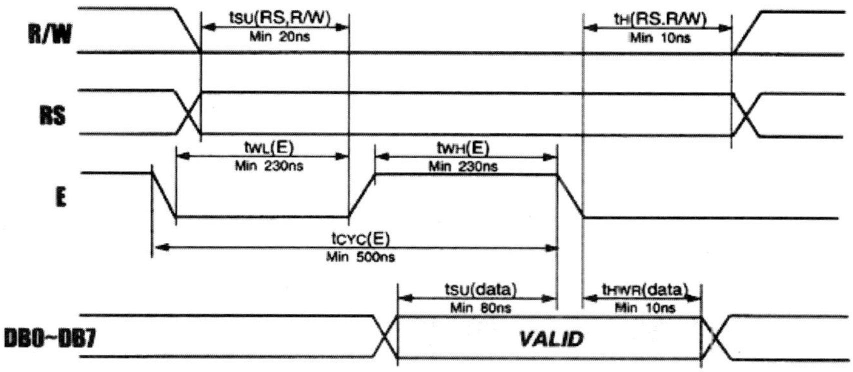

(a) Write from FPGA to LCD

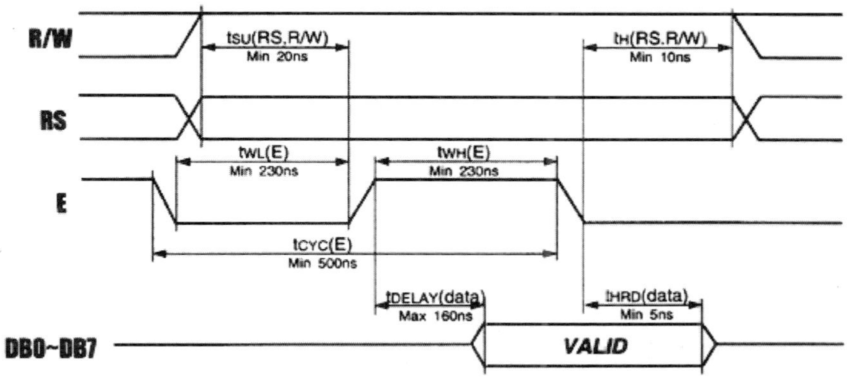

(b) Read from LCD to FPGA

(5) 회로도

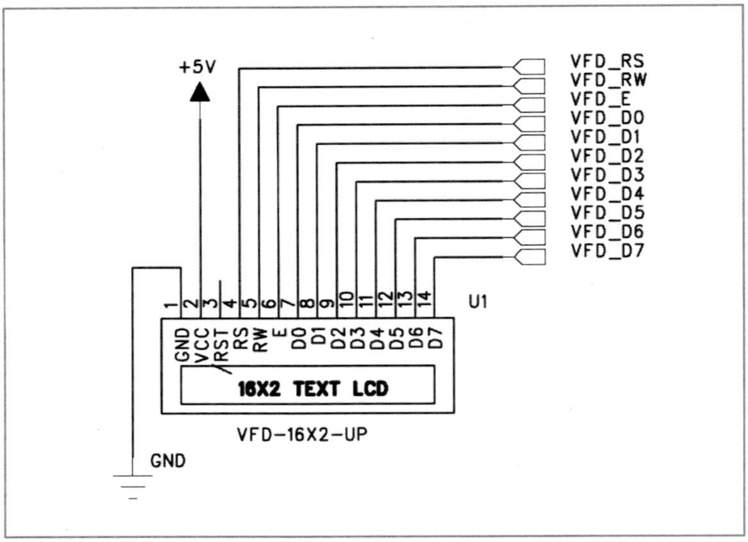

VFD 모듈은 총 14개의 핀으로 구성되어 있다. 여기에는 전원 및 데이터 전송, 컨트롤 핀, reset핀으로 구성되어 있다. 회로도에 나와 있는것과 같이 전원은 보드에서 공급받아 사용할 수 있도록 구성 되어 있고, Reset 핀은 하드웨어적으로는 사용하고 있지 않는다. VFD의 사용을 위해서는 제어신호인 VFD_RS, VFD_RW, VFD_E의 제어신호와 데이터 신호 8개를 FPGA에서 직접 제어하여 VFD를 디스플레이 하게 된다.

(6) 핀 구성표

FPGA Signal	ALTERA	Xilinx	Description
VFD_D[0]	R7	R6	VFD DATA 0
VFD_D[1]	R6	R5	VFD DATA 1
VFD_D[2]	P3	P4	VFD DATA 2
VFD_D[3]	R8	P3	VFD DATA 3
VFD_D[4]	P6	P2	VFD DATA 4
VFD_D[5]	P4	P1	VFD DATA 5
VFD_D[6]	P9	P8	VFD DATA 6
VFD_D[7]	P7	P7	VFD DATA 7
VFD_E	R4	R7	VFD Enable
VFD_RW	R5	R8	VFD Read/Write
VFD_RS	R2	T8	VFD Register Select

2.3.3 7-Segment Array

(1) 구성

본 제품에서 사용된 4개의 7-Segment가 하나로 구성되어 있는 7-Segment Array 두 개를 묶어 다음 그림과 같은 구성으로 이루어져 있다.

(2) 동작

일반적인 방법에서의 7-Segment라면 8개를 사용할 경우 하나의 7-Segment당 출력인 a, b, c, d, e, f, g, . 등이 각각 출력 핀을 가져 64개의 출력 핀이 필요로 하게 된다. 이러 할 경우 FPGA의 한정된 핀을 가지고 Segment에 너무 많은 핀이 할당되게 되므로 핀 소모를 개선하기 위하여 위와 같이 7-Segment의 데이터 라인은 공통으로 연결되어 있고 출력할 위치인 7-Segment를 지정하는 com1 ~ com8의 값을 제어하여 원하는 숫자나 문자를 표시하는 방법을 사용하게 된다. 이렇게 하면 16개의 핀을 가지고 8개의 7-Segment를 제어하게 된다. 따라서 8개의 7-Segment 중에 디스플레이 하려는 7-Segment common 핀을 선택하고 동시에 7-Segment에 데이터를 주는 형태로 7-Segment를 제어할 수 있다. 다음의 그림은 4개의 7-Segment에 "1234"의 숫자를 표시하기 위한 방법을 설명한 것이다.

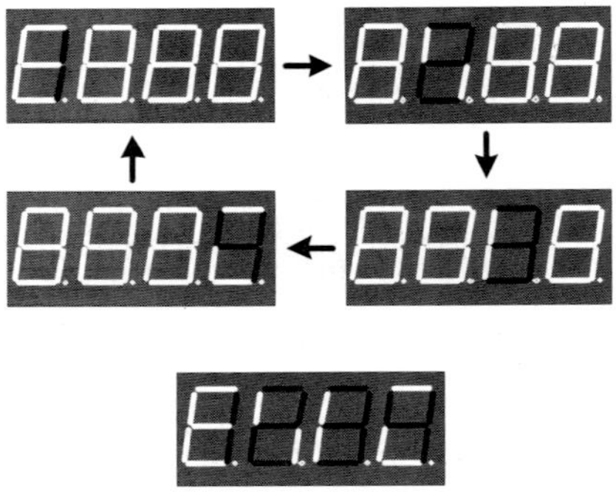

다시 설명하면 7-Segment 데이터 값을 "00000110"로 주어 1을 표시하는 값을 주고 com1에 0을 그리고 나머지 com2~4는 1의 값을 주면 첫째 7-Segment에 1이 표시된다. 다음으로 데이터에 "01011011"을 주어 2의 값을 주고 com2에 0과 com1, com3~4에 1을 주면 둘째 7-Segment에 2가 표시된다. 이런 순서로 4까지의 숫자를 표시하고 다시 처음으로 돌아가 위의 내용을 반복한다. 이를 약 1ms 이상의 주기로 반복하면 잔상효과에 의해 "1234"의 숫자가 모두 켜져 있는 것처럼 표시되게 된다. 이러한 형태로 8개의 7-Segment를 com 핀을 이용하여 선택하고, 해당되는 데이터 값을 줌으로써 각각의 7-Segment의 제어가 가능하게 된다.

(3) 회로도

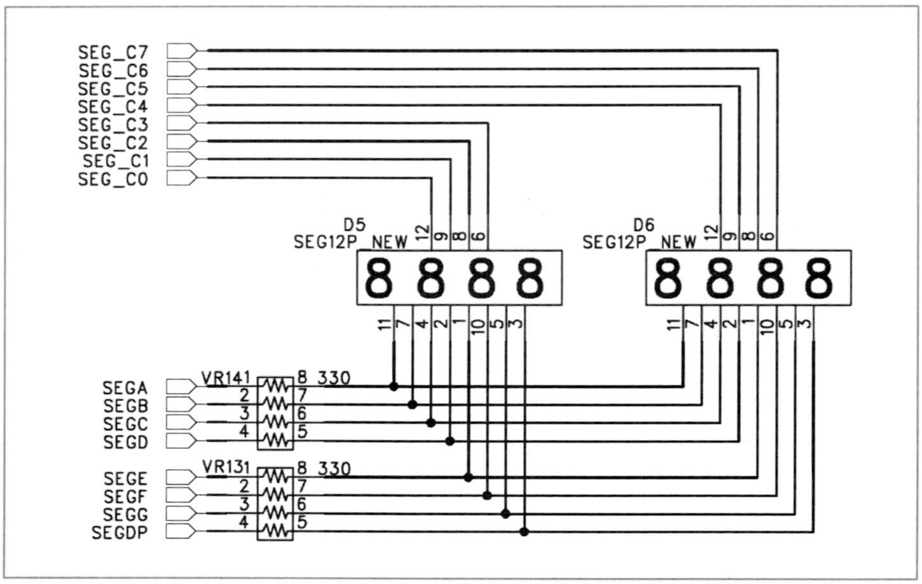

이전에 설명했듯이 회로도 에서는 16개의 핀을 가지고 7개의 7-Segment를 제어하고 있다. 위쪽에 있는 SEG_C의 8개의 핀을 이용하여 각각의 7-Segment를 선택하게 된다. 그리고 데이터 핀인 SEGA~SEGDP의 핀을 제어하여 7-Segment를 제어하게 된다. 이 모든 작업은 FPGA 디바이스와 연결된 I/O핀에서 제어를 하면 된다.

(4) 핀 구성표

FPGA Signal	ALTERA	Xilinx	Description
SEG_COM[0]	Y1	AD2	7-Segment 1 Select
SEG_COM[1]	Y4	W2	7-Segment 2 Select
SEG_COM[2]	Y3	W1	7-Segment 3 Select
SEG_COM[3]	W1	AB4	7-Segment 4 Select
SEG_COM[4]	Y5	AB3	7-Segment 5 Select
SEG_COM[5]	W3	W6	7-Segment 6 Select
SEG_COM[6]	W2	W5	7-Segment 7 Select
SEG_COM[7]	V1	W4	7-Segment 8 Select
SEG_DATA[0]	AF5	AF5	7-Segment Data A
SEG_DATA[1]	AE5	AE5	7-Segment Data B
SEG_DATA[2]	AD6	AB6	7-Segment Data C
SEG_DATA[3]	AC6	AA6	7-Segment Data D
SEG_DATA[4]	AA2	K26	7-Segment Data E
SEG_DATA[5]	AA1	K25	7-Segment Data F
SEG_DATA[6]	AA6	AC2	7-Segment Data G
SEG_DATA[7]	AA5	AC1	7-Segment Data H

2.3.4 LED

(1) 구성

LED는 비트 출력을 확인하거나 동작의 상태를 표시하기 위해 사용하는데 본 제품에서는 8개의 딥 타입의 LED를 제공하고 있다. 또한 사용자가 보는 시인성을 좋게 하기 위해 고휘도 LED를 사용하고 있다. 다음의 그림은 LED에 대한 블록도를 보여주고 있다.

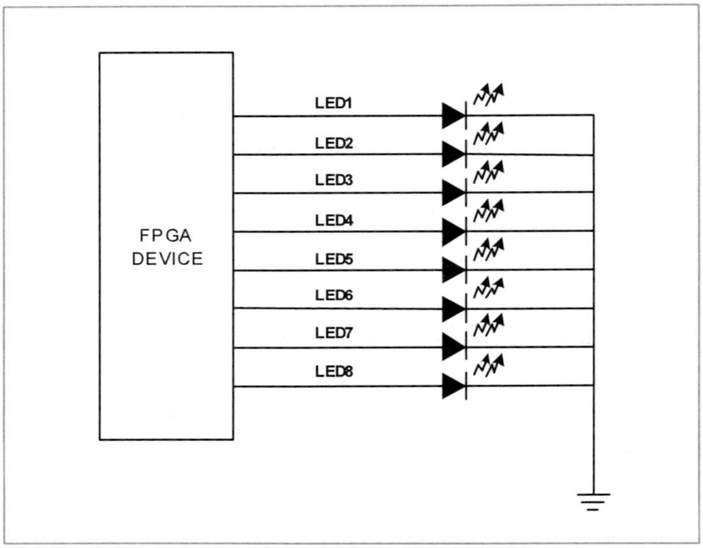

(2) 동작

LED의 입력 단에 디지털 신호 1에 해당하는 입력이 인가 될 경우 LED에 불이 들어오게 된다. 초기의 전원 인가 시 LED의 특성상 미세한 전류의 흐름에 의해서도 희미하게 LED가 켜지는 경우가 있는데 이것은 제품의 문제가 아니며 프로그램 되지 않는 디바이스의 잔류 전류가 나와서 이러한 현상이 일어나게 된다. 이러한 증상은 툴을 통한 디바이스를 프로그램을 끝내고 디바이스가 동작을 시작하면 LED는 정상적으로 동작하게 된다.

(3) 회로도

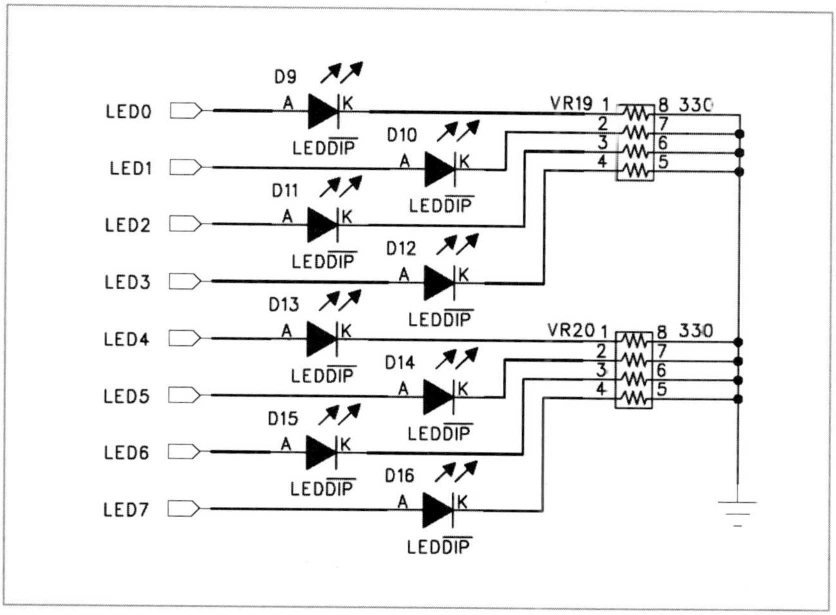

LED는 회로도에서 보는 것과 같이 8개의 LED가 각각의 FPGA의 I/O 핀과 시리얼 저항에 연결 되어 있음을 볼 수 있다. 따라서 FPGA에 연결된 부분에 '1'이라는 신호를 주어 LED를 제어 할 수 있도록 구성 하였다.

(4) 핀 구성표

FPGA Signal	ALTERA	Xilinx	Description
LED_D(0)	AF7	AB7	D1 LED 디스플레이
LED_D(1)	AE7	AA7	D2 LED 디스플레이
LED_D(2)	AB8	AE7	D3 LED 디스플레이
LED_D(3)	W8	AC7	D4 LED 디스플레이
LED_D(4)	AF6	AD6	D5 LED 디스플레이
LED_D(5)	AE6	AC6	D6 LED 디스플레이
LED_D(6)	AD7	AF6	D7 LED 디스플레이
LED_D(7)	AC7	AE6	D8 LED 디스플레이

2.3.5 Dotmatrix LED

(1) 구성

본 제품에 사용된 Dotmatrix LED 모듈은 5열×7행 Dot LED 4개를 조합하여 10개의 열과 14개의 행으로 구성하고 있다. 이는 영문, 숫자 및 한글까지 표현할 수 있도록 구성할 것이다. Dotmatrix LED 모듈의 구성은 다음의 그림과 같다.

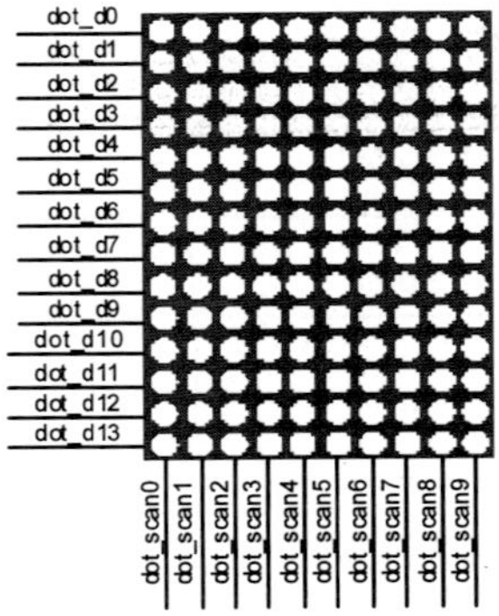

Dot_d0~dot_d13은 해당 열에 표시될 데이터 입력이 되며 데이터 값은 1의 값을 가질 경우 켜지게 된다. dot_scan0~dot_scan9는 dot_d0~dot_d13의 데이터를 표시할 열의 위치를 지정하는 입력이며 1의 값을 가질 때 해당 열이 선택된다.

예를 들어 1행 1열의 Dot LED를 켜기 위해서는 dot_d0의 값을 1로 입력하고 dot_scan0의 값을 1로 할 때 1행 1열의 Dot LED가 켜지게 된다. 이런 방법으로 dot의 scan 라인을 선택하고, 해당되는 라인에 데이터 값을 주어서 Dot를 디스플레이하게 된다. 이것도 7-Segment와 같이 1ms 이상의 주기로 반복해서 디스플레이 하게 되면 눈의 잔상 효과로 인해서 모든 dot가 디스플레이 되어 있는 것처럼 느끼게 된다. 이러한 구동 방식은 7-Segment의 scan 방식과 비슷한 구조를 가지고 있다.

(2) 동작

다음은 다음 그림의 한글과 영문을 동시에 디스플레이 하기 위한 방법에 대해 살펴보자. 처음으로 dot_d13~dot_d0에 "00000001100010"인 첫째 열의 데이터를 입력하고 dot_scan9 ~

dot_scan0에 "1111111110"의 값을 입력하면 첫째 열의 원하는 Dot LED가 켜지게 된다. 둘째로 dot_d13~dot_d0에 "11110010010010"인 둘째 열의 데이터를 입력하고 dot_scan9~dot_scan0에 "1111111101"의 값을 입력하면 둘째 열의 원하는 Dot LED가 켜지게 된다. 이를 열 다섯 번째 열까지 반복하며, 반복되는 주기를 약 1m초 이하로 해서 반복하게 되면 눈의 잔상효과에 의해서 '한'이라는 글자가 Dotmatrix LED 모듈에 표시된다.

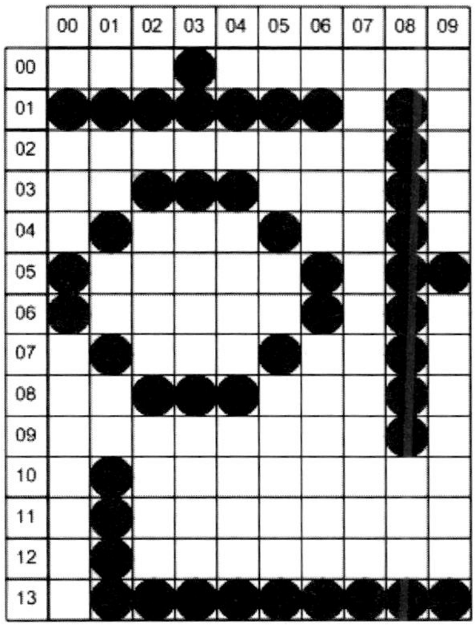

이를 정리하면 다음과 같다.

구 분	dot_d13~dot_d0	dot_scan9~dot_scan0
0 열	"00000001100010"	"1111111110"
1 열	"11110010010010"	"1111111101"
2 열	"10000100001010"	"1111111011"
3 열	"10000100001011"	"1111110111"
4 열	"10000100001010"	"1111101111"
5 열	"10000010010010"	"1111011111"
6 열	"10000001100010"	"1110111111"
7 열	"10000000000000"	"1101111111"
8 열	"10001111111110"	"1011111111"
9 열	"10000000100000"	"0111111111"

(3) 회로도

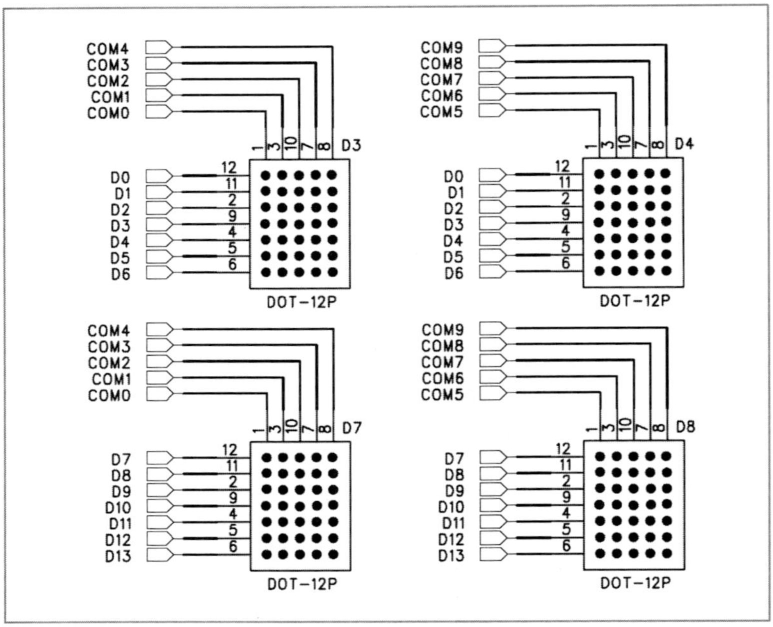

회로에서 보는 것과 같이 5 × 7의 Dot LED 4개를 사용하고 있고, 행과 열의 데이터 라인을 공통으로 사용하고 있는 모습을 볼 수 있다. 따라서 행과 열의 신호가 서로 일치되는 구간에서 Dot의 LED에 불이 들어오게 된다. 현재 장비에서는 동작을 스캔 라인과 데이터 라인으로 구분 지어 동작 시키고 있다. 따라서 스캔 라인을 하나씩 일정한 주기로 시프트 시키고, 해당되는 스캔 라인에 데이터를 입력하는 방식으로 되어 있다.

(4) 핀 구성표

FPGA Signal	ALTERA	Xilinx	Description
DOT_D[0]	U3	U4	DOT DATA 0
DOT_D[1]	U6	U3	DOT DATA 1
DOT_D[2]	U5	U2	DOT DATA 2
DOT_D[3]	U9	T2	DOT DATA 3
DOT_D[4]	U7	T1	DOT DATA 4

FPGA Signal	ALTERA	Xilinx	Description
DOT_D[5]	T2	U7	DOT DATA 5
DOT_D[6]	U10	U6	DOT DATA 6
DOT_D[7]	T6	T7	DOT DATA 7
DOT_D[8]	T3	T6	DOT DATA 8
DOT_D[9]	T8	T5	DOT DATA 9
DOT_D[10]	T7	T4	DOT DATA 10
DOT_D[11]	T10	R3	DOT DATA 11
DOT_D[12]	T9	R2	DOT DATA 12
DOT_D[13]	R3	R1	DOT DATA 13
DOT_COM[0]	W4	W3	DOT COM LINE 1
DOT_COM[1]	V3	V4	DOT COM LINE 2
DOT_COM[2]	V2	V3	DOT COM LINE 3
DOT_COM[3]	V5	V2	DOT COM LINE 4
DOT_COM[4]	V4	W7	DOT COM LINE 5
DOT_COM[5]	V7	U1	DOT COM LINE 6
DOT_COM[6]	V6	V7	DOT COM LINE 7
DOT_COM[7]	U2	V6	DOT COM LINE 8
DOT_COM[8]	U1	V5	DOT COM LINE 9
DOT_COM[9]	U4	U5	DOT COM LINE 10

2.3.6 Keypad

(1) 구성

입력으로 구성되는 첫 번째의 장치로 keypad가 있다. 다음의 그림에서는 이러한 keypad의 구성을 보여주고 있다. 소스로 사용되는 스위치는 3×4 keypad와 6개의 버튼 스위치, 16개의 단자로 구성된 딥 스위치로 구성되어 있다.

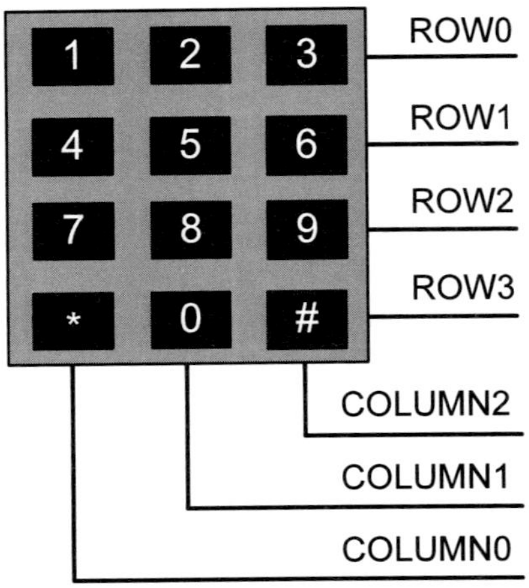

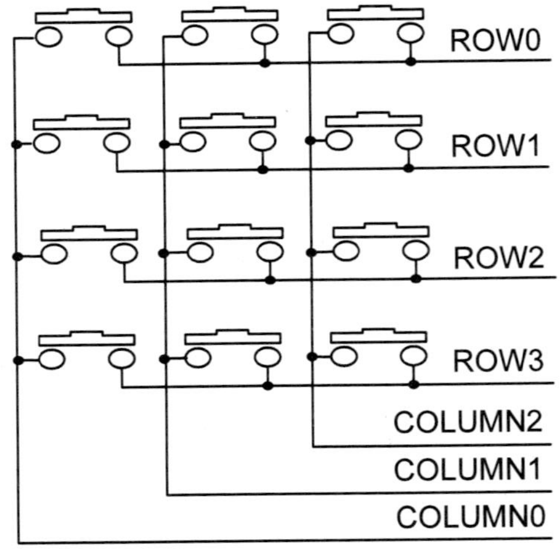

(2) 동작

Keypad는 3×4의 12개의 키를 입력 받아서 사용할 수 있도록 구성해 놓았다. 이러한 키 입력 방식은 스캔 방식 구조로써 가로 라인과 세로 라인에서 동시에 제어하여 입력을 받아 사용할 수 있도록 구성하고 있다. 현재 장비에서는 기본적으로 Keypad의 COLUMN 핀을 스캔으로 구동 시키게 구성되어 있다. 따라서 3개의 COLUMN 핀을 FPGA 디바이스에서 스캔 형식으로 1의 값을 시프트 시키면서 해당되는 ROW 값에 입력되는 값을 보고 Keypad에 어떠한 값이 입력되었는지 알 수 있도록 구성되어 있다. 현재의 Keypad의 입출력 방향은 Scan Dir의 헤더 핀을 이용하여 바꿀 수 있다. 따라서 COLUMN을 FPGA 디바이스에서 스캔 형식으로 구동 할지, ROW 핀을 스캔 형식으로 구동 시킬 지는 Scan Dir에 점퍼 캡을 이용하여 제어할 수 있다.

(3) 회로도

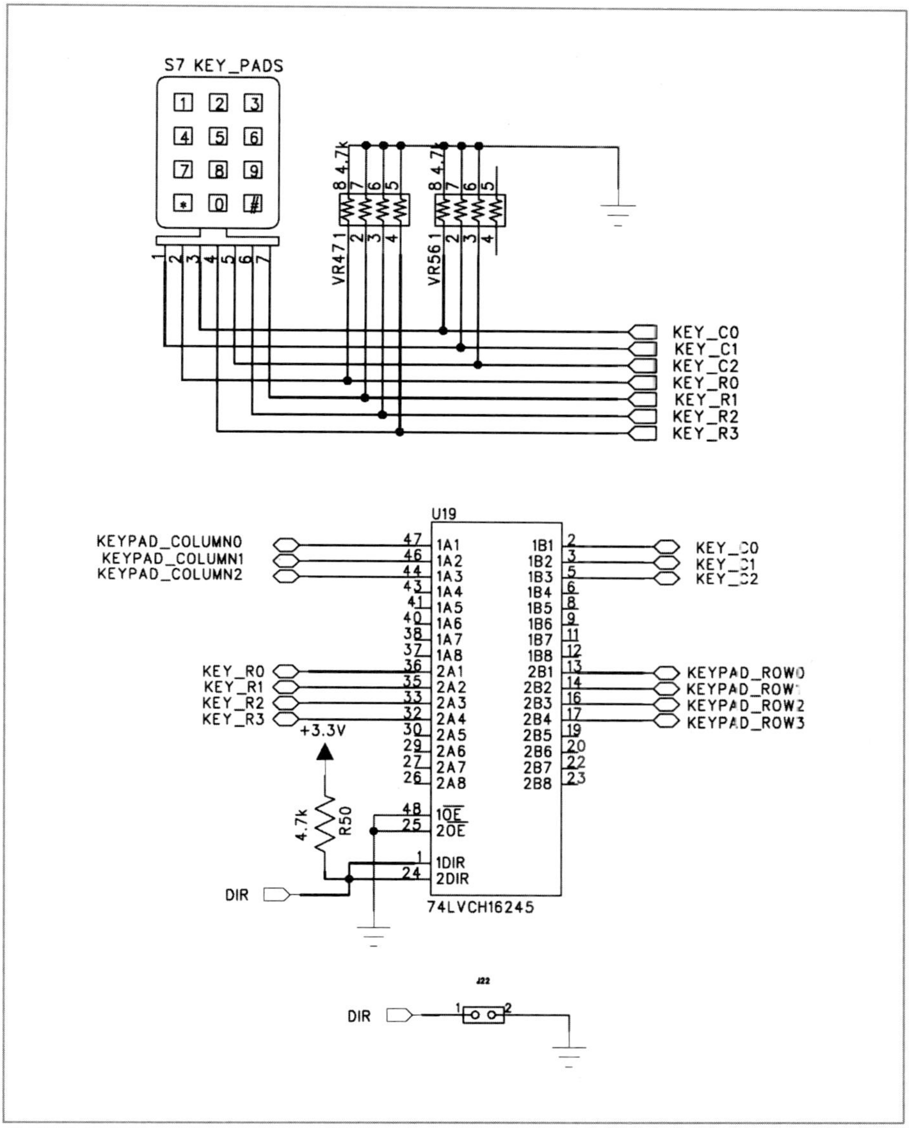

회로에서 보는 것과 같이 3×4의 Keypad의 12개의 버튼을 입력 받아 사용할 수 있는 장치를 사용하고 있다. 여기에는 모두 풀다운 저항을 사용하고 있어서 모든 데이터 라인에 기본적으로 '0'의 값을 가지고 있다. 여기에서는 양방향 버퍼를 사용하여 COMMON과 ROW의 데이터 라인의 입, 출력 방향을 바꿀 수 있다. 따라서 현재 기본으로 나가는 COMMON의 입력형태를 Scan Dir의 점퍼 캡을 이용으로 출력으로 바꾸어서 사용이 가능하다.

(4) 핀 구성표

FPGA Signal	ALTERA	Xilinx	Description
KEYPAD_COLUMN[0]	V11	Y12	Column Data 0
KEYPAD_COLUMN[1]	AB10	Y11	Column Data 1
KEYPAD_COLUMN[2]	AA10	W11	Column Data 2
KEYPAD_ROW[0]	AD10	AB11	Row Data 0
KEYPAD_ROW[1]	AC10	AA11	Row Data 1
KEYPAD_ROW[2]	V10	AB10	Row Data 2
KEYPAD_ROW[3]	AF9	AA10	Row Data 3

2.3.7 버튼 스위치(Button Switch)

(1) 구성

버튼 스위치는 6개로 구성이 되어 있으며 각 버튼 스위치가 별도의 FPGA I/O와 연결이 되어 있다. 다음의 그림은 이러한 버튼 스위치의 블록도를 보여주고 있다.

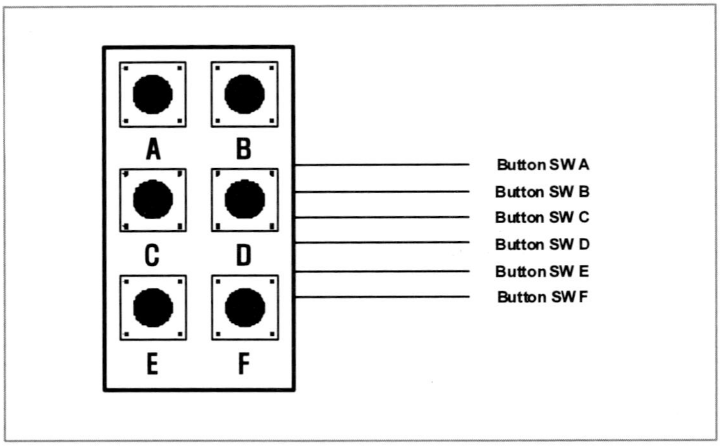

(2) 동작

버튼 스위치마다 별개의 I/O로 직접 연결이 되어 있으므로 Keypad 보다 제어를 간단하게 할 수 있다. 버튼 스위치는 키가 눌릴 때 발생하는 채터링 현상을 방지하기 위한 회로가 내장되어 정확한 입력이 가능하도록 하였다.

(3) 회로도

회로도에서 보는 것과 같이 저항과 캐패시터를 사용한 채터링 방지 회로가 내장되어 있다. 현재 회로에서는 스위치가 안 눌렸을 때, 저항의 풀 업 저항에 의해 +3.3V 즉 '1'의 값이 가지게 된다. 따라서 FPGA 쪽으로 가는 신호는 74LCX14에 의해 반전되어 '0'의 값이 FPGA 디바이스에 입력되게 된다. 반대로 스위치가 눌렸을 때는 신호선이 GND와 연결되어 스위치에서는 '0'의 값을 가지게 되고 FPGA 디바이스로 가는 최종 데이터는 74LCX14에 의해 '1'의 값이 된다.

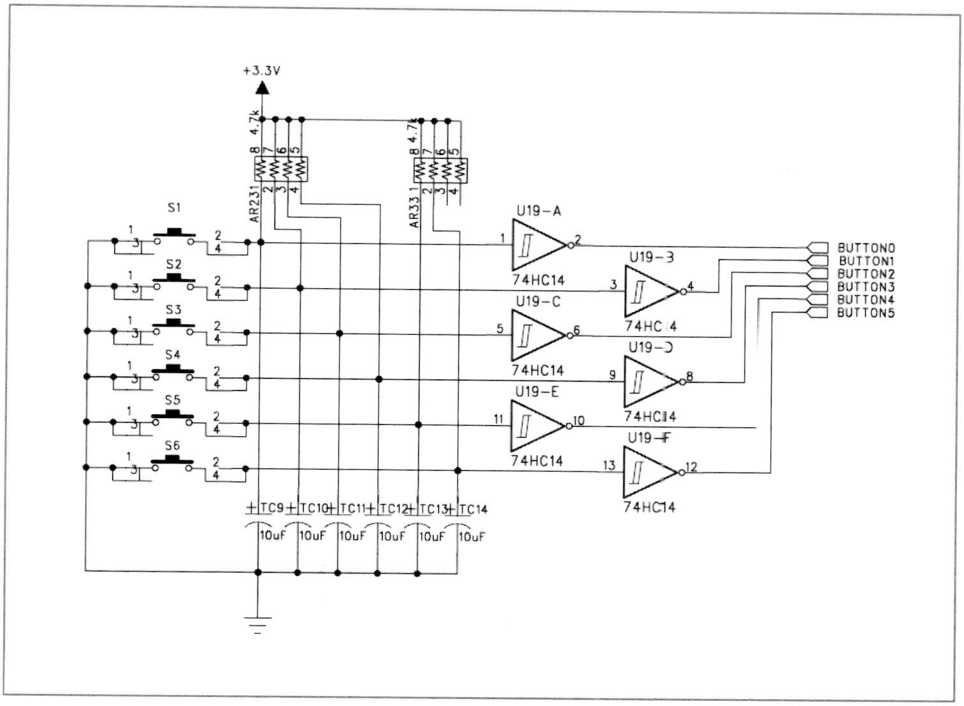

(4) 핀 구성표

FPGA Signal	ALTERA	Xilinx	Description
BUTTON SW A	Y10	AD10	Detected High
BUTTON SW B	W10	AC10	Detected High
BUTTON SW C	AA9	AA9	Detected High
BUTTON SW D	V9	Y9	Detected High
BUTTON SW E	AE9	Y10	Detected High
BUTTON SW F	AC9	AB9	Detected High

2.3.8 버스 스위치(Bus Switch)

(1) 구성

버스 스위치는 입력의 경우 데이터 입력이나 모드 설정 등의 입력 소스로 주로 사용하게 된다. 여기에서는 8개의 딥 스위치를 2개 사용하여 총 16개의 버스 스위치를 제어 할 수 있는 구조를 가지고 있다. 다음의 그림은 이에 대한 간단한 구성을 보여주고 있다.

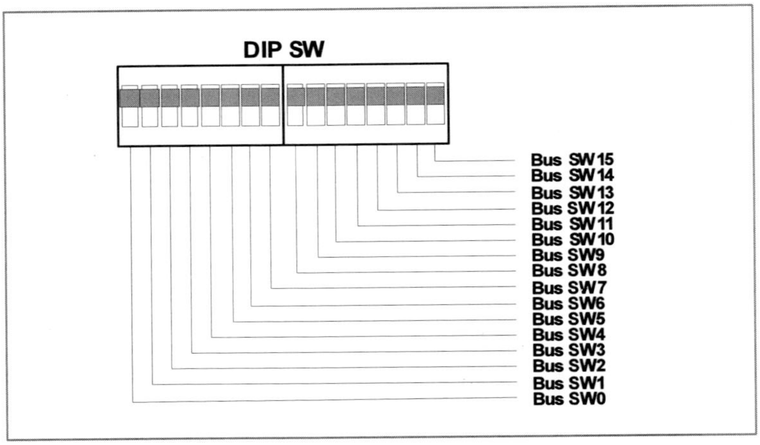

(2) 동작

버스 스위치의 경우 데이터의 입력이나 모드 설정의 스위치로 동작을 하게 되므로 버튼의 설정이 고정 되는 형태를 취하고 있다. 동작은 스위치를 위로 올리면 디바이스 쪽에서 '1'의 값을 인식하고 내리면 반대로 '0'의 값이 전달 되는 동작을 하고 있다. 이 스위치는 버튼 스위치나 키 패드처럼 키가 리셋 되지 않고 그 상태를 유지를 하고 있기 때문에 사용하지 않을 때는 스위치를 OFF하여 디바이스에 필요치 않는 입력을 주지 않도록 하여 디바이스의 손상을 줄여야 한다.

(3) 회로도

버스 스위치의 회로는 다음의 그림과 같이 구성이 되어 있다. 스위치의 OFF시 4.7K의 풀다운 저항에 의해 '0'의 값이 FPGA 디바이스에 전달 되게 된다. 또한 스위치가 ON 되면 스위치에서 +3.3V와 연결이 되어 FPGA 디바이스로 '1'의 값이 전달 되어 HIGH값을 인식하게 된다.

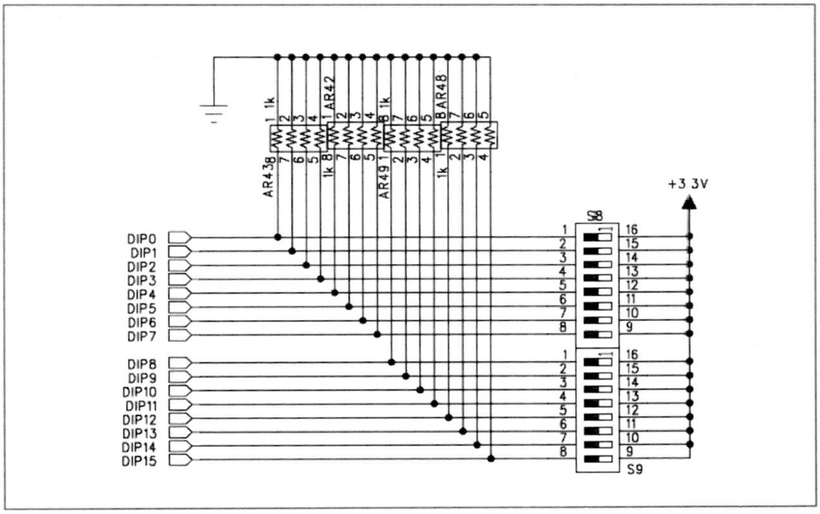

스위치와 디바이스의 연결은 바로 연결 되는 것이 아니라 버퍼를 통해 디바이스의 I/O로 연결이 되어 있다. 이러한 것은 다른 출력 장치와 달리 스위치의 경우 FPGA 디바이스로 입력 신호를 보내는 역할, 즉 FPGA 디바이스는 스위치에서 신호를 입력 받아 사용하는 장치이므로 신호의 입력 시 전압이 불안정할 때 디바이스가 손상을 입을 수 있다. 따라서 버퍼를 통해 연결을 하여 이러한 문제점으로부터 디바이스의 손상을 줄이고 있다.

(4) 핀 구성표

FPGA Signal	ALTERA	Xilinx	Description
DIP_D[0]	Y12	W15	Bus Switch Data 0
DIP_D[1]	AE11	AA13	Bus Switch Data 1
DIP_D[2]	U12	AF13	Bus Switch Data 2
DIP_D[3]	AC12	AD15	Bus Switch Data 3
DIP_D[4]	AD12	AE15	Bus Switch Data 4
DIP_D[5]	AA12	AA15	Bus Switch Data 5
DIP_D[6]	AB12	AB15	Bus Switch Data 6
DIP_D[7]	Y13	Y16	Bus Switch Data 7
DIP_D[8]	W11	AD12	Bus Switch Data 8
DIP_D[9]	AE10	AC11	Bus Switch Data 9
DIP_D[10]	AF10	W12	Bus Switch Data 10
DIP_D[11]	AC11	W13	Bus Switch Data 11
DIP_D[12]	AD11	Y13	Bus Switch Data 12
DIP_D[13]	Y11	AE12	Bus Switch Data 13
DIP_D[14]	AA11	AF12	Bus Switch Data 14
DIP_D[15]	W12	AB14	Bus Switch Data 15

2.3.9 Piezo

(1) 구성

소리를 출력하는 장치로 흔히 사용하는 것이 스피커인데 스피커의 경우 소리의 높낮이와 주파수를 조정하여 원하는 소리를 출력할 수 있게 구성되어 있다. 이외에 사용할 수 있는 것이 Piezo인데 소리의 높낮이는 고정되어 있고 단지 소리의 주파수를 조정할 수 있도록 구성되어 있는 음성 출력 장치이다. 장비에서는 FPGA I/O 핀 한 개와 연결 되어 있고, 이 핀에 주파수를 조절하여 주면 Piezo 소리를 조절할 수 있다.

(2) 동작

Piezo는 디지털 신호 '1'에 해당하는 입력 레벨의 음성 주파수대의 펄스 신호를 입력하면 해당 주파수 소리를 출력하게 된다. 따라서 Piezo에 '1'의 값만 입력함으로써 Piezo를 동작

시키는 것이 아니라, 주파수를 조절하여 Piezo를 동작시킬 수 있다. 그러나 Piezo의 일반적인 주파수 특성에 의해 약 10KHz 이상의 주파수에서는 소리를 내지 않게 된다. 그리고 같은 전압 레벨에서도 주파수에 따라 소리의 강약이 달라지는 특성을 가지고 있다.

다음의 표는 옥타브 및 음계별 주파수를 정리한 것이다.

Oct	0	1	2	3	4	5	6	7
A	27.5000	55.0000	110.0000	220.0000	440.0000	880.0000	1760.000	3520.000
Bb	29.1352	58.2705	116.5409	233.0819	466.1638	932.3275	1864.655	3729.310
B	30.8677	61.7354	123.4708	246.9417	493.8833	987.7666	1975.533	3951.066
C	32.7032	65.4064	130.8128	261.6256	523.2511	1046.502	2093.005	4186.009
Db	34.6478	69.2957	138.5913	277.1826	554.3653	1108.731	2217.461	4434.922
D	36.7081	73.4162	146.8324	293.6648	587.3295	1174.659	2349.318	4698.636
Eb	38.8909	77.7817	155.5635	311.1270	622.2540	1244.508	2489.016	4978.032
E	41.2034	82.4069	164.8138	329.6276	659.2551	1318.510	2637.020	5274.041
F	43.6535	87.3071	174.6141	349.2282	698.4565	1396.913	2793.826	5587.652
Gb	46.2493	92.4986	184.9972	369.9944	739.9888	1479.978	2959.955	5919.911
G	48.9994	97.9989	195.9977	391.9954	783.9909	1567.982	3135.963	6271.927
Ab	51.913	103.8262	207.6523	415.3047	830.6094	1661.219	3322.438	6644.875

※ 참고 : C=도, D=레, E=미, F=파, G=솔, A=라, B=시 (C음행/3옥타브열 의 261.6256Hz가 피아노의 중앙 C음에 해당함.)

(3) 회로도

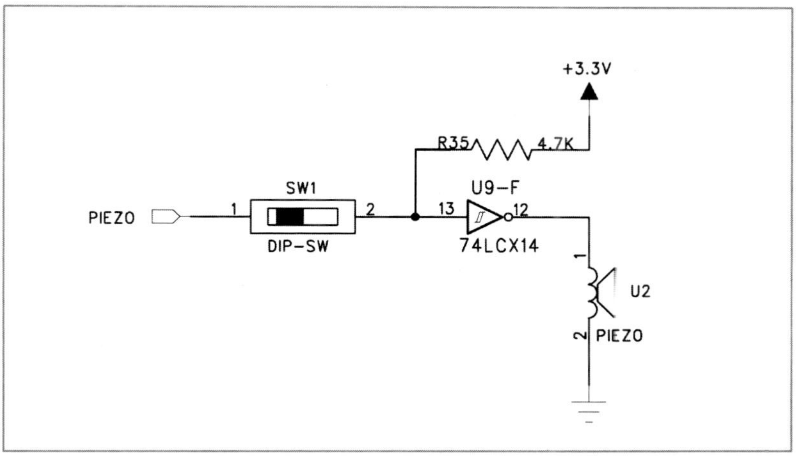

Piezo의 회로에서는 FPGA에서 주파수 신호를 받아 소리는 내는 장치로 위 그림과 같은 회로를 구성하고 있다. 기본적으로는 Piezo에는 +3.3V의 High 신호가 74LCX14에 의해 반전되어 FPGA에서 아무런 신호가 없으면 Piezo에는 '0'의 신호가 기본으로 들어가게 되어 아무런 소리가 들리지 않는다.

현재 회로에서는 딥 스위치를 사용하여 FPGA와 Piezo간의 신호를 연결 할 것인지 결정하게 된다. 이러한 딥 스위치의 역할은 Piezo를 구동하지 않을 때 연결 라인의 잡음에 의해 Piezo에 동작 되는 것을 방지해 주고 있다. 따라서 Piezo를 구동하지 않을 때는 딥 스위치를 OFF하여 잡음으로 인한 동작이 안되게 해 주어야 한다.

(4) 핀 구성표

FPGA Signal	ALTERA	Xilinx	Description
PIEZO	F4	H2	Speaker control

2.3.10 SRAM

(1) 구성

본 제품에는 디바이스 내부에서 메모리 영역으로 사용하는 공관 이외에 별도로 256K × 16bit, 총 4Mbit의 High Speed SRAM을 기본으로 제공하고 있다. 이처럼 HBE-COMBO II에서는 SRAM을 통한 메모리 영역을 확장해서 사용할 수 있다. 그림에서 SRAM과 Flash Memory의 구성을 보여주고 있으며, 다음의 그림에서와 같이 각각의 메모리가 독립적으로 동작할 수 있도록 각각의 라인이 분리되어 있다.

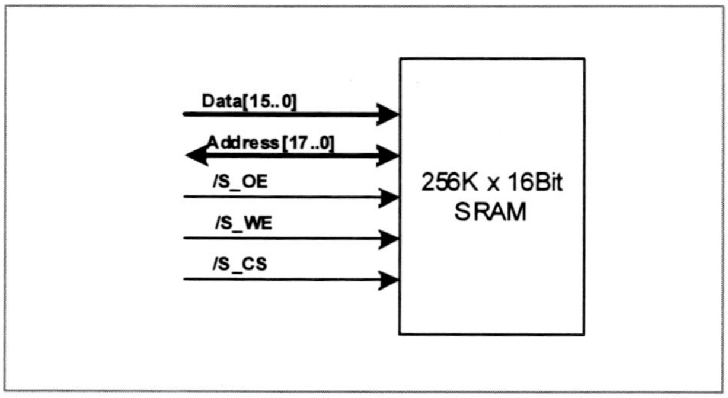

(2) 동작

여기서 제공되는 SRAM(Static Random Access Memory)과 Flash Memory는 각각 FPGA I/O와 연결되어 있기 때문에 SRAM을 제어하기 위해서는 FPGA 핀 설정과 제어 회로를 설계해 주어야 한다. 이렇게 컨트롤 핀 설정을 통하여 메모리 영역의 제어가 이루어진다. 다음의 그림에서는 SRAM에서의 READ와 WRITE에 대한 동작 사이클의 모습을 보여주고 있다.

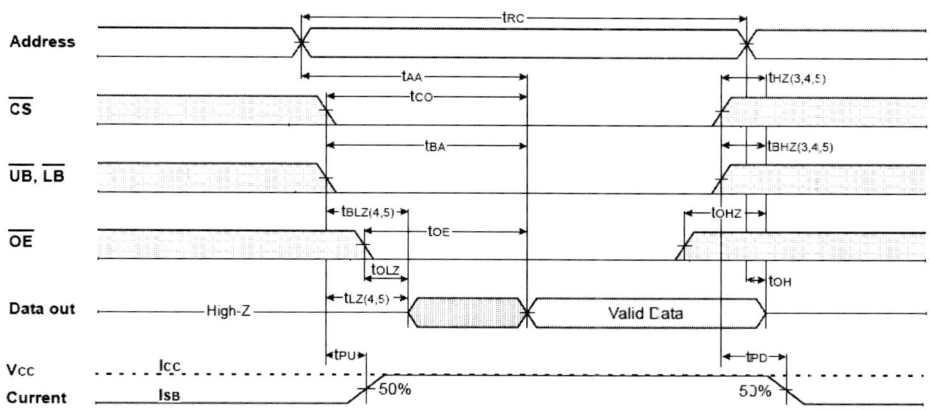

(3) 회로도

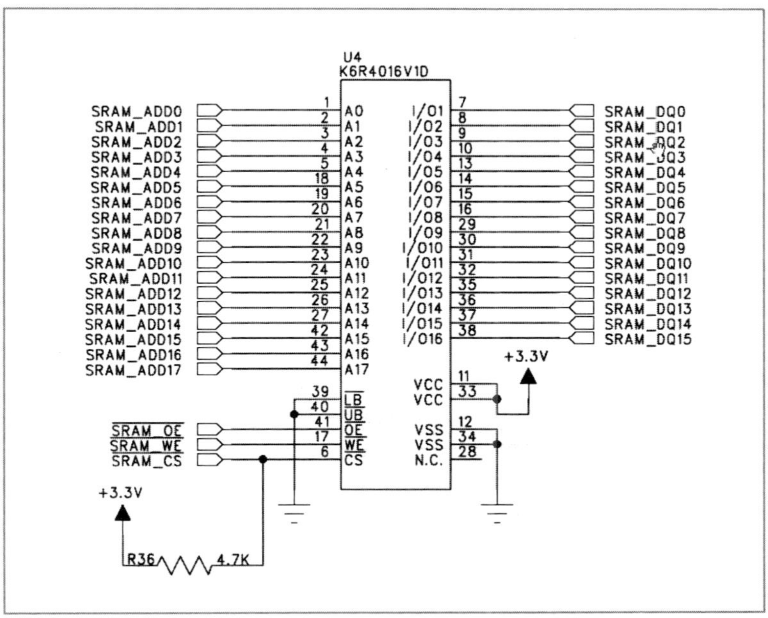

SRAM은 위의 그림과 같은 회로를 구성하고 있다. 여기에서는 18개의 어드레스라인과 16개의 데이터 라인으로 구성되어 있고, 3개의 제어 신호를 통해 SRAM을 제어하고 있다. SRAM의 모든 제어 신호는 FPGA 디바이스와 직접 연결 되어 있고, FPGA 디바이스에서 SRAM 핀을 제어하여 내부에 읽고, 쓰고 하는 작업을 하게 된다.

(4) 핀 구성표

FPGA Signal	ALTERA	Xilinx	Description
SRAM_ADD[0]	E1	F6	SRAM Address 0
SRAM_ADD[1]	F7	F5	SRAM Address 1
SRAM_ADD[2]	E5	G2	SRAM Address 2
SRAM_ADD[3]	E2	G1	SRAM Address 3
SRAM_ADD[4]	D2	E4	SRAM Address 4
SRAM_ADD[5]	D1	E3	SRAM Address 5
SRAM_ADD[6]	C3	D2	SRAM Address 6
SRAM_ADD[7]	C2	D1	SRAM Address 7
SRAM_ADD[8]	B5	D5	SRAM Address 8
SRAM_ADD[9]	A5	C5	SRAM Address 9
SRAM_ADD[10]	D6	A4	SRAM Address 10
SRAM_ADD[11]	C6	E5	SRAM Address 11
SRAM_ADD[12]	B6	E6	SRAM Address 12
SRAM_ADD[13]	A6	D6	SRAM Address 13
SRAM_ADD[14]	D7	B5	SRAM Address 14
SRAM_ADD[15]	C7	A5	SRAM Address 15
SRAM_ADD[16]	B7	A6	SRAM Address 16
SRAM_ADD[17]	A7	F7	SRAM Address 17
SRAM_DQ[0]	H8	C6	SRAM Data 0
SRAM_DQ[1]	E8	B6	SRAM Data 1
SRAM_DQ[2]	D8	B7	SRAM Data 2
SRAM_DQ[3]	C8	A7	SRAM Data 3
SRAM_DQ[4]	B8	E7	SRAM Data 4
SRAM_DQ[5]	A8	D7	SRAM Data 5
SRAM_DQ[6]	K9	G9	SRAM Data 6

FPGA Signal	ALTERA	Xilinx	Description
SRAM_DQ[7]	J9	F9	SRAM Data 7
SRAM_DQ[8]	G9	B8	SRAM Data 8
SRAM_DQ[9]	F9	A8	SRAM Data 9
SRAM_DQ[10]	D9	E10	SRAM Data 10
SRAM_DQ[11]	C9	D10	SRAM Data 11
SRAM_DQ[12]	B9	G10	SRAM Data 12
SRAM_DQ[13]	A9	F10	SRAM Data 13
SRAM_DQ[14]	J10	G11	SRAM Data 14
SRAM_DQ[15]	H10	F11	SRAM Data 15
₩SRAM_OE	G10	C10	Output Enable
₩SRAM_WE	F10	H11	Write Enable
₩SRAM_CS	E10	H12	Chip Select

2.3.11 Step Motor

(1) 구조

HBE-COMBO II 장비에서는 모터의 구동 원리 학습을 위한 스테핑 모터 구성을 제공한다. 이 모터는 A, B, /A, /B 4개의 데이터 라인을 가지고 모터 동작을 제어하고, 모터로 들어가는 데이터 라인의 주파수 높고 낮음에 따라서 모터의 회전 속도를 제어 할 수 있다.

(2) 동작

모터 제어를 할 수 있도록 일반적으로 많이 사용하는 스텝 모터가 설치되어 있다. 위상 제어를 위해 FPGA I/O가 TR을 통해 연결되어 있으며, 모터의 제어는 여자 방식에 따라 세 가지 방식으로 제어가 가능하다. 1상 여자, 2상 여자, 1-2상 여자 방식이 있고, 이 중 1-2 여자 방식은 고-분해능의 이점을 가지고 있다. 다음의 표에서는 모터를 제어하기 위한 데이터의 흐름을 표로 보여주고 있다. 각각의 데이터 라인에 다음과 같은 표를 순차적으로 인가하여 모터를 회전시킬 수 있다.

① 1상 여자

구분	1	2	3	4	5	6	7	8	9
A	1	0	0	0	1	0	0	0	1
B	0	1	0	0	0	1	0	0	0
/A	0	0	1	0	0	0	1	0	0
/B	0	0	0	1	0	0	0	1	0

② 2상 여자

구분	1	2	3	4	5	6	7	8	9
A	1	0	0	1	1	0	0	1	1
B	1	1	0	0	1	1	0	0	1
/A	0	1	1	0	0	1	1	0	0
/B	0	0	1	1	0	0	1	1	0

③ 1–2상 여자

구분	1	2	3	4	5	6	7	8	9
A	1	1	0	0	0	0	0	1	1
B	0	1	1	1	0	0	0	0	0
/A	0	0	0	1	1	1	0	0	0
/B	0	0	0	0	0	1	1	1	0

FPGA에서의 모터 제어는 위 표 중 하나의 여자 방식을 선택하여 모터에 신호를 제공하여 모터를 동작하게 한다.

(3) 회로도

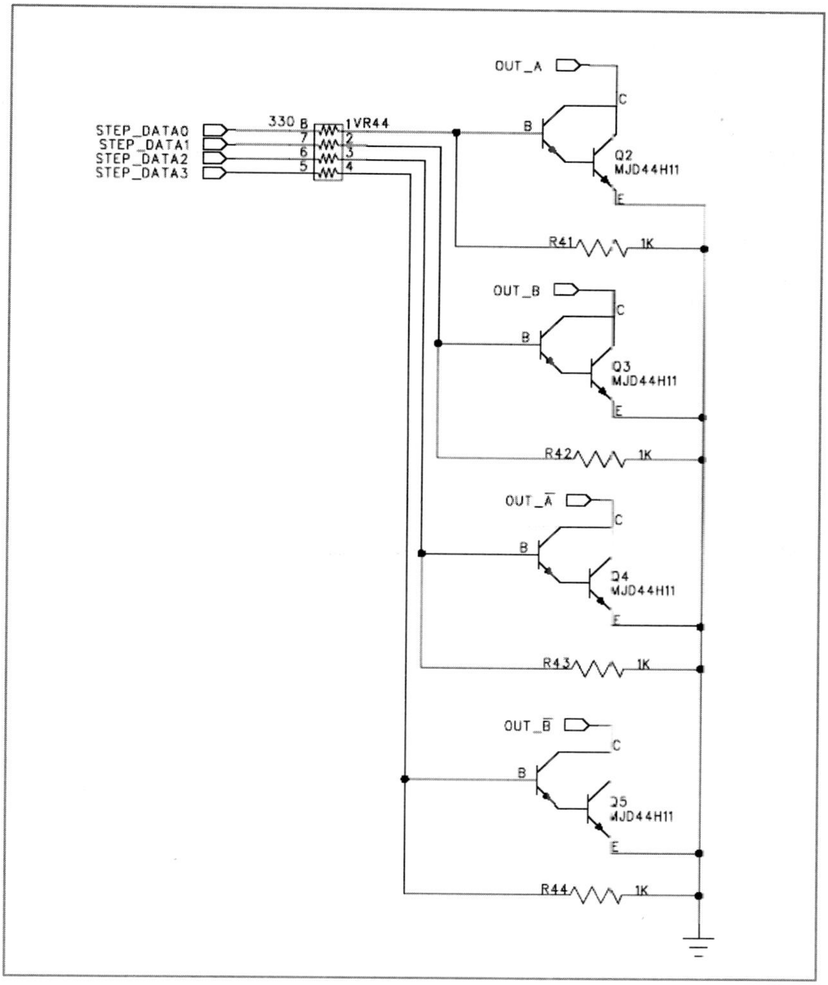

회로에서 보는 것과 같이 A, B, /A, /B 4개의 데이터 라인이 FPGA로부터 모터로 입력되는 모습을 보여주고 있다. 모터에서는 FPGA로부터 출력되는 전류가 작기 때문에 중간에 NPN 트랜지스터를 사용, 전류를 증폭하여 모터로 보내게 된다. 따라서 모터에 사용할 수 있는 전류로 증폭이 되어 모터의 동작이 이루어지게 된다.

(4) 핀 구성표

FPGA Signal	ALTERA	Xilinx	Description
STEP_DATA[0]	AD8	Y8	Motor Data A
STEP_DATA[1]	AC8	AF7	Motor Data B
STEP_DATA[2]	AF8	AF8	Motor Data ₩A
STEP_DATA[3]	AE8	AE8	Motor Data ₩B
Motor Sensor	M5	N1	Detected High

2.3.12 IrDA

(1) 구성

HBE-COMBO II에서는 HSDL-3600 시리즈의 적외선 모듈을 사용하여 IrDA 블록을 구성하고 있다. 이 모듈 내부에는 적외선 수신 및 발신을 하는 장치가 내부에 포함되어 있다. 또한 IrDA 모듈의 통신 모드를 제어하기 위해 주변 저항을 통해 모듈의 모드 설정을 해 주고 있다. FPGA 디바이스에서는 통신에 해당되는 데이터 선인 TX, RX에 해당되는 부분만 연결이 되어 있다.

(2) 동작

HSDL-3600 모듈에서는 Mode와 FIR_SEL핀을 통해 RX, TX의 모드를 설정해 줄 수 있다. 다음의 표에서 핀의 설정에 따른 모드의 변화를 보여주고 있다. 기본 모드는 RX Function이 SIR로 되어 있고, TX Function이 Full Distance Power로 설정되어 있다.

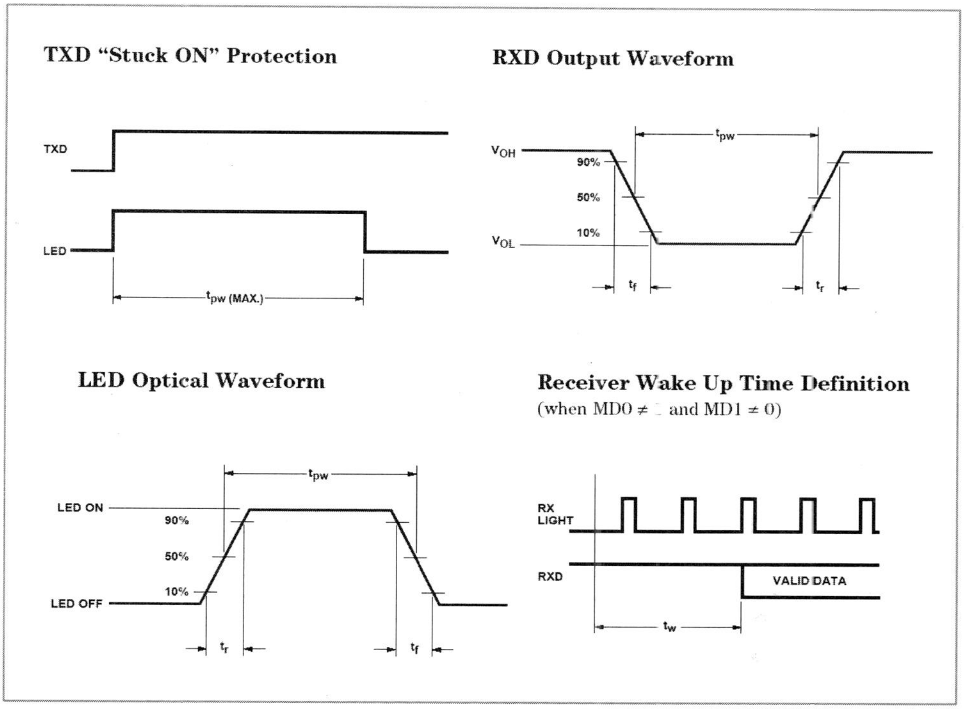

Mode 0	Mode 1	FIR_SEL	RX Function	TX Function
1	0	X	Shutdown	Shutdown
0	0	0	SIR	Full Distance Power
0	1	0	SIR	2/3 Distance Power
1	1	0	SIR	1/3 Distance Power
0	0	1	MIR/FIR	Full Distance Power
0	1	1	MIR/FIR	2/3 Distance Power
1	1	1	MIR/FIR	1/3 Distance Power

(3) 회로도

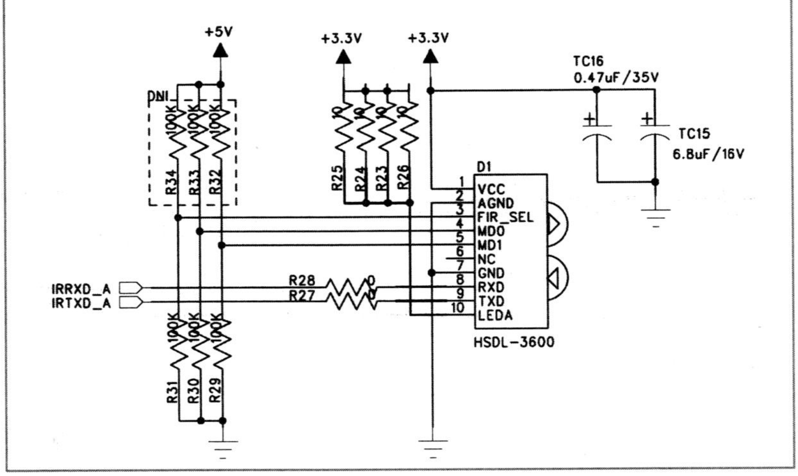

회로에서 보듯이 IrDA 블록에서 FPGA와 데이터가 연결되어 있는 핀은 RX, TX의 통신에 관여한 두 핀만 연결이 되어 있다. 나머지는 저항에 의한 풀 업, 풀 다운 모드 설정을 위한 부분과 연결이 되어 있다. 모드는 앞서 설명한 것과 같이 RX Function은 SIR로 되어 있고, TX Function은 Full Distance Power로 설정되어 있다. 따라서 사용자는 RX, TX에 대한 신호 데이터를 FPGA에서 생성하여 보내고 받는 동작에 대한 확인을 하면 된다.

(4) 핀 구성표

FPGA Signal	ALTERA	Xilinx	Description
IrDA_RXD	M2	P6	Receiver Data Output
IrDA_TXD	N9	P5	Transmitter Data Input

2.3.13 UART

(1) 구성

본 제품에는 PC의 RS232(시리얼)포트와 연결하여 시리얼 데이터 통신을 할 수 있도록 하는 Male 타입의 9핀 커넥터를 2개 제공하고 있다. 따라서 동시에 2개의 통신 포트를 통해 상호간의 통신을 할 수 있고, 장비 내부에 있는 장치를 제어할 수 있다.

(2) 동작

제품에서 사용된 시리얼 인터페이스용 디바이스는 Maxim사의 MAX3232 계열을 사용하여 최대 1Mbps의 데이터를 송수신 할 수 있도록 구성하였으며, 데이터 포트는 RXD, TXD의 두 포트를 사용하도록 하였다.

(3) 회로도

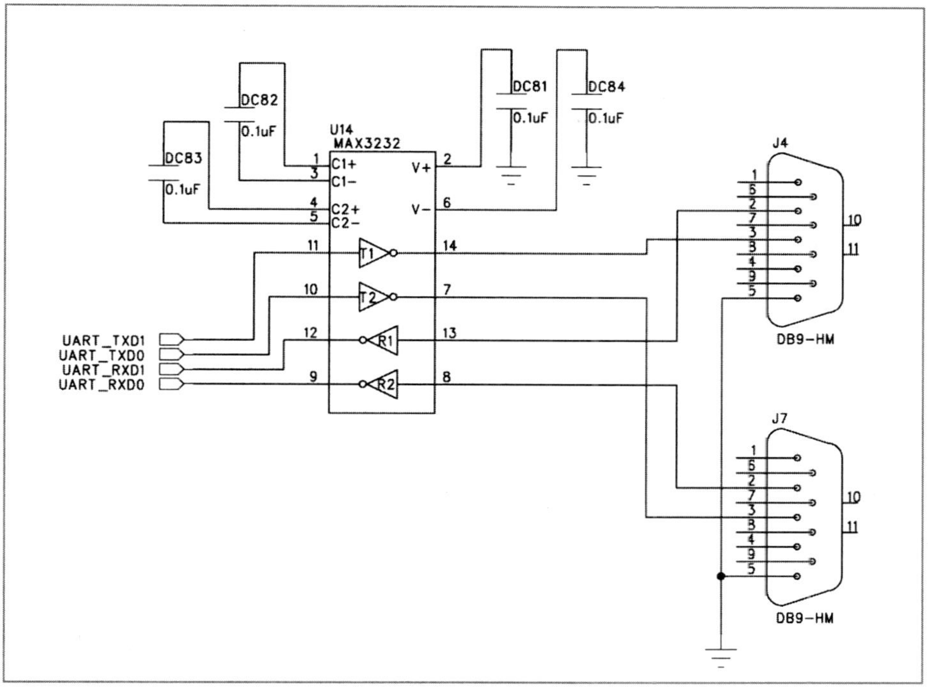

회로에서 보는 것과 같이 MAX3232 디바이스를 사용하여 최대 1Mbps 성능의 통신 속도를 보여주고 있다. 또한 전압 레벨로 +3.0~+5.5V의 전압을 지원해 주고, 동시에 2개의 UART를 제어할 수 있는 디바이스이다. 현재 2개의 시리얼 케이블을 장착할 수 있는 커넥터에 MAX3232 디바이스를 통해 FPGA 디바이스와 연결되어 있어 통신 실험을 할 수 있도록 지원하고 있다.

(4) 핀 구성표

FPGA Signal	ALTERA	Xilinx	Description
UART_TXD0	L3	N7	Transmitter Data Input
UART_RXD0	L7	N5	Receiver Data Output
UART_TXD1	L6	N8	Transmitter Data Input
UART_RXD1	L9	N6	Receiver Data Output

2.3.14 USB/Serial 포트

(1) 구성

본 장비에서 USB 포트는 시리얼 통신을 할 수 있는 포트 이다. 따라서 RS232 포트를 통한 통신 실험이 아닌 USB 포트를 이용한 시리얼 통신 실험을 할 수 있는 블록이다. 이러한 구성은 현재 PC의 RS232포트가 USB 포트로 변화하는 장비에서도 시리얼 통신을 할 수 있도록 하는 USB 포트를 구성하고 있다.

(2) 동작

HBE-COMBO II 트레이닝 키트에서는 FT232 디바이스를 사용하여 USB를 통한 Serial 데이터 통신 기능을 지원하고 있다. UART와 비슷한 핀 구조로 연결 되어 있고, FPGA 디바이스에서는 UART 2와 핀이 common으로 연결 되어 있다. 따라서 UART 2 와 USB는 공통의 FPGA 디바이스 핀 제어가 가능하다.

USB 포트를 사용하기 위해서는 먼저 http://www.ftdichip.com/ 에서 FT232R에 대한 드라이버를 먼저 설치하여야 한다. 다음 그림에서 사이트의 다운로드 센터를 확인할 수 있다.

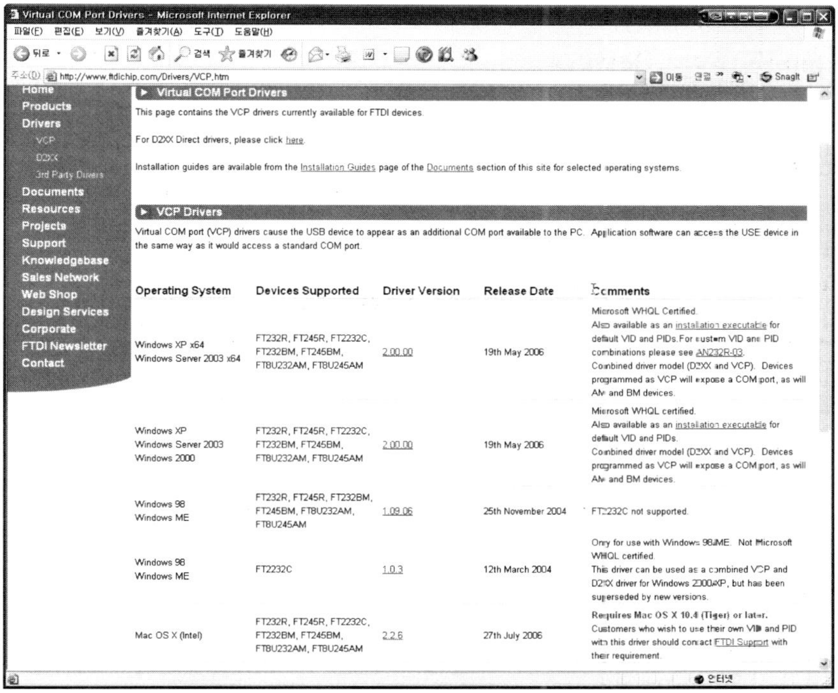
Virtual COM Port Drivers - Microsoft Internet Explorer

http://www.ftdichip.com/Drivers/VCP.htm

Home · Products · Drivers · VCP · D2XX · 3rd Party Drivers · Documents · Resources · Projects · Support · Knowledgebase · Sales Network · Web Shop · Design Services · Corporate · FTDI Newsletter · Contact

▸ Virtual COM Port Drivers

This page contains the VCP drivers currently available for FTDI devices.

For D2XX Direct drivers, please click here.

Installation guides are available from the Installation Guides page of the Documents section of this site for selected operating systems.

▸ VCP Drivers

Virtual COM port (VCP) drivers cause the USB device to appear as an additional COM port available to the PC. Application software can access the USB device in the same way as it would access a standard COM port.

Operating System	Devices Supported	Driver Version	Release Date	Comments
Windows XP x64 Windows Server 2003 x64	FT232R, FT245R, FT2232C, FT232BM, FT245BM, FT8U232AM, FT8U245AM	2.00.00	19th May 2006	Microsoft WHQL Certified. Also available as an installation executable for default VID and PIDs. For custom VID and PID combinations please see AN232R-03. Combined driver model (D2XX and VCP). Devices programmed as VCP will expose a COM port, as will AM and BM devices.
Windows XP Windows Server 2003 Windows 2000	FT232R, FT245R, FT2232C, FT232BM, FT245BM, FT8U232AM, FT8U245AM	2.00.00	19th May 2006	Microsoft WHQL certified. Also available as an installation executable for default VID and PIDs. Combined driver model (D2XX and VCP). Devices programmed as VCP will expose a COM port, as will AM and BM devices.
Windows 98 Windows ME	FT232R, FT245R, FT232BM, FT245BM, FT8U232AM, FT8U245AM	1.09.06	25th November 2004	FT2232C not supported.
Windows 98 Windows ME	FT2232C	1.0.3	12th March 2004	Only for use with Windows 98/ME. Not Microsoft WHQL certified. This driver can be used as a combined VCP and D2XX driver for Windows 2000/XP, but has been superseded by new versions.
Mac OS X (Intel)	FT232R, FT245R, FT2232C, FT232BM, FT245BM, FT8U232AM, FT8U245AM	2.2.6	27th July 2006	Requires Mac OS X 10.4 (Tiger) or later. Customers who wish to use their own VID and PID with this driver should contact FTDI Support with their requirement.

(3) 회로도

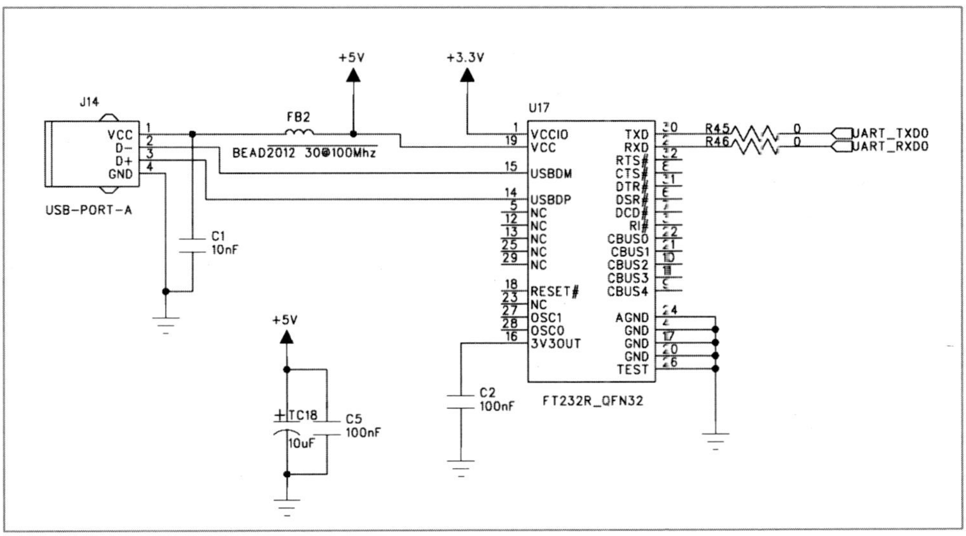

회로에서 보는 것과 같이 USB에서 입력되는 데이터 핀이 FT232 디바이스를 통해 바로 FPGA 디바이스로 연결되어 있다.

(4) 핀 구성표

FPGA Signal	ALTERA	Xilinx	Description
USB_TXD	L3	N7	Transmitter Data Input
USB_RXD	L7	N5	Receiver Data Output

2.3.15 VGA

(1) 구성

HBE-COMBO II 트레이닝 키트는 FPGA I/O에 컬러 VGA 모니터를 구동할 수 있도록 (디지털 RGB를 아날로그 RGB 신호 변환해 줄 수 있는) D/A Converter가 연결되어 있다. 다음의 그림은 데이터의 흐름에 대한 블록도를 보이고 있다.

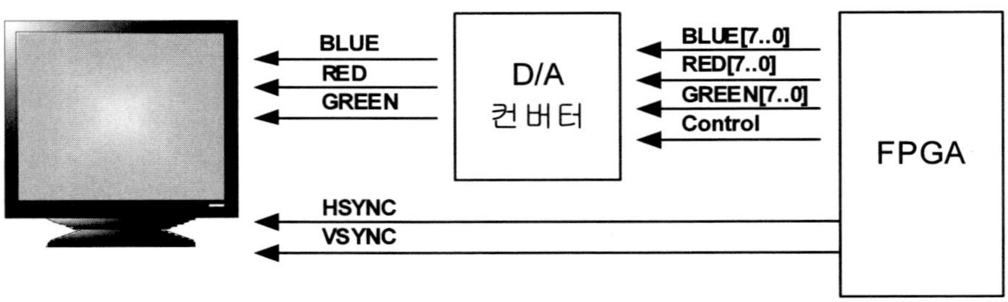

(2) 동작

VGA 모니터를 구동하기 위해 FPGA 디바이스에서 D/A 컨버터로 R (빨강), G (녹색), B (파랑) 색깔 별로 8개의 데이터 라인이 연결되어 있다. 이러한 D/A 컨버터를 통해 다양한 색깔을 표현할 수 있고, 1024×768 해상도에 최대 24비트 RGB 컬러를 구현할 수 있도록 구성되어 있다. 사용된 D/A 컨버터의 특징은 다음과 같다.

◎ Triple 8bit D/A Converters

◎ Minimum 80 MSPS Operation

◎ Direct Drive of Doubly-Terminated 75-W Load Into Standard Video Levels

◎ 3×8bit 4 : 4 : 4, 2×8bit 4 : 2 : 2 or 1×8bit 4 : 2 : 2(ITU-BT.656) Multiplexed YPbPr/GBR Input Modes

◎ Bi-Level(EIA) or Tri-Level(SMPTE) Sync

◎ Generation With 7:3 Video/Sync Ratio

◎ Integrated Insertion of Sync-On-Green/Luminance or Sync-On-All Channels

◎ Configurable Blanking Level

◎ Internal Voltage Reference

◎ High-Definition Television(HDTV) Set-Top

◎ Boxes/Receivers

◎ High-Resolution Image Processing

◎ Desktop Publishing

◎ Direct Digital Synthesis/I-Q Modulation

디바이스에 대한 보다 자세한 설명은 데이터 시트를 참고로 하도록 한다.

VGA 블록은 FPGA에서 VGA D/A Driver를 제어하는 회로와 VGA 모니터 동기 신호(H-sync/V-sync)를 생성해 주는 회로를 설계해 주어야 하며, 동시에 이와 관련된 I/O 핀을 적절히 지정해 주어야 한다. 모니터 동기 신호는 구현하고자 하는 해상도에 따라 그 출력 주파수도 달라지며, 동시에 D/A 컨버터 입력 클록도 수정되어야 한다. 1024×768 해상도를 구현하기 위해서는 구동 클록이 65MHz가 되어야 한다.

다음의 표는 해상도에 따른 VGA 동작 타이밍과 기타 유용한 정보를 보이고 있다.

구분	해상도	640 × 480	800 × 600	1024 × 768
A	Line Period	32.8us	26.4us	20.7us
B	Hsync Sync Period	3.8us	3.2us	2.1us
C	Hsync Back Porch	1.9us	2.2us	2.5us
D	Active Video	25.4us	20us	15.7us
E	Hsync Front Porch	0.6us	1us	0.4us
F	Frame Period	16.7ms	16.58ms	16.67ms

구분	해상도	640 × 480	800 × 600	1024 × 768
G	Vsync Sync Period	0.05ms	0.1ms	0.12ms
H	Vsync Back Porch	1ms	0.6ms	0.6ms
I	Active Frame	15.3ms	15.84ms	15.88ms
J	Vsync Front Porch	0.3ms	0.02ms	0.06ms

비디오 신호는 라인 수평 동기 신호와 수직 동기 신호로 구성된다. 해상도에 따라 수평 동기 신호는 640, 800, 1024 픽셀로 구성되며, 수직 동기 신호는 480, 600, 768 픽셀이 된다. Blankn 신호가 비디오 DAC 출력 (R, G, B)가 0 임을 출력한다. 수평 동기 신호(HS)는 새로운 라인의 시작을 의미하고, 수직 동기 신호 (VS)는 새로운 프레임의 시작을 나타낸다.

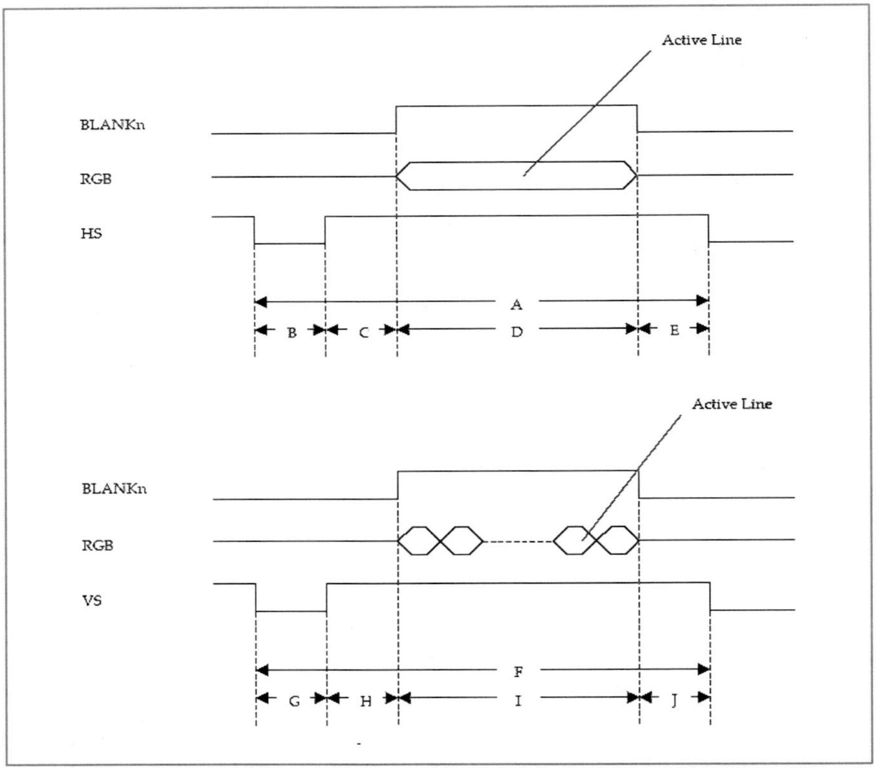

해상도	640×480	800×600	1024×768
Video clock	25.2MHz	40MHz	65MHz
Horizontal Resolution	640	800	1024
Vertical Resolution	480	600	768
Hsync Pulse Width	95	128	136
Hsync Back Porch width	40	88	160
Hsync Front Porch width	25	40	24
Vsync Pulse Width	2	4	6
Vsync Back Porch Width	22	23	29
Vsync Front Porch Width	10	1	3

그리고 H.Sync (수평동기)와 V.Sync (수직동기)는 각각 주사선의 수평, 수직동기를 맞추기 위한 신호로 이 동기신호가 적절해야만 정상적인 화면을 표현할 수 있다. 따라서, H.Sync와 V.Sync에 적절히 동기 시켜 RGB 데이터를 입력함으로 모니터 내의 원하는 위치에 데이터를 표현할 수 있다.

(3) 회로도

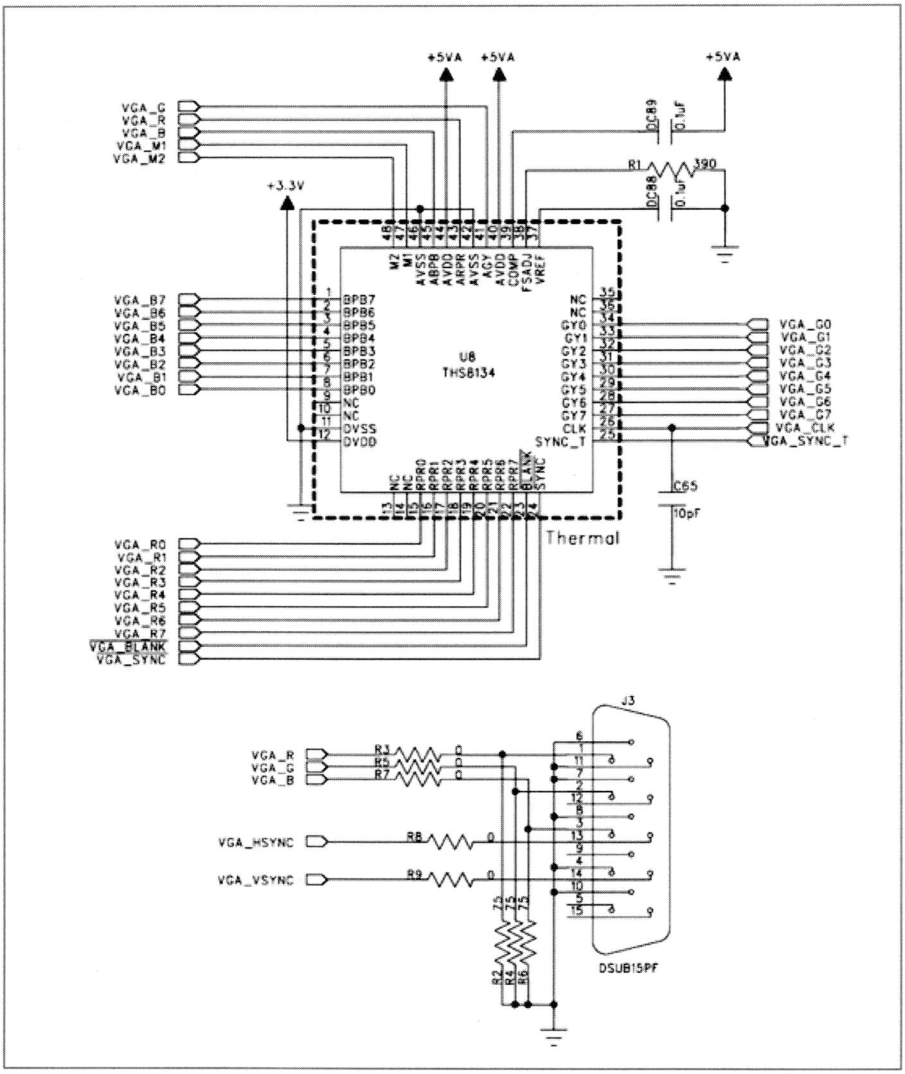

회로에서 보는 것과 같이 THS8134의 D/A 컨버터를 이용하여 모니터를 제어한다. FPGA 디바이스로부터 R (빨강), G (녹색), B (파랑) 세가지 색깔에 대한 8bit 데이터를 THS8134 디바이스로 전달하고 이러한 데이터 값을 변환하여 모니터의 색깔을 제어하고 있다.

(4) 핀 구성표

FPGA Signal	ALTERA	Xilinx	Description
VGA_BLUE[0]	K6	M6	Blue/Pr pixel data 0
VGA_BLUE[1]	J1	L6	Blue/Pr pixel data 1
VGA_BLUE[2]	K8	L5	Blue/Pr pixel data 2
VGA_BLUE[3]	J3	L4	Blue/Pr pixel data 3
VGA_BLUE[4]	J2	L2	Blue/Pr pixel data 4
VGA_BLUE[5]	J6	K2	Blue/Pr pixel data 5
VGA_BLUE[6]	J4	K1	Blue/Pr pixel data 6
VGA_BLUE[7]	J8	L8	Blue/Pr pixel data 7
VGA_RED[0]	J7	L7	Red/Pr pixel data 0
VGA_RED[1]	H2	K6	Red/Pr pixel data 1
VGA_RED[2]	H1	K5	Red/Pr pixel data 2
VGA_RED[3]	H4	K4	Red/Pr pixel data 3
VGA_RED[4]	H3	K3	Red/Pr pixel data 4
VGA_RED[5]	G1	J4	Red/Pr pixel data 5
VGA_RED[6]	H6	J3	Red/Pr pixel data 6
VGA_RED[7]	G3	J2	Red/Pr pixel data 7
VGA_GREEN[0]	G2	K7	Green/Y pixel data 0
VGA_GREEN[1]	G5	H1	Green/Y pixel data 1
VGA_GREEN[2]	G4	J7	Green/Y pixel data 2
VGA_GREEN[3]	F1	J6	Green/Y pixel data 3
VGA_GREEN[4]	G6	J5	Green/Y pixel data 4
VGA_GREEN[5]	F3	H5	Green/Y pixel data 5
VGA_GREEN[6]	F2	H4	Green/Y pixel data 6
VGA_GREEN[7]	F6	H3	Green/Y pixel data 7
₩VGA_BLANK	K4	M8	Blanking control input
₩VGA_SYNC	K7	M7	Sync control input
VGA_CLK	AA7	AD1	VGA clock
VGA_SYNC_T	K5	L1	Sync tri-level control
VGA_HSYNC	K3	M2	Horizontal Sync
VGA_VSYNC	K2	M1	Vertical Sync
VGA_M1	K1	M5	Operation mode control 1
VGA_M2	L10	M3	Operation mode control 2

2.3.16 PS/2 포트 사용하기

(1) 구성

PS/2 포트는 주로 PC 키보드나 마우스의 입력장치로 사용되는 직렬 통신방식 이다. 따라서 키보드 컨트롤러나 마우스 컨트롤러를 설계해 볼 수 있는 PS/2 커넥터를 제공하고 있다. PS/2는 데이터 선과 클록선 두 개만 가지고 데이터의 전송이 이루어진다.

데이터 라인이 하나이기 때문에 데이터는 클록에 동기 되어 시리얼 형태로 전달된다. PS/2의 클록은 키보드나 마우스 (슬레이브)가 어떤 동작 (키를 눌렀을 경우)을 할 때만 발생된다.

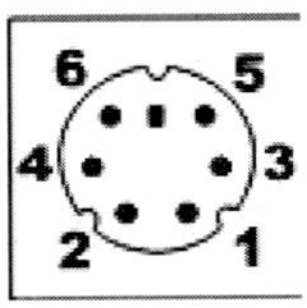

[PS/2 PORT]

PS/2 Pin Description

Pin	Name	Description
1	Data	Key Data
2	N/C	Not Connect
3	GND	Ground
4	VCC	+5V DC
5	CLK	Clock
6	N/C	Not Connect

데이터 형태는 시작(1bit), 정지 비트(1bit), 패리티 비트(1bit), 데이터 비트(8bits)로 구성되며, 모두 11bits로 구성되어 있다. 키보드를 누르면 키보드는 해당키의 스캔코드 값을 출력한다.

이 코드는 처음 눌렀을 때 출력할 뿐 만 아니라 키를 뗐을 때에도 출력이 되기 때문에 키가 계속 눌려져 있을 상태를 알 수 있도록 해준다. 결국 키보드는 키를 누를 때 키 값에 해당하는 마크 코드와 키를 뗐을 때 브레이크 코드의 마크 코드를 출력하므로 그 사이를 구분을 할 수 있다.

(2) 동작

다음의 그림과 같이 키보드 통신에 사용되는 데이터 형태는 start bit, 8개의 data bit , parity bit, stop bit 등의 총 11bits로 구성되어 있다. 데이터 신호는 클록 신호로 동기를 취하는 것이 전제 되어있기 때문에 타이밍만 일치하면 데이터를 보내는 속도에 오차가 많더라도 문제가 되지 않으며 규격으로는 1bit당 60μs에서 100μs면 된다.

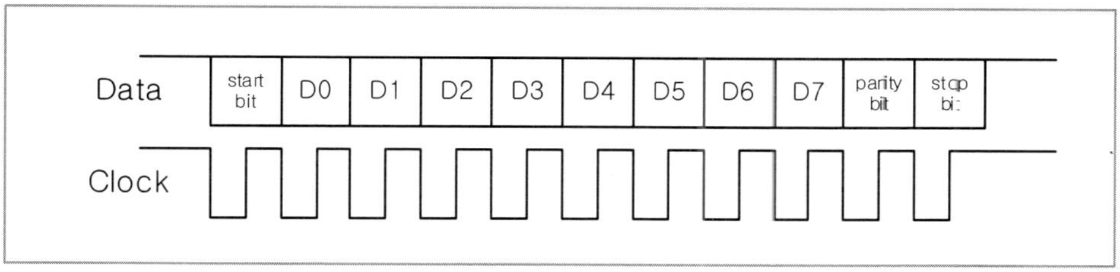

키보드의 키가 눌려지면 키보드 내부 컨트롤러에 의해 키에 대응하는 스캔 코드를 데이터 선을 통해 보낸다. 스캔코드는 키가 떨어질 때에도 코드를 발생하기 때문에 이를 통해 키가 계속 눌려지는 것을 인식 할 수 있게 된다. 키를 누를 때는 make code가 떨어져 break code가 발생한다. Make code는 1byte로 이루어져 있으며 break code는 make code 앞부분에 F0이 더해진 2byte로 이루어진다. 다음의 표는 해당 알파벳 및 숫자에 대한 스캔코드이다.

입력 키	Make 코드	Break 코드	입력키	Make 코드	Break 코드	입력키	Make 코드	Break 코드
1	16	F0 16	C	21	F0 21	Q	15	F0 15
2	1E	F0 1E	D	23	F0 23	R	2D	F0 2D
3	26	F0 26	E	24	F0 24	S	1B	F0 1B
4	25	F0 25	F	2B	F0 2B	T	2C	F0 2C
5	2E	F0 2E	G	34	F0 34	U	3C	F0 3C
6	36	F0 36	H	33	F0 33	V	2A	F0 2A
7	3D	F0 3D	I	43	F0 43	W	1D	F0 1D
8	3E	F0 3E	J	3B	F0 3B	X	22	F0 22
9	46	F0 46	K	42	F0 42	Y	35	F0 35
0	45	F0 45	L	4B	F0 4B	Z	1A	F0 1A
–	4E	F0 4E	M	3A	F0 3A	Enter	5A	F0 5A
=	55	F0 55	N	31	F0 31			
A	1C	F0 1C	O	44	F0 44			
B	32	F0 32	P	4D	F0 4D			

(3) 회로도

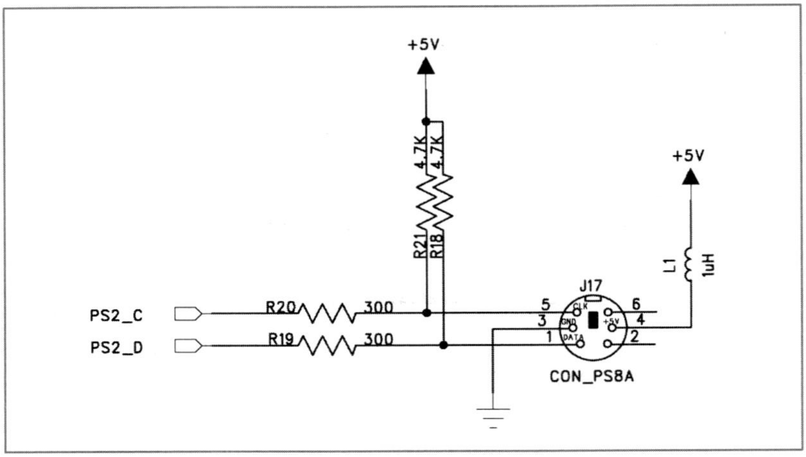

회로에서 보는 것과 같이 PS/2에 해당되는 클록과 데이터 라인이 FPGA 디바이스와 연결된 모습을 보여주고 있다. 이 데이터 라인으로부터 FPGA 디바이스로 스캔 코드를 읽어 들여 키보드에서 어떠한 값이 들어 왔는지 분석하여 인식하게 되는 것 이다.

(4) 핀 구성표

FPGA Signal	ALTERA	Xilinx	Description
PS2_CLK	M4	N4	PS/2 Clock
PS2_DATA	M3	N3	PS/2 Key data input

2.3.17 확장 포트

(1) 구성

HBE-COMBO II 트레이닝 키트에서는 내부 장치 이외에 별도의 확장 포트를 사용하여 외부의 장치를 제어할 수 있도록 지원하고 있다. 이러한 확장 포트의 구성은 기존의 HBE-Application Module을 제어하기 위한 50핀 확장 포트 2개와 보드 내에 장착하여 사용할 수 있도록 구성한 확장 포트 하나를 가지고 있다. 다음은 3종류의 확장 포트에 대한 핀 구성을 보이고 있다. EXT1과 EXT2는 1,2 번 핀에서 +5V의 전원과 49,50에서 GND와 연결

되어 있다. 또한 EXT3에서는 1,2에서 +5V의 전원과 3,4에서 +12V의 전원을 공급 받고, 49,50에 GND와 연결되어 있다. 다음 표를 통해 연결된 핀을 확인해 보도록 한다.

(2) 핀 구성표

① Expansion Port #1

FPGA Signal	ALTERA	Xilinx	Description
EXT1[1]	-	-	+5V
EXT1[2]	-	-	+5V
EXT1[3]	J24	L26	EXT1-3
EXT1[4]	J25	M19	EXT1-4
EXT1[5]	J26	M25	EXT1-5
EXT1[6]	K18	M26	EXT1-6
EXT1[7]	K19	M22	EXT1-7
EXT1[8]	K21	M24	EXT1-8
EXT1[9]	K22	N21	EXT1-9
EXT1[10]	K23	N22	EXT1-10
EXT1[11]	K24	N19	EXT1-11
EXT1[12]	K25	N20	EXT1-12
EXT1[13]	T26	N25	EXT1-13
EXT1[14]	L19	N26	EXT1-14
EXT1[15]	L20	N23	EXT1-15
EXT1[16]	L21	N24	EXT1-16
EXT1[17]	L23	P21	EXT1-17
EXT1[18]	L24	P22	EXT1-18
EXT1[19]	L25	P19	EXT1-19
EXT1[20]	M19	P20	EXT1-20
EXT1[21]	M20	P25	EXT1-21
EXT1[22]	M21	P26	EXT1-22
EXT1[23]	M22	P23	EXT1-23
EXT1[24]	M23	P24	EXT1-24
EXT1[25]	M24	R21	EXT1-25
EXT1[26]	M25	R22	EXT1-26

FPGA Signal	ALTERA	Xilinx	Description
EXT1[27]	N18	R19	EXT1–27
EXT1[28]	N20	R20	EXT1–28
EXT1[29]	N23	R26	EXT1–29
EXT1[30]	N24	T19	EXT1–30
EXT1[31]	P17	R24	EXT1–31
EXT1[32]	P18	R25	EXT1–32
EXT1[33]	P23	T22	EXT1–33
EXT1[34]	P24	T23	EXT1–34
EXT1[35]	R17	T20	EXT1–35
EXT1[36]	R19	T21	EXT1–36
EXT1[37]	R20	U20	EXT1–37
EXT1[38]	R24	U21	EXT1–38
EXT1[39]	R25	T25	EXT1–39
EXT1[40]	T17	T26	EXT1–40
EXT1[41]	T18	U24	EXT1–41
EXT1[42]	T19	U25	EXT1–42
EXT1[43]	T20	U22	EXT1–43
EXT1[44]	T21	U23	EXT1–44
EXT1[45]	T22	V21	EXT1–45
EXT1[46]	T23	V22	EXT1–46
EXT1[47]	T24	U26	EXT1–47
EXT1[48]	T25	V20	EXT1–48
EXT1[49]	–	–	GND
EXT1[50]	–	–	GND

② Expansion Port #2

FPGA Signal	ALTERA	Xilinx	Description
EXT2[1]	–	–	+5V
EXT2[2]	–	–	+5V
EXT2[3]	U20	V25	EXT2–3
EXT2[4]	U21	W22	EXT2–4

FPGA Signal	ALTERA	Xilinx	Description
EXT2[5]	U22	V23	EXT2-5
EXT2[6]	U23	V24	EXT2-6
EXT2[7]	U24	W25	EXT2-7
EXT2[8]	U25	W26	EXT2-8
EXT2[9]	U26	W23	EXT2-9
EXT2[10]	V20	W24	EXT2-10
EXT2[11]	V21	AC25	EXT2-11
EXT2[12]	V22	AC26	EXT2-12
EXT2[13]	V23	Y25	EXT2-13
EXT2[14]	V24	Y26	EXT2-14
EXT2[15]	Y18	AE24	EXT2-15
EXT2[16]	V18	AF23	EXT2-16
EXT2[17]	AA18	AF24	EXT2-17
EXT2[18]	AE17	AF22	EXT2-18
EXT2[19]	AD17	AE22	EXT2-19
EXT2[20]	U18	AE23	EXT2-20
EXT2[21]	AF17	AD23	EXT2-21
EXT2[22]	W17	AB22	EXT2-22
EXT2[23]	V17	AF21	EXT2-23
EXT2[24]	AC17	AD22	EXT2-24
EXT2[25]	AA17	AC22	EXT2-25
EXT2[26]	AD16	AC21	EXT2-26
EXT2[27]	AC16	AB21	EXT2-27
EXT2[28]	U17	AE21	EXT2-28
EXT2[29]	AE16	AD21	EXT2-29
EXT2[30]	W16	AC20	EXT2-30
EXT2[31]	AE15	AB20	EXT2-31
EXT2[32]	AA16	AF20	EXT2-32
EXT2[33]	Y16	AE20	EXT2-33
EXT2[34]	AB15	AE19	EXT2-34
EXT2[35]	AA15	AA18	EXT2-35
EXT2[36]	AD15	AA20	EXT2-36

FPGA Signal	ALTERA	Xilinx	Description
EXT2[37]	AC15	AF19	EXT2-37
EXT2[38]	AC14	AC17	EXT2-38
EXT2[39]	AA14	AB17	EXT2-39
EXT2[40]	Y15	Y18	EXT2-40
EXT2[41]	W15	AD17	EXT2-41
EXT2[42]	AF13	AC16	EXT2-42
EXT2[43]	AE13	AB16	EXT2-43
EXT2[44]	Y14	AA17	EXT2-44
EXT2[45]	V14	Y17	EXT2-45
EXT2[46]	V13	W16	EXT2-46
EXT2[47]	AE12	AF15	EXT2-47
EXT2[48]	AA13	AA16	EXT2-48
EXT2[49]	–	–	GND
EXT2[50]	–	–	GND

③ Expansion Port_Daughter

FPGA Signal	ALTERA	Xilinx	Description
EXT_DAU[1]	–	–	+5V
EXT_DAU[2]	–	–	+5V
EXT_DAU[3]	–	–	+12V
EXT_DAU[4]	–	–	+12V
EXT_DAU[5]	H21	L20	EXT3-5
EXT_DAU[6]	H19	L19	EXT3-6
EXT_DAU[7]	G24	K22	EXT3-7
EXT_DAU[8]	G23	K21	EXT3-8
EXT_DAU[9]	G26	K24	EXT3-9
EXT_DAU[10]	G25	K23	EXT3-10
EXT_DAU[11]	F26	J24	EXT3-11
EXT_DAU[12]	F25	J23	EXT3-12
EXT_DAU[13]	G22	K20	EXT3-13
EXT_DAU[14]	G21	J25	EXT3-14

FPGA Signal	ALTERA	Xilinx	Description
EXT_DAU[15]	F21	J20	EXT3-15
EXT_DAU[16]	F20	H26	EXT3-16
EXT_DAU[17]	F24	J22	EXT3-17
EXT_DAU[18]	F23	J21	EXT3-18
EXT_DAU[19]	E24	H23	EXT3-19
EXT_DAU[20]	E23	H22	EXT3-20
EXT_DAU[21]	E26	H25	EXT3-21
EXT_DAU[22]	E25	H24	EXT3-22
EXT_DAU[23]	D25	E24	EXT3-23
EXT_DAU[24]	D23	E23	EXT3-24
EXT_DAU[25]	E22	H21	EXT3-25
EXT_DAU[26]	D26	H20	EXT3-26
EXT_DAU[27]	B25	D26	EXT3-27
EXT_DAU[28]	B24	D25	EXT3-28
EXT_DAU[29]	C25	C26	EXT3-29
EXT_DAU[30]	C24	C25	EXT3-30
EXT_DAU[31]	E20	B23	EXT3-31
EXT_DAU[32]	A19	C23	EXT3-32
EXT_DAU[33]	C19	A23	EXT3-33
EXT_DAU[34]	D19	C22	EXT3-34
EXT_DAU[35]	A18	D22	EXT3-35
EXT_DAU[36]	B18	A22	EXT3-36
EXT_DAU[37]	D18	B22	EXT3-37
EXT_DAU[38]	E18	B21	EXT3-38
EXT_DAU[39]	F18	C21	EXT3-39
EXT_DAU[40]	G18	E22	EXT3-40
EXT_DAU[41]	J18	A21	EXT3-41
EXT_DAU[42]	A17	F21	EXT3-42
EXT_DAU[43]	B17	A20	EXT3-43
EXT_DAU[44]	C17	D21	EXT3-44
EXT_DAU[45]	D17	E21	EXT3-45
EXT_DAU[46]	F17	E20	EXT3-46

FPGA Signal	ALTERA	Xilinx	Description
EXT_DAU[47]	G17	F20	EXT3-47
EXT_DAU[48]	H17	B20	EXT3-48
EXT_DAU[49]	-	-	GND
EXT_DAU[50]	-	-	GND

2.3.18 Flash Memory

(1) 구성

본 장비에서는 휘발성을 가진 SRAM과는 달리 비휘발성의 Flash Memory를 사용할 수 있도록 구성하고 있다. Flash Memory는 128Mbits의 용량을 가진 Intel Embedded Flash Memory를 사용하고 있다. 이 장치는 Option으로 기본으로 나가는 장비에서는 제공을 하지 않고 있다.

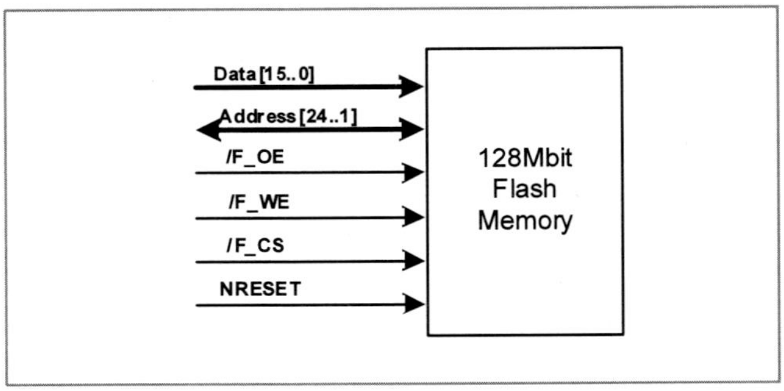

(2) 동작

Flash Memory의 동작은 Read, Write, Reset로 나눈다. 다음 그림에서 각각의 동작 파형을 보이고 있다.

① Read

#	Sym	Parameter	Density	-75		-95		Unit	Notes
				Min	Max	Min	Max		
R1	t_{AVAV}	Read/Write Cycle Time	32Mbit	75				ns	1,2
			64Mbit	75					1,2
			128Mbit	75					1,2
R2	t_{AVQV}	Address to Output Delay	32Mbit		75			ns	1,2
			64Mbit		75				1,2
			128Mbit		75				1,2
R3	t_{ELQV}	CEx to Output Delay	32Mbit		75			ns	1,2
			64Mbit		75				1,2
			128Mbit		75				1,2
R4	t_{GLQV}	OE# to Non-Array Output Delay			25		25	ns	1,2,4
R5	t_{PHQV}	RP# High to Output Delay	32Mbit		150			ns	1,2
			64Mbit		130				1,2
			128Mbit		210				1,2
R6	t_{ELQX}	CEx to Output in Low Z	All	0		0		ns	1,2,5
R7	t_{GLQX}	OE# to Output I nLow Z		0		0		ns	1,2,5
R8	t_{EHQZ}	CEx High to Output in High Z			25		25	ns	1,2,5
R9	t_{GHQZ}	OE# High to Output in High Z			15		15	ns	1,2,5
R10	t_{OH}	Output Hold from Address, CEx, oir OE# Change, Whichever Occurs First		0		0		ns	1,2,5
R11	t_{ELFL}/ t_{ELFH}	CEx Low to BYTE# High or Low			10		10	ns	1,2,5
R12	t_{FLQV}/ t_{FHQV}	BYTE# to Output Delay			1		1	μs	1,2
R13	t_{FLQZ}	BYTE# to Output in High Z			1		1	μs	1,2,5
R14	t_{EHEL}	CEx Hight to CEx Low	All	0		0		ns	1,2,5
R15	t_{APA}	Page Address Access Time			25		25	ns	5,6
R16	t_{GLQV}	OE# to Array Output Delay							

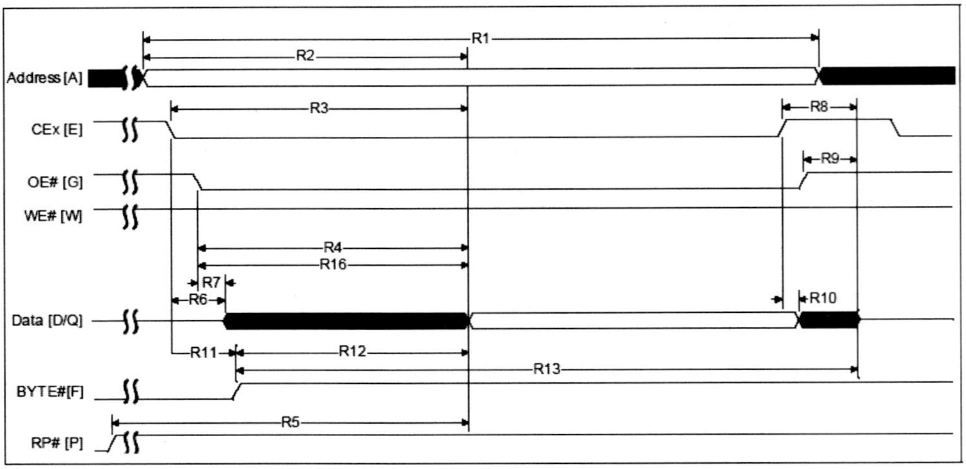

② Write

#	Symbol	Parameter	Density	Valid for All Speeds		Unit	Notes
				Min	Max		
W1	t_{PHWL} (t_{PHEL})	RP# High Recovery to WE# (CEx) Going Low	32Mbit	150		ns	1,2,3
			64Mbit	180			
			128Mbit	210			
W2	t_{ELWL} (t_{WLEL})	CEx (WE#) Low to WE# (CEx) Going Low		0		ns	1,2,4
W3	t_{WP}	Write Pulse Width		60			1,2,4
W4	t_{DVWH} (t_{DVEH})	Data Setup to WE# (CEx) Going High		50			1,2,5
W5	t_{AVWH} (t_{VAWH})	Address Setup to WE# (CEx) Goiint High		55			1,2,5
W6	t_{WAEH} (t_{EHWH})	CEx (WE#) Hold from WE# (CEx) High		0			1,2
W7	t_{WHDX} (t_{EHDX})	Data Hold from WE# (CEx) High		0			1,2
W8	t_{WHAX} (t_{EHAX})	Address Hod from WE# (CEx) High		0			1,2
W9	t_{WPH}	Write Pulse Width High		30			1,2,6
W11	t_{VPWH} (t_{VPEH})	V_{PEN} Pulse Width High		0			1,2,3
W12	t_{WHGL} (t_{EHGL})	Write Recovery before Read		35			1,2,7
W13	t_{WARL} (t_{EHRL})	WE# (CEx) High to STS Going Low			500		1,2,8
W15	t_{QVVL}	V_{PEN} Hold from Valid SRD, STS Going High		0			1,2,3, 8,9

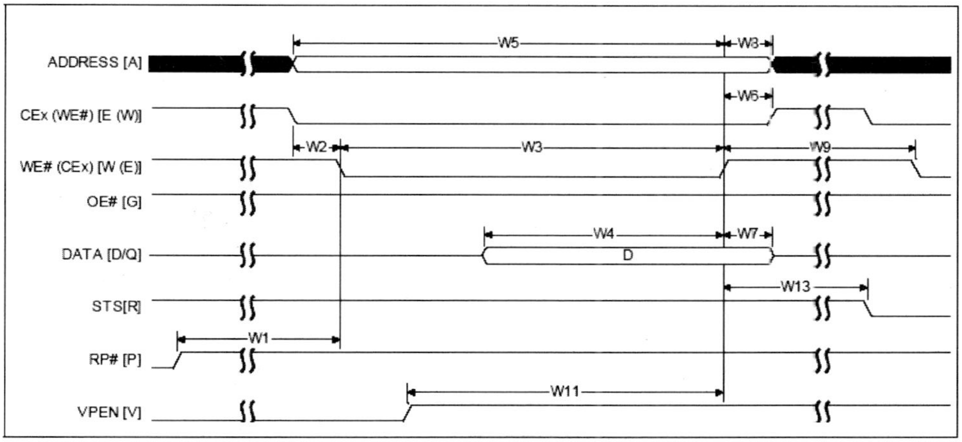

③ Reset

#	Symbol	Parameter	Min	Max	Unit	Notes
P1	t_{PLPH}	RP# Pulse Low Time (If RP# is tied to V_{CC}, this specification is not applicable)	25		μs	1,3
P2	t_{PHRH}	RP# High to Reset during Block Erase, Program, or Lock-Bit Configuration		100	ns	1,3
P3	t_{VCCPH}	V_{cc} Power Valid to RP# de-assertion (high)	60		μs	

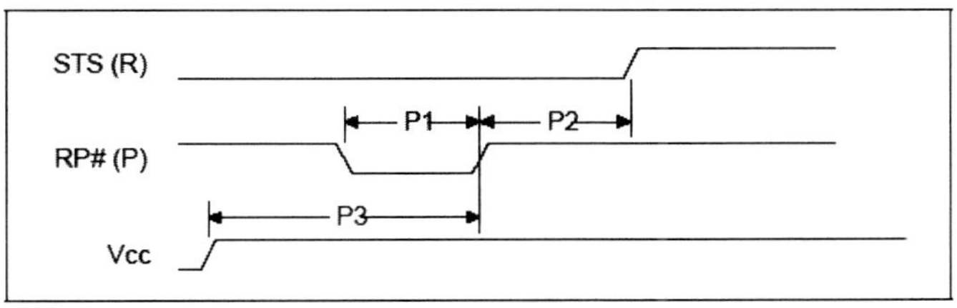

(3) 회로도

Flash Memory의 회로에서 알 수 있듯이 데이터와 어드레스 라인이 FPGA 디바이스로 연결되어 있다. 또한 Flash Memory의 Control 라인도 연결이 되어 있어 FPGA 디바이스에서 Flash Memory의 제어가 가능하게 회로가 구성되어 있다.

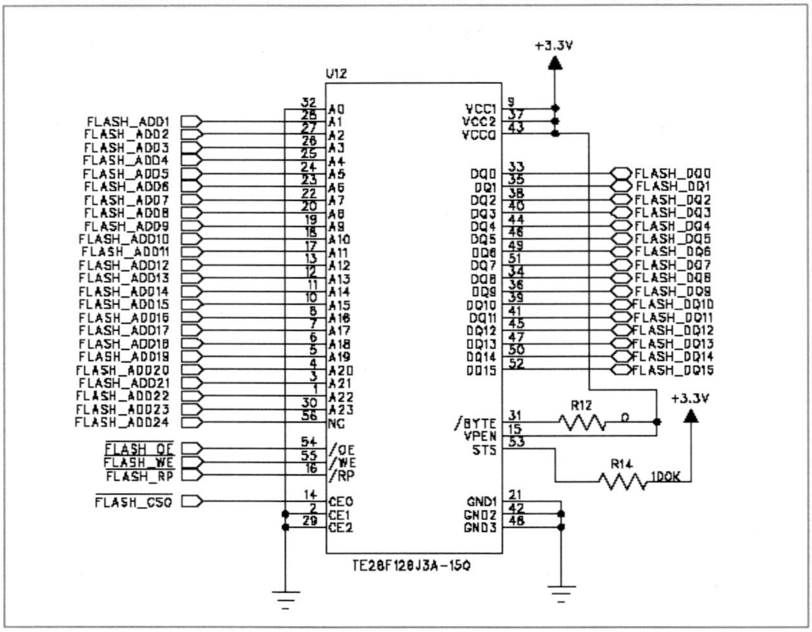

(4) 핀 구성표

FPGA Signal	ALTERA	Xilinx	Description
Flash_ADD[1]	D10	G12	Flash Address 1
Flash_ADD[2]	C10	E11	Flash Address 2
Flash_ADD[3]	B10	D11	Flash Address 3
Flash_ADD[4]	A10	C12	Flash Address 4
Flash_ADD[5]	J11	B12	Flash Address 5
Flash_ADD[6]	H11	F12	Flash Address 6
Flash_ADD[7]	G11	E12	Flash Address 7
Flash_ADD[8]	F11	G13	Flash Address 8
Flash_ADD[9]	D11	F13	Flash Address 9
Flash_ADD[10]	C11	A12	Flash Address 10
Flash_ADD[11]	B11	H13	Flash Address 11
Flash_ADD[12]	H12	C13	Flash Address 12

FPGA Signal	ALTERA	Xilinx	Description
Flash_ADD[13]	G12	H14	Flash Address 13
Flash_ADD[14]	F12	E13	Flash Address 14
Flash_ADD[15]	E12	D13	Flash Address 15
Flash_ADD[16]	D12	E14	Flash Address 16
Flash_ADD[17]	C12	D14	Flash Address 17
Flash_ADD[18]	B12	G14	Flash Address 18
Flash_ADD[19]	J13	F14	Flash Address 19
Flash_ADD[20]	G13	G15	Flash Address 20
Flash_ADD[21]	F13	F15	Flash Address 21
Flash_ADD[22]	J14	A14	Flash Address 22
Flash_ADD[23]	G14	H15	Flash Address 23
Flash_ADD[24]	F14	B15	Flash Address 24
Flash_DQ[0]	D14	A15	Flash Data 0
Flash_DQ[1]	B14	E15	Flash Data 1
Flash_DQ[2]	A14	C15	Flash Data 2
Flash_DQ[3]	H15	F16	Flash Data 3
Flash_DQ[4]	G15	E16	Flash Data 4
Flash_DQ[5]	F15	H16	Flash Data 5
Flash_DQ[6]	E15	G16	Flash Data 6
Flash_DQ[7]	D15	F17	Flash Data 7
Flash_DQ[8]	C15	E17	Flash Data 8
Flash_DQ[9]	B15	D16	Flash Data 9
Flash_DQ[10]	K16	G17	Flash Data 10
Flash_DQ[11]	J16	G18	Flash Data 11
Flash_DQ[12]	H16	F18	Flash Data 12
Flash_DQ[13]	G16	D17	Flash Data 13
Flash_DQ[14]	F16	C17	Flash Data 14
Flash_DQ[15]	D16	B19	Flash Data 15
₩Flash_OE	C16	A19	Output Enable
₩Flash_WE	B16	E18	Write Enable
₩Flash_RP	K17	G19	RESET
₩Flash_CE	J17	D20	Chip Enable

CHAPTER 03

ALTERA Quartus II Web Edition 10.0의 Verilog HDL 문법과 실습

3.1 Verilog HDL의 역사

3.2 Verilog HDL의 장점과 문제점

3.3 Verilog HDL 표현

3.4 Verilog HDL 표현 예

3.5 Verilog HDL 어휘 요소와 기본 구성

3.6 자료형(Data Type)

3.7 연산자(Operator)

3.8 하위모듈의 Verilog HDL 소스를 상위모듈의 Verilog HDL 소스에 포함하는 기능

3.9 부프로그램(Subporgram)

3.10 게이트 레벨 표현(Gate level Representation)

3.11 자료흐름적 표현(Dataflow Representation)

3.12 동작적 표현(Behavioral Representation)

3.13 구조적 표현(Structural Representation)

3.1 Verilog HDL의 역사

(1) Verilog HDL은 하드웨어 기술언어인 HiLo와 C 언어의 특징을 기반으로 개발되었다. 그리고 HDL은 상위 시스템 레벨에서부터 하위 게이트 레벨까지 하드웨어를 기술하고 설계하도록 하는 하드웨어 설계 언어(Hardware Description Language)를 의미한다.

(2) Verilog HDL 발달과정

① GateWay Design Automatopn사에서 1983년, Verilog XL 언어로 개발하여 소수 사용하였다.

② Gateway사는 Synopsys사에 Verilog HDL 언어에 대한 허가를 내주었는데 그 결과로, Synopsys사는 1987년 Verilog HDL 기반 합성 기술에 대해 발표하였다.

③ Gateway사는 1987년부터 1989년에 사이에 Motorola, National, 그리고 UTMC와 관계를 맺고 Verilog HDL을 강화하면서 ASIC 제조업체들의 요구에 부흥하며 업계 표준으로 진화하였다.

④ 1995년에 IEEE STD.1364-1995로 표준으로 채택되었고, 현재까지 하드웨어 설계 언어로 널리 사용되고 있다.

⑤ IEEE STD.1364-1995 표준에서 사용자들의 요구를 많이 반영하여, IEEE Standard_1076_2001로 개정하였다.

⑥ 현재는 Verilog HDL의 확장형태인 SystemVerilog를 개발하여 IEEE 표준화를 추진하고 있다.

3.2 Verilog HDL의 장점과 문제점

(1) 장점

① Verilog HDL은 C 언어와 생김새와 문법구조가 비슷하기 때문에 C 언어 프로그래밍 경험이 있는 사람은 쉽게 이해할 수 있다.

② Verilog HDL은 기술이 간단하며 처음 시뮬레이터용으로 개발되었기 때문에 시뮬레이션 언어 능력이 매우 좋다

③ Verilog HDL은 언어 체계가 단순하기 때문에 시뮬레이터가 고속이며 게이트 수가 다른 HDL에 비해 적게 나온다.

④ Verilog HDL은 하나의 회로모델 안에서 서로 다른 추상적인 표현을 사용할 수 있다. 즉 게이트 레벨 표현, 동작적 표현, 자료흐름적 표현 등을 혼합하여 자유롭게 하드웨어를 표현할 수 있다.

(2) Verilog HDL 문제점

① Bottom-Up 설계에 익숙한 전통적이고 보수적인 엔지니어들에는 Top-Down 설계 방식은 어려울 수 있다.

② 하드웨어 엔지니어의 소프트웨어적 설계 기법에 익숙지 못함과 아날로그 시스템 표현의 어려움 등이 있다.

3.3 Verilog HDL 표현

(1) Verilog HDL 표현 시 고려사항

① 설계 시작 전에 입출력 사양(input/output specifications)이 확실히 정해져야 한다.

② 모듈 단위로 프로그래밍 한다.

③ 사용자가 사용하는 Verilog HDL 합성 툴이 제공하는 제한요소들(constraints)을 정확히 알고 사용하여야 한다.

(2) Verilog HDL에 의한 설계 단계

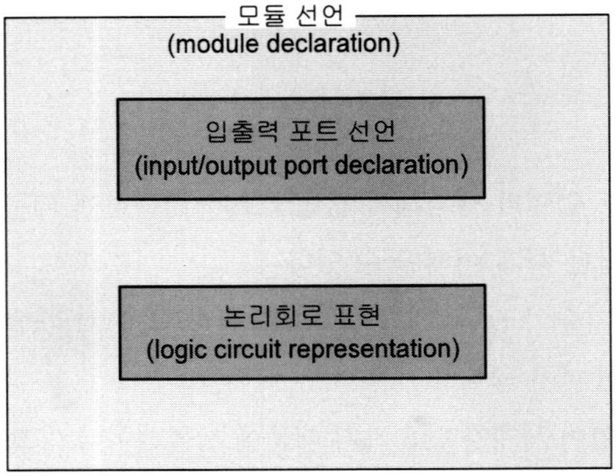

- 1단계 : 모듈 선언(module declaration)
  - 하드웨어 블록의 이름과 외부 입출력 인터페이스를 정의
- 2단계 : 입출력 포트 선언(input/output port declaration)
  - 하드웨어 입출력 포트를 선언
- 3단계 : 논리회로 표현(logic circuit representation)
  - 하드웨어 내부 논리회로의 연결, 동작, 구조 등을 표현
  - 하위모듈 호출

■ 2입력 AND 게이트의 모듈 선언

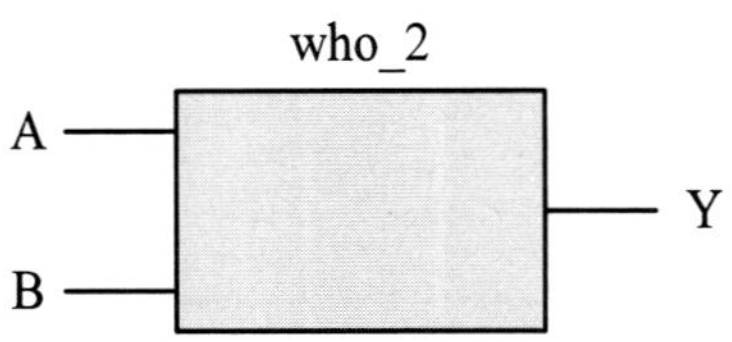


```
module who_2(A, B, Y);
        ~
endmodule
```

형식	module 모듈_이름(포트신호_이름 , …);

- 모듈_이름(module_name)은 설계하고자 하는 논리회로를 잘 표현하는 이름을 사용자가 부여한다.
- endmodule 다음에는 세미콜론을 붙이지 않는 점에 유의해야 한다.

2입력 AND 게이트의 입출력 포트 선언

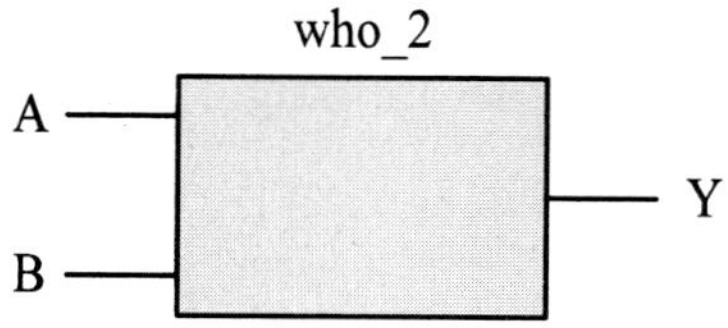


```
input A, B;
output  Y;
```

• 입출력 신호선들을 포트신호(port signal)라 하고, 이들 신호의 입력 또는 출력 여부는 input, output, inout 모드(mode) 등에 의해서 결정된다.

2입력 AND 게이트의 논리회로 표현

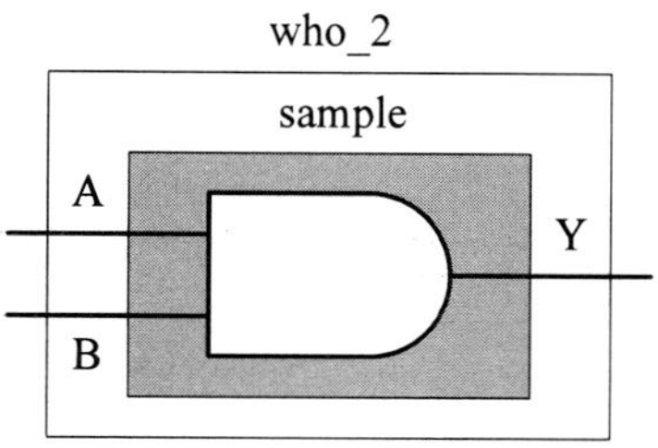


```
and sample (Y, A, B);
```

• Verilog HDL에서 논리회로를 표현하는 방법은 게이트 레벨 표현(gate Level representation), 자료흐름적 표현(dataflow representation), 동작적 표현(behavioral representation), 구조적 표현(structural representation), 혼합적 표현(mixed representation) 등이 존재한다.

• 게이트 레벨 표현은 primitive 연산자 다음에 인스턴스(instance) 이름이 나오고 출력과 입력 순으로 포트신호_이름 들이 나오게 된다.

• 인스턴스 이름은 생략이 가능하며 사용자가 지정한다.

(3) Verilog HDL 표현 방법

① 게이트 레벨 표현(gate level representation)

적은 규모의 논리회로 설계시에 적합하고 디지털 회로에 대한 기본적인 지식만으 로도 충분히 설계 가능하며 가장 하드웨어에 가까운 표현 방식으로서, primitive 연산자를 사용한다.

② 자료흐름적 표현(dataflow representation)

동작적 표현보다는 하드웨어에 가까운 표현 방식으로 데이터의 흐름을 기술하는 방식이다. 주로 부울 함수, 레지스터 전송언어(Resister Transfer Language, RTL), 연산자(operator) 등을 사용 하여 표현한다.

③ 동작적 표현(behavioral representation)

가장 높은 상위 레벨의 추상적 표현으로서 시스템의 하드웨어의 구조와는 상관없이 시스템 동작을 알고리즘(algorithm) 레벨로 표현한다.

④ 구조적 표현(structural representation)

하위모듈들의 상호 연결을 이용하여 표현한다.

⑤ 혼합적 표현(mixed representation)

앞의 4가지 표현방법들을 혼합하여 표현한다.

3.4 Verilog HDL 표현 예

(1) 2입력 AND 게이트의 Verilog HDL 표현

(a) 논리기호

A	B	Y
0	0	0
0	1	0
1	0	0
1	1	1

(b) 진리표

$Y = AB$

(c) 논리식

2입력 AND 게이트

모듈선언 및 입출력 포트 선언

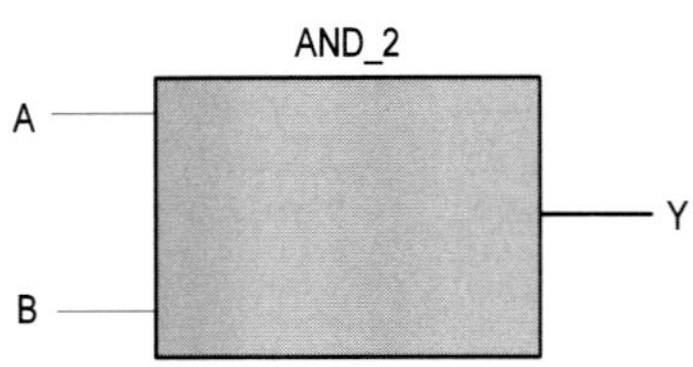


```
module AND_2(A,B,Y);
   input  A, B;
   output Y;

         ~

endmodule
```

논리회로 표현

① 게이트 레벨 표현

형식	primitive 연산자 인스턴스(instance) 이름 (출력 포트신호_이름, 입력 포트신호_이름, ...);

- 인스턴스 이름은 생략이 가능하며 사용자가 지정한다.

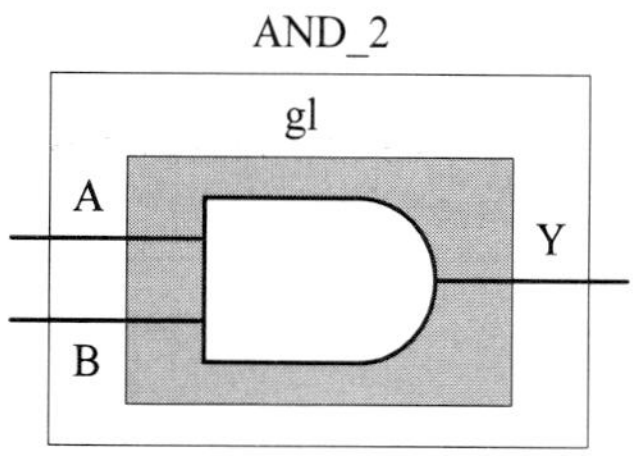


```
and gl (Y, A, B);
```

② 자료흐름적 표현

형식	assign 출력 포트신호_이름 = 입력 포트신호_이름 비트 단위 연산자 입력 포트신호_이름;

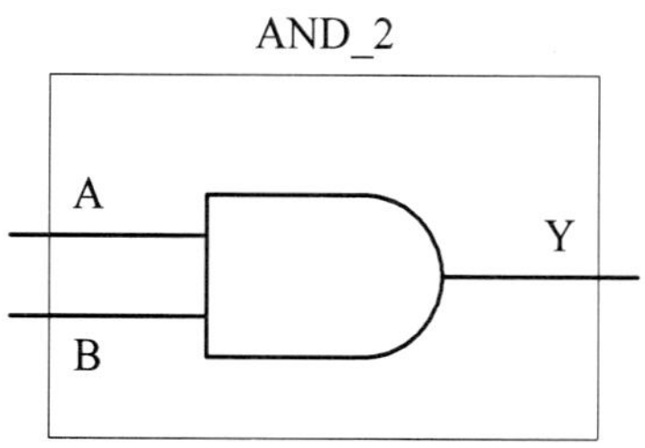


```
assign Y = A & B;
```

③ 동작적 표현

- 먼저 함수이름으로 호출하여 반환된 값을 출력 포트신호_이름에 저장하여야 한다.

형식	assign 출력 포트신호_이름 = 함수이름(입력 포트신호_이름, ...);

- 다음에 기능을 function으로 정의해야 한다.
- function 문에서는 if 문, case 문, while 문 등을 사용하여 논리회로 기능을 정의한다.
- function 문에서는 입력 포트신호들을 input을 사용하여 선언한다.

형식	function 함수이름;
	   input 입력 포트신호_이름, ... ;
	   ⋮
	endfunction

AND_2

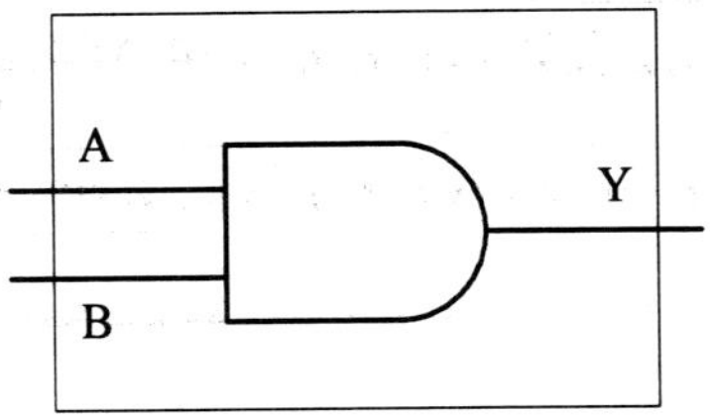


```
   assign Y = AND_FUNC(A, B);
   function AND_FUNC;
      input A, B;
         if (A & B) AND_FUNC = 1;
         else       AND_FUNC = 0;
endfunction
```

2입력 AND 게이트의 게이트 레벨 표현, 자료흐름적 표현, 동작적 표현

게이트 레벨 표현

```
module AND_2(A, B, Y);
input  A, B;
output Y;
   and  g1 (Y,A,B);
endmodule
```

자료흐름적 표현

```
module AND_2(A, B, Y);
input  A, B;
output Y;
   assign Y = A & B;
endmodule
```

동작적 표현

```
module AND_2(A, B, Y);
input  A, B;
output Y;
   assign Y = AND_FUNC(A, B);
   function AND_FUNC;
      input A,B;
         if (A & B) AND_FUNC = 1;
         else       AND_FUNC = 0;
   endfunction
endmodule
```

(2) 2입력 OR게이트의 Verilog HDL 표현

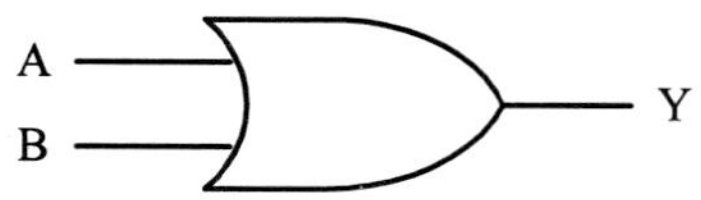

(a) 논리기호

A	B	Y
0	0	0
0	1	1
1	0	1
1	1	1

(b) 진리표

$Y = A + B$

(c) 논리식

2입력 OR 게이트

모듈선언 및 입출력 포트 선언

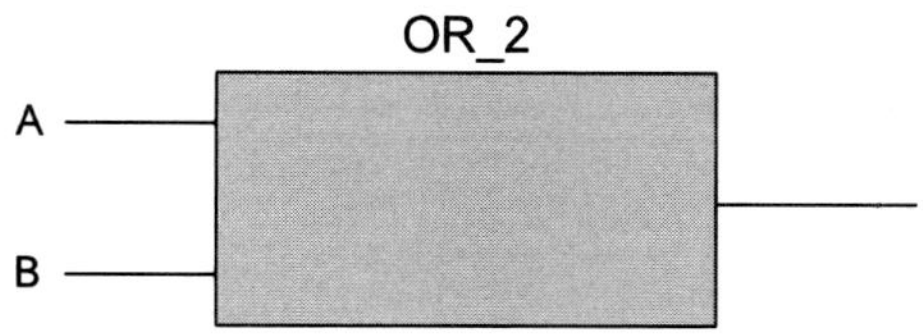


```
module OR_2(A, B, Y);
   input  A, B;
   output Y;

          ~
endmodule
```

논리회로 표현

① 게이트 레벨 표현

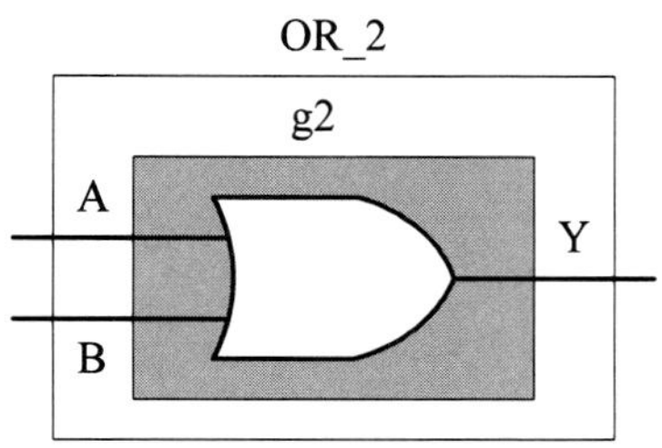


```
or  g2  (Y, A, B);
```

② 자료흐름적 표현

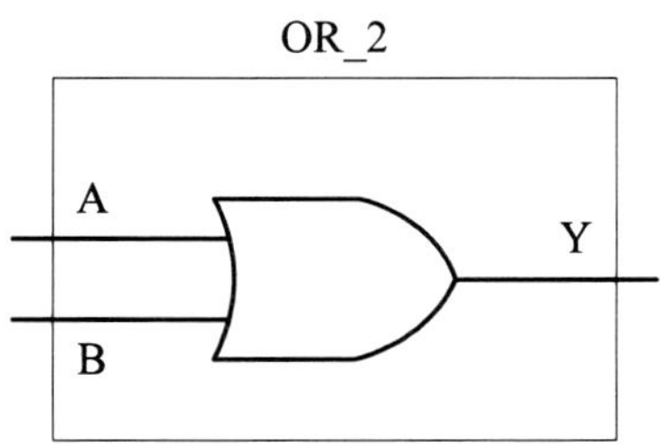


```
assign Y = A | B;
```

③ 동작적 표현

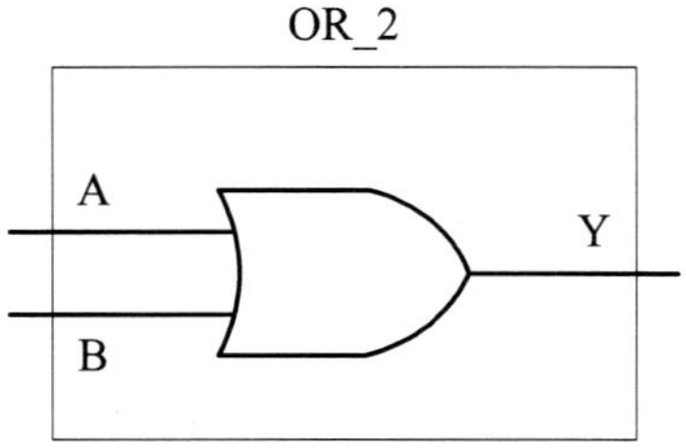


```
   assign Y = OR_FUNC(A, B);
   function OR_FUNC;
      input A, B;
         if (A | B) OR_FUNC = 1;
         else       OR_FUNC = 0;
endfunction
```

게이트 레벨 표현	자료흐름적 표현
module OR_2 (A,B,Y); input A, B; output Y; or g2 (Y,A,B); endmodule	**module OR_2 (A,B,Y);** input A, B; output Y; assign Y = A | B; endmodule

동작적 표현

```
module OR_2 (A,B,Y);
   input  A, B;
   output Y;
      assign Y = OR_FUNC(A, B);
      function OR_FUNC;
         input A, B;
            if (A | B) OR_FUNC = 1;
            else       OR_FUNC = 0;
      endfunction
endmodule
```

(3) AND_OR 회로의 Verilog HDL 표현

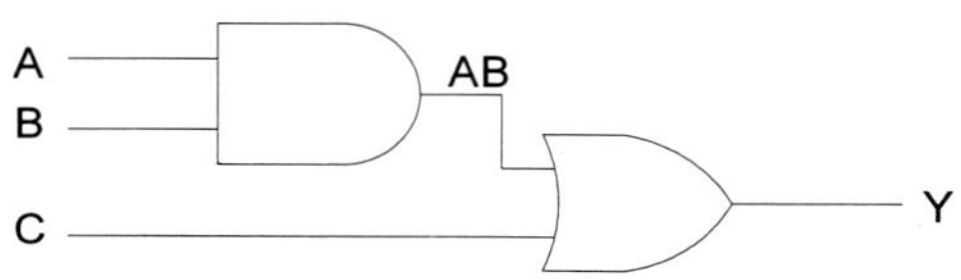

Y = AB + C

논리회로 및 논리식

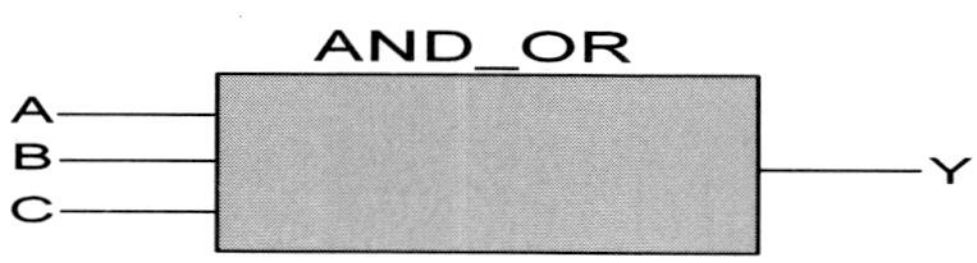

블록도

A	B	C	Y
0	0	0	0
0	0	1	1
0	1	0	0
0	1	1	1
1	0	0	0
1	0	1	1
1	1	0	1
1	1	1	1

진리표

AND_OR 회로

게이트 레벨 표현, 자료흐름적 표현, 동작적 표현

게이트 레벨 표현

```
module AND_OR(A,B,C,Y);
   input  A,B,C;
   output Y;
   wire   AB;
      and g3 (AB,A,B);
      or g4 (Y,C,AB);
endmodule
```

자료흐름적 표현

```
module AND_OR(A,B,C,Y);
   input  A,B,C;
   output Y;
      assign Y = C | (A & B);
endmodule
```

동작적 표현

```
module AND_OR(A,B,C,Y);
   input  A,B,C;
   output Y;
      assign Y = AND_OR_FUNC(A, B, C);
      function AND_OR_FUNC;
         input A,B,C;
            if (C|(A & B)) AND_OR_FUNC = 1;
            else           AND_OR_FUNC = 0;
      endfunction
endmodule
```

구조적 표현

- 먼저 AND_2와 OR_2를 각각 Verilog HDL로 표현하여 하위모듈로 저장하여야 한다.
- 전체모듈을 정의하고 포트 선언 후에, 내부신호 선언이 이루어진다. 신호 선언 (signal declaration)에서 선언된 tmp는 AND_2와 OR_2 하위모듈간에 연결되는 내부신호로서 wire로 선언한다.
- 하위모듈 사례화(instantiation)문에서는 선언한 하위모듈의 지역포트 신호에 실제포트 신호가 연결되도록 해준다.
- 하위모듈을 호출하여 사용할 때에는 모듈명을 먼저 기술한 후 인스턴스명(instance name)을 반드시 쓰고, 괄호안에 대응되는 포트신호를 선언한다. 이때 인스턴스명은 사용자가 지정한다.
- AND_2의 지역포트 신호들은 A, B, Y를 말하며 실제포트 신호들은 A, B, tmp가 된 다. OR_2의 지역포트 신호들은 A, B, Y를 말하며 실제포트 신호들은 tmp, C, Y가 된다.
- 지역포트 신호와 실제포트 신호들을 연결하는 방법은 다음과 같이 위치에 의한 포트연결(connecting ports by order)과 이름에 의한 포트연결(connecting ports by name) 등의 2가지 방법이 있다.

위치에 의한 포트연결(connecting by order)

하위모듈의 지역포트 신호와 실제포트 신호들을 위치 순서대로 연결

```
하위모듈명 인스턴스명 (A, B, tmp);
```

이름에 의한 포트연결(connecting by name)

하위모듈의 지역포트 신호와 실제포트 신호들을 위치와 상관없이 직접 이름으로 연결

```
하위모듈명  인스턴스명 (.A(A), .B(B), .Y(tmp));
```

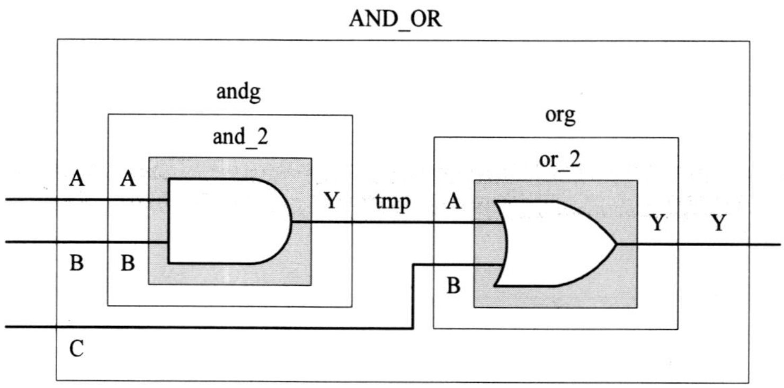

구조적 표현

```
module AND_OR(A,B,C,Y);
   input  A,B,C;
   output Y;
   wire   tmp;
      and_2 andg (A, B, tmp);
      or_2 org (tmp, C, Y);
endmodule
```

혼합적 표현

- AND_OR 회로를 구조적 표현과 자료흐름적 표현을 사용하여 혼합적으로 표현한다.
- 먼저 AND_2를 Verilog HDL로 표현하여 하위모듈로 저장하여야 한다.
- 다음에 전체모듈에서 AND_2 회로를 구조적으로 표현하고 OR_2 회로를 자료흐름적으로 표현한다.

- 설계하는 AND_OR 회로는 1개의 내부신호인 tmp가 있고 1개의 하위모듈(AND_2)을 가지고 있다.
- 하위모듈 AND_2를 사례화하기 위해 1개의 인스턴스화문이 필요하고 하위모듈의 출력 Y는 내부신호 tmp에 연결되고, 이 내부신호는 C 신호와 OR 연산하도록 설계하였다.
- OR 연산부분을 자료흐름적 표현으로 설계하였다.

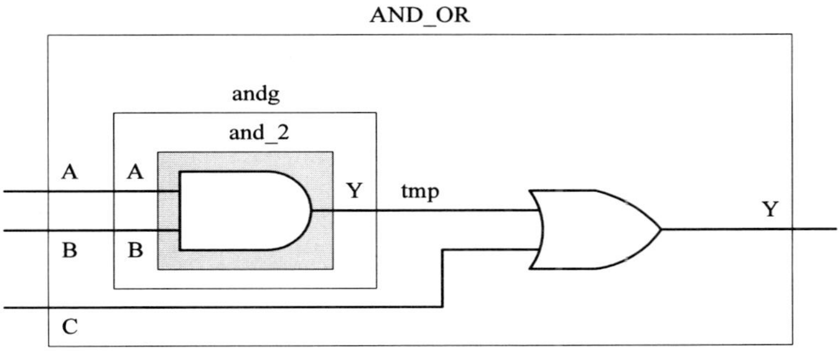

혼합적 표현

```
module AND_OR(A,B,C,Y);
   input  A,B,C;
   output Y;
   wire   tmp;
      and_2 andg (A, B, tmp);
      assign Y = tmp | C;
endmodule
```

3.5 Verilog HDL 어휘 요소와 기본 구성

3.5.1 어휘 요소

(1) 여백(white space)

공백(space), 탭(tab), 줄바꿈을 나타내며 주로 단어들을 분리할 때 사용된다. 기본적으로는 무시되지만 문자열에서는 값을 가지고 있는 데이터로 취급된다.

(2) 주석(comment)

주석은 프로그램에 대한 설명을 위해 사용하며 Verilog HDL의 수행에는 영향을 미치지 않는다. 주석은 설명문이라고도 한다.

➲ 주석 표시

- 한 줄의 주석을 표시 할 때는 사선부호 //로 나타낸다.
- 두 줄 이상의 주석을 /* 에서 시작해서 */로 나타낸다.

➲ 사용 예

```
  module AND_OR(A,B,C,Y);                          // 모듈 선언
     input A, B, C;
     output      Y;
   wire tmp;                                       // 내부 연결선 선언
      and_2 andg (A, B, tmp);
      OR_2 org (tmp, C, Y);

/* A와 B를 and 연산한 값이 tmp로 출력되고,
   tmp와 C가 or 연산한 값을 Y로 출력한다. */
endmodule
```

(3) 식별어(identifier)

식별어는 설계자가 정의하는 Verilog HDL에서의 공백을 가지지 않는 변수명, 모듈명, 포트명, 함수명 등을 말한다. 식별어는 대문자와 소문자를 구별한다.

식별어 만드는 법

➲ 기본법칙

- 식별어는 영문자(a~z, A~Z), 숫자(0~9), 달러기호($), 그리고 밑줄(_)로 구성된다.
- 식별어는 숫자나 특수문자로 시작해서는 안 된다.

➲ 사용 예

```
A      XO      counter    Next_value       generate_read_cycle
```

잘못된 사용 예

```
last@value\              // 사용할 수 없는 문자인 \ 사용
5bit_counter             // 숫자로 시작
$A0                      // 특수문자로 시작
```

식별어 표기 예

```
module comp (A,B,E);
   input A, B;
   output   E;
      assign E = OR_FUNC(A, B);
      function OR_FUNC;
         input A,B;
            if (A | B) OR_FUNC = 1;
            else       OR_FUNC = 0;
     endfunction
endmodule
```

- 모듈명인 comp와 포트신호를 나타내는 A, B, E 등이 식별어이다. 또한 함수명인 OR_FUNC도 식별어가 된다.

(4) 지정어(reserved word)

① Verilog HDL구문을 위해서 미리 지정된 문자열을 지정어라고 한다.

② Verilog HDL은 대문자와 소문자를 구별하며, 사용자는 지정어를 식별어로 사용해서는 안 된다.

```
always        and           assign
begin         buf           bifof0        bifof1
case          casex         casez         cmos
deassign      default       defparam      disable
edge          else          end           endcase       endmodule     endfunction
endprimitive  endspecify    endtable      endtask       event
for           force         forever       fork          function
highz0        highz1        if            ifnone        initial       inout
input         integer                     join          large
macromodule   medium        module
nand          negedge       nmos          nor           not           notif0
notif1                      or            output
parameter     pmos          posedge       primitive     pull0         pull1
pullup        pulldown
rcmos         real          realtime      reg           release       repeat
rnmos         npmos         rtran         rtranif0      rtranif1
```

```
scalared     small      specify    specparam   strong0   strong1
supply0      supply1
table        task       time       tran        tranif0   tranif1
tri          tri0       tri1       triand      trior     trireg
vectored
wait         wand       weak0      weak1       while     wore
wor          xnor       xor
```

지정어 표기 예

```
module comp (A,B,E);
  input A, B;
  output   E;
    assign E = OR_FUNC(A, B);
    function OR_FUNC;
      input A,B;
        if (A | B) OR_FUNC = 1;
        else       OR_FUNC = 0;
   endfunction
endmodule
```

- module, input, output, assign, function, if, else, endfunction, endmodule 등이 지정어이다.

(5) 리터럴(literal)

Verilog HDL에서 리터럴은 정수 리터럴(integer literal)과 실수 리터럴(real literal)로 나눌 수 있다.

정수 리터럴 : 소수점이 없는 10진수

사용 예

```
23          146
```

실수 리터럴 : 소수점을 갖는 10진수

사용 예

```
23.1E2          31415E-4  3.1415
```

진수 표기(base notation) 가능 : 2진수, 8진수, 10진수, 16진수

표시 방법

- (비트크기)'(진수 형식)(데이터)의 형식으로 표시한다.
- 비트크기는 생략 가능하며, 생략한 경우의 데이터는 지원하는 시뮬레이터에 따라 다른 값을 가진다(기본적으로 32비트의 크기).
- B(b): 2진수 O(o):8진수 D(d):10진수 H(h):16진수
- 진수형식은 생략 가능하며, 생략한 경우의 데이터는 10진수의 값을 가진다.

사용 예

- 비트크기를 지정한 수

  8비트 2진수 : 8'B11001110

  12비트 8진수 : 12'O375

  12비트 10진수 : 12'DO375 또는 12'0375

  16비트 16진수 : 16'HAFDB

- 비트크기를 생략한 수

  32비트 2진수 : B11001110

  32비트 8진수 : O375

  32비트 10진수 : DO375 또는 0375

  36비트 16진수 : HAFDB

밑줄(underline) 사용 표시

사용 이유

- 긴 숫자를 읽기 쉽도록 한다.

사용 예

```
8´B1100_1110
123_456
```

(6) 문자열(strings)

문자열은 이중 따옴표 사이에 있는 모든 문자들을 말하며 한 줄로 제한되어 있다.

문자열 표시

- 이중 따옴표(double quotation)인 " "로 표시한다.
- 문자열은 1바이트 ASCII값을 가지며 unsigned 정수형 상수로 사용된다.
- 문자열 각각의 문자들은 8비트의 크기를 가진다.
- 문자열에서는 공백도 값을 가지고 있는 데이터로 취급한다.
- 확장문자(\n, \t, \\, \")등을 사용하여 일부 특수문자를 포함시킬 수 있다.

사용 예

```
"A string"
"000110011"
"XXXXXXXX"
"---"
"  "            // 공(space) 문자 2개
"\n"            // 줄바꿈
```

문자열 표기 예

```
reg [8*10:1] string_variable;
   initial begin
      string_variable = "0123456789";
   end;
```

(7) 특수기호(special symbol)

특수기호는 연산자(operator) 표기, 언어 구문의 부분의 한계를 정하거나 구두점으로서 사용한다. 특수기호는 1개의 문자 또는 2개의 문자로 구성되며 연산자로서 사용된다.

한 문자

```
&    (  )  *  +    -    /    <  =  >  |
```

사용 예

```
a & b      (a + b)    a > b    a = b
```

두 문자

```
=>  &&    ?:    !=    >=    <=    << >>
```

사용 예

```
(1011) ~^ (1001)        (A && B)
```

3.5.2 모듈 선언/입출력 포트 선언과 논리회로 표현

(1) 모듈 선언(module declaration)

모듈 선언을 통해 설계하는 하드웨어 논리회로 이름과 외부 입출력 인터페이스를 정의한다. 여기서 정의한 모듈_이름(module_name)은 Verilog HDL의 코드 이름이 된다. 따라서 모듈 이름은 설계하는 하드웨어 논리회로의 특징을 잘 나타낼 수 있는 형태의 이름을 부여하는 것이 좋다.

모듈 선언 형식

```
module 모듈_이름(포트신호_이름, . . .);
            ~
endmodule
```

- 모듈_이름은 설계하고자 하는 논리회로를 잘 표현하는 이름을 사용자가 지정한다.
- 포트신호_이름은 생략 가능하며, 콤마(,)로 구분 한다.
- endmodule 다음에는 세미콜론을 붙이지 않는 점에 유의해야 한다.

(2) 입출력 포트 선언(input/output port declaration)

형식	포트신호 모드 포트신호_이름;

- 포트신호_이름(port signal_name)은 외부 입출력 신호선인 신호(signal)를 선언한다. 따라서 외부 입출력의 특성을 잘 표현하는 이름을 정하는 것이 좋다.
- 포트신호 모드(mode)는 신호의 입출력 방향을 결정한다.

모드의 종류

모드	입출력	기 능
input	입력	신호가 해당 모듈로 입력되는 경우에 사용한다.
output	출력	해당 모듈에서 신호가 출력되는 경우에 사용한다.
inout	입출력	신호가 해당 모듈로 양방향으로 입력되거나 출력되는 경우에 사용한다.

포트신호 모드 사용 예

- 포트신호 A는 input 모드로 정의되므로 입력핀이 된다.
- 포트신호 B, Y는 inout 모드로 정의되므로 입, 출력핀이 된다.
- 포트신호 C는 output 모드이므로 출력핀이 된다.

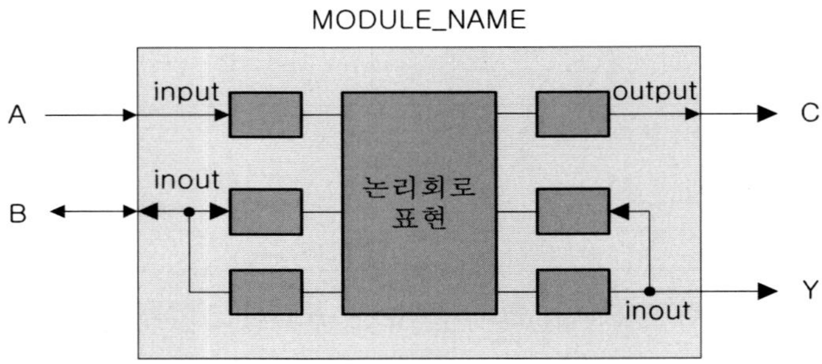


```
module MODULE_NAME(A, B, C, Y);
   input  A;
   inout  B, Y;
   output C;
```

(3) 논리회로 표현(logic circuit representation)

- 하드웨어 내부회로의 연결, 동작, 구조 등을 표현하며 하위모듈을 호출한다.
- Verilog HDL에서 논리회로를 표현하는 방법은 게이트 레벨 표현(gate Level representation), 자료흐름적 표현(dataflow representation), 동작적 표현(behavioral representation), 구조적 표현(structural representation), 혼합적 표현(mixed representation) 등이 존재한다.

논리회로 표현 예

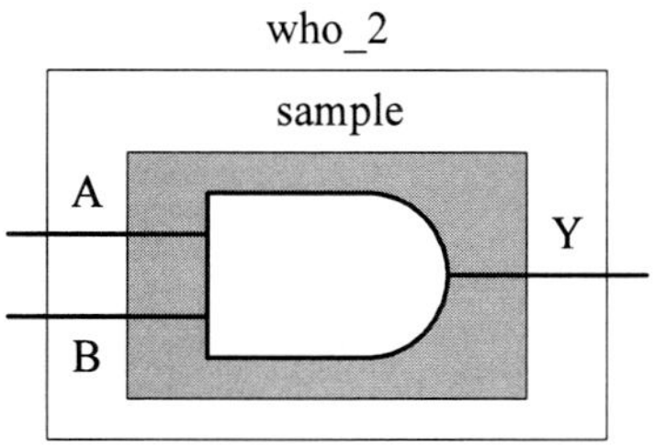


```
and sample (Y, A, B);
```

- 게이트 레벨 표현은 연산자 다음에 인스턴스(instance) 이름이 나오고 출력과 입력 순으로 포트신호_이름 들이 나오게 된다.
- 인스턴스 이름은 생략이 가능하며 사용자가 지정한다.

(4) Test Bench

- 외부와의 입출력을 하지 않고 Verilog HDL 자체내에서 검증할 논리회르에 입력파형을 설정 하여 출력파형을 관찰하여 검증할 수 있게 한다.
- 최상위 계층의 모듈로 선언하고 시뮬레이션 상에서 검증할 하위모듈을 호출하여 사용한다.
- 다음은 전가산기(full adder)에 대한 Test Bench 파일의 예이다.
- 'timescal은 컴파일러가 지원하는 지시어로 시뮬레이터에서 입력 파형의 구간을 결정하고자 할 때 사용한다.
  - 형식 : 'timescale 소자단위 시간 / 시뮬레이션 단위 시간
  - `은 C 언어의 전처리기(preprocessor)와 같은 역할은 하는 컴파일러 지시어에 앞에 사용되며, 컴파일러 지시어는 define(테스트 치환), include(파일 포함) 등이 있다.
  - 소자단위 시간은 사용할 소자의 전파지연시간을, 시뮬레이션 단위시간은 시뮬레이션 할 때 측정하는 시간의 최대 정밀도를 나타낸다.
- Test Bench 파일은 외부와 입출력을 하지 않고 Verilog HDL 자체적으로 입력파형을 설정하기 때문에 input, output을 사용하지 않으며, 입력은 reg형, 출력은 wire형으로 선언하여 기술한다.
- #은 시간지연을 의미하는 지정어로서 timescale의 소자단위 시간을 1ns로 선언했을 경우에 X = 0; Y = 0;   Cin = 0; #10;은 X, Y, Cin을 0으로 초기화 한 후에 10ns의 시간지연을 수행하라는 의미이다.

- initial begin
  순차문;
  end
  - initial 문은 블록으로 설정된 부분을 순차적으로 한번만 수행하며, 시뮬레이션 할 경우에만 사용되어 진다.
- 전가산기 테스트를 위한 입력 신호인 X, Y, Cin 등은 reg 형으로 선언하며, 출력 신호인 Sout, Cout 등은 wire 형으로 선언한다.
- full_adder를 하위모듈로 선언하고 하위모듈 사례화문과 X, Y, Cin 등의 입력파형이 주어진다. 테스트를 위해 X, Y, Cin 입력에 "000"부터 "111"까지 차례로 8개의 입력 파형들을 10ns 간격으로 입력시킨다.
- Verilog HDL은 루틴 연산을 수행하기 위한 시스템 태스크(system task)을 제공하는데, 시 스템 태스크는 $키워드 형식으로 표현된다. $stop은 시뮬레이션을 일시 정지시키기 때문에 전가산기 Test Bench 파일에서는 시뮬레이터가 코드에서 입력한 80ns의 구간까지 시뮬레이션을 수행한 후에 일시 정지하여 대기상태가 된다.

전가산기에 대한 진리표

x	y	Cin	Cout	Sout
0	0	0	0	0
0	0	1	0	1
0	1	0	0	1
0	1	1	1	0
1	0	0	0	1
1	0	1	1	0
1	1	0	1	0
1	1	1	1	1

전가산기에 대한 Verilog HDL코드

```
module full_adder(X, Y, Cin, Sout, Cout);
   input  X, Y, Cin;
   output Sout, Cout;
      assign Sout = X ^ Y ^ Cin;
      assign Cout = (X & Y) | (X & Cin) | (Y & Cin);
endmodule
```

전가산기에 대한 Test Bench 코드

```
`timescale 1ns / 1ns
module tb_full_adder;
   reg X;
   reg Y;
   reg Cin;
   wire Sout;
   wire Cout;
      full_adder uut (.X(X), .Y(Y), .Cin(Cin), .Sout(Sout), .Cout(Cout));
      initial begin
         X = 0;   Y = 0;   Cin = 0;   #10;
         X = 0;   Y = 0;   Cin = 1;   #10;
         X = 0;   Y = 1;   Cin = 0;   #10;
         X = 0;   Y = 1;   Cin = 1;   #10;
         X = 1;   Y = 0;   Cin = 0;   #10;
         X = 1;   Y = 0;   Cin = 1;   #10;
         X = 1;   Y = 1;   Cin = 0;   #10;
         X = 1;   Y = 1;   Cin = 1;   #10;
         $stop;
      end
endmodule
```

전가산기에 대한 시뮬레이션 파형 그림

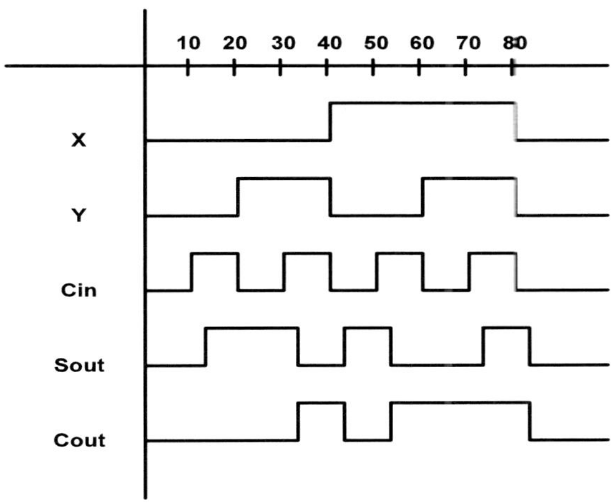

- 입력 X, Y, Cin 등이 모두 0이면 출력 Cout과 Sout이 모두 0이 된다.
- 10ns에 Cin이 1이 되면 Sout이 1이 되고 Cout은 0이 된다.
- 20ns에 Y가 1이 되고 Cin이 0이 되면 Sout은 1이 되고 Cout은 0이 된다.
- 30ns에 Cin이 1이 되면 2개의 1이 있으므로 Cout은 1이 되고 Sout은 0이 된다.

3.6 자료형(data type)

자료형은 다음과 같은 종류들이 있다.

- 기본 논리형(basis logic type)
- 네트(nets type)
- 레지스터(register type)
- 벡터(vector type)
- 배열(arrays type)
- 메모리(memories type)

3.6.1 기본 논리형(basic logic type)

Verilog HDL은 4개의 논리값과 8개의 신호 세기를 가질 수 있다.

논리값

- 0 : 논리 0
- 1 : 논리 1
- Z : high impedance
- X : unknown

신호 강도

```
supply
strong
pull
large
weak
medium
highz
```

사용 예

```
wire (pull) A;
reg (strong) B;
```

- 0과 1은 각각 확실한 논리 0, 논리 1을 의미한다.
- Z는 출력신호가 논리 1 또는 논리 0을 나타내지 않는 회로와 끊어진 상태인 고 임피던스(high impedance)를 나타낸다.
- X는 출력을 공통(common)으로 사용하는 경우에 두 가지 형태인 논리 0과 논리 1이 충돌하여 어떤 값을 갖게 될지 모르는 상태(unknown)를 나타내며, 진리표에서 don't care로도 사용되어진다.
- 신호의 강도는 서로 다른 강도를 가진 신호와 충돌 했을 때의 논리 상터를 해결한다.
  - 신호의 강도는 supply 〉 strong 〉 pull 〉 large 〉 weak 〉 medium 〉 highz의 순이다.
  - supply는 전원선을 의미한다. 즉 supply 0은 GND, supply 1은 VDD와의 연결을 의미한다.
  - 다른 강도를 가진 신호가 충돌하면 논리값은 강도가 높은 신호의 논리값을 가진다. 예를 들어 strong 0과 weak 1이 충돌하면, 논리값은 0이 된다.
  - 같은 강도를 가진 신호가 충돌하면 논리값은 알 수없는 상태(unknown, x)가 된다.

3.6.2 네트(nets type)

(1) 네트는 하드웨어의 물리적인 연결을 나타낸다. 하드웨어의 모든 입출력과 연결되어 계속 유도되는 연속적인 값을 가진다.
(2) 네트는 기본적으로 1비트 데이터를 가진다.
(3) 네트의 자료형을 선택하는 지정어는 11가지가 있다.

네트의 지정어

- wire : 논리적인 기능없이 하드웨어를 물리적으로 연결
- supply1 : 네트를 전원(VDD)와 연결
- supply0 : 네트를 접지(ground)와 연결
- tri : wire와 동일한 기능을 수행하며, 고 임피던스(high impedance) 상태가 추가
- tri1 : 네트에 풀업(pull-up) 저항을 연결

- tri0 : 네트를 풀다운(pull-down) 저항을 연결
- wor : 2개 이상의 출력을 연결하여 자동적으로 or 연산을 수행
- wand : 2개 이상의 출력을 연결하여 자동적으로 and 연산을 수행
- trior : wor와 동일한 기능을 하며 고 임피던스 상태가 추가
- triand : wand와 동일한 기능을 하며 고 임피던스 상태가 추가
- trireg : 네트에 커패시터가 연결되어 있어 이전 상태의 값을 저장

형식	자료형 [표현 범위] 변수_이름,…;

사용 예

```
wire a;                  // 네트 a를 선언
wire a, b;               // 2개 이상의 네트를 한 번에 정의
wire a = 1'b1;           // 네트 a를 논리값 1로 선언
wire [3:0] a;            // 4비트 네트 선언
```

- supply0 : 접지와 전기적으로 완전히 연결된 상태이다.

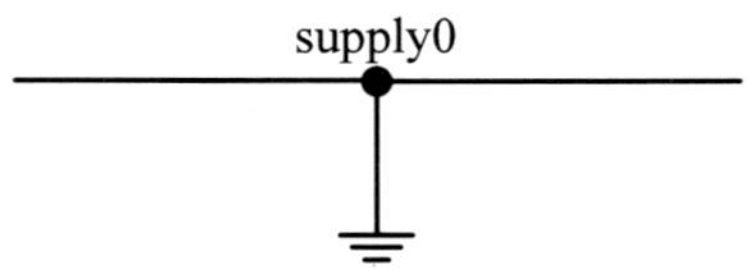

- supply1 : VDD와 전기적으로 완전히 연결된 상태이다.

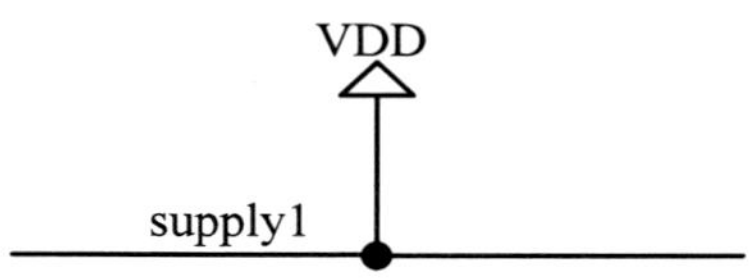

- tri는 고 임피던스 상태를 나타낼 수 있기 때문에 여러개의 출력이 하나의 tri에 인가 될 수 있다.
  - tri0 : 고 임피던스(high impedance) 특성을 가지는 네트에 풀다운 (pull-down) 저항이 달려있는 상태이다.

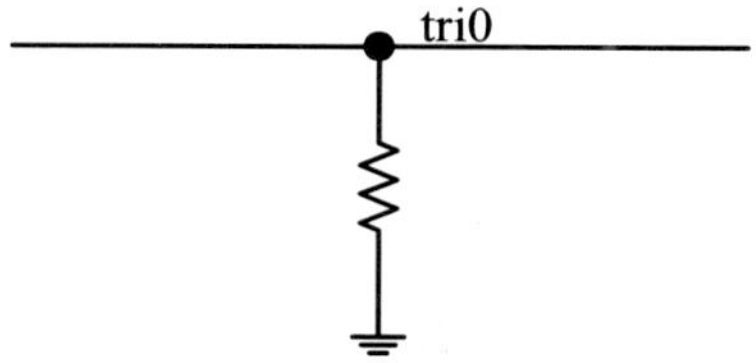

‣ tri1 : 고 임피던스(high impedance) 특성을 가지는 네트에 풀업(pull-up) 저 항이 달려있는 상태이다.

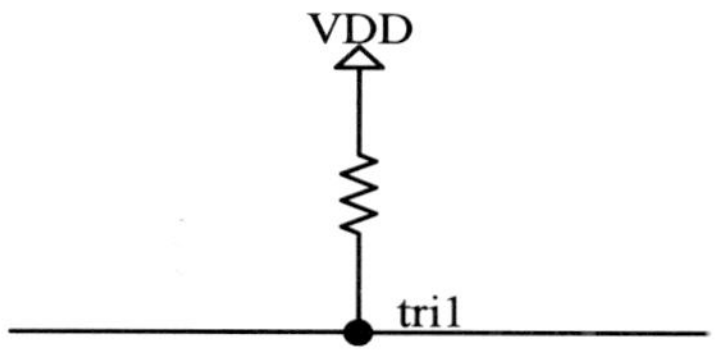

• wor, wand, trior, triand는 네트 자체적으로 연산을 수행한다. 이때 다른 강도를 가진 신호가 충돌하면 논리값은 강도가 높은 신호의 논리값을 가진다.

‣ wor : 네트 자체적으로 OR게이트와 동일한 기능을 한다.

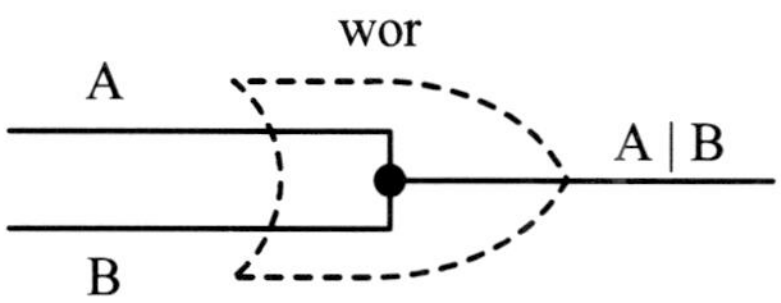

‣ wand : 네트 자체적으로 AND 게이트와 동일한 기능을 한다.

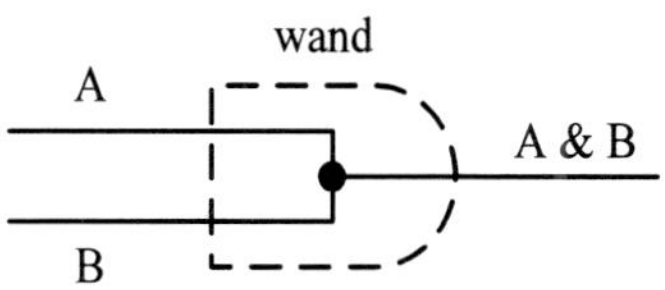

‣ trior, triand는 각각 wor, wand와 동일한 기능을 하며, 고 임피던스 상태도 가질 수 있다.

- trireg는 네트에 커패시터가 연결되어 있는 상태로 이전 상태의 값을 저장할 수 있다.

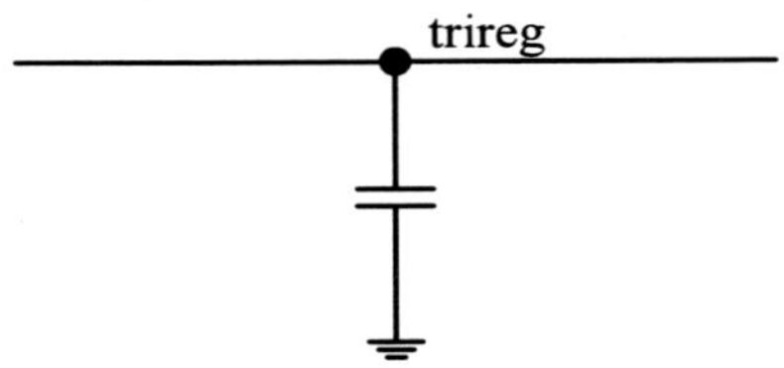

사용 예

```
trireg Y;              // trireg 자료형 선언
wire A,S;
bufif1(Y, A, S);       // S가 1이면 Y는 A의 값을 가진다.
                       // S가 0이면 Y는 고 임피던스(z)가 아닌 이전상태
                          의 값을 가진다.
```

3.6.3 레지스터(register type)

(1) 레지스터는 다음 값이 들어오기 전까지 현재의 값을 그대로 유지한다.
(2) 데이터를 저장하고 있는 특성 때문에 순차 회로에 주로 사용된다.

레지스터의 지정어

- reg : 1비트 정수
- integer : 부호있는 32비트 정수
- real : 부호있는 실수값
- time : 부호 없는 64비트 정수

① reg

- 기본적으로 1비트의 변수(variable) 데이터 값을 가진다.
- always문, initial문, task문, function문에서만 사용할 수 있다.
- 벡터를 사용하여 표현범위를 여러 비트로도 나타낼 수 있다.
- 부호있는 정수를 선언하기 위해서는 지정어 reg와 표현범위 사이에 signed를 기술 하면 된다.

형식	reg [표현 범위] 변수_이름, … ;

사용 예

```
reg a;                    // 1비트 레지스터를 선언
reg a, b;                 // 2개 이상의 레지스터를 한 번에 정의함
reg [3:0] a;              // 4비트 레지스터를 선언
reg signed [15:0] a;      // 부호가 있는 16비트 레지스터를 선언
```

② integer

- 32비트의 부호가 있는 정수값을 가진다.
- -2147483648 ~ 2147483647 까지의 범위를 갖는다.
- 산술 연산 시 결과는 2의 보수 형태로 출력된다.

형식	integer 변수_이름, … ;

사용 예

```
a;                        // 32비트 정수 a를 선언
a, b;                     // 2개 이상의 정수를 한 번에 정의할 수 있음
```

③ real

- 부동소수점 값을 가지는 실수로 초기값은 기본적으로 0이 된다.
- 십진 표기법과 과학적 표기법으로 표현한다.
- 실수값을 integer를 사용하여 정수값으로 대입하면 소수점이하는 생략되어진다.

형식	real 변수_이름, … ;

사용 예

```
real a;
a = 3.1415;                       // 3.1415를 십진 표기법을 표현
real a;
a = 31415E-4                      // 3.1415를 과학적 표기법으로 표현
```

④ time

- 시뮬레이션 시간을 저장하는 변수로, Verilog HDL 시뮬레이터는 시뮬레이션 시간을 고려하며 동작한다.
- 비트의 표현범위는 최소 64비트가 되며 구현에 따라 더 커질 수 있다.

형식	time 변수_이름, … ;

사용 예

```
time sim_time;                    // 시간 변수 선언
initial
   sim_time = $time               // 현재 시뮬레이션 시간을 sim_time에 저장
```

- 현재의 시뮬레이션 시간을 저장하기 위해서는 $time을 사용한다.

3.6.4 벡터(vectors type)

(1) 데이터가 2비트 이상이 될 때에는 벡터를 사용해서 선언할 수 있다.

(2) 벡터의 자료형은 네트와 reg형에서만 적용 할 수 있으며, integer, real, time 등의 자료형에는 사용할 수 없다.

형식	자료형 [표현범위 : 표현범위] 변수_이름;	// 변수 선언
	변수명 [특정비트];	// 특정 비트 부분선택

사용 예

```
wire  [3:0] A;          // 4비트 wire 선언
wire  [3:0] A, B, C;    // 4비트 wire 3개를 동시 선언
reg   [0:7] A;          // 8비트 레지스터 선언
A[5]                    // 앞서 선언한 A레지스터의 5비트 부분선택
```

- 벡터의 표현범위는 왼쪽이 항상 최상위 비트가 된다. 즉 [0:7] A에서는 A[0] 이 최상위 비트를, [7:0] A에서는 A[7]이 최상위 비트를 나타내고 있다.

• 멀티비트를 가지는 벡터 변수에서 특정 비트를 선택할 수 있다. 사용 예에서 8비트 레지스터로 선언된 A 변수에 대하여 5비트 부분을 선택한 예를 나타내고 있다.

3.6.5 배열(arrays type)

(1) 동일한 자료형의 변수가 여러개일 경우 이것을 한번에 표현하고자 할 때 적용한다.
(2) Verilog HDL은 다차원 배열을 제공하기 때문에 어떠한 차원으로도 선언할 수 있다.
(3) 배열은 벡터와는 달리 integer, real, time, realtime 등의 자료형에도 사용할 수 있다.
(4) 벡터와 배열의 차이점에 주의해야 한다.

형식	
	자료형 변수_이름 [표현범위 : 표현범위]; // 변수 선언
	변수_이름 [특정 원소 선택]; // 선언된 배열에서 특정 원소 선택

▣ 사용 예

```
wire a [3:0];                          // 1비트 와이어 4개의 배열
integer b [0:7]                        // 32비트 정수 8개의 배열
reg [3:0] c [7:0];                     // 4비트 레지스터 8개의 배열
reg [15:0] d [15:0][7:0][3:0];         // 16비트 레지스터 3차원 배열
b [5] = 100;                           // 배열된 변수 b의 5번째 원소 값 초기화
```

▣ 벡터와 배열의 차이점

```
wire a [3:0];                          // 1비트 와이어 4개의 배열
wire [3:0] a;                          // 4비트 와이어 1개의 벡터
```

• 변수 b는 integer형으로 선언되었기 때문에 최소한 32비트의 크기를 가진다.

3.6.6 메모리(memory type)

(1) RAM 또는 ROM을 구현하기 위해서는 레지스터를 배열로 구성하여 표현한다.

➲ 사용 예

```
reg A [1023:0];                        // 1K 비트 메모리
reg [7:0] A [1023:0];                  // 1K 바이트 메모리
reg [7:0] A_reg;                       // 1바이트 메모리
```

3.6.7 파라미터(parameter type)

(1) 파라미터 모듈 내부에서만 사용하는 상수를 말하며 모듈 내에서 값이 변하지 않기 때문에 변수로 사용이 불가능하다.
(2) 파라미터의 타입과 크기는 설계자가 정의하여 사용할 수 있다.

형식	parameter 이름 = 식;	// 상수 선언

➲ 사용 예

```
parameter high = 25;                   // 정수 선언
parameter high = 25, width = 30;       // 2개의 정수 선언
parameter pi = 3.14;                   // 실수 선언
parameter state = 8'B11110000;         // 8비트 레지스터 선언
parameter signed [7:0] hight           // 부호를 가지는 8비트 상수 선언
```

실습 1 NOT 게이트 설계

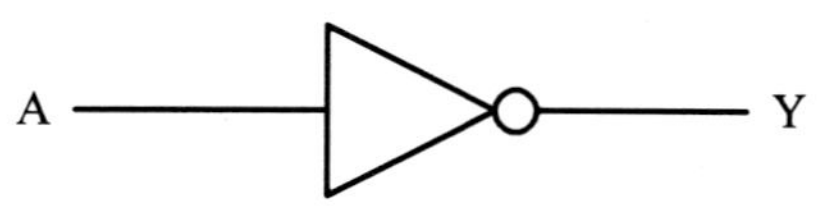

(a) 논리기호

A	Y
0	1
1	0

(b) 진리표

$Y = A'$

(c) 논리식

NOT 게이트(게이트 레벨 표현)	NOT 게이트(자료흐름적 표현)

module inv_1(A, Y);
  input A;
  output Y;
    not U1(Y, A);
endmodule
	module inv_1(A, Y);
	  input A;
	  output Y;
	    assign Y = ~A;
	endmodule

NOT 게이트(동작적 표현)

```
module inv_1(A, Y);
   input  A;
   output Y;
      assign Y = inv_1FUNC(A);
      function inv_1FUNC;
         input A;
            if (~A) inv_1FUNC = 1;
            else    inv_1FUNC = 0;
      endfunction
endmodule
```

MoldelSim으로 시뮬레이션 하기 위한 Test Bench 파일

```
`timescale 1ns / 1ns
module tb_inv_1;
   reg  A;
   wire Y;
      inv_1 uut (.A(A), .Y(Y));
      initial begin
         A = 0;   #100;
         A = 1;   #100;
         A = 0;   #100;
         A = 1;   #100;
         A = 0;   #100;
         A = 1;   #100;
         A = 0;   #100;
         A = 1;   #100;
         A = 0;   #100;
         A = 1;   #100;
         $stop;
      end
endmodule
```

ModelSim을 사용한 타이밍 시뮬레이션 결과

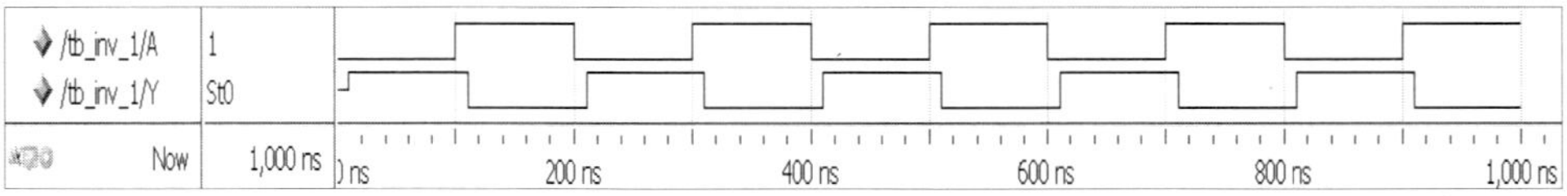

- 입력 신호 A가 0인 경우에는 출력 Y가 1이 되고 그 외에는 0이 된다.

HBE-COMBO II 트레이닝 키트에 프로그래밍 하기 위한 정보

입 력			출 력			블록도
핀 이름	핀 번호	입력 장치	핀 이름	핀 번호	출력 장치	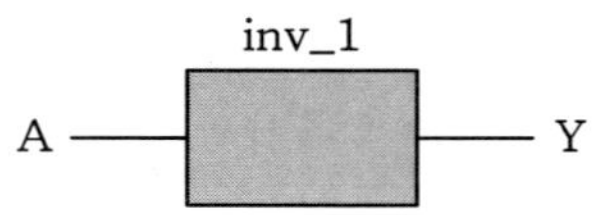
A	Y10	KeypadA	Y	AC7	LED8	

- 트레이닝 키트의 초기 상태는 LED8의 불이 켜진 상태이다. A(KeypadA)를 누르면 LED8의 불이 꺼지고 A를 누르지 않으면 LED8의 불이 켜진다.

실습 2 AND 게이트 설계

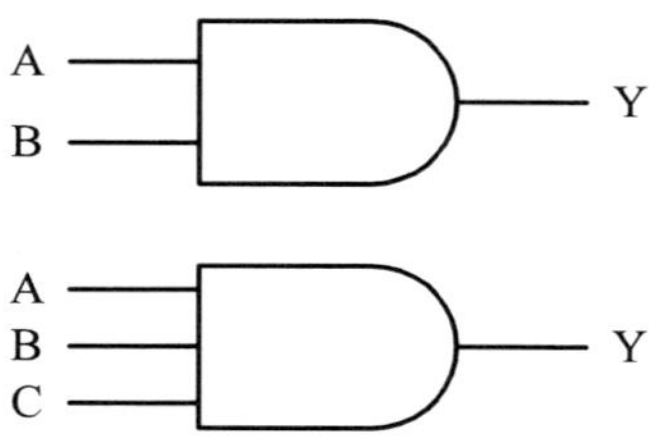

(a) 논리기호

A	B	Y
0	0	0
0	1	0
1	0	0
1	1	1

A	B	C	Y
0	0	0	0
0	0	1	0
0	1	0	0
0	1	1	0
1	0	0	0
1	0	1	0
1	1	0	0
1	1	1	1

(b) 진리표

$Y = AB$

$Y = ABC$

(c) 논리식

2입력 AND 게이트(게이트 레벨 표현)

```
module and_2(A, B, Y);
   input  A, B;
   output Y;
      and U1(Y, A, B);
endmodule
```

3입력 AND 게이트(게이트 레벨 표현)

```
module and_3(A, B, C, Y);
   input  A, B, C;
   output Y;
      and U1(Y, A, B, C);
endmodule
```

2입력 AND 게이트(자료흐름적 표현)

```
module and_2(A, B, Y);
   input  A, B;
   output Y;
      assign Y = A & B;
endmodule
```

3입력 AND 게이트(자료흐름적 표현)

```
module and_3(A, B, C, Y);
   input  A, B, C;
   output Y;
      assign Y = A & B & C;
endmodule
```

2입력 AND 게이트(동작적적 표현)

```
module and_2(A, B, Y );
   input  A, B;
   output Y;
      assign Y = and_2FUNC(A, B);
      function and_2FUNC;
         input A, B;
            if (A & B) and_2FUNC = 1;
            else       and_2FUNC = 0;
      endfunction
endmodule
```

3입력 AND 게이트(동작적 표현)

```
module and_3(A, B, C, Y ).
   input  A, B, C;
   output Y;
      assign Y = and_3FUNC(A, B, C);
      function and_3FUNC;
         input A, B, C;
            if (A & B & C) and_3FUNC = 1;
            else           and_3FUNC = 0;
      endfunction
endmodule
```

2입력 AND 게이트를 MoldelSim으로 시뮬레이션 하기 위한 Test Bench 파일

```
`timescale 1ns / 1ns
module tb_and_2;
   reg  A;
   reg  B;
   wire Y;
      and_2 uut (.A(A), .B(B), .Y(Y));
      initial begin
         A = 0;   B = 0;   #100;
         A = 0;   B = 1;   #100;
         A = 1;   B = 0;   #100;
         A = 1;   B = 1;   #100;
         A = 0;   B = 0;   #100;
         A = 0;   B = 1;   #100;
         A = 1;   B = 0;   #100;
         A = 1;   B = 1;   #100;
         A = 0;   B = 0;   #100;
         A = 0;   B = 1;   #100;
         $stop;
      end
endmodule
```

3입력 AND 게이트를 ModelSim으로 시뮬레이션 하기 위한 Test Bench 파일

```
`timescale 1ns / 1ns
module tb_and_3;
   reg  A;
   reg  B;
   reg  C;
   wire Y;
      and_3 uut (.A(A), .B(B), .C(C), .Y(Y));
      initial begin
         A = 0;  B = 0;  C = 0;  #100;
         A = 0;  B = 0;  C = 1;  #100;
         A = 0;  B = 1;  C = 0;  #100;
         A = 0;  B = 1;  C = 1;  #100;
         A = 1;  B = 0;  C = 0;  #100;
         A = 1;  B = 0;  C = 1;  #100;
         A = 1;  B = 0;  C = 0;  #100;
         A = 1;  B = 1;  C = 1;  #100;
         A = 0;  B = 1;  C = 0;  #100;
         A = 0;  B = 0;  C = 1;  #100;
         $stop;
      end
endmodule
```

ModelSim을 사용한 타이밍 시뮬레이션 결과

[2입력 AND 게이트의 타이밍 시뮬레이션 결과]

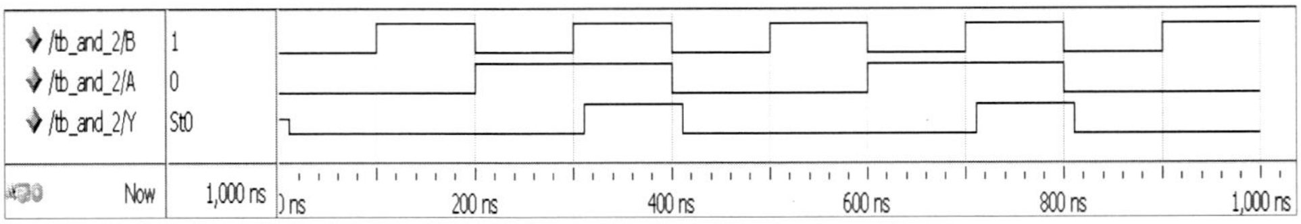

- 2입력 AND 게이트의 시뮬레이션 결과는 A, B 입력신호 모두가 1인 경우에 출력 Y 가 1이 되고 그 외에는 0이 된다.

[3입력 AND 게이트의 타이밍 시뮬레이션 결과]

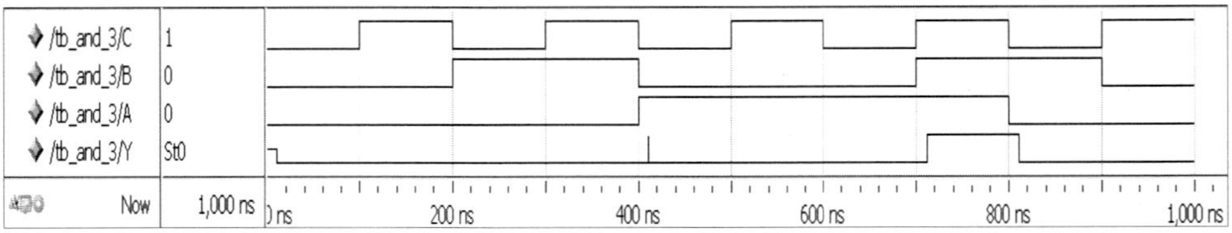

- 3입력 AND 게이트의 시뮬레이션 결과는 A, B, C 입력신호 모두가 1인 경우에 출력 Y 가 1이 되고 그 외에는 0이 된다.

HBE-COMBO II 트레이닝 키트에 프로그래밍 하기 위한 정보

입 력			출 력			블록도
핀 이름	핀 번호	입력 장치	핀 이름	핀 번호	출력 장치	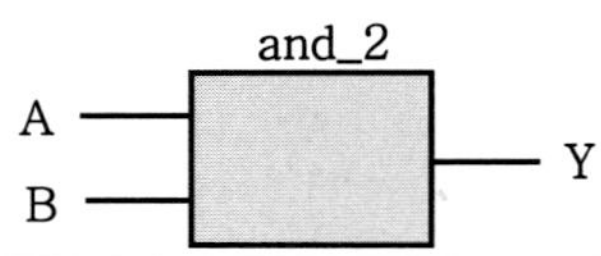
A	Y10	KeypadA	Y	AC7	LED8	
B	W10	KeypadB				

- 2입력 AND 게이트는 A와 B를 동시에 누르면 동시에 LED8의 불이 켜진다.

입 력			출 력			블록도
핀 이름	핀 번호	입력 장치	핀 이름	핀 번호	출력 장치	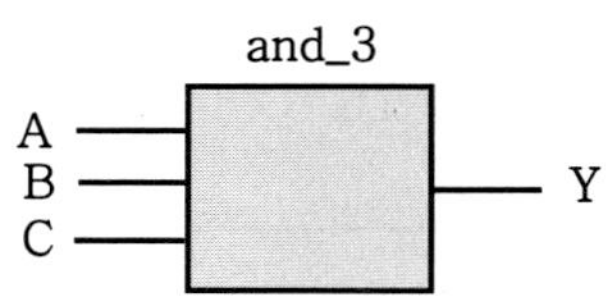
A	Y10	KeypadA	Y	AC7	LED8	
B	W10	KeypadB				
C	AA9	KeypadC				

- 3입력 AND 게이트는 A, B, C 를 동시에 누르면 동시에 LED8의 불이 켜진다.

실습 3 OR 게이트 설계

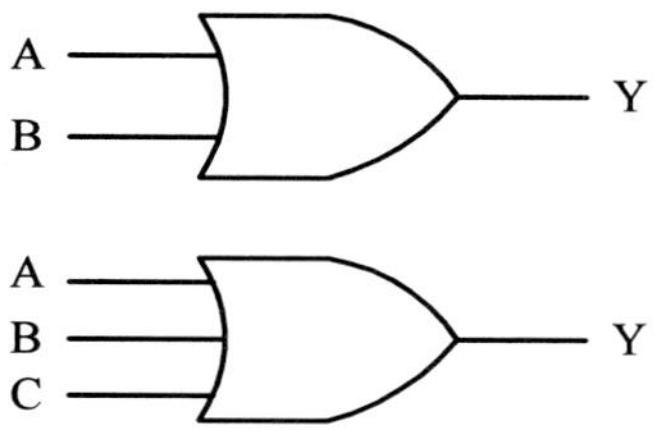

(a) 논리기호

A	B	Y
0	0	0
0	1	1
1	0	1
1	1	1

A	B	C	Y
0	0	0	0
0	0	1	1
0	1	0	1
0	1	1	1
1	0	0	1
1	0	1	1
1	1	0	1
1	1	1	1

(b) 진리표

$$Y = A + B$$

$$Y = A + B + C$$

(c) 논리식

2입력 OR 게이트

2입력 OR 게이트(게이트 레벨 표현)

```
module or_2(A, B, Y);
   input  A, B;
   output Y;
      or U1(Y, A, B);
endmodule
```

3입력 OR 게이트(게이트 레벨 표현)

```
module or_3(A, B, C, Y);
   input  A, B, C;
   output Y;
      or U1(Y, A, B, C);
endmodule
```

2입력 OR 게이트(자료흐름적 표현)

```
module or_2(A, B, Y);
   input  A, B;
   output Y;
      assign Y = A | B;
endmodule
```

3입력 OR 게이트(자료흐름적 표현)

```
module or_3(A, B, C, Y);
   input  A, B, C;
   output Y;
      assign Y = A | B | C;
endmodule
```

2입력 OR 게이트(동작적 표현)

```
module or_2(A, B, Y );
   input  A, B;
   output Y;
      assign Y = or_2FUNC(A, B);
      function or_2FUNC;
         input A, B;
            if (A | B) or_2FUNC = 1;
            else       or_2FUNC = 0;
      endfunction
endmodule
```

3입력 OR 게이트(동작적 표현)

```
module or_3(A, B, C, Y );
   input  A, B, C;
   output Y;
      assign Y = or_3FUNC(A, B, C);
      function or_3FUNC;
         input A, B, C;
            if (A | B | C) or_3FUNC = 1;
            else           or_3FUNC = 0;
      endfunction
endmodule
```

2입력 OR 게이트를 MoldelSim으로 시뮬레이션 하기 위한 Test Bench 파일	3입력 OR 게이트를 MoldelSim으로 시뮬레이션 하기 위한 Test Bench 파일

`timescale 1ns / 1ns
module tb_or_2;
  reg A;
  reg B;
  wire Y;
    or_2 uut (.A(A), .B(B), .Y(Y));
    initial begin
      A = 0; B = 0; #100;
      A = 0; B = 1; #100;
      A = 1; B = 0; #100;
      A = 1; B = 1; #100;
      A = 0; B = 0; #100;
      A = 0; B = 1; #100;
      A = 1; B = 0; #100;
      A = 1; B = 1; #100;
      A = 0; B = 0; #100;
      A = 0; B = 1; #100;
      $stop;
    end
endmodule
	`timescale 1ns / 1ns
	module tb_or_3;
	  reg A;
	  reg B;
	  reg C;
	  wire Y;
	    or_3 uut (.A(A), .B(B),.C(C),.Y(Y));
	    initial begin
	      A = 0; B = 0; C = 0; #100;
	      A = 0; B = 0; C = 1; #100;
	      A = 0; B = 1; C = 0; #100;
	      A = 0; B = 1; C = 1; #100;
	      A = 1; B = 0; C = 0; #100;
	      A = 1; B = 0; C = 1; #100;
	      A = 1; B = 0; C = 0; #100;
	      A = 1; B = 1; C = 1; #100;
	      A = 0; B = 1; C = 0; #100;
	      A = 0; B = 0; C = 1; #100;
	      $stop;
	    end
	endmodule

ModelSim을 사용한 타이밍 시뮬레이션 결과

[2입력 OR 게이트의 타이밍 시뮬레이션 결과]

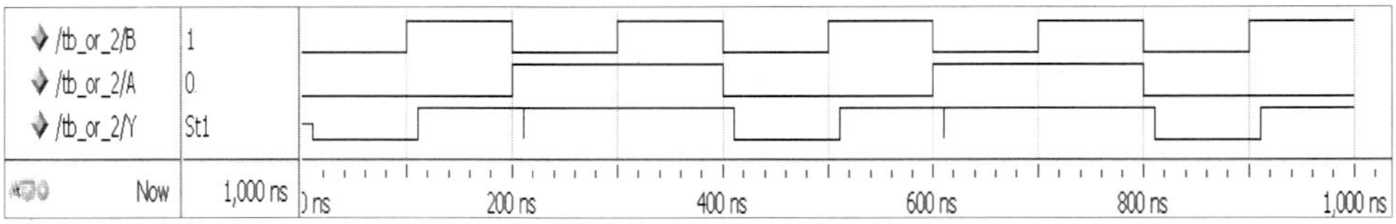

• 2입력 OR 게이트의 시뮬레이션 결과는 A, B 입력 신호들 중 어느 하나가 1일 때 출력 Y가 1이 되고 모든 입력들이 0일 때 Y는 0이 된다.

[3입력 OR 게이트의 타이밍 시뮬레이션 결과]

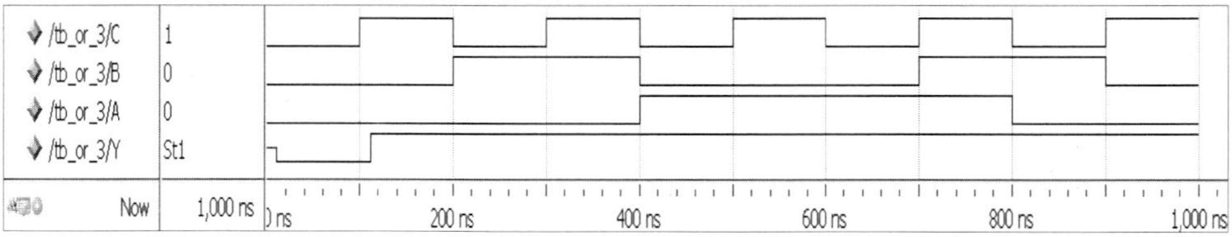

- 3입력 OR 게이트의 시뮬레이션 결과는 A, B, C 입력 신호들 중 어느 하나가 1일 때 출력 Y가 1이 되고 모든 입력들이 0일 때 Y는 0이 된다.

HBE-COMBO II 트레이닝 키트에 프로그래밍 하기 위한 정보

입 력			출 력			블록도
핀 이름	핀 번호	입력 장치	핀 이름	핀 번호	출력 장치	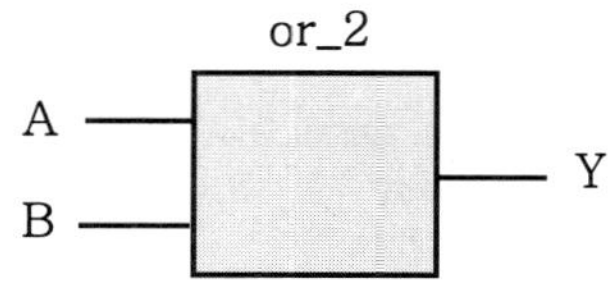
A	Y10	KeypadA	Y	AC7	LED8	
B	W10	KeypadB				

- 2입력 OR 게이트 : A(KeypadA) 또는 B(KeypadB)를 누르면 LED8의 불이 켜진다.

입 력			출 력			블록도
핀 이름	핀 번호	입력 장치	핀 이름	핀 번호	출력 장치	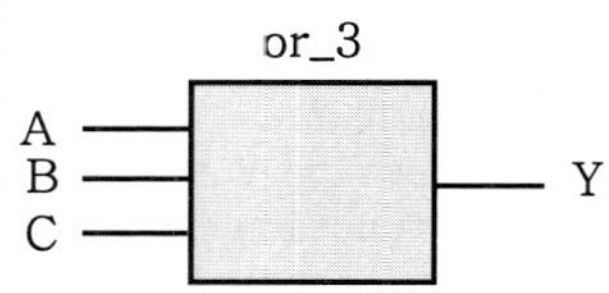
A	Y10	KeypadA	Y	AC7	LED8	
B	W10	KeypadB				
C	AA9	KeypadC				

- 3입력 OR 게이트 : A(KeypadA) 또는 B(KeypadB) 또는 C(KeypadC)를 누르면 LED8의 불이 켜진다.

실습 4 NAND 게이트 설계

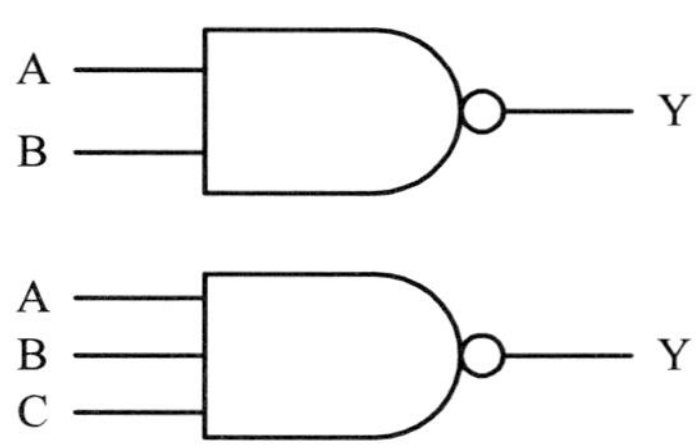

(a) 논리기호

A	B	Y
0	0	1
0	1	1
1	0	1
1	1	0

A	B	C	Y
0	0	0	1
0	0	1	1
0	1	0	1
0	1	1	1
1	0	0	1
1	0	1	1
1	1	0	1
1	1	1	0

(b) 진리표

$Y = (AB)'$

$Y = (ABC)'$

(c) 논리식

2입력 NAND 게이트(게이트 레벨 표현)

```
module nand_2(A, B, Y);
   input  A, B;
   output Y;
      nand U1(Y, A, B);
endmodule
```

3입력 NAND 게이트(게이트 레벨 표현)

```
module nand_3(A, B, C, Y);
   input  A, B, C;
   output Y;
      nand U1(Y, A, B, C);
endmodule
```

2입력 NAND 게이트(자료흐름적 표현)

```
module nand_2(A, B, Y);
   input  A, B;
   output Y;
      assign Y = ~(A & B);
endmodule
```

3입력 NAND 게이트(자료흐름적 표현)

```
module nand_3(A, B, C, Y);
   input  A, B, C;
   output Y;
      assign Y = ~(A & B & C);
endmodule
```

2입력 NAND 게이트(동작적 표현)

```
module nand_2(A, B, Y );
   input  A, B;
   output Y;
      assign Y = nand_2FUNC(A, B);
      function nand_2FUNC;
         input A, B;
            if (~(A & B)) nand_2FUNC = 1;
            else          nand_2FUNC = 0;
      endfunction
endmodule
```

3입력 NAND 게이트(동작적 표현)

```
module nand_3(A, B, C, Y );
   input  A, B,C;
   output Y;
      assign Y = nand_3FUNC(A, B, C);
      function nand_3FUNC;
         input A, B, C;
            if (~(A & B & C)) nand_3FUNC = 1;
            else              nand_3FUNC = 0;
      endfunction
endmodule
```

2입력 NAND 게이트를 MoldelSim으로 시뮬레이션 하기 위한 Test Bench 파일

```
`timescale 1ns / 1ns
module tb_nand_2;
   reg  A;
   reg  B;
   wire Y;
      nand_2 uut (.A(A), .B(B), .Y(Y));
      initial begin
         A = 0;   B = 0;   #100;
         A = 0;   B = 1;   #100;
         A = 1;   B = 0;   #100;
         A = 1;   B = 1;   #100;
         A = 0;   B = 0;   #100;
         A = 0;   B = 1;   #100;
         A = 1;   B = 0;   #100;
         A = 1;   B = 1;   #100;
         A = 0;   B = 0;   #100;
```

3입력 게이트를 MoldelSim으로 시뮬레이션 하기 위한 Test Bench 파일

```
`timescale 1ns / 1ns
module tb_nand_3;
   reg  A;
   reg  B;
   reg  C;
   wire Y;
      nand_3 uut (.A(A), .B(B),.C(C),.Y(Y));
      initial begin
         A = 0;   B = 0;   C = 0;   #100;
         A = 0;   B = 0;   C = 1;   #100;
         A = 0;   B = 1;   C = 0;   #100;
         A = 0;   B = 1;   C = 1;   #100;
         A = 1;   B = 0;   C = 0;   #100;
         A = 1;   B = 0;   C = 1;   #100;
         A = 1;   B = 0;   C = 0;   #100;
         A = 1;   B = 1;   C = 1;   #100;
```

```
        A = 0;    B = 1;    #100;
        $stop;
    end
endmodule
```

```
        A = 0;    B = 1;    C = 0;    #100;
        A = 0;    B = 0;    C = 1;    #100;
        $stop;
    end
endmodule
```

ModelSim을 사용한 타이밍 시뮬레이션 결과

[2입력 NAND 게이트의 타이밍 시뮬레이션 결과]

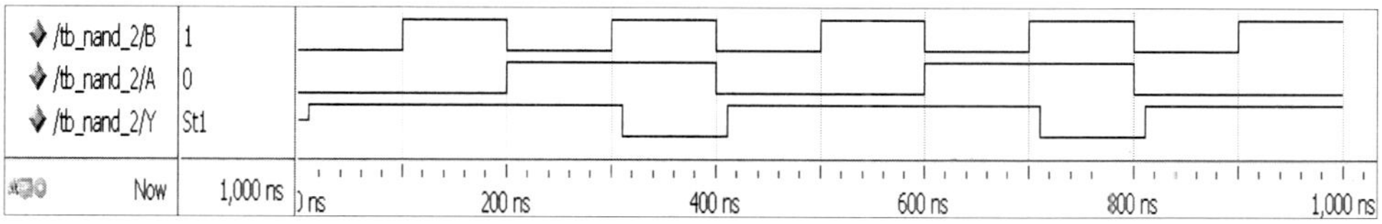

- 2입력 NAND 게이트의 시뮬레이션 결과는 A, B 등의 모든 입력 신호들이 1일 때 출력 Y가 0이 되고 그 이외에서는 Y는 1이 된다.

[3입력 NAND 게이트의 타이밍 시뮬레이션 결과]

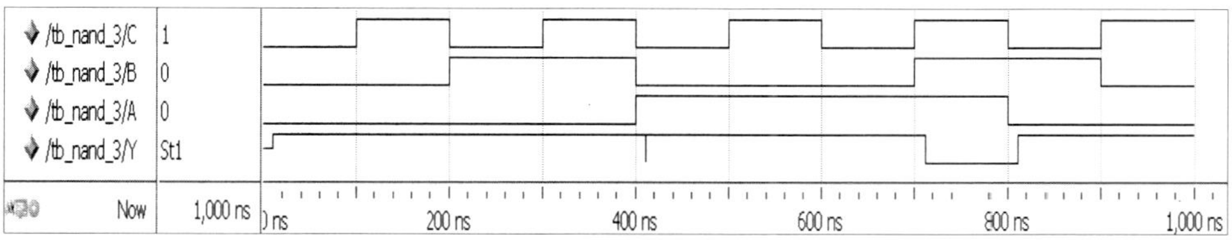

- 3입력 NAND 게이트의 시뮬레이션 결과는 A, B, C 등의 모든 입력 신호들이 1일 때 출력 Y가 0이 되고 그 이외에서는 Y는 1이 된다.

HBE-COMBO II 트레이닝 키트에 프로그래밍 하기 위한 정보

입 력			출 력			블록도
핀 이름	핀 번호	입력 장치	핀 이름	핀 번호	출력 장치	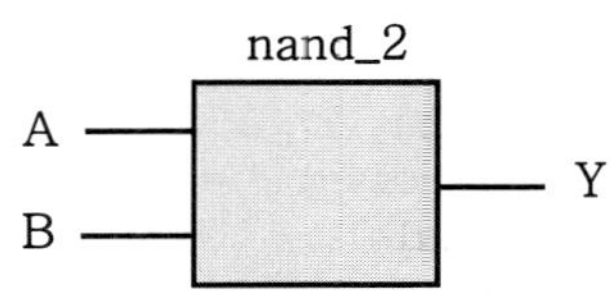
A	Y10	KeypadA	Y	AC7	LED8	
B	W10	KeypadB				

- 2입력 NAND 게이트는 LED8의 불이 켜진 상태에서 A(KeypadA)와 B(KeypadB)를 동시에 누르면 LED8의 불이 꺼진다.

입 력			출 력			블록도
핀 이름	핀 번호	입력 장치	핀 이름	핀 번호	출력 장치	
A	Y10	KeypadA	Y	AC7	LED8	
B	W10	KeypadB				
C	AA9	KeypadC				

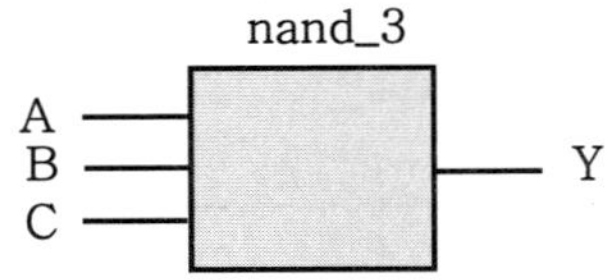

- 3입력 NAND 게이트는 LED8의 불이 켜진 상태에서 A(KeypadA), B(KeypadB), C(KeypadC)를 동시에 누르면 LED8의 불이 꺼진다.

실습 5 NOR 게이트 설계

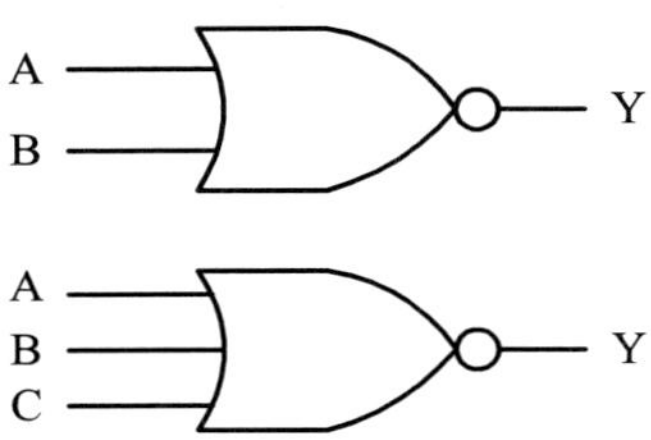

(a) 논리기호

A	B	Y
0	0	1
0	1	0
1	0	0
1	1	0

A	B	C	Y
0	0	0	1
0	0	1	0
0	1	0	0
0	1	1	0
1	0	0	0
1	0	1	0
1	1	0	0
1	1	1	0

(b) 진리표

$Y=(A+B)'$

$Y=(A+B+C)'$

(c) 논리식

2입력 NOR 게이트(게이트 레벨 표현)

```
module nor_2(A, B, Y);
   input  A, B;
   output Y;
      nor U1(Y, A, B);
endmodule
```

3입력 NOR 게이트(게이트 레벨 표현)

```
module nor_3(A, B, C, Y);
   input  A, B, C;
   output Y;
      nor U1(Y, A, B, C);
endmodule
```

2입력 NOR 게이트(자료흐름적 표현)

```
module nor_2(A, B, Y);
   input  A, B;
   output Y;
      assign Y = ~(A | B);
endmodule
```

3입력 NOR 게이트(자료흐름적 표현)

```
module nor_3(A, B, C, Y);
   input  A, B, C;
   output Y;
      assign Y = ~(A | B | C);
endmodule
```

2입력 NOR 게이트(동작적 표현)

```
module nor_2(A, B, Y );
   input  A, B;
   output Y;
      assign Y = nor_2FUNC(A, B);
      function nor_2FUNC;
         input A, B;
           if (~(A | B)) nor_2FUNC = 1;
           else          nor_2FUNC = 0;
      endfunction
endmodule
```

3입력 NOR 게이트(동작적 표현)

```
module nor_3(A, B, C, Y );
   input  A, B, C;
   output Y;
      assign Y = nor_3FUNC(A, B, C);
      function nor_3FUNC;
         input A, B, C;
          if (~(A | B | C)) nor_3FUNC = 1;
          else              nor_3FUNC = 0;
      endfunction
endmodule
```

2입력 NOR 게이트를 MoldelSim으로 시뮬레이션 하기 위한 Test Bench 파일

```
`timescale 1ns / 1ns
module tb_nor_2;
   reg  A;
   reg  B;
   wire Y;
      nor_2 uut (.A(A), .B(B), .Y(Y));
      initial begin
         A = 0;   B = 0;   #100;
         A = 0;   B = 1;   #100;
         A = 1;   B = 0;   #100;
         A = 1;   B = 1;   #100;
         A = 0;   B = 0;   #100;
         A = 0;   B = 1;   #100;
         A = 1;   B = 0;   #100;
         A = 1;   B = 1;   #100;
         A = 0;   B = 0;   #100;
         A = 0;   B = 1;   #100;
         $stop;
      end
endmodule
```

3입력 NOR 게이트를 MoldelSim으로 시뮬레이션 하기 위한 Test Bench 파일

```
`timescale 1ns / 1ns
module tb_nor_3;
   reg  A;
   reg  B;
   reg  C;
   wire Y;
      nor_3 uut (.A(A), .B(B),.C(C),.Y(Y));
      initial begin
         A = 0;   B = 0;   C = 0;   #100;
         A = 0;   B = 0;   C = 1;   #100;
         A = 0;   B = 1;   C = 0;   #100;
         A = 0;   B = 1;   C = 1;   #100;
         A = 1;   B = 0;   C = 0;   #100;
         A = 1;   B = 0;   C = 1;   #100;
         A = 1;   B = 0;   C = 0;   #100;
         A = 1;   B = 1;   C = 1;   #100;
         A = 0;   B = 1;   C = 0;   #100;
         A = 0;   B = 0;   C = 1;   #100;
         $stop;
      end
endmodule
```

ModelSim을 사용한 타이밍 시뮬레이션 결과

[2입력 NOR 게이트의 타이밍 시뮬레이션 결과]

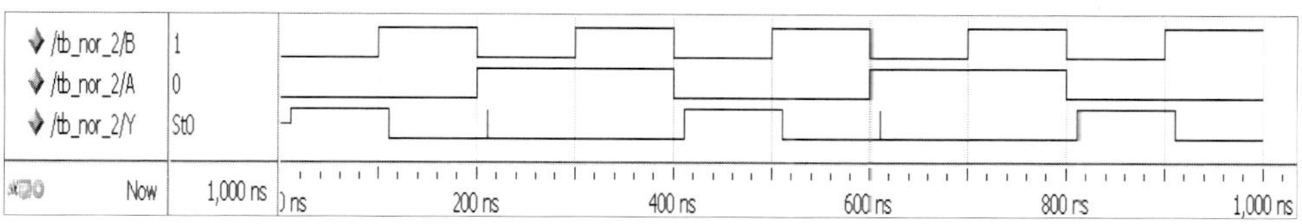

- 2입력 NOR 게이트의 시뮬레이션 결과는 A, B 입력 신호들 중 어느 하나가 1일 때 출력 Y가 0이 되고 모든 입력들이 0일 때 Y는 1이 된다.

[3입력 NOR 게이트의 타이밍 시뮬레이션 결과]

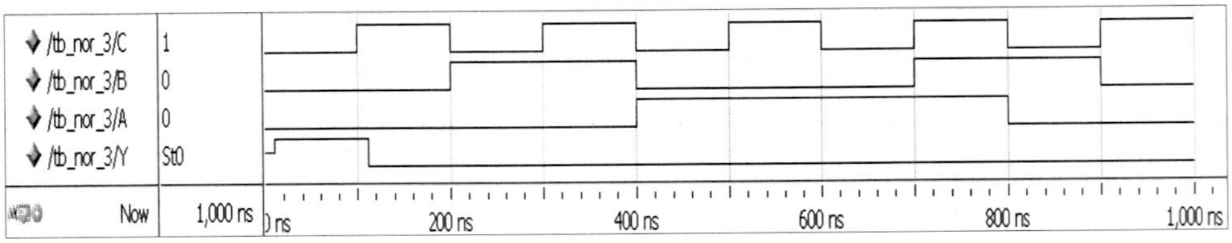

- 3입력 NOR 게이트의 시뮬레이션 결과는 A, B, C 입력 신호들 중 어느 하나가 1일 때 출력 Y가 0이 되고 모든 입력들이 0일 때 Y는 1이 된다.

HBE-COMBO II 트레이닝 키트에 프로그래밍 하기 위한 정보

입 력			출 력			블록도
핀 이름	핀 번호	입력 장치	핀 이름	핀 번호	출력 장치	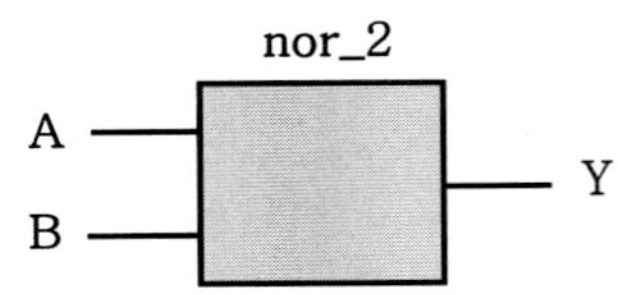
A	Y10	KeypadA	Y	AC7	LED8	
B	W10	KeypadB				

- 2입력 NOR 게이트는 LED8의 불이 켜진 상태에서 A(KeypadA) 또는 B(KeypadB)를 누르면 LED8의 불이 꺼진다.

입 력			출 력			블록도
핀 이름	핀 번호	입력 장치	핀 이름	핀 번호	출력 장치	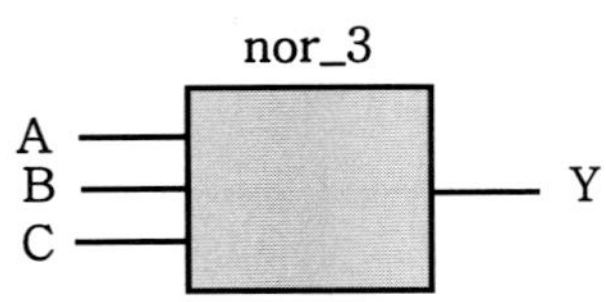
A	Y10	KeypadA	Y	AC7	LED8	
B	W10	KeypadB				
C	AA9	KeypadC				

- 3입력 NOR 게이트는 LED8의 불이 켜진 상태에서 A(KeypadA), 또는 B(KeypadB), 또는 C(KeypadC) 중 어느 하나를 눌러도 LED8의 불이 꺼진다.

실습 6 XOR, XNOR 게이트 설계

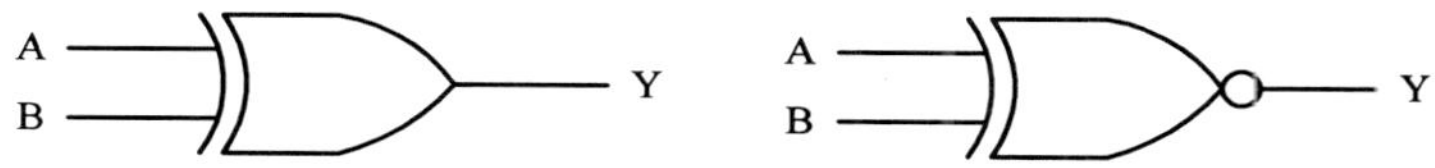

(a) 논리기호

A	B	Y
0	0	0
0	1	1
1	0	1
1	1	0

A	B	Y
0	0	1
0	1	0
1	0	0
1	1	1

(b) 진리표

$$Y = (A \oplus B) = AB' + A'B$$
$$Y = (A \oplus B)' = AB + A'B'$$

(c) 논리식

XOR 게이트(게이트 레벨 표현)

```
module xor_2(A, B, Y);
   input  A, B;
   output Y;
      xor U1 (Y, A, B);
endmodule
```

XNOR 게이트(게이트 레벨 표현)

```
module xnor_2(A, B, Y);
   input  A, B;
   output Y;
      xnor U1 (Y, A, B);
endmodule
```

XOR 게이트(자료흐름적 표현)

```
module xor_2(A, B, Y);
   input  A, B;
   output Y;
      assign Y = A ^ B;
endmodule
```

XNOR 게이트(자료흐름적 표현)

```
module xnor_2(A, B, Y);
   input  A, B;
   output Y;
      assign Y = A ~^ B;
endmodule
```

XOR 게이트(동작적 표현)

```
module xor_2(A, B, Y );
   input  A, B;
   output Y;
      assign Y = xor_2FUNC(A, B);
      function xor_2FUNC;
         input A, B;
            if (A ^ B) xor_2FUNC = 1;
            else       xor_2FUNC = 0;
      endfunction
endmodule
```

XNOR 게이트(동작적 표현)

```
module xnor_2(A, B, Y );
   input  A, B;
   output Y;
      assign Y = xnor_2FUNC(A, B);
      function xnor_2FUNC;
         input A, B;
            if (A ~^ B) xnor_2FUNC = 1;
            else        xnor_2FUNC = 0;
      endfunction
endmodule
```

XOR 게이트를 MoldelSim으로 시뮬레이션 하기 위한 Test Bench 파일

```
`timescale 1ns / 1ns
module tb_xor_2;
   reg  A;
   reg  B;
   wire Y;
      xor_2 uut (.A(A), .B(B), .Y(Y));
      initial begin
         A = 0;   B = 0;   #100;
         A = 0;   B = 1;   #100;
         A = 1;   B = 0;   #100;
         A = 1;   B = 1;   #100;
         A = 0;   B = 0;   #100;
         A = 0;   B = 1;   #100;
         A = 1;   B = 0;   #100;
         A = 1;   B = 1;   #100;
         A = 0;   B = 0;   #100;
         A = 0;   B = 1;   #100;
         $stop;
      end
endmodule
```

XNOR 게이트를 MoldelSim으로 시뮬레이션 하기 위한 Test Bench 파일

```
`timescale 1ns / 1ns
module tb_xnor_2;
   reg  A;
   reg  B;
   wire Y;
      xnor_2 uut (.A(A), .B(B), .Y(Y));
      initial begin
         A = 0;   B = 0;   #100;
         A = 0;   B = 1;   #100;
         A = 1;   B = 0;   #100;
         A = 1;   B = 1;   #100;
         A = 0;   B = 0;   #100;
         A = 0;   B = 1;   #100;
         A = 1;   B = 0;   #100;
        `A = 1;   B = 1;   #100;
         A = 0;   B = 0;   #100;
         A = 0;   B = 1;   #100;
         $stop;
      end
endmodule
```

ModelSim을 사용한 타이밍 시뮬레이션 결과

[XOR 게이트의 타이밍 시뮬레이션 결과]

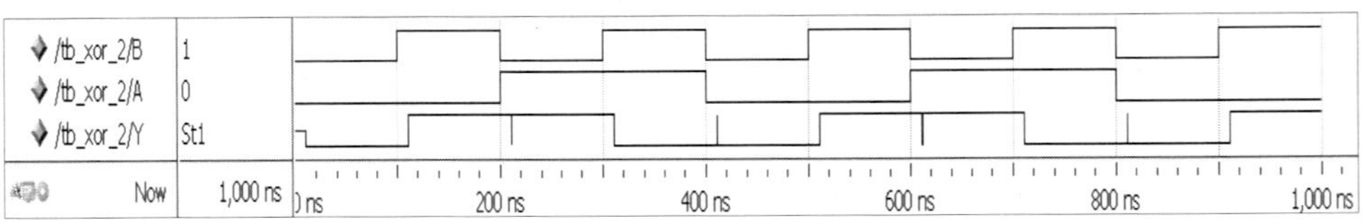

- 입력 신호 A와 B가 서로 다른 경우에 출력 신호 Y는 1이 되고, 서로 같은 경우에는 Y는 0이 된다.

[XNOR 게이트의 타이밍 시뮬레이션 결과]

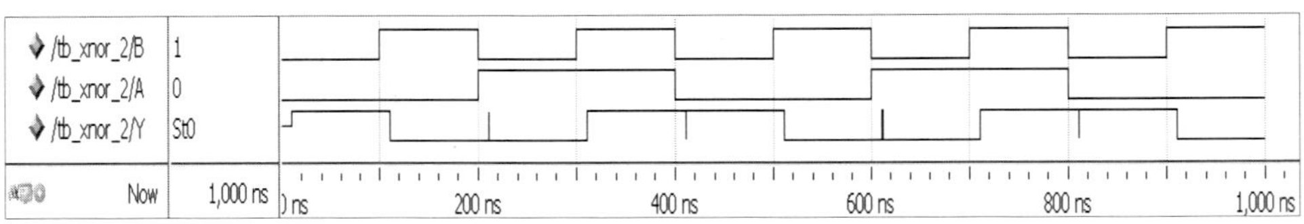

- 입력 신호 A와 B가 서로 같은 경우에 출력 신호 Y는 1이 되고, 서로 다른 경우에는 Y는 0이 된다.

HBE-COMBO II 트레이닝 키트에 프로그래밍 하기 위한 정보

입 력			출 력			블록도
핀 이름	핀 번호	입력 장치	핀 이름	핀 번호	출력 장치	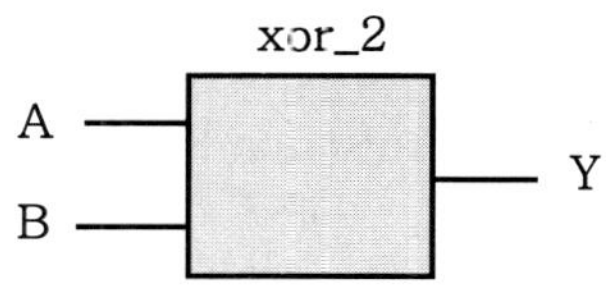
A	Y10	KeypadA	Y	AC7	LED8	
B	W10	KeypadB				

- XOR 게이트는 LED8의 불이 꺼진 상태에서 A(KeypadA) 또는 B(KeypadB)를 누르면 LED8의 불이 켜진다. 그러나 A와 B를 같이 누르면 LED8의 불이 꺼진다.

입 력			출 력			블록도
핀 이름	핀 번호	입력 장치	핀 이름	핀 번호	출력 장치	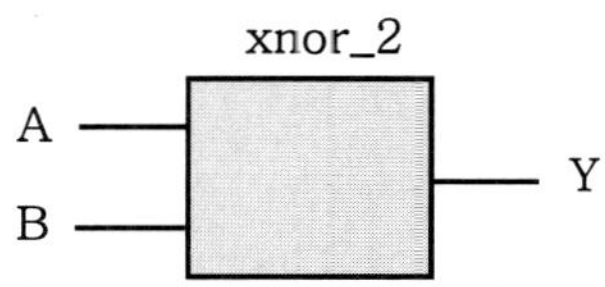
A	Y10	KeypadA	Y	AC7	LED8	
B	W10	KeypadB				

- XNOR 게이트는 LED8의 불이 켜진 상태에서 A(KeypadA) 또는 B(KeypadB)를 누르면 LED8의 불이 꺼진다. 그러나 A와 B를 같이 누르면 LED8의 불이 켜진다.

실습 7 버퍼 게이트 설계

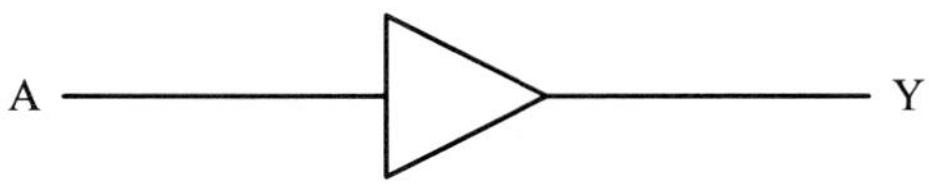

(a) 논리기호

A	Y
0	0
1	1

(b) 진리표

$Y = A$

(c) 논리식

게이트 레벨 표현	자료흐름적 표현

`module buf_1(A, Y);`
`input A;`
`output Y;`
`buf U1 (Y, A);`
`endmodule`
	`module buf_1(A, Y);`
	`input A;`
	`output Y;`
	`assign Y = A;`
	`endmodule`

동작적 표현

```
module buf_1(A, Y);
   input  A;
   output Y;
      assign Y = buf_1FUNC(A);
      function buf_1FUNC;
         input A;
            if (A == 0) buf_1FUNC = 0;
            else        buf_1FUNC = 1;
      endfunction
endmodule
```

MoldelSim으로 시뮬레이션 하기 위한 Test Bench 파일

```
`timescale 1ns / 1ns
module tb_buf_1;
   reg  A;
   wire Y;
      buf_1 uut (.A(A), .Y(Y));
      initial begin
         A = 0;   #100;
         A = 1;   #100;
         A = 0;   #100;
         A = 1;   #100;
         A = 0;   #100;
         A = 1;   #100;
         A = 0;   #100;
         A = 1;   #100;
         A = 0;   #100;
         A = 1;   #100;
         $stop;
      end
 endmodule
```

ModelSim을 사용한 타이밍 시뮬레이션 결과

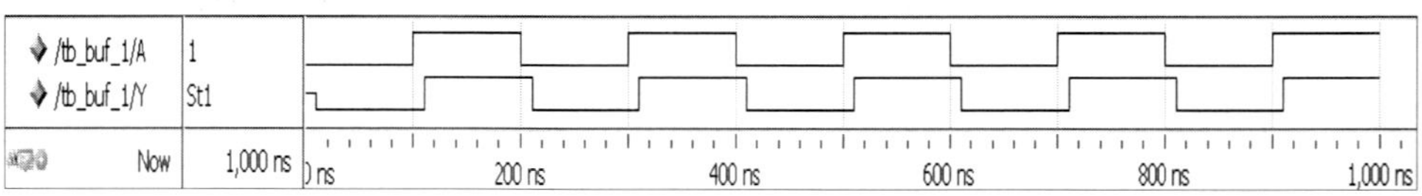

- 입력 신호 A가 1인 경우 출력 Y는 1이 되고 A가 0인 경우에는 출력 Y가 0이 된다.

HBE-COMBO II 트레이닝 키트에 프로그래밍 하기 위한 정보

입 력			출 력			블록도
핀 이름	핀 번호	입력 장치	핀 이름	핀 번호	출력 장치	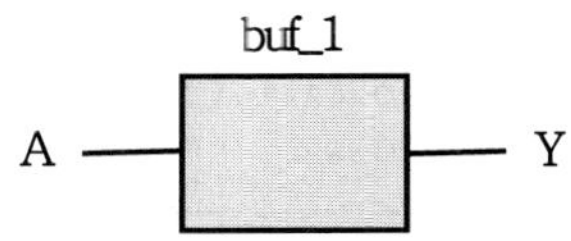
A	Y10	KeypadA	Y	AC7	LED8	

- 트레이닝 키트의 초기상태는 LED8의 불이 꺼진 상태이다. A(KeypadA)를 누르면 LED8의 불이 켜지고 A를 누르지 않으면 LED8의 불이 꺼진다.

실습 8 3상태 버퍼 게이트 설계

3상태 버퍼는 3가지 형태의 출력을 갖는다. 즉 0, 1 출력들과 고 임피던스(high impedance)를 나타내는 Z 출력이다. Verilog HDL은 bufif1과 bufif0 등의 3상태 버퍼의 동작모드를 지원한다.

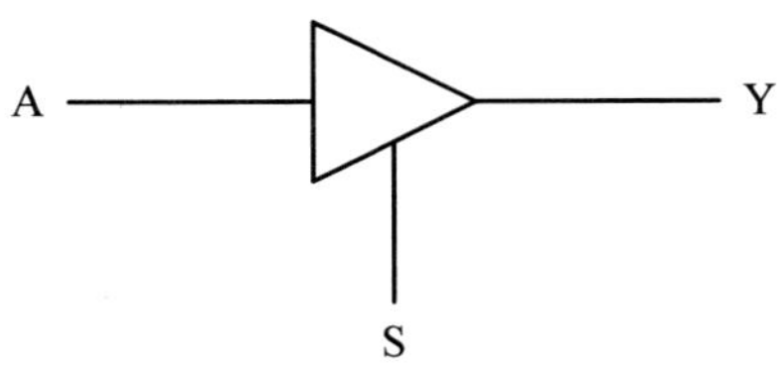

A	S	Y
0	0	Z
0	1	0
1	0	Z
1	1	1

(a) bufif1

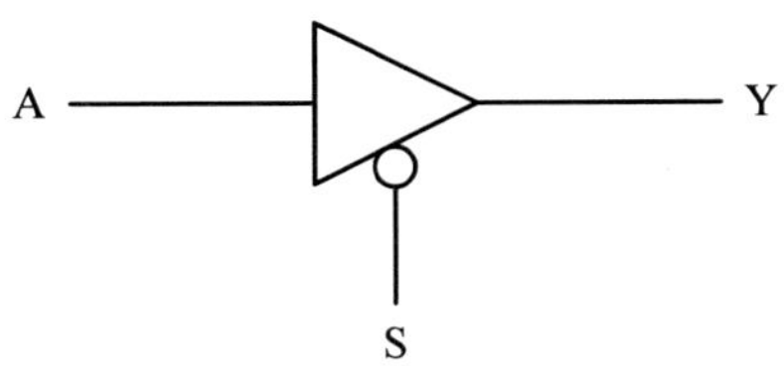

A	S	Y
0	0	0
0	1	Z
1	0	1
1	1	Z

(b) bufif0

그림 (a)의 3상태 버퍼는 S=1이면 3상태 버퍼는 입력 A와 같은 값을 Y로 출력한다. S=0이면 버퍼 출력은 입력 값에 관계없이 고 임피던스가 되어 Y로 Z가 출력된다.

그림 (b)의 3상태 버퍼는 S=0이면 입력 A와 같은 값을 Y로 출력한다. S=0이면 버퍼 출력은 입력 값에 관계없이 고 임피던스가 되어 Y로 Z가 출력된다.

그림(a)의 게이트 레벨 표현	그림(b)의 게이트 레벨 표현

`module ts_buf(A, S, Y);`
`   input  A, S;`
`   output Y;`
`      bufif1 (Y, A, S);`
`endmodule`
	`module tsn_buf(A, S, Y);`
	`   input  A, S;`
	`   output Y;`
	`     bufif0 (Y, A, S);`
	`endmodule`

그림(a)의 자료흐름적 표현	그림(b)의 자료흐름적 표현

`module ts_buf(A, S, Y);`
`   input  A, S;`
`   output Y;`
`      assign Y = (S ? A : 1'bz);`
`endmodule`
	`module tsn_buf(A, S, Y);`
	`   input  A, S;`
	`   output Y;`
	`      assign Y = (S ? 1'bz : A);`
	`endmodule`

그림(a)의 동작적 표현	그림(b)의 동작적 표현

`module ts_buf(A, S, Y);`
`   input  A, S;`
`   output Y;`
`      assign Y = ts_FUNC(A, S);`
`      function ts_FUNC;`
`         input A, S;`
`            if (S == 0) ts_FUNC = 1'bz;`
`            else        ts_FUNC = A;`
`      endfunction`
`endmodule`
	`module tsn_buf(A, S, Y);`
	`   input  A, S;`
	`   output Y;`
	`      assign Y = tsn_FUNC(A, S);`
	`      function tsn_FUNC;`
	`         input A, S;`
	`            if (S == 0) tsn_FUNC = A;`
	`            else        tsn_FUNC = 1'bz;`
	`      endfunction`
	`endmodule`

그림(a)를 MoldelSim으로 시뮬레이션 하기 위한 Test Bench 파일	그림(b)를 MoldelSim으로 시뮬레이션 하기 위한 Test Bench 파일

`` `timescale 1ns / 1ns``
`module tb_ts_buf;`
`   reg  A;`
`   reg  S;`
`   wire Y;`
`      ts_buf uut (.A(A), .S(S), .Y(Y));`
`      initial begin`
`         A = 0;   S = 0;   #100;`
`         A = 0;   S = 1;   #100;`
`         A = 1;   S = 0;   #100;`
`         A = 1;   S = 1;   #100;`
`         A = 0;   S = 0;   #100;`
`         A = 0;   S = 1;   #100;`
`         A = 1;   S = 0;   #100;`
`         A = 1;   S = 1;   #100;`
`         A = 0;   S = 0;   #100;`
	`` `timescale 1ns / 1ns``
	`module tb_tsn_buf;`
	`   reg  A;`
	`   reg  S;`
	`   wire Y;`
	`      tsn_buf uut (.A(A), .S(S), .Y(Y));`
	`      initial begin`
	`         A = 0;   S = 0;   #100;`
	`         A = 0;   S = 1;   #100;`
	`         A = 1;   S = 0;   #100;`
	`         A = 1;   S = 1;   #100;`
	`         A = 0;   S = 0;   #100;`
	`         A = 0;   S = 1;   #100;`
	`         A = 1;   S = 0;   #100;`
	`         A = 1;   S = 1;   #100;`
	`         A = 0;   S = 0;   #100;`

```
        A = 0;    S = 1;    #100;
        $stop;
    end
endmodule
```

```
        A = 0;    S = 1;    #100;
        $stop;
    end
endmodule
```

ModelSim을 사용한 타이밍 시뮬레이션 결과

[그림(a)의 타이밍 시뮬레이션 결과]

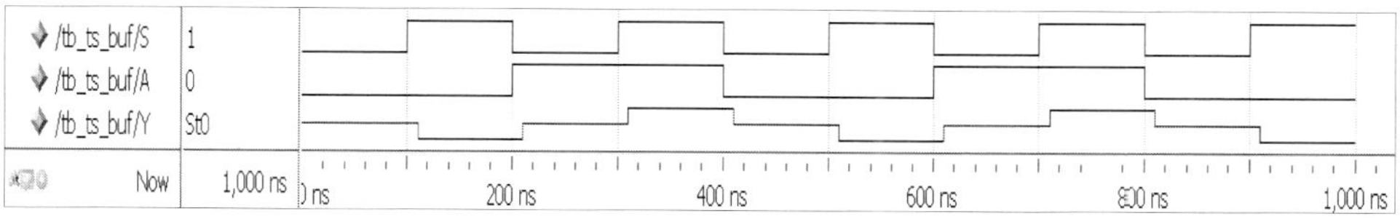

- 입력 신호 S가 0인 경우에는 입력 신호 A의 값에 관계없이 출력 신호 Y는 고 임피던스가 되어 Z가 된다. S=1이고 입력 신호 A가 1(0)인 경우 출력 신호 Y는 1(0)이 된 다.

[그림(b)의 타이밍 시뮬레이션 결과]

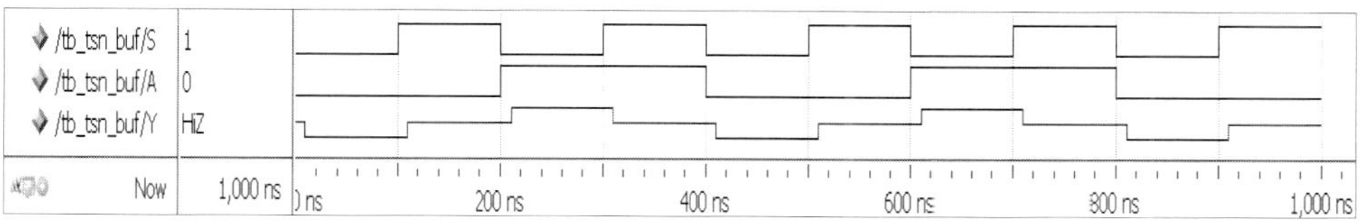

- 입력 신호 S가 1인 경우에는 입력 신호 A의 값에 관계없이 출력 신호 Y는 고 임피던스가 되어 Z가 된다. S=0이고 입력 신호 A가 1(0)인 경우 출력 신호 Y는 1(0)이 된 다.

HBE-COMBO II 트레이닝 키트에 프로그래밍 하기 위한 정보

입 력			출 력			블록도
핀 이름	핀 번호	입력 장치	핀 이름	핀 번호	출력 장치	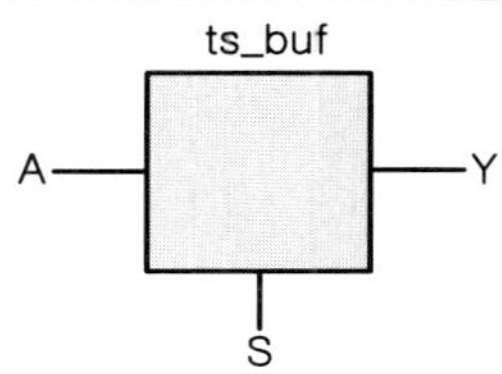
A	Y10	KeypadA	Y	AC7	LED8	
S	W10	KeypadB				

- S(KeypadB)를 누른 상태에서 입력 A(KeypadA)를 누르면 LED8의 불이 켜지고, 입력 A를 누르지 않으면 꺼진다. S(KeypadB)를 누르지 않은 상태에서는 입력 A에 관계없이 출력은 고 임피던스 상태가 되어 LED8의 불은 꺼지게 된다.

입 력			출 력			블록도
핀 이름	핀 번호	입력 장치	핀 이름	핀 번호	출력 장치	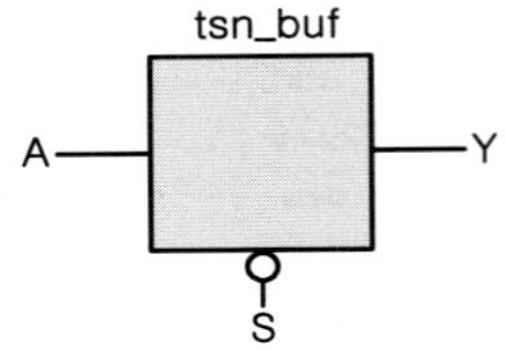
A	Y10	KeypadA	Y	AC7	LED8	
S	W10	KeypadB				

- S(KeypadB)를 누르지 않은 상태에서 입력 A(KeypadA)를 누르면 LED8의 불이 켜지고, 입력 A를 누르지 않으면 꺼진다. S(KeypadB)를 누른 상태에서는 입력 A에 관계없이 출력은 고 임피던스 상태가 되어 LED8의 불은 꺼지게 된다.

실습 9 3상태 NOT 게이트 설계

3상태 NOT 게이트는 는 3가지 형태의 출력을 갖는다. 즉 0, 1 출력들과 고 임피던스를 나타내는 Z 출력이다. Verilog HDL은 notif1과 notif0 등의 3상태 NOT 게이트의 동작모드를 지원한다.

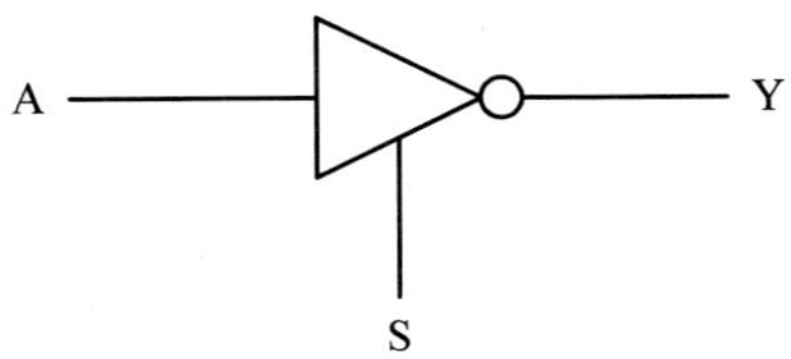

A	S	Y
0	0	Z
0	1	1
1	0	Z
1	1	0

(a) notif1

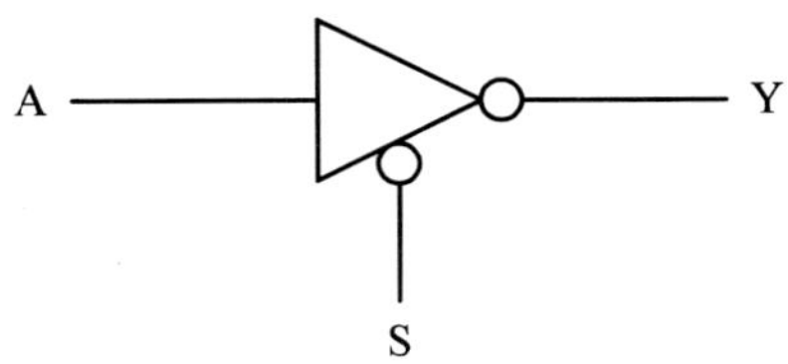

A	S	Y
0	0	1
0	1	Z
1	0	0
1	1	1

(b) notif0

그림 (a)의 3상태 NOT 게이트는 S=1이면 3상태 버퍼는 입력 A와 반전된 값을 Y로 출력한다. S=0이면 버퍼 출력은 입력 값에 관계없이 고 임피던스가 되어 Y로 Z가 출력된다.

그림 (b)의 3상태 NOT 게이트는 S=0이면 입력 A와 반전된 값을 Y로 출력한다. S=1이면 버퍼 출력은 입력 값에 관계없이 고 임피던스가 되어 Y로 Z가 출력된다.

그림(a)의 게이트 레벨 표현

```
module ts_not(A, S, Y);
   input  A, S;
   output Y;
      notif1 (Y, A, S);
endmodule
```

그림(b)의 게이트 레벨 표현

```
module tsn_not(A, S, Y);
   input  A, S;
   output Y;
      notif0 (Y, A, S);
endmodule
```

그림(a)의 자료흐름적 표현

```
module ts_not(A, S, Y);
   input  A, S;
   output Y;
      assign Y = (S ? ~A : 1'bz);
endmodule
```

그림(b)의 자료흐름적 표현

```
module tsn_not(A, S, Y);
   input  A, S;
   output Y;
      assign Y = (S ? 1'bz : ~A);
endmodule
```

그림(a)의 동작적 표현

```
module ts_not(A, S, Y);
   input  A, S;
   output Y;
      assign Y = ts_FUNC(A, S);
      function ts_FUNC;
         input A, S;
            if (S == 0) ts_FUNC = 1'bz;
            else        ts_FUNC = ~A;
      endfunction
endmodule
```

그림(b)의 동작적 표현

```
module tsn_not(A, S, Y);
   input  A, S;
   output Y;
      assign Y = tsn_FUNC(A, S);
      function tsn_FUNC;
         input A, S;
            if (S == 0) tsn_FUNC = ~A;
            else        tsn_FUNC = 1'bz;
      endfunction
endmodule
```

그림(a)를 MoldelSim으로 시뮬레이션 하기 위한 Test Bench 파일

```
`timescale 1ns / 1ns
module tb_ts_not;
   reg A;
   reg S;
   wire Y;
      ts_not uut (.A(A), .S(S), .Y(Y));
      initial begin
         A = 0;   S = 0;   #100;
         A = 0;   S = 1;   #100;
         A = 1;   S = 0;   #100;
         A = 1;   S = 1;   #100;
         A = 0;   S = 0;   #100;
         A = 0;   S = 1;   #100;
         A = 1;   S = 0;   #100;
         A = 1;   S = 1;   #100;
         A = 0;   S = 0;   #100;
```

그림(b)를 MoldelSim으로 시뮬레이션 하기 위한 Test Bench 파일

```
`timescale 1ns / 1ns
module tb_tsn_not;
   reg A;
   reg S;
   wire Y;
      tsn_not uut (.A(A), .S(S), .Y(Y));
      initial begin
         A = 0;   S = 0;   #100;
         A = 0;   S = 1;   #100;
         A = 1;   S = 0;   #100;
         A = 1;   S = 1;   #100;
         A = 0;   S = 0;   #100;
         A = 0;   S = 1;   #100;
         A = 1;   S = 0;   #100;
         A = 1;   S = 1;   #100;
         A = 0;   S = 0;   #100;
```

``
        A = 0;   S = 1;   #100;
        $stop;
    end
endmodule
``
	``
	        A = 0; S = 1; #100;
	        $stop;
	    end
	endmodule
	``

ModelSim을 사용한 타이밍 시뮬레이션 결과

[그림(a)의 타이밍 시뮬레이션 결과]

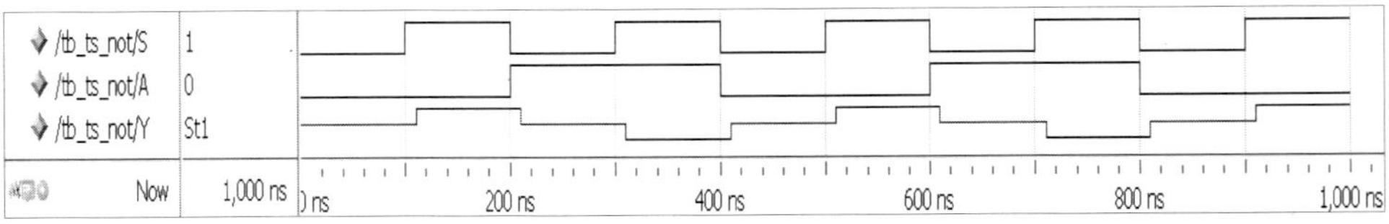

- 입력 신호 S가 0인 경우에는 입력 신호 A의 값에 관계없이 출력 신호 Y는 고 임피던스가 되어 Z가 된다. S=1이고 입력 신호 A가 1(0)인 경우 출력 신호 Y는 0(1)이 된다.

[그림(b)의 타이밍 시뮬레이션 결과]

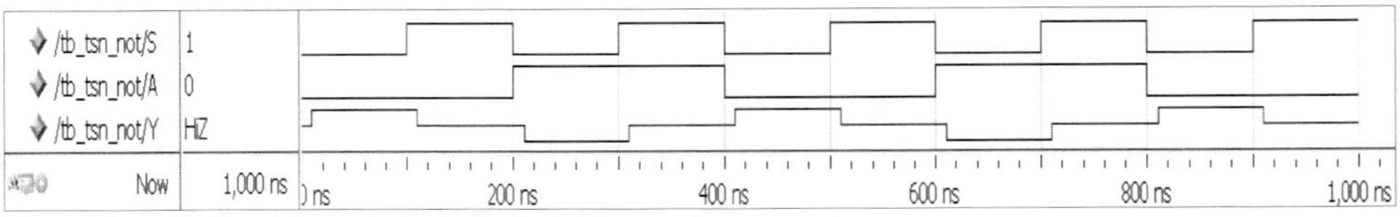

- 입력 신호 S가 1인 경우에는 입력 신호 A의 값에 관계없이 출력 신호 Y는 고 임피던스가 되어 Z가 된다. S=0이고 입력 신호 A가 1(0)인 경우 출력 신호 Y는 0(1)이 된 다.

HBE-COMBO II 트레이닝 키트에 프로그래밍 하기 위한 정보

입 력			출 력			블록도
핀 이름	핀 번호	입력 장치	핀 이름	핀 번호	출력 장치	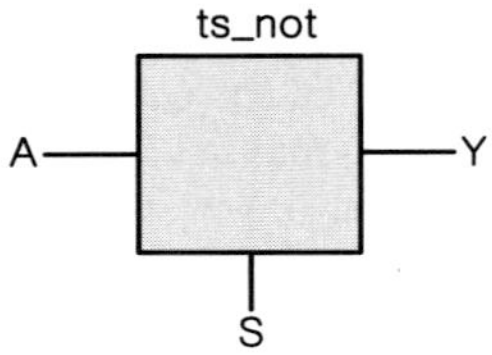
A	Y10	KeypadA	Y	AC7	LED8	
S	W10	KeypadB				

- S(KeypadB)를 누른 상태에서 입력 A(KeypadA)를 누르면 LED8의 불이 꺼지고, 입력 A를 누르지 않으면 켜진다. S(KeypadB)를 누르지 않은 상태에서는 입력 A에 관계없이 출력은 고 임피던스 상태가 되어 LED8의 불은 꺼지게 된다.

입 력			출 력			블록도
핀 이름	핀 번호	입력 장치	핀 이름	핀 번호	출력 장치	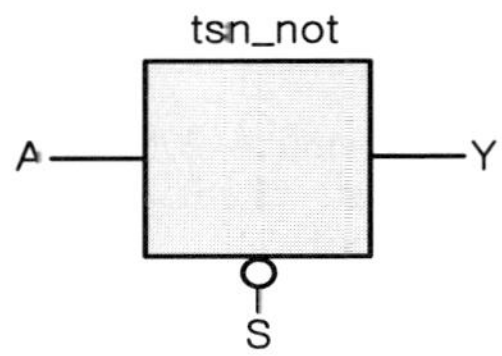
A	Y10	KeypadA	Y	AC7	LED8	
S	W10	KeypadB				

- S(KeypadB)를 누르지 않은 상태에서 입력 A(KeypadA)를 누르면 LED8의 불이 꺼지고, 입력 A를 누르지 않으면 켜진다. S(KeypadB)를 누른 상태에서는 입력 A에 관계없이 출력은 고 임피던스 상태가 되어 LED8의 불은 꺼지게 된다.

실습 10 결합법칙을 이용한 4입력 AND 논리회로 설계

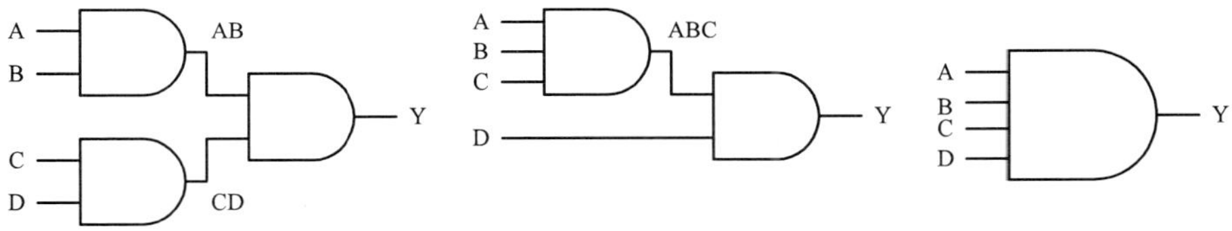

(a) (b) (c)

결합법칙을 이용한 4입력 AND 회로 Y=ABCD

[그림(a)의 구조적 표현]

하위모듈 : and_2.v(자료흐름적 표현)

```
module and_2(A, B, Y);
   input A, B;
   output   Y;
      assign Y = A & B;
endmodule
```

그림(a)의 구조적 표현

```
module and_4(A, B, C, D, Y);
   input  A, B, C, D;
   output Y;
   wire   AB, CD;
      and_2 U1 (A, B, AB);
      and_2 U2 (C, D, CD);
      and_2 U3 (AB, CD, Y);
endmodule
```

[그림(a)의 게이트 레벨 표현]　　　　[그림(a)의 자료흐름적 표현]

그림(a)의 게이트 레벨 표현	그림(a)의 자료흐름적 표현

module and_4(A, B,C,D, Y);
  input A, B, C, D;
  output Y;
  wire AB, CD;
    and U1(AB, A, B);
    and U2(CD, C, D);
    and U3(Y, AB, CD);
endmodule
	module and_4(A, B, C, D, Y);
	  input A, B, C, D;
	  output Y;
	  wire AB, CD;
	    assign AB = A & B;
	    assign CD = C & D;
	    assign Y = AB & CD;
	endmodule

[그림(b)의 동작적 표현]

그림(b)의 동작적 표현

```
module and_4(A, B, C, D, Y);
   input  A, B, C, D;
   output Y;
      assign Y = AND_4FUNC(A, B, C, D);
      function AND_4FUNC;
         input A, B, C, D;
            if ((A & B &C) & D) AND_4FUNC = 1;
            else                AND_4FUNC = 0;
      endfunction
endmodule
```

[그림(c)의 자료흐름적 표현]

그림(c)의 자료흐름적 표현

```
module and_4(A, B, C, D, Y);
   input  A, B, C, D;
   output Y;
      assign Y = A & B & C & D;
endmodule
```

MoldelSim으로 시뮬레이션 하기 위한 Test Bench 파일

```
`timescale 1ns / 1ns
module tb_and_4;
   reg A, B, C, D;
   wire Y;
      and_4 uut (.A(A), .B(B), .C(C), .D(D), .Y(Y));
      initial begin
         A = 0;   B = 0;   C = 0;   D = 0;   #100;
         A = 0;   B = 0;   C = 0;   D = 1;   #100;
         A = 0;   B = 0;   C = 1;   D = 0;   #100;
```

```
        A = 0;   B = 0;   C = 1;   D = 1;   #100;
        A = 0;   B = 1;   C = 0;   D = 0;   #100;
        A = 0;   B = 1;   C = 0;   D = 1;   #100;
        A = 0;   B = 1;   C = 1;   D = 0;   #100;
        A = 0;   B = 1;   C = 1;   D = 1;   #100;
        A = 1;   B = 0;   C = 0;   D = 0;   #100;
        A = 1;   B = 0;   C = 0;   D = 1;   #100;
        A = 1;   B = 0;   C = 1;   D = 0;   #100;
        A = 1;   B = 0;   C = 1;   D = 1;   #100;
        A = 1;   B = 1;   C = 0;   D = 0;   #100;
        A = 1;   B = 1;   C = 0;   D = 1;   #100;
        A = 1;   B = 1;   C = 1;   D = 0;   #100;
        A = 1;   B = 1;   C = 1;   D = 1;   #100;
        A = 0;   B = 0;   C = 0;   D = 0;   #100;
        A = 0;   B = 0;   C = 0;   D = 1;   #100;
        A = 0;   B = 0;   C = 1;   D = 0;   #100;
        $stop;
    end
endmodule
```

ModelSim을 사용한 타이밍 시뮬레이션 결과

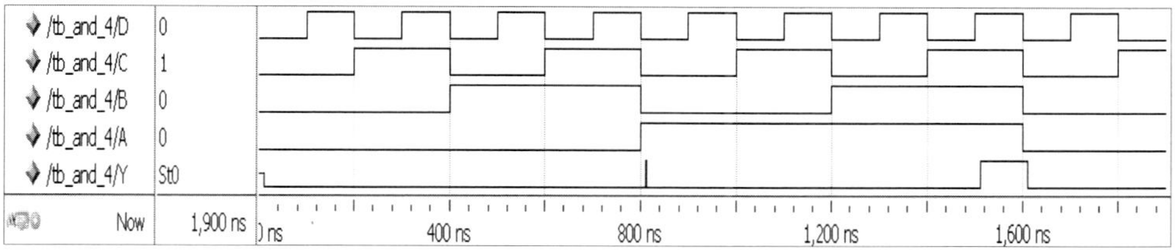

- 모든 입력 신호들이 1인 경우에 출력 신호 Y는 1이 되고, 입력 신호들 중 어느 1개라도 0인 경우에는 출력 신호 Y는 0이 된다.

HBE-COMBO II 트레이닝 키트에 프로그래밍 하기 위한 정보

입 력			출 력			블록도
핀 이름	핀 번호	입력 장치	핀 이름	핀 번호	출력 장치	
A	Y10	KeypadA	Y	AC7	LED8	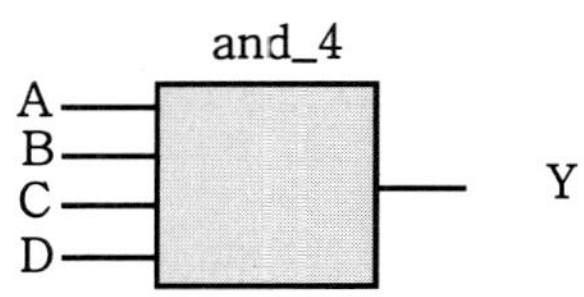
B	W10	KeypadB				
C	AA9	KeypadC				
D	V9	KeypadD				

- LED8의 불이 꺼진 상태에서 A(KeypadA), B(KeypadB), C(KeypadC), D(KeypadD) 를 동시에 누르면 LED8의 불이 켜지고, 어느 1개라도 누르지 않으면 LED8의 불이 꺼진다.

실습 11 분배법칙을 이용한 논리회로 설계

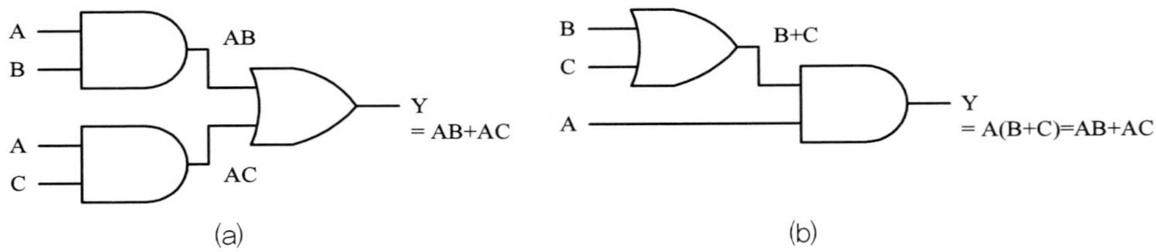

분배법칙을 이용한 div_logic 논리회로 Y = AB + AC

[게이트 레벨 표현]

그림(a)의 게이트 레벨 표현

```
module div_logic(A, B, C, Y);
   input  A, B, C;
   output Y;
   wire AB, AC;
      and U1 (AB, A, B);
      and U2 (AC, A, C);
      or  U3 (Y, AB, AC);
endmodule
```

그림(b)의 게이트 레벨 표현

```
module div_logic(A, B, C, Y);
   input  A, B, C;
   output Y;
   wire BorC;
      or  U1 (BorC, B, C);
      and U2 (Y, BorC, A);
endmodule
```

[자료흐름적 표현]

그림(a)의 자료흐름적 표현 1

```
module div_logic(A, B, C, Y);
   input  A, B, C;
   output Y;
      assign Y = (A & B) | (A & C);
endmodule
```

그림(b)의 자료흐름적 표현 1

```
module div_logic(A, B, C, Y);
   input  A, B, C;
   output Y;
      assign Y = A & (B | C);
endmodule
```

그림(a)의 자료흐름적 표현 2

```
module div_logic(A, B, C, Y);
   input  A, B, C;
   output Y;
   wire   aandb, aandc;
      assign aandb = A & B;
      assign aandc = A & C;
      assign Y =  aandb | aandc;
endmodule
```

그림(b)의 자료흐름적 표현 2

```
module div_logic(A, B, C, Y);
   input  A, B, C;
   output Y;
   wire   borc;
      assign borc = B | C;
      assign Y = A & borc;
endmodule
```

[구조적 표현]

하위모듈 : and_2.v(동작적 표현)

```
module and_2(A, B, Y);
   input  A, B;
   output Y;
      assign Y = AND_FUNC(A, B);
      function AND_FUNC;
         input A,B;
            if (A & B) AND_FUNC = 1;
            else       AND_FUNC = 0;
      endfunction
endmodule
```

하위모듈 : or_2.v(동작적 표현)

```
module or_2 (A,B,Y);
   input  A, B;
   output Y;
      assign Y = OR_FUNC(A, B);
      function OR_FUNC;
         input A, B;
            if (A | B) OR_FUNC = 1;
            else       OR_FUNC = 0;
      endfunction
endmodule
```

그림(a)의 구조적 표현

```
module div_logic(A,B,C,Y);
   input  A,B,C;
   output Y;
   wire aandb, aandc;
      and_2 U1 (A, B, aandb);
      and_2 U2 (A, C, aandc);
      or_2  U3 (aandb, aandc, Y);
endmodule
```

그림(b)의 구조적 표현

```
module div_logic(A,B,C,Y);
   input  A,B,C;
   output Y;
   wire borc;
      or_2  U1 (B, C, borc);
      and_2 U2 (A, borc, Y);
endmodule
```

MoldelSim으로 시뮬레이션 하기 위한 Test Bench 파일

```
`timescale 1ns / 1ns
module tb_div_logic;
   reg A;
   reg B;
   reg C;
   wire Y;
      div_logic uut (.A(A), .B(B), .C(C), .Y(Y));
      initial begin
         A = 0;   B = 0;   C = 0;   #100;
         A = 0;   B = 0;   C = 1;   #100;
         A = 0;   B = 1;   C = 0;   #100;
         A = 0;   B = 1;   C = 1;   #100;
         A = 1;   B = 0;   C = 0;   #100;
         A = 1;   B = 0;   C = 1;   #100;
         A = 1;   B = 1;   C = 0;   #100;
         A = 1;   B = 1;   C = 1;   #100;
         A = 0;   B = 0;   C = 0;   #100;
         A = 0;   B = 0;   C = 1;   #100;
         $stop;
      end
endmodule
```

ModelSim을 사용한 타이밍 시뮬레이션 결과

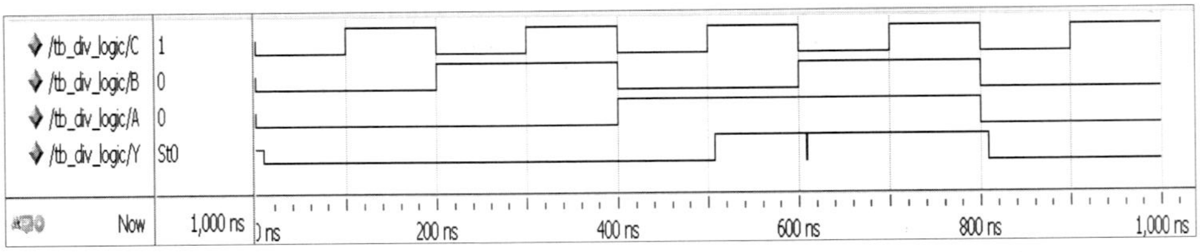

- 입력 신호 A와 B가 동시에 1인 경우 또는 A와 C가 동시에 1인 경우 출력 신호 Y는 1이 된다. 그 이외는 출력 신호 Y는 0이 된다.

HBE-COMBO II 트레이닝 키트에 프로그래밍 하기 위한 정보

입 력			출 력			블록도
핀 이름	핀 번호	입력 장치	핀 이름	핀 번호	출력 장치	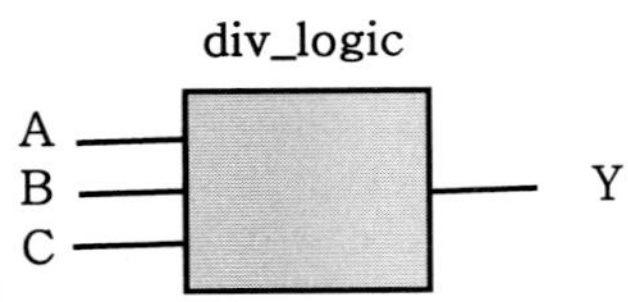
A	Y10	KeypadA	Y	AC7	LED8	
B	W10	KeypadB				
C	AA9	KeypadC				

- LED8의 불이 꺼진 상태에서 A(KeypadA)과 B(KeypadB) 또는 A(KeypadA)과 C(KeypadC)를 동시에 누르면 LED8의 불이 켜진다.

실습 12 마스크 시스템(mask system) 설계

선택신호(sel)가 0이면 홀수 비트들을 마스크하고 1이면 짝수 비트들을 마스크 하는 마스크 시스템을 설계한다.

	sel = 0	1
data =	d3d2d1d0	d3d2d1d0
mask =	0 1 0 1	
and mask =		1 0 1 0
data_m =	0 d2 0 d0	d3 0 d1 0

(a) 논리기호

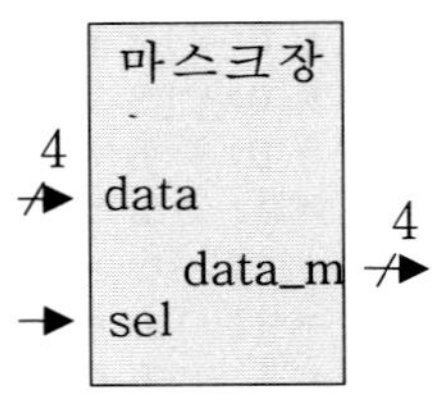

(b) 심볼

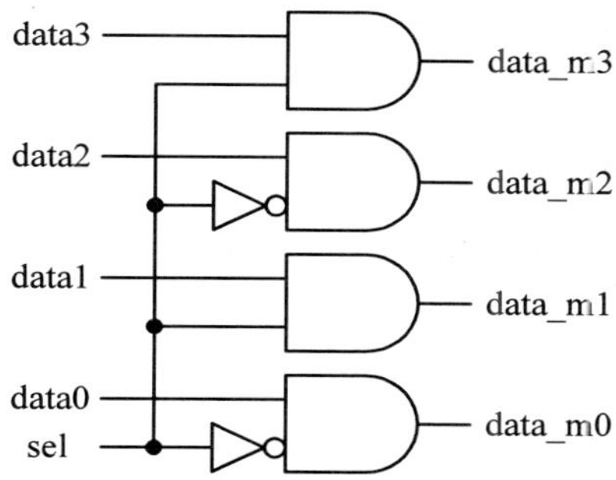

(c) 논리회로

게이트 레벨 표현	자료흐름적 표현

module mask_system(data, sel, data_m);
  input [3:0] data;
  input sel;
  output [3:0]data_m;
    and U1 (data_m[3], data[3], sel);
    and U2 (data_m[2], data[2], ~sel);
    and U3 (data_m[1], data[1], sel);
    and U4 (data_m[0], data[0], ~sel);
endmodule
	module mask_system(data, sel, data_m);
	  input [3:0] data;
	  input sel;
	  output [3:0]data_m;
	    assign data_m[3] = data[3] & sel;
	    assign data_m[2] = data[2] & ~sel;
	    assign data_m[1] = data[1] & sel;
	    assign data_m[0] = data[0] & ~sel;
	endmodule

• 자료흐름적 표현은 논리회로 설계처럼 각 입력을 sel 신호와 결합하여 설계한다.

동작적 표현

```
module mask_system(data, sel, data_m);
   input  [3:0] data;
   input sel;
   output [3:0] data_m;
      assign data_m = mask_FUNC(data, sel);
      function [3:0] mask_FUNC;
         input [3:0]data;
         input sel;
            if (sel == 0)     mask_FUNC = data & 4'B0101;
            else              mask_FUNC = data & 4'B1010;
      endfunction
endmodule
```

- 동작적 표현에서 sel의 논리값에 따라 data와 마스크 값이 AND 연산을 하도록 선언하였다. sel이 0일때는 5(0101)의 마스크 값과, sel이 1일때는 10(1010)의 마스크 값과 AND연산을 수행한다.

MoldelSim으로 시뮬레이션 하기 위한 Test Bench 파일

```
`timescale 1ns / 1ns
module tb_mask_system;
   reg [3:0] data;
   reg sel;
   wire [3:0] data_m;
      mask_system uut (.data(data), .sel(sel), .data_m(data_m));
      initial begin
         data = 0;    sel = 0;    #100;
         data = 1;                #100;
         data = 2;                #100;
         data = 3;                #100;
         data = 4;                #100;
         data = 5;    sel = 1;    #100;
         data = 6;                #100;
         data = 7;                #100;
         data = 8;                #100;
         data = 9;                #100;
         $stop;
      end
endmodule
```

ModelSim을 사용한 타이밍 시뮬레이션 결과

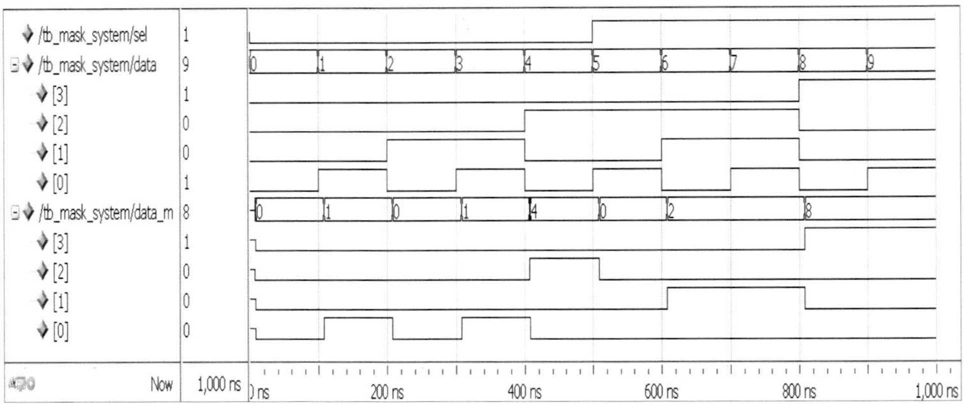

- sel=0이면 홀수비트들(data[1], data[3])이 마스크 되어 출력신호 data_m[1]과 data_m[3]은 0이 된다. sel=1이면 짝수비트들(data[0], data[2])이 마스크 되어 출력신호 data_m[0]과 data_m[2]는 0이 된다.

HBE-COMBO II 트레이닝 키트에 프로그래밍 하기 위한 정보

입 력			출 력			블록도
핀 이름	핀 번호	입력 장치	핀 이름	핀 번호	출력 장치	
data[3]	Y10	KeypadA	data_m[3]	AF6	LED5	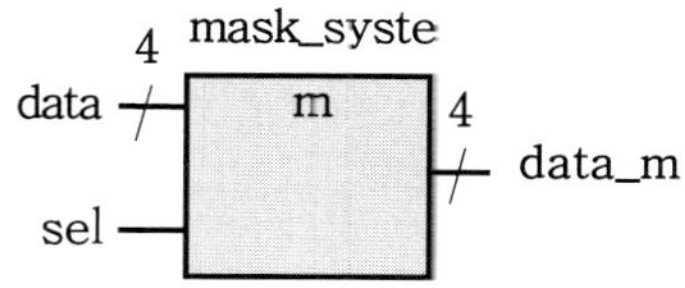
data[2]	W10	KeypadB	data_m[2]	AE6	LED6	
data[1]	AA9	KeypadC	data_m[1]	AD7	LED7	
data[0]	V9	KeypadD	data_m[0]	AC7	LED8	
sel	AE9	KeypadE				

- sel(KeypadE)을 누르지 않으면 data[2](KeypadB)와 data[0](KeyoadD) 입력이 출력으로 전달되고 sel(KeypadE)을 누르면 data[3](KeypadA)와 data[1](KeyoadC) 입력이 출력으로 전달된다.

3.7 연산자(operator)

구분	종류	
	연산자 심볼	연산
primitive 연산자	or	논리 or 연산
	and	논리 and 연산
	nor	논리 nor 연산
	nand	논리 nand 연산
	xor	논리 xor 연산
	xnor	논리 xnor 연산
	not	논리 not 연산
	notif0	논리 3상태 not 연산(active low enable)
	notif1	논리 3상태 not 연산(active high enable)
	buf	논리 buf 연산
	bufif0	논리 3상태 buf 연산(active low enable)
	bufif1	논리 3상태 buf 연산(active high enable)

<table>
<tr><th rowspan="2">구분</th><th colspan="2">종류</th></tr>
<tr><th>연산자 심볼</th><th>연산</th></tr>
<tr><td rowspan="3">논리 연산자</td><td>&&</td><td>논리 and 연산</td></tr>
<tr><td>||</td><td>논리 or 연산</td></tr>
<tr><td>!</td><td>논리 not 연산</td></tr>
<tr><td rowspan="6">관계 연산자</td><td>==</td><td>같음(equal)</td></tr>
<tr><td>!=</td><td>다름(not equal)</td></tr>
<tr><td>〈</td><td>보다 작음(less than)</td></tr>
<tr><td>〈=</td><td>보다 작거나 같음(less than or equal)</td></tr>
<tr><td>〉</td><td>보다 큼(greater than)</td></tr>
<tr><td>〉=</td><td>보다 크거나 같음(greater than or equal)</td></tr>
<tr><td rowspan="5">산술 연산자</td><td>+</td><td>더하기(addition)</td></tr>
<tr><td>−</td><td>빼기(subtraction)</td></tr>
<tr><td>*</td><td>곱하기(product)</td></tr>
<tr><td>/</td><td>나누기(division)</td></tr>
<tr><td>%</td><td>나머지(remainder)</td></tr>
<tr><td rowspan="5">비트 단위
논리 연산자</td><td>~</td><td>비트 not</td></tr>
<tr><td>|</td><td>비트 or</td></tr>
<tr><td>&</td><td>비트 and</td></tr>
<tr><td>^</td><td>비트 xor</td></tr>
<tr><td>~^, ^~</td><td>비트 xnor</td></tr>
<tr><td rowspan="6">비트 단항 논리
연산자</td><td>|</td><td>비트 처리 or</td></tr>
<tr><td>&</td><td>비트 처리 and</td></tr>
<tr><td>~|</td><td>비트 처리 nor</td></tr>
<tr><td>~&</td><td>비트 처리 nand</td></tr>
<tr><td>^</td><td>비트 처리 xor</td></tr>
<tr><td>~^, ^~</td><td>비트 처리 xnor</td></tr>
<tr><td rowspan="2">시프트 연산자</td><td>〈〈</td><td>왼쪽으로 자리 이동</td></tr>
<tr><td>〉〉</td><td>오른쪽으로 자리 이동</td></tr>
<tr><td rowspan="3">기타 연산자</td><td>? :</td><td>조건(condition)</td></tr>
<tr><td>{ }</td><td>결합(union)</td></tr>
<tr><td>{{ }}</td><td>반복(repeat)</td></tr>
</table>

(1) primitive 연산자

① primitive 연산자는 Verilog HDL에서 미리 정의한 논리 게이트로 게이트 레벨 표현에서 사용된다.

② not, buf 등의 연산자를 제외한 다른 연산자에는 2개 이상의 입력을 지정할 수 있다.

③ primitive 연산자 인스턴스(instance) 이름 (출력 포트신호_이름, 입력 포트신호_이름, …);의 형식으로 사용하며 인스턴스 이름은 생략이 가능하다.

사용 예

```
A = 5; B = 7;
not U1 (Y, A);                    // not 게이트(Y = not A)
or  U2 (Y, A, B);                 // 2입력 or 게이트(Y = A or B)
xor U3 (Y, A, B, C);              // 3입력 xor 게이트(Y = A xor B xor C)
```

(2) 논리 연산자/비트 단위 논리 연산자/비트 단항 논리 연산자

구분	종류	
	연산방식	결과값
논리 연산자	피연산자의 값이 0이 아니면 참(논리 1), 0이면 거짓(논리 0)으로 인식하여 연산을 수행	1비트(논리 0 또는 논리 1)
비트 단위 논리 연산자	2개의 피연산자를 비트별로 연산하며 피연산자의 비트수가 다른 경우 0으로 비트수를 맞춘 후에 연산을 수행	피연산자의 비트수만큼 결과 값을 가짐
비트 단항 논리 연산자	하나의 피연산자를 각각의 비트별로 연산을 수행하며	1비트(논리 0 또는 논리 1)

논리 연산자의 사용 예

```
A = 5; B = 0;  // A는 0이 아니므로 참(논리 1), B는 0이므로 거짓(논리 0)의 값이 됨
assign X = !A;                  // 거짓(논리 0)
assign Y = A || B;              // 논리 1 or 논리 0 이므로 결과는 참(1)
assign Z = A && B;              // 논리 1 and 논리 0 이므로 결과는 거짓(0)
```

비트 단위 논리 연산자의 사용 예

```
A = 4'B1010; B = 4'B0011;
assign X = A & B;         // X = 0010
assign Y = A | B;         // Y = 1011
assign Z = A ^ B;         // Z = 1001
```

▶ 비트 단항 논리 연산자의 사용 예

```
A = 4'B1010; B = 4'B0110;
assign X = & A;       // X = 0(1 and 0 and 1 and 0의 연산 결과)
assign Y = ¦ B;       // Y = 1(0 or 1 or 1 or 0의 연산 결과)
assign Z = ~^ A       // Z = 1(1 xnor 0 xnor 1xnor 0의 연산 결과)
```

(3) 관계 연산자

① 관계 연산자의 결과는 항상 1비트의 결과값을 가지며 0은 거짓, 1은 참을 나타낸다.

② 관계 연산자는 2개의 피연산자를 비교해서 수식의 결과가 참이면 논리 1, 거짓이면 논리 0의 상태를 가진다.

▶ 사용 예

```
A = 5; B = 7;
assign X = A > B;        // A는 B보다 작으므로 결과는 거짓(논리 0)
assign Y = A <= B;       // B는 A보다 크거나 같으므로 결과는 참(논리 1)
assign Z = A != B;       // A는 B와 같지 않으므로 결과는 참(논리 1)
```

(4) 산술 연산자

① 덧셈, 뺄셈, 곱셈, 나눗셈, 나머지 등의 연산을 수행한다.

② Verilog HDL은 음수를 자체적으로 2의 보수로 나타낸다.

▶ 사용 예

```
A = 4'B0111; B = 4'B0010;
assign SUM = A + B;              // SUM = 1001
assign SUB = A - B;              // SUB = 0101
assign INV = -A;                 // INV = 1001 (0111의 2의 보수)
assign MUL = A * B;              // MUL = 1110
assign DIV = A / 2;              // DIV = 0011
assign MOD = A % 2;              // MOD = 0001
```

③ 산술 연산자는 괄호 유무에 따라 더욱 효율적인 설계가 가능하다. 다음의 예에서 처럼 괄호를 사용한 4 변수의 덧셈 연산은 2 단계로 설계가 되나, 괄호를 사용하지 않을 경우 3 단계 설계가 된다.

괄호 사용

```
module arithmetic_sum (A, B, C, D, Y);
   input  A, B, C, D;
   output Y;
      assign Y = (A + B) + (C + D);
endmodule
```

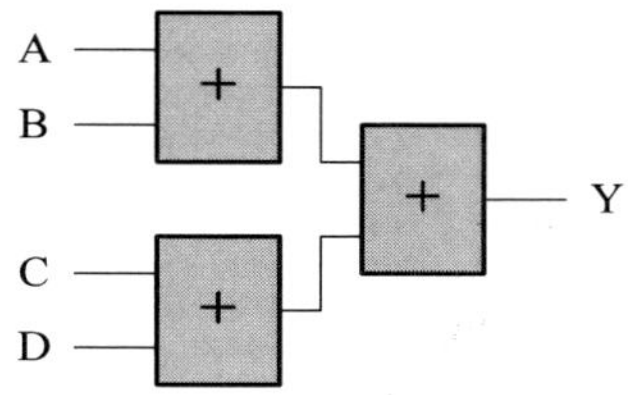

[2단계 설계]

괄호 사용 안함

```
module arithmetic_sum (A, B, C, D, Y);
   input  A, B, C, D;
   output Y;
      assign Y = A + B + C + D;
endmoduleN
```

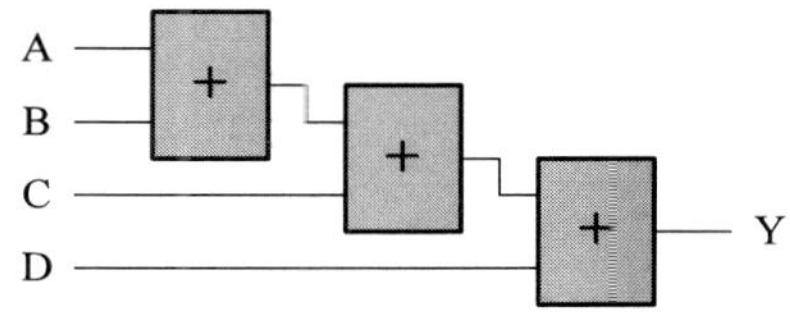

[3단계 설계]

(5) 시프트 연산자

① 비트값을 주어진 횟수만큼 자리이동 시키는 연산을 수행한다.

② 시프트 되고 남은 비트들은 자동적으로 0이 된다.

사용 예

```
A = 4'B0111;
assign right = A >> 2;          // right = 0001
assign left = A << 1;           // left = 1110
```

(6) 기타 연산자

① 조건 연산자는 조건식을 수행한 후 결과가 참이면 참 수식을 실행하고, 조건식 수행 결과가 거짓인 경우에는 거짓 수식을 수행한다.

형식	조건식 ? 참 수식 : 거짓수식;

② 결합 연산자는 여러개의 피연산자를 묶어서 멀티비트를 단드는 경우에 사용한다.

형식	{변수_이름, …};

③ 반복 연산자는 결합 연산자를 사용하여 반복되는 같은 숫자들을 결합할 때 사용한다.

형식	{반복횟수{수식}};

사용 예

```
assign Y = (S ? ~A : 1'bz);    // 조건 연산자를 사용한 notif1 게이트 설계
wire A = {4'B1011, 3'B101};    // A = 1011101(결합 연산자)
wire A = {3{3'B101}};          // A = 101101101
```

(7) 연산자 우선순위

<table>
<tr><th>우선순위</th><th>연산자 심볼</th><th>연산자 구분</th></tr>
<tr><td>1</td><td>!, ~</td><td>비트 단위 not</td></tr>
<tr><td>2</td><td>|, &, ^, ^|, ^&,~^, ^~</td><td>비트 단항 논리 연산자</td></tr>
<tr><td>3</td><td>+, −</td><td>부호</td></tr>
<tr><td>4</td><td>{}, {{}}</td><td>결합 연산자, 반복 연산자</td></tr>
<tr><td>5</td><td>*, /, %</td><td>산술 연산자</td></tr>
<tr><td>6</td><td>+, −</td><td>산술 연산자</td></tr>
<tr><td>7</td><td>〉〉, 〈〈</td><td>시프트 연산자</td></tr>
<tr><td>8</td><td>〉, 〈, 〉=, 〈=</td><td>관계 연산자</td></tr>
<tr><td>9</td><td>==, !=</td><td>관계 연산자</td></tr>
<tr><td>10</td><td>&</td><td>비트 단위 논리 연산자</td></tr>
<tr><td>11</td><td>^, ~^, ^~</td><td>비트 단위 논리 연산자</td></tr>
<tr><td>12</td><td>|</td><td>비트 단위 논리 연산자</td></tr>
<tr><td>13</td><td>&&</td><td>논리 연산자</td></tr>
<tr><td>14</td><td>||</td><td>논리 연산자</td></tr>
<tr><td>15</td><td>?:</td><td>조건 연산자</td></tr>
</table>

실습 13 3입력 다수결 논리회로 설계

3입력 다수결(majority)은 3개의 입력 중 2개 이상의 입력이 1인 경우 출력이 1이 되는 논리회로이다.

A	B	C	F
0	0	0	0
0	0	1	0
0	1	0	0
0	1	1	1
1	0	0	0
1	0	1	1
1	1	0	1
1	1	1	1

(a) 진리표

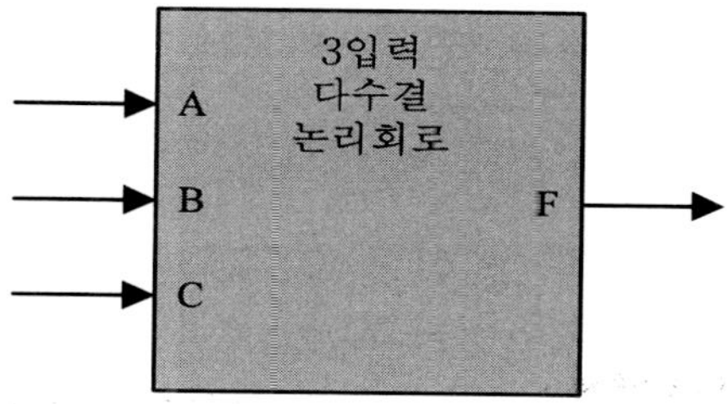

(b) 심볼

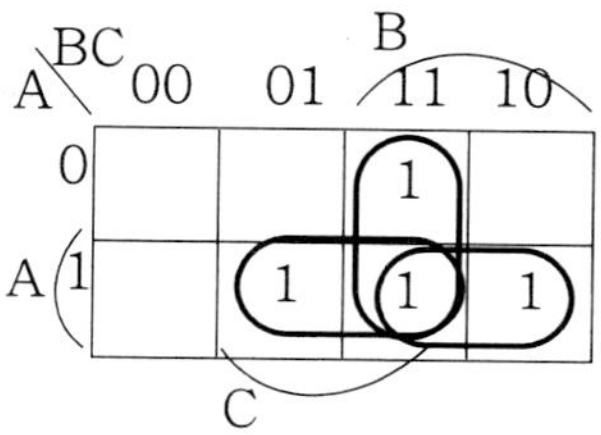

$F = AB + BC + AC$

(c) 간략화 및 논리식

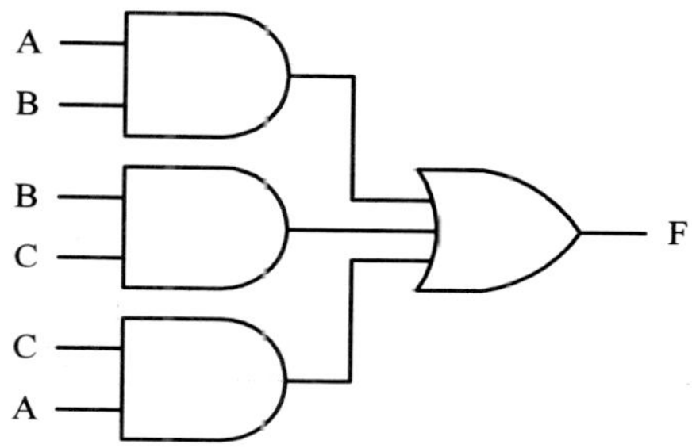

(d) 논리회로

게이트 레벨 표현

```
module majority(A, B, C, F);
   input  A, B, C;
   output F;
   wire ab, bc, ac;
      and (ab, A, B);
      and (bc, B, C);
      and (ac, A, C);
      or  (F, ab, bc, ac);
endmodule
```

자료흐름적 표현

```
module majority(A, B, C, F);
   input A, B, C;
   output F;
      assign F = (A & B) | (B & C) | (A & C);
endmodule
```

동작적 표현

```
module majority(A, B, C, F);
   input  A, B, C;
   output F;
   reg F;
      always @(A or B or C)
      begin
         if (A + B + C >= 2) F = 1;
         else                F = 0;
      end
endmodule
```

- 동작적 표현에서 더하기 산술 연산자(+)를 사용하여 입력들의 값을 계산하여 2보다 크거나 같으면 1을 출력한다.

MoldelSim으로 시뮬레이션 하기 위한 Test Bench 파일

```
`timescale 1ns / 1ns
module tb_majority;
   reg A;
   reg B;
   reg C;
   wire F;
      majority uut (.A(A), .B(B), .C(C), .F(F));
      initial begin
         A = 0;   B = 0;   C = 0;   #100;
         A = 0;   B = 0;   C = 1;   #100;
         A = 0;   B = 1;   C = 0;   #100;
         A = 0;   B = 1;   C = 1;   #100;
         A = 1;   B = 0;   C = 0;   #100;
         A = 1;   B = 0;   C = 1;   #100;
         A = 1;   B = 1;   C = 0;   #100;
         A = 1;   B = 1;   C = 1;   #100;
         A = 0;   B = 0;   C = 0;   #100;
         A = 0;   B = 0;   C = 1;   #100;
         $stop;
      end
endmodule
```

ModelSim을 사용한 타이밍 시뮬레이션 결과

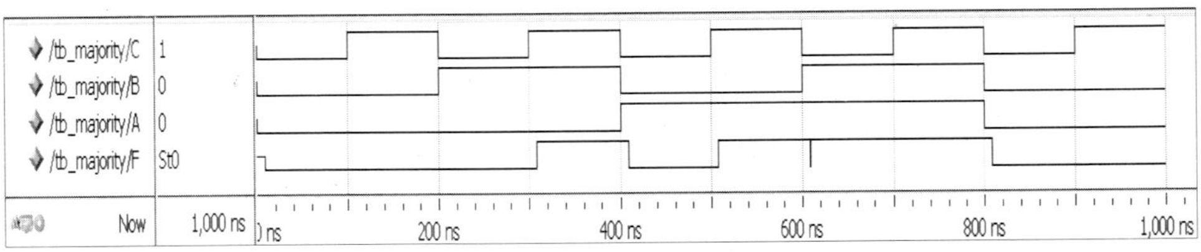

- 입력 신호들에서 1의 개수가 2개 이상이면 출력 신호 F는 1이 된다. 입력 신호들의 1의 개수가 1개이면 출력 신호 F는 0이 된다.

HBE-COMBO II 트레이닝 키트에 프로그래밍 하기 위한 정보

입 력			출 력			블록도
핀 이름	핀 번호	입력 장치	핀 이름	핀 번호	출력 장치	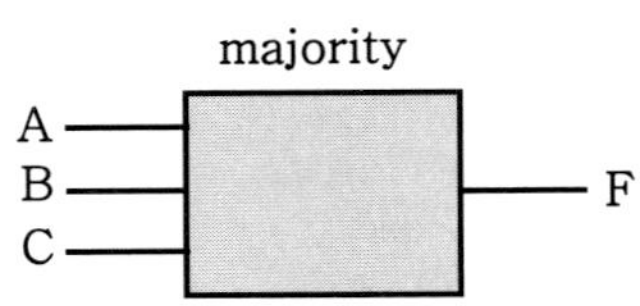
A	Y10	KeypadA	F	AC7	LED8	
B	W10	KeypadB				
C	AA9	KeypadC				

• LED8의 불이 꺼진 상태에서 A(KeypadA), B(KeypadB), C(KeypacC)들 중에서 2개 이상을 동시에 누르면 LED8의 불이 켜진다.

실습 14 크기 비교기 설계 1

A	B	Y
0	0	1
0	1	0
1	0	0
1	1	1

(a) 진리표

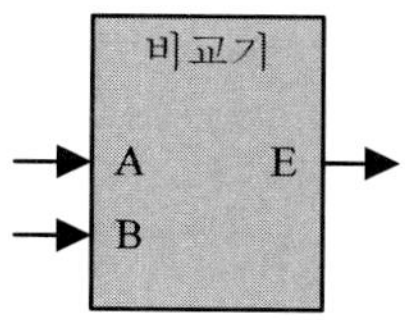

(b) 심볼

$$E=A'B'+AB$$

(c) 논리식

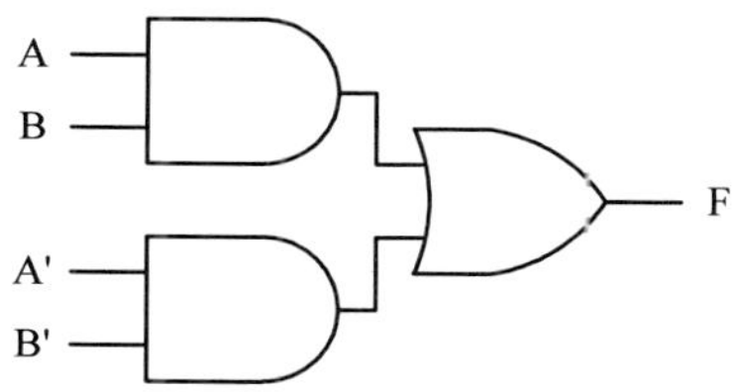

(c) 논리회로

게이트 레벨 표현

```
module comp(A, B, F);
   input  A, B;
   output F;
   wire ab, ab_;
      and U1 (ab, A, B);
      and U2 (ab_, ~A, ~B);
      or  U3 (F,  ab, ab_);
endmodule
```

자료흐름적 표현

```
module comp(A, B, F);
   input  A, B;
   output F;
      assign F = (A & B)   (~A & ~B);
endmodule
```

동작적 표현

```
module comp(A, B, F);
   input  A, B;
   output F;
   reg F;
      always @(A or B)
      begin
         if (A == B)   F = 1;
         else          F = 0;
      end
endmodule
```

MoldelSim으로 시뮬레이션 하기 위한 Test Bench 파일

```
`timescale 1ns / 1ns
module tb_comp;
   reg A;
   reg B;
   wire F;
      comp uut (.A(A), .B(B), .F(F));
      initial begin
         A = 0;   B = 0;   #100;
         A = 0;   B = 1;   #100;
         A = 1;   B = 0;   #100;
         A = 1;   B = 1;   #100;
         A = 0;   B = 0;   #100;
         A = 0;   B = 1;   #100;
         A = 1;   B = 0;   #100;
         A = 1;   B = 1;   #100;
         A = 0;   B = 0;   #100;
         A = 0;   B = 1;   #100;
         $stop;
      end
endmodule
```

ModelSim을 사용한 타이밍 시뮬레이션 결과

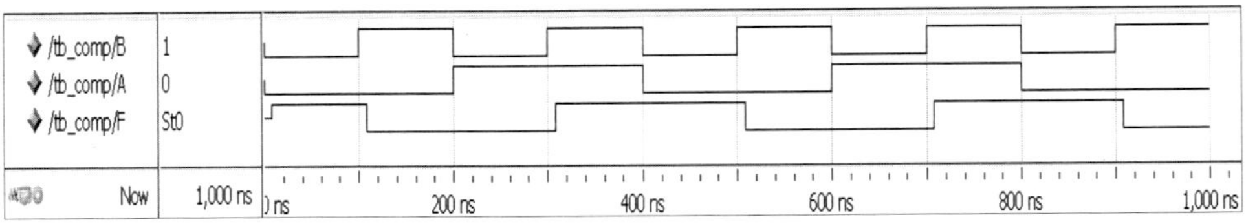

- 두 입력 신호 A와 B가 서로 같으면 출력 신호 E는 1을 출력하고, 입력 신호가 서로 다르면 출력 신호 E는 0을 출력한다.

HBE-COMBO II 트레이닝 키트에 프로그래밍 하기 위한 정보

입 력			출 력			블록도
핀 이름	핀 번호	입력 장치	핀 이름	핀 번호	출력 장치	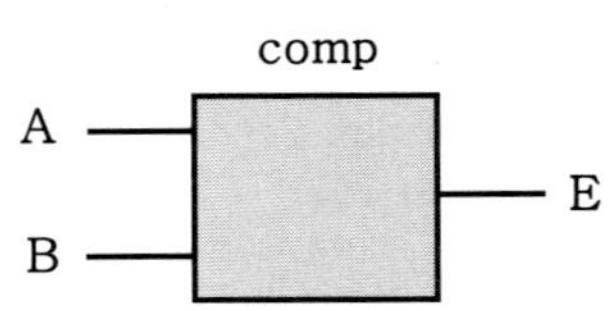
A	Y10	KeypadA	E	AC7	LED8	
B	W10	KeypadB				

- A(KeypadA)와 B(KeypadB)를 둘 다 누르면 LED8의 불이 켜지고, 어느 한쪽만 누르고 다른 쪽을 누르지 않으면 LED8의 불이 꺼진다.

3.8 하위모듈의 Verilog HDL 소스를 상위모듈의 Verilog HDL 소스에 포함하는 기능

`include는 하위모듈의 Verilog HDL 소스를 상위모듈의 Verilog HDL 소스에 포함 시키고자 할 때 사용된다. 한편, 이 기능을 사용하면 하위모듈의 Verilog HDL 소스를 상위모듈의 project에 포함시키지 않아도 된다.

선언 형식 및 사용 예

형식	`include "하위모듈의 Verilog HDL 소스"

사용 예

```
`include "and_2.v"
`include "../and_2/and_2.v"  // 하위모듈의 Verilog HDL 소스가 존재하는 경로 표시
```

실습 15 논리 게이트 시스템 설계 1

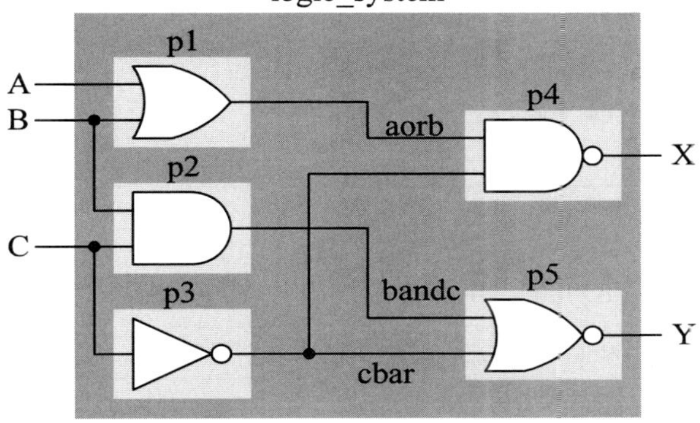

논리 게이트 시스템 설계

하위모듈 : inv_1.v(자료흐름적 표현)	하위모듈 : nand_2.v(자료흐름적 표현)

`module inv_1(A, Y);`
`input A;`
`output Y;`
`assign Y = ~A;`
`endmodule`
	`module nand_2(A, B, Y);`
	`input A, B;`
	`output Y;`
	`nand U1(Y, A, B);`
	`endmodule`

하위모듈 : and_2.v(자료흐름적 표현)	하위모듈 : nor_2.v(자료흐름적 표현)

module and_2(A, B, Y);
  input A, B;
  output Y;
    assign Y = A & B;
endmodule
	module nor_2(A, B, Y);
	  input A, B;
	  output Y;
	    assign Y = ~(A ¦ B);
	endmodule

하위모듈 : or_2.v(자료흐름적 표현)	

module or_2(A, B, Y);
  input A, B;
  output Y;
    assign Y = A ¦ B;
endmodule	

구조적 표현

```
`include "../inv_1/inv_1.v"
`include "../or_2/or_2.v"
`include "../and_2/and_2.v"
`include "../nand_2/nand_2.v"
`include "../nor_2/nor_2.v"
module logic_system(A,B,C,X,Y);
   input  A, B, C;
   output X, Y;
   wire arob, bandc, cbar;
      or_2   gate0 (A, B, aorb);
      and_2  gate1 (B, C, bandc);
      inv_1  gate2 (C, cbar);
      nand_2 gate3 (aorb, cbar, X);
      nor_2  gate4 (bandc, cbar, Y);
endmodule
```

- 내부의 신호선들은 wire형으로 선언한다.
- 하위모듈의 Verilog HDL 소스를 상위모듈의 project에 포함시키지 않아도 된다.

MoldelSim으로 시뮬레이션 하기 위한 Test Bench 파일

```
`timescale 1ns / 1ns
module tb_logic_system;
   reg A;
   reg B;
   reg C;
   wire X;
   wire Y;
      logic_system uut (.A(A), .B(B), .C(C), .X(X), .Y(Y));
      initial begin
```

```
        A = 0;   B = 0;   C = 0;   #100;
        A = 0;   B = 0;   C = 1;   #100;
        A = 0;   B = 1;   C = 0;   #100;
        A = 0;   B = 1;   C = 1;   #100;
        A = 1;   B = 0;   C = 0;   #100;
        A = 1;   B = 0;   C = 1;   #100;
        A = 1;   B = 0;   C = 0;   #100;
        A = 1;   B = 1;   C = 1;   #100;
        A = 0;   B = 1;   C = 0;   #100;
        A = 0;   B = 0;   C = 1;   #100;
        $stop;
      end
endmodule
```

ModelSim을 사용한 타이밍 시뮬레이션 결과

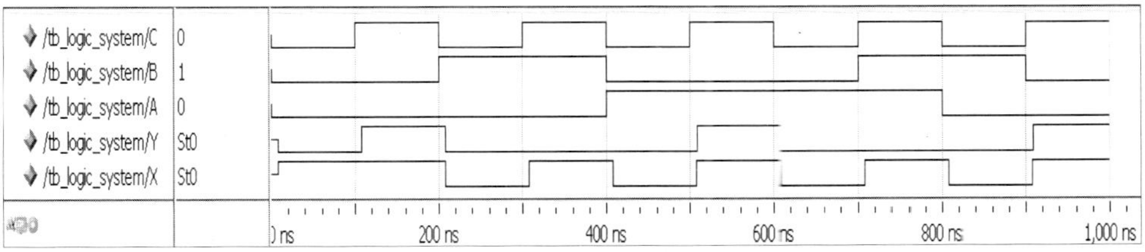

- 출력 신호 X는 입력 신호들의 조합 (A+B)′+ C에 의해서 등작한다. 출력 신호 Y는 B'C에 의해서 동작한다

HBE-COMBO II 트레이닝 키트에 프로그래밍 하기 위한 정보

<table>
<tr><th colspan="3">입 력</th><th colspan="3">출 력</th><th>블록도</th></tr>
<tr><th>핀 이름</th><th>핀 번호</th><th>입력 장치</th><th>핀 이름</th><th>핀 번호</th><th>출력 장치</th><td rowspan="4">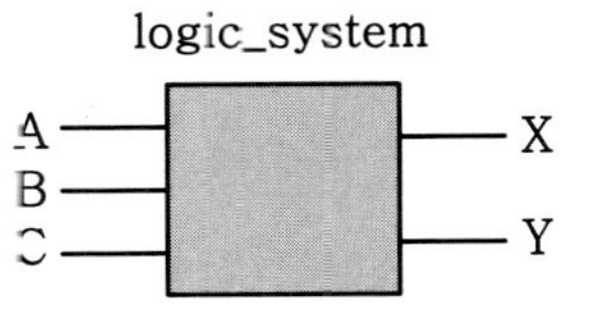
</td></tr>
<tr><td>A</td><td>Y10</td><td>KeypadA</td><td>X</td><td>AD7</td><td>LED7</td></tr>
<tr><td>B</td><td>W10</td><td>KeypadB</td><td>Y</td><td>AC7</td><td>LED8</td></tr>
<tr><td>C</td><td>AA9</td><td>KeypadC</td><td></td><td></td><td></td></tr>
</table>

- 출력 X(LED7)는 (A+B)′+C에 따라서 불이 켜지고, Y(LED8)는 B'C에 따라 불이 켜진다.

3.9 부프로그램(subprogram)

(1) 복잡한 프로그램들은 여러 개의 프로그램들 또는 블록들로 나누어 설계하는 것이 효과적이다.

(2) Verilog HDL은 나누어진 블록이 특정한 작업을 수행하는 독립적인 부프로그램을 제공한다.

(3) 여러 번 사용되는 설계 부분을 부프로그램으로 대치하고 필요할 때 마다 그 부프로그램 이름과 매개변수 이름을 전달함으로써 원하는 결과를 얻을 수 있다.

3.9.1 부프로그램

(1) 부프로그램 종류

항 목	태스크	함수
리턴값	호출이 문장(statement)이고 직접 리턴하는 값은 없지만 input 또는 output을 통해 여러개의 리턴 값을 전달가능	호출이 수식(expression)이고 리턴값(return value)이 단 하나
매개변수 모드	input, output, inout	input
대기문, 이벤트	사용 가능	사용 불가능
문	순차문	순차문

(2) 부프로그램의 호출

① 부프로그램(태스크 또는 함수)을 사용하기 위해서는 특정 모듈 내부에서 정의한 후 호출(call)을 해야 한다.

② 태스크 또는 함수 이름과 괄호 안에 실제 매개 변수(actual parameter) 값을 전달 함으로써 호출이 가능하게 된다.

③ 태스크는 매개변수를 통하여 입력 값을 전달하고 결과를 받는다.

④ 함수는 매개변수를 입력용으로 사용하고 결과 값은 함수이름으로 리턴 된다.

⑤ 태스크는 내부에 함수를 호출할 수 있지만 함수는 내부에 태스크를 호출할 수 없다.

(3) 태스크(task)

① 태스크는 Verilog HDL 코드를 여러 개의 블록들로 나누어 설계할 때 사용한다.

② 태스크는 직접 값을 리턴하지 않지만 입출력 매개 변수를 통해 여러 가 의 반환 값을 가질 수 있다.

③ 태스크는 지정어 task와 endtask를 사용하여 선언한다.

④ 매개변수_이름의 모드는 input, output, inout 등이 존재하며, 매개변수가 없는 경우도 있다.

⑤ input 모드는 호출할 때 매개변수의 값을 태스크에 넘겨준다.

⑥ output은 태스크의 작업을 완료한 후에 반환 값으로 넘겨진다.

⑦ inout은 호출할 때는 input 모드로, 반환될 때는 output 모드로 동작한다.

⑧ 태스크는 내부에 always문, initial문 등을 포함시킬 수 없으며, task문, function문, always문, initial문 등의 내부에서는 선언된 태스크를 호출하여 사용할 수 있다.

⑨ 태스크 내에서는 결과 데이터를 일시 저장해야 하므로 wire형을 사용할 수 없고 reg형으로 선언한다.

⑩ 몸체 표현 문장은 순차문으로 begin과 end사이에 기술한다.

태스크 선언 형식 및 사용 예

형식	task 태스크_이름; 　입출력 포트 선언 [begin] 　　몸체 표현 문장 　　　⋮ [end] endtask

사용 예

[태스크 선언]

```
task add;
   input  a, b;
   output c;
   reg c;
      begin
         c = a + b;
      end
endtask
```

[태스크 호출]

```
add(A, B, S);
```

실습 16 4비트 병렬 2진 가산기 설계 1

태스크(task) : add

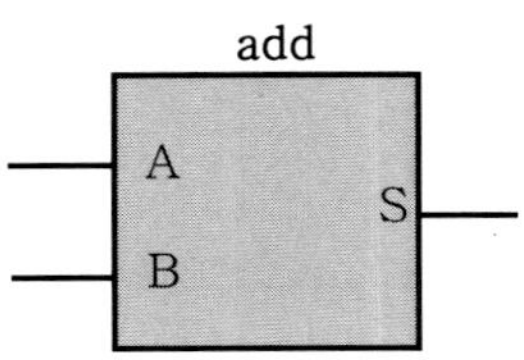


```
task add;
   input  [4:0] A, B;
   output [4:0] S;
   reg S;
      begin
         S = A + B;
      end
endtask
```

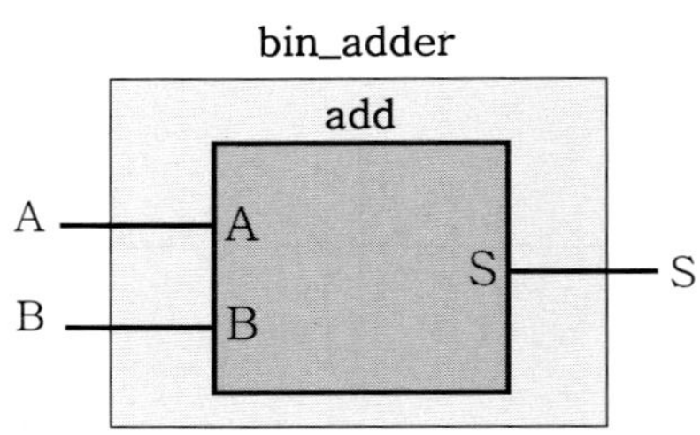

동작적 표현

```
module bin_adder(A, B, S);
   input  [4:0] A, B;
   output [4:0] S;
   reg [4:0] S;
      always @(A or B or S)
```

```
        add(A, B, S);
      task add;
        input  [4:0] A, B;
        output [4:0] S;
        reg [4:0] S;
          begin
            S = A + B;
          end
      endtask
endmodule
```

- always @(이벤트_신호 or …)문은 이벤트_신호중 어느 하나라도 값이 변화하면 내부에 기술한 문장을 순차적으로 처리하며 마지막 문장까지 완료되면 다음의 이벤트_신호가 변화될 때까지 대기상태에 있다.

MoldelSim으로 시뮬레이션 하기 위한 Test Bench 파일

```
`timescale 1ns / 1ns
module tb_bin_adder;
   reg [4:0] A;
   reg [4:0] B;
   wire [4:0] S;
      bin_adder uut (.A(A), .B(B), .S(S));
      initial begin
         A = 0;   B = 0;   #100;
         A = 1;   B = 0;   #100;
         A = 2;   B = 2;   #100;
         A = 3;   B = 2;   #100;
         A = 4;   B = 4;   #100;
         A = 5;   B = 4;   #100;
         A = 6;   B = 6;   #100;
         A = 7;   B = 6;   #100;
         A = 8;   B = 8;   #100;
         A = 9;   B = 8;   #100;
         $stop;
      end
endmodule
```

ModelSim을 사용한 타이밍 시뮬레이션 결과

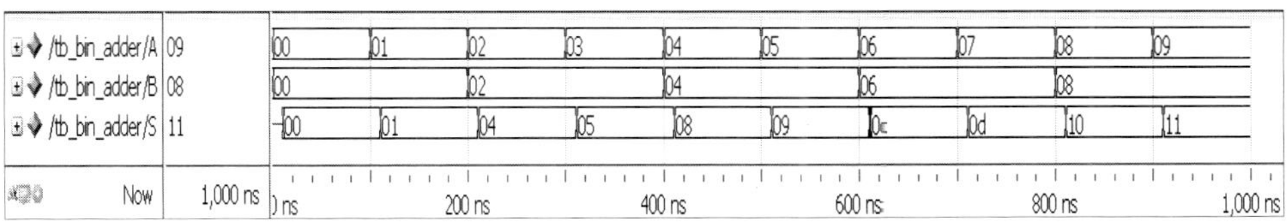

- 입력 신호 A와 B의 더하기 결과가 출력 신호 S로 출력된다.

HBE-COMBO II 트레이닝 키트에 프로그래밍 하기 위한 정보

입 력			출 력			블록도
핀 이름	핀 번호	입력 장치	핀 이름	핀 번호	출력 장치	
A[3]	Y12	BusSW1_1	S[4]	W8	LED4	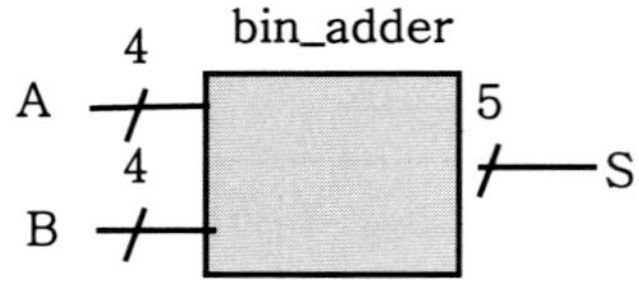
A[2]	AE11	BusSW1_2	S[3]	AF6	LED5	
A[1]	U12	BusSW1_3	S[2]	AE6	LED6	
A[0]	AC12	BusSW1_4	S[1]	AD7	LED7	
B[3]	AD12	BusSW1_5	S[0]	AC7	LED8	
B[2]	AA12	BusSW1_6				
B[1]	AB12	BusSW1_7				
B[0]	Y13	BusSW1_8				

- LED들이 꺼져있는 상태에서 A[3] ~ A[0](BusSW1_1 ~ BusSW1_4)와 B[3] ~ B[0](BusSW1_5 ~ BusSW1_8)의 합에 대응하는 LED들의 불들이 켜진다.

(4) 함수(function)

① 함수는 Verilog HDL 코드를 여러 개의 블록들로 나누어 설계할 때 사용한다.

② 태스크가 여러 개의 리턴값을 되돌려주는 것과는 달리 함수는 오직 1개의 리턴 값만 되돌려준다.

③ 함수는 입력포트만을 가지며 매개변수를 wire형으로 사용할 수가 없다.

④ 함수는 지정어 function과 endfunction을 사용하여 선언한다.

⑤ 매개변수_이름의 모드는 input 모드가 존재한다.

⑥ input 모드는 호출할 때 매개변수의 값을 태스크에 넘겨준다.

⑦ 함수는 내부에 always문, initial문 등을 포함시킬 수 없으며, task문, function문, always문, initial문 등에서 선언된 함수를 호출하여 사용할 수다.

⑧ 함수 내에 선언된 입력 포트신호는 일시적인 신호로 처리되며 wire로 합성된다.

⑨ 시간지연 연산자(#) 또는 이벤트 신호(@)등을 사용할 수 없다.

함수 선언 형식 및 사용 예

형식

```
function [표현범위] 함수_이름;
   입력 포트 선언;
[begin]
   몸체 표현 문장;
            ⋮
[end]
endfunction
```

사용 예

[함수 선언]

```
function mag_comp;
   input a, b;
      if  (a > b)  mag_comp = a;
      else         mag_comp = b;
endfunction
```

[함수 호출]

```
assign S = mag_comp(X, Y);
```

실습 17 크기 비교기 설계 2

크기 비교기는 두 입력 X와 Y를 비교하여 X 〉 Y이면 X를 출력하고 X 〈 Y이면 Y를 출력하는 논리회로이다.

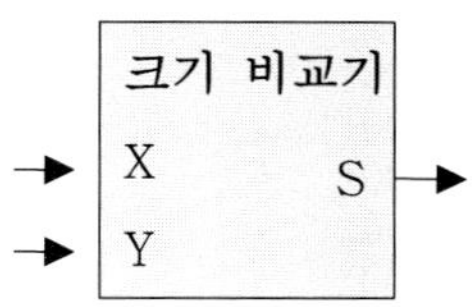

함수 : mag_comp

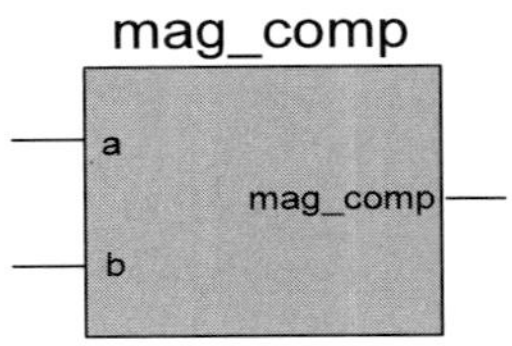


```
function mag_comp;
   input a, b;
      if  (a > b)  mag_comp = a;
      else         mag_comp = b;
endfunction
```

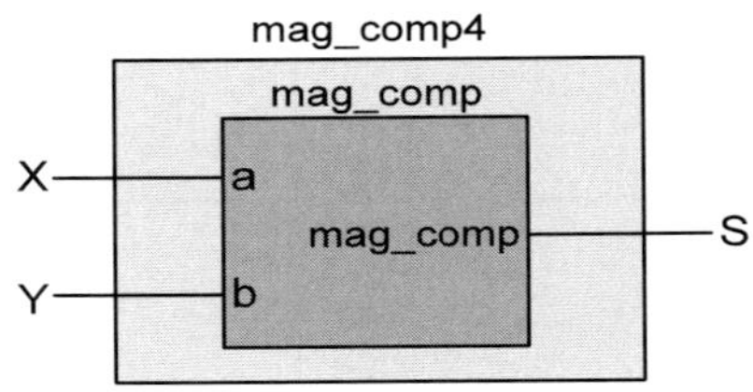

동작적 표현

```
module mag_comp4(X, Y, S);
   input  [3:0] X, Y;
   output [3:0] S;
      assign S = mag_comp(X, Y);
      function [3:0] mag_comp;
      input [3:0] a, b;
         if (a > b) mag_comp = a;
         else       mag_comp = b;
      endfunction
endmodule
```

MoldelSim으로 시뮬레이션 하기 위한 Test Bench 파일

```
`timescale 1ns / 1ns
module tb_mag_comp4;
   reg [3:0] X;
   reg [3:0] Y;
   wire [3:0] S;
      mag_comp4 uut (.X(X), .Y(Y), .S(S));
      initial begin
         X = 0;   Y = 5;   #100;
         X = 1;   Y = 6;   #100;
         X = 2;   Y = 7;   #100;
         X = 3;   Y = 8;   #100;
         X = 4;   Y = 9;   #100;
         X = 5;   Y = 0;   #100;
         X = 6;   Y = 1;   #100;
         X = 7;   Y = 2;   #100;
         X = 8;   Y = 3;   #100;
         X = 9;   Y = 4;   #100;
         $stop;
      end
endmodule
```

ModelSim을 사용한 타이밍 시뮬레이션 결과

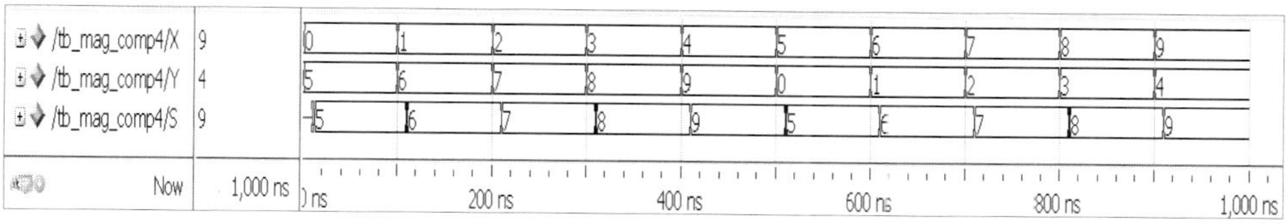

- X > Y인 경우에는 S는 X신호를 출력하고 X < Y인 경우에는 S는 Y신호를 출력한다.

HBE-COMBO II 트레이닝 키트에 프로그래밍 하기 위한 정보

입 력			출 력			블록도
핀 이름	핀 번호	입력 장치	핀 이름	핀 번호	출력 장치	
X[3]	Y12	BusSW1_1	S[3]	AF6	LED5	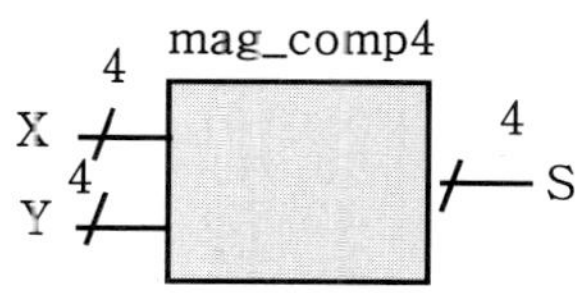
X[2]	AE11	BusSW1_2	S[2]	AE6	LED6	
X[1]	U12	BusSW1_3	S[1]	AD7	LED7	
X[0]	AC12	BusSW1_4	S[0]	AC7	LED8	
Y[3]	AD12	BusSW1_5				
Y[2]	AA12	BusSW1_6				
Y[1]	AB12	BusSW1_7				
Y[0]	Y13	BusSW1_8				

- x(BusSW1_1,1_2,1_3,1_4)와 y(BusSW1_5,1_6,1_7,1_8)를 비교해서 큰 입력이 LED들로 출력된다.

실습 18 lpm_rom 하위모듈을 이용한 ROM 설계

- ALTERA는 효과적인 메모리 설계를 위해서 LPM(Library of Parametric Modules) 하위 모듈을 제공한다.
- LPM 하위모듈을 이용한 ROM의 이름은 lpm_rom 이며, defparam을 사용하여 하위 모듈 내에 정의된 파라미터 값을 재 정의하여 사용자가 원하는 용량의 메모리를 설계할 수 있다.

lpm_rom

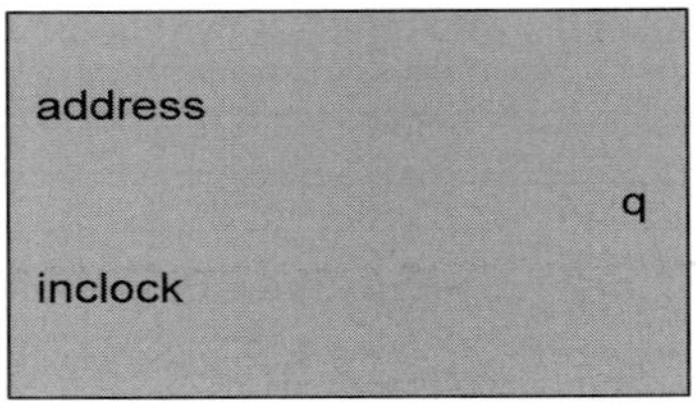

- 어드레스 입력이 4비트, 데이터 출력이 8비트인 $2^4 \times 8$ ROM을 설계한다.

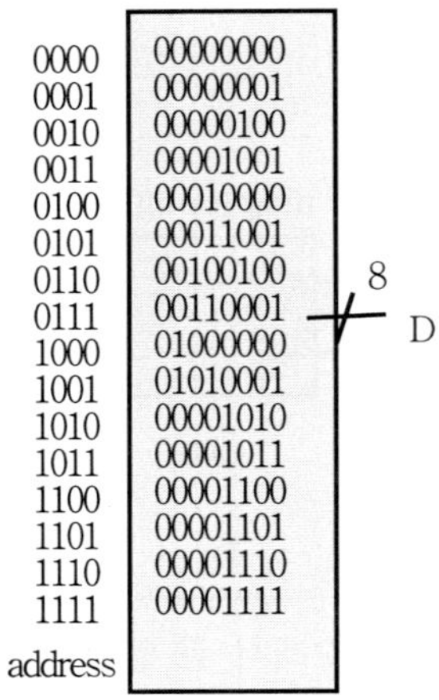

24×8 ROM

십진수	입력(A[3..0]) A3 A2 A1 A0	출력(D[7..0]) D7 D6 D5 D4 D3 D2 D1 D0	HEX
0	0 0 0 0	0 0 0 0 0 0 0 0	00
1	0 0 0 1	0 0 0 0 0 0 0 1	01
2	0 0 1 0	0 0 0 0 0 1 0 0	04
3	0 0 1 1	0 0 0 0 1 0 0 1	09
4	0 1 0 0	0 0 0 1 0 0 0 0	10
5	0 1 0 1	0 0 0 1 1 0 0 1	19
6	0 1 1 0	0 0 1 0 0 1 0 0	24
7	0 1 1 1	0 0 1 1 0 0 0 1	31
8	1 0 0 0	0 1 0 0 0 0 0 0	40
9	1 0 0 1	0 1 0 1 0 0 0 1	51
10	1 0 1 0	0 0 0 0 1 0 1 0	0A
11	1 0 1 1	0 0 0 0 1 0 1 1	0B
12	1 1 0 0	0 0 0 0 1 1 0 0	0C
13	1 1 0 1	0 0 0 0 1 1 0 1	0D
14	1 1 1 0	0 0 0 0 1 1 1 0	0E
15	1 1 1 1	0 0 0 0 1 1 1 1	0F

ROM 테이블

ROM의 데이터 : romdata.mif

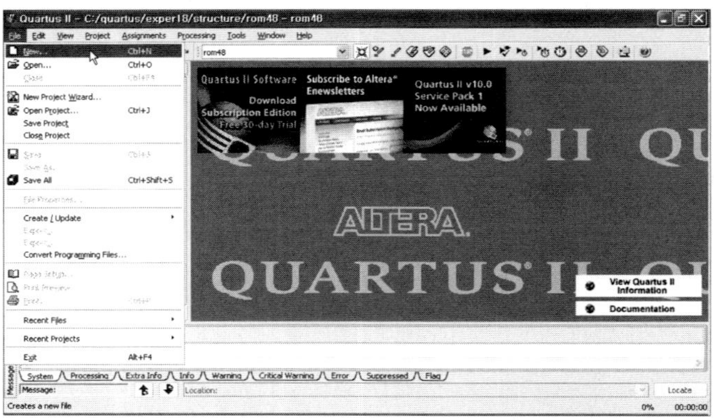

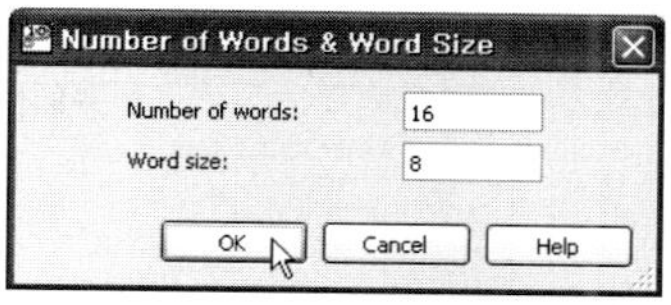

Addr	+000	+001	+010	+011	+100	+101	+110	+111	ASCII
00000	00000000	00000001	00000100	00001001	00010000	00011001	00100100	00110001	.....$1
01000	01000000	01010001	00001010	00001011	00001100	00001101	00001110	00001111	@Q.....

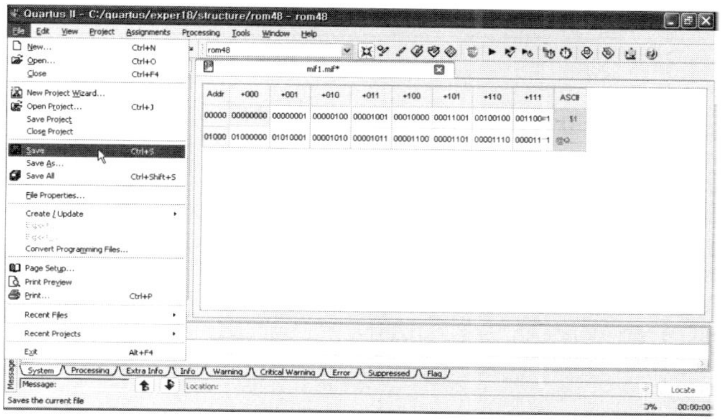

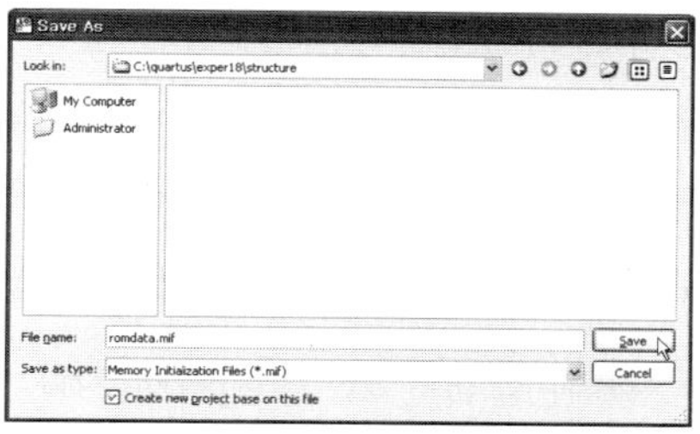

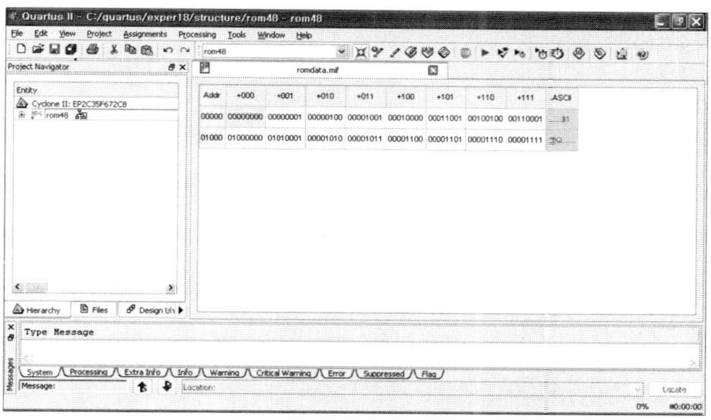

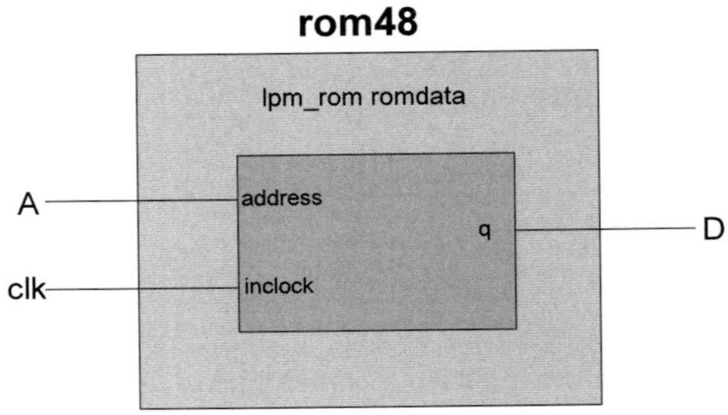

구조적 표현

```
module rom48(A, clk, D);
   input [3:0] A;
   input clk;
   output [7:0] D;
      lpm_rom romdata (.address(A), .inclock(clk), .q(D));
      defparam romdata.lpm_width = 8;
      defparam romdata.lpm_widthad = 4;
      defparam romdata.lpm_outdata = "unregistered" ;
      defparam romdata.lpm_file = "romdata.mif";
  endmodule
```

- defparam는 하위모듈 내에 정의된 파라미터 값을 재정의 할 때 사용한다. 따라서 lpm_rom 하위모듈의 정의되어 있는 lpm_width, lpm_widthad, lpm_outdata, lpm_file 등의 파라미터 값을 defaram을 사용하여 재정의 하였다.
- defparam의 사용 형식은 defparam 인스턴스_이름.파라미터_이름 = 값

MoldelSim으로 시뮬레이션 하기 위한 Test Bench 파일

```
`timescale 1ns / 1ns
module tb_rom48;
   reg [3:0] A;
   reg clk;
   wire [7:0] D;
   parameter sec = 20;
      rom48 uut (.A(A), .clk(clk), .D(D));
      always #(sec) clk = ~CLK;
      initial begin
         A = 0;     clk = 0;    #(sec);
         A = 0;     #80;
         A = 1;     #100;
         A = 2;     #100;
         A = 3;     #100;
         A = 4;     #100;
```

```
        A = 5;    #100;
        A = 6;    #100;
        A = 7;    #100;
        A = 8;    #100;
        A = 9;    #100;
        A = 10;   #100;
        A = 11;   #100;
        A = 12;   #100;
        A = 13;   #100;
        A = 14;   #100;
        A = 15;   #100;
        $stop;
    end
endmodule
```

ModelSim을 사용한 타이밍 시뮬레이션 결과

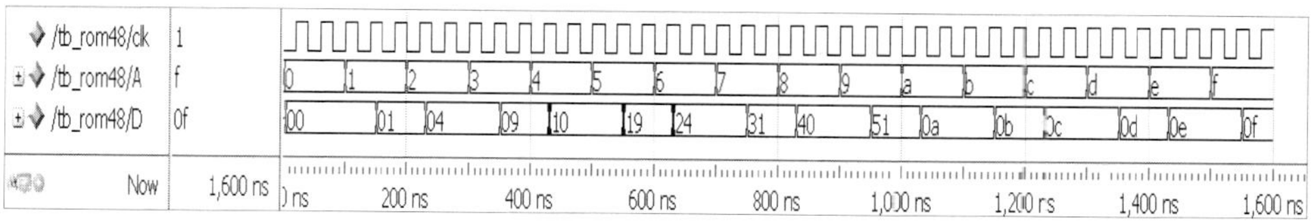

- ROM에 저장된 데이터는 입력 신호 A(어드레스)에 저장된 내용을 확인한다. 즉 A=1(0001)에서는 저장된 데이터가 출력 신호 D=01(00000001)로 출력된다.

HBE-COMBO II 트레이닝 키트에 프로그래밍 하기 위한 정보

입 력			출 력			블록도
핀 이름	핀 번호	입력 장치	핀 이름	핀 번호	출력 장치	
A[3]	Y10	KeypadA	D[7]	AF7	LED1	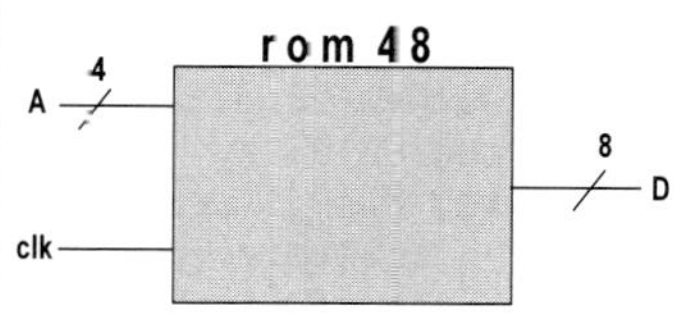
A[2]	W10	KeypadB	D[6]	AE7	LED2	
A[1]	AA9	KeypadC	D[5]	AB8	LED3	
A[0]	V9	KeypadD	D[4]	W8	LED4	
clk	N1	clock	D[3]	AF6	LED5	
Clock Select : 8(10KHz)			D[2]	AE6	LED6	
			D[1]	AD7	LED7	
			D[0]	AC7	LED8	

- A[3] ~ A[0](KeypadA ~ KeypadD)들을 누르지 않은 것이 처음 상태이므로 해당 어드레스의 데이터에 해당하는 LED들이 동작한다. 이때 데이터 값은 D=00이므로, LED1에서 LED8까지 모두 꺼져있다. A[3] ~ A[0](KeypadA ~ KeypadD)에서 키를 누르면 이에 해당하는 LED들이 동작한다.

실습 19 RAM 설계

- RAM은 지정된 어드레스의 메모리의 데이터를 읽어내는 기능과 외부에서 입력 되는 데이터를 지정된 어드레스의 메모리에 저장하는 기능을 갖는 메모리이다.
- 데이터가 4비트, 어드레스가 4비트이고 제어신호 wr_n, rd_n 등이 부논리인 RAM을 설계 해보기로 한다.
- 제어신호 wr_n이 0이고 rd_n이 1일 때 데이터가 RAM에 기록(write)되고, rd_n이 0이고 wr_n이 1일 때 어드레스에 해당되는 내용을 읽게(read) 된다. 그 이외의 경우는 Z 상태(high impedance)를 출력한다.

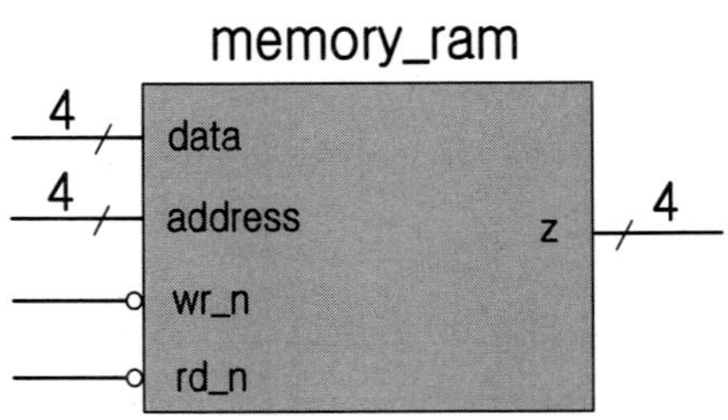

동작적 표현

```
module memory_ram(data, address, wr_n, rd_n, z);
   input [3:0] data, address;
   input wr_n, rd_n;
   output [3:0] z;
   reg [3:0] z;
   reg [3:0] ram_data[15:0];
      always @(wr_n or rd_n)
         if (!wr_n && rd_n)
         begin
            ram_data[address] <= data;
            z = 4'bz;
         end
         else if(wr_n && !rd_n)
            z = ram_data[address];
         else
            z = 4'bz;
endmodule
```

MoldelSim으로 시뮬레이션 하기 위한 Test Bench 파일

```
`timescale 1ns / 1ns
module tb_memory_ram;
   reg [3:0] data;
   reg [3:0] address;
   reg wr_n;
   reg rd_n;
   wire [3:0] z;
   parameter sec = 50;
      memory_ram uut (.data(data), .address(address), .wr_n(wr_n), .rd_n(rd_n), .z(z));
      always #(sec) wr_n = ~wr_n;
      always #(sec) rd_n = ~rd_n;
      initial begin
         data = 8;    address = 7;    wr_n = 1;   rd_n = 0;   #(sec);
         data = 9;    address = 8;    #100;
         data = 10;   address = 9;    #100;
         data = 11;   address = 10;   #100;
         data = 12;   address = 11;   #100;
         data = 13;   address = 12;   #100;
         data = 14;   address = 13;   #100;
         data = 15;   address = 14;   #100;
         data = 0;    address = 15;   #100;
         data = 1;    address = 0;    #100;
         data = 2;    address = 1;    #100;
         $stop;
      end
endmodule
```

ModelSim을 사용한 타이밍 시뮬레이션 결과

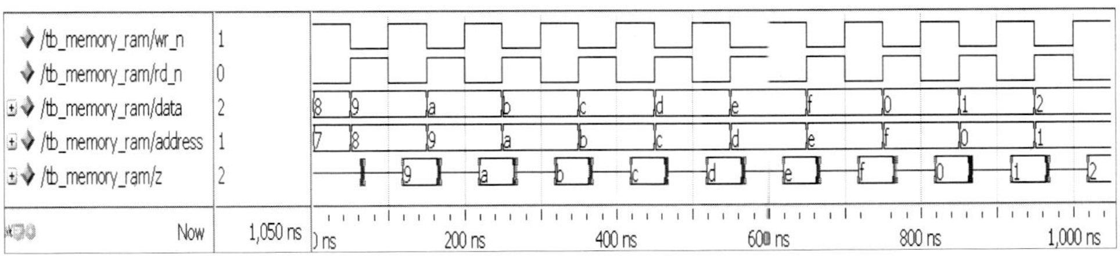

- 입력신호 wr_n이 0일 때 데이터가 RAM에 기록(write)되고 출력신호 z는 고 임피던스(Z) 상태가 된다. 또한 rd_n이 0일 때 어드레스에 해당되는 내용을 읽어(read) 출력신호 z는 데이터 값을 출력한다. 2개의 입력신호가 모두 1인 경우에는 고 임피던스(Z) 상태를 출력한다.

HBE-COMBO II 트레이닝 키트에 프로그래밍 하기 위한 정보

입 력			출 력			블록도
핀 이름	핀 번호	입력 장치	핀 이름	핀 번호	출력 장치	
wr_n	Y10	KeypadA	z[3]	AF6	LED5	
rd_n	W10	KeypadB	z[2]	AE6	LED6	
data[3]	AD12	BusSW1_5	z[1]	AD7	LED7	
data[2]	AA12	BusSW1_6	z[0]	AC7	LED8	
data[1]	AB12	BusSW1_7				
data[0]	Y13	BusSW1_8				
address[3]	Y12	BusSW1_1				
address[2]	AE11	BusSW1_2				
address[1]	U12	BusSW1_3				
address[0]	AC12	BusSW1_4				

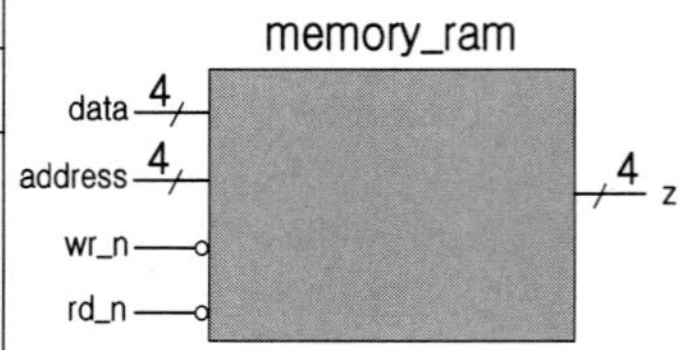

- 입력신호 wr_n(KeypadA)을 누르지 않고 rd_n(KeypadB)을 누른 상태에서 data (BusSW1_5~1_8)와 address(BusSW1_1~1_4)를 각각 누르게 되면 각 address에 해당되는 data 값이 RAM에 기록(write)되고 출력신호 z(LED5~8)는 high impedance 상태가 되므로 LED5, LED6, LED7, LED8 등이 꺼진 상태로 있게 된다.
  wr_n(KeypadA)을 누르고 rd_n(KeypadB)을 누르지 않은 상태에서 address (BusSW1_1~1_4)를 누르게 되면 각 address에 해당 되는 data 값을 RAM에 읽어(read) 출력신호 z에 데이터 값을 출력하므로 해당되는 LED5, LED6, LED7, LED8 등이 켜지게 된다. 2개의 입력신호 wr_n과 rd_n을 모두 누른 상태에서는 Z 상태를 출력하므로 LED5, LED6, LED7, LED8 등이 꺼진 상태로 있게 된다.

3.10 게이트 레벨 표현(gate level representation)

(1) 적은 규모의 논리회로 설계시에 적합하며, 디지털 회로에 대한 기본적인 지식만으로도 충분히 설계 가능하며 가장 하드웨어에 가까운 표현 방식이다.

(2) Verilog HDL에서 게이트 레벨 표현은 Verilog HDL 언어에서 자체적으로 제공하고 있는 primitive 연산자를 사용하여 표현한다.

(3) primitive 연산자의 종류

이름	연산 기능	이름	연산 기능
or	논리 or 연산	not	논리 not 연산
and	논리 and 연산	notif0	논리 3상태 not 연산(active low enable)
nor	논리 nor 연산	notif1	논리 3상태 not 연산(active high enable)
nand	논리 nand 연산	buf	논리 buf 연산
xor	논리 xor 연산	bufif0	논리 3상태 buf 연산(active low enable)
xnor	논리 xnor 연산	bufif1	논리 3상태 buf 연산(active high enable)

형식 및 사용 예

형식	primitive 연산자 인스턴스(instance)_이름 (출력포트 신호_이름, 입력포트 신호_이름,…); // 인스턴스 이름은 사용자가 임의로 지정하며 생략이 가능하다.

사용 예

```
and u1 (X, A, B);    // A와 B의 and 연산 결과를 X로 출력
or  u2 (Y, A, B);    // A와 B의 or 연산 결과를 Y로 출력
not u3 (Z, A);       // A의 not 연산 결과를 Z로 출력
```

실습 20 논리 게이트 시스템 설계 2

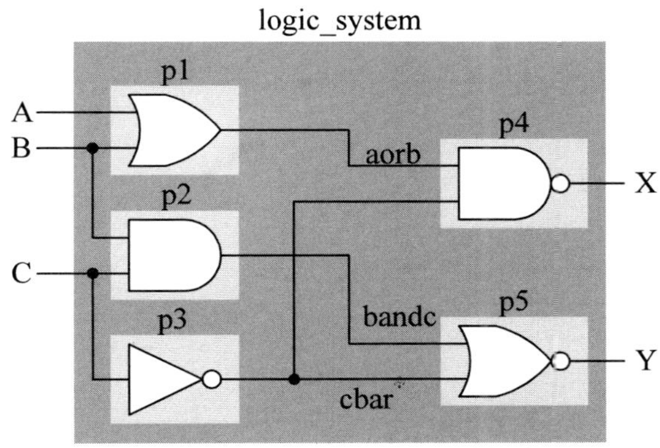

primitive 게이트를 사용한 논리 게이트 시스템 설계

게이트 레벨 표현

```
module logic_system(A, B, C, X, Y);
   input  A, B, C;
   output X, Y;
   wire aorb, bandc, cbar;
      or   p1 (aorb, A, B);
      and  p2 (bandc, B, C);
      not  p3 (cbar, C);
      nand p4 (X, aorb, cbar);
      nor  P5 (Y, bandc, cbar);
endmodule
```

• 내부의 신호선들은 wire형으로 선언한다.

MoldelSim으로 시뮬레이션 하기 위한 Test Bench 파일

```
`timescale 1ns / 1ns
module tb_logic_system;
   reg A;
   reg B;
   reg C;
   wire X;
   wire Y;
      logic_system uut (.A(A), .B(B), .C(C), .X(X), .Y(Y));
      initial begin
         A = 0;  B = 0;  C = 0;  #100;
         A = 0;  B = 0;  C = 1;  #100;
         A = 0;  B = 1;  C = 0;  #100;
         A = 0;  B = 1;  C = 1;  #100;
         A = 1;  B = 0;  C = 0;  #100;
         A = 1;  B = 0;  C = 1;  #100;
         A = 1;  B = 0;  C = 0;  #100;
         A = 1;  B = 1;  C = 1;  #100;
         A = 0;  B = 1;  C = 0;  #100;
         A = 0;  B = 0;  C = 1;  #100;
         $stop;
      end
endmodule
```

ModelSim을 사용한 타이밍 시뮬레이션 결과

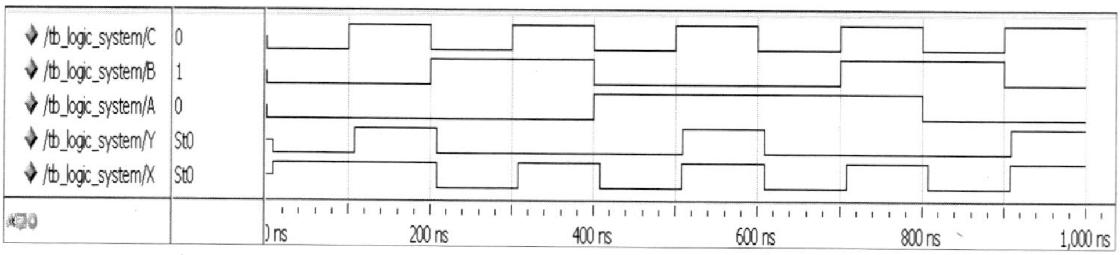

- 출력 신호 X는 입력 신호들의 조합 (A+B)′+ C에 의해서 동작한다. 출력 신호 Y는 B'C에 의해서 동작한다

HBE-COMBO II 트레이닝 키트에 프로그래밍 하기 위한 정보

입 력			출 력			블록도
핀 이름	핀 번호	입력 장치	핀 이름	핀 번호	출력 장치	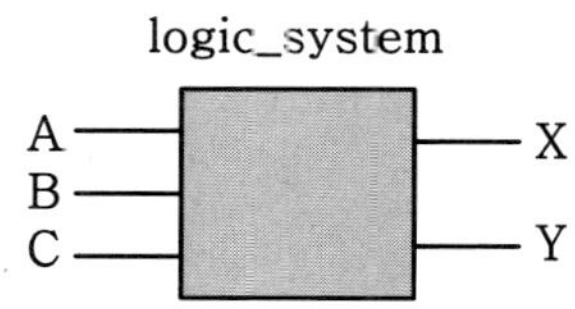
A	Y10	KeypadA	X	AD7	LED7	
B	W10	KeypadB	Y	AC7	LED8	
C	AA9	KeypadC				

- 출력 X(LED7)는 (A+B)′+C에 따라서 불이 켜지고, Y(LED8)는 B'C에 따라 불이 켜진다.

실습 21 간단한 논리회로 설계

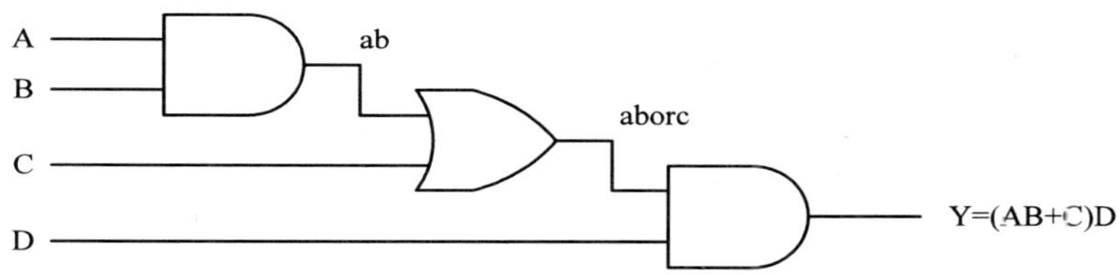

간단한 논리회로 Y=(AB+C)D

게이트 레벨 표현

```
module simp_logic(A, B, C, D, Y);
   input  A, B, C, D;
   output Y;
   wire ab, aborc;
      and U1 (ab, A, B);
      or  U2 (aborc, ab, C);
      and U3 (Y, aborc, D);
endmodule
```

MoldelSim으로 시뮬레이션 하기 위한 Test Bench 파일

```
`timescale 1ns / 1ns
module tb_simp_logic;
   reg A;
   reg B;
   reg C;
   reg D;
   wire Y;
      simp_logic uut (.A(A), .B(B), .C(C), .D(D), .Y(Y));
      initial begin
         A = 0;   B = 0;   C = 0;   D = 0;   #50;
         A = 0;   B = 0;   C = 0;   D = 1;   #50;
         A = 0;   B = 0;   C = 1;   D = 0;   #50;
         A = 0;   B = 0;   C = 1;   D = 1;   #50;
         A = 0;   B = 1;   C = 0;   D = 0;   #50;
         A = 0;   B = 1;   C = 0;   D = 1;   #50;
         A = 0;   B = 1;   C = 1;   D = 0;   #50;
         A = 0;   B = 1;   C = 1;   D = 1;   #50;
         A = 1;   B = 0;   C = 0;   D = 0;   #50;
         A = 1;   B = 0;   C = 0;   D = 1;   #50;
         A = 1;   B = 0;   C = 1;   D = 0;   #50;
         A = 1;   B = 0;   C = 1;   D = 1;   #50;
         A = 1;   B = 1;   C = 0;   D = 0;   #50;
         A = 1;   B = 1;   C = 0;   D = 1;   #50;
         A = 1;   B = 1;   C = 1;   D = 0;   #50;
         A = 1;   B = 1;   C = 1;   D = 1;   #50;
         A = 0;   B = 0;   C = 0;   D = 0;   #50;
         A = 0;   B = 0;   C = 0;   D = 1;   #50;
         A = 0;   B = 0;   C = 1;   D = 0;   #50;
         A = 0;   B = 0;   C = 1;   D = 1;   #50;
         $stop;
      end
endmodule
```

ModelSim을 사용한 타이밍 시뮬레이션 결과

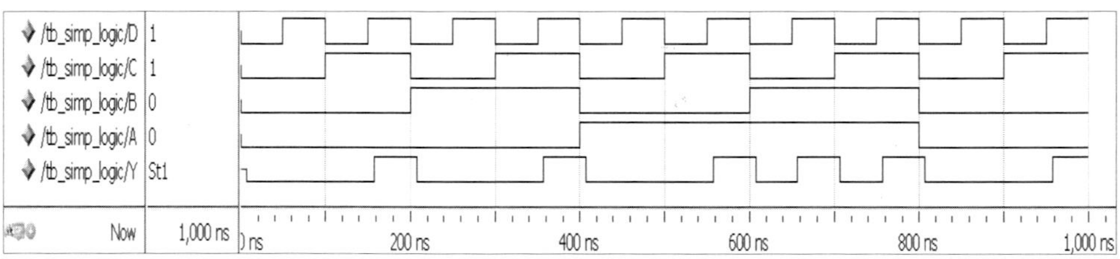

- 입력 신호들의 (AB+C)D의 결과에 따라 출력 신호 Y가 출력된다. 즉 D가 0이면 Y 는 0 이 되고, D=1인 조건에서 AB=1 이거나 C=1일 때 Y=1이 된다.

HBE-COMBO II 트레이닝 키트에 프로그래밍 하기 위한 정보

입 력			출 력			블록도
핀 이름	핀 번호	입력 장치	핀 이름	핀 번호	출력 장치	
A	Y10	KeypadA	Y	AC7	LED8	
B	W10	KeypadB				
C	AA9	KeypadC				
D	V9	KeypadD				

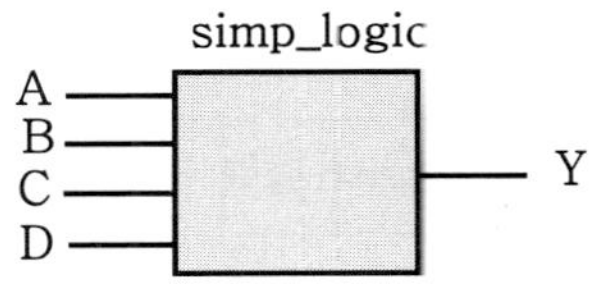

- LED8의 불이 꺼진 상태에서 D(KeypadD)를 누른 상태에서 A(KeypadA)와 B(KeypadB)를 동시에 누르거나 또는 C(KeypadC)를 누르면 LED8의 불이 켜진다.

3.11 자료흐름적 표현(dataflow representation)

(1) 자료흐름적 표현은 게이트 레벨 표현보다는 높은 표현 방식으로 자료의 흐름, 즉 신호 및 제어의 흐름을 나타낸다. 주로 부울함수, 레지스터 전송 언어 또는 연산자(operator) 등을 사용하여 입력으로부터 출력까지의 경로를 표현한다.

(2) Verilog HDL에서의 자료흐름적 표현은 연산자, 연속 할당문등을 사용하여 표현하며, 표현상의 모든 문장들이 순차 동작(sequential operation)을 하는 것이 아니라 동시에 병행 동작(concurrent operation)을 한다. 따라서 자료흐름적 표현은 실제로 디지털 시스템 내의 각 모듈(또는 하위모듈)들이 항상 같이 동작하도록 표현하는데 적합하다. 그러므로 자료흐름적 표현은 동작적 표현보다는 하드웨어에 가까운 방법이다.

3.11.1 연속 할당문(continuous assignment statement)

(1) 연속 할당문은 하나의 네트에 값을 할당하는데 사용한다.

(2) 연산결과는 wire로 합성되며 레지스터형은 올 수 없다.

(3) 지정어 assign을 사용한 일반적인 연속 할당문과 네트를 선언함과 동시에 값을 할당하는 함축적 연속 할당문(implicit continuous assignments) 등이 있다.

형식 및 사용 예

형식	assign 출력_포트신호_이름 = 입력 포트신호_이름 비트 단위 연산자 입력 포트_신호_이름;

사용 예

```
wire Y;
assign Y = A & B;    // 일반적인 연속 할당문(Y = A and B)
wire Y = A & B;      // 네트를 선언함과 동시에 값을 할당하는 함축적 연속 할당문
```

3.11.2 사용할 수 있는 연산자(operator)의 종류

구분	종류	
	연산자 심볼	연산
논리 연산자	&&	논리 and 연산
	||	논리 or 연산
	!	논리 not 연산
관계 연산자	==	같음(equal)
	!=	다름(not equal)
	<	보다 작음(less than)
	<=	보다 작거나 같음(less than or equal)
	>	보다 큼(greater than)
	>=	보다 크거나 같음(greater than or equal)
산술 연산자	+	더하기(addition)
	−	빼기(subtraction)
	*	곱하기(product)
	/	나누기(division)
	%	나머지(remainder)

<table>
<tr><th rowspan="2">구분</th><th colspan="2">종류</th></tr>
<tr><th>연산자 심볼</th><th>연산</th></tr>
<tr><td rowspan="5">비트 단위
논리 연산자</td><td>~</td><td>비트 not</td></tr>
<tr><td>|</td><td>비트 or</td></tr>
<tr><td>&</td><td>비트 and</td></tr>
<tr><td>^</td><td>비트 xor</td></tr>
<tr><td>~^, ^~</td><td>비트 xnor</td></tr>
<tr><td rowspan="6">비트 단항
논리 연산자</td><td>|</td><td>비트 처리 or</td></tr>
<tr><td>&</td><td>비트 처리 and</td></tr>
<tr><td>~|</td><td>비트 처리 nor</td></tr>
<tr><td>~&</td><td>비트 처리 nand</td></tr>
<tr><td>^</td><td>비트 처리 xor</td></tr>
<tr><td>~^, ^~</td><td>비트 처리 xnor</td></tr>
<tr><td rowspan="2">시프트 연산자</td><td><<</td><td>왼쪽으로 자리 이동</td></tr>
<tr><td>>></td><td>오른쪽으로 자리 이동</td></tr>
<tr><td rowspan="3">기타 연산자</td><td>? :</td><td>조건(condition)</td></tr>
<tr><td>{ }</td><td>결합(union)</td></tr>
<tr><td>{{ }}</td><td>반복(repeat)</td></tr>
</table>

실습 22 4비트 병렬 2진 가산기 설계 2

덧셈 연산자(+)를 사용한 산술식으로 병렬 2진 가산기를 간단하게 설계할 수 있다.

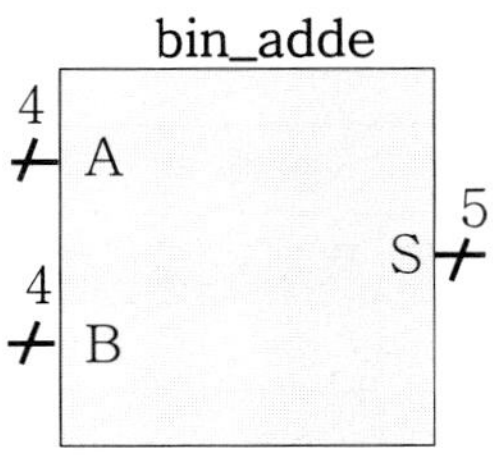

자료흐름적 표현 1

```
module bin_adder(A, B, S);
   input  [3:0] A, B;
   output [4:0] S;
      assign S = A + B;
endmodule
```

MoldelSim으로 시뮬레이션 하기 위한 Test Bench 파일

```
`timescale 1ns / 1ns
module tb_bin_adder;
   reg [3:0] A;
   reg [3:0] B;
   wire [4:0] S;
      bin_adder uut (.A(A), .B(B), .S(S));
      initial begin
         A = 0;   B = 0;   #100;
         A = 1;   B = 0;   #100;
         A = 2;   B = 2;   #100;
         A = 3;   B = 2;   #100;
         A = 4;   B = 4;   #100;
         A = 5;   B = 4;   #100;
         A = 6;   B = 6;   #100;
         A = 7;   B = 6;   #100;
         A = 8;   B = 8;   #100;
         A = 9;   B = 8;   #100;    $stop;
      end
endmodule
```

ModelSim을 사용한 타이밍 시뮬레이션 결과

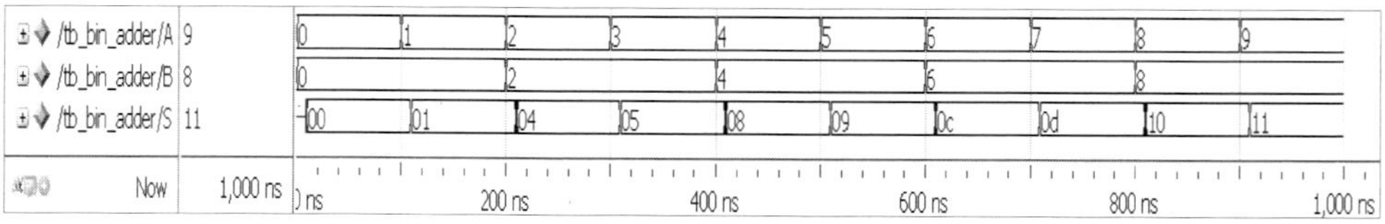

• 입력 신호 A와 B의 더한 결과가 출력 신호 S로 출력된다.

HBE-COMBO II 트레이닝 키트에 프로그래밍 하기 위한 정보

입 력			출 력			블록도
핀 이름	핀 번호	입력 장치	핀 이름	핀 번호	출력 장치	
A[3]	Y12	BusSW1_1	Cout	W8	LED4	
A[2]	AE11	BusSW1_2	S[3]	AF6	LED5	
A[1]	U12	BusSW1_3	S[2]	AE6	LED6	
A[0]	AC12	BusSW1_4	S[1]	AD7	LED7	
B[3]	AD12	BusSW1_5	S[0]	AC7	LED8	
B[2]	AA12	BusSW1_6				
B[1]	AB12	BusSW1_7				
B[0]	Y13	BusSW1_8				

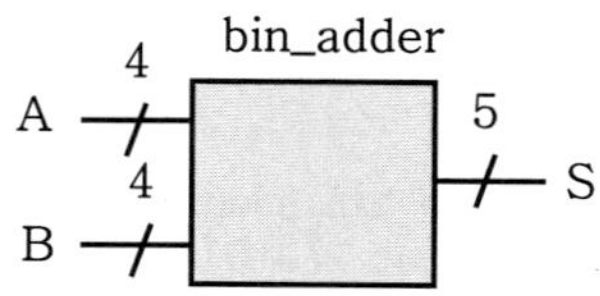

- LED들이 꺼져 있는 상태에서 A[3] ~ A[0](BusSW1_1 ~ BusSW1_4)와 B[3] ~ B[0](BusSW1_5 ~ BusSW1_8)의 합에 대응하는 LED들이 켜진다.

자료흐름적 표현 2

```
module bin_adder(A,B,S,Cout);
   input  [3:0] A, B;
   output [3:0] S;
   output Cout;
   wire [4:0] Yout;
      assign Yout = A + B;
      assign S = Yout[3:0];
      assign Cout = Yout[4];
endmodule
```

MoldelSim으로 시뮬레이션 하기 위한 Test Bench 파일

```
`timescale 1ns / 1ns
module tb_bin_adder;
   reg  [3:0] A;
   reg  [3:0] B;
   wire [3:0] S;
   wire Cout;
      bin_adder uut (.A(A), .B(B), .S(S), .Cout(Cout));
      initial begin
         A = 0;   B = 0;   #100;
         A = 1;   B = 0;   #100;
         A = 2;   B = 2;   #100;
         A = 3;   B = 2;   #100;
         A = 4;   B = 4;   #100;
         A = 5;   B = 4;   #100;
         A = 6;   B = 6;   #100;
         A = 7;   B = 6;   #100;
         A = 8;   B = 8;   #100;
         A = 9;   B = 8;   #100;
            $stop;
      end
endmodule
```

ModelSim을 사용한 타이밍 시뮬레이션 결과

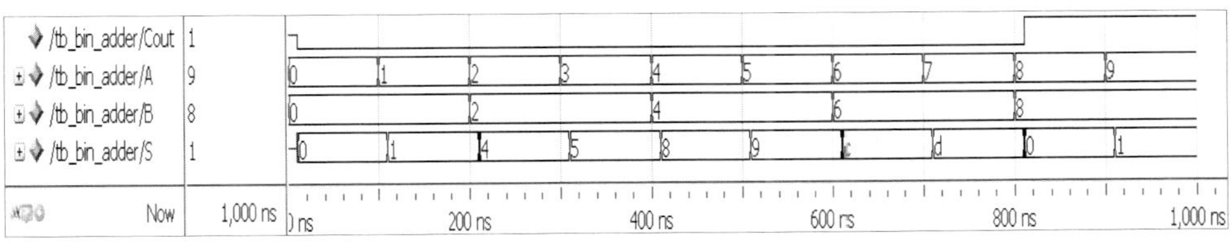

- 입력 신호 A와 B의 더한 결과가 출력 신호 S와 Cout으로 출력된다.

HBE-COMBO II 트레이닝 키트에 프로그래밍 하기 위한 정보

입 력			출 력			블록도
핀 이름	핀 번호	입력 장치	핀 이름	핀 번호	출력 장치	
A[3]	Y12	BusSW1_1	Cout	W8	LED4	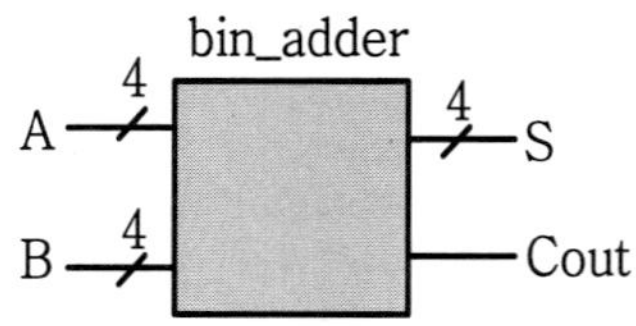
A[2]	AE11	BusSW1_2	S[3]	AF6	LED5	
A[1]	U12	BusSW1_3	S[2]	AE6	LED6	
A[0]	AC12	BusSW1_4	S[1]	AD7	LED7	
B[3]	AD12	BusSW1_5	S[0]	AC7	LED8	
B[2]	AA12	BusSW1_6				
B[1]	AB12	BusSW1_7				
B[0]	Y13	BusSW1_8				

- LED들이 꺼져 있는 상태에서 A[3] ~ A[0](BusSW1_1 ~ BusSW1_4)와 B[3] ~ B[0](BusSW1_5 ~ BusSW1_8)의 합에 대응하는 LED들이 켜진다.

실습 23 우선순위 인코더(priority encoder) 설계

- 우선순위 인코더는 우선순위 함수를 포함하는 인코더 논리회로이다. 우선순위 인코더 의 동작은 동시에 2개 이상의 입력이 1일 때 가장 높은 우선순위를 가진 입력을 우선으로 취하는 것이다.

D0	D1	D2	D3	Y1	Y0
0	0	0	0	×	×
1	0	0	0	0	0
×	1	0	0	0	1
×	×	1	0	1	0
×	×	×	1	1	1

(a) 진리표

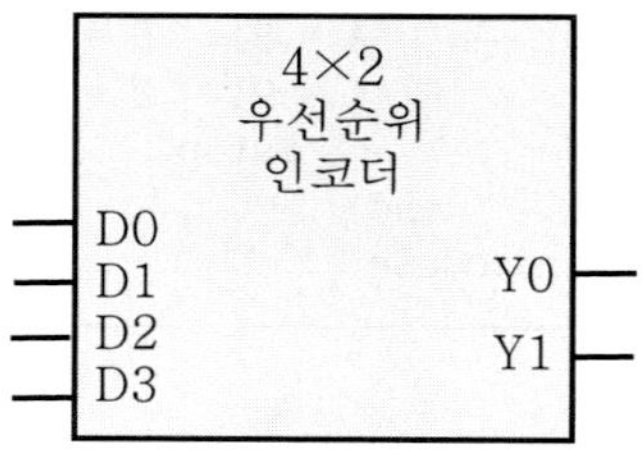

(b) 심볼

- 진리표에서 '×' 는 임의 상태로서 2진 값의 0 또는 1이 될 수 있다는 것을 의미한다. 다. 임의상태는 Verilog HDL에서는 X로 나타낸다.

- 입력 D3이 가장 높은 우선순위를 가지고 있기에 다른 입력에 관계없이 이 입력이 1이면 Y(Y1Y0)에 대한 출력은 11이다. D2는 다음 단계의 우선순위이다.
- D3=0인 조건하에 D2=1이면 다른 하위 우선순위에 관계없이 Y(Y1Y0)에 대한 출력 은 10이다. D1은 다음 단계의 우선순위이다.
- D2=0인 조건하에 D1=1이면 다른 하위 우선순위에 관계없이 Y(Y1Y0)에 대한 출력 은 01이다. D0는 다음 단계의 우선순위이다.
- D1=0인 조건하에 D0=1이면 다른 하위 우선순위에 관계없이 Y(Y1Y0)에 대한 출력은 00이다.

자료흐름적 표현

```
module priority4x2(D, Y);
   input  [3:0] D;
   output [1:0] Y;
      assign Y = D[3] ? 2'b11 :
                 D[2] ? 2'b10 :
                 D[1] ? 2'b01 :
                 D[0] ? 2'b00 : 2'bXX;
endmodule
```

- 조건 연산자는 조건식을 수행한 후 결과가 참이면 참 수식을 실행하고, 조건식 수행 결과가 거짓인 경우에는 거짓 수식을 수행한다.

형식	조건식 ? 참 수식 : 거짓수식;

MoldelSim으로 시뮬레이션 하기 위한 Test Bench 파일

```
`timescale 1ns / 1ns
module tb_priority4x2;
   reg  [3:0] D;
   wire [1:0] Y;
      priority4x2 uut (.D(D), .Y(Y));
      initial begin
         D = 0;   #100;   D = 1;   #100;
         D = 2;   #100;   D = 3;   #100;
         D = 4;   #100;   D = 5;   #100;
         D = 6;   #100;   D = 7;   #100;
         D = 8;   #100;   D = 9;   #100;
         D = 10;  #100;   D = 11;  #100;
         D = 10;  #100;   D = 11;  #100;
         D = 12;  #100;   D = 13;  #100;
         D = 14;  #100;   D = 15;  #100;
```

```
        D = 16;   #100;   D = 17;   #100;
        D = 18;   #100;   D = 19;   #100;
        D = 20;   #100;
        $stop;
    end
endmodule
```

ModelSim을 사용한 타이밍 시뮬레이션 결과

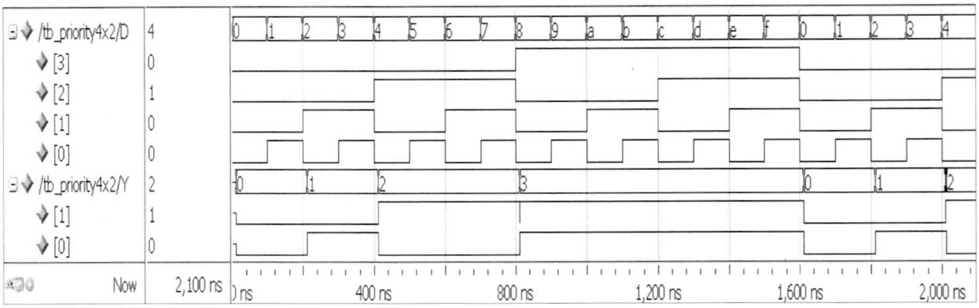

- 입력 신호 D[0], D[1], D[2], 그리고 D[3]에서 우선순위가 D[3] 〉 D[2] 〉 D[1] 〉 D[0]이므로 우선순위에 따라 출력 신호 Y[1] 그리고 Y[0]에 출력된다.

HBE-COMBO II 트레이닝 키트에 프로그래밍 하기 위한 정보

입 력			출 력			블록도
핀 이름	핀 번호	입력 장치	핀 이름	핀 번호	출력 장치	
D[3]	Y10	KeypadA	Y[1]	AD7	LED7	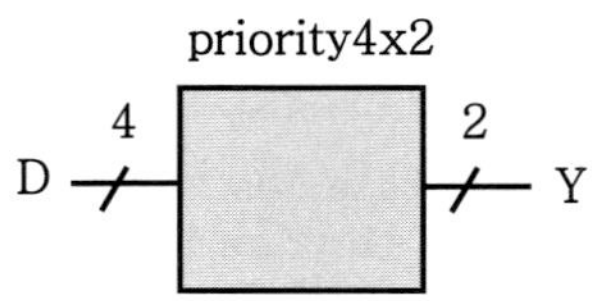
D[2]	W10	KeypadB	Y[0]	AC7	LED8	
D[1]	AA9	KeypadC				
D[0]	V9	KeypadD				

- 모든 LED의 불이 꺼진 상태에서 D[3] ~ D[0](KeypadA ~ KeypadD)들 중에서 우 선순위에 따라 하나를 누르면 이에 해당하는 LED의 불이 켜진다.

실습 24 디코더(decoder) 설계 1

자료흐름적 표현으로 2×4 디코더를 설계해보기로 한다. 2개의 입력에 따라 4개의 가능한 패턴을 내는 2×4 디코더가 그림에 나타나 있다.

B	A	Y3	Y2	Y1	Y0
0	0	0	0	0	1
0	1	0	0	1	0
1	0	0	1	0	0
1	1	1	0	0	0

(a) 진리표

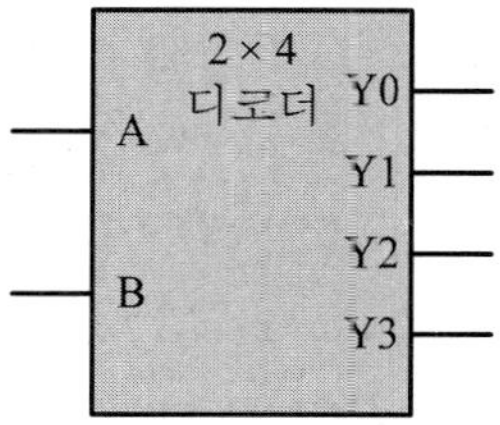

(b) 심볼

자료흐름적 표현

```
module dec2x4(A, B, Y);
   input  A, B;
   output [3:0] Y;
   wire [1:0] data;
      assign data = {B, A};
      assign Y = (data == 3) ? 4'b1000 :
                 (data == 2) ? 4'b0100 :
                 (data == 1) ? 4'b0010 : 4'b0001;
endmodule
```

MoldelSim으로 시뮬레이션 하기 위한 Test Bench 파일

```
`timescale 1ns / 1ns
module tb_dec2x4;
   reg A;
   reg B;
   wire [3:0] Y;
      dec2x4 uut (.A(A), .B(B), .Y(Y));
      initial begin
         B = 0;   A = 0;   #100;
         B = 0;   A = 1;   #100;
         B = 1;   A = 0;   #100;
         B = 1;   A = 1;   #100;
         B = 0;   A = 0;   #100;
         B = 0;   A = 1;   #100;
         B = 1;   A = 0;   #100;
         B = 1;   A = 1;   #100;
         B = 0;   A = 0;   #100;
         B = 0;   A = 1;   #100;
         $stop;
      end
endmodule
```

ModelSim을 사용한 타이밍 시뮬레이션 결과

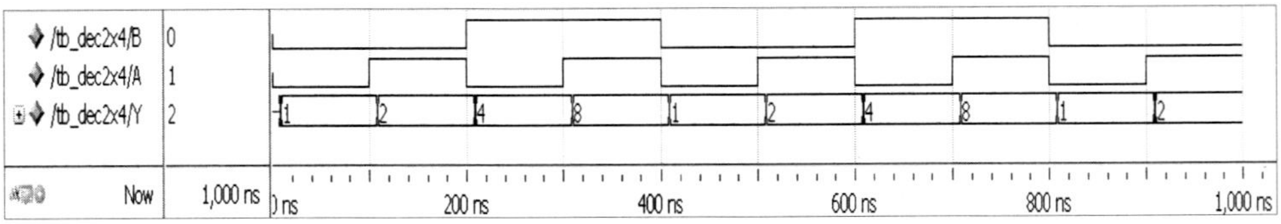

- 입력 신호 BA=00이면 출력 신호 Y=1(0001), BA=01이면 Y=2(0010), BA=10이면 Y=4(0100) 그리고 BA=11이면 Y=8(1000)이 된다.

HBE-COMBO II 트레이닝 키트에 프로그래밍 하기 위한 정보

입 력			출 력			블록도
핀 이름	핀 번호	입력 장치	핀 이름	핀 번호	출력 장치	
B	Y10	KeypadA	Y[3]	AF6	LED5	
A	W10	KeypadB	Y[2]	AE6	LED6	
			Y[1]	AD7	LED7	
			Y[0]	AC7	LED8	

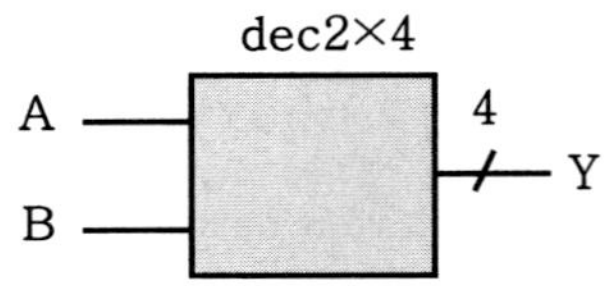

- 처음 상태는 A와 B의 입력값이 00이므로 Y[0](LED8)이 불이 켜진다. B(KeypadA)와 A(KeypadB)의 값에 따라 그에 해당하는 LED의 불이 켜진다.

3.12 동작적 표현(behavioral representation)

(1) Verilog HDL 표현 방법들 중에서 가장 높은 상위 레벨의 추상적인 표현으로서 시스템의 하드웨어 구조와는 관계없이 시스템 동작을 알고리즘(algorithm) 레벨로 나타낸 것 이다. 즉 하드웨어 내부 구조에 관계없이 입력에 따른 출력 결과에 대한 표현을 의미한다.

(2) Verilog HDL에서는 동작적 표현은 구조적 프로시쥬어를 사용하여 표현한다.

3.12.1 구조적 프로시쥬어(structural procedure)

(1) 구조적 프로시쥬어는 동작적 표현에서 가장 기본적인 문장으로 다른 모든 표현 문장은 구조적 프로시쥬어 내부에서 사용된다.

(2) 프로시쥬어의 내부는 순차문으로 수행한다. 그러나 프로시쥬어 자체는 병행문이므로 각각의 프로시쥬어는 병행적으로 수행한다.

(3) 구조적 프로시쥬어로는 initial문과 always문 등이 있다.

(4) initial문

- begin ~ end 사이에 기술한 문장을 순차적으로 한번 실행하고 종료한다.
- 한번만 수행하기 때문에 시뮬레이션에서만 사용한다.

형식	initial begin 순차문; ⋮ end

(5) always문

① 이벤트_신호중 어느 하나라도 값이 변화하면 내부에 기술한 문장을 순차적으로 처리 하며 마지막 문장까지 완료되면 다음의 이벤트_신호가 변화될 때까지 대기상태에 있다.

형식	always @(이벤트_신호 or …) [begin] ⋮ [end]

- 이벤트_신호들 사이에는 지정어 or를 사용하여 분리한다.

② always문에서 할당되는 신호들은 반드시 reg형 또는 integer형으로 선언되어야 한다.

③ 조합 논리회로에서는 = 기호를 사용한 블록킹(blocking) 대입문을, 순차 논리회로에서는 <= 기호를 사용한 논 블록킹(non-blockig) 대입문을 사용한다.

블록킹(blocking) 대입문

- 여러개의 할당문이 있을때 하나의 할당문의 실행이 완료되어야 다음번 할당문을 수행할 수 있다.

사용 예

```
// A, B, C, D의 초기값을 다음과 같이 가정(A = 5; B = 7; C = 0; D = 3;)
A = D;        // A의 값은 3
B = C;        // B의 값은 0
C = B;        // C의 값은 0
D = A;        // D의 값은 3
```

- 기술한 순서에 따라 동작에 영향을 끼치기 때문에 순차회로보다 조합회로 설계에 적합하다.

논 블록킹(non-blockig) 대입문

- 여러개의 할당문이 있을 경우에 할당문의 순서와 관계없이 <= 기호의 오른쪽에 있는 식이 완료되면 일제히 왼쪽으로 대입된다.

사용 예

```
// A, B, C, D의 초기값을 다음과 같이 가정(A = 5; B = 7; C = 0; D = 3;)
A <= D;        // A의 값은 3
B <= C;        // B의 값은 0
C <= B;        // C의 값은 7
D <= A;        // D의 값은 5
```

- 기술한 순서에 따라 동작에 영향을 끼치기 때문에 조합회로보다 순차회로 설계에 적합하다.

④ 논리회로 설계에서 클록 신호를 나타낼 때 클록의 상승 에지(rising edge) 또는 하강 에지(falling edge)에서 동작 즉, 클록 신호의 에지 상태에 따라 동작하는 경우에 posedge와 negedge 등의 에지_지정어를 사용할 수 있다.

형식	always @ (에지_지정어 클록_이름) — 클록에 event가 발생하면 참값

■ 사용 예

```
always @(posedge CLK)    -- CLK 클록이 상승 에지(rising edge)인지를 확인
always @(negedge CLK)    -- CLK 클록이 하강 에지(falling edge)인지를 확인
```

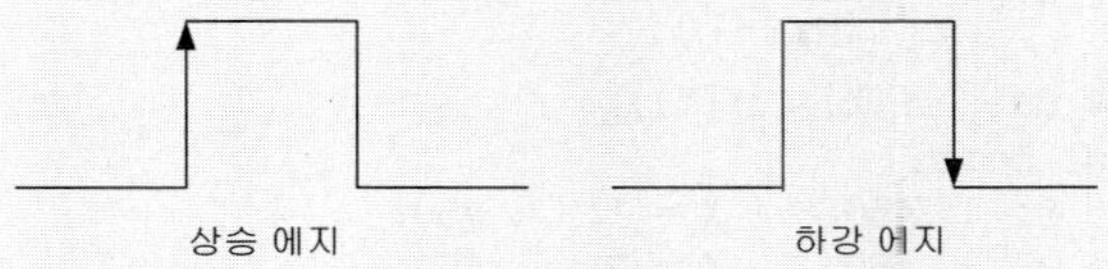

실습 25 4입력 NAND 게이트 설계

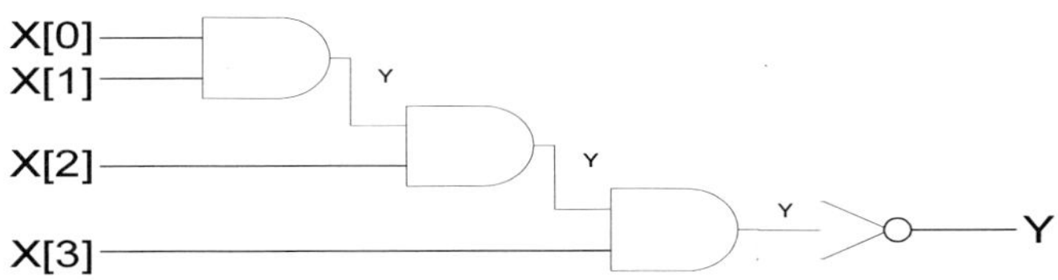

- 논리 회로의 표현을 계산의 결과를 임시 저장할 수 있는 reg형을 사용하여 구현한다.
- reg형은 always문, initial문, task문, function문 등에서만 사용할 수 있으며 여기에서는 always문을 사용한다.
- 출력 Y를 다시 reg형으로 선언해서 always문을 사용하면 begin과 end 사이에서 순차적으로 Y에 연산된 값을 수행한다.

동작적 표현

```
module nand_4(X, Y);
   input [3:0] X;
   output      Y;
   reg Y;
      always @(X)
      begin
         Y = X[0] & X[1];
         Y = X[1] & Y;
         Y = X[2] & Y;
         Y = X[3] & Y;
         Y = ~Y;
      end
endmodule
```

MoldelSim으로 시뮬레이션 하기 위한 Test Bench 파일

```
`timescale 1ns / 1ns
module tb_nand_4;
   reg [3:0] X;
   wire Y;
      nand_4 uut (.X(X), .Y(Y));
      initial begin
         X = 0;    #50;    X = 1;    #50;
         X = 2;    #50;    X = 3;    #50;
         X = 4;    #50;    X = 5;    #50;
         X = 6;    #50;    X = 7;    #50;
         X = 8;    #50;    X = 9;    #50;
         X = 10;   #50;    X = 11;   #50;
         X = 12;   #50;    X = 13;   #50;
         X = 14;   #50;    X = 15;   #50;
         X = 0;    #50;    X = 1;    #50;
         X = 2;    #50;    X = 3;    #50;
         $stop;
      end
endmodule
```

ModelSim을 사용한 타이밍 시뮬레이션 결과

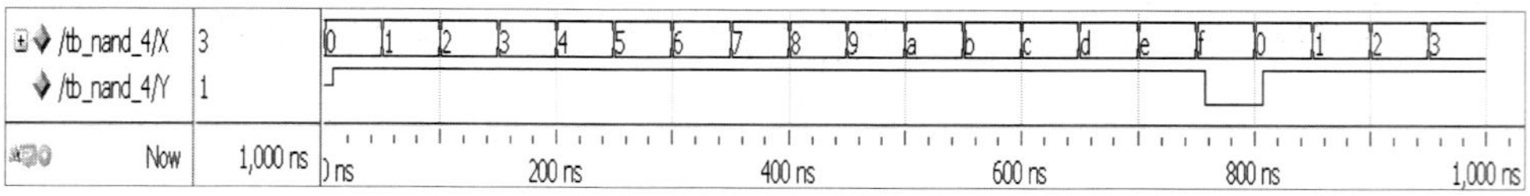

- 입력 X가 F(1111)일 때만 출력 Y는 0이 되고 나머지 상태에서는 1이 된다.

HBE-COMBO II 트레이닝 키트에 프로그래밍 하기 위한 정보

입 력			출 력			블록도
핀 이름	핀 번호	입력 장치	핀 이름	핀 번호	출력 장치	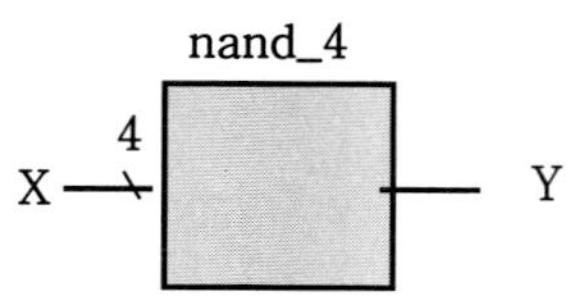
X[3]	Y10	KeypadA	Y	AC7	LED8	
X[2]	W10	KeypadB				
X[1]	AA9	KeypadC				
X[0]	V9	KeypadD				

- LED8의 불이 켜진 상태에서 X[3](KeypadA), X[2](KeypadB), X[1](KeypadC), X[0](KeypadD)를 동시에 누르면 LED8의 불이 꺼지고, 어느 1개라도 누르지 않으면 LED8의 불이 켜진다.

실습 26 JK 플립플롭 설계

J	K	Q(t+1)
0	0	Q
0	1	0
1	0	1
1	1	Q'

$Q(t+1) = JQ' + K'Q$

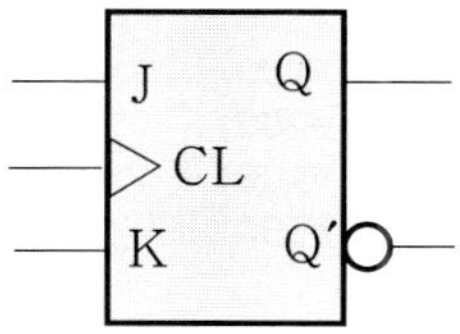

정에지 트리거

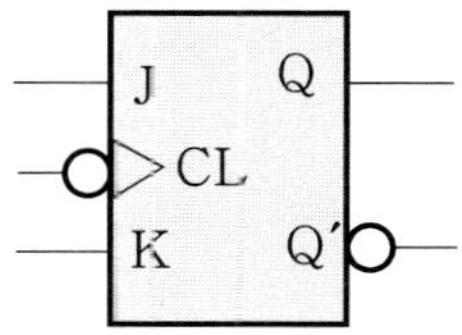

부에지 트리거

- J=K=0일 때, 출력은 변하지 않고 현재 상태를 유지한다. J=1이고 K=0일 때 출력은 1로 세트된다.
- K=1이고 J=0일 때 출력은 0으로 세트된다.
- J=K=1인 조건은 출력을 보수로 토글시킨다. 즉, Q(t)=0이면 Q(t+1)=1이고, Q(t)=1이면 Q(t+1)=0이다.

동작적 표현

```
module jK_ff(J, K, CL, Q);
   input  J, K, CL;
   output Q;
   reg Q;
      always @(posedge CL)
      begin
         if (!J && !K)      Q <= Q;
         else if (!J && K) Q <= 0;
         else if (J && !K) Q <= 1;
         else              Q <= !Q;
      end
endmodule
```

MoldelSim으로 시뮬레이션 하기 위한 Test Bench 파일

```
`timescale 1ns / 1ns
module tb_jK_ff;
   reg J;
   reg K;
   reg CL;
   wire Q;
   parameter sec = 75;
      jK_ff uut (.J(J), .K(K), .CL(CL), .Q(Q));
      always #(sec) CL = ~CL;
      initial begin
```

```
            J = 0;   K = 0;   CL = 0;   #(sec);
            J = 0;   K = 0;   #125;
            J = 0;   K = 1;   #200;
            J = 1;   K = 0;   #200;
            J = 1;   K = 1;   #200;
            J = 1;   K = 0;   #100;
            J = 0;   K = 0;   #100;
            $stop;
        end
endmodule
```

- 지정어 parameter를 이용하여 상수를 선언한 후에 시뮬레이션을 수행할 때 클록의 주기를 조절할 수 있다.
- always #(sec) CL = ~CL; 에서는 파라미터로 선언한 값인 75ns의 간격으로 클록의 주기가 결정된다.

ModelSim을 사용한 타이밍 시뮬레이션 결과

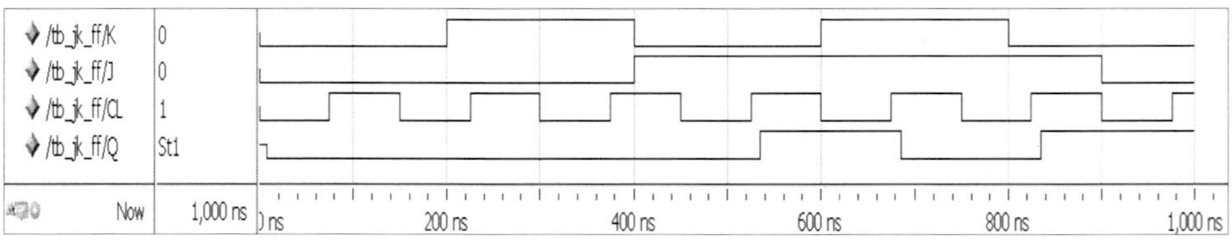

- 입력 신호 J와 K와 입력 신호 CL의 상승 에지에 출력 신호 값이 변한다. J=K=0에서 Q는 현재 상태를 유지한다. J=0이고 K=1에서는 Q는 리셋(0 상태)가 되고, J=1이고 K=0에서는 Q는 세트(1 상태)된다. J=K=1에서는 Q는 토글되어 현재 상태와 반대 상태로 바뀐다.

HBE-COMBO II 트레이닝 키트에 프로그래밍 하기 위한 정보

입 력			출 력			블록도
핀 이름	핀 번호	입력 장치	핀 이름	핀 번호	출력 장치	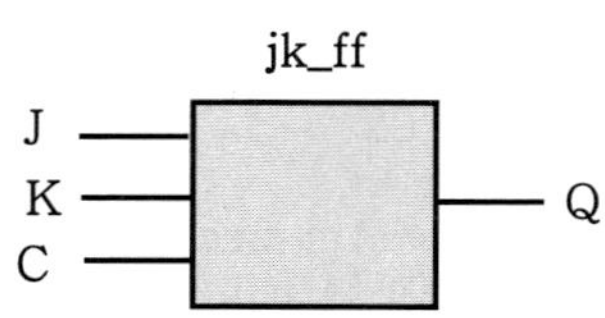
J	Y10	KeypadA	Q	AC7	LED8	
K	W10	KeypadB				
CL	AA9	KeypadC				

- LED8의 불이 꺼진 상태에서 J(KeypadA)을 누르고 CL(KeypadC)을 누르면 LED1의 불이 켜지고, K(KeypadB)를 누르고 CL을 누르면 LED8의 불이 꺼지며 J와 K를 동시에 누르고 CL을 누르면 LED8은 그 이전의 상태와 반대가 된다.

실습 27 T 플립플롭 설계

T	Q(t+1)
0	Q
1	Q'

$Q(t+1) = TQ' + T'Q$

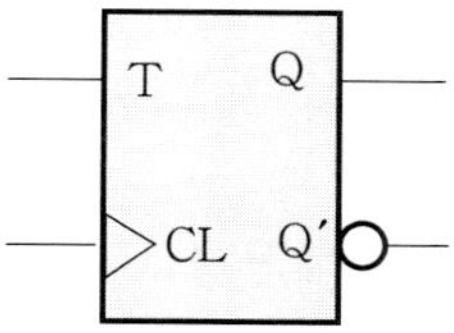

정에지 트리거

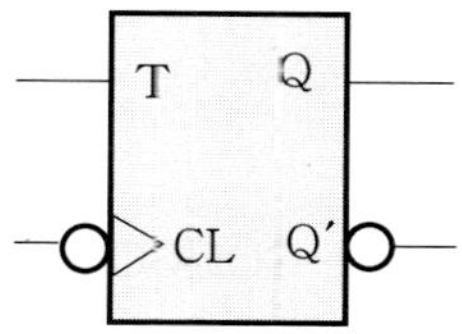

부에지 트리거

동작적 표현

```
module t_ff(T, CL, Q);
   input T, CL;
   output Q;
   reg Q;
      always @(posedge CL)
      begin
         if (!T) Q <= Q;
         else    Q <= !Q;
      end
endmodule
```

MoldelSim으로 시뮬레이션 하기 위한 Test Bench 파일

```
`timescale 1ns / 1ns
module tb_t_ff;
   reg T;
   reg CL;
   wire Q;
   parameter sec = 75;
      t_ff uut (.T(T), .CL(CL), .Q(Q));
      always #(sec) CL = ~CL;
      initial begin
         T = 1;   CL = 1;   #(sec);
         T = 1;             #125;
         T = 0;             #200;
         T = 1;             #300;
         T = 0;             #300;
         $stop;
      end
endmodule
```

ModelSim을 사용한 타이밍 시뮬레이션 결과

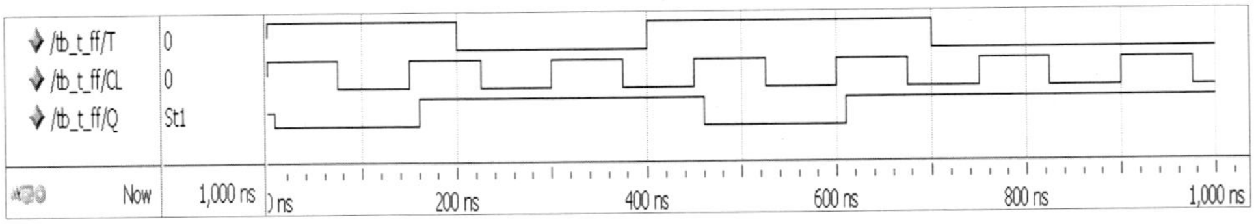

- 입력 신호 T는 입력 신호 CL의 상승 에지에 출력 신호 값이 변한다. T=0에서 Q는 현재 상태를 유지한다. T=1에서는 Q는 토글되어 현재 상태와 반대 상태로 바뀐다.

HBE-COMBO II 트레이닝 키트에 프로그래밍 하기 위한 정보

입력			출력			블록도
핀 이름	핀 번호	입력 장치	핀 이름	핀 번호	출력 장치	t_ff
T	Y10	KeypadA	Q	AC7	LED8	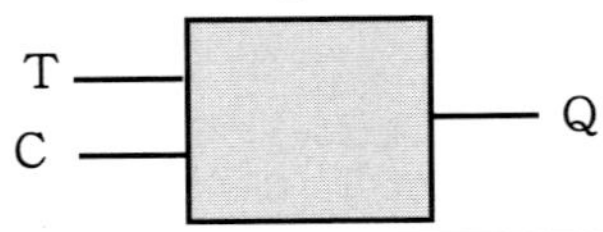
CL	W0	KeypadB				

- T(KeypadA)를 누른 상태에서 CL(KeypadB)를 눌렀다 떼면 LED8은 이전 상태와 반대로 된다.

실습 28 D 플립플롭 설계

D	Q(t+1)
0	0
1	1

$Q(t+1) = D$

(a) 진리표와 특성방정식

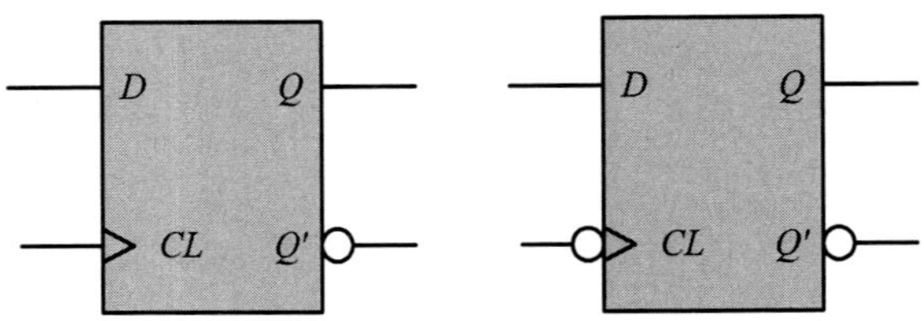

(b) 논리기호

동작적 표현

```
module d_ff(D, CL, Q);
   input  D, CL;
   output Q;
   reg Q;
      always @(posedge CL)
         Q <= D;
endmodule
```

MoldelSim으로 시뮬레이션 하기 위한 Test Bench 파일

```
`timescale 1ns / 1ns
module tb_d_ff;
   reg D;
   reg CL;
   wire Q;
   parameter sec = 75;
      d_ff uut (.D(D), .CL(CL), .Q(Q));
      always #(sec) CL = ~CL;
      initial begin
         D = 0;   CL = 0;   #(sec);
         D = 0;             #55;
         D = 1;             #240;
         D = 0;             #240;
         D = 1;             #160;
         D = 0;             #240;
         $stop;
      end
endmodule
```

ModelSim을 사용한 타이밍 시뮬레이션 결과

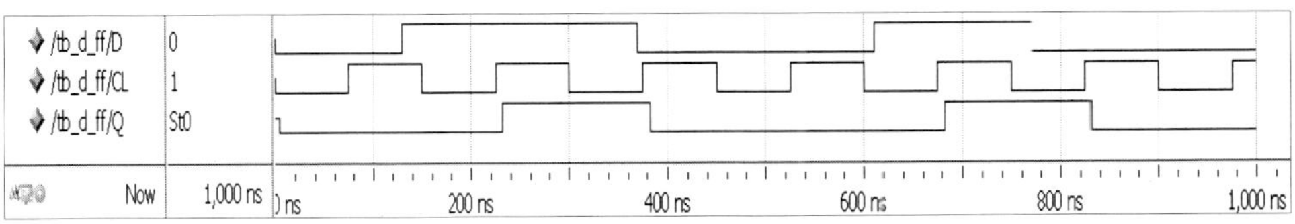

- 입력 신호 D는 입력 신호 CL의 상승 에지에 동기 되어 출력 신호 Q로 출력된다. D=1이면 Q는 1이고 D=0이면 Q=0이 된다.

HBE-COMBO II 트레이닝 키트에 프로그래밍 하기 위한 정보

입 력			출 력			블록도
핀 이름	핀 번호	입력 장치	핀 이름	핀 번호	출력 장치	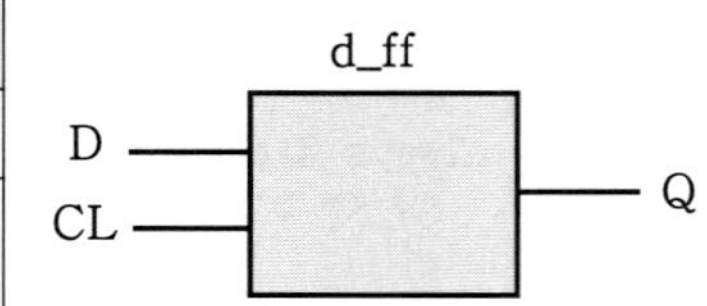
D	Y10	KeypadA	Q	AC7	LED8	
CL	W10	KeypadB				

- D(KeypadA)를 누른 상태에서 CL(KeypadB)을 누르면 LED8의 불이 켜지고, 다시 CL을 누르면 LED8의 불은 변함이 없다. D를 누르지 않아도 LED8의 상태는 변함이 없으나 D를 누르지 않은 상태에서 CL을 누르면 LED8의 불은 꺼진다.

실습 29 부논리 리셋 입력을 갖는 D 플립플롭

D 플립플롭의 동작을 리셋(reset) 또는 클리어(clear) 입력을 사용하여 제어할 수 있다. 클록신호와 관계없이 플립플롭 출력을 리셋하는 것을 비동기식 리셋(asynchronous reset) 플립플롭이라고 하며 클록 신호에 의해 플립플롭 출력을 리셋하는 것을 동기식 리셋(synchronous reset) 플립플롭이라고 한다.

RST	D	Q(t+1)
0	×	0
1	0	0
1	1	1

(a) 진리표

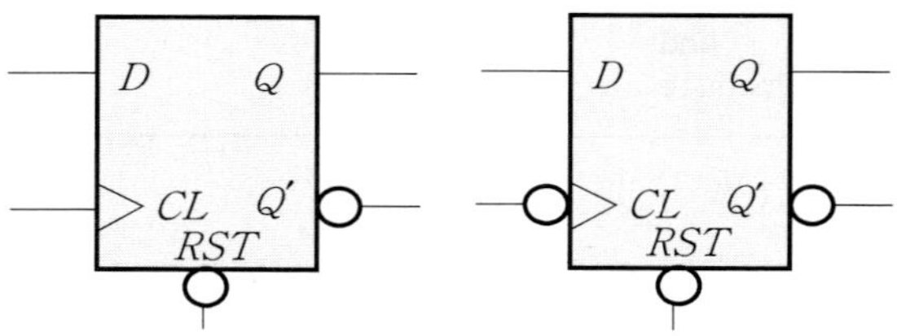

정에지 트리거　　부에지 트리거

(b) 논리기호

부논리 리셋 입력을 갖는 D 플립플롭의 Verilog HDL 표현

동기식 부논리 리셋 입력 방식 : 동작적 표현

```
module dff_rst_s(D, RST, CL, Q);
   input  D, RST, CL;
   output Q;
   reg Q;
      always @(posedge CL )
      begin
         if (!RST)          Q <= 0;
         else               Q <= D;
      end
endmodule
```

비동기식 부논리 리셋 입력 방식 : 동작적 표현

```
module dff_rst_a(D, RST, CL, Q);
   input  D, RST, CL;
   output Q;
   reg Q;
      always @(posedge CL or negedge RST)
      begin
         if (!RST)          Q <= 0;
         else               Q <= D;
      end
endmodule
```

동기식 부논리 리셋 입력 방식을 MoldelSim으로 시뮬레이션 하기 위한 Test Bench 파일

```
`timescale 1ns / 1ns
module tb_dff_rst_s;
   reg D;
   reg RST;
   reg CL;
   wire Q;
   parameter sec = 50;
      dff_rst_s uut (.D(D), .RST(RST), .CL(CL), .Q(Q));
      always #(sec) CL = ~CL;
      initial begin
         D = 1;   RST = 1;   CL = 0;   #(sec);
         D = 1;                        #170;
         D = 1;   RST = 0;             #60;
         D = 0;                        #40;
         D = 0;   RST = 1;             #40;
         D = 0;                        #100;
         D = 1;                        #400;
         D = 0;                        #160;
         $stop;
      end
endmodule
```

비동기식 부논리 리셋 입력 방식을 MoldelSim으로 시뮬레이션 하기 위한 Test Bench 파일

```
`timescale 1ns / 1ns
module tb_dff_rst_a;
   reg D;
   reg RST;
   reg CL;
   wire Q;
   parameter sec = 50;
      dff_rst_a uut (.D(D), .RST(RST), .CL(CL), .Q(Q));
      always #(sec) CL = ~CL;
      initial begin
         D = 1;   RST = 1;   CL = 0;   #(sec);
```

```
        D = 1;   RST = 1;            #170;
        D = 1;   RST = 0;            #60;
        D = 0;   RST = 0;            #40;
        D = 0;   RST = 1;            #40;
        D = 0;                       #100;
        D = 1;                       #400;
        D = 0;                       #160;
        $stop;
     end
endmodule
```

ModelSim을 사용한 타이밍 시뮬레이션 결과

[동기식 리셋 입력 방식]

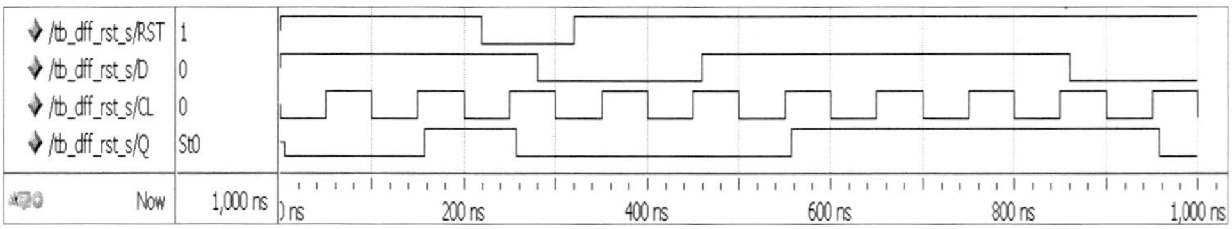

- 입력 신호 RST가 0이 되더라도 출력 신호 Q는 CL 신호의 상승 에지에 0으로 리셋 된다.

[비동기식 리셋 입력 방식]

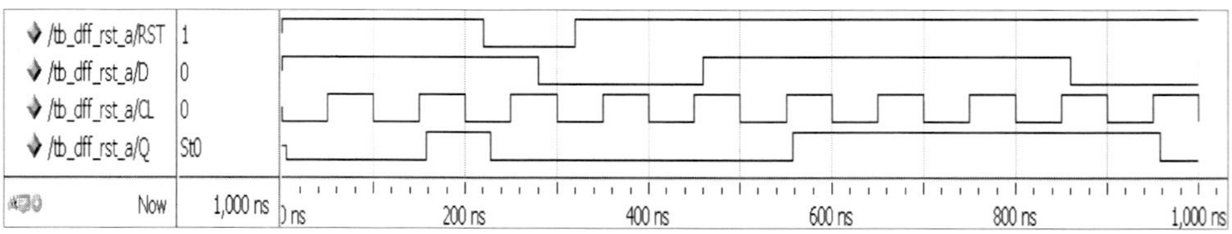

- 입력 신호 RST가 0이 되면, 출력 신호 Q는 바로 0으로 리셋 된다.

HBE-COMBO II 트레이닝 키트에 프로그래밍 하기 위한 정보

입 력			출 력			블록도
핀 이름	핀 번호	입력 장치	핀 이름	핀 번호	출력 장치	
D	Y10	KeypadA	Q	AC7	LED8	
CL	W10	KeypadB				
RST	AA9	KeypadC				

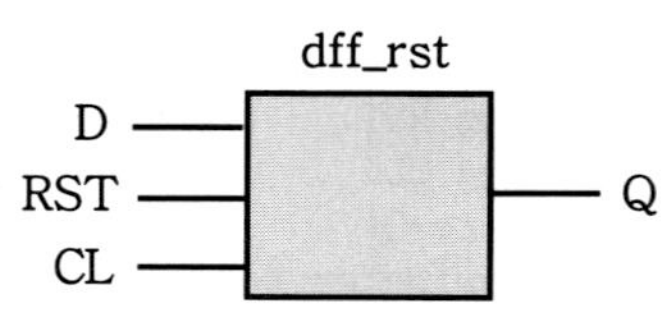

- RST(KeypadC)를 누른 상태에서 D(KeypadA)를 누르고 CL(KeypadB)을 누르면 LED8의 불이 켜지고, 다시 CL을 누르면 LED8의 불은 변함이 없다. D를 안 눌러도 LED8의 상태는 변함이 없으나 D를 안 누른 상태에서 CL을 누르면 LED8의 불은 꺼진다. RST를 누르지 않은 상태에서는 D 또는 CL을 눌러도 LED8의 불은 꺼진 상태 (리셋 상태)에 있게 된다. 한편 LED8의 불이 켜진 상태에서 비동기식에서는 RST 를 누르지 않게 되면 LED8의 불은 꺼진다. 그러나 동기식에서는 LED8의 불이 켜진 상태에서 RST를 누르지 않고 CL을 눌러야 LED8의 불이 꺼진다.

3.12.2 프로시쥬어문(procedural statements)

always문, initial문, task, function 등에서만 사용되며, 문장이 하나씩 차례로 수행되는 문장들을 말한다.

- 블록문
- if 문
- case 문, casex 문, casez문
- for 문, while 문, repeat 문, forever 문

(1) 블록문

① always문, initial문, task, function 등에서 여러 개의 문장을 하나의 문으로 취급하기 위해 사용하는 것으로 순차문과 병행문등이 있다.

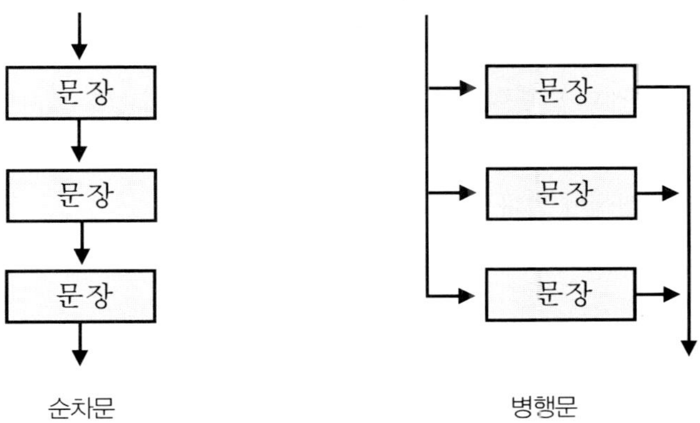

② 순차문

begin ~ end를 사용하며, 여러개의 문장이 있을때 하나의 문장의 실행이 완료되어야 다음 문장을 수행할 수 있다.

형식	begin 문장1; ⋮ 문장n; end

② 병행문

fork ~ join을 사용하며, 여러개의 문장이 있을때 순서에 상관없이 병행적으로 수행한다.

형식	fork 문장1; ⋮ 문장n; join

③ 순차문과 병행문의 차이점

- 순차문(sequential statement)
  - 문장들이 하나씩 차례로 수행되는 문
  - begin ~ end 내부에서 순차적으로 한 문장씩 수행
    - 동작적 표현으로 구성
    - 시뮬레이션에서 사용되는 경우 상대적인 시간으로 지정
- 병행문(concurrent statement)
  - 문장들이 동시에 병행적으로 수행되는 문
  - 문장들이 동시에 병행적으로 수행되므로 문장들의 순서는 중요하지 않음
    - 시뮬레이션에서만 사용
    - 시뮬레이션에서 절대시간으로 지정

순차문	병행문

`initial begin`
`A = 0;    B = 0;`
`#100      B = 1;`
`#100      A = 1;    B = 0;`
`#100      B = 1;`
`end`
	`initial fork`
	`A = 0;    B = 0;`
	`#100      B = 1;`
	`#200      A = 1;    B = 0;`
	`#300      B = 1;`
	`join`

- 순차문에서는 파형의 시간 간격이 상대적이기 때문에 처음에 100이란 시간이 경과 된 후에 B값이 1이 되고 다시 100이란 시간이 경과 된 후에 A값이 1이 되고 B값 은 0이 된다. 그러나 병행문에서는 처음에 100이란 시간이 경과 된 후에 B값이 1이 되고 절대적인 시간인 200이란 시간이 경과 된 후에 A값이 1이 되고 B값은 0이 된다.

(2) if문(if statement)

① if문은 조건에 따라 문장을 선택한다. if문은 다양한 논리회로를 구현하는데 많이 사용되는데, 특히 else가 없는 if문의 경우에는 기억소자를 만든다. 한편, if문은 반드시 always문, initial문, task, function 등에서 사용되어야 한다.

② if문의 형식

else 없는 if문

```
if (조건) 문장;
```

- 조건이 맞으면 문장을 수행하고, 조건이 맞지 않으면 문장을 수행하지 않는다.
- else가 없는 if문은 조건이 거짓일 경우 수행해야 하는 문장이 없으므로 출력은 이전의 값을 유지하게 되므로 기억소자인 래치(latch)회로가 표현된다.
- else가 없는 if문은 문장이 하나인 단일문 경우와 문장이 여러 개인 다중문으로 구별할 수 있으며, 다중문에서는 여러 개의 문장을 하나의 문장으로 취급하기 위해 begin ~ end를 사용하여야 한다.
- 단일문은 하나의 기억 소자만 만들어지고, 다중문은 문장들의 수에 따라 그 수만큼의 기억 소자들이 만들어진다.

• 프로그램 예

[단일문]

```
if (clk)                 q <= d;
```

clk가 1일 때 q는 d가 되고 0 이면 q는 이전 값을 유지한다. 따라서 D 래치 회로가 된다.

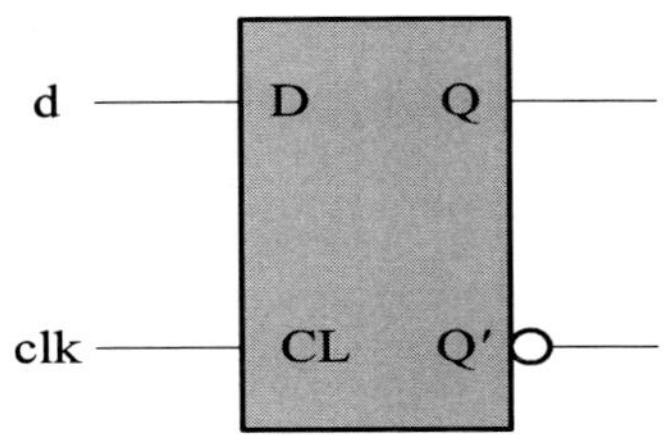


```
q <= 0;           // q의 초기값 설정
if (clk)      q <= d;
```

만일 출력 신호의 초기값이 if문 앞에 정의되는 경우에는 기억 소자가 되지 않는다. clk가 1일 때 q는 d가 되고, 0일 때는 q는 0이 되므로 기억 소자가 되지 않는다.

[다중문]

```
if (clk)
begin
   q0 <= d0;
   q1 <= d1;
end
```

clk가 1일 때 q0과 q1은 d0과 d1이 되고 0이면 q0과 q1은 이전 값을 유지한다. 따라서 2개의 D 래치 회로가 된다. 물론 clk는 2개의 래치에 같은 신호로 연결된다.

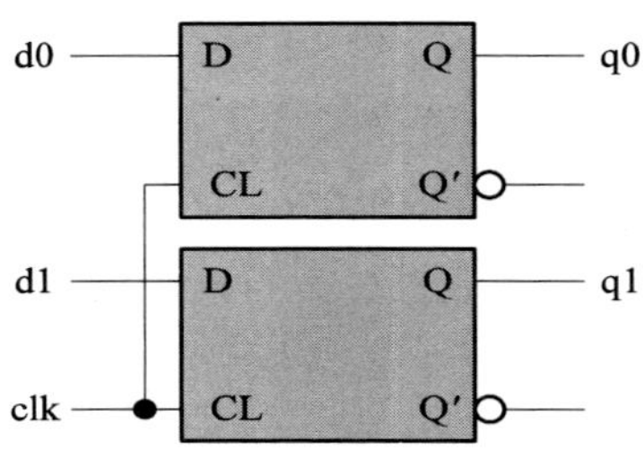


```
q0 <= 0;          -- q0의 초기값 설정
q1 <= 0;          -- q1의 초기값 설정
if (clk)
begin
   q0 <= d0;
   q1 <= d1;
end
```

만일 출력 신호의 초기값이 if문 앞에 정의되는 경우에는 기억 소자가 되지 않는다. clk가 1일 때 q0와 q1은 d0와 d1이 되고, 0일 때는 q0와 q1은 '0'이 되므로 기억 소자가 되지 않는다.

else를 갖는 if문

- else를 갖는 if문은 단일 if문과 다중 if문으로 나눌 수 있다.
- else를 갖는 if문은 멀티플렉서를 표현하는데 적합하다.
- 단일 if문은 2×1 MUX를 표현한다. 다중 if문은 같은 방식으로 MUX 회로를 표현 한다.
- else를 갖는 if문은 문장이 하나인 단일문 경우와 문장이 여러 개인 다중문으로 구별 할 수 있으며, 다중문에서는 여러 개의 문장을 하나의 문장으로 취급하기 위해 begin ~ end를 사용하여야 한다.

[단일 if문]

```
if (조건)      문장1;                      -- 일반 if문
else           문장2;
```

조건이 맞으면 문장1을 수행하고, 조건이 맞지 않으면 문장2를 수행한다.

[다중 if문 : if-else 사용]

```
if      (조건1)    문장1;                  -- 다중 if문
else if (조건2)    문장2;
          …          …
else               문장n;
```

조건1이 맞으면 문장1을 수행하고, 조건이 맞지 않으면 다음 if문을 수행하는데, 조건2가 맞으면 문장2를 수행하고, …를 수행하고, 조건이 맞지 않으면 문장n을 수행한다.

프로그램 예

[단일 if문]

```
if (sel == 0)        f <= in1;        -- 단일 if문
else                 f <= in2;
```

단일 if문은 2×1 MUX 동작을 표시한 것이다.

[다중 if문 : if-else 사용]

```
if       (sel == 2'b00)     f <= in0;    -- 다중 if문
else if  (sel == 2'b01)     f <= in1;
else if  (sel == 2'b10)     f <= in2;
else                        f <= in3;
```

다중 if문은 4×1 MUX 동작을 표시한 것이다.

실습 30 D 래치 설계

래치(latch)는 플립플롭과 비슷하다. 플립플롭은 클록 신호의 상승 에지(정에지) 또는 하강 에지(부에지)에 동작하지만, 래치는 클록 신호의 레벨 상태에 따라 동작한다. 즉 정레벨 또는 부레벨에 따라 동작하는 메모리 요소를 래치라고 한다. 여기서는 정레벨에 따라 동작하는 D 래치를 설계하기로 한다.

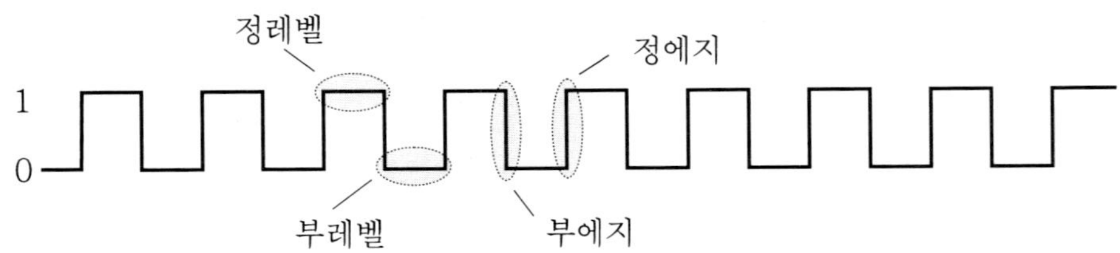

(a) 클록 신호

CL	D	Q(t+1)
1	0	0
1	1	1

(b) 진리표

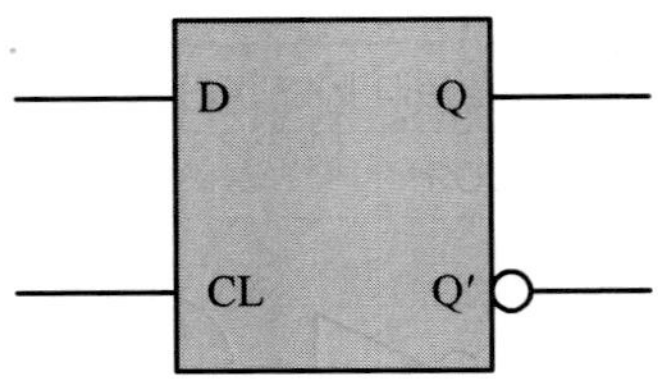

(c) 논리기호

동작적 표현

```
module D_LATCH(D, CL, Q);
   input  D, CL;
   output Q;
   reg Q;
      always @(D, CL)
         if (CL) Q <= D;
endmodule
```

MoldelSim으로 시뮬레이션 하기 위한 Test Bench 파일

```
`timescale 1ns / 1ns
module tb_D_LATCH;
   reg D;
   reg CL;
   wire Q;
      D_LATCH uut (.D(D), .CL(CL), .Q(Q));
      initial begin
```

```
        D = 0;   CL = 0;   #100;
        D = 1;   CL = 0;   #100;
        D = 0;   CL = 0;   #100;
        D = 1;   CL = 0;   #50;
        D = 1;   CL = 1;   #50;
        D = 0;   CL = 1;   #100;
        D = 1;   CL = 1;   #100;
        D = 0;   CL = 1;   #100;
        D = 1;   CL = 1;   #50;
        D = 1;   CL = 0;   #50;
        D = 0;   CL = 0;   #100;
        D = 1;   CL = 0;   #100;
        D = 0;   CL = 0;   #100;
    end
endmodule
```

ModelSim을 사용한 타이밍 시뮬레이션 결과

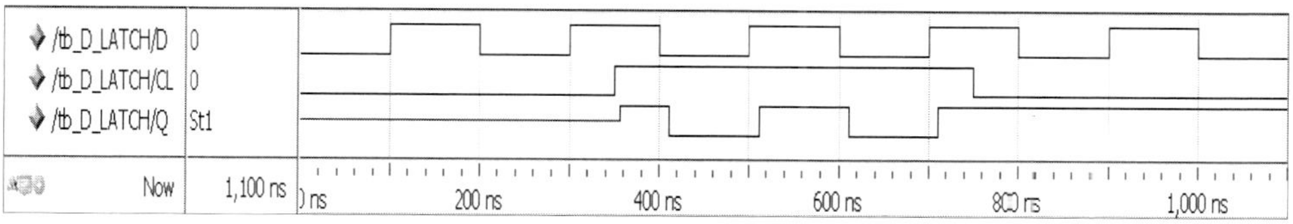

- 입력 신호 CL=1 상태에서 입력 신호 D가 출력 신호 Q로 출력된다. CL=0에서는 Q는 이전 상태를 유지한다.

HBE-COMBO II 트레이닝 키트에 프로그래밍 하기 위한 정보

입 력			출 력			블록도
핀 이름	핀 번호	입력 장치	핀 이름	핀 번호	출력 장치	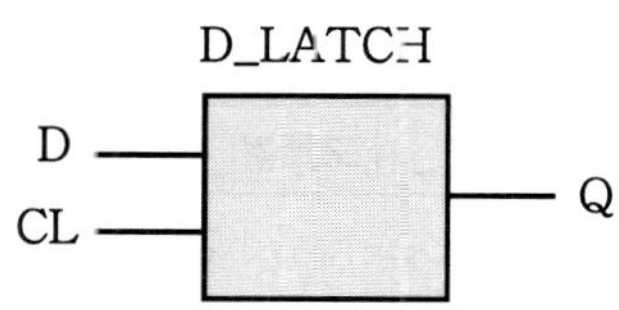
D	Y10	KeypadA	Q	AC7	LED8	
CL	W10	KeypadB				

- 처음에 LED8은 알수없는 상태이므로 불이 켜질지, 꺼질지 알 수가 없다. CL(KeypadB)을 누른 상태에서 D(KeypadA)을 누르지 않으면 LED8의 불이 꺼지고 D를 누르면 LED8의 불이 켜진다. D를 누르고 CL을 누르면 LED8의 불이 켜진다. 다음에 D를 누르지 않고 CL을 누르지 않으면 출력은 이전 상태를 유지한다.

실습 31 패리티(parity) 논리회로 설계

패리티 비트는 2진 정보(binary information) 전송할 때 발생하는 오류를 검출하는 기법으로서, 패리티 비트(parity bit)를 포함한 정보가 수신단에 전송되어 오류검출을 위해 이용된다. 전송되는 정보에서 1의 개수가 짝수가 되게 만들면 짝수 패리티(even parity)라 하고, 1의 개수가 홀수가 되게 만들면 홀수 패리티(odd parity)라고 한다. 검사된 패리티가 전송된 것과 일치하지 않으면 오류가 검출된다. 전송기에 패리티를 만들어내는 논리회로를 패리티 발생기(parity generator)라 하고, 수신 쪽에 패리티를 검사하는 논리회로를 패리티 검사기(parity checker)라 하며 이들을 패리티 논리회로라고 한다.

1 짝수 패리티 발생기(even parity generator)

3비트 메시지			패리티비트 메시지
X	Y	Z	P
0	0	0	0
0	0	1	1
0	1	0	1
0	1	1	0
1	0	0	1
1	0	1	0
1	1	0	0
1	1	1	1

(a) 진리표

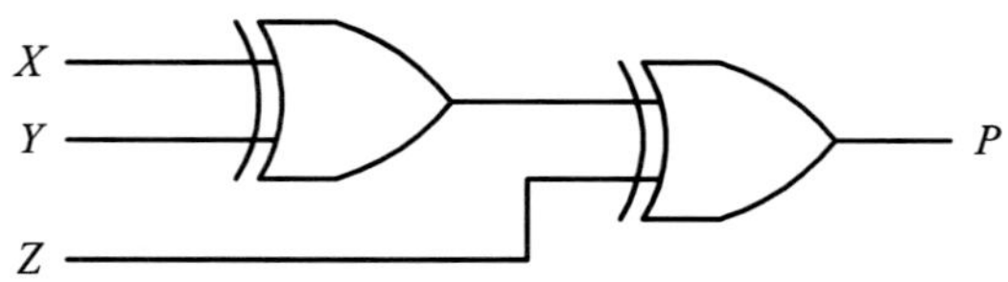

(b) 논리회로도

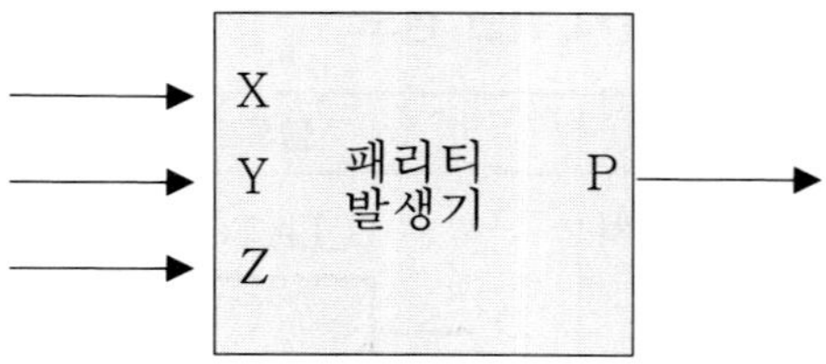

(c) 회로도

$$P = X \oplus Y \oplus Z$$

(d) 논리식

3비트 X, Y, 및 Z는 정보를 구성하며 회로 입력이다. 패리티 비트 P는 회로 출력이다. 짝수 패리티에 대해서 비트 P는 전체 1의 개수가 짝수가 되도록 만들어져야 한다(P 포함). 그러므로 P는 3변수 XOR 함수로 표현될 수 있다.

짝수 패리티 발생기 회로의 Verilog HDL 표현

동작적 표현

```
module parity_gen_even(X, Y, Z, P);
   input  X, Y, Z;
   output P;
      assign P = pari_func(X, Y, Z);
      function pari_func;
         input X, Y, Z;
            if (X ^ Y ^ Z)   pari_func = 1;
            else             pari_func = 0;
      endfunction
endmodule
```

MoldelSim으로 시뮬레이션 하기 위한 Test Bench 파일

```
`timescale 1ns / 1ns
module tb_parity_gen_even;
   reg X;
   reg Y;
   reg Z;
   wire P;
   parameter sec = 50;
      parity_gen_even uut (.X(X), .Y(Y), .Z(Z), .P(P));
      always #(sec) Z = ~Z;
      initial begin
         X = 0;   Y = 0;   Z = 0;   #(sec);
         X = 0;   Y = 0;            #50;
         X = 0;   Y = 1;            #100;
         X = 1;   Y = 0;            #100;
         X = 1;   Y = 1;            #100;
         X = 0;   Y = 0;            #100;
         X = 0;   Y = 1;            #100;
         X = 1;   Y = 0;            #100;
         X = 1;   Y = 1;            #100;
         X = 0;   Y = 0;            #100;
         X = 0;   Y = 1;            #100;
         $stop;
      end
endmodule
```

ModelSim을 사용한 타이밍 시뮬레이션 결과

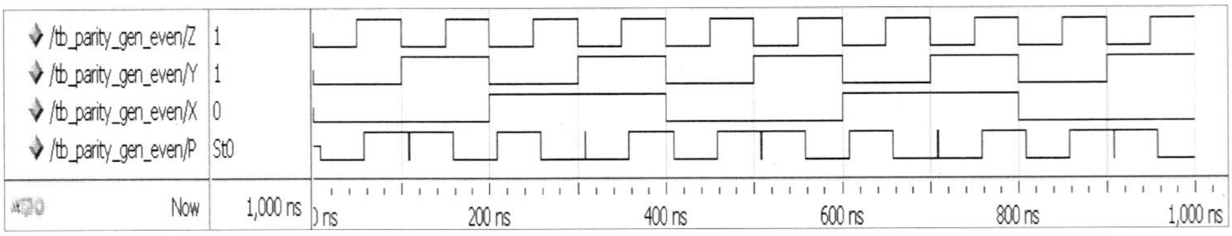

- 입력 신호 X, Y, 그리고 Z의 1의 개수가 홀수 개이면 출력 신호 P는 1을 출력하고, 그렇지 않은 경우 1의 개수가 짝수 개이면 P는 0을 출력한다.

HBE-COMBO II 트레이닝 키트에 프로그래밍 하기 위한 정보

입 력			출 력			블록도
핀 이름	핀 번호	입력 장치	핀 이름	핀 번호	출력 장치	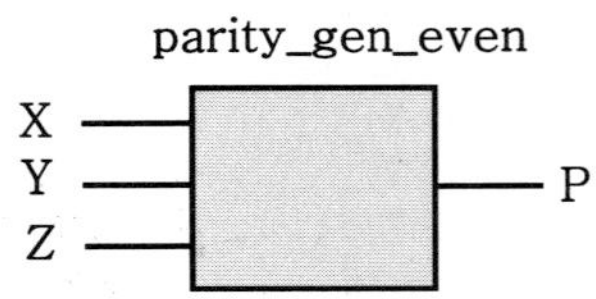
X	Y10	KeypadA	P	AC7	LED8	
Y	W10	KeypadB				
Z	AA9	KeypadC				

- LED8의 불이 꺼진 상태에서 X(KeypadA), Y(KeypadB), Z(KeypadC)들 중에서 홀수 개로 누를 때 짝수 패리티 발생을 의미하는 LED8의 불이 켜진다.

2 패리티 검사기(parity checker)

- 패리티 비트를 포함한 정보에서 3비트 목적지에 전송되며, 그 목적지에서는 전송 시 오류 검출을 위해 패리티 검사기 회로가 첨가된다.
- 정보가 짝수 패리티를 가지고 전송되기 때문에 수신된 4비트는 짝수개의 1을 가져야 한다.
- 수신된 4비트가 홀수개의 1을 가지면 전송 시 오류가 발생한 것이며, 전송 시 1비트 값이 바뀐 것을 의미한다. C로 표시된 패리티 검사기의 출력은 오류가 발생하면, 즉 수신된 4비트가 홀수개의 1을 가지면 1이 될 것이다.

4비트를 수신				패리티오류체크
X	Y	Z	P	C
0	0	0	0	0
0	0	0	1	1
0	0	1	0	1
0	0	1	1	0
0	1	0	0	1
0	1	0	1	0
0	1	1	0	0
0	1	1	1	1
1	0	0	0	1
1	0	0	1	0
1	0	1	0	0
1	0	1	1	1
1	1	0	0	0
1	1	0	1	1
1	1	1	0	1
1	1	1	1	0

(a) 진리표

$C = X \oplus Y \oplus Z \oplus P$

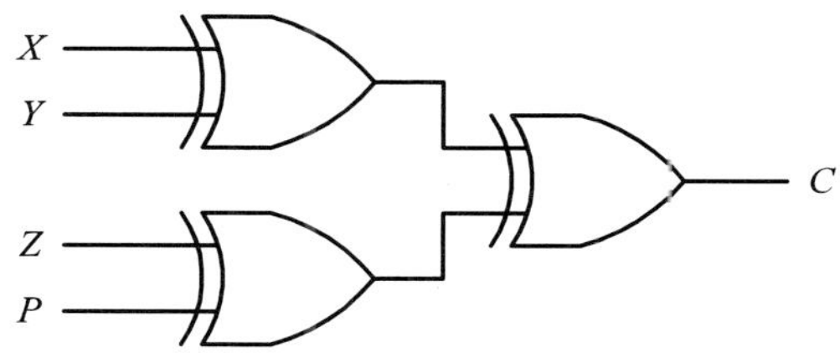

(b) 심볼, 논리식 그리고 회로도

패리티 검사 논리회로의 Verilog HDL 표현

동작적 표현

```
module parity_check_even(X, Y, Z, P, C);
   input  X, Y, Z, P;
   output C;
      assign C = check_func(X, Y, Z, P);
      function check_func;
         input X, Y, Z, P;
            if (X ^ Y ^ Z ^ P)   check_func = 1;
            else                 check_func = 0;
      endfunction
endmodule
```

MoldelSim으로 시뮬레이션 하기 위한 Test Bench 파일

```
`timescale 1ns / 1ns
module tb_parity_check_even;
   reg X;
   reg Y;
   reg Z;
   reg P;
   wire C;
   parameter sec = 50;
      parity_check_even uut (.X(X), .Y(Y), .Z(Z),     .P(P), .C(C));
      always #(sec) P = ~P;
      initial begin
         X = 0;   Y = 0;   Z = 0;   P = 0;   #(sec);
         X = 0;   Y = 0;   Z = 0;            #50;
```

```
        X = 0;   Y = 0;   Z = 1;            #100;
        X = 0;   Y = 1;   Z = 0;            #100;
        X = 0;   Y = 1;   Z = 1;            #100;
        X = 1;   Y = 0;   Z = 0;            #100;
        X = 1;   Y = 0;   Z = 1;            #100;
        X = 1;   Y = 0;   Z = 0;            #100;
        X = 1;   Y = 1;   Z = 1;            #100;
        X = 0;   Y = 1;   Z = 0;            #100;
        X = 0;   Y = 0;   Z = 1;            #100;
        X = 0;   Y = 0;   Z = 0;            #100;
        X = 0;   Y = 1;   Z = 1;            #100;
        X = 1;   Y = 1;   Z = 0;            #100;
        X = 1;   Y = 0;   Z = 1;            #100;
        X = 1;   Y = 0;   Z = 0;            #100;
        X = 1;   Y = 1;   Z = 1;            #100;
        X = 0;   Y = 1;   Z = 0;            #100;
        X = 0;   Y = 0;   Z = 1;            #100;
        X = 0;   Y = 0;   Z = 0;            #100;
        X = 0;   Y = 1;   Z = 1;            #100;
        $stop;
    end
endmodule
```

ModelSim을 사용한 타이밍 시뮬레이션 결과

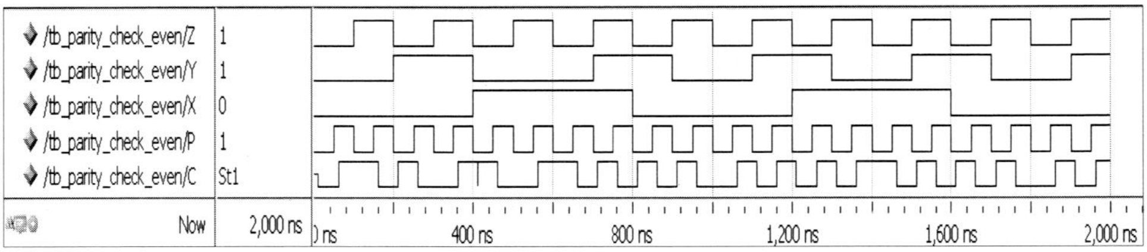

- 입력 신호 X, Y, Z 그리고 P의 1의 개수가 홀수 개이면 출력 신호 C는 1을 출력하고, 그렇지 않은 경우 1의 개수가 짝수 개이면 C는 0을 출력한다.

HBE-COMBO II 트레이닝 키트에 프로그래밍 하기 위한 정보

입 력			출 력			블록도
핀 이름	핀 번호	입력 장치	핀 이름	핀 번호	출력 장치	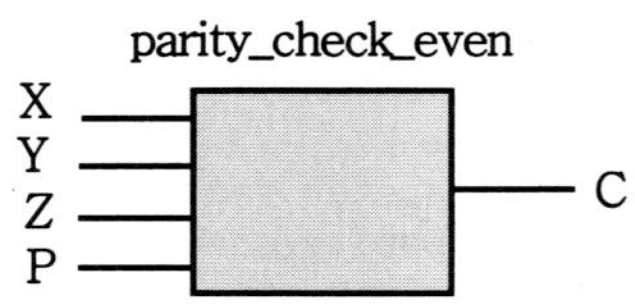
X	Y10	KeypadA	C	AC7	LED8	
Y	W10	KeypadB				
Z	AA9	KeypadC				
P	V9	KeypadD				

- X(KeypadA), Y(KeypadB), Z(KeypadC), P(KeypadD)들 중에서 홀수 개로 누르면 LED8의 불이 켜진다.

실습 32 크기 비교기 설계 3

두 수의 크기 비교는 한 수가 다른 수보다 큰가, 작은가 또는 같은가를 결정하는 동작이다. 크기 비교기는 두 수, A와 B를 비교하여 그들의 상대적 크기를 결정하는 조합회로이다. 즉 비교 결과는

A 〉 B, A = B 그리고 A 〈 B

로 나타낼 수 있다. 4비트 크기 비교기 설계는 두 개의 4비트 입력 A와 B 그리고 크기 비교 결과를 나타내는 3개의 출력, 즉 X(A = B), Y(A 〉 B), Z(A 〈 B)로 구성한다. 앞에서 설계한 크기 비교기와 구분하기 위해서 이름은 MC로 한다.

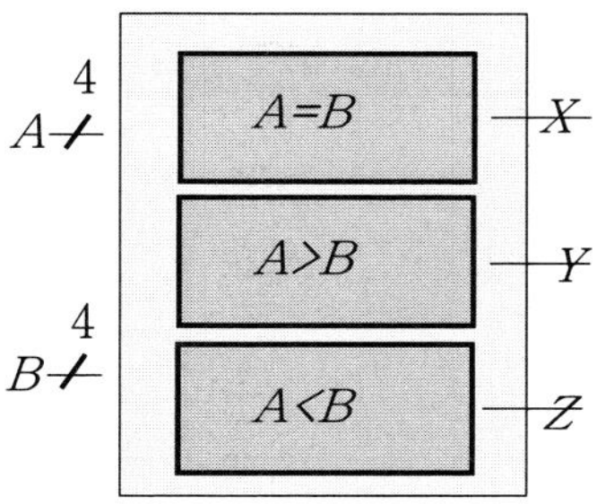

(a) 개념 설계

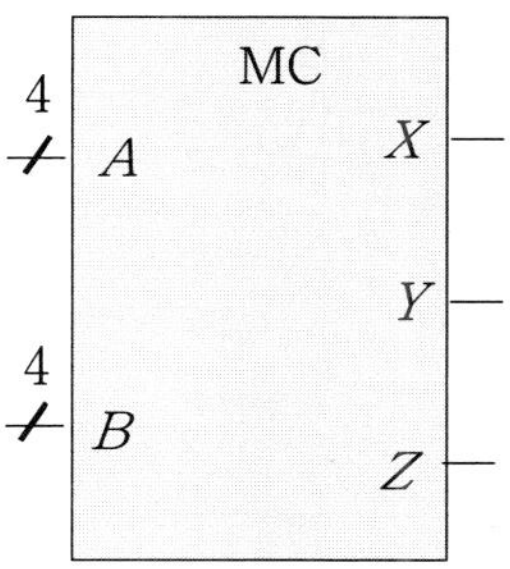

(b) 심볼

입력비교	출력		
A B	X	Y	Z
A = B	1	0	0
A 〉 B	0	1	0
A 〈 B	0	0	1

(c) 기능표

동작적 표현

```
module mc(A, B, X, Y, Z);
   input  [3:0]A, B;
   output X, Y, Z;
   reg X, Y, Z;
      always @(A or B)
      begin
         if (A == B)
         begin
            X <= 1;   Y <= 0;   Z <= 0;
         end
         else if (A > B)
         begin
            X <= 0;   Y <= 1;   Z <= 0;
         end
         else
         begin
```

```
            X <= 0;    Y <= 0;    Z <= 1;
         end
      end
endmodule
```

MoldelSim으로 시뮬레이션 하기 위한 Test Bench 파일

```
`timescale 1ns / 1ns
module tb_mc;
   reg [3:0] A;
   reg [3:0] B;
   wire X;
   wire Y;
   wire Z;
      mc uut (.A(A), .B(B), .X(X), .Y(Y), .Z(Z));
      initial begin
         A = 0;   B = 0;    #100;
         A = 1;   B = 0;    #100;
         A = 2;   B = 1;    #100;
         A = 3;   B = 1;    #100;
         A = 4;   B = 4;    #100;
         A = 5;   B = 5;    #100;
         A = 6;   B = 7;    #100;
         A = 7;   B = 8;    #100;
         A = 8;   B = 9;    #100;
         A = 9;   B = 10;   #100;
         $stop;
      end
endmodule
```

ModelSim을 사용한 타이밍 시뮬레이션 결과

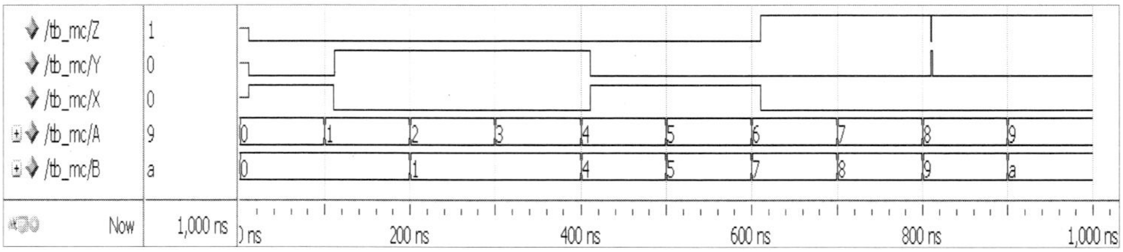

- A = B인 경우 출력 신호 X가 1이 되고 나머지 두 출력은 0이 된다. A 〉 B는 Y가 1이 되고 나머지 두 출력은 0이 된다. A 〈 B는 Z가 1이 되고 나머지 두 출력은 0이 된다.

HBE-COMBO II 트레이닝 키트에 프로그래밍 하기 위한 정보

입력			출력			블록도
핀 이름	핀 번호	입력 장치	핀 이름	핀 번호	출력 장치	
A[3]	Y12	BusSW1_1	X	AE6	LED6	
A[2]	AE11	BusSW1_2	Y	AD7	LED7	
A[1]	U12	BusSW1_3	Z	AC7	LED8	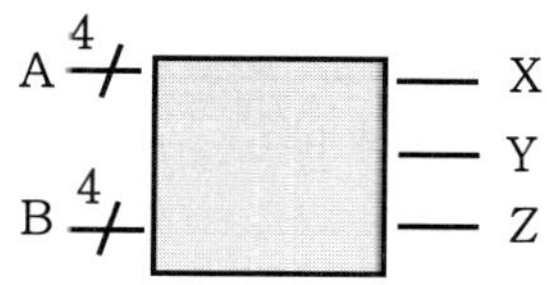
A[0]	AC12	BusSW1_4				
B[3]	AD12	BusSW1_5				
B[2]	AA12	BusSW1_6				
B[1]	AB12	BusSW1_7				
B[0]	Y13	BusSW1_8				

- 처음 모든 입력 A와 B는 0상태이므로 출력 X(LED6)만 켜지고 나머지 두 출력 Y(LED7)와 Z(LED8)는 꺼진 상태이다. 두 입력 값의 크기에 따른 출력들이 동작한다.

실습 33 멀티플렉서(multiplexer) 설계 1

- 멀티플렉서(multiplexer, MUX)는 선택될 데이터 입력 중의 하나를 하나의 출력으로 공급하는 논리회로이다.
- MUX는 입력(source)으로서 2^n개의 데이터 입력(data input) 중에서 하나만을 선택 하는 기능으로 n개의 선택선과 1개의 데이터 출력(data output)으로 이루어진 조합 회로이다.

1 2×1 MUX

2×1 MUX는 2개의 데이터 입력, 1개의 선택선, 1개의 데이터 출력을 가진다.

S	F
0	I0
1	I1

(a) 기능표

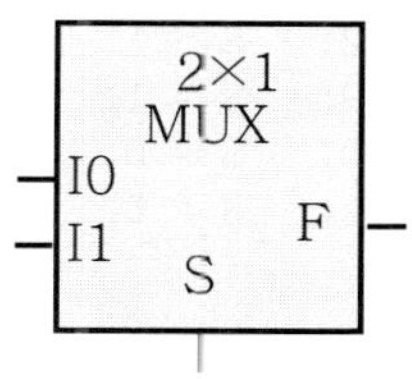

(b) 심볼

$$F = S'I0 + SI1$$

(c) 논리식

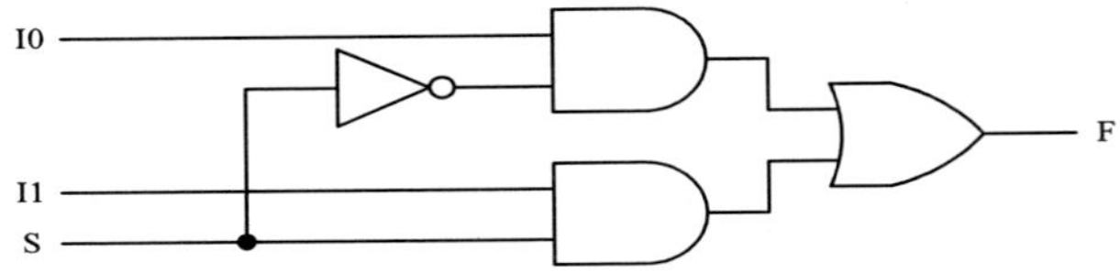

(d) 논리회로

2×1 MUX 회로의 Verilog HDL 표현

동작적 표현

```
module mux2x1(I, S, F);
   input  [1:0] I;
   input  S;
   output F;
   reg F;
      always @(I or S)
      begin
         if (!S) F <= I[0];
         else    F <= I[1];
      end
endmodule
```

MoldelSim으로 시뮬레이션 하기 위한 Test Bench 파일

```
`timescale 1ns / 1ns
module tb_mux2x1;
   reg [1:0] I;
   reg S;
   wire F;
      mux2x1 uut (.I(I), .S(S), .F(F));
      initial begin
         I = 0;   S = 0;   #100;
         I = 1;   S = 0;   #100;
         I = 2;   S = 0;   #100;
         I = 3;   S = 0;   #100;
         I = 0;   S = 1;   #100;
         I = 1;   S = 1;   #100;
         I = 2;   S = 1;   #100;
         I = 3;   S = 1;   #100;
         I = 0;   S = 0;   #100;
         I = 1;   S = 0;   #100;
         $stop;
      end
endmodule
```

ModelSim을 사용한 타이밍 시뮬레이션 결과

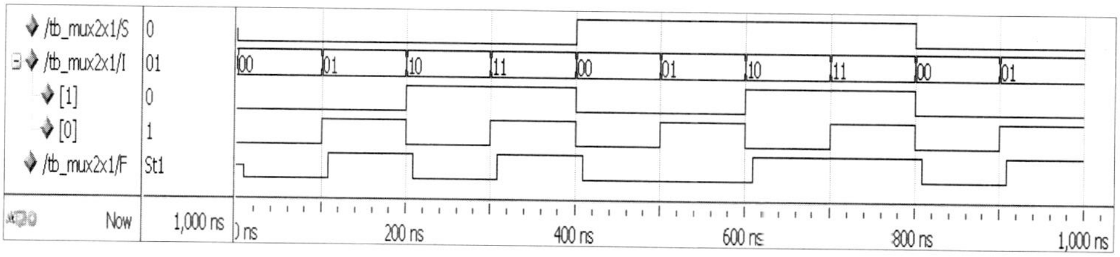

- 입력신호 S=0(0)인 경우에 출력 신호 F는 I[0]이 출력, 그리고 S=1(1)에서는 F=I[1] 이 출력된다.

HBE-COMBO II 트레이닝 키트에 프로그래밍 하기 위한 정보

입 력			출 력			블록도
핀 이름	핀 번호	입력 장치	핀 이름	핀 번호	출력 장치	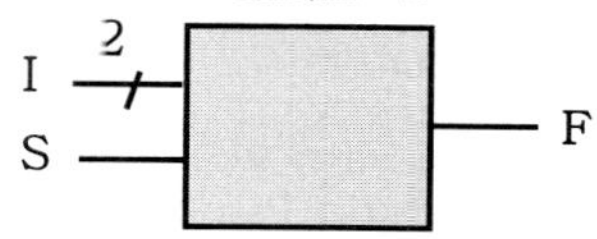
I[1]	Y10	KeypadA	F	AC7	LED8	
I[0]	W10	KeypadB				
S	AA9	KeypadC				

- S(Keypad3)를 누르지 않으면 I[0](Keypad2) 입력이 LED8로 출력된다. S를 누르면 I[1](Keypad1)이 LED8로 출력된다.

2 4×1 MUX

4×1 MUX는 4개의 데이터 입력, 2개의 선택선, 1개의 데이터 출력을 가지고 있다.

S1	S0	F
0	0	I0
0	1	I1
1	0	I2
1	1	I3

(a) 기능표

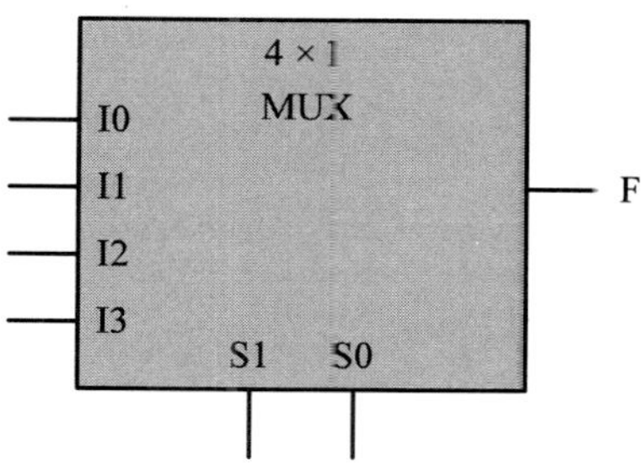

(b) 심볼

$F = S1'S0'I0 + S1'S0I1 + S1S0'I2$
$+ S1S0I3$

(c) 논리식

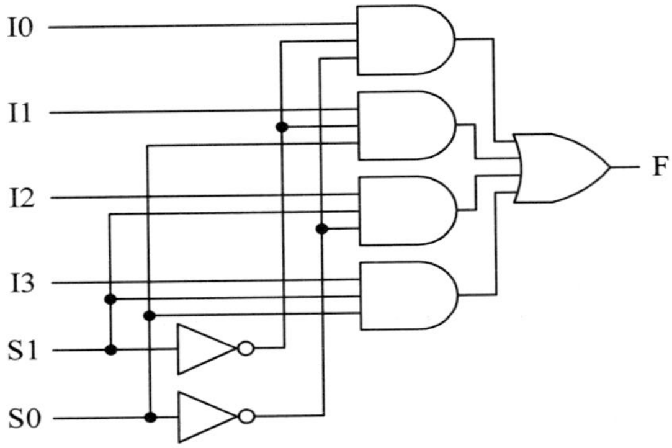

(d) 논리회로

동작적 표현

```
module mux4x1(I, S, F);
   input  [3:0] I;
   input  [1:0] S;
   output F;
   reg F;
      always @(I or S)
      begin
         if      (S == 2'b00) F <= I[0];
         else if (S == 2'b01) F <= I[1];
         else if (S == 2'b10) F <= I[2];
         else                 F <= I[3];
      end
endmodule
```

MoldelSim으로 시뮬레이션 하기 위한 Test Bench 파일

```
`timescale 1ns / 1ns
module tb_mux4x1;
   reg [3:0] I;
   reg [1:0] S;
   wire F;
      mux4x1 uut (.I(I), .S(S), .F(F));
      initial begin
         I = 0;   S = 0;   #100;
         I = 1;   S = 0;   #100;
         I = 2;   S = 0;   #100;
         I = 4;   S = 0;   #100;
         I = 8;   S = 0;   #100;
         I = 0;   S = 1;   #100;
         I = 1;   S = 1;   #100;
         I = 2;   S = 1;   #100;
         I = 4;   S = 1;   #100;
         I = 8;   S = 1;   #100;
         I = 0;   S = 2;   #100;
         I = 1;   S = 2;   #100;
```

```
            I = 2;   S = 2;   #100;
            I = 4;   S = 2;   #100;
            I = 8;   S = 2;   #100;
            I = 0;   S = 3;   #100;
            I = 1;   S = 3;   #100;
            I = 2;   S = 3;   #100;
            I = 4;   S = 3;   #100;
            I = 8;   S = 3;   #100;
            $stop;
        end
endmodule
```

ModelSim을 사용한 타이밍 시뮬레이션 결과

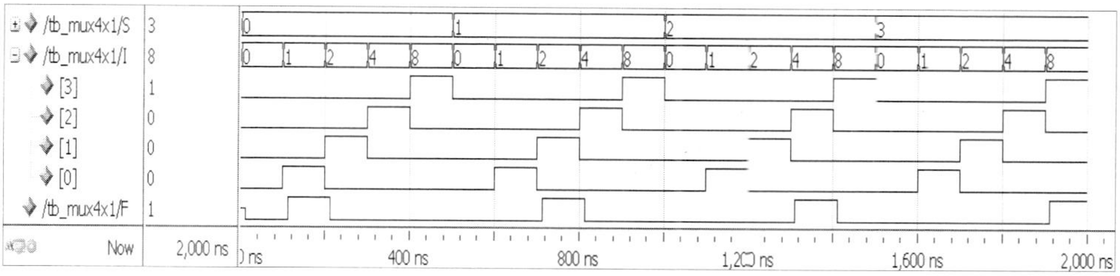

- 입력 신호 S=0(00)인 경우에 출력 신호 F는 I[0]이 출력, S=1(01)에서는 F=I[1], S=2(10)에서는 F=I[2] 그리고 S=3(11)에서는 F=I[3]이 출력된다.

HBE-COMBO II 트레이닝 키트에 프로그래밍 하기 위한 정보

입 력			출 력			블록도
핀 이름	핀 번호	입력 장치	핀 이름	핀 번호	출력 장치	
I3	Y10	KeypadA	F	AC7	LED8	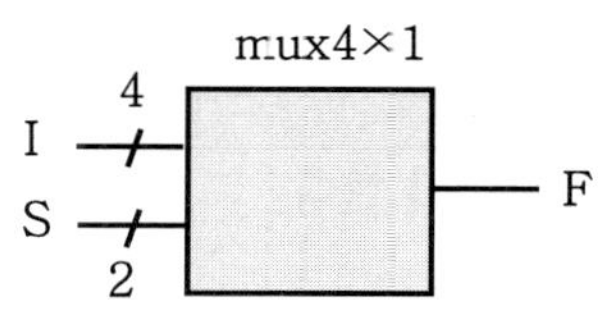
I2	W10	KeypadB				
I1	AA9	KeypadC				
I0	V9	KeypadD				
S1	AE9	KeypadE				
S0	AC9	KeypadF				

- S[1](KeypadE)와 S[0](KeypadF)를 누르지 않으면 I[0](KeypadD) 입력이 LED8로 출력된다. S[1]은 누르지 않고 S[0]만 누르면 I[1](KeypadC)이 출력된다. S[1]은 누르고 S[0]를 누르지 않으면 I[2](KeypadB)가 출력되고 S[1]과 S[0]을 둘 다 누르면 I[3] (KeypadA)이 출력된다.

(3) case문(case statement)

case문

case문은 조건에 따라서 실행할 문장을 선택하지 않고, 논리식의 값에 따라서 실행할 문장을 선택한다. 한편, case문은 반드시 always문, initial문, task, function 등에서 사용되어야 한다.

case문의 형식

형식	case (논리식) 　　논리값1 : 문장1; 　　논리값2 : 문장2; 　　... 　　논리값n : 문장n; 　　default : 문장; endcase;

- 논리식과 각각의 논리값을 비교하여 그 문장의 수행 여부를 결정한다. 즉 논리식과 논리값1이 같으면, 문장1을 실행한다. 그런데 이들 각각의 논리값은 순차적으로 실행되는 것이 아니라 모두 동시에 병행적으로 처리된다.
- case문은 논리식과 모든 논리값들을 동시에 비교하여 같은 값에 해당되는 문장을 수행하므로 똑같은 논리값이 기술되면 에러가 된다.
- 마지막으로 default 문장은 앞의 논리값에서 나열되지 않은 모든 값들을 나타낸다.
- case문은 문장이 하나인 단일문 경우와 문장이 여러 개인 다중문으로 구별할 수 있으며, 다중문에서는 여러 개의 문장을 하나의 문장으로 취급하기 위해 begin ~ end를 사용하여야 한다.

case문의 사용 예 : 진리표 구현

```
reg Y;
wire [2:0] S;
   assign S = {A, B, C};  -- concatenate A, B, C
always @(S)
begin
   case (S)
      3'b000  : Y <= 0;
```

```
        3'b001  : Y <= 1;
        3'b010  : Y <= 1;
        3'b011  : Y <= 1;
        3'b100  : Y <= 0;
        3'b101  : Y <= 0;
        default : Y <= 1'bX;
     endcase;
  end;
```

A	B	C	Y
0	0	0	0
0	0	1	1
0	1	0	1
0	1	1	1
1	0	0	0
1	0	1	0
1	1	0	×
1	1	1	×

• S의 값이 000, 100 그리고 101일 때 모두 Y에 0을 대입하고, S의 값이 001, 010 그리고 011일 때 모두 Y에 1을 대입한다. 앞의 두 가지 선택들이 아닌 모든 나머지 경우에는 Y에 임의 상태인 X를 대입한다. 만일 default 대신 다음과 같이 사용하는 경우를 생각해보기로 한다.

```
reg Y;
wire [2:0] S;
   assign S = {A, B, C};  -- concatenate A, B, C
   always @(S)
      case (S)
      3'b000 : Y <= 0;
      3'b001 : Y <= 1;
      3'b010 : Y <= 1;
      3'b011 : Y <= 1;
      3'b100 : Y <= 0;
      3'b101 : Y <= 0;
      3'b110 : Y <= 1'bX;
      3'b111 : Y <= 1'bX;
endcase
```

• 이 경우 8개의 논리값을 모두 표현했으므로 default를 사용하지 않아도 된다.

casex문, casez문

case문의 변형으로 논리값에 임의상태(X)를 표현할 수 있다. 그러나 이 문법은 논리합성과 시뮬레이션과의 결과가 다르게 나타날 수 있다는 점에 유의해야 한다. 따라서 가능한 사용하지 않는 것이 좋다.

casex문

- 논리값의 비트 값에 X, Z, ?가 있을때 이 값을 don't care로 간주하며, 이 경우 논리값에서 X, Z, ?비트를 제외한 부분만을 논리식의 값과 비교할 수 있다.

```
reg Y;
wire [2:0] S;
   assign S = {A, B, C};   -- concatenate A, B, C
always @(S)
casex (S)
   3'b000 : Y <= 0;
   3'b001 : Y <= 1;
   3'b01X : Y <= 1;     // 010과 011의 경우를 01X로 표현
   3'b10X : Y <= 0;     // 100과 101의 경우를 10X로 표현
   3'b11X : Y <= 1'bX; // 110과 111의 경우를 11X로 표현
endcase        // 논리값에서 X 대신 Z 또는 ?로 기술 가능
```

A	B	C	Y
0	0	0	0
0	0	1	1
0	1	0	1
0	1	1	1
1	0	0	0
1	0	1	0
1	1	0	×
1	1	1	×

casez문

- 논리값의 비트 값에 Z, ? 등이 있을때 이 값을 don't care로 간주하며, 이 경우 논리값의 값에서 Z, ? 비트를 제외한 부분만을 논리식의 값과 비교할 수 있다.

```
reg Y;
wire [2:0] S;
   assign S = {A, B, C};   -- concatenate A, B, C
always @(S)
casez (S)
```

```
    3'b000 : Y <= 0;
    3'b001 : Y <= 1;
    3'b01Z : Y <= 1;     // 010과 011의 경우를 01Z로 표현
    3'b10Z : Y <= 0;     // 100과 101의 경우를 10Z로 표현
    3'b11Z : Y <= 1'bX;  // 110과 111의 경우를 11Z로 표현
 endcase                 // 논리값에서 Z 대신 ?로 기술 가능
```

A	B	C	Y
0	0	0	0
0	0	1	1
0	1	0	1
0	1	1	1
1	0	0	0
1	0	1	0
1	1	0	×
1	1	1	×

실습 34 멀티플렉서(multiplexer) 설계 2

1 2×1 MUX

2×1 MUX는 2개의 데이터 입력, 1개의 선택선, 1개의 데이터 출력을 가진다. 2×1 MUX의 진리표를 이용하여 case문을 사용한 설계를 해보기로 한다.

S	F
0	I0
1	I1

2x1 MUX 진리표

동작적 표현

```
module mux2x1(I, S, F);
   input  [1:0] I;
   input  S;
   output F;
   reg F;
      always @(I or S)
         case (S)
            0 : F <= I[0];
            1 : F <= I[1];
         endcase
endmodule
```

MoldelSim으로 시뮬레이션 하기 위한 Test Bench 파일

```
`timescale 1ns / 1ns
module tb_mux2x1;
   reg [1:0] I;
   reg S;
   wire F;
      mux2x1 uut (.I(I), .S(S), .F(F));
      initial begin
         I = 0;   S = 0;   #100;
         I = 1;   S = 0;   #100;
         I = 2;   S = 0;   #100;
         I = 3;   S = 0;   #100;
         I = 0;   S = 1;   #100;
         I = 1;   S = 1;   #100;
         I = 2;   S = 1;   #100;
         I = 3;   S = 1;   #100;
         I = 0;   S = 0;   #100;
         I = 1;   S = 0;   #100;
         $stop;
      end
endmodule
```

ModelSim을 사용한 타이밍 시뮬레이션 결과

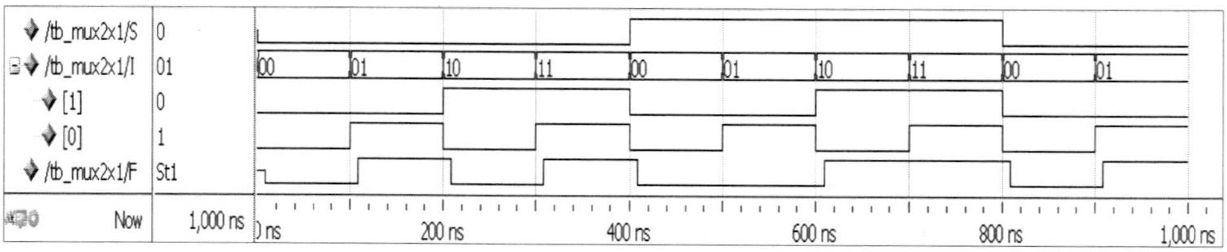

- 입력신호 S=0(0)인 경우에 출력 신호 F는 I[0]이 출력, S=1(1)에서는 F=I[1]이 출력된다.

HBE-COMBO II 트레이닝 키트에 프로그래밍 하기 위한 정보

입 력			출 력			블록도
핀 이름	핀 번호	입력 장치	핀 이름	핀 번호	출력 장치	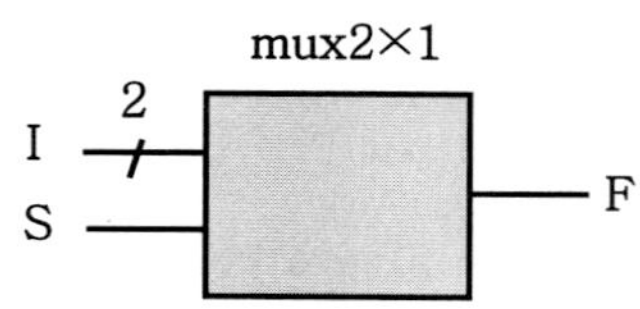
I[1]	Y10	KeypadA	F	AC7	LED8	
I[0]	W10	KeypadB				
S	AA9	KeypadC				

- S(KeypadC)를 누르지 않으면 I[0](KeypadB) 입력이 LED8로 출력된다. S를 누르면 I[1](KeypadA)이 LED8로 출력된다.

2 4×1 MUX

4×1 MUX는 4개의 데이터 입력, 2개의 선택선, 1개의 데이터 출력을 가지고 있다. 4×1 MUX의 진리표를 이용하여 case문을 사용한 설계를 해보기로 한다.

S1	S0	F
0	0	I0
0	1	I1
1	0	I2
1	1	I3

4x1 MUX의 진리표

동작적 표현

```
module mux4x1(I, S, F);
   input  [3:0] I;
   input  [1:0] S;
   output F;
   reg F;
      always @(I or S)
         case (S)
            0 : F <= I[0];
            1 : F <= I[1];
            2 : F <= I[2];
            3 : F <= I[3];
         endcase
endmodule
```

MoldelSim으로 시뮬레이션 하기 위한 Test Bench 파일

```
`timescale 1ns / 1ns
module tb_mux4x1;
   reg [3:0] I;
   reg [1:0] S;
   wire F;
      mux4x1 uut (.I(I), .S(S), .F(F));
      initial begin
         I = 0;   S = 0;   #100;
         I = 1;   S = 0;   #100;
         I = 2;   S = 0;   #100;
         I = 4;   S = 0;   #100;
         I = 8;   S = 0;   #100;
         I = 0;   S = 1;   #100;
         I = 1;   S = 1;   #100;
         I = 2;   S = 1;   #100;
         I = 4;   S = 1;   #100;
         I = 8;   S = 1;   #100;
```

```
        I = 0;   S = 2;   #100;
        I = 1;   S = 2;   #100;
        I = 2;   S = 2;   #100;
        I = 4;   S = 2;   #100;
        I = 8;   S = 2;   #100;
        I = 0;   S = 3;   #100;
        I = 1;   S = 3;   #100;
        I = 2;   S = 3;   #100;
        I = 4;   S = 3;   #100;
        I = 8;   S = 3;   #100;
        $stop;
    end
endmodule
```

ModelSim을 사용한 타이밍 시뮬레이션 결과

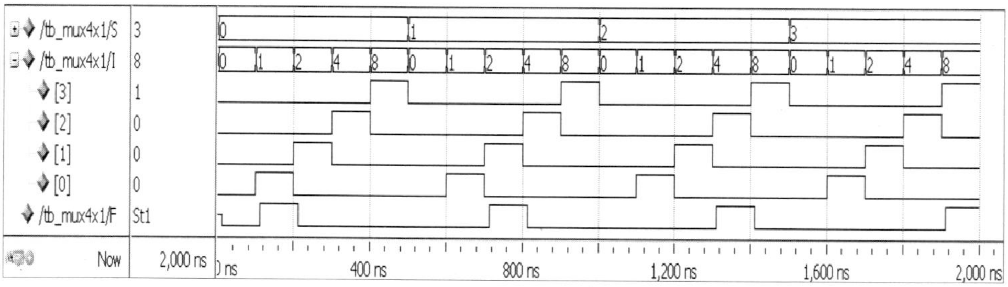

- 입력 신호 S=0(00)인 경우에 출력 신호 F는 I[0]가 출력, S=1(01)에서는 F=I[1], S=2(10)에서는 F=I[2], S=3(11)에서는 F=I[3]이 출력된다.

HBE-COMBO II 트레이닝 키트에 프로그래밍 하기 위한 정보

입 력			출 력			블록도
핀 이름	핀 번호	입력 장치	핀 이름	핀 번호	출력 장치	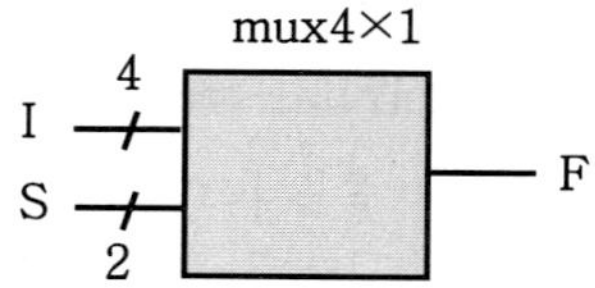
I3	Y10	KeypadA	F	AC7	LED8	
I2	W10	KeypadB				
I1	AA9	KeypadC				
I0	V9	KeypadD				
S1	AE9	KeypadE				
S0	AC9	KeypadF				

- S[1](KeypadE)와 S[0](KeypadF)를 누르지 않으면 I[0](KeypadD) 입력이 LED8로 출력된다. S[1]은 누르지 않고 S[0]만 누르면 I[1](KeypadC)이 출력된다. S[1] 은 누르고 S[0]을 누르지 않으면 I[2](KeypadB)가 출력되고 S[1]과 S[0]을 둘 다 누르면 I[3] (KeypadA)이 출력된다.

실습 35 디코더(decoder) 설계 2

디코더는 n비트의 2진 정보를 2^n개의 서로 다른 정보로 바꿔주는 조합회로이다. 입력에서 발생할 수 있는 가능한 2진 정보 각각에 대하여 디코더의 출력이 활성화된다. 예를 들면, 2개 입력에 따라 4개의 가능한 패턴이 있으므로 8개의 출력이 필요하다.(2^2=4)

1 2×4 디코더

2개 입력에 따라 4개의 가능한 패턴을 내는 2×4 디코더를 설계하기로 한다.

B	A	Y3	Y2	Y1	Y0
0	0	0	0	0	1
0	1	0	0	1	0
1	0	0	1	0	0
1	1	1	0	0	0

(a) 진리표

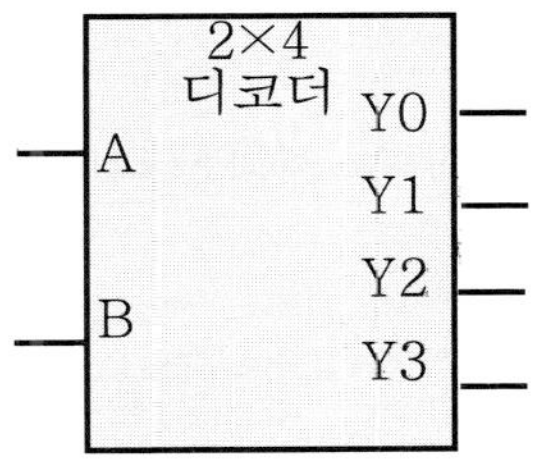

(b) 심볼

동작적 표현

```
module dec2x4(A, B, Y);
   input  A, B;
   output [3:0] Y;
   reg [3:0] Y;
      always @(A or B)
         case ({B, A})
            2'b00   : Y <= 4'b0001;
            2'b01   : Y <= 4'b0010;
            2'b10   : Y <= 4'b0100;
            default : Y <= 4'b1000;
         endcase
endmodule
```

MoldelSim으로 시뮬레이션 하기 위한 Test Bench 파일

```
`timescale 1ns / 1ns
module tb_dec2x4;
   reg A;
   reg B;
   wire [3:0] Y;
      dec2x4 uut (.A(A), .B(B), .Y(Y));
      initial begin
         B = 0;   A = 0;   #100;
         B = 0;   A = 1;   #100;
         B = 1;   A = 0;   #100;
         B = 1;   A = 1;   #100;
         B = 0;   A = 0;   #100;
         B = 0;   A = 1;   #100;
         B = 1;   A = 0;   #100;
         B = 1;   A = 1;   #100;
         B = 0;   A = 0;   #100;
         B = 0;   A = 1;   #100;
         $stop;
      end
endmodule
```

ModelSim을 사용한 타이밍 시뮬레이션 결과

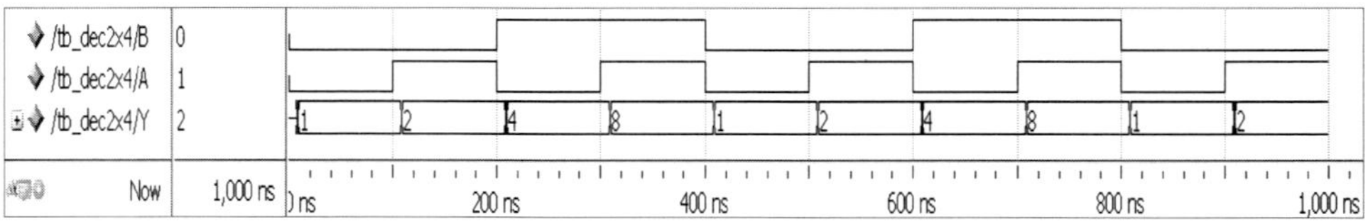

- 입력 신호 BA=00 이면 출력 신호 Y=1(0001), BA=01이면 Y=2(0010), BA=10이면 Y=4(0100) 그리고 BA=11이면 Y=8(1000)이 된다.

HBE-COMBO II 트레이닝 키트에 프로그래밍 하기 위한 정보

입 력			출 력			블록도
핀 이름	핀 번호	입력 장치	핀 이름	핀 번호	출력 장치	
B	Y10	KeypadA	Y[3]	AF6	LED5	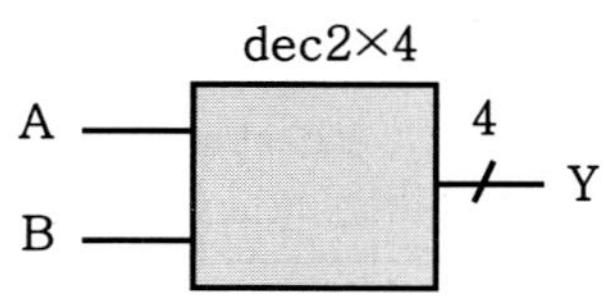
A	W10	KeypadB	Y[2]	AE6	LED6	
			Y[1]	AD7	LED7	
			Y[0]	AC7	LED8	

• 처음 상태는 A와 B의 입력값이 00이므로 Y[0](LED8)의 불이 켜진다. B(KeypadA)와 A(KeypadB)의 값에 따라 그에 해당하는 LED의 불이 켜진다.

2 인에이블 입력을 갖는 3×8 디코더

인에이블 입력(E)을 갖고 있는 3×8 디코더를 설계해보기로 한다. E=1이면 데이터 입력에 관계없이 출력은 모드 1이 된다. E=0이면 데이터 입력에 따라 해당되는 출력은 0으로 바뀐다.(부논리 동작)

E	C	B	A	Y0	Y1	Y2	Y3	Y4	Y5	Y6	Y7
1	×	×	×	1	1	1	1	1	1	1	1
0	0	0	0	0	1	1	1	1	1	1	1
0	0	0	1	1	0	1	1	1	1	1	1
0	0	1	0	1	1	0	1	1	1	1	1
0	0	1	1	1	1	1	0	1	1	1	1
0	1	0	0	1	1	1	1	0	1	1	1
0	1	0	1	1	1	1	1	1	0	1	1
0	1	1	0	1	1	1	1	1	1	0	1
0	1	1	1	1	1	1	1	1	1	1	0

(a) 진리표

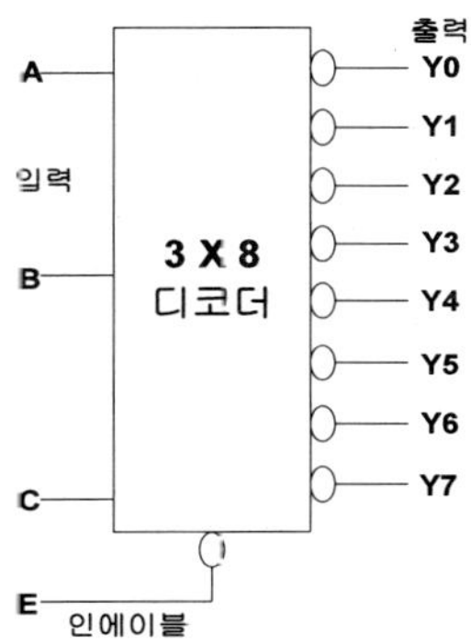

(b) 심볼

동작적 표현

```
module dec3x8(A, B, C, E, Y);
   input  A, B, C, E;
   output [7:0] Y;
   reg [7:0] Y;
      always @(A or B or C or E)
         if (!E)
         begin
            case ({C, B, A})
               3'b000  : Y <= 8'b11111110;
               3'b001  : Y <= 8'b11111101;
               3'b010  : Y <= 8'b11111011;
               3'b011  : Y <= 8'b11110111;
               3'b100  : Y <= 8'b11101111;
               3'b101  : Y <= 8'b11011111;
               3'b110  : Y <= 8'b10111111;
               default : Y <= 8'b01111111;
            endcase
         end
         else           Y <= 8'b11111111;
endmodule
```

oldelSim으로 시뮬레이션 하기 위한 Test Bench 파일

```
`timescale 1ns / 1ns
module tb_dec3x8;
   reg A;
   reg B;
   reg C;
   reg E;
   wire [7:0] Y;
   parameter sec = 50;
      dec3x8 uut (.A(A), .B(B), .C(C), .E(E), .Y(Y));
      always #(sec) E = ~E;
      initial begin
         C = 0;   B = 0;   A = 0;   E = 0;   #(sec);
         C = 0;   B = 0;   A = 0;            #50;
         C = 0;   B = 0;   A = 1;            #100;
         C = 0;   B = 1;   A = 0;            #100;
         C = 0;   B = 1;   A = 1;            #100;
         C = 1;   B = 0;   A = 0;            #100;
         C = 1;   B = 0;   A = 1;            #100;
         C = 1;   B = 1;   A = 0;            #100;
         C = 1;   B = 1;   A = 1;            #100;
         C = 0;   B = 0;   A = 0;            #100;
         C = 0;   B = 0;   A = 1;            #100;
         $stop;
      end
endmodule
```

ModelSim을 사용한 타이밍 시뮬레이션 결과

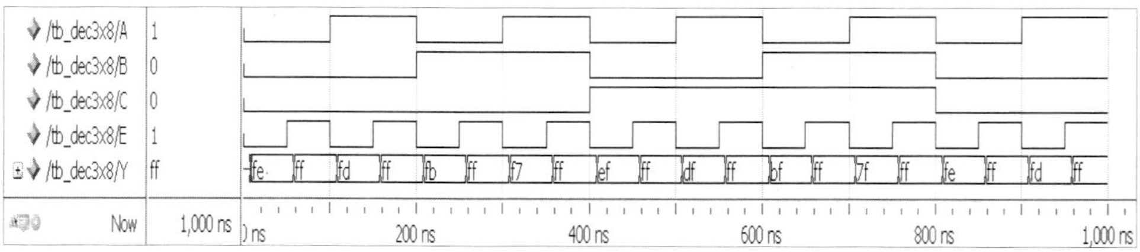

- 입력 신호 E=1이면 모든 출력 신호들은 1 상태가 된다. E=0에서 입력 신호 CBA= 000이면 출력 신호 Y=FE(11111110), CBA=001이면 Y=FD(11111101), CBA= 010 이면 Y=FB(11111011) … 그리고 CBA=111이면 Y=7F(01111111)가 된다.

HBE-COMBO II 트레이닝 키트에 프로그래밍 하기 위한 정보

입 력			출 력			블록도
핀 이름	핀 번호	입력 장치	핀 이름	핀 번호	출력 장치	
C	AE11	BusSW1_2	Y[7]	AF7	LED1	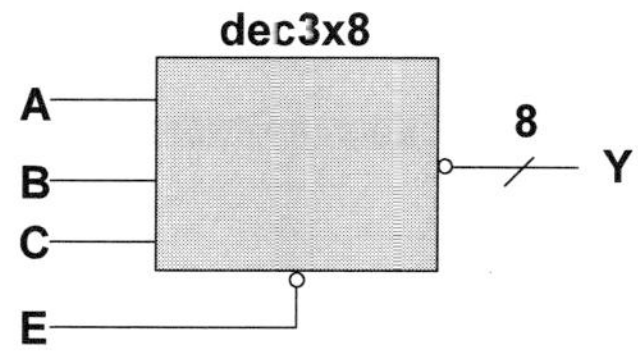
B	U12	BusSW1_3	Y[6]	AE7	LED2	
A	AC12	BusSW1_4	Y[5]	AB8	LED3	
E	Y12	BusSW1_1	Y[4]	W8	LED4	
			Y[3]	AF6	LED5	
			Y[2]	AE6	LED6	
			Y[1]	AD7	LED7	
			Y[0]	AC7	LED8	

- 트레이닝 키트의 초기 상태는 LED8은 꺼진 상태이고 나머지 LED들은 켜진 상태가 된다. C(BusSW1_2), B(BusSW1_3), A(BusSW1_4)의 값에 따라 해당하는 LED가 켜진다. E(BusSW1_1)를 누르면 모든 LED들이 켜진다.

실습 36 디멀티플렉서(demultiplexer) 설계

- 디멀티플렉서는 하나의 데이터 입력이 있고 선택선들의 값에 따라 출력중의 하나에 데이터 입력이 연결된다. 인에이블 입력을 갖는 디코더와 디멀티플렉서의 논리회로는 모두 근본적으로 동일하다. 디멀티플렉서의 데이터 입력은 디코더의 인에이블 입력이 다.
- 예를 들면, 인에이블 입력을 갖는 2×4 디코더는 1×4 디멀티플렉서가 된다. 디코더에서의 2개 입력(A, B)은 디멀티플렉서에서 선택선이, 디코더에서의 인에이블 입력(E)은 디멀티플렉서에서는 데이터 입력이 된다.

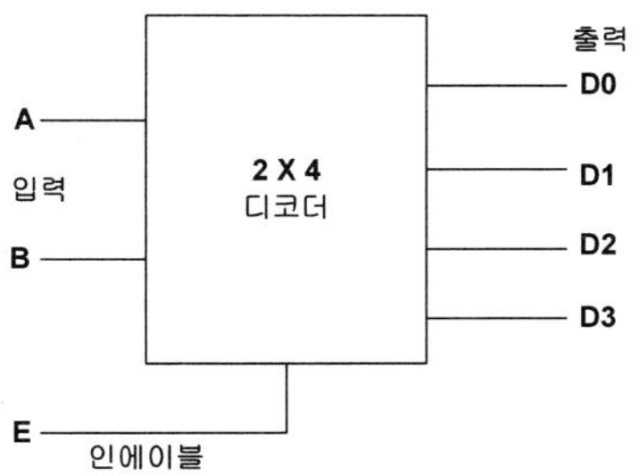

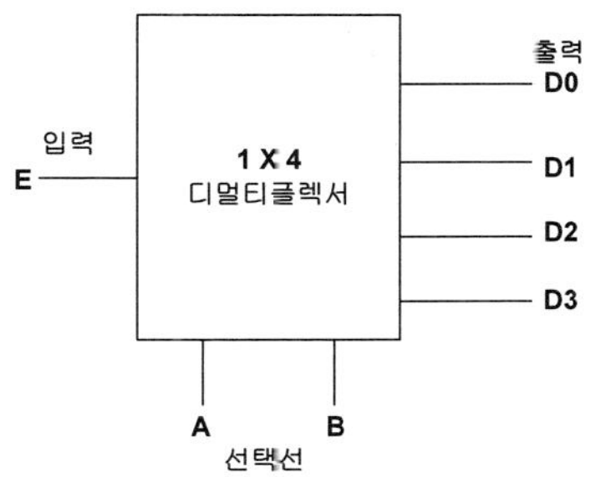

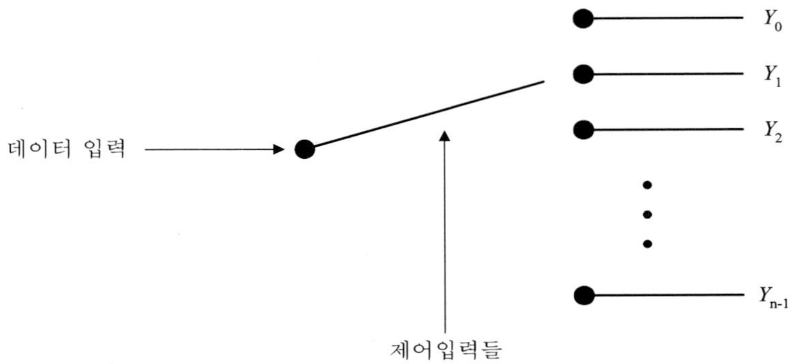

C	B	A	Y0	Y1	Y2	Y3	Y4	Y5	Y6	Y7
0	0	0	E	1	1	1	1	1	1	1
0	0	1	1	E	1	1	1	1	1	1
0	1	0	1	1	E	1	1	1	1	1
0	1	1	1	1	1	E	1	1	1	1
1	0	0	1	1	1	1	E	1	1	1
1	0	1	1	1	1	1	1	E	1	1
1	1	0	1	1	1	1	1	1	E	1
1	1	1	1	1	1	1	1	1	1	E

(a) 진리표

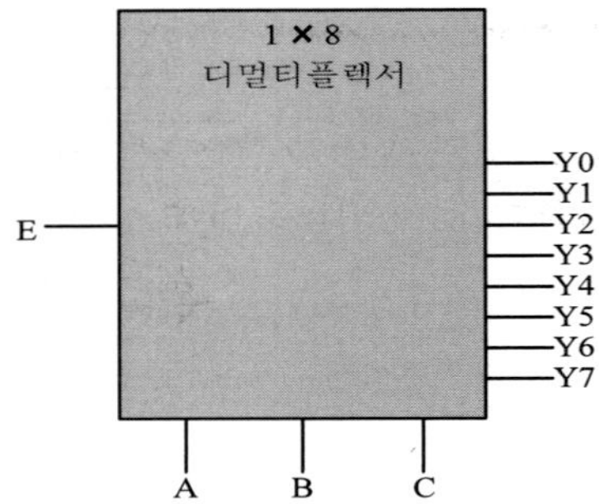

(b) 심볼

동작적 표현

```
module demux1x8(A, B, C, E, Y);
   input  A, B, C, E;
   output [7:0] Y;
   reg    [7:0] Y;
      always @(A or B or C or E)
         case ({C, B, A})
            3'b000 : Y <= {1'b1, 1'b1, 1'b1, 1'b1, 1'b1, 1'b1, 1'b1, E};
            3'b001 : Y <= {1'b1, 1'b1, 1'b1, 1'b1, 1'b1, 1'b1, E, 1'b1};
            3'b010 : Y <= {1'b1, 1'b1, 1'b1, 1'b1, 1'b1, E, 1'b1, 1'b1};
            3'b011 : Y <= {1'b1, 1'b1, 1'b1, 1'b1, E, 1'b1, 1'b1, 1'b1};
            3'b100 : Y <= {1'b1, 1'b1, 1'b1, E, 1'b1, 1'b1, 1'b1, 1'b1};
            3'b101 : Y <= {1'b1, 1'b1, E, 1'b1, 1'b1, 1'b1, 1'b1, 1'b1};
            3'b110 : Y <= {1'b1, E, 1'b1, 1'b1, 1'b1, 1'b1, 1'b1, 1'b1};
            3'b111 : Y <= {E, 1'b1, 1'b1, 1'b1, 1'b1, 1'b1, 1'b1, 1'b1};
         endcase
endmodule
```

MoldelSim으로 시뮬레이션 하기 위한 Test Bench 파일

```
`timescale 1ns / 1ns
module tb_demux1x8;
   reg A;
   reg B;
   reg C;
   reg E;
   wire [7:0] Y;
   parameter sec = 25;
      always #(sec) E = ~E;
      demux1x8 uut (.A(A), .B(B), .C(C), .E(E), .Y(Y));
      initial begin
         C = 0;   B = 0;   A = 0;   E = 0;   #(sec);
         C = 0;   B = 0;   A = 0;            #(sec);
         C = 0;   B = 0;   A = 1;            #50;
         C = 0;   B = 1;   A = 0;            #50;
         C = 0;   B = 1;   A = 1;            #50;
         C = 1;   B = 0;   A = 0;            #50;
         C = 1;   B = 0;   A = 1;            #50;
         C = 1;   B = 1;   A = 0;            #50;
         C = 1;   B = 1;   A = 1;            #50;
         C = 0;   B = 0;   A = 0;            #50;
         C = 0;   B = 0;   A = 1;            #50;
         $stop;
      end
endmodule
```

ModelSim을 사용한 타이밍 시뮬레이션 결과

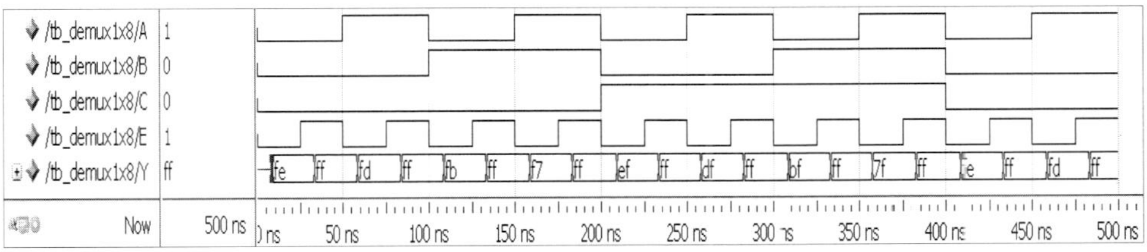

• 입력 신호 CBA의 값에 따라 입력 신호 E가 출력 신호 Y로 출력된다.

HBE-COMBO II 트레이닝 키트에 프로그래밍 하기 위한 정보

입 력			출 력		
핀 이름	핀 번호	입력 장치	핀 이름	핀 번호	출력 장치
C	AE11	BusSW1_2	Y[7]	AF7	LED1
B	U12	BusSW1_3	Y[6]	AE7	LED2
A	AC12	BusSW1_4	Y[5]	AB8	LED3
E	Y12	BusSW1_1	Y[4]	W8	LED4
			Y[3]	AF6	LED5
			Y[2]	AE6	LED6
			Y[1]	AD7	LED7
			Y[0]	AC7	LED8

블록도

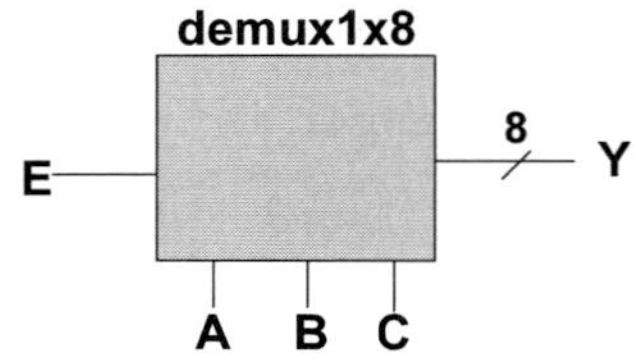

- 처음에는 제어입력 C, B, 그리고 A가 "000"이므로 E(BusSW1_1)를 누르지 않으면 입력 LED1 ~ LED7의 불이 켜져 있고 LED8의 불은 꺼진 상태가 된다. 이때 E를 누르면 모든 LED의 불이 켜진다. C(BusSW1_2), B(BusSW1_3), A(BusSW1_4)의 값에 따라 그에 해당하는 LED의 불이 꺼진다.

실습 37 인코더 설계(encoder) 설계

인코더(encoder)는 디코더와 반대되는 동작을 하는 논리회로이다. 인코더는 2^n(또는 그 이하)의 입력선과 n개의 출력 선을 갖는다. 출력 선은 입력 값에 대한 2진 코드를 발생시킨다.

D7	D6	D5	D4	D3	D2	D1	D0	Y2	Y1	Y0
0	0	0	0	0	0	0	1	0	0	0
0	0	0	0	0	0	1	0	0	0	1
0	0	0	0	0	1	0	0	0	1	0
0	0	0	0	1	0	0	0	0	1	1
0	0	0	1	0	0	0	0	1	0	0
0	0	1	0	0	0	0	0	1	0	1
0	1	0	0	0	0	0	0	1	1	0
1	0	0	0	0	0	0	0	1	1	1

(a) 진리표

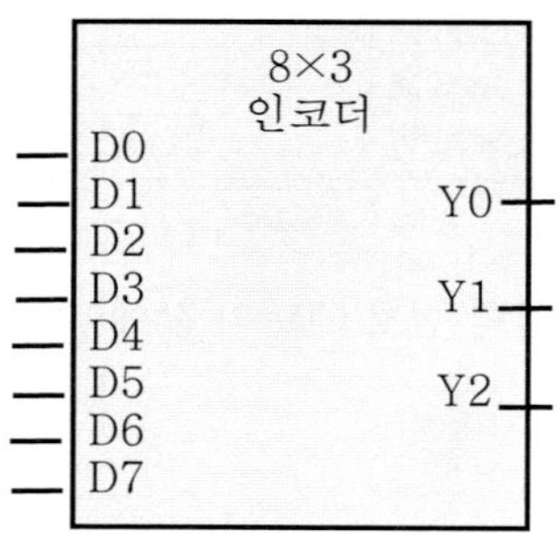

(b) 심볼

동작적 표현

```
module enc8x3(D, Y);
   input  [7:0] D;
   output [2:0] Y;
   reg [2:0] Y;
      always @(D)
         case (D)
            8'b00000001 : Y <= 3'b000;
            8'b00000010 : Y <= 3'b001;
            8'b00000100 : Y <= 3'b010;
            8'b00001000 : Y <= 3'b011;
            8'b00010000 : Y <= 3'b100;
            8'b00100000 : Y <= 3'b101;
            8'b01000000 : Y <= 3'b110;
            8'b10000000 : Y <= 3'b111;
            default     : Y <= 3'b000;
         endcase
endmodule
```

MoldelSim으로 시뮬레이션 하기 위한 Test Bench 파일

```
`timescale 1ns / 1ps
module tb_enc8x3;
   reg [7:0] D;
   wire [2:0] Y;
      enc8x3 uut (.D(D), .Y(Y));
      initial begin
         D = 8'h0;   #100;   D = 8'h1;   #100;
         D = 8'h2;   #100;   D = 8'h4;   #100;
         D = 8'h8;   #100;   D = 8'h10;  #100;
         D = 8'h20;  #100;   D = 8'h40;  #100;
         D = 8'h80;  #100;   D = 8'h0;   #100;
         $stop;
      end
endmodule
```

ModelSim을 사용한 타이밍 시뮬레이션 결과

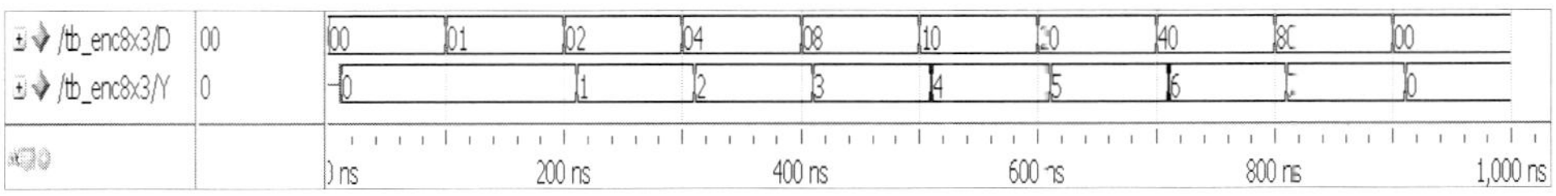

- 입력 신호 D가 00 또는 01 또는 03인 경우는 출력 신호 Y는 0으로 출력된다. D가 02, 04, 08, 10, 20, 40, 80이면 Y는 1, 2, 3, 4, 5, 6, 7로 출력된다.

HBE-COMBO II 트레이닝 키트에 프로그래밍 하기 위한 정보

입력			출력			블록도
핀 이름	핀 번호	입력 장치	핀 이름	핀 번호	출력 장치	
D[7]	Y12	BusSW1_1	Y[2]	AE6	LED6	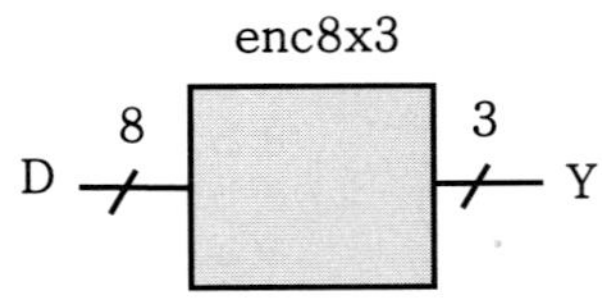
D[6]	AE11	BusSW1_2	Y[1]	AD7	LED7	
D[5]	U12	BusSW1_3	Y[0]	AC7	LED8	
D[4]	AC12	BusSW1_4				
D[3]	AD12	BusSW1_5				
D[2]	AA12	BusSW1_6				
D[1]	AB12	BusSW1_7				
D[0]	Y13	BusSW1_8				

- 모든 LED들이 꺼진 상태에서 D[7] ~ D[0](BusSW1_1 ~ BusSW1_8)들 중에서 하나를 누르면 이에 해당하는 LED들이 켜진다.

(4) loop문(Loop Statement)

Loop문은 순차문을 반복적으로 실행할 때 사용한다. loop문은 반복횟수를 조절할 수 있는 for-loop, while-loop, repeat-loop등과 어떤 수식 없이 무한 반복하는 forever-loop문이 있다. 한편, loop문은 반드시 always문, initial문, task, function 등에서 사용되어야 한다.

for-loop문

```
for (루프_변수 초기치; 루프_변수범위 지정; 루프_변수 증감식)
            순차문;
```

- for-loop문은 루프_변수가 1씩 증가(또는 감소)하면서, 변수_범위 끝까지 도달할 때까지 순차문을 반복 처리한다. 따라서 루프_변수는 다른 곳에서 정의되면 않되며, 반드시 for-loop문의 루프 변수로서 사용되어야 한다. 루프_변수는 integer형으로 선언되어 있어야 한다.

➡ for-loop문 사용 예

```
functoin add_func
   input A, B;
   integer i;
      for (i = 1; i <= 5; i+1)
         Y = B + A;
endfunction
```

while-loop문

```
while(조건)                    // 조건이 참인 동안에 수행
     순차문;
```

- while-loop문은 조건이 참(true)이면 순차문을 수행하고, 거짓(false)이면 루프를 빠져 나온다.

➡ while-loop문의 사용 예

```
functoin add_func
   input A, B;
   integer i;
      i = 0;
      while (i < 5)
      begin
         i = i + 1;
         Y = B + A;
      end
endfunction
```

repeat-loop문

```
repeat(반복횟수)                    // 반복횟수 만큼 수행
       순차문;
```

- repeat-loop문은 지정한 값만큼 반복해서 순차문을 수행한 후 루프를 빠져 나온다.

repeat-loop문의 사용 예

```
functoin add_func
   input A, B;
   integer i;
      i = 0;
      repeat (4)
      begin
         i = i + 1;
         Y[i] = B[i] + A[i];
      end
endfunction
```

실습 38 n입력 NAND 게이트와 n입력 NOR 게이트 설계

1 n입력 NAND 게이트에서 n=4인 4입력 NAND 게이트

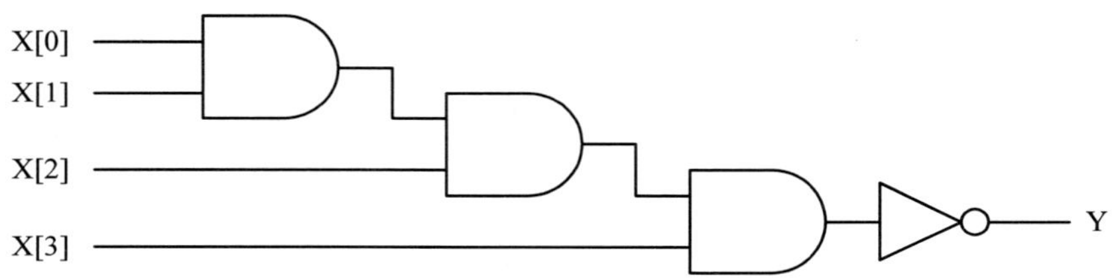

동작적 표현

```
module nandn(X, Y);
   input  [3:0] X;
   output Y;
      assign Y = nandn_func(X);
      function nandn_func;
         input [3:0] X;
            integer i;
            begin
               nandn_func = X[0];
               for (i = 1; i <= 3; i = i + 1)
               begin
                  nandn_func = nandn_func & X[i];
               end
                  nandn_func = ~nandn_func;
            end
      endfunction
endmodule
```

MoldelSim으로 시뮬레이션 하기 위한 Test Bench 파일

```
`timescale 1ns / 1ns
module tb_nandn;
   reg [3:0] X;
   wire Y;
      nandn uut (.X(X), .Y(Y));
      initial begin
         X = 0;    #50;    X = 1;    #50;
         X = 2;    #50;    X = 3;    #50;
         X = 4;    #50;    X = 5;    #50;
         X = 6;    #50;    X = 7;    #50;
         X = 8;    #50;    X = 9;    #50;
         X = 10;   #50;    X = 11;   #50;
         X = 12;   #50;    X = 13;   #50;
         X = 14;   #50;    X = 15;   #50;
         X = 0;    #50;    X = 1;    #50;
         X = 2;    #50;    X = 3;    #50;
         $stop;
      end
endmodule
```

ModelSim을 사용한 타이밍 시뮬레이션 결과

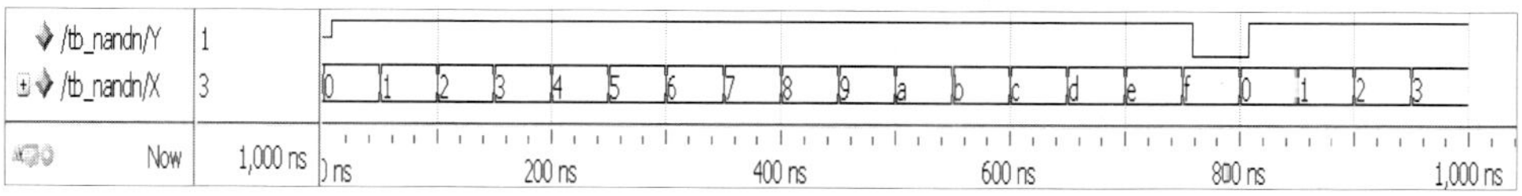

- 4입력 NAND 게이트의 시뮬레이션 결과는 X[0], X[1], X[2], X[3] 등의 모든 입력 신호들이 1(f:1111)일 때 출력 신호 Y가 0이 되고 그 이외에서는 Y는 1이 된다.

HBE-COMBO II 트레이닝 키트에 프로그래밍 하기 위한 정보

입 력			출 력			블록도
핀 이름	핀 번호	입력 장치	핀 이름	핀 번호	출력 장치	
X[0]	AD10	KeypadA	Y	AE6	LED8	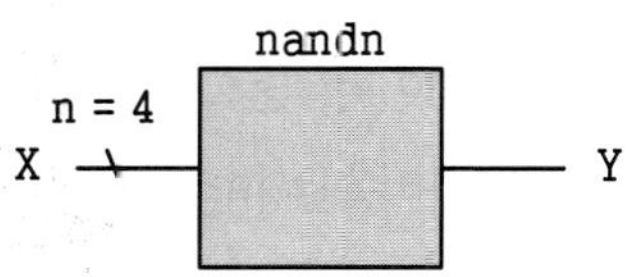
X[1]	AC10	KeypadB				
X[2]	AA9	KeypadC				
X[3]	Y9	KeypadD				

- X[0](KeypadA), X[1](KeypadB), X[2](KeypadC), X[3](KeypadD)를 동시에 누르면 LED8의 불이 꺼지고, 그 이외의 경우는 LED8의 불이 켜진다.

2 n입력 NOR 게이트에서 n=4인 4입력 NOR 게이트

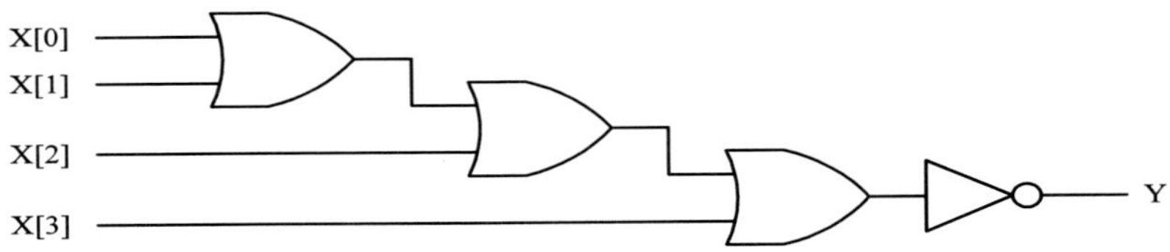

동작적 표현

```
module norn(X, Y);
   input  [3:0] X;
   output Y;
      assign Y = norn_func(X);
      function norn_func;
         input [3:0] X;
         integer i;
            begin
               i = 0;
               norn_func = X[i];
               while(i < 3)
               begin
                  i = i + 1;
                  norn_func =  norn_func | X[i];
               end
                  norn_func = ~norn_func;
            end
      endfunction
endmodule
```

MoldelSim으로 시뮬레이션 하기 위한 Test Bench 파일

```
`timescale 1ns / 1ns
   module tb_norn;
   reg [3:0] X;
   wire Y;
      norn uut (.X(X), .Y(Y));
      initial begin
         X = 0;    #50;    X = 1;    #50;
         X = 2;    #50;    X = 3;    #50;
         X = 4;    #50;    X = 5;    #50;
         X = 6;    #50;    X = 7;    #50;
         X = 8;    #50;    X = 9;    #50;
         X = 10;   #50;    X = 11;   #50;
         X = 12;   #50;    X = 13;   #50;
         X = 14;   #50;    X = 15;   #50;
         X = 0;    #50;    X = 1;    #50;
         X = 2;    #50;    X = 3;    #50;
         $stop;
      end
endmodule
```

ModelSim을 사용한 타이밍 시뮬레이션 결과

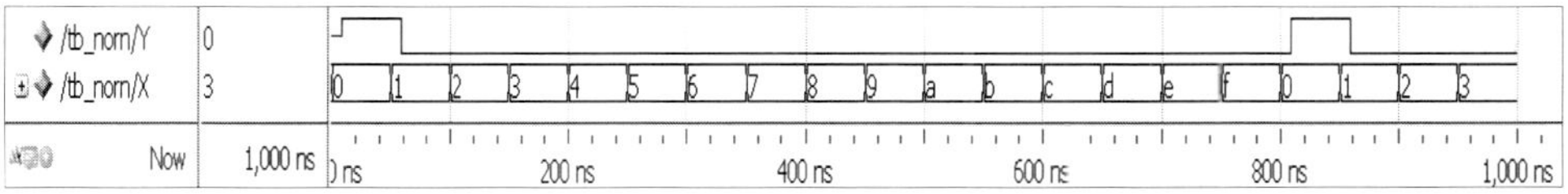

- 4입력 NOR 게이트의 시뮬레이션 결과는 X[0], X[1], X[2], X[3] 등의 모든 입력 신호들이 0일 때 출력 신호 Y가 1이 되고 그 이외에서는 Y가 0이 된다.

HBE-COMBO II 트레이닝 키트에 프로그래밍 하기 위한 정보

입 력			출 력			블록도
핀 이름	핀 번호	입력 장치	핀 이름	핀 번호	출력 장치	
X0	AD10	KeypadA	Y	AE6	LED8	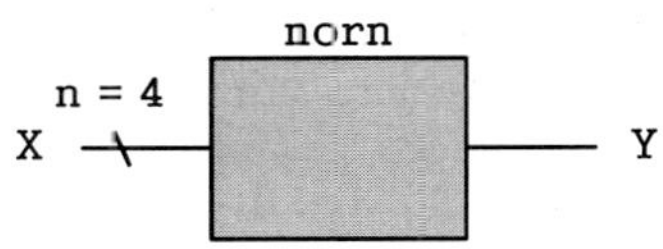
X1	AC10	KeypadB				
X2	AA9	KeypadC				
X3	Y9	KeypadD				

- X[0](KeypadA), X[1](KeypadB), X[2](KeypadC), X[3](KeypadD) 모두를 누르지 않으면 LED8의 불이 켜진다. 그 이외의 경우는 LED8의 불이 꺼진다.

2 n입력 XNOR 게이트에서 n=4인 4입력 XNOR 게이트

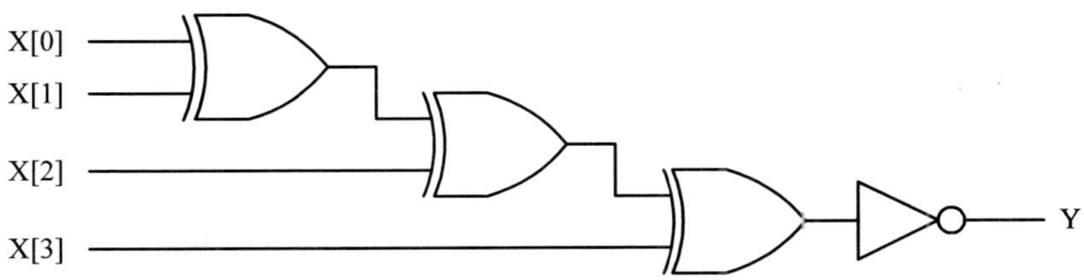

동작적 표현

```
module xnorn(X, Y);
   input  [3:0] X;
   output Y;
      assign Y = xnorn_func(X);
      function xnorn_func;
         input [3:0] X;
         integer i;
         begin
            xnorn_func = X[0];
```

```
            i = 1;
            repeat (3)
            begin
               xnorn_func = xnorn_func ^ X[i];
               i = i + 1;
            end
               xnorn_func = ~xnorn_func;
         end
      endfunction
endmodule
```

MoldelSim으로 시뮬레이션 하기 위한 Test Bench 파일

```
`timescale 1ns / 1ns
module tb_xnorn;
   reg [3:0] X;
   wire Y;
      xnorn uut (.X(X), .Y(Y));
      initial begin
         X = 0;    #50;    X = 1;    #50;
         X = 2;    #50;    X = 3;    #50;
         X = 4;    #50;    X = 5;    #50;
         X = 6;    #50;    X = 7;    #50;
         X = 8;    #50;    X = 9;    #50;
         X = 10;   #50;    X = 11;   #50;
         X = 12;   #50;    X = 13;   #50;
         X = 14;   #50;    X = 15;   #50;
         X = 0;    #50;    X = 1;    #50;
         X = 2;    #50;    X = 3;    #50;
         $stop;
      end
endmodule
```

ModelSim을 사용한 타이밍 시뮬레이션 결과

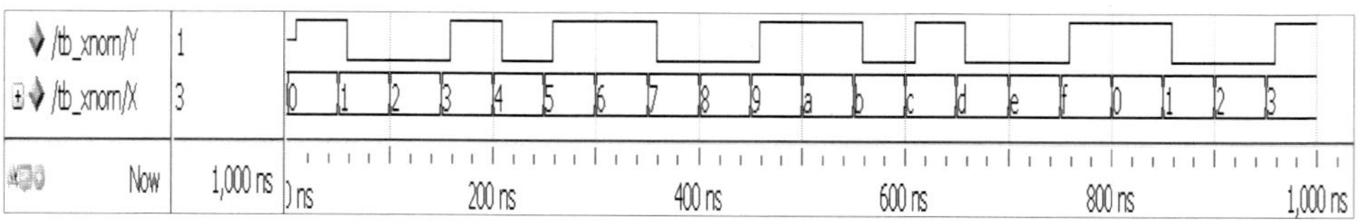

- 4입력 NOR 게이트의 시뮬레이션 결과는 X[0], X[1], X[2], X[3] 입력 신호들의 1의 개수가 짝수일 때 출력 신호 Y가 1이 되고 그 이외에서는 Y가 0이 된다.

HBE-COMBO II 트레이닝 키트에 프로그래밍 하기 위한 정보

입 력			출 력			블록도
핀 이름	핀 번호	입력 장치	핀 이름	핀 번호	출력 장치	
X[0]	AD10	KeypadA	Y	AE6	LED8	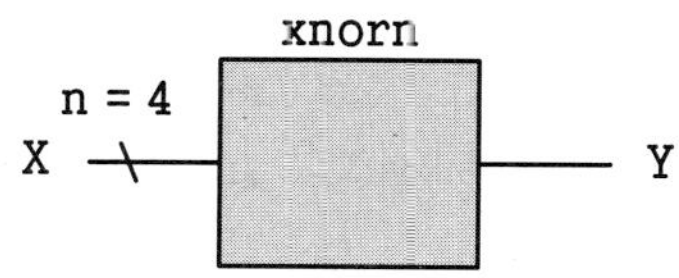
X[1]	AC10	KeypadB				
X[2]	AA9	KeypadC				
X[3]	Y9	KeypadD				

- X[0](KeypadA), X[1](KeypadB), X[2](KeypadC), X[3](KeypadD) 모두를 누르지 않으면 LED8의 불이 켜진다. 그 이외의 경우는 LED8의 불이 꺼진다.

3.13 구조적 표현(structural representation)

(1) 구조적 표현은 가장 하드웨어에 가까운 하위 레벨의 표현으로서 모든 하위 모듈(component)들 간의 상호 연결을 잘 나타낸다.

(2) 구조적 표현으로 설계자는 논리회로 합성을 고려하여 하드웨어의 각 블록들을 하위 모듈들로 표현할 수 있고, 레지스터, 버스, 게이트 레벨까지의 설계를 가능하게 한다.

(3) 구조적 표현에서는 필요한 하위 모듈들과 이들 상호간의 인터페이스를 정의하고 미리 설계된 하위 모듈들을 이용하여 디지털 시스템을 설계한다.

3.13.1 하위 모듈문

- 구조적으로 설계할 때 사용하기 위한 블록을 하위 모듈로 미리 설계한다.

(1) 하위모듈 사례화문

하위모듈 사례화(instantiation)문에서는 선언한 하위모듈들의 지역포트 신호에 실제포트 신호가 연결되도록 해준다.

형식	하위모듈_이름 인스턴스_이름 (결합_리스트);

- 인스턴스는 하위모듈을 구별 가능하도록 이름을 정한다.
- 하위모듈 사례화문은 하위모듈 이름을 먼저 기술한 후 인스턴스 이름(instance name)을 반드시 쓰고, 괄호 안에 대응되는 포트신호를 선언한다.
- 괄호 안에서는 지역포트(local port) 신호의 값을 실제포트(actual port) 신호에 전달하는 역할을 한다.
- 지역포트 신호와 실제포트 신호들을 연결하는 방법은 다음과 같이 위치에 의한 포트연결(connecting ports by order)과 이름에 의한 포트연결(connecting ports by name) 등의 2가지 방법이 있다.

위치에 의한 포트연결(connecting by order)

하위모듈의 지역포트 신호와 실제포트 신호들을 위치 순서대로 연결

```
하위모듈명 인스턴스명 (A, B, tmp);
```

이름에 의한 포트연결(connecting by name)

하위모듈의 지역포트 신호와 실제포트 신호들을 위치와 상관없이 직접 이름으로 연결

```
하위모듈명  인스턴스명 (.A(A), .B(B), .Y(tmp));
```

➔ 하위모듈 사례화문 사용 예

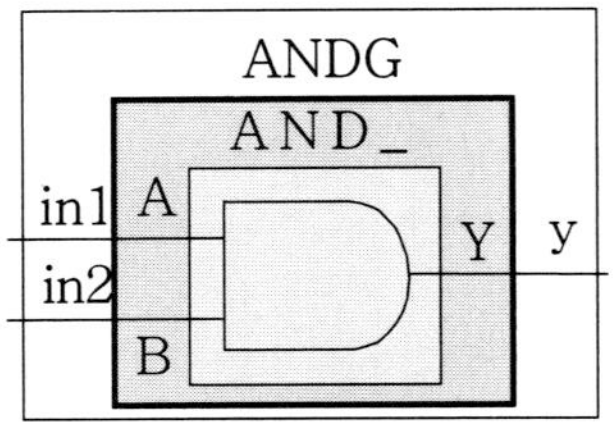


```
~
~
AND_2 ANDG (in1, in2, y); -- 하위모듈 사례화문
~
~
```

- AND_2 하위모듈을 사례화하는 하위모듈 사례화문은 인스턴스 이름으로서 ANDG를 가진다.
- 괄호 안에서는 포트(port)를 통해서 지역포트(local port) 신호의 값을 실제포트(actual port) 신호에 전달하는 역할을 한다.
- AND_2의 실제포트 신호들은 in1, in2, y 등이며 지역포트 신호들은 A, B, Y 등이다.

실습 39 직렬입력 직렬출력(Serial-In Serial-Out, SISO) 시프트 레지스터(shift register) 설계 1

- 직렬입력 직렬출력 시프트 레지스터는 각 D 플립플롭의 출력을 인접한 D 플립플롭의 입력에 연결함으로써 각 D 플립플롭의 출력은 인접한 D 플립플롭의 입력으로 넘겨진다.
- 하나의 직렬 데이터 입력이 첫 번째 D 플립플롭의 입력 SI에 인가되면 연속적인 클록 동작에 의하여 데이터가 오른쪽으로 하나씩 이동될 것이다.
- 비동기식 부논리 리셋 입력을 갖는 D 플립플롭(dff_rst.v)을 하위모듈로 정의하여 구조적 표현으로 설계한다.

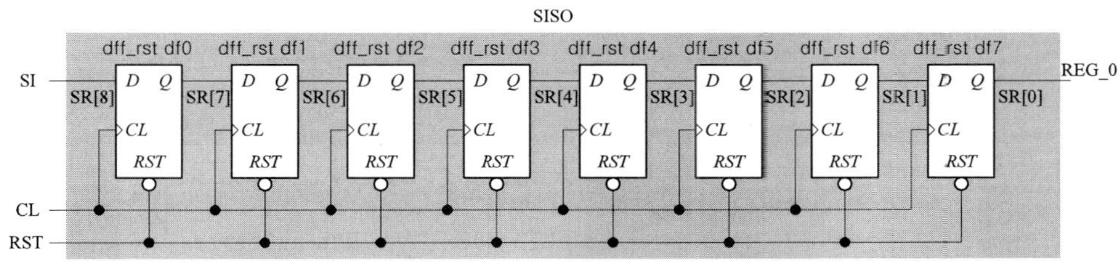

하위모듈 : dff_rst.v(동작적 표현)

```
module dff_rst(D, RST, CL, Q);
   input  D, RST, CL;
   output Q;
   reg Q;
      always @(posedge CL or negedge RST)
      begin
         if (!RST)          Q <= 0;
         else               Q <= D;
      end
endmodule
```

구조적 표현

```
module siso(RST, SI, CL, REG_0);
   input  RST, SI, CL;
   output REG_0;
   wire [8:0]SR;
      assign SR[8] = SI;
      dff_rst df0 (SR[8], RST, CL, SR[7]);
      dff_rst df1 (SR[7], RST, CL, SR[6]);
      dff_rst df2 (SR[6], RST, CL, SR[5]);
      dff_rst df3 (SR[5], RST, CL, SR[4]);
```

```
      dff_rst df4 (SR[4], RST, CL, SR[3]);
      dff_rst df5 (SR[3], RST, CL, SR[2]);
      dff_rst df6 (SR[2], RST, CL, SR[1]);
      dff_rst df7 (SR[1], RST, CL, SR[0]);
      assign REG_O = SR[0];
endmodule
```

MoldelSim으로 시뮬레이션 하기 위한 Test Bench 파일

```
`timescale 1ns / 1ns
module tb_siso;
   reg RST;
   reg SI;
   reg CL;
   wire REG_O;
   parameter sec = 25;
      siso uut (.RST(RST), .SI(SI), .CL(CL), .REG_O(REG_O));
      always #(sec) CL = ~CL;
      always #(sec*2) SI = ~SI;
      initial begin
        RST = 1;   SI = 0;   CL = 1;    #0;
        RST = 1;                        #720;
        RST = 0;                        #120;
        RST = 1;                        #145;
      end
endmodule
```

ModelSim을 사용한 타이밍 시뮬레이션 결과

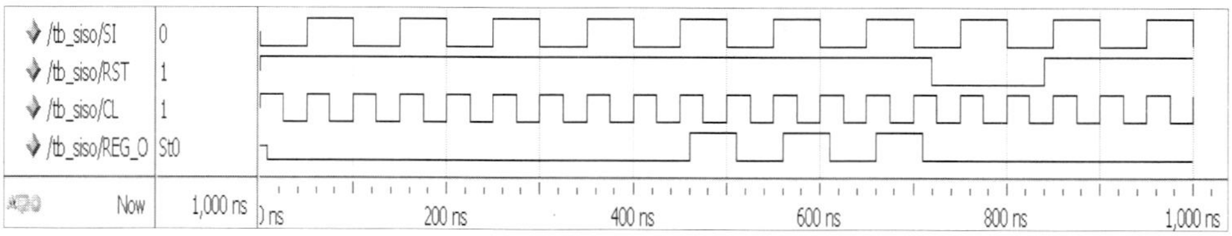

- 입력 신호 CL의 상승 에지에서 입력 신호 SI가 입력된다. 8번의 CL 상승 에지가 발생된 후에 출력 신호 REG_O에 SI 신호가 출력된다. 입력 신호 RST가 0이 되면, REG_O는 0으로 초기화된다.

HBE-COMBO II 트레이닝 키트에 프로그래밍 하기 위한 정보

입 력			출 력			블록도
핀 이름	핀 번호	입력 장치	핀 이름	핀 번호	출력 장치	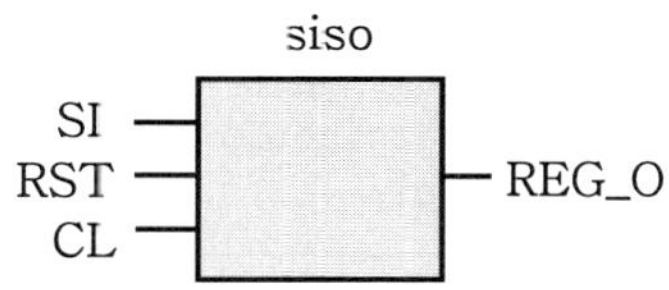
SI	Y10	KeypadA	REG_O	AC7	LED8	
CL	W10	KeypadB				
RST	Y12	BusSW1_1				

- RST(BusSW1_1)을 누르고 SI(KeypadA) 입력은 CL(KeypadB)을 8번 누르면 LED에 출력된다.

실습 40 4비트 병렬 2진 가산기 설계 3

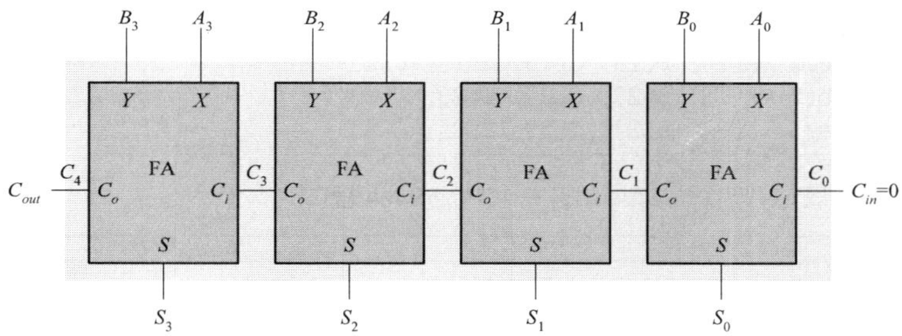

(a) 논리회로

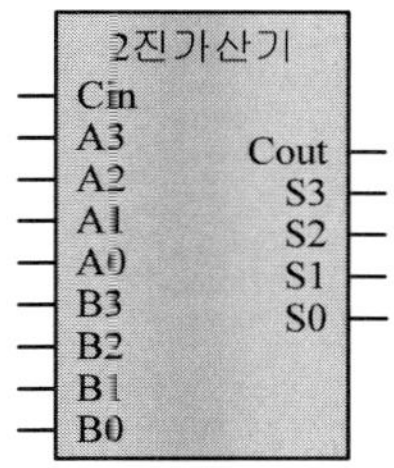

(b) 심볼

$$
\begin{array}{rl}
C_4C_3C_2C_1C_0 & \text{자리올림수} \\
A_3A_2A_1A_0 & \\
+\quad B_3B_2B_1B_0 & \\
\hline
C_4S_3S_2S_1S_0 & \text{합}
\end{array}
$$

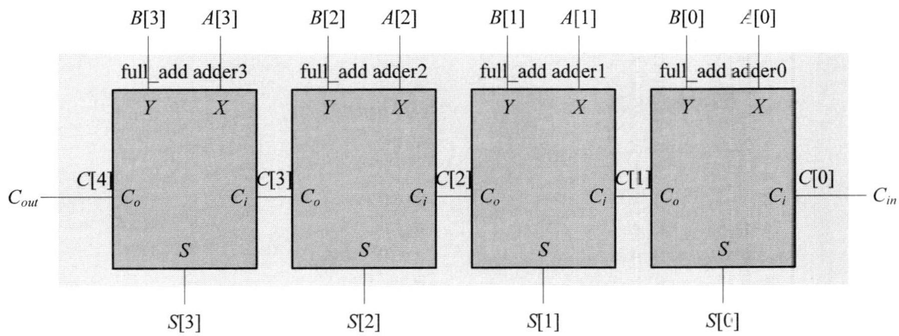

하위모듈 : full_add(자료흐름적 표현)

```
module full_add(X, Y, Ci, S, Co);
   input  X, Y, Ci;
   output S, Co;
      assign S = X ^ Y ^ Ci;
      assign Co = (X & Y) | (X & Ci) | (Y & Ci);
endmodule
```

구조적 표현

```
module bin_adder(A, B, Cin, S, Cout);
   input  [3:0] A, B;
   input  Cin;
   output [3:0] S;
   output Cout;
   wire [4:0] C;
      assign C[0] = Cin;
      full_add adder0 (A[0], B[0], C[0], S[0], C[1]);
      full_add adder1 (A[1], B[1], C[1], S[1], C[2]);
      full_add adder2 (A[2], B[2], C[2], S[2], C[3]);
      full_add adder3 (A[3], B[3], C[3], S[3], C[4]);
      assign Cout = C[4];
endmodule
```

MoldelSim으로 시뮬레이션 하기 위한 Test Bench 파일

```
`timescale 1ns / 1ns
module tb_bin_adder;
   reg [3:0] A;
   reg [3:0] B;
   reg Cin;
   wire [3:0] S;
   wire Cout;
      bin_adder uut (.A(A), .B(B), .Cin(Cin), .S(S), .Cout(Cout));
      initial begin
         A = 0;   B = 0;   Cin = 1;   #100;
         A = 1;   B = 0;              #100;
         A = 2;   B = 1;              #100;
         A = 3;   B = 1;              #100;
         A = 4;   B = 2;              #100;
         A = 5;   B = 2;              #100;
         A = 6;   B = 3;              #100;
         A = 7;   B = 3;              #100;
         A = 8;   B = 4;              #100;
         A = 9;   B = 4;              #100;
         A = 10;  B = 5;              #100;
         A = 11;  B = 5;              #100;
         A = 12;  B = 6;              #100;
         A = 13;  B = 6;              #100;
```

```
        A = 14;  B = 7;              #100;
        A = 15;  B = 7;              #100;
        A = 0;   B = 8;              #100;
        A = 1;   B = 8;   Cin = 0;   #100;
        A = 2;   B = 9;   Cin = 0;   #100;
        A = 3;   B = 9;   Cin = 0;   #100;
        $stop;
    end
endmodule
```

ModelSim을 사용한 타이밍 시뮬레이션 결과

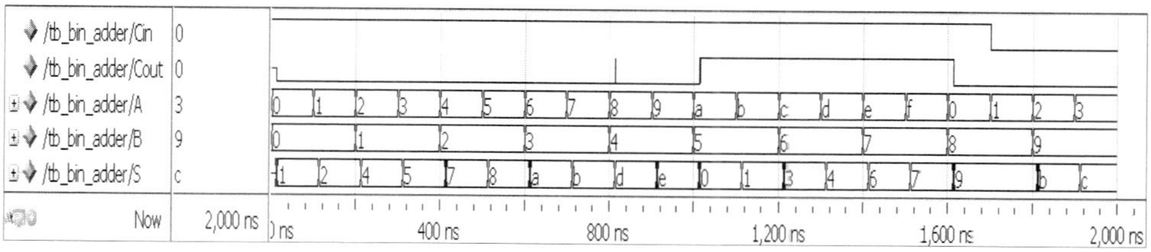

- 입력 신호 A, B 그리고 Cin의 덧셈 연산 결과가 출력 신호 S와 Cout에 출력된다.

HBE-COMBO II 트레이닝 키트에 프로그래밍 하기 위한 정보

입 력			출 력			블록도
핀 이름	핀 번호	입력 장치	핀 이름	핀 번호	출력 장치	
A[3]	Y12	BusSW1_1	Cout	W8	LED4	
A[2]	AE11	BusSW1_2	S[3]	AF6	LED5	
A[1]	U12	BusSW1_3	S[2]	AE6	LED6	
A[0]	AC12	BusSW1_4	S[1]	AD7	LED7	
B[3]	AD12	BusSW1_5	S[0]	AC7	LED8	
B[2]	AA12	BusSW1_6				
B[1]	AB12	BusSW1_7				
B[0]	Y13	BusSW1_8				
Cin	W11	BusSW2_1				

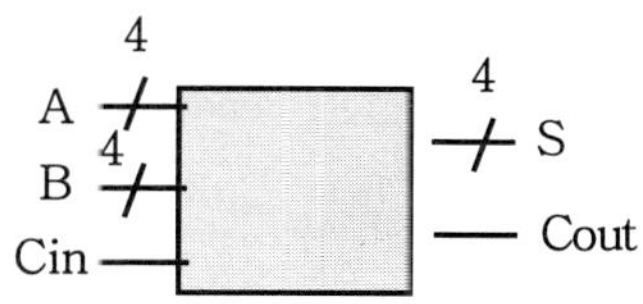

- LED들이 모두 꺼져 있는 상태에서 A[3] ~ A[0](BusSW1_1 ~ BusSW1_4)와 B[3] ~ B[0](BusSW1_5 ~ BusSW1_6)의 합에 대응하는 LED의 불이 켜진다.

3.13.2 생성문(generate statement)

생성문은 규칙적인 구조를 가지는 논리회로를 반복적으로 생성하기 위해서 사용된다. 또한 자주 사용되는 하위모듈을 표현할 때 편리하다. 생성문에는 조건 여부에 따라서 반복 생성문(for-generate문), 조건 생성문(if-generate문), 케이스 생성문(case generate문) 등이 있다.

① 루프 생성문(for-generate문) : 단순 반복 생성(조건 없음)
② 조건 생성문(if-generate문) : 주어진 조건에 따라 여러 번 반복 생성
③ 케이스 생성문(case-generate문) : 주어진 조건에 따라 여러 번 반복 생성

생성문의 형식

[루프 생성문(for–generate문)]

```
genvar 인덱스_변수;
generate for(변수_범위) begin : 루프_이름
        문장;
end
endgenerate
```

- 문장을 인덱스_변수(index variable)의 변수_범위(variable range)만큼 반복한다.
- 문장으로는 하위모듈, 연속 할당문, initial, always, primitive 연산자 등이 올 수 있다.

[조건 생성문(if–generate문)]

```
genvar 인덱스_변수;
if (조건) generate
   문장;
endgenerate
```

- 문장으로는 하위모듈, 연속 할당문, initial, always, primitive 연산자 등이 올 수 있다.

[케이스 생성문(case–generate문)]

```
generate
   case(n)
      문장;
endgenerate
```

- 문장으로는 하위모듈, 연속 할당문, initial, always, primitive 연산자 등이 올 수 있다.

사용 예

[반복 생성문(for-generate문)]

```
parameter n = 8;
   genvar i;
   generate  for (i = n; i >= 1; i = i - 1) begin : and_loop
      and g1 (Y[i], A[i-1], B[i-1]);
   end
   endgenerate
endmodule
```

[조건 생성문(if-generate문)]

```
parameter n = 8;
   genvar i;
      if1 (i <= 7 and >= 2) generate
         Z <= X(i) + Y(i);
   endgenerate
```

[케이스 생성문(case-generate문)]

```
parameter n = 2;
   generate
   case (n)
      1 : and g1 (Y, A, B);
      2 : or  g2(Y, A, B);
   end generate if1;
```

실습 41 직렬입력 직렬출력(Serial-In Serial-Out, SISO) 시프트 레지스터(shift register) 설계 2

하위모듈 : dff_rst.v(동작적 표현)

```
module dff_rst(D, RST, CL, Q);
   input  D, RST, CL;
   output Q;
   reg Q;
      always @(posedge CL or negedge RST)
      begin
         if (!RST)          Q <= 0;
         else               Q <= D;
      end
endmodule
```

루프 생성문(for-generate문)을 사용한 SISO 레지스터 : siso.v

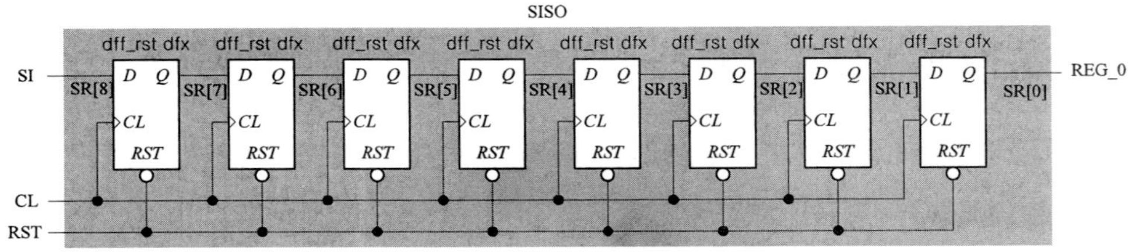

구조적 표현1

```
module siso(SI, RST, CL, REG_O);
   input SI, RST, CL;
   output REG_O;
   wire [8:0] SR;
   parameter n = 8;
      genvar i;
      assign SR[8] = SI;
      generate  for (i = n; i >= 1; i = i - 1) begin : x_loop
         dff_rst dfx (SR[i], RST, CL, SR[i-1]);
      end
      endgenerate
      assign REG_O = SR[0];
endmodule
```

조건 생성문(if-generate문)을 사용한 SISO 레지스터 : siso.v

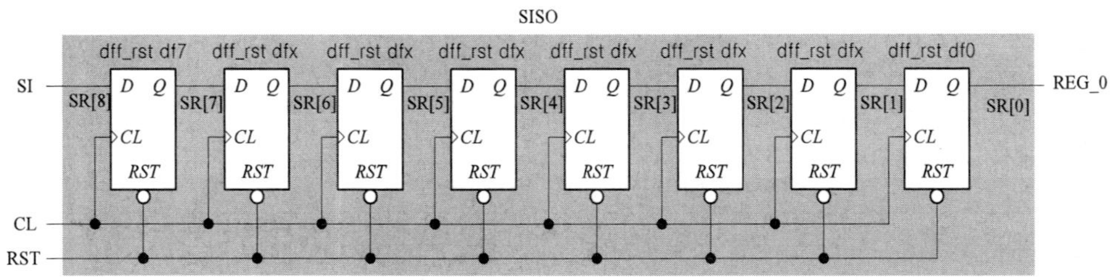

구조적 표현2

```
module siso(SI, RST, CL, REG_O);
   input SI, RST, CL;
   output REG_O;
   wire [8:0] SR;
   parameter n = 8;
   genvar i;
      generate  for (i = n; i >= 1; i = i - 1) begin : x_loop
         if (i == n)
```

```
        dff_rst df7 (SI, RST, CL, SR[i-1]);
      else if (i <= 7 && i >= 2)
        dff_rst dfx (SR[i], RST, CL, SR[i-1]);
      else if (i == 1)
        dff_rst df0 (SR[i], RST, CL, REG_0);
    end
    endgenerate
endmodule
```

케이스 생성문(case-generate문)을 사용한 SISO 레지스터 : siso.v

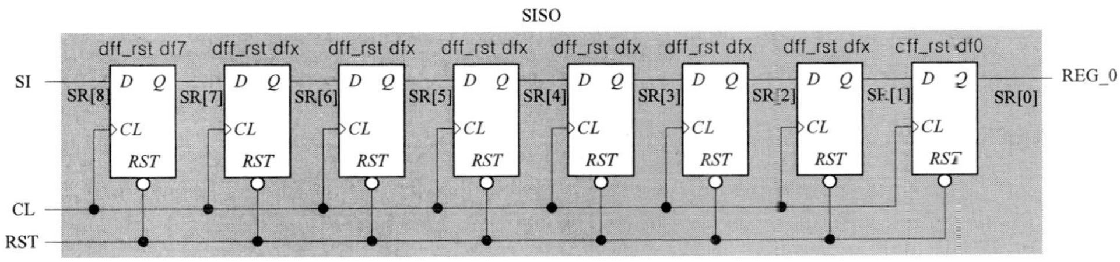

구조적 표현3

```
module siso(SI, RST, CL, REG_0);
  input SI, RST, CL;
  output REG_0;
  wire [8:0] SR;
  parameter n = 8;
  genvar i;
    generate  for (i = n; i >= 1; i = i - 1) begin : x_loop
      case (i)
        1 : dff_rst df0 (SR[i], RST, CL, REG_0);
        2 : dff_rst dfx (SR[i], RST, CL, SR[i-1]);
        3 : dff_rst dfx (SR[i], RST, CL, SR[i-1]);
        4 : dff_rst dfx (SR[i], RST, CL, SR[i-1]);
        5 : dff_rst dfx (SR[i], RST, CL, SR[i-1]);
        6 : dff_rst dfx (SR[i], RST, CL, SR[i-1]);
        7 : dff_rst dfx (SR[i], RST, CL, SR[i-1]);
        8 : dff_rst df7 (SI, RST, CL, SR[i-1]);
      endcase
    end
    endgenerate
endmodule
```

MoldelSim으로 시뮬레이션 하기 위한 Test Bench 파일

```
`timescale 1ns / 1ns
module tb_siso;
  reg RST;
  reg SI;
```

```
    reg CL;
    wire REG_O;
    parameter sec = 25;
      siso uut (.RST(RST), .SI(SI), .CL(CL), .REG_O(REG_O));
      always #(sec) CL = ~CL;
      always #(sec*2) SI = ~SI;
      initial begin
        RST = 0;   SI = 0;   CL = 1;   #0;
        RST = 1;                        #720;
        RST = 0;                        #120;
        RST = 1;                        #145;
        $stop;
      end
endmodule
```

ModelSim을 사용한 타이밍 시뮬레이션 결과

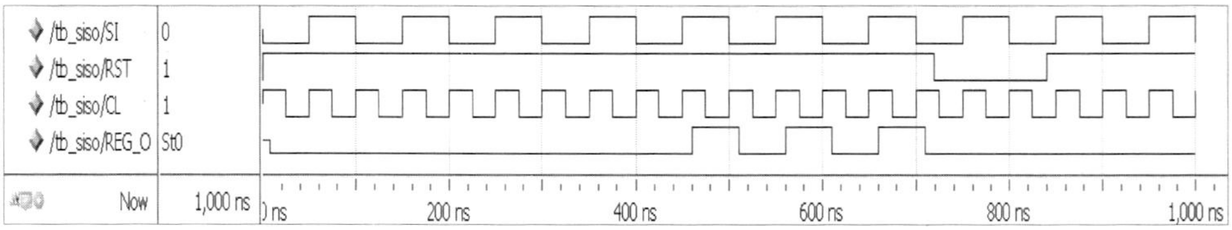

- 입력 신호 CL의 상승 에지에서 입력 신호 SI가 입력된다. 8번의 CL 상승 에지가 발생된 후 출력 신호 REG_O에 SI 신호가 출력된다. 입력 신호 RST가 0이 되면, REG_O은 0으로 초기화된다.

HBE-COMBO II 트레이닝 키트에 프로그래밍 하기 위한 정보

입 력			출 력			블록도
핀 이름	핀 번호	입력 장치	핀 이름	핀 번호	출력 장치	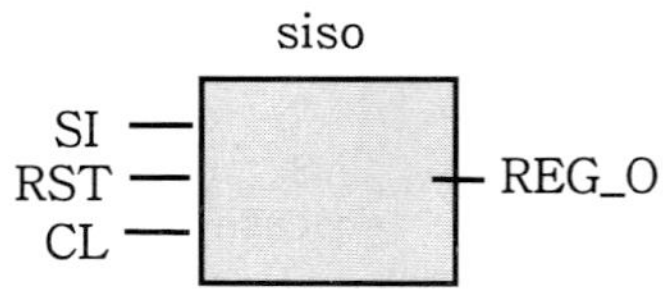
SI	Y10	KeypadA	REG_O	AC7	LED8	
CL	W10	KeypadB				
RST	Y12	BusSW1_1				

- RST(BusSW1_1)을 누르고 SI(KeypadA) 입력은 CL(KeypadB)을 8번 누르면 LED에 출력된다.

CHAPTER 04

Verilog HDL을 사용하여 설계한 4비트 2진 덧셈기를 HBE-COMBO II 트레이닝 키트의 led로 출력하기

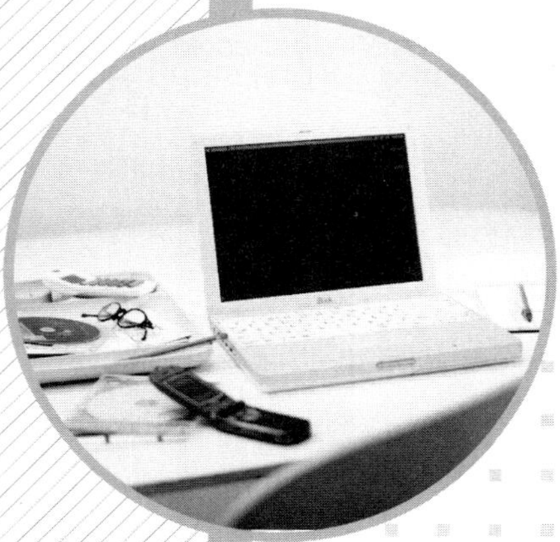

4.1 HBE-COMBOⅡ 트레이닝 키트 상에서의 동작 설명

4.2 HBE-COMBOⅡ 트레이닝 키트의 led에 4비트 2진 덧셈기를 디스플레이 하는 전체블록 개요

4.3 1비트 2진 덧셈기인 bitadder 블록의 Verilog HDL 설계하기

4.4 4비트 2진 덧셈기인 adder4 블록의 Verilog HDL 설계하기

4.5 keypad의 입력을 4비트 데이터로 변환하고, 변환된 데이터를 A, B 레지스터에 저장하는 keyin 블록의 Verilog HDL 설계하기

4.6 HBE-COMBOII 트레이닝 키트의 dotmatrix led 모듈에 "Verilog HDL" 문자열을 출력하는 dotmatrix 블록의 Verilog HDL 설계하기

4.7 HBE-COMBOII 트레이닝 키트의 led에 4비트 2진 덧셈기를 디스플레이 하는 전체블록의 Verilog HDL 설계하기

4.8 kit_4adder_led 전체블록에 대하여 핀 할당 과정 수행하기

4.9 kit_4adder_led 전체블록에 대하여 컴파일 과정 수행하기

4.10 kit_4adder_led 전체블록에 대하여 타이밍 시뮬레이션 과정 수행하기

4.11 설계한 kit_4adder_led 전체블록에 대하여 프로그래밍 과정 수행하기

4.1 HBE-COMBO II 트레이닝 키트 상에서의 동작 설명

이 예제는 그림 4.1.1과 같이 사용자가 HBE-COMBO II 트레이닝 키트 내에 있는 0에서 F까지의 키보드를 사용하여 2개의 4비트 데이터를 연속적으로 넣게 되면, 입력된 2개의 4비트 데이터가 덧셈되어 입력된 4비트 데이터와 덧셈된 결과가 HBE-COMBO II 트레이닝 키트의 8개의 led에 나타나게 된다. 또한 두 번째 키를 떼기 전까지는 입력되는 2개의 4비트 데이터가 출력되고, 두 번째 키가 떼어지는 순간 덧셈된 결과 값이 출력되도록 설계 하였다. 예를 들어 사용자가 8 키와 9 키를 연속적으로 누르게 되면 먼저 HBE-COMBO II 트레이닝 키트에 2개의 4비트 데이터 키 입력에 대한 led가 점등된다. 즉 첫 번째 4비트 데이터인 8은 8개의 led 중에서 A그룹 led에 1000 형태로 점등되고, 두 번째 4비트 데이터인 9는

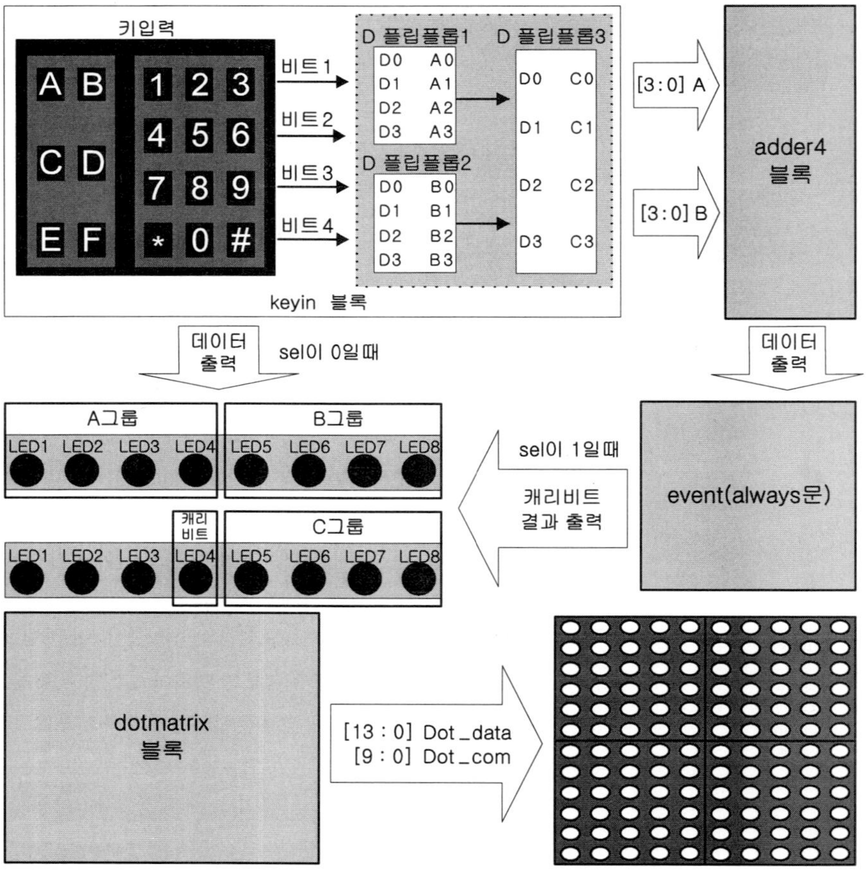

그림 4.1.1 HBE-COMBO II 트레이닝 키트 상에서의 동작 개요

B 그룹 led에 1001 형태로 점등된다. 다음에 2개의 4비트 데이터에 대한 덧셈된 결과 값인 17은 A그룹 led와 B그룹 led가 모두 꺼지면서 C그룹 led에 0001 형태로 점등되고 캐리비트가 점등된다. 한편, dotmatrix 블록에서는 "Verilog HDL"이라는 문자가 우에서 좌로 이동하면서 디스플레이 된다.

4.2 HBE-COMBO II 트레이닝 키트의 led에 4비트 2진 덧셈기를 디스플레이 하는 전체블록 개요

HBE-COMBO II 트레이닝 키트의 led에 4비트 2진 덧셈기를 디스플레이 하는 kit_4adder_led 전체블록은 그림 4.2.1과 같이 크게 keyin 블륵과 adder4 블록, always문 등으로 구성된다. HBE-COMBO II 트레이닝 키트의 keypad는 3×4 keypad와 6개의 버튼 스위치로 구성되어 있다. 버튼 스위치는 A 키에서 F 키까지로서 직접 입력이 되도록 구성되어져 있으며, 3×4 keypad는 0에서 9까지의 키들과 *, # 등의 키들로 구성되어있다. 한편, 3×4 keypad는 스캔방식 구조로써 가로라인과 세로라인에서 동시에 제어하여 입력을 받아 사용할 수 있도록 구성되어 있다. 따라서 0에서 9까지의 스위치 입력 값을 받기 위해서는 키 데이터 스캔 블록(keymatrix)이 필요하다. keymatrix 블록에서 스캔한 키 값의 출력은 encoder always문으로 보내진다. 한편, A ~ F까지의 버튼 스위치로 입력되는 데이터는 1비트의 데이터 정보이기 때문에 바로 encoder always문으로 키 값이 보내진다. 따라서 HBE-COMBO II 트레이닝 키트의 keypad로부터 입력되는 데이터는 16비트가 된다. 그러나 adder4 블록에 적용하기에는 데이터의 비트 수가 다르기 때문에 keypad의 데이터 정보를 변환하고, 출력된 데이터를 A그룹 데이터와, B그룹 데이터로 저장하는 D 플립플롭이 필요하다. 이러한 기능들은 keyin 블록에서 수행된다. 한편, keyin 블록에서 출력되는 2개의 4비트 데이터는 4비트 2진 덧셈기인 adder4 블록에서 덧셈된다. 또한, 2개의 4비트 데이터와 4비트 2진 덧셈기인 adder4 블록에서 덧셈된 결과는 event always문으로 입력된다. HBE-COMBO II 트레이닝 키트에서는 led가 8개이므로 2개의 4비트 데이터와 4비트 2진 덧셈기인 adder4 블록에서 덧셈된 결과를 모두 출력할 수 없다. 따라서 event always문에서는 2개의 4비트 데이터를 먼저 출력 시키고, 두 번째 데이터 스위치가 눌렸다가 떼어지는 순간에 4비트 2진 덧셈기인 adder4 블록에서 덧셈된 결과와 캐리비트 값을 출력한다. 한편, dotmatrix 블록에서는 “Verilog HDL”이라는 문자열이 우에서 좌로 이동하면서 디스플레이 된다.

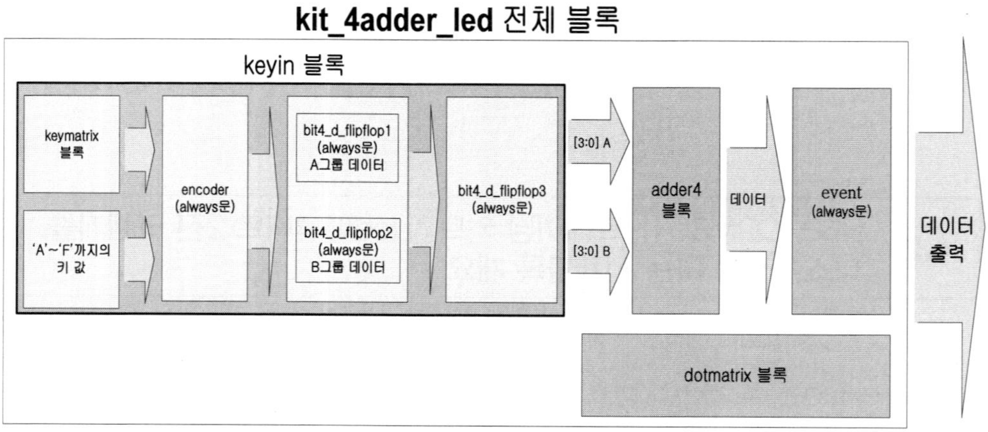

그림 4.2.1 HBE-COMBO II 트레이닝 키트의 led에 4비트 2진 덧셈기를 디스플레이 하는 kit_4adder_led 전체블록 개요

4.3 1비트 2진 덧셈기인 bitadder 블록의 Verilog HDL 설계하기

4.3.1 Verilog HDL File 화면 생성

Verilog HDL File 화면을 생성하기 위해서는 그림 4.3.1과 같이 Quartus II의 풀다운 메뉴에서 [File]의 서브 메뉴인 [New... Ctrl + N]을 선택하거나, 툴바에서 아이콘을 선택하면 그림 4.3.2와 같이 Design Entry를 선택하는 New 화면이 나타난다. 그림 4.3.2의 New 화면에서 Verilog HDL File 항목을 선택하고 OK 버튼을 마우스의 왼쪽 버튼으로 클릭하면 그림 4.3.3과 같이 Verilog HDL File 화면이 나타난다.

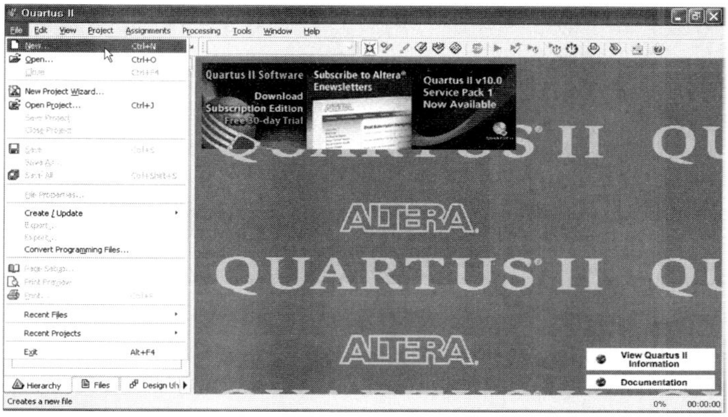

그림 4.3.1 [File] → [New... Ctrl + N] 메뉴 선택

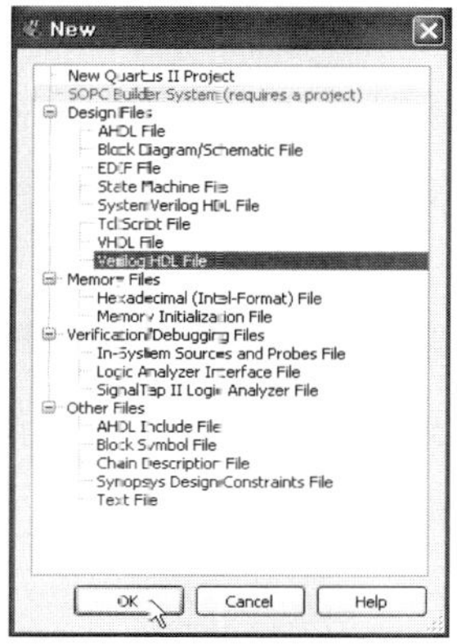

그림 4.3.2 Verilog HDL File을 선택하는 화면

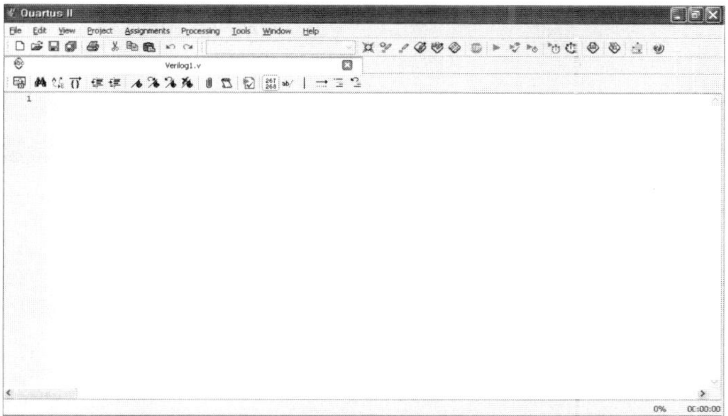

그림 4.3.3 Verilog HDL File 화면

4.3.2 새로운 project명 및 파일명 저장하기

Quartus II의 Design Entry를 사용하여 설계를 할 경우에는 반드시 설계 파일 이름과 같은 project명을 설정하여야 한다. 먼저 그림 4.3.4와 같이 Quartus II의 풀다운 메뉴에서 [File]의 서부 메뉴인 [Save As...] 메뉴를 선택하면, 그림 4.3.5와 같이 파일명을 저장하기 위한 다른 이름으로 저장 화면이 나타난다. 다음으로 그림 4.3.5와 같이 다른 이름으로 저장하기 화면에서 아이콘 을 마우스의 왼쪽 버튼으로 클릭하여 새 폴더를 성성하고, 현재 만들고자 하는 project명으로 폴더 명을 그림 4.3.6과 같이 입력한다. 이때 작업경로와 폴더 명은 사용자 임의로 설정 가능하다. 사용자가 생성한 폴더명을 마우스의 왼쪽 버튼으로 더

블 클릭하면 생성한 폴더로 작업경로가 변경되어진다. 다음으로 그림 4.3.7과 같이 생성한 폴더 안에서 파일명을 사용자가 지정하고 Save 버튼을 마우스의 왼쪽 버튼으로 클릭하면 확장자는 **.v**로 자동 설정되어 저장된다.

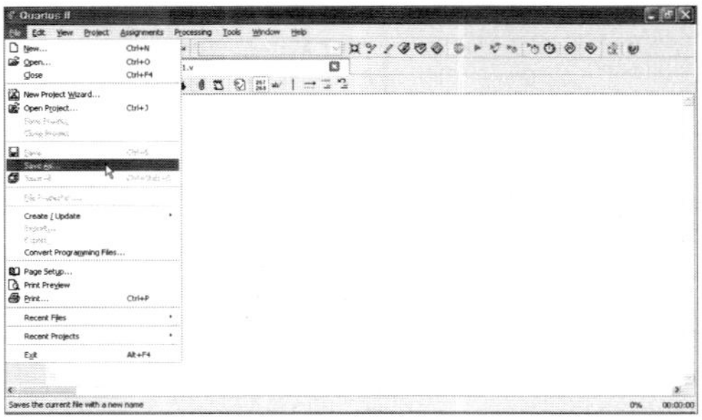

그림 4.3.4 [File] → [Save As...] 메뉴 선택

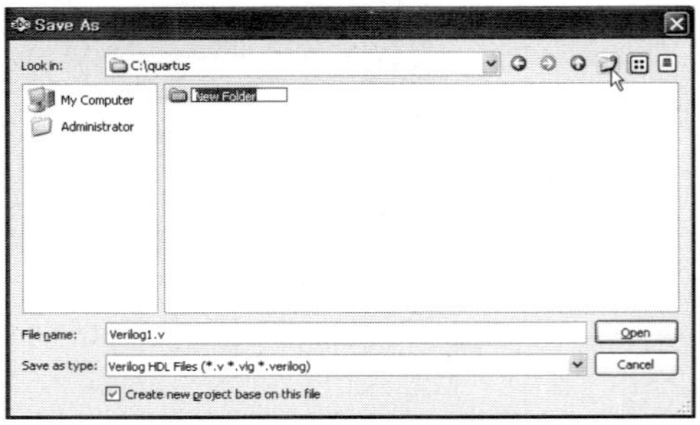

그림 4.3.5 다른 이름으로 저장하기 화면에서 아이콘 을 마우스의 왼쪽 버튼으로 클릭

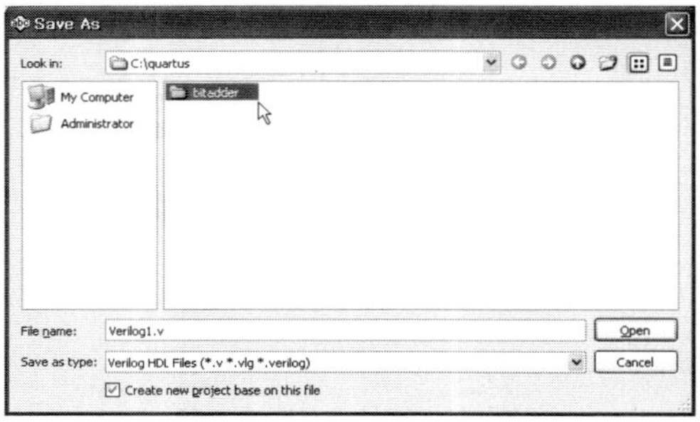

그림 4.3.6 bitadder 폴더를 생성한 화면

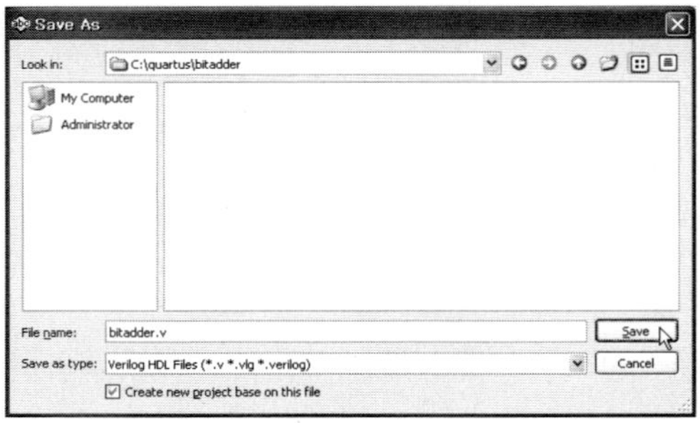

그림 4.3.7 파일명을 저장하기 위한 다른 이름으로 저장 화면

그림 4.3.7의 화면에서 Save 버튼을 마우스의 왼쪽 버튼으로 클릭하면 그림 4.3.8과 같이 새 project를 생성할 것인지를 묻는 화면이 나타난다. 이 예제에서는 하나의 Verilog HDL 설계 파일은 같은 설계 파일명으로 된 project로 하나의 폴더에 저장할 것이다. 따라서 그림 4.3.8에서 Yes 버튼을 마우스의 왼쪽 버튼으로 클릭하면, 그림 4.3.9와 같이 New Project Wizard 화면이 나타난다. 이 화면에서 Next > 버튼을 마우스의 왼쪽 버튼으로 클릭하면, 그림 4.3.10과 같이 첫 번째 단계로 project의 경로와 project명을 입력하라는 화면이 나타난다.

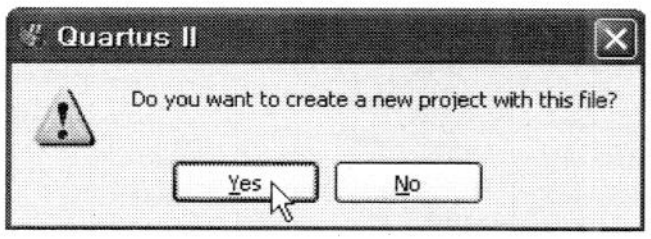

그림 4.3.8 새 project를 생성할 것인지를 묻는 화면

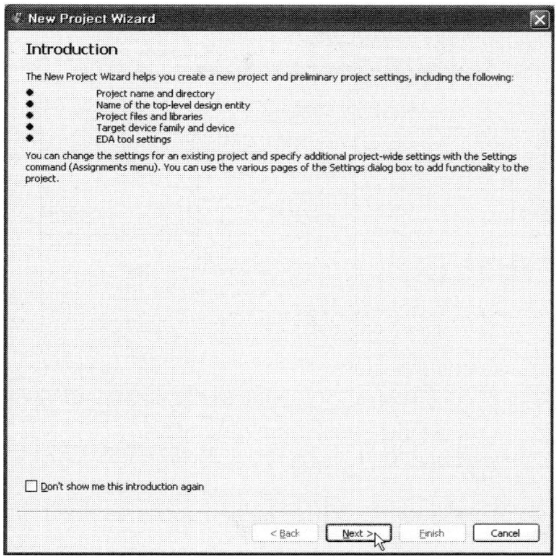

그림 4.3.9 New Project Wizard 화면

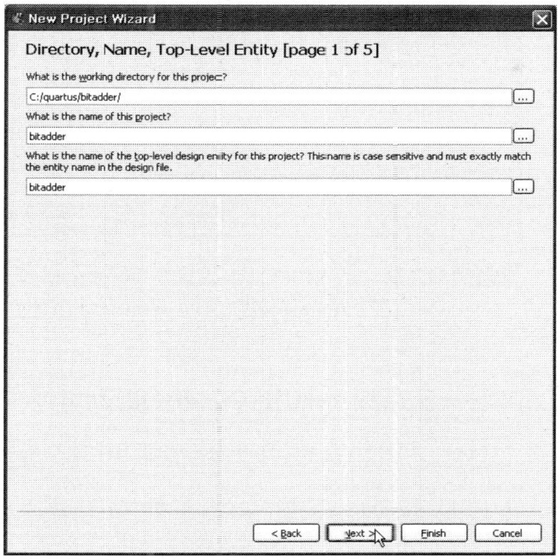

그림 4.3.10 project의 경로와 project명을 입력하라는 화면

그림 4.3.10의 화면에서 [Next >] 버튼을 마우스의 왼쪽 버튼으로 클릭하면, 두 번째 단계로 다른 project에 필요한 파일들을 추가하거나, 그 project의 모든 파일들을 참조하기 위한 Library Path를 설정해 주는 화면이 그림 4.3.11과 같이 나타난다. 이 부분은 여러 사람들이 함께 작업하는 설계 과정에서 유용하게 사용된다. 따라서 여러 사람들이 각각의 project를 나누어서 설계하고, 최종 상위 project에서 하나로 모으는데 사용한다. 1비트 2진 덧셈기인 bitadder 블록은 하위 project를 사용하는 것이 없기 때문에 추가하지 않고 그림 4.3.11의 화면에서 [Next >] 버튼을 마우스의 왼쪽 버튼으로 클릭하면, 그림 4.3.12와 같이 세 번째로 Family & Device를 설정하는 화면이 나타난다.

그림 4.3.11 다른 project에 필요한 파일들을 추가 시키는 화면

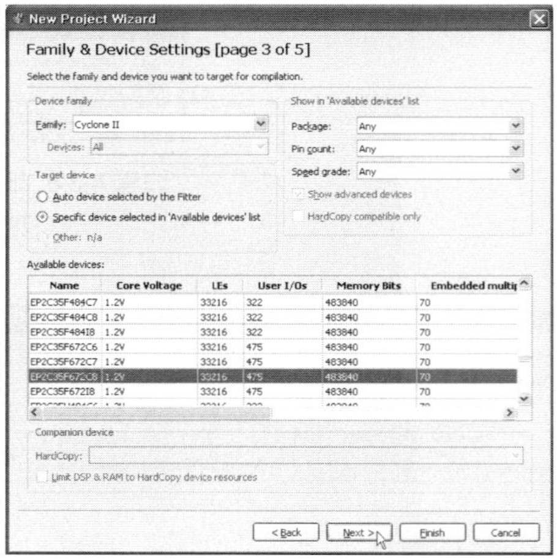

그림 4.3.12 Family & Device를 설정하는 화면

그림 4.3.12에서 HBE-COMBOII 장비에서 사용하는 EP2C35F672C8 디바이스를 선택하고, [Next >] 버튼을 마우스의 왼쪽 버튼으로 클릭하면, 그림 4.3.13과 같이 네 번째 단계로 다른 EDA 툴과 연동할 수 있도록 설정하는 화면이 나타난다. 여기서는 다른 EDA 툴과 연동하여 사용하지 않을 것이므로 연동 툴을 선택하지 않고 [Next >] 버튼을 마우스의 왼쪽 버튼으로 클릭하면, 그림 4.3.14와 같이 다섯 번째 단계로 첫 번째 단계부터 네 번째 단계까지의 설정이 어떻게 되었는지 모두 보여주는 화면이 나타난다. 따라서 사용자가 이러한 정보를 보고 project 선언 단계에서 다르게 설정한 부분이 없는지 다시 확인 할 수 있다. 또한 잘못된 부분이 있다면, [< Back] 버튼을 마우스의 왼쪽 버튼으로 클릭함으로써 그 단계로 다시 돌아가서 수정할 수 있다.

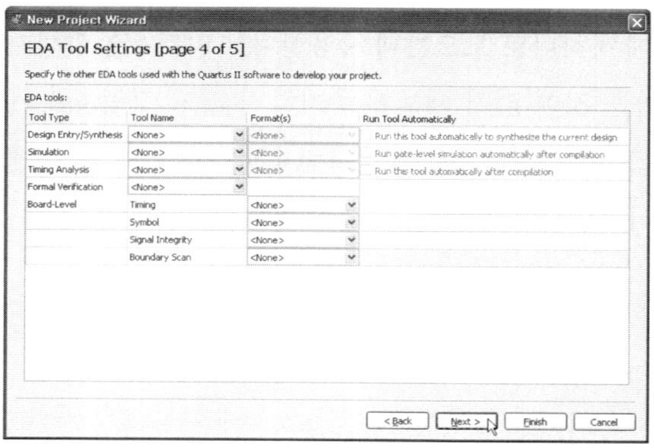

그림 4.3.13 EDA Tool Settings 화면

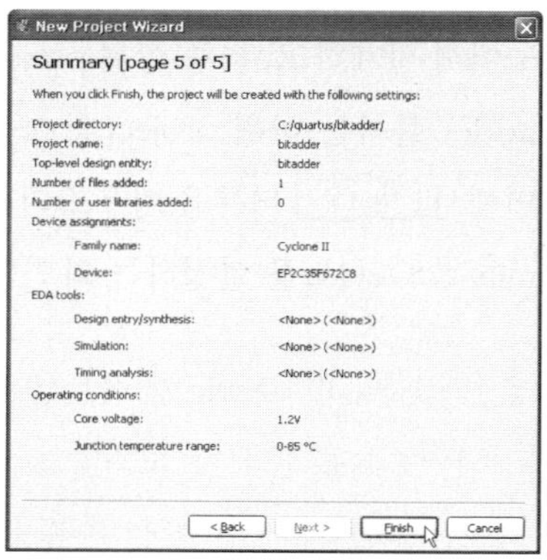

그림 4.3.14 각 단계에 대한 정보를 보여주는 화면

각 단계의 정보를 확인하고 잘못된 부분이 없다면, 그림 4.3.14에서 [Finish] 버튼을 마우스의 왼쪽 버튼을 클릭하여 project 생성 단계를 종료한다. 이렇게 5단계의 과정을 거치면서 project가 선언되었다. 즉, 5단계의 과정을 통해 설계를 할 수 있는 환경이 만들어진 것이다. 이렇게 project를 선언하면 그림 4.3.15와 같이 툴의 왼쪽 상단 타이틀 바에 현재 project가 선언된 경로명 및 project명 등이 표시된다.

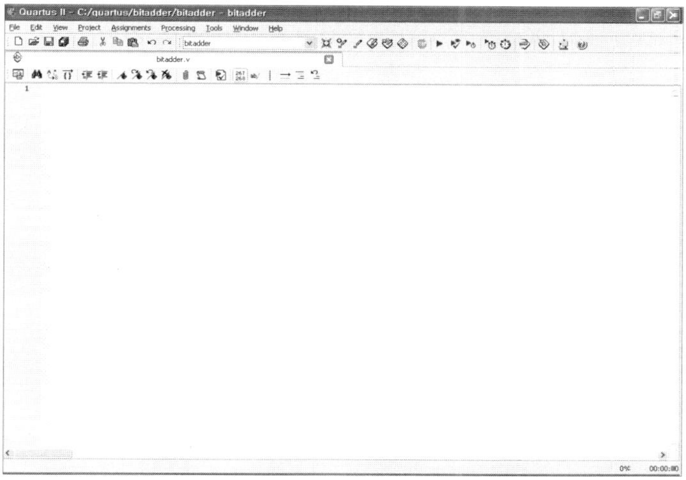

그림 4.3.15 타이틀 바에 현재 project가 선언된 경로명 및 project명 등이 표시됨

4.3.3 1비트 2진 덧셈기인 bitadder 블록을 Verilog HDL로 설계하기

Verilog HDL을 사용하여 디지털 논리회로를 설계하는 방법으로는 크게 게이트 레벨 표현(gate level representation), 자료흐름적 표현(dataflow representation), 동작적 표현(behavioral representation), 구조적 표현(structural representation) 등의 4가지 방법이 있다. 게이트 레벨 표현은 적은 규모의 논리회로 설계시에 적합하고 디지털 회로에 대한 기본적인 지식만으로도 충분히 설계 가능하며 가장 하드웨어이 가까운 표현 방식으로서 primitive 게이트 연산자를 사용하여 표현한다. 자료흐름적 표현은 동작적 표현보다는 하드웨어에 가까운 표현 방식으로 데이터의 흐름을 기술하는 방식이다. 주로 부울 함수, 레지스터 전송언어(Resister Transfer Language, RTL), 연산자(operator) 등을 사용하여 표현한다. 동작적 표현은 가장 높은 상위 레벨의 추상적 표현으로서 시스템의 하드웨어의 구조와는 상관없이 시스템 동작을 알고리즘(algorithm) 레벨로 표현한다. 구조적 표현은 이미 설

계한 하위모듈들을 이용하여 이들 상호간을 연결하여 블록을 설계한다. 따라서 모든 하위 모듈들과 게이트들과의 연결 상태를 나타낼 수 있으므로 설계자가 합성을 고려하여 하위모듈을 표현할 수 있다. 블록을 Verilog HDL로 설계할 때는 다음과 같이 크게 모듈 선언 및 입출력 포트 선언(module and input/output port declaration)과 논리회로(logic circuit representation) 표현 등의 2단계로 나뉘어진다. 모듈 선언 및 입출력 포트 선언은 하드웨어 외부 입출력 인터페이스를 정의하고 하드웨어 블록의 이름과 입출력 포트를 선언한다. 논리회로 표현은 하드웨어 내부를 표현하고 내부블록의 연결, 동작 또는 구조 등을 표현한다.

1단계 : 모듈 선언 및 입출력 포트 선언(mudule and input/output declaration)

- 하드웨어 블록의 이름과 외부 입출력 인터페이스를 정의
- 하드웨어 입출력 포트를 선언

2단계 : 논리회로 표현(logic circuit representation)

- 하드웨어 내부 논리회로의 연결, 동작, 구조 등을 표현
- 하위모듈 호출

(1) 모듈 선언 및 입출력 포트 선언(module and input/output port declaration)

Verilog HDL을 사용하여 1비트 2진 덧셈기인 bitadder 블록을 설계하려면 먼저 설계할 블록이 갖는 이름, 입력, 출력 핀들을 선언하여 블록이 구성될 경우에 사용될 수 있도록 하여야 한다. 모듈이름은 설계하고자 하는 논리회로를 잘 표현하는 이름을 사용자가 부여한다. 이 때 주의할 사항은 모듈이름은 반드시 project명과 같아야 하며 Verilog HDL의 지정어(reserved word)를 사용해서는 안된다. 포트신호_이름은 하드웨어 블록의 핀 또는 핀 그룹들을 표현하며 모듈 내에서 정의한다. 한편, 입출력 신호선들을 포트신호라 하고, 이들 신호의 입력 또는 출력 여부는 input, output, inout 모드 등에 의해서 결정된다. input 모드는 신호가 해당 모듈로 입력되는 경우에 사용한다. output 모드는 해당 모듈로 신호가 출력되는 경우에 사용한다. inout 모드는 신호가 해당 모듈로 양방향으로 입력되거나 출력되는 경우에 사용한다.

```
module 모듈이름(포트신호_이름, ...);
   input   포트신호, ...;
   output 포트신호, ...;

          ~

endmodule
```

그림 4.3.16은 Verilog HDL로 설계하려는 1비트 2진 덧셈기인 bitadder 블록의 모듈 선언 및 입출력 포트 선언을 심볼 형태로 표현한 것이며, Verilog HDL 문에서는 심볼명이 모듈 명이 된다. 한편, 모듈 문 안에 심볼의 입출력 포트를 설정한다. 그림 4.3.17은 Verilog HDL로 설계하려는 1비트 2진 덧셈기 bitadder 블록의 모듈 선언 및 입출력 포트 선언을 나타내고 있다. 모듈 선언 및 입출력 포트 선언은 지정어 mouduule에서 시작하여 지정어 endmodule로 끝난다. 한편, module 다음에 오는 bitadder는 이 블록의 모듈 명이며 지정어 input과 output 다음에는 입력과 출력 포트들을 나타낸다. 설계하려는 1비트 2진 덧셈기 bitadder 블록은 지정어 input에 입력 신호를 위한 A, B, CIN 포트들과 지정어 output에 출력 신호를 위한 COUT, SUM 포트들을 기술한다. 문장과 문장 사이에는 세미콜론(;)을 사용하며 마지막 줄에는 지정어 endmodule을 기술한다.

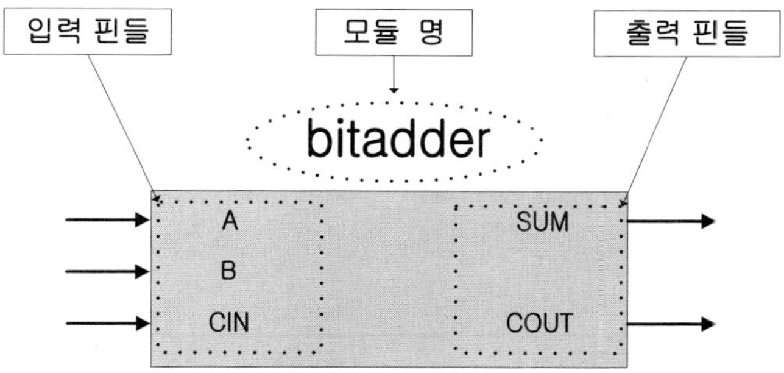

그림 4.3.16 Verilog HDL로 설계하려는 1비트 2진 덧셈기인 bitadder 블록의 모듈 선언 및 입출력 포트 선언을 심볼 형태로 표현한 것

```
module bitadder(A, B, CIN, COUT, SUM);
   input  A, B, CIN;
   output COUT, SUM;

          ~

endmodule
```

(2) 논리회로 표현(logic circuit representation)

모듈 선언 및 입출력 포트 선언이 되었으므로 설계 블록의 내부 동작 또는 연결 구조를 기술하는 논리회로 표현을 하여야 한다. 먼저 논리회로를 표현하기 위해 사용될 네트, 레지스터, 상수 등을 선언한 후 하드웨어의 내부동작을 기술한다. 네트는 논리회로에서 논리신호(logic signal) 또는 선(wire)을 나타내며 각 하위모듈간의 연결에 사용된다. 하드웨어의 내부 동작은 게이트 레벨 표현, 자료흐름적 표현, 동작적 표현, 구조적 표현 등 4가지 방법 중에서 한 가지 방법으로도 기술이 가능할 수 있지만, 복잡한 설계의 경우에는 4가지 방법들을 혼합하여 기술할 수 있다.

설계하려는 1비트 2진 덧셈기 bitadder 블록에서 부품간의 연결에 사용되는 신호선 s1, s2, s3 등을 지정어인 wire로 선언한다. 네트 선언이 끝나면 하드웨어의 내부동작을 기술해야 하는데 여기서는 primitive 연산자를 사용하여 1비트 2진 덧셈기를 설계하는 게이트 레벨 표현 방법을 사용하기로 한다.

1비트 2진 덧셈기인 bitadder 블록에서는 3개의 비트를 덧셈하는 1비트 2진 덧셈기인 bitadder 블록을 설계한다. 1비트 2진 덧셈기인 bitadder 블록은 3개의 입력 비트들의 덧셈을 계산하는 블록이다. 또한 3개의 입력 비트와 2개의 출력 비트로 구성된다. A와 B로 표시된 두 입력 변수들은 더해질 위치의 2개의 비트이며, CIN(캐리 입력)로 표시된 변수는 바로 전 위치로 부터의 캐리이다. 3개의 비트를 더할 때는 0부터 3까지 나올 수 있고, 2와 3을 표시하는데 2개의 비트를 필요로 0하기 때문에 2개의 출력이 필요하다. 출력에 SUM은 비트 덧셈의 결과를 의미하며, COUT는 캐리 출력을 의미한다. 표 4.3.1은 1비트 2진 덧셈기인 bitadder 블록의 진리표를 작성한 것이다.

표 4.3.1 1비트 2진 덧셈기인 bitadder 블록의 진리표

입력			출력	
CIN	A	B	COUT	SUM
0	0	0	0	0
0	0	1	0	1
0	1	0	0	1
0	1	1	1	0
1	0	0	0	1
1	0	1	1	0
1	1	0	1	0
1	1	1	1	1

표 4.3.1의 1비트 2진 덧셈기인 bitadder 블록의 진리표 출력인 COUT, SUM 등을 카르노 맵에 적용하면 그림 4.3.18과 같다.

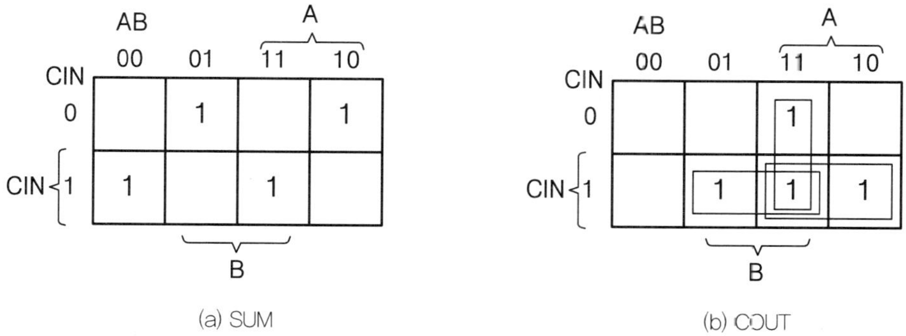

그림 4.3.18 1비트 2진 덧셈기인 bitadder 블록의 진리표 출력인 COUT, SUM 등을 카르노 맵에 적용

그림 4.3.18의 카르노 맵 결과를 부울 식을 이용하여 간소화 시키면 다음과 같이1비트 2진 덧셈기인 bitadder 블록의 합인 SUM과 캐리 아웃인 COUT에 대한 부울식이 나오게 된다. 이 부울식을 이용하여 1비트 2진 덧셈기인 bitadder 블록을 설계하면 된다.

```
SUM = CIN′·A′·B + CIN′·A·B′ + CIN·A′·B′+ CIN·A·B
    = CIN′·(A′·B + A·B′) + CIN·(A′·B′ + A·B)
    = CIN′·(A⊕B) + CIN·(A⊕B)′
    = CIN⊕A⊕B

COUT = CIN·A + CIN·B + A·B
     = CIN·A·(B + B′) + CIN·B·(A + A′) + A·B
     = CIN·A·B + CIN·A·B′ + CIN·A·B + CIN·A′B + A·B
     = CIN·AB + CIN·(A′·B + A·B′) + A·B
     = CIN·(A′·B + A·B′) + A·B·(1 + CIN)
     = CIN·(A⊕B) + A·B
```

그림 4.3.19는 Verilog HDL로 설계하려는 1비트 2진 덧셈기인 bitadder 블록을 심볼 형태로 표현한 것이다. 연산 과정의 연결선으로 S1, S2, S3 등의 신호선을 이용하였다. 그림 4.3.20은 Verilog HDL로 설계하려는 1비트 2진 덧셈기인 bitadder 블록의 논리회로 표현을 나타내고 있다.

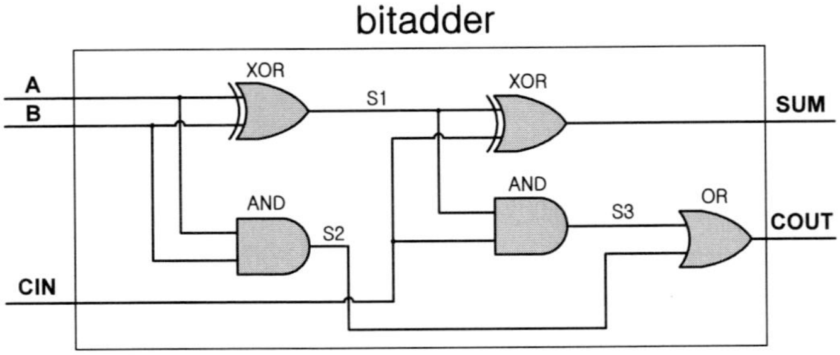

그림 4.3.19 Verilog HDL로 설계하려는 1비트 2진 덧셈기인 bitadder 블록을 심볼 형태로 표현한 것

```
wire S1, S2, S3;

   xor U1 (S1, A, B);
   and U2 (S2, A, B);
   and U3 (S3, CIN, S1);
   xor U4 (SUM, S1, CIN);
   or  U5 (COUT, S2, S3);
```

그림 4.3.20 Verilog HDL로 설계하려는 1비트 2진 덧셈기인 bitadder 블록의 논리회로 표현

4.3.4 설계한 1비트 2진 덧셈기인 bitadder 블록의 저장 및 오류 검사하기

Verilog HDL로 설계한 1비트 2진 덧셈기인 bitadder 블록을 저장하기 위해 그림 4.3.21과 같이 Quartus II의 풀다운 메뉴에서 [File]의 서브 메뉴인 [Save Ctrl+S] 메뉴를 선택하거나, 툴바에서 아이콘을 마우스의 왼쪽 버튼으로 클릭하면 된다.

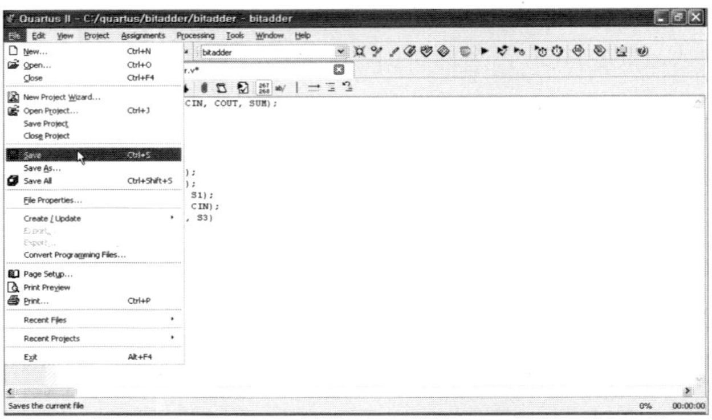

그림 4.3.21 [File] → [Save Ctrl+S] 메뉴 선택

다음으로 해야 할 작업은 Verilog HDL로 설계한 1비트 2진 덧셈기인 bitadder 블록의 오류 여부를 검사해야 한다. 오류를 검사하기 위해서 먼저, 그림 4.3.22와 같이 Quartus II의 풀다운 메뉴에서 [Processing] 메뉴의 서브 메뉴인 [Start] 메뉴를 선택하면 나타나는 서브 메뉴들 중에서 [Start Analysis & Synthesis Ctrl+K]를 선택하거나, 툴바에서 아이콘을 선택하면 그림 4.3.23과 같이 이상여부를 검사한 후에 경고나 에러를 나타내는 화면이 나타난다. 현재 화면은 경고나 에러가 없다는 메시지가 출력된 화면을 보여주고 있다.

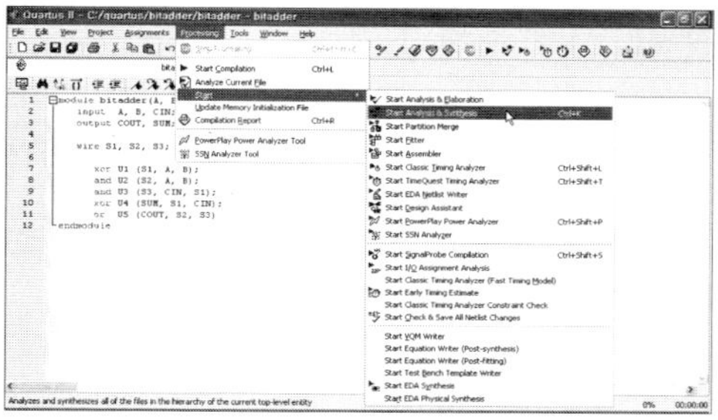

그림 4.3.22 [Processing] → [Start] → [Start Analysis & Synthesis Ctrl+K] 메뉴 선택

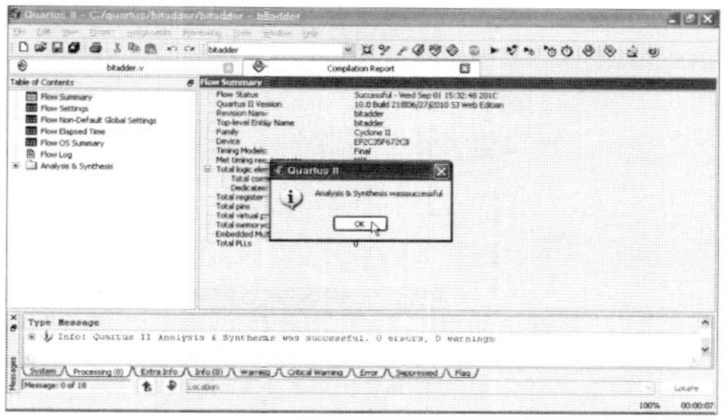

그림 4.3.23 설계한 블록의 이상 여부 검사를 끝낸 화면

4.4 4비트 2진 덧셈기인 adder4 블록의 Verilog HDL 설계하기

4.4.1 Verilog HDL File 화면 생성

Verilog HDL File 화면을 생성하기 위해서는 그림 4.4.1과 같이 Quartus II의 풀다운 메뉴에서 [File]의 서브 메뉴인 [New... Ctrl+N]을 선택하거나, 툴바에서 아이콘을 선택하면 그림 4.4.2와 같이 Design Entry를 선택하는 New 화면이 나타난다. 그림 4.4.2의 New 화면에서 Verilog HDL File 항목을 선택하고 OK 버튼을 마우스의 왼쪽 버튼으로 클릭하면 그림 4.4.3과 같이 Verilog HDL File 화면이 나타난다.

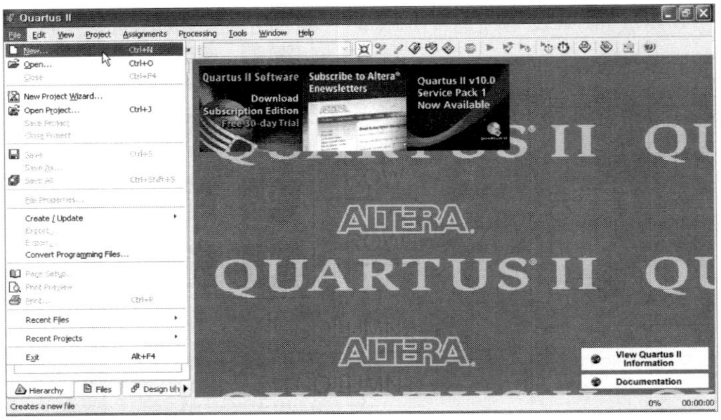

그림 4.4.1 [File] → [New... Ctrl+N] 메뉴 선택

그림 4.4.2 Verilog HDL File을 선택하는 화면

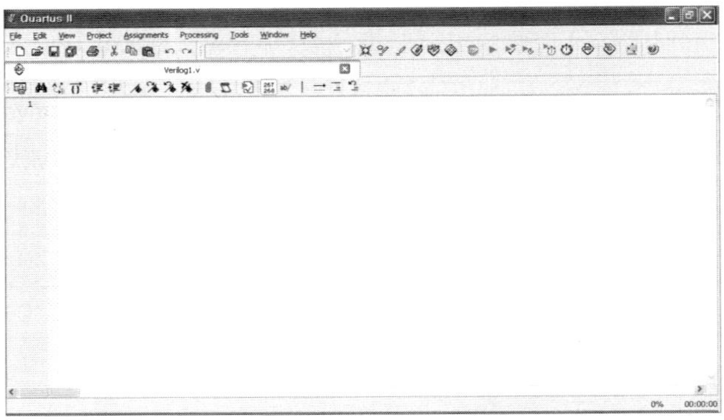

그림 4.4.3 Verilog HDL File 화면

4.4.2 새로운 project명 및 파일명 저장하기

Quartus II의 Design Entry를 사용하여 설계를 할 경우에는 반드시 설계 파일 이름과 같은 project명을 설정하여야 한다. 먼저 그림 4.4.4와 같이 Quartus II의 풀다운 메뉴에서 [File]의 서부 메뉴인 [Save As...] 메뉴를 선택하면, 그림 4.4.5와 같이 파명을 저장하기 위한 다른 이름으로 저장 화면이 나타난다. 다음으로 그림 4.4.5와 같이 다른 이름으로 저장하기 화면에서 아이콘 을 마우스의 왼쪽 버튼으로 클릭하여 새 폴더를 생성하고, 현재 만들고자 하는 project명으로 폴더명을 그림 4.4.6과 같이 입력한다. 이때 작업경로와 폴더명은 사용자 임의로 설정 가능하다. 사용자가 생성한 폴더명을 마우스의 왼쪽 버튼으로 더블 클

릭하면 생성한 폴더로 작업경로가 변경되어진다. 다음으로 그림 4.4.7과 같이 생성한 폴더 안에서 파일명을 사용자가 지정하고 [Save] 버튼을 마우스의 왼쪽 버튼으로 클릭하면 확장자는 .v로 자동 설정되어 저장된다.

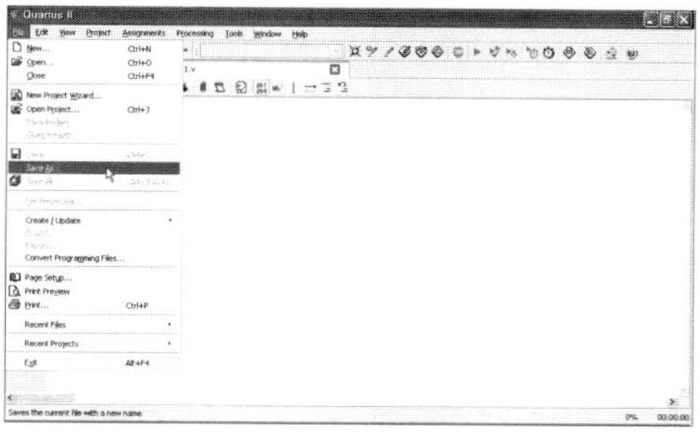

그림 4.4.4 [File] → [Save As...] 메뉴 선택

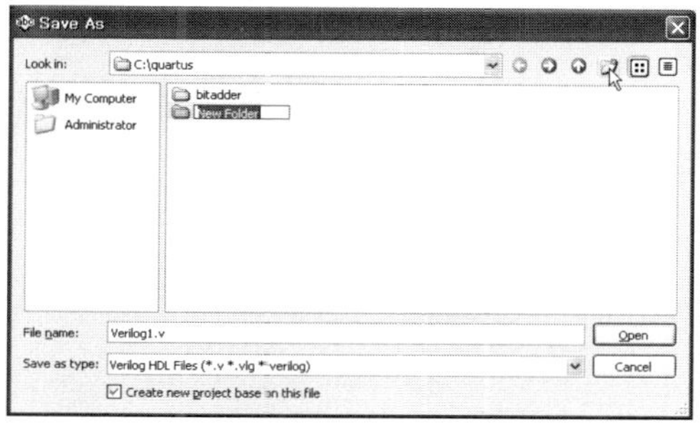

그림 4.4.5 다른 이름으로 저장하기 화면에서 아이콘 을 마우스의 왼쪽 버튼으로 클릭

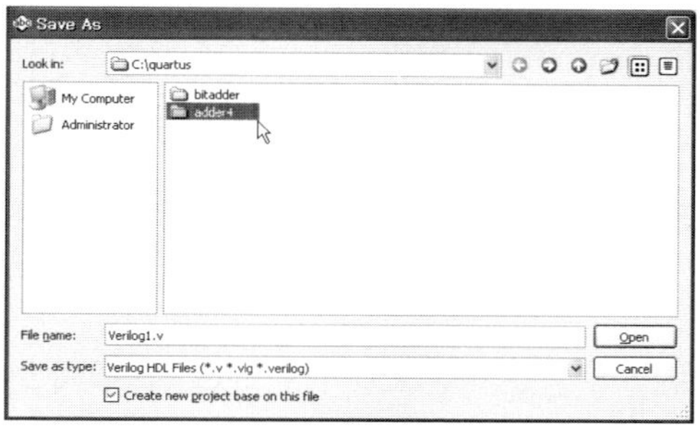

그림 4.4.6 adder4 폴더를 생성한 화면

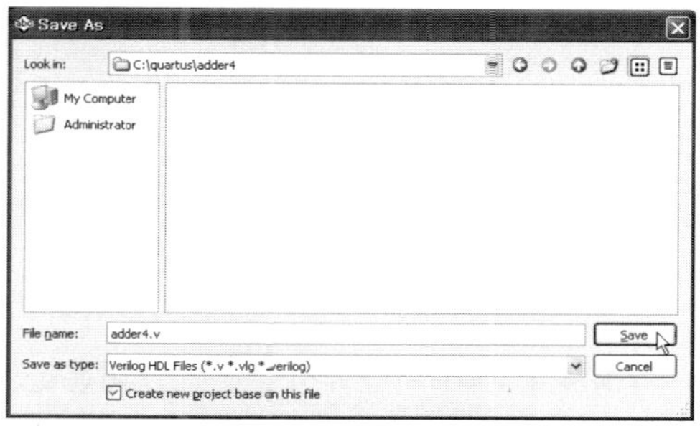

그림 4.4.7 파일명을 저장하기 위한 다른 이름으로 저장 화견

그림 4.4.7의 화면에서 [Save] 버튼을 마우스의 왼쪽 버튼으로 클릭하면 그림 4.4.8과 같이 새 project를 생성할 것인지를 묻는 화면이 나타난다. 이 예제에서는 하나의 Verilog HDL 설계파일은 같은 설계파일명으로 된 project로 하나의 폴더에 저장할 것이다. 따라서 그림 4.4.8에서 [Yes] 버튼을 마우스의 왼쪽 버튼으로 클릭하면, 그림 4.4.9와 같이 New Project Wizard 화면이 나타난다. 이 화면에서 [Next >] 버튼을 마우스의 왼쪽 버튼으로 클릭하면, 그림 4.4.10과 같이 project의 경로와 project명을 입력하라는 화면이 나타난다.

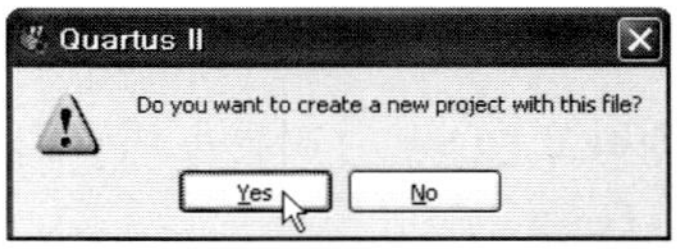

그림 4.4.8 새 project를 생성할 것 인지를 묻는 화면

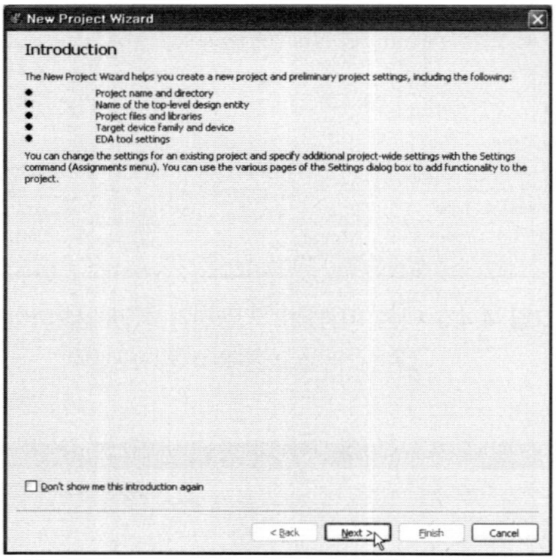

그림 4.4.9 New Project Wizard 화면

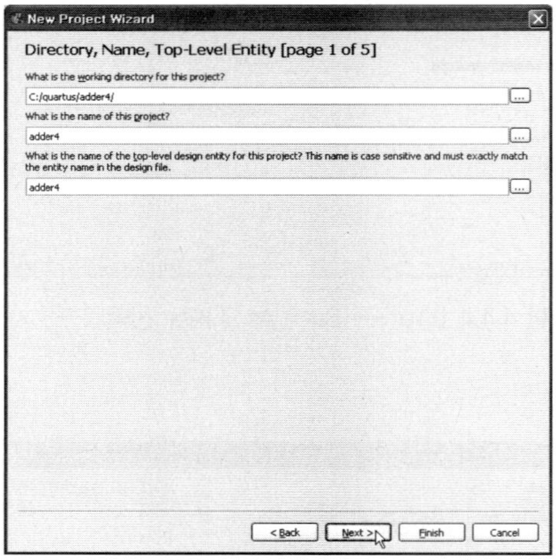

그림 4.4.10 project의 경로와 project명을 입력하라는 화면

그림 4.4.10의 화면에서 [Next >] 버튼을 마우스의 왼쪽 버튼으로 클릭하면, 두 번째 단계로 다른 project에서 필요한 파일들을 추가하거나, 그 project의 모든 파일들을 참조하기 위한 Library Path를 설정해 주는 화면이 그림 4.4.11과 같이 나타난다. 이 부분은 여러 사람들이 함께 작업하는 설계 과정에서 유용하게 사용된다. 따라서 여러 사람들이 각각의 project를 나누어서 설계하고, 최종 상위 project에서 하나로 모으는데 사용한다. 이 부분은 4비트 2진 덧셈기인 adder4 블록의 설계를 마치고 설정할 것이므로 추가하지 않고 그림 4.4.11의 화면에서 [Next >] 버튼을 마우스의 왼쪽 버튼으로 클릭하면, 그림 4.4.12와 같이 세 번째로 Family & Device를 설정하는 화면이 나타난다.

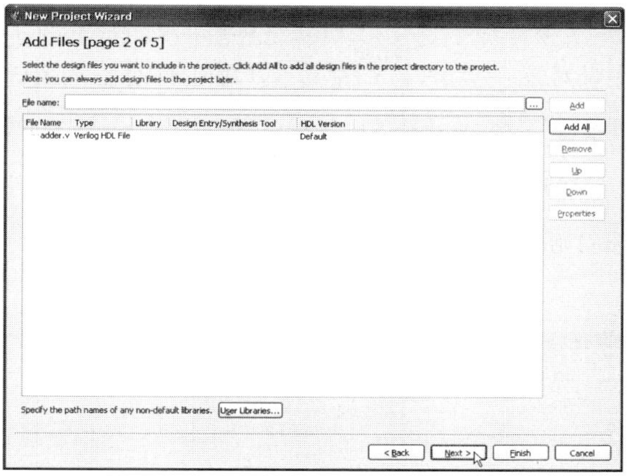

그림 4.4.11 다른 project에서 필요한 파일을 추가 시키는 화면

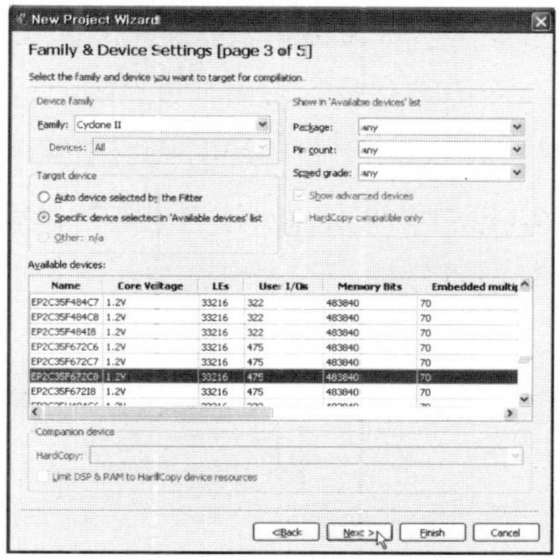

그림 4.4.12 Family & Device를 설정하는 화면

그림 4.4.12에서 HBE-COMBOII 장비에서 사용하는 EP2C35F672C8 디바이스를 선택하고, [Next >] 버튼을 마우스의 왼쪽 버튼으로 클릭하면, 그림 4.4.13과 같이 네 번째 단계로 다른 EDA 툴과 연동할 수 있도록 설정하는 화면이 나타난다. 여기서는 다른 EDA 툴과 연동하여 사용하지 않을 것이므로 연동 툴을 선택하지 않고 [Next >] 버튼을 마우스의 왼쪽 버튼으로 클릭하면, 그림 4.4.14와 같이 다섯 번째 단계로 첫 번째 단계부터 네 번째 단계까지의 설정이 어떻게 되었는지 모두 보여주는 화면이 나타난다. 따라서 사용자가 이러한 정보를 보고 project 선언단계에서 다르게 설정한 부분이 없는지 다시 확인 할 수 있다. 또한 잘못된 부분이 있다면, [< Back] 버튼을 마우스의 왼쪽 버튼으로 클릭함으로써 그 단계로 다시 돌아가서 수정할 수 있다.

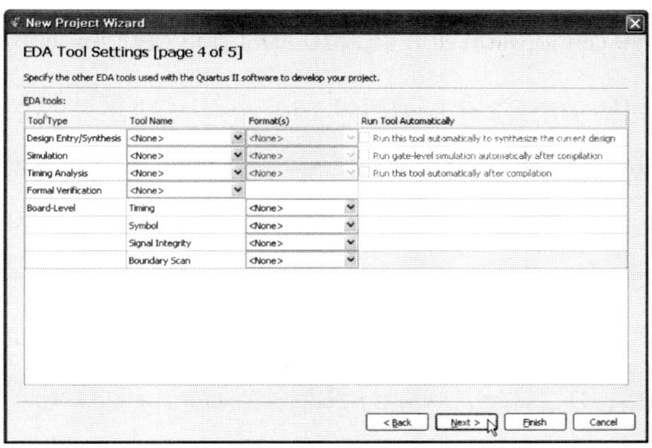

그림 4.4.13 EDA Tool Settings 화면

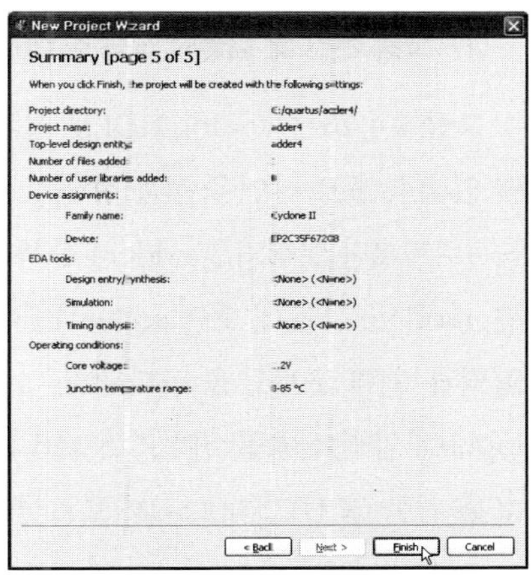

그림 4.4.14 각 단계에 대한 정보를 보여주는 화면

각 단계의 정보를 확인하고 잘못된 부분이 없다면, 그림 4.4.14에서 Finish 버튼을 마우스의 왼쪽 버튼을 클릭하여 project 생성 단계를 종료한다. 이렇게 5단계의 과정을 거치면서 project가 선언되었다. 즉, 5단계의 과정을 통해 설계를 할 수 있는 환경이 만들어진 것이다. 이렇게 project를 선언하면 그림 4.4.15와 같이 Quartus II 툴의 왼쪽 상단 타이틀 바에 현재 project가 선언된 경로명 및 project명 등이 표시된다.

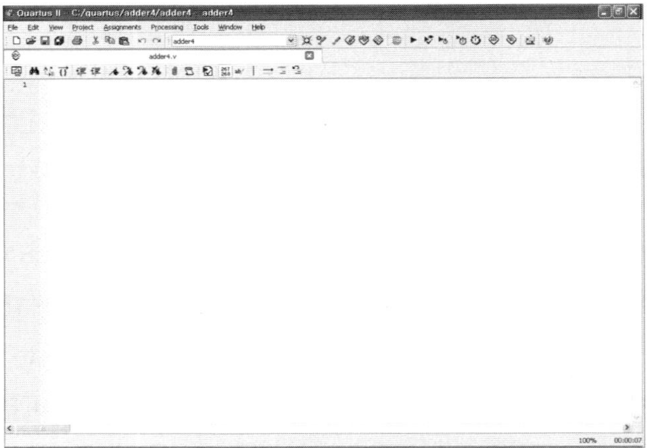

그림 4.4.15 타이틀 바에 현재 project가 선언된 경로명 및 project 명 등이 표시됨

4.4.3 4비트 2진 덧셈기인 adder4 블록을 Verilog HDL로 설계하기

(1) 모듈 선언 및 입출력 포트 선언(module declaration and input/output port decclaration)

그림 4.4.16은 Verilog HDL로 설계하려는 4비트 2진 덧셈기인 adder4 블록의 모듈 선언 및 입출력 포트 선언을 심볼 형태로 표현한 것이며, 그림 4.4.17은 Verilog HDL로 설계하려는 4비트 2진 덧셈기인 adder4 블록의 모듈 선언 및 입출력 포트 선언을 나타내고 있다. 한편, module 다음에 오는 adder4는 이 블록의 모듈 명이며 지정어 input과 output 다음에는 입력과 출력 포트들을 나타낸다. 설계하려는 4비트 2진 덧셈기인 adder4 블록은 지정어 input에 입력 신호를 위한 CIN, A0, B0, A1, B1, A2, B2, A3, B3 포트들과 output에 출력 신호를 위한 COUT, [3:0] SUM 포트들을 기술한다.

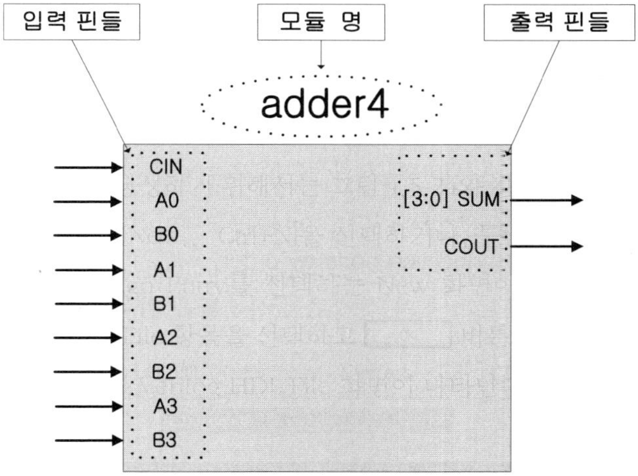

그림 4.4.16 Verilog HDL로 설계하려는 4비트 2진 덧셈기인 adder4 블록의 모듈 선언 및 입출력 프트 선언을 심볼 형태로 표현한 것

```
module adder4(A0, B0, A1, B1, A2, B2, A3, B3, CIN, COUT, SUM);
   input A0, B0, A1, B1, A2, B2, A3, B3, CIN;
   output COUT;
   output [3:0] SUM;

                        ~

endmodule
```

그림 4.4.17 Verilog HDL로 설계하려는 4비트 2진 덧셈기인 adder4 블록의 모듈 선건 및 입출력 포트 선언

(2) 논리회로 표현(logic circuit representation)

모듈 선언 및 입출력 포트 선언이 되었으므로 설계 블록의 내부 동작 또는 연결 구조를 기술하는 논리회로 표현을 하여야 한다. 설계하려는 4비트 2진 덧셈기인 adder4 블록에서 부품간의 연결에 사용되는 신호선 carry1, carry2, carry3 등은 지정어인 wire로 선언한다. 선언이 끝나면 하드웨어의 내부동작을 기술해야 하는데, 여기서는 앞서 이미 설계한 1비트 2진 덧셈기인 bitadder 하위모듈들을 이용하여 이들 상호간을 연결하여 블록을 설계하는 구조적 표현 방법을 사용하기로 한다. 그림 4.4.18은 Verilog HDL로 설계하려는 4비트 2진 덧셈기인 adder4 블록을 심볼 형태로 표현 한 것이다.

먼저 하위모듈을 호출하여 사용할 때는 하위모듈 명을 먼저 기술한 후 인스턴스명을 반드시 쓰고 괄호안에 대응되는 포트를 하위모듈 사례화(instantiation)문을 사용하여 하위모듈의 지역포트 신호와 실제포트 신호를 연결시킨다. 이 때 bitadder 하위모듈의 지역포트 신호와 실제포트 신호를 연결시킬 때에는 다음과 같이 위치에 의한 포트 연결(connecting ports by order)과 이름에 의한 포트연결(connecting ports by name) 등의 2가지 방법을 사용한다.

① 위치에 의한 포트연결(connecting ports by order)

⇒ 하위모듈의 지역포트 신호와 실제포트 신호들을 위치 순서대로 연결

```
bitadder add1 (A3, B3, carry2, carry3, SUM(3));
```

② 이름에 의한 포트연결(connecting ports by name)

⇒ 하위모듈의 지역포트 신호와 실제포트 신호들을 위치와 상관없이 직접 이름으로 연결

```
bitadder add1 (.A1(A3), .B1(B3), .CIN(carry2), .COUT(carry3), .SUM1(SUM(3)));
```

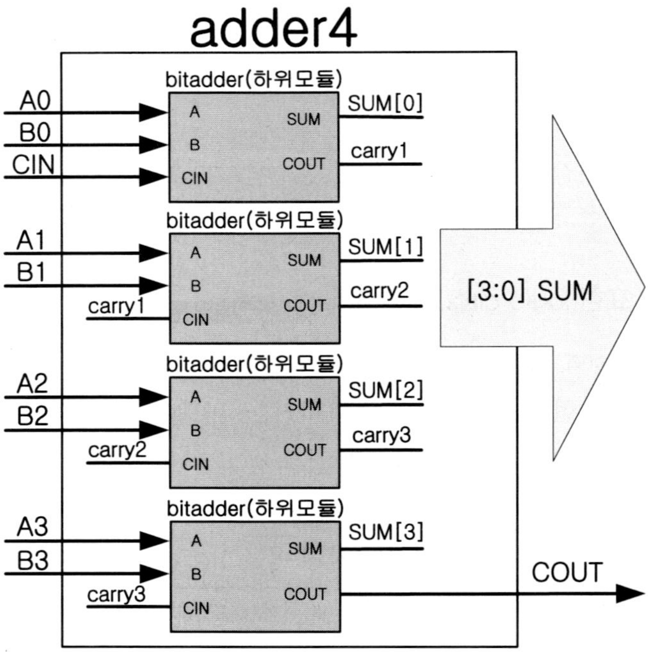

그림 4.4.18 Verilog HDL로 설계하려는 4비트 2진 덧셈기인 adder4 블록을 심볼 형태로 표현한 것

앞서 이미 설계한 bitadder 하위모듈의 지역포트 신호와 실제포트 신호를 연결시키는 하위모듈 사례화문은 다음과 같이 한다. 여기서는 bitadder 하위모듈의 지역포트 신호와 실제포트 신호를 연결시킬 때에 위치에 의한 포트 연결을 사용하였다.

```
bitadder add1 (A0, B0, CIN, carry1, SUM[0]);
bitadder add2 (A1, B1, carry1, carry2, SUM[1]);
bitadder add2 (A2, B2, carry2, carry3, SUM[2]);
bitadder add2 (A3, B3, carry3, COUT, SUM[3]);
```

한편, 그림 4.4.19는 Verilog HDL로 설계하려는 4비트 2진 덧셈기인 adder4 블록의 논리회로 표현을 나타내고 있다.

```
wire carry1, carry2, carry3;

   bitadder add1 (A0, B0, CIN, carry1, SUM[0]);
   bitadder add2 (A1, B1, carry1, carry2, SUM[1]);
   bitadder add3 (A2, B2, carry2, carry3, SUM[2]);
   bitadder add4 (A3, B3, carry3, COUT, SUM[3]);
```

그림 4.4.19 Verilog HDL로 설계하려는 4비트 2진 덧셈기인 adder4 블록의 논리회로 표현

다음으로 해야 할 작업은 4비트 2진 덧셈기인 adder4 블록을 설계하기 위해 필요한 Verilog HDL 파일들을 현재의 project에 추가시키는 작업이다. 먼저 그림 4.4.20과 같이 Quartus II의 풀다운 메뉴에서 [Assignments]의 서브 메뉴인 [Settings Ctrl+Shift+E]를 선택하면 그림 4.4.21과 같은 Settings 화면이 나타난다.

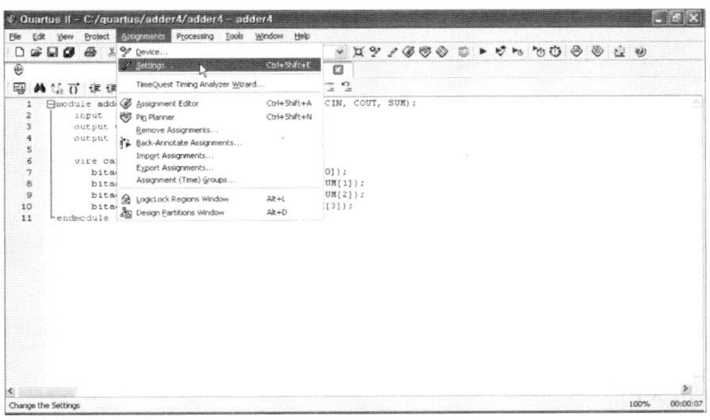

그림 4.4.20 [Assignments] → [Settings Ctrl+Shift+E] 메뉴 선택

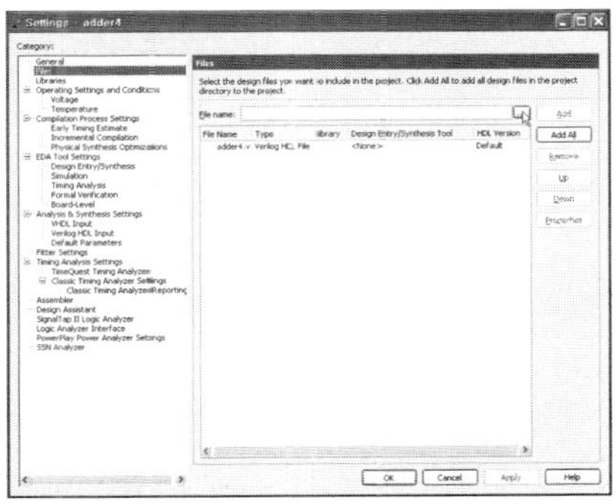

그림 4.4.21 Settings 화면

다음으로 그림 4.4.21의 Settings의 Category에서 Files를 선택하고 [...] 버튼을 마우스의 왼쪽 버튼으로 클릭하면 그림 4.4.22와 같이 Select File 화면이 나타난다. Select File 화면에서 1비트 2진 덧셈기인 bitadder 블록의 Verilog HDL 파일이 저장된 폴더의 경로에서 bitadder.v 파일을 선택하고 [Open] 버튼을 마우스의 왼쪽 버튼으로 클릭하면, 그림 4.4.23과 같은 화면의 File name 항목에 추가할 ../bitadder/ bitadder.v 파일의 경로와 파일이 나타나게 된다.

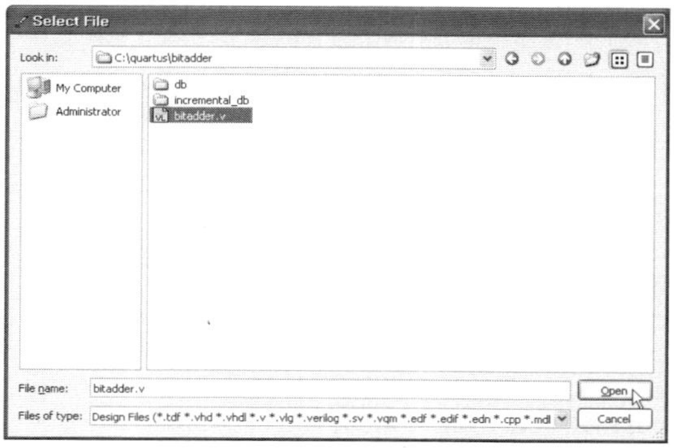

그림 4.4.22 bitadder 블록의 Verilog HDL 파일인 bitadder.v 파일 선택

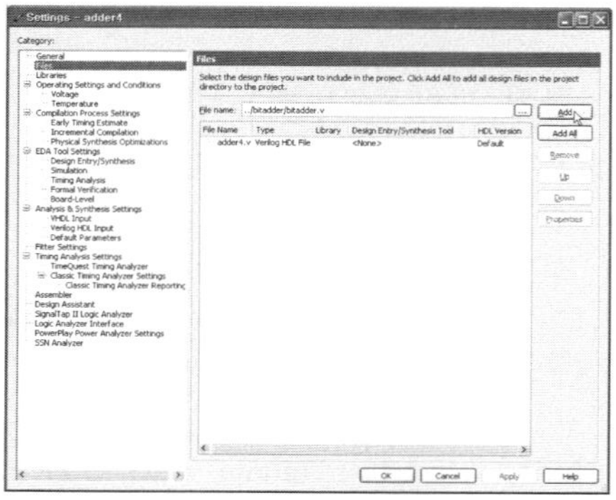

그림 4.4.23 File name 항목에 추가할 bitadder.v 파일의 경로와 파일이 나타남

다음에 그림 4.4.23의 화면의 [Add] 버튼을 마우스의 왼쪽 버튼으로 클릭하여 그림 4.4.24와 같이 bitadder.v 파일을 현재의 project에 추가시킨다.

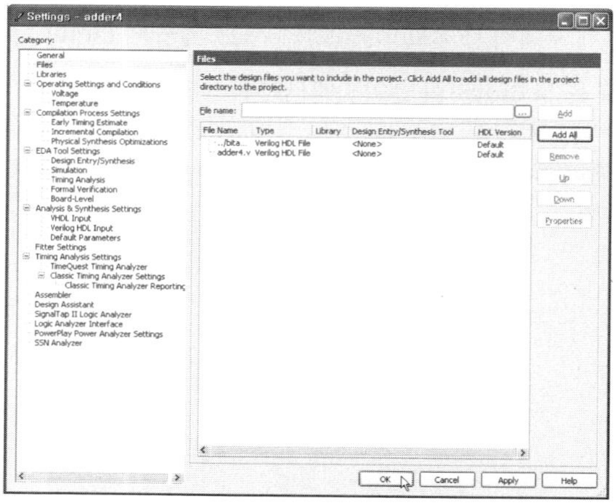

그림 4.4.24 현재의 project에 bitadder.v File이 추가됨

4.4.4 설계한 4비트 2진 덧셈기인 adder4 블록의 저장 및 오류 검사하기

Verilog HDL로 설계한 4비트 2진 덧셈기인 adder4 블록을 저장하기 위해 그림 4.4.25와 같이 Quartus II의 풀다운 메뉴에서 [File]의 서브 메뉴인 [Save Ctrl+S] 메뉴를 선택하거나, 툴바에서 아이콘을 마우스의 왼쪽 버튼으로 클릭하면 된다.

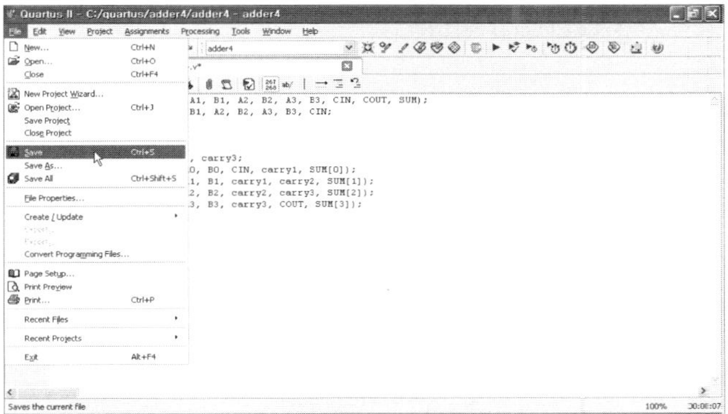

그림 4.4.25 [File] → [Save Ctrl+S] 메뉴 선택

다음으로 해야 할 작업은 Verilog HDL로 설계한 4비트 2진 덧셈기인 adder4 블록의 오류 여부를 검사해야 한다. 오류를 검사하기 위해서 먼저, 그림 4.4.26과 같이 Quartus II의 풀다운 메뉴에서 [Processing] 메뉴의 서브 메뉴인 [Start] 메뉴를 선택하면 나타나는 서브 메뉴들 중에서 [Start Analysis & Synthesis Ctrl+K]를 선택하거나, 툴바에서 아이콘을 선택하면 그림 4.4.27과 같이 이상여부를 검사한 후에 경고나 에러를 나타내는 화면이 나타난다. 현재 화면은 경고나 에러가 없다는 메시지가 출력된 화면을 보여주고 있다.

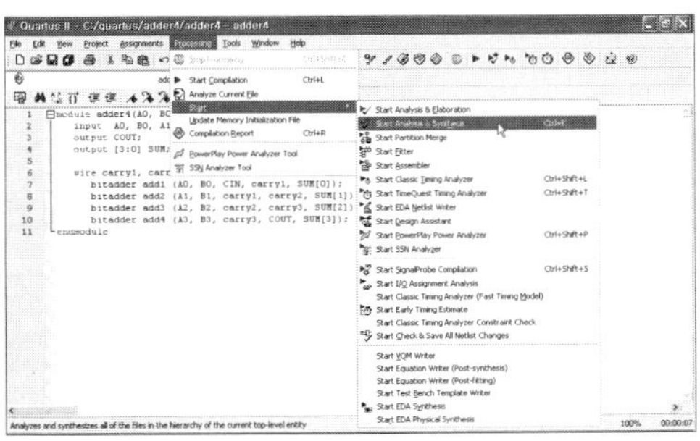

그림 4.4.26 [Processing] → [Start] → [Start Analysis & Synthesis Ctrl+K] 메뉴 선택

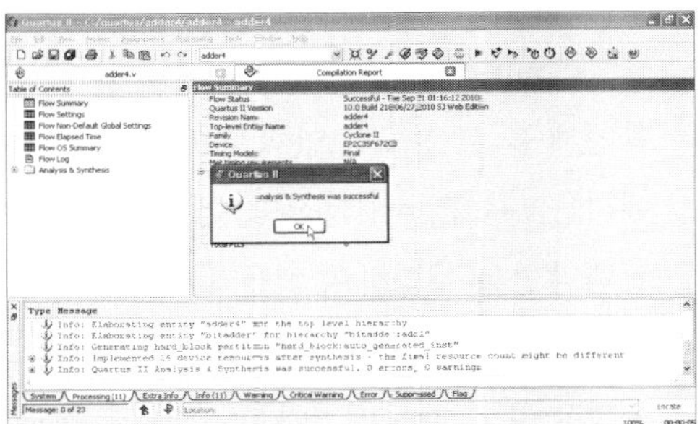

그림 4.4.27 설계한 블록의 이상 여부 검사를 끝낸 화면

4.4.5 4비트 2진 덧셈기인 adder4 블록에 대하여 컴파일 과정 수행

사용자가 설계한 Verilog HDL로 설계한 4비트 2진 덧셈기인 adder4 블록에 대하여 컴파일을 수행하고자 할 때는 그림 4.4.28과 같이 Quartus II의 풀다운 메뉴에서 [Processing]의 서브 메뉴인 [Start Compilation]을 선택하거나, 상단에서 ▶ 아이콘을 선택하면 컴파일 과정을 수행 하게 된다. 그림 4.4.29는 경고는 있으나 에러가 없기 때문에 컴파일을 수행한 결과가 이상이 없다는 것을 나타내고 있다.

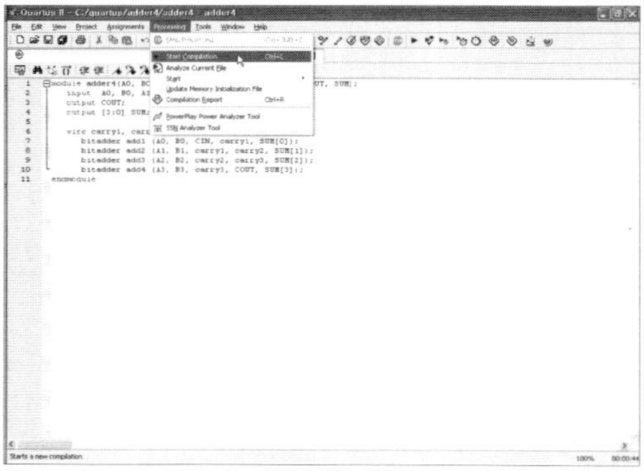

그림 4.4.28 [Processing] → [Start Compilation] 메뉴 선택

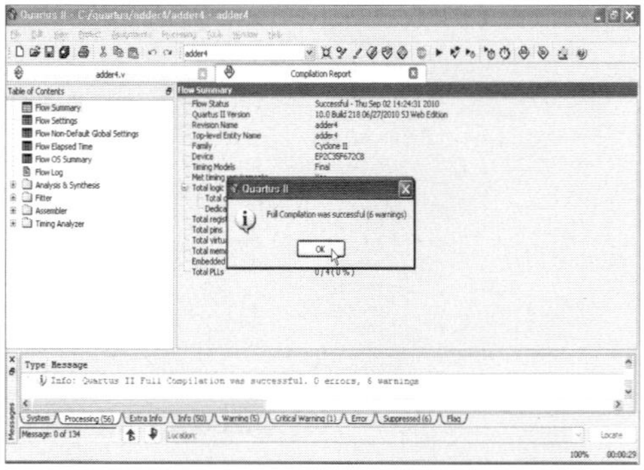

그림 4.4.29 컴파일 과정을 수행한 결과 화면

4.4.6 4비트 2진 덧셈기인 adder4 블록에 대하여 시뮬레이션 과정 수행

(1) ModelSim-Altera Edition 6.5e를 이용한 시뮬레이션 수행

① 4비트 2진 덧셈기의 Test Bench 파일을 Verilog HDL로 설계하기

ModelSim-Altera Edition 6.5e를 이용하여 시뮬레이션을 수행 할 때에는 출력된 결과를 확인해 볼 수 있도록 입력 데이터를 설정해 주어야하는데, ModelSim-Altera Edition 6.5e에서는 Test Bench 파일을 이용한다. Test Bench 파일은 Verilog HDL 코드 내에서 직접 입력파형을 설정하여 시뮬레이션을 수행할 때 출력 파형을 생성하게 하는 Verilog HDL 파일이다. Test Bench 파일은 외부와 입출력을 하지 않고 Verilog HDL 자체내에서 입력 파형을 주기 때문에 module declaration 에서 포트 선언을 갖지 않는다. Test Bench 파일을 만들기 위해서 먼저 Verilog HDL File 화면을 생성해야한다. Verilog HDL File 화면을 생성하기 위해서는 그림 4.4.30과 같이 Quartus II의 풀다운 메뉴에서 [File]의 서브 메

뉴인 [New... Ctrl+N]을 선택하거나, 툴바에서 아이콘을 선택하면 그림 4.4.31과 같이 Design Entry를 선택하는 New 화면이 나타난다. 그림 4.4.31의 New 화면에서 Verilog HDL File 항목을 선택하고 OK 버튼을 마우스의 왼쪽 버튼으로 클릭하면 그림 4.4.32와 같이 Verilog HDL File 화면이 나타난다.

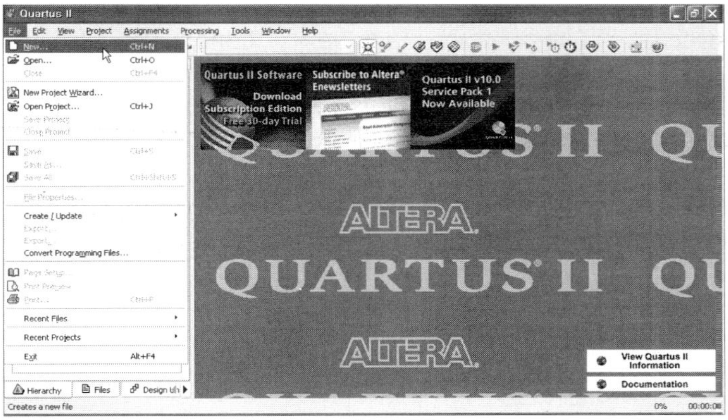

그림 4.4.30 [File] → [New... Ctrl+N] 메뉴 선택

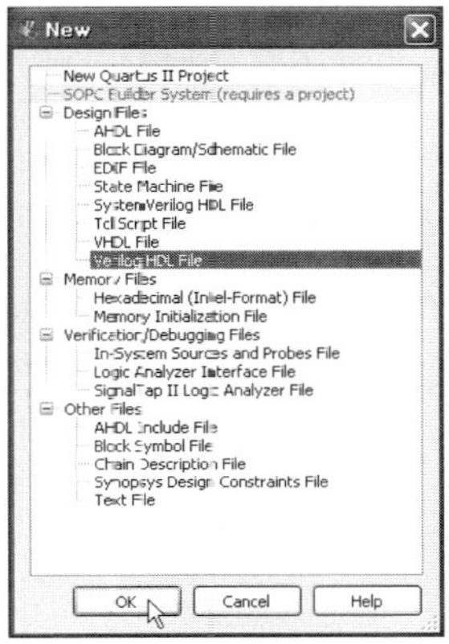

그림 4.4.31 Verilog HDL File 을 선택하는 화면

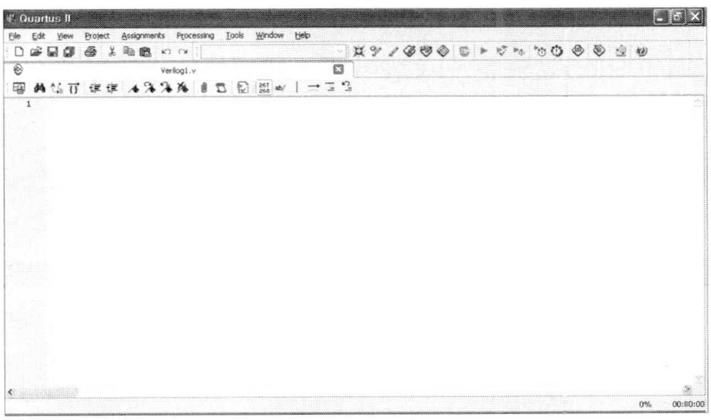

그림 4.4.32 Verilog HDL File 화면

그림 4.4.32와 생성된 Verilog HDL File화면에 그림 4.4.33과 같이 4비트 2진 덧셈기를 ModelSim-Altera Edition 6.5e에서 시뮬레이션 하기 위한 Test Bench 파일인 tb_adder4.v를 설계하고, adder4.v 파일이 저장되어 있는 경로에 저장한다.

```
`timescale 1ns / 1ns
module tb_adder4;
   reg A0, B0, A1, B1, A2, B2, A3, B3, CIN;
   wire COUT;
   wire [3:0] SUM;
      adder4  uut  (.A0(A0),  .B0(B0),  .A1(A1),  .B1(B1),  .A2(A2),  .B2(B2),
                    .A3(A3), .B3(B3), .CIN(CIN), .COUT(COUT), .SUM(SUM));
      initial begin
        A0=0;  B0=0;  A1=0;  B1=0;  A2=0;  B2=0;  A3=0;  B3=0;  CIN=0;  #100;
        A0=0;  B0=1;  A1=1;  B1=0;  A2=0;  B2=0;  A3=0;  B3=0;  CIN=1;  #100;
        A0=0;  B0=0;  A1=1;  B1=1;  A2=0;  B2=0;  A3=0;  B3=0;  CIN=1;  #100;
        A0=0;  B0=0;  A1=0;  B1=1;  A2=0;  B2=0;  A3=1;  B3=0;  CIN=0;  #100;
        A0=0;  B0=0;  A1=0;  B1=0;  A2=0;  B2=1;  A3=0;  B3=0;  CIN=0;  #100;
        A0=0;  B0=0;  A1=0;  B1=0;  A2=1;  B2=1;  A3=0;  B3=0;  CIN=0;  #100;
        A0=0;  B0=0;  A1=0;  B1=0;  A2=0;  B2=0;  A3=0;  B3=0;  CIN=0;  #100;
        A0=0;  B0=1;  A1=1;  B1=0;  A2=0;  B2=0;  A3=0;  B3=1;  CIN=0;  #100;
        A0=0;  B0=1;  A1=0;  B1=0;  A2=0;  B2=0;  A3=0;  B3=1;  CIN=0;  #100;
        A0=1;  B0=0;  A1=0;  B1=0;  A2=0;  B2=0;  A3=0;  B3=1;  CIN=0;  #100;
     end
endmodule
```

그림 4.4.33 4비트 2진 덧셈기를 ModelSim-Altera Edition 6.5e에서 시뮬레이션 하기 위한 Test Bench 파일

② ModelSim-Altera Edition 6.5e를 이용하여 시뮬레이션을 하기 위한 ALTERA 설정 과정

ModelSim-Altera Edition 6.5e를 이용하여 시뮬레이션을 수행하기 위해 그림 4.4.34와 같이 Quartus II의 풀다운 메뉴에서 [Tool]의 서브 메뉴인 [Options...]를 선택하면, 그림 4.4.35와 같이 Options 화면이 나타난다.

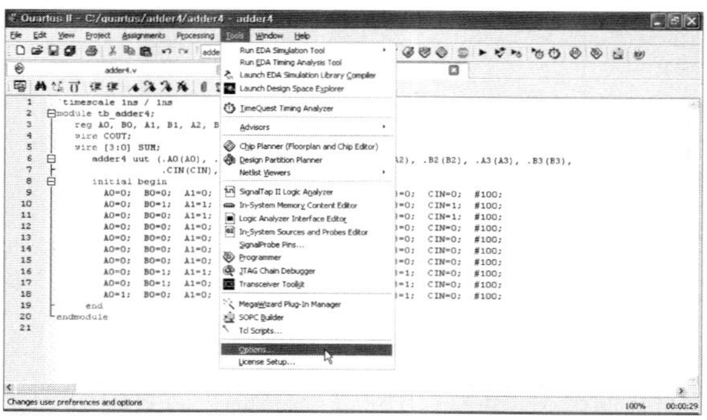

그림 4.4.34 Quartus II의 풀다운 메뉴에서 [Tool] → [Options...]를 선택

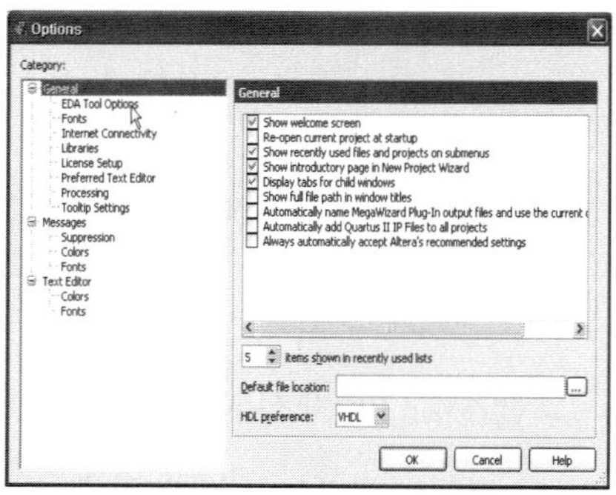

그림 4.4.35 Options 화면

다음에 Options 화면에서 [General]의 서브 메뉴인 [EDA Tool Options] 메뉴를 선택하면, 그림 4.4.36과 같이 EDA Tool Options 화면이 나타난다. 그림 4.4.36의 화면에서 ModelSim-ALTERA 항목의 [...] 버튼을 마우스 왼쪽 버튼으로 클릭하면 그림 4.4.37과 같이 Select Directory 화면이 나타난다. 다음에 Select Directory 화면에서 그림 4.4.37과 같이 ModelSim-Altera Edition 6.5e의 경로를 지정한 후 [Choose] 버튼을 마우스 왼쪽 버튼으로 클릭한다. 그림 4.4.38은 ModelSim-Altera Edition 6.5e의 경로인 C:₩altera₩10.0₩modelsim_ae₩win32aloem이 지정된 화면이다.

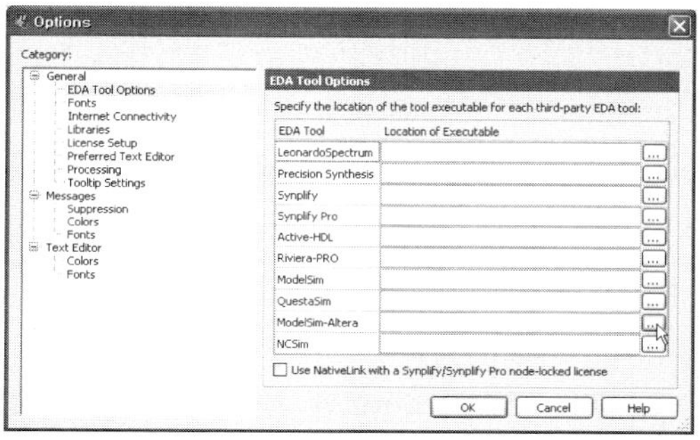

그림 4.4.36 EDA Tool Options 화면

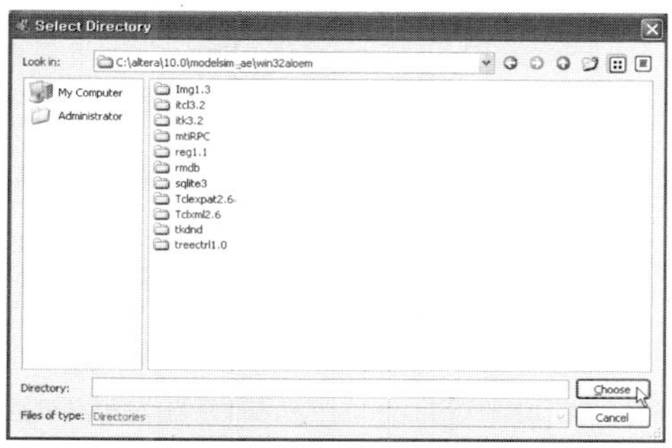

그림 4.4.37 Select Directory 화면

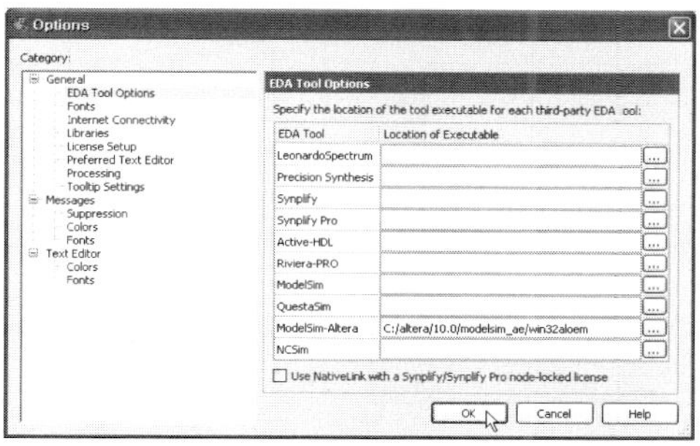

그림 4.4.38 ModelSim-Altera Edition 6.5e의 경로를 지정한 화면

그림 4.4.38의 화면에서 [OK] 버튼을 마우스의 왼쪽 버튼으로 클릭하여 Options 화면을 종료시킨다. 다음에 ModelSim-Altera Edition 6.5e를 이용하여 시뮬레이션을 수행하기 위해 그림 4.4.39와 같이 Quartus II의 풀다운 메뉴에서 [Assignments]의 서브 메뉴인 [Settings... Ctrl+Shift+E]를 선택하면, 그림 4.4.40과 같이 Settings 화면이 나타난다. 다음에 Settings 화면의 Category: 항목의 [EDA Tool Settings → Simulation] 서브 메뉴를 마우스의 왼쪽 버튼으로 클릭하면, 그림 4.4.41과 같은 화면이 나타난다.

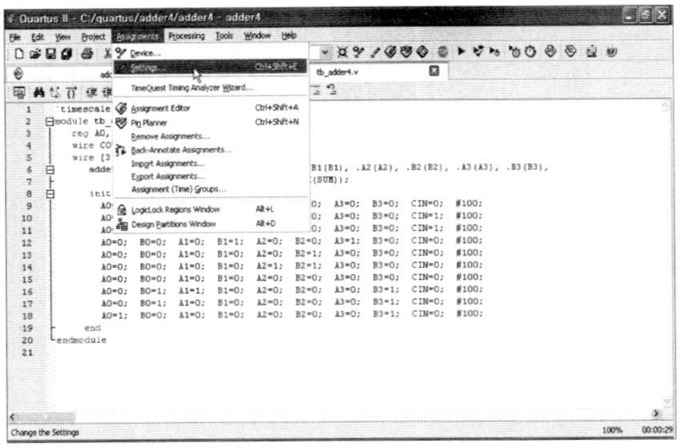

그림 4.4.39 풀다운 메뉴에서 [Assignments]의 서브 메뉴인 [Settings... Ctrl+Shift+E] 선택

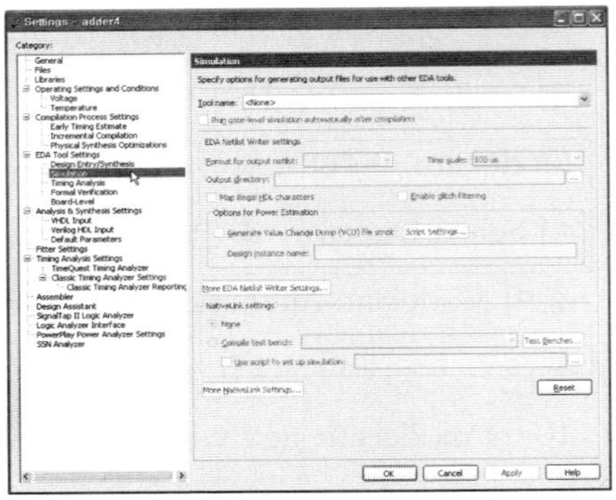

그림 4.4.40 Settings 화면

그림 4.4.41의 Tool name: 항목에서 ModelSim-Altera 부분을 선택한 후에 나타나는 그림 4.4.42의 화면에서 Compile test bench: 항목의 [Test Benches...] 버튼을 마우스의 왼쪽 버튼으로 클릭하면, 그림 4.4.43과 같이 Test Benches 화면이 나타나게 된다.

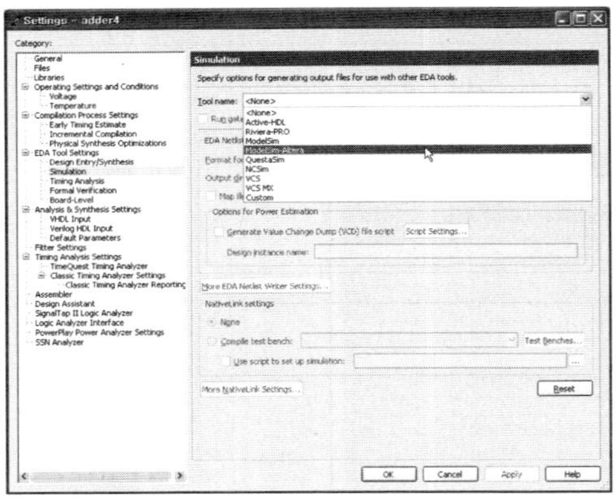

그림 4.4.41 Tool name: 항목에서 ModelSim-Altera 부분 선택

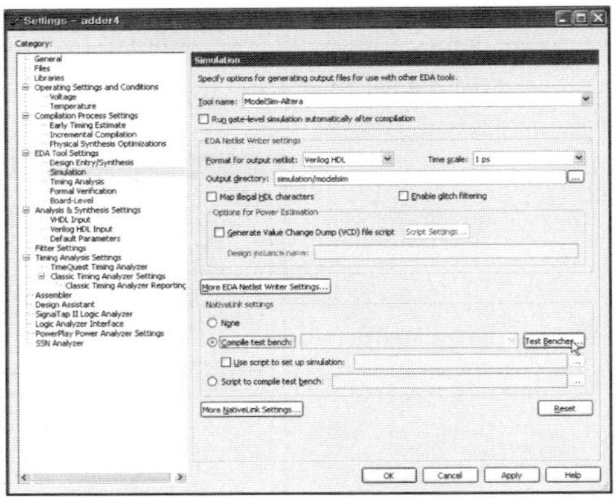

그림 4.4.42 Compile test bench: 항목의 [Test Benches...] 버튼을 클릭

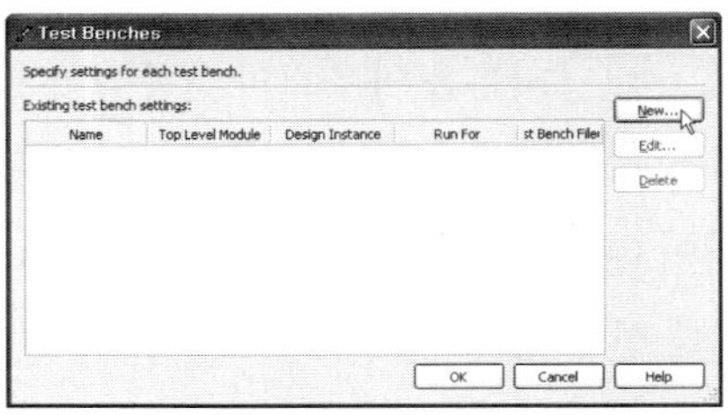

그림 4.4.43 Test Benches 화면에서 [New...] 버튼을 클릭

다음에 그림 4.4.43의 화면에서 New... 버튼을 마우스의 왼쪽 버튼으로 클릭하면, 그림 4.4.44와 같은 New Test Bench Settings 화면이 나타난다. 그림 4.4.44의 화면에서 Test bench name: 항목과 Top level module in test bench: 항목에 설계한 Test Bench 파일 명인 tb_adder4를 입력하고, Design instance name in test bench: 항목에는 Test Bench 파일에서 인스턴스 명으로 기술한 uut를 입력한 후에 ... 버튼을 마우스의 왼쪽 버튼으로 클릭하면, 그림 4.4.45와 같이 Select File화면이 나타난다. 다음에 Select File 화면에서 Test Bench 파일인 tb_adder4.v 파일을 선택하고 Open 버튼을 마우스의 왼쪽 버튼으로 클릭하면, 그림 4.4.46과 같이 File name: 항목에 선택한 Test Bench 파일인 tb_adder4.v 파일이 지정된다. 그림 4.4.46의 화면에서 Add 버튼을 마우스의 왼쪽 버튼으로 클릭하면 그림 4.4.47과 같이 Test Bench 파일이 추가된다. 한편, 그림 4.4.47의 화면에서 OK 버튼을 마우스의 왼쪽 버튼으로 클릭하면, 그림 4.4.48과 같이 Test Bench 파일에 대한 각 항목들이 나타나게 된다.

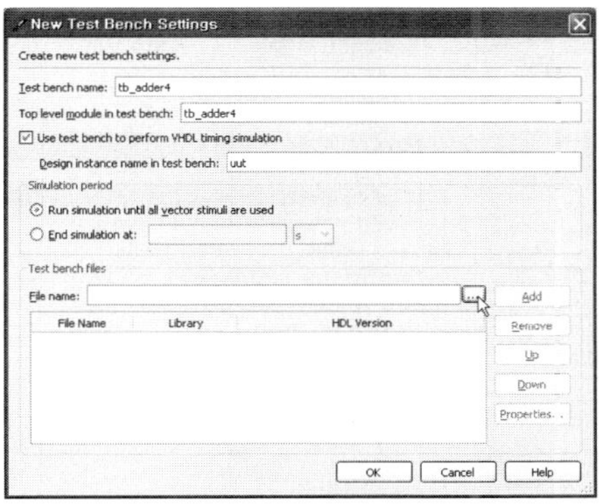

그림 4.4.44 New Test Bench Settings 화면

그림 4.4.45 Select File 화면

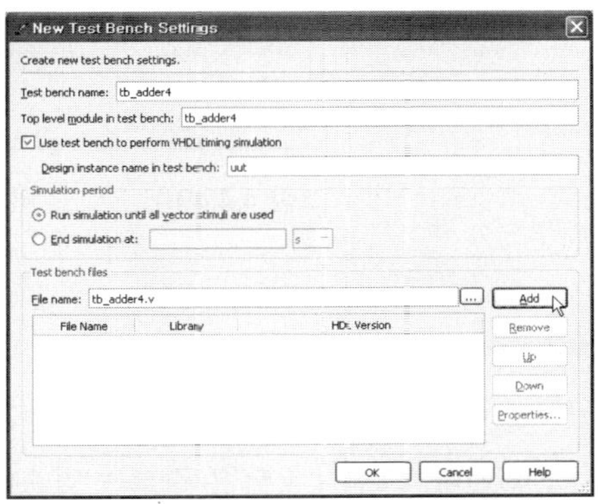

그림 4.4.46 File name: 항목에 tb_adder4.v 파일이 지정된 화면

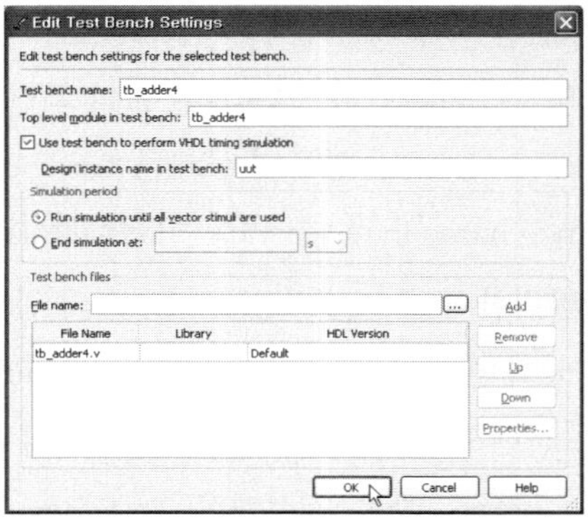

그림 4.4.47 New Test Bench Settings 화면에서 OK 버튼 클릭

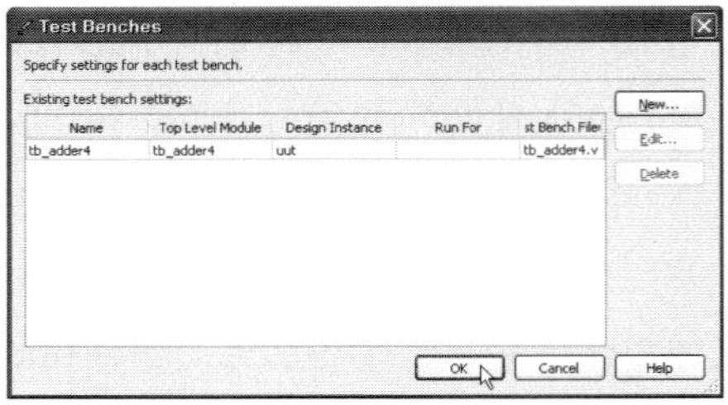

그림 4.4.48 Test Bench 파일에 대한 각 항목들이 나타난 화면

그림 4.8.48의 화면에서 OK 버튼을 마우스의 왼쪽 버튼으로 클릭하면, 그림 4.8.49와 같이 앞에서 설정했던 항목들이 표시된 Settings 화면이 나타난다. 이제 OK 버튼을 마우스의 왼쪽 버튼으로 클릭하여 Settings 화면을 종료시킨다.

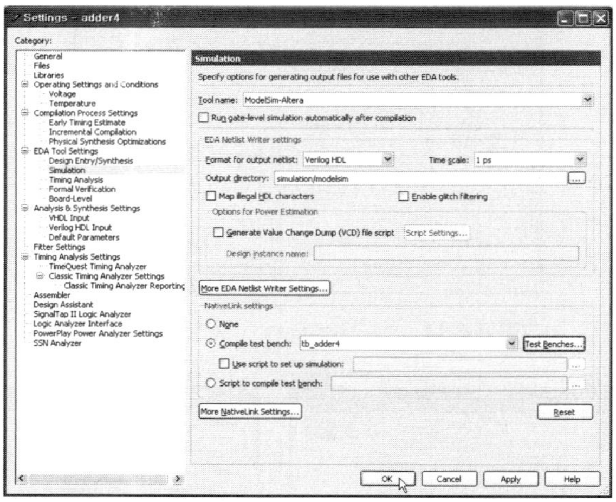

그림 4.4.49 OK 버튼을 선택하여 Settings 화면을 종료시킴

다음에 그림 4.4.50과 같이 Quartus II의 풀다운 메뉴에서 [Processing]의 서브 메뉴인 [Start Compilation]을 선택하거나, 상단에서 ▶ 아이콘을 선택하면 컴파일 과정을 수행하게 된다. 그림 4.4.51은 경고는 있으나 에러가 없기 때문에 컴파일을 수행한 결과가 이상이 없다는 것을 나타내고 있다.

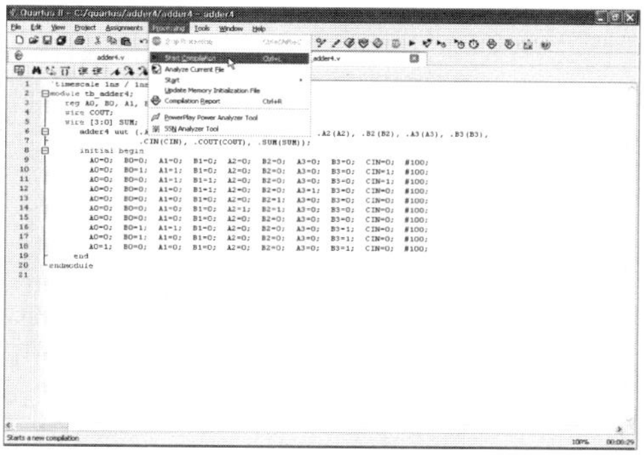

그림 4.4.50 [Processing] → [Start Compilation] 메뉴 선택

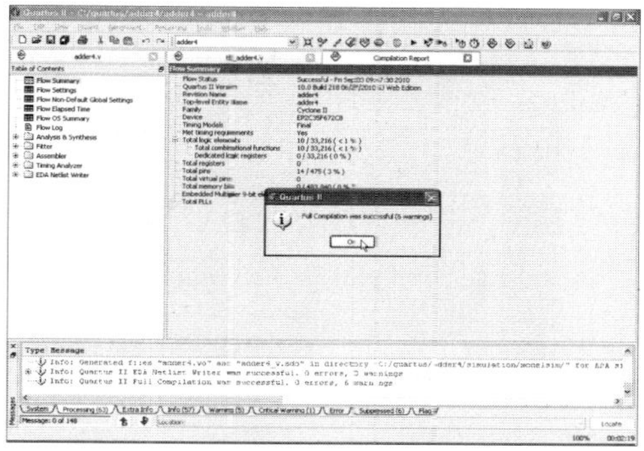

그림 4.4.51 컴파일 과정을 수행한 결과 화면

③ ModelSim-Altera Edition 6.5e를 이용한 타이밍 시뮬레이션 수행하기

타이밍 시뮬레이션을 수행하기 위해 4.4.52와 같이 [Tools]의 서브 메뉴인 [Run EDA Simulation Tool]의 서브 메뉴에서 [EDA Gate Level Simulation...]을 선택하면, 그림 4.4.53과 같이 EDA Gate Level Simulation 화면이 나타난다. 그림 4.4.53의 화면에서 [Run] 버튼을 마우스의 왼쪽 버튼으로 클릭하면, 그림 4.4.54와 같이 자동적으로 ModelSim-Altera Edition 6.5e가 실행되어 타이밍 시뮬레이션을 수행한다. 그림 4.4.54의 화면에서 Messages 항목에 있는 노드들을 마우스의 왼쪽 버튼을 누르고 마우스 끌기(Drag and Drop)를 하면 그림 4.4.55와 같이 노드의 배경색이 흰색으로 반전된다.

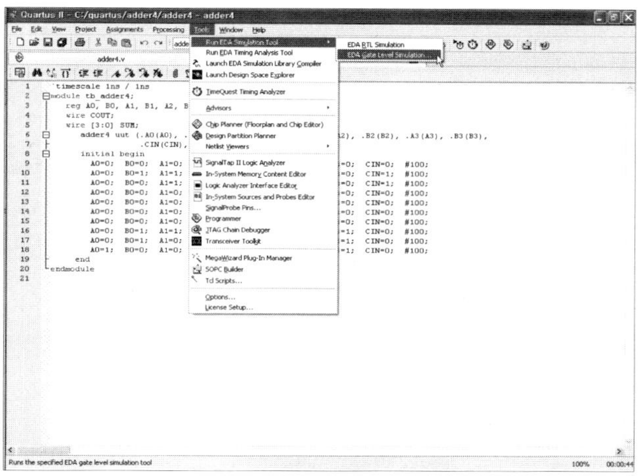

그림 4.4.52 [Tools] → [Run EDA Simulation Tool] → [EDA Gate Level Simulation...] 메뉴 선택

그림 4.4.53

EDA Gate Level Simulation 화면에서 [Run] 버튼 클릭

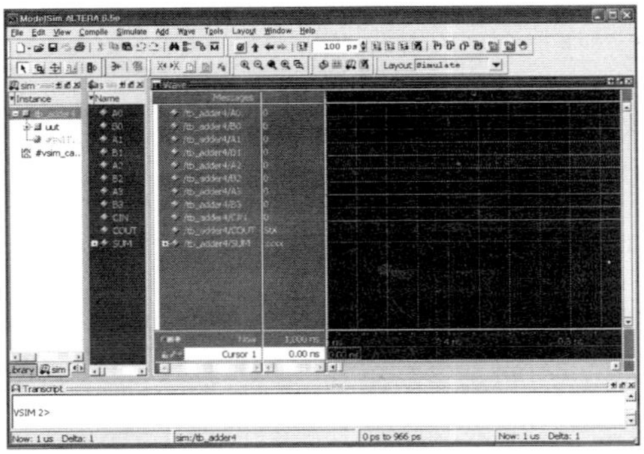

그림 4.4.54 ModelSim-Altera Edition 6.5e에서 타이밍 시뮬레이션이 자동적으로 수행된 화면

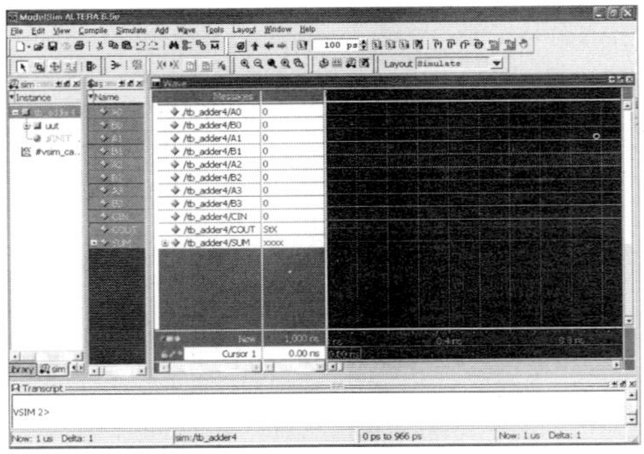

그림 4.4.55 노드의 배경색이 흰색으로 반전됨

타이밍 시뮬레이션 결과를 0ns에서 1us 구간까지 확대한 화면으로 나타내기 위해서는 그림 4.4.56과 같이 마우스의 오른쪽 버튼을 클릭하면 나타나는 팝업 메뉴에서 [Zoom Range... R]을 마우스의 왼쪽 버튼으로 클릭하면, 그림 4.4.57과 같이 Wave Zoom 화면이 나타나게 된다. 그림 4.4.57의 화면에서 Start: 항목에 0ns를 End: 항목에 1us를 입력한 후에 [OK] 버튼을 마우스의 왼쪽 버튼으로 클릭하면, 그림 4.4.58과 같이 타이밍 시뮬레이션 결과를 0ns에서 1us 구간까지 확대한 화면이 나타나게 된다. 그림 4.4.58의 화면에서 700ns에서 800ns 구간을 살펴보면 입력인 A3~A0 값이 0010(2)이고 B3~B0 값이 1001(9)이므로 SUM3~SUM0 결과 값이 1011(11)로 나타나있다.

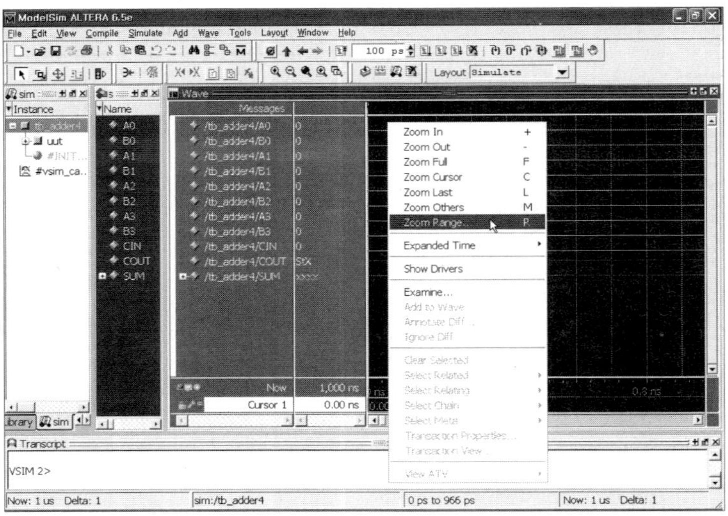

그림 4.4.56 팝업 메뉴에서 [Zoom Range... R] 메뉴 선택

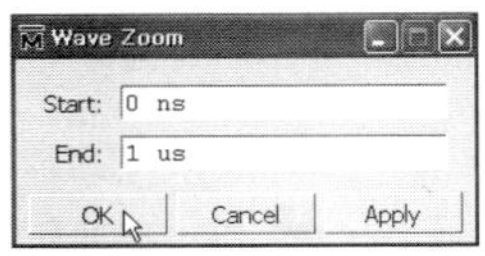

그림 4.4.57 Wave Zoom 화면

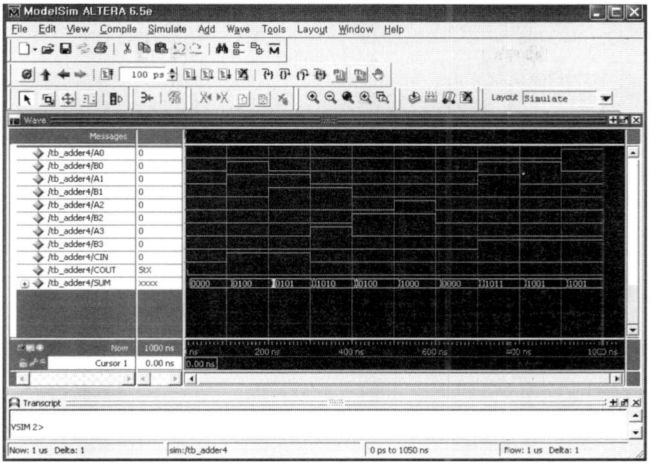

그림 4.4.58 타이밍 시뮬레이션 결과를 0ns에서 1us 구간까지 확대한 화면

한편, 그림 4.4.58의 화면에서 4비트 2진 덧셈기인 adder4 블록에 대한 논리회로의 출력을 나타내는 SUM 값이 2진수로 표시되어 있다. 이를 10진수로 나타내기 위해서는 SUM 부분에 마우스의 포인터를 위치하고 그림 4.4.59와 같이 마우스의 오른쪽 버튼을 클릭하여 나타나는 팝업 메뉴에서 [Radix]를 선택하면 나타나는 팝업 메뉴인 [Unsigned]를 선택하거나, ModelSim-Altera Edition 6.5e의 풀다운 메뉴에서 [Format] 메뉴의 서브 메뉴인 [Radix] 메뉴를 선택하면 나타나는 서브 메뉴들 중에서 [Unsigned]를 선택하면 그림 4.4.60과 같이 4비트 2진 덧셈기인 adder4 블록에 대한 논리회로의 출력을 나타내는 SUM 값이 부호없는 10진수로 표시되어 나타나게 된다.

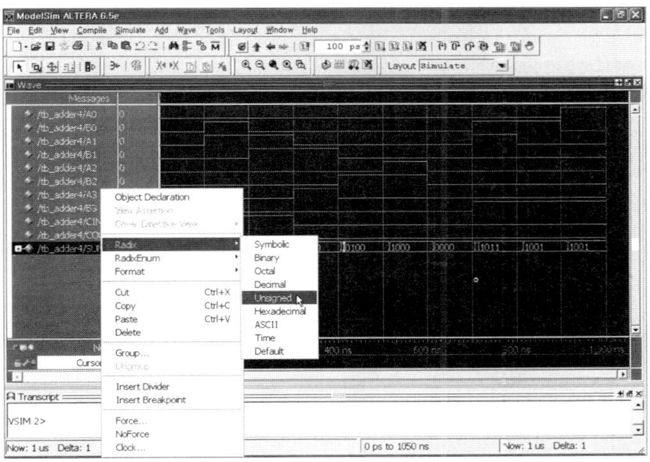

그림 4.4.59 팝업 메뉴에서 [Radix] → [Unsigned] 메뉴 선택

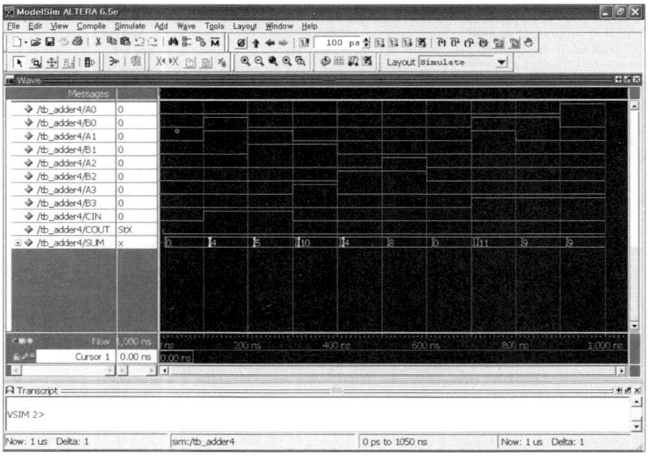

그림 4.4.60 4비트 2진 덧셈기인 adder4 블록에 대한 논리회로의 출력 SUM이 부호없는 10진수로 표시됨

한편, 그림 4.4.60에서 SUM 그룹을 비트형태로 나타내기 위하여 ⊞ 부분을 마우스의 왼쪽 버튼으로 클릭하면, 그림 4.461과 같이 그룹명 밑에 비트 형태가 나타나게 된다.

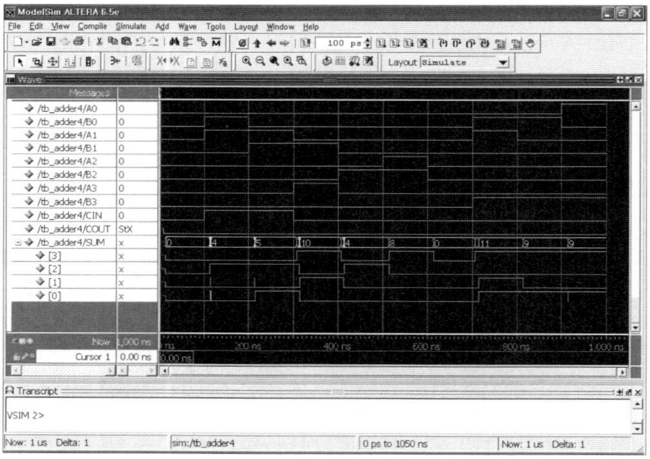

그림 4.4.61 그룹명 밑에 비트 형태가 나타남

그림 4.4.62에서 A1 노드에서 마우스의 왼쪽 버튼을 누르고 마우스 끌기(Drag and Drop)를 하면, 그림 4.4.63과 같이 A1 노드의 위치를 A0 노드 밑으로 변경시킬 수 있게 된다.

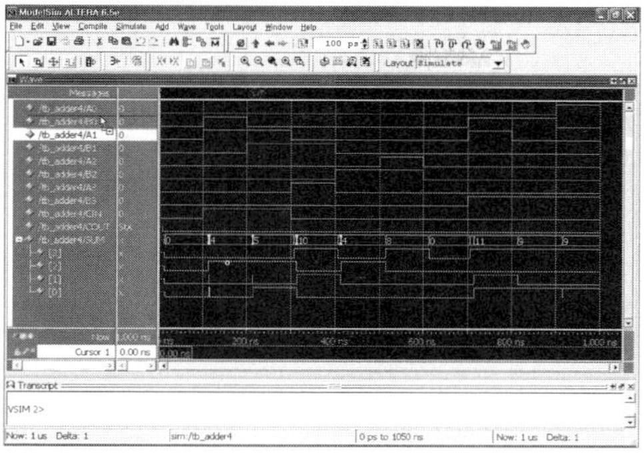

그림 4.4.62 A1 노드에서 마우스의 왼쪽 버튼을 누르고 마우스 끌기

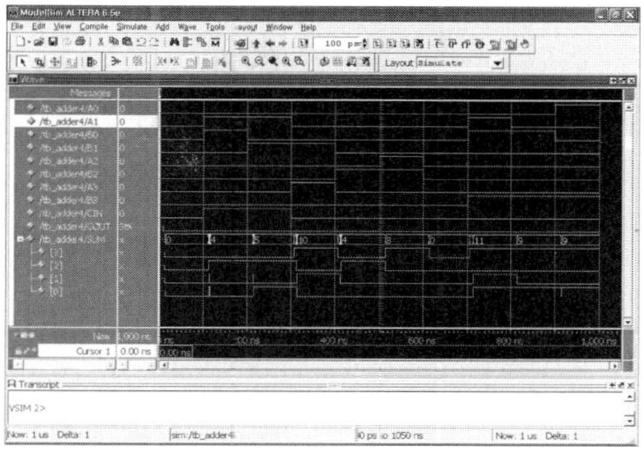

그림 4.4.63 A1 노드의 위치가 A0 노드 밑으로 변경됨

한편, 타이밍 시뮬레이션 된 결과의 End Time의 범위가 짧아서 시뮬레이션 결과를 확인할 수 없을 경우에는 그림 4.4.64와 같이 Transcript 창의 VSIM 2> 부분에 run 명령어 다음에 확장하고자 하는 타이밍 시뮬레이션 범위를 입력한 후에 Enter↵ 키를 누르면, 그림 4.4.65와 같이 타이밍 시뮬레이션 결과 범위가 원래 1us에서 1us가 확장된 2us가 되어 나타난다. 타이밍 시뮬레이션 결과를 0ns에서 2us 구간까지 확대한 화면으로 나타내기 위해서는 그림 4.4.66과 같이 마우스의 오른쪽 버튼을 클릭하면 나타나는 팝업 메뉴에서 [Zoom Full]을 마우스의 왼쪽 버튼으로 클릭하거나 🔍 아이콘을 마우스의 왼쪽 버튼으로 클릭하면, 그림 4.4.67과 같이 타이밍 시뮬레이션 결과를 0ns에서 2us 구간까지 확대한 화면이 나타나게 된다.

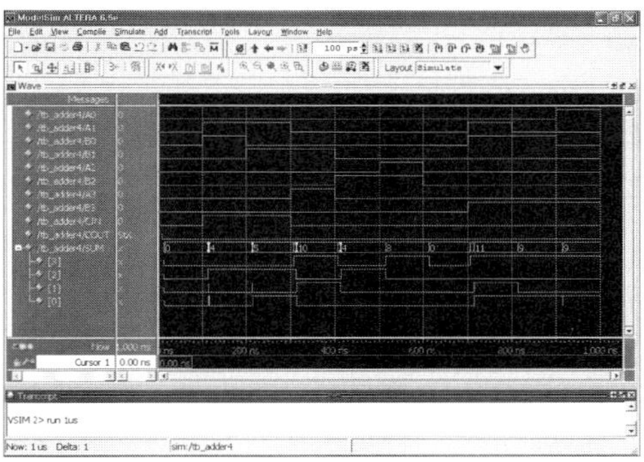

그림 4.4.64 Transcript 창의 VSIM 2> 부분에 run 1us 입력한 후에 Enter↵ 키를 누름

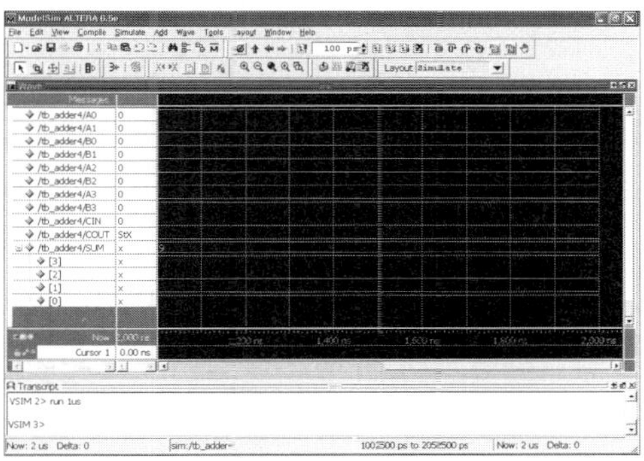

그림 4.4.65 타이밍 시뮬레이션 결과 범위가 원래 1us에서 1us가 확장된 2us가 되어 나타남

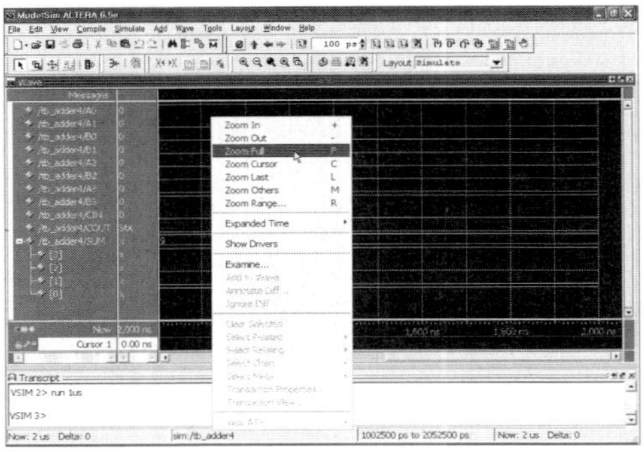

그림 4.4.66 팝업 메뉴에서 [Zoom Full] 메뉴 선택

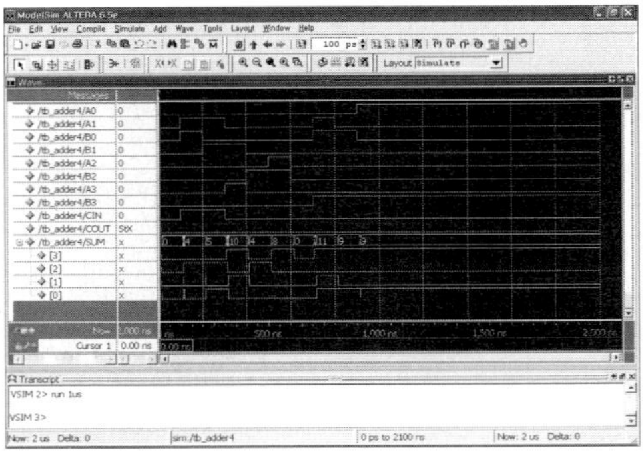

그림 4.4.67 타이밍 시뮬레이션 결과를 0ns에서 2us 구간까지 확대한 화면

타이밍 시뮬레이션 된 결과 파형들을 확대하여 나타내려면 아이콘을 선택하고 마우스의 왼쪽 버튼을 클릭하면, 그림 4.4.68과 같이 확대된 파형이 나타나고, 결과 파형들을 축소하여 나타내려면 아이콘을 선택하고 마우스의 왼쪽 버튼을 클릭하면 그림 4.4.69와 같이 축소된 파형이 나타나게 된다.

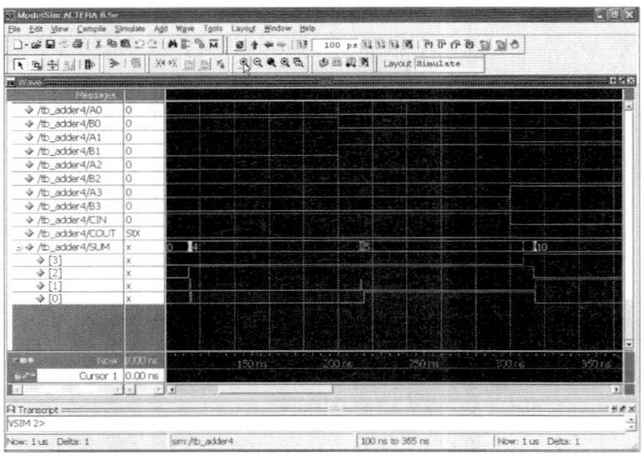

그림 4.4.68 Simulation 상에서 확대되어 나타난 파형

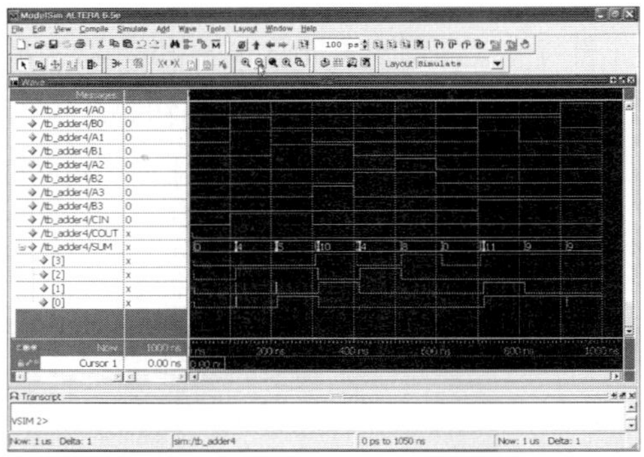

그림 4.4.69 Simulation 상에서 축소되어 나타난 파형

한편, 노드의 이름을 짧게 나타내고자 할 경우에는 아이콘을 마우스의 왼쪽 버튼으로 클릭하면, 그림 4.4.70과 같이 노드의 이름이 짧게 나타난다. 이때 다시 아이콘을 마우스 왼쪽 버튼으로 클릭하면, 그림 4.4.71과 같이 노드의 이름이 길게 나타나게 된다.

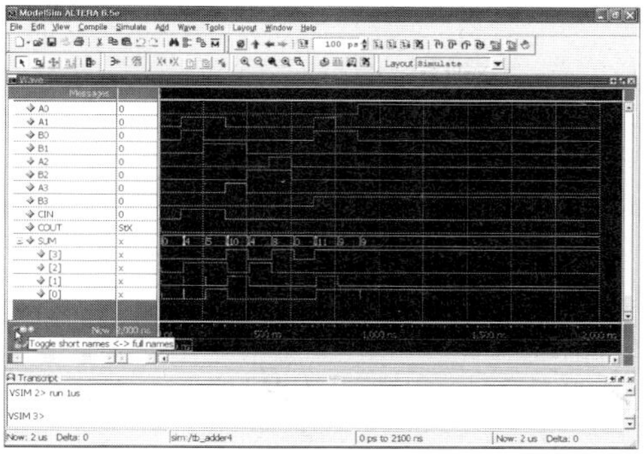

그림 4.4.70 노드의 이름이 짧게 나타남

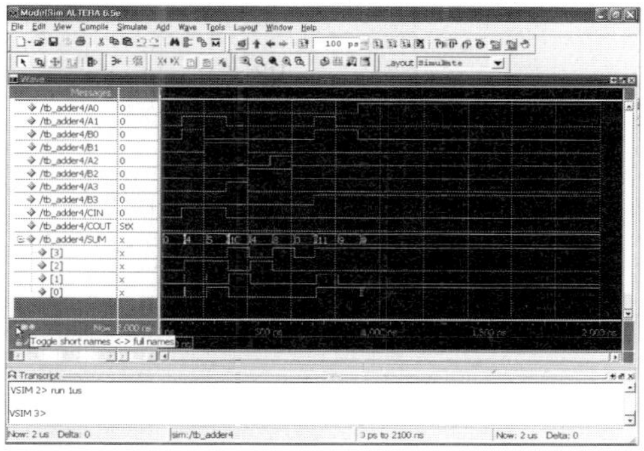

그림 4.4.71 노드의 이름이 길게 나타남

④ ModelSim-Altera Edition 6.5e를 이용한 기능적인 시뮬레이션 수행하기

기능적인 시뮬레이션을 수행하기 위해 그림 4.4.72와 같이 [Tools]의 서브 메뉴인 [Run EDA Simulation Tool]의 서브 메뉴에서 [EDA RTL Simulation]을 선택하면, 그림 4.4.73과 같이 자동적으로 ModelSim-Altera Edition 6.5e가 실행되며 기능적인 시뮬레이션을 수행한다. 그림 4.4.74는 기능적인 시뮬레이션 결과를 0ns에서 1us 구간까지 확대한 화면이다. 그림 4.4.74의 화면에서 700ns에서 800ns 구간을 살펴보면 입력인 A3~A0 값이 0010(2)이고 B3~B0 값이 1001(9)이므로 SUM3~SUM0 결과 값이 1011(11)으로 나타나있다.

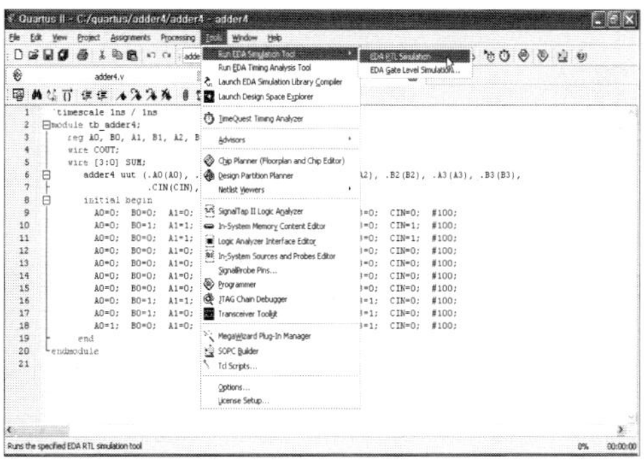

그림 4.4.72 [Tools] → [Run EDA Simulation Tool] → [EDA RTL Simulation] 메뉴 선택

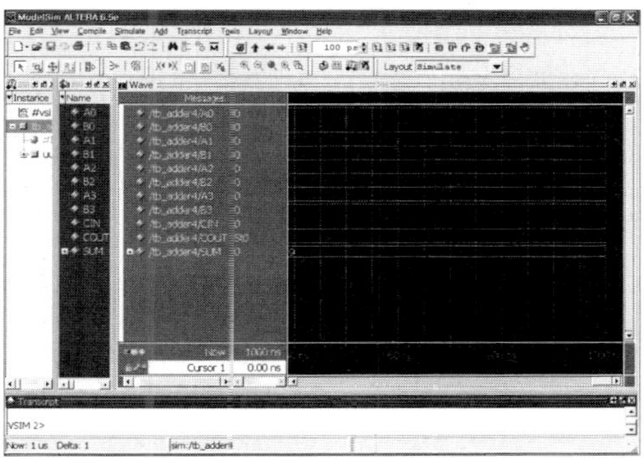

그림 4.4.73 ModelSim-Altera Edition 6.5e에서 기능적인 시뮬레이션이 자동적으로 수행된 화면

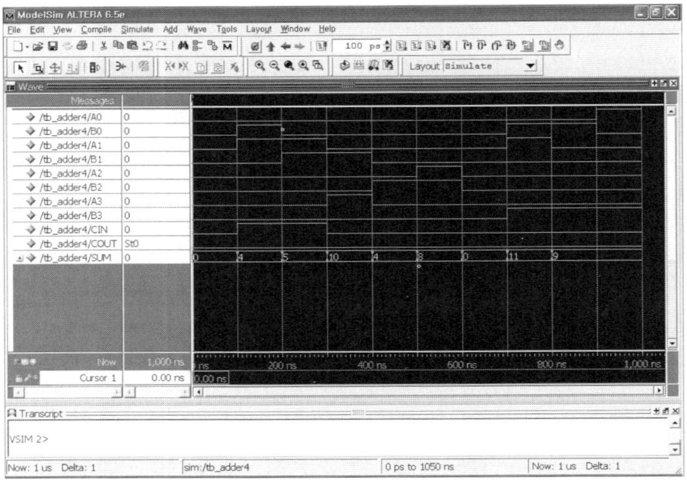

그림 4.4.74 기능적인 시뮬레이션 결과를 0ns에서 1us 구간까지 확대한 화면

⑤ ModelSim–Altera Edition 6.5e의 화면색 변경하기

ModelSim-Altera Edition 6.5e의 화면색을 변경하려면 그림 4.4.75와 같이 ModelSim-Altera Edition 6.5e의 풀다운 메뉴에서 [Tools]의 서브 메뉴인 [Edit Preferences...]를 선택하면, 그림 4.4.76과 같이 Preferences 화면이 나타난다.

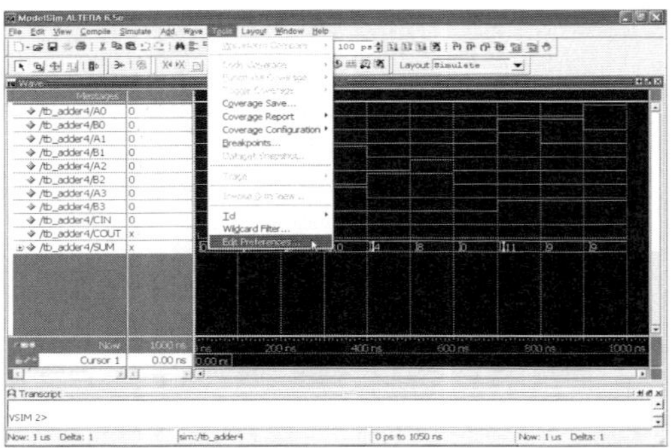

그림 4.4.75 ModelSim–Altera Edition 6.5e의 풀다운 메뉴에서 [Tools] → [Edit Preferences...]를 선택

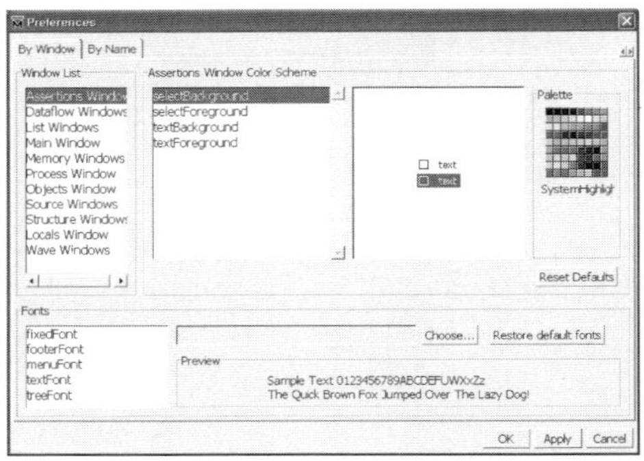

그림 4.4.76 Preferences 화면

ModelSim-Altera Edition 6.5e의 화면에서 파형 배경색을 White로 변경하려면 그림 4.4.77과 같이 [Wave Windows] → [WaveBackground] 항목을 선택한 후에 변경하고자 하는 파형 배경색인 White를 선택하면, 그림 4.4.78과 같이 파형 배경색이 White로 변경되어 화면에 나타난다.

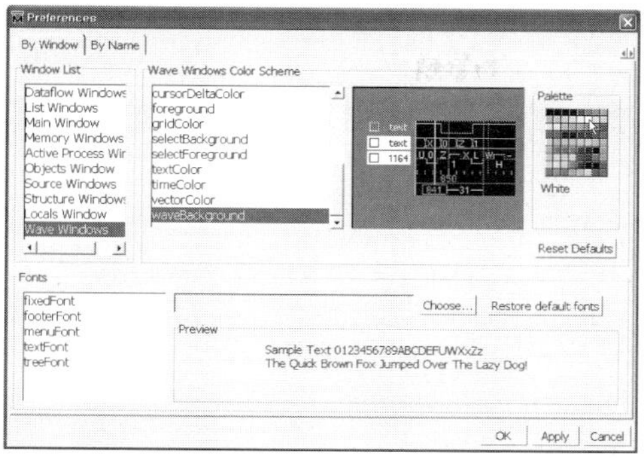

그림 4.4.77 [Wave Windows]→ [WaveBackground] 항목에서 변경하고자 하는 파형 배경색을 선택

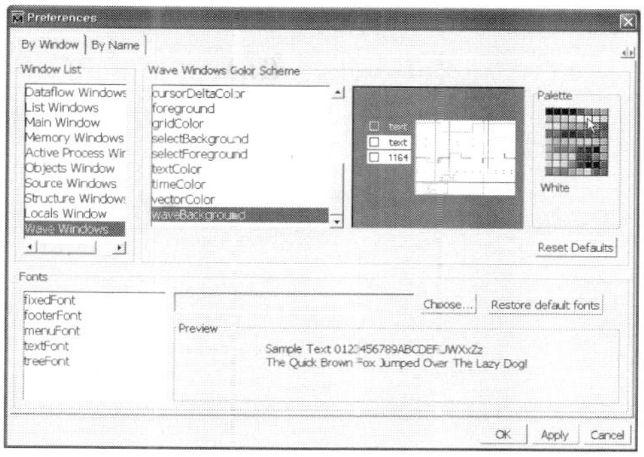

그림 4.4.78 White로 변경된 파형 배경색

ModelSim-Altera Edition 6.5e의 화면에서 논리 0의 파형색을 Black으로 변경하려면 그림 4.4.79와 같이 [Wave Windows] → [LOGIC_0] 항목을 선택한 후에 변경하고자 하는 파형색인 Black을 선택하면, 그림 4.4.80과 같이 논리 0의 파형색이 Black으로 변경되어 화면에 나타난다.

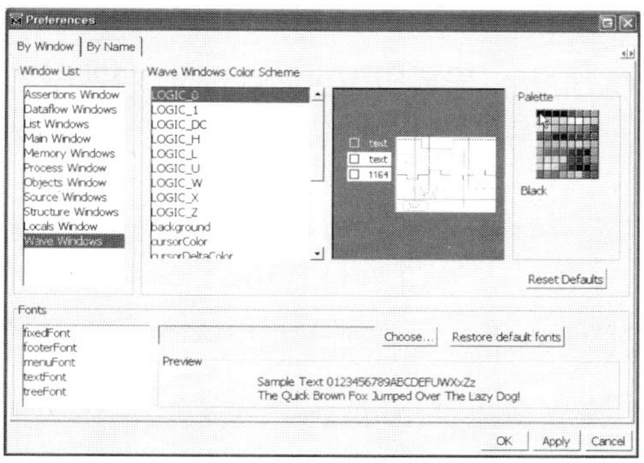

그림 4.4.79 [Wave Windows]→ [LOGIC_0] 항목에서 변경하고자 하는 파형색을 선택

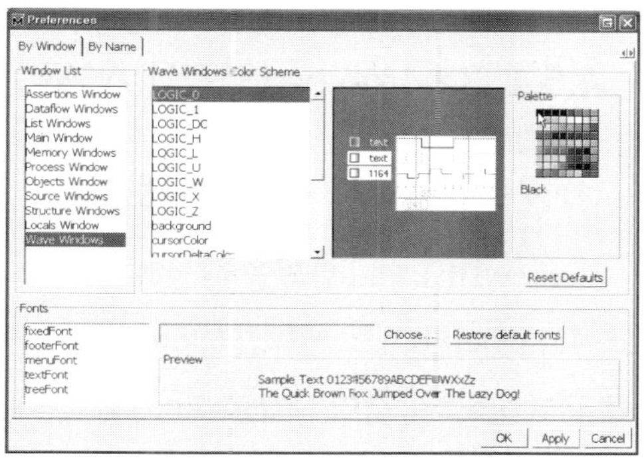

그림 4.4.80 Black으로 변경된 논리 0의 파형색

같은 방법으로 ModelSim-Altera Edition 6.5e의 화면에서 background, cursorColor 등의 색을 White로, gridColor의 색을 Gray80으로 변경하고, 논리 1, textColog, timeColor, vectorColor 등의 색을 Black으로 변경한 후에 그림 4.4.81과 같이 [OK] 버튼을 마우스의 왼쪽 버튼으로 클릭하면, 그림 4.4.82와 같이 ModelSim-Altera Edition 6.5e의 화면색이 변경되어 나타난다.

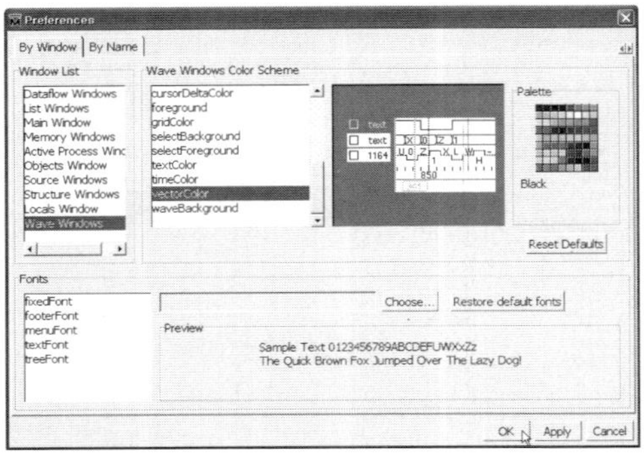

그림 4.4.81 Preferences 화면에서 OK 버튼 클릭

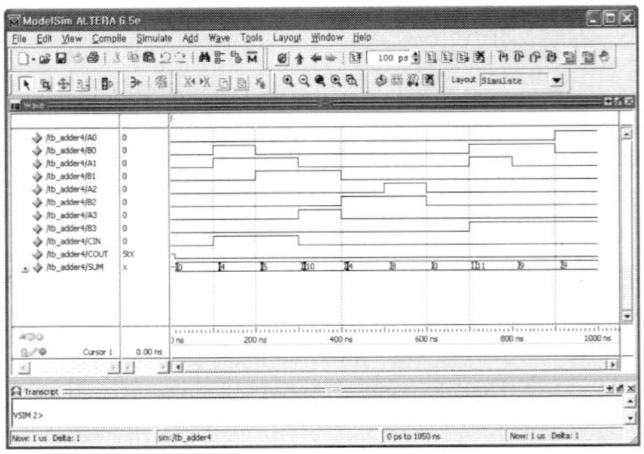

그림 4.4.82 ModelSim–Altera Edition 6.5e의 화면 색이 변경되어 나타남

4.5 keypad의 입력을 4비트 데이터로 변환하고, 변환된 데이터를 A, B 레지스터에 저장하는 keyin 블록의 Verilog HDL 설계하기

4.5.1 3×4 keypad의 값을 제어하는 keymatrix 블록의 Verilog HDL 설계하기

(1) Verilog HDL File 화면 생성

Verilog HDL File 화면을 생성하기 위해서는 그림 4.5.1과 같이 Quartus II의 풀다운 메뉴에서 [File]의 서브 메뉴인 [New... Ctrl+N]을 선택하거나, 툴바에서 아이콘을 선택하면 그림 4.5.2와 같이 Design Entry를 선택하는 New 화면이 나타난다. 그림 4.5.2의 New 화면에서 Verilog HDL File 항목을 선택하고 OK 버튼을 마우스의 왼쪽 버튼으로 클릭하면 그림 4.5.3과 같이 Verilog HDL File 화면이 나타난다.

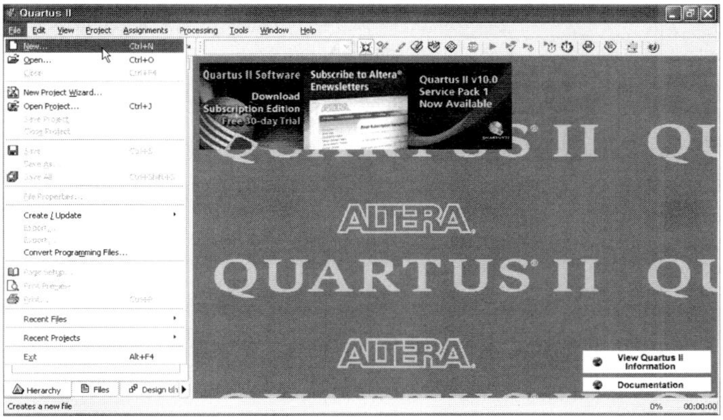

그림 4.5.1 [File] → [New... Ctrl+N] 메뉴 선택

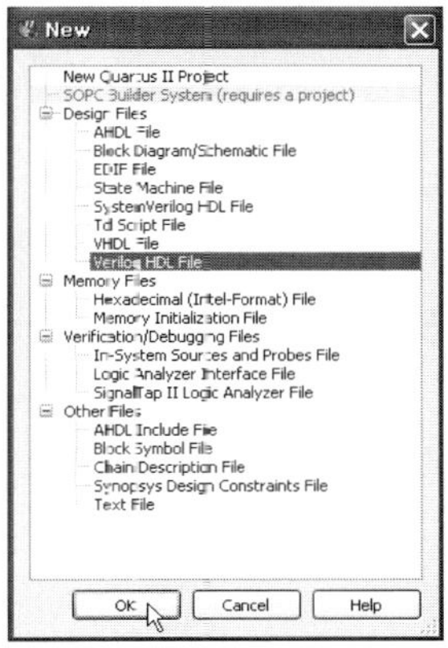

그림 4.5.2 Verilog HDL File 을 선택하는 화면

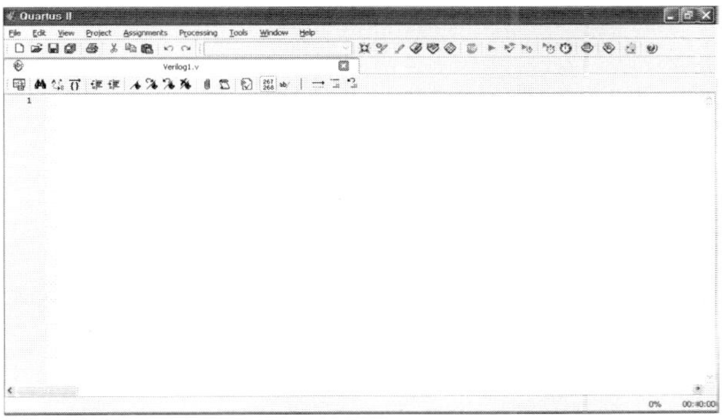

그림 4.5.3 Verilog HDL File 화면

(2) 새로운 project명 및 파일명 저장하기

Quartus II의 Design Entry를 사용하여 설계를 할 경우에는 반드시 설계 파일 이름과 같은 project명을 설정하여야 한다. 먼저 그림 4.5.4와 같이 Quartus II의 풀다운 메뉴에서 [File]의 서부 메뉴인 [Save As...] 메뉴를 선택하면, 그림 4.5.5와 같이 파일명을 저장하기 위한 다른 이름으로 저장 화면이 나타난다. 다음으로 그림 4.5.5와 같이 다른 이름으로 저장하기 화면에서 아이콘 을 마우스의 왼쪽 버튼으로 클릭하여 새 폴더를 생성하고, 현재 만들고자 하는 project명으로 폴더 명을 그림 4.5.6과 같이 입력한다. 이때 작업경로와 폴더명은 사용자 임의로 설정 가능하다. 사용자가 생성한 폴더명을 마우스의 왼쪽 버튼으로 더블 클릭하면 생성한 폴더로 작업경로가 변경되어진다. 다음으로 그림 4.5.7과 같이 생성한 폴더 안에서 파일명을 사용자가 지정하고 [Save] 버튼을 마우스의 왼쪽 버튼으로 클릭하면 확장자는 .v로 자동 설정되어 저장된다.

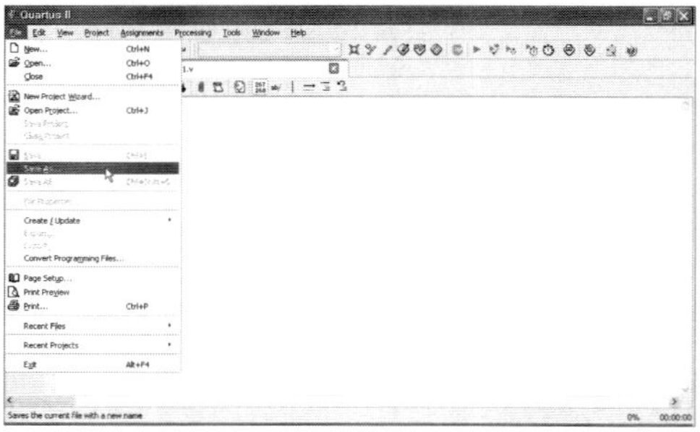

그림 4.5.4 [File] → [Save As...] 메뉴 선택

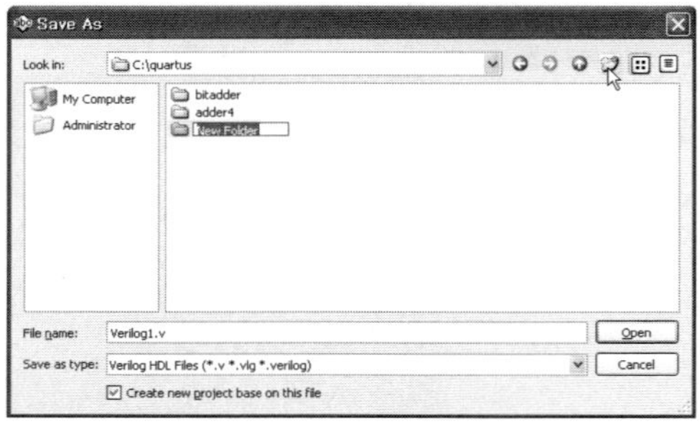

그림 4.5.5 다른 이름으로 저장하기 화면에서 아이콘 을 마우스의 왼쪽 버튼으로 클릭

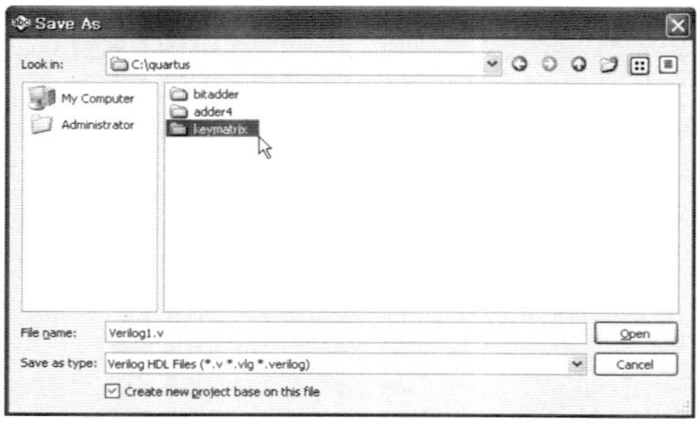

그림 4.5.6 keymatrix 폴더를 생성한 화면

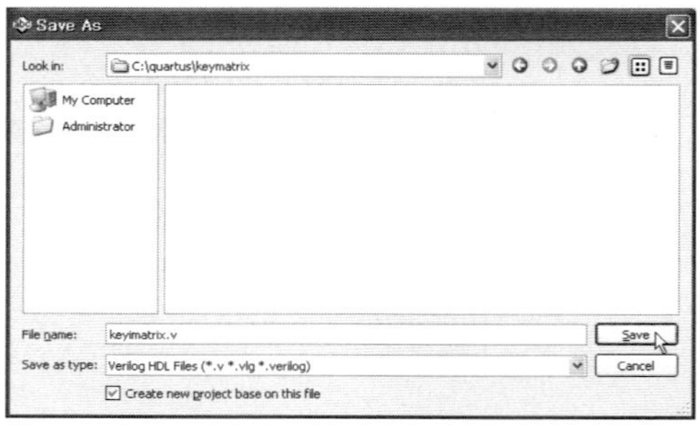

그림 4.5.7 파일명을 저장하기 위한 다른 이름으로 저장 화면

그림 4.5.7의 화면에서 [Save] 버튼을 마우스의 왼쪽 버튼으로 클릭하면 그림 4.5.8과 같이 새 project를 생성할 것인지를 묻는 화면이 나타난다. 이 예제에서는 하나의 Verilog HDL 설계파일은 같은 설계파일명으로 된 project로 하나의 폴더에 저장할 것이다. 따라서 그림 4.5.8에서 [Yes] 버튼을 마우스의 왼쪽 버튼으로 클릭하면, 그림 4.5.9와 같이 New Project Wizard 화면이 나타난다. 이 화면에서 [Next >] 버튼을 마우스의 왼쪽 버튼으로 클릭하면, 그림 4.5.10과 같이 project의 경로와 project명을 입력하라는 화면이 나타난다.

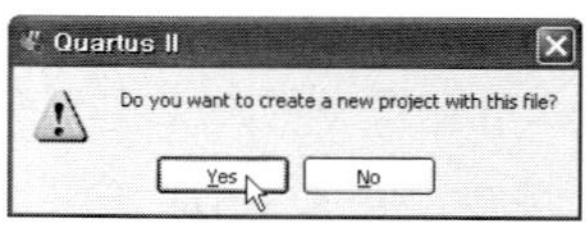

그림 4.5.8 새 project를 생성할 것인지를 묻는 화면

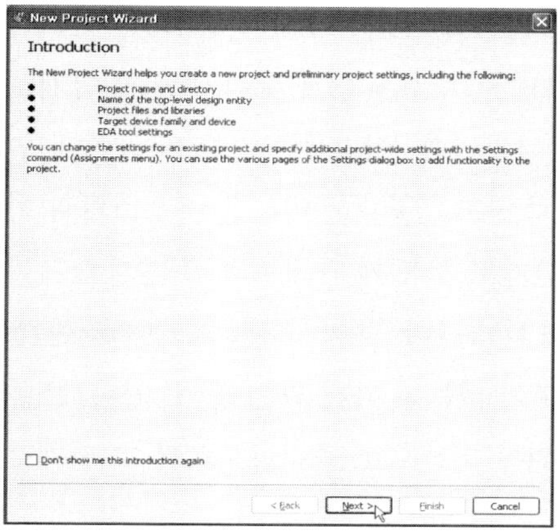

그림 4.5.9 New Project Wizard 화면

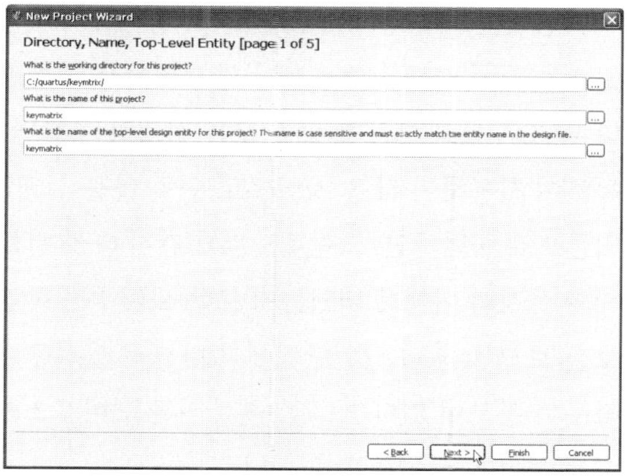

그림 4.5.10 project의 경로와 project명을 입력하라는 화면

그림 4.5.10의 화면에서 Next > 버튼을 마우스의 왼쪽 버튼으로 클릭하면, 두 번째 단계로 다른 project에서 필요한 파일들을 추가하거나, 그 project의 모든 파일들을 참조하기 위한 Library Path를 설정해 주는 화면이 그림 4.5.11과 같이 나타난다. 이 부분은 여러 사람들이 함께 작업하는 설계 과정에서 유용하게 사용된다. 따라서 여러 사람들이 각각의 project를 나누어서 설계하고, 최종 상위 project에서 하나로 모으는데 사용한다. keymatrix 블록은 하위 project를 사용하는 것이 없기 때문에 추가하지 않고 그림 4.5.11의 화면에서 Next > 버튼을 마우스의 왼쪽 버튼으로 클릭하면, 그림 4.5.12와 같이 세 번째로 Family & Device를 설정하는 화면이 나타난다.

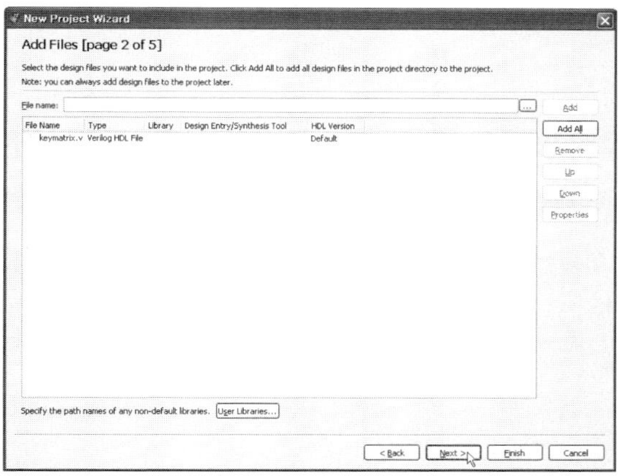

그림 4.5.11 다른 project에서 필요한 파일을 추가 시키는 화면

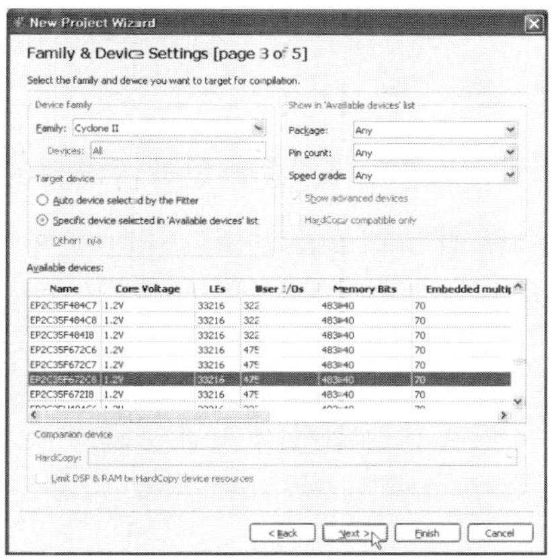

그림 4.5.12 Family & Device를 설정하는 화면

그림 4.5.12에서 HBE-COMBOII 장비에서 사용하는 EP2C35F672C8 디바이스를 선택하고, Next > 버튼을 마우스의 왼쪽 버튼으로 클릭하면, 그림 4.5.13과 같이 네 번째 단계로 다른 EDA 툴과 연동할 수 있도록 설정하는 화면이 나타난다. 여기서는 다른 EDA 툴과 연동하여 사용하지 않을 것이므로 연동 툴을 선택하지 않고 Next > 버튼을 마우스의 왼쪽 버튼으로 클릭하면, 그림 4.5.14와 같이 다섯 번째 단계로 첫 번째 단계부터 네 번째 단계까지의 설정이 어떻게 되었는지 모두 보여주는 화면이 나타난다. 따라서 사용자가 이러한 정보를 보고 project 선언단계에서 다르게 설정한 부분이 없는지 다시 확인 할 수 있다. 또한 잘못된 부분이 있다면, < Back 버튼을 마우스의 왼쪽 버튼으로 클릭함으로써 그 단계로 다시 돌아가서 수정할 수 있다.

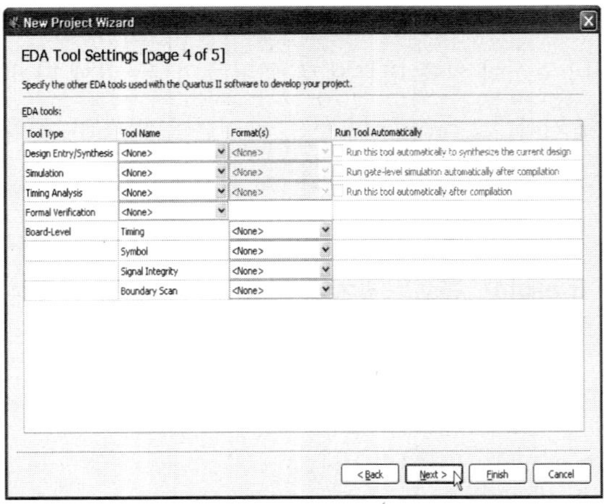

그림 4.5.13 EDA Tool Settings 화면

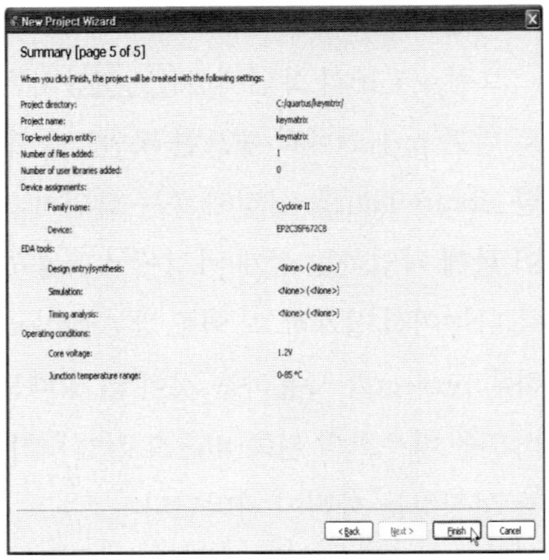

그림 4.5.14 각 단계에 대한 정보를 보여주는 화면

각 단계의 정보를 확인하고 잘못된 부분이 없다면, 그림 4.5.14에서 Finish 버튼을 마우스의 왼쪽 버튼을 클릭하여 project 생성 단계를 종료한다. 이렇게 5단계의 과정을 거치면서 project가 선언되었다. 즉, 5단계의 과정을 통해 설계를 할 수 있는 환경이 만들어진 것이다. 이렇게 project를 선언하면 그림 4.5.15와 같이 Quartus II 툴의 왼쪽 상단 타이틀 바에 현재 project가 선언된 경로명 및 project명 등이 표시된다.

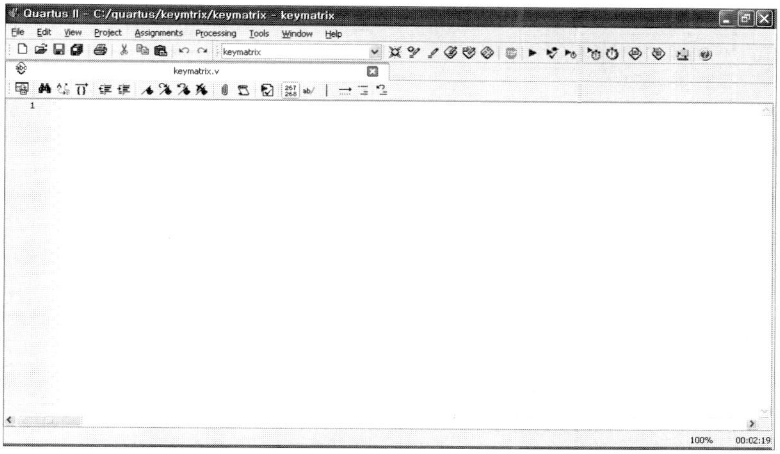

그림 4.5.15 타이틀 바에 현재 project가 선언된 경로명 및 project명 등이 표시됨

(3) keymatrix 블록을 Verilog HDL로 설계하기

HBE-COMBO II 트레이닝 키트의 keypad는 3×4 keypad와 6개의 버튼 스위치로 구성되어 있다. 버튼 스위치는 A 키에서 F 키까지로서 직접 입력이 되도록 구성되어져 있으며, 3×4 keypad는 0에서 9까지의 키들과 *, # 등의 키들로 구성되어있다. 한편, 3×4 keypad는 스캔방식 구조로써 가로라인과 세로라인에서 동시에 제어하여 입력을 받아 사용할 수 있도록 구성되어 있다. 따라서 0에서 9까지의 스위치 입력 값을 받기 위해서는 키 데이터 스캔 블록(keymatrix)이 필요하다. keymatrix 블록에서는 3×4 keypad의 COLUMN0에서부터 COLUMN2까지의 핀에 1의 데이터 값을 이동시키면서 4개의 ROW 단자에서의 출력을 보고 어떤 키의 값이 입력되었는지 알 수 있도록 블록을 설계한다. 그림 4.5.16은 HBE-COMBOII 트레이닝 키트에서 사용한 3×4 keypad의 구조를 보이고 있다. 한편, 표 4.5.1은 keymatrix 블록에서 생성된 입력신호와 눌린 키 값에 대한 출력신호를 나타내었다. 예를 들어 1 키가 눌렸을 때 COLUMN0에 keymatrix 블록에서 생성된 입력신호가 1의 데이터 값이 되는 순간에 COLUMN2 ~ COLUMN0 까지의 값이 001이 되며, 이때 ROW0에 눌린 키 값에 대한 출력신호가 1의 데이터 값이 되어 출력되기 때문에 ROW3 ~ ROW0 값이 0001이 되어 keymatrix 블록으로 들어가서 1 키가 눌렸음을 인지하게 된다.

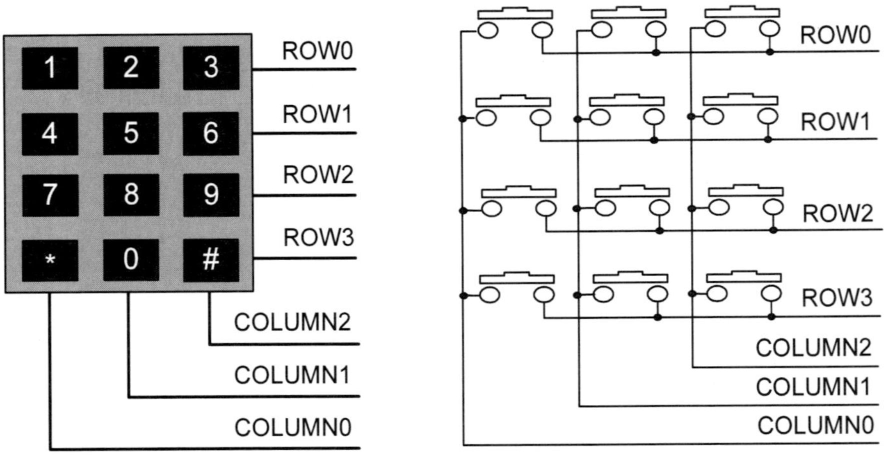

그림 4.5.16 HBE-COMBOII 트레이닝 키트에서 사용한 3×4 keypad 구조

표 4.5.1 3×4 keypad에서 keymatrix 블록에서 생성된 입력신호와 눌린 키 값에 대한 출력신호

키 값	keymatrix 블록에서 생성된 입력신호			눌린 키 값에 대한 출력신호			
	COLUMN0	COLUMN1	COLUMN2	ROW0	ROW1	ROW2	ROW3
1	1	0	0	1	0	0	0
2	0	1	0	1	0	0	0
3	0	0	1	1	0	0	0
4	1	0	0	0	1	0	0
5	0	1	0	0	1	0	0
6	0	0	1	0	1	0	0
7	1	0	0	0	0	1	0
8	0	1	0	0	0	1	0
9	0	0	1	0	0	1	0
*	1	0	0	0	0	0	1
0	0	1	0	0	0	0	1
#	0	0	1	0	0	0	1

① 모듈 선언 및 입출력 포트 선언(module and input/output port declaration)

그림 4.5.17은 Verilog HDL로 설계하려는 keymatrix 블록의 모듈 선언 및 입출력 포트 선언을 심볼 형태로 표현한 것이며, 4.5.18은 Verilog HDL로 설계하려는 keymatrix 블록의 모듈 선언 및 입출력 포트 선언을 나타내고 있다. 한편, module 다음에 오는 keymatrix는 이 블록의 모듈 명이며 지정어 input과 output 다음에는 입력과 출력 포트들을 나타낸다. 설계하려는 keymatrix는 지정어 input에 입력 신호를 위한 [3:0] key_r, clk 포트들과 지정어 output에 출력 신호를 위한 [9:0] key, [2:0] key_c 포트들을 기술한다.

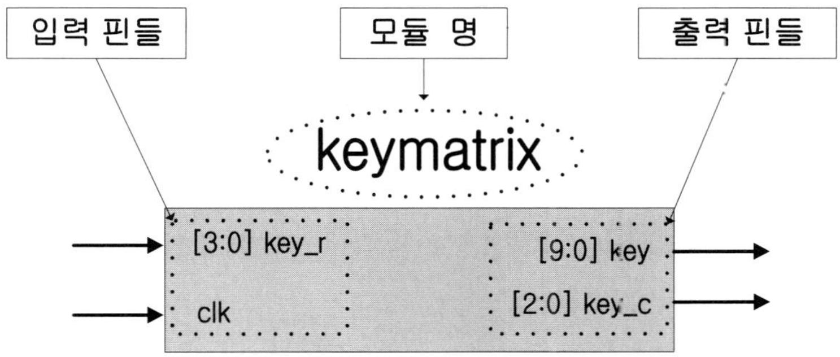

그림 4.5.17 Verilog HDL로 설계하려는 keymatrix 블록의 모듈을 심볼 형태로 표현한 것

```
module Keymatrix(clk, Key_r, Key, Key_c);
   input  clk;
   input  [3:0] Key_r;
   output [9:0] Key;
   output [2:0] Key_c;

                    ~

endmodule
```

그림 4.5.18 Verilog HDL로 설계하려는 keymatrix 블록의 모듈 선언 및 입출력 포트 선언

② 논리회로 표현(logic circuit representation)

모듈 선언 및 입출력 포트 선언이 되었으므로 설계 블록의 내부 동작 또는 연결 구조를 기술하는 논리회로 표현을 하여야 한다. 설계하려는 keymatrix 블록에서 부품간의 연결에 사용되는 신호선 k_stop, up_clk 등을 지정어인 wire로 선언한다. 또한 [9:0] key, [2:0] key_c 등은 always문의 출력으로 사용되므로 지정어인 reg로 선언한다. 선언이 끝나면 하드웨어의 내부동작을 기술해야 하는데 여기서는 always문을 사용하여 keymatrix 블록을 설계하는 동작적 표현 방법과 조건 연산자를 사용한 자료흐름적 표현을 혼합하여 사용하기로 한다.

그림 4.5.19는 Verilog HDL로 설계하려는 keymatrix 블록을 심볼 형태로 표현 한 것이다. 먼저 [2:0] COLUMN 단자에 해당하는 [2:0] key_c 단자에 001, 010, 100의 신호를 생성시켜야 하는데 always문에서 ring counter를 사용하여 구성하였다. 다음에 key_scan 조건연산자문에서는 [2:0] key_c 핀에서 출력된 001, 010, 100의 신호를 입력으로 받아서 3×4 keypad에서 입력되는 [3:0] key_r의 값과 비교하여 [9:0] key 단자에 눌린 키 값에 대한 데이터를 출력한다. 한편, 0에서 9까지의 키가 눌렸을 때 즉, 눌린 키 값이 1이 되면 k_stop의 신호가 0이 되어 링 카운터는 정지된다. 만일 키 값이 눌렸을 때 링 카운터를 정지시키지 않으면 3×4 keypad에서 입력되는 [3:0] key_r의 값이 반복적으로 0 값과 1 값으로 나타나게 되어 눌린 키 값을 알 수 없게 된다. 그림 4.5.20은 Verilog HDL로 설계하려는 keymatrix 블록의 논리회로 표현을 나타내고 있다.

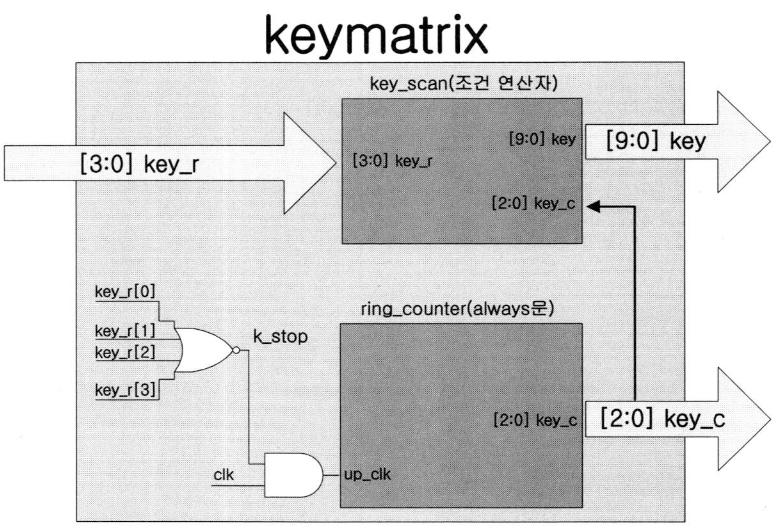

그림 4.5.19 Verilog HDL로 설계하려는 keymatrix 블록을 심볼 형태로 표현한 것

```
reg  [9:0] key;
reg  [2:0] key_c;
wire k_stop, up_clk;

   assign k_stop = ~(key_r[3] | key_r[2] | key_r[1] | key_r[0]);
   assign up_clk = clk & k_stop;
   assign key = (key_c == 3'b001 & key_r == 4'b0001) ? 10'b0000000010 :
                (key_c == 3'b001 & key_r == 4'b0010) ? 10'b0000010000 :
                (key_c == 3'b001 & key_r == 4'b0100) ? 10'b0010000000 :
                (key_c == 3'b010 & key_r == 4'b0001) ? 10'b0000000100 :
                (key_c == 3'b010 & key_r == 4'b0010) ? 10'b0000100000 :
                (key_c == 3'b010 & key_r == 4'b0100) ? 10'b0100000000 :
                (key_c == 3'b010 & key_r == 4'b1000) ? 10'b0000000001 :
                (key_c == 3'b100 & key_r == 4'b0001) ? 10'b0000001000 :
                (key_c == 3'b100 & key_r == 4'b0010) ? 10'b0001000000 :
                (key_c == 3'b100 & key_r == 4'b0100) ? 10'b1000000000 :
                10'b0000000000;              // key_scan

   always @(posedge up_clk)                  // ring_counter
   begin
      case (key_c)
         3'b000  : key_c <= 3'b001;
         3'b001  : key_c <= 3'b010;
         3'b010  : key_c <= 3'b100;
         3'b100  : key_c <= 3'b001;
         default : key_c <= 3'b001;
      endcase
   end
endmodule
```

그림 4.5.20 Verilog HDL로 설계하려는 keymatrix 블록의 논리회로 표현

(4) 설계한 keymatrix 블록의 저장 및 오류 검사하기

Verilog HDL로 설계한 keymatrix 블록을 저장하기 위해 그림 4.5.21과 같이 Quartus II 의 풀다운 메뉴에서 [File]의 서브 메뉴인 [Save Ctrl+S] 메뉴를 선택하거나, 툴바에서 💾 아이콘을 마우스의 왼쪽 버튼으로 클릭하면 된다.

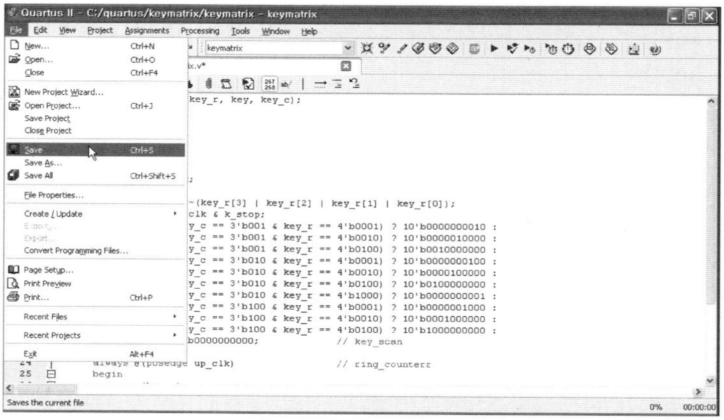

그림 4.5.21 [File] → [Save Ctrl+S] 메뉴 선택

다음으로 해야 할 작업은 Verilog HDL로 설계한 keymatrix 블록의 오류 여부를 검사해야 한다. 오류를 검사하기 위해서 먼저, 그림 4.5.22와 같이 Quartus II의 풀다운 메뉴에서 [Processing] 메뉴의 서브 메뉴인 [Start] 메뉴를 선택하면 나타나는 서브 메뉴들 중에서 [Start Analysis & Synthesis Ctrl+K]를 선택하거나, 툴바에서 아이콘을 선택하면 그림 4.5.23과 같이 이상여부를 검사한 후에 경고나 에러를 나타내는 화면이 나타난다. 현재 화면은 경고나 에러가 없다는 메시지가 출력된 화면을 보여주고 있다.

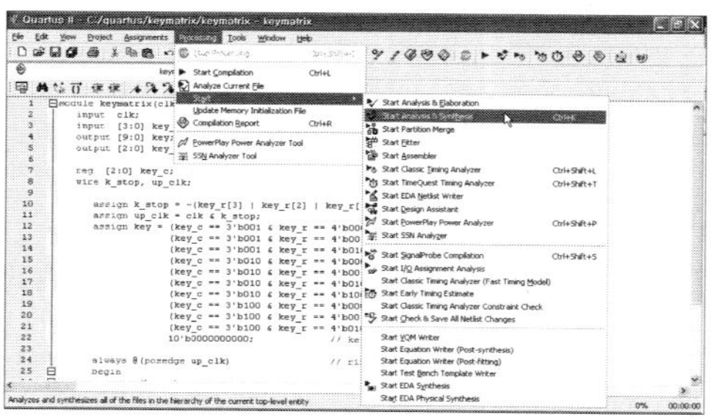

그림 4.5.22 [Processing] → [Start] → [Start Analysis & Synthesis Ctrl+K] 메뉴 선택

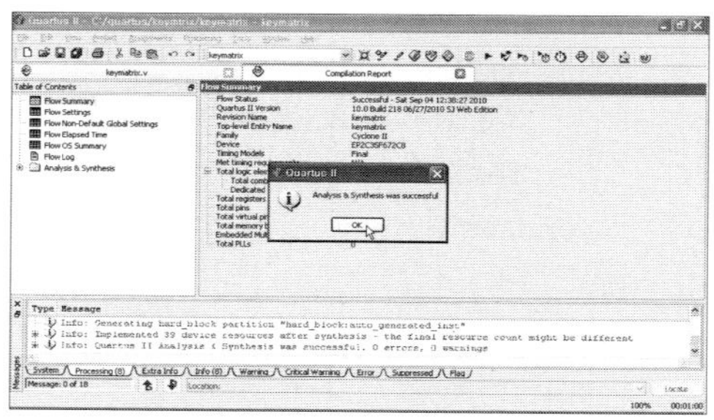

그림 4.5.23 설계한 블록의 이상 여부 검사를 끝낸 화면

4.5.2 keyin 전체블록의 Verilog HDL 설계하기

(1) Verilog HDL File 화면 생성

Verilog HDL File 화면을 생성하기 위해서는 그림 4.5.24와 같이 Quartus II의 풀다운 메뉴에서 [File]의 서브 메뉴인 [New... Ctrl+N]을 선택하거나, 툴바에서 아이콘을 선택하면 그림 4.5.25와 같이 Design Entry를 선택하는 New 화면이 나타난다. 그림 4.5.25의 New 화면에서 Verilog HDL File 항목을 선택하고 OK 버튼을 마우스의 왼쪽 버튼으로 클릭하면 그림 4.5.26과 같이 Verilog HDL File 화면이 나타난다.

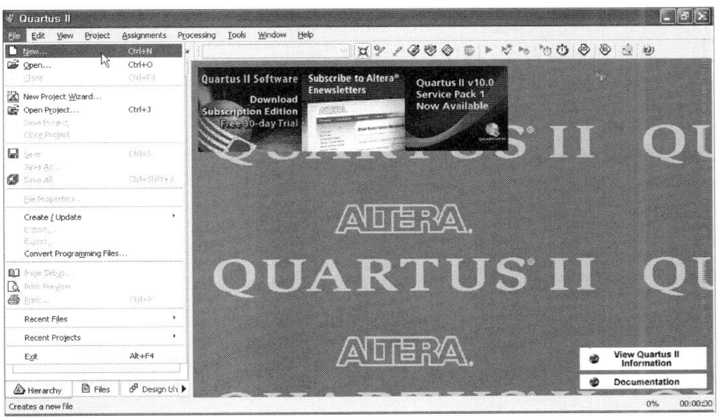

그림 4.5.24 [File] → [New... Ctrl+N] 메뉴 선택

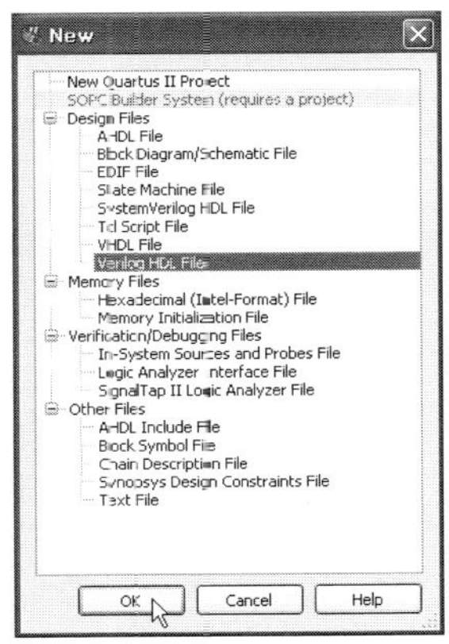

그림 4.5.25 Verilog HDL File을 선택하는 화면

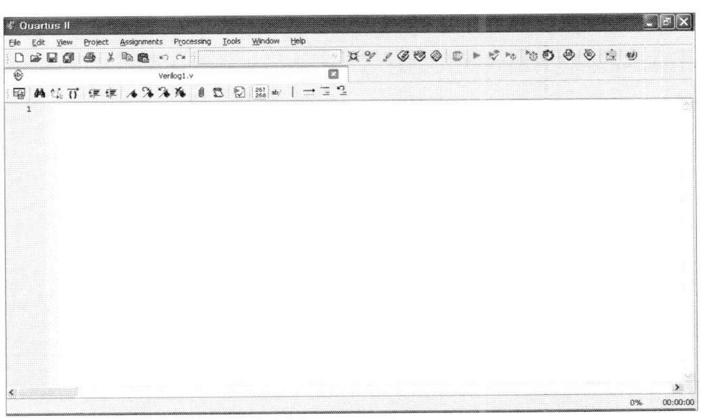

그림 4.5.26 Verilog HDL File 화면

(2) 새로운 project명 및 파일명 저장하기

Quartus II의 Design Entry를 사용하여 설계를 할 경우에는 반드시 설계 파일 이름과 같은 project명을 설정하여야 한다. 먼저 그림 4.5.27과 같이 Quartus II의 풀다운 메뉴에서 [File]의 서부 메뉴인 [Save As...] 메뉴를 선택하면, 그림 4.5.28과 같이 파일명을 저장하기 위한 다른 이름으로 저장 화면이 나타난다. 다음으로 그림 4.5.28과 같이 다른 이름으로 저장하기 화면에서 아이콘 을 마우스의 왼쪽 버튼으로 클릭하여 새 폴더를 생성하고, 현재 만들고자 하는 project명으로 폴더 명을 그림 4.5.29와 같이 입력한다. 이때 작업경로와 폴더명은 사용자 임의로 설정 가능하다. 사용자가 생성한 폴더명을 마우스의 왼쪽 버튼으로 더블 클릭하면 생성한 폴더로 작업경로가 변경되어진다. 다음으로 그림 4.5.30과 같이 생성한 폴더 안에서 파일명을 사용자가 지정하고 [저장(S)] 버튼을 마우스의 왼쪽 버튼으로 클릭하면 확장자는 .v로 자동 설정되어 저장된다.

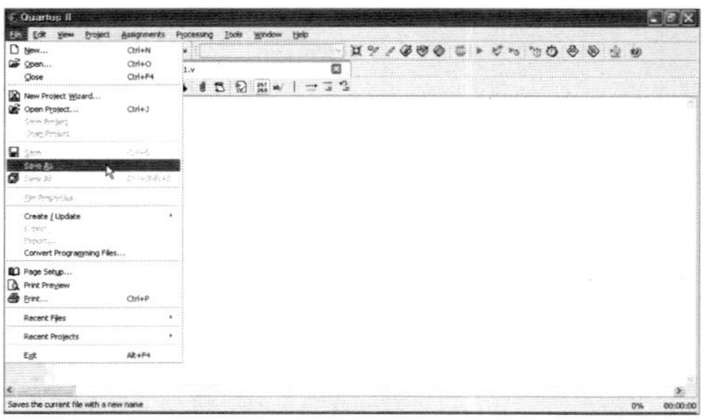

그림 4.5.27 [File] → [Save As...] 메뉴 선택

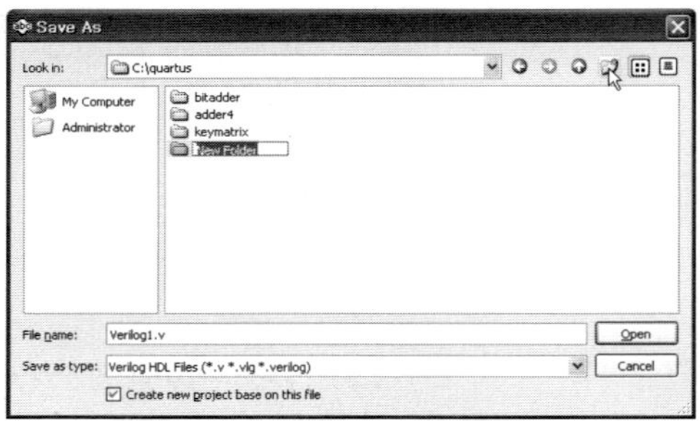

그림 4.5.28 다른 이름으로 저장하기 화면에서 아이콘 을 마우스의 왼쪽 버튼으로 클릭

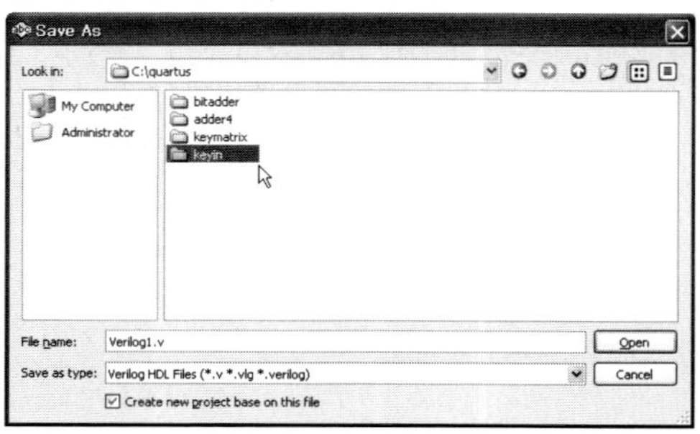

그림 4.5.29 keyin 폴더를 생성한 화면

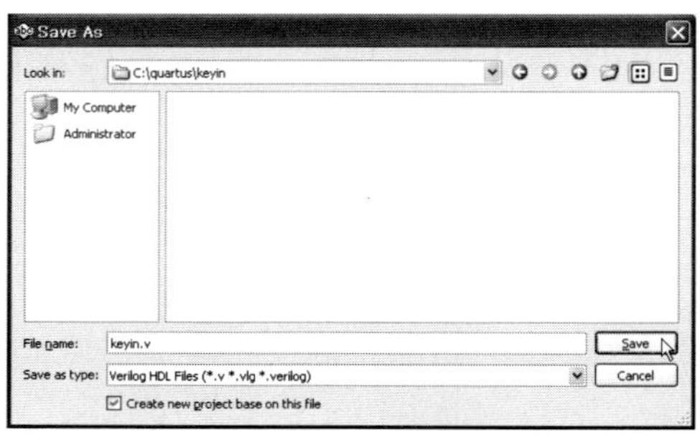

그림 4.5.30 파일명을 저장하기 위한 다른 이름으로 저장 화면

그림 4.5.30의 화면에서 Save 버튼을 마우스의 왼쪽 버튼으로 클릭하면 그림 4.5.31과 같이 새 project를 생성할 것인지를 묻는 화면이 나타난다. 이 예제에서는 하나의 Verilog HDL 설계파일을 같은 설계 파일명으로 된 project로 하나의 폴더에 저장할 것이다. 따라서 그림 4.5.31에서 Yes 버튼을 마우스의 왼쪽 버튼으로 클릭하면, 그림 4.5.32와 같이 New Project Wizard 화면이 나타난다. 이 화면에서 Next > 버튼을 마우스의 왼쪽 버튼으로 클릭하면, 그림 4.5.33과 같이 project의 경로와 project명을 입력하라는 화면이 나타난다.

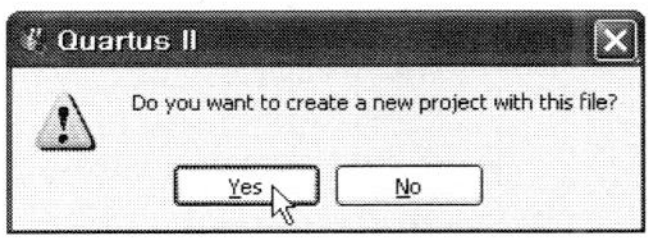

그림 4.5.31 새 project를 생성할 것인지를 묻는 화면

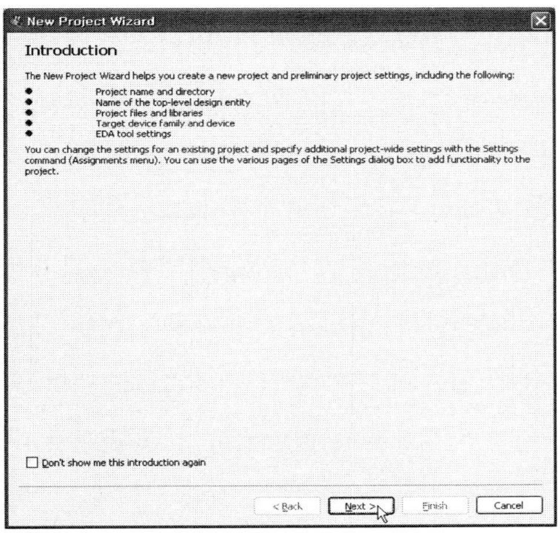

그림 4.5.32 New Project Wizard 화면

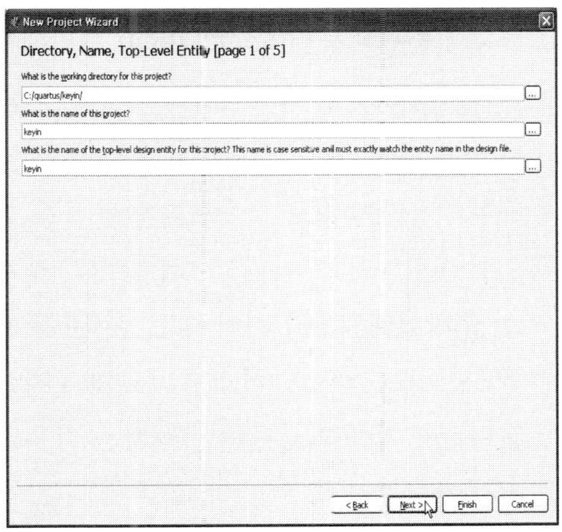

그림 4.5.33 project의 경로와 project명을 입력하라는 화면

그림 4.5.33의 화면에서 Next > 버튼을 마우스의 왼쪽 버튼으로 클릭하면, 두 번째 단계로 다른 project에서 필요한 파일들을 추가하거나, 그 project의 모든 파일들을 참조하기 위한 Library Path를 설정해 주는 화면이 그림 4.5.34와 같이 나타난다. 이 부분은 여러 사람들이 함께 작업하는 설계 과정에서 유용하게 사용된다. 따라서 여러 사람들이 각각의 project를 나누어서 설계하고, 최종 상위 project에서 하나로 모으는데 사용한다. 이 부분은 keyin 전체블록의 설계를 마치고 설정할 것이므로 추가하지 않고 그림 4.5.34의 화면에서 Next > 버튼을 마우스의 왼쪽 버튼으로 클릭하면, 그림 4.5.35와 같이 세 번째로 Family & Device를 설정하는 화면이 나타난다.

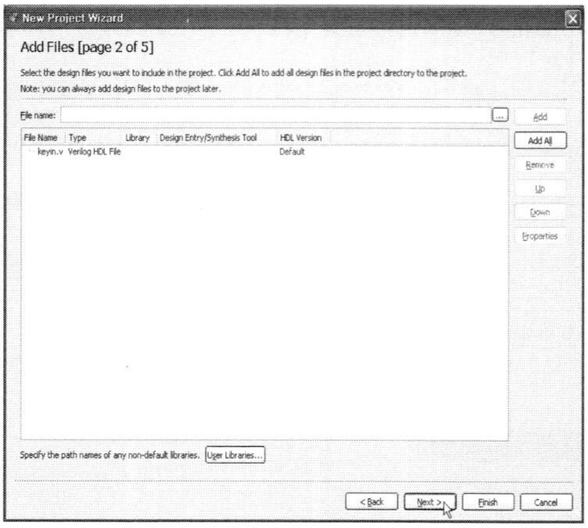

그림 4.5.34 다른 project에서 필요한 파일을 추가시키는 화면

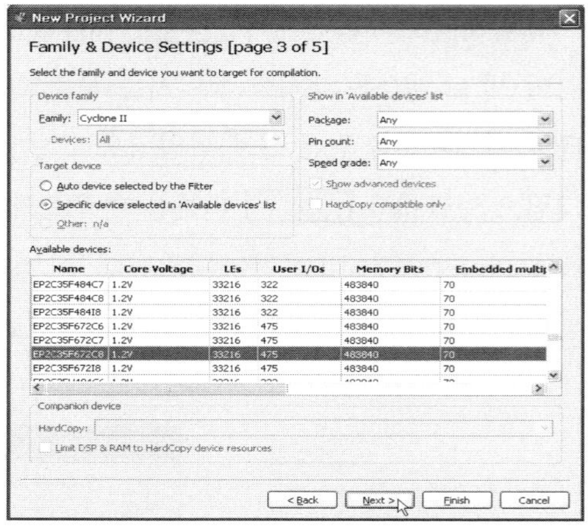

그림 4.5.35 Family & Device를 설정하는 화면

그림 4.5.35에서 HBE-COMBOII 장비에서 사용하는 EP2C35F672C8 디바이스를 선택하고, Next > 버튼을 마우스의 왼쪽 버튼으로 클릭하면, 그림 4.5.36과 같이 네 번째 단계로 다른 EDA 툴과 연동할 수 있도록 설정하는 화면이 나타난다. 여기서는 다른 EDA 툴과 연동하여 사용하지 않을 것이므로 연동 툴을 선택하지 않고 Next > 버튼을 마우스의 왼쪽 버튼으로 클릭하면, 그림 4.5.37과 같이 다섯 번째 단계로 첫 번째 단계부터 네 번째 단계까지의 설정이 어떻게 되었는지 모두 보여주는 화면이 나타난다. 따라서 사용자가 이러한 정보를 보고 project 선언단계에서 다르게 설정한 부분이 없는지 다시 확인 할 수 있다. 또한 잘못된 부분이 있다면, < Back 버튼을 마우스의 왼쪽 버튼으로 클릭함으로써 그 단계로 다시 돌아가서 수정할 수 있다.

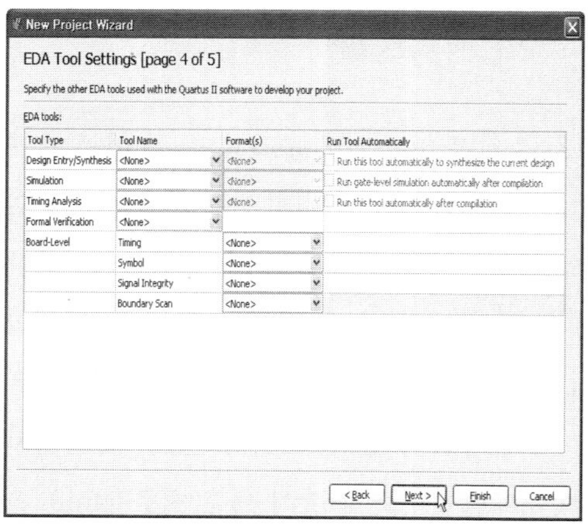

그림 4.5.36 EDA Tool Settings 화면

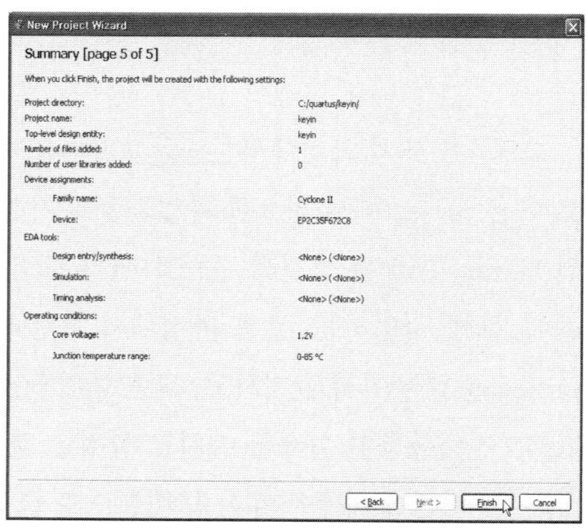

그림 4.5.37 각 단계에 대한 정보를 보여주는 화면

각 단계의 정보를 확인하고 잘못된 부분이 없다면, 그림 4.5.37에서 [Finish] 버튼을 마우스의 왼쪽 버튼을 클릭하여 project 생성 단계를 종료한다. 이렇게 5단계의 과정을 거치면서 project가 선언되었다. 즉, 5단계의 과정을 통해 설계를 할 수 있는 환경이 만들어진 것이다. 이렇게 project를 선언하면 그림 4.5.38과 같이 Quartus II 툴의 왼쪽 상단 타이틀 바에 현재 project가 선언된 경로명 및 project명 등이 표시된다.

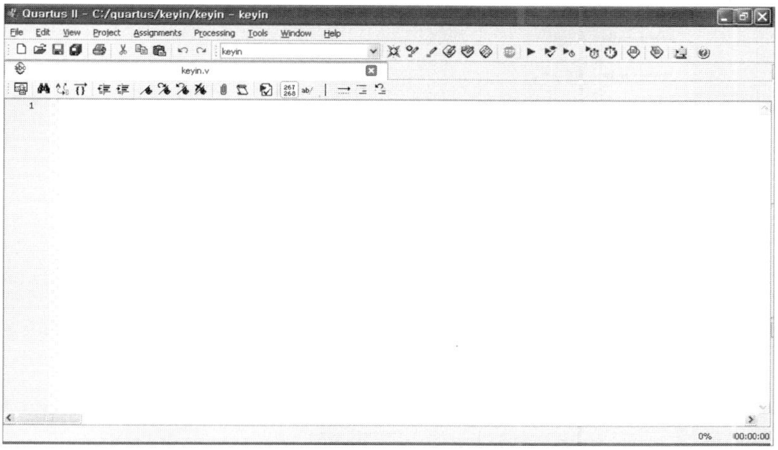

그림 4.5.38 타이틀 바에 현재 project가 선언된 경로명 및 project명 등이 표시 됨

(3) keyin 전체블록의 Verilog HDL 설계하기

① 모듈 선언 및 입출력 포트 선언(module and input/Output port declaration)

그림 4.5.39는 Verilog HDL로 설계하려는 keyin 전체블록의 모듈 선언 및 입출력 포트 선언을 심볼 형태로 표현한 것이며, 그림 4.5.40은 Verilog HDL로 설계하려는 keyin 전체블록의 모듈 선언 및 입출력 포트 선언을 나타내고 있다. 한편, module 다음에 오는 keyin은 이 블록의 모듈 명이며 지정어 input과 output 다음에는 입력과 출력 포트들을 나타낸다. 설계하려는 keyin 전체블록은 지정어 input에 입력 신호를 위한 keyA, keyB, keyC, keyD, keyE, keyF, clk, [3:0] key_row 포트들과 지정어 output에 출력 신호를 위한 [3:0] dataa, [3:0] datab, [2:0] key_col, k_clk1 포트들을 기술한다.

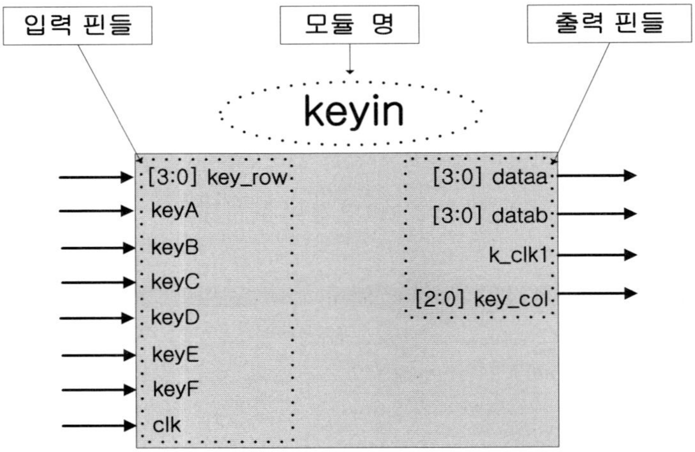

그림 4.5.39 Verilog HDL로 설계하려는 keyin 전체블록의 모듈 선언 및 입출력 포트 선언을 심볼 형태로 표현한 것

```
module keyin(key_row, clk, keyA, keyB, keyC, keyD, keyE, keyF, dataa, datab,
             key_col, k_clk1);
   input [3:0] key_row;
   input keyA, keyB, keyC, keyD, keyE, keyF, clk;
   output [3:0] dataa, datab;
   output [2:0] key_col;
   output k_clk1;

                     ~

endmodule
```

그림 4.5.40 Verilog HDL로 설계하려는 keyin 전체블록의 모듈 선언 및 입출력 포트 선언

② 논리회로 표현(logic circuit representation)

모듈 선언 및 입출력 포트 선언이 되었으므로 설계 블록의 내부 동작 또는 연결 구조를 기술하는 논리회로 표현을 하여야 한다. 설계하려는 keyin 전체 블록에서 부품간의 연결에 사용되는 신호선 d2_clk, k_clk 등과 버스 신호선 [9:0] key 등을 지정어인 wire로 선언한다. 또한 값을 저장해야 하는 플립플롭의 출력으로 사용되는 신호선인 d1_clk, k_clk1, [3:0] kcode, [3:0] dataa_buf, [3:0] datab_buf, [3:0] dataa, [3:0] datab 등은 always문의 출력으로 사용되므로 지정어인 reg로 선언한다. 선언이 끝나면 하드웨어의 내부동작을 기술해야 하는데 여기서는 앞서 이미 설계한 하위모듈을 이용하여 이들 상호간을 연결하여 블록을 설

계하는 구조적 표현 방법과 always문을 사용하여 keyin 전체블록을 설계하는 동작적 표현 방법을 혼합하여 사용하기로 한다.

그림 4.5.41은 Verilog HDL로 설계하려는 keyin 전체블록을 심볼 형태로 표현 한 것이다. HBE-COMBO II 트레이닝 키트의 keypad는 3×4 keypad와 6개의 버튼 스위치로 구성되어 있다. 버튼 스위치는 A 키에서 F 키까지로서 직접 입력이 되도록 구성되어져 있으며, 3×4 keypad는 0에서 9까지의 키들과 *, # 등의 키들로 구성되어있다. 한편, 3×4 keypad는 스캔방식 구조로써 가로라인과 세로라인에서 동시에 제어하여 입력을 받아 사용할 수 있도록 구성되어 있다. 따라서 0에서 9까지의 스위치 입력 값을 받기 위해서는 키 데이터 스캔 하위모듈(keymatrix)이 필요하다. keymatrix 하위모듈에서 스캔한 키 값의 출력은 encoder always문으로 보내진다. 한편, A ~ F까지의 버튼 스위치로 입력되는 데이터는 1비트의 데이터 정보이기 때문에 바로 encoder always문으로 키 값이 보내진다. 따라서 HBE-COMBOII 트레이닝 키트의 keypad로부터 입력되는 데이터는 16비트가 된다. 그림 4.5.41과 같이 keyin 블록에서는 키 입력을 encoder always문을 통해 4비트 데이터로 변환하고, 변환된 데이터를 bit4_d_flipflop1 always문, bit4_d_flipflop2 always문에 임시로 저장하고, bit4_d_flipflop3 always문에서 키 눌림에 따른 [3:0] dataa, [3:0] datab의 데이터를 출력하는 역할을 한다. 한편 keymatrix 하위모듈은 [3:0] key_row과 [2:0] key_col의 신호 값을 비교하여 [9:0] key 신호를 출력한다. HBE-COMBOII 트레이닝 키트의 16개의 키로 부터 입력되는 16비트 데이터는 encoder always문을 거쳐서 4비트의 데이터로 변경된다. 이렇게 always문을 거쳐서 출력되는 데이터 [3:0] kcode은 bit4_d_flipflop1 always문, bit4_d_flipflop2 always문에 순차적으로 저장된다. bit4_d_flipflop1 always문, bit4_d_flipflop2 always문은 d1_clk, d2_clk에 의해서 데이터를 저장하는데, d1_clk, d2_clk 등은 동기화된 키 입력에 의해서 발생하는 k_clk1에 의해서 발생하는 신호이다. 한편, k_clk1의 입력 변화(Low→High)가 있을 때 d1_clk는 High로 변화되면서 bit4_d_flipflop1 always문에서는 encoder always문을 통해 출력되는 데이터 [3:0] kcode을 저장한다. 한편, bit4_d_flipflop3 always문에서는 bit4_d_flipflop1 always문의 출력신호 [3:0] dataa_buf의 출력을 입력으로 받아서 [3:0] dataa으로 출력하고, [3:0] datab을 0000(0)으로 초기화 시킨다. 두 번째 키 입력 변화가 생길 때는 d2_clk가 High로 변화되면서 bit4_d_flipflop2 always문에서는 encoder always문을 통해 출력되는 데이터를 저장한다. 한편, bit4_d_flipflop3 always문에서는 bit4_d_flipflop2 always문의 출력신호 [3:0] datab_buf의 출력을 입력으로 받아서 [3:0] datab으로 출력한다. d1_clk, d2_clk에 데이터를 저장하는 시점을 키의 입력 변화를 이용하였다. 그림 4.4.42에 k_clk, k_clk1, d1_clk, d2_clk 등의 파형이 나타나 있다. k_clk는 키 입력이 들어올 때 High

가 되는데 클록과 동기되지 않아 안정된 동작이 되지 않으므로 반드시 키 입력을 클록과 동기 시켜야 한다. 따라서 D 플립플롭 always문의 감지_리스트에 외부 클록인 clk를 선언하고 clk가 상승에지 일 때 출력을 k_clk의 값을 k_clk1으로 출력되게 하여 외부 클록인 clk와 동기 시킨다. 다음에 k_clk1을 T 플립플롭 always문의 클록으로 인가하여 d1_clk를 출력으로 생성한다. 이때 d1_clk 파형은 T 플립플롭 always문의 Q의 출력이 되므로 k_clk1 파형이 Low에서 High로 변할 때 현재 파형의 반대 파형이 된다. 따라서 d1_clk 파형이 Low에서 High로 되는 시점인 A는 동기화된 첫 번째 키가 눌리는 시점이다. d2_clk는 d1_clk의 반대 파형이 되므로 Low에서 High로 되는 시점인 B는 동기화된 두 번째 키가 눌리는 시점이다. 예를 들어 첫 번째에 8 키를 눌렀다 떼고 두 번째에 5 키를 눌렀다 떼었다고 하였을 때, 처음 8 키가 눌려지면 (k_clk1이 Low→High) encoder always문의 출력이 1000(8)이 된다. bit4_d_flipflop1 always문의 클록단자에는 d1_clk 신호를, bit4_d_flipflop2 always문의 클록단자에는 d2_clk 신호를 연결하였기 때문에 첫 번째 키가 눌리는 시점에 d1_clk 파형이 Low에서 High로 되므로 bit4_d_flipflop1 always문에만 1000(8)이 입력되게 된다. 다음에 bit4_d_flipflop3 always문에서는 bit4_d_flipflop1 always문의 출력 1000(8)을 입력으로 받아서 [3:0] dataa으로 출력하고, [3:0] datab을 0000(0)으로 초기화 시킨다. 한편, 두 번째 5 키가 눌리는 시점에 d2_clk 파형이 Low에서 High로 되므로 두 번째로 눌려진 5 키의 입력 값인 0101(5)은 bit4_d_flipflop2 always문에만 0101(5)이 입력되게 된다. 다음에 bit4_d_flipflop3 always문에서는 bit4_d_flipflop2 always문의 출력 0101(5)을 입력으로 받아서 [3:0] datab으로 출력한다. 그림 4.5.43은 Verilog HDL로 설계하려는 keyin 전체블록의 논리회로 표현을 나타내고 있다.

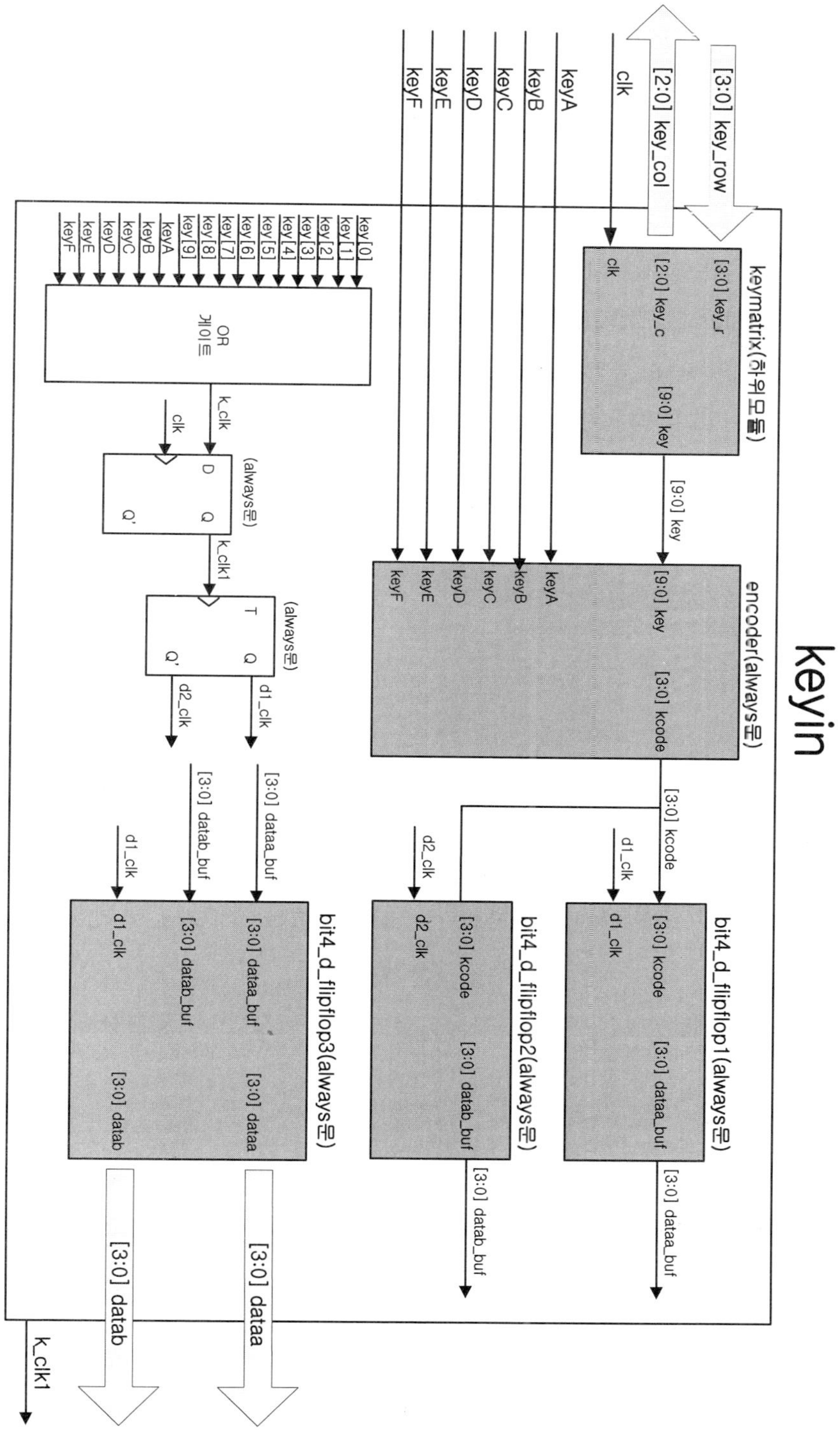

그림 4.5.41 Verilog HDL로 설계하려는 keyin 전체블록의 논리회로 표현

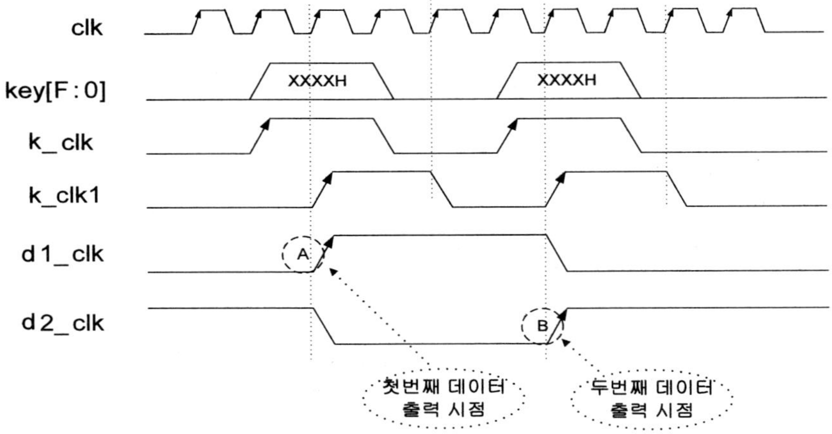

그림 4.5.42 k_clk, k_clk1, d1_clk, d2_clk 등의 파형

```
reg [3:0] kcode, dataa_buf, datab_buf, dataa, datab;
reg d1_clk, k_clk1;
wire [9:0] key;
wire k_clk, d2_clk;

   assign d2_clk = ~d1_clk;
   assign k_clk = (key[0] | key[1] | key[2] | key[3] | key[4] | key[5] |
                  key[6] | key[7] | key[8] | key[9] | keyA | keyB |keyC |
                  keyD | keyE | keyF);

   keymatrix matrix (.clk(clk), .key_c(key_col), .key_r(key_row), .key(key));

   always @(k_clk)                              // encoder
   begin
      if      (key[0]) kcode <= 4'b0000;
      else if (key[1]) kcode <= 4'b0001;
      else if (key[2]) kcode <= 4'b0010;
      else if (key[3]) kcode <= 4'b0011;
      else if (key[4]) kcode <= 4'b0100;
      else if (key[5]) kcode <= 4'b0101;
      else if (key[6]) kcode <= 4'b0110;
      else if (key[7]) kcode <= 4'b0111;
      else if (key[8]) kcode <= 4'b1000;
      else if (key[9]) kcode <= 4'b1001;
      else if (keyA)   kcode <= 4'b1010;
```

```
      else if (keyB)    kcode <= 4'b1011;
      else if (keyC)    kcode <= 4'b1100;
      else if (keyD)    kcode <= 4'b1101;
      else if (keyE)    kcode <= 4'b1110;
      else if (keyF)    kcode <= 4'b1111;
      else              kcode <= 4'b0000;
   end

   always @(posedge clk)                    // D F/F
      k_clk1 <= k_clk;
   always @(posedge k_clk1)                 // T F/F
   begin
      d1_clk <= ~d1_clk;
   end
   always @(posedge d1_clk)                 // bit4_d_flipflop1
      dataa_buf <= kcode;

   always @(posedge d2_clk)                 // bit4_d_flipflop2
       datab_buf <= kcode;

   always @(d1_clk)                         // bit4_d_flipflop3
   begin
      if (d1_clk)
      begin
         dataa <= dataa_buf;
         datab <= 4'b0000;
      end
      else
      begin
         dataa <= dataa_buf;
         datab <= datab_buf;
      end
   end
```

그림 4.5.43 Verilog HDL로 설계하려는 keyin 전체블록의 논리회로 표현

다음으로 해야 할 작업은 keyin 전체블록을 설계하기 위해 사용한 keymatrix.v의 파일을 현재의 project에 추가시키는 작업이다. 먼저 그림 4.5.44와 같이 Quartus II의 풀다운 메뉴에서 [Assignments]의 서브 메뉴인 [Settings Ctrl+Shift+E]를 선택하면 그림 4.5.45와 같

은 Settings 화면이 나타난다. 다음으로 Settings 화면의 Category에서 Files를 선택하고 [...] 버튼을 마우스의 왼쪽 버튼으로 클릭하면 Select File 화면이 나타난다. Select File 화면에서 현재의 project에서 사용된 ../keymatrix/keymatrix.v의 파일을 그림 4.5.45와 같이 현재의 project에 추가시킨다.

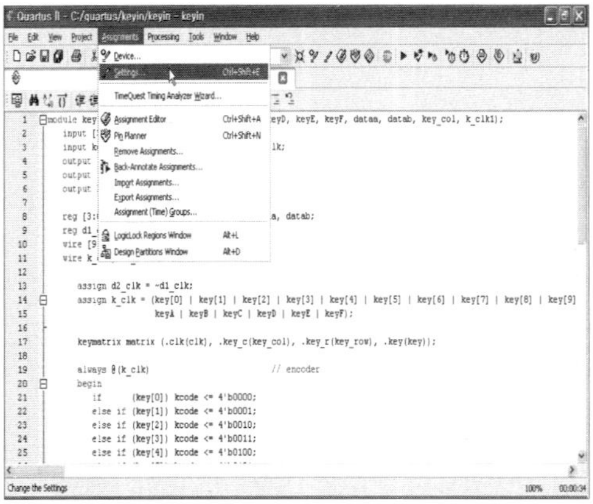

그림 4.5.44 [Assignments] → [Settings Ctrl+Shift+E] 메뉴 선택

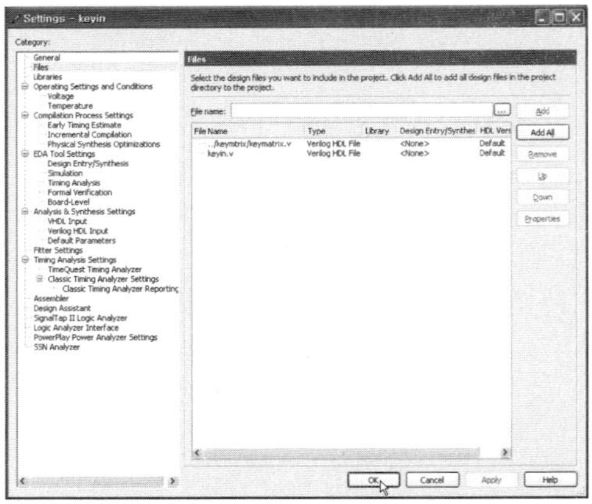

그림 4.5.45 Settings

(4) 설계한 keyin 전체블록의 저장 및 오류 검사하기

Verilog HDL로 설계한 keyin 전체블록을 저장하기 위해 그림 4.5.46과 같이 Quartus II의 풀다운 메뉴에서 [File]의 서브 메뉴인 [Save Ctrl+S] 메뉴를 선택하거나, 툴바에서 아이콘을 마우스의 왼쪽 버튼으로 클릭하면 된다.

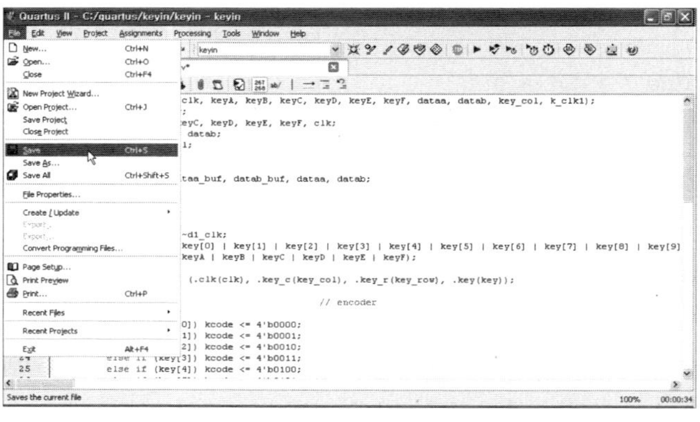

그림 4.5.46 [File] → [Save Ctrl+S] 메뉴 선택

다음으로 해야 할 작업은 Verilog HDL로 설계한 keyin 블록의 오류 여부를 검사해야 한다. 오류를 검사하기 위해서 먼저, 그림 4.5.47과 같이 Quartus II의 풀다운 메뉴에서 [Processing] 메뉴의 서브 메뉴인 [Start] 메뉴를 선택하면 나타나는 서브 메뉴들 중에서 [Start Analysis & Synthesis Ctrl+K]를 선택하거나, 툴바에서 아이콘을 선택하면 그림 4.5.48과 같이 이상여부를 검사한 후에 경고나 에러를 나타내는 화면이 나타난다. 현재 화면은 경고는 있으나 에러가 없다는 메시지가 출력된 화면을 보여주고 있다.

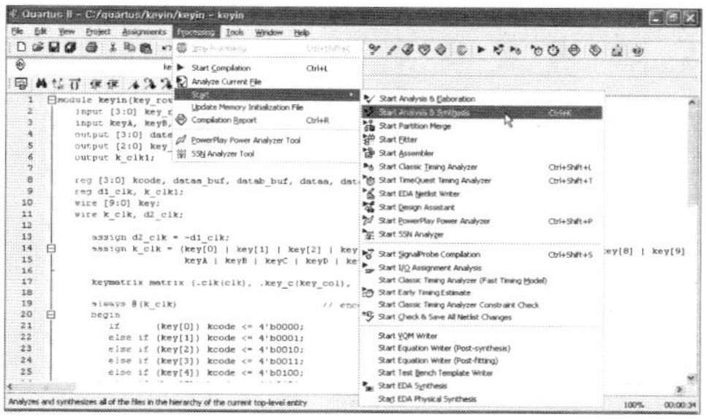

그림 4.5.47 [Processing] → [Start] → [Start Analysis & Synthesis Ctrl+K] 메뉴 선택

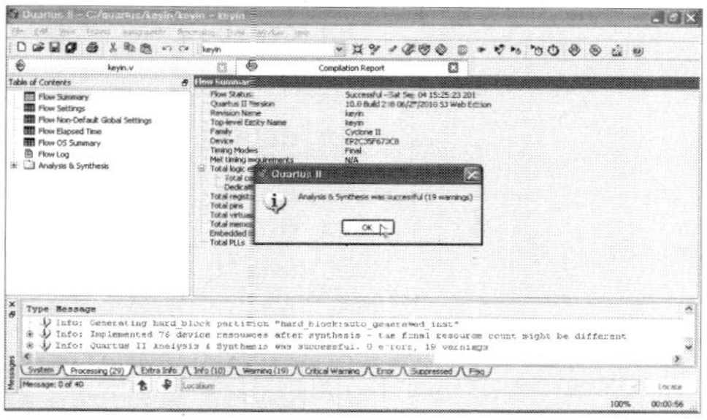

그림 4.5.48 설계한 블록의 이상 여부 검사를 끝낸 화면

4.6 HBE-COMBOII 트레이닝 키트의 dotmatrix led 모듈에 "Verilog HDL" 문자열을 출력하는 dotmatrix 블록의 Verilog HDL 설계하기

4.6.1 HBE-COMBOII 트레이닝 키트의 dotmatrix led 모듈 설명

HBE-COMBO II의 트레이닝 키트에 사용된 dotmatrix led 모듈은 5열×7행 dotmatrix led 모듈 4개를 조합하여 10개의 열과 14개의 행으로 구성하고 있다. Dot_data13 ~ Dot_data0은 해당 열에 표시될 데이터 입력이 되며 데이터 값은 1의 값을 가질 경우 켜지게 된다. Dot_com9 ~ Dot_com0은 Dot_data13 ~ Dot_data0의 데이터를 표시할 열의 위치를 지정하는 입력이며 1의 값을 가질 때 해당 열이 선택된다. 예를 들어 1행 2열의 Dot led를 켜기 위해서는 Dot_data0의 값을 1로 입력하고 Dot_com1의 값을 1로 할 때 1행 2열의 Dot led가 켜지게 된다. 이런 방법으로 Dot_com 라인을 선택하고, 해당되는 라인에 데이터 값을 주어서

Dot led를 디스플레이 하게 된다. 한편, dotmatrix led 모듈은 Dot_com9 ~ Dot_com0 단자가 주파수에 따라 반복적으로 1 값이 되는 동적 디스플레이 방식을 사용한다. 그림 4.6.1은 HBE-COMBO II의 트레이닝 키트에 사용된 dotmatrix led 모듈을 나타내고 있다.

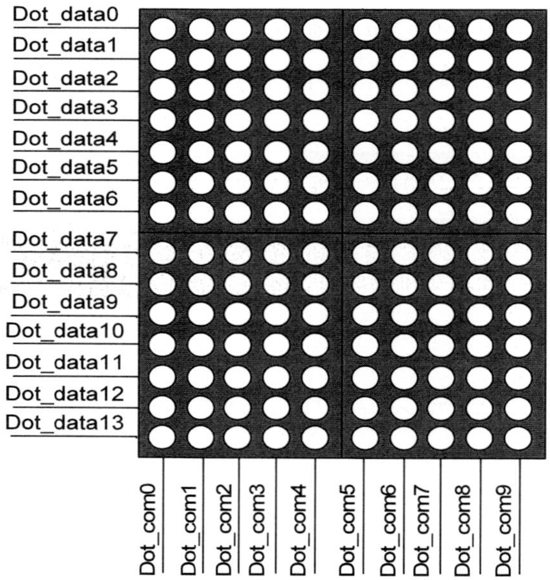

그림 4.6.1 HBE-COMBO II의 트레이닝 키트에 사용된 dotmatrix led 모듈

그림 4.6.2는 dotmatrix led 모듈에 '한'이라는 문자를 디스플레이한 예를 나타내고 있다. 표 4.6.1은 dotmatrix led 모듈에 '한'이라는 문자를 디스플레이 하기 위한 데이터를 나타내고 있다. 먼저 첫째 열의 원하는 Dot led가 켜지게 하려면 Dot_data13 ~ Dot_data0에 00000001100010인 값을 입력하고 Dot_com9 ~ Dot_com0에 00000 00001의 값을 입력하면 된다. 이러한 방법으로 열 번째 열까지 반복하여 값을 입력하면 된다. 이때 Dot_com0 ~ Dot_com9 단자가 주파수에 따라 반복적으로 1 값이 되는 동적 디스플레이 방식을 사용하기 때문에 dotmatrix led 모듈에 표시되는 '한'이라는 문자는 깜박거리는 현상이 발생한다. 따라서 반복되는 주기를 약 1ms 이하로 하면 사용자 눈의 잔상효과에 의해서 깜박거리는 현상이 없어진다.

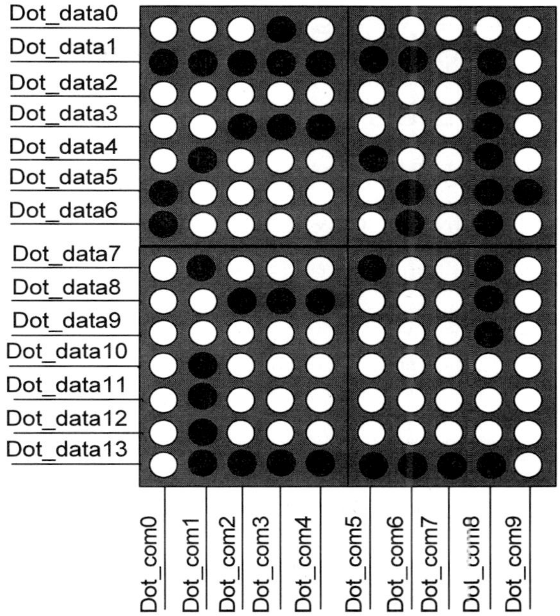

그림 4.6.2 dotmatrix led 모듈에 '한'이라는 문자를 디스플레이 한 예

표 4.6.1 dotmatrix led 모듈에 '한'이라는 문자를 디스플레이 하기 위한 데이터

구분	Dot_data13 ~ Dot_data0	Dot_com9 ~ Dot_com0
0열	00000001100010	0000000001
1열	11110010010010	0000000010
2열	10000100001010	0000000100
3열	10000100001011	0000001000
4열	10000100001010	0000010000
5열	10000010010010	0000100000
6열	10000001100010	0001000000
7열	10000000000000	0010000000
8열	10001111111110	0100000000
9열	10000000100000	1000000000

4.6.2 dot_data 블록의 Verilog HDL 설계하기

(1) Verilog HDL File 화면 생성

Verilog HDL File 화면을 생성하기 위해서는 그림 4.6.3과 같이 Quartus II의 풀다운 메뉴에서 [File]의 서브 메뉴인 [New... Ctrl+N]을 선택하거나, 툴바에서 아이콘을 선택하면 그림 4.6.4와 같이 Design Entry를 선택하는 New 화면이 나타난다. 그림 4.6.4의 New 화면에서 Verilog HDL File 항목을 선택하고 OK 버튼을 마우스의 왼쪽 버튼으로 클릭하면 그림 4.6.5와 같이 Verilog HDL File 화면이 나타난다.

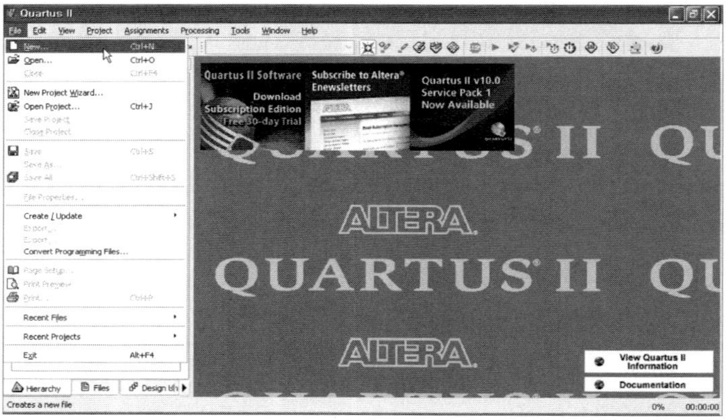

그림 4.6.3 [File] → [New... Ctrl+N] 메뉴 선택

그림 4.6.4 Verilog HDL File을 선택하는 화면

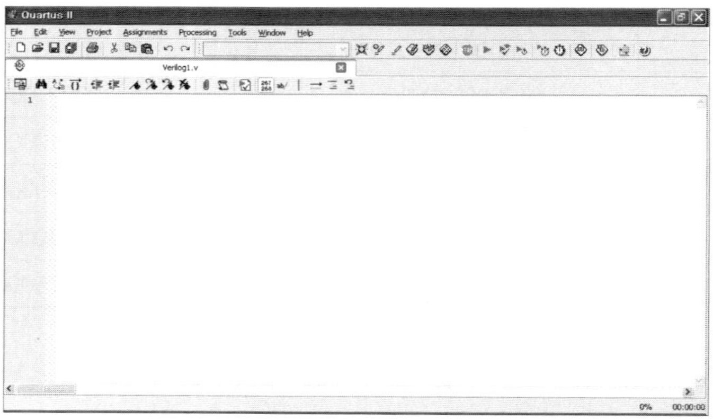

그림 4.6.5 Verilog HDL File 화면

(2) 새로운 project명 및 파일명 저장하기

Quartus II의 Design Entry를 사용하여 설계를 할 경우에는 반드시 설계 파일 이름과 같은 project명을 설정하여야 한다. 먼저 그림 4.6.6과 같이 Quartus II의 풀다운 메뉴에서 [File]의 서부 메뉴인 [Save As...] 메뉴를 선택하면, 그림 4.6.7과 같이 파일명을 저장하기 위한 다른 이름으로 저장 화면이 나타난다. 다음으로 그림 4.6.7과 같이 다른 이름으로 저장하기 화면에서 아이콘 을 마우스의 왼쪽 버튼으로 클릭하여 새 폴더를 생성하고, 현재 만들고자 하는 project명으로 폴더 명을 그림 4.6.8과 같이 입력한다. 이때 작업경로와 폴더 명은 사용자 임의로 설정 가능하다. 사용자가 생성한 폴더 명을 마우스의 왼쪽 버튼으로 더블 클릭하면 생성한 폴더로 작업경로가 변경되어진다. 다음으로 그림 4.6.9 같이 생성한 폴더 안에서 파일명을 사용자가 지정하고 Save 버튼을 마우스의 왼쪽 버튼으로 클릭하면 확장자는 .v로 자동 설정되어 저장된다.

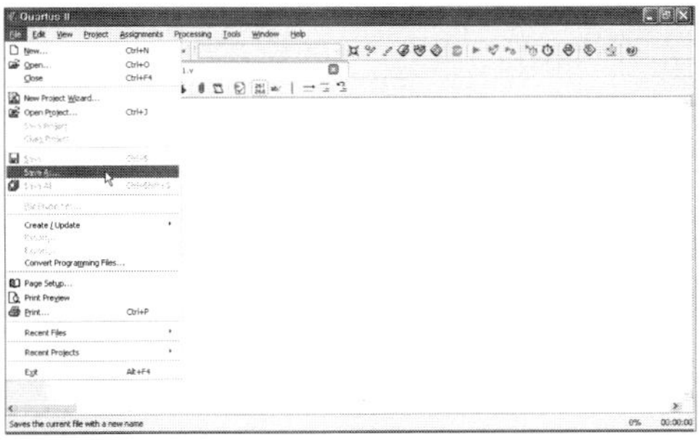

그림 4.6.6 [File] → [Save As...] 메뉴 선택

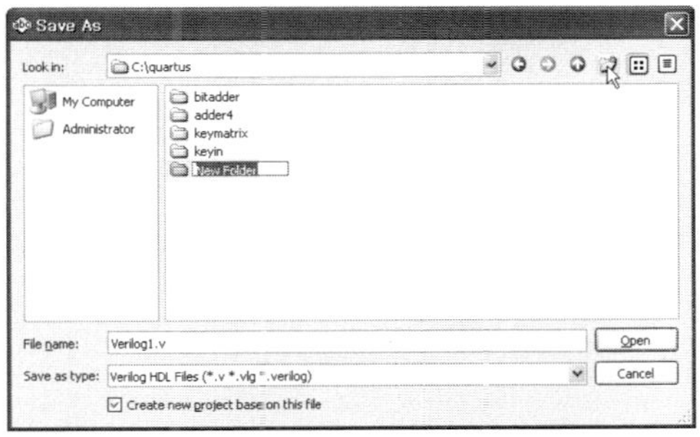

그림 4.6.7 다른 이름으로 저장하기 화면에서 아이콘 을 마우스의 왼쪽 버튼으로 클릭

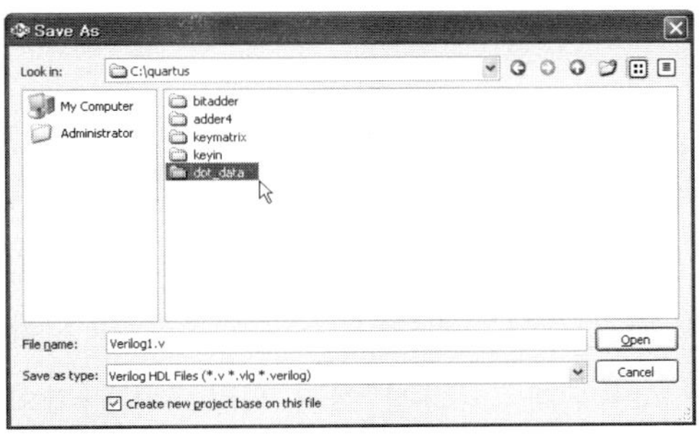

그림 4.6.8 dot_data 폴더를 생성한 화면

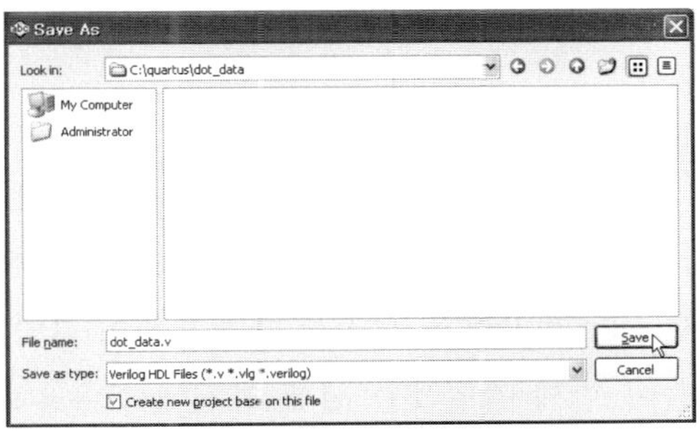

그림 4.6.9 파일명을 저장하기 위한 다른 이름으로 저장 화면

그림 4.6.9의 화면에서 [Save] 버튼을 마우스의 왼쪽 버튼으로 클릭하면 그림 4.6.10과 같이 새 project를 생성할 것인지를 묻는 화면이 나타난다. 이 예제에서는 하나의 Verilog HDL 설계파일을 같은 설계파일명으로 된 project로 하나의 폴더에 저장할 것이다. 따라서 그림 4.6.10에서 [Yes] 버튼을 마우스의 왼쪽 버튼으로 클릭하면, 그림 4.6.11과 같이 New Project Wizard 화면이 나타난다. 이 화면에서 [Next >] 버튼을 마우스의 왼쪽 버튼으로 클릭하면, 그림 4.6.12와 같이 project의 경로와 project명을 입력하라는 화면이 나타난다.

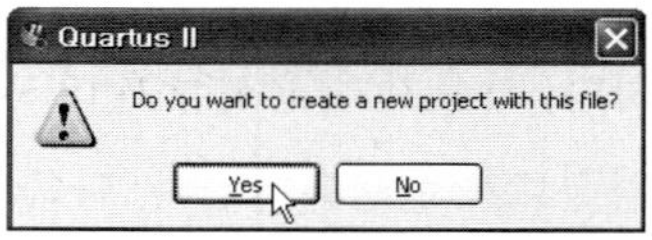

그림 4.6.10 새 project를 생성할 것인지를 묻는 화면

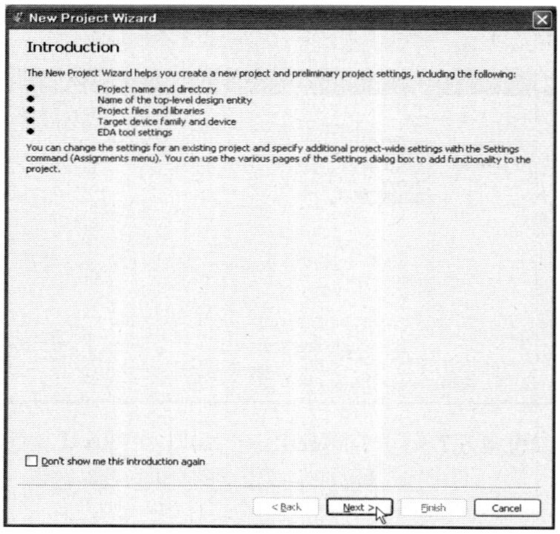

그림 4.6.11 New Project Wizard 화면

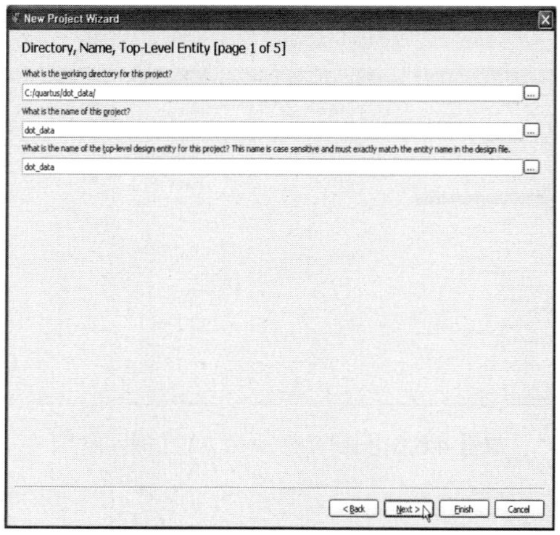

그림 4.6.12 project의 경로와 project명을 입력하라는 화면

그림 4.6.12의 화면에서 [Next >] 버튼을 마우스의 왼쪽 버튼으로 클릭하면, 두 번째 단계로 다른 project에서 필요한 파일들을 추가하거나, 그 project의 모든 파일들을 참조하기 위한 Library Path를 설정해 주는 화면이 그림 4.6.13과 같이 나타난다. 이 부분은 여러 사람들이 함께 작업하는 설계 과정에서 유용하게 사용된다. 따라서 여러 사람들이 각각의 project를 나누어서 설계하고, 최종 상위 project에서 하나로 모으는데 사용한다. dot_data 블록은 하위 project를 사용하는 것이 없기 때문에 추가하지 않고 그림 4.6.13의 화면에서 [Next >] 버튼을 마우스의 왼쪽 버튼으로 클릭하면, 그림 4.6.14와 같이 세 번째로 Family & Device를 설정하는 화면이 나타난다.

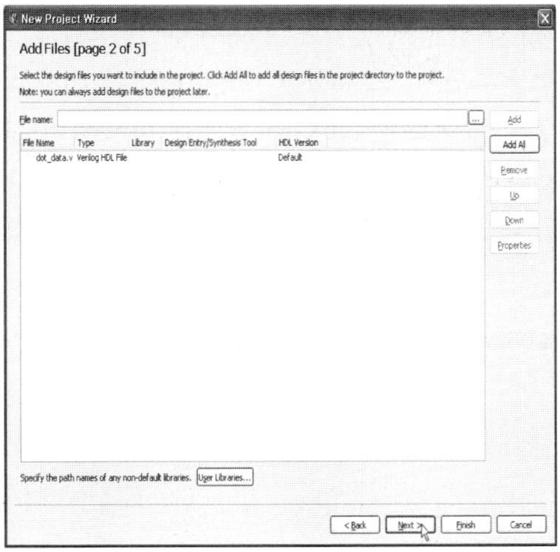

그림 4.6.13 다른 project에서 필요한 파일을 추가시키는 화면

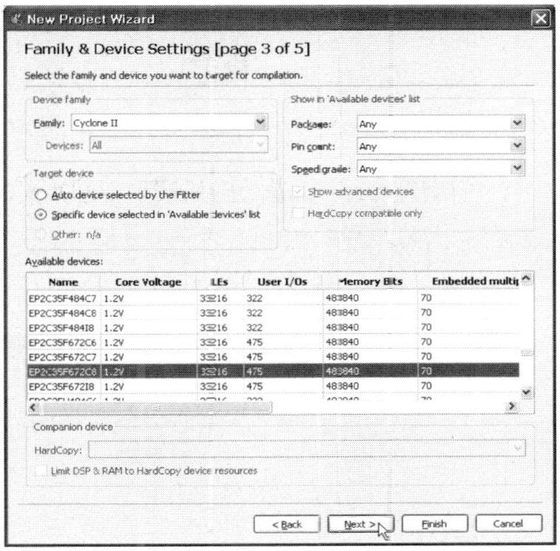

그림 4.6.14 Family & Device를 설정하는 화면

그림 4.6.14에서 HBE-COMBOII 장비에서 사용하는 EP2C35F672C8 디바이스를 선택하고, Next > 버튼을 마우스의 왼쪽 버튼으로 클릭하면, 그림 4.6.15와 같이 네 번째 단계로 다른 EDA 툴과 연동할 수 있도록 설정하는 화면이 나타난다. 여기서는 다른 EDA 툴과 연동하여 사용하지 않을 것이므로 연동 툴을 선택하지 않고 Next > 버튼을 마우스의 왼쪽 버튼으로 클릭하면, 그림 4.6.16과 같이 다섯 번째 단계로 첫 번째 단계부터 네 번째 단계까지의 설정이 어떻게 되었는지 모두 보여주는 화면이 나타난다. 따라서 사용자가 이러한 정보를 보고 project 선언단계에서 다르게 설정한 부분이 없는지 다시 확인 할 수 있다. 또한 잘못된 부분이 있다면, < Back 버튼을 마우스의 왼쪽 버튼으로 클릭함으로써 그 단계로 다시 돌아가서 수정할 수 있다.

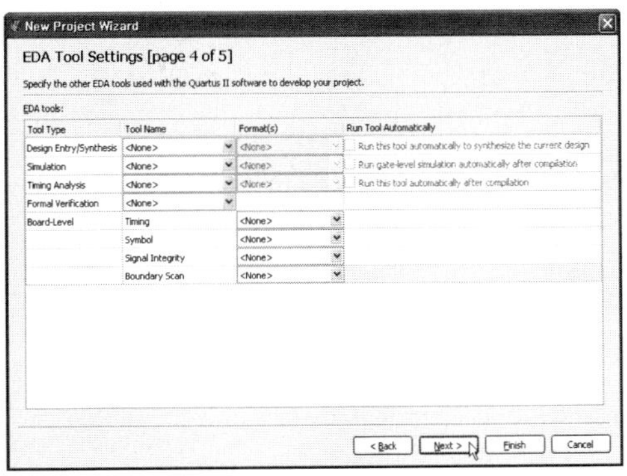

그림 4.6.15 EDA Tool Settings 화면

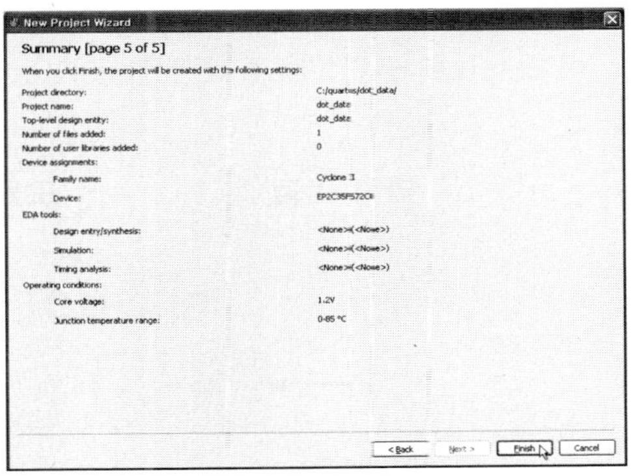

그림 4.6.16 각 단계에 대한 정보를 보여주는 화면

각 단계의 정보를 확인하고 잘못된 부분이 없다면, 그림 4.6.16에서 [Finish] 버튼을 마우스의 왼쪽 버튼을 클릭하여 project 생성 단계를 종료한다. 이렇게 5단계의 과정을 거치면서 project가 선언되었다. 즉, 5단계의 과정을 통해 설계를 할 수 있는 환경이 만들어진 것이다. 이렇게 project를 선언하면 그림 4.6.17과 같이 Quartus II 툴의 왼쪽 상단 타이틀 바에 현재 project가 선언된 경Z로명 및 project명 등이 표시된다.

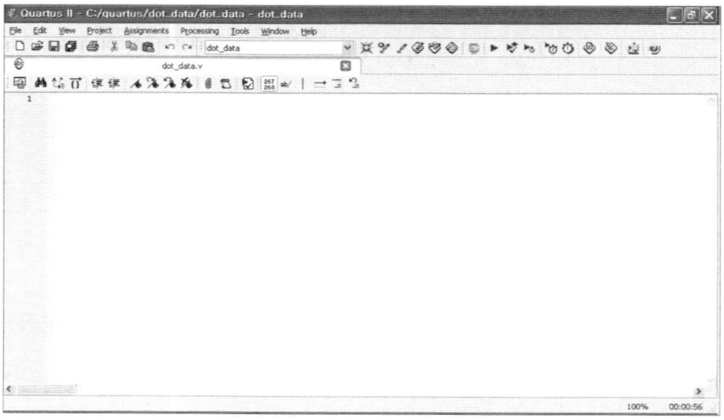

그림 4.6.17 타이틀 바에 현재 project가 선언된 경로명 및 project명 등이 표시됨

(3) dot_data 블록을 Verilog HDL로 설계하기

① 모듈 선언 및 입출력 포트 선언(module and input/output port declaration)

그림 4.6.18은 Verilog HDL로 설계하려는 dot_data 블록의 모듈 선언 및 입출력 포트 선언을 심볼 형태로 표현한 것이며, 그림 4.6.19는 Verilog HDL로 설계하려는 dot_data 블록의 모듈 선언 및 입출력 포트 선언을 나타내고 있다. 한편, module 다음에 오는 dot_data는 이 블록의 모듈명이며 지정어 input과 output 다음에는 입력과 출력 포트들을 나타낸다. 설계하려는 dot_data는 지정어 input에 입력 신호를 위한 clk 포트와 지정어 output에 출력 신호를 위한 [13:0] rom_data 포트를 기술한다.

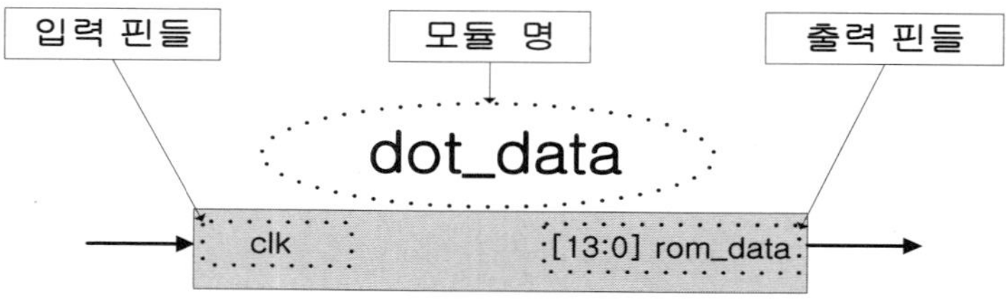

그림 4.6.18 Verilog HDL로 설계하려는 dot_data 블록의 모듈 선언 및 입출력 포트 선언을 심볼 형태로 표현한 것

```
module dot_data(clk, rom_data);
    input clk;
    output [13:0] rom_data;

                    ~

endmodule
```

그림 4.6.19 Verilog HDL로 설계하려는 dot_data 블록의 모듈 선언 및 입출력 포트 선언

② **논리회로 표현(logic circuit representation)**

모듈 선언 및 입출력 포트 선언이 되었으므로 설계 블록의 내부 동작 또는 연결 구조를 기술하는 논리회로 표현을 하여야 한다. 그림 4.6.20과 같이 설계하려는 dot_data 블록에서 부품간의 연결에 사용되는 버스 신호선 [7:0] counter는 always문의 출력으로 사용되므로 지정어인 reg로 선언한다. 다음에 lpm_rom을 사용하기 위해 lpm_rom 하위모듈을 선언한다. 선언이 끝나면 하드웨어의 내부동작을 기술해야 하는데 여기서는 앞서 이미 설계한 하위모듈을 이용하여 이들 상호간을 연결하여 블록을 설계하는 구조적 표현 방법과 always문을 사용하여 dot_data 블록을 설계하는 동작적 표현 방법을 혼합하여 사용하기로 한다.

그림 4.6.20은 Verilog HDL로 설계하려는 dot_data의 블록을 심볼 형태로 표현 한 것이다. dot_data 블록은 dotmatrix에 디스플레이 하는 데이터인 [13:0] Dot_d를 생성하는 블록이다. up_100jin_counter always문은 버스 신호선 [7:0] counter를 통해 00000000(0)부터 01100100(100)까지의 카운터를 한다. 이는 HBE-COMBO II 트레이닝 키트의 dotmatrix에 출력할 "Verilog HDL" 문자열과 공백 문자가 출력되게 하기 위해서이다. 다음에 lpm_rom 하위모듈에서는 [7:0] counter의 값에 따른 [13:0] rom_data를 출력한다. 그림 4.6.21은 Verilog HDL로 설계하려는 dot_data 블록의 논리회로 표현을 나타내고 있다.

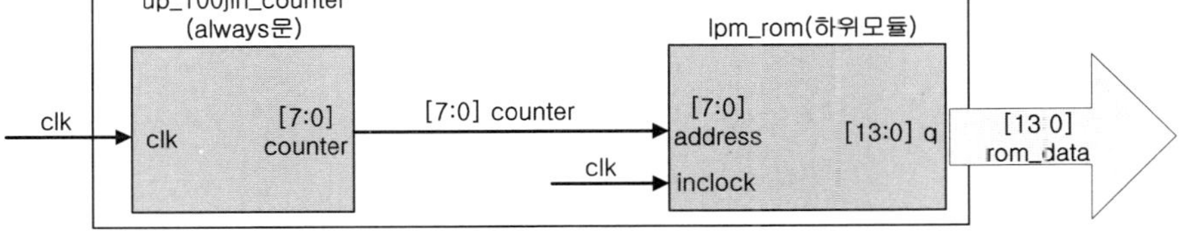

그림 4.6.20 Verilog HDL로 설계하려는 dot_data 블록의 논리회로를 심볼 형태로 표현한 것

```
reg [7:0] counter;

    lpm_rom      lpmrom(.address(counter), .inclock(clk), .q(rom_data));
        defparam lpmrom.lpm_width = 14;
        defparam lpmrom.lpm_widthad = 8;
        defparam lpmrom.lpm_outdata = "unregistered";
        defparam lpmrom.lpm_file = "dotmatrix.mif";

    always @(posedge clk)              // up_100jin_counter
    begin
        case (counter)
            8'b01100100 : counter <= 0;
            default     : counter <= counter + 1;
        endcase
    end
```

그림 4.6.21 Verilog HDL로 설계하려는 dot_data 블록의 논리회로 표현

그림 4.6.22는 dotmatrix led 모듈에 문자 'V'를 출력하기 위해 FontEdit2.0 툴을 이용하여 문자 데이터를 표현한 것이다. lpm_rom의 환경설정 파일의 데이터 중 문자 'V'를 출력하기위한 데이터는 어드레스 값이 2번지부터 12번지까지의 데이터이다. HBE-COMBO II 트레이닝 키트는 10×14의 dotmatrix led 모듈로 되어 있지만 FontEdit2.0 툴 에서는 10×14로 환경설정을 할 수 없기 때문에 10×16으로 문자 'V'를 표현 하였다. FontEdit2.0 툴을 이용하여 문자 데이터를 표현하면 최상위 비트 MSB와 최하위 비트 LSB는 16개를 4개 단위로 잘라 16진수로 **.mif** 파일로 저장하게 된다. 예를 들어 그림 4.6.22에서 문자 'V'의 1번째 열에 대한 16진수 데이터 값은 0x000e가 된다. FontEdit2.0 툴에서는 이와 같은 방법으로 문자열 "Verilog HDL"을 자동으로 변환한다. 그림 4.6.23은 lpm_rom의 **.mif** 파일이다. 문자열을 표시하는데 0번지부터 95번지까지 사용하였고, 96번지부터 100번지까지 공백의 데이터를 사용하였다. 따라서 "Verilog HDL" 문자열을 출력한 뒤 일정시간의 공백이 디스플레이 되도록 하기 위하여 100진 카운터를 설계하였다.

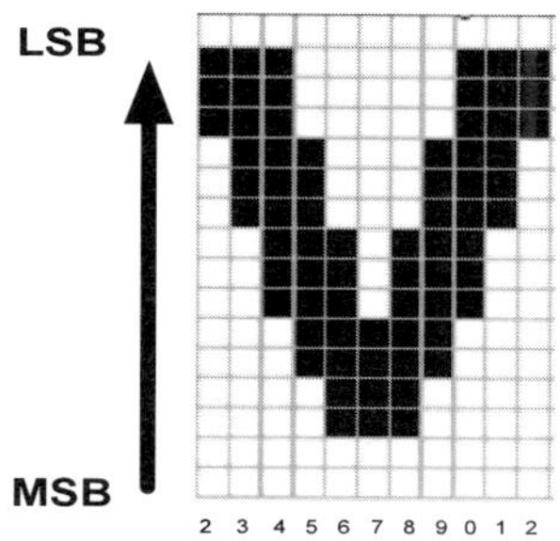

그림 4.6.22 FontEdit2.0 툴을 이용하여 표현한 문자 'V'

Addr	+0	+1	+2	+3	+4	+5	+6	+7
0	0000	0000	0000	0003	001F	00FC	03E0	0F00
8	0F00	03E0	00FC	001F	0003	0000	03E0	07F0
16	0C98	0888	0888	0898	0CF0	04E0	0000	0000
24	0FF8	0FF8	0018	0008	0008	0000	0FF3	0FF3
32	0000	0000	0FFF	0FFF	0000	0000	03E0	07F0
40	0C18	0808	0808	0808	0C18	07F0	03E0	0000
48	0000	11E0	33F0	2618	2408	2408	3618	1FF8
56	0FF8	0000	0000	0000	0000	0000	0000	0000
64	0000	0FFF	0FFF	0020	0020	0020	0020	0020
72	0FFF	0FFF	0000	0000	0FFF	0FFF	0801	0801
80	0801	0C03	0606	03FC	01F8	0000	0000	0FFF
88	0FFF	0800	0800	0800	0800	0800	0800	0800
96	0000	0000	0000	0000	0000	0000	0000	0000
104	0000	0000	0000	0000	0000	0000	0000	0000

그림 4.6.23 dot_data 블록의 환경설정 파일(dotmatrix .mif)

dotmatrix.mif 생성 과정

dotmatrix.mif 파일은 dotmatrix led 모듈의 각 자리에 출력할 데이터가 저장되어 있으며 dotmatrix.mif 파일을 수정함으로서 사용자가 원하는 출력 데이터로 변환이 가능하다. 먼저 **.mif** 파일을 만들기 위해서는 그림 4.6.24와 같이 ALTERA Quattus II의 풀다운 메뉴에서 [File]의 서브 메뉴인 [New... Ctrl+N]을 선택하거나, 툴바에서 🗋 아이콘을 선택하면 그림 4.6.25와 같이 Design Entry를 선택하는 New 화면이 나타난다.

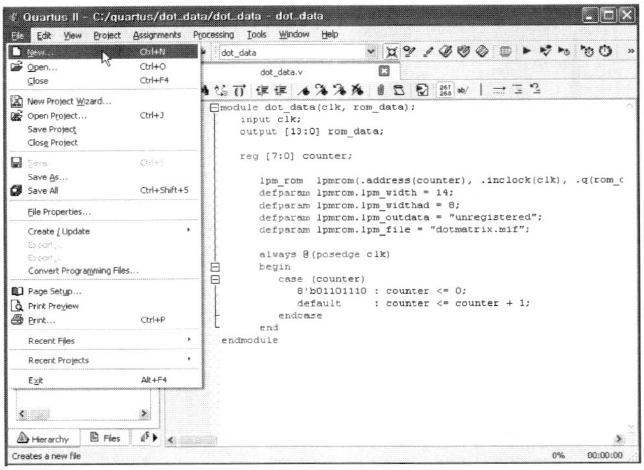

그림 4.6.24 [File] → [New... Ctrl+N] 메뉴 선택

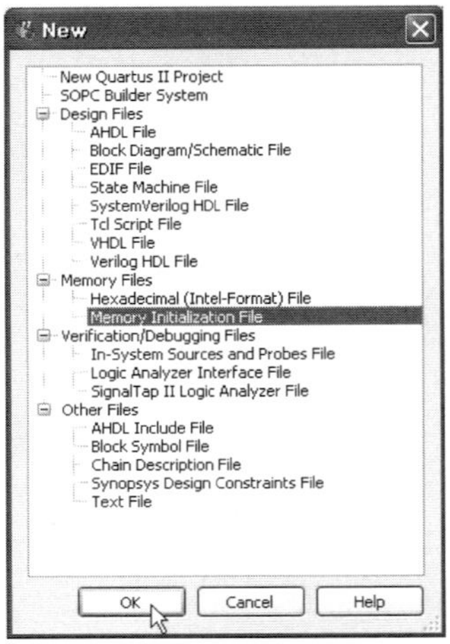

그림 4.6.25 New 화면

그림 4.6.25의 New 화면에서 Memory Initialization File 항목을 선택하고 [OK] 버튼을 마우스의 왼쪽 버튼으로 클릭하면, 그림 4.6.26과 같이 Memory Initialization File의 word 수와 크기를 입력하는 화면이 나타난다. 그림 4.6.26과 같이 word 수와 크기를 입력하고 [OK] 버튼을 마우스의 왼쪽 버튼으로 클릭하면, 그림 4.6.27과 같은 Memory Initialization File 화면이 나타난다.

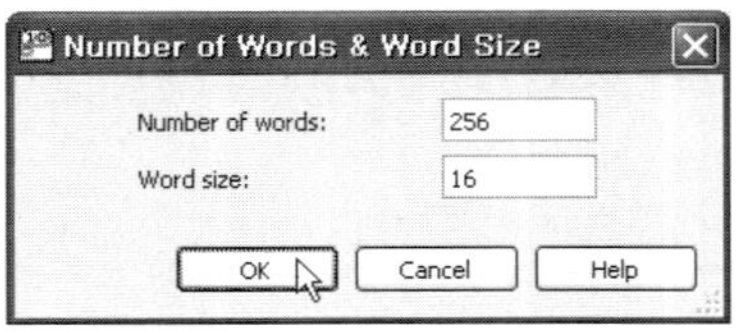

그림 4.6.26 Memory Initialization File의 word 수와 크기를 입력하는 화면

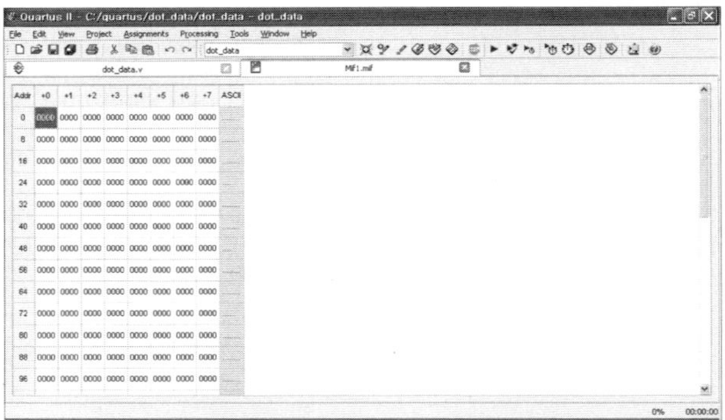

그림 4.6.27 Memory Initialization File 화면

그림 4.6.27의 화면에서 새로운 파일명을 저장하기 위하여 그림 4.6.28과 같이 Quartus II의 풀다운 메뉴에서 [File]의 서부 메뉴인 [Save Ctrl+S]를 선택하거나 툴바에서 [저장] 아이콘을 선택하면, 그림 4.6.29와 같이 파일명을 저장하기 위한 다른 이름으로 저장 화면이 나타난다. 여기서는 dotmatrix.mif 파일을 만들 것이므로 파일 이름(N): 항목에 dotmatrix.mif

라 입력하고 Add file to current project의 체크 박스의 체크를 없애고 저장한다. 확장자는 .mif로 자동 설정된다.

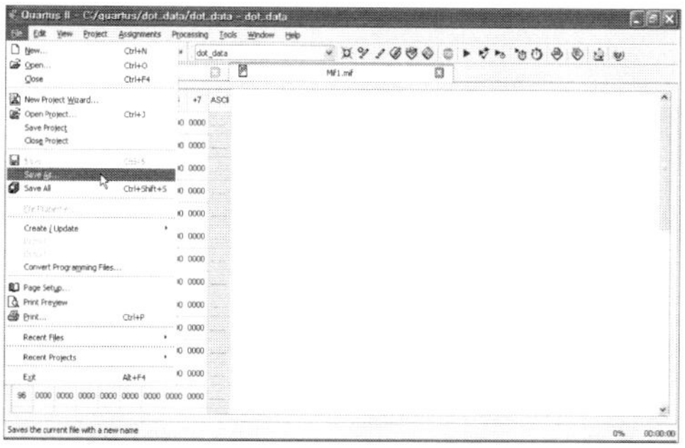

그림 4.6.28 [File] → [Save Ctrl+S] 메뉴 선택

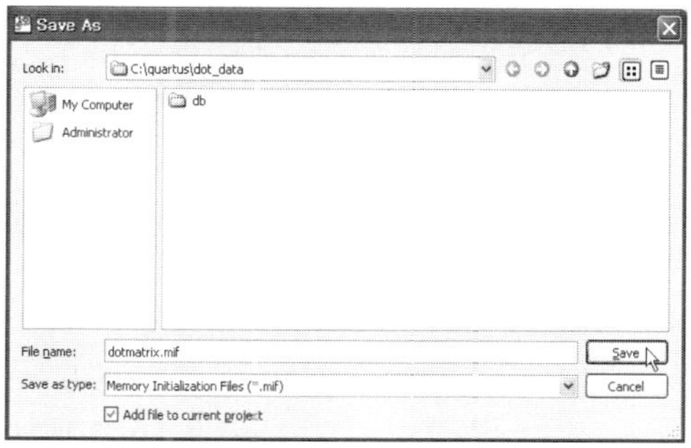

그림 4.6.29 다른 이름으로 저장 화면

그림 4.6.29의 화면에서 [Save] 버튼을 마우스의 왼쪽 버튼으로 클릭하면, 그림 4.6.30과 같이 Quartus II 툴의 왼쪽 상단 타이틀 바에 현재 project가 선언된 경로명, project명 등이 표시된다.

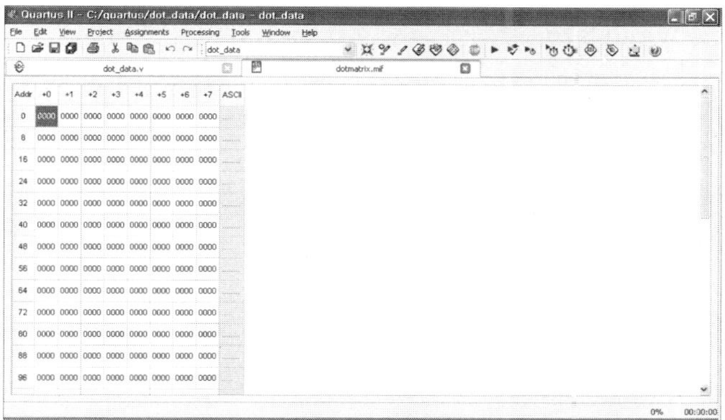

그림 4.6.30 타이틀 바에 현재 project가 선언된 경로명, prcject명 등이 표시됨

다음으로 해야 할 작업은 dotmatrix led 모듈에 출력할 폰트 작업을 해야 한다. 출력할 폰트 작업을 수작업으로 하려면 큰 어려움이 있을 뿐만 아니라 시간이 오래 걸린다. 그러나 테라뱅크(www.terabank.co.kr)에서 무료로 제공하는 FontEdit2.0 툴을 이용하여 폰트를 이용하면 쉽게 폰트를 만들 수 있다. 그림 4.6.31은 테라뱅크 홈페이지에서 받은 Font Edit2.0 툴을 인스톨하고, 실행시킨 초기 화면이다.

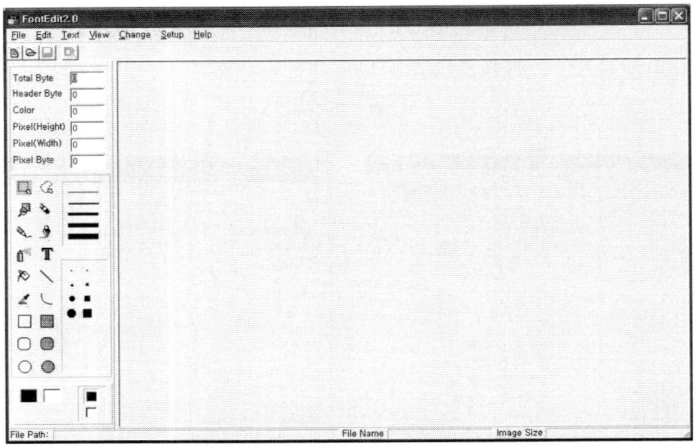

그림 4.6.31 Font Edit 2.0 툴 실행 화면

다음은 폰트를 만들기 위해서 새로운 파일을 생성해야한다. 그림 4.6.32와 같이 타이틀 메뉴에서 [File] → [New]를 선택하거나 툴바에서 아이콘은 마우스의 왼쪽 버튼으로 클릭하면, 그림 4.6.33과 같이 폰트 형식을 설정하기 위한 FontNewForm 화면이 나타난다. FontNewForm 화면에서 폰트 데이터의 변환 방향을 선택하는 Read Format 메뉴에서 아이콘을 마우스의 왼쪽 버튼을 클릭하여 선택한다. 또한 폰트의 전체 폭과 높이를 설정하는 Height Size: 및 Width Size: 항목에 그림 4.6.33과 같이 입력하고 버튼을 마우스의 왼쪽 버튼으로 클릭하면, 그림 4.6.34와 같이 바둑판 모양의 화면이 나타난다.

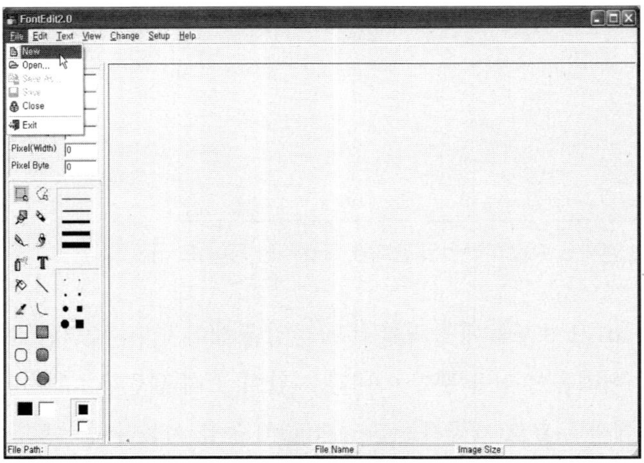

그림 4.6.32 [File] → [New] 메뉴 선택

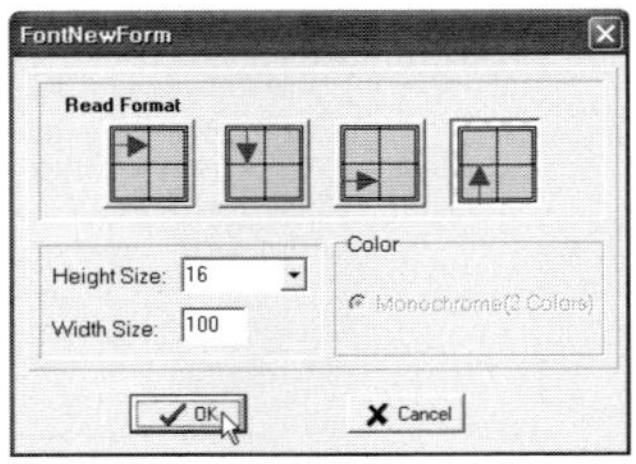

그림 4.6.33 폰트 형식 설정 화면

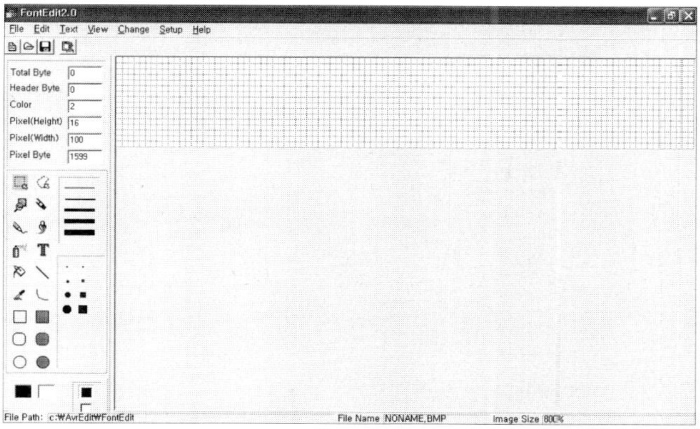

그림 4.6.34 폰트 형식 설정을 마친 화면

다음으로 해야 할 작업은 FontEdit2.0 툴의 화면에 dotmatrix 모듈에 출력할 폰트를 써야 한다. 먼저 왼쪽 메뉴에서 [T] 아이콘을 마우스의 왼쪽 버튼으로 클릭하고, 폰트를 쓰고자 하는 위치에서 마우스의 왼쪽 버튼을 클릭하면, 그림 4.6.35와 같이 폰트를 쓸 수 있는 초기 화면이 나타난다. 초기 폰트는 Text 이며 만일 사용자가 이전에 폰트를 만들었을 경우에는 이전의 폰트가 나타나게 된다. 다음으로 초기 폰트인 Text를 키보드의 [BackSpace] 키로 지우고 dotmatrix led 모듈에 출력할 문자열 "Verilog HDL"로 폰트를 입력한 뒤 키보드에서 [Enter↵] 키를 입력하면 그림 4.6.36과 같은 화면이 된다.

그림 4.6.35 텍스트 모드 입력의 초기 화면

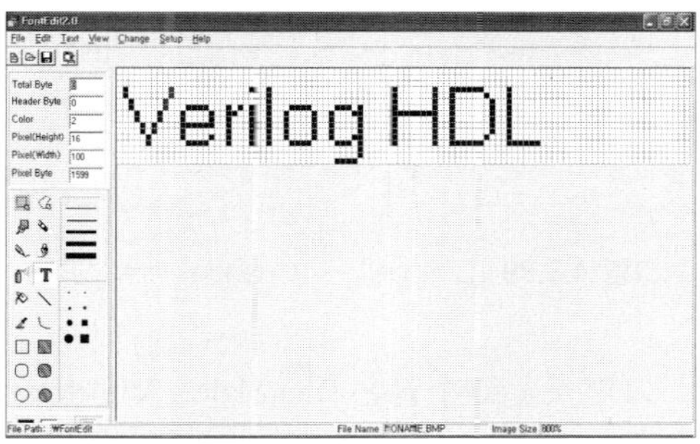

그림 4.6.36 문자열 "Verilog HDL"을 입력한 화면

한편, 텍스트 폰트의 글꼴도 설정이 가능하다. 글꼴 설정은 문자열을 키보드 상에서 입력한 후에 [Enter↵] 키를 누르기 전에 가능하다. 그림 4.6.37과 같이 FontEdit2.0 툴의 풀다운 메뉴에서 [Text] → [Font]를 선택하면, 그림 4.6.38과 같은 글꼴 화면이 나타난다. 글꼴 창에서 폰트의 글씨체, 스타일, 크기를 선택할 수 있다.

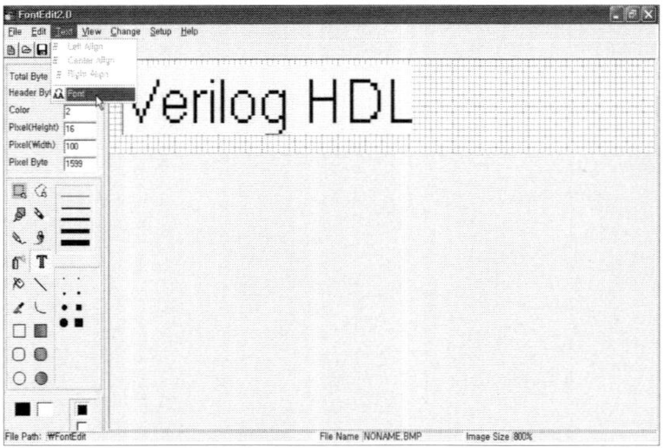

그림 4.6.37 [Text] → [Font] 메뉴 선택

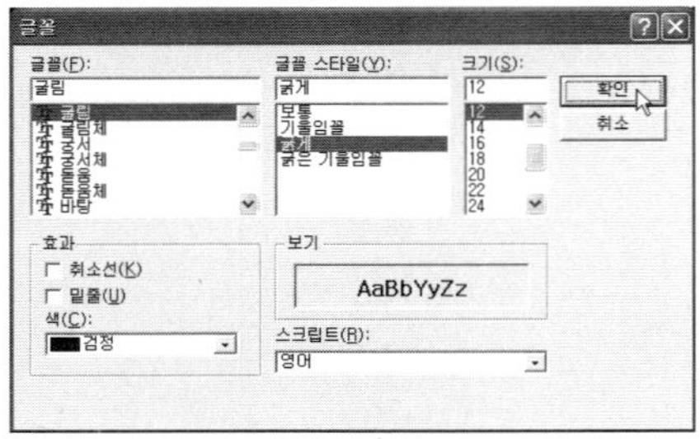

그림 4.6.38 글꼴 화면

다음으로 해야 할 작업은 디자인한 폰트를 16진수 데이터 값으로 변환을 해야 한다. 먼저 그림 4.6.39와 같이 FontEdit2.0들의 풀다운 메뉴의 [Change] → [Change]를 선택하면, 그림 4.6.40과 같은 FontMaker Windows 화면이 나타난다.

그림 4.6.39 [Change] → [Change] 메뉴 선택

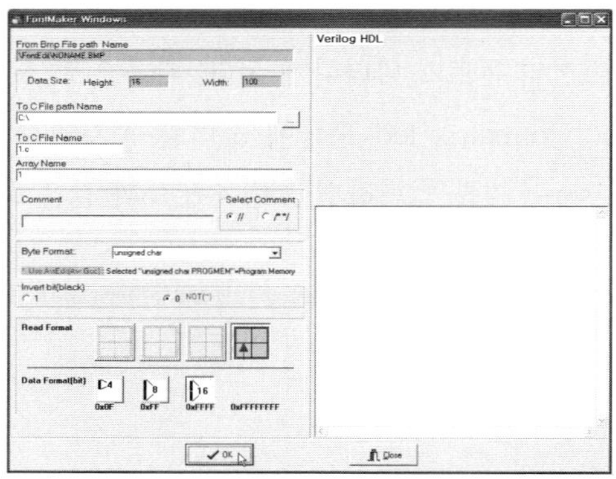

그림 4.6.40 FontMaker Windows 화면

그림 4.6.40과 같은 FontMaker Windows 화면의 Inverbit(black) 항목에서 '0'을 선택하고, Data Format(bit) 항목에서 아이콘을 선택한 후, 버튼을 마우스의 왼쪽 버튼으로 클릭하면 그림 4.6.41의 화면과 사용자가 작성한 폰트를 16진수 데이터로 변환한 화면이 나타나면서 그림 4.6.42와 같이 저장여부를 묻는 메시지가 나타나게 된다. 다음에 그림 4.6.42의 화면에서 예(Y) 버튼을 마우스의 왼쪽 버튼으로 클릭하여 변환된 폰트를 저장할 수도 있다.

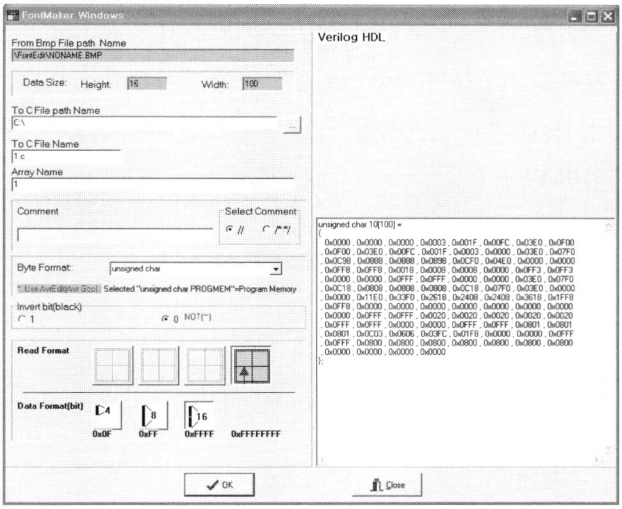

그림 4.6.41 사용자가 작성한 폰트를 16진수 데이터로 변환한 화면

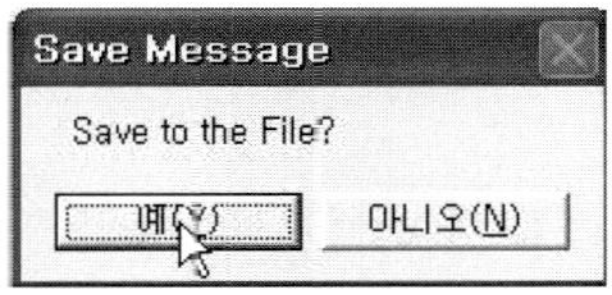

그림 4.6.42 변환된 폰트의 저장 여부를 묻는 메시지

다음으로 그림 4.6.41과 같이 FontEdit2.0 툴로 변환된 폰트 데이터를 ALTERA Quartus II Web Edition 8.0sp1에서 그림 4.6.43과 같이 dotmatrix.mif 파일에 순서대로 입력 시킨 후에, Quartus II의 풀다운 메뉴에서 [File]의 서브 메뉴인 [Save Ctrl+S] 메뉴를 선택하거나 툴바에서 아이콘을 선택하여 dotmatrix.mif 파일을 저장시킨다.

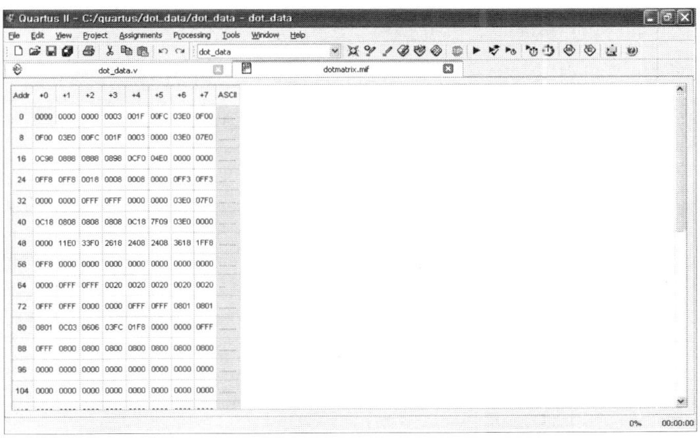

그림 4.6.43 Font Edit 2.0을 이용해 변환시킨 폰트 데이터를 ALTERA Quartus II Web Edition 10.0의 dotmatrix.mif 파일에 입력시킨 화면

(4) 설계한 dot_data 블록의 저장 및 오류 검사하기

Verilog HDL로 설계한 dot_data 블록을 저장하기 위해 그림 4.6.44와 같이 Quartus II의 풀다운 메뉴에서 [File]의 서브 메뉴인 [Save Ctrl+S] 메뉴를 선택하거나, 툴바에서 [저장 아이콘] 아이콘을 마우스의 왼쪽 버튼으로 클릭하면 된다.

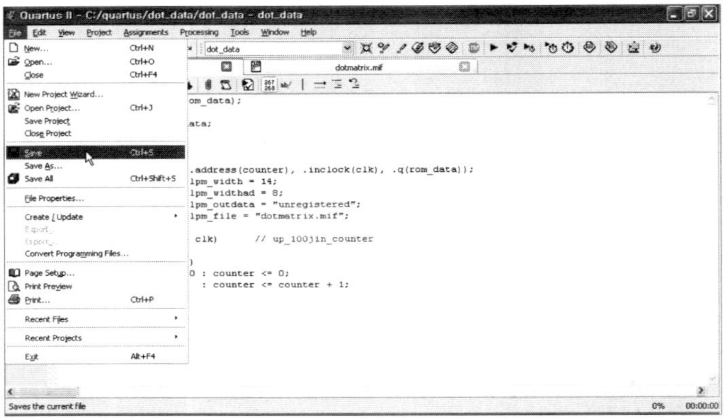

그림 4.6.44 [File] → [Save Ctrl+S] 메뉴 선택

다음으로 해야 할 작업은 Verilog HDL로 설계한 dot_data 블록의 오류 여부를 검사해야 한다. 오류를 검사하기 위해서 먼저, 그림 4.6.45와 같이 Quartus II의 풀다운 메뉴에서 [Processing] 메뉴의 서브 메뉴인 [Start] 메뉴를 선택하면 나타나는 서브 메뉴들 중에서 [Start Analysis & Synthesis Ctrl+K]를 선택하거나, 툴바에서 [아이콘] 아이콘을 선택하면 그림 4.6.46과 같이 이상여부를 검사한 후에 경고나 에러를 나타내는 화면이 나타난다. 현재 화면은 경고는 있으나 에러가 없다는 메시지가 출력된 화면을 보여주고 있다.

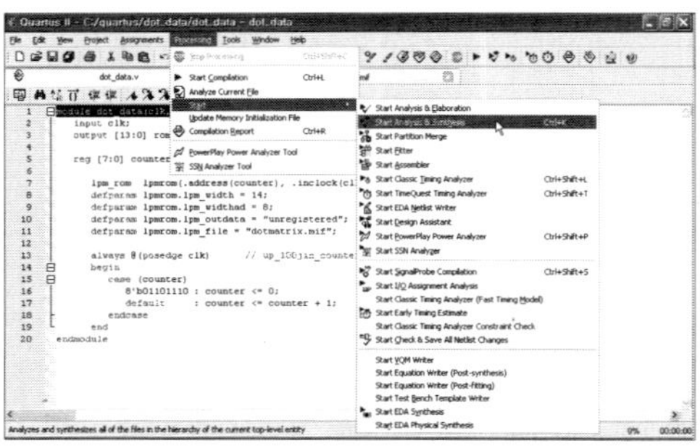

그림 4.6.45 [Processing] → [Start] → [Start Analysis & Synthesis Ctrl+K] 메뉴 선택

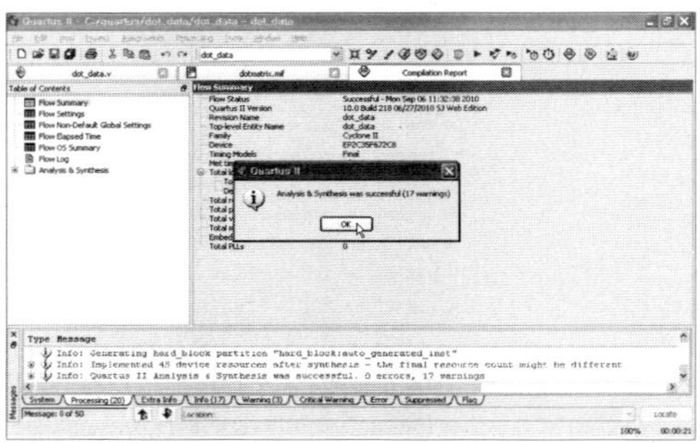

그림 4.6.46 설계한 블록의 이상 여부 검사를 끝낸 화면

4.6.3 dot_com 블록의 Verilog HDL 설계하기

(1) Verilog HDL File 화면 생성

Verilog HDL File 화면을 생성하기 위해서는 그림 4.6.47과 같이 Quartus II의 풀다운 메뉴에서 [File]의 서브 메뉴인 [New... Ctrl+N]을 선택하거나, 툴바에서 아이콘을 선택하면 그림 4.6.48과 같이 Design Entry를 선택하는 New 화면이 나타난다. 그림 4.6.48의 New 화면에서 Verilog HDL File 항목을 선택하고 OK 버튼을 마우스의 왼쪽 버튼으로 클릭하면 그림 4.6.49와 같이 Verilog HDL File 화면이 나타난다.

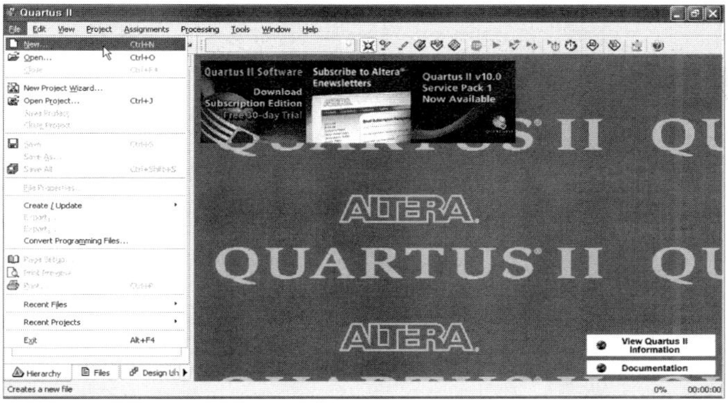

그림 4.6.47 [File] → [New... Ctrl+N] 메뉴 선택

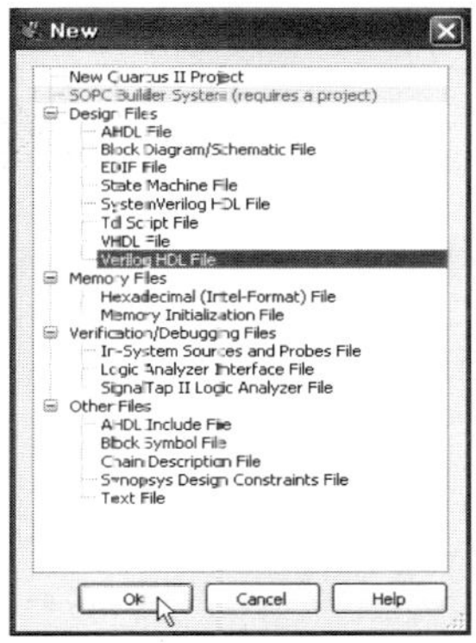

그림 4.6.48 Verilog HDL File 을 선택하는 화면

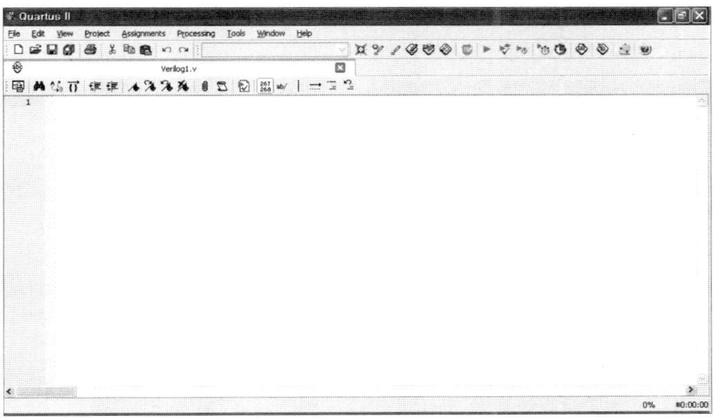

그림 4.6.49 Verilog HDL File 화면

(2) 새로운 project명 및 파일명 저장하기

Quartus II의 Design Entry를 사용하여 설계를 할 경우에는 반드시 설계 파일 이름과 같은 project명을 설정하여야 한다. 먼저 그림 4.6.50과 같이 Quartus II의 풀다운 메뉴에서 [File]의 서부 메뉴인 [Save As...] 메뉴를 선택하면, 그림 4.6.51과 같이 파일명을 저장하기 위한 다른 이름으로 저장 화면이 나타난다. 다음으로 그림 4.6.51과 같이 다른 이름으로 저장하기 화면에서 아이콘 을 마우스의 왼쪽 버튼으로 클릭하여 새 폴더를 생성하고, 현재 만들고자 하는 project명으로 폴더 명을 그림 4.6.52와 같이 입력한다. 이때 작업경로와 폴더명은 사용자 임의로 설정 가능하다. 사용자가 생성한 폴더명을 마우스의 왼쪽 버튼으로 더블 클릭하면 생성한 폴더로 작업경로가 변경되어진다. 다음으로 그림 4.6.53과 같이 생성한 폴더 안에서 파일명을 사용자가 지정하고 Save 버튼을 마우스의 왼쪽 버튼으로 클릭하면 확장자는 .v로 자동 설정되어 저장된다.

그림 4.6.50 [File] → [Save As...] 메뉴 선택

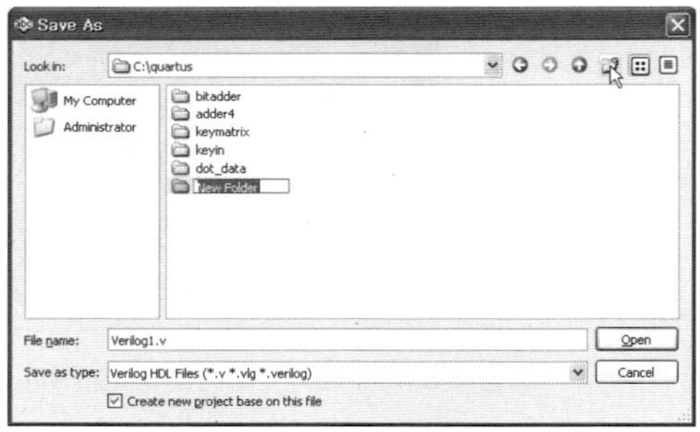

그림 4.6.51 다른 이름으로 저장하기 화면에서 아이콘 을 마우스의 왼쪽 버튼으로 클릭

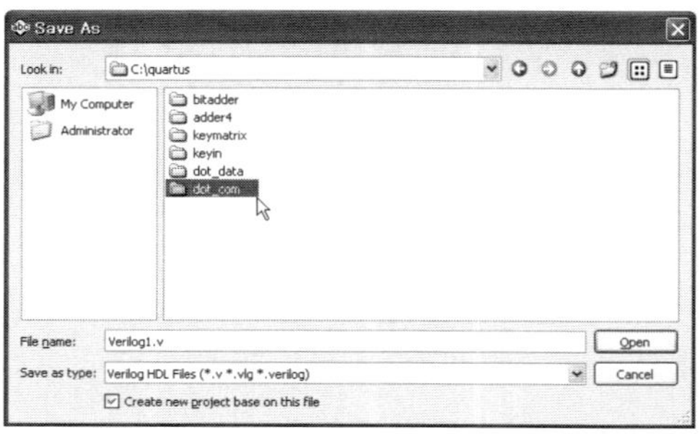

그림 4.6.52 dot_com 폴더를 생성한 화면

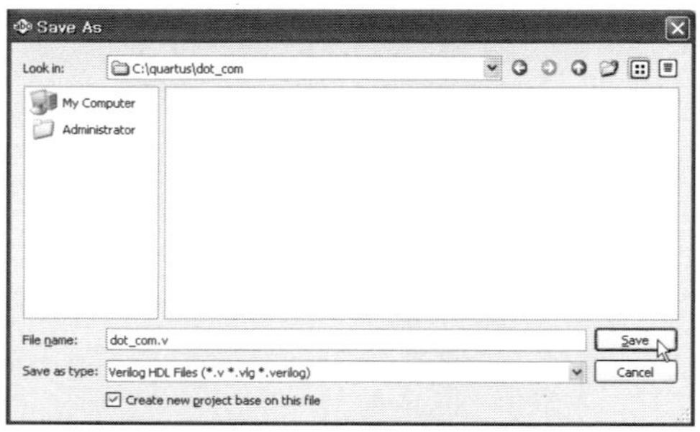

그림 4.6.53 파일명을 저장하기 위한 다른 이름으로 저장 화면

그림 4.6.53의 화면에서 [Save] 버튼을 마우스의 왼쪽 버튼으로 클릭하면 그림 4.6.54와 같이 새 project를 생성할 것인지를 묻는 화면이 나타난다. 이 예제에서는 하나의 Verilog HDL 설계파일을 같은 설계파일명으로 된 project로 하나의 폴더에 저장할 것이다. 따라서 그림 4.6.54에서 [Yes] 버튼을 마우스의 왼쪽 버튼으로 클릭하면, 그림 4.6.55와 같이 New Project Wizard 화면이 나타난다. 이 화면에서 [Next >] 버튼을 마우스의 왼쪽 버튼으로 클릭하면, 그림 4.6.56과 같이 project의 경로와 project명을 입력하라는 화면이 나타난다.

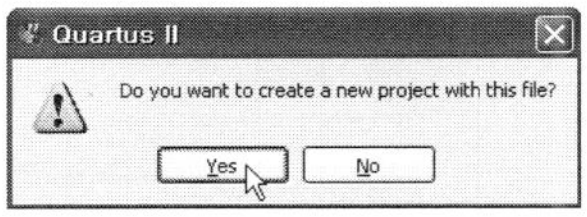

그림 4.6.54 새 project를 생성할 것인지를 묻는 화면

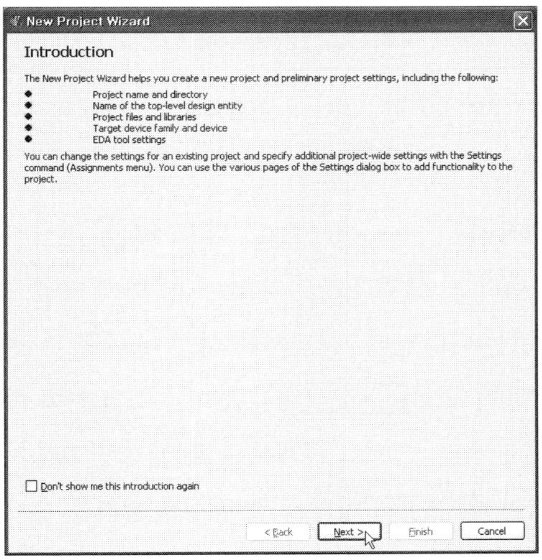

그림 4.6.55 New Project Wizard 화면

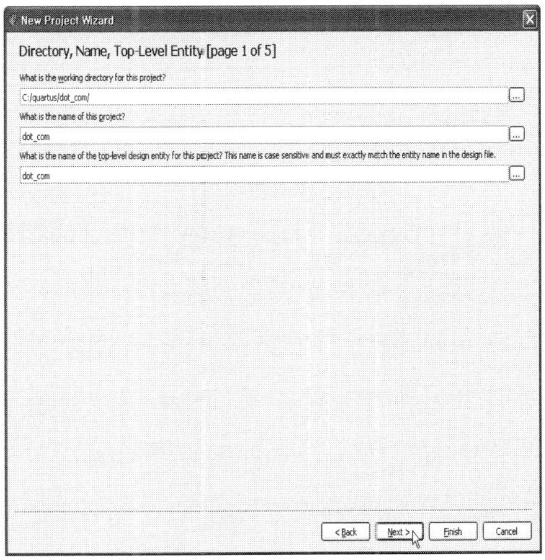

그림 4.6.56 project의 경로와 project명을 입력하라는 화견

그림 4.6.56의 화면에서 [Next >] 버튼을 마우스의 왼쪽 버튼으로 클릭하면, 두 번째 단계로 다른 project에서 필요한 파일들을 추가하거나, 그 project의 모든 파일들을 참조하기 위한 Library Path를 설정해 주는 화면이 그림 4.6.57과 같이 나타난다. 이 부분은 여러 사람들이 함께 작업하는 설계 과정에서 유용하게 사용된다. 따라서 여러 사람들이 각각의 project를 나누어서 설계하고, 최종 상위 project에서 하나로 모으는데 사용한다. dot_com 블록은 하위 project를 사용하는 것이 없기 때문에 추가하지 않고 그림 4.6.57의 화면에서

[Next >] 버튼을 마우스의 왼쪽 버튼으로 클릭하면, 그림 4.6.58과 같이 세 번째로 Family & Device를 설정하는 화면이 나타난다.

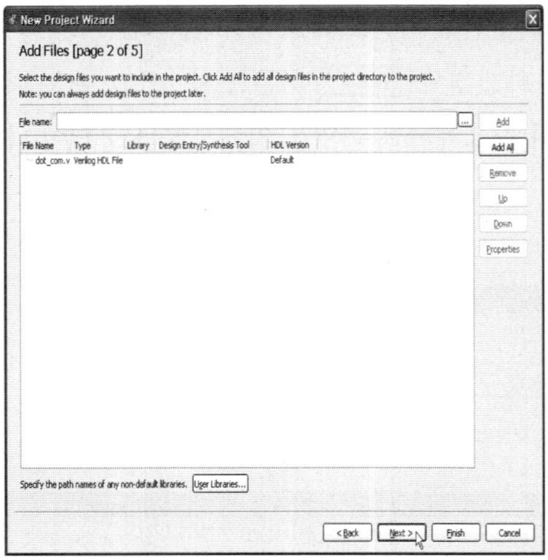

그림 4.6.57 다른 project에서 필요한 파일을 추가시키는 화면

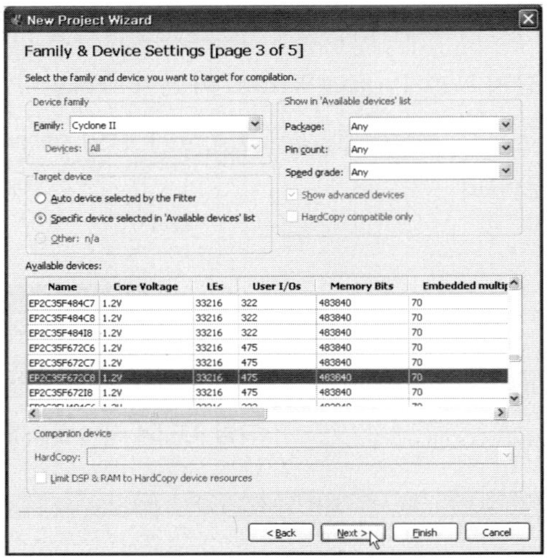

그림 4.6.58 Family & Device를 설정하는 화면

그림 4.6.58에서 HBE-COMBOII 장비에서 사용하는 EP2C35F672C8 디바이스를 선택하고, [Next >] 버튼을 마우스의 왼쪽 버튼으로 클릭하면, 그림 4.6.59와 같이 네 번째 단계로 다른 EDA 툴과 연동할 수 있도록 설정하는 화면이 나타난다. 여기서는 다른 EDA 툴과 연동하여 사용하지 않을 것이므로 연동 툴을 선택하지 않고 [Next >] 버튼을 마우스의 왼쪽 버튼으로 클릭하면, 그림 4.6.60과 같이 다섯 번째 단계로 첫 번째 단계부터 네 번째 단계까지의 설정이 어떻게 되었는지 모두 보여주는 화면이 나타난다. 따라서 사용자가 이러한 정보를 보고 project 선언단계에서 다르게 설정한 부분이 없는지 다시 확인 할 수 있다. 또한 잘못된 부분이 있다면, [< Back] 버튼을 마우스의 왼쪽 버튼으로 클릭함으로써 그 단계로 다시 돌아가서 수정할 수 있다.

그림 4.6.59 EDA Tool Settings 화면

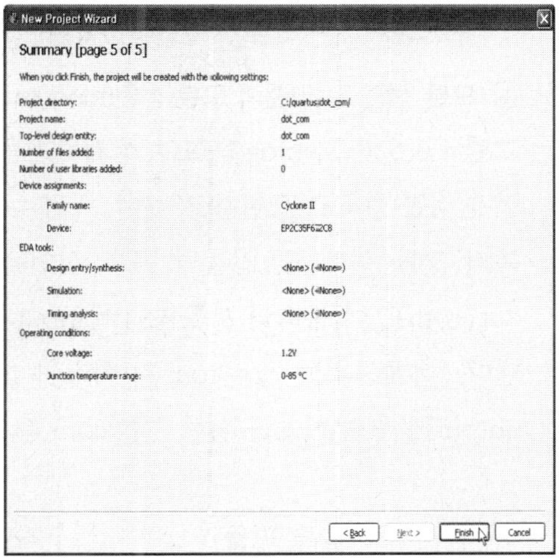

그림 4.6.60 각 단계에 대한 정보를 보여주는 화면

각 단계의 정보를 확인하고 잘못된 부분이 없다면, 그림 4.6.60에서 Finish 버튼을 마우스의 왼쪽 버튼을 클릭하여 project 생성 단계를 종료한다. 이렇게 5단계의 과정을 거치면서 project가 선언되었다. 즉, 5단계의 과정을 통해 설계를 할 수 있는 환경이 만들어진 것이다. 이렇게 project를 선언하면 그림 4.6.61과 같이 Quartus II 툴의 왼쪽 상단 타이틀 바에 현재 project가 선언된 경로명 및 project명 등이 표시된다.

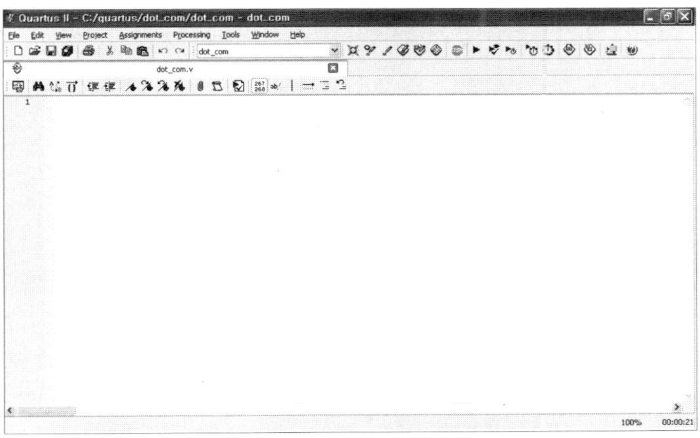

그림 4.6.61 타이틀 바에 현재 project가 선언된 경로명 및 project명 등이 표시됨

(3) dot_com 블록을 Verilog HDL로 설계하기

① 모듈 선언 및 입출력 포트 선언(module and input/output port declaration)

그림 4.6.62는 Verilog HDL로 설계하려는 dot_com 블록의 모듈 선언 및 입출력 포트 선언을 심볼 형태로 표현한 것이며, 그림 4.6.63은 Verilog HDL로 설계하려는 dot_com 블록의 모듈 선언 및 입출력 포트 선언을 나타내고 있다. 한편, module 다음에 오는 dot_com은 이 블록의 모듈명이며 input과 output 다음에는 입력과 출력 포트들을 나타낸다. 설계하려는 dot_com은 지정어 input에 입력 신호를 위한 clk 포트와 지정어 output에 출력 신호를 위한 [9:0] com, [3:0] counter 포트들을 기술한다.

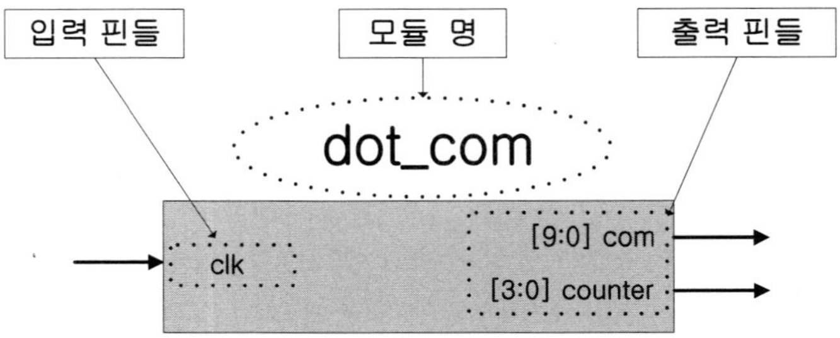

그림 4.6.62 Verilog HDL로 설계하려는 dot_com 블록의 모듈 선언 및 입출력 포트 선언을 심볼 형태로 표현한 것

```
module dot_com(clk, counter, com);
   input   clk;
   output  [3:0] counter;
   output  [9:0] com;

                    ~

endmodule
```

그림 4.6.63 Verilog HDL로 설계하려는 dot_com 블록의 모듈 선언 및 입출력 포트 선언

② 논리회로 표현(logic circuit representation)

모듈 선언 및 입출력 포트 선언이 되었으므로 설계 블록의 내부 동작 또는 연결 구조를 기술하는 논리회로 표현을 하여야 한다. [9:0] com과 [3:0] counter 등은 출력포트이나 always문의 출력으로 사용되므로 지정어인 reg로 선언한다.. 선언이 끝나면 하드웨어의 내부동작을 기술해야 하는데 여기서는 always문을 사용하여 dot_com 블록을 설계하는

동작적 표현 방법을 사용하기로 한다.

그림 4.6.64는 Verilog HDL로 설계하려는 dot_com의 블록을 심볼 형태로 표현 한 것이다. 그림 4.6.64의 dot_com 블록은 HBE-COMBO II 트레이닝 키트에서 dotmatrix led 모듈의 열을 제어하는 블록이다. dotmatrix led 모듈의 행은 10개로 되어 있기 때문에 up_10jin_counter always문이 0000 부터 1001까지의 값을 출력하는 10진 카운터 동작을 수행하도록 설계하였다. 다음에 10진 카운터의 출력 [3:0] counter는 BCD_to_decoder always문에 입력된다. BCD_to_decoder always문은 BCD 데이터를 받아 [9:0] com 출력 핀을 제어한다. 예를 들어 up_10jin_counter always문의 출력인 [3:0] counter의 출력이 0000이면 [9:0] com의 출력은 100000000이 된다. 따라서 dotmatrix led 모듈의 첫 번째 열에 1의 신호가 입력되어 진다. 한편 그림 4.6.65는 dotmatrix led 모듈의 열을 제어하려는 순서를 나타낸 그림이고, 그림 4.6.66은 Verilog HDL로 설계하려는 dot_com 블록의 논리회로 표현을 나타내고 있다.

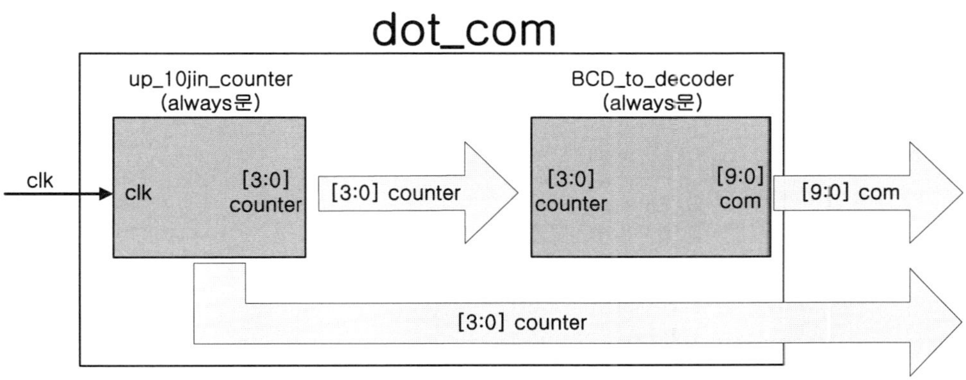

그림 4.6.64 Verilog HDL로 설계하려는 dot_com 블록을 심블 형태로 표현한 것

그림 4.6.65 dotmatrix led 모듈의 열을 제어하려는 순서를 나타낸 그림

```
reg [3:0] counter;
reg [9:0] com;

   always @(posedge clk)                         // up_10jin_counter
   begin
      case (counter)
         0 : counter <= 4'b0001;
         1 : counter <= 4'b0010;
         2 : counter <= 4'b0011;
         3 : counter <= 4'b0100;
         4 : counter <= 4'b0101;
         5 : counter <= 4'b0110;
         6 : counter <= 4'b0111;
         7 : counter <= 4'b1000;
         8 : counter <= 4'b1001;
         default : counter <= 4'b0000;
      endcase
   end

   always @(counter)                             // BCD_to_decoder
   begin
      case (counter)
         0 : com <= 10'b1000000000;
         1 : com <= 10'b0100000000;
         2 : com <= 10'b0010000000;
         3 : com <= 10'b0001000000;
         4 : com <= 10'b0000100000;
         5 : com <= 10'b0000010000;
         6 : com <= 10'b0000001000;
         7 : com <= 10'b0000000100;
         8 : com <= 10'b0000000010;
         9 : com <= 10'b0000000001;
         default : com <= 10'b0000000000;
      endcase
   end
```

그림 4.6.66 Verilog HDL로 설계하려는 dot_com 블록의 논리회로 표현

(4) 설계한 dot_com 블록의 저장 및 오류 검사하기

Verilog HDL로 설계한 dot_com 블록을 저장하기 위해 그림 4.6.67과 같이 Quartus II의 풀다운 메뉴에서 [File]의 서브 메뉴인 [Save Ctrl+S] 메뉴를 선택하거나, 툴바에서 아이콘을 마우스의 왼쪽 버튼으로 클릭하면 된다.

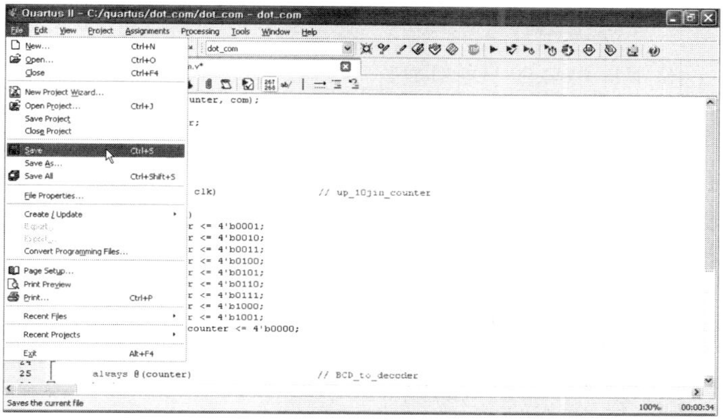

그림 4.6.67 [File] → [Save　Ctrl+S] 메뉴 선택

다음으로 해야 할 작업은 Verilog HDL로 설계한 dot_com 블록의 오류 여부를 검사해야 한다. 오류를 검사하기 위해서 먼저, 그림 4.6.68과 같이 Quartus II의 풀다운 메뉴에서 [Processing] 메뉴의 서브 메뉴인 [Start] 메뉴를 선택하면 나타나는 서브 메뉴들 중에서 [Start Analysis & Synthesis Ctrl+K]를 선택하거나, 툴바에서 아이콘을 선택하면 그림 4.6.69와 같이 이상여부를 검사한 후에 경고나 에러를 나타내는 화면이 나타난다. 현재 화면은 경고나 에러가 없다는 메시지가 출력된 화면을 보여주고 있다.

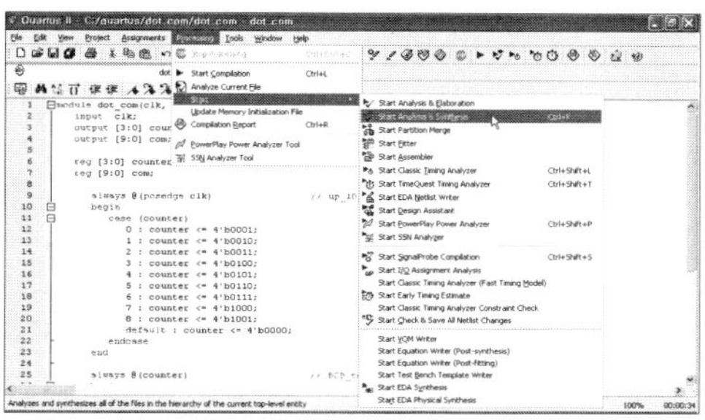

그림 4.6.68 [Processing] → [Start] → [Start Analysis & Synthesis　Ctrl+K] 메뉴 선택

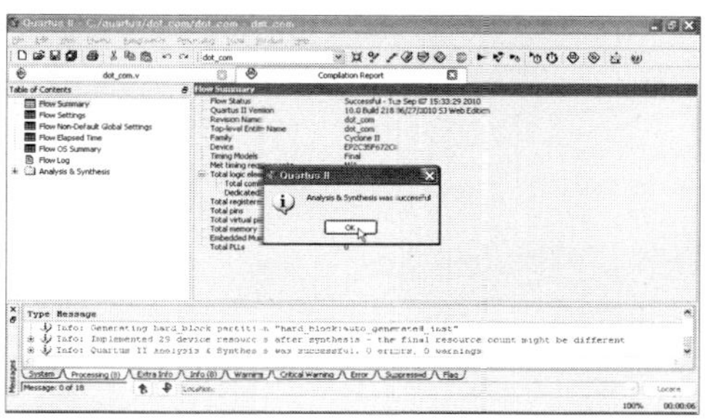

그림 4.6.69 설계한 블록의 이상 여부 검사를 끝낸 화면

4.6.4 bit14_d_flipflop 블록의 Verilog HDL 설계하기

(1) Verilog HDL File 화면 생성

Verilog HDL File 화면을 생성하기 위해서는 그림 4.6.70과 같이 Quartus II의 풀다운 메뉴에서 [File]의 서브 메뉴인 [New... Ctrl+N]을 선택하거나, 툴바에서 아이콘을 선택하면 그림 4.6.71과 같이 Design Entry를 선택하는 New 화면이 나타난다. 그림 4.6.71의 New 화면에서 Verilog HDL File 항목을 선택하고 OK 버튼을 마우스의 왼쪽 버튼으로 클릭하면 그림 4.6.72와 같이 Verilog HDL File 화면이 나타난다.

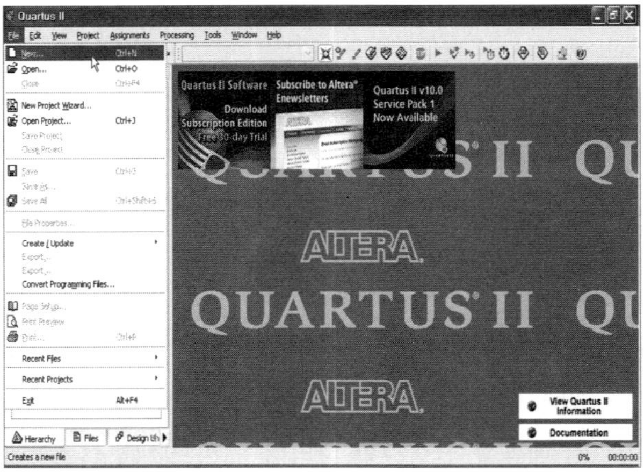

그림 4.6.70 [File] → [New... Ctrl+N] 메뉴 선택

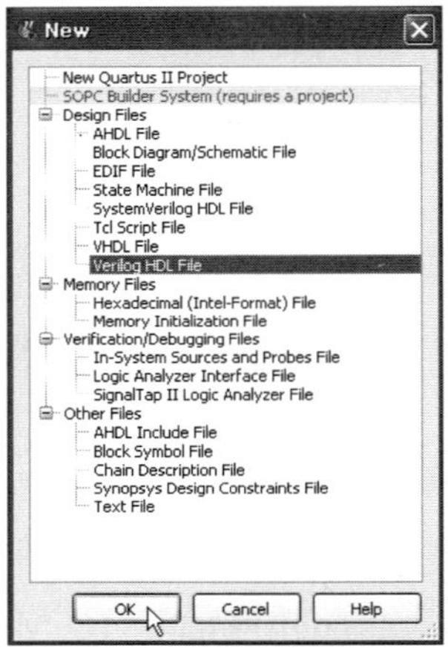

그림 4.6.71 Verilog HDL File을 선택하는 화면

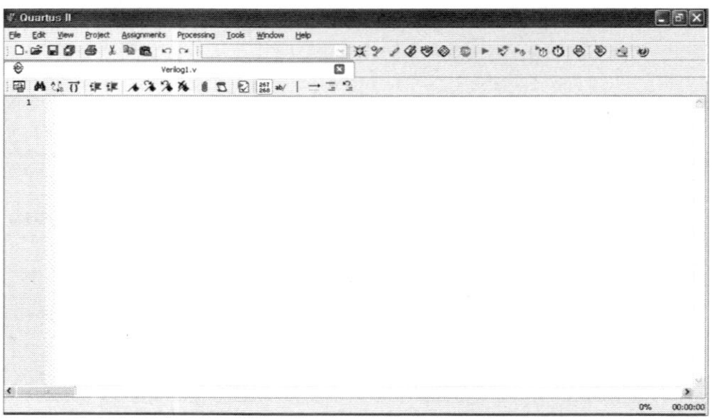

그림 4.6.72 Verilog HDL File 화면

(2) 새로운 project명 및 파일명 저장하기

Quartus II의 Design Entry를 사용하여 설계를 할 경우에는 반드시 설계 파일 이름과 같은 project명을 설정하여야 한다. 먼저 그림 4.6.73과 같이 Quartus II의 풀다운 메뉴에서 [File]의 서부 메뉴인 [Save As...] 메뉴를 선택하면, 그림 4.6.74와 같이 파일명을 저장하기 위한 다른 이름으로 저장 화면이 나타난다. 다음으로 그림 4.6.74와 같이 다른 이름으로 저장하기 화면에서 아이콘 을 마우스의 왼쪽 버튼으로 클릭하여 새 폴더를 성성하고, 현재 만들고자 하는 project명으로 폴더 명을 그림 4.6.75와 같이 입력한다. 이때 작업경로와 폴더명은 사용자 임의로 설정 가능하다. 사용자가 생성한 폴더명을 마우스의 왼쪽 버튼으로 더블 클릭하면 생성한 폴더로 작업경로가 변경되어진다. 다음으로 그림 4.6.76 같이 생성한 폴더 안에서 파일명을 사용자가 지정하고 [저장(S)] 버튼을 마우스의 왼쪽 버튼으로 클릭하면 확장자는 .v로 자동 설정되어 저장된다.

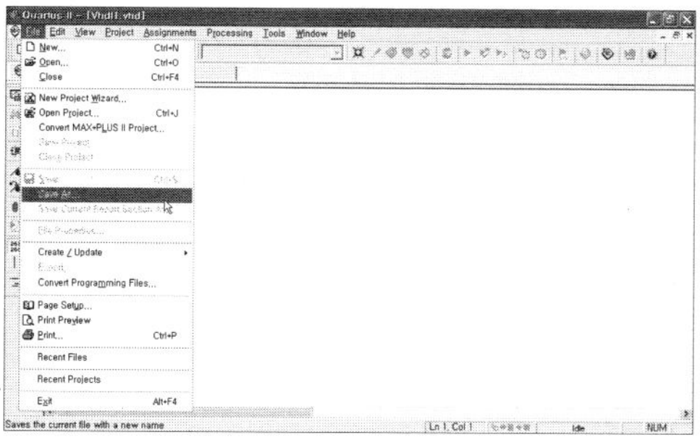

그림 4.6.73 [File] → [Save As...] 메뉴 선택

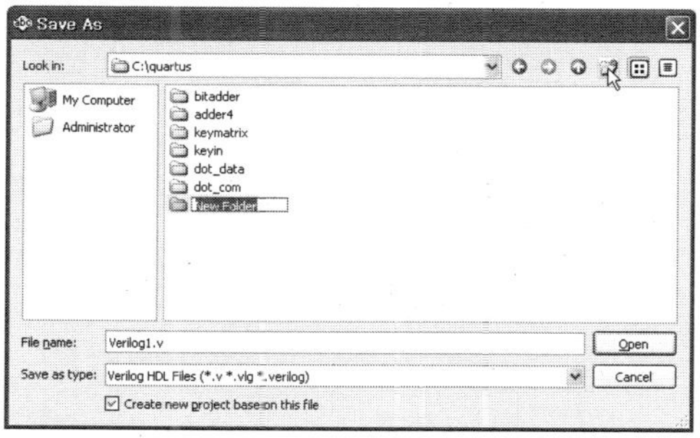

그림 4.6.74 다른 이름으로 저장하기 화면에서 아이콘 마우스의 온쪽 버튼으로 클릭

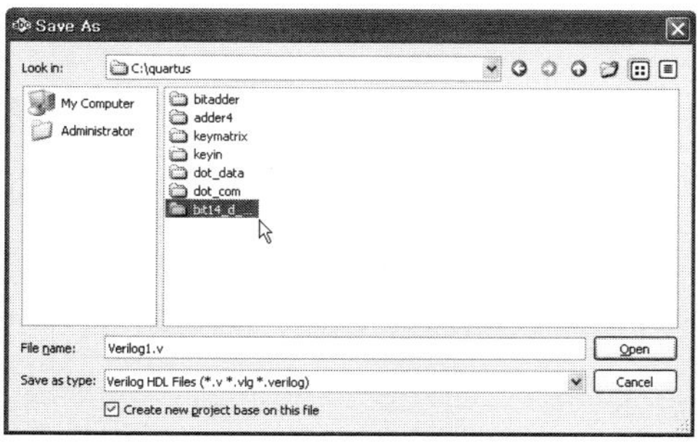

그림 4.6.75 bit14_d_flipflop 폴더를 생성한 화면

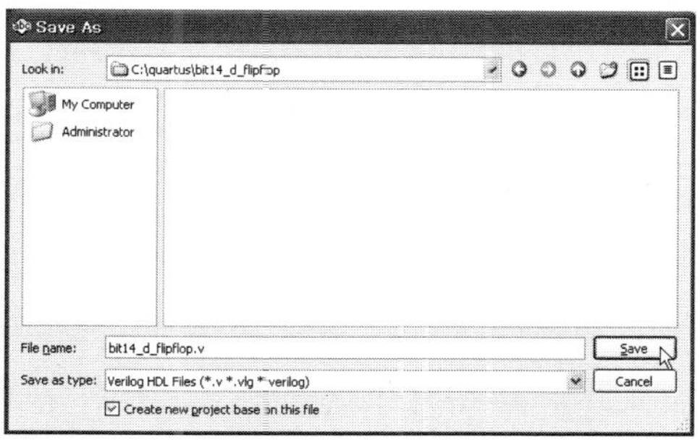

그림 4.6.76 파일명을 저장하기 위한 다른 이름으로 저장 화면

그림 4.6.76의 화면에서 Save 버튼을 마우스의 왼쪽 버튼으로 클릭하면 그림 4.6.77과 같이 새 project를 생성할 것인지를 묻는 화면이 나타난다. 이 예제에서는 하나의 Verilog HDL 설계파일을 같은 설계파일명으로 된 project로 하나의 폴더에 저장할 것이다. 따라서 그림 4.6.77에서 Yes 버튼을 마우스의 왼쪽 버튼으로 클릭하면, 그림 4.6.78과 같이 New Project Wizard 화면이 나타난다. 이 화면에서 Next > 버튼을 마우스의 왼쪽 버튼으로 클릭하면, 그림 4.6.79와 같이 project의 경로와 project명을 입력하라는 화면이 나타난다.

그림 4.6.77 새 project를 생성할 것인지를 묻는 화면

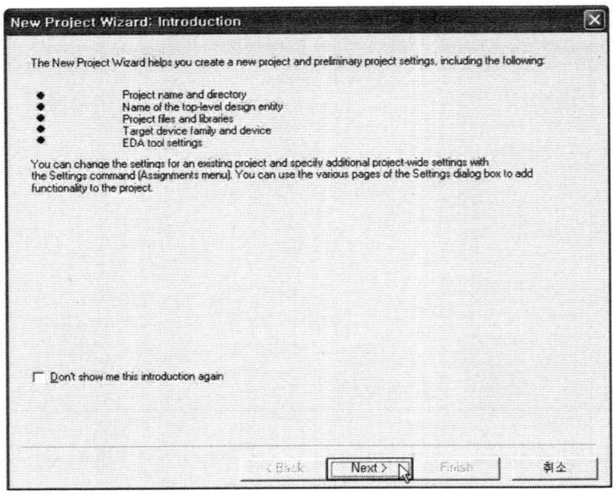

그림 4.6.78 New Project Wizard 화면

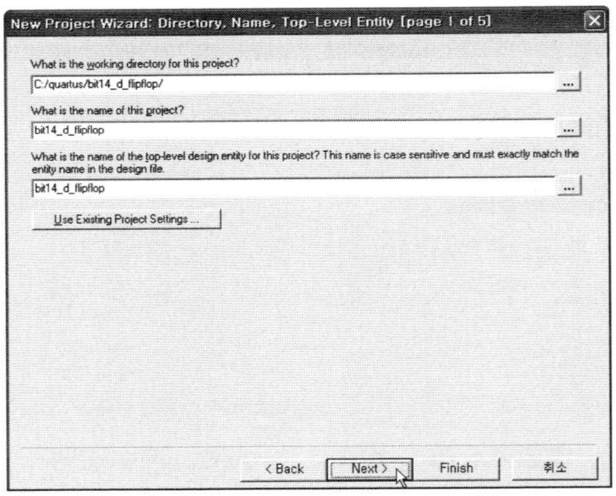

그림 4.6.79 project의 경로와 project명을 입력하라는 화면

그림 4.6.79의 화면에서 Next > 버튼을 마우스의 왼쪽 버튼으로 클릭하면, 두 번째 단계로 다른 project에서 필요한 파일들을 추가하거나, 그 project의 모든 파일들을 참조하기 위한 Library Path를 설정해 주는 화면이 그림 4.6.80과 같이 나타난다. 이 부분은 여러 사람들이 함께 작업하는 설계 과정에서 유용하게 사용된다. 따라서 여러 사람들이 각각의 project를 나누어서 설계하고, 최종 상위 project에서 하나로 모으는데 사용한다. bit14_d_flipflop 블록은 하위 project를 사용하는 것이 없기 때문에 추가하지 않고 그림 4.6.80의 화면에서 Next > 버튼을 마우스의 왼쪽 버튼으로 클릭하면, 그림 4.6.81과 같이 세 번째로 Family & Device를 설정하는 화면이 나타난다.

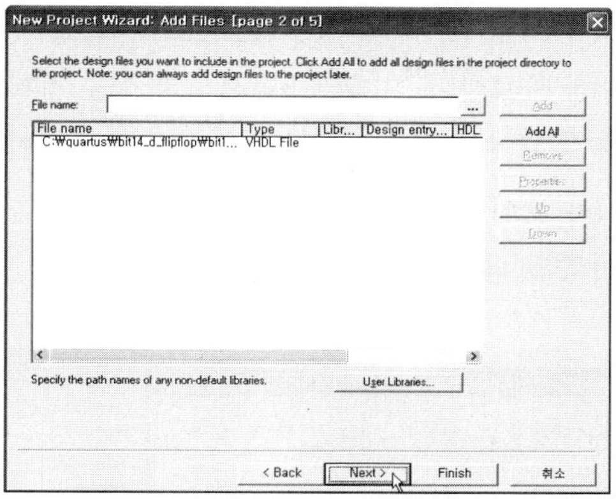

그림 4.6.80 다른 project에서 필요한 파일을 추가시키는 화면

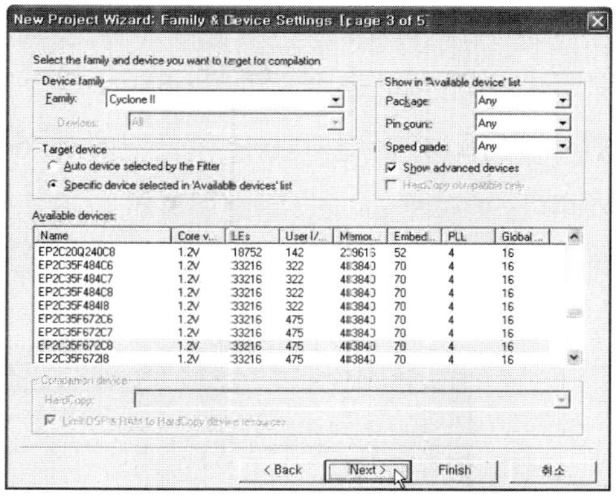

그림 4.6.81 Family & Device를 설정하는 화면

그림 4.6.81에서 HBE-COMBOII 장비에서 사용하는 EP2C35F672C8 디바이스를 선택하고, Next > 버튼을 마우스의 왼쪽 버튼으로 클릭하면, 그림 4.6.82와 같이 네 번째 단계로 다른 EDA 툴과 연동할 수 있도록 설정하는 화면이 나타난다. 여기서는 다른 EDA 툴과 연동하여 사용하지 않을 것이므로 연동 툴을 선택하지 않고 Next > 버튼을 마우스의 왼쪽 버튼으로 클릭하면, 그림 4.6.83과 같이 다섯 번째 단계로 첫 번째 단계부터 네 번째 단계까지의 설정이 어떻게 되었는지 모두 보여주는 화면이 나타난다. 따라서 사용자가 이러한 정보를 보고 project 선언단계에서 다르게 설정한 부분이 없는지 다시 확인 할 수 있다. 또한 잘못된 부분이 있다면, < Back 버튼을 마우스의 왼쪽 버튼으로 클릭함으로써 그 단계로 다시 돌아가서 수정할 수 있다.

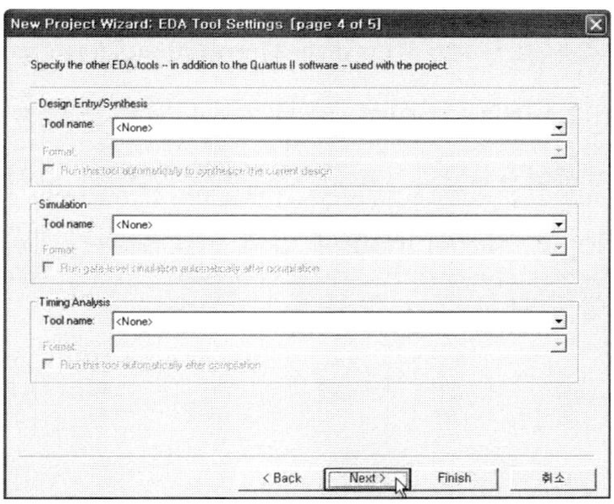

그림 4.6.82 EDA Tool Settings 화면

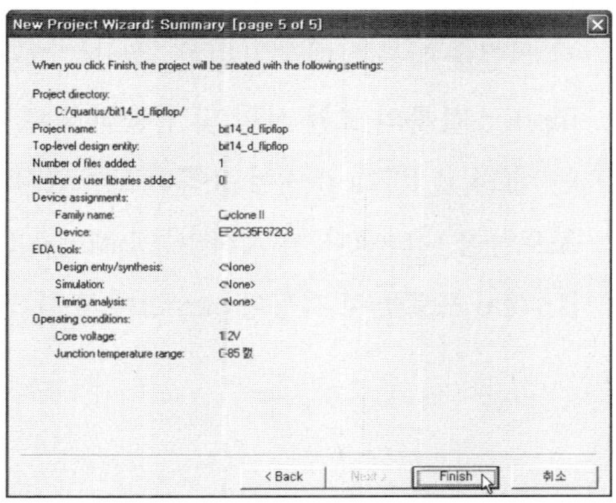

그림 4.6.83 각 단계에 대한 정보를 보여주는 화면

각 단계의 정보를 확인하고 잘못된 부분이 없다면, 그림 4.6.83에서 Finish 버튼을 마우스의 왼쪽 버튼을 클릭하여 project 생성 단계를 종료한다. 이렇게 5단계의 과정을 거치면서 project가 선언되었다. 즉, 5단계의 과정을 통해 설계를 할 수 있는 환경이 만들어진 것이다. 이렇게 project를 선언하면 그림 4.6.84와 같이 Quartus II 툴의 왼쪽 상단 타이틀 바에 현재 project가 선언된 경로명 및 project명 등이 표시된다.

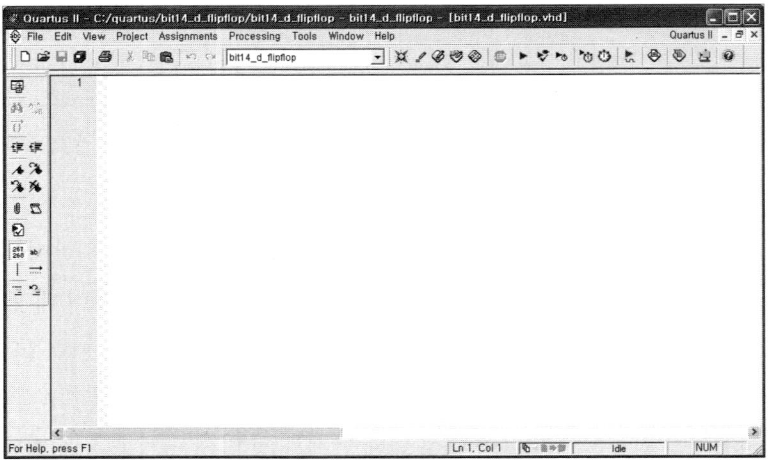

그림 4.6.84 타이틀 바에 현재 project가 선언된 경로명 및 project명 등이 표시됨

(3) bit14_d_flipflop 블록의 Verilog HDL 설계하기

① 모듈 선언 및 입출력 포트 선언(module and input/output port declaration)

그림 4.6.85는 Verilog HDL로 설계하려는 bit14_d_flipflop 블록의 모듈 선언 및 입출력 포트 선언을 심볼 형태로 표현한 것이며, 그림 4.6.86은 Verilog HDL로 설계하려는 bit14_d_flipflop 블록의 모듈 선언 및 입출력 포트 선언을 나타내고 있다. 한편, module 다음에 오는 bit14_d_flipflop는 이 블록의 모듈명이며 지정어 input과 output 다음에는 입력과 출력 포트들을 나타낸다. 설계하려는 bit14_d_flipflop는 지정어 input에 입력 신호를 위한 clk, [13:0] d 포트들과 지정어 output에 출력 신호를 위한 [13:0] q 포트를 기술한다.

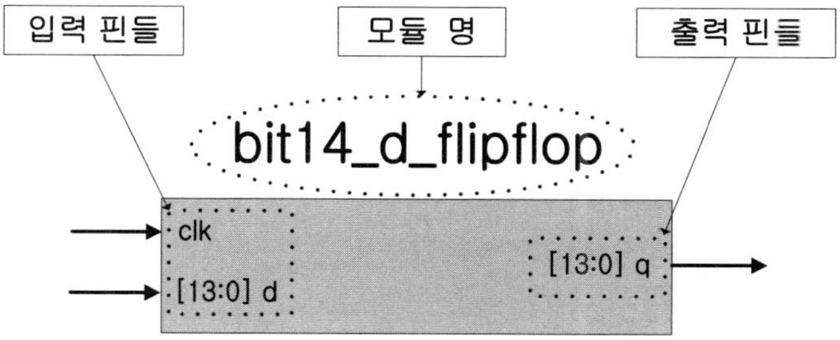

그림 4.6.85 Verilog HDL로 설계하려는 bit14_d_flipflop 블록의 모듈 선언 및 입출력 포트 선언을 심볼 형태로 표현한 것

```
module bit14_d_flipflop(clk, d, q);
   input clk;
   input [13:0] d;
   output [13:0] q;

              ~

endmodule
```

그림 4.6.86 Verilog HDL로 설계하려는 bit14_d_flipflop 블록의 모듈 선언 및 입출력 포트 선언

② 논리회로 표현(logic circuit representation)

모듈 선언 및 입출력 포트 선언이 되었으므로 설계 블록의 내부 동작 또는 연결 구조를 기술하는 논리회로 표현을 하여야 한다. [13:0] q는 출력포트이나 always문의 출력으로 사용되므로 지정어인 reg로 선언한다. 선언이 끝나면 하드웨어의 내부동작을 기술해야 하는데 여기서는 always문을 사용하여 bit14_d_flipflop 블록을 설계하는 동작적 표현 방법을 사용하기로 한다.

그림 4.6.87은 Verilog HDL로 설계하려는 bit14_d_flipflop 블록을 심볼 형태로 표현한 것이다. bit14_d_flipflop 블록은 clk가 상승에지(Low→High)로 변하는 순간 [13:0] d의 데이터를 [13:0] q로 출력하는 블록이다. 그림 4.6.88은 Verilog HDL로 설계하려는 bit14_d_flipflop 블록의 논리회로 표현을 나타내고 있다.

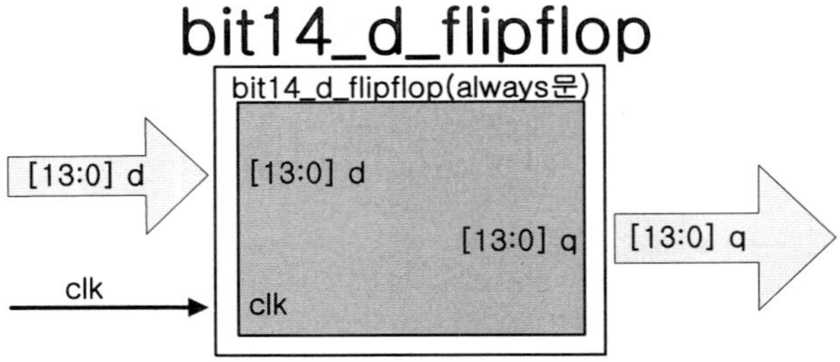

그림 4.6.87 Verilog HDL로 설계하려는 bit14_d_flipflop 블록을 심볼 형태로 표현한 것

```
reg [13:0] q;

always @(posedge clk)    // bit14_d_flipflop
   q <= d;
```

그림 4.6.88 Verilog HDL로 설계하려는 bit14_d_flipflop 블록의 논리회로 표현

(4) 설계한 bit14_d_flipflop 블록의 저장 및 오류 검사하기

Verilog HDL로 설계한 bit14_d_flipflop 블록을 저장하기 위해 그림 4.6.89와 같이 Quartus II의 풀다운 메뉴에서 [File]의 서브 메뉴인 [Save Ctrl+S] 메뉴를 선택하거나, 툴바에서 [저장] 아이콘을 마우스 왼쪽 버튼으로 클릭하면 된다.

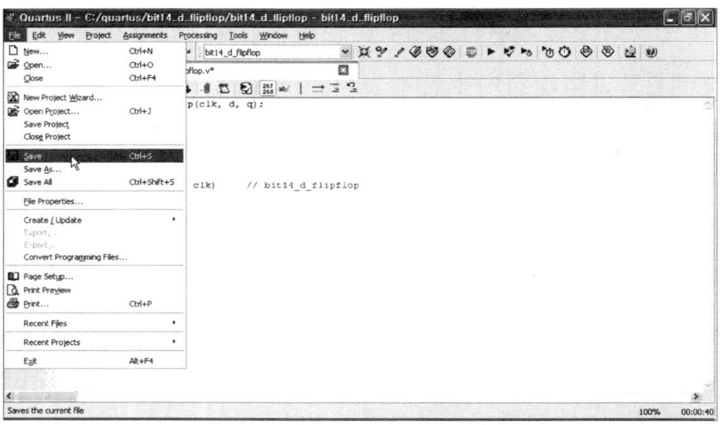

그림 4.6.89 [File] → [Save Ctrl+S] 메뉴 선택

다음으로 해야 할 작업은 Verilog HDL로 설계한 bit14_d_flipflop 블록의 오류 여부를 검사해야 한다. 오류를 검사하기 위해서 먼저, 그림 4.6.90과 같이 Quartus II의 풀다운 메뉴에서 [Processing] 메뉴의 서브 메뉴인 [Start] 메뉴를 선택하면 나타나는 서브 메뉴들 중에서 [Start Analysis & Synthesis Ctrl+K]를 선택하거나, 툴바에서 아이콘을 선택하면 그림 4.6.91과 같이 이상여부를 검사한 후에 경고나 에러를 나타내는 화면이 나타난다. 현재 화면은 경고나 에러가 없다는 메시지가 출력된 화면을 보여주고 있다.

그림 4.6.90 [Processing] → [Start] → [Start Analysis & Synthesis Ctrl+K] 메뉴 선택

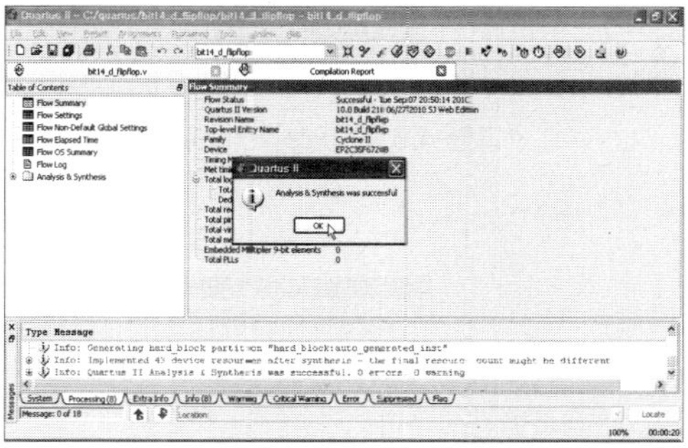

그림 4.6.91 설계한 블록의 이상 여부 검사를 끝낸 화면

4.6.5 dotmatrix 전체블록의 Verilog HDL 설계하기

(1) Verilog HDL File 화면 생성

Verilog HDL File 화면을 생성하기 위해서는 그림 4.6.92와 같이 Quartus II의 풀다운 메뉴에서 [File]의 서브 메뉴인 [New... Ctrl+N]을 선택하거나, 툴바에서 아이콘을 선택하면 그림 4.6.93과 같이 Design Entry를 선택하는 New 화면이 나타난다. 그림 4.6.93의 New 화면에서 Verilog HDL File 항목을 선택하고 OK 버튼을 마우스의 왼쪽 버튼으로 클릭하면 그림 4.6.94와 같이 Verilog HDL File 화면이 나타난다.

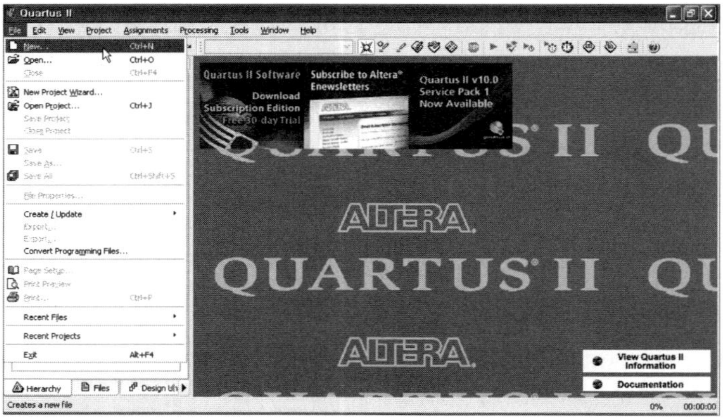

그림 4.6.92 [File] → [New... Ctrl+N] 메뉴 선택

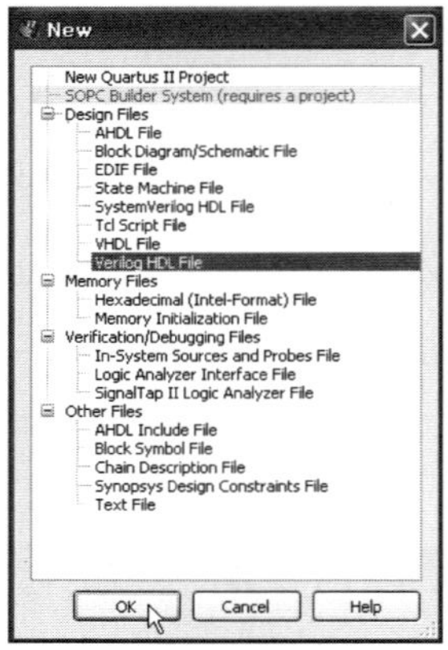

그림 4.6.93 Verilog HDL File 을 선택하는 화면

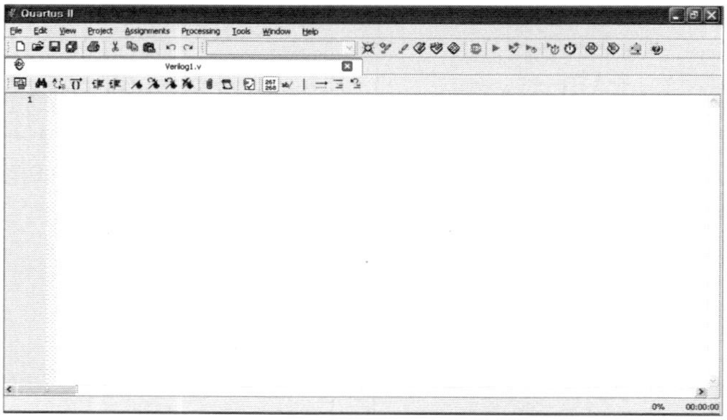

그림 4.6.94 Verilog HDL File 화면

(2) 새로운 project명 및 파일명 저장하기

Quartus II의 Design Entry를 사용하여 설계를 할 경우에는 반드시 설계 파일 이름과 같은 project명을 설정하여야 한다. 먼저 그림 4.6.95와 같이 Quartus II의 풀다운 메뉴에서 [File]의 서부 메뉴인 [Save As...] 메뉴를 선택하면, 그림 4.6.96과 같이 파일명을 저장하기 위한 다른 이름으로 저장 화면이 나타난다. 다음으로 그림 4.6.96과 같이 다른 이름으로 저장하기 화면에서 아이콘 을 마우스의 왼쪽 버튼으로 클릭하여 새 폴더를 생성하고, 현재 만들고자 하는 project명으로 폴더 명을 그림 4.6.97과 같이 입력한다. 이때 작업경로와 폴더명은 사용자 임의로 설정 가능하다. 사용자가 생성한 폴더명을 마우스의 왼쪽 버튼으로 더블 클릭하면 생성한 폴더로 작업경로가 변경되어진다. 다음으로 그림 4.6.98과 같이 생

성한 폴더 안에서 파일명을 사용자가 지정하고 [Save] 버튼을 마우스의 왼쪽 버튼으로 클릭하면 확장자는 .v로 자동 설정되어 저장된다.

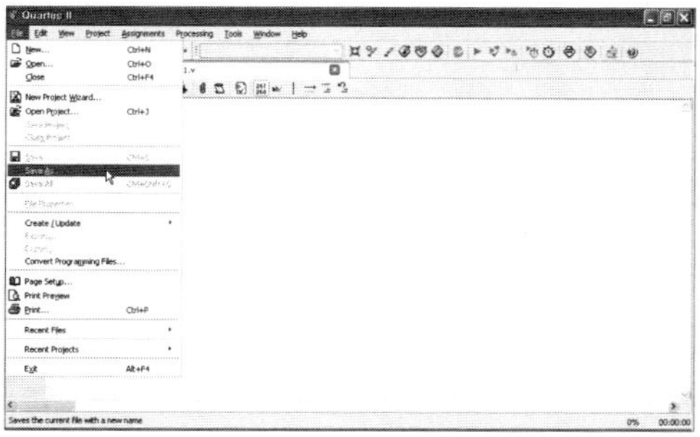

그림 4.6.95 [File] → [Save As...] 메뉴 선택

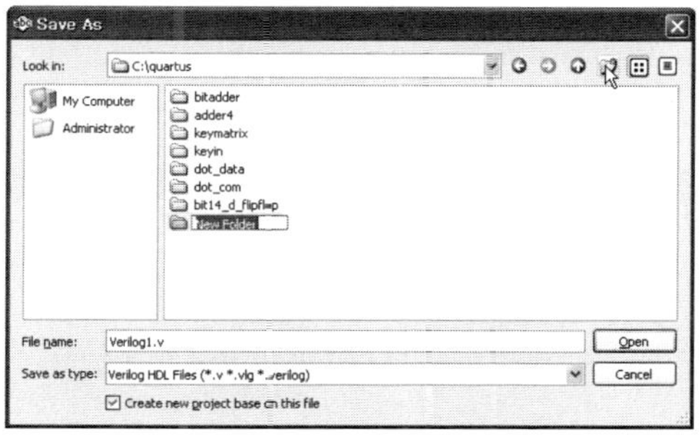

그림 4.6.96 다른 이름으로 저장하기 화면에서 아이콘 을 마우스의 왼쪽 버튼으로 클릭

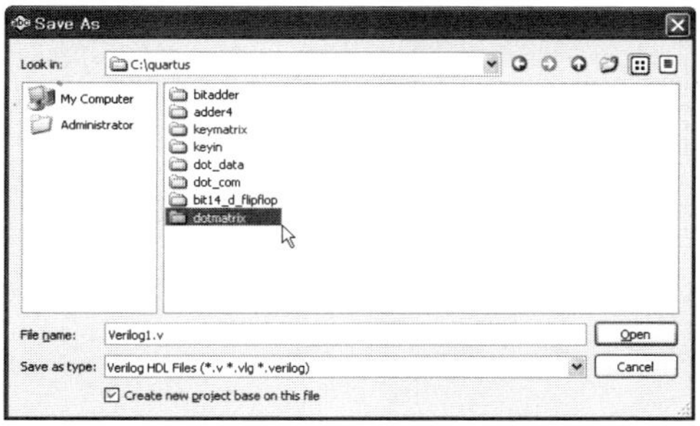

그림 4.6.97 dotmatrix 폴더를 생성한 화면

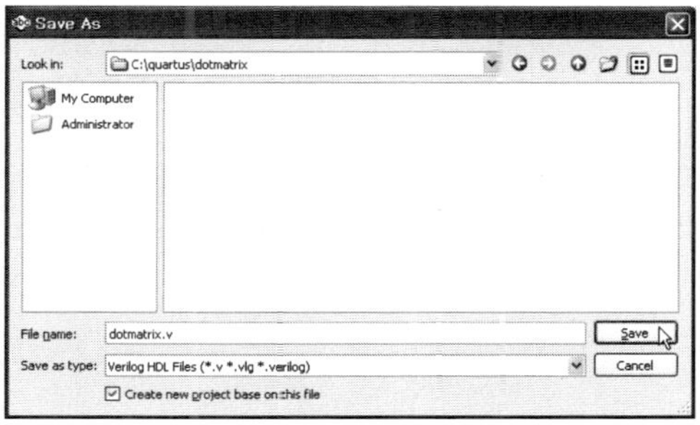

그림 4.6.98 파일명을 저장하기 위한 다른 이름으로 저장 화면

그림 4.6.98의 화면에서 [Save] 버튼을 마우스의 왼쪽 버튼으로 클릭하면 그림 4.6.99와 같이 새 project를 생성할 것인지를 묻는 화면이 나타난다. 이 예제에서는 하나의 Verilog HDL 설계파일을 같은 설계파일명으로 된 project로 하나의 폴더에 저장할 것이다. 따라서 그림 4.6.99에서 [Yes] 버튼을 마우스의 왼쪽 버튼으로 클릭하면, 그림 4.6.100과 같이 New Project Wizard 화면이 나타난다. 이 화면에서 [Next >] 버튼을 마우스의 왼쪽 버튼으로 클릭하면, 그림 4.6.101과 같이 project의 경로와 project명을 입력하라는 화면이 나타난다.

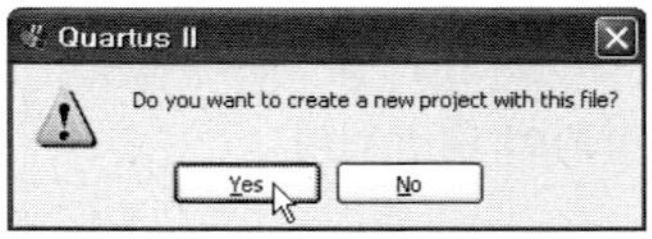

그림 4.6.99 새 project를 생성할 것인지를 묻는 화면

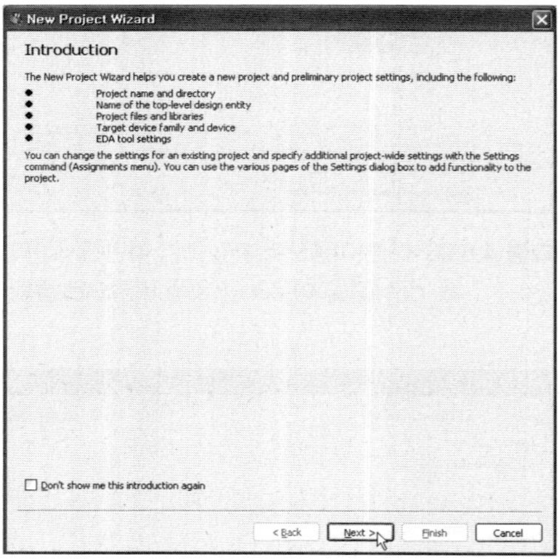

그림 4.6.100 New Project Wizard 화면

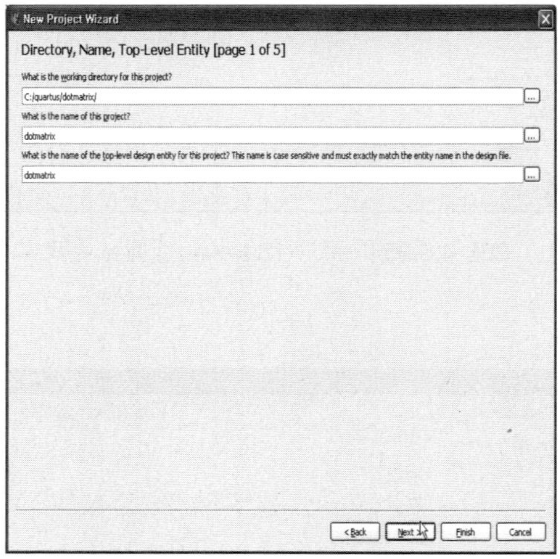

그림 4.6.101 project의 경로와 project명을 입력하라는 화면

그림 4.6.101의 화면에서 [Next >] 버튼을 마우스의 왼쪽 버튼으로 클릭하면, 두 번째 단계로 다른 project에서 필요한 파일들을 추가하거나, 그 project의 모든 파일들을 참조하기 위한 Library Path를 설정해 주는 화면이 그림 4.6.102와 같이 나타난다. 이 부분은 여러 사람들이 함께 작업하는 설계 과정에서 유용하게 사용된다. 따라서 여러 사람들이 각각의 project를 나누어서 설계하고, 최종 상위 project에서 하나로 모으는데 사용한다. 이 부분은 dotmatrix 전체블록의 설계를 마치고 설정할 것이므로 추가하지 않고 그림 4.6.102의 화면에서 [Next >] 버튼을 마우스의 왼쪽 버튼으로 클릭하면, 그림 4.6.103과 같이 세 번째로 Family & Device를 설정하는 화면이 나타난다.

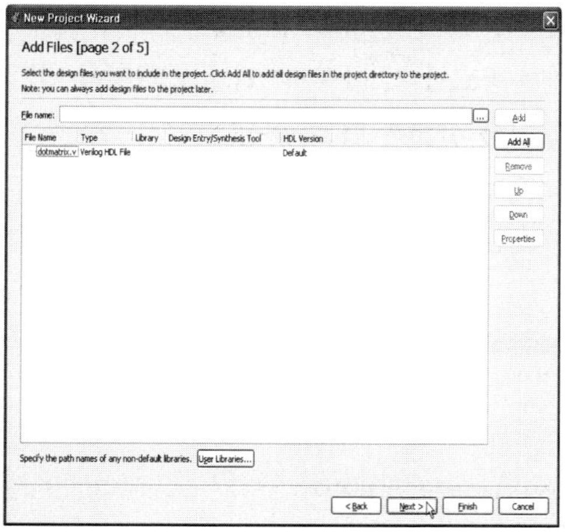

그림 4.6.102 다른 project에서 필요한 파일을 추가시키는 화면

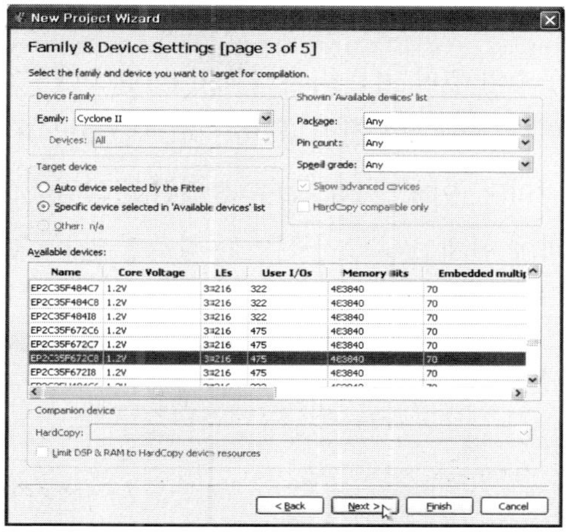

그림 4.6.103 Family & Device를 설정하는 화면

그림 4.6.103에서 HBE-COMBOII 장비에서 사용하는 EP2C35F672C8 디바이스를 선택하고, [Next >] 버튼을 마우스의 왼쪽 버튼으로 클릭하면, 그림 4.6.104와 같이 네 번째 단계로 다른 EDA 툴과 연동할 수 있도록 설정하는 화면이 나타난다. 여기서는 다른 EDA 툴과 연동하여 사용하지 않을 것이므로 연동 툴을 선택하지 않고 [Next >] 버튼을 마우스의 왼쪽 버튼으로 클릭하면, 그림 4.6.105와 같이 다섯 번째 단계로 첫 번째 단계부터 네 번째 단계까지의 설정이 어떻게 되었는지 모두 보여주는 화면이 나타난다. 따라서 사용자가 이러한 정보를 보고 project 선언단계에서 다르게 설정한 부분이 없는지 다시 확인할 수 있다. 또한 잘못된 부분이 있다면, [< Back] 버튼을 마우스의 왼쪽 버튼으로 클릭함으로써 그 단계로 다시 돌아가서 수정할 수 있다.

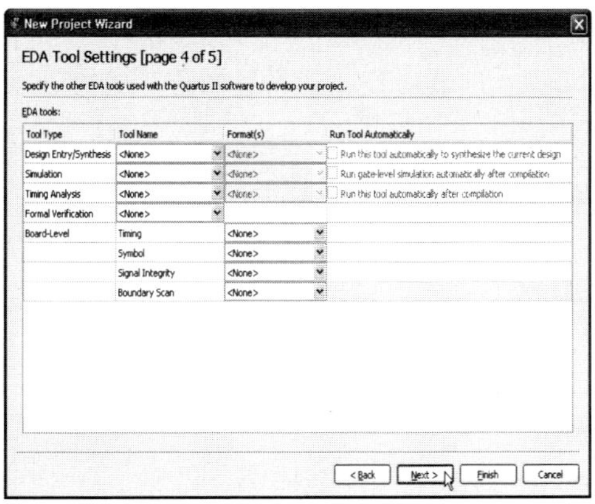

그림 4.6.104 EDA Tool Settings 화면

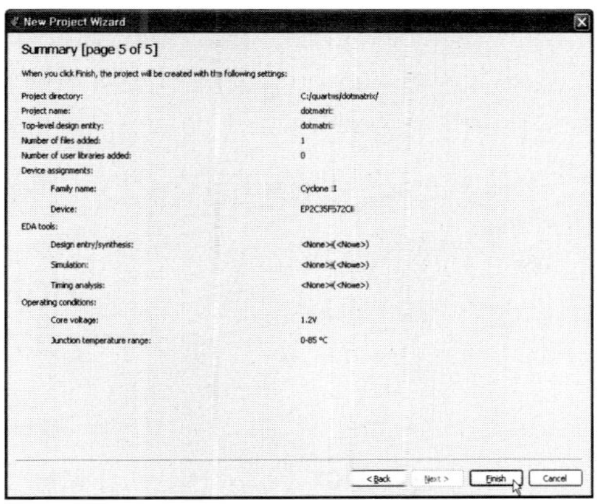

그림 4.6.105 각 단계에 대한 정보를 보여주는 화면

각 단계의 정보를 확인하고 잘못된 부분이 없다면, 그림 4.6.105에서 Finish 버튼을 마우스의 왼쪽 버튼을 클릭하여 project 생성 단계를 종료한다. 이렇게 5단계의 과정을 거치면서 project가 선언되었다. 즉, 5단계의 과정을 통해 설계를 할 수 있는 환경이 만들어진 것이다. 이렇게 project를 선언하면 그림 4.6.106과 같이 Quartus II 툴의 왼쪽 상단 타이틀 바에 현재 project가 선언된 경로명 및 project명 등이 표시된다.

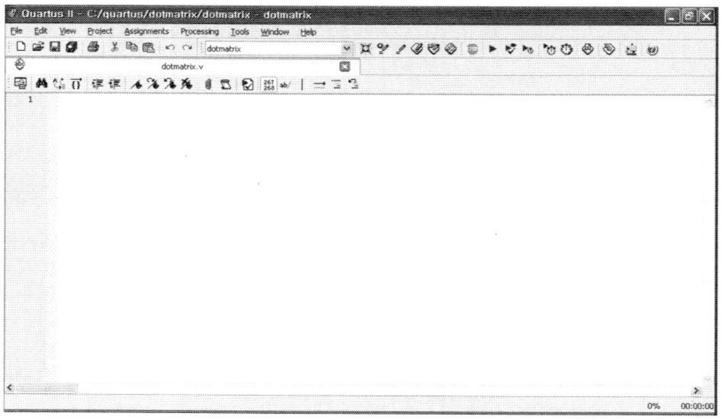

그림 4.6.106 타이틀 바에 현재 project가 선언된 경로명 및 project명 등이 표시됨

(3) dotmatrix 전체블록의 Verilog HDL 설계하기

① 모듈 선언 및 입출력 포트 선언(module and input/output port declaration)

그림 4.6.107은 Verilog HDL로 설계하려는 dotmatrix 전체블록의 모듈 선언 및 입출력 포트 선언을 심볼 형태로 표현한 것이며, 그림 4.6.108은 Verilog HDL로 설계하려는 dotmatrix 전체블록의 모듈 선언 및 입출력 포트 선언을 나타내고 있다. 한편, module 다음에 오는 dotmatrix는 이 블록의 모듈명이며 지정어 input과 output 다음에는 입력과 출력 포트들을 나타낸다. 설계하려는 dotmatrix는 지정어 input에 입력 신호를 위한 clk 포트와 지정어 output에 출력 신호를 위한 [9:0] Dot_c, [13:0] Dot_d 포트들을 기술한다.

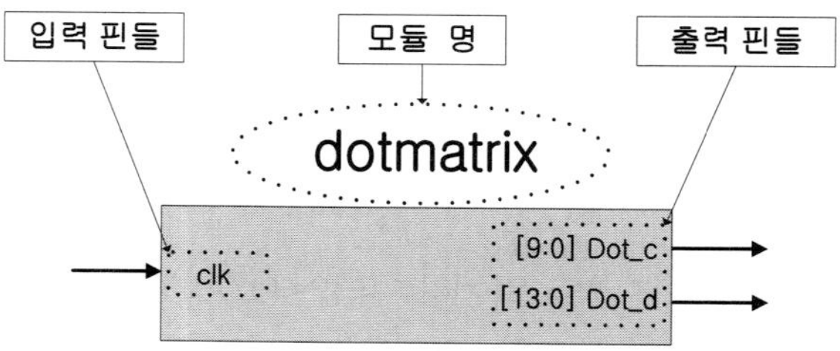

그림 4.6.107 Verilog HDL로 설계하려는 dotmatrix 전체블록의 블록의 모듈 선언 및 입출력 포트 선언을 심볼 형태로 표현한 것

```
module dotmatrix(clk, Dot_c, Dot_d);
   input  clk;
   output [13:0] Dot_d;
   output [9:0] Dot_c;

            ~

endmodule
```

그림 4.6.108 Verilog HDL로 설계하려는 dotmatrix 전체블록의 모듈 선언 및 입출력 포트 선언

② 논리회로 표현(logic circuit representation)

모듈 선언 및 입출력 포트 선언이 되었으므로 설계 블록의 내부 동작 또는 연결 구조를 기술하는 논리회로 표현을 하여야 한다. 설계하려는 dotmatrix 전체블록의 부품간의 연결에 사용되는 버스 신호선 [13:0] rom_data_buf, [13:0] a_buf, [13:0] b_buf, [13:0] c_buf, [13:0] d_buf, [13:0] e_buf, [13:0]f_buf, [13:0] g_buf, [13:0] h_buf, [13:0] i_buf, [13:0] j_buf, [3:0] counter_buf 등을 지정어인 wire로 선언한다. 또한 clk1, [13:0] Dot_d 등은 always문의 출력으로 사용되므로 지정어인 reg로 선언한다. 그리고 counter_cnt는 integer 형으로 선언하고 범위를 0에서 1024까지 카운터 되도록 지정한다. 다음에 설계하려는 dotmatrix 전체블록에서 사용될 dot_data, dot_com, bit14_d_flipflop 하위모듈들을 선언한다. 선언이 끝나면 하드웨어의 내부동작을 기술해야 하는데 여기서는 앞서 이미 설계한 하위모듈들을 이용하여 이들 상호간을 연결하여 블록을 설계하는 구조적 표현 방법과 always문을 사용하여 dotmatrix 전체블록을 설계하는 동작적 표현 방법을 혼합하여 사용하기로 한다.

그림 4.6.109는 Verilog HDL로 설계하려는 dotmatrix 전체블록을 심볼 형태로 표현한 것이다. dotmatrix 전체블록은 HBE-COMBO II 트레이닝 키트의 dotmatrix led 모듈에 "Verilog HDL" 문자열을 디스플레이 하기 위한 블록이다. 블록의 전체적인 흐름을 보면, up_1024jin_counter always문을 통해 clk(10MHz)를 1024 분주를 시킨다. 1024 분주를 한 이유는 dotmatrix에 "Verilog HDL" 문자열을 디스플레이 할 때 천천히 우에서 좌로 시프트 시키기 위해서이다. clk를 1024 분주 시킨 클록을 'clk1'이라 하며, 'clk1'은 dot_data와 bit14_d_flipflop 하위모듈로 입력된다. dot_data 하위모듈은 dotmatrix led 모듈에 디스플레이 할 데이터인 [13:0] Dot_d를 출력하며 10개의 bit14_d_flipflop 하위모듈은 dotmatrix led 모듈의 10개의 열에 각각 데이터를 출력한다. 한편, dot_com 하위모듈은

dotmatrix led 모듈의 열을 제어한다. bit14_d_flipflop 하위모듈의 출력은 그림 4.6.111과 같이 Dot_c[0]일 경우는 bit14_d_flipflop 하위모듈의 출력인 [13:0] j_buf, Dot_c[1]일 경우는 bit14_d_flipflop 하위모듈의 출력인 [13:0] i_buf, Dot_c[2]일 경우는 bit14_d_flipflop 하위모듈의 출력인 [13:0] h_buf, Dot_c[3]일 경우는 bit14_d_flipflop 하위모듈의 출력인 [13:0] g_buf, Dot_c[4] 일 경우는 bit14_d_flipflop 하위모듈의 출력인 [13:0] f_buf, Dot_c[5] 일 경우는 bit14_d_flipflop 하위모듈의 출력인 [13:0] e_buf, Dot_c[6] 일 경우는 bit14_d_flipflop 하위모듈의 출력인 [13:0] d_buf, Dot_c[7] 일 경우는 bit14_d_flipflop 하위모듈의 출력인 [13:0] c_buf, Dot_c[8] 일 경우는 bit14_d_flipflop 하위모듈의 출력인 [13:0] b_buf, Dot_c[9] 일 경우는 bit14_d_flipflop 하위모듈의 출력인 [13:0] a_buf가 출력된다. 10개의 bit14_d_flipflop 하위모듈의 clk 단자에 'clk1'의 클록이 입력될 때 마다 bit14_d_flipflop 하위모듈의 데이터는 한 칸씩 시프트 된다. 즉, a_buf → b_buf, b_buf → c_buf, c_buf → d_buf, d_buf → e_buf, e_buf → f_buf, f_buf → g_buf, g_buf → h_buf, h_buf → i_buf, i_buf → j_buf와 같이 데이터가 bit14_d_flipflop 하위모듈의 clk 단자에 'clk1'의 클록이 입력될 때 마다 한 칸씩 시프트 되면서 디스플레이 된다. 다음에 dot_com 하위모듈은 clk를 10분주 하여 [3:0] counter_buf으로 출력하고 [9:0] com 신호를 HBE-COMBO II 트레이닝 키트의 dotmatrix 모듈에 입력한다. mux always문은 dot_com 하위모듈의 10진 카운터의 출력신호 [3:0] counter_cnt의 입력받아 dotmatrix의 행에 알맞은 위치의 데이터 값을 [13:0] Dot_d으로 출력한다. 그림 4.6.110은 Verilog HDL로 설계하려는 dotmatrix 전체블록의 논리회로를 표현한 것이다.

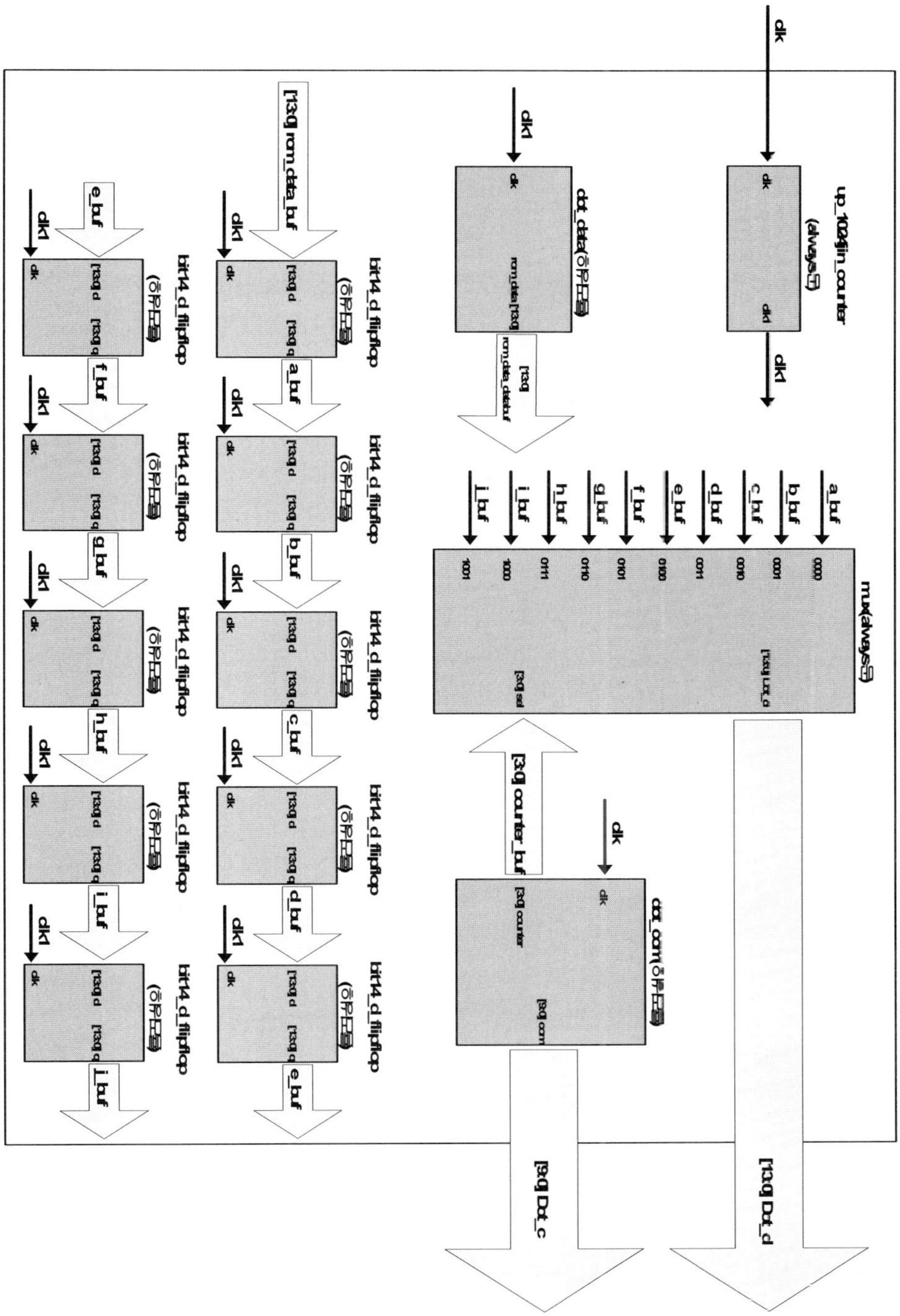

그림 4.6.109 Verilog HDL로 설계하려는 dotmatrix 전체블록의 논리회로를 심볼 형태로 표현한 것

```
wire [13:0] rom_data_buf, a_buf, b_buf, c_buf, d_buf, e_buf, f_buf, g_buf, h_buf,
            i_buf, j_buf;
wire [3:0] counter_buf;
reg [13:0] Dot_d;
reg clk1;
integer counter_cnt;

   dot_data dotdata (clk1, rom_data_buf);
   dot_com dotcom (clk, counter_buf, Dot_c);
   bit14_d_flipflop bit14_d_flipflop1 (clk1, rom_data_buf, a_buf);
   bit14_d_flipflop bit14_d_flipflop2 (clk1, a_buf, b_buf);
   bit14_d_flipflop bit14_d_flipflop3 (clk1, b_buf, c_buf);
   bit14_d_flipflop bit14_d_flipflop4 (clk1, c_buf, d_buf);
   bit14_d_flipflop bit14_d_flipflop5 (clk1, d_buf, e_buf);
   bit14_d_flipflop bit14_d_flipflop6 (clk1, e_buf, f_buf);
   bit14_d_flipflop bit14_d_flipflop7 (clk1, f_buf, g_buf);
   bit14_d_flipflop bit14_d_flipflop8 (clk1, g_buf, h_buf);
   bit14_d_flipflop bit14_d_flipflop9 (clk1, h_buf, i_buf);
   bit14_d_flipflop bit14_d_flipflop10 (clk1, i_buf, j_buf);

   always @(posedge clk)            // up_1024jin_counter
      if (counter_cnt == 1024)
      begin
         counter_cnt <= 0;
         clk1 <= 1;
      end
      else
      begin
         counter_cnt <= counter_cnt + 1;
         clk1 <= 0;
      end
   always @(counter_buf)            // mux
   begin
      case (counter_buf)
         4'b0000 : Dot_d <= a_buf;
         4'b0001 : Dot_d <= b_buf;
         4'b0010 : Dot_d <= c_buf;
         4'b0011 : Dot_d <= d_buf;
         4'b0100 : Dot_d <= e_buf;
```

```
            4'b0101 : Dot_d <= f_buf;
            4'b0110 : Dot_d <= g_buf;
            4'b0111 : Dot_d <= h_buf;
            4'b1000 : Dot_d <= i_buf;
            default  : Dot_d <= j_buf;
        endcase
    end
```

그림 4.6.110 Verilog HDL로 설계하려는 dotmatrix 전체블록의 논리회로 표현

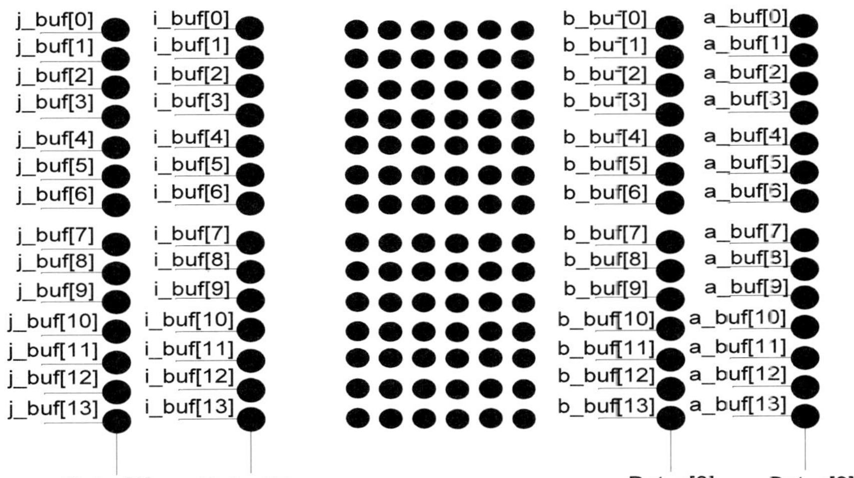

그림 4.6.111 dotmatrix led 모듈의 각 위치 led 제어

다음으로 해야 할 작업은 dotmatrix 전체블록을 설계하기 위해 사용한 dot_data.v, dot_com.v, bit14_d_flipflop.v 등의 Verilog HDL 파일들을 현재의 project에 추가시키는 작업이다. 먼저 그림 4.6.112와 같이 Quartus II의 풀다운 메뉴에서 [Assignments]의 서브 메뉴인 [Settings Ctrl+Shift+E]를 선택하면 그림 4.6.113과 같은 Settings 화면이 나타난다. 다음으로 Settings 화면의 Category에서 Files를 선택하고 ... 버튼을 마우스의 왼쪽 버튼으로 클릭하면 Select File 화면이 나타난다. Select File 화면에서 현재의 project에서 사용된 ../dot_data/dot_data.v, ../dot_com/dot_com.v, ../bit14_d_flipflop/bit14_d_flipflop.v 등의 파일들을 그림 4.6.113과 같이 현재의 project에 모두 추가시킨다.

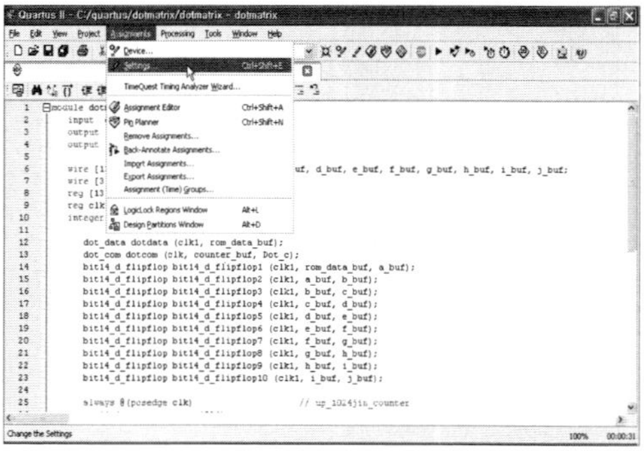

그림 4.6.112 [Assignments] → [Settings Ctrl+Shift+E] 메뉴 선택

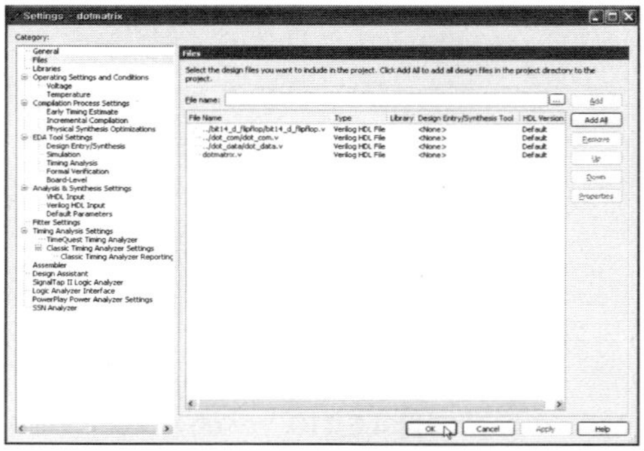

그림 4.6.113 Settings 화면

(4) 설계한 dotmatrix 전체블록의 저장 및 오류 검사하기

Verilog HDL로 설계한 dotmatrix 전체블록을 저장하기 위해 그림 4.6.114와 같이 Quartus II의 풀다운 메뉴에서 [File]의 서브 메뉴인 [Save Ctrl+S] 메뉴를 선택하거나, 툴바에서 아이콘을 마우스의 왼쪽 버튼으로 클릭하면 된다.

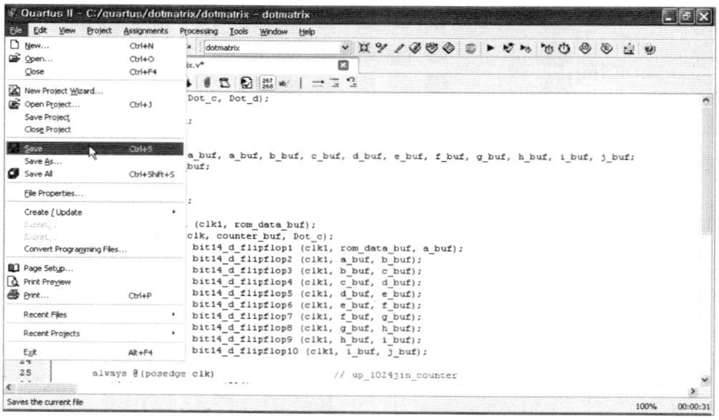

그림 4.6.114 [File] → [Save Ctrl+S] 메뉴 선택

다음으로 해야 할 작업은 Verilog HDL로 설계한 dotmatrix 전체블록의 오류 여부를 검사해야 한다. 오류를 검사하기 위해서 먼저, 그림 4.6.115와 같이 Quartus II의 풀다운 메뉴에서 [Processing] 메뉴의 서브 메뉴인 [Start] 메뉴를 선택하면 나타나는 서브 메뉴들 중에서 [Start Analysis & Synthesis Ctrl+K]를 선택하거나, 툴바에서 아이콘을 선택하면 그림 4.6.116과 같이 이상여부를 검사한 후에 경고나 에러를 나타내는 화면이 나타난다. 현재 화면은 경고는 있으나 에러가 없다는 메시지가 출력된 화면을 보여주고 있다.

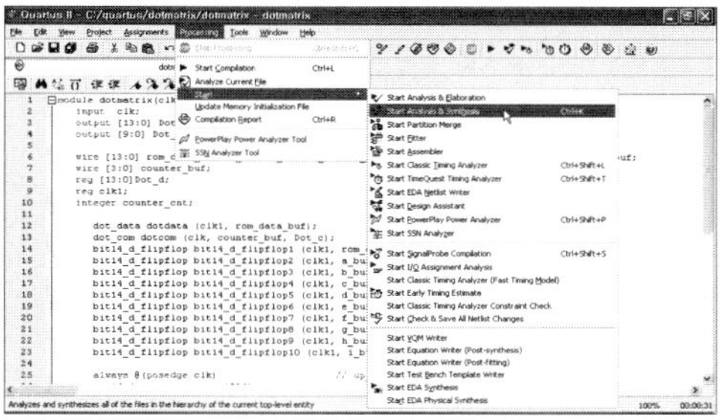

그림 4.6.115 [Processing] → [Start] → [Start Analysis & Synthesis Ctrl+K] 메뉴 선택

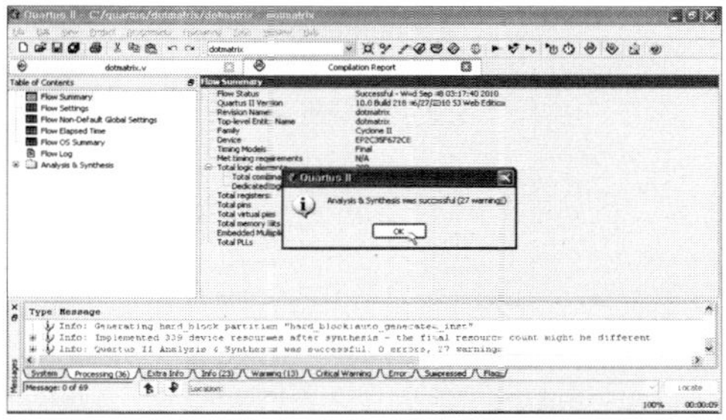

그림 4.6.116 설계한 블록의 이상 여부 검사를 끝낸 화면

4.7 HBE-COMBOII 트레이닝 키트의 led에 4비트 2진 덧셈기를 디스플레이 하는 전체블록의 Verilog HDL 설계하기

4.7.1 Verilog HDL File 화면 생성

Verilog HDL File 화면을 생성하기 위해서는 그림 4.7.1과 같이 Quartus II의 풀다운 메뉴에서 [File]의 서브 메뉴인 [New... Ctrl+N]을 선택하거나, 툴바에서 아이콘을 선택하면 그림 4.7.2와 같이 Design Entry를 선택하는 New 화면이 나타난다. 그림 4.7.2의 New 화면에서 Verilog HDL File 항목을 선택하고 OK 버튼을 마우스의 왼쪽 버튼으로 클릭하면 그림 4.7.3과 같이 Verilog HDL File 화면이 나타난다.

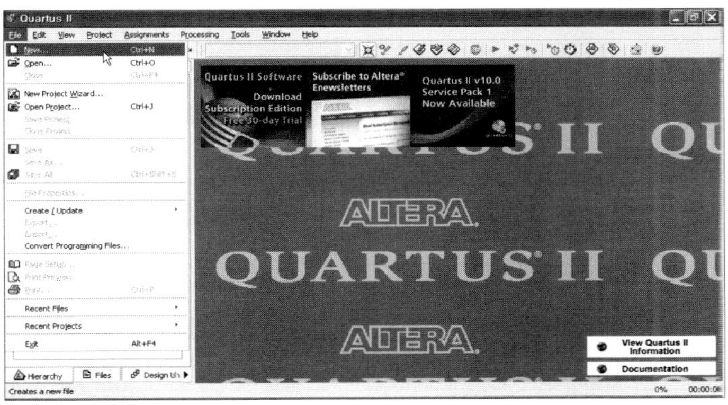

그림 4.7.1 [File] → [New... Ctrl+N] 메뉴 선택

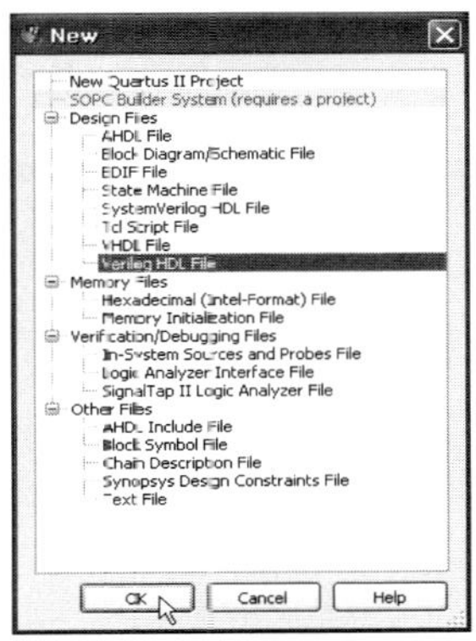

그림 4.7.2 Verilog HDL File을 선택하는 화면

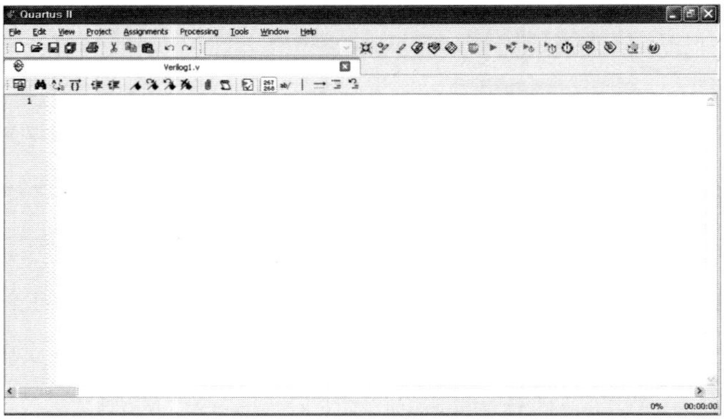

그림 4.7.3 Verilog HDL File 화면

4.7.2 새로운 project명 및 파일명 저장하기

Quartus II의 Design Entry를 사용하여 설계를 할 경우에는 반드시 설계 파일 이름과 같은 project명을 설정하여야 한다. 먼저 그림 4.7.4와 같이 Quartus II의 풀다운 메뉴에서 [File]의 서부 메뉴인 [Save As...] 메뉴를 선택하면, 그림 4.7.5와 같이 파일명을 저장하기 위한 다른 이름으로 저장 화면이 나타난다. 다음으로 그림 4.7.5와 같이 다른 이름으로 저장하기 화면에서 아이콘 을 마우스의 왼쪽 버튼으로 클릭하여 새 폴더를 생성하고, 현재 만들고자 하는 project명으로 폴더 명을 그림 4.7.6과 같이 입력한다. 이때 작업경로와 폴더 명은 사용자 임의로 설정 가능하다. 사용자가 생성한 폴더명을 마우스의 왼쪽 버튼으로 더블 클릭하면 생성한 폴더로 작업경로가 변경되어진다. 다음으로 그림 4.7.7과 같이 생성한 폴더 안에서 파일명을 사용자가 지정하고 Save 버튼을 마우스의 왼쪽 버튼으로 클릭하면 확장자는 .v로 자동 설정되어 저장된다.

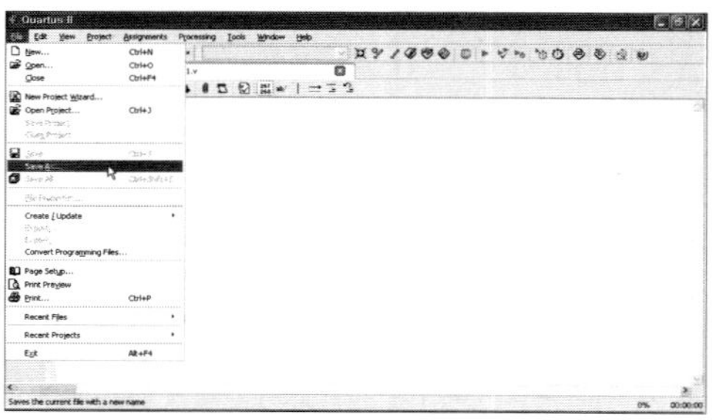

그림 4.7.4 [File] → [Save As...] 메뉴 선택

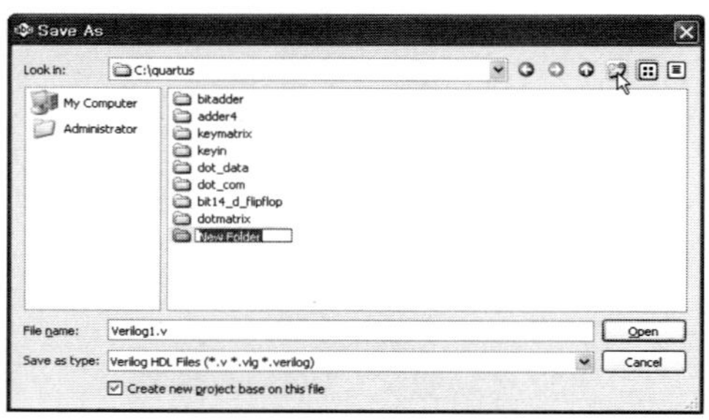

그림 4.7.5 다른 이름으로 저장하기 화면에서 아이콘 을 마우스의 왼쪽 버튼으로 클릭

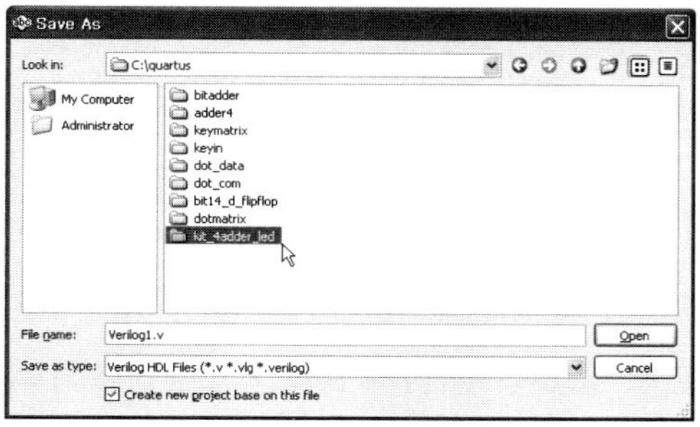

그림 4.7.6 kit_4adder_led 폴더를 생성한 화면

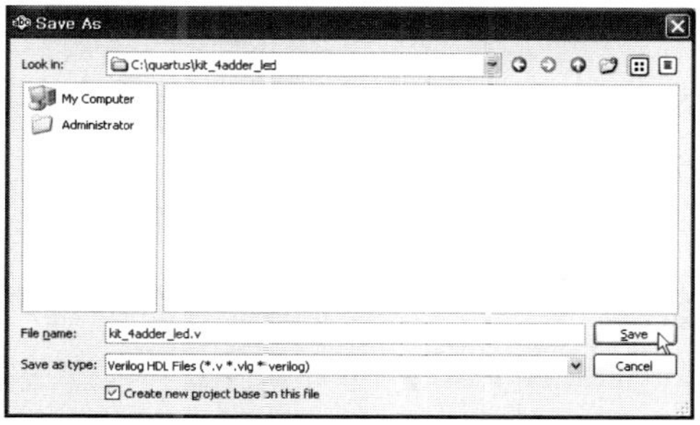

그림 4.7.7 파일명을 저장하기 위한 다른 이름으로 저장 화면

그림 4.7.7의 화면에서 [Save] 버튼을 마우스의 왼쪽 버튼으로 클릭하면 그림 4.7.8과 같이 새 project를 생성할 것인지를 묻는 화면이 나타난다. 이 예제에서는 하나의 Verilog HDL 설계파일을 같은 설계파일명으로 된 project로 하나의 폴더에 저장할 것이다. 따라서 그림 4.7.8에서 [Yes] 버튼을 마우스의 왼쪽 버튼으로 클릭하면, 그림 4.7.9와 같이 New Project Wizard 화면이 나타난다. 이 화면에서 [Next >] 버튼을 마우스의 왼쪽 버튼으로 클릭하면, 그림 4.7.10과 같이 project의 경로와 project명을 입력하라는 화면이 나타난다.

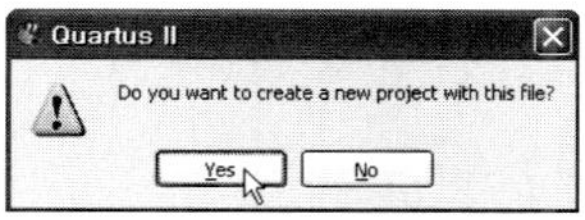

그림 4.7.8 새 project를 생성할 것인지를 묻는 화면

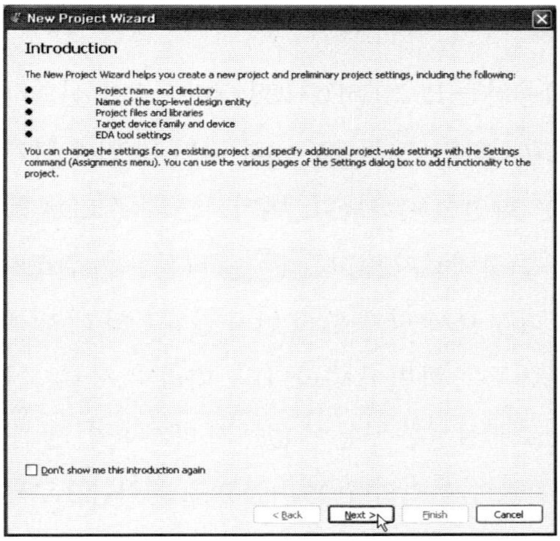

그림 4.7.9 New Project Wizard 화면

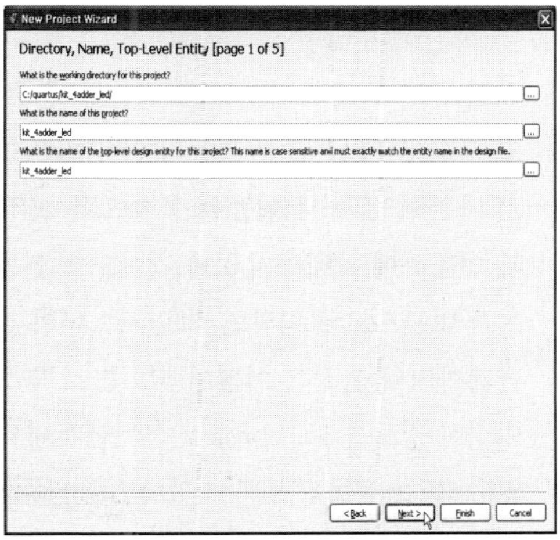

그림 4.7.10 project의 경로와 project명을 입력하라는 화면

그림 4.7.10의 화면에서 [Next >] 버튼을 마우스의 왼쪽 버튼으로 클릭하면, 두 번째 단계로 다른 project에서 필요한 파일들을 추가하거나, 그 project의 모든 파일들을 참조하기 위한 Library Path를 설정해 주는 화면이 그림 4.7.11과 같이 나타난다. 이 부분은 여러 사람들이 함께 작업하는 설계 과정에서 유용하게 사용된다. 따라서 여러 사람들이 각각의 project를 나누어서 설계하고, 최종 상위 project에서 하나로 모으는데 사용한다. 이 부분은 kit_4adder_led 전체블록 설계를 마치고 설정할 것이므로 추가하지 않고 그림 4.7.11의 화면에서 [Next >] 버튼을 마우스의 왼쪽 버튼으로 클릭하면, 그림 4.7.12와 같이 세 번째로 Family & Device를 설정하는 화면이 나타난다.

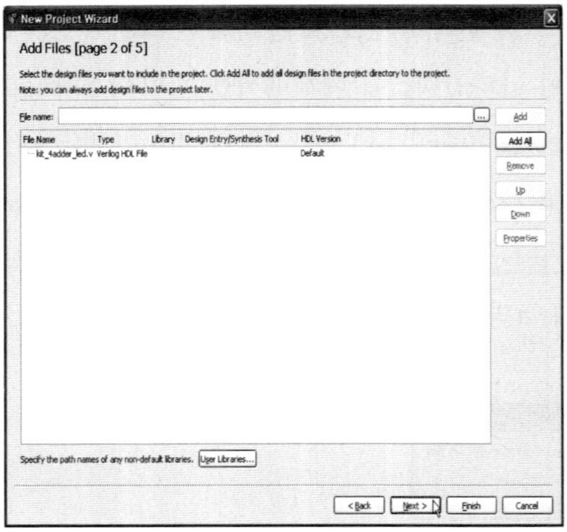

그림 4.7.11 다른 project에서 필요한 파일을 추가시키는 화면

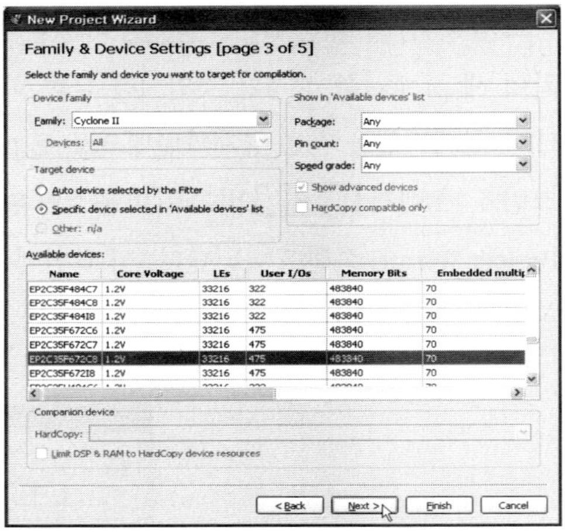

그림 4.7.12 Family & Device를 설정하는 화면

그림 4.7.12에서 HBE-COMBOII 장비에서 사용하는 EP2C35F672C8 디바이스를 선택하고, [Next >] 버튼을 마우스의 왼쪽 버튼으로 클릭하면, 그림 4.7.13과 같이 네 번째 단계로 다른 EDA 툴과 연동할 수 있도록 설정하는 화면이 나타난다. 여기서는 다른 EDA 툴과 연동하여 사용하지 않을 것이므로 연동 툴을 선택하지 않고 [Next >] 버튼을 마우스의 왼쪽 버튼으로 클릭하면, 그림 4.7.14와 같이 다섯 번째 단계로 첫 번째 단계부터 네 번째 단계까지의 설정이 어떻게 되었는지 모두 보여주는 화면이 나타난다. 따라서 사용자가 이러한 정보를 보고 project 선언단계에서 다르게 설정한 부분이 없는지 다시 확인 할 수 있다. 또한 잘못된 부분이 있다면, [< Back] 버튼을 마우스의 왼쪽 버튼으로 클릭함으로써 그 단계로 다시 돌아가서 수정할 수 있다.

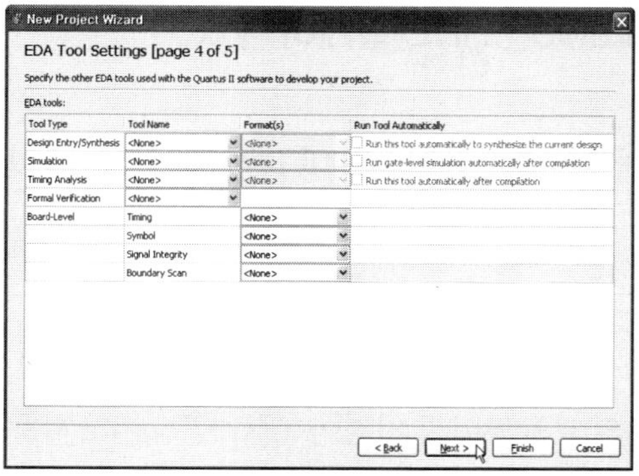

그림 4.7.13 EDA Tool Settings 화면

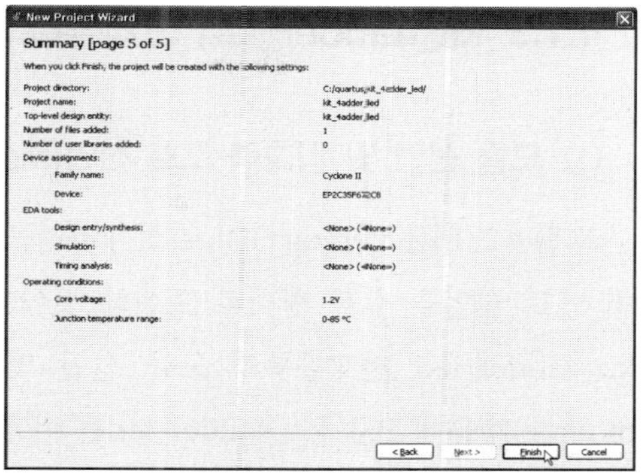

그림 4.7.14 각 단계에 대한 정보를 보여주는 화면

각 단계의 정보를 확인하고 잘못된 부분이 없다면, 그림 4.7.14에서 Finish 버튼을 마우스의 왼쪽 버튼을 클릭하여 project 생성 단계를 종료한다. 이렇게 5단계의 과정을 거치면서 project가 선언되었다. 즉, 5단계의 과정을 통해 설계를 할 수 있는 환경이 만들어진 것이다. 이렇게 project를 선언하면 그림 4.7.15와 같이 Quartus II 툴의 왼쪽 상단 타이틀 바에 현재 project가 선언된 경로명 및 project명 등이 표시된다.

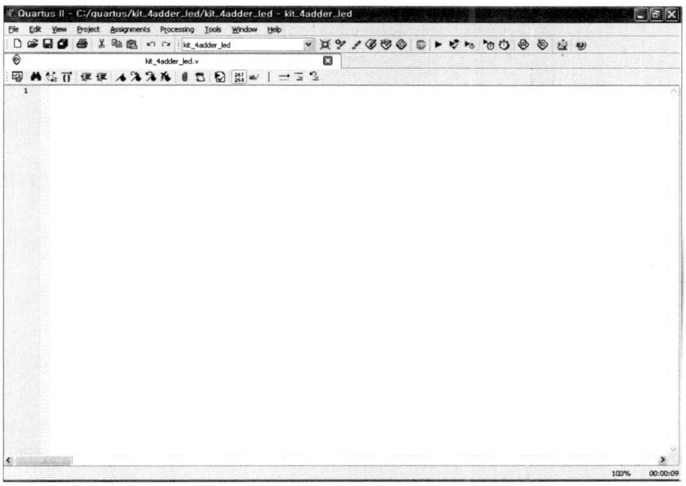

그림 4.7.15 타이틀 바에 현재 project가 선언된 경로명 및 project명 등이 표시됨

4.7.3 kit_4adder_led 전체블록의 Verilog HDL 설계하기

(1) 모듈 선언 및 입출력 포트 선언(module and input/output port declaration)

그림 4.7.16은 Verilog HDL로 설계하려는 kit_4adder_led 전체블록의 모듈 선언 및 입출력 포트 선언을 심볼 형태로 표현한 것이며, 그림 4.7.17은 Verilog HDL로 설계하려는 kit_4adder_led 전체블록의 모듈 선언 및 입출력 포트 선언을 나타내고 있다. 한편, module 다음에 오는 kit_4adder_led는 이 블록의 모듈명이며 지정어 input과 output 다음에는 입력과 출력 포트들을 나타낸다. 설계하려는 kit_4adder_led는 지정어 input에 입력 신호를 위한 clk, [3:0] key_r, keyA, keyB, keyC, keyD, keyE, keyF포트들과 지정어 output에 출력 신호를 위한 [7:0] led_data, [9:0] Dot_com, [13:0] Dot_data, [2:0] key_c 포트들을 기술한다.

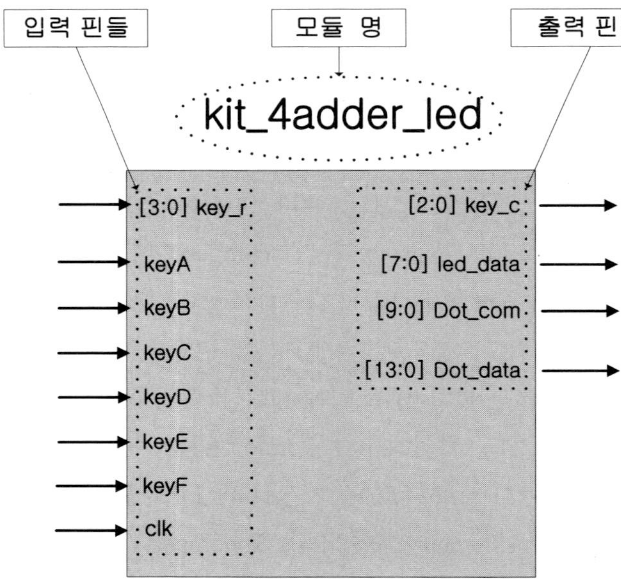

그림 4.7.16 Verilog HDL로 설계하려는 kit_4adder_led 전체블록의 블록의 모듈 선언 및 입출력 포트 선언을 심볼 형태로 표현한 것

```
module kit_4adder_led (clk, key_c, key_r, keyA, keyB, keyC, keyD, keyE, keyF,
                       led_data, Dot_com, Dot_data);
    input [3:0] key_r;
    input clk, keyA, keyB, keyC, keyD, keyE, keyF;
    output [2:0] key_c;
    output [7:0] led_data;
    output [9:0] Dot_com;
    output [13:0] Dot_data;

                    ~

endmodule
```

그림 4.7.17 Verilog HDL로 설계하려는 kit_4adder_led 전체블록의 모듈 선언 및 입출력 포트 선언

(2) 논리회로 표현(logic circuit representation)

모듈 선언 및 입출력 포트 선언이 되었으므로 설계 블록의 너부 동작 또는 연결 구조를 기술하는 논리회로 표현을 하여야 한다. 설계하려는 kit_4adder_led 전체블록에서 부품간의 연결에 사용되는 신호선 key_clk, key_clk1, dff_clk2, CLRN 등과 버스 신호선 [7:0] sum, [7:0] data 등을 지정어인 wire로 선언한다. 또한 dff_clk1, sel 신호들과 모듈 선언 및 입출력 포트 선언에서 선언된 [7:0] led_data는 always문의 출력으로 사용되므로 지정어인 reg로 선언한다. 선언이 끝나면 하드웨어의 내부동작을 기술해야 하는데 여기서는 앞서 이미 설계한 하위모듈들을 이용하여 이들 상호간을 연결하여 블록을 설계하는 구조적 표현 방법과 연산자, 연속 할당문 등을 사용한 자료흐름적 표현, always문을 사용하여 kit_4adder_led 전체블록을 설계하는 동작적 표현 방법을 혼합하여 사용하기로 한다.

그림 4.7.18은 Verilog HDL로 설계하려는 kit_4adder_led 전체블록을 심볼 형태로 표현한 것이다. kit_4adder_led 전체블록의 동작을 보면, keyin 하위모듈에서는 HBE-COMBO II 트레이닝 키트의 keypad로부터 입력되는 16비트 데이터를 4비트 데이터 형태로 변환하고, 변환되어진 데이터들은 [3:0] dataa과 [3:0] datab으로 출력되어 HBE-COMBO II 트레이닝 키트의 led에 점등된다. 또한 키 입력에 의해서 발생하는 k_clk1 신호를 클록과 동기하여 출력한다. 한편, keyin 하위모듈에서 출력되어지는 4비트의 [3:0] dataa과 [3:0] datab은 4비트 2진 덧셈기인 adder4 하위모듈의 입력이 되어져서 덧셈되어진다. 4비트 2진 덧셈기인 adder4 하위모듈에서 출력되어지는 결과 값들과 [3:0] dataa, [3:0] datab은 event always문으로 입력되어 진다. event always문에서는 sel이 0일 때, 키 입력이 첫 번째 눌렀을 때 led1

부터 led4에 [3:0] dataa의 데이터가 표시 되고, 두 번째 눌렀을 때 led5부터 led8에 [3:0] datab의 데이터가 표시되도록 한다. 한편, 두 번째 키가 눌렀다가 떼어지는 순간 sel 신호는 1이 되어 led5부터 led8까지에 4비트 2진 덧셈기인 adder4 하위모듈에서 덧셈된 결과와 캐리 비트 값을 표시된다. 그림 4.7.19에 key_clk, key_clk1, dff_clk1, dff_clk2, sel 등의 파형이 나타나 있다. key_clk는 클록과 동기 된 키 입력이 들어올 때 High가 되고 key_clk1은 key_clk의 반대 파형이 된다. 그리고 dff_clk1은 T 플립플롭 always문의 출력이 되므로 key_clk1 파형이 Low에서 High로 변할 때 현재 파형의 반대 파형이 된다. dff_clk2는 dff_clk1의 반대 파형이 되어서 event always문의 T 플립플롭의 클록이 된다. 따라서 T 플립플롭의 출력인 sel은 dff_clk2 파형이 Low에서 High로 변할 때 현재 파형의 반대 파형이 되므로 High가 되는 시점은 덧셈된 결과와 캐리 비트 값이 출력되는 시점이 된다. T 플립플롭의 클리어 단자인 CLRN은 0 값이 되면 클리어 되어 sel이 0이 되어진다. CLRN이 0이 되는 조건은 첫 번째 키가 눌리는 순간이 되어야 하므로 key_clk1과 dff_clk1을 OR 게이트의 입력으로 구성한다. 한편, dotmatrix 하위모듈에서는 “Verilog HDL”이라는 문자열이 우에서 좌로 이동하면서 디스플레이 된다. 그림 4.7.20은 Verilog HDL로 설계하려는 kit_4adder_led 블록의 논리회로 표현을 나타내고 있다.

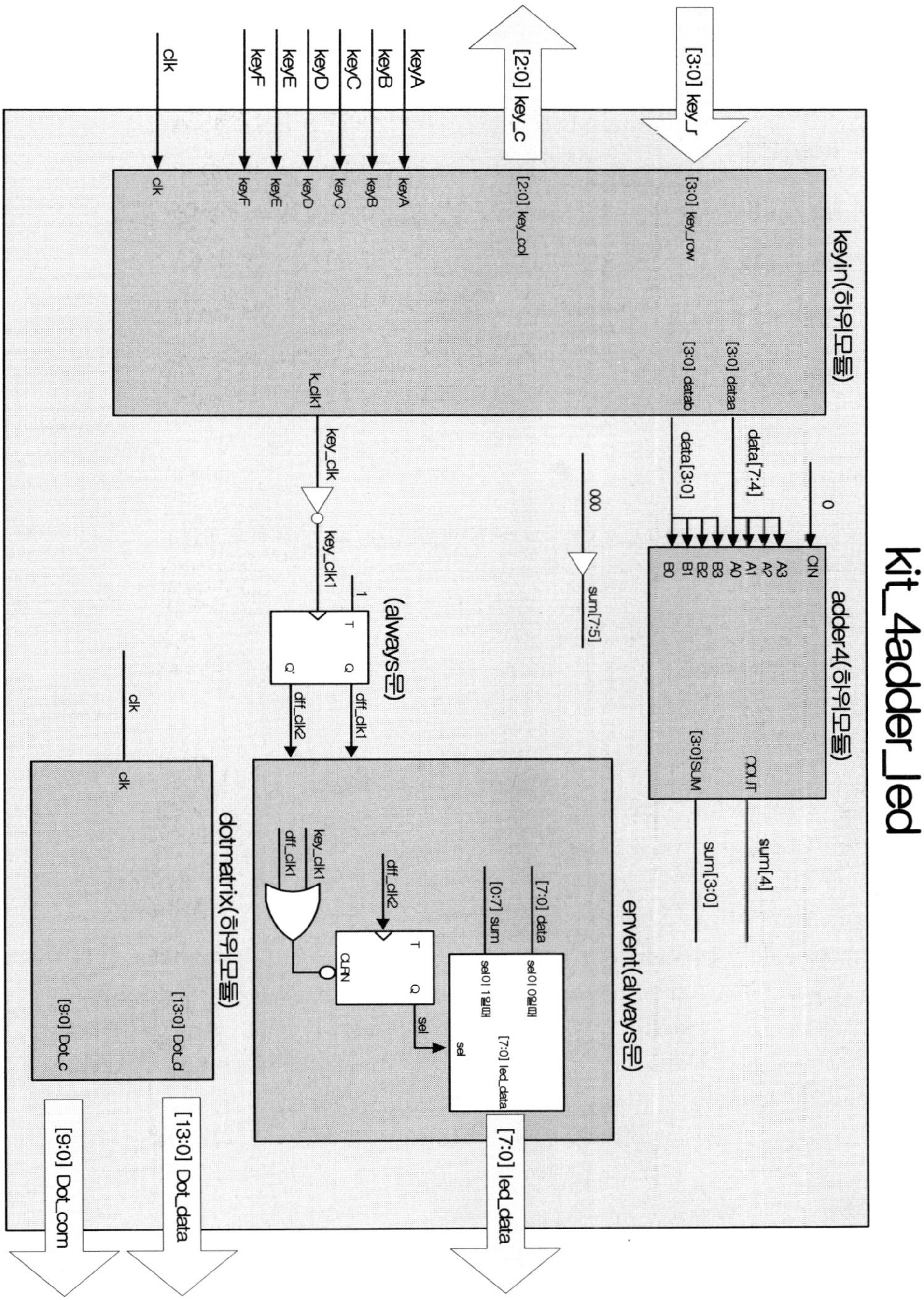

그림 4.7.18 Verilog HDL로 설계하려는 kit_4adder_led 전체블록의 논리회로를 심볼 형태로 표현한 것

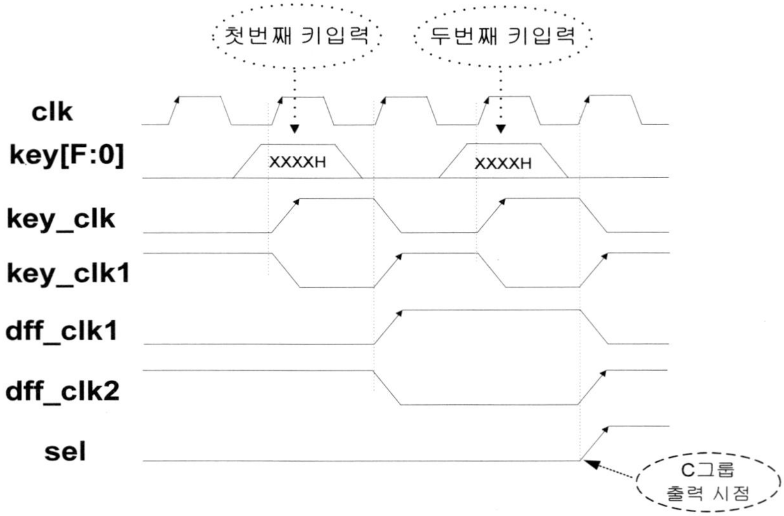

그림 4.7.19 key_clk, key_clk1, dff_clk1, dff_clk2, sel 등의 파형

```
wire key_clk, key_clk1, dff_clk2, CLRN;
wire [7:0] data, sum;
reg [7:0] led_data;
reg dff_clk1, sel;

   assign key_clk1 = ~key_clk;
   assign CLRN = key_clk1 | dff_clk1;
   assign dff_clk2 = ~dff_clk1;
   assign sum[7:5] = 3'b000;
   dotmatrix dotmatrix_display (.clk(clk), .Dot_c(Dot_com), .Dot_d(Dot_data));
   keyin key_input (.key_col(key_c), .key_row(key_r), .clk(clk), .keyA(keyA),
                    .keyB(keyB), .keyC(keyC), .keyD(keyD), .keyE(keyE),
                    .keyF(keyF), .k_clk1(key_clk), .dataa(data[7:4]), .datab(data[3:0]));
   adder4 adeder_4bit (.A0(data[4]), .A1(data[5]), .A2(data[6]), .A3(data[7]),
                       .B0(data[0]), .B1(data[1]), .B2(data[2]), .B3(data[3]),
                       .CIN(1'b0), .COUT(sum[4]), .SUM(sum[3:0]));

   always @(posedge key_clk1)                              // T F/F
      dff_clk1 <= ~dff_clk1;

   always @(posedge dff_clk2 or negedge CLRN)              // event
   begin
```

```
        if (!CLRN) sel <= 0;
        else sel <= ~sel;
        case(sel)
            0 : led_data <= data;
            1 : led_data <= sum;
        endcase
    end
```

그림 4.7.20 Verilog HDL로 설계하려는 kit_4adder_led 전체블록의 논리회로 표현

다음으로 해야 할 작업은 kit_4adder_led 전체블록을 설계하기 위해 사용한 dot_data.v, dot_com.v, bit14_d_flipflop.v, keymatrix.v, keyin.v, bitadder.v, adder4.v, dotmatrix.v 등의 파일들을 현재의 project에 추가시키는 것이다. 먼저 그림 4.7.21과 같이 Quartus II의 풀다운 메뉴에서 [Assignments]의 서브 메뉴인 [Settings Ctrl+Shift+E]를 선택하면 그림 4.7.22와 같은 Settings 화면이 나타난다. 다음으로 Settings 화면의 Category에서 Files를 선택하고 [...] 버튼을 마우스의 왼쪽 버튼으로 클릭하면 Select File 화면이 나타난다. Select File 화면에서 ../dot_data/dot_data.v, ../dot_com/dot_com.v, ../bit14_d_flipflop/ bit14_d_ flipflop.v, ../keymatrix/keymatrix.v, ../keyin/keyin.v, ../bitadder/bitadder.v, ../adder4/adder4.v, ../dotmatrix/dotmatrix.v 등의 파일들을 그림 4.7.22와 같이 현재의 project에 모두 추가시킨다.

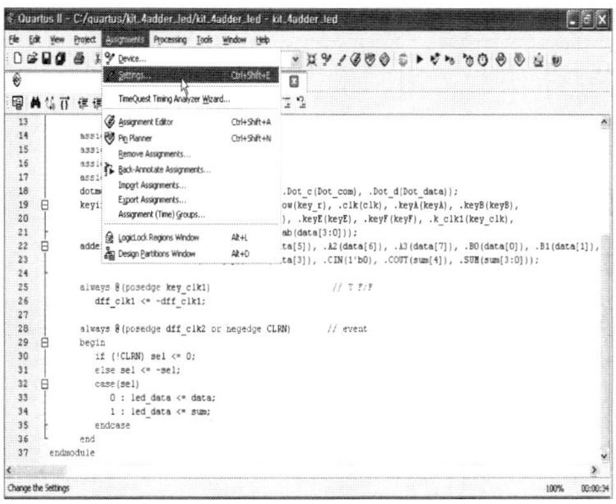

그림 4.7.21 [Assignments]→[Settings Ctrl + Shift + E] 메뉴 선택

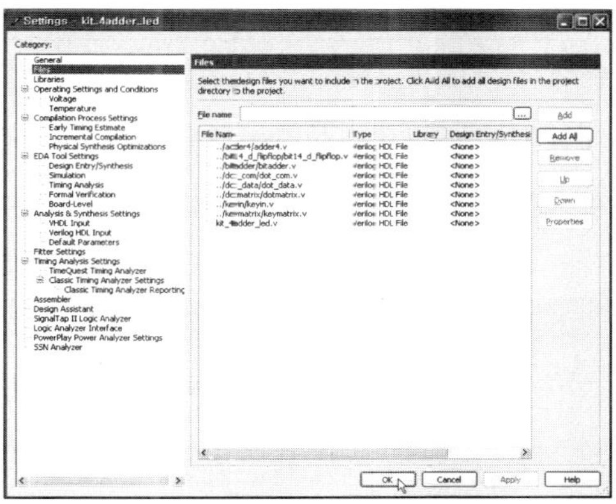

그림 4.7.22 Settings 화면

4.7.4 설계한 kit_4adder_led 전체블록의 저장 및 오류 검사하기

Verilog HDL로 설계한 kit_4adder_led 전체블록을 저장하기 위해 그림 4.7.23과 같이 Quartus II의 풀다운 메뉴에서 [File]의 서브 메뉴인 [Save Ctrl+S] 메뉴를 선택하거나, 툴바에서 아이콘을 마우스의 왼쪽 버튼으로 클릭하면 된다.

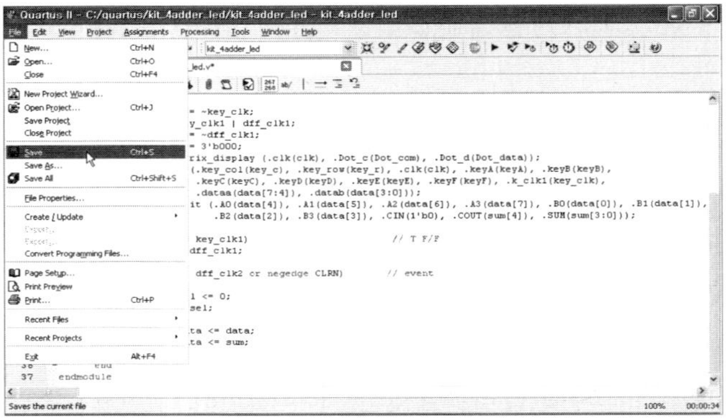

그림 4.7.23 [File] → [Save Ctrl+S] 메뉴 선택

다음으로 해야 할 작업은 Verilog HDL로 설계한 kit_4adder_led 전체블록의 오류 여부를 검사해야 한다. 오류를 검사하기 위해서 먼저, 그림 4.7.24와 같이 Quartus II의 풀다운 메뉴에서 [Processing] 메뉴의 서브 메뉴인 [Start] 메뉴를 선택하면 나타나는 서브 메뉴들 중에서 [Start Analysis & Synthesis Ctrl+K]를 선택하거나, 툴바에서 아이콘을 선택하면 그림 4.7.25와 같이 이상여부를 검사한 후에 경고나 에러를 나타내는 화면이 나타난다. 현재 화면은 경고는 있으나 에러가 없다는 메시지가 출력된 화면을 보여주고 있다.

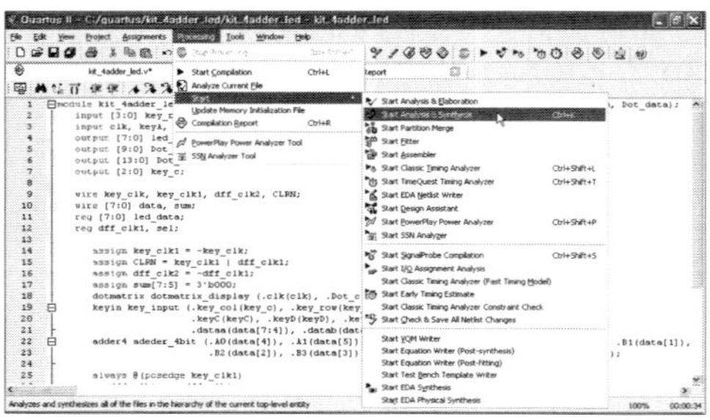

그림 4.7.24 [Processing] → [Start] → [Start Analysis & Synthesis Ctrl+K] 메뉴 선택

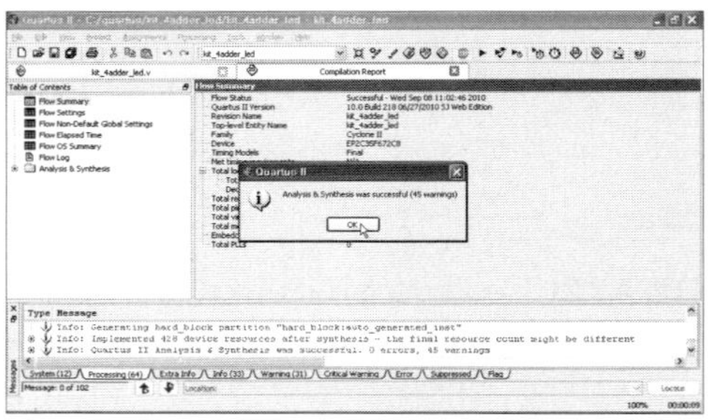

그림 4.7.25 설계한 블록의 이상 여부 검사를 끝낸 화면

4.8 kit_4adder_led 전체블록에 대하여 핀 할당 과정 수행하기

사용자가 설계한 kit_4adder_led 전체블록을 구현하는 HBE-COMBOII 트레이닝 키트에 해당되는 ATERA 디바이스는 앞서 project를 생성하면서 이미 설정하였다. 따라서 이에 맞는 핀 할당을 해야 한다. 만일 핀 할당을 하지 않으면 HBE-COMBOII 트레이닝 키트 내의 ALTERA 디바이스와 keypad, led, 7-segment, vfd 등의 입출력 장치들이 연결되지 않기 때문에 하드웨어 동작 검증할 수 없게 된다. 이때 먼저 반드시 kit_4adder_led 전체 블록에 대하여 컴파일 과정이 에러없이 성공적으로 끝났어야 한다. 핀 할당을 설정하려면, 그림 4.8.1과 같이 Quartus II의 풀다운 메뉴인 [Assignments]의 서브 메뉴인 [Pin Planner Ctrl+Shitft+N]를 선택하거나, 툴바에서 아이콘을 선택하면 그림 4.8.2와 같이 Pin Planner 화면이 나타난다. 그림 4.8.2의 화면에서 All Pins의 항목들 중에서 Location의 열에 있는 칸을 마우스의 왼쪽 버튼으로 더블 클릭하고 버튼을 클릭하면, 그림 4.8.3과 같이 핀 할당을 위한 화면이 나타난다. 그림 4.8.3의 화면에서 할당하고자 하는 핀을 선택하고 마우스의 왼쪽 버튼으로 클릭하거나 Enter↵ 키를 누르면, 그림 4.8.4와 같이 Location 항목에 선택한 핀 번호가 나타나고 다음 핀을 할당하기 위한 화면이 나타난다.

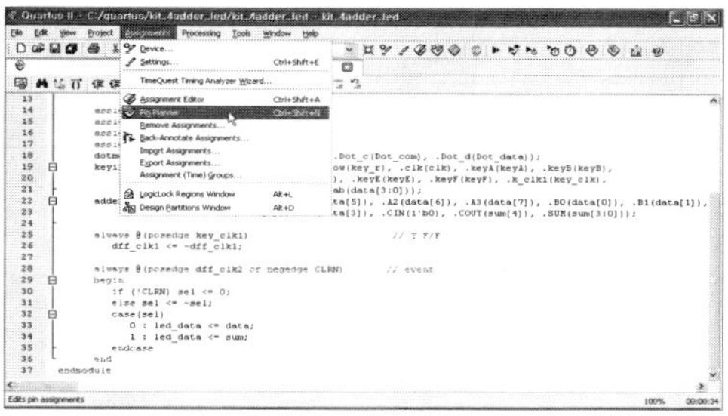

그림 4.8.1 [Assignments] → [Assignment Editor Ctrl + Shit + A] 메뉴 선택

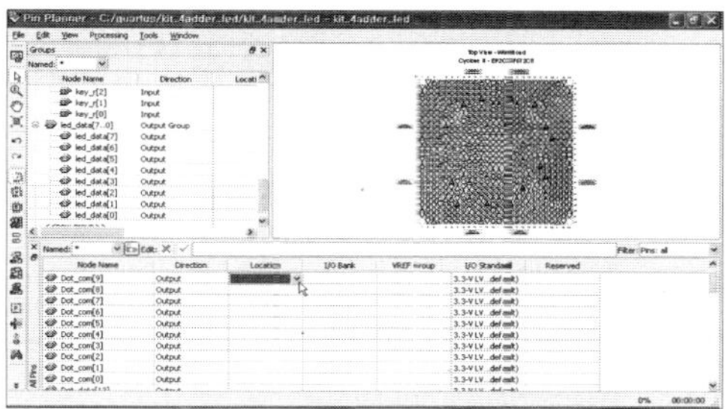

그림 4.8.2 Pin Planner 화면

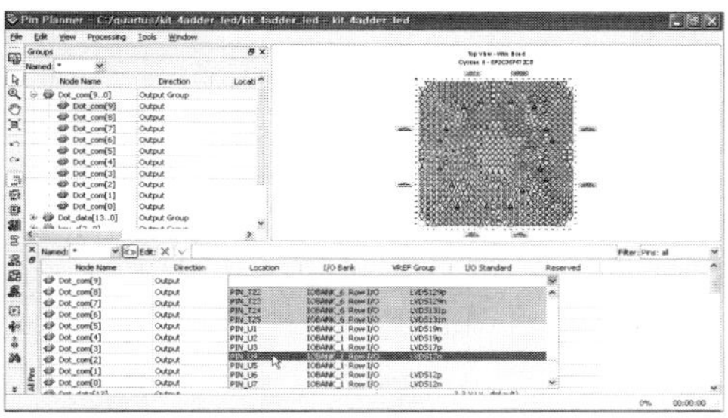

그림 4.8.3 핀 할당을 위한 화면이 나타남

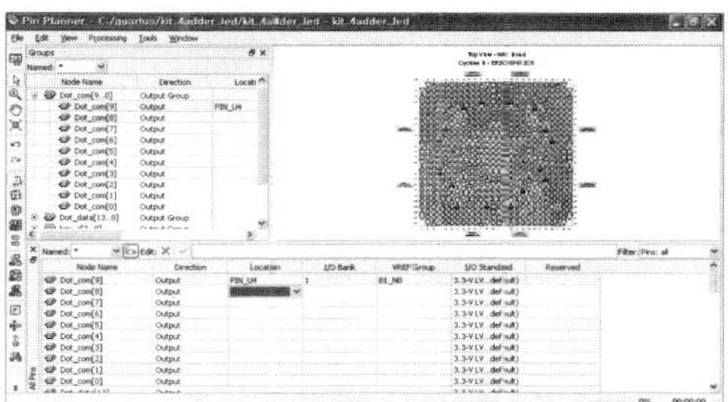

그림 4.8.4 Location 항목에 선택한 핀 번호가 나타남

그림 4.8.5는 핀 할당이 모두 끝난 화면을 나타내고 있다. 한편, 표 4.8.1은 사용자가 설계한 kit_4adder_led 블록을 HBE-COMBOII 트레이닝 키트에 프로그래밍 하기 위한 핀 할당 정보를 나타내고 있다.

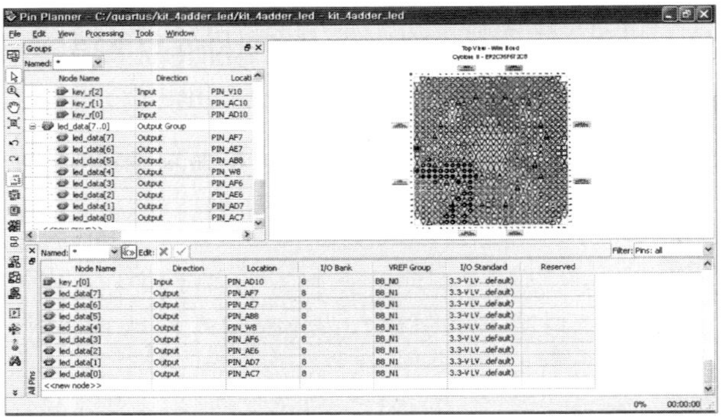

그림 4.8.5 핀 할당이 모두 끝난 화면

표 4.8.1 HBE–COMBO II 트레이닝 키트로 프로그래밍 하기 위한 핀 할당 정보

입력 핀		출력 핀					
핀 이름	핀 번호	핀 이름	핀 번호	핀 이름	핀 번호	핀 이름	핀 번호
key_r[0]	PIN_AD10	led_data[0]	PIN_AC7	DOT_DATA[0]	PIN_U3	DOT_DATA[12]	PIN_T9
key_r[1]	PIN_AC10	led_data[1]	PIN_AD7	DOT_DATA[1]	PIN_U6	DOT_DATA[13]	PIN_R3
key_r[2]	PIN_V10	led_data[2]	PIN_AE6	DOT_DATA[2]	PIN_U5	DOT_COM[0]	PIN_W4
key_r[3]	PIN_AF9	led_data[3]	PIN_AF6	DOT_DATA[3]	PIN_U9	DOT_COM[1]	PIN_V3
keyA	PIN_Y10	led_data[4]	PIN_W8	DOT_DATA[4]	PIN_U7	DOT_COM[2]	PIN_V2
keyB	PIN_W10	led_data[5]	PIN_AB8	DOT_DATA[5]	PIN_T2	DOT_COM[3]	PIN_V5
keyC	PIN_AA9	led_data[6]	PIN_AE7	DOT_DATA[6]	PIN_U10	DOT_COM[4]	PIN_V4
keyD	PIN_V9	led_data[7]	PIN_AF7	DOT_DATA[7]	PIN_T6	DOT_COM[5]	PIN_V7
keyE	PIN_AE9	key_c0	PIN_V11	DOT_DATA[8]	PIN_T3	DOT_COM[6]	PIN_V6
keyF	PIN_AC9	key_c1	PIN_AB10	DOT_DATA[9]	PIN_T8	DOT_COM[7]	PIN_U2
clk	PIN_N1	key_c2	PIN_AA10	DOT_DATA[10]	PIN_T7	DOT_COM[8]	PIN_U1
				DOT_DATA[11]	PIN_T10	DOT_COM[9]	PIN_U4

핀 할당이 끝난 뒤에는 그림 4.8.6과 같이 Pin Planner의 풀다운 메뉴에서 [File] 메뉴의 서브 메뉴인 [Close Ctrl+F4] 메뉴를 마우스로 클릭하면, 핀 할당 정보를 저장한 후에 Pin Planner화면이 종료된다.

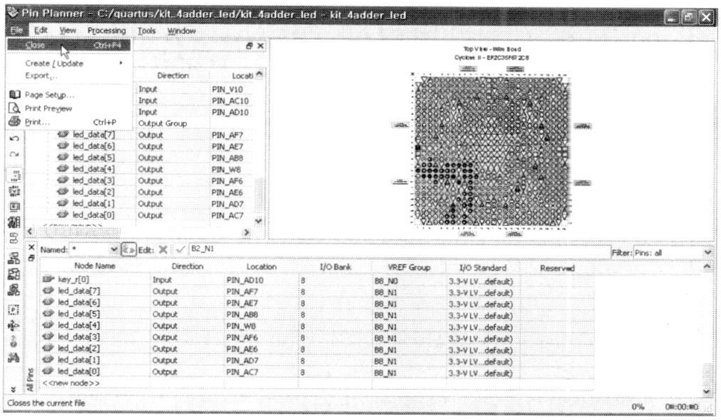

그림 4.8.6 [File] → [Close Ctrl+F4] 메뉴 선택

4.9 kit_4adder_led 전체블록에 대하여 컴파일 과정 수행하기

사용자가 설계한 kit_4adder_led 전체블록을 어떠한 디바이스를 할당하여 사용할 것인지를 선택하고 핀 할당을 한 후에는 반드시 컴파일 과정을 다시 수행하여야 한다. 컴파일 과정을 다시 수행하고자 할 때는 그림 4.9.1과 같이 Quartus II의 풀다운 메뉴에서 [Processing]의 서브 메뉴인 [Start Compilation]을 선택하거나 상단에서 ▶ 아이콘을 선택하면 컴파일 과정을 수행 하게 된다. 그림 4.9.2는 경고는 있으나 에러가 없기 때문에 컴파일을 수행한 결과가 이상이 없다는 것을 나타내고 있다.

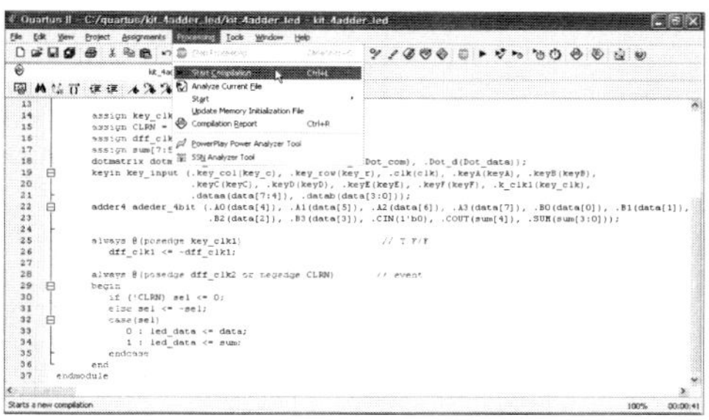

그림 4.9.1 [Processing] → [Start Compilation] 메뉴 선택

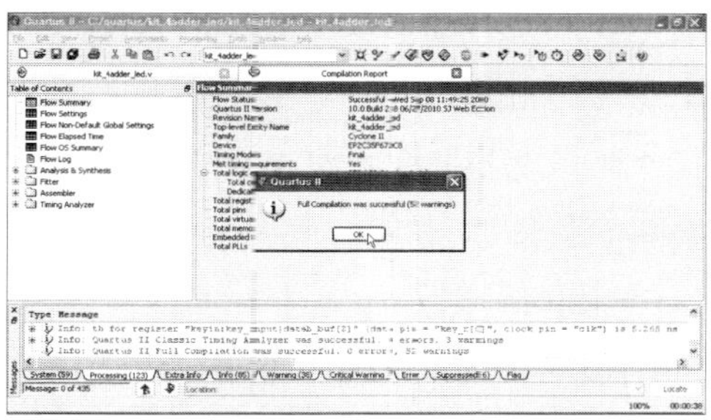

그림 4.9.2 컴파일 과정을 다시 수행한 결과 화면

4.10 kit_4adder_led 전체블록에 대하여 타이밍 시뮬레이션 과정 수행하기

4.10.1 kit_4adder_led 전체블록의 Test Bench 파일을 Verilog HDL로 설계하기

사용자가 설계한 kit_4adder_led 블록에 대한 컴파일 과정이 에러 없이 성공적으로 끝났으면 ModelSim-Altera Edition 6.5e를 이용하여 타이밍 시뮬레이션 과정을 수행하여야 한다. ModelSim-Altera Edition 6.5e를 이용하여 타이밍 시뮬레이션 과정을 수행하기 위해서는 먼저 출력된 결과를 확인해 볼 수 있도록 입력 데이터를 설정해 주어야하는데, ModelSim-Altera Edition 6.5e에서는 Test Bench 파일을 이용한다. Test Bench 파일은 Verilog HDL 코드 내에서 직접 입력파형을 설정하여 시뮬레이션을 수행할 때 출력 파형을 생성하게 하는 Verilog HDL 파일이다. Test Bench 파일은 외부와 입출력을 하지 않고 Verilog HDL 자체내에서 입력파형을 주기 때문에 module declaration 에서 포트 선언을 갖지 않는다. Verilog HDL File을 생성하기 위해서는 그림 4.10.1과 같이 Quartus II의 풀다운 메뉴에서 [File] 메뉴의 서브 메뉴인 [New... Ctrl+N]을 선택하거나, 툴바에서 아이콘을 선택하면 그림 4.10.2와 같이 새로 만들 File을 선택하는 화면이 나온다. 여기서 Verilog HDL File를 선택한 후 OK 버튼을 마우스의 왼쪽 버튼으로 클릭하면, 그림 4.10.3과 같이 Verilog HDL File 화면이 나타난다.

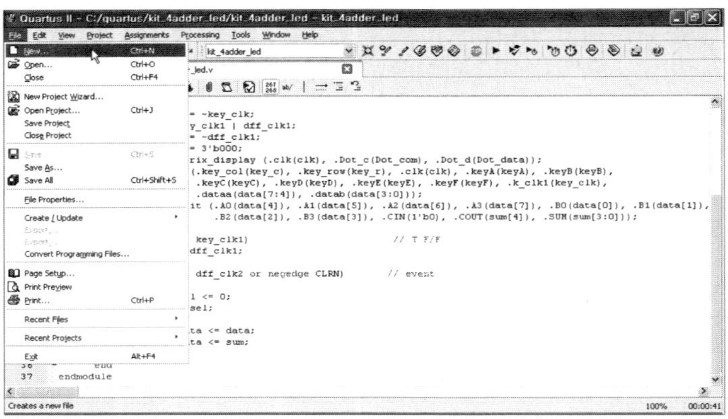

그림 4.10.1 [File] → [New... Ctrl+N] 메뉴 선택

그림 4.10.2 Verilog HDL File을 선택하는 화면

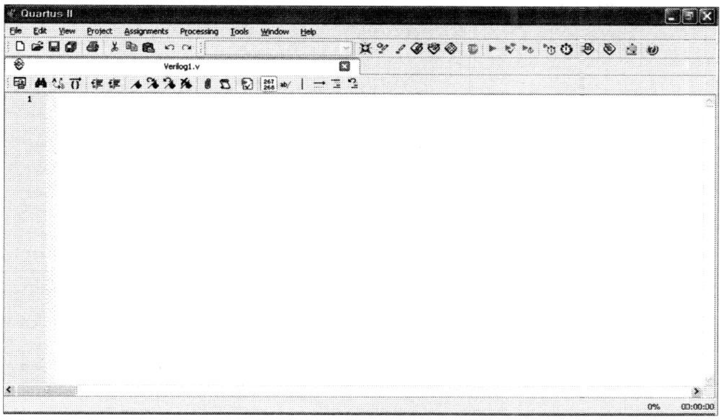

그림 4.10.3 Verilog HDL File 화면

그림 4.10.3과 같이 생성된 Verilog HDL File화면에 그림 4.10.4와 같이 kit_4adder_led 전체블록을 ModelSim-Altera Edition 6.5e에서 시뮬레이션 하기 위한 Test Bench 파일인 tb_kit_4adder_led.v를 설계하고, kit_4adder_led.v 파일이 저장되어 있는 경로에 저장한다.

```
`timescale 1ns / 1ns
module tb_kit_4adder_led;
   reg clk;
   reg [3:0] key_r;
   reg keyA;
   reg keyB;
   reg keyC;
   reg keyD;
   reg keyE;
   reg keyF;
   wire [2:0] key_c;
   wire [7:0] led_data;
   wire [9:0] Dot_com;
   wire [13:0] Dot_data;
   parameter sec = 25;
      kit_4adder_led uut (.clk(clk), .key_c(key_c), .key_r(key_r), .keyA(keyA),
                          .keyB(keyB), .keyC(keyC), .keyD(keyD), .keyE(keyE),
                          .keyF(keyF), .led_data(led_data), .Dot_com(Dot_com),
                          .Dot_data(Dot_data));
      always #(sec) clk = ~clk;
      initial begin
```

```
        clk = 0;   key_r = 0;   keyA = 0;   keyB = 0;   keyC = 0;   keyD = 0;
        keyE = 0;   keyF = 0;   #(sec);
        key_r[0] = 0;   #75;
        key_r[0] = 1;   #100;
        key_r[0] = 0;   #100;
        key_r[2] = 1;   #100;
        key_r[2] = 0;   #100;   &stop;
    end
endmodule
```

그림 4.10.4 kit_4adder_led 전체블록을 ModelSim–Altera Edition 6.5e에서 시뮬레이션 하기 위한 Test Bench 파일

4.10.2 ModelSim–Altera Edition 6.5e를 이용하여 타이밍 시뮬레이션을 하기 위한 ALTERA 설정 과정

ModelSim-Altera Edition 6.5e를 이용하여 타이밍 시뮬레이션을 수행하기 위해 그림 4.10.5와 같이 Quartus II의 풀다운 메뉴에서 [Assignments]의 서브 메뉴인 [Settings... Ctrl+Shift+E]를 선택하면, 그림 4.10.6과 같이 Settings 화면이 나타난다. 다음에 Settings 화면의 Category: 항목의 [EDA Tool Settings → Simulation] 서브 메뉴를 마우스의 왼쪽 버튼으로 클릭하면, 그림 4.10.7과 같은 화면이 나타난다.

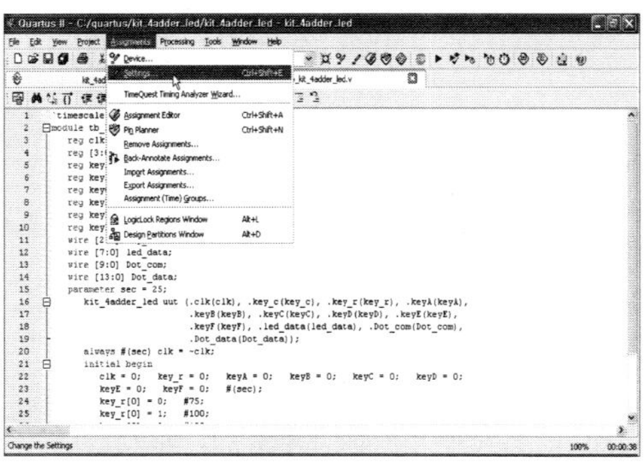

그림 4.10.5 풀다운 메뉴에서 [Assignments]의 서브 메뉴인 [Settings... Ctrl+Shift+E] 선택

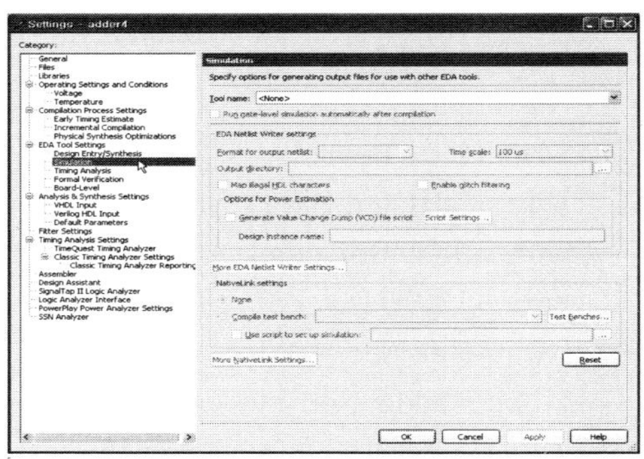

그림 4.10.6 Settings 화면

그림 4.10.7의 Tool name: 항목에서 ModelSim-Altera 부분을 선택한 후에 나타나는 그림 4.10.8의 화면에서 Compile test bench: 항목의 [Test Benches...] 버튼을 마우스의 왼쪽 버튼으로 클릭하면, 그림 4.10.9와 같이 Test Benches 화면이 나타나게 된다.

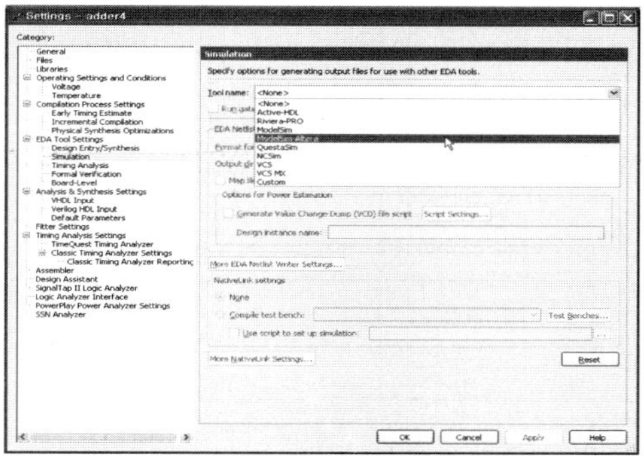

그림 4.10.7 Tool name: 항목에서 ModelSim-Altera 부분 선택

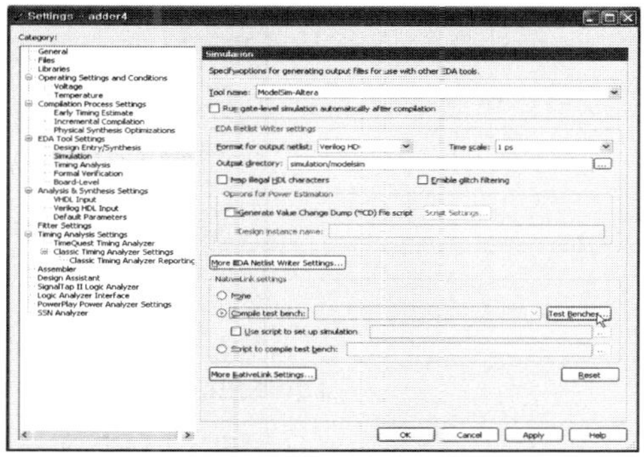

그림 4.10.8 Compile test bench: 항목의 [Test Benches...] 버튼을 클릭

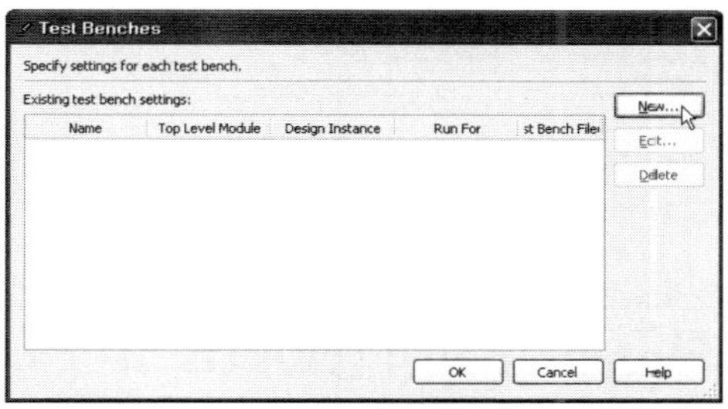

그림 4.10.9 Test Benches 화면에서 [New...] 버튼을 클릭

다음에 그림 4.10.9의 화면에서 [New...] 버튼을 마우스의 왼쪽 버튼으로 클릭하면, 그림 4.10.10과 같은 New Test Bench Settings 화면이 나타난다. 그림 4.10.10의 화면에서 Test bench name: 항목과 Top level module in test bench: 항목에 설계한 Test Bench 파일명인 tb_kit_4adder_led를 입력하고, Design instance name in test bench: 항목에는 Test Bench 파일에서 인스턴스 명으로 기술한 uut를 입력한 후에 [...] 버튼을 마우스의 왼쪽 버튼으로 클릭하면, 그림 4.10.11과 같이 Select File화면이 나타난다. 다음에 Select File 화면에서 Test Bench 파일인 tb_kit_4adder_led.v 파일을 선택하고 [Open] 버튼을 마우스의 왼쪽 버튼으로 클릭하면, 그림 4.10.11와 같이 File name: 항목에 선택한 Test Bench 파일인 tb_kit_4adder_led.v 파일이 지정된다. 4.10.12의 화면에서 [Add] 버튼을 마우스의 왼쪽 버튼으로 클릭하면 그림 4.10.13과 같이 Test Bench 파일이 추가된다. 한편, 그림 4.10.13

의 화면에서 OK 버튼을 마우스의 왼쪽 버튼으로 클릭하면, 그림 4.10.14와 같이 Test Bench 파일에 대한 각 항목들이 나타나게 된다.

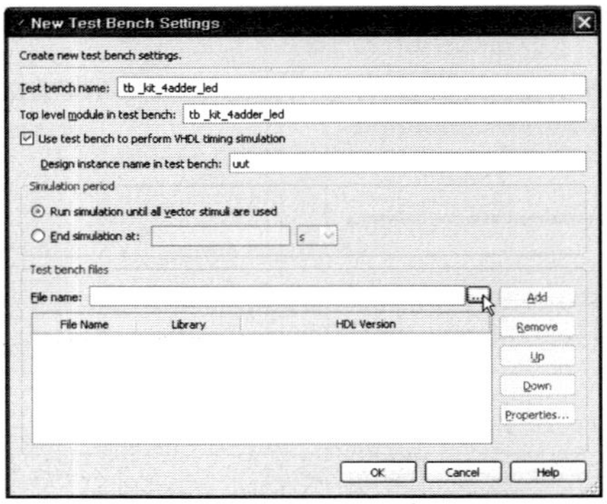

그림 4.10.10 New Test Bench Settings 화면

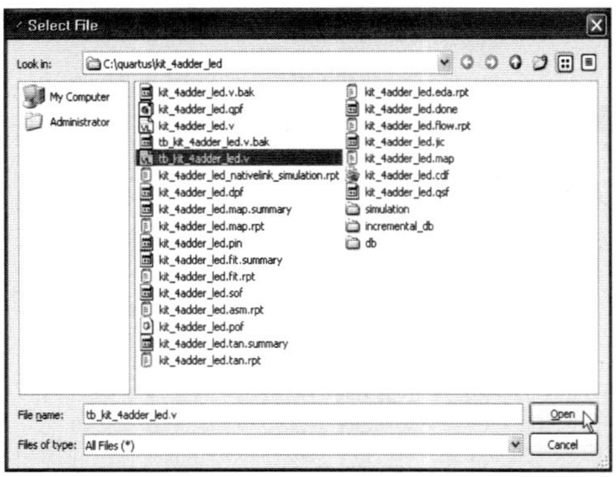

그림 4.10.11 select File 화면

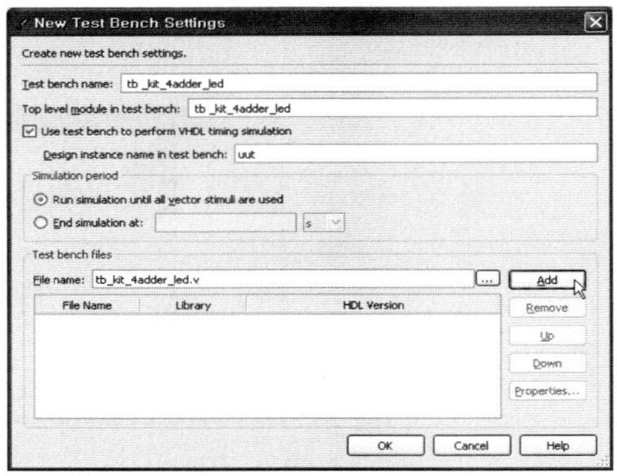

그림 4.10.12 File name: 항목 tb_kit_4adder_led.v 파일이 지정된 화면

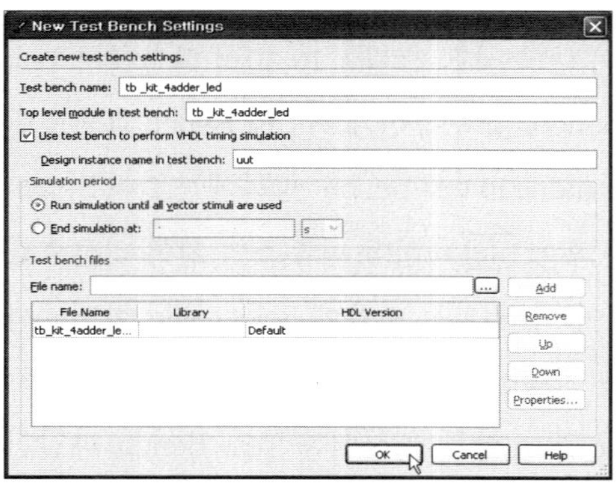

그림 4.10.13 New Test Bench Settings 화면에서 OK 버튼 클릭

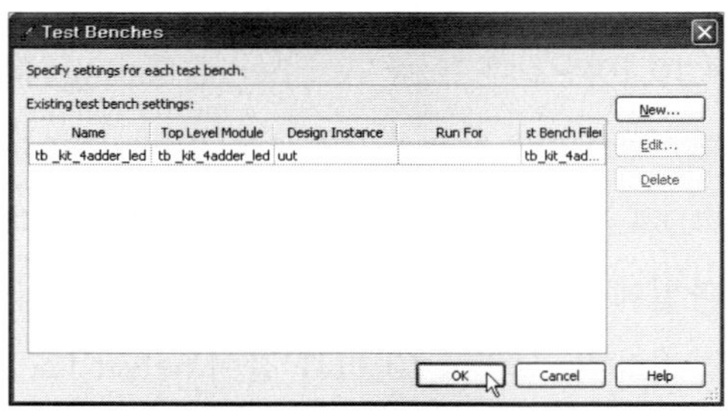

그림 4.10.14 Test Bench 파일에 대한 각 항목들이 나타난 화면

그림 4.10.14의 화면에서 [OK] 버튼을 마우스의 왼쪽 버튼으로 클릭하면, 그림 4.10.15와 같이 앞에서 설정했던 항목들이 표시된 Test Benches 화면이 나타난다. 이제 [OK] 버튼을 마우스의 왼쪽 버튼으로 클릭하여 Settings 화면을 종료시킨다.

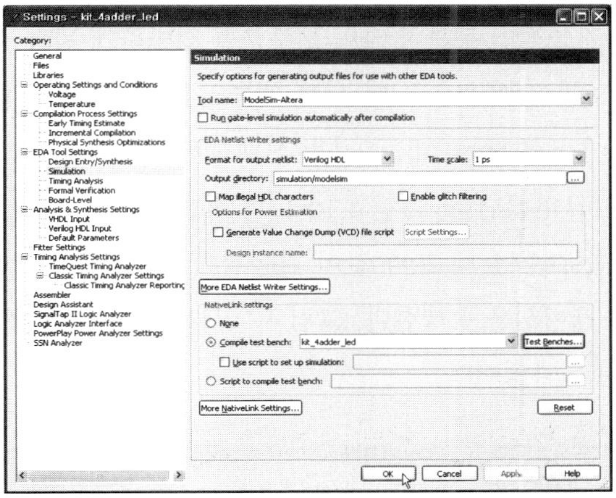

그림 4.10.15 [OK] 버튼을 선택하여 Settings 화면을 종료시킴

다음에 그림 4.10.16과 같이 Quartus II의 풀다운 메뉴에서 [Processing]의 서브 메뉴인 [Start Compilation]을 선택하거나, 상단에서 ▶ 아이콘을 선택하면 컴파일 과정을 수행 하게 된다. 그림 4.10.17은 경고는 있으나 에러가 없기 때문에 컴파일을 수행한 결과가 이상이 없다는 것을 나타내고 있다.

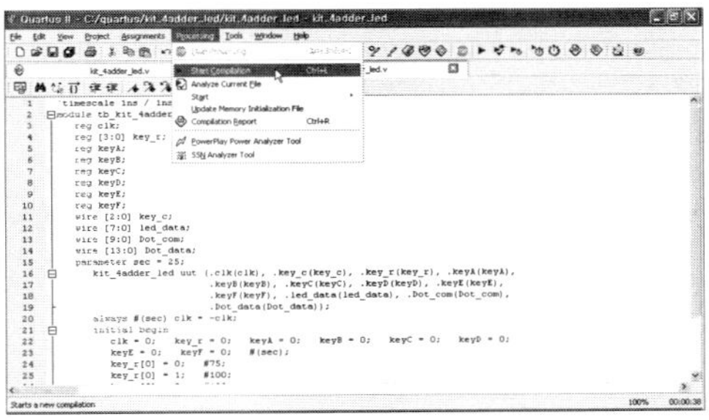

그림 4.10.16 [Processing] → [Start Compilation] 메뉴 선택

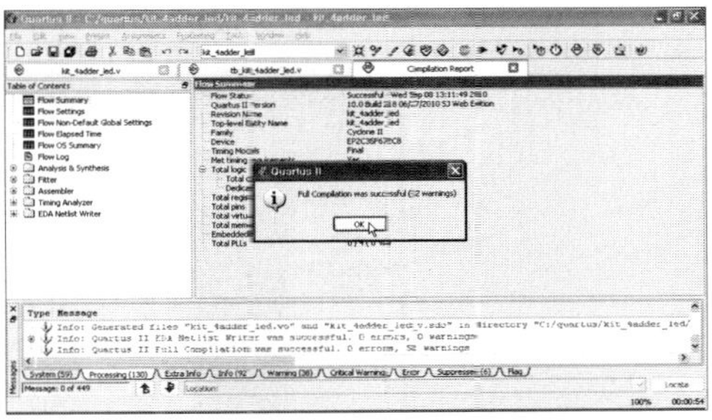

그림 4.10.17 컴파일 과정을 수행한 결과 화면

4.10.3 설계한 kit_4adder_led 전체블록에 대하여 타이밍 시뮬레이션 과정 수행하기

타이밍 시뮬레이션은 설계한 kit_4adder_led 전체블록에 대하여 특정 디바이스를 고려(지연 시간 ≠ 0)하여 기능적인 부분과 타이밍 부분을 검증하게 된다. 타이밍 시뮬레이션을 수행하기 위해 4.10.18과 같이 [Tools]의 서브 메뉴인 [Run EDA Simulation Tool]의 서브 메뉴에서 [EDA Gate Level Simulation...]을 선택하면, 그림 4.10.19와 같이 EDA Gate Level Simulation 화면이 나타난다. 그림 4.10.19의 화면에서 Run 버튼을 마우스의 왼쪽 버튼으로 클릭하면, 그림 4.10.20과 같이 자동적으로 ModelSim-Altera Edition 6.5e가 실행되며 타이밍 시뮬레이션을 수행한다. 그림 4.10.21은 kit_4adder_led 전체블록에 대한 타이밍 시뮬레이션 결과 파형이다.

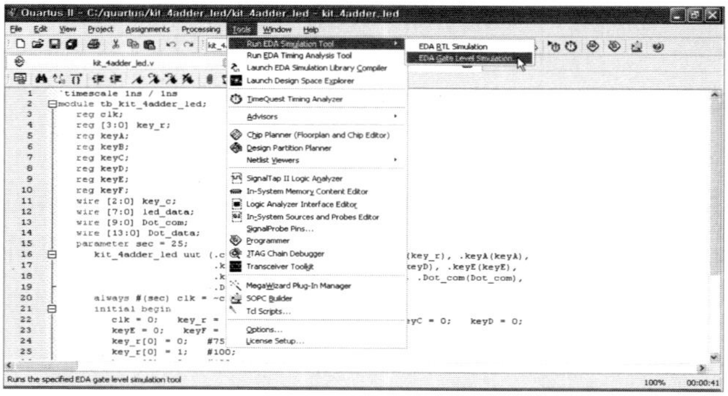

그림 4.10.18 [Tools] → [Run EDA Simulation Tool] → [EDA Gate Level Simulation...] 메뉴 선택

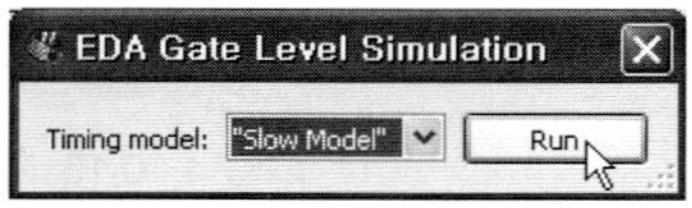

그림 4.10.19
EDA Gate Level Simulation 화면에서 Run 버튼 클릭

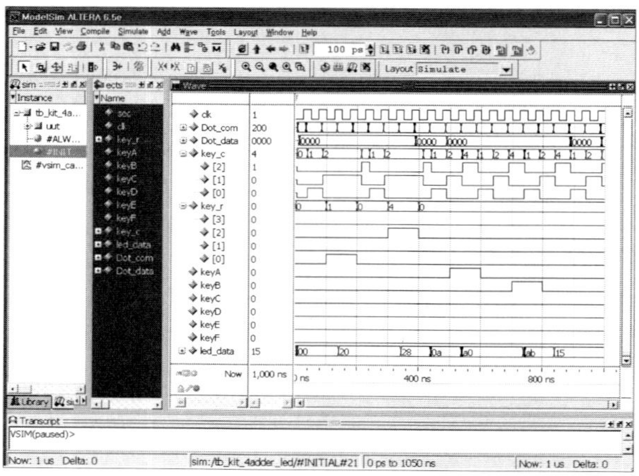

그림 4.10.20 ModelSim-Altera Edition 6.5e에서 타이밍 시뮬레이션이 자동적으로 수행된 화면

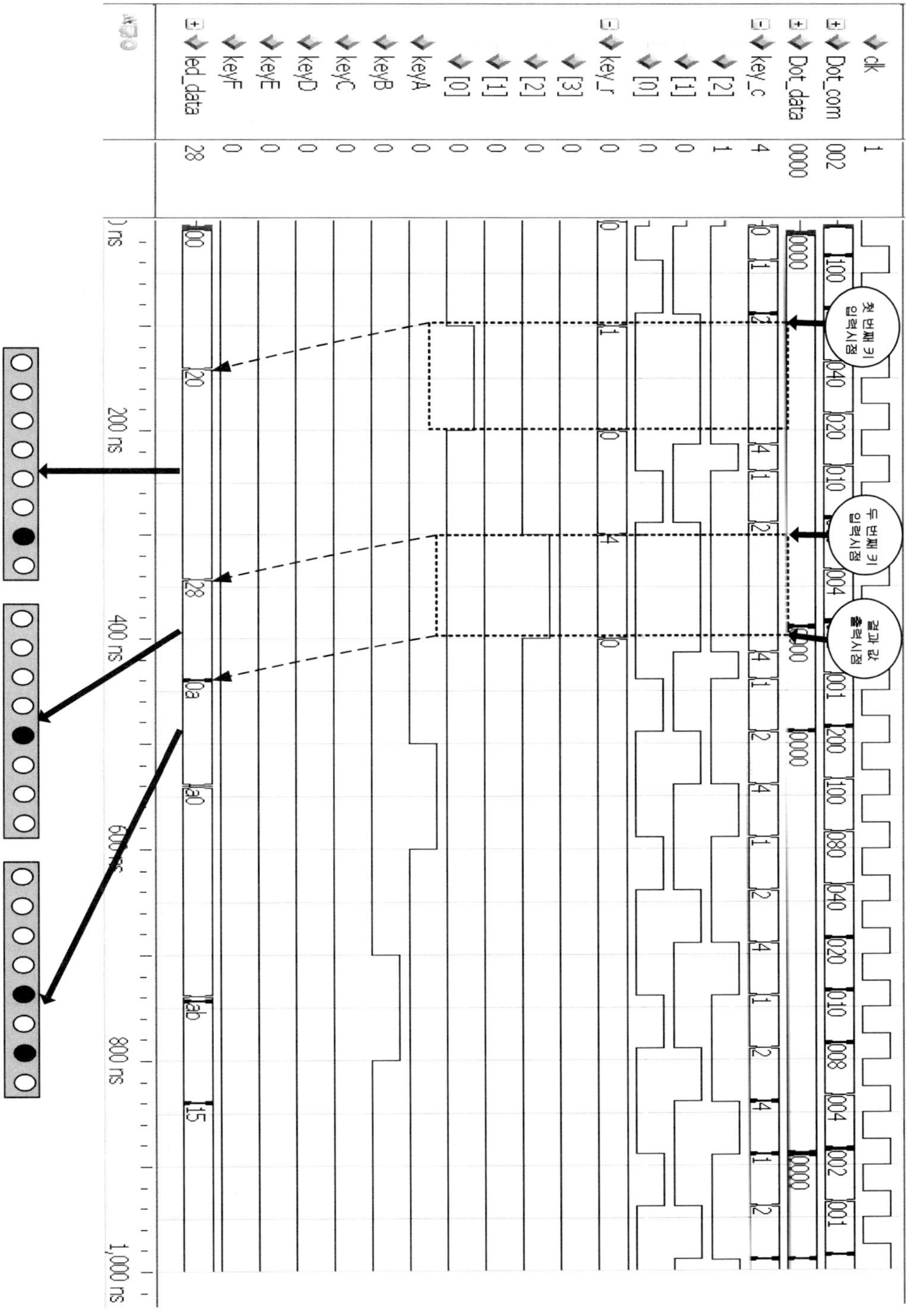

그림 4.10.21 kit_4adder_led 전체블록에 대한 타이밍 시뮬레이션 결과- 파형

그림 4.10.21의 타이밍 시뮬레이션 결과 파형을 분석해 보면 다음과 같다. 먼저 첫 번째 2 키를 누르면 key_c[1]과 key_r[0]이 High가 되는 순간에 led_data의 8비트 중에서 상위 4비트에 2 값이 하위 4비트에 0 값이 출력되어진다. 다음에 두 번째 8 키를 누르면 key_c[1]과 key_r[2]가 High가 되는 순간에 led_data의 8비트 중에서 상위 4비트에 2 값이 하위 4비트에 8 값이 출력되어진다. 한편, 덧셈된 결과 값인 10은 두 번째 키 입력이 눌렀다 떼어지는 순간(Low → High)에 led_data의 8비트 중에서 상위 4비트에 0 값이 하위 4비트에 a 값이 출력되어진다. 여기서 두 번째로 눌린 키 값이 8 키라는 것은 [3:0] key_r 값을 입력파형으로 0100로 설정하였고 출력 값인 [2:0] key_c가 010 값이 출력되었으므로 표 4.5.1에서 나타난 바와 같이 8 키가 눌린 것으로 인식되어진다.

4.11 설계한 kit_4adder_led 전체블록에 대하여 프로그래밍 과정 수행하기

프로그래밍 과정은 설계 및 검증이 끝난 전체블록을 전용 다운로드 케이블을 이용하여 디바이스 모듈의 JTAG 커넥터로 FPGA 디바이스와 Configuration PROM에 다운로드 하는 과정이다. 프로그래밍 과정을 수행하기 위해서는 먼저 그림 4.11.1과 같이 Quartus II의 풀다운 메뉴에서 [Tools]의 서브 메뉴인 [Programmer]를 선택하거나, 상단의 아이콘 중에서  아이콘을 마우스의 왼쪽 버튼으로 클릭하면 그림 4.11.2와 같이 Programmer 화면이 나타나게 된다. 이때 Hardware Setup 항목에 No Hardware 표시가 나타나면 사용자의 PC에 ALTERA 디바이스에 프로그래밍 하기 위한 장치가 설정되지 않은 상태임을 표시하는 것이다. 따라서 HBE-COMBOII 트레이닝 키트는 ByteBlaster II 라는 하드웨어 장치를 사용하여 ALTERA 디바이스를 프로그래밍 하기 때문에 ByteBlaster II 하드웨어를 등록 해 주어야 한다.

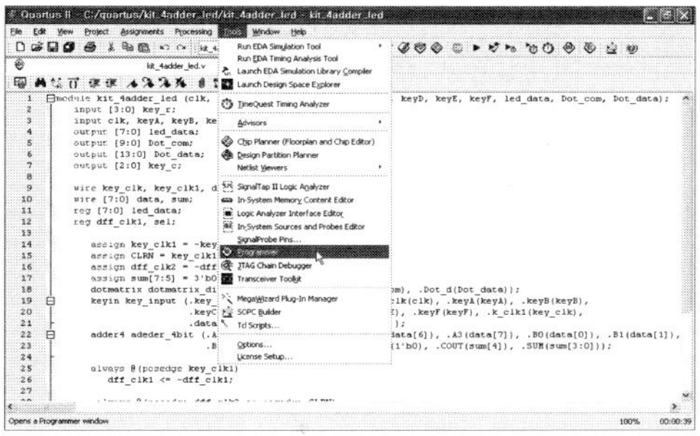

그림 4.11.1 [Tools] → [Programmer] 메뉴 선택

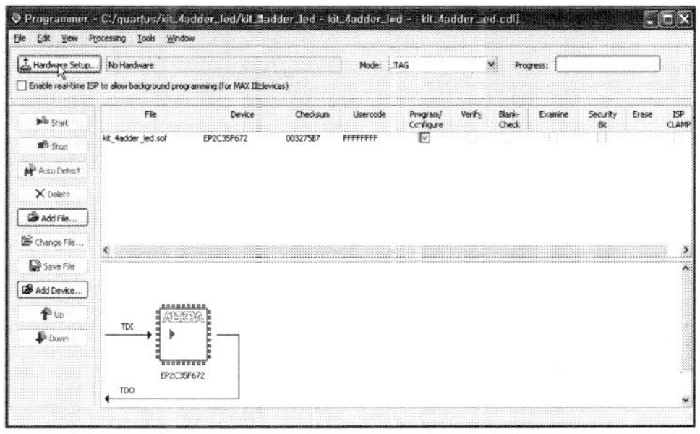

그림 4.11.2 Programmer 화면

ByteBlasterMV 또는 ByteBlaster II는 PC의 Parallel Port에 장착이 되어 사용되는 장치로써 FLEX 계열의 ICR(In Circuit Reconfigurability)과 MAX 계열의 ISP(In System Programmability)를 지원한다. ByteBlasterMV 또는 ByteBlaster II를 설치하려면 그림 4.11.3과 같이 PC의 Parallel Port에 ByteBlasterMV 또는 ByteBlaster II를 설치하고 10-pin female plug를 사용자가 제작한 PCB 보드에 연결하면 된다.

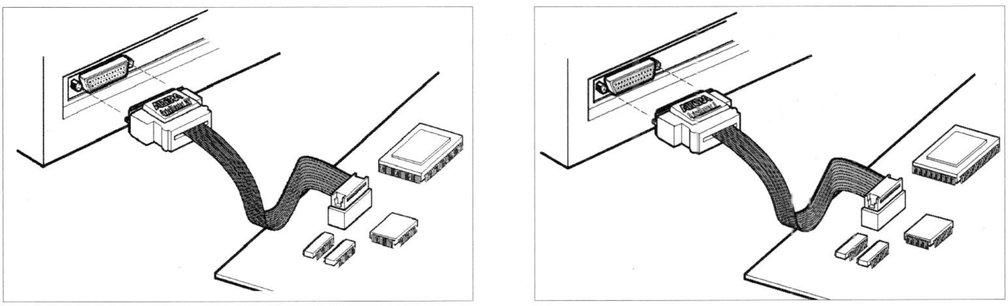

그림 4.11.3 ByteBlasterMV 또는 ByteBlaster II 설치

그림 4.11.2의 Programmer 화면 상단의 [Hardware Setup...] 아이콘을 마우스의 왼쪽 버튼으로 클릭하면, 그림 4.11.4와 같이 하드웨어를 등록해 주는 Hardware Setup 화면이 나타나게 된다. 그림 4.11.4의 화면에서 [Add Hardware...] 버튼을 마우스의 왼쪽 버튼으로 클릭하면, 그림 4.11.5와 같이 하드웨어를 추가 시키는 Add Hardware 화면이 나타난다. 이때 Hardware type: 항목에 ByteBlasterMV or ByteBlasterII, Port: 항목에 LPT1을 마우스의 왼쪽 버튼으로 클릭하여 설정하면 된다.

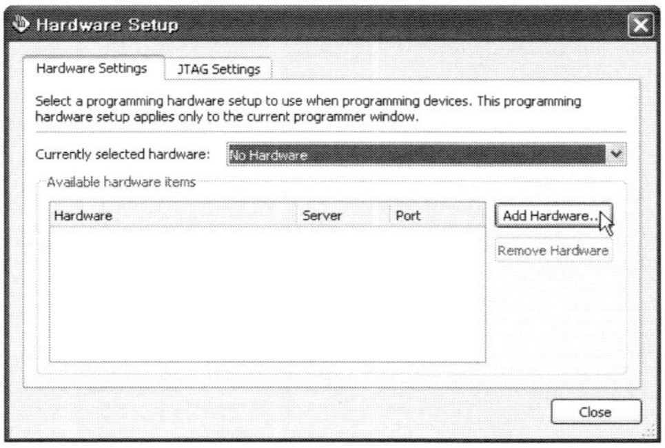

그림 4.11.4 Hardware Setup 화면

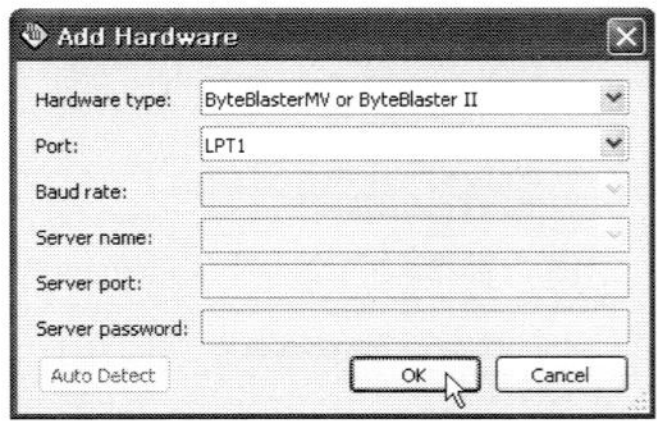

그림 4.11.5 Add Hardware 화면

그림 4.11.5의 화면에서 OK 버튼을 마우스의 왼쪽 버튼으로 클릭하면, 그림 4.11.6의 Hardware Setup 화면에서 Available hardware items: 항목에 같이 앞서 설정한 값들이 등록된다. 다음에 사용자가 Currently selected hardware: 항목에 마우스의 왼쪽 버튼으로 클릭하여 ByteBlasterII[LPT1]을 설정하여야 한다. 다음에 그림 4.11.6의 화면에서 Choose 버튼을 마우스의 왼쪽 버튼으로 클릭하면, 그림 4.11.7과 같이 Programmer 화면의 Hardware Setup: 항목에 ByteBlasterII[LPT1]이 설정된다.

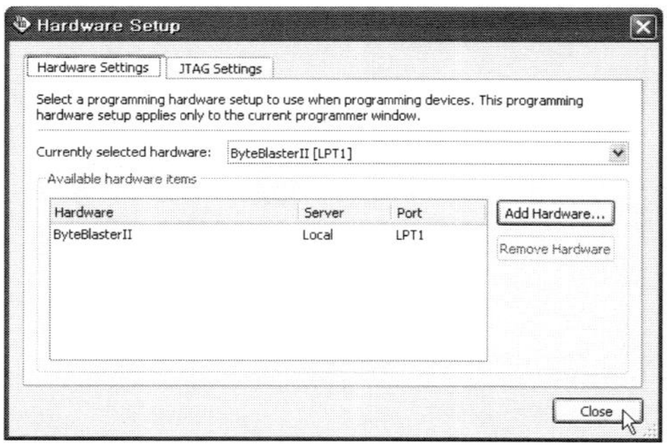

그림 4.11.6 앞서 설정한 항목들이 등록된 Hardware Setup 화면 그림

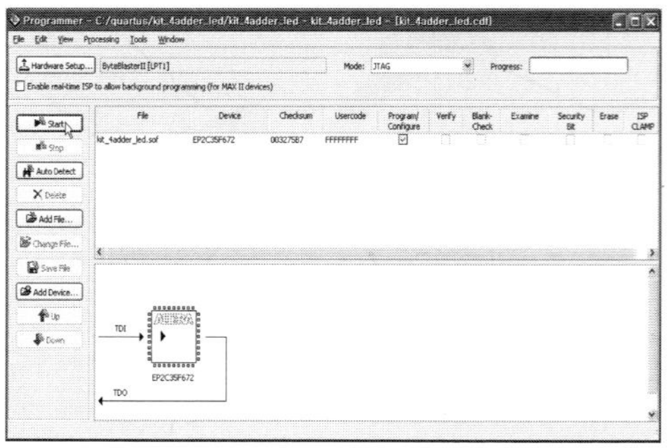

4.11.7 Programmer 화면의 Hardware Setup: 항목에 ByteBlasterII[LPT1]이 설정됨

4.11.1 ALTERA FPGA 디바이스로의 다운로드

ALTERA FPGA 디바이스는 RAM 타입의 디바이스로서 전원을 OFF 할 경우에 디바이스 내부의 데이터가 사라지기 때문에 다시 전원을 ON 하더라도 이전의 동작이 계속 유지가 되지 않는다. 그래서 전원을 켤 때마다 디바이스에 재 프로그램 해 주어야 한다. ALTERA

FPGA 디바이스로의 다운로드를 진행하기 전에 주의할 사항은 디바이스의 사용하지 않는 핀에 대하여 input tri-stated 상태로 설정을 해주어야만 디바이스의 과열반응이 없어진다. 이 설정을 위하여 먼저 그림 4.11.8과 같이 Quartus II의 풀다운 메뉴에서 [Assignments]의 서브 메뉴인 [Device..]를 선택하면, 그림 4.11.9와 같이 Device 화면이 나타나게 된다.

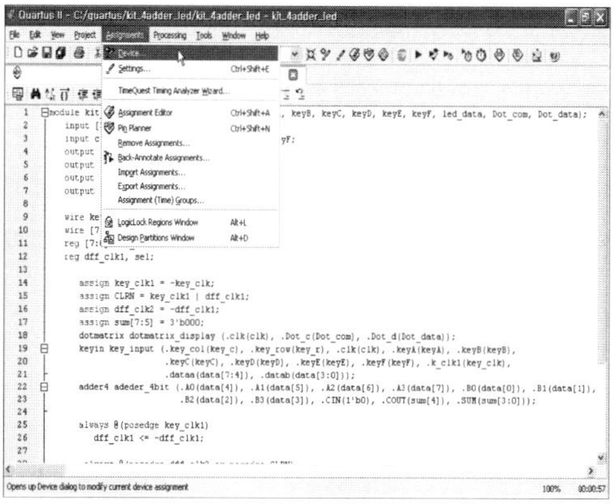

그림 4.11.8 [Assignments] → [Device..] 메뉴 선택

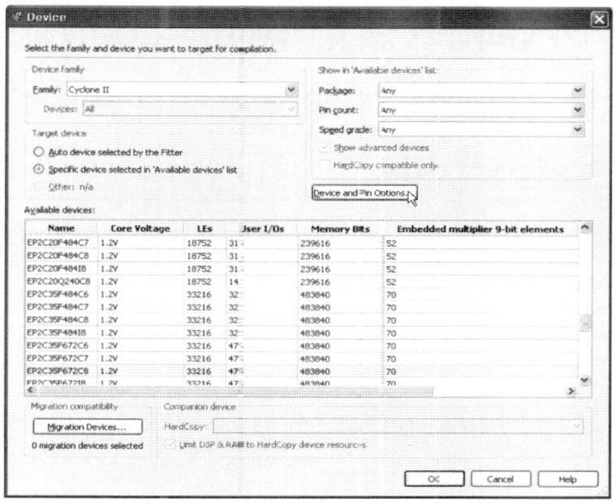

그림 4.11.9 Device 화면

다음에 그림 4.11.9의 화면에서 [Device and Pin Options...] 버튼을 마우스의 왼쪽 버튼으로 클릭하면, 그림 4.11.10과 같이 Device and Pin Options 화면이 나타나게 된다. 그림 4.11.10의 화면과 같이 Category: 항목에서 Unused Pins 항목을 선택한 후에, Reserve all unused pins: 부분을 As input tri-stated로 설정하고 [OK] 버튼을 마우스의 왼쪽 버튼으로 클릭하면 설정을 마치게 된다. 설정을 마친 후에는 반드시 컴파일 과정을 다시 수행하여야 한다.

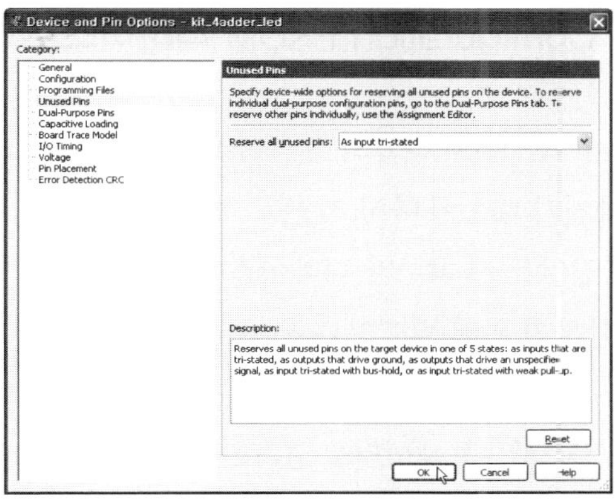

그림 4.11.10 As input tri-stated로 설정하고 [OK] 버튼을 마우스의 왼쪽 버튼으로 클릭

다음에 그림 4.11.11의 Programmer 화면에서 반드시 Program/Configure 항목을 선택하고  버튼을 마우스의 왼쪽 버튼으로 클릭하면, 사용자가 선택한 ALTERA FPGA 디바이스로 다운로드가 그림 4.11.12와 같이 진행된다. 사용자가 설계한 kit_4adder_led 전체블록에 대한 ALTERA FPGA 디바이스로의 다운로드가 정상적으로 완료되면 그림 4.11.13과 같이 ALTERA FPGA 디바이스로의 다운로드가 성공하였다는 메시지가 나타나게 된다. 이제 HBE-COMBOII 트레이닝 키트의 동작이 가능하게 된다. 한편, HBE-COMBOII 트레이닝 키트의 Clock Select를 8번으로 맞추어 클록 주파수가 10KHz로 설정되도록 한다.

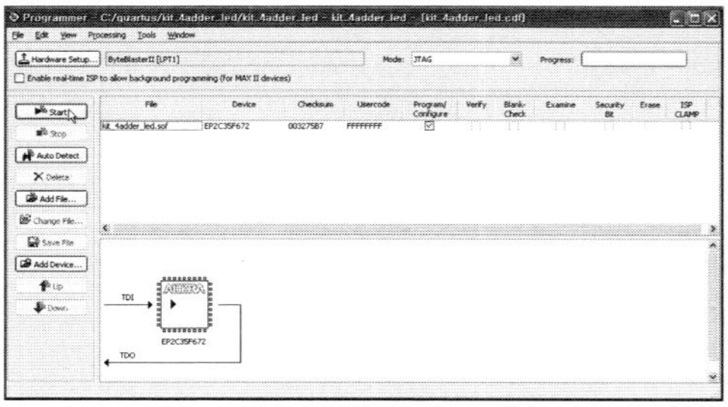

그림 4.11.11 Programmer 화면

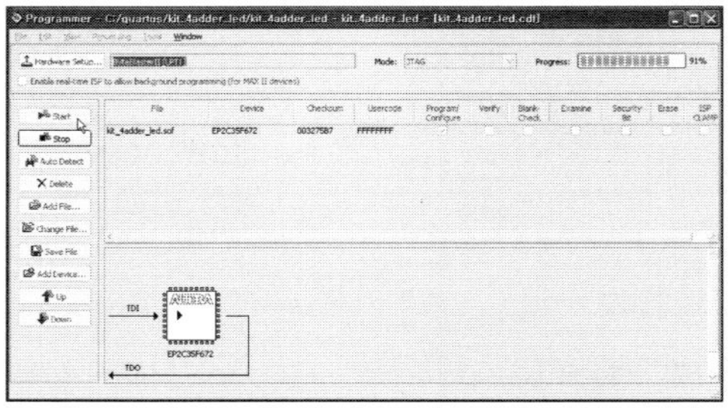

그림 4.11.12 ALTERA FPGA 디바이스로의 다운로드 진행 과정

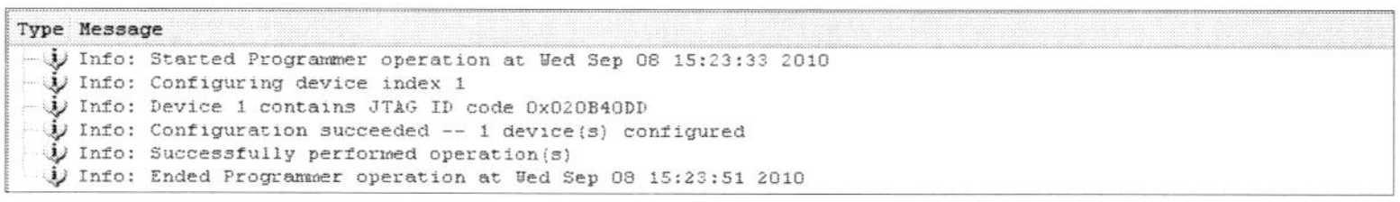

그림 4.11.13 ALTERA FPGA 디바이스로의 다운로드가 성공하였다는 메시지가 나타남

4.11.2 ALTERA Configuration PROM 디바이스로의 다운로드

ALTERA FPGA 디바이스는 RAM 타입의 디바이스로서 전원을 OFF 할 경우에 디바이스 내부의 데이터가 사라지기 때문에 다시 전원을 ON 하더라도 이전의 동작이 계속 유지가 되지 않는다. 그래서 전원을 켤 때마다 디바이스에 재 프로그램 해 주어야 한다. 따라서 이런 불편한 점을 보완하기 위해 별도의 Configuration PROM에 설계 및 검증이 끝난 전체블록을 한 번의 다운로드 과정으로 데이터가 사라지지 않게 Configuration PROM에 저장한 후에, 전원을 켤 때 이 데이터를 ALTERA FPGA 디바이스로 전달하여 HBE-COMBOII 트레이닝 키트의 동작이 가능하게 한다. HBE-COMBOII 트레이닝 키트에서 사용되는 Configuration PROM은 ALTERA사의 Serial Configuration PROM인 EPCS16 이

다. 먼저 ALTERA FPGA 디바이스의 다운로드 파일인 확장자가 **.sof** 파일을 Configuration PROM 디바이스에 다운로드 할 수 있는 **.jic** 파일로 변환해 주어야 한다. 이 작업을 위하여 그림 4.11.14와 같이 Quartus II의 풀다운 메뉴에서 [File]의 서브 메뉴인 [Convert Programming Files...]를 선택하면, 그림 4.11.15와 같이 Convert Programming Files 화면이 나타나게 된다.

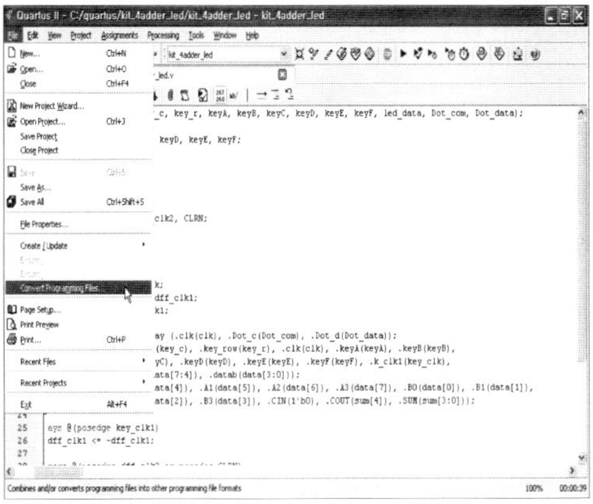

그림 4.11.14 [File] → [Convert Programming Files...] 메뉴 선택

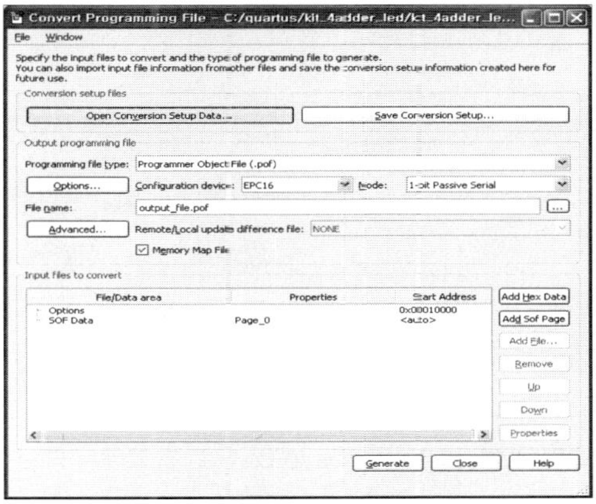

그림 4.11.15 Convert Programming Files 화면

그림 4.11.15 화면의 Output programming file 항목에서는 Programming file_type: 에는 JTAG Indirect Configuration File(.jic), Configuration device: 에는 EPCS16을 선택한 후에 File name: 에는 출력할 **.jic** 파일의 이름을 사용자가 정하여 저장할 경로를 선택하면 된다. 그림 4.11.16에 Output programming file 항목을 설정한 화면이 나타나 있다.

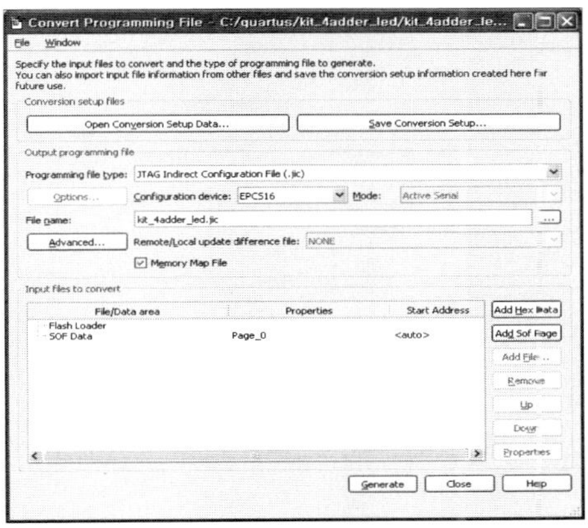

그림 4.11.16 Output programming file 항목을 설정한 화면

다음에 그림 4.11.17과 같이 Input files to convert 항목에서 Flash Loader를 마우스의 왼쪽 버튼으로 클릭하고, [Add Device...] 버튼을 마우스의 왼쪽 버튼으로 클릭하면 그림 4.11.18과 같은 Select Devices 화면이 나타나게 된다.

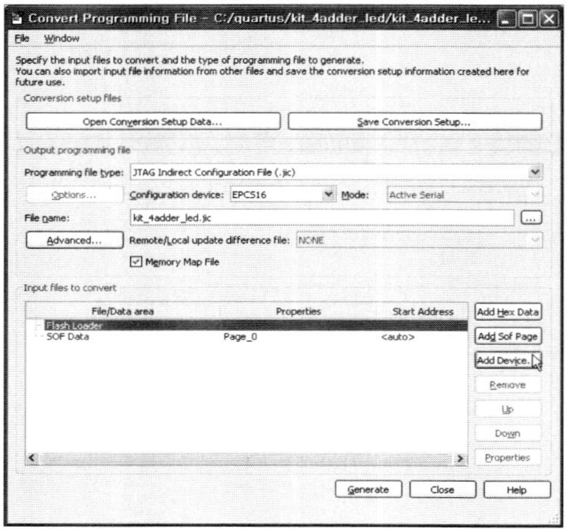

그림 4.11.17 Input files to convert 항목에서 Flash Loader를 마우스의 왼쪽 버튼으로 선택하고 [Add Device...] 버튼을 마우스의 왼쪽 버튼으로 클릭

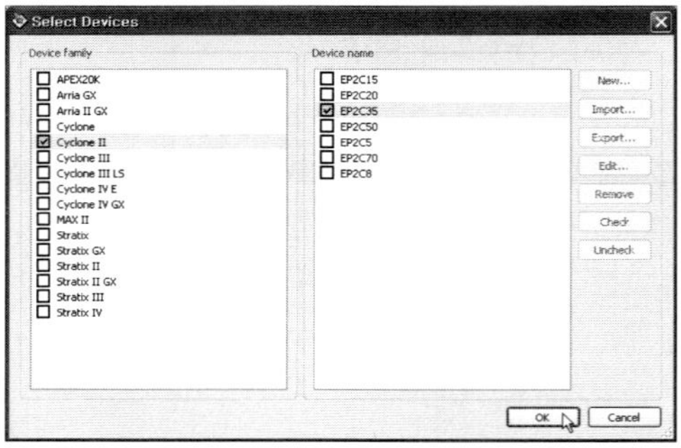

그림 4.11.18 Select Devices 화면

그림 4.11.18의 Select Devices 화면에서 Device family 항목에서는 Cyclone II, Device name 항목에서는 EP2C35를 선택한 후에 [OK] 버튼을 마우스의 왼쪽 버튼으로 클릭하면 그림 4.11.19와 같이 Flash Loader가 설정 되어진다.

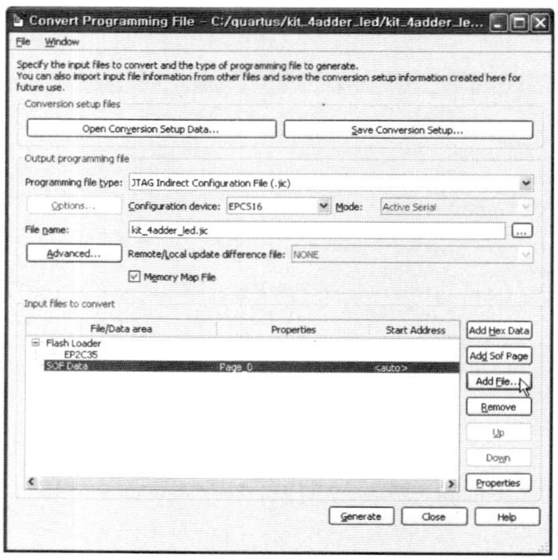

그림 4.11.19 Flash Loader가 설정됨

다음에 그림 4.11.19와 같이 Input files to convert 항목에서 SOF Data를 마우스의 왼쪽 버튼으로 클릭하고, [Add File...] 버튼을 마우스의 왼쪽 버튼으로 클릭하면 그림 4.11.20과 같은 Select Input File 화면이 나타나게 된다. 그림 4.11.20의 화면에서 ALTERA FPGA 디바이스의 다운로드 파일인 확장자가 .sof 파일을 찾아 선택한 후에 [Open] 버튼을 마우스의 왼쪽 버튼으로 클릭하면, 그림 4.11.21과 같이 SOF Data가 설정 되어진다. 그림 4.11.21의 화면에서 [Generate] 버튼을 마우스의 왼쪽 버튼으로 클릭하면 ALTERA FPGA 디바이스의 다운로드 파일인 확장자가 .sof 파일을 Configuration PROM 디바이스에 다운로드 할 수 있는 .jic 파일로 변환해주게 된다.

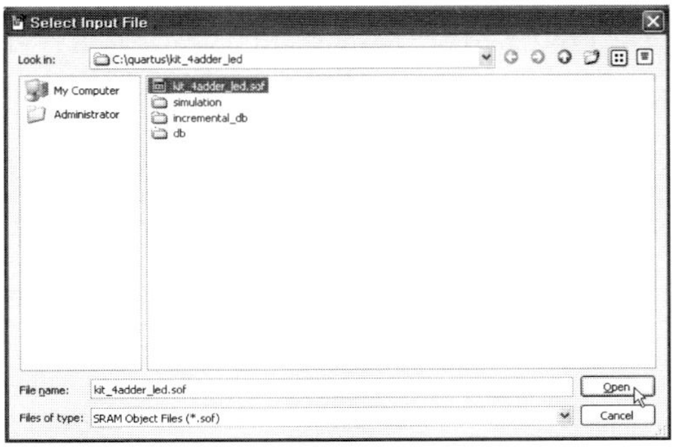

그림 4.11.20 Select Input File 화면

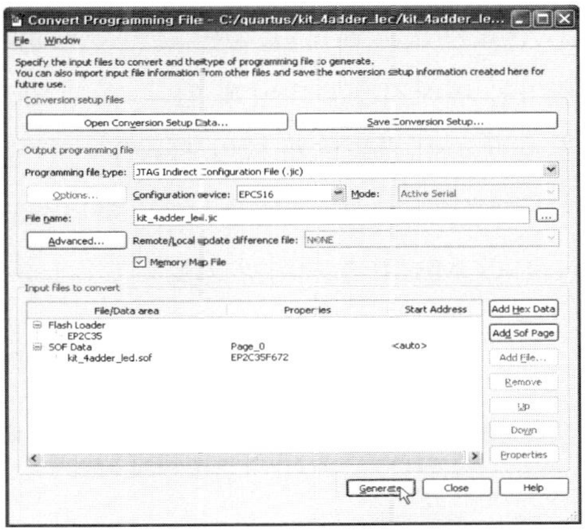

그림 4.11.21 SOF Data가 설정됨

이제 그림 4.11.22의 Programmer 화면에서와 같이 기존의 ALTERA FPGA 디바이스의 다운로드 파일인 확장자가 .sof 파일을 선택한 후에 [Delete] 버튼을 마우스의 왼쪽 버튼으로 클릭하면, 그림 4.11.23과 같이 Programmer 화면에서 제거된다.

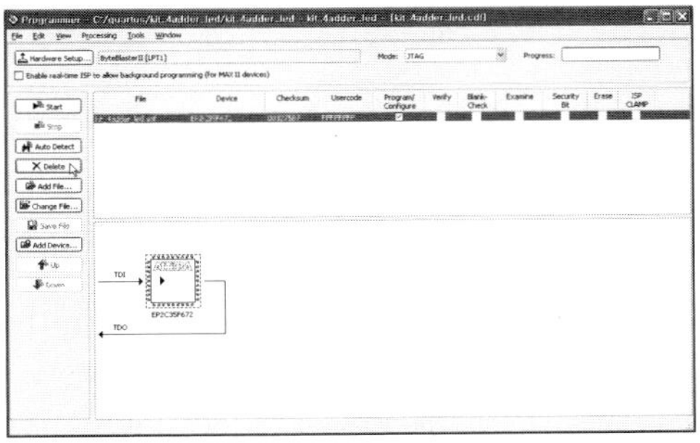

그림 4.11.22 [Delete] 버튼 선택

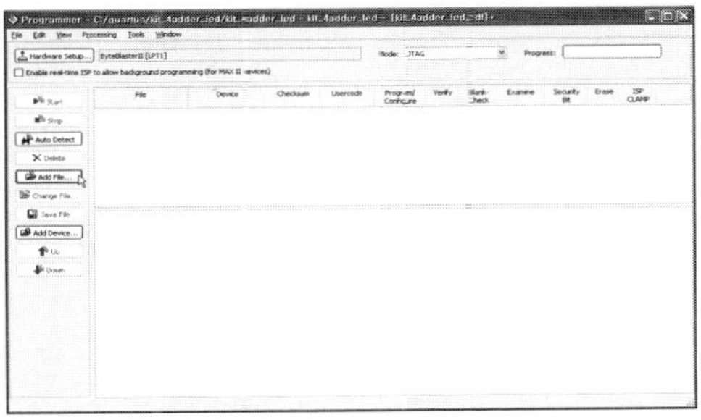

그림 4.11.23 ALTERA FPGA 디바이스의 다운로드 파일이 제거됨

다음에 그림 4.11.23의 화면에서 [Add File...] 버튼을 마우스의 왼쪽 버튼으로 클릭하면, 그림 4.11.24와 같이 Select Programming File 화면이 나타나게 된다. 그림 4.11.24의 화면에서 Configuration PROM 디바이스에 다운로드 할 수 있는 .jic 파일을 찾아 선택한 후에 [Open] 버튼을 마우스의 왼쪽 버튼으로 클릭하면, 그림 4.11.25와 같이 Programmer 화면 Configuration PROM 디바이스에 다운로드 할 수 있는 .jic 파일이 설정 되어진다. 다음에 그림 4.11.25의 Programmer 화면에서 반드시 Program/Configure 항목을 선택하고 [Start] 버튼을 마우스의 왼쪽 버튼으로 클릭하면, 사용자가 선택한 Configuration ROM 디바이스로 다운로드가 그림 4.11.25와 같이 진행된다. 사용자가 설계한 kit_4adder_led 전체블록에 대한 Configuration PROM 디바이스로의 다운로드가 정상적으로 완료되면 그림 4.11.26과 같이 Configuration PROM 디바이스로의 다운로드가 성공하였다는 메시지가 나타나게 된다. 이때 RESET 버튼을 누르면 HBE-COMBOII 트레이닝 키트의 동작이 가능하게 되며 전원을 OFF 할 경우에 디바이스 내부의 데이터가 사라지지 않기 때문에 다시 전원을 ON 하더라도 이전의 동작이 계속 유지가 된다. 한편, HBE-COMBOII 트레이닝 키트의 Clock Select를 8번으로 맞추어 클록 주파수가 10KHz로 설정되도록 한다.

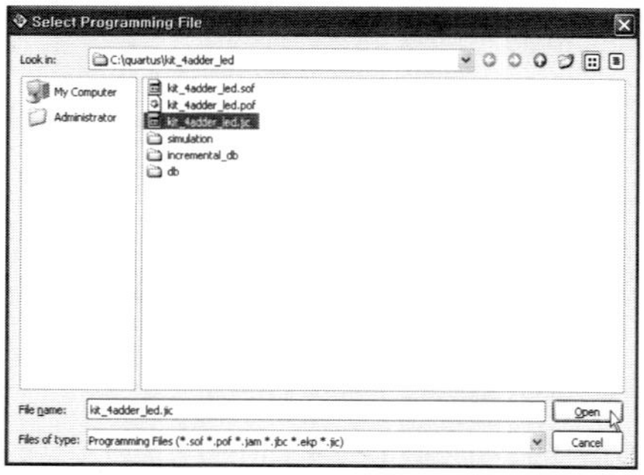

그림 4.11.24 Select programming File 화면

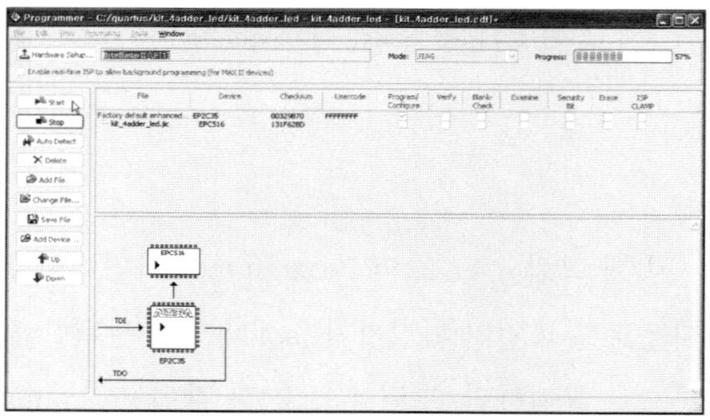

그림 4.11.25 Configuration PROM 디바이스로의 다운로드 진행 과정

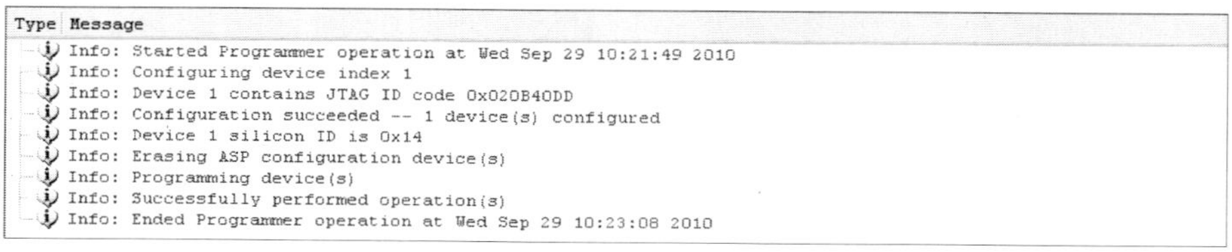

그림 4.11.26 Configuration PROM 디바이스로의 다운로드가 성공하였다는 메시지가 나타남

CHAPTER 05

Verilog HDL을 사용하여 설계한 4비트 2진 덧셈기를 HBE-COMBO II 트레이닝 키트의 7-segment로 출력하기

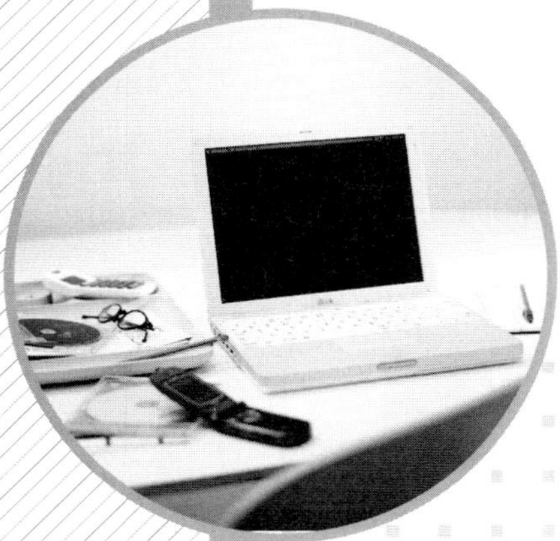

5.1 HBE-COMBOII 트레이닝 키트 상에서의 동작 설명

5.2 HBE-COMBOII 트레이닝 키트의 7-segment에 4비트 2진 덧셈기를 디스플레이 하는 전체블록 개요

5.3 HBE-COMBOII 트레이닝 키트의 7-segment에 4비트 2진 덧셈기를 디스플레이 하는 전체블록의 Verilog HDL 설계하기

5.4 2개의 4비트 2진 코드를 BCD 코드로 변환하고 더하는 블록의 Verilog HDL 설계하기

5.5 keypad의 입력을 4비트 데이터로 변환하고, 변환된 데이터를 A, B 레지스터에 저장하는 keyin 블록의 Verilog HDL 설계하기

5.6 HBE-COMBOII 트레이닝 키트의 7-segment에 출력하는 블록의 Verilog HDL 설계하기

5.7 타이밍 시뮬레이션 파형에 의한 분석 및 검증

5.8 HBE-COMBOII 트레이닝 키트의 led에 4비트 2진 덧셈기를 디스플레이 하는 전체블록 개요

5.1 HBE-COMBO II 트레이닝 키트 상에서의 동작 설명

이 예제는 그림 5.1.1과 같이 사용자가 HBE-COMBO II 트레이닝 키트 내에 있는 0에서 F까지의 키보드를 사용하여 2개의 4비트 데이터를 연속적으로 넣게 되면, 입력된 2개의 4비트 데이터가 BCD 코드로 변환되고 2개의 데이터가 더해져서 입력된 4비트 데이터와 덧셈된 결과가 HBE-COMBO II 트레이닝 키트의 7-segment에 나타나게 된다. 예를 들어 사용자가 8 키와 5 키를 연속적으로 누르게 되면 먼저 HBE-COMBO II 트레이닝 키트에 2개의 4비트 데이터 키 입력에 대한 7-segment가 점등된다. 즉 첫 번째 비트 데이터인 8은 8개의 7-segment중에서 첫 번째 그룹인 A그룹 7-segment에 8의 형태로 점등되고, 두 번째 비트 데이터인 5는 두 번째 그룹인 B그룹 7-segment에 5의 형태로 점등된다. 다음에 2개의 4비트 데이터에 대한 덧셈된 결과 값인 13이 세 번째 그룹인 C그룹 7-segment에 13의 형태로 점등된다. 한편, dotmatrix 블록에서는 "Verilog HDL" 이라는 문자열이 우에서 좌로 이동하면서 디스플레이 된다.

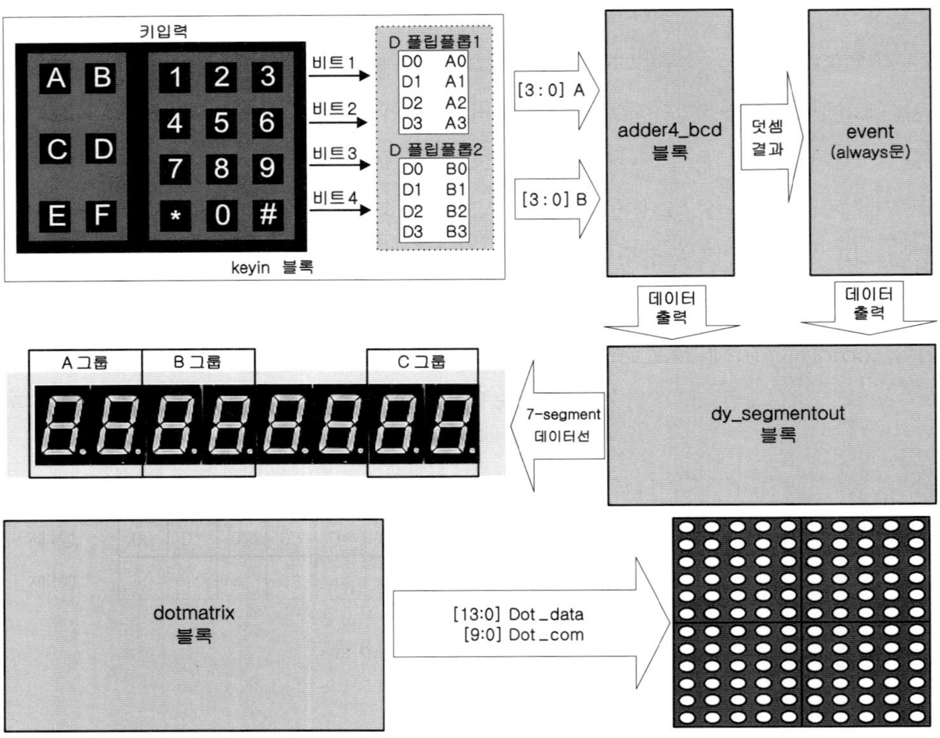

그림 5.1.1 HBE-COMBO II 트레이닝 키트 상에서의 동작 개요

5.2 HBE-COMBO II 트레이닝 키트의 7-segment에 4비트 2진 덧셈기를 디스플레이 하는 전체블록 개요

HBE-COMBO II 트레이닝 키트의 7-segment에 4비트 2진 덧셈기를 디스플레이 하는 kit_4adder_7seg 전체블록은 그림 5.2.1과 같이 크게 keyin 블록과 adder4_bcd 블록과 7-segment decoder 블록 등으로 구성된다. HBE-COMBO II HBE-COMBO II 트레이닝 키트의 keypad는 3×4 keypad와 6개의 버튼 스위치로 구성되어 있다. 버튼 스위치는 A 키에서 F 키까지로서 직접 입력이 되도록 구성되어져 있으며, 3×4 keypad는 0에서 9까지의 키들과 *, # 등의 키들로 구성되어있다. 한편, 3×4 keypad는 스캔방식 구조로써 가로라인과 세로라인에서 동시에 제어하여 입력을 받아 사용할 수 있도록 구성되어 있다. 따라서 0에서 9까지의 스위치 입력 값을 받기 위해서는 키 데이터 스캔 블록(keymatrix)이 필요하다. 키 데이터 스캔 블록에서 스캔한 키 값의 출력은 encoder always문으로 보내진다. 한편, A ~ F까지의 버튼 스위치로 입력되는 데이터는 1비트의 데이터 정보이기 때문에 바로 encoder always문으로 키 값이 보내진다. 따라서 HBE-COMBO II 트레이닝 키트의 keypad로부터 입력되는 데이터는 16비트가 된다. keymatrix 블록에서 스캔한 키 값의 출력은 encoder always문으로 보내진다. 또한, A ~ F까지의 버튼 스위치로 입력되는 데이터는 1비트의 데이터 정보이기 때문에 바로 encoder always문으로 키 값이 보내진다. 따라서 HBE-COMBO II 트레이닝 키트의 keypad로부터 입력되는 데이터는 16비트가 된다. 그러나 adder4_bcd 블록에 적용하기에는 데이터의 비트 수가 다르기 때문에 keypad의 데이터 정보를 변환하고, 출력된 데이터를 A그룹 데이터와, B그룹 데이터로 저장하는 D 플립플롭이 필요하다. 이러한 기능들은 keyin 블록에서 수행된다. 한편, keyin 블록에서 출력되는 2개의 4비트 데이터는 adder4_bcd 블록에서 BCD 코드로 변환하고 변환된 BCD 코드는 더해져서, 더해진 결과는 HBE-COMBO II 트레이닝 키트의 7-segment에 출력된다. 한편, dotmatrix 블록에서는 "Verilog HDL"이라는 문자가 우에서 좌로 이동하면서 디스플레이 된다. 한편, dotmatrix 하위모듈은 4장에서 설계한 Verilog HDL 코드를 사용한다.

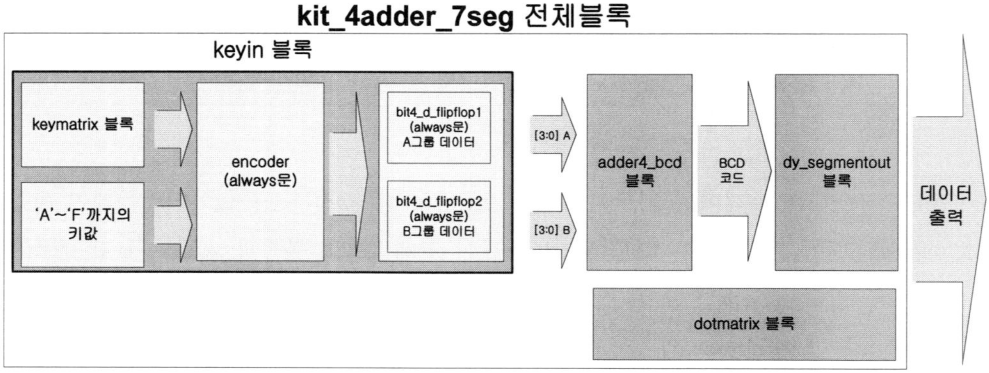

그림 5.2.1 HBE-COMBO II 트레이닝 키트의 7-segment에 4비트 2진 덧셈기를 디스플레이 하는 kit_4adder_7seg 전체블록 개요

5.3 HBE-COMBO II 트레이닝 키트의 7-segment에 4비트 2진 덧셈기를 디스플레이 하는 전체블록의 Verilog HDL 설계하기

5.3.1 모듈 선언 및 입출력 포트 선언(module and input/output port declaration)

그림 5.3.1은 Verilog HDL로 설계하려는 kit_4adder_7seg 전체블록의 모듈 선언 및 입출력 포트 선언을 심볼 형태로 표현한 것이며, 그림 5.3.2는 Verilog HDL로 설계하려는 kit_4adder_7seg 전체블록의 모듈 선언 및 입출력 포트 선언을 나타내고 있다. 한편, module 다음에 오는 kit_4adder_7seg는 이 블록의 모듈명이며 지정어 input과 output 다음에는 입력과 출력 포트들을 나타낸다. 설계하려는 kit_4adder_7seg 전체블록은 지정어 input에 입력 신호를 위한 [3:0] key_r, keyA, keyB, keyC, keyD, keyE, keyF, clk 포트들과 지정어 output에 출력 신호를 위한 [6:0] seg_data, [7:0] sel_dec, [9:0] Dot_com, [13:0] Dot_data, [2:0] key_c 포트들을 기술한다.

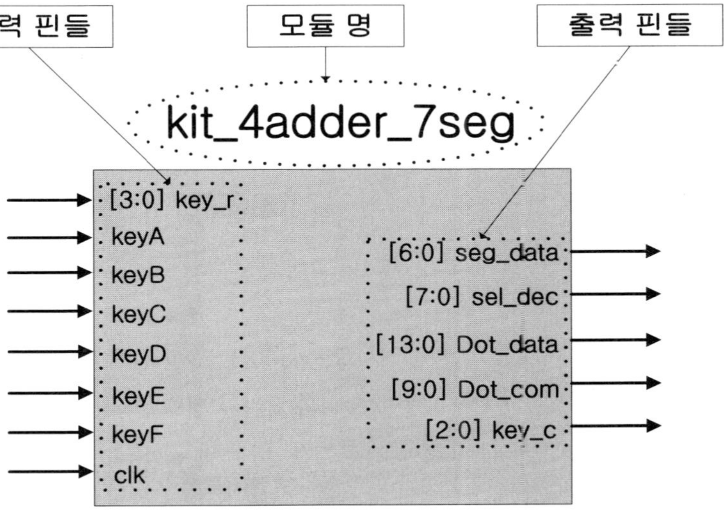

그림 5.3.1 Verilog HDL로 설계하려는 kit_4adder_7seg 전체블록의 모듈 선언 및 입출력 포트 선언을 심볼 형태로 표현한 것

```
module bitadder(clk, key_c, key_r, keyA, keyB, keyC, keyD, keyE, keyF, seg_data, sel_dec,
                Dot_com, Dot_data);
   input [3:0] key_r;
   input clk, keyA, keyB, keyC, keyD, keyE, keyF;
   output [2:0] key_c;
   output [7:0]sel_dec;
   output [6:0] seg_data;
   output [9:0] Dot_com;
   output [13:0] Dot_data;

                ~

endmodule
```

그림 5.3.2 Verilog HDL로 설계하려는 kit_4adder_7seg 전체블록의 모듈 선언 및 입출력 포트 선언

5.3.2 논리회로 표현(logic circuit representation)

모듈 선언 및 입출력 포트 선언이 되었으므로 설계 블록의 내부 동작 또는 연결 구조를 기술하는 논리회로 표현을 하여야 한다. 설계하려는 kit_4adder_7seg 전체블록에서 부품

간의 연결에 사용되는 신호선 k_clk1, seg10a, seg10b 등과 버스 신호선 [3:0] data_a, [3:0] data_b, [3:0] seg1a, [3:0] seg1b, [3:0] seg_1s, [1:0] seg_10s 등을 지정어인 wire로 선언한다. 또한 [3:0] seg1s, [1:0] seg10s, count 등은 always문의 출력으로 사용되므로 지정어인 reg로 선언한다. 선언이 끝나면 하드웨어의 내부동작을 기술해야 하는데 여기서는 앞서 이미 설계한 하위모듈들을 이용하여 이들 상호간을 연결하여 블록을 설계하는 구조적 표현 방법과 always문을 사용하여 kit_4adder_7seg 전체블록을 설계하는 동작적 표현 방법을 혼합하여 사용하기로 한다.

그림 5.3.3은 Verilog HDL로 설계하려는 kit_4adder_7seg 전체블록의 논리회로를 심볼 형태로 표현 한 것이다. keyin 하위모듈에 8 키와 5 키가 입력이 되면 이 값을 4비트 2진 코드로 바꿔서 [3:0] dataa와 [3:0] datab에 저장한다. 다음에 keyin 하위모듈에서 넘겨받은 2개의 4비트 2진 코드 [3:0] dataa과 [3:0] datab는 adder4_bcd 하위모듈에서 bin4bin2bcd1 (태스크)를 통해 BCD 코드로 변환이 되고, 두 값이 덧셈 된다. 그리고 입력받은 [3:0] dataa, [3:0] datab와 두 값이 덧셈된 결과를 모두 BCD로 변환하여 출력한다. 한편, dy_segmentout 하위모듈은 adder4_bcd 하위모듈에서 변환된 seg10a, [3:0] seg1a, seg10b, [3:0] bcd1b와 덧셈 결과인 [1:0] seg10s, [3:0] seg1s를 입력으로 받는다. 입력받은 값들은 HBE-COMBO II 트레이닝 키트의 7-segment에 동적 디스플레이 되는데, 초기동작에서 7-segment는 모두 OFF 되어진다. 이때 k1, k2, k3 등은 0으로 초기화 되어 있다. 만약 8 키가 눌리게 되면 A그룹의 7-segment가 [3:0] data_a의 변환된 BCD 코드를 출력하고 k1은 1, 5 키가 눌리면 B그룹의 7-segment가 [3:0] data_b의 변환된 BCD 코드를 출력하고 k2가 1로 된다. 다음에 5 키가 눌렸다 떨어지게 되면 C그룹의 7-segment가 두 입력 값을 덧셈해서 BCD 코드로 변환한 값을 출력하고 k3이 1로 된다. 한편 kit_4adder_7seg 블록에서 두 번째 키가 눌렸다 떨어지는 시점은 count 신호가 1이고 k_clk1 신호가 하강에지 신호일 때이며, 이때 event always문에서 [3:0] seg_1s → [3:0] seg1s, [1:0] seg_10s → [1:0] seg10s로 출력한다. A, B, C 그룹의 7-segment중 10의 자리 7-segment는 값이 0일 경우 OFF 된다. 2번 이상의 키 입력이 들어오면 A, B, C 그룹의 7-segment는 계속해서 ON 된다. 한편, dotmatrix 하위모듈은 4장에서 설계한 Verilog HDL 코드를 사용하며, “Verilog HDL”이라는 문자가 우에서 좌로 이동하면서 디스플레이 된다. 한편, 그림 5.3.4는 Verilog HDL로 설계하려는 kit_4adder_7seg 전체블록의 논리회로 표현을 나타내고 있다.

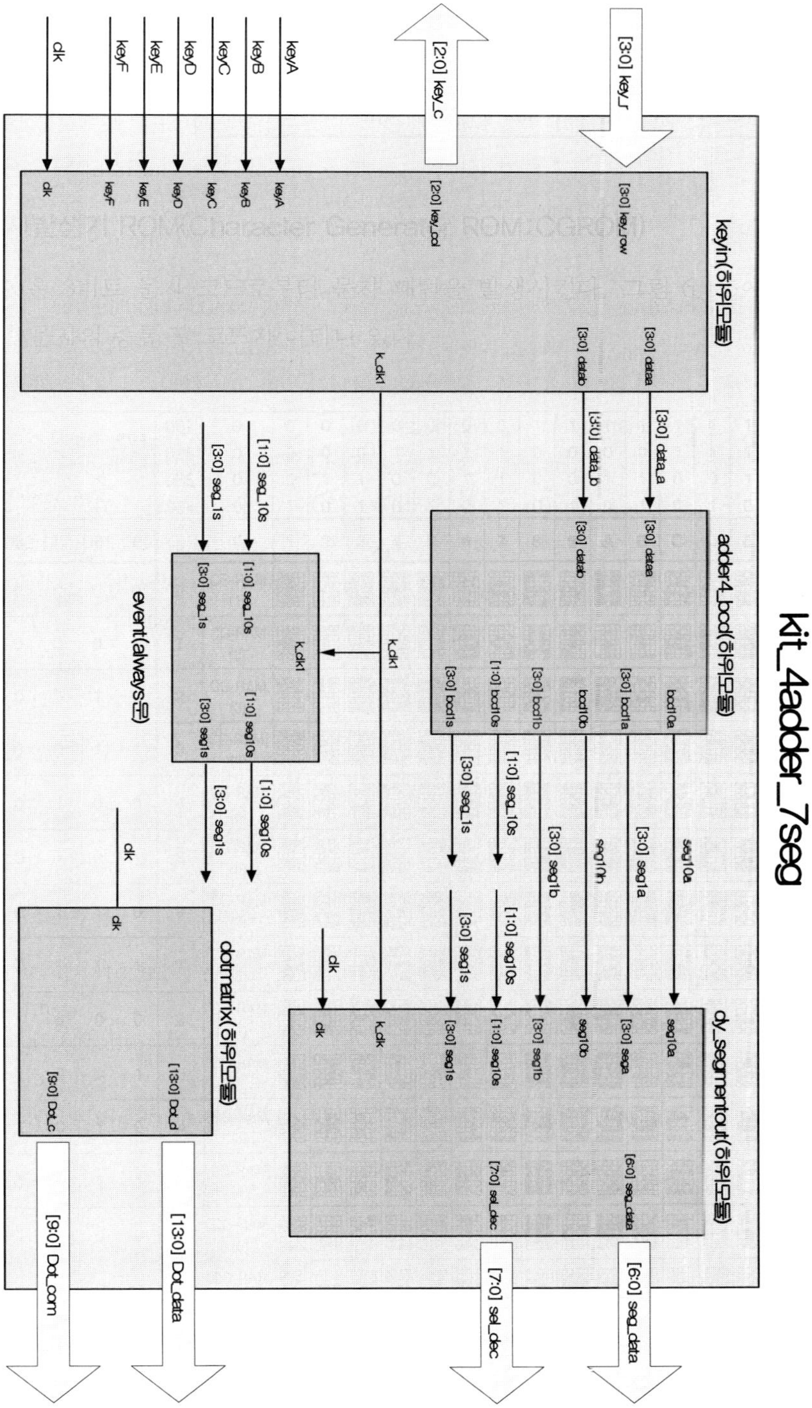

그림 5.3.3 Verilog HDL로 설계하려는 kit_4adder_7seg 전체블록의 논리회로를 심볼 형태로 표현한 것

```
wire [3:0] data_a, data_b, seg1a, seg1b, seg_1s;
wire [1:0] seg_10s;
wire seg10a, seg10b, k_clk1;
reg [3:0] seg1s;
reg [1:0] seg10s;
reg count;

   dotmatrix dotmatrix_display (.clk(clk), .Dot_c(Dot_com), .Dot_d(Dot_data));
   keyin key_input (.key_col(key_c), .key_row(key_r), .clk(clk), .keyA(keyA), .keyB(keyB),
                    .keyC(keyC), .keyD(keyD), .keyE(keyE), .keyF(keyF), .k_clk1(k_clk1),
                    .dataa(data_a), .datab(data_b));
   adder4_bcd bcd_trans (.dataa(data_a), .datab(data_b), .bcd1a(seg1a), .bcd10a(seg10a),
                         .bcd1b(seg1b), .bcd10b(seg10b), .bcd1s(seg_1s), .bcd10s(seg_10s));
   dy_segmentout dynamic_display (.clk(clk), .k_clk1(k_clk1), .seg1a(seg1a), .seg10a(seg10a),
                                  .seg1b(seg1b), .seg10b(seg10b), .seg1s(seg1s), .seg10s(seg10s),
                                  .sel_dec(sel_dec), .seg_data(seg_data));

   always @(negedge k_clk1)                          // event
   begin
      if (count == 0)   count <= count + 1;
      else
      begin
         seg1s  <= seg_1s;
         seg10s <= seg_10s;
         count  <= 0;
      end
   end
```

그림 5.3.4 Verilog HDL로 설계하려는 kit_4adder_7seg 전체블록의 논리회로 표현

5.4 2개의 4비트 2진 코드를 BCD 코드로 변환하고 더하는 블록의 Verilog HDL 설계하기

5.4.1 모듈 선언 및 입출력 포트 선언(module and input/output port declaration)

그림 5.4.1은 Verilog HDL로 설계하려는 adder4_bcd 블록의 모듈 선언 및 입출력 포트 선언을 심볼 형태로 표현한 것이며, 그림 5.4.2는 Verilog HDL로 설계하려는 adder4_bcd 블록의 모듈 선언 및 입출력 포트 선언을 나타내고 있다. 한편, module 다음에 오는 adder4_bcd는 이 블록의 모듈명이며 지정어 input과 output 다음에는 입력과 출력 포트들을 나타낸다. 설계하려는 adder4_bcd 블록은 지정어 input에 입력 신호를 위한 [3:0] dataa, [3:0] datab 포트들과 지정어 output에 출력 신호를 위한 [3:0] bcd1a, bcd10a, [3:0] bcd1b, bcd10b, [3:0] bcd1s, [1:0] bcd10s 포트들을 기술한다.

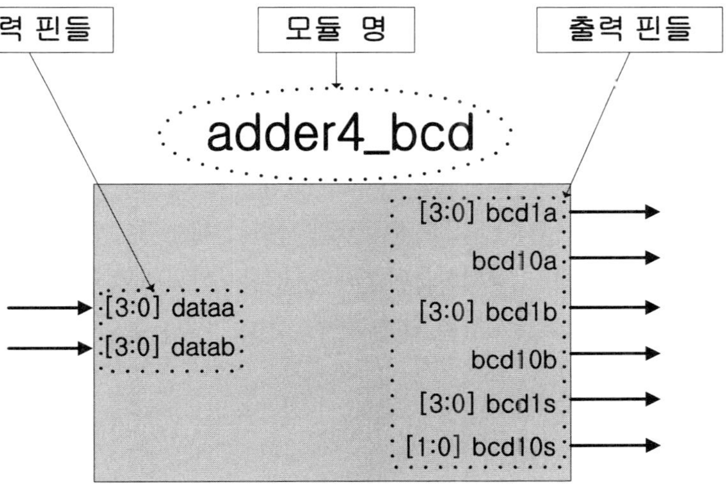

그림 5.4.1 Verilog HDL로 설계하려는 adder4_bcd 블록의 모듈 선언 및 입출력 포트 선언을 심볼 형태로 표현한 것

```
module adder4_bcd(dataa, datab, bcd1a, bcd1b, bcd1s, bcd10a, bcd10b, bcd10s);
   input [3:0] dataa, datab;
   output [3:0] bcd1a, bcd1b, bcd1s;
   output [1:0] bcd10s;
   output bcd10a, bcd10b;

                ~

endmodule
```

그림 5.4.2 Verilog HDL로 설계하려는 adder4_bcd 블록의 모듈 선언 및 입출력 포트 선언

5.4.2 논리회로 표현(logic circuit representation)

모듈 선언 및 입출력 포트 선언이 되었으므로 설계 블록의 내부 동작 또는 연결 구조를 기술하는 논리회로 표현을 하여야 한다. 설계하려는 adder4_bcd 블록에서 [4:0] sum, [3:0] bcd1a, [3:0] bcd1b, [3:0] bcd1s, [1:0] carrys, [1:0] bcd10s, bcd10a, bcd10b 등은 always문의 출력으로 사용되므로 지정어인 reg로 선언한다. 선언이 끝나면 하드웨어의 내부동작을 기술해야 하는데 여기서는 태스크와 always문을 사용하여 adder4_bcd 블록을 설계하는 동작적 표현 방법을 사용하기로 한다.

표 5.4.1의 2진 코드와 BCD 코드의 변환표에 나타난 바와 같이 0부터 9까지는 2진 코드와 BCD 코드의 값이 같으나 10 이상부터는 다르다. 따라서 10 이상부터는 2진 코드 값에 '6'을 더하여 BCD 코드 값을 생성하게 된다.

표 5.4.1 2진 코드와 BCD 코드의 변환표

No	2진 코드					BCD 코드				
	carry	data(3)	data(2)	data(1)	data(0)	10의 자리	1의 자리			
0	0	0	0	0	0	0	0	0	0	0
1	0	0	0	0	1	0	0	0	0	1
2	0	0	0	1	0	0	0	0	1	0
3	0	0	0	1	1	0	0	0	1	1
4	0	0	1	0	0	0	0	1	0	0
5	0	0	1	0	1	0	0	1	0	1
6	0	0	1	1	0	0	0	1	1	0
7	0	0	1	1	1	0	0	1	1	1
8	0	1	0	0	0	0	1	0	0	0
9	0	1	0	0	1	0	1	0	0	1
10	0	1	0	1	0	1	0	0	0	0
11	0	1	0	1	1	1	0	0	0	1
12	0	1	1	0	0	1	0	0	1	0
13	0	1	1	0	1	1	0	0	1	1
14	0	1	1	1	0	1	0	1	0	0
15	0	1	1	1	1	1	0	1	0	1
16	1	0	0	0	0	1	0	1	1	0
17	1	0	0	0	1	1	0	1	1	1
18	1	0	0	1	0	1	1	0	0	0

그림 5.4.3은 Verilog HDL로 설계하려는 adder4_bcd 블록의 논리회로를 심볼 형태로 표현 한 것이다. 먼저 입력된 4비트 2진 코드를 bcd1a, bcd10a, bcd1b, bcd10b로 분리하여 BCD 코드로 변환하기 위해 bin4bin2bcd1의 태스크를 이용하였다. bin4bin2bcd1의 태스크는 입력된 4비트 2진 코드를 BCD 코드로 변환하는 역할을 수행한다. 만약 입력된 값이 10을 넘는다면 1의 자리 수(s)는 입력 값에 +6을 하여 반환하고, 캐리(c)는 1로 반환한다. 그렇지 않으면 입력 값을 1의 자리 수(s)로 반환하고, 캐리(c)는 0을 반환한다. [3:0] bcd1a는 BCD 코드로 변환된 A데이터의 1의 자리, bcd10a는 BCD 코드로 변환된 A데이터의 10의 자리, [3:0] bcd1b는 BCD 코드로 변환된 B데이터의 1의 자리, bcd10b는 BCD로 변환된 B데이터의 10의 자리를 의미한다. 한편 변환된 데이터는 dy_segmentout 블록으로 입력된다. 다음에 BCD 코드로 변환된 값들을 10의 자리끼리 더해서 10의 자리를 만들고, 1의 자리끼리 더해서 1의 자리 수를 결정하고, 이 때 carry가 발생하면 [1:0] carrys 변수에 적용되

고, 10의 자리에 [1:0] carrys와 1을 더해준다. 한편, 그림 5.4.4는 Verilog HDL로 설계하려는 adder4_bcd 블록의 논리회로 표현을 나타내고 있다.

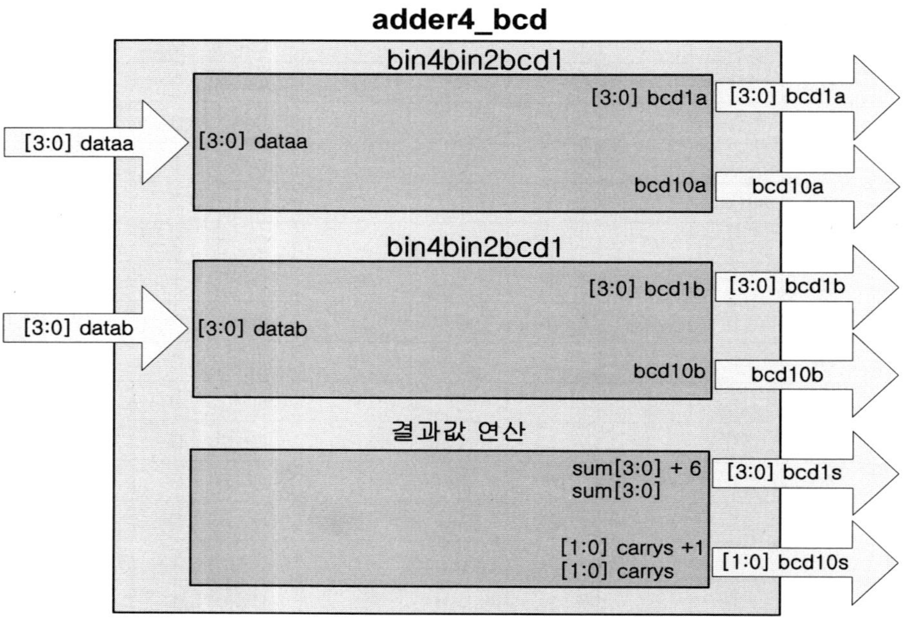

그림 5.4.3 Verilog HDL로 설계하려는 adder4_bcd 블록의 논리회로를 심볼 형태로 표현한 것

```
reg [4:0] sum;
reg [3:0] bcd1a, bcd1b, bcd1s;
reg [1:0] bcd10s, carrys;
reg bcd10a, bcd10b;

   task bin4bin2bcd1;
      input [3:0] a;
      output [3:0] s;
      output c;
      reg [3:0] a;
      reg c;
      begin
         if (a >= 10)
         begin
```

```
            s <= a+6;
            c <= 1;
        end
        else
        begin
            s <= a;
            c <= 0;
        end
    end
endtast

always @(dataa or datab)
begin
    bin4bin2bcd1(dataa, bcd1a, bcd10a);
    bin4bin2bcd1(datab, bcd1b, bcd10b);
    carrys <= bcd10a + bcd10b;
    sum    <= bcd1a + bcd1b;
    if (sum >= 10)
    begin
        bcd1s  <= sum[3:0] + 6;
        bcd10s <= carrys + 1;
    end
    else
    begin
        bcd1s  <= sum[3:0];
        bcd10s <= carrys;
    end
end
```

그림 5.4.4 Verilog HDL로 설계하려는 adder4_bcd 블록의 논리회로 표현

5.5 keypad의 입력을 4비트 데이터로 변환하고, 변환된 데이터를 A, B 레지스터에 저장하는 keyin 블록의 Verilog HDL 설계하기

5.5.1 keyin 블록의 Verilog HDL 설계하기

(1) 모듈 선언 및 입출력 포트 선언(module and input/output port declaration)

그림 5.5.1은 Verilog HDL로 설계하려는 keyin 블록의 모듈 선언 및 입출력 포트 선언을 심볼 형태로 표현한 것이며, 그림 5.5.2는 Verilog HDL로 설계하려는 keyin 블록의 모듈 선언 및 입출력 포트 선언을 나타내고 있다. 한편, module 다음에 오는 keyin은 이 블록의 모듈 명이며 지정어 input과 output 다음에는 입력과 출력 포트들을 나타낸다. 설계하려는 keyin 블록은 지정어 input에 입력 신호를 위한 keyA, keyB, keyC, keyD, keyE, keyF, clk, [3:0] key_row 포트들과 지정어 output에 출력 신호를 위한 [3:0] dataa, [3:0] datab, k_clk1, [2:0] key_col 포트들을 기술한다.

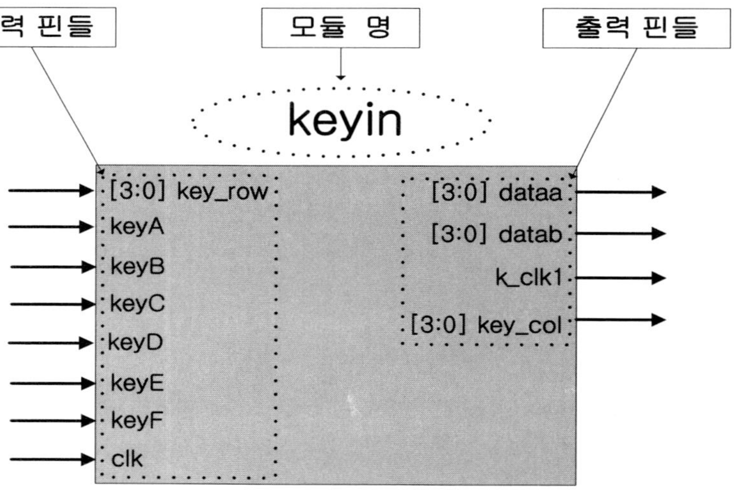

그림 5.5.1 Verilog HDL로 설계하려는 keyin 블록의 모듈 선언 및 입출력 포트 선언을 심볼 형태로 표현한 것

```
module keyin(key_row, clk, keyA, keyB, keyC, keyD, keyE, keyF, dataa, datab,
             key_col, k_clk1);
   input [3:0] key_row;
   input clk, keyA, keyB, keyC, keyD, keyE, keyF;
   output [2:0] key_col;
   output k_clk1;
   output [3:0] dataa, datab;
                        ~
endmodule
```

그림 5.5.2 Verilog HDL로 설계하려는 keyin 블록의 모듈 선언 및 입출력 포트 선언

(2) 논리회로 표현(logic circuit representation)

모듈 선언 및 입출력 포트 선언이 되었으므로 설계 블록의 내부 동작 또는 연결 구조를 기술하는 논리회로 표현을 하여야 한다. 설계하려는 keyin 블록에서 부품간의 연결에 사용되는 신호선 k_clk, d2_clk와 버스 신호선 [9:0] key 지정어인 wire로 선언한다. 또한 값을 저장해야 하는 플립플롭의 출력으로 사용되는 신호선인 d1_clk, k_clk1, [3:0] kcode, [3:0] dataa, [3:0] datab 등은 always문의 출력으로 사용되므로 지정어인 reg로 선언한다. 다음에 설계하려는 keyin 블록에서 사용될 keymatrix 하위모듈을 선언한다. 선언이 끝나면 하드웨어의 내부동작을 기술해야 하는데 여기서는 앞서 이미 설계한 하위모듈을 이용하여 이들 상호간을 연결하여 블록을 설계하는 구조적 표현 방법과 always문을 사용하여 keyin 블록을 설계하는 동작적 표현 방법을 혼합하여 사용하기로 한다.

그림 5.5.3은 Verilog HDL로 설계하려는 keyin 블록의 논리회로를 심볼 형태로 표현 한 것이다. HBE-COMBO II 트레이닝 키트의 keypad는 3×4 keypad와 6개의 버튼 스위치로 구성되어 있다. 버튼 스위치는 A키에서 F키까지로서 직접 입력이 되도록 구성되어져 있으며, 3×4 keypad는 0에서 9까지의 키들과 *, # 등의 키들로 구성되어있다. 한편, 3×4 keypad는 스캔방식 구조로써 가로라인과 세로라인에서 동시에 제어하여 입력을 받아 사용할 수 있도록 구성되어 있다. 따라서 0에서 9까지의 스위치 입력 값을 받기 위해서는 키 데이터 스캔 하위모듈(keymatrix)가 필요하다. keymatrix 하위모듈에서 스캔한 키 값의 출력은 encoder always문으로 보내진다. 한편, A ~ F까지의 버튼 스위치로 입력되는 데이터는 1비트의 데이터 정보이기 때문에 바로 encoder always문으로 키 값이 보내진다. 따라서 HBE-COMBO II 트레이닝 키트의 keypad로부터 입력되는 데이터는 16비트가 된다. 먼저 keyin 블록에서는 키 입력을 encoder always문을 통해 4비트 데이터로 변환하고, 변환된 데이터를 bit4_d_flipflop1 always문, bit4_d_flipflop2 always문에 임시로 저장하고, [3:0] dataa,

[3:0] datab의 데이터를 출력하는 역할을 한다. 한편 keymatrix 하위모듈은 [3:0] key_row과 [2:0] key_col의 신호 값을 비교하여 [9:0] key 신호를 출력한다. HBE-COMBO II 트레이닝 키트의 16개의 키로 부터 입력되는 16비트 데이터는 encoder always문을 거쳐서 4비트의 데이터로 변경된다. 이렇게 encoder always문을 거쳐서 출력되는 데이터 [3:0] kcode는 bit4_d_flipflop1 always문, bit4_d_flipflop2 always문에 순차적으로 저장된다. bit4_d_flipflop1 always문, bit4_d_flipflop2 always문은 d1_clk, d2_clk에 의해서 데이터를 저장하는데, d1_clk, d2_clk 등은 동기화된 키 입력에 의해서 발생하는 k_clk1에 의해서 발생하는 신호이다. 한편, k_clk1의 입력 변화(Low→High)가 있을 때 d1_clk는 High로 변화되면서 bit4_d_flipflop1 always문에 encoder always문을 통해 출력되는 데이터 [3:0] kcode를 저장한다. 한편, 두 번째 키 입력 변화가 생길 때는 d2_clk가 High로 변화되면서 bit4_d_flipflop2 always문에 encoder always문을 통해 출력되는 데이터를 저장한다. d1_clk, d2_clk에 데이터를 저장하는 시점을 키의 입력 변화를 이용하였다. 그림 5.5.4에 k_clk, k_clk1, d1_clk, d2_clk 등의 파형이 나타나 있다. k_clk는 키 입력이 들어올 때 High가 되는데 클록과 동기되지 않아 안정된 동작이 되지 않으므로 반드시 키 입력을 클록과 동기 시켜야 한다. 따라서 D 플립플롭 always문의 감지_리스트에 외부 클록인 clk를 선언하고 clk가 상승에지 일 때 출력을 k_clk의 값을 k_clk1으로 출력되게 하여 외부 클록인 clk와 동기시킨다. 다음에 k_clk1을 T 플립플롭 always문의 클록으로 인가하여 d1_clk를 출력으로 생성한다. 이때 d1_clk 파형은 T 플립플롭 always문의 Q의 출력이 되므로 k_clk1 파형이 Low에서 High로 변할 때 현재 파형의 반대 파형이 된다. 따라서 d1_clk 파형이 Low에서 High로 되는 시점인 A는 동기화된 첫 번째 키가 눌리는 시점이다. d2_clk는 d1_clk의 반대 파형이 되므로 Low에서 High로 되는 시점인 B는 동기화된 두 번째 키가 눌리는 시점이다. 예를 들어 첫 번째에 8 키를 눌렀다 떼고 두 번째에 5 키를 눌렀다 떼었다고 하였을 때, 처음 8 키가 눌려지면 (k_clk1이 Low→High) encoder always문의 출력이 1000(8)이 된다. bit4_d_flipflop1 always문의 클록단자에는 d1_clk 신호를, bit4_d_flipflop2 always문의 클록단자에는 d2_clk 신호를 연결하였기 때문에 첫 번째 키가 눌리는 시점에 d1_clk 파형이 Low에서 High로 되므로 bit4_d_flipflop1 always문에만 1000(8)이 입력되게 된다. 한편, 두 번째 5 키가 눌리는 시점에 d2_clk 파형이 Low에서 High로 되므로 두 번째로 눌려진 5 키의 입력 값인 0101(5)은 bit4_d_flipflop2 always문에만 0101(5)이 입력되게 된다. 한편, keymatrix 하위모듈은 4장에서 설계한 Verilog HDL 코드를 사용한다. 그림 5.5.5는 Verilog HDL로 설계하려는 keyin 블록의 논리회로 표현을 나타내고 있다.

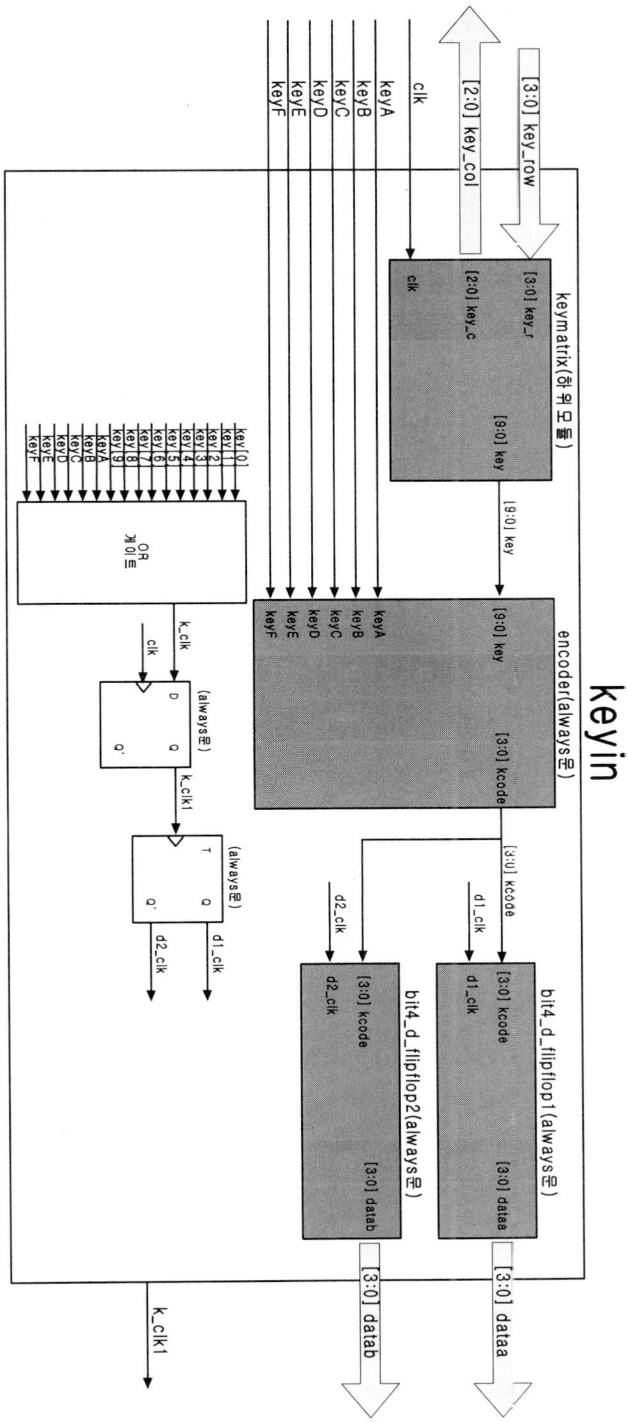

그림 5.5.3 Verilog HDL로 설계하려는 keyin 블록의 논리회로를 심볼 형태로 표현한 것

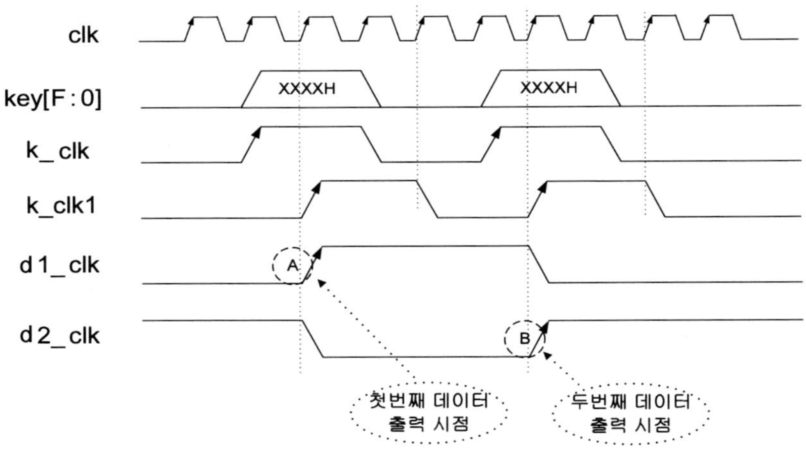

그림 5.5.4 k_clk, k_clk1, d1_clk, d2_clk 등의 파형

```
reg [3:0] kcode, dataa, datab;
reg d1_clk, k_clk1;
wire [9:0] key;
wire k_clk, d2_clk;

   assign d2_clk = ~d1_clk;
   assign k_clk = (key[0] | key[1] | key[2] |key[3] | key[4] | key[5] | key[6] |
                   key[7] | key[8] | key[9] | keyA | keyB | keyC | keyD | keyE |
                   keyF);

   keymatrix matrix (.clk(clk), .key_c(key_col), .key_r(key_row), .key(key));

   always @(k_clk)                                    // encoder
   begin
      if      (key[0]) kcode <= 4'b0000;
      else if (key[1]) kcode <= 4'b0001;
      else if (key[2]) kcode <= 4'b0010;
      else if (key[3]) kcode <= 4'b0011;
      else if (key[4]) kcode <= 4'b0100;
      else if (key[5]) kcode <= 4'b0101;
      else if (key[6]) kcode <= 4'b0110;
      else if (key[7]) kcode <= 4'b0111;
      else if (key[8]) kcode <= 4'b1000;
      else if (key[9]) kcode <= 4'b1001;
      else if (keyA)   kcode <= 4'b1010;
      else if (keyB)   kcode <= 4'b1011;
      else if (keyC)   kcode <= 4'b1100;
```

```
    else if (keyD)    kcode <= 4'b1101;
    else if (keyE)    kcode <= 4'b1110;
    else if (keyF)    kcode <= 4'b1111;
    else              kcode <= 4'b0000;
end

always @(posedge clk)                    // D F/F
    k_clk1 <= k_clk;
always @(posedge k_clk1)                 // T F/F
begin
    d1_clk <= ~d1_clk;
end

always @(posedge d1_clk)                 // bit4_d_flipflop1
    dataa <= kcode;

always @(posedge d2_clk)                 // bit4_d_flipflop2
    datab <= kcode;
```

그림 5.5.5 Verilog HDL로 설계하려는 keyin 블록의 논리회로 표현

5.6 HBE-COMBO II 트레이닝 키트의 7-segment에 출력하는 블록의 Verilog HDL 설계하기

그림 5.6.1은 HBE-COMBO II 트레이닝 키트에서 숫자를 표시하는 7-segment 출력장치에 대하여 나타내고 있다. 각 segment(a, b, c, d, e, f, g)는 7개의 led로 구성되어 있어 7-segment라고 부른다. led는 애노드(anode, A)와 캐소드(cathode, K) 단자가 있는데 HBE-COMBO II 트레이닝 키트에서는 모든 캐소드들을 함께 묶는 공통 음극(common cathode) 방식으로 설계되어 있다. 각 애노드에는 전류를 제한하기 위하여 직렬로 저항들이 연결되고 신호 입력이 0V 또는 5V가 입력되어 7-segment 즉 led를 동작시켜서 원하는 숫자를 만든다. 물론 스위치가 닫혀야 신호 입력에 따라 저항을 통하여 전류가 7-segment로 전달된다. 그리고 점(h)을 나타내는 segment가 하나 더 있다.

(a) 7-segment 디스플레이

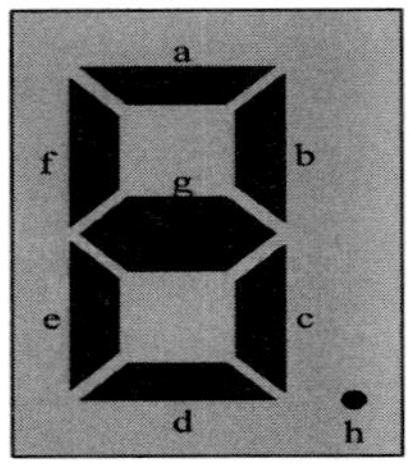

(b) 7-segment 구별

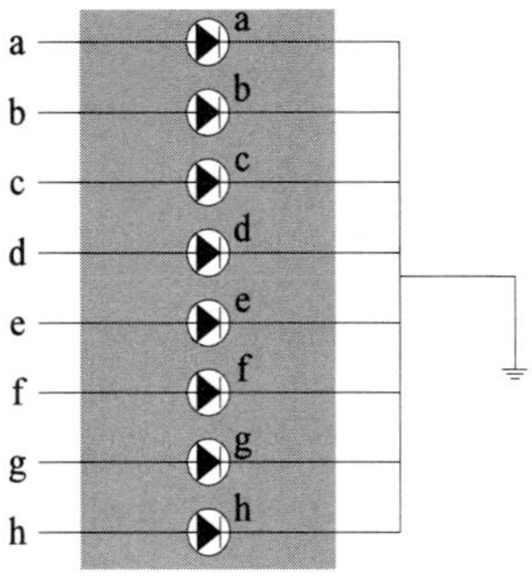

(c) 공통 음극 방식

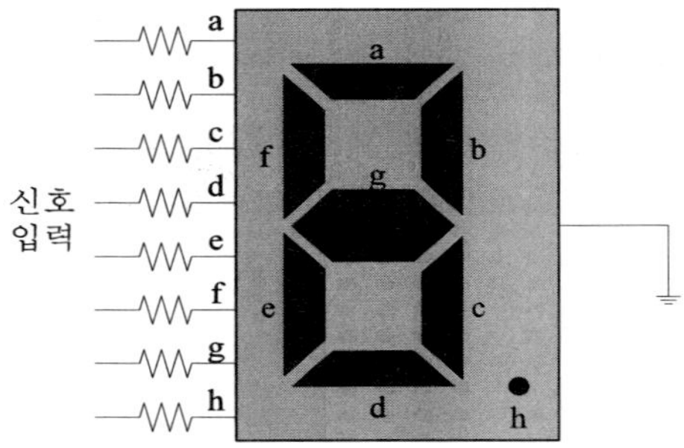

(d) 구동 회로

그림 5.6.1 7-segment 디스플레이

7-segment 디스플레이를 제어하는 방식에는 정적 디스플레이(static display)와 동적 디스플레이(dynamic display) 방법이 있다. 그림 5.6.2는 정적 디스플레이 방식을 나타내고 있다. 각 7-segment(a, b, c, d, e, f, g, h)들을 구동하기 위해서 개별 신호 선들이 모두 할당되어 있으므로, 정적 디스플레이 방식을 사용한 7-segment 구동회로 설계는 매우 간단하게 이루어진다. 만일 1개의 7-segment만을 구동하기 위해서는 8개의 출력 신호 선들이 필요하다. HBE-COMBO II 트레이닝 키트의 7-segment를 구동하는 LPM 함수를 이용한 RAM 설계의 경우, 1개의 7-segment를 사용하므로 논리회로 설계는 간단하게 이루어진다. 그러나 많은 수의 7-segment들을 구동하려면 많은 출력 신호 선들이 요구된다. 즉 HBE-COMBO II 트레이닝 키트에서 제공하는 8개의 7-segment들을 사용한다면 이들 7-segment를 구동하기 위한 출력 신호 선들의 수는 64개(8개의 7-segment들×8개 [7-segment 1개당 신호선수])가 된다. 항상 사용되는 7-segment들이 ON 되어 있으므로 전력소모가 많다.

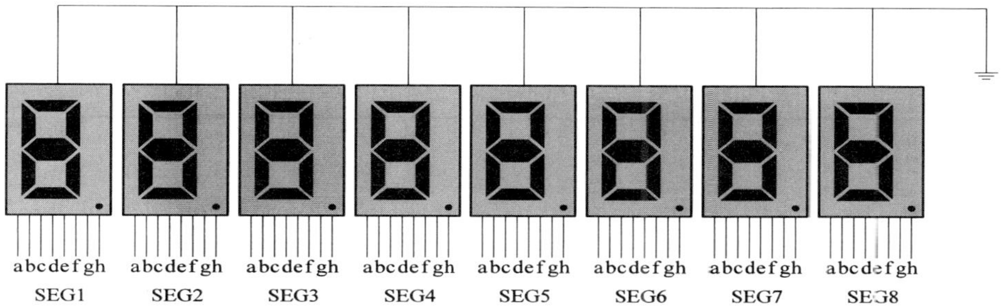

그림 5.6.2 정적 디스플레이 방식

그림 5.6.3의 동적 디스플레이 방식은 정적 디스플레이 방식과의 크게 두 가지의 차이점을 갖고 있다. 첫 번째로는 각 7-segment(a, b, c, d, e, f, g, h)들을 구동하기 위해서 개별 신호 선들은 모두 공통으로 연결된다는 것이다. 즉 각 7-segment들의 모든 7-segment들은 공통으로 연결된다. 그러므로, 사용되는 7-segment의 개수에는 관계없이 8개의 출력 신호 선들이 필요하다. 두 번째로는 8개의 외부 제어선(SEG_CON1 ~SEG_CON8)을 통하여 각 7-segment들의 동작을 제어한다. 따라서, HBE-COMBOII 트레이닝 키트에서 제공하는 7-segment들을 사용한다면, 필요한 출력 신호 선들의 개수는 16개(7-segment(a, b, c, d, e, f, g, h) 구동하기 위한 8개의 출력 신호 선들과 7-segment 동작을 제어하는 외부 제어선용 8개의 출력 신호선들)가 된다. 만일 1개의 7-segment를 사용한다하더라도 필요한 출력 신호 선들의 개수는 16개이다. 동적 디스플레이 방식은 외부 제어 선에 의해서 반드시 한 개의 7-segment만 동작되고 나머지 7-segment들은 OFF 상태가 되므로 전력소모가 적으나, 외부 제어 선들을 제어하므로 정적 디스플레이 방식보다 복잡하다. HBE-COMBO II 트레이닝 키트는 동적 디스플레이 방식과 공통 음극 방식을 사용하였다. 그림 5.6.3은 HBE-COMBO II 트레이닝 키트에 사용된 동적 디스플레이 방식을 보이고 있다.

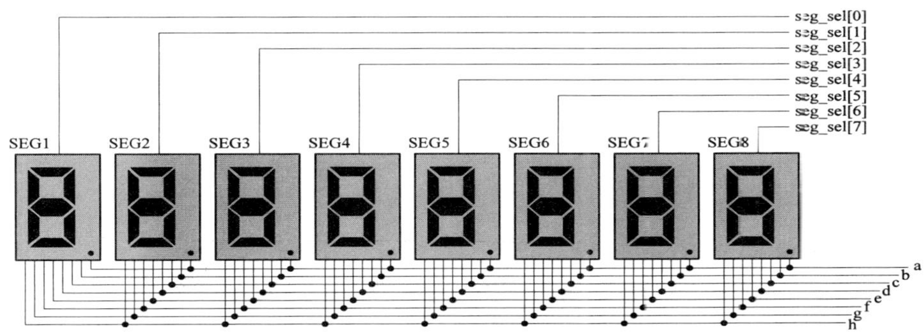

그림 5.6.3 동적 디스플레이 방식

5.6.1 모듈 선언 및 입출력 포트 선언(module and input/output port declaration)

그림 5.6.4는 입력받은 6개의 BCD 코드를 HBE-COMBOII 트레이닝 키트의 7-segment에 동적 디스플레이하는 블록을 Verilog HDL로 설계하려는 dy_segmentout 블록의 모듈 선언 및 입출력 포트 선언을 심볼 형태로 표현한 것이며, 그림 5.6.5는 Verilog HDL로 설계하려는 dy_segmentout 블록의 모듈 선언 및 입출력 포트 선언을 나타내고 있다. 한편, module 다음에 오는 dy_segmentout는 이 블록의 모듈명이며, 지정어 input과 output 다음에는 입력과 출력 포트들을 나타낸다. 설계하려는 dy_segmentout 블록은 지정어 input에 입력 신호를 위한 clk, k_clk, seg10a, seg10b, [3:0] seg1a, [3:0] seg1b, [3:0] seg1s, [1:0] seg10s 포트들과 지정어 output에 출력 신호를 위한 [6:0] seg_data,[7:0] sel_dec 등의 포트들을 기술한다.

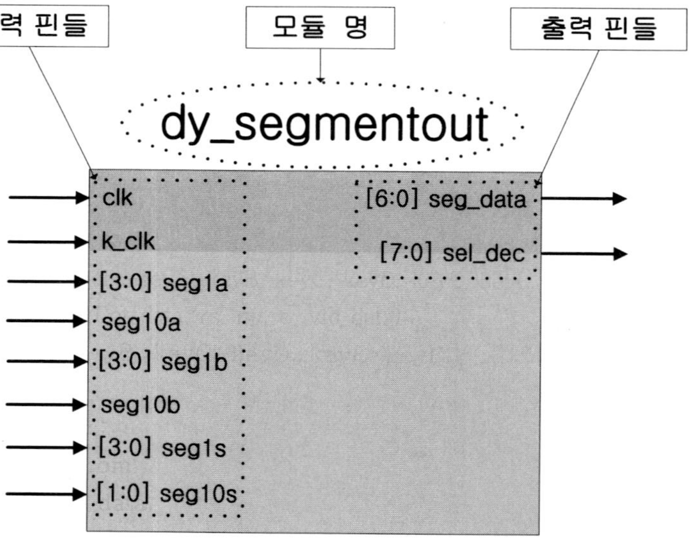

그림 5.6.4 Verilog HDL로 설계하려는 dy_segmentout 블록의 모듈 선언 및 입출력 포트 선언을 심볼 형태로 표현한 것

```
module dy_segmentout(clk, k_clk1, seg1a, seg10a, seg1b, seg10b, seg1s, seg10s,
                    seg_data, sel_dec);
   input clk, k_clk1, seg10a, seg10b;
   input [3:0] seg1a, seg1b, seg1s;
   input [1:0] seg10s;
   output [6:0] seg_data;
   output [7:0]sel_dec;to 0);

                    ~

endmodule
```

그림 5.6.5 Verilog HDL로 설계하려는 dy_segmentout 블록의 모듈 선언 및 입출력 포트 선언

5.6.2 논리회로 표현(logic circuit representation)

모듈 선언 및 입출력 포트 선언이 되었으므로 설계 블록의 내부 동작 또는 연결 구조를 기술하는 논리회로 표현을 하여야 한다. 설계하려는 dy_segmentout 블록에서 부품간의 연결에 사용되는 신호선 k1, k2, k3 등과 버스 신호선 [3:0] mid_data, [2:0] count, [2:0] sel_select 등과 모듈 선언 및 입출력 포트 선언에서 선언된 [7:0] sel_dec는 always문의 출력으로 사용되므로 지정어인 reg로 선언한다. 한편, k_count는 integer로 선언하며, 범위는 default 값인 32비트가 된다. 다음에 7-segment에 출력될 데이터를 결정하는 segment_data 함수를 사용하였다. 선언이 끝나면 하드웨어의 내부동작을 기술해야 하는데 여기서는 always 문을 사용하여 dy_segmentout 블록을 설계하는 동작적 표현 방법을 사용하기로 한다.

그림 5.6.6은 Verilog HDL로 설계하려는 dy_segmentout 블록의 논리회로를 심볼 형태로 표현 한 것이다. 이 블록의 주요 동작은 출력할 7-segment를 선택하는 제어 선을 만드는 것이다. 실제 출력되는 7-segment 수는 6개이므로 6진 카운터를 설계해야 하지만 HBE-COMBOII 트레이닝 키트에 장착된 7-segment의 수가 8개 이므로 8진 카운터를 설계한다. 이 예제에서는 8진 카운터를 count를 변수로 선언하여 범위를 0부터 7까지 반복적으로 출력하게 설계 하였다. fnd_data_select always문에서는 clk가 상승에지일 때 count 변수가 0부터 7까지 반복적으로 카운트되어 8개의 7-segment를 가리키게 된다. 예를 들어 count 값이 0이면 첫 번째 7-segment를 가리키며 이 위치에는 첫 번째 키 값의 10의 자리가 디스플레이 된다. 함수 segment_data는 0부터 9까지의 값을 7-segment로 디스플레이 할

수 있는 데이터를 만들어 낸다. 예를 들어 1은 0000110으로 변환되어 7-segment에 디스플레이 되어진다. 또한 fnd_select always문에서는 카운트 값인 sel_select의 값에 따라 sel_dec 값을 출력하여 디스플레이 할 7-segment를 선택한다. up_counter always문에서는 k_clk1입력에 따라 32비트까지 카운터로 동작하며, 그 값은 display_onoff always문으로 입력된다. display_onoff always문의 동작을 보면, 첫 번째 키가 눌리는 시점에 k1은 1이 되고, 두 번째 키가 눌리는 순간에 k2가 1이 된다. D 플립플롭 always문은 k_clk1의 하강에지에서 k2신호의 값을 k3로 출력한다. k3가 High가 되는 순간은 두 번째 키 입력이 눌렀다 떼어지는 순간이다. 그림 5.6.7은 k_clk, k1, k2, k3 등의 동작 파형을 나타내고 있다. 한편, dy_segmentout 블록은 같은 형태의 데이터 흐름이 반복되는 것이므로 8개의 7-segment 중에서 7번째 7-segment가 ON, OFF 되는 시기를 예를 들어 설명하기로 한다. 7번째 7-segment가 ON 되는 시기는 count의 값이 6이고, seg10s가 00의 값이 아니며 k3이 1일 때이다. 이때 mid_data의 값은 [1:0] seg10s의 데이터가 되므로 7번째 7-segment에 [1:0] seg10s가 출력된다. 예를 들어 [1:0] seg10s의 값이 01이면, mid_data는 0001이 된다. 다음에 mid_data 데이터를 segment_data 함수의 매개변수로 적용시키고 반환되는 값 0000110은 seg_data의 값이 되므로 7번째 7-segment에는 1이 디스플레이 된다. 여기서 seg_data는 7-segment의 데이터 선을 제어하는 출력선이다. 한편, 7번째 7-segment가 OFF 되는 시기는 count의 값이 6이고, seg10s가 00의 값을 가지거나 k3이 0일 때이다. 이때 mid_data는 1111이 된다. 다음에 mid_data 데이터를 segment_data 함수의 매개변수로 적용시키고 반환되는 값 0000000은 seg_data의 값이 되므로 7-segment는 OFF 된다. 그림 5.6.8은 7-segment의 ON/OFF를 나타내고 있다. 한편, k1, k2, k3 등의 초기 값이 0이기 때문에 초기에 7-segment는 모두 OFF 된다. 그림 5.6.9는 Verilog HDL로 설계하려는 dy_segmentout 블록의 논리회로 표현을 나타내고 있다.

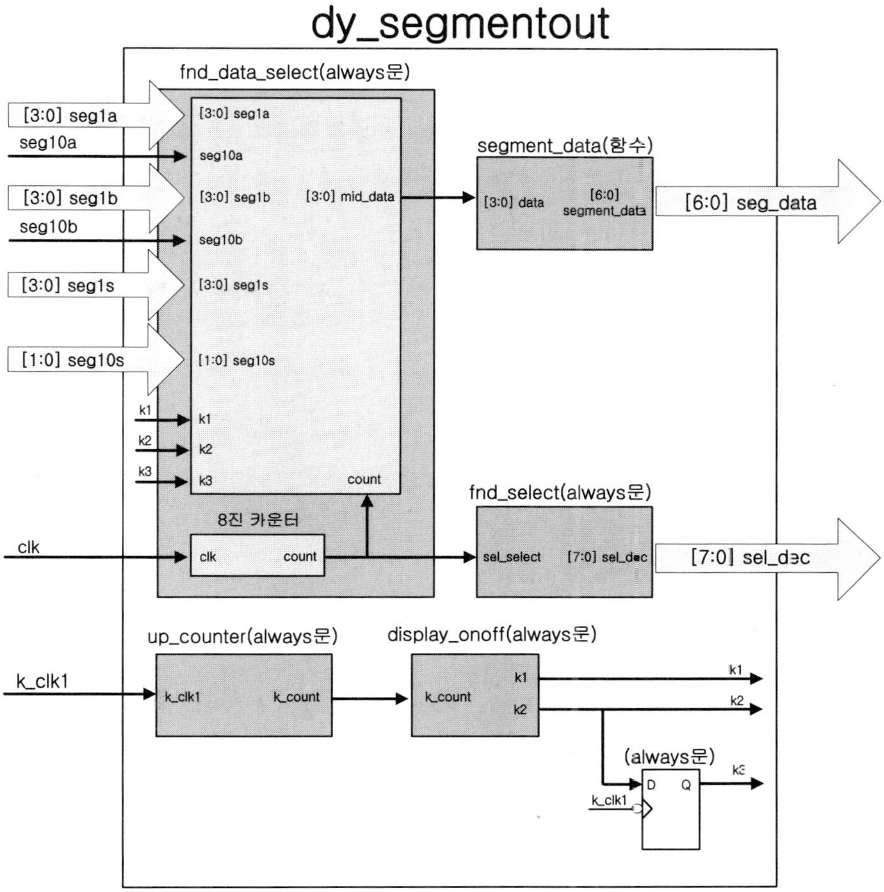

그림 5.6.6 Verilog HDL로 설계하려는 dy_segmentout 블록의 논리회로를 심볼형태로 표현한 것

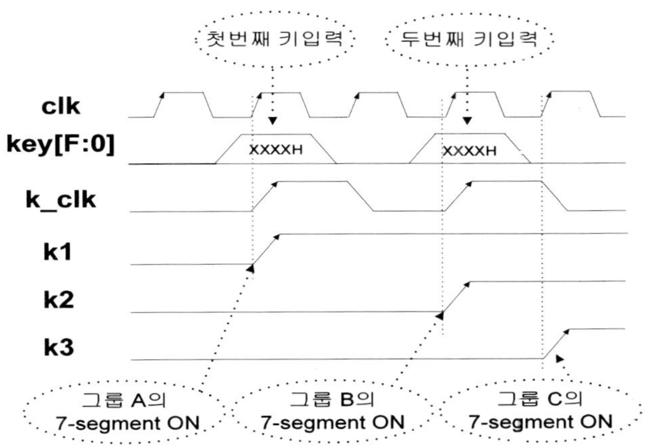

그림 5.6.7 k_clk, k1, k2, k3 등의 파형

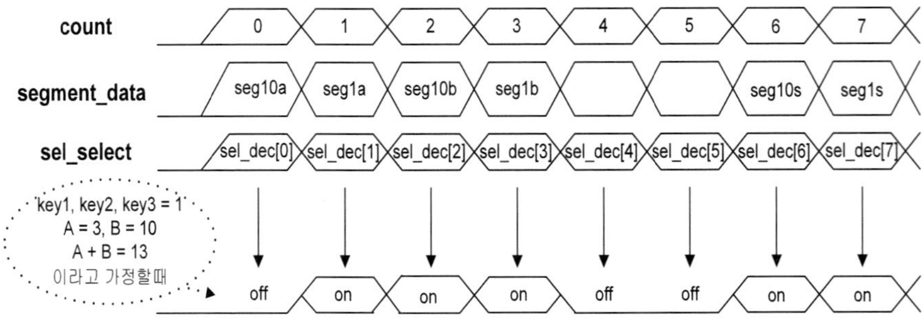

그림 5.6.8 동적 디스플레이의 타이밍 도, 7-segment ON/OFF의 예

```
reg k1, k2, k3;
reg [7:0] sel_dec;
reg [3:0] mid_data;
reg [2:0] count;
reg [2:0] sel_select;
integer k_count;
   assign seg_data = segment_data(mid_data);
   function [6:0] segment_data;
      input [3:0] data;
         case(data)
            4'b0000 : segment_data = 7'b0111111;
            4'b0001 : segment_data = 7'b0000110;
            4'b0010 : segment_data = 7'b1011011;
            4'b0011 : segment_data = 7'b1001111;
            4'b0100 : segment_data = 7'b1100110;
            4'b0101 : segment_data = 7'b1101101;
            4'b0110 : segment_data = 7'b1111101;
            4'b0111 : segment_data = 7'b0100111;
            4'b1000 : segment_data = 7'b1111111;
            4'b1001 : segment_data = 7'b1100111;
            default : segment_data = 7'b0000000;
         endcase
   endfunction

   always @(posedge k_clk)                              // up_counter
      k_count <= k_count + 1;

   always @(k_count)                                    // display_onoff
   begin
      if (k_count == 0)
      begin
         k1 <= 0; k2 <= 0;
      end
```

```
    else if (k_count == 1)
    begin
       k1 <= 1; k2 <= 0;
    end
    else
    begin
       k1 <= 1; k2 <=1;
    end
end
always @(negedge k_clk)                                 // D F/F
   k3 <= k2;

always @(posedge clk)                                   // fnd_data_select
begin
   count <= count + 1;
   if ((count == 0) & seg10a & k1)       mid_data <= 4'b0001;
   else if ((count == 1) & k1)           mid_data <= seg1a;
   else if ((count == 2) & seg10b& k2) mid_data <= 4'b0001;
   else if ((count == 3) & k2)           mid_data <= seg1b;
   else if ((count == 6) & seg10s != 2'b00 & k3)
   begin
      mid_data[3:2] <= 2'b00;
      mid_data[1]   <= seg10s[1];
      mid_data[0]   <= seg10s[0];
   end
   else if (count == 7 & k3) mid_data <= seg1s;
   else                      mid_data <= 4'b1111;
   sel_select <= count;
end

always @(sel_select)                                    // fnd_select
begin
   case(sel_select)
      3'b000 : sel_dec <= 8'b11111110;
      3'b001 : sel_dec <= 8'b11111101;
      3'b010 : sel_dec <= 8'b11111011;
      3'b011 : sel_dec <= 8'b11110111;
      3'b100 : sel_dec <= 8'b11111111;
      3'b101 : sel_dec <= 8'b11111111;
      3'b110 : sel_dec <= 8'b10111111;
      3'b111 : sel_dec <= 8'b01111111;
   endcase
end
```

그림 5.6.9 Verilog HDL로 설계하려는 dy_segmentout 블록의 논리회로 표현

5.7 타이밍 시뮬레이션 파형에 의한 분석 및 검증

그림 5.7.1은 ModelSim-Altera Edition 6.5e를 이용하여 타이밍 시뮬레이션 과정을 수행하기 위한 Test Bench 파일이며, 그림 5.7.2는 타이밍 시뮬레이션 결과 파형을 나타내고 있다. 그림 5.7.2의 타이밍 시뮬레이션 결과 파형을 분석해보면 다음과 같다. 먼저 첫 번째 5 키를 누르면 key_c[1]과 key_r[1]이 High가 되는 순간에 출력 값(seg_data)이 1101101이 되어 A그룹 7-segment에 5를 표시하게 되며 sel_dec는 11111101이 된다. 두 번째 A 키를 누르면 keyA가 High가 되는 순간에 출력 값(seg_data)이 0000110이 되어 B그룹 7-segment의 10의 자리에 1, sel_dec는 11111011, 출력 값(seg_data)이 0111111이 되어 B그룹 7-segment의 1의 자리에 0, sel_dec는 11110111이 된다. 한편, 덧셈된 결과 값인 15는 두 번째 키 입력이 눌렸다 떼어지는 순간(Low → High)에 출력 값(seg_data)이 0000110이 되어 C그룹 7-segment의 10의 자리에 1, sel_dec는 10111111, 출력 값(seg_data)이 1101101이 되어 C그룹 7-segment의 1의 자리에 5, sel_dec는 01111111이 된다. 여기서 첫 번째로 눌린 키 값이 5 키라는 것은 [3:0] key_r 값을 입력파형으로 0010로 설정하였고 출력 값인 [2:0] key_c가 010 값이 출력되었으므로 표 4.5.1에서 나타난 바와 같이 5 키가 눌린 것으로 인식되어진다.

```
`timescale 1ns / 1ns
module tb_kit_4adder_7seg;
   reg clk;
   reg [3:0] key_r;
   reg keyA;
   reg keyB;
   reg keyC;
   reg keyD;
   reg keyE;
   reg keyF;

   wire [2:0] key_c;
   wire [6:0] seg_data;
   wire [7:0] sel_dec;
   wire [9:0] Dot_com;
   wire [13:0] Dot_data;

   parameter sec = 25;

      kit_4adder_7seg uut (.clk(clk), .key_c(key_c), .key_r(key_r), .keyA(keyA),
                           .keyB(keyB), .keyC(keyC), .keyD(keyD), .keyE(keyE),
                           .keyF(keyF), .seg_data(seg_data), .sel_dec(sel_dec),
                           .Dot_com(Dot_com), .Dot_data(Dot_data));

      always #(sec) clk = ~clk;
      initial begin
         clk = 0;  key_r = 0;  keyA = 0;  keyB = 0;  keyC = 0;  keyD = 0;  keyE = 0;
         keyF = 0;    #0;
         key_r = 0; #100;
         key_r = 2; #100;
         key_r = 0; #100;
         keyA = 1;  #100;
         keyA = 0;  #600;  $stop;
      end
endmodule
```

그림 5.7.1 kit_4adder_7seg 전체블록을 ModelSim-Altera Edition 6.5e를 이용하여 타이딩 시뮬레이션 하기 위한 Test Bench 파일

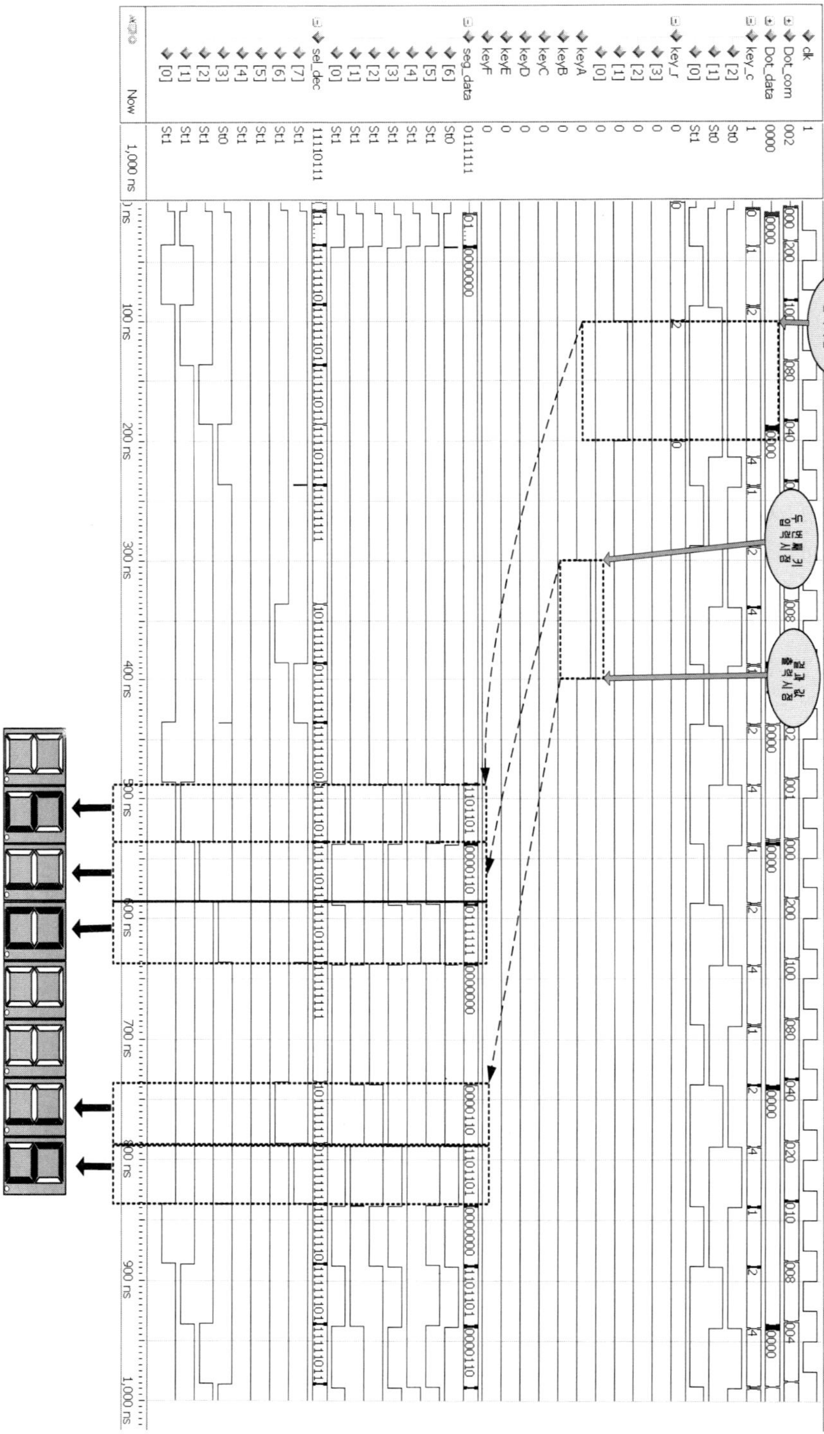

그림 5.7.2 타이밍 시뮬레이션 결과 파형

5.8 HBE-COMBO II 트레이닝 키트의 led에 4비트 2진 덧셈기를 디스플레이 하는 전체블록 개요

표 5.5.1 HBE-COMBO II 트레이닝 키트에 프로그래밍 하기 위한 핀 할당 정보

입력 핀		출력 핀	
핀 이름	**핀 번호**	**핀 이름**	**핀 번호**
key_r[0]	PIN_AD10	seg_data[0]	PIN_AF5
key_r[1]	PIN_AC10	seg_data[1]	PIN_AE5
key_r[2]	PIN_V10	seg_data[2]	PIN_AD6
key_r[3]	PIN_AF9	seg_data[3]	PIN_AC6
keyA	PIN_Y10	seg_data[4]	PIN_AA2
keyB	PIN_W10	seg_data[5]	PIN_AA1
keyC	PIN_AA9	seg_data[6]	PIN_AA6
keyD	PIN_V9	sel_dec[0]	PIN_Y1
keyE	PIN_AE9	sel_dec[1]	PIN_Y4
keyF	PIN_AC9	sel_dec[2]	PIN_Y3
clk	PIN_N1	sel_dec[3]	PIN_W1
		sel_dec[4]	PIN_Y5
		sel_dec[5]	PIN_W3
		sel_dec[6]	PIN_W2
		sel_dec[7]	PIN_V1
		key_c[0]	PIN_V11
		key_c[1]	PIN_AB10
		key_c[2]	PIN_AA10
		Dot_data[0]	PIN_U3
		Dot_data[1]	PIN_U6
		Dot_data[2]	PIN_U5
		Dot_data[3]	PIN_U9
		Dot_data[4]	PIN_U7
		Dot_data[5]	PIN_T2
		Dot_data[6]	PIN_U10
		Dot_data[7]	PIN_T6
		Dot_data[8]	PIN_T3
		Dot_data[9]	PIN_T8
		Dot_data[10]	PIN_T7
		Dot_data[11]	PIN_T10
		Dot_data[12]	PIN_T9
		Dot_data[13]	PIN_R3
Clock Select : 8(10KHz)		Dot_com[0]	PIN_W4
		Dot_com[1]	PIN_V3
		Dot_com[2]	PIN_V2
		Dot_com[3]	PIN_V5
		Dot_com[4]	PIN_V4
		Dot_com[5]	PIN_V7
		Dot_com[6]	PIN_V6
		Dot_com[7]	PIN_U2
		Dot_com[8]	PIN_U1
		Dot_com[9]	PIN_U4

CHAPTER 06

Verilog HDL을 사용하여 설계한 4비트 2진 덧셈기를 HBE-COMBO II 트레이닝 키트의 vfd로 출력하기

6.1 vfd(vacuum fluorescent display) 모듈

6.2 HBE-COMBO II 트레이닝 키트의 vfd에 문자와 4비트 2진 덧셈기를 디스플레이 하는 전체블록의 개요 및 동작 설명

6.3 HBE-COMBO II 트레이닝 키트의 vfd에 문자와 4비트 2진 덧셈기를 디스플레이 하는 전체블록의 Verilog HDL 설계하기

6.4 HBE-COMBO II 트레이닝 키트의 vfd에 출력하는 vfd_display 블록의 Verilog HDL 설계하기

6.5 타이밍 시뮬레이션 파형에 의한 분석 및 검증

6.6 HBE-COMBO II 트레이닝 키트에 프로그래밍 하기 위한 핀 할당 정보

6.1 vfd(vacuum fluorescent display) 모듈

그림 6.1.1과 같은 vfd 모듈은 디스플레이 장치의 하나로 문자와 화상을 간편하면서 손쉽게 표시장치로 간단한 계측장치에 많이 사용된다. vfd는 산업체 등에서 가장 많이 채택되고 있고 편의상 디스플레이부와 컨트롤러가 하나로 되어 있는 vfd 모듈 형태로 시판되고 있다.

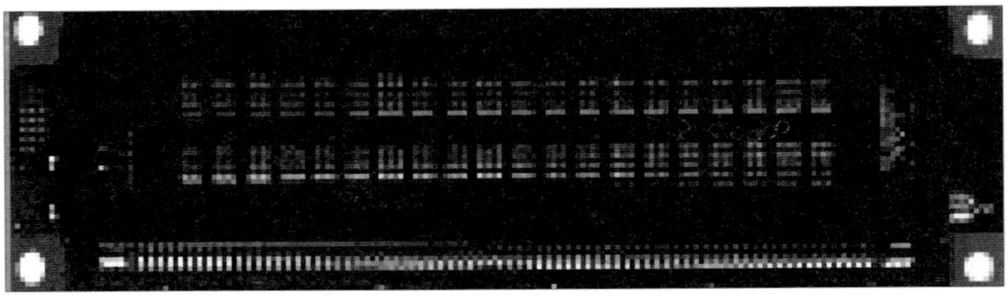

그림 6.1.1 vfd 모듈

vfd는 한 번에 모든 문자가 표시되는 것이 아니라 첫째 라인의 첫 문자부터 순차적으로 표시되고, 모든 문자가 표시되었을 때 잠시 그 상태가 유지되다가 초기화된 후에 다시 첫 라인부터 표시된다. 대부분의 vfd는 16문자/1라인, 16문자/2라인, 20문자/2라인, 20문자/4라인 등 여러 가지 종류가 있지만 HBE-COMBO II 트레이닝 키트에서는 다양한 문자를 여러 가지로 디스플레이 하기 위하여 그림 6.1.2와 같은 16문자/2라인의 vfd를 채택하였다. 그러나, 기본적으로는 대부분의 vfd 제어에 있어서는 동일 구조로 되었고 다만 디스플레이 하는 어드레스(address)만을 달리한다면 여러 종류의 vfd를 사용하는데 커다란 어려움은 없으리라 생각되므로 한가지의 사용법만 익힌다면 마이크로프로세서(microprocessor)의 응용에서도 유용하게 사용될 수 있으리라 생각된다.

	1															16
제1행	00	01	02	03	04	05	06	07	08	09	0A	0B	0C	0D	0E	0F
제2행	40	41	42	43	44	45	46	47	48	49	4A	4B	4C	4D	4E	4F

그림 6.1.2 16문자/2라인 vfd 모듈

한편, 16문자/2라인 vfd 모듈의 특징은 다음과 같다.

- 디스플레이 폰트(Font)를 설정
- 문자 패턴을 8개를 쓸 수 있는 CGRAM(Character generator RAM)을 내장
- 240개의 문자를 발생 할 수 있는 CGROM(Character generator ROM)을 내장
- 최대 32글자(16자 2열)를 표시할 수 있는 DDRAM(Display Data RAM)을 내장.

6.1.1 vfd 모듈 규격

(1) 핀 번호 및 기능

vfd 모듈의 핀 번호는 표 6.1.1과 같으며 각 핀의 기능은 다음과 같다.

표 6.1.1 vfd 모듈 핀 번호와 기호

핀 번호	기호	레벨	기 능
1	GND	–	GND, 0[V]
2	Vcc	–	Power supply for logic, +5[V](VCC)
3	/RST	–	Reset input
4	RS	H/L	Register Select 명령어와 데이터를 구분하는 신호. 0 : nstruction Input 1 : Data Input
5	R/W	H/L	Read/Write LCD로부터 Data Read와 LCD에 Data를 Write하는 신호
6	E	H, H/L	Enable R/W = LOW : Data are taking over at falling edge(↓) of E R/W = HIGH : Data can be read at E = 1
7 – 14	DB0~DB7	H/L	Data Bus(8비트)

vfd는 하나의 도트마다 자체 발광하여 출력하는 장치이다. LCD는 보는 각도에 따라 표시 부분의 글자가 선명히 보일 때와 거의 흰색으로 나타나거나 아주 검정색의 바탕 위에 글자가 표시되는 경우가 있다. 반면에 vfd는 형광 물질의 조절로 여러 가지 색의 표시가 용이하고, 도트마다 자체적으로 발광하기 때문에 해상력이 뛰어나다. 한편, vfd는 고유의 특성 때문에 매우 빠르게 읽고 쓰는 동작을 한다면 정상적인 Data를 읽거나 쓸 수 없으므로 vfd 규격서에 나와 있는 타이밍 조건을 만족해야만 정상적인 동작을 할 수 있다.

(2) 타이밍 다이어그램

그림 6.1.3에 읽기 동작과 쓰기 동작에 대한 vfd의 타이밍 다이어그램을 나타내었으므로 이 조건에 맞도록 vfd를 사용해야 한다.

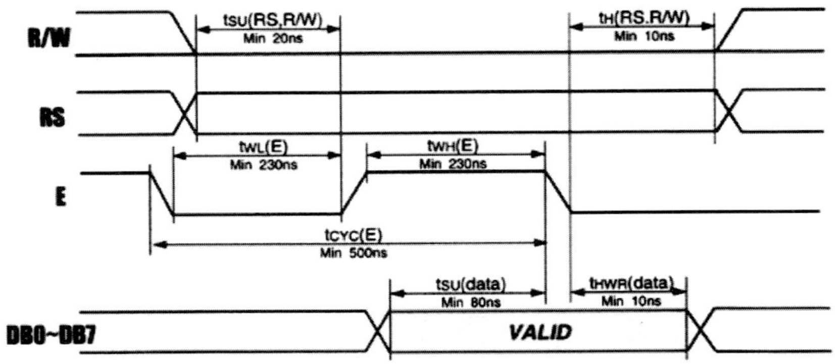

(a) 쓰기 동작(Write Operation)

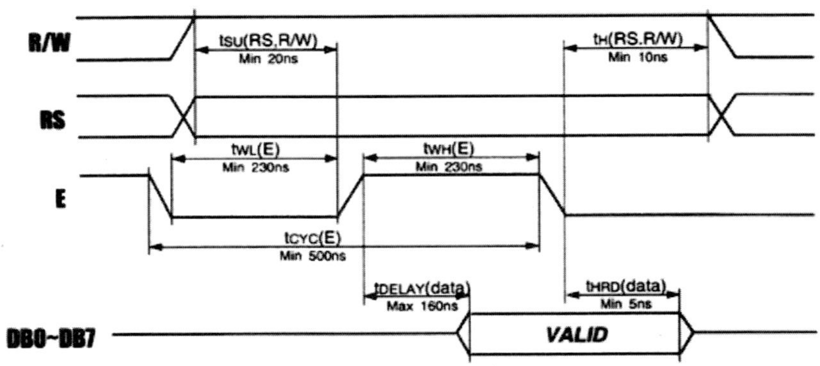

(b) 읽기 동작(Read Operation)

그림 6.1.3 vfd 타이밍 다이어그램과 규격

6.1.2 vfd 모듈 내부 구조

vfd 모듈의 내부 구조는 그림 6.1.4와 같이 vfd 판넬, 제어기(controller) IC, DC/DC Converter 등으로 구성되어 있다. vfd 모듈의 제어기에는 명령어 레지스터(Instruction Register:IR), 데이터 레지스터(Data Register:DR), 비지 플래그(Busy Flag:BF), 어드레스

카운터(Address Counter:AC), 디스플레이 데이터 RAM(Display Data RAM:DDRAM), 문자발생기 ROM(Character Generator ROM:CGROM), 그리고 문자발생기 RAM(Character Generator RAM:CGRAM) 등을 가지고 있으며 그 기능은 다음과 같다.

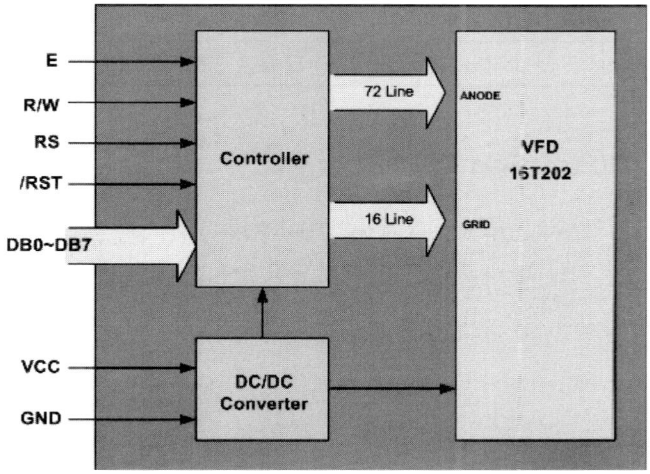

그림 6.1.4 vfd 모듈 구조

(1) 명령어 레지스터(Instruction Register:IR)와 데이터 레지스터(Data Register:DR)

IR은 8비트 레지스터로서 디스플레이 클리어(display clear), 커서 시프트(cursor shift) 그리고 DDRAM과 CGRAM에 대한 어드레스 정보와 같은 명령어 코드를 저장한다. IR은 쓰기 동작만 가능하고 읽기 동작은 가능하지 않다. DR은 8비트 레지스터로서 DDRAM 또는 CGRAM에 쓰여진 데이터를 일시적으로 저장하거나 DDRAM 또는 CGRAM으로부터 읽혀진 데이터를 일시적으로 저장한다. 설계할 vfd 제어기로부터 DR에 쓰여진 데이터는 vfd 내부 동작에 의하여 자동적으로 DDRAM 또는 CGRAM에 자동적으로 쓰여지게 된다. 또한 DR은 DDRAM 또는 CGRAM에서 데이터를 읽을 때, 데이터 저장을 위하여 사용된다. 어드레스 정보가 IR에 쓰여질 때, 데이터는 읽혀지고, 내부 동작에 의해서 CGRAM 또는 DDRAM으로부터 DR로 데이터가 전송된다. vfd 제어기 사이의 데이터 전송은 vfd 제어기가 DR의 데이터를 읽을 때 완료된다. 읽은 후에, 다음 어드레스에서 DDRAM 또는 CGRAM에서의 데이터는 vfd 제어기로부터 다음 읽기를 위하여 DR에 보내진다. RS 신호와 R/W을 이용하여 IR과 DR을 선택할 수 있다. 이에 대한 기능 설명은 표 6.1.2와 같다.

<표 6.1.2> RS와 R/W의 관계

RS	R/W	동작
0	0	IR에 쓰기 동작(디스플레이 클리어 등)
0	1	비지 플래그(DB7)와 어드레스 카운터(DB6 ~DB0) 읽기
1	0	DR에 쓰기 동작(DR로부터 DDRAM 또는 CGRAM에 쓰기 동작)
1	1	DR로부터 읽기 동작(DDRAM 또는 CGRAM으로부터 DR로 읽기 동작)

(2) 비지 플래그(Busy Flag:BF)

BF가 '1'일 때 제어기는 내부동작모드(internal operation mode)이므로 다음 명령어를 받을 수 없다. BF가 '0'일 때 다음 명령을 받아들일 수 있다. RS=0, R/W=1의 조건에서 BF 상태는 DB7로 출력된다.

(3) 어드레스 카운터(Address Counter:AC)

AC는 D.D.RAM 그리고 C.G.RAM의 어드레스를 할당한다. IR에 명령어의 어드레스를 쓰면, 어드레스 정보는 IR로부터 AC로 보내진다. DDRAM 또는 CGRAM의 선택은 명령어에 의해서 동시적으로 선택된다. DDRAM 또는 CGRAM에 디스플레이 데이터를 쓴(읽은) 후에, AC는 자동적으로 1 증가(감소)된다. 그런 후에 AC의 내용은 RS=0, R/W=1일 때, AC는 DB0~DB6로 출력된다.

(4) 디스플레이 데이터 RAM(Display Data RAM:DDRAM)

DDRAM에는 8비트 문자 코드들로 표현되는 디스플레이 데이터(display data)를 가지고 있다. 최대 용량은 32×8비트, 32 문자이다. 디스플레이를 위하여 사용되지 않은 DDRAM 영역은 일반적인 데이터 RAM으로 사용될 수 있다. DDRAM 어드레스(ADD)는 16진수 값으로 AC에서 설정된다.

	MSB						LSB
AC	AC6	AC5	AC4	AC3	AC2	AC1	AC0

(예) DDRAM 어드레스 0x4E인 경우

1	0	0	1	1	1	0

16×2열의 디스플레이에 대한 어드레스는 다음과 같다. 어드레스는 16진수로 표시하였다.

디스플레이 위치	1	2	3	4	5	…	15	16
첫 번째 라인	00	01	02	03	04	…	0E	0F
두 번째 라인	40	41	42	43	44	…	4E	4F

(5) 문자발생기 ROM(Character Generator ROM:CGROM)

CGROM은 8비트 문자 코드로부터 문자 패턴을 발생시킨다. 그림 6.1.5에 CGROM의 ASCII 도형문자의 종류 및 코드가 나타나 있다.

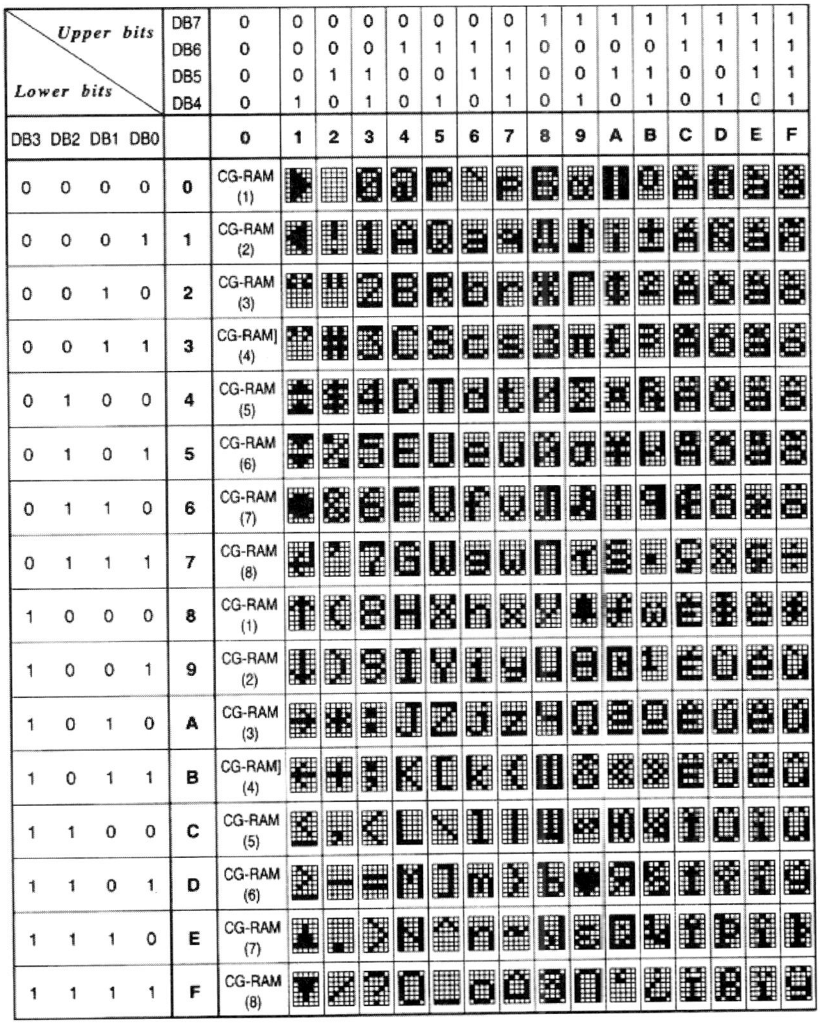

그림 6.1.5 ASCII 도형문자의 종류 및 코드

(6) 문자발생기 RAM(Character Generator RAM:CGRAM)

사용자는 프로그램에 의하여 CGRAM에 문자 패턴을 다시 쓸 수 있다. CGRAM에 저장된 문자 패턴들을 보기 위해서는 그림 6.1.6의 왼쪽 열에서 볼 수 있는 어드레스에 있는 문자 코드를 DDRAM에 쓰면 된다. CGRAM 어드레스와 문자 코드 그리고 문자 패턴 사이의 관계를 그림 6.1.6에서 볼 수 있다. 디스플레이를 위해 사용되지 않는 영역은 일반적인 데이터 RAM으로 사용될 수 있다.

Character Codes (DD-RAM data)								CG-RAM Address						Character Patterns (CG-RAM data)								
D7	D6	D5	D4	D3	D2	D1	D0	A5	A4	A3	A2	A1	A0	D7	D6	D5	D4	D3	D2	D1	D0	
0	0	0	0	x	0	0	0	0	0	0	0	0	0	x	x	x	1	2	3	4	5	Character Pattern(1)
											0	0	1	x	x	x	6	7	8	9	10	
											0	1	0	x	x	x	11	12	13	14	15	
											0	1	1	x	x	x	16	17	18	19	20	
											1	0	0	x	x	x	21	22	23	24	25	
											1	0	1	x	x	x	26	27	28	29	30	
											1	1	0	x	x	x	31	32	33	34	35	
											1	1	1	x	x	x	36	x	x	x	x	Cursor position
0	0	0	0	x	0	0	1	0	0	1	0	0	0	x	x	x	1	2	3	4	5	Character Pattern(2)
											0	0	1	x	x	x	6	7	8	9	10	
											0	1	0	x	x	x	11	12	13	14	15	
											0	1	1	x	x	x	16	17	18	19	20	
											1	0	0	x	x	x	21	22	23	24	25	
											1	0	1	x	x	x	26	27	28	29	30	
											1	1	0	x	x	x	31	32	33	34	35	
											1	1	1	x	x	x	36	x	x	x	x	Cursor position
0	0	0	0	x	0	1	0	0	1	0	0	0	0	x	x	x	1	2	3	4	5	
											0	0	1	x	x	x	6	7	8	9	10	
											0	1	0	x	x	x	11	12	13	14	15	
											0	1	1	x	x	x	16	17	18	19		
0	0	0	0	×	1	1	1	1	1	1	1	0	1	x	x	x	26	27	28	29	30	
											1	1	0	x	x	x	31	32	33	34	35	
											1	1	1	x	x	x	36	x	x	x	x	

그림 6.1.6 CGRAM 어드레스, 문자 코드(DDRAM) 그리고 문자 패턴(CGRAM) 사이의 관계

6.1.3 명령어

실제 vfd를 제어할 때 사용되는 명령어의 상세한 모드 설정과 사용 방법에 대한 자세한 내용은 표 6.1.3에 나타나 있다.

표 6.1.3 vfd 제어 명령어

명령어 (Instruction)	RS	R/W	D7	D6	D5	D4	D3	D2	D1	D0	설명 (Description)
디스플레이 클리어 (Clear Display)	0	0	0	0	0	0	0	0	0	1	모든 디스플레이를 지우고 AC에 DDRAM 어드레스를 0번지로 설정
홈 커서 (Cursor Home)	0	0	0	0	0	0	0	0	1	x	AC에 DDRAM 어드레스를 0번지로 설정
엔트리 모드 설정 (Entry Mode Set)	0	0	0	0	0	0	0	1	I/D	S	엔트리 모드 설정
디스플레이 제어 (Display On/Off Control)	0	0	0	0	0	0	1	D	C	B	디스플레이 제어
커서 또는 디스플레이 시프트 (Cursor or Display Shift)	0	0	0	0	0	1	S/C	R/L	x	x	커서의 좌우 시프트
기능 설정 (Function Set)	0	0	0	0	1	DL	N	F	BR1	BR0	데이터 길이(IF), 디스플레이 라인수(N) 및 화면 밝기 설정
CGRAM 어드레스 설정 (Set CGRAM Address)	0	0	0	1	ACG						CGRAM 어드레스 설정
DDRAM 어드레스 설정 (Set DDRAM Address)	0	0	1	ADD							DDRAM 어드레스 설정
비지플래그와 어드레스 읽기 (Read Busy Flag & Address)	0	1	BF	AC							Busy Flag와 AC 내용 읽기
CGRAM 또는 DDRAM에 데이터 쓰기(Write Data to CGRAM or DDRAM)	1	0	Write Data								CGRAM 또는 DDRAM에 데이터 쓰기
CGRAM 또는 DDRAM에서 데이터 읽기(Read Data from CGRAM or DDRAM)	1	1	Read Data								CGRAM 또는 DDRAM에서 데이터 읽기

[참조]

x	Don't Care	
·I/D	1 : 엔트리 모드 설정에서 DDRAM 어드레스가 1씩 증가.	0 : 1씩 감소
·S	1 : 디스플레이 시프트.	0 : 디스플레이 시프트 안함
·S/C	1 : 디스플레이 시프트.	0 : 커서 시프트
·D	1 : 전체 디스플레이 ON.	0 : Off
·C	1 : 커서 On.	0 : Off
·B	1 : 블링크 On.	0 : Off
·R/L	1 : 오른쪽 시프트.	0 : 왼쪽 시프트
·DL	1 : 인터페이스에서 8비트로 데이터 버스를 설정.	0 : 4비트
·N	1 : 2라인 디스플레이.	0 : 1라인 디스플레이
·F	1 : 5 × 10 도트.	0 : 5 × 8 도트
·BR1,BR0	밝기 조절 = 00 : 100%, 01 : 75%, 10 : 50%,	11 : 25%
·BF	1 : 내부 동작(명령어 받을 수 없음).	0 : 명령어 받을 준비

(1) 디스플레이 클리어(Clear Display)

vfd 디스플레이 화면을 클리어 한 후 커서는 홈(Home) 위치로 돌아가고, AC에 DDRAM 어드레스를 0번지로 설정한다.

RS	R/W	D7	D6	D5	D4	D3	D2	D1	D0
0	0	0	0	0	0	0	0	0	1

(2) 홈 커서(Cursor Home)

홈 커서는 DDRAM의 내용은 변경하지 않고 커서만을 홈 위치로 이동시키고, AC에 DDRAM 어드레스를 0번지로 설정한다.

RS	R/W	D7	D6	D5	D4	D3	D2	D1	D0
0	0	0	0	0	0	0	0	1	–

(3) 엔트리 모드 설정(Entry Mode Set)

커서 시프트 방향과 디스플레이를 시프트 할 것인지를 결정한다. 이 동작은 데이터 읽기 또는 데이터 쓰기 동안에 수행된다. I/D는 문자 코드가 DDRAM으로부터 읽기 또는 쓰기 동작이 이루어질 때 DDRAM 어드레스를 변화시키는데 I/D =1(0) 이면 증가(감소)된다. S는 전체 디스플레이를 좌/우로 시프트 한다. 동작은 다음과 같다.

RS	R/W	D7	D6	D5	D4	D3	D2	D1	D0
0	0	0	0	0	0	0	1	I/D	S

코드		동 작
S	I/D	
1	1	전체 디스플레이는 좌로 시프트
1	0	전체 디스플레이는 우로 시프트
0	×	시프트하지 않음

(4) 디스플레이 제어(Display On/Off Control)

전체 디스플레이에 대한 On/Off 제어(D), 커서의 On/Off 제어(C), 커서 위치가 있는 부분의 글자를 깜박이게 하는 역할(B)을 한다.

RS	R/W	D7	D6	D5	D4	D3	D2	D1	D0
0	0	0	0	0	0	1	D	C	B

- □ D=1이면 디스플레이 전체가 ON되어 모든 글자가 나타난다.
- □ D=0이면 디스플레이 전체가 OFF 되어 아무런 글자도 나타나지 않는다. 한편, OFF일 때 디스플레이 데이터는 DDRAM에 남아 있기 때문에 다시 D=1을 해주면 이전의 디스플레이 데이터가 다시 표시된다.
- □ C=1이면 커서가 나타난다.
- □ C=0이면 커서가 나타나지 않는다. 커서는 5×8 도트의 폰트를 사용할 경우에 8째줄에 나타나고, 5×10 도트 폰트를 사용할 경우 11번째 줄에 나타난다.
- □ B=1이면 커서는 글자 위치에서 깜빡거린다.
- □ B=0이면 커서는 깜빡거리지 않는다.

(5) 커서 또는 디스플레이 시프트(Cursor or Display Shift)

DDRAM 내용을 바꾸지 않은 상태에서 커서를 움직이고, 디스플레이를 시프트 한다. 2라인 디스플레이의 경우, 커서는 첫 번째 라인의 마지막 칸 다음에 두 번째 라인으로 넘어간다. 첫 번째 라인과 두 번째 라인은 동시에 시프트 된다. 디스플레이의 시프트는 단지 수평으로만 가능하고 두 번째 라인은 첫 번째 라인으로 시프트 되지 않는다. 만약 실행되어지는 동작이 디스플레이 시프트만 이라면, AC 내용은 변하지 않는다.

RS	R/W	D7	D6	D5	D4	D3	D2	D1	D0
0	0	0	0	0	1	S/C	R/L	–	–

코드		동 작
S/C	R/L	
0	0	왼쪽 커서 시프트(AC 어드레스가 하나 감소)
0	1	오른쪽 커서 시프트(AC 어드레스가 하나 증가)
1	0	전체 디스플레이와 커서를 왼쪽으로 시그트
1	1	전체 디스플레이와 커서를 오른쪽으로 시프트

(6) 기능 설정(Function Set)

데이터 라인(DL), 디스플레이 라인(N), 글자 폰트(F), 디스플레이 밝기(BR1, BR0) 등을 설정한다.

RS	R/W	D7	D6	D5	D4	D3	D2	D1	D0
0	0	0	0	1	DL	N	F	BR1	BR0

☐ DL=1일 때 8비트(DB0~DB7)를 인터페이스를 한다.

☐ DL=0일 때 4비트(DB0~DB3)를 인터페이스를 한다.

☐ N은 디스플레이 라인을 설정한다. 1 : 2라인 디스플레이, 0 : 1라인 디스플레이

☐ F는 폰트를 설정한다. 1 : 5 × 10 도트, 0 : 5 × 8 도트

☐ BR1, BR0은 디스플레이의 밝기를 조절한다. 00 : 100%, 01 : 75%, 10 : 50%, 11 : 25%

(7) CGRAM 어드레스 설정(Set CGRAM Address)

CGRAM 어드레스를 설정한다. 어드레스 설정 후 CGRAM에 데이터를 읽기 또는 쓰기 한다.

RS	R/W	D7	D6	D5	D4	D3	D2	D1	D0
0	0	0	1	AC(Address Counter)					

☐ AC가 6비트이므로 CGRAM 어드레스도 6비트까지 설정할 수가 있다.

(8) DDRAM 어드레스 설정(Set DDRAM Address)

DDRAM 어드레스를 설정할 수 있다. 어드레스 설정 후에 DDRAM에 데이터를 읽기 또는 쓰기를 한다. 어드레스는 7비트이므로 DDRAM 어드레스는 7비트까지 설정할 수 있다.

RS	R/W	D7	D6	D5	D4	D3	D2	D1	D0
0	0	1	Address						

DDRAM은 1개의 제어기에 최대 32×8비트의 용량을 갖고, 8비트 문자로 표시할 수 있는 표시 데이터는 32 문자를 기억할 수 있다. DDRAM내에서 표시에 사용되지 않는 기억영역은 일반적인 데이터 RAM으로 사용할 수 있다. 또 AC로 설정되어진 DDRAM의 어드레스는 다음과 같이 16진수로 표시된다.

예 DDRAM 어드레스 : 0x43

	상위비트						하위비트
AC	AC6	AC5	AC4	AC3	AC2	AC1	AC0
DD RAM	1	0	0	0	0	1	1
		4				3	

DDRAM의 어드레스와 액정 판넬상의 표시행은 다음과 같은 관계가 있다. 즉 첫 번째 라인의 표시행이 0x00 ~ 0x13, 두 번째 라인의 표시행이 0x40 ~ 0x4F이다. 한편, 첫 번째 라인의 마지막 어드레스와 두 번째 라인의 처음 어드레스는 연속되지 않는다.

디스플레이 위치	1	2	3	4	5	.....	15	16
첫 번째 라인	00	01	02	03	04	.....	0E	0F
두 번째 라인	40	41	42	43	44	.....	4E	4F

(9) 비지 플래그와 어드레스 읽기(Read Busy Flag & Address)

LCD 내부의 동작 상태를 확인하는 비지 플래그(Busy Flag)와 AC 내용을 읽어볼 수 있다.

RS	R/W	D7	D6	D5	D4	D3	D2	D1	D0
0	1	BF	Address Counter						

- □ BF=1이면 내부 동작이 진행 중이기 때문에 다음 명령을 받을 수 없다.
- □ BF=0이면 다음 명령을 받을 준비를 한다.
- □ 다음 쓰기 동작을 하기 전에 BF 상태를 확인함으로서 AC 내용을 읽어 낼 수 있다. 이 AC 내용은 CGRAM 어드레스와 DDRAM 어드레스에 의해서 사용되고 이 값은 이전 명령어에 의해서 결정된다.

(10) CGRAM 또는 DDRAM에 데이터 쓰기(Write Data to CGRAM or DDRAM)

DDRAM 또는 CGRAM에 8비트 데이터를 쓰기 할 수 있다. 데이터를 쓰기 위한 CGRAM 또는 DDRAM 선택은 이전의 CGRAM 또는 DDRAM 어드레스 설정에 따라 결정된다. 데이터 쓰기를 한 후에 어드레스는 엔트리 모드에 따라 자동적으로 +1 또는 -1이 된다. 또한 엔트리 모드는 디스플레이 시프트를 결정한다.

RS	R/W	D7	D6	D5	D4	D3	D2	D1	D0
1	0	Write Data							

(11) CGRAM 또는 DDRAM에서 데이터 읽기(Read Data from CGRAM or DDRAM)

CGRAM 또는 DDRAM에서부터 8비트 데이터를 읽기 할 수 있다. 읽기 동작에 하기 전에 반드시 DDRAM 또는 CGRAM 어드레스 설정 명령어를 수행해야 한다. 만약 어드레스 설정 명령이 읽기 동작 전에 수행되지 않으면, 처음에 읽히는 데이터는 유효하지 않게 된다. 순서적으로 읽기 명령어들을 수행할 때, 두 번째 읽기 데이터부터 다음 어드레스 데이터가 정상적으로 읽힌다. 커서 시프트 명령에 의해서 커서를 시프트 시킨 후에는 어드레스 설정 명령이 읽기 명령 바로 전에 수행될 필요는 없다. 커서 시프트 명령어의 동작은 DDRAM 어드레스 설정 명령과 같다. 읽기 명령이 실행된 후에 엔트리 모드는 자동적으로 어드레스가 +1 또는 -1이 된다. 그러나, 디스플레이 시프트는 엔트리 모드와 무관하게 실행되지 않는다.

RS	R/W	D7	D6	D5	D4	D3	D2	D1	D0
1	1	Read Data							

6.1.4 vfd 디스플레이의 제어과정

vfd 디스플레이의 제어과정을 요약하면 다음과 같다.

① 전원을 공급한다.
② vfd 모듈이 리셋되게 하기위해 약 50ms 이상을 기다린다.
③ 기능 설정(Function Set) 명령을 보낸다.
④ 디스플레이 제어(Display On/Off) 명령을 보낸다.
⑤ DDRAM 어드레스를 설정한다.
⑥ DDRAM에 데이터를 쓴다.
⑦ ⑤, ⑥과정을 반복한다.

6.1.5 vfd 디스플레이의 제어과정의 예

8비트 동작, 8문자 × 2라인 vfd에 다음과 같은 내용을 디스플레이 하기 위한 제어과정은 다음과 같다.

A	B	C	D	E	F	G	
0	1	2	3	4	5	6	7

단계 1 : 전원 공급(Power Supply ON)

동작

전원을 공급하면 vfd 내부 리셋 회로에 의해서 자동 초기화가 이루어진다.

디스플레이 내용

단계 2 : 기능 설정(Function Set)

동작

데이터 인터페이스(DL)를 8비트(D4=1), 디스플레이 라인(N)을 2라인(D3=1), 폰트(F)를 5 X 1 도트(D2=1), 디스플레이 밝기(BR1, BR0)를 100% (D1,D0=0)으로 초기화 한다.

명령

RS	R/W	D7	D6	D5	D4	D3	D2	D1	DC
0	0	0	0	1	1	1	1	0	0

디스플레이 내용

단계 3 : 디스플레이 제어(Display On/Off control)

동작

전체 디스플레이(D)를 On(D2=1), 커서(C)를 Off(D1=0), 커서(C)를 Off(D0=0) 시킨다. 현재 초기화 상태이므로 어떤 글자도 디스플레이 되지 않는다.

명령

RS	R/W	D7	D6	D5	D4	D3	D2	D1	D0
0	0	0	0	0	0	1	1	0	0

디스플레이 내용

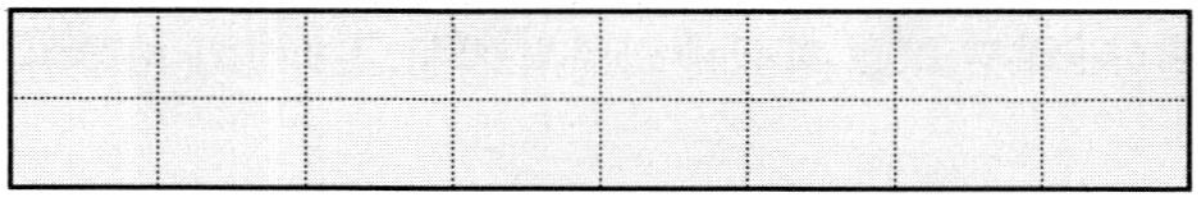

단계 4 : DDRAM 어드레스 설정(DDRAM Address Set)

동작

vfd의 1번째 라인의 제일 처음 위치가 설정되도록 DDRAM 어드레스를 0x00번지로 설정(D7=1)한다.

명령

RS	R/W	D7	D6	D5	D4	D3	D2	D1	D0
0	0	1	0	0	0	0	0	0	0

디스플레이 내용

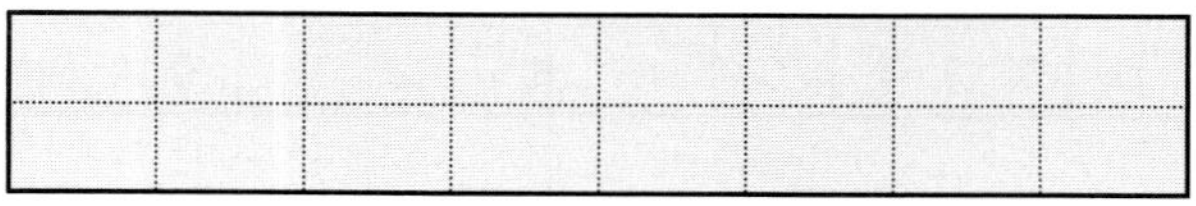

단계 5 : DDRAM에 데이터 쓰기

동작

문자 'A'(0x41)를 쓰기(RS=1) 한다. 전원 공급 단계에서 vfd가 자동으로 초기화되어 DDRAM이 설정되어 있으므로 다음 문자가 쓰여 질 수 있도록 라인의 위치가 오른쪽으로 하나 시프트 된다.

명령

RS	R/W	D7	D6	D5	D4	D3	D2	D1	D0
1	0	0	1	0	0	0	0	0	1

디스플레이 내용

A							

단계 6 : 계속 문자 데이터 쓰기

CGRAM/DDRAM에 데이터 쓰기 명령을 계속 사용하여 문자 'B', 'C', 'D', 'E', 'F', 'G' 등을 계속해서 쓰기 한다.

디스플레이 내용

A	B	C	D	E	F	G	

단계 7 : DDRAM 어드레스 설정(DDRAM Address Set)

동작

vfd의 2번째 라인의 제일 처음 위치가 설정되도록 DDRAM 어드레스를 0x40번지로 설정(D7=1)한다.

명령

RS	R/W	D7	D6	D5	D4	D3	D2	D1	D0
0	0	1	1	0	0	0	0	0	0

디스플레이 내용

A	B	C	D	E	F	G	

단계 8 : DDRAM에 데이터 쓰기

동작

문자 '0'(0x30)를 쓰기(RS=1) 한다. 전원 공급 단계에서 vfd가 자동으로 초기화되어 DDRAM이 설정되어 있으므로 다음 문자가 쓰여 질 수 있도록 라인의 위치가 오른쪽으로 하나 시프트 된다.

명령

RS	R/W	D7	D6	D5	D4	D3	D2	D1	D0
1	0	0	0	1	1	0	0	0	0

디스플레이 내용

A	B	C	D	E	F	G	
0							

단계 9 : 계속 데이터 쓰기

DDRAM에 데이터 쓰기 명령을 계속 사용하여 문자 '1', '2', '3', '4', '5', '6', '7' 등을 계속해서 쓰기 한다.

디스플레이 내용

A	B	C	D	E	F	G	
0	1	2	3	4	5	6	7

6.2 HBE-COMBO II 트레이닝 키트의 vfd에 문자와 4비트 2진 덧셈기를 디스플레이 하는 전체블록의 개요 및 동작 설명

HBE-COMBO II 트레이닝 키트의 vfd 화면에 문자를 디스플레이 하기 위해서는 vfd에 초기화를 해주어야 한다. 그림 6.2.1은 vfd에 문자를 디스플레이 하기 위하여 설정해주어야 하는 사항에 대한 흐름도를 나타내고 있다.

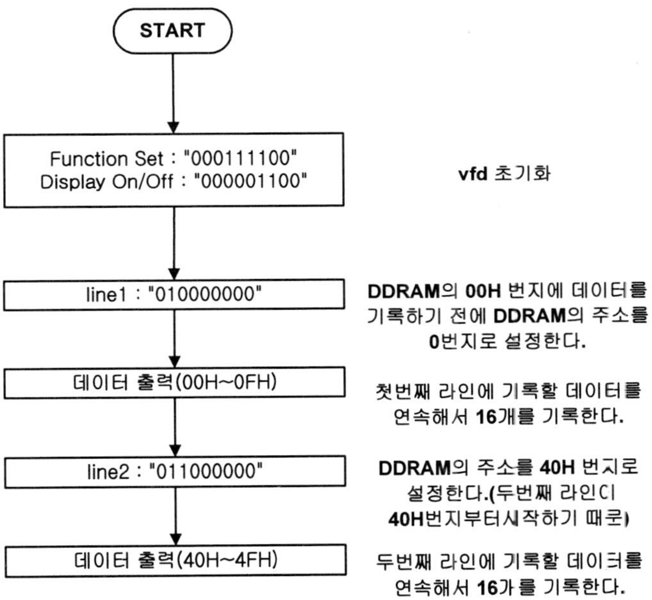

그림 6.2.1 vfd에 문자를 디스플레이 하기 위하여 설정해주어야 하는 사항에 대한 흐름도

그림 6.2.2는 HBE-COMBO II 트레이닝 키트의 vfd에 문자와 4비트 2진 덧셈기를 디스플레이 하는 전체 블록도이다. 전체블록은 HBE-COMBO II 트레이닝 키트의 keypad로부터 2개의 데이터를 입력받아 2진 코드로 출력하는 keyin 블록, keyin 블록에서 넘어온 데이터를 BCD 코드로 변환해서 출력하고 두 값을 더한 결과를 BCD 코드로 출력하는 adder4_bcd 블록, adder4_bcd 블록에서 넘어온 데이터를 vfd에 내보내는 vdf_display 블록으로 구성된다. 한편, dotmatrix 블록에서는 "Verilog HDL"이라는 문자가 우에서 좌로 이동하면서 디스플레이 된다. 그림 6.2.3은 실제적으로 vfd에 출력될 데이터와 데이터가 출력될 칸 정보이다. 첫 번째 라인은 문자 데이터가 출력되고 두 번째 라인은 입력 값, 문자 정보, 출력 값이 함께 출력된다.

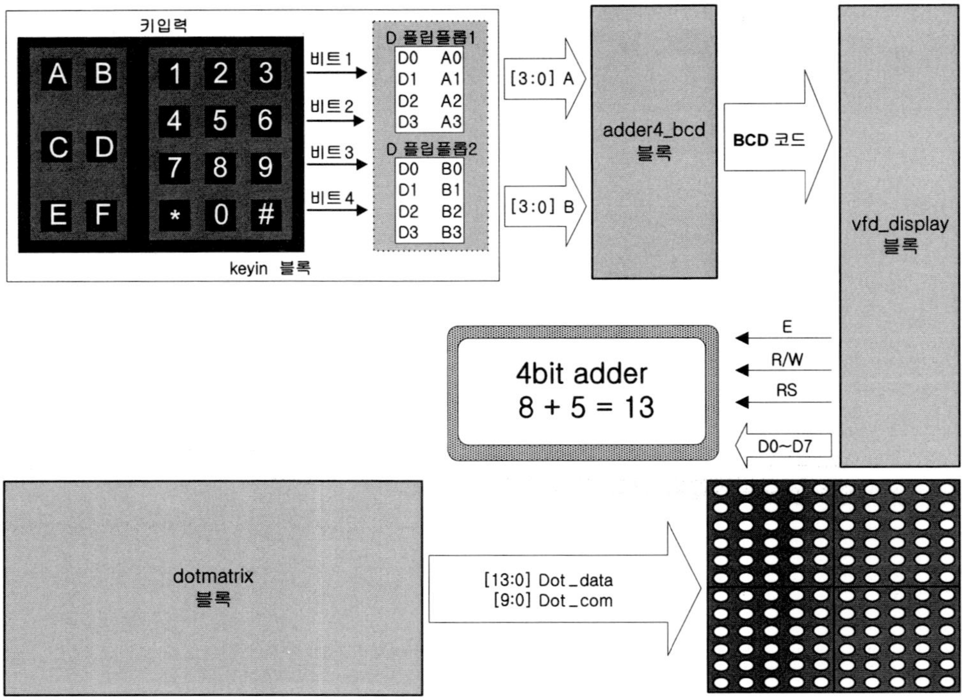

그림 6.2.2 HBE-COMBO II 트레이닝 키트의 vfd에 문자와 4비트 2진 덧셈기를 디스플레이하는 전체블록도

			4	b	i	t		a	d	d	e	r			
		a10	a1		+		b10	b1		=		s10	s1		

그림 6.2.3 vfd에 실제적으로 출력될 문자와 칸 정보

6.3 HBE-COMBO II 트레이닝 키트의 vfd에 문자와 4비트 2진 덧셈기를 디스플레이 하는 전체블록의 Verilog HDL 설계하기

vfd를 제어하는 방식에는 마이크로 프로그래밍 방식과 상태도를 이용한 제어 방식이 있다. 본 예제에서는 상태도를 이용하여 vfd를 제어하는 방식을 사용하기로 한다. 그림 6.3.1은 하나의 데이터 또는 명령을 쓸 때 필요한 상태의 종류이다. 상태 t1에서는 제어신호 e가 1이 되어 vfd_data가 vfd의 I/O핀 중에서 DB7 ~ DB0을 통해서 전송되어진다. 상태 t0과 t2는 셋업시간과 홀드시간을 위한 대기 시간이다.

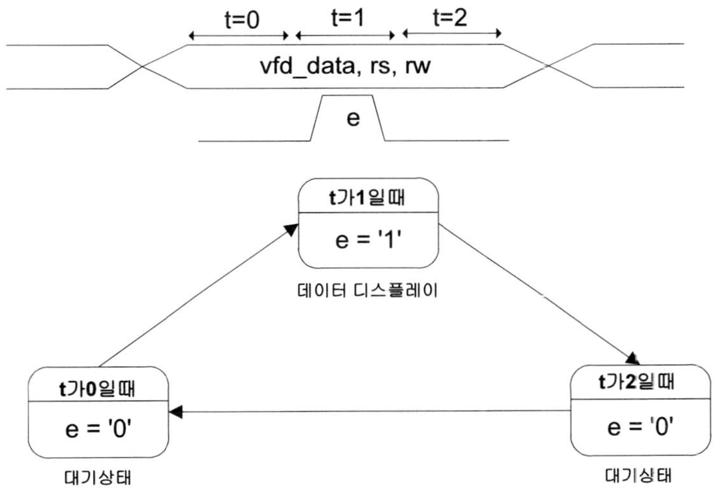

그림 6.3.1 vfd_data와 상태에 따른 e 신호의 출력과 상태도

6.3.1 모듈 선언 및 입출력 포트 선언(module and input/output port declaration)

그림 6.3.2는 Verilog HDL로 설계하려는 kit_4adder_vfd 전체블록의 모듈 선언 및 입출력 포트 선언을 심볼 형태로 표현한 것이며, 그림 6.3.3은 Verilog HDL로 설계하려는 kit_4adder_vfd 전체블록의 모듈 선언 및 입출력 포트 선언을 나타내고 있다. 한편, module 다음에 오는 kit_4adder_vfd는 이 블록의 모듈명이며 지정어 input과 output 다음에는 입력과 출력 포트들을 나타낸다. 설계하려는 kit_4adder_vfd 전체블록은 지정어 input에 입력 신호를 위한 clk, keyA, keyB, keyC, keyD, keyE, keyF, [3:0] key_r 포트들

과 지정어 output에 출력 신호를 위한 [9:0] Dot_com, [13:0] Dot_data, rs, rw, e, [7:0] vfd_data, [2:0] key_c 포트들을 기술한다.

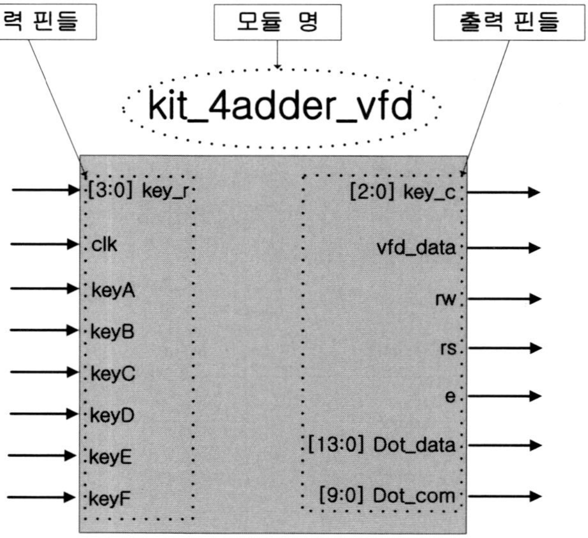

그림 6.3.2 Verilog HDL로 설계하려는 kit_4adder_vfd 전체블록의 모듈 선언 및 입출력 포트선언을 심볼 형태로 표현한 것

```
module kit_4adder_vfd (clk, keyA, keyB, keyC, keyD, keyE, keyF, key_c, key_r, Dot_com,
                       Dot_data, rs, rw, e, vfd_data);
   input clk, keyA, keyB, keyC, keyD, keyE, keyF;
   input [3:0] key_r;
   output [2:0] key_c;
   output [9:0] Dot_com;
   output [13:0] Dot_data;
   output [7:0] vfd_data;
   output rs, rw, e;

                    ~

endmodule
```

그림 6.3.3 Verilog HDL로 설계하려는 kit_4adder_vfd 전체블록의 모듈 선언 및 입출력 포트 선언

6.3.2 논리회로 표현(logic circuit representation)

모듈 선언 및 입출력 포트 선언이 되었으므로 설계 블록의 내부 동작 또는 연결 구조를 기술하는 논리회로 표현을 하여야 한다. 설계하려는 kit_4adder_vfd 블록에서 부품간의 연결에 사용되는 신호선 bcd10a, bcd10b, k_clk 등과 버스 신호선 [3:0] dataa, [3:0] datab, [3:0] bcd1a, [3:0] bcd1b, [3:0] bcd1s, [1:0] bcd10s 등을 지정어인 wire로 선언한다. [3:0] bcd1s_out, [1:0] bcd10s_out, count 등은 always문의 출력으로 사용되므로 지정어인 reg로 선언한다. 다음에 설계하려는 kit_4adder_vfd 블록에서 사용될 dotmatrix, adder4_bcd, keyin, vfd_display 하위모듈들을 선언한다. 선언이 끝나면 하드웨어의 내부동작을 기술해야 하는데 여기서는 앞서 이미 설계한 하위모듈들을 이용하여 이들 상호간을 연결하여 블록을 설계하는 구조적 표현 방법과 always문을 사용하여 kit_4adder_vfd 전체블록을 설계하는 동작적 표현 방법을 혼합하여 사용하기로 한다.

그림 6.3.4는 Verilog HDL로 설계하려는 kit_4adder_vfd 전체블록의 논리회로를 심볼 형태로 표현 한 것이다. 먼저, keyin 하위모듈에서는 HBE-COMBO II 트레이닝 키트의 keypad로부터 입력되는 16비트 데이터를 4비트 데이터 형태로 변환하고, 키 입력에 의해서 발생하는 k_clk 신호를 클록과 동기하여 출력한다. 한편, keyin 하위모듈에서 출력되어지는 4비트의 [3:0] dataa과 [3:0] datab은 adder4_bcd 하위모듈의 입력이 되어져서 4비트 2진 코드를 BCD 코드로 변환한 다음에 덧셈되어진다. adder4_bcd 하위모듈에서 출력되어지는 결과 값인 [3:0] bcd1s, [1:0] bcd10s는 event always문으로 입력된다. event always문에서는 두 번째 키가 눌렸다 떼어지는 순간에 [3:0] bcd1s → [3:0] bcd1s_out, [1:0] bcd10s → [1:0] bcd10s_out로 출력하게 된다. 두 번째 키가 떼어지는 순간은 event always문의 count의 값이 1일 때이다. 한편, vfd_display 하위모듈에서는 bcd1a[3:0], bcd1b[3:0], bcd10a, bcd10b, [3:0] bcd1s_out, [1:0] bcd10s_out 등의 BCD 입력을 vfd에 디스플레이 한다. 한편, dotmatrix 하위모듈에서는 "Verilog HDL"이라는 문자열이 우에서 좌로 이동하면서 디스플레이 된다. 그림 6.3.5는 Verilog HDL로 설계하려는 kit_4adder_vfd 전체블록의 논리회로 표현을 나타내고 있다. 한편, keyin 하위모듈과 adder4_bcd 하위모듈은 5장에서 설계한 Verilog HDL 코드를, dotmatrix 하위모듈은 4장에서 설계한 Verilog HDL 코드를 사용한다.

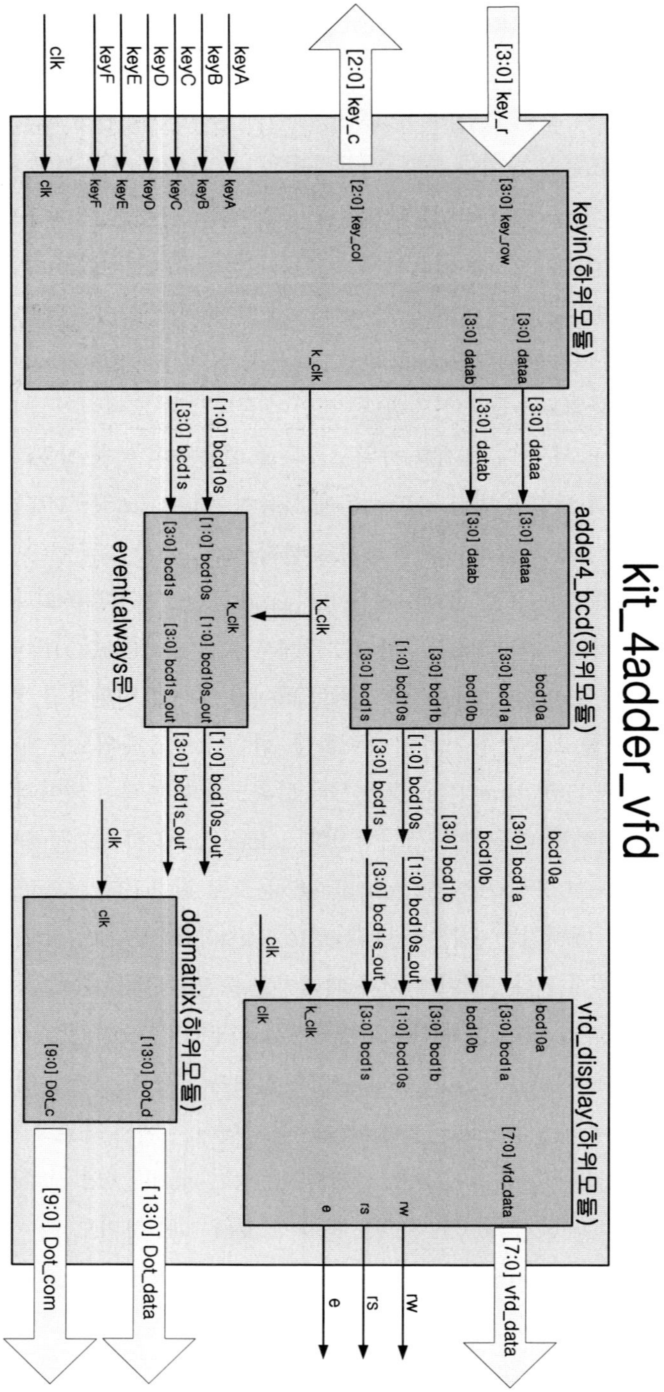

그림 6.3.4 Verilog HDL로 설계하려는 kit_4adder_vfd 전체블록의 논리회로를 심볼 형태로 표현한 것

```
wire [3:0] dataa, datab, bcd1a, bcd1b, bcd1s;
wire [1:0] bcd10s;
wire bcd10a, bcd10b, k_clk;
reg [3:0] bcd1s_out;
reg [1:0] bcd10s_out;
reg count;

   dotmatrix dotmatrix_display (.clk(clk), .Dot_c(Dot_com), .Dot_d(Dot_data));
   keyin key_input (.key_col(key_c), .key_row(key_r), .clk(clk), .keyA(keyA), .keyB(keyB),
                    .keyC(keyC), .keyD(keyD), .keyE(keyE), .keyF(keyF), .k_clk1(k_clk),
                    .dataa(dataa), .datab(datab));
   adder4_bcd bcd_trans (.dataa(dataa), .datab(datab), .bcd1a(bcd1a), .bcd10a(bcd10a),
                         .bcd1b(bcd1b), .bcd10b(bcd10b), .bcd1s(bcd1s), .bcd10s(bcd10s));
   vfd_display vfd_control (.clk(clk), .k_clk(k_clk), .bcd1a(bcd1a), .bcd10a(bcd10a),
                            .bcd1b(bcd1b), .bcd10b(bcd10b), .bcd1s(bcd1s_out),
                            .bcd10s(bcd10s_out), .rs(rs), .rw(rw), .e(e), .vfd_data(vfd_data));

   always @(negedge k_clk)                         // event
   begin
      if (count == 0)    count <= count + 1;
      else
      begin
         bcd1s_out  <= bcd1s;
         bcd10s_out <= bcd10s;
         count      <= 0;
      end
   end
```

그림 6.3.5 Verilog HDL로 설계하려는 kit_4adder_vfd 전체블록의 논리호로 포현

6.4 HBE-COMBO II 트레이닝 키트의 vfd에 출력하는 vfd_display 블록의 Verilog HDL 설계하기

6.4.1 모듈 선언 및 입출력 포트 선언(module and input/output port declaration)

그림 6.4.1은 Verilog HDL로 설계하려는 vfd_display 블록의 모듈 선언 및 입출력 포트 선언을 심볼 형태로 표현한 것이며, 그림 6.4.2는 Verilog HDL로 설계하려는 vfd_display 블록의 모듈 선언 및 입출력 포트 선언을 나타내고 있다. 한편, module 다음에 오는 vfd_display는 이 블록의 모듈명이며, 지정어 input과 output 다음에는 입력과 출력 포트들을 나타낸다. 설계하려는 vfd_display 블록은 지정어 input에 입력 신호를 위한 clk, k_clk, [3:0] bcd1a, bcd10a, [3:0] bcd1b, bcd10b, [3:0] bcd1s, [1:0] bcd10s 포트들과 지정어 output에 출력 신호를 위한 rs, rw, e, [7:0] vfd_data 포트들을 기술한다.

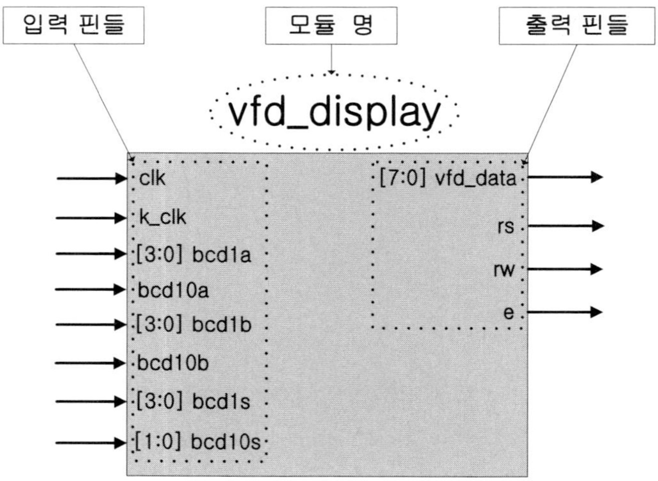

그림 6.4.1 Verilog HDL로 설계하려는 vfd_display 블록의 모듈 선언 및 입출력 포트 선언을 심볼 형태로 표현한 것

```
module vfd_display (clk, k_clk, bcd1a, bcd10a, bcd1b, bcd10b, bcd1s, bcd10s, rs, rw, e,
                    vfd_data);
    input clk, k_clk, bcd10a, bcd10b;
    input [3:0] bcd1a, bcd1b, bcd1s;
    input [1:0] bcd10s;
    output rs, rw, e;
    output [7:0] vfd_data;

                    ~

endmodule
```

그림 6.4.2 Verilog HDL로 설계하려는 vfd_display 블록의 모듈 선언 및 입출력 포트 선언

6.4.2 논리회로 표현(logic circuit representation)

모듈 선언 및 입출력 포트 선언이 되었으므로 설계 블록의 내부 동작 또는 연결 구조를 기술하는 논리회로 표현을 하여야 한다. 설계하려는 vfd_display 블록에서 부품간의 연결에 사용되는 버스 신호선 [7:0] a1ascii, [7:0] a10ascii, [7:0] b1ascii, [7:0] b10ascii, [7:0] s1ascii, [7:0] s10ascii, [7:0] plus_ascii, [7:0] equ_ascii 등을 지정어인 wire로 선언한다. 선언이 끝나면 하드웨어의 내부동작을 기술해야 하는데 여기서는 앞서 이미 설계한 하위모듈들을 이용하여 이들 상호간을 연결하여 블록을 설계하는 구조적 표현 방법을 사용하기로 한다.

그림 6.4.3은 Verilog HDL로 설계하려는 vfd_display 블록의 논리회로를 심볼 형태로 표현한 것이다. vfd_display 블록에서는 선언된 신호선 및 신호 버스선을 이용하여 data_select 하위모듈과 vfd 하위모듈을 상호 연결한다. 그림 6.4.4는 Verilog HDL로 설계하려는 vfd_display 블록의 논리회로 표현을 나타내고 있다.

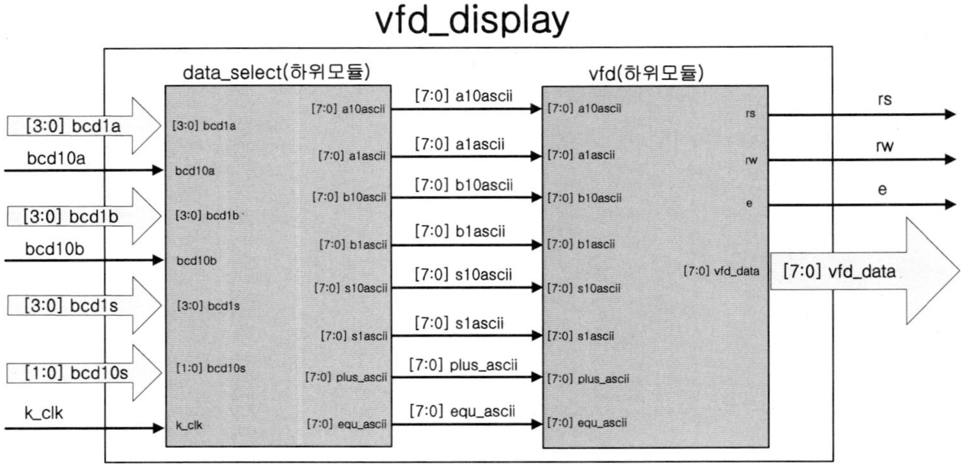

그림 6.4.3 Verilog HDL로 설계하려는 vfd_display 블록의 논리회로를 심볼 형태로 표현한 것

```
wire [7:0] a1ascii, a10ascii, b1ascii, b10ascii, s1ascii, s10ascii, plus_ascii,
        equ_ascii;

  data_select data_selector(.k_clk(k_clk), .bcd1a(bcd1a), .bcd10a(bcd10a),
                            .bcd1b(bcd1b), .bcd10b(bcd10b), .bcd1s(bcd1s),
                            .bcd10s(bcd10s), .a1ascii(a1ascii), .a10ascii(a10ascii),
                            .b1ascii(b1ascii), .b10ascii(b10ascii), .s1ascii(s1ascii),
                            .s10ascii(s10ascii),.plus_ascii(plus_ascii),
                            .equ_ascii(equ_ascii));
  vfd vfd_control (.clk(clk), .a1ascii(a1ascii), .a10ascii(a10ascii), .b1ascii(b1ascii),
                   .b10ascii(b10ascii), .s1ascii(s1ascii), .s10ascii(s10ascii),
                   .plus_ascii(plus_ascii), .equ_ascii(equ_ascii), .rs(rs), .rw(rw),
                   .e(e), .vfd_data(vfd_data));
```

그림 6.4.4 Verilog HDL로 설계하려는 vfd_display 블록의 논리회로 표현

6.4.3 data_select 블록의 Verilog HDL 설계하기

(1) 모듈 선언 및 입출력 포트 선언(module and input/output port declaration)

그림 6.4.5는 Verilog HDL로 설계하려는 data_select 블록의 모듈 선언 및 입출력 포트 선언을 심볼 형태로 표현한 것이며, 그림 6.4.6은 Verilog HDL로 설계하려는 data_select 블록의 모듈 선언 및 입출력 포트 선언을 나타내고 있다. 한편, module 다음에 오는

data_select는 이 블록의 모듈명이며 지정어 input과 output 다음에는 입력과 출력 포트들을 나타낸다. 설계하려는 data_select 블록은 지정어 input에 입력 신호를 위한 k_clk, bcd10a, bcd10b, [3:0] bcd1a, [3:0] bcd1b, [3:0] bcd1s, [1:0] bcd10s 포트들과 지정어 output에 출력 신호를 위한 [7:0] a10ascii, [7:0] a1ascii, [7:0] b10ascii, [7:0] b1ascii, [7:0] s10ascii, [7:0] s1ascii, [7:0] plus_ascii, [7:0] equ_ascii 포트들을 기술한다.

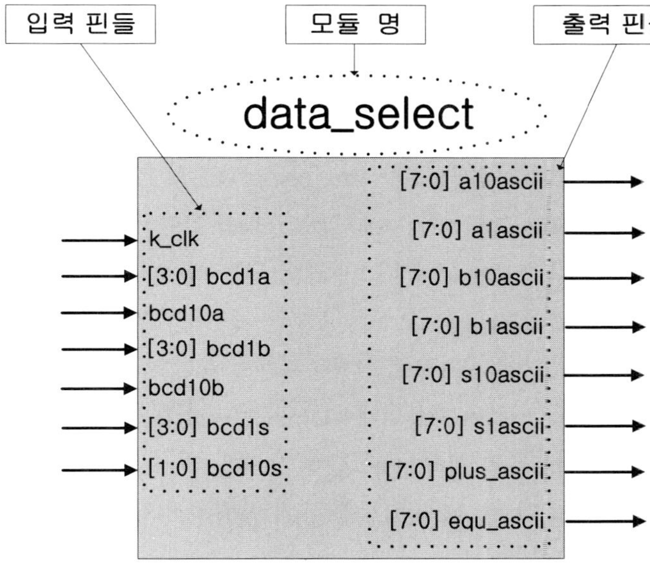

그림 6.4.5 Verilog HDL로 설계하려는 data_select 블록의 모듈 선언 및 입출력 포트 선언을 심볼 형태로 표현한 것

```
module data_select(k_clk, bcd1a, bcd10a, bcd1b, bcd10b, bcd1s, bcd10s, a10ascii,
                    a1ascii, b10ascii, b1ascii, s10ascii, s1ascii, plus_ascii, equ_ascii);
   input k_clk, bcd10a, bcd10b;
   input [3:0] bcd1a, bcd1b, bcd1s;
   input [1:0] bcd10s;
   output [7:0] a10ascii, a1ascii, b10ascii, b1ascii, s10ascii, s1ascii, plus_ascii,
                 equ_ascii;

                      ~

endmodule
```

그림 6.4.6 Verilog HDL로 설계하려는 data_select 블록의 모듈 선언 및 입출력 포트 선언

(2) 논리회로 표현(logic circuit representation)

모듈 선언 및 입출력 포트 선언이 되었으므로 설계 블록의 내부 동작 또는 연결 구조를 기술하는 논리회로 표현을 하여야 한다. 설계하려는 data_select 블록에서 k1, k2, k3, k4, [3:0] bcda, [3:0] bcdb, [3:0] bcdc, [3:0] bcdd, [3:0] bcde, [3:0] bcdf, [3:0] p_ascii, [3:0] e_ascii 등은 always문의 출력으로 사용되므로 지정어인 reg로 선언한다. 한편, k_count는 integer로 선언하며, 범위는 default 값인 32bit가 된다. 다음에 BCD 코드를 ASCII 코드로 변환하는 역할을 하는 ascii_data 함수를 선언하였다. 선언이 끝나면 하드웨어의 내부동작을 기술해야 하는데 여기서는 always문을 사용하여 data_select 블록을 설계하는 동작적 표현 방법을 사용하기로 한다.

그림 6.4.7은 Verilog HDL로 설계하려는 data_select 블록의 논리회로를 심볼 형태로 표현한 것이다. 먼저 up_counterer always문에서는 k_clk의 입력이 들어올 때 마다 1씩 증가하는 업 카운터로 동작한다. 이는 vfd에 디스플레이 되는 데이터가 표시되기 위한 타이밍을 결정하는데 필요한 신호인 k1, k2, k3, k4신호들을 제어하기 위해서이다. 초기의 vfd의 두 번째 라인에는 k1, k2, k3, k4 신호들에 공백문자가 출력되고 있지만 첫 번째 키 입력이 들어오면 display_key_data always문에 의해 k1 신호는 High가 되고, 두 번째 키를 누르면 k2 신호가 High가 되며 이후로는 계속 High 값을 가진다. display_result always문에서는 k_clk 클록의 하강에지에 따라 k1, k2 신호들을 동기화 하여 k3과 k4 신호를 출력하는 2비트 D 플립플롭으로 동작한다. 한편, data_selector always문에서 초기에 k1, k2, k3, k4 신호들이 모두 0의 값을 갖기 때문에 [3:0] bcda, [3:0] bcdb, [3:0] bcdc, [3:0] bcdd, [3:0] bcde, [3:0] bcdf, [3:0] p_ascii, [3:0] e_ascii 등의 신호들은 모두 1111이 되고, 이 출력 신호들을 ascii_data 함수의 매개변수로 적용시켜 반환되는 값은 공백 문자에 대한 ASCII 코드 값인 00100000(0x20)이 된다. 따라서 data_select 블록의 출력선 [7:0] a10ascii, [7:0] a1ascii, [7:0] b10 ascii, [7:0] b1ascii, [7:0] s10ascii, [7:0] s1ascii, [7:0] plus_ascii, [7:0] equ_ascii 등의 출력 신호들은 모두 공백 ASCII 코드 값인 00100000(0x20)을 출력하게 된다. 다음에 첫 번째 키가 눌리는 순간에 k_clk의 신호가 Low에서 High로 된다. 이 시점에 k1 신호는 1이 되고 눌린 키 값의 BCD 코드를 ascii_data 함수의 매개변수로 적용시켜 ASCII 코드 값으로 변환하여 [7:0] a10ascii, [7:0] a1ascii 등의 출력 신호로 출력 한다. 한편, 첫 번째 키가 눌렸다가 떼어지는 순간에 k_clk의 신호가 High에서 Low로 된다. 이 시점에 k4는 1이 되고 +부호에 대한 BCD 코드를 ascii_data 함수의 매개변수로 적용시켜 ASCII 코드 값으로 변환하여 [7:0] plus_ascii의 출력 신호로 출력한다. 다음으로 두 번째 키가 눌리는 순간에 k_clk의

신호가 Low에서 High로 된다. 이 시점에 k2 신호는 1이 되고 눌린 키 값의 BCD 코드를 ascii_data 함수의 매개변수로 적용시켜 ASCII 코드 값으로 변환하여 [7:0] b10ascii, [7:0] b1ascii의 출력 신호로 출력 한다. 한편, 두 번째 키가 눌렸다가 떼어지는 순간에 k_clk의 신호가 High에서 Low로 된다. 이 시점에 k3은 1이 되어 = 부호와 덧셈 결과의 BCD 코드를 ascii_data 함수의 매개변수로 적용시켜 ASCII 코드 값으로 변환하여 [7:0] equ_ascii, [7:0] s10ascii, [7:0] s1ascii 등의 출력 신호들로 출력한다. 그림 6.4.8은 Verilog HDL로 설계하려는 data_select 블록의 논리회로 표현을 나타내고 있다.

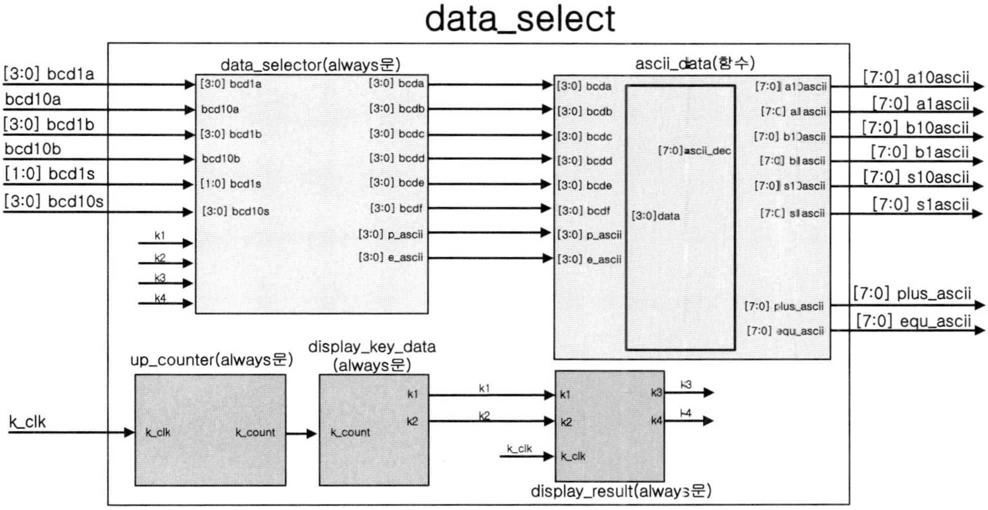

그림 6.4.7 Verilog HDL로 설계하려는 data_select 블록의 논리회로를 심볼 형태로 표현한 것

```
reg k1, k2, k3, k4;
reg [3:0] bcda, bcdb, bcdc, bcdd, bcde, bcdf, p_ascii, e_ascii;
integer k_count;

   assign a10ascii    = ascii_data(bcda);
   assign a1ascii     = ascii_data(bcdb);
   assign b10ascii    = ascii_data(bcdc);
   assign b1ascii     = ascii_data(bcdd);
   assign s10ascii    = ascii_data(bcde);
   assign s1ascii     = ascii_data(bcdf);
   assign plus_ascii = ascii_data(p_ascii);
   assign equ_ascii   = ascii_data(e_ascii);
```

```
function [7:0] ascii_data;
   input [3:0] data;
   case(data)
      4'b0000 : ascii_data = 8'b00110000;
      4'b0001 : ascii_data = 8'b00110001;
      4'b0010 : ascii_data = 8'b00110010;
      4'b0011 : ascii_data = 8'b00110011;
      4'b0100 : ascii_data = 8'b00110100;
      4'b0101 : ascii_data = 8'b00110101;
      4'b0110 : ascii_data = 8'b00110110;
      4'b0111 : ascii_data = 8'b00110111;
      4'b1000 : ascii_data = 8'b00111000;
      4'b1001 : ascii_data = 8'b00111001;
      4'b1010 : ascii_data = 8'b00101011;
      4'b1011 : ascii_data = 8'b00111101;
      default : ascii_data = 8'b00100000;
   endcase
endfunction

always @ (posedge k_clk)                    // up_counter
   k_count <= k_count + 1;

always @ (k_count)                          // display_key_data
begin
   if (k_count == 0)
   begin
      k1 <= 0; k2 <= 0;
   end
   else if (k_count == 1)
   begin
      k1 <= 1; k2 <= 0;
   end
   else
   begin
      k1 <= 1; k2 <=1;
   end
end
always @ (negedge k_clk)                    // display_result
begin
   k3 <= k2;   k4 <= k1;
end

always @ (k1 or k2 or k3 or k4)             // data_selector
begin
```

```
if ({k1, k4, k2, k3} ==4'b1000)
begin
    case (bcd10a)
        1 : bcda <= 4'b0001;
        default : bcda <= 4'b1111;
    endcase
    bcdb     <= bcd1a;
    bcdc     <= 4'b1111;
    bcdd     <= 4'b1111;
    bcde     <= 4'b1111;
    bcdf     <= 4'b1111;
    p_ascii  <= 4'b1111;
    e_ascii  <= 4'b1111;
end
else if ({k1, k4, k2, k3} ==4'b1100)
begin
    case (bcd10a)
        1 : bcda <= 4'b0001;
        default : bcda <= 4'b1111;
    endcase
    bcdb     <= bcd1a;
    bcdc     <= 4'b1111;
    bcdd     <= 4'b1111;
    bcde     <= 4'b1111;
    bcdf     <= 4'b1111;
    p_ascii  <= 4'b1010;
    e_ascii  <= 4'b1111;
end
else if ({k1, k4, k2, k3} ==4'b1110)
begin
    case (bcd10a)
        1 : bcda <= 4'b0001;
        default : bcda <= 4'b1111;
    endcase
    case (bcd10b)
        1 : bcdc <= 4'b0001;
        default : bcdc <= 4'b1111;
    endcase
    bcdb <= bcd1a;
    bcdd <= bcd1b;
bcde <= 4'b1111;
bcdf <= 4'b1111;
p_ascii <= 4'b1010;
e_ascii <= 4'b1111;
```

```
end
   else if ({k1, k4, k2, k3} ==4'b1111)
   begin
      case (bcd10a)
         1 : bcda <= 4'b0001;
         default : bcda <= 4'b1111;
      endcase
      case (bcd10b)
         1 : bcdc <= 4'b0001;
         default : bcdc <= 4'b1111;
      endcase
      case (bcd10s)
         1 : bcde <= 4'b0001;
         2 : bcde <= 4'b0010;
         3 : bcde <= 4'b0011;
         default : bcde <= 4'b1111;
      endcase
      bcdb    <= bcd1a;
      bcdd    <= bcd1b;
      bcdf   <= bcd1s;
      p_ascii  <= 4'b1010;
      e_ascii  <= 4'b1011;
   end
   else
   begin
      bcda    <= 4'b1111;
      bcdb    <= 4'b1111;
      bcdc    <= 4'b1111;
      bcdd    <= 4'b1111;
      bcde    <= 4'b1111;
      bcdf   <= 4'b1111;
      p_ascii  <= 4'b1111;
      e_ascii  <= 4'b1111;
   end
end
```

그림 6.4.8 Verilog HDL로 설계하려는 data_select 블록의 논리회로 표현

6.4.4 vfd 블록의 Verilog HDL 설계하기

(1) 모듈 선언 및 입출력 포트 선언(module and input/output port declaration)

그림 6.4.9는 Verilog HDL로 설계하려는 vfd 블록의 모듈 선언 및 입출력 포트 선언을 심볼 형태로 표현한 것이며, 그림 6.4.10은 Verilog HDL로 설계하려는 vfd 블록의 모듈 선언 및 입출력 포트 선언을 나타내고 있다. 한편, module 다음에 오는 vfd는 이 블록의 모듈 명이며, 지정어 input과 output 다음에는 입력과 출력 포트들을 나타낸다. 설계하려는 vfd 블록은 지정어 input에 입력 신호를 위한 clk, [7:0] a10ascii, [7:0] a1ascii, [7:0] b10ascii, [7:0] b1ascii, [7:0] s10ascii, [7:0] s1ascii, [7:0] plus_ascii, [7:0] equ_ascii 포트들과 지정어 output에 출력 신호를 위한 rs, rw, e, [7:0] vfd_data 포트들을 기술한다.

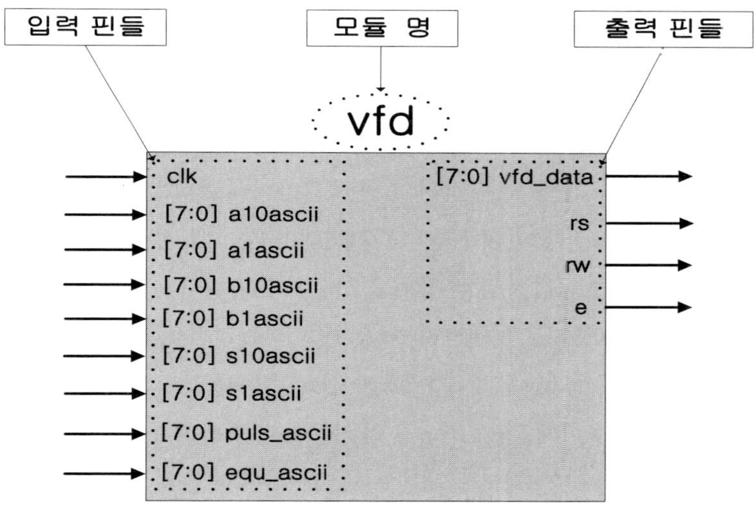

그림 6.4.9 Verilog HDL로 설계하려는 vfd 블록의 모듈 선언 및 입출력 포트 선언을 심볼 형태로 표현한 것

```
module vfd (clk, a10ascii, a1ascii, b10ascii, b1ascii, s10ascii, s1ascii, plus_ascii,
            equ_ascii, rs, rw, e, vfd_data);
   input clk;
   input [7:0] a10ascii, a1ascii, b10ascii, b1ascii, s10ascii, s1ascii, plus_ascii, equ_ascii;
   output rs, rw, e;
   output [7:0] vfd_data;

            ~

endmodule
```

그림 6.4.10 Verilog HDL로 설계하려는 vfd 블록의 모듈 선언 및 입출력 포트 선언

(2) 논리회로 표현(logic circuit representation)

모듈 선언 및 입출력 포트 선언이 되었으므로 설계 블록의 내부 동작 또는 연결 구조를 기술하는 논리회로 표현을 하여야 한다. 설계하려는 vfd 블록에서 모듈 선언 및 입출력 포트 선언에서 출력포트로 선언했던 [7:0] vfd_data, rs, e 등과 신호선 [1:0] vfd_mod, [1:0] t, [4:0] counter 등은 always문의 출력으로 사용되므로 지정어인 reg로 선언한다. 한편, vfd_mod의 모드를 상태 머신으로 구성하기 위해 파라미터로 vfd_set, line1, line2를 선언한다. 선언이 끝나면 하드웨어의 내부동작을 기술해야 하는데 여기서는 always문을 사용하여 vfd 블록을 설계하는 동작적 표현 방법을 사용하기로 한다.

그림 6.4.11은 Verilog HDL로 설계하려는 vfd 블록의 논리회로를 심볼 형태로 표현한 것이다. 먼저 vfd_dis_data always문에서는 clk의 신호 변화를 감지하여 동작한다. clk 신호가 상승에지(Low→High)일 때 t 신호가 3진 업 카운트로 동작한다. t 신호가 1일 때 e 신호는 1로 출력되고, t 신호가 0과 2일 경우에는 e 신호에 대한 셋업 및 홀드 시간을 의미하며 e 신호는 0으로 출력한다. 다음에 t 신호가 2일 때 t 신호는 0으로 초기화 되고, counter 변수의 값은 1이 증가한다. 한편, vfd_mod의 변화에 따라 counter 변수의 최대 카운트 값이 결정된다. 예를 들어 vfd_mod가 vfd_set(vfd 초기화)일 경우에 counter 변수의 최대는 2가 된다. vfd_mod가 line1일 경우와 line2일 경우에 counter 신호의 최대값은 17이다. 이때 counter 신호의 최대값이 된 경우에는 counter 신호를 0으로 초기화시킨다. 동작을 보면, clk 신호가 상승에지(Low→High)일 때, vfd_mod와 counter의 값에 따른 동작을 한다. 이는 vfd의 각 라인에서 실행될 명령어와 디스플레이 될 ASCII 코드 값을 의미한다. 한편, 그림 6.4.12는 vfd 블록의 흐름도이며 Ⓐ흐름도와 Ⓑ흐름도는 순차적 구조를 가지고 있다. Ⓐ흐름도는 상태는 e 신호와 t 신호의 출력을 나타내고 있으며, Ⓑ흐름도는 vfd 초기화 및

각 라인에 적용될 명령 데이터와 vfd에 디스플레이 될 데이터를 위한 카운터 과정을 보이고 있다. Ⓑ흐름도를 보면, 먼저 vfd의 초기화 과정 vfd_set(Function_Set, Display_On/Off)을 수행하고 line1에 대한 데이터를 출력한다. 다음에 line1에 대한 데이터의 디스플레이가 끝나면 line2에 대한 데이터의 디스플레이만 반복적으로 수행하게 된다. 즉, vfd 초기화 과정 및 line1에 대한 데이터의 디스플레이 과정은 1번만 수행하게 되는 것이다. 한편, rs 신호는 명령신호에는 0이 출력되고 데이터의 디스플레이 일 경우에는 1을 출력한다. 이 예제에서는 항상 쓰기 모드로만 동작하므로 rw 신호는 항상 0으로 고정시킨다. vfd_set 모드에서는 counter가 0일 때는 Function Set 명령어인 00111100, count가 1일 때는 Display On/Off 명령어인 00001100이 출력된다. line1 모드에서는 counter가 0일 때는 vfd 라인 어드레스 값인 0x00번지를 설정하라는 10000000, counter가 1, 2, 3일 때는 vfd에 공백 데이터를 디스플레이 하라는 001000000, counter가 4 ~ 17 일 때는 vfd에 디스플레이 될 각각의 데이터 출력된다. 다음에 line2 모드에서는 count가 0일 때는 vfd 라인 어드레스 값인 0x40번지를 설정하라는 11000000, counter가 1, 2, 3일 때는 vfd에 공백 데이터를 디스플레이 하라는 001000000, counter가 4 ~ 17 일 때는 vfd에 디스플레이 될 각각의 데이터 출력된다. 그림 6.4.13은 Verilog HDL로 설계하려는 vfd 블록의 논리회로 몸체 표현을 나타내고 있다.

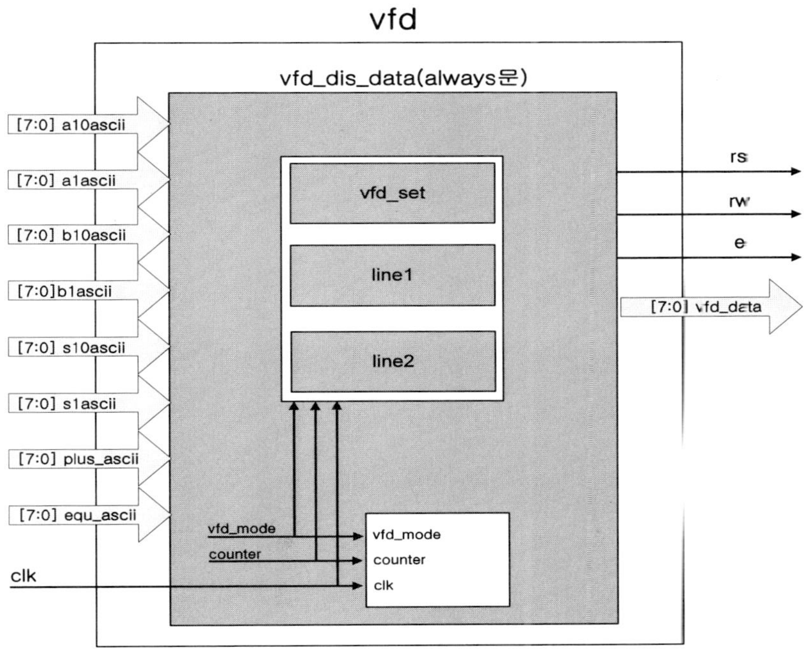

그림 6.4.11 Verilog HDL로 설계하려는 vfd 블록의 논리회로를 심볼 형태로 표현한 것

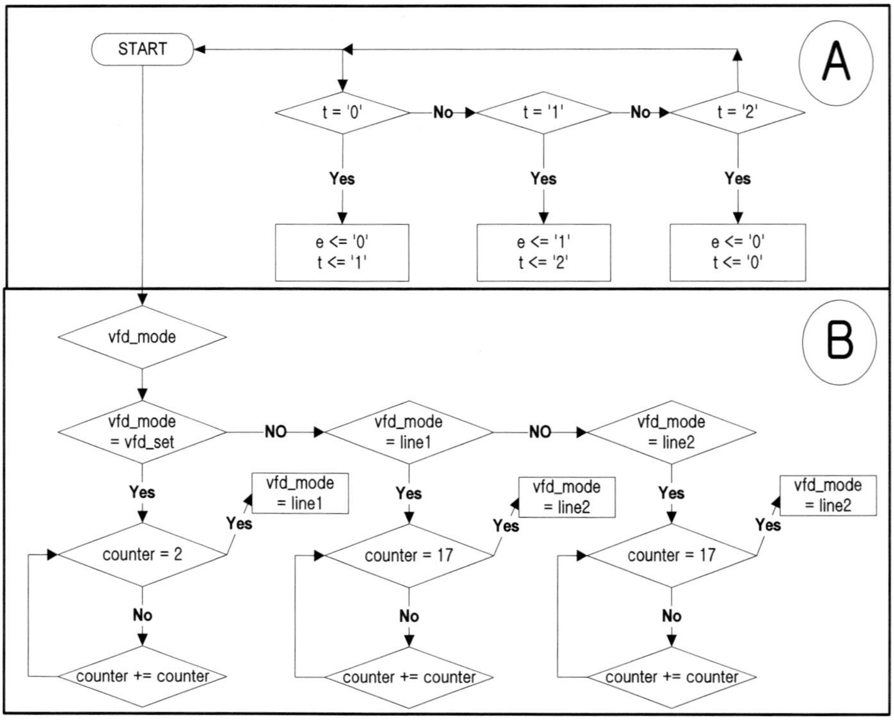

그림 6.4.12 vfd 블록의 흐름도

```
reg rs, e;
reg [1:0] vfd_mod, t;
reg [4:0] counter;
reg [7:0] vfd_data;
parameter vfd_set = 0, line1 = 1, line2 = 2;

   assign rw = 0;

   always @ (posedge clk)          // vfd_dis_data
   begin
   case (t)
      0 : begin
            e <= 0;
            t <= 1;
         end
      1 : begin
            e <= 1;
            t <= 2;
```

```
        end
    2 : begin
            e <= 0;
            t <= 0;
            counter <= counter + 1;
        end
    default : begin
                  e <= 0;
                  t <= 0;
              end
endcase

if (vfd_mod == vfd_set)
    begin
        if (counter == 2)
        begin
            counter <= 0;   vfd_mod <= line1;
        end
        else
        begin
            case (counter)
                0 : {rs, vfd_data} <= 9'b000111100;
                1 : {rs, vfd_data} <= 9'b000001100;
                default : rs <= 0;
            endcase
        end
    end
    else if (vfd_mod == line1)
    begin
        if (counter == 17)
        begin
        counter <= 0;  vfd_mod <= line2;
    end
    else
    begin
        case (counter)
            0 : {rs, vfd_data} <= 9'b010000000;
            1 : {rs, vfd_data} <= 9'b100100000;
            2 : {rs, vfd_data} <= 9'b100100000;
            3 : {rs, vfd_data} <= 9'b100100000;
            4 : {rs, vfd_data} <= 9'b100110100;
            5 : {rs, vfd_data} <= 9'b101100010;
```

```
            6 : {rs, vfd_data} <= 9'b101101001;
            7 : {rs, vfd_data} <= 9'b101110100;
            8 : {rs, vfd_data} <= 9'b100100000;
            9 : {rs, vfd_data} <= 9'b101100001;
            10 : {rs, vfd_data} <= 9'b101100100;
            11 : {rs, vfd_data} <= 9'b101100100;
            12 : {rs, vfd_data} <= 9'b101100101;
            13 : {rs, vfd_data} <= 9'b101110010;
            14 : {rs, vfd_data} <= 9'b100100000;
            15 : {rs, vfd_data} <= 9'b100100000;
            16 : {rs, vfd_data} <= 9'b100100000;
            default : {rs, vfd_data} <= 9'b010010000;
         endcase
      end
   end
   else if (vfd_mod == line2)
   begin
      if (counter == 17)
      begin
         counter <= 0;   vfd_mod <= line2;
      end
      else
      begin
         case (counter)
            0 : {rs, vfd_data} <= 9'b011000000;
            3 : {rs, vfd_data} <= {1'b1, a10ascii};
            4 : {rs, vfd_data} <= {1'b1, a1ascii};
            6 : {rs, vfd_data} <= {1'b1, plus_ascii};
            8 : {rs, vfd_data} <= {1'b1, b10ascii};
            9 : {rs, vfd_data} <= {1'b1, b1ascii};
            11 : {rs, vfd_data} <= {1'b1, equ_ascii};
            13 : {rs, vfd_data} <= {1'b1, s10ascii};
            14 : {rs, vfd_data} <= {1'b1, s1ascii};
            default : {rs, vfd_data} <= 9'b100100000;
               endcase
            end
         end
      end
endmodule
```

그림 6.4.13 Verilog HDL로 설계하려는 vfd 블록의 논리회로 표현

6.5 타이밍 시뮬레이션 파형에 의한 분석 및 검증

그림 6.5.1은 ModelSim-Altera Edition 6.5e를 이용하여 타이밍 시뮬레이션 과정을 수행하기 위한 Test Bench 파일이며, 그림 6.5.2, 그림 6.5.3에 타이밍 시뮬레이션을 수행한 결과 파형을 나타내고 있다. 그림 6.5.2는 vfd의 초기 설정인 Function Set, Display On/Off, line1, 첫 번째 칸에 표시될 데이터인 공백(20)이 출력되는 것을 보이고 있다.

```
`timescale 1ns / 1ns
module tb_kit_4adder_vfd;
   reg clk;
   reg keyA;
   reg keyB;
   reg keyC;
   reg keyD;
   reg keyE;
   reg keyF;
   reg [3:0] key_r;
   wire [2:0] key_c;
   wire [9:0] Dot_com;
   wire [13:0] Dot_data;
   wire rs;
   wire rw;
   wire e;
   wire [7:0] vfd_data;
   parameter sec = 25;

      kit_4adder_vfd uut (.clk(clk), .keyA(keyA), .keyB(keyB), .keyC(keyC), .keyD(keyD),
                          .keyE(keyE), .keyF(keyF), .key_c(key_c), .key_r(key_r),
                          .Dot_com(Dot_com), .Dot_data(Dot_data), .rs(rs), .rw(rw),
                          .e(e), vfd_data(vfd_data));

      always #(sec) clk = ~clk;
      initial begin
         clk = 0;   key_r = 0;   keyA = 0;   keyB = 0;   keyC = 0;   keyD = 0;
         keyE = 0;   keyF = 0;   #0;
         key_r = 0; #2500;
         key_r = 2; #100;
         key_r = 0; #100;
         keyB = 1; #100;
         keyB = 0; #2500;   $stop;
      end
endmodule
```

그림 6.5.1 kit_4adder_vfd 전체블록을 ModelSim-Altera Edition 6.5e를 사용하여 타이밍 시뮬레이션 하기 위한 Test Bench 파일

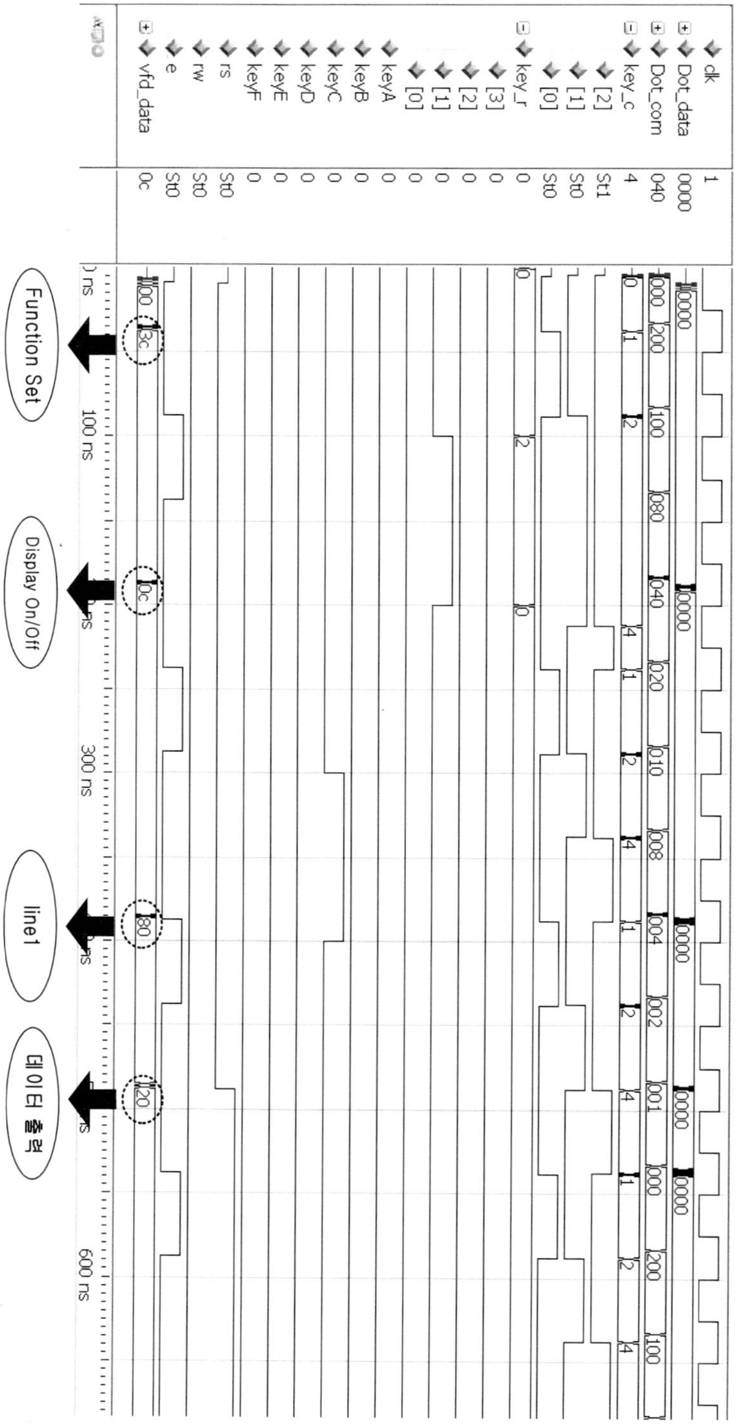

그림 6.5.2 vfd의 초기 설정 데이터의 타이밍 시뮬레이션 결과 파형

그림 6.5.3의 타이밍 시뮬레이션 결과 파형을 분석해보면 다음과 같다. 먼저 vfd의 두 번째 라인은 16칸으로 구성되어져 있는데 rs 신호가 High, rw 신호는 Low, e 신호가 High가 될 때 각 칸에 데이터 값이 출력되고 어드레스가 증가하면서 데이터 출력이 다음 칸으로 옮겨짐을 알 수 있다. 이제 첫 번째 5 키를 누르면 key_c[1]과 key_r[1]이 High가 되는 순간에 5의 ASCII 코드 값인 35가 vfd의 4번째 칸에 출력되어진다. 이때 첫 번째 5 키를 눌렀다 떼어지는 순간(Low → High)에 +의 ASCII 코드 값인 2b가 vfd의 6번째에 동시에 출력되어진다. 한편, 공백은 ASCII 코드 값 20으로 vfd의 각 칸에 출력되어진다. 두 번째 B 키를 누르면 keyB가 High가 되는 순간에 B의 10진수 값이 11이므로 1의 ASCII 코드 값인 31이 vfd의 8번째 칸과 9번째 칸에 출력되어진다. 이때 두 번째 B 키를 눌렀다 떼어지는 순간에 =의 ASCII 코드 값인 3d가 vfd의 11번째에 동시에 출력되어진다. 한편, 덧셈된 결과 값인 16은 두 번째 키 입력이 눌렀다 떼어지는 순간(Low → High)에 1의 ASCII 코드 값인 31이 vfd의 13번째, 6의 ASCII 코드 값인 36이 vfd의 14번째에 출력되어진다. 여기서 첫 번째로 눌린 키 값이 5 키라는 것은 [3:0] key_r 값을 입력파형으로 0010로 설정하였고 출력 값인 [2:0] key_c가 010 값이 출력되었으므로 표 4.5.1에서 나타난 바와 같이 5 키가 눌린 것으로 인식되어진다.

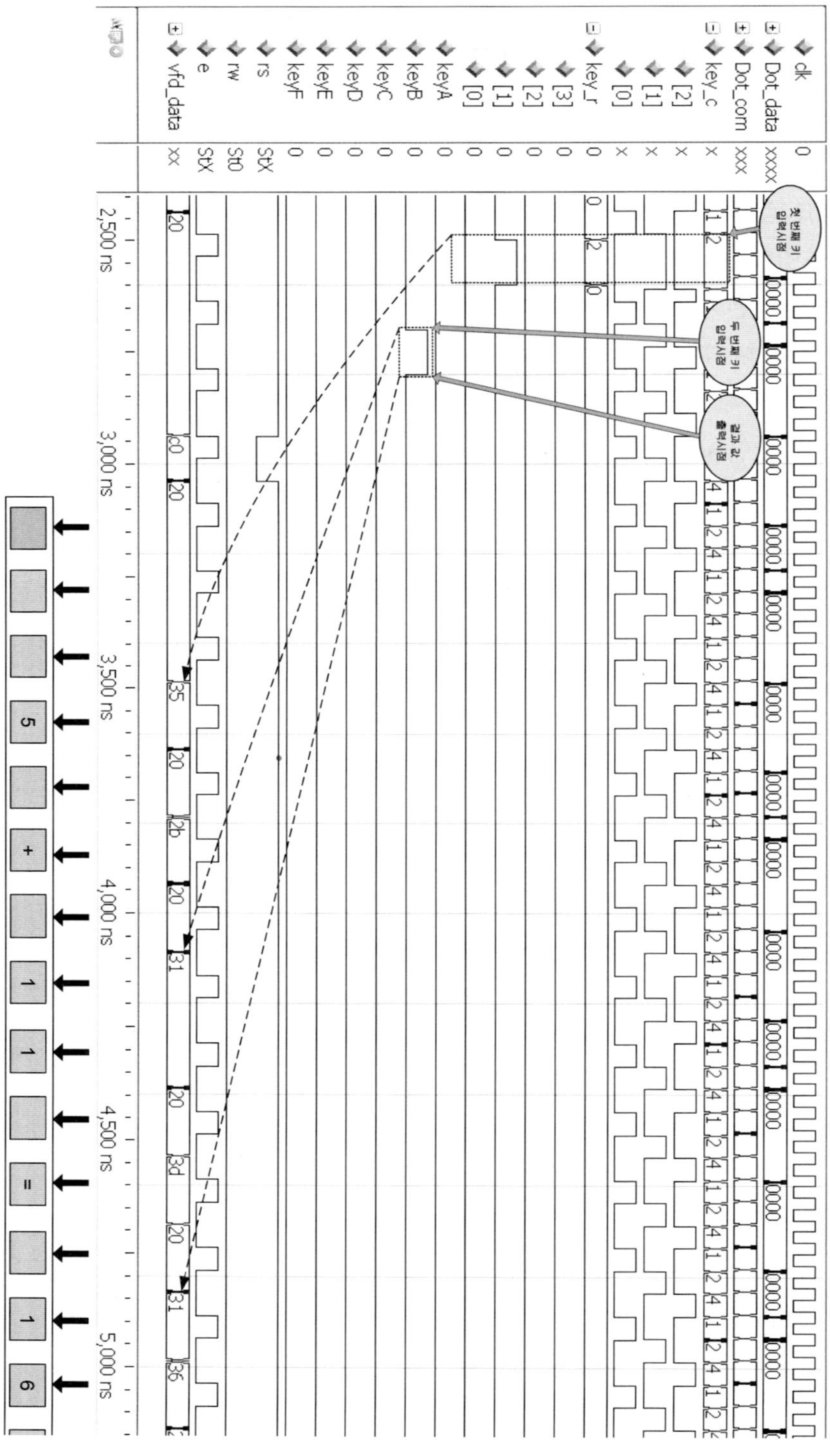

그림 6.5.3 vfd의 두 번째 라인에 출력될 데이터의 타이밍 시뮬레이션 결과 파형

6.6 HBE-COMBO II 트레이닝 키트에 프로그래밍 하기 위한 핀 할당 정보

표 6.6.2 HBE-COMBO II 트레이닝 키트에 프로그래밍 하기 위한 핀 할당 정보

입력 핀		출력 핀	
핀 이름	핀 번호	핀 이름	핀 번호
key_r[0]	PIN_AD10	vfd_data[0]	PIN_R7
key_r[1]	PIN_AC10	vfd_data[1]	PIN_R6
key_r[2]	PIN_V10	vfd_data[2]	PIN_P3
key_r[3]	PIN_AF9	vfd_data[3]	PIN_R8
keyA	PIN_Y10	vfd_data[4]	PIN_P6
keyB	PIN_W10	vfd_data[5]	PIN_P4
keyC	PIN_AA9	vfd_data[6]	PIN_P9
keyD	PIN_V9	vfd_data[7]	PIN_P7
keyE	PIN_AE9	rs	PIN_R2
keyF	PIN_AC9	rw	PIN_R5
clk	PIN_N1	e	PIN_R4
		key_c[0]	PIN_V11
		key_c[1]	PIN_AB10
		key_c[2]	PIN_AA10
		Dot_data[0]	PIN_U3
		Dot_data[1]	PIN_U6
		Dot_data[2]	PIN_U5
		Dot_data[3]	PIN_U9
		Dot_data[4]	PIN_U7
		Dot_data[5]	PIN_T2
		Dot_data[6]	PIN_U10
		Dot_data[7]	PIN_T6
		Dot_data[8]	PIN_T3
		Dot_data[9]	PIN_T8
		Dot_data[10]	PIN_T7
		Dot_data[11]	PIN_T10
		Dot_data[12]	PIN_T9
		Dot_data[13]	PIN_R3
전용 클록 핀 선택 스위치		Dot_com[0]	PIN_W4
Clock Select : 8(10KHz)		Dot_com[1]	PIN_V3
		Dot_com[2]	PIN_V2
		Dot_com[3]	PIN_V5
		Dot_com[4]	PIN_V4
		Dot_com[5]	PIN_V7
		Dot_com[6]	PIN_V6
		Dot_com[7]	PIN_U2
		Dot_com[8]	PIN_U1
		Dot_com[9]	PIN_U4

CHAPTER 07

Verilog HDL을 사용하여 설계한 4비트 2진 뺄셈기(2의 보수 사용)를 HBE-COMBO II 트레이닝 키트의 led로 출력하기

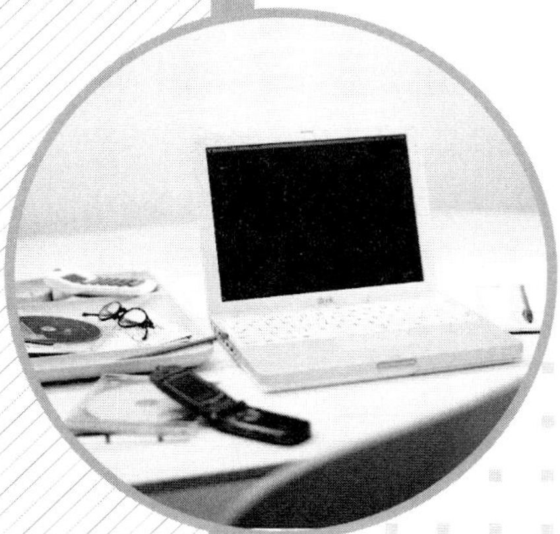

7.1 HBE-COMBO II 트레이닝 키트 상에서의 동작 설명
7.2 HBE-COMBO II 트레이닝 키트의 led에 2의 보수를 사용한 4비트 2진 뺄셈기를 디스플레이 하는 전체블록 개요
7.3 HBE-COMBO II 트레이닝 키트의 led에 2의 보수를 사용한 4비트 2진 뺄셈기를 디스플레이 하는 전체블록의 Verilog HDL 설계하기
7.4 2의 보수를 이용하여 뺄셈을 하는 블록의 Verilog HDL 설계하기
7.5 타이밍 시뮬레이션 파형에 의한 분석 및 검증
7.6 HBE-COMBO II 트레이닝 키트에 프로그래밍 하기 위한 핀 할당 정보

7.1 HBE-COMBO II 트레이닝 키트 상에서의 동작 설명

이 예제는 그림 7.1.1과 같이 사용자가 HBE-COMBO II 트레이닝 키트 내에 있는 0에서 F까지의 키보드를 사용하여 2개의 4비트 데이터를 연속적으로 넣게 되면, 입력된 2개의 4비트 데이터가 2의 보수를 사용하여 뺄셈이 되어 입력된 4비트 데이터와 뺄셈된 결과가 HBE-COMBO II 트레이닝 키트의 8개의 led에 나타나게 된다. 또한 event always문을 사용하여 두 번째 키를 떼기 전까지는 입력되는 2개의 4비트 데이터가 출력되고, 두 번째 키가 떼어지는 순간 부호비트와 뺄셈된 결과 값이 출력되도록 설계 하였다. 예를 들어 사용자가 8 키와 9 키를 연속적으로 누르게 되면 먼저 HBE-COMBO II 트레이닝 키트에 2개의 4비트 데이터 키 입력에 대한 led가 점등된다. 즉 첫 번째 4비트 데이터인 8은 8개의 led 중에서 A그룹 led에 1000 형태로 점등되고, 두 번째 4비트 데이터인 9는 B 그룹 led에 1001 형태로 점등된다. 다음에 2개의 4비트 데이터에 대한 뺄셈된 결과 값인 -1은 A그룹 led와 B그룹 led가 모두 꺼지면서 C그룹 led에 0001 형태로 점등되고 부호 비트도 점등된다. 한편, dotmatrix 블록에서는 "Verilog HDL"이라는 문자열이 우에서 좌로 이동하면서 디스플레이 된다.

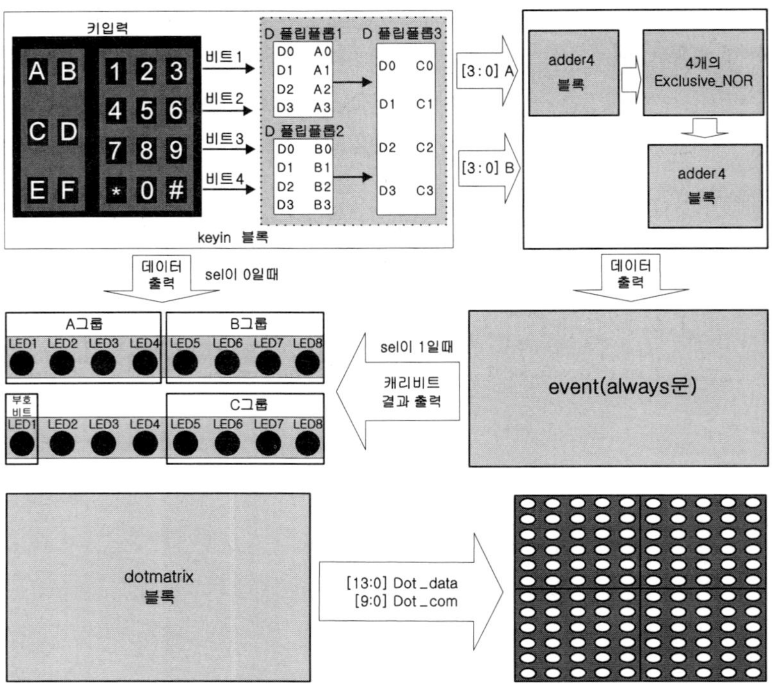

그림 7.1.1 HBE-COMBO II 트레이닝 키트 상에서의 동작 개요

7.2 HBE-COMBO Ⅱ 트레이닝 키트의 led에 2의 보수를 사용한 4비트 2진 뺄셈기를 디스플레이 하는 전체블록 개요

HBE-COMBOⅡ 트레이닝 키트의 led에 2의 보수를 사용한 4비트 2진 뺄셈기를 디스플레이 하는 kit_4subtractor2_led 전체블록은 그림 7.2.1과 같이 크게 keyin 블록과 subtractor2 블록, event always문 등으로 구성된다. HBE-COMBO Ⅱ 트레이닝 키트의 keypad는 3×4 keypad와 6개의 버튼 스위치로 구성되어 있다. 버튼 스위치는 A 키에서 F 키까지로서 직접 입력이 되도록 구성되어져 있으며, 3×4 keypad는 0에서 9까지의 키들과 *, # 등의 키들로 구성되어있다. 한편, 3×4 keypad는 스캔방식 구조로써 가로라인과 세로라인에서 동시에 제어하여 입력을 받아 사용할 수 있도록 구성되어 있다. 따라서 0에서 9까지의 스위치 입력 값을 받기 위해서는 키 데이터 스캔 블록(keymatrix)이 필요하다. keymatrix 블록에서 스캔한 키 값의 출력은 encoder always문으로 보내진다. 한편, A ~ F까지의 버튼 스위치로 입력되는 데이터는 1비트의 데이터 정보이기 때문에 바로 encoder always문으로 키 값이 보내진다. 따라서 HBE-COMBOⅡ 트레이닝 키트의 keypad로부터 입력되는 데이터는 16비트가 된다. 그러나 subtractor2 블록에 적용하기에는 데이터의 비트 수가 다르기 때문에 keypad의 데이터 정보를 변환하고, 출력된 데이터를 A그룹 데이터와, B그룹 데이터로 저장하는 D 플립플롭이 필요하다. 이러한 기능들은 keyin 블록에서 수행된다. 한편, keyin 블록에서 출력되는 2개의 4비트 데이터는 subtractor2 블록에서 뺄셈된다. 또한, 2개의 4비트 데이터와 subtractor2 블록에서 뺄셈된 결과는 event always문으로 입력된다. HBE-COMBO Ⅱ 트레이닝 키트에서는 led가 8개이므로 2개의 4비트 데이터와 subtractor2 블록에서 뺄셈된 결과를 모두 출력할 수 없다. 따라서 event always문에서는 2개의 4비트 데이터를 먼저 출력 시키고, 두 번째 데이터 스위치가 눌렸다가 떼어지는 순간에 subtractor2 블록에서 뺄셈된 결과와 부호비트 값을 출력한다. 한편, dotmatrix 블록에서는 "Verilog HDL"이라는 문자열이 우에서 좌로 이동하면서 디스플레이 된다.

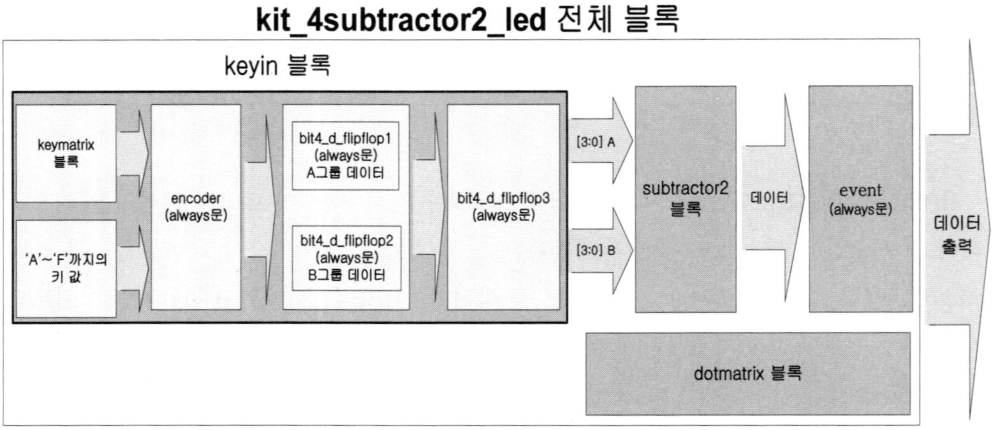

그림 7.2.1 HBE-COMBO II 트레이닝 키트의 led에 2의 보수를 사용한 4비트 2진 뺄셈기를 디스플레이 하는 kit_4subtractor2_led 전체블록 개요

7.3 HBE-COMBO II 트레이닝 키트의 led에 2의 보수를 사용한 4비트 2진 뺄셈기를 디스플레이 하는 전체블록의 Verilog HDL 설계하기

7.3.1 모듈 선언 및 입출력 포트 선언(module and input/output port declaration)

그림 7.3.1은 Verilog HDL로 설계하려는 kit_4subtractor2_led 전체블록의 모듈 선언 및 입출력 포트 선언을 심볼 형태로 표현한 것이며, 그림 7.3.2는 Verilog HDL로 설계하려는 kit_4subtractor2_led 전체블록의 모듈 선언 및 입출력 포트 선언을 나타내고 있다. 한편, module 다음에 오는 kit_4subtractor2_led은 이 블록의 모듈명이며 지정어 input과 output 다음에는 입력과 출력 포트들을 나타낸다. 설계하려는 kit_4subtractor2_led 전체블록은 지정어 input에 입력 신호를 위한 clk, [3:0] key_r, keyA, keyB, keyC, keyD, keyE, keyF 포트들과 지정어 output에 출력 신호를 위한 [7:0] led_data, [9:0] Dot_com, [13:0] Dot_data, [2:0] key_c 포트들을 기술한다.

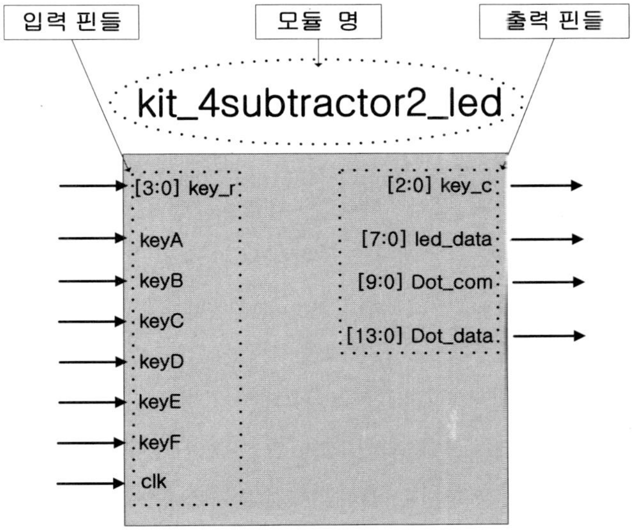

그림 7.3.1 Verilog HDL로 설계하려는 kit_4subtractor2_led 전체블록의 모듈 선언 및 입출력 포트 선언을 심볼 형태로 표현한 것

```
module kit_4subtractor2_led (clk, key_c, key_r, keyA, keyB, keyC, keyD, keyE,
                              keyF, led_data, Dot_com, Dot_data);
   input [3:0] key_r;
   input clk, keyA, keyB, keyC, keyD, keyE, keyF;
   output [7:0] led_data;
   output [9:0] Dot_com;
   output [13:0] Dot_data;
   output [2:0] key_c;

                ~

endmodule
```

그림 7.3.2 Verilog HDL로 설계하려는 kit_4subtractor2_led 전체블록의 모듈 선언 및 입출력 포트 선언

7.3.2 논리회로 표현(logic circuit representation)

모듈 선언 및 입출력 포트 선언이 되었으므로 설계 블록의 내부 동작 또는연결 구조를 기술하는 논리회로 표현을 하여야 한다. 설계하려는 kit_4subtractor2_led 전체블록에서 부품 간의 연결에 사용되는 신호선 key_clk, key_clk1, dff_clk2, CLRN 등과 버스 신호선 [7:0]

sub, [7:0] data 등을 지정어인 wire로 선언한다. 또한 dff_clk1, sel 신호들과 모듈 선언 및 입출력 포트 선언에서 선언된 [7:0] led_data는 always문의 출력으로 사용되므로 지정어인 reg로 선언한다. 선언이 끝나면 하드웨어의 내부동작을 기술해야 하는데 여기서는 앞서 이미 설계한 하위모듈들을 이용하여 이들 상호간을 연결하여 블록을 설계하는 구조적 표현 방법과 연산자, 연속 할당문 등을 사용한 자료흐름적 표현, always문을 사용하여 kit_4subtractor2_led 전체블록을 설계하는 동작적 표현 방법을 혼합하여 사용하기로 한다.

그림 7.3.3은 Verilog HDL로 설계하려는 kit_4subtractor2_led 전체블록의 논리회로를 심볼 형태로 표현한 것이다. keyin 하위모듈에서는 HBE-COMBOII 트레이닝 키트의 keypad로부터 입력되는 16비트 데이터를 4비트 데이터 형태로 변환하고, 변환된 데이터들은 [3:0] dataa과 [3:0] datab으로 출력되어 HBE-COMBOII 트레이닝 키트의 led에 점등된다. 또한 키 입력에 의해서 발생하는 k_clk1 신호를 클록과 동기하여 출력한다. 한편, keyin 하위모듈에서 출력되어지는 4비트의 [3:0] dataa과 [3:0] datab은 subtractor2 하위모듈의 입력이 되어 뺄셈된다. subtractor2 하위모듈에서 출력되어지는 결과 값들과 [7:4] data, [3:0] data은 event always문으로 입력된다. event always문에서는 sel이 0일 때, 키 입력이 첫 번째 눌렸을 때 led1부터 led4에 [7:4] data의 데이터가 표시 되고, 두 번째 눌렸을 때 led5부터 led8에 [3:0] data의 데이터가 표시되도록 한다. 한편, 두 번째 키가 눌렸다가 떼어지는 순간 sel 신호는 1이 되어 led5부터 led8까지 subtractor2 하위모듈에서 뺄셈된 결과와 led1에는 부호 비트가 표시된다. 그림 7.3.4에 key_clk, key_clk1, dff_clk1, dff_clk2, sel 등의 파형이 나타나 있다. key_clk는 클록과 동기 된 키 입력이 들어올 때 High가 되고 key_clk1은 key_clk의 반대 파형이 된다. 그리고 dff_clk1은 T 플립플롭 always문의 출력이 되므로 key_clk1 파형이 Low에서 High로 변할 때 현재 파형의 반대 파형이 된다. dff_clk2는 dff_clk1의 반대 파형이 되어서 event always문의 T 플립플롭의 클록이 된다. 따라서 T 플립플롭의 출력인 sel은 dff_clk2 파형이 Low에서 High로 변할 때 현재 파형의 반대 파형이 되므로 High가 되는 시점은 뺄셈된 결과와 부호 비트 값이 출력되는 시점이 된다. T 플립플롭의 클리어 단자인 CLRN은 0 값이 되면 클리어 되어 sel이 0이 된다. CLRN이 0이 되는 조건은 첫 번째 키가 눌리는 순간이 되어야 하므로 key_clk1과 dff_clk1을 OR 게이트의 입력으로 구성한다. 한편, dotmatrix 하위모듈에서는 "Verilog HDL"이라는 문자열이 우에서 좌로 이동하면서 디스플레이 된다. 그림 7.3.5는 Verilog HDL로 설계하려는 kit_4subtractor2_led 전체블록의 논리회로 표현을 나타내고 있다. 한편, keyin 하위모듈, adder4 하위모듈, dotmatrix 하위모듈 등은 4장에서 설계한 Verilog HDL 코드를 사용한다.

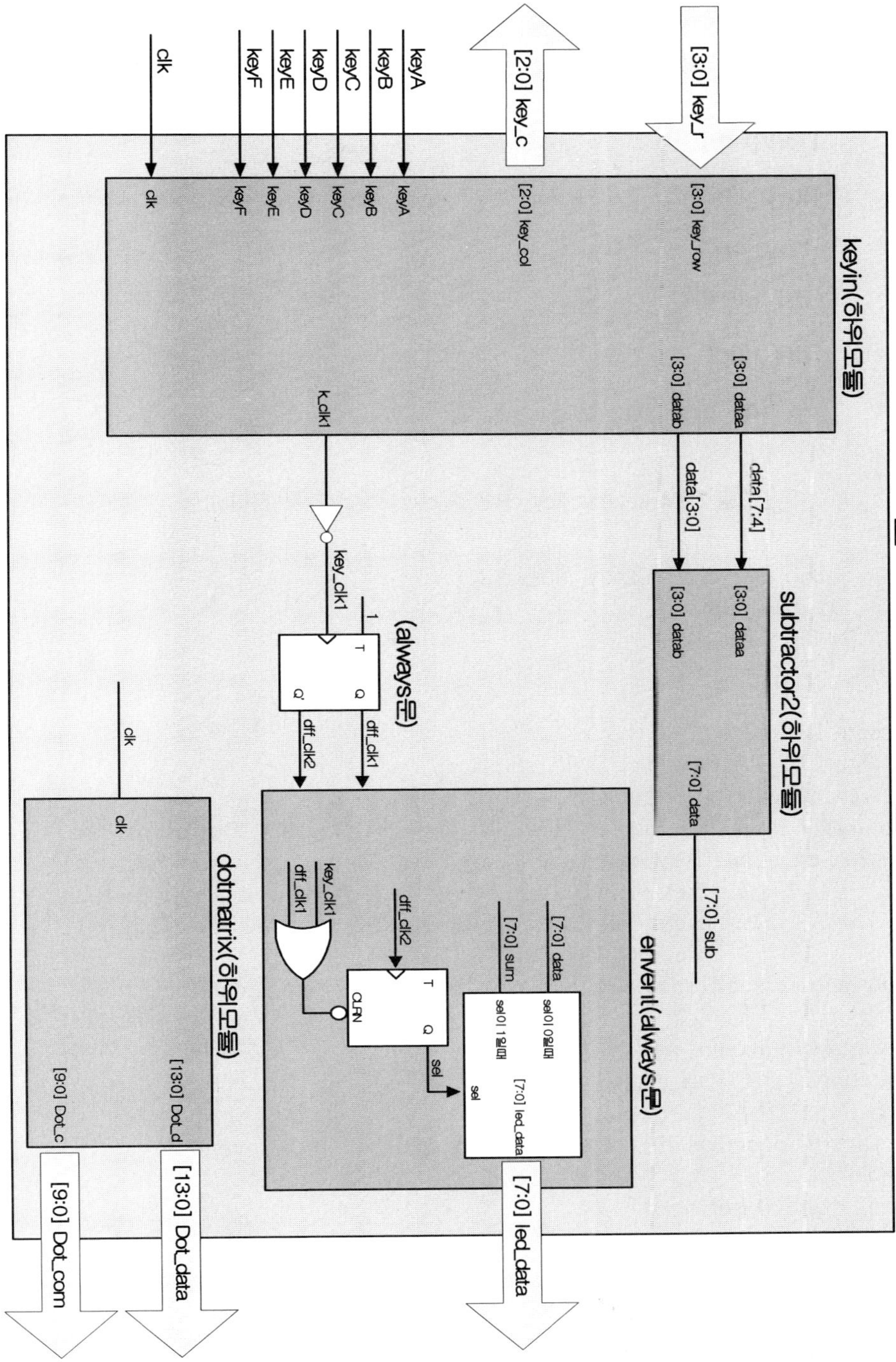

그림 7.3.3 Verilog HDL로 설계하려는 kit_4subtractor2_led 전체블록의 논리회로를 심볼 형태로 표현한 것

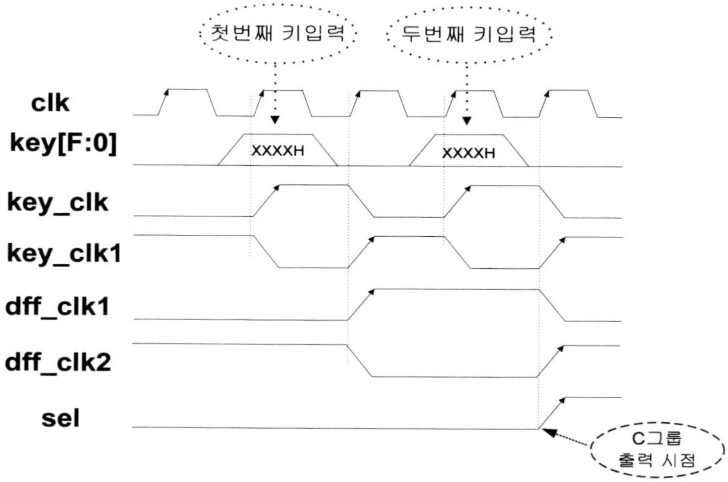

그림 7.3.4 key_clk, key_clk1, dff_clk1, dff_clk2, sel 등의 파형

```
wire key_clk, key_clk1, CLRN, dff_clk2;
wire [7:0] data, sub;
reg [7:0] led_data;
reg dff_clk1, sel;

  assign key_clk1 = ~key_clk;
  assign CLRN = key_clk1 | dff_clk1;
  assign dff_clk2 = ~dff_clk1;
  dotmatrix dotmatrix_display (.clk(clk), .Dot_c(Dot_com), .Dot_d(Dot_data));
  keyin key_input (.key_col(key_c), .key_row(key_r), .clk(clk), .keyA(keyA),
                   .keyB(keyB), .keyC(keyC), .keyD(keyD), .keyE(keyE),
                   .keyF(keyF), .k_clk1(key_clk), .dataa(data[7:4]),
                   .datab([3:0] data));
  subtractor2 sub2 (.dataa(data[7:4]), .datab([3:0] data), .data(sub));

  always @(posedge key_clk1)                          // T F/F
     dff_clk1 <= ~dff_clk1;

  always @(posedge dff_clk2 or negedge CLRN)        // event
  begin
     if (!CLRN) sel <= 0;
     else sel <= ~sel;
     case(sel)
        1'b0 : led_data <= data;
        1'b1 : led_data <= sub;
     endcase
  end
```

그림 7.3.5 Verilog HDL로 설계하려는 kit_4subtractor2_led 전체블록의 논리회로 표현

7.4 2의 보수를 이용하여 뺄셈을 하는 블록의 Verilog HDL 설계하기

2진수의 2의 보수는 1의 보수의 최하위 숫자에 1을 더하면 쉽게 형성된다. 이러한 2의 보수를 사용하여 뺄셈을 하는 원리는 다음과 같다.

1. 밑수 2인 두 양수의 뺄셈 M–N은 피감수 M에 감수 N의 2의 보수를 더한다.
2. 1의 결과에 대하여 끝자리 올림수를 조사한다.
   ① 끝자리 올림수가 있으면 그것을 무시한다.
   ② 끝자리 올림수가 없을 경우 1의 결과에 2의보수를 취하고 앞에 — 부호를 붙인다.

예제) 2의 보수를 사용하여 다음을 계산하라.

(a) M - N = 1010100-10000011

M = 1010100
N에 대한 2의 보수 = + 0111101
합 = 1 0010001
끝자리 올림 버림
답 : M - N = 0010001

(b) M - N = 1000011 -1010100

M = 1000011
N에 대한 2의 보수 = + 0101100
합 = 1101111
끝자리 올림 없음
답 : M - N = -(1101111에 대한 2의 보수) = -0010001이다.

7.4.1 모듈 선언 및 입출력 포트 선언(module and input/output port declaration)

그림 7.4.1은 Verilog HDL로 설계하려는 subtractor2 블록의 모듈 선언 및 입출력 포트 선언을 심볼 형태로 표현한 것이며, 그림 7.4.2는 Verilog HDL로 설계하려는 subtractor2 블록의 모듈 선언 및 입출력 포트 선언을 나타내고 있다. 한편, module 다음에 오는 subtractor2는 이 블록의 모듈명이며 지정어 input과 output 다음에는 입력과 출력 포트들

을 나타낸다. 설계하려는 subtractor2 블록은 지정어 input에 입력 신호를 위한 data[7:4], data[3:0] 포트들과 출력 신호를 위한 [7:0] data의 포트를 기술한다.

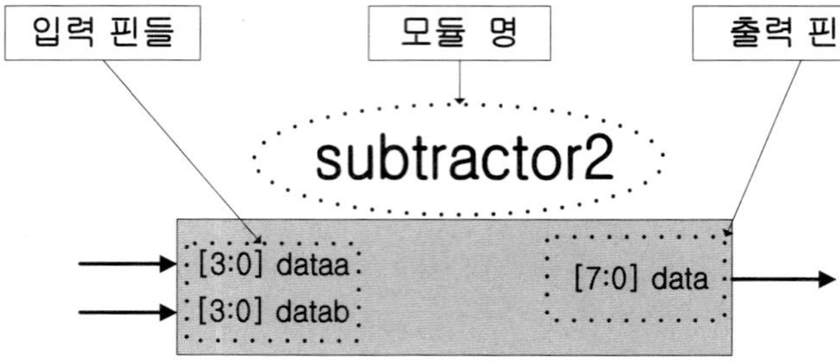

그림 7.4.1 Verilog HDL로 설계하려는 subtractor2 블록의 모듈 선언 및 입출력 포트 선언을 심볼 형태로 표현한 것

```
module subtractor2 (dataa, datab, data);
   input [3:0] dataa, datab;
   output [7:0] data;


           ~


endmodule
```

그림 7.4.2 Verilog HDL로 설계하려는 subtractor2 블록의 모듈 선언 및 입출력 포트 선언

7.4.2 논리회로 표현(logic circuit representation)

모듈 선언 및 입출력 포트 선언이 되었으므로 설계 블록의 내부 동작 또는 연결 구조를 기술하는 논리회로 표현을 하여야 한다. 설계하려는 subtractor2 블록에서 부품간의 연결에 사용되는 신호선 cout_buf와 버스 신호선 [3:0] sub_buf1, [3:0] sub_buf2 등을 지정어인 wire로 선언한다. 다음에 설계하려는 subtractor2 블록에서 사용될 adder4 하위모듈을 선언한다. 선언이 끝나면 하드웨어의 내부동작을 기술해야 하는데 여기서는 앞서 이미 설계한 하위모듈을 이용하여 이들 상호간을 연결하여 블록을 설계하는 구조적 표현 방법과 subtractor2 블록 내의 신호 및 제어의 흐름을 나타내는 자료흐름적 표현 방법을 혼합하여 사용하기로 한다.

그림 7.4.3은 Verilog HDL로 설계하려는 subtractor2 블록의 논리회로를 심볼 형태로 표현 한 것이다. 먼저 첫 번째 4비트 2진 덧셈기에 첫 번째 키 입력 값은 그대로 입력되고 두 번째 키 입력 값은 반전되어 입력된다. 여기서 말하는 첫 번째 키 입력 값은 [3:0] dataa를 말하고 두 번째 키 입력 값은 [3:0] datab가 된다. 그리고 [3:0] datab의 입력에 반전을 하는 것은 1의 보수를 취해주는 것이다. 이렇게 [3:0] datab데이터 값과 반전된 [3:0] datab 데이터 값이 첫 번째 4비트 2진 덧셈기에 입력이 되어 결과 값인 [3:0] sub_buf1과 cout_buf가 출력된다. 그러나 2의 보수에 의한 뺄셈을 하여야 하므로 캐리에 1을 입력하여 2의 보수에 의한 뺄셈이 되도록 한다. 이때 캐리가 발생하면 결과 값을 그대로 led에 출력하고, 캐리가 발생하지 않으면 첫 번째 4비트 2진 덧셈기의 결과 값에 다시 2의 보수를 취해준 값의 음수 값이 led에 출력된다. 이러한 역할은 4개의 Exclusive-NOR와 두 번째 4비트 2진 덧셈기가 수행하게 된다. 그림 7.4.4에 Exclusive-NOR의 진리표가 나타나 있다. 진리표에 나타나 바와 같이 캐리 입력이 0일 때 즉, 첫 번째 4비트 2진 덧셈기의 결과 값의 캐리가 발생하지 않은 경우에는 Exclusive-NOR의 출력이 합 입력의 1의 보수가 된다. 또한 캐리 입력이 1일 때 즉, 첫 번째 4비트 2진 덧셈기의 결과 값의 캐리가 발생한 경우에는 Exclusive-NOR의 출력인 [3:0] sub_buf2가 그대로 출력된다. 한편, 캐리가 발생하지 않은 경우(결과값이 음수인 경우)에는 부호 비트(data[7])는 1이 되어 부호비트 led가 점등된다. 그림 7.4.5는 Verilog HDL로 설계하려는 subtractor2 블록의 논리회로 표현을 나타내고 있다.

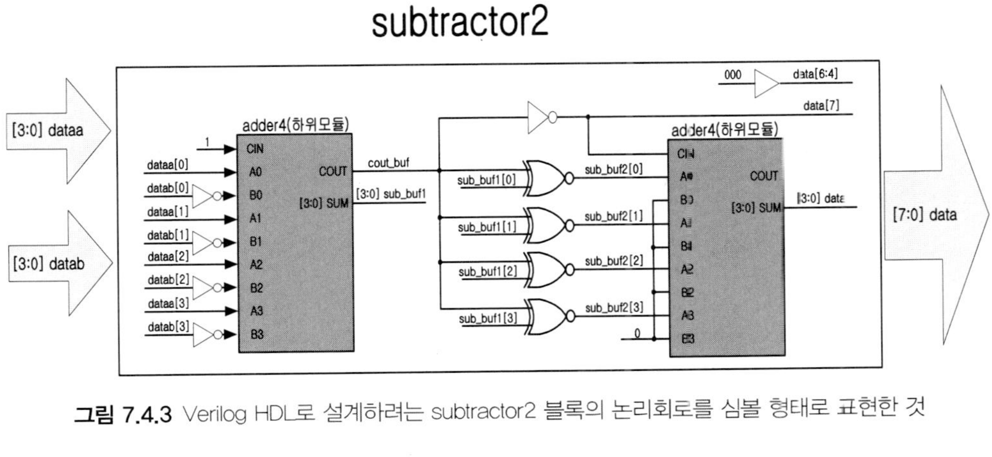

그림 7.4.3 Verilog HDL로 설계하려는 subtractor2 블록의 논리회로를 심볼 형태로 표현한 것

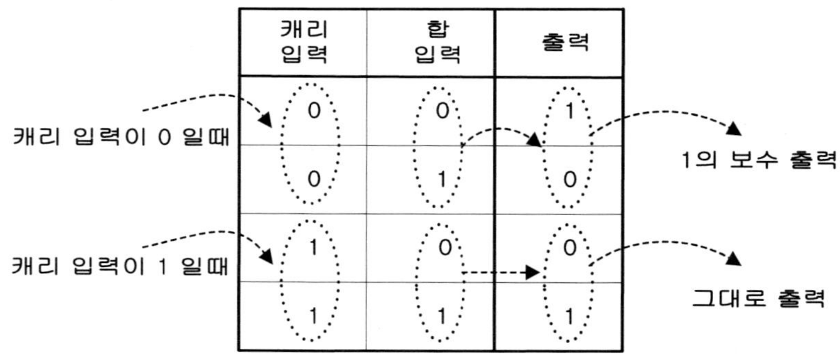

그림 7.4.4 Exclusive-NOR의 진리표

```
wire [3:0] sub_buf1, sub_buf2;
wire cout_buf;

   adder4 adder_4bit1 (.A0(dataa[0]), .B0(~datab[0]), .A1(dataa[1]), .B1(~datab[1]),
                       .A2(dataa[2]), .B2(~datab[2]), .A3(dataa[3]), .B3(~datab[3]),
                       .CIN(1'b1), .COUT(cout_buf), .SUM(sub_buf1));
   assign sub_buf2[0] = cout_buf ~^ sub_buf1[0];
   assign sub_buf2[1] = cout_buf ~^ sub_buf1[1];
   assign sub_buf2[2] = cout_buf ~^ sub_buf1[2];
   assign sub_buf2[3] = cout_buf ~^ sub_buf1[3];

   adder4 adder_4bit2 (.A0(sub_buf2[0]), .B0(1'b0), .A1(sub_buf2[1]), .B1(1'b0),
                       .A2(sub_buf2[2]), .B2(1'b0), .A3(sub_buf2[3]), .B3(1'b0),
                       .CIN(~cout_buf), .SUM([3:0] data));
   assign data[7] = ~cout_buf;
   assign data[6:4] = 3'b000;
```

그림 7.4.5 Verilog HDL로 설계하려는 subtractor2 블록의 논리회로 표현

7.5 타이밍 시뮬레이션 파형에 의한 분석 및 검증

그림 7.5.1은 ModelSim-Altera Edition 6.5e를 이용하여 타이밍 시뮬레이션 과정을 수행하기 위한 Test Bench 파일이며, 그림 7.5.2는 타이밍 시뮬레이션 결과를 나타내고 있다. 그림 7.5.2의 타이밍 시뮬레이션 결과 파형을 분석해보면 다음과 같다. 먼저 첫 번째 A 키를 누르면 keyA가 High가 되는 순간에 led_data의 8비트 중에서 상위 4비트에 a 값이 하위 4비트에 0 값이 출력되어진다. 다음에 두 번째 C 키를 누르면 keyC가 High가 되는 순간에 led_data의 8비트 중에서 상위 4비트에 a 값이 하위 4비트에 c 값이 출력되어진다. 한편, 뺄셈된 결과 값인 -2는 두 번째 키 입력이 눌렸다 떼어지는 순간(Low → High)이 led_data의 8비트(82)로 출력되어진다. 뺄셈된 결과 값이 음수인 경우에는 led_data의 최상위 비트에 1을 표시하게 되어 있으므로 -2인 경우에는 led_data의 8비트 중에서 상위 4비트에 8 값이 하위 4비트에 2 값이 출력되어진다.

```
`timescale 1ns / 1ns
module tb_kit_4subtractor2_led;
   reg clk;
   reg [3:0] key_r;
   reg keyA;
   reg keyB;
   reg keyC;
   reg keyD;
   reg keyE;
   reg keyF;
   wire [2:0] key_c;
   wire [7:0] led_data;
   wire [9:0] Dot_com;
   wire [13:0] Dot_data;
   parameter sec = 25;
     kit_4subtractor2_led uut (.clk(clk), .key_c(key_c), .key_r(key_r), .keyA(keyA),
                              .keyB(keyB), .keyC(keyC), .keyD(keyD), .keyE(keyE),
                              .keyF(keyF), .led_data(led_data), .Dot_com(Dot_com),
                              .Dot_data(Dot_data));
     always #(sec) clk = ~clk;
     initial begin
        clk = 0;  key_r = 0;  keyA = 0;  keyB = 0;  keyC = 0;  keyD = 0;  keyE = 0;
        keyF = 0;   #0;
        keyA = 0; #100;
        keyA = 1; #100;
        keyA = 0; #100;
        keyC = 1; #100;
        keyC = 0; #600;   $stop;
     end
endmodule
```

그림 7.5.1 kit_4subtractor2_led 전체블록을 ModelSim-Altera Edition 6.5e를 이용하여 타이밍 시뮬레이션 하기 위한 Test Bench 파일

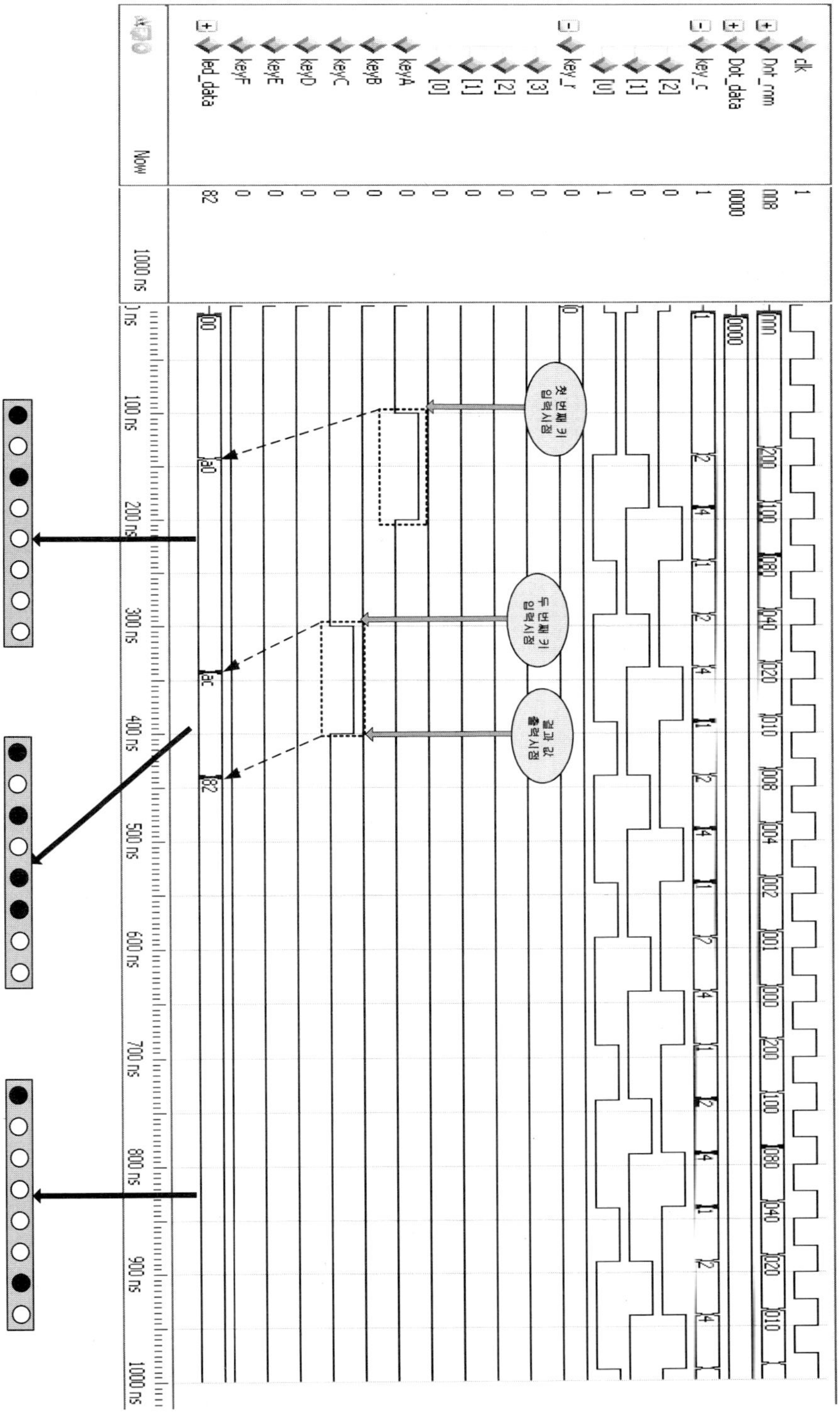

그림 7.5.2 타이밍 시뮬레이션 결과 파형

7.6 HBE-COMBO II 트레이닝 키트에 프로그래밍 하기 위한 핀 할당 정보

표 7.6.1 HBE-COMBO II 트레이닝 키트에 프로그래밍 하기 위한 핀 할당 정보

입력 핀		출력 핀	
핀 이름	**핀 번호**	**핀 이름**	**핀 번호**
key_r[0]	PIN_AD10	led_data[0]	PIN_AC7
key_r[1]	PIN_AC10	led_data[1]	PIN_AD7
key_r[2]	PIN_V10	led_data[2]	PIN_AE6
key_r[3]	PIN_AF9	led_data[3]	PIN_AF6
keya	PIN_Y10	led_data[4]	PIN_W8
keyb	PIN_W10	led_data[5]	PIN_AB8
keyc	PIN_AA9	led_data[6]	PIN_AE7
keyd	PIN_V9	led_data[7]	PIN_AF7
keye	PIN_AE9	key_c[0]	PIN_V11
keyf	PIN_AC9	key_c[1]	PIN_AB10
clk	PIN_N1	key_c[2]	PIN_AA10
		Dot_data[0]	PIN_U3
		Dot_data[1]	PIN_U6
		Dot_data[2]	PIN_U5
		Dot_data[3]	PIN_U9
		Dot_data[4]	PIN_U7
		Dot_data[5]	PIN_T2
		Dot_data[6]	PIN_U10
		Dot_data[7]	PIN_T6
		Dot_data[8]	PIN_T3
		Dot_data[9]	PIN_T8
		Dot_data[10]	PIN_T7
		Dot_data[11]	PIN_T10
Clock Select : 8(10KHz)		Dot_data[12]	PIN_T9
		Dot_data[13]	PIN_R3
		Dot_com[0]	PIN_W4
		Dot_com[1]	PIN_V3
		Dot_com[2]	PIN_V2
		Dot_com[3]	PIN_V5
		Dot_com[4]	PIN_V4
		Dot_com[5]	PIN_V7
		Dot_com[6]	PIN_V6
		Dot_com[7]	PIN_U2
		Dot_com[8]	PIN_U1
		Dot_com[9]	PIN_U4

CHAPTER 08

Verilog HDL을 사용하여 설계한 4비트 2진 뺄셈기(2의 보수 사용)를 HBE-COMBO II 트레이닝 키트의 7-segment로 출력하기

8.1 HBE-COMBOII 트레이닝 키트 상에서의 동작 설명

8.2 HBE-COMBOII 트레이닝 키트의 7-segment에 2의 보수를 사용한 4비트 2진 뺄셈기를 디스플레이 하는 전체블록 개요

8.3 HBE-COMBOII 트레이닝 키트의 7-segment에 2의 보수를 사용한 4비트 2진 뺄셈기를 디스플레이 하는 전체블록의 Verilog HDL 설계하기

8.4 2의 보수를 이용하여 2개의 4비트 2진 크드를 BCD 코드로 변환하고 빼는 블록의 Verilog HDL 설계하기

8.5 HBE-COMBOII 트레이닝 키트의 7-segment에 디스플레이 하는 블록의 Verilog HDL 설계하기

8.6 타이밍 시뮬레이션 파형에 의한 분석 및 검증

8.7 HBE-COMBOII 트레이닝 키트에 프로그래밍 하기 위한 핀 할당 정보

8.1 HBE-COMBO II 트레이닝 키트 상에서의 동작 설명

이 예제는 그림 8.1.1과 같이 사용자가 HBE-COMBO II 트레이닝 키트 내에 있는 0에서 F까지의 키보드를 사용하여 2개의 4비트 데이터를 연속적으로 넣게 되면, 입력된 2개의 4비트 데이터가 BCD 코드로 변환되고 2의 보수를 사용하여 뺄셈이 되어 입력된 4비트 데이터와 뺄셈된 결과 값이 HBE-COMBO II 트레이닝 키트의 7-segment에 나타나게 된다. 예를 들어 사용자가 8 키와 5 키를 연속적으로 누르게 되면 먼저 HBE-COMBO II 트레이닝 키트에 2개의 4비트 데이터 키 입력에 대한 7-segment가 점등된다. 즉 첫 번째 비트 데이터인 8은 8개의 7-segment중에서 첫 번째 그룹인 A그룹 7-segment에 8의 형태로 점등되고, 두 번째 비트 데이터인 5는 두 번째 그룹인 B그룹 7-segment에 5의 형태로 점등된다. 다음에 2개의 4비트 데이터에 대한 뺄셈된 결과 값인 3이 세 번째 그룹인 C그룹 7-segment에 3의 형태로 점등되며, 부호 비트가 발생하면 부호 비트에 -가 점등된다. 한편, dotmatrix 블록에서는 "Verilog HDL"이라는 문자열이 우에서 좌로 이동하면서 디스플레이 된다.

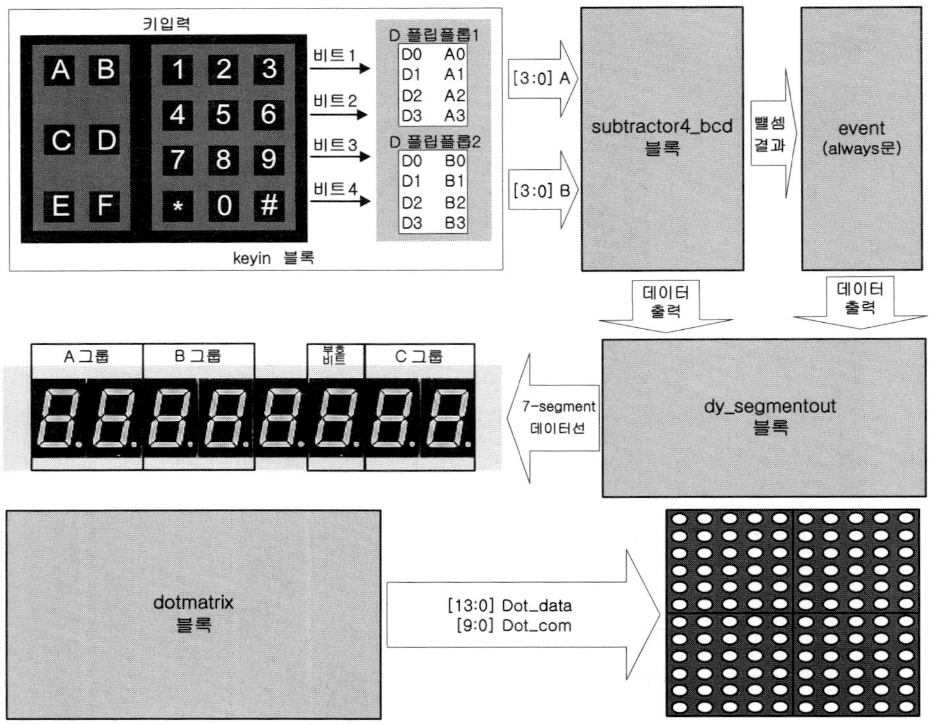

그림 8.1.1 HBE-COMBO II 트레이닝 키트 상에서의 동작 개요

8.2 HBE-COMBO II 트레이닝 키트의 7-segment에 2의 보수를 사용한 4비트 2진 뺄셈기를 디스플레이 하는 전체블록 개요

HBE-COMBO II 트레이닝 키트의 7-segment에 2의 보수를 사용한 4비트 2진 뺄셈기를 디스플레이 하는 kit_4subtractor2_7seg 전체블록은 그림 8.2.1과 같이 크게 keyin 블록, subtractor4_bcd 블록, 7-segment decoder 블록 등으로 구성된다. HBE-COMBO II 트레이닝 키트의 keypad는 3×4 keypad와 6개의 버튼 스위치로 구성되어 있다. 버튼 스위치는 A 키에서 F 키까지로서 직접 입력이 되도록 구성되어져 있으며, 3×4 keypad는 0에서 9까지의 키들과 *, # 등의 키들로 구성되어있다. 한편, 3×4 keypad는 스캔방식 구조로써 가로 라인과 세로라인에서 동시에 제어하여 입력을 받아 사용할 수 있도록 구성되어 있다. 따라서 0에서 9까지의 스위치 입력 값을 받기 위해서는 키 데이터 스캔 블록(keymatrix)이 필요하다. keymatrix 블록에서 스캔한 키 값의 출력은 encoder always문으로 보내진다. 한편, A ~ F 까지의 버튼 스위치로 입력되는 데이터는 1비트의 데이터 정보이기 때문에 바로 encoder always문으로 키 값이 보내진다. 따라서 HBE-COMBO II 트레이닝 키트의 keypad로부터 입력되는 데이터는 16비트가 된다. 그러나 subtractor4_bcd 블록에 적용하기에는 데이터의 비트 수가 다르기 때문에 keypad의 데이터 정보를 변환하고, 출력된 데이터를 A그룹 데이터와, B그룹 데이터로 저장하는 D 플립플롭이 필요하다. 이러한 기능들은 keyin 블록에서 수행된다. 한편, keyin 블록에서 출력되는 2개의 4비트 데이터는 subtractor4_bcd 블록에서 BCD 코드로 변환하고 변환된 BCD 코드는 뺄셈되고, 뺄셈된 결과는 HBE-COMBO II 트레이닝 키트의 7-segment에 출력된다. 한편, dotmatirx 블록에서는 "Verilog HDL"이라는 문자가 우에서 좌로 이동하면서 디스플레이 된다.

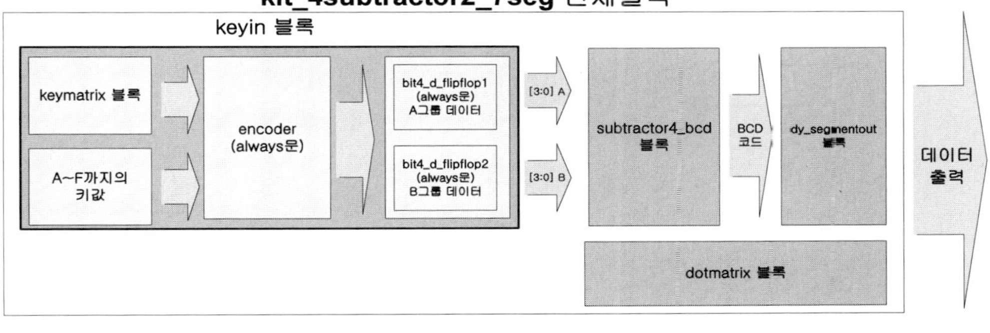

그림 8.2.1 HBE-COMBO II 트레이닝 키트의 7-segment에 1의 보수를 사용한 4비트 2진 뺄셈기를 디스플레이 하는 kit_4subtractor2_7seg 전체블록 개요

8.3 HBE-COMBO II 트레이닝 키트의 7-segment에 2의 보수를 사용한 4비트 2진 뺄셈기를 디스플레이 하는 전체블록의 Verilog HDL 설계하기

8.3.1 모듈 선언 및 입출력 포트 선언(module and input/output port declaration)

그림 8.3.1은 Verilog HDL로 설계하려는 kit_4subtractor2_7seg 전체블록의 모듈 선언 및 입출력 포트 선언을 심볼 형태로 표현한 것이며, 그림 8.3.2는 Verilog HDL로 설계하려는 kit_4subtractor2_7seg 전체블록에 대한 모듈 선언 및 입출력 포트 선언을 나타내고 있다. 한편, module 다음에 오는 kit_4subtractor2_7seg는 이 블록의 모듈명이며 지정어 input과 output 다음에는 입력과 출력 포트들을 나타낸다. 설계하려는 kit_4subtractor2_7seg 전체블록은 지정어 input에 입력 신호를 위한 [3:0] key_r, keyA, keyB, keyC, keyD, keyE, keyF, clk 포트들과 지정어 output에 출력 신호를 위한 [6:0] seg_data, [7:0] sel_dec, [9:0] Dot_com, [13:0] Dot_data, [2:0] key_c 포트들을 기술한다.

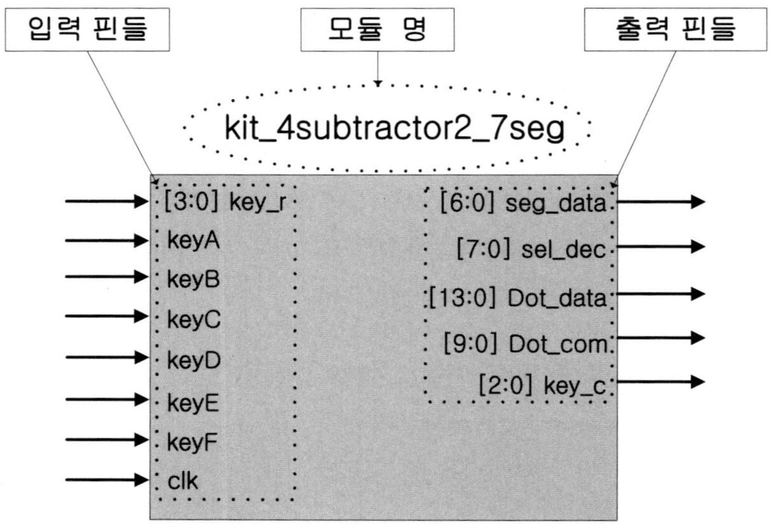

그림 8.3.1 Verilog HDL로 설계하려는 kit_4subtractor2_7seg 전체블록의 모듈 선언 및 입출력 포트 선언을 심볼 형태로 표현한 것

```
module kit_4subtractor2_7seg (clk, key_c, key_r, keyA, keyB, keyC, keyD, keyE, keyF,
                              seg_data, sel_dec, Dot_com, Dot_data);
    input clk, keyA, keyB, keyC, keyD, keyE, keyF;
    input [3:0] key_r;
    output [2:0] key_c;
    output [7:0] sel_dec;
    output [6:0] seg_data;
    output [9:0] Dot_com;
    output [13:0] Dot_data;

                  ~

endmodule
```

그림 8.3.2 Verilog HDL로 설계하려는 kit_4subtractor_7seg 전체블록의 므듈 선언 및 입출력 포트 선언

8.3.2 논리회로 표현(logic circuit representation)

모듈 선언 및 입출력 포트 선언이 되었으므로 설계 블록의 내부 동작 또는 연결 구조를 기술하는 논리회로 표현을 하여야 한다. 설계하려는 kit_4subtractor2_7seg 전체블록에서 부품간의 연결에 사용되는 신호선 seg10a, seg10b, seg_10s, k_clk, cout1 등과 버스 신호선 [3:0] data_a, [3:0] data_b, [3:0] seg1a, [3:0] seg1b, [3:0] seg_1s 등을 지정어인 wire로 선언한다. 또한 [3:0] seg1s, seg10s, count, cout 등은 always문의 출력으로 사용되므로 지정어인 reg로 선언한다. 선언이 끝나면 하드웨어의 내부동작을 기술해야 하는데 여기서는 앞서 이미 설계한 하위모듈들을 이용하여 이들 상호간을 연결하여 블록을 설계하는 구조적 표현 방법과 always문을 사용하여 kit_4subtractor2_7seg 전체블록을 설계하는 동작적 표현 방법을 혼합하여 사용하기로 한다.

그림 8.3.3은 Verilog HDL로 설계하려는 kit_4subtractor2_7seg 전체블록의 논리회로를 심볼 형태로 표현 한 것이다. 먼저 keyin 하위모듈에 8 키와 5 키가 입력이 되면 이 값을 4비트 2진 코드로 바꿔서 [3:0] dataa와 [3:0] datab에 저장한다. 다음에 keyin 하의모듈에서 넘겨받은 2개의 4비트 2진 코드 [3:0] dataa와 [3:0] datab는 subtractor4_bcd 블록에서 bit4bin2bcd1(태스크)를 통해 BCD 코드로 변환이 되고, 두 값이 뺄셈 된다. 그리고 입력받은 [3:0] dataa, [3:0] datab와 두 값이 뺄셈된 결과와 부호비트를 모두 BCD로 변환하여 출력

한다. 한편, dy_segmentout 하위모듈은 subtractor4_bcd 하위모듈에서 변환된 seg10a, [3:0] seg1a, seg10b, [3:0] bcd1b와 뺄셈 결과인 seg_10s, [3:0] seg_1s를 입력으로 받는다. 입력받은 값들은 HBE-COMBO II 트레이닝 키트의 7-segment에 동적 디스플레이 되는데, 초기동작에서 7-segment는 모두 OFF되어진다. 이때 k1, k2, k3 등은 0으로 초기화 되어 있다. 만약 8 키가 눌리게 되면 A그룹의 7-segment가 [3:0] dataa의 변환된 BCD 코드를 출력하고 k1은 1, 5 키가 눌리면 B그룹의 7-segment가 [3:0] datab의 변환된 BCD 코드를 출력하고 k2가 1로 된다. 다음에 5 키가 눌렀다 떨어지게 되면 C그룹의 7-segment가 두 입력 값을 뺄셈해서 BCD 코드로 변환한 값을 출력하고 k3가 1로 된다. 한편 kit_4subtractor2_7seg 전체블록에서 두 번째 키가 눌렀다 떨어지는 시점은 count 신호가 1이고 k_clk1 신호가 하강에지 신호 일때이며, 이때 event always문에서는 cout1 → cout, [3:0] seg_1s → [3:0] seg1s, seg_10s → seg10s로 출력한다. A, B, C 그룹의 7-segment중 10의 자리 7-segment는 값이 0일 경우 OFF 된다. 2번 이상의 키 입력이 들어오면 A, B, C 그룹의 7-segment는 계속해서 ON 된다. 한편, dotmatirx 블록에서는 "Verilog HDL"이라는 문자가 우에서 좌로 이동하면서 디스플레이 된다. 그림 8.3.4는 Verilog HDL로 설계하려는 kit_4subtractor2_7seg 전체블록의 논리회로 표현을 나타내고 있다. 한편, keyin 하위모듈은 5장에서 설계한 Verilog HDL 코드를, dotmatrix 하위모듈은 4장에서 설계한 Verilog HDL 코드를 사용한다.

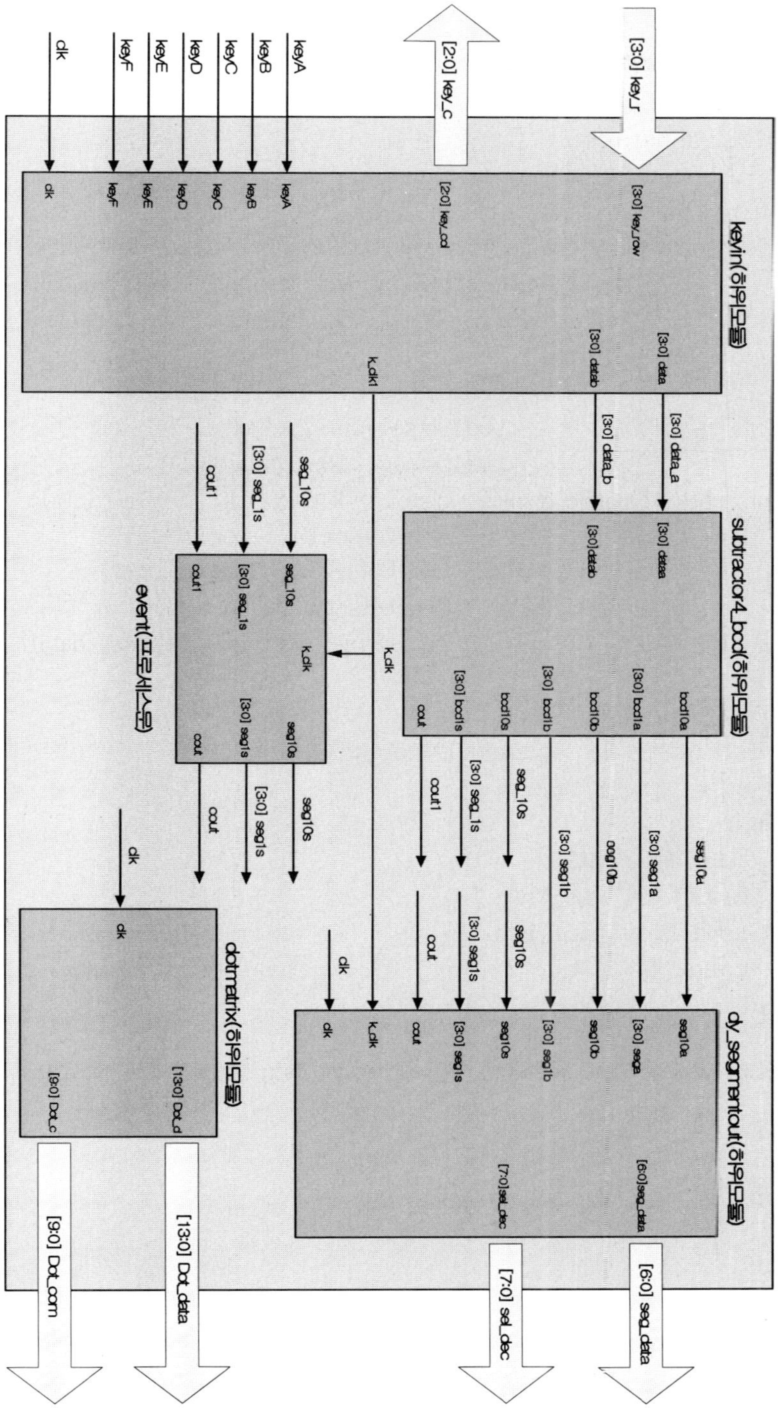

그림 8.3.3 Verilog HDL로 설계하려는 kit_4subtractor2_7seg 전체블록의 논리회로를 심볼 형태로 표현한 것

```
wire [3:0] data_a, data_b, seg1a, seg1b, seg_1s;
wire seg10a, seg10b, seg_10s, k_clk, cout1;
reg [3:0] seg1s;
reg seg10s, count, cout;

   dotmatrix dotmatrix_display (.clk(clk), .Dot_c(Dot_com), .Dot_d(Dot_data));
   keyin key_input (.key_col(key_c), .key_row(key_r), .clk(clk), .keyA(keyA),
                    .keyB(keyB), .keyC(keyC), .keyD(keyD), .keyE(keyE),
                    .keyF(keyF), .k_clk1(k_clk), .dataa(data_a), .datab(data_b));
   subtractor4_bcd bcd_trans (.dataa(data_a), .datab(data_b), .bcd1a(seg1a),
                              .bcd10a(seg10a), .bcd1b(seg1b),
                              .bcd10b(seg10b), .bcd1s(seg_1s),
                              .bcd10s(seg_10s), .cout(cout1));
   dy_segmentout dynamic_display (.clk(clk), .k_clk(k_clk), .seg1a(seg1a),
                                  .seg10a(seg10a), .seg1b(seg1b),
                                  .seg10b(seg10b), .seg1s(seg1s),
                                  .seg10s(seg10s), .cout(cout),
                                  .sel_dec(sel_dec), .seg_data(seg_data));

   always @ (negedge k_clk)
      if (count == 0)    count <= count + 1;
      else
      begin
         cout <= cout1;
         seg1s <= seg_1s;
         seg10s <= seg_10s;
         count <= 0;
      end
```

그림 8.3.4 Verilog HDL로 설계하려는 kit_4subtractor2_7seg 전체블록의 논리회로 표현

8.4 2의 보수를 이용하여 2개의 4비트 2진 코드를 BCD 코드로 변환하고 빼는 블록의 Verilog HDL 설계하기

8.4.1 모듈 선언 및 입출력 포트 선언(module and input/output port declaration)

그림 8.4.1은 Verilog HDL로 설계하려는 subtractor4_bcd 블록의 모듈 선언 및 입출력 포트 선언을 심볼 형태로 표현한 것이며, 그림 8.4.2는 Verilog HDL로 설계하려는 subtractor4_ bcd 블록의 모듈 선언 및 입출력 포트 선언을 나타내고 있다. 한편, module 다음에 오는 subtractor4_bcd는 이 블록의 모듈명이며 지정어 input과 output 다음에는 입출력 포트들을 나타낸다. 설계하려는 subtractor4_bcd 블록은 지정어 input에 입력 신호를 위한 [3:0] dataa, [3:0] datab 포트들과 지정어 output에 출력 신호를 위한 [3:0] bcd1a, bcd10a, [3:0] bcd1b, bcd10b, [3:0] bcd1s, bcd10s, cout 포트들을 기술한다.

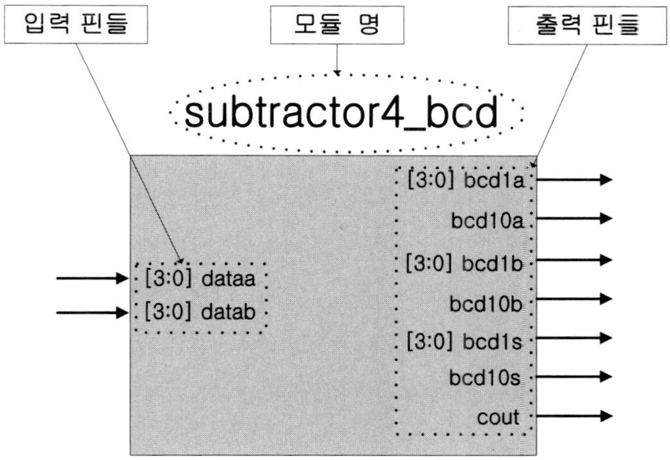

그림 8.4.1 Verilog HDL로 설계하려는 subtractor4_bcd 블록의 모듈 선언 및 입출력 포트 선언을 심볼 형태로 표현한 것

```
module subtractor4_bcd(dataa, datab, bcd1a, bcd1b, bcd1s, bcd10a, bcd10b, bcd10s, cout);
   input [3:0] dataa, datab;
   output [3:0] bcd1a, bcd1b, bcd1s;
   output bcd10a, bcd10b, bcd10s, cout;

                  ~

endmodule
```

그림 8.4.2 Verilog HDL로 설계하려는 subtractor4_bcd 블록의 모듈 선언 및 입출력 포트 선언

8.4.2 논리회로 표현(logic circuit representation)

모듈 선언 및 입출력 포트 선언이 되었으므로 설계 블록의 내부 동작 또는 연결 구조를 기술하는 논리회로 표현을 하여야 한다. 설계하려는 subtractor4_bcd 블록에서 [4:0] sub, [4:0] dataa_buf, [4:0] datab_buf, [3:0] bcd1a, [3:0] bcd1b, [3:0] bcd1s, bcd10a, bcd10b, bcd10s, cout 등은 always문의 출력으로 사용되므로 지정어인 reg로 선언한다. 선언이 끝나면 하드웨어의 내부동작을 기술해야 하는데 여기서는 태스크와 always문을 사용하여 adder4_bcd 블록을 설계하는 동작적 표현 방법을 사용하기로 한다.

표 8.4.1의 4비트 2진 코드와 BCD 코드의 변환표에 나타난 바와 같이 0부터 9까지는 2진 코드와 BCD 코드의 값이 같으나 10 이상부터는 다르다. 따라서 10 이상부터는 2진 코드 값에 6을 더하여 BCD 코드 값을 생성하게 된다. 그런데 20 이상부터는 변환된 BCD 코드의 1의 자리 값이 10 이상이 되므로 다시 6을 더하여 BCD 코드로 변환하여야 한다. 따라서 10의 자리 값을 앞서 생성된 10의 자리 값과 더해야 한다.

표 8.4.1 2진 코드와 BCD 코드의 변환표

No	2진 코드					BCD 코드				
	carry	bin[3]	bin[2]	bin[1]	bin[0]	10의 자리	1의 자리			
0	0	0	0	0	0	0	0	0	0	0
1	0	0	0	0	1	0	0	0	0	1
2	0	0	0	1	0	0	0	0	1	0
3	0	0	0	1	1	0	0	0	1	1
4	0	0	1	0	0	0	0	1	0	0
5	0	0	1	0	1	0	0	1	0	1
6	0	0	1	1	0	0	0	1	1	0
7	0	0	1	1	1	0	0	1	1	1
8	0	1	0	0	0	0	1	0	0	0
9	0	1	0	0	1	0	1	0	0	1
10	0	1	0	1	0	1	0	0	0	0
11	0	1	0	1	1	1	0	0	0	1
12	0	1	1	0	0	1	0	0	1	0
13	0	1	1	0	1	1	0	0	1	1
14	0	1	1	1	0	1	0	1	0	0
15	0	1	1	1	1	1	0	1	0	1
16	1	0	0	0	0	1	0	1	1	0
17	1	0	0	0	1	1	0	1	1	1
18	1	0	0	1	0	1	1	0	0	0

그림 8.4.3은 Verilog HDL로 설계하려는 subtractor4_bcd 블록의 논리회로를 심볼 형태로 표현 한 것이다. 먼저 입력된 4비트 2진 코드를 bcd1a, bcd10a, bcd1b, bcd10b로 분리하여 BCD 코드로 변환하기 위해 bit4bin2bcd1의 태스크를 이용하였다. bin4bin2bcd1의 태스크는 입력된 4비트 2진 코드를 BCD 코드로 변환하는 역할을 수행한다. 만약 입력된 값이 10을 넘는다면 1의 자리 수(s)는 입력 값에 +6을 하여 반환하고, 캐리(c)는 1로 반환한다. 그렇지 않으면 입력 값을 1의 자리 수(s)로 반환하고, 캐리(c)는 0을 반환한다. [3:0] bcd1a는 BCD 코드로 변환된 A데이터의 1의 자리, bcd10a는 BCD 코드로 변환된 A데이터의 10의 자리, [3:0] bcd1b는 BCD 코드로 변환된 B데이터의 1의 자리, bcd10b는 BCD로 변환된 B데이터의 10의 자리를 의미한다. 한편 변환된 데이터는 dy_segmentcut 블록으로 입

력된다. 다음에 2의 보수에 의한 뺄셈을 하여야 하므로 [4:0] sub의 변수에 [4:0] dataa_buf과 1의 보수 시킨 [4:0] datab_buf의 값을 더하고, 더한 결과 값 [4:0] sub의 변수에 +1을 하여 2의 보수화 시킨다. 한편, 2의 보수 결과 값인 [4:0] sub중에 sub[4]를 반전시켜 부호를 의미하는 cout 값을 출력 시킨다. 따라서 cout 값이 1인 경우에 - 부호가 7-segment에 출력된다. 다음에 sub[4]의 값이 1인 경우에는 sub[3:0]의 2의 보수 결과 값이 bit4bin2bcd1의 태스크에 의해 BCD 코드로 변환되어 dy_segmentout 블록으로 입력되어진다. 한편, sub[4]의 값이 0인 경우 sub[3:0]의 값을 다시 1의 보수화 한 후에 1의 보수화한 결과 값에 +1을 더하여 2의 보수 결과 값이 bit4bin2bcd1의 태스크에 의해 BCD 코드로 변환되어 dy_segmentout 블록으로 입력되어진다. 한편, 그림 8.4.4는 Verilog HDL로 설계하려는 subtractor4_bcd 블록의 논리회로 표현을 나타내고 있다.

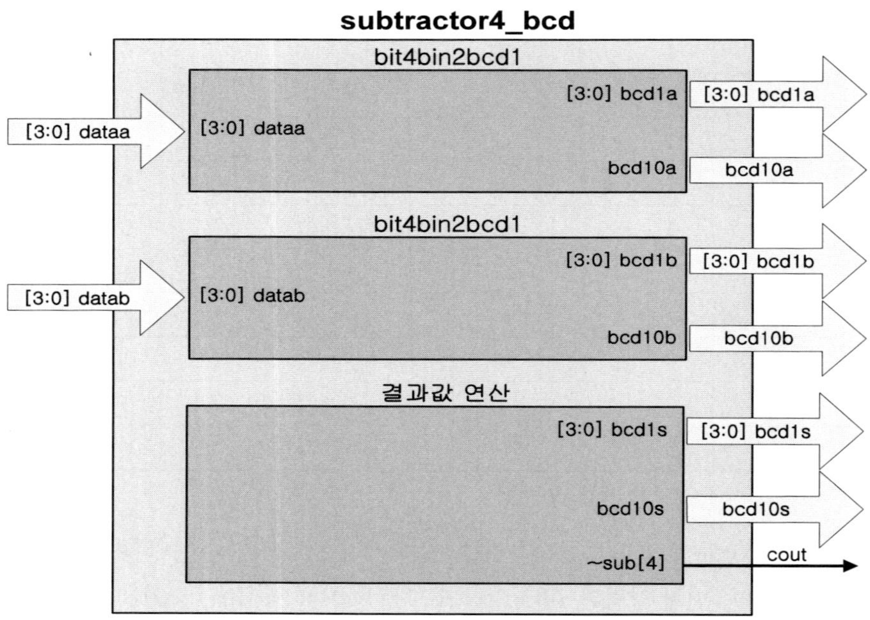

그림 8.4.3 Verilog HDL로 설계하려는 subtractor4_bcd 블록의 논리회로를 심볼 형태로 표현한 것

```
reg [4:0] sub, dataa_buf, datab_buf;
reg [3:0] bcd1a, bcd1b, bcd1s;
reg  bcd10a, bcd10b, bcd10s;
reg cout;

   task bit4bin2bcd1;
      input [3:0] a;
      output [3:0] s;
      output c;
      reg [3:0] a;
      reg c;
      begin
         if (a >= 10)
         begin
            s <= a+6;    c <= 1;
         end
         else
         begin
            s <= a;      c <= 0;
         end
      end
   endtask

   always @(dataa or datab)
   begin
      dataa_buf[4] <= 1'b0;
      datab_buf[4] <= 1'b0;
      dataa_buf[3:0] <= dataa;
      datab_buf[3:0] <= ~datab;
      bit4bin2bcd1(dataa, bcd1a, bcd10a);
      bit4bin2bcd1(datab, bcd1b, bcd10b);
      sub <= dataa_buf + datab_buf + 1'b1;
      cout <= ~sub[4];
      if (sub[4] == 1'b1)
      begin
         bit4bin2bcd1(sub[3:0], bcd1s, bcd10s);
      end
      else
      begin
         bit4bin2bcd1(~sub[3:0] + 1'b1, bcd1s, bcd10s);
      end
   end
```

그림 8.4.4 Verilog HDL로 설계하려는 subtractor4_bcd 블록의 논리회로 표현

8.5 HBE-COMBO II 트레이닝 키트의 7-segment에 디스플레이 하는 블록의 Verilog HDL 설계하기

8.5.1 모듈 선언 및 입출력 포트 선언(module and input/output port declaration)

그림 8.5.1은 Verilog HDL로 설계하려는 dy_segmentout 블록의 모듈 선언 및 입출력 포트 선언을 심볼 형태로 표현한 것이며, 그림 8.5.2는 Verilog HDL로 설계하려는 dy_segmentout 블록의 모듈 선언 및 입출력 포트 선언을 나타내고 있다. 한편, module 다음에 오는 dy_segmentout는 이 블록의 모듈명이며, 지정어 input과 output 다음에는 입력과 출력 포트들을 나타낸다. 설계하려는 dy_segmentout 블록은 지정어 input에 입력 신호를 위한 clk, k_clk, seg10a, seg10b, [3:0] seg1a, [3:0] seg1b, [3:0] seg1s, seg10s, cout 포트들과 지정어 output에 출력 신호를 위한 [6:0] seg_data, [7:0] sel_dec 포트들을 기술한다.

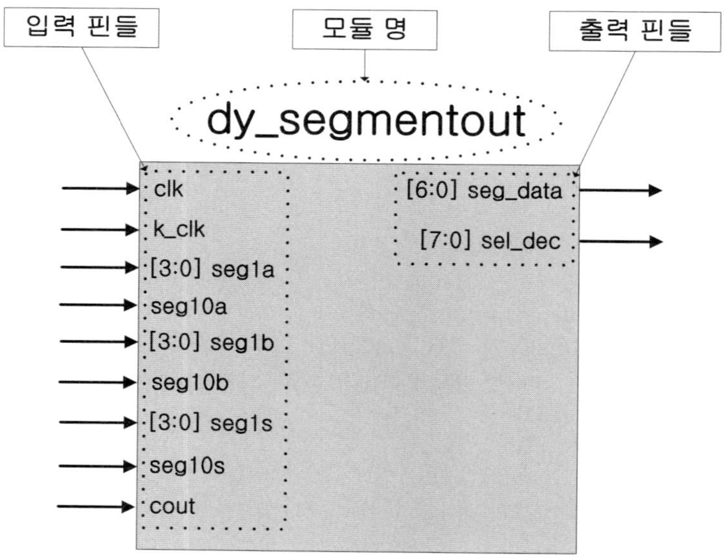

그림 8.5.1 Verilog HDL로 설계하려는 dy_segmentout 블록의 모듈 선언 및 입출력 포트 선언을 심볼 형태로 표현한 것

```
module dy_segmentout(clk, k_clk, seg1a, seg10a, seg1b, seg10b, seg1s, seg10s, cout,
                         seg_data, sel_dec);
   input clk, k_clk, seg10a, seg10b, seg10scout;
   input [3:0] seg1a, seg1b, seg1s;
   output [6:0] seg_data;
   output [7:0] sel_dec;

              ~

endmodule
```

그림 8.5.2 Verilog HDL로 설계하려는 dy_segmentout 블록의 모듈 선언 및 입출력 포트 선언

8.5.2 논리회로 표현(logic circuit representation)

모듈 선언 및 입출력 포트 선언이 되었으므로 설계 블록의 내부 동작 또는 연결 구조를 기술하는 논리회로 표현을 하여야 한다. 설계하려는 dy_segmentout 블록에서 부품간의 연결에 사용되는 신호선 k1, k2, k3 등과 버스 신호선 [3:0] mid_data, [2:0] count, [2:0] sel_select 등과 모듈 선언 및 입출력 포트 선언에서 선언된 [7:0] sel_dec는 always문의 출력으로 사용되므로 지정어인 reg로 선언한다. 한편, k_count는 integer로 선언하며, 범위는 default 값인 32비트가 된다. 다음에 7-segment에 출력될 데이터를 결정하는 segment_data 함수를 사용하였다. 선언이 끝나면 하드웨어의 내부동작을 기술해야 하는데 여기서는 always 문을 사용하여 dy_segmentout 블록을 설계하는 동작적 표현 방법을 사용하기로 한다.

그림 8.5.3은 Verilog HDL로 설계하려는 dy_segmentout 블록의 논리회로를 심볼 형태로 표현 한 것이다. dy_segmentout 블록은 입력받은 6개의 BCD 코드를 HBE-COMBO II 트레이닝 키트의 7-segment에 동적 디스플레이하기 위한 블록이다. 이 블록의 주요 동작은 출력할 7-segment를 선택하는 제어 선을 만드는 것이다. 실제 출력되는 7-segment 수는 6개이므로 6진 카운터를 설계해야 하지만 HBE-COMBO II 트레이닝 키트에 장착된 7-segment의 수가 8개 이므로 8진 카운터를 설계한다. 이 예제에서는 8진 카운터를 count를 변수로 선언하여 범위를 0부터 7까지 반복적으로 출력하게 설계 하였다. fnd_data_select always문에서는 clk가 상승에지일 때 count 변수가 0부터 7까지 반복적으로 카운트되어 8개의 7-segment를 가리키게 된다. 예를 들어 count 값이 0이면 첫 번째 7-segment를 가리키며 이 위치에는 첫 번째 키 값의 10의 자리가 디스플레이 된다. 함수

segment_data는 0부터 9까지의 값을 7-segment로 디스플레이 할 수 있는 데이터를 만들어 낸다. 예를 들어 1은 0000110으로 변환되어 7-segment에 디스플레이 되어진다. 또한 fnd_select always문에서는 카운트 값인 sel_select의 값에 따라 sel_dec 값을 출력하여 디스플레이 할 7-segment를 선택한다. up_counter always문에서는 k_clk1입력에 따라 32비트까지 카운터로 동작하며, 그 값은 display_onoff always문으로 입력된다. display_onoff always문의 동작을 보면, 첫 번째 키가 눌리는 시점에 k1은 1이 되고, 두 번째 키가 눌리는 순간에 k2가 1이 된다. D 플립플롭 always문은 k_clk1의 하강에지에서 k2 신호의 값을 k3로 출력한다. k3이 High가 되는 순간은 두 번째 키 입력이 눌렀다 떼어지는 순간이다. 그림 8.5.4는 k_clk1, k1, k2, k3 등의 동작 파형을 나타내고 있다.

한편, dy_segmentout 블록은 같은 형태의 데이터 흐름이 반복되는 것이므로 8개의 7-segment 중에서 7번째 7-segment가 ON, OFF 되는 시기를 예를 들어 설명하기로 한다. 7번째 7-segment가 ON 되는 시기는 count의 값이 6이고, seg10s가 0의 값이 아니며 k3이 1일 때이다. 이때 mid_data의 값은 seg10s의 데이터가 되므로 7번째 7-segment에 seg10s가 출력된다. 예를 들어 seg10s의 값이 1이면, mid_data는 0001이 된다. 다음에 mid_data 데이터를 segment_data 함수의 매개변수로 적용시키고 반환되는 값 0000110은 seg_data의 값이 되므로 7번째 7-segment에는 1이 디스플레이 된다. 여기서 segment_data는 7-segment의 데이터 선을 제어하는 출력선이다. 한편, 7번째 7-segment가 OFF 되는 시기는 count의 값이 6이고, seg10s가 0의 값을 가지거나 k3이 0일 때이다. 이때 mid_data는 1111이 된다. 다음에 mid_data 데이터를 segment_data 함수의 매개변수로 적용시키고 반환되는 값 0000000은 segment_data의 값이 되므로 7-segment는 OFF 된다. 그림 8.5.5는 7-segment의 ON, OFF를 나타내고 있다. k1, k2, k3 등의 초기 값이 0이기 때문에 초기에 7-segment는 모두 OFF 된다.

한편, 5번째와 6번째 7-segment는 항상 OFF가 되어야 하므로 count[4]와 count[5] 값일 때 sel_dec[5]와 sel_dec[6]신호를 출력하지 않는다. 그러나 k3 신호와 cout 신호가 1이고 seg_dec[5] 신호가 1일 때는 seg_g 신호가 1이 되어 6번째 7-segment에 음수 표시인 - 부호가 점등되도록 한다. 그림 8.5.6은 Verilog HDL로 설계하려는 dy_segmentout 블록의 논리회로 표현을 나타내고 있다.

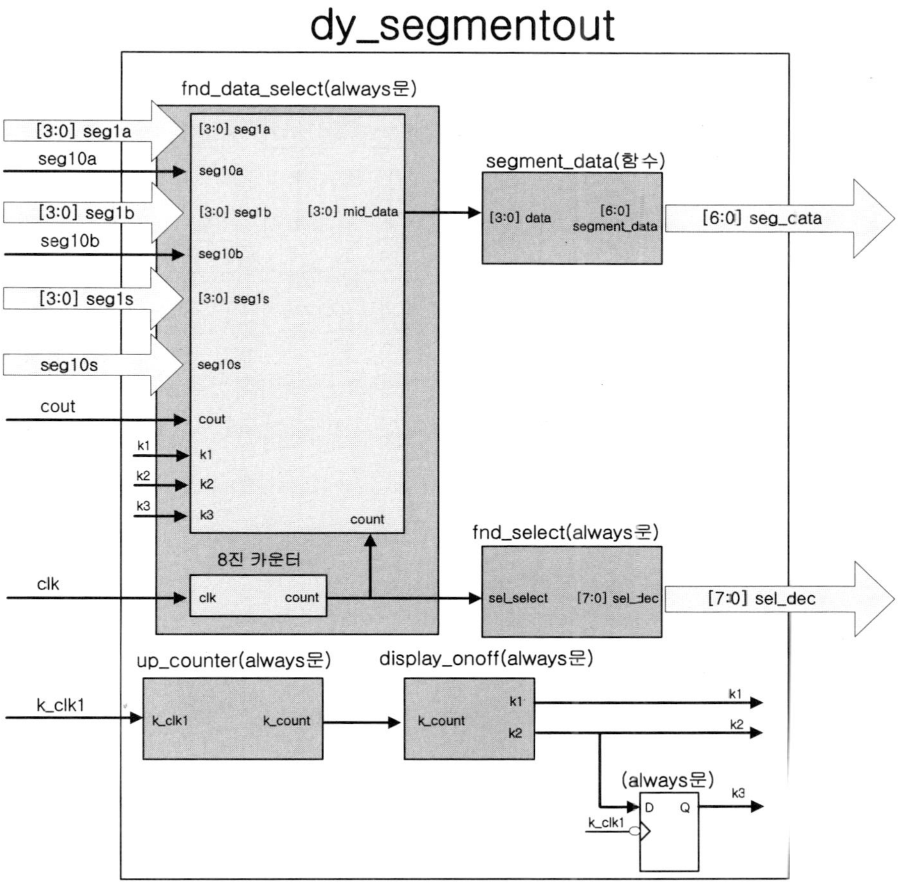

그림 8.5.3 Verilog HDL로 설계하려는 dy_segmentout 블록의 논리회로를 심볼 형태로 표현한 것

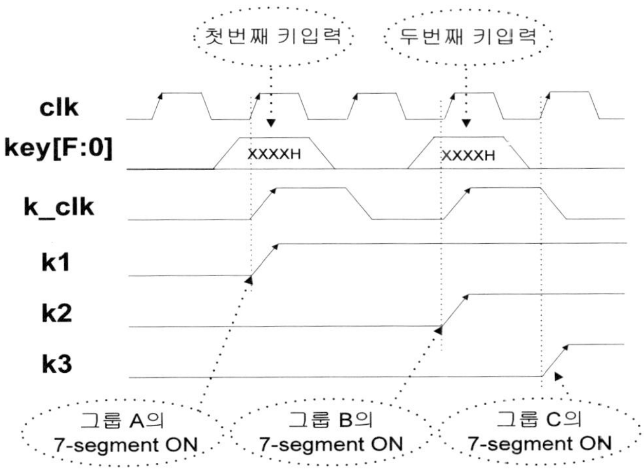

그림 8.5.4 k_clk1, k1, k2, k3 등의 파형

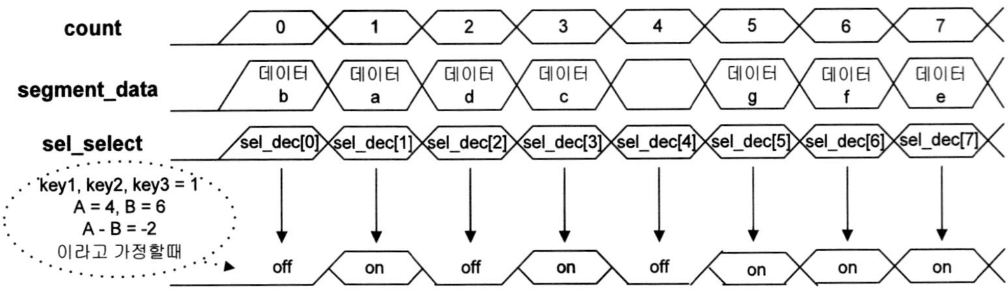

그림 8.5.5 동적 디스플레이의 타이밍 도와 7-segment ON, OFF의 예

```
reg k1, k2, k3;
reg [7:0] sel_dec;
reg [3:0] mid_data;
reg [2:0] count;
reg [2:0] sel_select;
integer k_count;

   assign seg_data = segment_data(mid_data);
   function [6:0] segment_data;
      input [3:0] data;
         case(data)
            4'b0000 : segment_data = 7'b0111111;
            4'b0001 : segment_data = 7'b0000110;
            4'b0010 : segment_data = 7'b1011011;
            4'b0011 : segment_data = 7'b1001111;
            4'b0100 : segment_data = 7'b1100110;
            4'b0101 : segment_data = 7'b1101101;
            4'b0110 : segment_data = 7'b1111101;
            4'b0111 : segment_data = 7'b0100111;
            4'b1000 : segment_data = 7'b1111111;
            4'b1001 : segment_data = 7'b1100111;
            4'b1010 : segment_data = 7'b1000000;
            default : segment_data = 7'b0000000;
         endcase
   endfunction

   always @ (posedge k_clk)                        // up_counter
      k_count <= k_count + 1;

   always @ (k_count)                              // display_onoff
   begin
      if (k_count == 0)
      begin
         k1 <= 0; k2 <= 0;
```

```
         end
         else if (k_count == 1)
         begin
            k1 <= 1; k2 <= 0;
         end
         else
         begin
            k1 <= 1; k2 <=1;
         end
      end
   always @ (negedge k_clk)                                    // D F/F
         k3 <= k2;

      always @ (posedge clk)                                   //  fnd_data_select
      begin
         count <= count + 1;
         if ((count == 0) && seg10a && k1) mid_data <= 4'b0001;
         else if ((count == 1) && k1) mid_data <= seg1a;
         else if ((count == 2) && seg10b& k2) mid_data <= 4'b0001;
         else if ((count == 3) && k2) mid_data <= seg1b;
         else if ((count == 5) && cout && k3) mid_data <= 4'b1010;
         else if ((count == 6) && seg10s != 1'b0 & k3)
         begin
            mid_data[3:1] <= 3'b000;
            mid_data[0]   <= seg10s;
         end
         else if (count == 7 & k3) mid_data <= seg1s;
         else mid_data <= 4'b1111;
         sel_select <= count;
      end

      always @(sel_select)                                      // fnd_select
      begin
         case(sel_select)
            3'b000 : sel_dec <= 8'b11111110;
            3'b001 : sel_dec <= 8'b11111101;
            3'b010 : sel_dec <= 8'b11111011;
            3'b011 : sel_dec <= 8'b11110111;
            3'b100 : sel_dec <= 8'b11111111;
            3'b101 : sel_dec <= 8'b11011111;
            3'b110 : sel_dec <= 8'b10111111;
            3'b111 : sel_dec <= 8'b01111111;
         endcase
      end
endmodule
```

그림 8.5.6 Verilog HDL로 설계하려는 dy_segmentout 블록의 논리회로 표현

8.6 타이밍 시뮬레이션 파형에 의한 분석 및 검증

그림 8.6.1은 ModelSim-Altera Edition 6.5e를 이용하여 타이밍 시뮬레이션 과정을 수행하기 위한 Test Bench 파일이며, 그림 8.6.2는 타이밍 시뮬레이션 결과 파형을 나타내고 있다. 그림 8.6.2의 타이밍 시뮬레이션 결과 파형을 분석해 보면 다음과 같다. 먼저 첫 번째 5 키를 누르면 key_c[1]과 key_r[1]이 High가 되는 순간에 출력 값(seg_data)이 1101101이 되어 A그룹 7-segment에 5를 표시하게 되며 sel_dec는 11111101이 된다. 두 번째 B 키를 누르면 keyB가 High가 되는 순간에 출력 값(seg_data)이 0000110이 되어 B그룹 7-segment의 10의 자리에 1, sel_dec는 11111011, 출력 값(seg_data)이 0000110이 되어 B그룹 7-segment의 1의 자리에 1, sel_dec는 11110111이 된다. 한편, 뺄셈된 결과 값인 -6은 두 번째 키 입력이 눌렸다 떼어지는 순간(Low → High)에 출력 값(seg_data)이 1111101이 되어 C그룹 7-segment의 1의 자리에 6, sel_dec는 01111111이 된다. 뺄셈된 결과 값이 음수이므로 - 부호를 표시하기 위하여 출력 값(seg_data)이 0000001이 되고 sel_dec는 11011111이 된다. 여기서 첫 번째로 눌린 키 값이 5 키라는 것은 [3:0] key_r 값을 입력파형으로 0010로 설정하였고 출력 값인 [2:0] key_c가 010 값이 출력되었으므로 표 4.5.1에서 나타난 바와 같이 5 키가 눌린 것으로 인식되어진다.

```
`timescale 1ns / 1ns
module tb_kit_4subtractor2_7seg;
   reg clk;
   reg [3:0] key_r;
   reg keyA;
   reg keyB;
   reg keyC;
   reg keyD;
   reg keyE;
   reg keyF;
   wire [2:0] key_c;
   wire [6:0] seg_data;
   wire [7:0] sel_dec;
   wire [9:0] Dot_com;
   wire [13:0] Dot_data;
   parameter sec = 25;
      kit_4subtractor2_7seg uut (.clk(clk), .key_c(key_c), .key_r(key_r), .keyA(keyA),
                                .keyB(keyB), .keyC(keyC), .keyD(keyD), .keyE(keyE),
                                .keyF(keyF), .seg_data(seg_data), .sel_dec(sel_dec),
                                .Dot_com(Dot_com), .Dot_data(Dot_data));
      always #(sec) clk = ~clk;
      initial begin
         clk = 0;   key_r = 0;   keyA = 0;   keyB = 0;   keyC = 0;   keyD = 0;   keyE = 0;
         keyF = 0;   #0;
         key_r = 0; #100;
         key_r = 2; #100;
         key_r = 0; #100;
         keyB = 1; #100;
         keyB = 0; #600;   $stop;
      end
endmodule
```

그림 8.6.1 kit_4subtractor2_7seg 전체 블록을 ModelSim-Altera Edition 6.5e를 이용하여 타이밍 시뮬레이션 하기 위한 Test Bench 파일

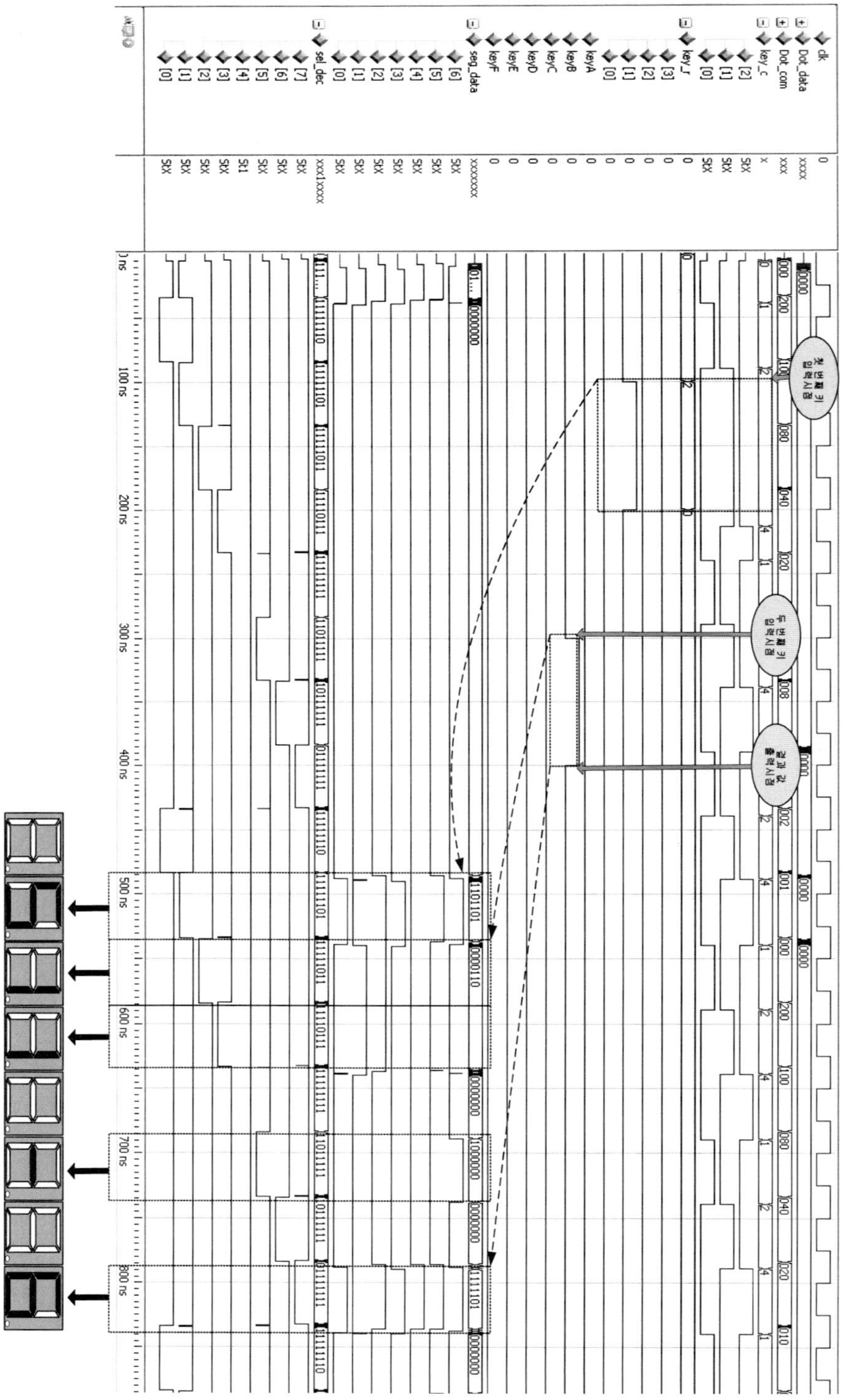

그림 8.6.2 타이밍 시뮬레이션 결과 파형

8.7 HBE-COMBO II 트레이닝 키트에 프로그래밍 하기 위한 핀 할당 정보

표 8.7.1 HBE-COMBO II 트레이닝 키트에 프로그래밍 하기 위한 핀 할당 정보

입력 핀		출력 핀	
핀 이름	핀 번호	핀 이름	핀 번호
key_r[0]	PIN_AD10	seg_data[0]	PIN_AF5
key_r[1]	PIN_AC10	seg_data[1]	PIN_AE5
key_r[2]	PIN_V10	seg_data[2]	PIN_AD6
key_r[3]	PIN_AF9	seg_data[3]	PIN_AC6
keya	PIN_Y10	seg_data[4]	PIN_AA2
keyb	PIN_W10	seg_data[5]	PIN_AA1
keyc	PIN_AA9	seg_data[6]	PIN_AA6
keyd	PIN_V9	sel_dec[0]	PIN_Y1
keye	PIN_AE9	sel_dec[1]	PIN_Y4
keyf	PIN_AC9	sel_dec[2]	PIN_Y3
clk	PIN_N1	sel_dec[3]	PIN_W1
		sel_dec[4]	PIN_Y5
		sel_dec[5]	PIN_W3
		sel_dec[6]	PIN_W2
		sel_dec[7]	PIN_V1
		key_c[0]	PIN_V11
		key_c[1]	PIN_AB10
		key_c[2]	PIN_AA10
		Dot_data[0]	PIN_U3
		Dot_data[1]	PIN_U6
		Dot_data[2]	PIN_U5
		Dot_data[3]	PIN_U9
		Dot_data[4]	PIN_U7
		Dot_data[5]	PIN_T2
		Dot_data[6]	PIN_U10
		Dot_data[7]	PIN_T6
		Dot_data[8]	PIN_T3
		Dot_data[9]	PIN_T8
		Dot_data[10]	PIN_T7
		Dot_data[11]	PIN_T10
		Dot_data[12]	PIN_T9
		Dot_data[13]	PIN_R3
Clock Select : 8(10KHz)		Dot_com[0]	PIN_W4
		Dot_com[1]	PIN_V3
		Dot_com[2]	PIN_V2
		Dot_com[3]	PIN_V5
		Dot_com[4]	PIN_V4
		Dot_com[5]	PIN_V7
		Dot_com[6]	PIN_V6
		Dot_com[7]	PIN_U2
		Dot_com[8]	PIN_U1
		Dot_com[9]	PIN_U4

CHAPTER 09

Verilog HDL을 사용하여 설계한 4비트 2진 뺄셈기(2의 보수 사용)를 HBE-COMBO II 트레이닝 키트의 vfd로 출력하기

9.1 HBE-COMBO II 트레이닝 키트의 vfd에 문자와 2의 보수를 사용한 4비트 2진 뺄셈기를 디스플레이 하는 전체블록의 개요 및 동작 설명

9.2 HBE-COMBO II 트레이닝 키트의 vfd에 문자와 2의 보수를 사용한 4비트 2진 뺄셈기를 디스플레이 하는 전체블록의 Verilog HDL 설계하기

9.3 HBE-COMBO II 트레이닝 키트의 vfd에 출력하는 vfd_display 블록의 Verilog HDL 설계하기

9.4 타이밍 시뮬레이션 파형에 의한 분석 및 검증

9.5 HBE-COMBO II 트레이닝 키트에 프로그러밍 하기 위한 핀 할당 정보

9.1 HBE-COMBO II 트레이닝 키트의 vfd에 문자와 2의 보수를 사용한 4비트 2진 뺄셈기를 디스플레이 하는 전체블록의 개요 및 동작 설명

그림 9.1.1은 HBE-COMBO II 트레이닝 키트의 vfd에 문자와 2의 보수를 사용한 4비트 2진 뺄셈기를 디스플레이 하는 전체 블록도이다. 전체블록은 HBE-COMBO II 트레이닝 키트의 keypad로부터 2개의 데이터를 입력받아 2진 코드로 출력하는 keyin 블록, keyin 블록에서 넘어온 데이터를 BCD 코드로 변환해서 출력하고 두 값을 뺄셈한 결과를 BCD 코드로 출력하는 subtractor4_bcd 블록, subtractor4_bcd 블록에서 넘어온 데이터를 vfd에 내보내는 vdf_display 블록으로 구성된다. 한편, dotmatrix 블록에서는 "Verilog HDL"이라는 문자가 우에서 좌로 이동하면서 디스플레이 된다. 그림 9.1.2는 실제적으로 vfd에 출력될 데이터와 데이터가 출력될 칸 정보이다. 첫 번째 라인은 문자 데이터가 출력되고 두 번째 라인은 입력 값, 문자 정보, 출력 값이 함께 출력된다.

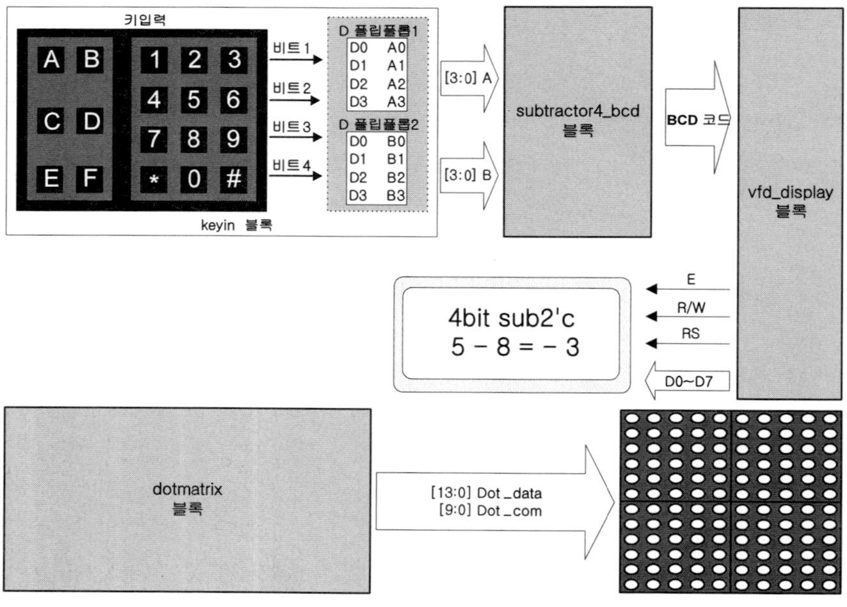

그림 9.1.1 HBE-COMBO II 트레이닝 키트의 vfd에 문자와 2의 보수를 사용한 4비트 2진 뺄셈기를 디스플레이 하는 전체 블록도

			4	b	i	t		s	u	b	2	'	c		
		a10	a1		–		b10	b1		=	–	s10	s1		

그림 9.1.2 vfd에 실제적으로 출력될 문자와 칸 정보

9.2 HBE-COMBO II 트레이닝 키트의 vfd에 문자와 2의 보수를 사용한 4비트 2진 뺄셈기를 디스플레이 하는 전체블록의 Verilog HDL 설계하기

9.2.1 모듈 선언 및 입출력 포트 선언(module and input/output port declaration)

그림 9.2.1은 Verilog HDL로 설계하려는 kit_4subtractor2_vfd 전체블록의 모듈 선언 및 입출력 포트 선언을 심볼 형태로 표현한 것이며, 그림 9.2.2는 Verilog HDL로 설계하려는 kit_4subtractor2_vfd 전체블록의 모듈 선언 및 입출력 포트 선언을 나타내고 있다. 한편, module 다음에 오는 kit_4subtractor2_vfd는 이 블록의 모듈명이며 지정어 input과 output 다음에는 입력과 출력 포트들을 나타낸다. 설계하려는 kit_4subtractor2_vfd 전체블록은 지정어 input에 입력 신호를 위한 clk, keyA, keyB, keyC, keyD, keyE, keyF, [3:0] key_r 포트들과 지정어 output에 출력 신호를 위한 [9:0] Dot_com, [13:0] Dot_data, rs, rw, e, [7:0] vfd_data, [2:0] key_c 포트들을 기술한다.

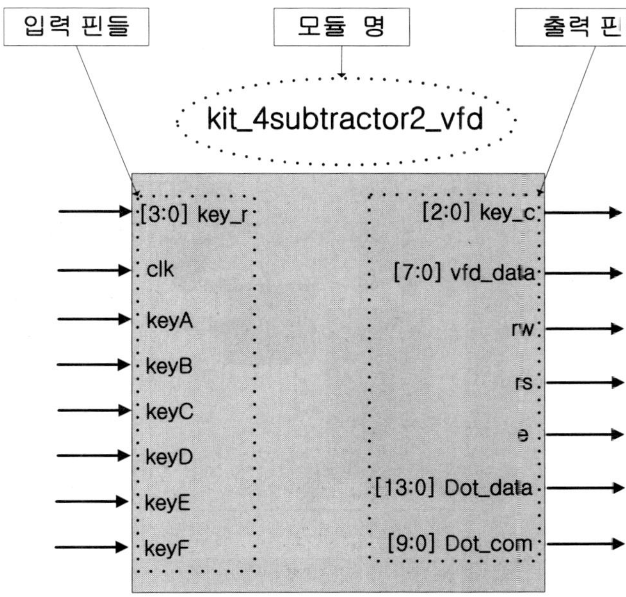

그림 9.2.1 Verilog HDL로 설계하려는 kit_4subtractor2_vfd 전체블록의 모듈 선언 및 입출력 포트 선언을 심볼 형태로 표현한 것

```
module kit_4subtractor2_vfd (clk, keyA, keyB, keyC, keyD, keyE, keyF, key_c, key_r,
                              Dot_com, Dot_data, rs, rw, e, vfd_data);
   input clk, keyA, keyB, keyC, keyD, keyE, keyF;
   input [3:0] key_r;
   output [2:0] key_c;
   output [9:0] Dot_com;
   output [13:0] Dot_data;
   output [7:0] vfd_data;
   output rs, rw, e;

              ~

endmodule
```

그림 9.2.2 Verilog HDL로 설계하려는 kit_4subtractor2_vfd 전체블록의 모듈 선언 및 입출력 포트 선언

9.2.2 논리회로 표현(logic circuit representation)

모듈 선언 및 입출력 포트 선언이 되었으므로 설계 블록의 내부 동작 또는 연결 구조를 기술하는 논리회로 표현을 하여야 한다. 설계하려는 kit_4subtractor2_vfd 전체블록에서 부품간의 연결에 사용되는 신호선 bcd10a, bcd10b, bcd10s, cout1, k_clk 등과 버스 신호선 [3:0] dataa, [3:0] datab, [3:0] bcd1a, [3:0] bcd1b, [3:0] bcd1s 등을 지정어인 wire로 선언한다. 또한 [3:0] bcd1s_out, bcd10s_out, cout2, count 등은 always문의 출력으로 사용되므로 지정어인 reg로 선언한다. 다음에 설계하려는 kit_4subtractor2_vfd 전체블록에서 사용될 dotmatrix, subtractor4_bcd, keyin, vfd_display 하위모듈들을 선언한다. 선언이 끝나면 하드웨어의 내부동작을 기술해야 하는데 여기서는 앞서 이미 설계한 하위모듈들을 이용하여 이들 상호간을 연결하여 블록을 설계하는 구조적 표현 방법과 always문을 사용하여 kit_4subtractor2_vfd 전체블록을 설계하는 동작적 표현 방법을 혼합하여 사용하기로 한다.

그림 9.2.3은 Verilog HDL로 설계하려는 kit_4subtractor2_vfd 전체블록의 논리회로를 심볼 형태로 표현 한 것이다. 먼저 keyin 하위모듈에서는 HBE-COMBO II 트레이닝 키트의 keypad로부터 입력되는 16비트 데이터를 4비트 데이터 형태로 변환하고, 키 입력에 의해서 발생하는 k_clk1 신호를 클록과 동기하여 출력한다. 한편, keyin 하위모듈에서 출력되어지는 4비트의 [3:0] dataa과 [3:0] datab은 subtractor4_bcd 하위모듈의 입력이 되어져서

16진수의 데이터를 BCD로 변환한 다음에 뺄셈되어진다. subtractor4_bcd 하위모듈에서 출력되어지는 결과 값인 cout1, [3:0] bcd1s, bcd10s는 event always문으로 입력된다. event always문에서는 두 번째 키가 눌렸다 떼어지는 순간에 [3:0] bcd1s → [3:0] bcd1s_out, bcd10s → bcd10s_out, cout1 → cout2로 출력하게 된다. 두 번째 키가 떼어지는 순간은 event always문의 count의 값이 '1'일 때이다. 한편, vfd_display 하위모듈에서는 [3:0] bcd1a, [3:0] bcd1b, bcd10a, bcd10b, [3:0] bcd1s_out, bcd10s_out, cout2 등의 입력을 ASCII 값으로 변환한 후에 vfd에 디스플레이 한다. 한편, dotmatrix 하위모듈에서는 "Verilog HDL"이라는 문자열이 우에서 좌로 이동하면서 디스플레이 된다. 그림 9.2.4는 Verilog HDL로 설계하려는 kit_4subtractor2_vfd 전체블록의 아키텍쳐 몸체 표현을 나타내고 있다. 한편, keyin 하위모듈은 5장에서 설계한 Verilog HDL 코드를, subtractor4_bcd 하위모듈은 8장에서 설계한 Verilog HDL 코드를, dotmatrix 하위모듈은 4장에서 설계한 Verilog HDL 코드를 사용한다.

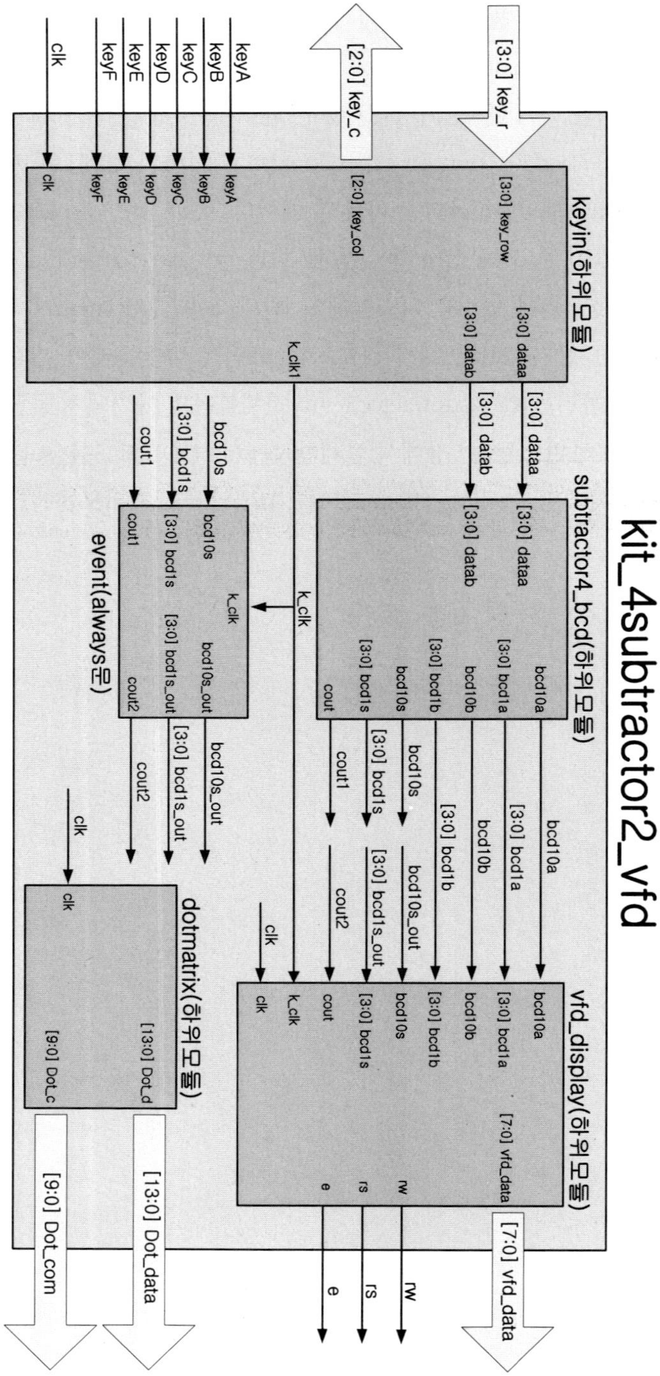

그림 9.2.3 Verilog HDL로 설계하려는 kit_4subtractor2_vfd 전체블록의 논리회로를 심볼 형태로 표현한 것

```
wire [3:0] dataa, datab, bcd1a, bcd1b, bcd1s;
wire bcd10a, bcd10b, bcd10s, cout1, k_clk;
reg [3:0] bcd1s_out;
reg bcd10s_out, cout2, count;

  dotmatrix dotmatrix_display (.clk(clk), .Dot_c(Dot_com), .Dot_d(Dot_data));
  keyin key_input (.key_col(key_c), .key_row(key_r), .clk(clk), .keyA(keyA),
                   .keyB(keyB), .keyC(keyC), .keyD(keyD), .keyE(keyE), .keyF(keyF),
                   .k_clk1(k_clk), .dataa(dataa), .datab(datab))
  subtractor4_bcd bcd_trans (.dataa(dataa), .datab(datab), .bcd1a(bcd1a),
                             .bcd10a(bcd10a), .bcd1b(bcd1b) .bcd10b(bcd10b),
                             .bcd1s(bcd1s), .bcd10s(bcd10s), .cout(cout1));
  vfd_display vfd_control (.clk(clk), .k_clk(k_clk), .bcd1a(bcd1a), .bcd10a(bcd10a),
                           .bcd1b(bcd1b), .bcd10b(bcd10b), .bcd1s(bcd1s_out),
                           .bcd10s(bcd10s_out), .cout(cout2), .rs(rs), .rw(rw), .e(e),
                           .vfd_data(vfd_data));

  always @ (negedge k_clk)                        // event
  begin
     if (count == 0)    count <= count + 1;
     else
     begin
        bcd1s_out   <= bcd1s;
        bcd10s_out  <= bcd10s;
        cout2       <= cout1;
        count       <= 0;
     end
  end
```

그림 9.2.4 Verilog HDL로 설계하려는 kit_4subtractor2_vfd 전체블록의 논리회로 표현

9.3 HBE-COMBO II 트레이닝 키트의 vfd에 출력하는 vfd_display 블록의 Verilog HDL 설계하기

9.3.1 모듈 선언 및 입출력 포트 선언(module and input/output port declaration)

그림 9.3.1은 Verilog HDL로 설계하려는 vfd_display 블록의 모듈 선언 및 입출력 포트 선언을 심볼 형태로 표현한 것이며, 그림 9.3.2는 Verilog HDL로 설계하려는 vfd_display 블록의 모듈 선언 및 입출력 포트 선언을 나타내고 있다. 한편, module 다음에 오는 vfd_display는 이 블록의 모듈명이며 지정어 input과 output 다음에는 입력과 출력 포트들을 나타낸다. 설계하려는 vfd_display 블록은 지정어 input에 입력 신호를 위한 clk, k_clk, bcd10a, bcd10b, bcd10s, [3:0] bcd1a, [3:0] bcd1b, [3:0] bcd1s, cout 포트들과 지정어 output에 출력 신호를 위한 rs, rw, e, [7:0] vfd_data 포트들을 기술한다.

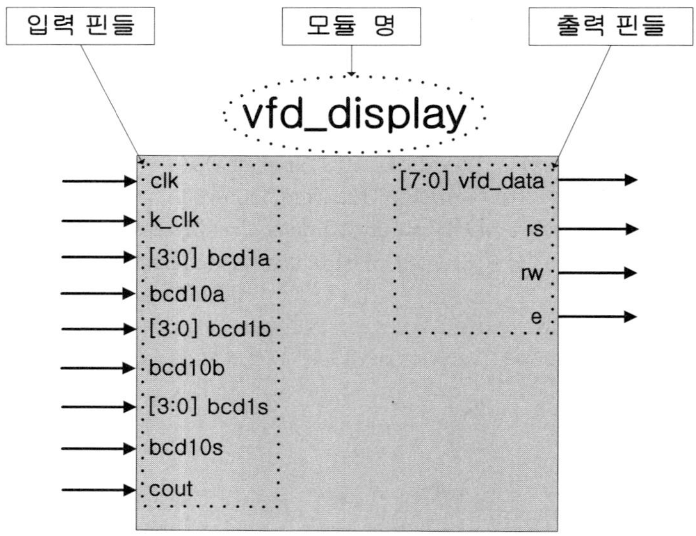

그림 9.3.1 Verilog HDL로 설계하려는 vfd_display 블록의 모듈 선언 및 입출력 포트 선언을 심볼 형태로 표현한 것

```
module vfd_display (clk, k_clk, bcd1a, bcd10a, bcd1b, bcd10b, bcd1s, bcd10s, cout, rs,
                    rw, e, vfd_data);
   input clk, k_clk, bcd10a, bcd10b, bcd10s, cout;
   input [3:0] bcd1a, bcd1b, bcd1s;
   output rs, rw, e;
   output [7:0] vfd_data;

                ~

endmodule
```

그림 9.3.2 Verilog HDL로 설계하려는 vfd_display 블록의 모듈 선언 및 입출력 포트 선언

9.3.2 논리회로 표현(logic circuit representation)

모듈 선언 및 입출력 포트 선언이 되었으므로 설계 블록의 내부 동작 또는 연결 구조를 기술하는 논리회로 표현을 하여야 한다. 설계하려는 vfd_display 블록에서 부품간의 연결에 사용되는 버스 신호선 [7:0] a1ascii, [7:0] a10ascii, [7:0] b1ascii, [7:0] b10ascii, [7:0] s1ascii, [7:0] s10ascii, [7:0] minus_ascii, [7:0] equ_ascii, [7:0] sign_ascii 등을 지정어인 wire로 선언한다. 선언이 끝나면 하드웨어의 내부동작을 기술해야 하는데 여기서는 vfd_display 블록 내의 각 하위모듈들을 이용하여 이들 상호간을 연결하는 구조적방법을 사용하기로 한다.

그림 9.3.3은 Verilog HDL로 설계하려는 vfd_display 블록의 논리회로를 심볼 형태로 표현한 것이다. vfd_display 블록에서는 선언된 신호 버스선을 이용하여 data_select 하위모듈과 vfd 하위모듈을 상호 연결한다. 그림 9.3.4는 Verilog HDL로 설계하려는 vfd_display 블록의 논리회로 표현을 나타내고 있다.

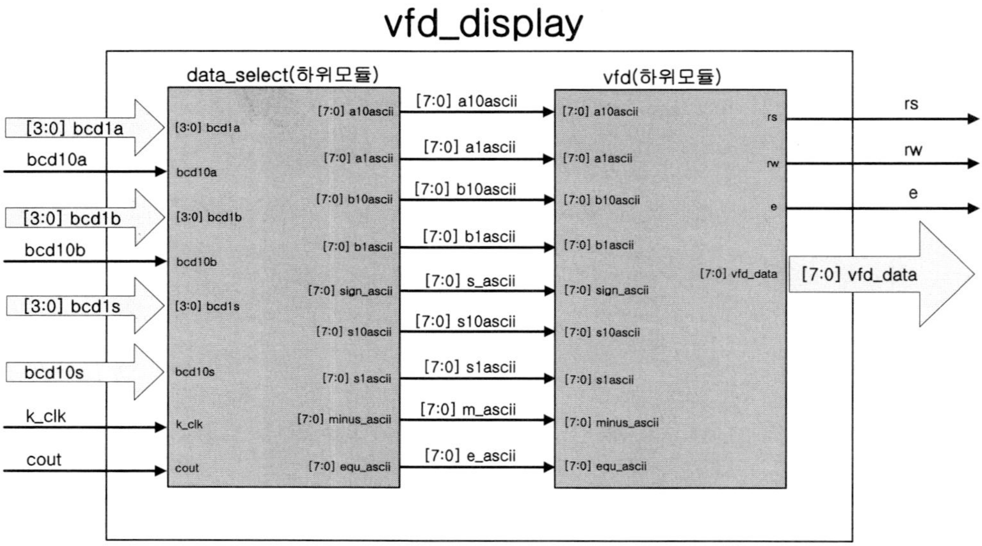

그림 9.3.3 Verilog HDL로 설계하려는 vfd_display 블록의 논리회로를 심볼 형태로 표현한 것

```
wire [7:0] a1ascii, a10ascii, b1ascii, b10ascii, s1ascii, s10ascii, minus_ascii,
         equ_ascii, sign_ascii;

   data_select data_selector(.k_clk(k_clk), .bcd1a(bcd1a), .bcd10a(bcd10a),
                             .bcd1b(bcd1b), .bcd10b(bcd10b), .bcd1s(bcd1s),
                             .bcd10s(bcd10s), .cout(cout), .a1ascii(a1ascii),
                             .a10ascii(a10ascii), .b1ascii(b1ascii), .b10ascii(b10ascii),
                             .s1ascii(s1ascii), .s10ascii(s10ascii),
                             .minus_ascii(minus_ascii), .equ_ascii(equ_ascii),
                             .sign_ascii(sign_ascii));
   vfd vfd_control(.clk(clk), .a1ascii(a1ascii), .a10ascii(a10ascii), .b1ascii(b1ascii),
                  .b10ascii(b10ascii), .s1ascii(s1ascii), .s10ascii(s10ascii),
                  .minus_ascii(minus_ascii), .equ_ascii(equ_ascii), .sign_ascii(sign_ascii),
                  .rs(rs), .rw(rw), .e(e), .vfd_data(vfd_data));
```

그림 9.3.4 Verilog HDL로 설계하려는 vfd_display 블록의 논리회로 표현

9.3.3 data_select 블록의 Verilog HDL 설계하기

(1) 모듈 선언 및 입출력 포트 선언(module and input/output port declaration)

그림 9.3.5는 Verilog HDL로 설계하려는 data_select 블록의 모듈 선언 및 입출력 포트 선언을 심볼 형태로 표현한 것이며, 그림 9.3.6은 Verilog HDL로 설계하려는 data_select 블록의 모듈 선언 및 입출력 포트을 나타내고 있다. 한편, module 다음에 오는 data_select는 이 블록의 모듈명이며 지정어 input과 output 다음에는 입력과 출력 포트들을 나타낸다. 설계하려는 data_select 블록은 지정어 input에 입력 신호를 위한 k_clk, bcd10a, bcd10b, [3:0] bcd1a, [3:0] bcd1b, [3:0] bcd1s, bcd10s, cout 포트들과 지정어 output에 출력 신호를 위한 [7:0] a10asci, [7:0] a1ascii, [7:0] b10ascii, [7:0] b1ascii, [7:0] s10ascii, [7:0] s1ascii, [7:0] minus_ascii, [7:0] equ_ascii, [7:0] sign_ascii 포트들을 기술한다.

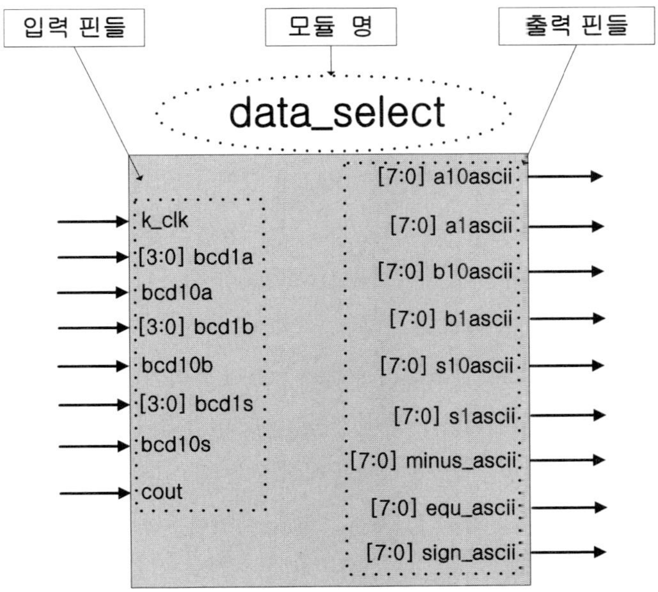

그림 9.3.5 Verilog HDL로 설계하려는 data_select 블록의 모듈 선언 및 입출력 포트 선언을 심볼 형태로 표현한 것

```
module data_select(k_clk, bcd1a, bcd10a, bcd1b, bcd10b, bcd1s, bcd10s, a10ascii,
                   a1ascii, b10ascii, b1ascii, s10ascii, s1ascii, cout, minus_ascii,
                   equ_ascii, sign_ascii);
   input k_clk, bcd10a, bcd10b, bcd10s, cout;
   input [3:0] bcd1a, bcd1b, bcd1s;
   output [7:0] a10ascii, a1ascii, b10ascii, b1ascii, s10ascii, s1ascii, minus_ascii,
                equ_ascii, sign_ascii;

                              ~

endmodule
```

그림 9.3.6 Verilog HDL로 설계하려는 data_select 블록의 모듈 선언 및 입출력 포트 선언

(2) 논리회로 표현(logic circuit representation)

모듈 선언 및 입출력 포트 선언이 되었으므로 설계 블록의 내부 동작 또는 연결 구조를 기술하는 논리회로 표현을 하여야 한다. 설계하려는 data_select 블록에서 k1, k2, k3, k4, [3:0] bcda, [3:0] bcdb, [3:0] bcdc, [3:0] bcdd, [3:0] bcde, [3:0] bcdf, [3:0] m_ascii, [3:0] e_ascii, [3:0] s_ascii 등은 always문의 출력으로 사용되므로 지정어인 reg로 선언한다. 한편, k_count는 integer로 선언하며, 범위는 default 값인 32bit가 된다. 다음에 BCD 코드를 ASCII 코드로 변환하는 역할을 하는 ascii_data 함수를 선언하였다. 선언이 끝나면 하드웨어의 내부동작을 기술해야 하는데 여기서는 always문을 사용하여 data_select 블록을 설계하는 동작적 표현 방법을 사용하기로 한다.

그림 9.3.7은 Verilog HDL로 설계하려는 data_select 블록의 논리회로를 심볼 형태로 표현한 것이다. 먼저 up_counter always문에서는 k_clk의 입력이 들어올 때 마다 1씩 증가하는 업 카운터로 동작한다. 이는 vfd에 디스플레이 되는 데이터가 표시되기 위한 타이밍을 결정하는데 필요한 신호인 k1, k2, k3, k4 신호들을 제어하기 위해서이다. 초기의 vfd의 두 번째 라인에는 k1, k2, k3, k4 신호들에 공백문자가 출력되고 있지만 첫 번째 키 입력이 들어오면 display_key_data always문에 의해 k1 신호는 High가 되고, 두 번째 키를 누르면 k2 신호가 High가 되며 이후로는 계속 High 값을 가진다. display_result always문에서는 k_clk 클록의 하강에지에 따라 k1, k2 신호들을 동기화 하여 k3과 k4 신호를 출력하는 2비트 D 플립플롭으로 동작한다. 한편, data_selector always문에서 초기에 k1, k2, k3, k4 신호들이 모두 0의 값을 갖기 때문에 [3:0] bcda, [3:0] bcdb, [3:0] bcdc, [3:0] bcdd, [3:0] bcde, [3:0] bcdf, [3:0] m_ascii, [3:0] e_ascii, [3:0] s_ascii 등의 신호들은 모두 1111이 되고, 이 출

력 신호들을 ascii_data 함수의 매개변수로 적용시켜 반환되는 값은 공백 문자에 대한 ASCII 코드 값인 00100000(0x20)이 된다. 따라서 data_select 블록의 출력선 [7:0] a10ascii, [7:0] a1ascii, [7:0] b10ascii, [7:0] b1ascii, [7:0] s10ascii, [7:0] s1ascii, [7:0] plus_ascii, [7:0] equ_ascii 등의 출력 신호들은 모두 공백 ASCII 코드 값인 00100000(0x20)을 출력하게 된다. 다음에 첫 번째 키가 눌리는 순간에 k_clk의 신호가 Low에서 High로 된다. 이 시점에 k1 신호는 1이 되고 눌린 키 값의 BCD 코드를 ascii_data 함수의 매개변수로 적용시켜 ASCII 코드 값으로 변환하여 [7:0] a10ascii, [7:0] a1ascii 등의 출력 신호로 출력 한다. 한편, 첫 번째 키가 눌렸다가 떼어지는 순간에 k_clk의 신호가 High에서 Low로 된다. 이 시점에 k4는 1이 되고 - 부호에 대한 BCD 코드를 ascii_data 함수의 매개변수로 적용시켜 ASCII 코드 값으로 변환하여 [7:0] minus_ascii의 출력 신호로 출력한다. 다음으로 두 번째 키가 눌리는 순간에 k_clk의 신호가 Low에서 High로 된다. 이 시점에 k2 신호는 1이 되고 눌린 키 값의 BCD 코드를 ascii_data 함수의 매개변수로 적용시켜 ASCII 코드 값으로 변환하여 [7:0] b10ascii, [7:0] b1ascii의 출력 신호로 출력 한다. 한편, 두 번째 키가 눌렸다가 떼어지는 순간에 k_clk의 신호가 High에서 Low로 된다. 이 시점에 k3은 1이 되어 = 부호와 뺄셈 결과의 BCD 코드를 ascii_data 함수의 매개변수로 적용시켜 ASCII 코드 값으로 변환하여 [7:0] equ_ascii, [7:0] s10ascii, [7:0] s1ascii 등의 출력 신호들로 출력한다. 한편, cout이 1인 경우에는 [7:0] sign_ascii에 뺄셈 부호에 해당되는 ASCII 코드 값이 저장되어 출력되어 진다. 그림 9.3.8은 Verilog HDL로 설계하려는 data_select 블록의 논리 회로 표현을 나타내고 있다.

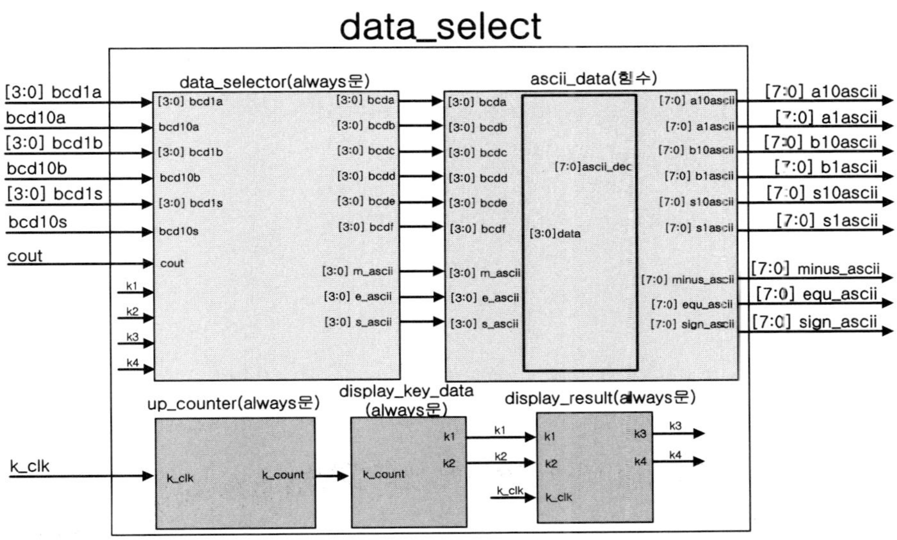

그림 9.3.7 Verilog HDL로 설계하려는 data_select 블록의 논리회로를 심볼 형태로 표현한 것

```
reg k1, k2, k3, k4;
reg [3:0] bcda, bcdb, bcdc, bcdd, bcde, bcdf, m_ascii, e_ascii, s_ascii;
integer k_count;

  assign a10ascii = ascii_data(bcda);
  assign a1ascii = ascii_data(bcdb);
  assign b10ascii = ascii_data(bcdc);
  assign b1ascii = ascii_data(bcdd);
  assign s10ascii = ascii_data(bcde);
  assign s1ascii = ascii_data(bcdf);
  assign minus_ascii = ascii_data(m_ascii);
  assign equ_ascii = ascii_data(e_ascii);
  assign sign_ascii = ascii_data(s_ascii);

  function [7:0] ascii_data;
    input [3:0] data;
      case(data)
        4'b0000 : ascii_data = 8'b00110000;
        4'b0001 : ascii_data = 8'b00110001;
        4'b0010 : ascii_data = 8'b00110010;
        4'b0011 : ascii_data = 8'b00110011;
        4'b0100 : ascii_data = 8'b00110100;
        4'b0101 : ascii_data = 8'b00110101;
        4'b0110 : ascii_data = 8'b00110110;
        4'b0111 : ascii_data = 8'b00110111;
        4'b1000 : ascii_data = 8'b00111000;
        4'b1001 : ascii_data = 8'b00111001;
        4'b1010 : ascii_data = 8'b00101101;
        4'b1011 : ascii_data = 8'b00111101;
        default : ascii_data = 8'b00100000;
      endcase
  endfunction

  always @ (posedge k_clk)                // up_couter
    k_count <= k_count + 1;

  always @ (k_count)                      // display_key_data
  begin
    if (k_count == 0)
```

```
        begin
            k1 <= 0; k2 <= 0;
        end
        else if (k_count == 1)
        begin
            k1 <= 1; k2 <= 0;
        end
        else
        begin
            k1 <= 1; k2 <= 1;
        end
    end

    always @ (negedge k_clk)                        // display_result
    begin
        k3 <= k2;   k4 <= k1;
    end

    always @ (k1 or k2 or k3 or k4)                 // data_selector
    begin
        if ({k1, k4, k2, k3} ==4'b1000)
        begin
            case (bcd10a)
                4'b0001 : bcda <= 4'b0001;
                default  : bcda <= 4'b1111;
            endcase
            bcdb     <= bcd1a;
            bcdc     <= 4'b1111;
            bcdd     <= 4'b1111;
            bcde     <= 4'b1111;
            bcdf     <= 4'b1111;
            m_ascii <= 4'b1111;
            e_ascii  <= 4'b1111;
            s_ascii  <= 4'b1111;
        end
        else if ({k1, k4, k2, k3} ==4'b1100)
        begin
            case (bcd10a)
                1 : bcda <= 4'b0001;
```

```
            default : bcda <= 4'b1111;
        endcase
        bcdb     <= bcd1a;
        bcdc     <= 4'b1111;
        bcdd     <= 4'b1111;
        bcde     <= 4'b1111;
        bcdf     <= 4'b1111;
        m_ascii <= 4'b1010;
        e_ascii  <= 4'b1111;
        s_ascii  <= 4'b1111;
    end
    else if ({k1, k4, k2, k3} == 4'b1110)
    begin
        case (bcd10a)
            4'b0001 : bcda <= 4'b0001;
            default  : bcda <= 4'b1111;
        endcase
        case (bcd10b)
            4'b0001 : bcdc <= 4'b0001;
            default  : bcdc <= 4'b1111;
        endcase
        bcdb     <= bcd1a;
        bcdd     <= bcd1b;
        bcde     <= 4'b1111;
        bcdf     <= 4'b1111;
        m_ascii <= 4'b1010;
        e_ascii  <= 4'b1111;
        s_ascii  <= 4'b1111;
    end
    else if ({k1, k4, k2, k3} == 4'b1111)
    begin
        case (bcd10a)
            4'b0001 : bcda <= 4'b0001;
            default  : bcda <= 4'b1111;
        endcase
        case (bcd10b)
            4'b0001 : bcdc <= 4'b0001;
            default  : bcdc <= 4'b1111;
        endcase
```

```
        case (bcd10s)
            4'b0001 : bcde <= 4'b0001;
            default  : bcde <= 4'b1111;
        endcase
        bcdb <= bcd1a;
        bcdd <= bcd1b;
        bcdf <= bcd1s;
        m_ascii <= 4'b1010;
        e_ascii  <= 4'b1011;
        if (cout) s_ascii <= 4'b1010;
        else      s_ascii <= 4'b1111;
    end
    else
    begin
        bcda     <= 4'b1111;
        bcdb     <= 4'b1111;
        bcdc     <= 4'b1111;
        bcdd     <= 4'b1111;
        bcde     <= 4'b1111;
        bcdf     <= 4'b1111;
        m_ascii <= 4'b1111;
        e_ascii  <= 4'b1111;
        s_ascii  <= 4'b1111;
    end
end
```

그림 9.3.8 Verilog HDL로 설계하려는 data_select 블록의 논리회로 표현

9.3.4 vfd 블록의 Verilog HDL 설계하기

(1) 모듈 선언 및 입출력 포트 선언(module and input/output port declaration)

그림 9.3.9는 Verilog HDL로 설계하려는 vfd 블록의 모듈 선언 및 입출력 포트 선언을 심볼 형태로 표현한 것이며, 그림 9.3.10은 Verilog HDL로 설계하려는 vfd 블록의 모듈 선언 및 입출력 포트 선언을 나타내고 있다. 한편, module 다음에 오는 vfd는 이 블록의 모듈명이며 지정어 input과 output 다음에는 입력과 출력 포트들을 나타낸다. 설계하려는 vfd 블록은 지정어 input에 입력 신호를 위한 clk, [7:0] a10ascii, [7:0] a1ascii, [7:0] b10ascii, [7:0] b1ascii, [7:0] s10ascii, [7:0] s1ascii, [7:0] minus_ascii, [7:0] equ_ascii, [7:0] sign_ascii 포트들과 지정어 output에 출력 신호를 위한 rs, rw, e, [7:0] vfd_data 포트들을 기술한다.

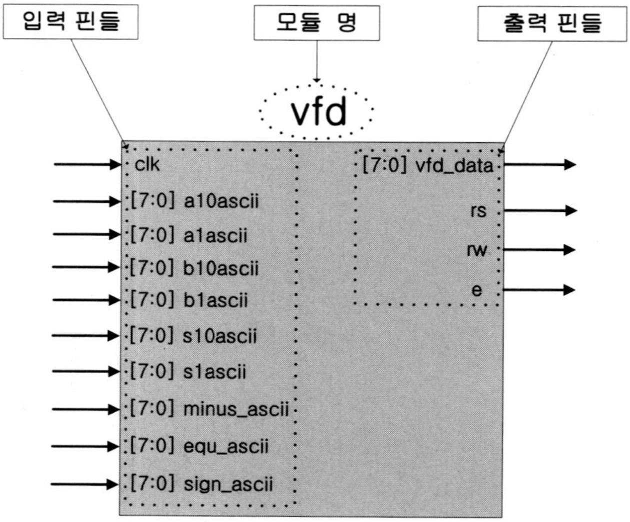

그림 9.3.9 Verilog HDL로 설계하려는 vfd 블록의 모듈 선언 및 출력 포트 선언을 심볼 형태로 표현한 것

```
module vfd (clk, a10ascii, a1ascii, b10ascii, b1ascii, s10ascii, s1ascii, minus_ascii,
            equ_ascii, sign_ascii, rs, rw, e, vfd_data);
   input clk;
   input [7:0] a10ascii, a1ascii, b10ascii, b1ascii, s10ascii, s1ascii, minus_ascii,
               equ_ascii, sign_ascii;
   output rs, rw, e;
   output [7:0] vfd_data;

               ~

endmodule
```

그림 9.3.10 Verilog HDL로 설계하려는 vfd 블록의 모듈 선언 및 입출력 포트 선언

(2) 논리회로 표현(logic circuit representation)

모듈 선언 및 입출력 포트 선언이 되었으므로 설계 블록의 내부 동작 또는 연결 구조를 기술하는 논리회로 표현을 하여야 한다. 설계하려는 vfd 블록에서 모듈 선언 및 입출력 포트 선언에서 출력포트로 선언했던 [7:0] vfd_data, rs, e 등과 신호선 [1:0] vfd_mod, [1:0] t, [4:0] counter 등은 always문의 출력으로 사용되므로 지정어인 reg로 선언한다. 한편, vfd_mod의 모드를 상태 머신으로 구성하기 위해 파라미터로 vfd_set, line1, line2를 선언한다. 선언이 끝나면 하드웨어의 내부동작을 기술해야 하는데 여기서는 always문을 사용하여 vfd 블록을 설계하는 동작적 표현 방법을 사용하기로 한다.

그림 9.3.11은 Verilog HDL로 설계하려는 vfd 블록의 논리회로를 심볼 형태로 표현한 것이다. 먼저 vfd_dis_data always문에서는 clk의 신호 변화를 감지하여 동작한다. clk 신호가 상승에지(Low→High)일 때 t 신호가 3진 업 카운트로 동작한다. t 신호가 1일 때 e 신호는 1로 출력되고, t 신호가 0과 2일 경우에는 e 신호에 대한 셋업 및 홀드 시간을 의미하며 e 신호는 0으로 출력한다. 다음에 t 신호가 2일 때 t 신호는 0으로 초기화 되고, counter 변수의 값은 1이 증가한다. 한편, vfd_mod의 변화에 따라 counter 변수의 최대 카운트 값이 결정된다. 예를 들어 vfd_mod가 vfd_set(vfd 초기화)일 경우에 counter 변수의 최대는 2가 된다. vfd_mod가 line1일 경우와 line2일 경우에는 counter 신호의 최대 값은 17이다. 이때 counter 신호의 최대값이 된 경우에는 counter 신호를 0으로 초기화시킨다. vfd_dis_data always문의 동작을 보면, clk 신호가 상승에지(Low→High)일 때, vfd_mod와 count의 값에 따른 동작을 한다. 이는 vfd의 각 라인에서 실행될 명령어와 디스플레이 될 ASCII 코드값을 의미한다. 먼저 vfd_mod의 초기값은 0이므로 vfd_set 조건인 vfd의 초기화 과정 vfd_set(Function_Set, Display_On/Off)을 수행하고 counter값이 2가 되면 line1에 대한 데이터를 출력한다. vfd_mod의 값이 1이 되면 line1의 조건이 되므로 line1에 대한 데이터를 출력한다. 다음에 line1에 대한 데이터의 디스플레이가 끝나면 line2에 대한 데이터의 디스플레이만 반복적으로 수행하게 된다. 즉, vfd 초기화 과정 및 line1에 대한 데이터의 디스플레이 과정은 1번만 수행하게 되는 것이다. 한편, 그림 9.3.12는 Verilog HDL로 설계하려는 vfd 블록의 논리회로 표현을 나타내고 있다.

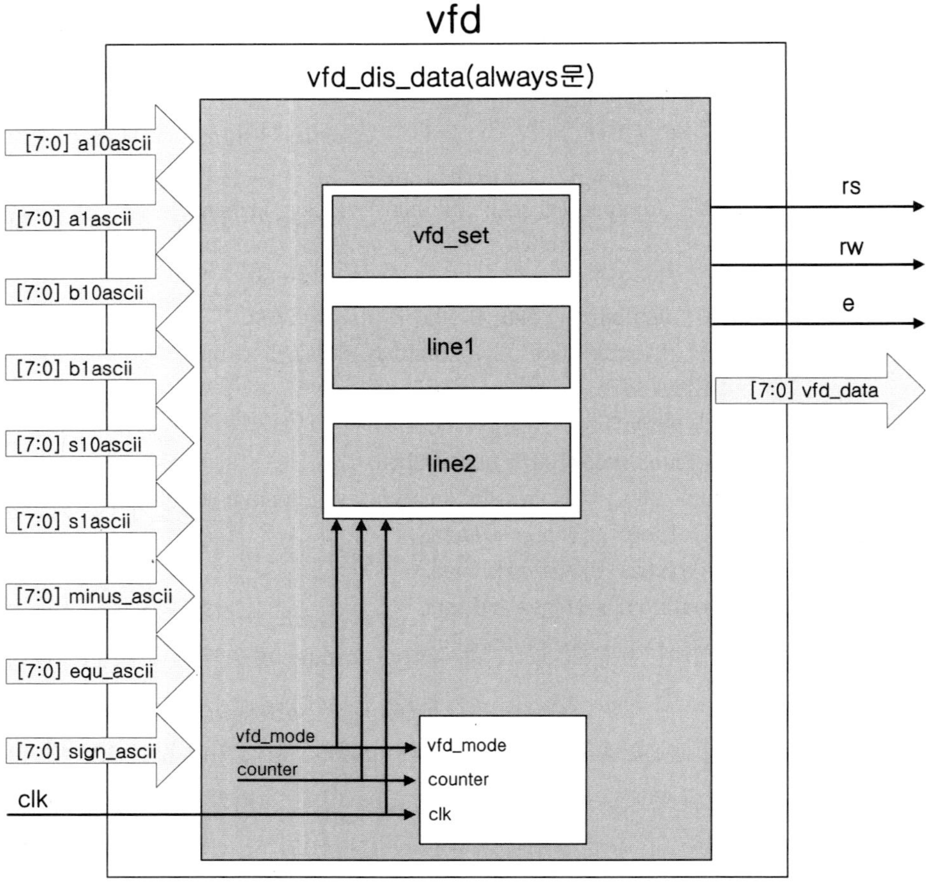

그림 9.3.11 Verilog HDL로 설계하려는 vfd 블록의 논리회로를 심볼 형태로 표현한 것

```
reg rs, e;
reg [1:0] t, vfd_mod;
reg [4:0] counter;
reg [7:0] vfd_data;
parameter vfd_set = 0, line1 = 1, line2 = 2;

   always @ (posedge clk)                    // vfd_dis_data
   begin
      case (t)
         0 : begin
                e <= 0;
                t <= 1;
             end
         1 : begin
                e <= 1;
                t <= 2;
             end
         2 : begin
                e <= 0;
                t <= 0;
                counter <= counter + 1;
             end
         default : begin
                e <= 0;
                t <= 0;
             end
      endcase

      if (vfd_mod == vfd_set)
      begin
         if (counter == 2)
         begin
            counter <= 0;   vfd_mod <= line1;
         end
         else
         begin
            case (counter)
               0 : {rs, vfd_data} <= 9'b000111100;
               1 : {rs, vfd_data} <= 9'b000001100;
               default : rs <= 0;
            endcase
         end
      end
      else if (vfd_mod == line1)
```

```
begin
   if (counter == 17)
   begin
      counter <= 0;  vfd_mod <= line2;
   end
   else
   begin
      case (counter)
         0 : {rs, vfd_data} <= 9'b010000000;
         1 : {rs, vfd_data} <= 9'b100100000;
         2 : {rs, vfd_data} <= 9'b100100000;
         3 : {rs, vfd_data} <= 9'b100100000;
         4 : {rs, vfd_data} <= 9'b100110100;
         5 : {rs, vfd_data} <= 9'b101100010;
         6 : {rs, vfd_data} <= 9'b101101001;
         7 : {rs, vfd_data} <= 9'b101110100;
         8 : {rs, vfd_data} <= 9'b100100000;
         9 : {rs, vfd_data} <= 9'b101110011;
         10 : {rs, vfd_data} <= 9'b101110101;
         11 : {rs, vfd_data} <= 9'b101100010;
         12 : {rs, vfd_data} <= 9'b100110010;
         13 : {rs, vfd_data} <= 9'b100100111;
         14 : {rs, vfd_data} <= 9'b101100011;
         15 : {rs, vfd_data} <= 9'b100100000;
         16 : {rs, vfd_data} <= 9'b100100000;
         default : {rs, vfd_data} <= 9'b010000000;
      endcase
   end
end
else if (vfd_mod == line2)
begin
   if (counter == 17)
   begin
      counter <= 0;   vfd_mod <= line2;
   end
   else
   begin
      case (counter)
         0 : {rs, vfd_data} <= 9'b011000000;
         3 : {rs, vfd_data} <= {1'b1, a10ascii};
         4 : {rs, vfd_data} <= {1'b1, a1ascii};
         6 : {rs, vfd_data} <= {1'b1, minus_ascii};
         8 : {rs, vfd_data} <= {1'b1, b10ascii};
         9 : {rs, vfd_data} <= {1'b1, b1ascii};
```

```
                11 : {rs, vfd_data} <= {1'b1, equ_ascii};
                12 : {rs, vfd_data} <= {1'b1, sign_ascii};
                13 : {rs, vfd_data} <= {1'b1, s10ascii};
                14 : {rs, vfd_data} <= {1'b1, s1ascii};
            default : {rs, vfd_data} <= 9'b100100000;
        endcase
        end
    end
end
```

그림 9.3.12 Verilog HDL로 설계하려는 vfd 블록의 논리회로 표현

9.4 타이밍 시뮬레이션 파형에 의한 분석 및 검증

그림 9.4.1은 ModelSim-Altera Edition 6.5e를 이용하여 타이밍 시뮬레이션 과정을 수행하기 위한 Test Bench 파일이며, 그림 9.4.2, 그림 9.4.3에 타이밍 시뮬레이션을 수행한 결과 파형을 나타내고 있다. 그림 9.4.2는 vfd의 초기 설정인 Function Set, Display On/Off, line1, 첫 번째 칸에 표시될 데이터인 공백(20)이 출력되는 것을 보이고 있다.

```
`timescale 1ns / 1ns
module tb_kit_4subtractor2_vfd;
   reg clk;
   reg keyA;
   reg keyB;
   reg keyC;
   reg keyD;
   reg keyE;
   reg keyF;
   reg [3:0] key_r;
   wire [2:0] key_c;
   wire [9:0] Dot_com;
   wire [13:0] Dot_data;
   wire rs;
   wire rw;
   wire e;
   wire [7:0] vfd_data;
   parameter sec = 25;

    kit_4subtractor2_vfd uut (.clk(clk), .keyA(keyA), .keyB(keyB), .keyC(keyC),
                              .keyD(keyD), .keyE(keyE), .keyF(keyF), .key_c(key_c),
                              .key_r(key_r), .Dot_com(Dot_com), .Dot_data(Dot_data),
                              .rs(rs), .rw(rw), .e(e), .vfd_data(vfd_data));
    always #(sec) clk = ~clk;
    initial begin
       clk = 0;  key_r = 0;  keyA = 0;  keyB = 0;  keyC = 0;  keyD = 0;
       keyE = 0;  keyF = 0;  #0;
       key_r = 0; #2500;
       key_r = 2; #100;
       key_r = 0; #100;
       keyA = 1; #100;
       keyA = 0; #2500;  $stop;
    end
endmodule
```

그림 9.4.1 kit_4subtractor2_vfd 전체블록을 ModelSim–Altera Edition 6.5e를 사용하여 타이밍 시뮬레이션 하기 위한 Test Bench 파일

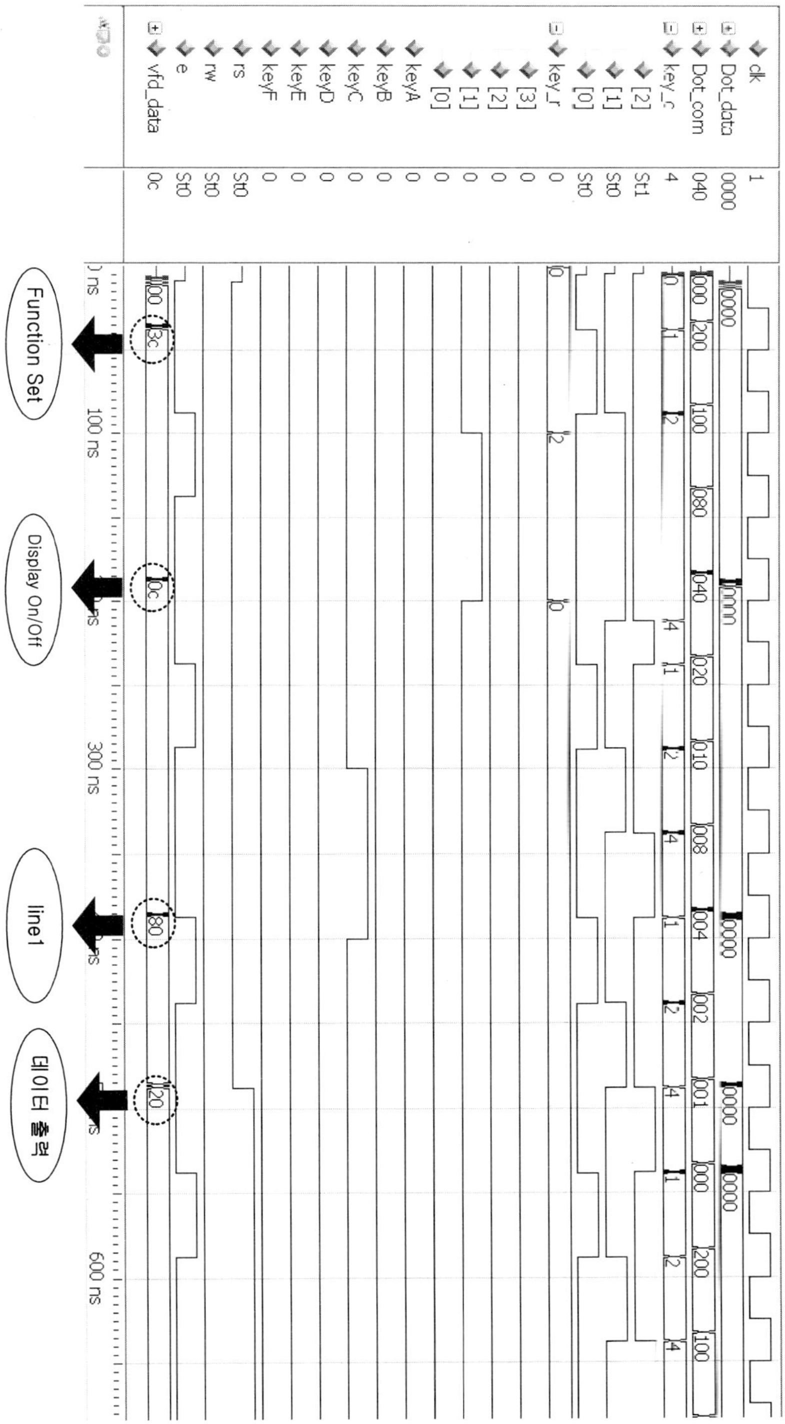

그림 9.4.3 vfd의 초기 설정 데이터의 타이밍 시뮬레이션 결과 파형

그림 9.4.3의 타이밍 시뮬레이션 결과 파형을 분석해보면 다음과 같다. 먼저 vfd의 두 번째 라인은 16칸으로 구성되어져 있는데 rs 신호가 High, rw 신호는 Low, e 신호가 High가 될 때 각 칸에 데이터 값이 출력되고 어드레스가 증가하면서 데이터 출력이 다음 칸으로 옮겨짐을 알 수 있다. 이제 첫 번째 5 키를 누르면 key_c[1]과 key_r[1]이 High가 되는 순간에 5의 ASCII 코드 값인 35가 vfd의 4번째 칸에 출력되어진다. 이때 첫 번째 5 키를 눌렀다 떼어지는 순간(Low → High)에 -의 ASCII 코드 값인 2d가 vfd의 6번째에 동시에 출력되어진다. 한편, 공백은 ASCII 코드 값 20으로 vfd의 각 칸에 출력되어진다. 두 번째 A 키를 누르면 keya가 High가 되는 순간에 A의 10진수 값이 10이므로 1의 ASCII 코드 값인 31이 vfd의 8번째 칸과 0의 ASCII 코드 값인 30이 9번째 칸에 출력되어진다. 이때 두 번째 A 키를 눌렀다 떼어지는 순간에 =의 ASCII 코드 값인 3d가 vfd의 11번째에 동시에 출력되어진다. 한편, 뺄셈된 결과 값인 -5는 두 번째 키 입력이 눌렸다 떼어지는 순간(Low → High)에 -의 ASCII 코드 값인 2d가 vfd의 12번째, 6의 ASCII 코드 값인 35가 vfd의 14번째에 출력되어진다. 여기서 첫 번째로 눌린 키 값이 5 키라는 것은 [3:0] key_r 값을 입력파형으로 0010로 설정하였고 출력 값인 [2:0] key_c가 010 값이 출력되었으므로 표 4.5.1에서 나타난 바와 같이 5 키가 눌린 것으로 인식되어진다.

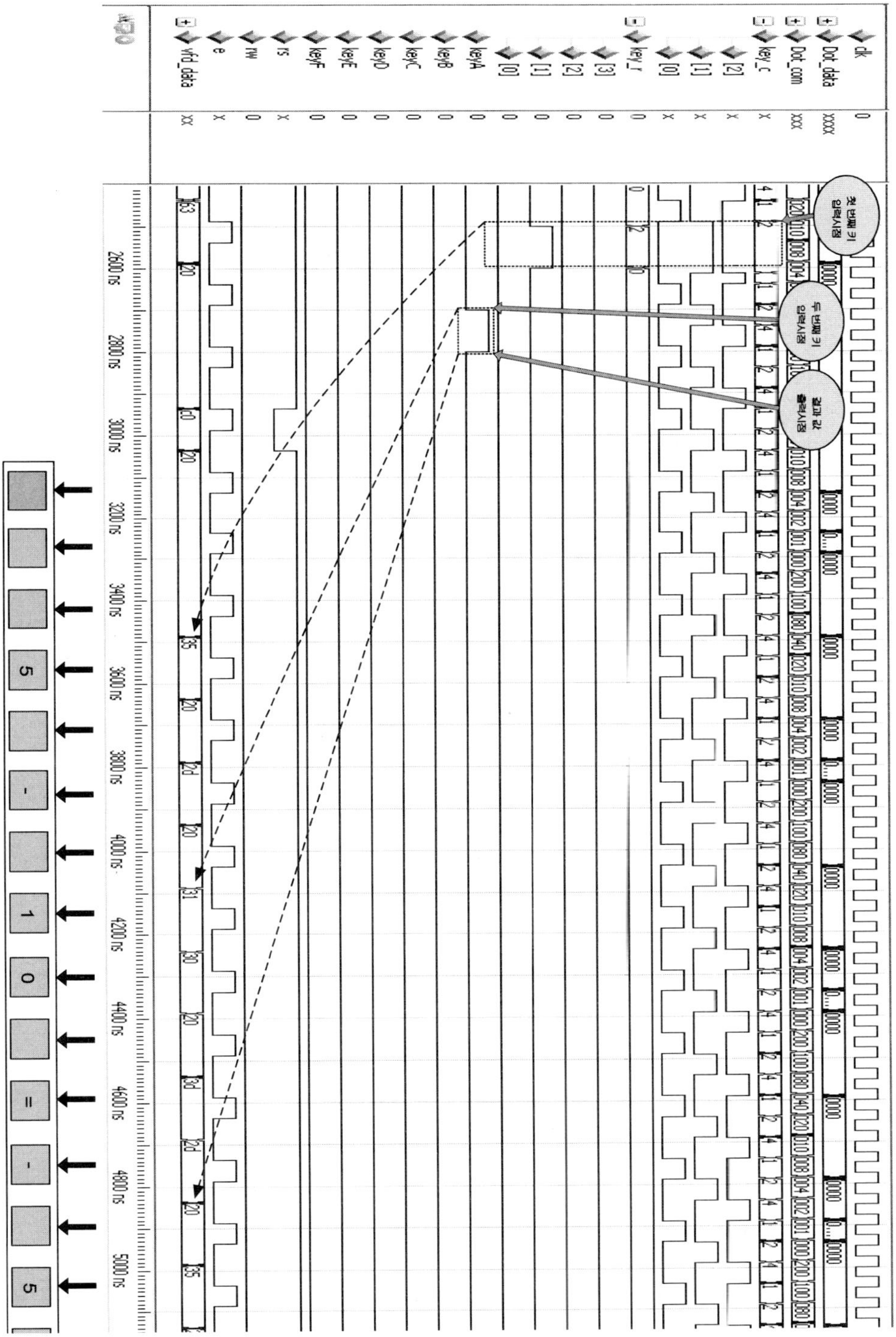

그림 9.4.2 vfd의 두 번째 라인에 출력될 데이터의 타이밍 시뮬레이션 결과 파형

9.5 HBE-COMBO II 트레이닝 키트에 프로그래밍 하기 위한 핀 할당 정보

표 9.5.1 HBE-COMBO II 트레이닝 키트에 프로그래밍 하기 위한 핀 할당 정보

입력 핀		출력 핀	
핀 이름	핀 번호	핀 이름	핀 번호
key_r[0]	PIN_AD10	vfd_data[0]	PIN_R7
key_r[1]	PIN_AC10	vfd_data[1]	PIN_R6
key_r[2]	PIN_V10	vfd_data[2]	PIN_P3
key_r[3]	PIN_AF9	vfd_data[3]	PIN_R8
keyA	PIN_Y10	vfd_data[4]	PIN_P6
keyB	PIN_W10	vfd_data[5]	PIN_P4
keyC	PIN_AA9	vfd_data[6]	PIN_P9
keyD	PIN_V9	vfd_data[7]	PIN_P7
keyE	PIN_AE9	rs	PIN_R2
keyF	PIN_AC9	rw	PIN_R5
clk	PIN_N1	e	PIN_R4
		key_c[0]	PIN_V11
		key_c[1]	PIN_AB10
		key_c[2]	PIN_AA10
		Dot_data[0]	PIN_U3
		Dot_data[1]	PIN_U6
		Dot_data[2]	PIN_U5
		Dot_data[3]	PIN_U9
		Dot_data[4]	PIN_U7
		Dot_data[5]	PIN_T2
		Dot_data[6]	PIN_U10
		Dot_data[7]	PIN_T6
		Dot_data[8]	PIN_T3
		Dot_data[9]	PIN_T8
		Dot_data[10]	PIN_T7
		Dot_data[11]	PIN_T10
		Dot_data[12]	PIN_T9
		Dot_data[13]	PIN_R3
		Dot_com[0]	PIN_W4
Clock Select : 8(10KHz)		Dot_com[1]	PIN_V3
		Dot_com[2]	PIN_V2
		Dot_com[3]	PIN_V5
		Dot_com[4]	PIN_V4
		Dot_com[5]	PIN_V7
		Dot_com[6]	PIN_V6
		Dot_com[7]	PIN_U2
		Dot_com[8]	PIN_U1
		Dot_com[9]	PIN_U4

CHAPTER 10

Verilog HDL을 사용하여 설계한 4비트 2진 뺄셈기(1의 보수 사용)를 HBE-COMBO II 트레이닝 키트의 led로 출력하기

10.1 HBE-COMBO II 트레이닝 키트 상에서의 동작 설명

10.2 HBE-COMBO II 트레이닝 키트의 led에 1의 보수를 사용한 4비트 2진 뺄셈기를 디스플레이 하는 전체블록 개요

10.3 HBE-COMBO II 트레이닝 키트의 led에 1의 보수를 사용한 4비트 2진 뺄셈기를 디스플레이 하는 전체 블록의 Verilog HDL 설계하기

10.4 1의 보수를 이용하여 뺄셈을 하는 블록의 Verilog HDL 설계하기

10.5 타이밍 시뮬레이션 파형에 의한 분석 및 검증

10.6 HBE-COMBO II 트레이닝 키트에 프로그래밍 하기 위한 핀 할당 정보

10.1 HBE-COMBO II 트레이닝 키트 상에서의 동작 설명

이 예제는 그림 10.1.1과 같이 사용자가 HBE-COMBO II 트레이닝 키트 내에 있는 0에서 F까지의 키보드를 사용하여 2개의 4비트 데이터를 연속적으로 넣게 되면, 입력된 2개의 4비트 데이터가 1의 보수를 사용하여 뺄셈이 되어 입력된 4비트 데이터와 뺄셈된 결과가 HBE-COMBO II 트레이닝 키트의 8개의 led에 나타나게 된다. 또한 event always문을 사용하여 두 번째 키를 떼기 전까지는 입력되는 2개의 4비트 데이터가 출력되고, 두 번째 키가 떼어지는 순간 부호비트와 뺄셈된 결과 값이 출력되도록 설계 하였다. 예를 들어 사용자가 8 키와 9 키를 연속적으로 누르게 되면 먼저 HBE-COMBO II 트레이닝 키트에 2개의 4비트 데이터 키 입력에 대한 led가 점등된다. 즉 첫 번째 4비트 데이터인 8은 8개의 led 중에서 A그룹 led에 1000 형태로 점등되고, 두 번째 4비트 데이터인 9는 B 그룹 led에 1001 형태로 점등된다. 다음에 2개의 4비트 데이터에 대한 뺄셈된 결과 값인 -1은 A그룹 led와 B그룹 led가 모두 꺼지면서 C그룹 led에 0001 형태로 점등되고 부호 비트도 점등된다. 한편, dotmatrix 블록에서는 "Verilog HDL"이라는 문자열이 우에서 좌로 이동하면서 디스플레이 된다.

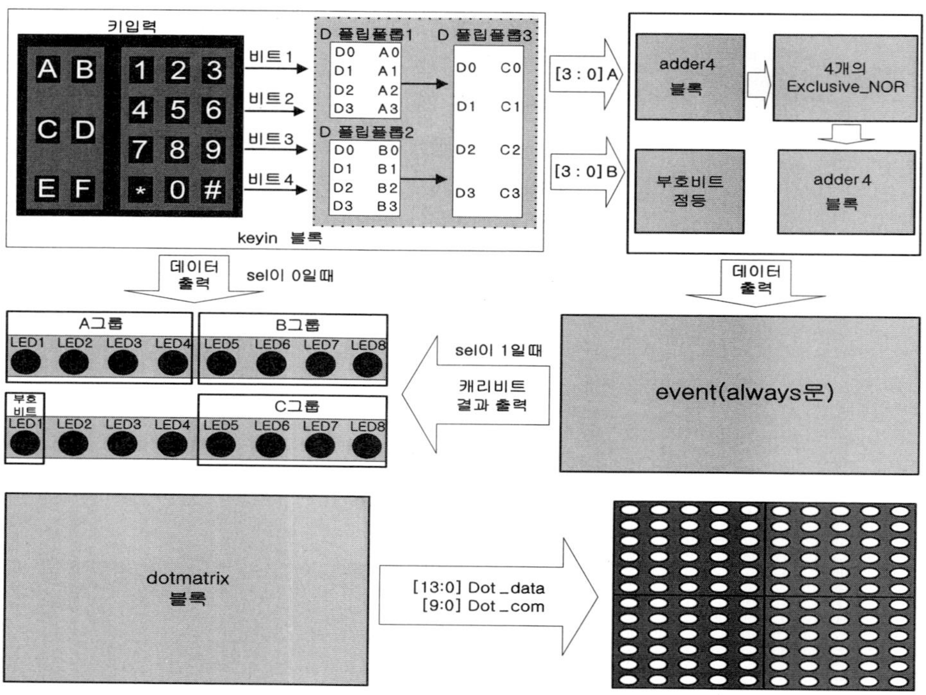

그림 6.1.1 HBE-COMBO II 트레이닝 키트 상에서의 동작 개요

10.2 HBE-COMBO II 트레이닝 키트의 led에 1의 보수를 사용한 4비트 2진 뺄셈기를 디스플레이 하는 전체블록 개요

HBE-COMBO II 트레이닝 키트의 led에 1의 보수를 사용한 4비트 2진 뺄셈기를 디스플레이 하는 kit_4subtractor1_led 전체블록은 그림 10.2.1과 같이 크게 keyin 블록과 subtractor1 블록, event always문 등으로 구성된다. HBE-COMBO II 트레이닝 키트의 keypad는 3×4 keypad와 6개의 버튼 스위치로 구성되어 있다. 버튼 스위치는 A 키에서 F 키까지로서 직접 입력이 되도록 구성되어져 있으며, 3×4 keypad는 0에서 9까지의 키들과 *, # 등의 키들로 구성되어있다. 한편, 3×4 keypad는 스캔방식 구조로써 가로라인과 세로라인에서 동시에 제어하여 입력을 받아 사용할 수 있도록 구성되어 있다. 따라서 0에서 9까지의 스위치 입력 값을 받기 위해서는 키 데이터 스캔 블록(keymatrix)이 필요하다. keymatrix 블록에서 스캔한 키 값의 출력은 encoder always문으로 보내진다. 한편, A ~ F까지의 버튼 스위치로 입력되는 데이터는 1비트의 데이터 정보이기 때문에 바로 encoder always문으로 키 값이 보내진다. 따라서 HBE-COMBO II 트레이닝 키트의 keypad로부터 입력되는 데이터는 16비트가 된다. 그러나 subtractor1 블록에 적용하기에는 데이터의 비트 수가 다르기 때문에 keypad의 데이터 정보를 변환하고, 출력된 데이터를 A그룹 데이터와, B그룹 데이터로 저장하는 D 플립플롭이 필요하다. 이러한 기능들은 keyin 블록에서 수행된다. 한편, keyin 블록에서 출력되는 2개의 4비트 데이터는 subtractor1 블록에서 뺄셈된다. 또한, 2개의 4비트 데이터와 subtractor1 블록에서 뺄셈된 결과는 event always문으로 입력된다. HBE-COMBO II 트레이닝 키트에서는 led가 8개이므로 2개의 4비트 데이터와 subtractor1 블록에서 뺄셈된 결과를 모두 출력할 수 없다. 따라서 event always문에서는 2개의 4비트 데이터를 먼저 출력 시키고, 두 번째 데이터 스위치가 눌렸다가 떼어지는 순간에 subtractor1 블록에서 뺄셈된 결과와 부호비트 값을 출력한다. 한편, dotmatrix 블록에서는 “Verilog HDL”이라는 문자열이 우에서 좌로 이동하면서 디스플레이 된다.

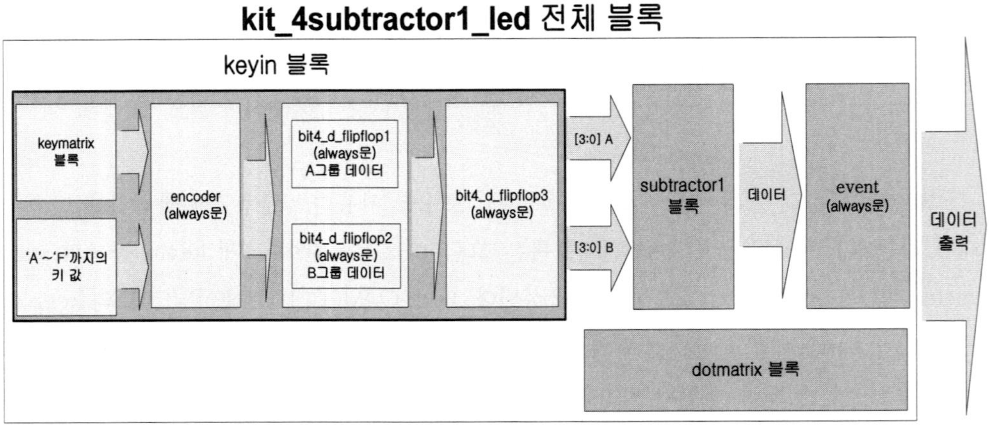

그림 10.2.1 HBE-COMBO II 트레이닝 키트의 led에 1의 보수를 사용한 4비트 2진 뺄셈기를 디스플레이 하는 kit_4subtractor1_led 전체블록 개요

10.3 HBE-COMBO II 트레이닝 키트의 led에 1의 보수를 사용한 4비트 2진 뺄셈기를 디스플레이 하는 전체블록의 Verilog HDL 설계하기

10.3.1 모듈 선언 및 입출력 포트 선언(module and input/output port declaration)

그림 10.3.1은 Verilog HDL로 설계하려는 kit_4subtractor1_led 전체블록의 모듈 선언 및 입출력 포트 선언을 심볼 형태로 표현한 것이며, 그림 10.3.2는 Verilog HDL로 설계하려는 kit_4subtractor1_led 전체블록의 모듈 선언 및 입출력 포트 선언을 나타내고 있다. 한편, module 다음에 오는 kit_4subtractor1_led은 이 블록의 모듈명이며 지정어 input과 output 다음에는 입력과 출력 포트들을 나타낸다. 설계하려는 kit_4subtractor1_led 전체블록은 지정어 input에 입력 신호를 위한 clk, [3:0] key_r, keyA, keyB, keyC, keyD, keyE, keyF 포트들과 지정어 output에 출력 신호를 위한 [7:0] led_data, [9:0] Dot_com, [13:0] Dot_data, [2:0] key_c 포트들을 기술한다.

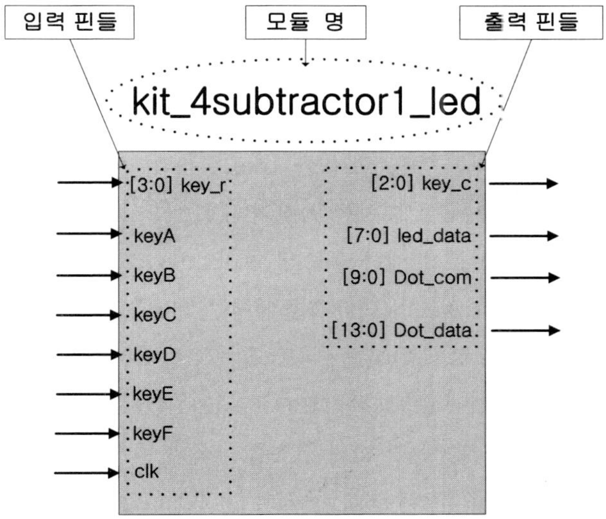

그림 10.3.1 Verilog HDL로 설계하려는 kit_4subtractor1_led 전체블록의 모듈 선언 및 입출력 포트 선언을 심볼 형태로 표현한 것

```
module kit_4subtractor1_led (clk, key_c, key_r, keyA, keyB, keyC, keyD, keyE,
                              keyF, led_data, Dot_com, Dot_data);
   input  [3:0] key_r;
   input clk, keyA, keyB, keyC, keyD, keyE, keyF;
   output  [7:0] led_data;
   output  [9:0] Dot_com;
   output  [13:0] Dot_data;
   output  [2:0] key_c;

                 ~

endmodule
```

그림 10.3.2 Verilog HDL로 설계하려는 kit_4subtractor1_led 전체블록의 모듈 선언 및 입출력 포트 선언.

10.3.2 논리회로 표현(logic circuit representation)

모듈 선언 및 입출력 포트 선언이 되었으므로 설계 블록의 내부 동작 또는연결 구조를 기술하는 논리회로 표현을 하여야 한다. 설계하려는 kit_4subtractor1_led 전체블록에서 부품간의 연결에 사용되는 신호선 key_clk, key_clk1, dff_clk2, CLRN 등과 버스 신호선 [7:0] sub, [7:0] data 등을 지정어인 wire로 선언한다. 또한 dff_clk1, sel 신호들과 모듈 선언 및 입출력 포트 선언에서 선언된 [7:0] led_data는 always문의 출력으로 사용되므로 지정어인 reg로 선언한다. 선언이 끝나면 하드웨어의 내부동작을 기술해야 하는데 여기서는 앞서 이미 설계한 하위모듈들을 이용하여 이들 상호간을 연결하여 블록을 설계하는 구조적 표현 방법과 연산자, 연속 할당문 등을 사용한 자료흐름적 표현, always문을 사용하여 kit_4subtractor1_led 전체블록을 설계하는 동작적 표현 방법을 혼합하여 사용하기로 한다.

그림 10.3.3은 Verilog HDL로 설계하려는 kit_4subtractor1_led 전체블록의 논리회로를 심볼 형태로 표현한 것이다. keyin 하위모듈에서는 HBE-COMBOII 트레이닝 키트의 keypad로부터 입력되는 16비트 데이터를 4비트 데이터 형태로 변환하고, 변환된 데이터들은 [3:0] dataa와 [3:0] datab으로 출력되어 HBE-COMBOII 트레이닝 키트의 led에 점등된다. 또한 키 입력에 의해서 발생하는 k_clk1 신호를 클록과 동기하여 출력한다. 한편, keyin 하위모듈에서 출력되어지는 4비트의 [3:0] dataa과 [3:0] datab은 subtractor1 하위모듈의 입력이 되어 뺄셈된다. subtractor1 하위모듈에서 출력되어지는 결과 값들과 [7:4] data, [3:0] data은 event always문으로 입력된다. event always문에서는 sel이 0일 때, 키 입력이 첫 번째 눌렀을 때 led1부터 led4에 data[7:4]의 데이터가 표시 되고, 두 번째 눌렀을 때 led5부터 led8에 [3:0] data의 데이터가 표시되도록 한다. 한편, 두 번째 키가 눌렀다가 떼어지는 순간 sel 신호는 1이 되어 led5부터 led8까지 subtractor1 하위모듈에서 뺄셈된 결과와 led1에는 부호 비트가 표시된다. 그림 10.3.4에 key_clk, key_clk1, dff_clk1, dff_clk2, sel 등의 파형이 나타나 있다. key_clk는 클록과 동기 된 키 입력이 들어올 때 High가 되고 key_clk1은 key_clk의 반대 파형이 된다. 그리고 dff_clk1은 T 플립플롭 always문의 출력이 되므로 key_clk1 파형이 Low에서 High로 변할 때 현재 파형의 반대 파형이 된다. dff_clk2는 dff_clk1의 반대 파형이 되어서 event always문 내부의 T 플립플롭의 클록이 된다. 따라서 T 플립플롭의 출력인 sel은 dff_clk2 파형이 Low에서 High로 변할 때 현재 파형의 반대 파형이 되므로 High가 되는 시점은 뺄셈된 결과와 부호 비트 값이 출력되는 시점이 된다. T 플립플롭의 클리어 단자인 CLRN은 0 값이 되면 클리어 되어 sel이 0이 된다. CLRN이 0이 되는 조건은 첫 번째 키가 눌리는 순간이 되어야 하므로 key_clk1과 dff_clk1을 OR 게이트의 입력으로 구성한다. 한편, dotmatrix 하위모듈에서는 "Verilog HDL"이라는 문자열이 우에서 좌로 이동하면서 디스플레이 된다. 그림 10.3.5는 Verilog HDL로 설계하려는 kit_4subtractor1_led 전체블록의 논리회로 표현을 나타내고 있다. 한편, keyin 하위모듈, adder4 하위모듈, dotmatrix 하위모듈 등은 4장에서 설계한 Verilog HDL 코드를 사용한다.

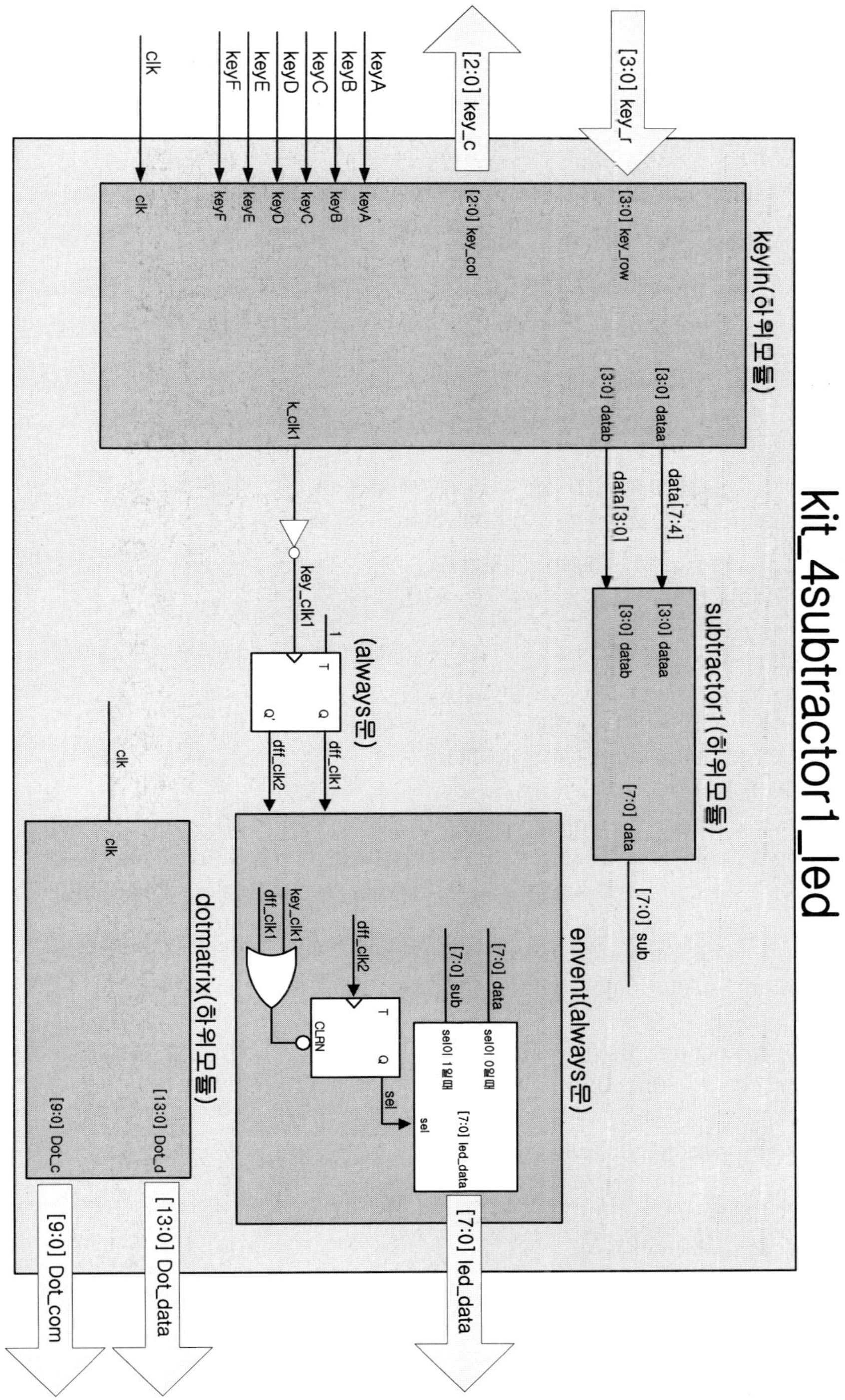

그림 10.3.3 Verilog HDL로 설계하려는 kit_4subtractor1_led 전체블록의 논리회로를 심볼 형태로 표현한 것

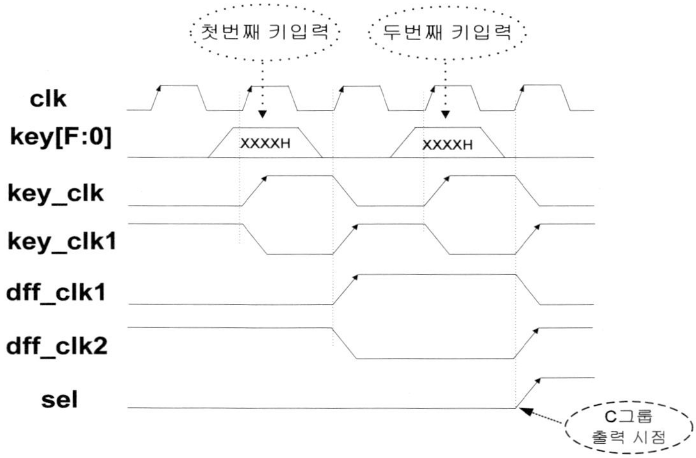

그림 10.3.4 key_clk, key_clk1, dff_clk1, dff_clk2, sel 등의 파형

```
wire key_clk, key_clk1, CLRN, dff_clk2;
wire [7:0] data, sub;
reg [7:0] led_data;
reg dff_clk1, sel;

  assign key_clk1 = ~key_clk;
  assign CLRN = key_clk1 | dff_clk1;
  assign dff_clk2 = ~dff_clk1;
  dotmatrix dotmatrix_display (.clk(clk), .Dot_c(Dot_com), .Dot_d(Dot_data));
  keyin key_input (.key_col(key_c), .key_row(key_r), .clk(clk), .keyA(keyA),
                   .keyB(keyB), .keyC(keyC), .keyD(keyD), .keyE(keyE),
                   .keyF(keyF), .k_clk1(key_clk), .dataa(data[7:4]),
                   .datab(data[3:0]));
  subtractor1 sub1 (.dataa(data[7:4]), .datab(data[3:0]), .data(sub));

  always @(posedge key_clk1)                        // T_F/F
    dff_clk1 <= ~dff_clk1;

  always @(posedge dff_clk2 or negedge CLRN)        // event
  begin
    if (!CLRN) sel <= 0;
    else sel <= ~sel;
    case(sel)
      1'b0 : led_data <= data;
      1'b1 : led_data <= sub;
    endcase
  end
```

그림 10.3.5 Verilog HDL로 설계하려는 kit_4subtractor1_led 전체블록의 논리회로 표현

10.4 1의 보수를 이용하여 뺄셈을 하는 블록의 Verilog HDL 설계하기

2진수의 1의 보수는 1을 0으로, 0을 1로 바꾸기만 하면 쉽게 형성된다. 이러한 1의 보수를 사용하여 뺄셈을 하는 원리는 다음과 같다.

1. 밑수 2인 두 양수의 뺄셈 M–N은 피감수 M에 감수 N의 1의 보수를 더한다.
2. 1의 결과에 대하여 끝자리 올림수를 조사한다.
   1) 끝자리 올림수가 있으면 최하위 숫자에 1을 더한다.
   2) 끝자리 올림수가 없을 경우 1의 결과에 1의보수를 취하고 앞에 — 부호를 붙인다.

예제) 1의보수를 사용하여 다음을 계산하라.

(a) M – N = 1010100 – 10000011

M =	1010100
N에 대한 1의 보수 =	+0111100
합 =	1 0010000
순환자리 올림 =	+ 1
답: M – N =	0010001

(b) M – N = 1000011 – 1010100

N =	1000011
M에 대한 1의 보수 =	+0101011
끝자리올림없음	1101110

답은 N – M = – (1101110 에 대한 1의 보수) = – 0010001 이다.

10.4.1 모듈 선언 및 입출력 포트 선언(module and input/output port declaration)

그림 10.4.1은 Verilog HDL로 설계하려는 subtractor1 블록의 모듈 선언 및 입출력 포트 선언을 심볼 형태로 표현한 것이며, 그림 10.4.2는 Verilog HDL로 설계하려는 subtractor1 블록의 모듈 선언 및 입출력 포트 선언을 나타내고 있다. 한편, module 다음에 오는 subtractor1는 이 블록의 모듈명이며 지정어 input과 output 다음에는 입력과 출력 포트들을 나타낸다. 설계하려는 subtractor1 블록은 지정어 input에 입력 신호를 위한 [3:0] dataa, [3:0] datab 포트들과 출력 신호를 위한 [7:0] data의 포트를 기술한다.

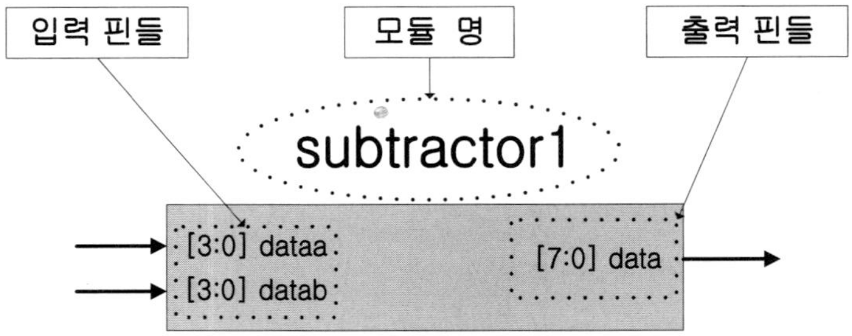

그림 10.4.1 Verilog HDL로 설계하려는 subtractor1 블록의 모듈 선언 및 입출력 포트 선언을 심볼 형태로 표현한 것

```
module subtractor1 (dataa, datab, data);
    input [3:0] dataa, datab;
    output [7:0] data;

            ~

endmodule
```

그림 10.4.2 Verilog HDL로 설계하려는 subtractor1 블록의 모듈 선언 및 입출력 포트 선언

10.4.2 논리회로 표현(logic circuit representation)

모듈 선언 및 입출력 포트 선언이 되었으므로 설계 블록의 내부 동작 또는 연결 구조를 기술하는 논리회로 표현을 하여야 한다. 설계하려는 subtractor1에서 부품간의 연결에 사용되는 신호선 cout_buf와 버스 신호선 [3:0] sub_buf1, [3:0] sub_buf2 등을 지정어인 wire로 선언한다. 다음에 설계하려는 subtractor1 블록에서 사용될 adder4 하위모듈을 선언한다. 선언이 끝나면 하드웨어의 내부동작을 기술해야 하는데 여기서는 이미 설계한 하위모듈을 이용하여 이들 상호간을 연결하여 블록을 설계하는 구조적 표현 방법과 subtractor1 블록 내의 신호 및 제어의 흐름을 나타내는 자료흐름적 표현 방법을 혼합하여 사용하기로 한다.

그림 10.4.3은 Verilog HDL로 설계하려는 subtractor1 블록의 논리회로를 심볼 형태로 표현 한 것이다. 먼저 첫 번째 4비트 2진 덧셈기에 첫 번째 키 입력 값은 그대로 입력되고 두 번째 키 입력 값은 반전되어 입력된다. 여기서 말하는 첫 번째 키 입력 값은 [3:0] dataa을 말하고 두 번째 키 입력 값은 [3:0] datab이 된다. 그리고 datab의 입력에 반전을 하는 것은 1의

보수를 취해주는 것이다. 이렇게 dataa 값과 반전된 datab 값이 첫 번째 4비트 2진 덧셈기에 입력이 되어 결과인 [3:0] sub_buf1과 cout_buf 값이 출력된다. 이때 캐리가 발생하면 결과 값에 1을 더한 값이 출력되어야 한다. 따라서 두 번째 4비트 2진 덧셈기를 사용하여 첫 번째 4비트 2진 덧셈기의 결과 값에 1을 더하게 된다. 한편, 캐리가 발생하지 않으면 첫 번째 4비트 2진 덧셈기의 결과 값에 다시 1의 보수를 취해준 값의 음수 값이 출력된다. 이러한 역할은 4개의 exclusive-NOR와 두 번째 4비트 2진 덧셈기가 수행하게 된다. 그림 10.4.4에 exclusive-NOR의 진리표가 나타나 있다. 진리표에 나타나 바와 같이 캐리 입력이 0일 때 즉, 첫 번째 4비트 2진 덧셈기의 결과 값의 캐리가 발생하지 않은 경우에는 exclusive- NOR의 출력이 합 입력의 1의보수가 된다. 또한 캐리 입력이 1일 때 즉, 첫 번째 4비트 2진 덧셈기의 결과 값의 캐리가 발생한 경우에는 exclusive-NOR의 출력인 [3:0] sub_buf2가 그대로 출력된다. 한편, 같은 수를 뺄셈하는 경우에 부호비트가 점등되는 경우가 발생하므로 이를 방지하기 위하여 부호비트를 점등하는 부분을 추가한다. 4개의 exclusive-NOR은 두 입력의 크기를 비교해서 값이 같은 지를 아닌지를 판단하는 것이다. 만약에 같은 값이 들어오게 된다면 4입력 and 게이트의 출력이 1이 나오게 되고, 이때 두 입력의 값이 같기 때문에 자기 자신과 자기 자신의 보수와의 캐리 값인 cout_buf는 0이 나오게 된다. 따라서 1과 0의 exclusive-NOR 출력인 data[7]은 0이 되어 부호비트가 점등되지 않는다. 그림 10.4.5는 Verilog HDL로 설계하려는 subtractor1 블록의 논리회로 표현을 나타내고 있다.

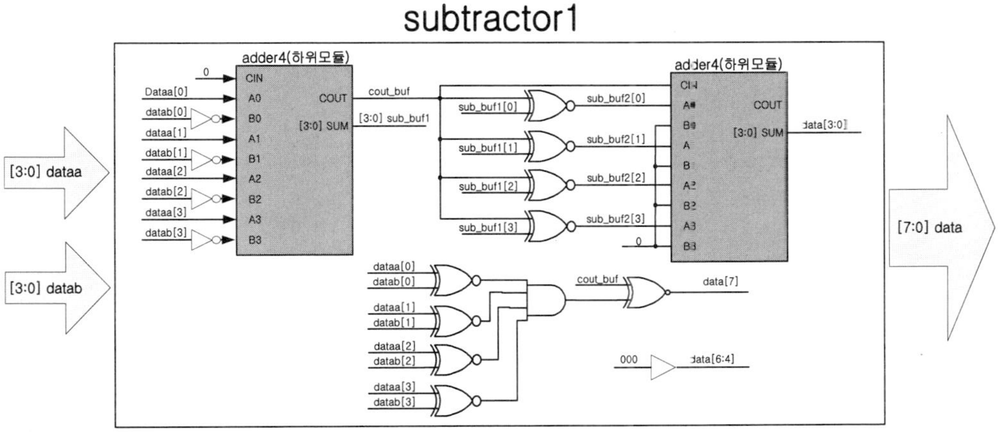

그림 10.4.3 Verilog HDL로 설계하려는 subtractor1 블록의 논리회로를 심볼 형태로 표현한 것

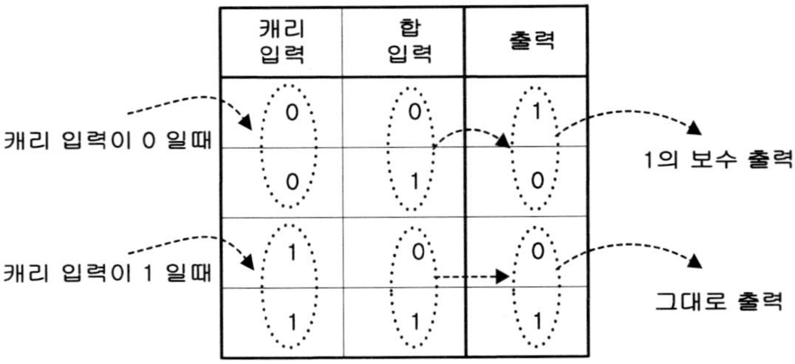

그림 10.4.4 Exclusive-NOR의 진리표

```
wire [3:0] sub_buf1, sub_buf2;
wire cout_buf;

  adder4 adder_4bit1 (.A0(dataa[0]), .B0(~datab[0]), .A1(dataa[1]), .B1(~datab[1]),
                      .A2(dataa[2]), .B2(~datab[2]), .A3(dataa[3]), .B3(~datab[3]),
                      .CIN(1'b0), .COUT(cout_buf), .SUM(sub_buf1));
  assign sub_buf2[0] = cout_buf ~^ sub_buf1[0];
  assign sub_buf2[1] = cout_buf ~^ sub_buf1[1];
  assign sub_buf2[2] = cout_buf ~^ sub_buf1[2];
  assign sub_buf2[3] = cout_buf ~^ sub_buf1[3];

  adder4 adder_4bit2 (.A0(sub_buf2[0]), .B0(1'b0), .A1(sub_buf2[1]), .B1(1'b0),
                      .A2(sub_buf2[2]), .B2(1'b0), .A3(sub_buf2[3]), .B3(1'b0),
                      .CIN(cout_buf), .SUM(data[3:0]));
  assign data[7] = ((dataa[0] ~^ datab[0]) & (dataa[1] ~^ datab[1]) & (dataa[2] ~^
                   datab[2]) & (dataa[3] ~^ datab[3])) ~^ cout_buf;
  assign data[6:4] = 3'b000;
```

그림 10.4.5 Verilog HDL로 설계하려는 subtractor1 블록의 논리회로 표현

10.5 타이밍 시뮬레이션 파형에 의한 분석 및 검증

그림 10.5.1은 ModelSim-Altera Edition 6.5e를 이용하여 타이밍 시뮬레이션 과정을 수행하기 위한 Test Bench 파일이며, 그림 10.5.2는 타이밍 시뮬레이션 결과 파형을 나타내고 있다. 그림 10.5.2의 타이밍 시뮬레이션 결과 파형을 분석해 보면 다음과 같다. 먼저 첫

번째 A 키를 누르면 keyA가 High가 되는 순간에 led_data의 8비트 중에서 상위 4비트에 a 값이 하위 4비트에 0 값이 출력되어진다. 다음에 두 번째 C 키를 누르면 keyC가 High가 되는 순간에 led_data의 8비트 중에서 상위 4비트에 a 값이 하위 4비트에 c 값이 출력되어진다. 한편, 뺄셈된 결과 값인 -2는 두 번째 키 입력이 눌렸다 떼어지는 순간(Low → High)에 led_data의 8비트(82)로 출력되어진다. 뺄셈된 결과 값이 음수인 경우에는 led_data의 최상위 비트에 1을 표시하게 되어 있으므로 -2인 경우에는 led_data의 8비트 중에서 상위 4비트에 8 값이 하위 4비트에 2 값이 출력되어진다.

```
`timescale 1ns / 1ns
module tb_kit_4subtractor1_led;
   reg clk;
   reg [3:0] key_r;
   reg keyA;
   reg keyB;
   reg keyC;
   reg keyD;
   reg keyE;
   reg keyF;
   wire [2:0] key_c;
   wire [7:0] led_data;
   wire [9:0] Dot_com;
   wire [13:0] Dot_data;
   parameter sec = 25;
      kit_4subtractor1_led uut (.clk(clk), .key_c(key_c), .key_r(key_r), .keyA(keyA),
                               .keyB(keyB), .keyC(keyC), .keyD(keyD), .keyE(keyE),
                               .keyF(keyF), .led_data(led_data),  .Dot_com(Dot_com),
                               .Dot_data(Dot_data));
      always #(sec) clk = ~clk;
      initial begin
         clk = 0;   key_r = 0;   keyA = 0;   keyB = 0;   keyC = 0;   keyD = 0;   keyE = 0;
         keyF = 0;  #0;
         keyA = 0; #100;
         keyA = 1; #100;
         keyA = 0; #100;
         keyC = 1; #100;
         keyC = 0; #600;    $stop;
      end
endmodule
```

그림 10.5.1 kit_4subtractor1_led 전체블록을 ModelSim-Altera Edition 6.5e를 이용하여 타이밍 시뮬레이션 하기 위한 Test Bench 파일

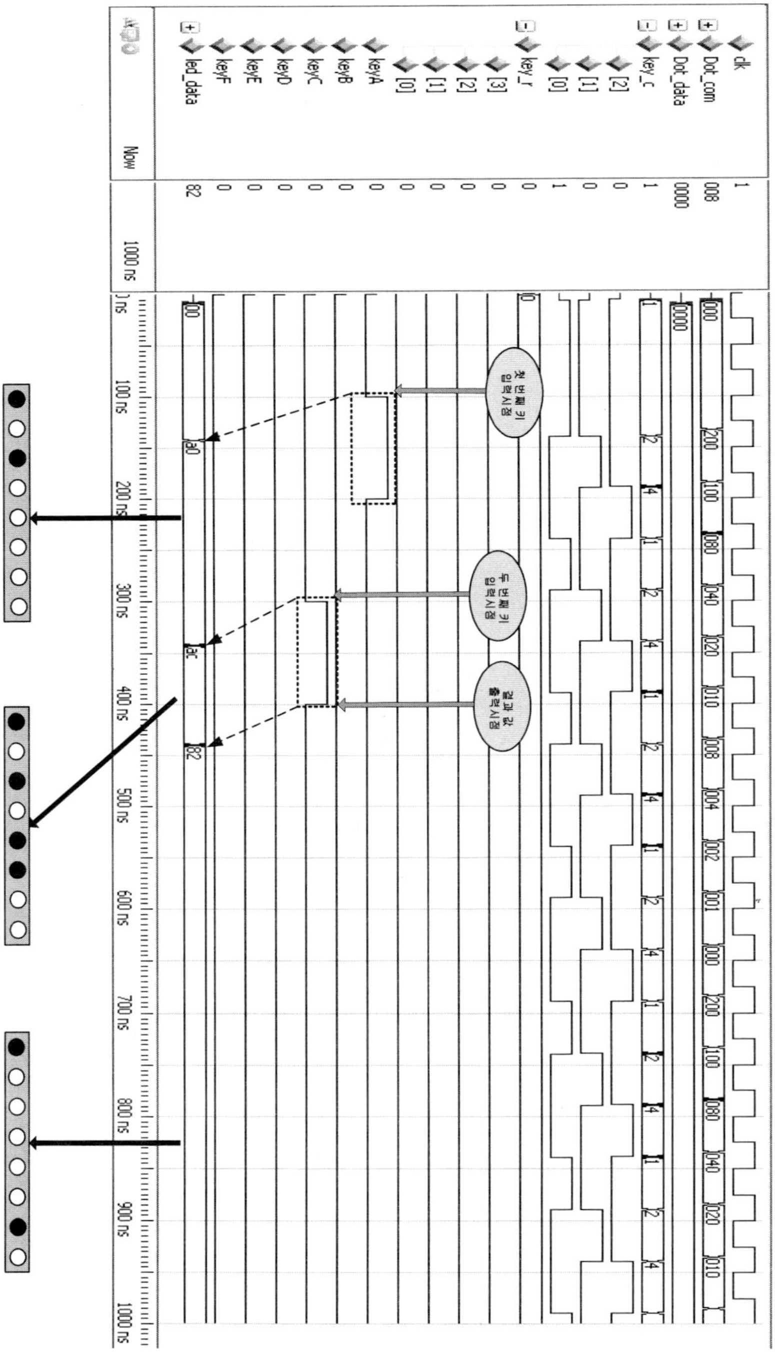

그림 10.5.2 타이밍 시뮬레이션 결과 파형

10.6 HBE-COMBO II 트레이닝 키트에 프로그래밍 하기 위한 핀 할당 정보

표 10.6.1 HBE-COMBO II 트레이닝 키트에 프로그래밍 하기 위한 핀 할당 정보

입력 핀		출력 핀	
핀 이름	핀 번호	핀 이름	핀 번호
key_r[0]	PIN_AD10	led_data[0]	PIN_AC7
key_r[1]	PIN_AC10	led_data[1]	PIN_AD7
key_r[2]	PIN_V10	led_data[2]	PIN_AE6
key_r[3]	PIN_AF9	led_data[3]	PIN_AF6
keya	PIN_Y10	led_data[4]	PIN_W8
keyb	PIN_W10	led_data[5]	PIN_AB8
keyc	PIN_AA9	led_data[6]	PIN_AE7
keyd	PIN_V9	led_data[7]	PIN_AF7
keye	PIN_AE9	key_c[0]	PIN_V11
keyf	PIN_AC9	key_c[1]	PIN_AB10
clk	PIN_N1	key_c[2]	PIN_AA10
		Dot_data[0]	PIN_U3
		Dot_data[1]	PIN_U6
		Dot_data[2]	PIN_U5
		Dot_data[3]	PIN_U9
		Dot_data[4]	PIN_U7
		Dot_data[5]	PIN_T2
		Dot_data[6]	PIN_U10
		Dot_data[7]	PIN_T6
		Dot_data[8]	PIN_T3
		Dot_data[9]	PIN_T8
		Dot_data[10]	PIN_T7
		Dot_data[11]	PIN_T10
Clock Select : 8(10KHz)		Dot_data[12]	PIN_T9
		Dot_data[13]	PIN_R3
		Dot_com[0]	PIN_W4
		Dot_com[1]	PIN_V3
		Dot_com[2]	PIN_V2
		Dot_com[3]	PIN_V5
		Dot_com[4]	PIN_V4
		Dot_com[5]	PIN_V7
		Dot_com[6]	PIN_V6
		Dot_com[7]	PIN_U2
		Dot_com[8]	PIN_U1
		Dot_com[9]	PIN_U4

CHAPTER 11

Verilog HDL을 사용하여 설계한 4비트 2진 뺄셈기(1의 보수 사용)를 HBE-COMBO II 트레이닝 키트의 7-segment로 출력하기

11.1 HBE-COMBO II 트레이닝 키트 상에서의 동작 설명

11.2 HBE-COMBO II 트레이닝 키트의 7-segment에 1의 보수를 사용한 4비트 2진 뺄셈기를 디스플레이 하는 전체블록 개요

11.3 HBE-COMBO II 트레이닝 키트의 7-segment에 1의 보수를 사용한 4비트 2진 뺄셈기를 디스플레이 하는 전체블록의 Verilog HDL 설계하기

11.4 1의 보수를 이용하여 2개의 4비트 2진 코드를 BCD 코드로 변환하고 빼는 블록의 Verilog HDL 설계하기

11.5 타이밍 시뮬레이션 파형에 의한 분석 및 검증

11.6 HBE-COMBO II 트레이닝 키트에 프로그래밍 하기 위한 핀 할당 정보

11.1 HBE-COMBO II 트레이닝 키트 상에서의 동작 설명

이 예제는 그림 11.1.1과 같이 사용자가 HBE-COMBO II 트레이닝 키트 내에 있는 0에서 F까지의 키보드를 사용하여 2개의 4비트 데이터를 연속적으로 넣게 되면, 입력된 2개의 4비트 데이터가 BCD 코드로 변환되고 1의 보수를 사용하여 뺄셈이 되어 입력된 4비트 데이터와 뺄셈된 결과 값이 HBE-COMBO II 트레이닝 키트의 7-segment에 나타나게 된다. 예를 들어 사용자가 8 키와 5 키를 연속적으로 누르게 되면 먼저 HBE-COMBO II 트레이닝 키트에 2개의 4비트 데이터 키 입력에 대한 7-segment가 점등된다. 즉 첫 번째 비트 데이터인 8은 8개의 7-segment중에서 첫 번째 그룹인 A그룹 7-segment에 8의 형태로 점등되고, 두 번째 비트 데이터인 5는 두 번째 그룹인 B그룹 7-segment에 5의 형태로 점등된다. 다음에 2개의 4비트 데이터에 대한 뺄셈된 결과 값인 3이 세 번째 그룹인 C그룹 7-segment에 3의 형태로 점등되며, 부호 비트가 발생하면 부호 비트에 -가 점등된다. 한편, dotmatrix 블록에서는 "Verilog HDL"이라는 문자열이 우에서 좌로 이동하면서 디스플레이 된다.

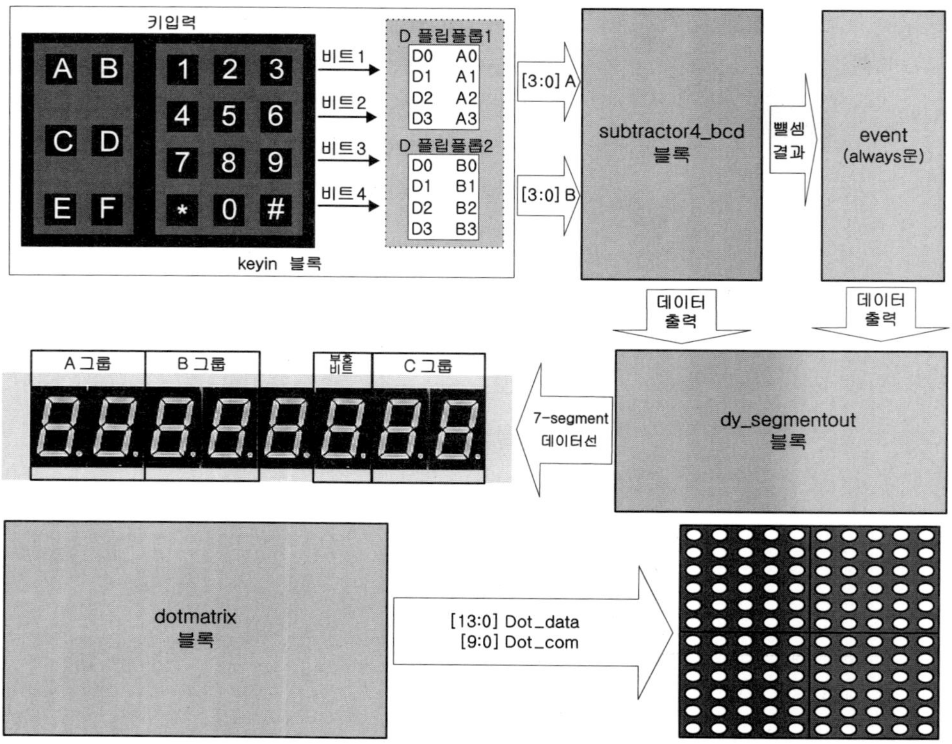

그림 11.1.1 HBE-COMBO II 트레이닝 키트 상에서의 동작 개요

11.2 HBE-COMBO II 트레이닝 키트의 7-segment에 1의 보수를 사용한 4비트 2진 뺄셈기를 디스플레이 하는 전체블록 개요

HBE-COMBO II 트레이닝 키트의 7-segment에 1의 보수를 사용한 4비트 2진 뺄셈기를 디스플레이 하는 kit_4subtractor1_7seg 전체블록은 그림 11.2.1과 같이 크게 keyin 블록, subtractor4_bcd 블록, 7-segment decoder 블록 등으로 구성된다. HBE-CCMBO II 트레이닝 키트의 keypad는 3×4 keypad와 6개의 버튼 스위치로 구성되어 있다. 버튼 스위치는 A 키에서 F 키까지로서 직접 입력이 되도록 구성되어져 있으며, 3×4 keypad는 0에서 9까지의 키들과 *, # 등의 키들로 구성되어있다. 한편, 3×4 keypad는 스캔방식 구조로써 가로라인과 세로라인에서 동시에 제어하여 입력을 받아 사용할 수 있도록 구성되어 있다. 따라서 0에서 9까지의 스위치 입력 값을 받기 위해서는 키 데이터 스캔 블록(keymatrix)이 필요하다. keymatrix 블록에서 스캔한 키 값의 출력은 encoder always문으로 보내진다. 한편, A ~ F까지의 버튼 스위치로 입력되는 데이터는 1비트의 데이터 정보이기 때문에 바로 encoder always문으로 키 값이 보내진다. 따라서 HBE-COMBO II 트레이닝 키트의 keypad로부터 입력되는 데이터는 16비트가 된다. 그러나 subtractor4_bcd 블록에 적용하기에는 데이터의 비트 수가 다르기 때문에 keypad의 데이터 정보를 변환하고, 출력된 데이터를 A그룹 데이터와, B그룹 데이터로 저장하는 D 플립플롭이 필요하다. 이러한 기능들은 keyin 블록에서 수행된다. 한편, keyin 블록에서 출력되는 2개의 4비트 데이터는 subtractor4_bcd 블록에서 BCD 코드로 변환하고 변환된 BCD 코드는 뺄셈되고, 뺄셈된 결과는 HBE- COMBO II 트레이닝 키트의 7-segment에 출력된다. 한편, dotmatirx 블록에서는 "Verilog HDL"이라는 문자가 우에서 좌로 이동하면서 디스플레이 된다.

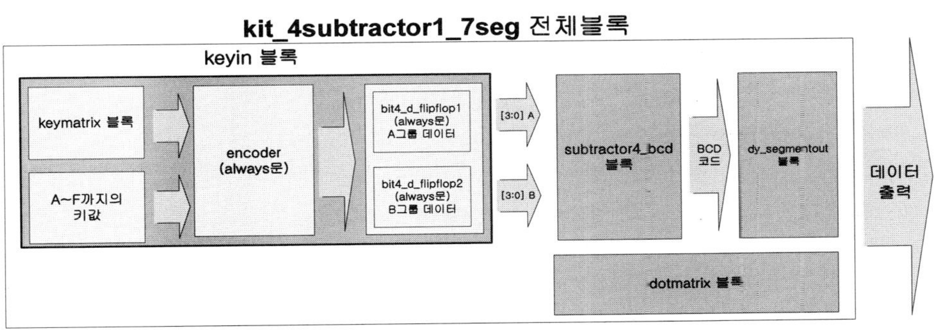

그림 11.2.1 HBE-COMBO II 트레이닝 키트의 7-segment에 1의 보수를 사용한 4비트 2진 뺄셈기를 디스플레이 하는 kit_4subtractor1_7seg 전체블록 개요

11.3 HBE-COMBO II 트레이닝 키트의 7-segment에 1의 보수를 사용한 4비트 2진 뺄셈기를 디스플레이 하는 전체블록의 Verilog HDL 설계하기

11.3.1 모듈 선언 및 입출력 포트 선언(module and input/output port declaration)

그림 11.3.1은 Verilog HDL로 설계하려는 kit_4subtractor1_7seg 전체블록의 모듈 선언 및 입출력 포트 선언을 심볼 형태로 표현한 것이며, 그림 11.3.2는 Verilog HDL로 설계하려는 kit_4subtractor1_7seg 전체블록에 대한 모듈 선언 및 입출력 포트 선언을 나타내고 있다. 한편, module 다음에 오는 kit_4subtractor1_7seg는 이 블록의 모듈명이며 지정어 input과 output 다음에는 입력과 출력 포트들을 나타낸다. 설계하려는 kit_4subtractor1_7seg 전체블록은 지정어 input에 입력 신호를 위한 [3:0] key_r, keyA, keyB, keyC, keyD, keyE, keyF, clk 포트들과 지정어 output에 출력 신호를 위한 [6:0] seg_data, [7:0] sel_dec, [9:0] Dot_com, [13:0] Dot_data, [2:0] key_c 포트들을 기술한다.

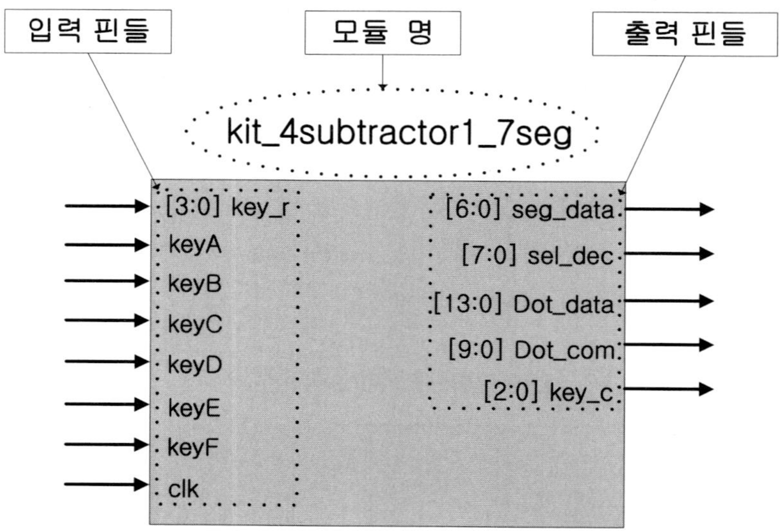

그림 11.3.1 Verilog HDL로 설계하려는 kit_4subtractor1_7seg 전체블록의 모듈 선언 및 입출력 포트 선언을 심볼 형태로 표현한 것

```
module kit_4subtractor1_7seg (clk, key_c, key_r, keyA, keyB, keyC, keyD, keyE, keyF,
                                        seg_data, sel_dec, Dot_com, Dot_data);
    input clk, keyA, keyB, keyC, keyD, keyE, keyF;
    input [3:0] key_r;
    output [2:0] key_c;
    output [7:0] sel_dec;
    output [6:0] seg_data;
    output [9:0] Dot_com;
    output [13:0] Dot_data;

                    ~

endmodule
```

그림 11.3.2 Verilog HDL로 설계하려는 kit_4subtractor_7seg 전체블록의 모듈 선언 및 입출력 포트 선언

11.3.2 논리회로 표현(logic circuit representation)

모듈 선언 및 입출력 포트 선언이 되었으므로 설계 블록의 내부 동작 또는 연결 구조를 기술하는 논리회로 표현을 하여야 한다. 설계하려는 kit_4subtractor1_7seg 전체블록에서 부품간의 연결에 사용되는 신호선 seg10a, seg10b, seg_10s, k_clk, cout1 등과 버스 신호선 [3:0] data_a, [3:0] data_b, [3:0] seg1a, [3:0] seg1b, [3:0] seg_1s 등을 지정어인 wire로 선언한다. 또한 [3:0] seg1s, seg10s, count, cout 등은 always문의 출력으로 사용되므로 지정어인 reg로 선언한다. 선언이 끝나면 하드웨어의 내부동작을 기술해야 하는데 여기서는 앞서 이미 설계한 하위모듈들을 이용하여 이들 상호간을 연결하여 블록을 설계하는 구조적 표현 방법과 always문을 사용하여 kit_4subtractor1_7seg 전체블록을 설계하는 동작적 표현 방법을 혼합하여 사용하기로 한다.

그림 11.3.3은 Verilog HDL로 설계하려는 kit_4subtractor1_7seg 전체블록의 논리회로를 심볼 형태로 표현 한 것이다. 먼저 keyin 하위모듈에 8 키와 5 키가 입력이 되면 이 값을 4비트 2진 코드로 바꿔서 [3:0] dataa와 [3:0] datab에 저장한다. 다음에 keyin 하위모듈에서 넘겨받은 2개의 4비트 2진 코드 [3:0] dataa와 [3:0] datab는 subtractor4_bcd 블록에서 bit4bin2bcd1(태스크)를 통해 BCD 코드로 변환이 되고, 두 값이 뺄셈 된다. 그리고 입력받은 [3:0] dataa, [3:0] datab와 두 값이 뺄셈된 결과와 부호비트를 고두 BCD로 변환하여 출력

한다. 한편, dy_segmentout 하위모듈은 subtractor4_bcd 하위모듈에서 변환된 seg10a, [3:0] seg1a, seg10b, [3:0] bcd1b와 뺄셈 결과인 seg_10s, [3:0] seg_1s를 입력으로 받는다. 입력받은 값들은 HBE-COMBOII 트레이닝 키트의 7-segment에 동적 디스플레이 되는데, 초기동작에서 7-segment는 모두 OFF되어진다. 이때 k1, k2, k3 등은 0으로 초기화 되어 있다. 만약 8 키가 눌리게 되면 A그룹의 7-segment가 [3:0] dataa의 변환된 BCD 코드를 출력하고 k1은 1, 5 키가 눌리면 B그룹의 7-segment가 [3:0] datab의 변환된 BCD 코드를 출력하고 k2가 1로 된다. 다음에 5 키가 눌렸다 떨어지게 되면 C그룹의 7-segment가 두 입력 값을 뺄셈해서 BCD 코드로 변환한 값을 출력하고 k3가 1로 된다. 한편 kit_4subtractor1_7seg 전체블록에서 두 번째 키가 눌렸다 떨어지는 시점은 count 신호가 1이고 k_clk1 신호가 하강에지 신호 일때 이며, 이때 event always문에서는 cout1 → cout, [3:0] seg_1s → [3:0] seg1s, seg_10s → seg10s로 출력한다. A, B, C 그룹의 7-segment중 10의 자리 7-segment는 값이 0일 경우 OFF 된다. 2번 이상의 키 입력이 들어오면 A, B, C 그룹의 7-segment는 계속해서 ON 된다. 한편, Dotmatirx 블록에서는 "Verilog HDL"이라는 문자가 우에서 좌로 이동하면서 디스플레이 된다. 그림 11.3.4는 Verilog HDL로 설계하려는 kit_4subtractor1_7seg 전체블록의 논리회로 표현을 나타내고 있다. 한편, keyin 하위모듈은 5장에서 설계한 Verilog HDL 코드를, dy_segmentout 하위모듈은 8장에서 설계한 Verilog HDL 코드를, dotmatrix 하위모듈은 4장에서 설계한 Verilog HDL 코드를 사용한다.

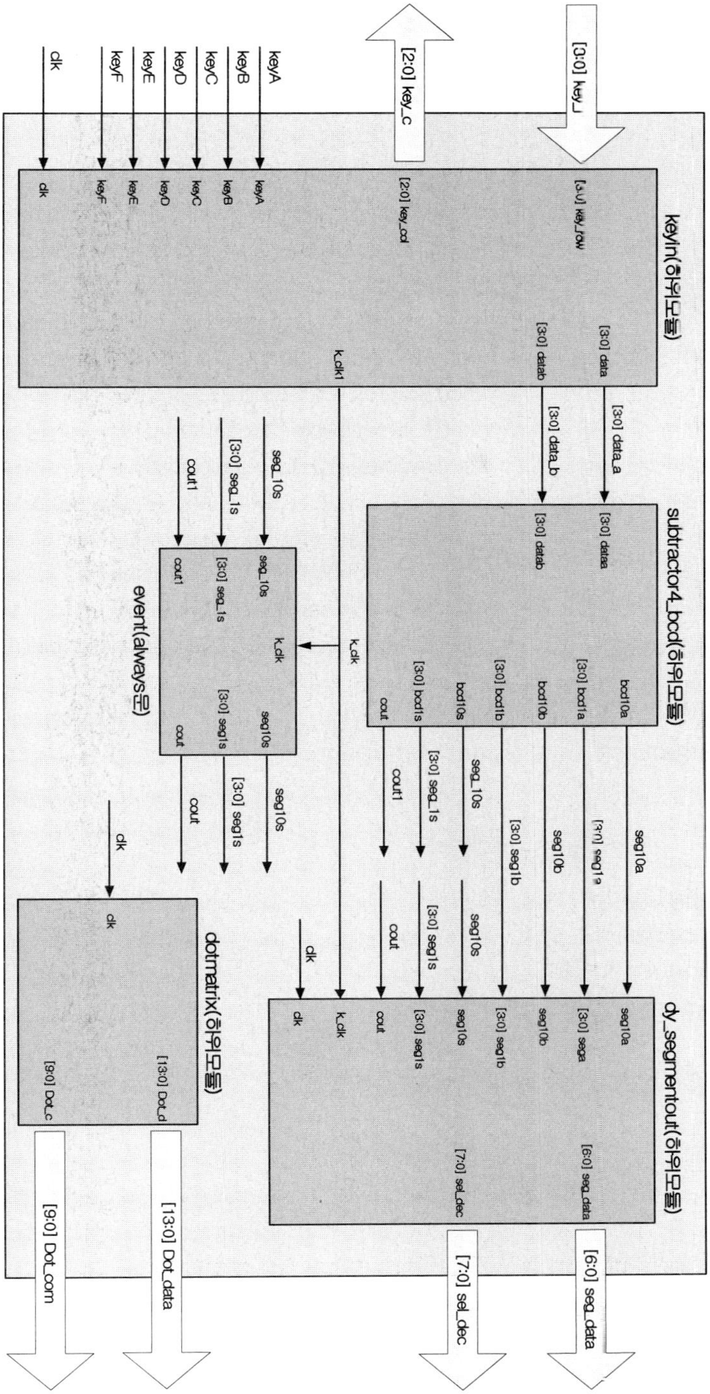

그림 11.3.3 Verilog HDL로 설계하려는 kit_4subtractor1_7seg 전체블록의 논리회로를 심볼 형태로 표현한 것

```
wire [3:0] data_a, data_b, seg1a, seg1b, seg_1s;
wire seg10a, seg10b, seg_10s, k_clk, cout1;
reg [3:0] seg1s;
reg seg10s, count, cout;

  dotmatrix dotmatrix_display (.clk(clk), .Dot_c(Dot_com), .Dot_d(Dot_data));
  keyin key_input (.key_col(key_c), .key_row(key_r), .clk(clk), .keyA(keyA),
                   .keyB(keyB), .keyC(keyC), .keyD(keyD), .keyE(keyE),
                   .keyF(keyF), .k_clk1(k_clk), .dataa(data_a), .datab(data_b));
  subtractor4_bcd bcd_trans (.dataa(data_a), .datab(data_b), .bcd1a(seg1a),
                             .bcd10a(seg10a), .bcd1b(seg1b),
                             .bcd10b(seg10b), .bcd1s(seg_1s),
                             .bcd10s(seg_10s), .cout(cout1));
  dy_segmentout dynamic_display (.clk(clk), .k_clk(k_clk), .seg1a(seg1a),
                                 .seg10a(seg10a), .seg1b(seg1b),
                                 .seg10b(seg10b), .seg1s(seg1s),
                                 .seg10s(seg10s), .cout(cout),
                                 .sel_dec(sel_dec), .seg_data(seg_data));

  always @ (negedge k_clk)                                // event
    if (count == 0)   count <= count + 1;
    else
    begin
      cout    <= cout1;
      seg1s   <= seg_1s;
      seg10s  <= seg_10s;
      count   <= 0;
    end
```

그림 11.3.4 Verilog HDL로 설계하려는 kit_4subtractor1_7seg 전체블록의 논리회로 표현

11.4 1의 보수를 이용하여 2개의 4비트 2진 코드를 BCD 코드로 변환하고 빼는 블록의 Verilog HDL 설계하기

11.4.1 모듈 선언 및 입출력 포트 선언(module and input/output port declaration)

그림 11.4.1은 Verilog HDL로 설계하려는 subtractor4_bcd 블록의 모듈 선언 및 입출력 포트 선언을 심볼 형태로 표현한 것이며, 그림 11.4.2는 Verilog HDL로 설계하려는 subtractor4_bcd 블록의 모듈 선언 및 입출력 포트 선언을 나타내고 있다. 한편, module 다음에 오는 subtractor4_bcd는 이 블록의 모듈명이며 지정어 input과 output 다음에는 입출력 포트들을 나타낸다. 설계하려는 subtractor4_bcd 블록은 지정어 input에 입력 신호를 위한 [3:0] dataa, [3:0] datab 포트들과 지정어 output에 출력 신호를 위한 [3:0] bcd1a, bcd10a, [3:0] bcd1b, bcd10b, [3:0] bcd1s, bcd10s, cout 포트들을 기술한다.

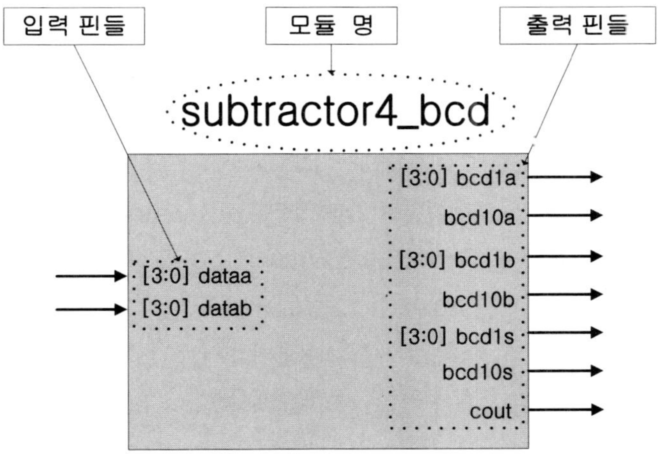

그림 11.4.1 Verilog HDL로 설계하려는 subtractor4_bcd 블록의 모듈 선언 및 입출력 포트 선언을 심볼 형태로 표현한 것

```
module subtractor4_bcd(dataa, datab, bcd1a, bcd1b, bcd1s, bcd10a, bcd10b, bcd10s, cout);
   input [3:0] dataa, datab;
   output [3:0] bcd1a, bcd1b, bcd1s;
   output bcd10a, bcd10b, bcd10s, cout;

                    ~

endmodule
```

그림 11.4.2 Verilog HDL로 설계하려는 subtractor4_bcd 블록의 모듈 선언 및 입출력 포트 선언

11.4.2 논리회로 표현(logic circuit representation)

모듈 선언 및 입출력 포트 선언이 되었으므로 설계 블록의 내부 동작 또는 연결 구조를 기술하는 논리회로 표현을 하여야 한다. 설계하려는 subtractor4_bcd 블록에서 [4:0] sub, [4:0] dataa_buf, [4:0] datab_buf, [3:0] bcd1a, [3:0] bcd1b, [3:0] bcd1s, bcd10a, bcd10b, bcd10s, cout 등은 always문의 출력으로 사용되므로 지정어인 reg로 선언한다. 선언이 끝나면 하드웨어의 내부동작을 기술해야 하는데 여기서는 태스크와 always문을 사용하여 subtractor4_bcd 블록을 설계하는 동작적 표현 방법을 사용하기로 한다.

그림 11.4.3은 Verilog HDL로 설계하려는 subtractor4_bcd 블록의 논리회로를 심볼 형태로 표현 한 것이다. 먼저 입력된 4비트 2진 코드를 bcd1a, bcd10a, bcd1b, bcd10b로 분리하여 BCD 코드로 변환하기 위해 bit4bin2bcd1의 태스크를 이용하였다. bit4bin2bcd1의 부프로그램은 입력된 4비트 2진 코드를 BCD 코드로 변환하는 역할을 수행한다. 만약 입력된 값이 10을 넘는다면 1의 자리 수(s)는 입력 값에 +6을 하여 반환하고, 캐리(c)는 1로 반환한다. 그렇지 않으면 입력 값을 1의 자리 수(s)로 반환하고, 캐리(c)는 0을 반환한다. [3:0] bcd1a는 BCD 코드로 변환된 A데이터의 1의 자리, bcd10a는 BCD 코드로 변환된 A데이터의 10의 자리, [3:0] bcd1b는 BCD 코드로 변환된 B데이터의 1의 자리, bcd10b는 BCD 코드로 변환된 B데이터의 10의 자리를 의미한다. 한편 변환된 데이터는 dy_segmentout 블록으로 입력된다. 다음에 1의 보수에 의한 뺄셈을 하여야 하므로 [4:0] sub의 변수에 [4:0] dataa_buf과 1의 보수 시킨 [4:0] datab_buf의 값을 더한다. 한편, 같은 수를 뺄셈하는 경우에 부호비트가 점등되는 경우가 발생하므로 이를 방지하기 위하여 부호비트를 점등하는 부분을 추가한다. 4개의 Exclusive-NOR은 두 입력의 크기를 비교해서 값이 같은 지를 아닌지를 판단하는 것이다. 만약에 같은 값이 들어오게 된다면 4입력 and 게이트의 출력이 1이 나

오게 되고, 이때 두 입력의 값이 같기 때문에 자기 자신과 자기 자신의 보수와의 캐리 값인 sub[4]은 0이 나오게 된다. 따라서 1과 0의 Exclusive-NOR 출력인 cout은 0이 되어 - 부호가 7-segment에 디스플레이 되지 않는다. 다음에 sub[4]의 값이 1인 경우에는 sub[3:0]의 1의 보수 결과 값에 1을 더하여 bit4bin2bcd1의 부프로그램에 의해 BCD 코드로 변환되어 dy_segmentout 블록으로 입력되어진다. 한편, sub[4]의 값이 0인 경우에는 sub[3:0]의 값을 다시 1의 보수화하여 bit4bin2bcd1의 부프로그램에 의해 BCD 코드로 변환되어 dy_segmentout 블록으로 입력되어진다. 그림 11.4.4는 Verilog HDL로 설계하려는 subtractor4_bcd 블록의 논리회로 표현을 나타내고 있다.

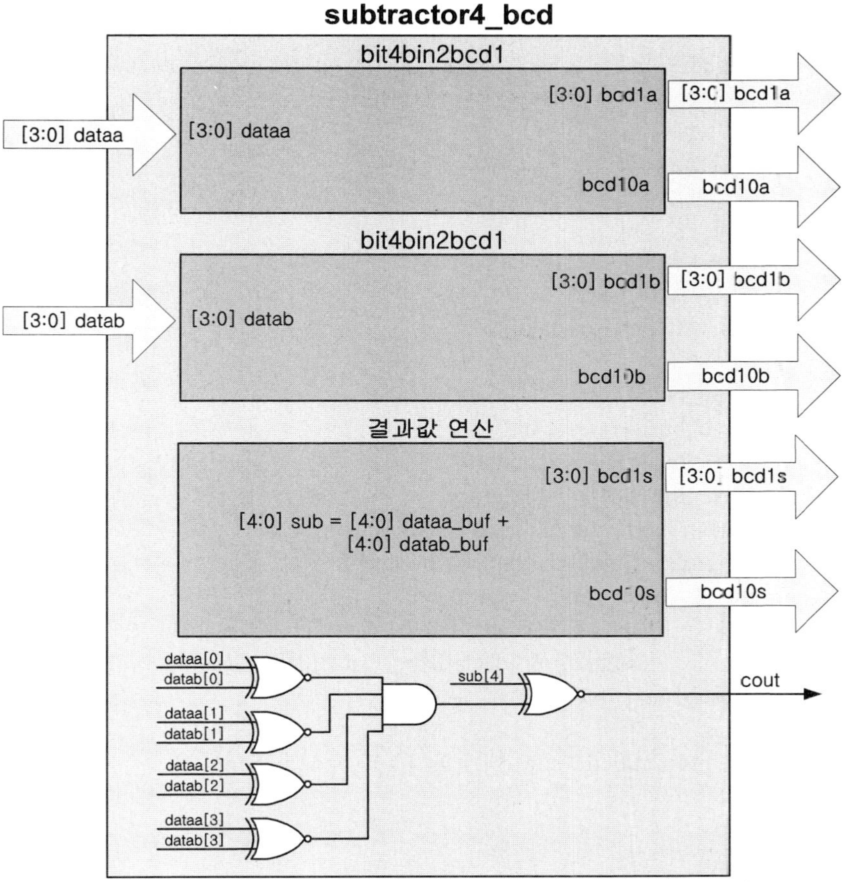

그림 11.4.3 Verilog HDL로 설계하려는 subtractor4_bcd 블록의 논리회로를 심볼 형태로 표현한 것

```
reg [4:0] sub, dataa_buf, datab_buf;
reg [3:0] bcd1a, bcd1b, bcd1s;
reg bcd10a, bcd10b, bcd10s, cout;

   task bit4bin2bcd1;
      input [3:0] a;
      output [3:0] s;
      output c;
      reg [3:0] a;
      reg c;
      begin
         if (a >= 10)
         begin
            s <= a+6;    c <= 1;
         end
         else
         begin
            s <= a;      c <= 0;
         end
      end
   endtask

   always @(dataa or datab)
   begin
      dataa_buf[4] <= 1'b0;
      datab_buf[4] <= 1'b0;
      dataa_buf[3:0] <= dataa;
      datab_buf[3:0] <= ~datab;
      bit4bin2bcd1(dataa, bcd1a, bcd10a);
      bit4bin2bcd1(datab, bcd1b, bcd10b);
      sub <= dataa_buf + datab_buf;
      cout <= ((dataa[0] ~^ datab[0]) & (dataa[1] ~^ datab[1]) & (dataa[2] ~^
               datab[2]) & (dataa[3] ~^ datab[3])) ~^sub[4];
      if (sub[4] == 1'b1)
      begin
         bit4bin2bcd1(sub[3:0] + 1'b1, bcd1s, bcd10s);
      end
      else
      begin
         bit4bin2bcd1(~sub[3:0], bcd1s, bcd10s);
      end
   end
```

그림 11.4.4 Verilog HDL로 설계하려는 subtractor4_bcd 블록의 논리회로 몸체 표현

11.5 타이밍 시뮬레이션 파형에 의한 분석 및 검증

그림 11.5.1은 ModelSim-Altera Edition 6.5e를 이용하여 타이밍 시뮬레이션 과정을 수행하기 위한 Test Bench 파일이며, 그림 11.5.2는 타이밍 시뮬레이션 결과 파형을 나타내고 있다. 그림 11.5.2의 타이밍 시뮬레이션 결과 파형을 분석해 보면 다음과 같다. 먼저 첫 번째 5 키를 누르면 key_c[1]과 key_r[1]이 High가 되는 순간에 출력 값(seg_data)이 1101101이 되어 A그룹 7-segment에 5를 표시하게 되며 sel_dec는 11111101이 된다. 두 번째 B 키를 누르면 keyB가 High가 되는 순간에 출력 값(seg_data)이 0000110이 되어 B그룹 7-segment의 10의 자리에 1, sel_dec는 11111011, 출력 값(seg_data)이 0000110이 되어 B그룹 7-segment의 1의 자리에 1, sel_dec는 11110111이 된다. 한편, 뺄셈된 결과 값인 -6은 두 번째 키 입력이 눌렸다 떼어지는 순간(Low → High)에 출력 값(seg_data)이 1111101이 되어 C그룹 7-segment의 1의 자리에 6, sel_dec는 01111111이 된다. 뺄셈된 결과 값이 음수이므로 - 부호를 표시하기 위하여 출력 값(seg_data)이 0000001이 되고 sel_dec는 11011111이 된다. 여기서 첫 번째로 눌린 키 값이 5 키라는 것은 [3:0] key_r 값을 입력파형으로 0010로 설정하였고 출력 값인 [2:0] key_c가 010 값이 출력되었으므로 표 4.5.1에서 나타난 바와 같이 5 키가 눌린 것으로 인식되어진다.

```
`timescale 1ns / 1ns
module tb_kit_4subtractor1_1seg;
   reg clk;
   reg [3:0] key_r;
   reg keyA;
   reg keyB;
   reg keyC;
   reg keyD;
   reg keyE;
   reg keyF;
   wire [2:0] key_c;
   wire [6:0] seg_data;
   wire [7:0] sel_dec;
   wire [9:0] Dot_com;
   wire [13:0] Dot_data;
   parameter sec = 25;
      kit_4subtractor1_7seg uut (.clk(clk), .key_c(key_c), .key_r(key_r), .keyA(keyA),
                                 .keyB(keyB), .keyC(keyC), .keyD(keyD), .keyE(keyE),
                                 .keyF(keyF), .seg_data(seg_data), .sel_dec(sel_dec),
                                 .Dot_com(Dot_com), .Dot_data(Dot_data));
      always #(sec) clk = ~clk;
      initial begin
         clk = 0;  key_r = 0;  keyA = 0;  keyB = 0;  keyC = 0;  keyD = 0;  keyE = 0;
         keyF = 0;  #0;
         key_r = 0; #100;
         key_r = 2; #100;
         key_r = 0; #100;
         keyB = 1; #100;
         keyB = 0; #600;    $stop;
      end
endmodule
```

그림 11.5.1 kit_4subtractor1_7seg 전체블록을 ModelSim-Altera Edition 6.5e를 이용하여 타이밍 시뮬레이션 하기 위한 Test Bench 파일

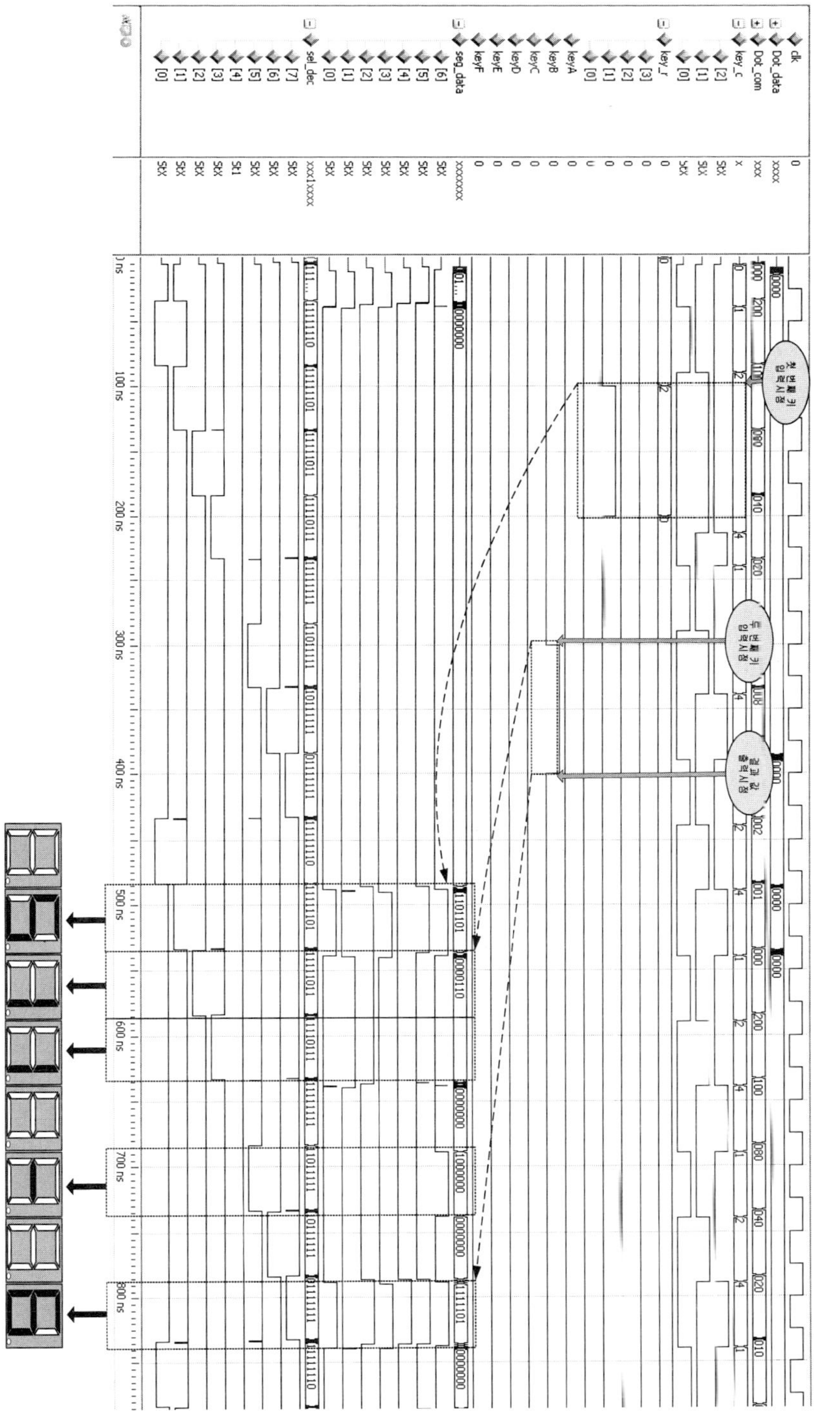

그림 11.5.2 타이밍 시뮬레이션 결과 파형

11.6 HBE-COMBO II 트레이닝 키트에 프로그래밍 하기 위한 핀 할당 정보

표 11.6.1 HBE-COMBO II 트레이닝 키트에 프로그래밍 하기 위한 핀 할당 정보

입력 핀		출력 핀	
핀 이름	핀 번호	핀 이름	핀 번호
key_r[0]	PIN_AD10	seg_data[0]	PIN_AF5
key_r[1]	PIN_AC10	seg_data[1]	PIN_AE5
key_r[2]	PIN_V10	seg_data[2]	PIN_AD6
key_r[3]	PIN_AF9	seg_data[3]	PIN_AC6
keya	PIN_Y10	seg_data[4]	PIN_AA2
keyb	PIN_W10	seg_data[5]	PIN_AA1
keyc	PIN_AA9	seg_data[6]	PIN_AA6
keyd	PIN_V9	sel_dec[0]	PIN_Y1
keye	PIN_AE9	sel_dec[1]	PIN_Y4
keyf	PIN_AC9	sel_dec[2]	PIN_Y3
clk	PIN_N1	sel_dec[3]	PIN_W1
		sel_dec[4]	PIN_Y5
		sel_dec[5]	PIN_W3
		sel_dec[6]	PIN_W2
		sel_dec[7]	PIN_V1
		key_c[0]	PIN_V11
		key_c[1]	PIN_AB10
		key_c[2]	PIN_AA10
		Dot_data[0]	PIN_U3
		Dot_data[1]	PIN_U6
		Dot_data[2]	PIN_U5
		Dot_data[3]	PIN_U9
		Dot_data[4]	PIN_U7
		Dot_data[5]	PIN_T2
		Dot_data[6]	PIN_U10
		Dot_data[7]	PIN_T6
		Dot_data[8]	PIN_T3
		Dot_data[9]	PIN_T8
		Dot_data[10]	PIN_T7
		Dot_data[11]	PIN_T10
		Dot_data[12]	PIN_T9
		Dot_data[13]	PIN_R3
Clock Select : 8(10KHz)		Dot_com[0]	PIN_W4
		Dot_com[1]	PIN_V3
		Dot_com[2]	PIN_V2
		Dot_com[3]	PIN_V5
		Dot_com[4]	PIN_V4
		Dot_com[5]	PIN_V7
		Dot_com[6]	PIN_V6
		Dot_com[7]	PIN_U2
		Dot_com[8]	PIN_U1
		Dot_com[9]	PIN_U4

CHAPTER 12

Verilog HDL을 사용하여 설계한 4비트 2진 뺄셈기(1의 보수 사용)를 HBE-COMBO II 트레이닝 키트의 vfd로 출력하기

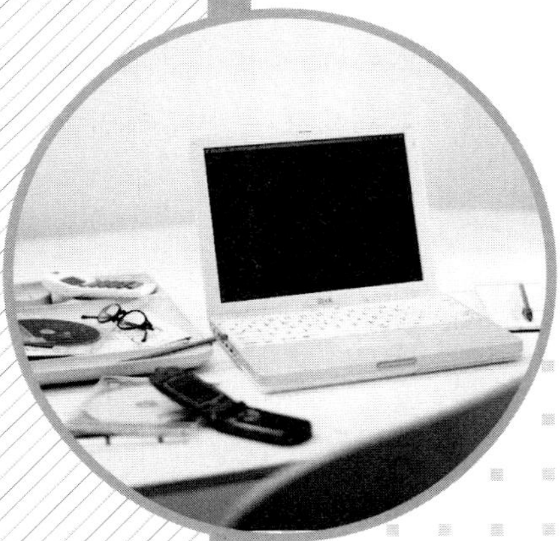

12.1 HBE-COMBOⅡ 트레이닝 키트의 vfd에 문자와 1의 보수를 사용한 4비트 2진 뺄셈기를 디스플레이 하는 전체블록의 개요 및 동작 설명

12.2 HBE-COMBOⅡ 트레이닝 키트의 vfd에 문자와 1의 보수를 사용한 4비트 2진 뺄셈기를 디스플레이 하는 전체블록의 Verilog HDL 설계하기

12.3 타이밍 시뮬레이션 파형에 의한 분석 및 검증

12.4 HBE-COMBOⅡ 트레이닝 키트에 프로그래밍 하기 위한 핀 할당 정보

12.1 HBE-COMBO II 트레이닝 키트의 vfd에 문자와 1의 보수를 사용한 4비트 2진 뺄셈기를 디스플레이 하는 전체블록의 개요 및 동작 설명

그림 12.1.1은 HBE-COMBO II 트레이닝 키트의 vfd에 문자와 1의 보수를 사용한 4비트 2진 뺄셈기를 디스플레이 하는 전체 블록도이다. 전체블록은 HBE-COMBO II 트레이닝 키트의 keypad로부터 2개의 데이터를 입력받아 2진 코드로 출력하는 keyin 블록, keyin 블록에서 넘어온 데이터를 BCD 코드로 변환해서 출력하고 두 값을 뺄셈한 결과를 BCD 코드로 출력하는 subtractor4_bcd 블록, subtractor4_bcd 블록에서 넘어온 데이터를 vfd에 내보내는 vdf_display 블록으로 구성된다. 한편, dotmatrix 블록에서는 "Verilog HDL"이라는 문자가 우에서 좌로 이동하면서 디스플레이 된다. 그림 12.1.2는 실제적으로 vfd에 출력될 데이터와 데이터가 출력될 칸 정보이다. 첫 번째 라인은 문자 데이터가 출력되고 두 번째 라인은 입력 값, 문자 정보, 출력 값이 함께 출력된다.

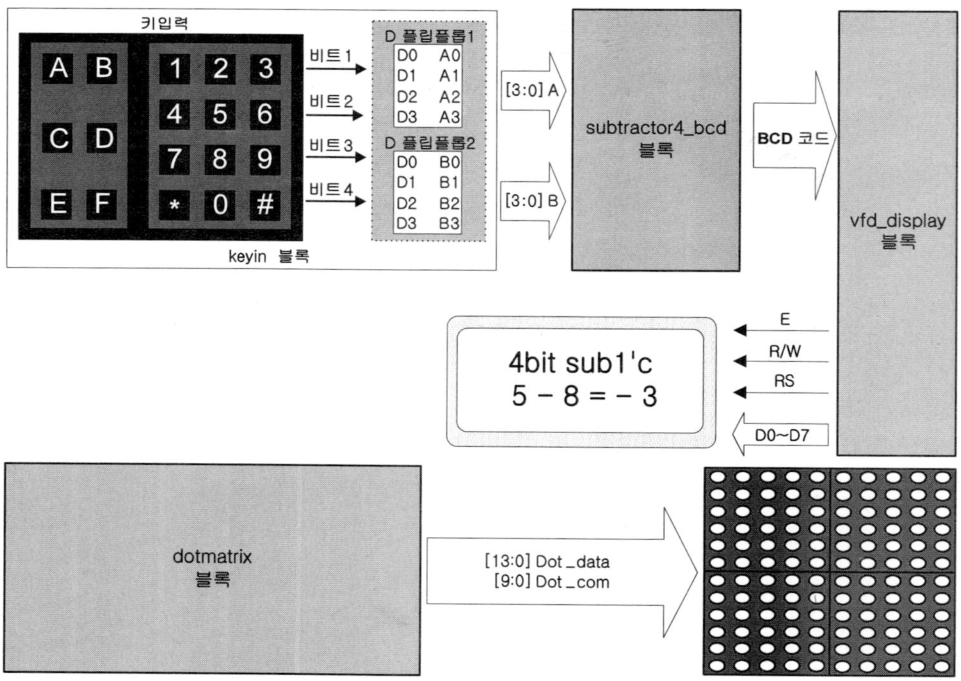

그림 12.1.1 HBE-COMBO II 트레이닝 키트의 vfd에 문자와 1의 보수를 사용한 4비트 2진 뺄셈기를 디스플레이 하는 전체블록도

			4	b	i	t		s	u	b	1	'	c		
		a10	a1		–		b10	b1		=	–	s10	s1		

그림 12.1.2 vfd에 실제적으로 출력될 문자와 칸 정보

12.2 HBE-COMBO II 트레이닝 키트의 vfd에 문자와 1의 보수를 사용한 4비트 2진 뺄셈기를 디스플레이 하는 전체블록의 Verilog HDL 설계하기

12.2.1 모듈 선언 및 입출력 포트 선언(module and input/output port declaration)

그림 12.2.1은 Verilog HDL로 설계하려는 kit_4subtractor1_vfd 전체블록의 모듈 선언 및 입출력 포트 선언을 심볼 형태로 표현한 것이며, 그림 12.2.2는 Verilog HDL로 설계하려는 kit_4subtractor1_vfd 전체블록의 모듈 선언 및 입출력 포트 선언을 나타내고 있다. 한편, module 다음에 오는 kit_4subtractor1_vfd는 이 블록의 모듈명이며 지정어 input과 output 다음에는 입력과 출력 포트들을 나타낸다. 설계하려는 kit_4subtractor1_vfd 전체 블록은 지정어 port 괄호 안에 입력 신호를 위한 clk, keyA, keyB, keyC, keyD, keyE, keyF, [3:0] key_r 포트들과 지정어 output에 출력 신호를 위한 [9:0] Dot_com, [13:0] Dot_data, rs, rw, e, [7:0] vfd_data, [2:0] key_c 포트들을 기술한다.

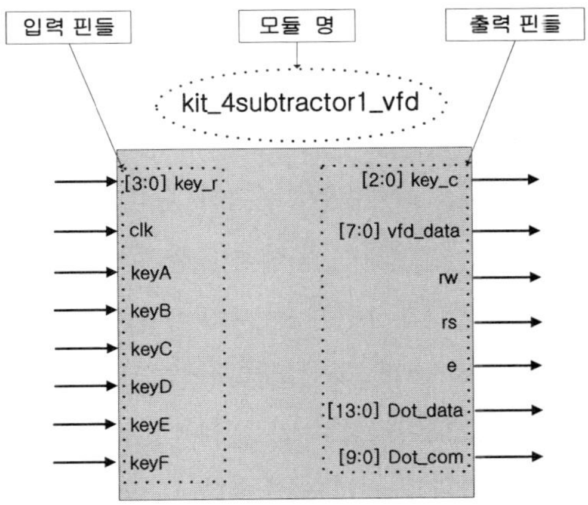

그림 12.2.1 Verilog HDL로 설계하려는 kit_4subtractor1_vfd 전체블록의 모듈 선언 및 입출력 포트 선언을 심볼 형태로 표현한 것

```
module kit_4subtractor1_vfd (clk, keyA, keyB, keyC, keyD, keyE, keyF, key_c, key_r,
                             Dot_com, Dot_data, rs, rw, e, vfd_data);
   input clk, keyA, keyB, keyC, keyD, keyE, keyF;
   input [3:0] key_r;
   output [2:0] key_c;
   output [9:0] Dot_com;
   output [13:0] Dot_data;
   output [7:0] vfd_data;
   output rs, rw, e;

              ~

endmodule
```

그림 12.2.2 Verilog HDL로 설계하려는 kit_4subtractor1_vfd 전체블록의 모듈 선언 및 입출력 포트 선언

12.2.2 논리회로 표현(logic circuit representation)

모듈 선언 및 입출력 포트 선언이 되었으므로 설계 블록의 내부 동작 또는 연결 구조를 기술하는 논리회로 표현을 하여야 한다. 설계하려는 kit_4subtractor1_vfd 전체블록에서 부품간의 연결에 사용되는 신호선 bcd10a, bcd10b, bcd10s, cout1, k_clk 등과 버스 신호선 [3:0] dataa, [3:0] datab, [3:0] bcd1a, [3:0] bcd1b, [3:0] bcd1s 등을 지정어인 wire로 선언한다. 또한 [3:0] bcd1s_out, bcd10s_out, cout2, count 등은 always문의 출력으로 사용되므로 지정어인 reg로 선언한다. 다음에 설계하려는 kit_4subtractor1_vfd 전체블록에서 사용될 dotmatrix, subtractor4_bcd, keyin, vfd_display 하위모듈들을 선언한다. 선언이 끝나면 하드웨어의 내부동작을 기술해야 하는데 여기서는 앞서 이미 설계한 하위모듈들을 이용하여 이들 상호간을 연결하여 블록을 설계하는 구조적 표현 방법과 always문을 사용하여 kit_4subtractor1_vfd 전체블록을 설계하는 동작적 표현 방법을 혼합하여 사용하기로 한다.

그림 12.2.3은 Verilog HDL로 설계하려는 kit_4subtractor1_vfd 전체블록의 논리회로를 심볼 형태로 표현 한 것이다. 먼저 keyin 하위모듈에서는 HBE-COMBO II 트레이닝 키트의 keypad로부터 입력되는 16비트 데이터를 4비트 데이터 형태로 변환하고, 키 입력에 의해서 발생하는 k_clk1 신호를 클록과 동기하여 출력한다. 한편, keyin 하위모듈에서 출력되어지는 4비트의 [3:0] dataa과 [3:0] datab은 subtractor4_bcd 하위모듈의 입력이 되어져서

16진수의 데이터를 BCD로 변환한 다음에 뺄셈되어진다. subtractor4_bcd 하위모듈에서 출력되어지는 결과 값인 cout1, [3:0] bcd1s, bcd10s는 event always문으로 입력된다. event always문에서는 두 번째 키가 눌렸다 떼어지는 순간에 [3:0] bcd1s → [3:0] bcd1s_out, bcd10s → bcd10s_out, cout1 → cout2로 출력하게 된다. 두 번째 키가 떼어지는 순간은 event always문의 count의 값이 '1'일 때이다. 한편, vfd_display 하위모듈에서는 [3:0] bcd1a, [3:0] bcd1b, bcd10a, bcd10b, [3:0] bcd1s_out, bcd10s_out, cout2등의 입력을 ascii 값으로 변환한 후에 vfd에 디스플레이 한다. 한편, dotmatrix 하위모듈에서는 "Verilog HDL"이라는 문자열이 우에서 좌로 이동하면서 디스플레이 된다. 그림 12.2.4는 Verilog HDL로 설계하려는 kit_4subtractor1_vfd 전체블록의 논리회로 표현을 나타내고 있다. 한편, keyin 하위모듈은 5장에서 설계한 Verilog HDL 코드를, subtractor4_bcd 하위모듈은 11장에서 설계한 Verilog HDL 코드를, vfd_display 하위모듈은 9장에서 설계한 Verilog HDL 코드를 dotmatrix 하위모듈은 4장에서 설계한 Verilog HDL 코드를 사용한다.

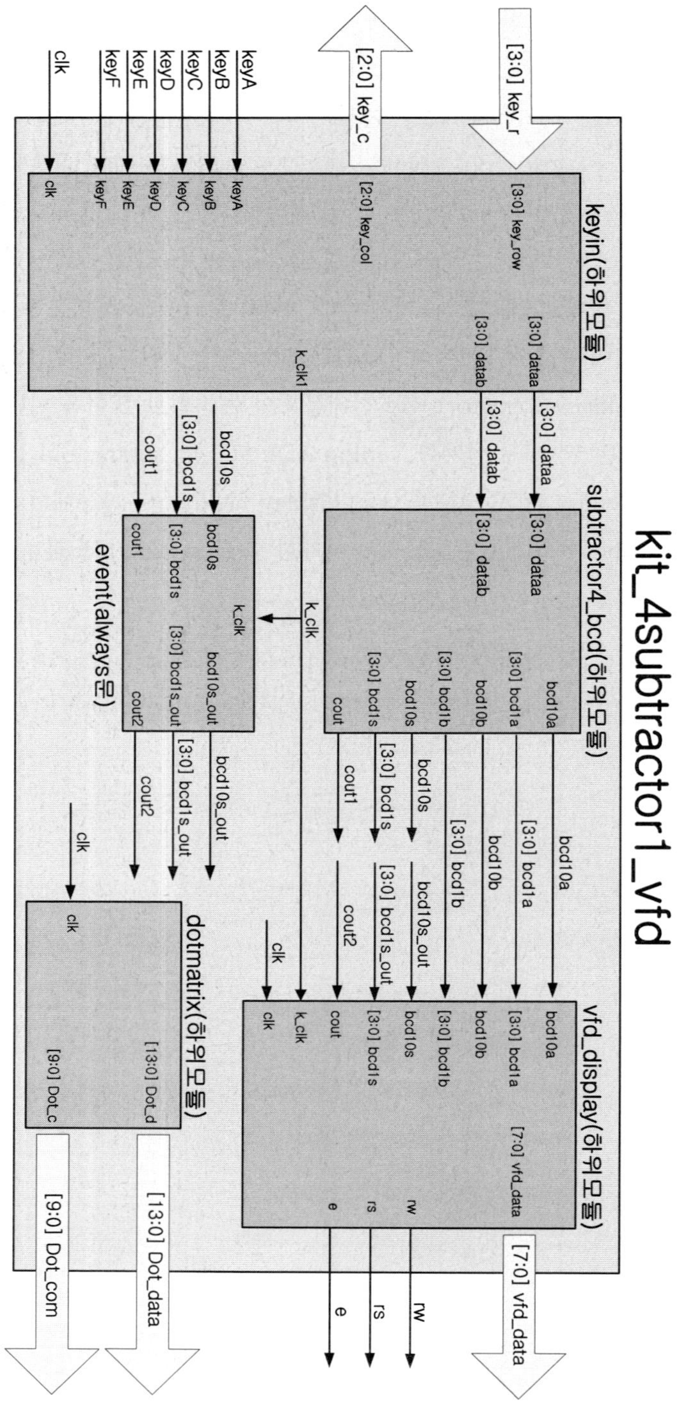

그림 12.2.3 Verilog HDL로 설계하려는 kit_4subtractor1_vfd 전체블록의 논리회로를 심볼 형태로 표현한 것

```
wire [3:0] dataa, datab, bcd1a, bcd1b, bcd1s;
wire bcd10a, bcd10b, bcd10s, cout1, k_clk;
reg [3:0] bcd1s_out;
reg bcd10s_out, cout2, count;

  dotmatrix dotmatrix_display (.clk(clk), .Dot_c(Dot_com), .Dot_d(Dot_data));
  keyin key_input (.key_col(key_c), .key_row(key_r), .clk(clk), .keyA(keyA),
                   .keyB(keyB), .keyC(keyC), .keyD(keyD), .keyE(keyE), .keyF(keyF),
                   .k_clk1(k_clk), .dataa(dataa), .datab(datab));
  subtractor4_bcd bcd_trans (.dataa(dataa), .datab(datab), .bcd1a(bcd1a),
                             .bcd10a(bcd10a), .bcd1b(bcd1b), .bcd10b(bcd10b),
                             .bcd1s(bcd1s), .bcd10s(bcd10s), .cout(cout1));
  vfd_display vfd_control (.clk(clk), .k_clk(k_clk), .bcd1a(bcd1a), .bcd10a(bcd10a),
                           .bcd1b(bcd1b), .bcd10b(bcd10b), .bcd1s(bcd1s_out),
                           .bcd10s(bcd10s_out), .cout(cout2), .rs(rs), .rw(rw), .e(e),
                           .vfd_data(vfd_data));

  always @ (negedge k_clk)
  begin
     if (count == 0)    count <= count + 1;
     else
     begin
        bcd1s_out <= bcd1s;
        bcd10s_out <= bcd10s;
        cout2 <= cout1;
        count <= 0;
     end
  end
```

그림 12.2.4 Verilog HDL로 설계하려는 kit_4subtractor1_vfd 전체블록의 논리회로 표현

12.3 타이밍 시뮬레이션 파형에 의한 분석 및 검증

그림 12.3.1은 ModelSim-Altera Edition 6.5e를 이용하여 타이밍 시뮬레이션 과정을 수행하기 위한 Test Bench 파일이며, 그림 12.3.2, 그림 12.3.3에 타이밍 시뮬레이션을 수행한 결과 파형을 나타내고 있다. 그림 12.3.2는 vfd의 초기 설정인 Function Set, Display On/Off, line1, 첫 번째 칸에 표시될 데이터인 공백(20)이 출력되는 것을 보이고 있다.

```
`timescale 1ns / 1ns
module tb_kit_4subtractor1_vfd;
   reg clk;
   reg keyA;
   reg keyB;
   reg keyC;
   reg keyD;
   reg keyE;
   reg keyF;
   reg [3:0] key_r;
   wire [2:0] key_c;
   wire [9:0] Dot_com;
   wire [13:0] Dot_data;
   wire rs;
   wire rw;
   wire e;
   wire [7:0] vfd_data;
   parameter sec = 25;

     kit_4subtractor1_vfd uut (.clk(clk), .keyA(keyA), .keyB(keyB), .keyC(keyC),
                               .keyD(keyD), .keyE(keyE), .keyF(keyF), .key_c(key_c),
                               .key_r(key_r), .Dot_com(Dot_com), .Dot_data(Dot_data),
                               .rs(rs), .rw(rw), .e(e), .vfd_data(vfd_data));
     always #(sec) clk = ~clk;
     initial begin
        clk = 0;   key_r = 0;   keyA = 0;   keyB = 0;   keyC = 0;   keyD = 0;
        keyE = 0;
        keyF = 0;  #0;
        key_r = 0; #2500;
        key_r = 2; #100;
        key_r = 0; #100;
        keyA = 1; #100;
        keyA = 0; #2500;   $stop;
     end
endmodule
```

그림 12.3.1 kit_4subtractor1_vfd 전체블록을 ModelSim-Altera Edition 6.5e를 사용하여 타이밍 시뮬레이션 하기 위한 Test Bench 파일

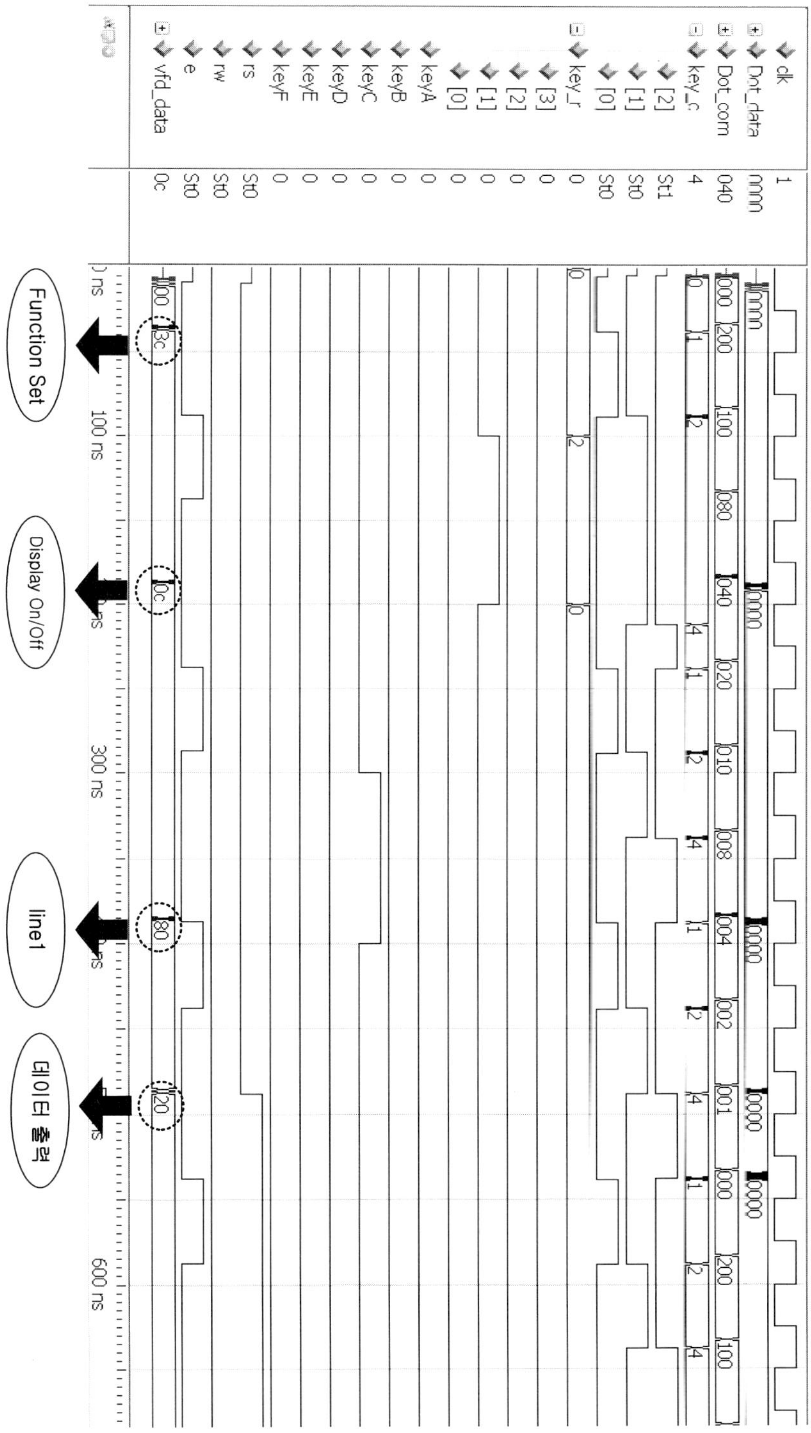

그림 12.3.3 vfd의 초기 설정 데이터의 타이밍 시뮬레이션 결과 파형

그림 12.3.3의 타이밍 시뮬레이션 결과 파형을 분석해보면 다음과 같다. 먼저 vfd의 두 번째 라인은 16칸으로 구성되어져 있는데 rs 신호가 High, rw 신호는 Low, e 신호가 High가 될 때 각 칸에 데이터 값이 출력되고 어드레스가 증가하면서 데이터 출력이 다음 칸으로 옮겨짐을 알 수 있다. 이제 첫 번째 5 키를 누르면 key_c[1]과 key_r[1]이 High가 되는 순간에 5의 ASCII 코드 값인 35가 vfd의 4번째 칸에 출력되어진다. 이때 첫 번째 5 키를 눌렀다 떼어지는 순간(Low → High)에 -의 ASCII 코드 값인 2d가 vfd의 6번째에 동시에 출력되어진다. 한편, 공백은 ASCII 코드 값 20으로 vfd의 각 칸에 출력되어진다. 두 번째 A 키를 누르면 keyA가 High가 되는 순간에 A의 10진수 값이 10이므로 1의 ASCII 코드 값인 31이 vfd의 8번째 칸과 0의 ASCII 코드 값인 30이 9번째 칸에 출력되어진다. 이때 두 번째 A 키를 눌렀다 떼어지는 순간에 =의 ASCII 코드 값인 3d가 vfd의 11번째에 동시에 출력되어진다. 한편, 빼셈된 결과 값인 -5는 두 번째 키 입력이 눌렀다 떼어지는 순간(Low → High)에 -의 ASCII 코드 값인 2d가 vfd의 12번째, 6의 ASCII 코드 값인 35가 vfd의 14번째에 출력되어진다. 여기서 첫 번째로 눌린 키 값이 5 키라는 것은 [3:0] key_r 값을 입력파형으로 0010로 설정하였고 출력 값인 [2:0] key_c가 010 값이 출력되었으므로 표 4.5.1에서 나타난 바와 같이 5 키가 눌린 것으로 인식되어진다.

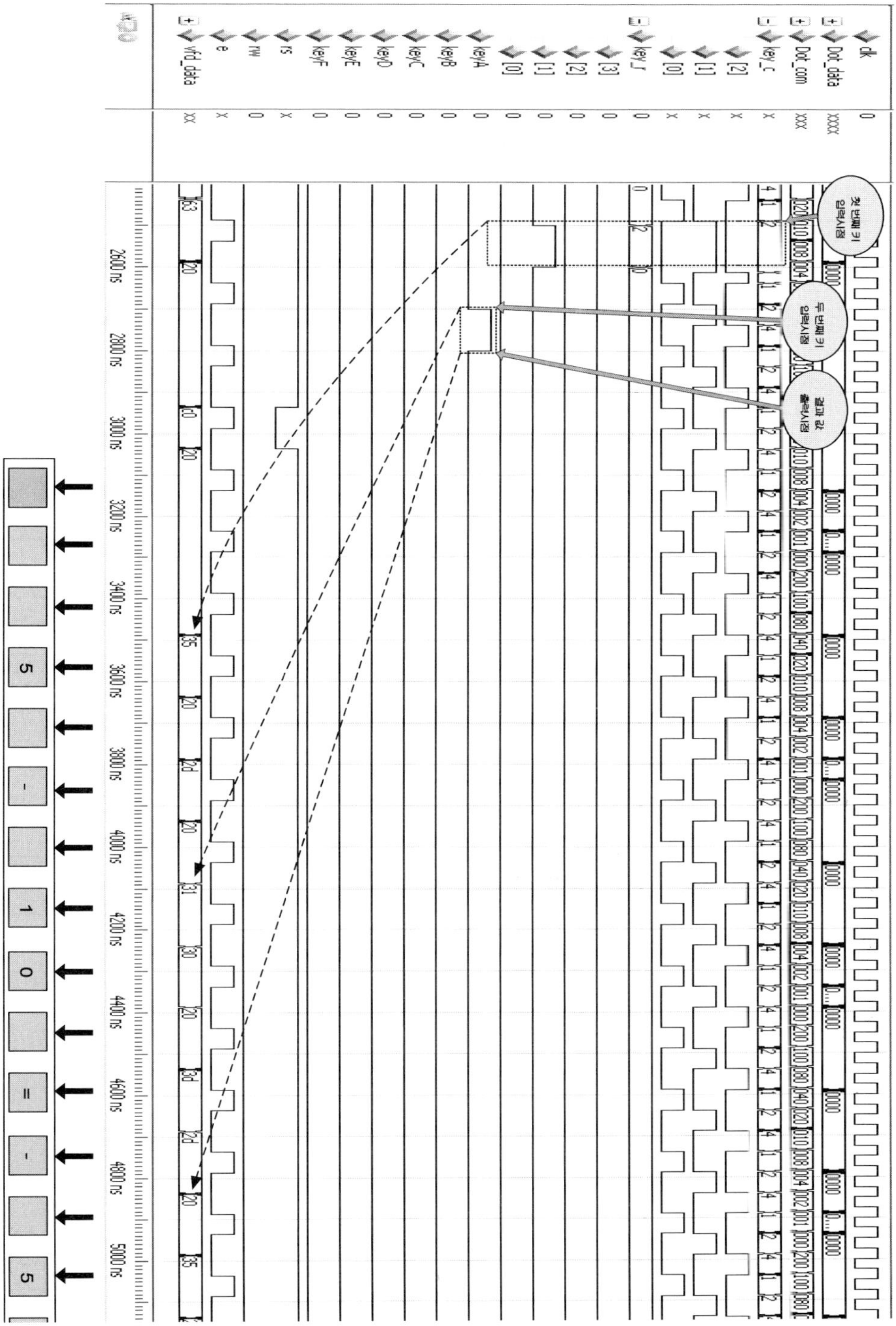

그림 12.3.2 vfd의 두 번째 라인에 출력될 데이터의 타이밍 시뮬레이션 결과- 파형

12.4 HBE-COMBO II 트레이닝 키트에 프로그래밍 하기 위한 핀 할당 정보

표 12.4.1 HBE-COMBO II 트레이닝 키트에 프로그래밍 하기 위한 핀 할당 정보

입력 핀		출력 핀	
핀 이름	핀 번호	핀 이름	핀 번호
key_r[0]	PIN_AD10	vfd_data[0]	PIN_R7
key_r[1]	PIN_AC10	vfd_data[1]	PIN_R6
key_r[2]	PIN_V10	vfd_data[2]	PIN_P3
key_r[3]	PIN_AF9	vfd_data[3]	PIN_R8
keyA	PIN_Y10	vfd_data[4]	PIN_P6
keyB	PIN_W10	vfd_data[5]	PIN_P4
keyC	PIN_AA9	vfd_data[6]	PIN_P9
keyD	PIN_V9	vfd_data[7]	PIN_P7
keyE	PIN_AE9	rs	PIN_R2
keyF	PIN_AC9	rw	PIN_R5
clk	PIN_N1	e	PIN_R4
		key_c[0]	PIN_V11
		key_c[1]	PIN_AB10
		key_c[2]	PIN_AA10
		Dot_data[0]	PIN_U3
		Dot_data[1]	PIN_U6
		Dot_data[2]	PIN_U5
		Dot_data[3]	PIN_U9
		Dot_data[4]	PIN_U7
		Dot_data[5]	PIN_T2
		Dot_data[6]	PIN_U10
		Dot_data[7]	PIN_T6
		Dot_data[8]	PIN_T3
		Dot_data[9]	PIN_T8
		Dot_data[10]	PIN_T7
		Dot_data[11]	PIN_T10
		Dot_data[12]	PIN_T9
		Dot_data[13]	PIN_R3
		Dot_com[0]	PIN_W4
Clock Select : 8(10KHz)		Dot_com[1]	PIN_V3
		Dot_com[2]	PIN_V2
		Dot_com[3]	PIN_V5
		Dot_com[4]	PIN_V4
		Dot_com[5]	PIN_V7
		Dot_com[6]	PIN_V6
		Dot_com[7]	PIN_U2
		Dot_com[8]	PIN_U1
		Dot_com[9]	PIN_U4

CHAPTER 13

Verilog HDL을 사용하여 설계한 4비트 2진 곱셈기를 HBE-COMBO II 트레이닝 키트의 led로 출력하기

13.1 HBE-COMBO II 트레이닝 키트 상에서의 동작 설명

13.2 HBE-COMBO II 트레이닝 키트의 led에 4비트 2진 곱셈기를 디스플레이 하는 전체블록 개요

13.3 HBE-COMBO II 트레이닝 키트의 led에 4비트 2진 곱셈기를 디스플레이 하는 전체블록의 Verilog HDL 설계 하기

13.4 4비트 × 4비트 2진 곱셈기 블록의 Verilog HDL 설계하기

13.5 타이밍 시뮬레이션 파형어 의한 분석 및 검증

13.6 HBE-COMBO II 트레이닝 키트에 프로그래밍 하기 위한 핀 할당 정보

13.1 HBE-COMBO II 트레이닝 키트 상에서의 동작 설명

이 예제는 그림 13.1.1과 같이 사용자가 HBE-COMBO II 트레이닝 키트 내에 있는 0에서 F까지의 키보드를 사용하여 2개의 4비트 데이터를 연속적으로 넣게 되면, 입력된 2개의 4비트 데이터와 곱셈된 결과가 HBE-COMBO II 트레이닝 키트의 8개의 led에 나타나게 된다. 또한 event always문을 사용하여 두 번째 키를 떼기 전까지는 입력되는 2개의 4비트 데이터가 출력되고, 두 번째 키가 떼어지는 순간 곱셈된 결과 값이 출력되도록 설계 하였다. 예를 들어 사용자가 8 키와 9 키를 연속적으로 누르게 되면 먼저 HBE-COMBO II 트레이닝 키트에 2개의 4비트 데이터 키 입력에 대한 led가 점등된다. 즉 첫 번째 4비트 데이터인 8은 8개의 led 중에서 A그룹 led에 1000 형태로 점등되고, 두 번째 4비트 데이터인 9는 B 그룹 led에 1001 형태로 점등된다. 다음에 2개의 4비트 데이터에 대한 곱셈된 결과 값인 72는 A그룹 led와 B그룹 led가 모두 꺼지면서 C그룹 led에 01001000 형태로 점등된다. 한편, dotmatrix 블록에서는 "Verilog HDL"이라는 문자열이 우에서 좌로 이동하면서 디스플레이 된다.

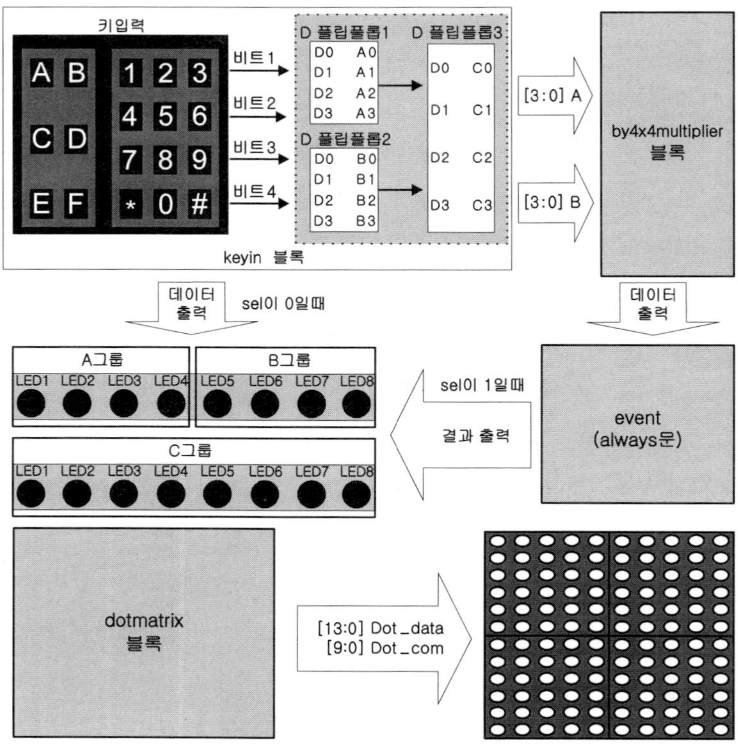

그림 13.1.1 HBE-COMBO II 트레이닝 키트 상에서의 동작 개요

13.2 HBE-COMBO II 트레이닝 키트의 led에 4비트 2진 곱셈기를 디스플레이 하는 전체블록 개요

HBE-COMBO II 트레이닝 키트의 led에 4비트 2진 곱셈기를 디스플레이 하는 kit_4multiplier_led는 그림 13.2.1과 같이 크게 keyin 블록과 by4×4multiplier 블록, event always문 등으로 구성된다. HBE-COMBO II 트레이닝 키트의 keypad는 3×4 keypad와 6개의 버튼 스위치로 구성되어 있다. 버튼 스위치는 A 키에서 F 키까지로서 직접 입력이 되도록 구성되어져 있으며, 3×4 keypad는 0에서 9까지의 키들과 *, # 등의 키들로 구성되어 있다. 한편, 3×4 keypad는 스캔방식 구조로써 가로라인과 세토라인에서 동시에 제어하여 입력을 받아 사용할 수 있도록 구성되어 있다. 따라서 0에서 9까지의 스위치 입력 값을 받기 위해서는 키 데이터 스캔 블록(keymatrix)이 필요하다. keymatrix 블록에서 스캔한 키 값의 출력은 encoder always문으로 보내진다. 한편, A ~ F까지의 버튼 스위치로 입력되는 데이터는 1비트의 데이터 정보이기 때문에 바로 encoder always문으로 키 값이 보내진다. 따라서 HBE-COMBO II 트레이닝 키트의 keypad로부터 입력되는 데이터는 16비트가 된다. 그러나 by4×4multiplier 블록에 적용하기에는 데이터의 비트 수가 다르기 때문에 keypad의 데이터 정보를 변환하고, 출력된 데이터를 A그룹 데이터와, B그룹 데이터로 저장하는 D 플립플롭이 필요하다. 이러한 기능들은 keyin 블록에서 수행된다. 한편, keyin 블록에서 출력되는 2개의 4비트 데이터는 by4×4multiplier 블록에서 곱셈된다. 또한, 2개의 4비트 데이터와 by4×4multiplier 블록에서 곱셈된 결과는 event always문으로 입력된다. HBE-COMBO II 트레이닝 키트에서는 led가 8개이므로 2개의 4비트 데이터와 by4×4multiplier 블록에서 곱셈된 결과를 모두 출력할 수 없다. 따라서 event always문에서는 2개의 4비트 데이터를 먼저 출력 시키고, 두 번째 데이터 스위치가 눌렀다가 떼어지는 순간에 by4×4multiplier 블록에서 곱셈된 결과 값을 출력한다. 한편, dotmatrix 블록에서는 "Verilog HDL"이라는 문자열이 우에서 좌로 이동하면서 디스플레이 된다.

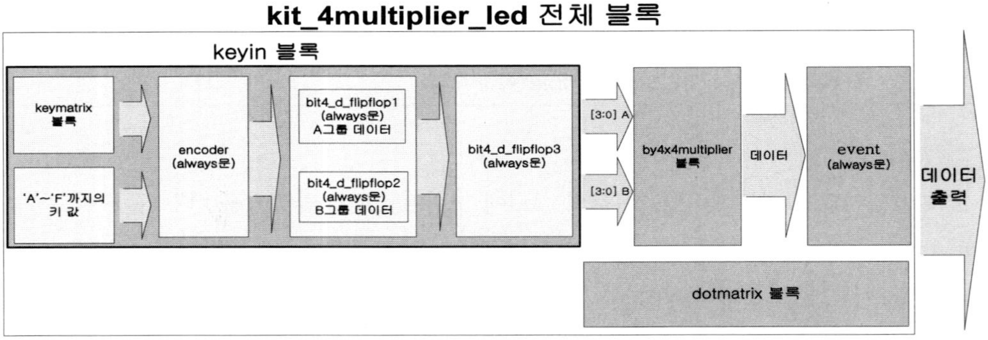

그림 13.2.1 HBE-COMBO II 트레이닝 키트의 led에 4비트 2진 곱셈기를 디스플레이 하는 kit_4multiplier_led 전체블록 개요

13.3 HBE-COMBO II 트레이닝 키트의 led에 4비트 2진 곱셈기를 디스플레이 하는 전체블록의 Verilog HDL 설계하기

13.3.1 모듈 선언 및 입출력 포트 선언(module and input/output port declaration)

그림 13.3.1은 Verilog HDL로 설계하려는 kit_4multiplier_led 전체블록의 모듈 선언 및 입출력 포트 선언을 심볼 형태로 표현한 것이며, 그림 13.3.2는 Verilog HDL로 설계하려는 kit_4multiplier_led 전체블록의 모듈 선언 및 입출력 포트 선언을 나타내고 있다. 한편, module 다음에 오는 kit_4multiplier_led는 이 블록의 모듈명이며 지정어 input과 output 다음에는 입력과 출력 포트들을 나타낸다. 설계하려는 kit_4multiplier_led 전체블록은 지정어 port 괄호 안에 입력 신호를 위한 clk, [3:0] key_r, keyA, keyB, keyC, keyD, keyE, keyF 포트들과 지정어 output에 출력 신호를 위한 [7:0] led_data, [9:0] Dot_com, [13:0] Dot_data, [2:0] key_c 포트들을 기술한다.

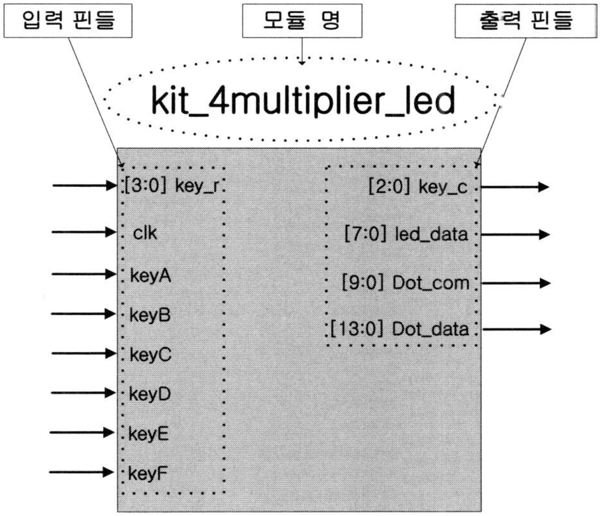

그림 13.3.1 Verilog HDL로 설계하려는 kit_4multiplier_led 전체블록의 모듈 선언 및 입출력 포트 선언을 심볼 형태로 표현한 것

```
module kit_4multiplier_led(clk, key_r, keyA, keyB, keyC, keyD, keyE, keyF,
key_c, led_data, Dot_com, Dot_data);
   input clk, keyA, keyB, keyC, keyD, keyE, keyF;
   input [3:0] key_r;
   output [2:0] key_c;
   output [7:0] led_data;
   output [9:0] Dot_com;
   output [13:0] Dot_data;

                ~

endmodule
```

그림 13.3.2 Verilog HDL로 설계하려는 kit_4multiplier_led 전체블록의 모듈 선언 및 입출력 포트 선언

13.3.2 논리회로 표현(logic circuit representation)

모듈 선언 및 입출력 포트 선언이 되었으므로 설계 블록의 내부 동작 또는 연결 구조를 기술하는 논리회로 표현을 하여야 한다. 설계하려는 kit_4multiplier_led 전체블록에서 부품간의 연결에 사용되는 신호선 key_clk, key_clk1, dff_clk2, CLRN 등과 버스 신호선 [7:0]

mul, [7:0] data 등을 지정어인 wire로 선언한다. 또한 dff_clk1, sel 등의 신호들과 모듈 선언 및 입출력 포트 선언에서 선언된 [7:0] led_data는 always문의 출력으로 사용되므로 지정어인 reg로 선언한다. 선언이 끝나면 하드웨어의 내부동작을 기술해야 하는데 여기서는 앞서 이미 설계한 하위모듈들을 이용하여 이들 상호간을 연결하여 블록을 설계하는 구조적 표현 방법과 always문을 사용하여 kit_4multiplier_led 전체블록을 설계하는 동작적 표현 방법을 혼합하여 사용하기로 한다.

그림 13.3.3은 Verilog HDL로 설계하려는 kit_4multiplier_led 전체블록의 논리회로를 심볼 형태로 표현한 것이다. keyin 하위모듈에서는 HBE-COMBOII 트레이닝 키트의 keypad로부터 입력되는 16비트 데이터를 4비트 데이터 형태로 변환하고, 변환되어진 데이터들은 [3:0] data와 data[3:0]으로 출력되어 HBE-COMBOII 트레이닝 키트의 led에 점등된다. 또한 키 입력에 의해서 발생하는 k_clk1 신호를 클록과 동기하여 출력한다. 한편, keyin 하위모듈에서 출력되어지는 4비트의 [3:0] dataa과 [3:0] datab은 by4×4multiplier 하위모듈의 입력이 되어져서 곱셈되어진다. by4×4multiplier 하위모듈에서 출력되어지는 결과 값들과 data[7:4], data[3:0]은 event always문으로 입력되어 진다. event always문에서는 sel이 0일 때, 키 입력이 첫 번째 눌렸을 때 led1부터 led4에 data[7:4]의 데이터가 표시 되고, 두 번째 눌렸을 때 led5부터 led8에 data[3:0]의 데이터가 표시되도록 한다. 한편, 두 번째 키가 눌렸다가 떼어지는 순간 sel 신호는 1이 되어 led1부터 led8까지에 by4×4multiplier 하위모듈에서 곱셈된 결과 값인 [7:0] mul의 데이터가 표시된다. 그림 13.3.4에 key_clk, key_clk1, dff_clk1, dff_clk2, sel 등의 파형이 나타나 있다. key_clk는 클록과 동기 된 키 입력이 들어올 때 High가 되고 key_clk1은 key_clk의 반대 파형이 된다. 그리고 dff_clk1은 T 플립플롭 always문의 출력이 되므로 key_clk1 파형이 Low에서 High로 변할 때 현재 파형의 반대 파형이 된다. dff_clk2는 dff_clk1의 반대 파형이 되어서 event always문 내부의 T 플립플롭의 클록이 된다. 따라서 T 플립플롭의 출력인 sel은 dff_clk2 파형이 Low에서 High로 변할 때 현재 파형의 반대 파형이 되므로 High가 되는 시점은 곱셈된 결과 값이 출력되는 시점이 된다. T 플립플롭의 클리어 단자인 CLRN은 0 값이 되면 클리어 되어 sel이 0이 되어진다. CLRN이 0이 되는 조건은 첫 번째 키가 눌리는 순간이 되어야 하므로 key_clk1과 dff_clk1을 OR 게이트의 입력으로 구성한다. 한편, dotmatrix 하위모듈에서는 "Verilog HDL"이라는 문자열이 우에서 좌로 이동하면서 디스플레이 된다. 그림 13.3.5은 Verilog HDL로 설계하려는 kit_4multiplier_led 전체블록의 논리회로 표현을 나타내고 있다. 한편, keyin 하위모듈, adder4 하위모듈, dotmatrix 하위모듈 등은 4장에서 설계한 Verilog HDL 코드를 사용한다.

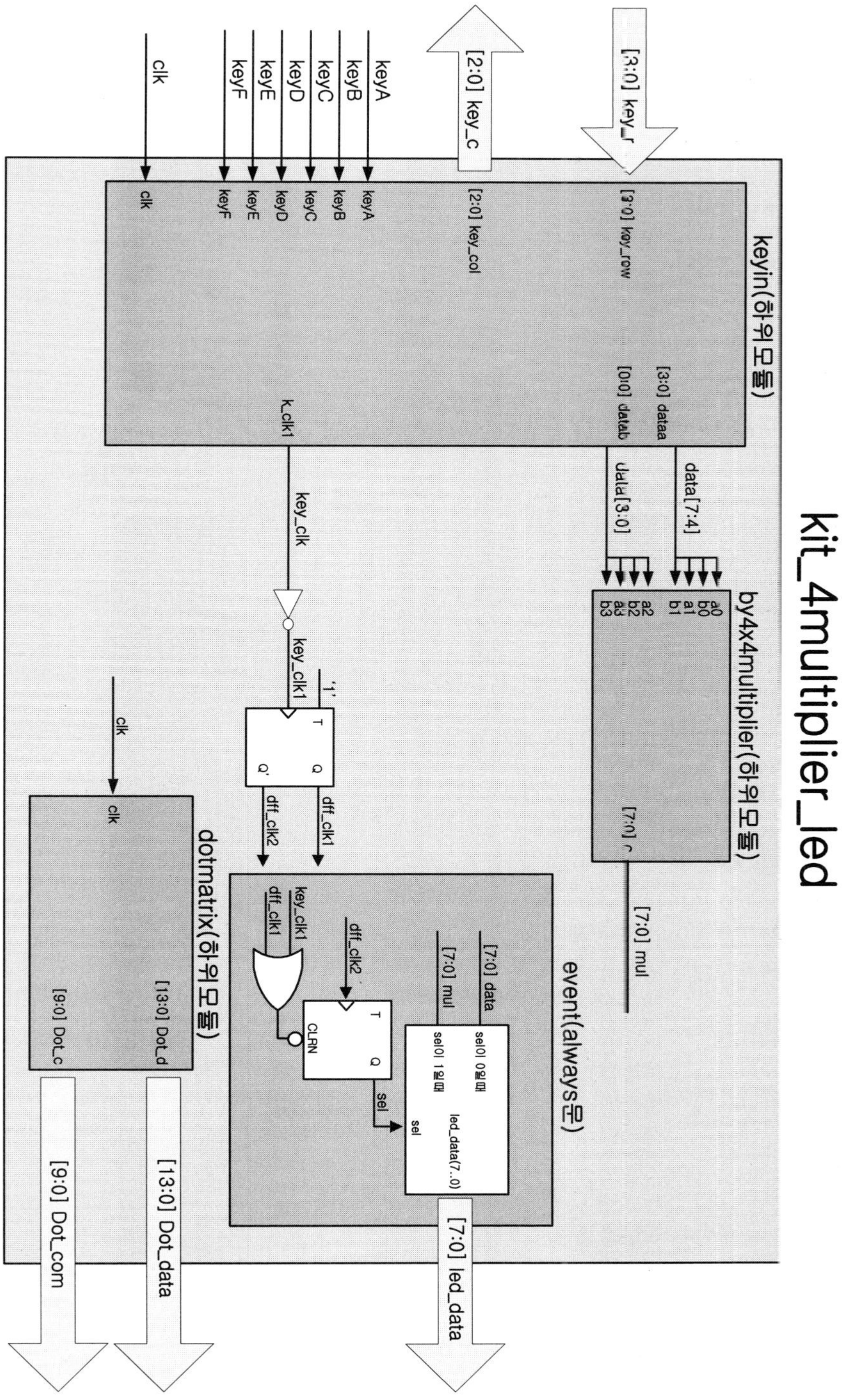

그림 13.3.3 Verilog HDL로 설계하려는 kit_4multiplier_led 전체블록의 논리회로를 심볼 형태로 표현한 것

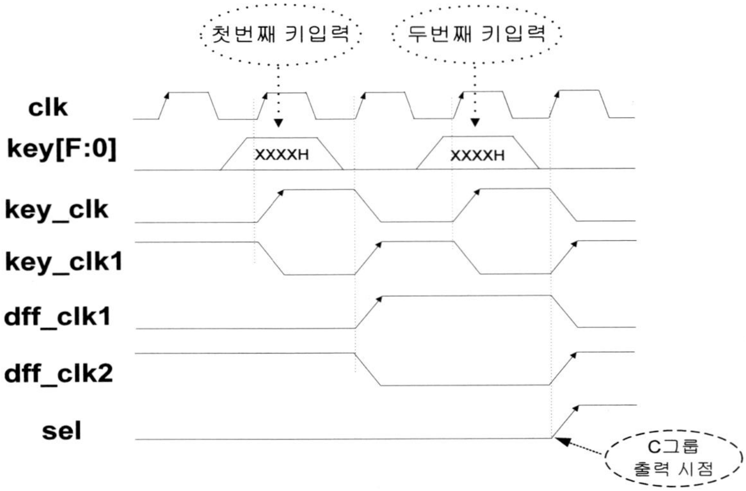

그림 13.3.4 key_clk, key_clk1, dff_clk1, dff_clk2, sel 등의 파형

```
wire key_clk, key_clk1, CLRN, dff_clk2 ;
wire [7:0] mul, data;
reg [7:0] led_data;
reg dff_clk1, sel;

   assign key_clk1 = ~key_clk;
   assign CLRN = key_clk1 | dff_clk1;
   assign dff_clk2 = ~dff_clk1;

   dotmatrix dotmatrix_display (.clk(clk), .Dot_c(Dot_com), .Dot_d(Dot_data));
   keyin key_input (.key_col(key_c), .key_row(key_r), .clk(clk), .keyA(keyA),
                    .keyB(keyB), .keyC(keyC), .keyD(keyD), .keyE(keyE),
                    .keyF(keyF), .k_clk1(key_clk), .dataa(data[7:4]),
                    .datab(data[3:0]));
   by4x4multiplier bit4_multiplier (.A0(data[4]), .B0(data[0]), .A1(data[5]),
                                    .B1(data[1]), .A2(data[6]), .B2(data[2]),
                                    .A3(data[7]), .B3(data[3]), .C(mul));

   always @(posedge key_clk1)                              // T F/F
      dff_clk1 <= ~dff_clk1;

   always @(posedge dff_clk2 or negedge CLRN)             // event
   begin
      if (!CLRN) sel <= 0;
      else sel <= ~sel;
```

```
    case(sel)
        0 : led_data <= data;
        1 : led_data <= mul;
    endcase
end
```

그림 13.3.5 Verilog HDL로 설계하려는 kit_4multiplier_led 전체블록의 논리회로 표현

13.4 4비트 × 4비트 2진 곱셈기 블록의 Verilog HDL 설계하기

13.4.1 모듈 선언 및 입출력 포트 선언(module and input/output port declaration)

그림 13.4.1은 Verilog HDL로 설계하려는 by4×4multiplier 블록의 모듈 선언 및 입출력 포트 선언을 심볼 형태로 표현한 것이며, 그림 13.4.2는 Verilog HDL로 설계하려는 by4×4multiplier 블록의 모듈 선언 및 입출력 포트 선언을 나타내고 있다. 한편, module 다음에 오는 by4×4multiplier는 이 블록의 모듈명이며 지정어 input과 output 다음에는 입력과 출력 포트들을 나타낸다. 설계하려는 by4×4multiplier 블록은 지정어 input에 입력 신호를 위한 A0, B0, A1, B1, A2, B2, A3, B3 포트들과 지정에 output에 출력 신호를 위한 [7:0] C의 포트를 기술한다.

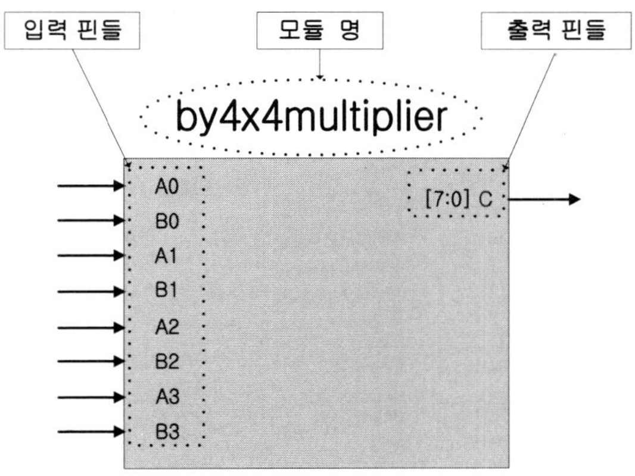

그림 13.4.1 Verilog HDL로 설계하려는 by4×4multiplier 블록의 모듈 선언 및 입출력 포트 선언을 심볼 형태로 표현한 것

```
module by4x4multiplier(A0, B0, A1, B1, A2, B2, A3, B3, C);
   input A0, B0, A1, B1, A2, B2, A3, B3;
   output [7:0] C;

            ~

endmodule
```

그림 13.4.2 Verilog HDL로 설계하려는 by4×4multiplier 블록의 모듈 선언 및 입출력 포트 선언

13.4.2 논리회로 표현(logic circuit representation)

모듈 선언 및 입출력 포트 선언이 되었으므로 설계 블록의 내부 동작 또는 연결 구조를 기술하는 논리회로 표현을 하여야 한다. 설계하려는 by4×4multiplier에서 부품간의 연결에 사용되는 버스 신호선 [15:0] out_data를 지정어인 wire로 선언한다. 다음에 설계하려는 by4×4multiplier 블록에서 사용될 adder4 하위모듈을 선언한다. 선언이 끝나면 하드웨어의 내부동작을 기술해야 하는데 여기서는 앞서 이미 설계한 하위모듈(adder4)를 이용하여 이들 상호간을 연결하여 블록을 설계하는 구조적 표현 방법과 by4×4multiplier 블록 내의 신호 및 제어의 흐름을 나타내는 자료흐름적 표현 방법을 혼합하여 사용하기로 한다.

그림 13.4.3은 4비트 2진 곱셈이 계산되는 과정을 나타내고 있다. 2진수의 곱셈은 10진수에서와 동일한 방법으로 이루어진다. 피승수(multiplicand)를 최하위 비트에서 시작하는 승수(multiplier)의 각 비트에 곱한다. 이러한 각각의 곱셈이 하나의 부분 곱(partial product)을 생성한다. 연속적인 부분 곱이 한 자리씩 왼쪽으로 이동하고, 마지막 곱은 부분 곱의 합에서 얻을 수 있다. 피승수 비트는 B3~B0, 승수 비트는 A3~A0, 곱은 C7~C0이다. 그림 13.4.4는 Verilog HDL로 설계하려는 by4×4multiplier 블록의 논리회로를 심볼 형태로 표현한 것이다. 4비트 2진 곱셈기의 첫 번째 부분 곱은 A0에 B3B2B1B0을 곱해서 얻을 수 있다. A0, B0과 같은 2개의 비트 곱셈은 양쪽이 모두 1이면 출력이 1이 되고, 그렇지 않은 경우에는 출력이 0이 되는데, 이것은 AND 연산과 동일하다. 두 번째 부분 곱은 A1에 B3B2B1B0을 곱해서 얻을 수 있고 한자리 왼쪽으로 이동시킨다. 곱의 최하위 비트는 첫 번째 AND 게이트의 출력에서 생성되기 때문에 4비트 2진 덧셈기에 입력되어서는 안 된다. 피승수 B와 승수 A, 그리고 곱 C로 표시되고 있다. 피승수들은 승수의 각 비트들과 함께 AND 연산을 통해 부분 곱이 생성되고 이 값들을 4비트 2진 덧셈기를 이용해 가산을 하고

있는 것이다. 덧셈기의 입출력의 연결은 부분 곱의 가중치에 따른 1비트 시프트 된 상태로 직렬 연결된다. 각 최초 부분 곱과 부분 곱들의 가산되는 최하위 비트들은 최종 곱의 최하위 비트들로 채워지고 마지막 부분 곱들의 가산 결과는 나머지 상위비트로 채워진다. 부분 곱들의 중간 가산시 발생되는 캐리는 시프트 된 가산의 최상위 비트 입력으로 들어간다. M개의 승수 비트와 N개의 피승수 비트에 대하여 M X N개의 AND 게이트와 M+N비트의 곱을 생성하는 M-1개의 N비트 2진 덧셈기가 필요하다. 그림 13.4.4는 Verilog HDL로 설계하려는 by4×4multiplier 블록의 논리회로를 심볼 형태로 표현한 것이다. 4비트 2진 곱셈기를 구성하기 위해서는 M=4, N=4이므로 16개의 AND 게이트와 8비트의 곱을 생성하는 3개의 4비트 2진 덧셈기가 필요하다. 그림 13.4.5는 Verilog HDL로 설계하려는 by4 × 4multiplier 블록의 논리회로 표현을 나타내고 있다.

				B3	B2	B1	B0
	X			A3	A2	A1	A0
				B3A0	B2A0	B1A0	A0B0
			B3A1	B2A1	B1A1	B0A1	
		B3A2	B2A2	B1A2	B0A2		
	B3A3	B2A3	B1A3	B0A3			
C7	C6	C5	C4	C3	C2	C1	C0

그림 13.4.3 4비트 X 4비트 2진 곱셈 계산 과정

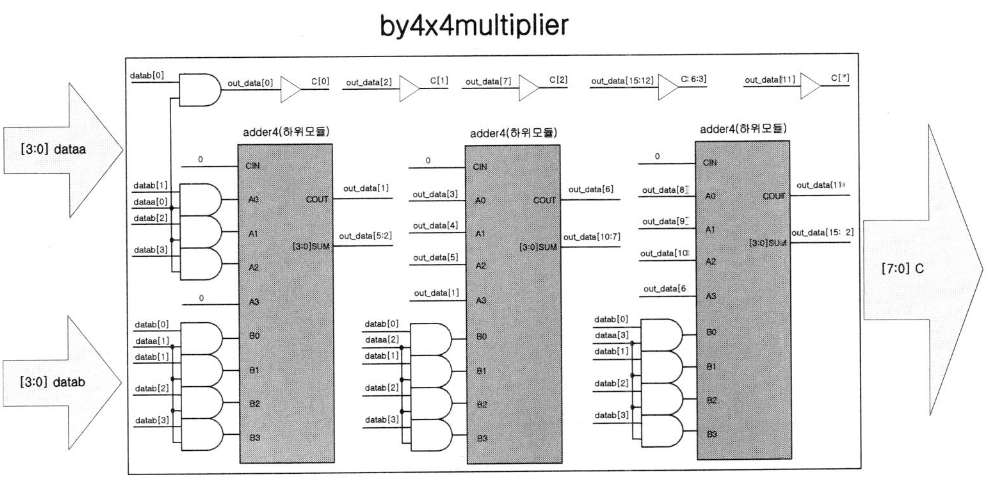

그림 13.4.4 Verilog HDL로 설계하려는 by4×4multiplier 블록의 논리회로를 심볼 형태로 표현한 것

```
wire [15:0] out_data;

  adder4 add1 (.A0(A0 & B1), .B0(A1 & B0), .A1(A0 & B2), .B1(A1 & B1), .A2(A0
              & B3), .B2(A1 & B2), .A3(1'b0),.B3(A1 & B3), .CIN(1'b0),
              .COUT(out_data[1]), .SUM(out_data[5:2]));
  adder4 add2 (.A0(out_data[3]), .B0(A2 & B0), .A1(out_data[4]), .B1(A2 & B1),
              .A2(out_data[5]), .B2(A2 & B2), .A3(out_data[1]), .B3(A2 & B3),
              .CIN(1'b0), .COUT(out_data[6]), .SUM(out_data[10:7]));
  adder4 add3 (.A0(out_data[8]), .B0(A3 & B0), .A1(out_data[9]), .B1(A3 & B1),
              .A2(out_data[10]), .B2(A3 & B2), .A3(out_data[6]), .B3(A3 & B3),
              .CIN(1'b0), .COUT(out_data[11]), .SUM(out_data[15:12]));

  assign out_data[0] = A0 & B0;
  assign C[0] = out_data[0];
  assign C[1] = out_data[2];
  assign C[2] = out_data[7];
  assign C[6:3] = out_data[15:12];
  assign C[7] = out_data[11];
```

그림 13.4.5 Verilog HDL로 설계하려는 by4×4multiplier 블록의 논리회로 표현

13.5 타이밍 시뮬레이션 파형에 의한 분석 및 검증

그림 13.5.1은 ModelSim-Altera Edition 6.5e를 이용하여 타이밍 시뮬레이션 과정을 수행하기 위한 Test Bench 파일이며, 그림 13.5.2는 타이밍 시뮬레이션 결과 파형을 나타내고 있다. 그림 13.5.2의 타이밍 시뮬레이션 결과 파형을 분석해 보면 다음과 같다. 먼저 첫 번째 A 키를 누르면 keyA가 High가 되는 순간에 led_data의 8비트 중에서 상위 4비트에 a 값이 하위 4비트에 0 값이 출력되어진다. 다음에 두 번째 C 키를 누르면 keyC가 High가 되는 순간에 led_data의 8비트 중에서 상위 4비트에 a 값이 하위 4비트에 c 값이 출력되어진다. 한편, 곱셈된 결과 값인 120은 두 번째 키 입력이 눌렸다 떼어지는 순간(Low → High)에 led_data의 8비트(78)로 출력되어진다.

```
`timescale 1ns / 1ps
module tb_kit_4multiplier_led;
   reg clk;
   reg [3:0] key_r;
   reg keyA;
   reg keyB;
   reg keyC;
   reg keyD;
   reg keyE;
   reg keyF;
   wire [2:0]  key_c;
   wire [7:0] led_data;
   wire [9:0] Dot_com;
   wire [13:0]  Dot_data;
   parameter sec = 25;

      kit_4multiplier_led uut (.clk(clk), .key_r(key_r), .keyA(keyA), .keyB(keyB), .keyC(keyC),
                               .keyD(keyD), .keyE(keyE), .keyF(keyF), .key_c(key_c),
                               .led_data(led_data), .Dot_com(Dot_com), .Dot_data(Dot_data));

      always #(sec) clk = ~clk;
      initial begin
         clk = 0;  key_r = 0;  keyA = 0;  keyB = 0;  keyC = 0;  keyD = 0  keyE = 0;
         keyF = 0; #0;
         keyA = 0; #100;
         keyA = 1; #100;
         keyA = 0; #100;
         keyC = 1; #100;
         keyC = 0; #600;   $stop;
      end
endmodule
```

그림 13.5.1 kit_4multiplier_led 전체블록을 ModelSim-Altera Edition 6.5e를 이용하여 타이밍 시뮬레이션 하기 위한 Test Bench 파일

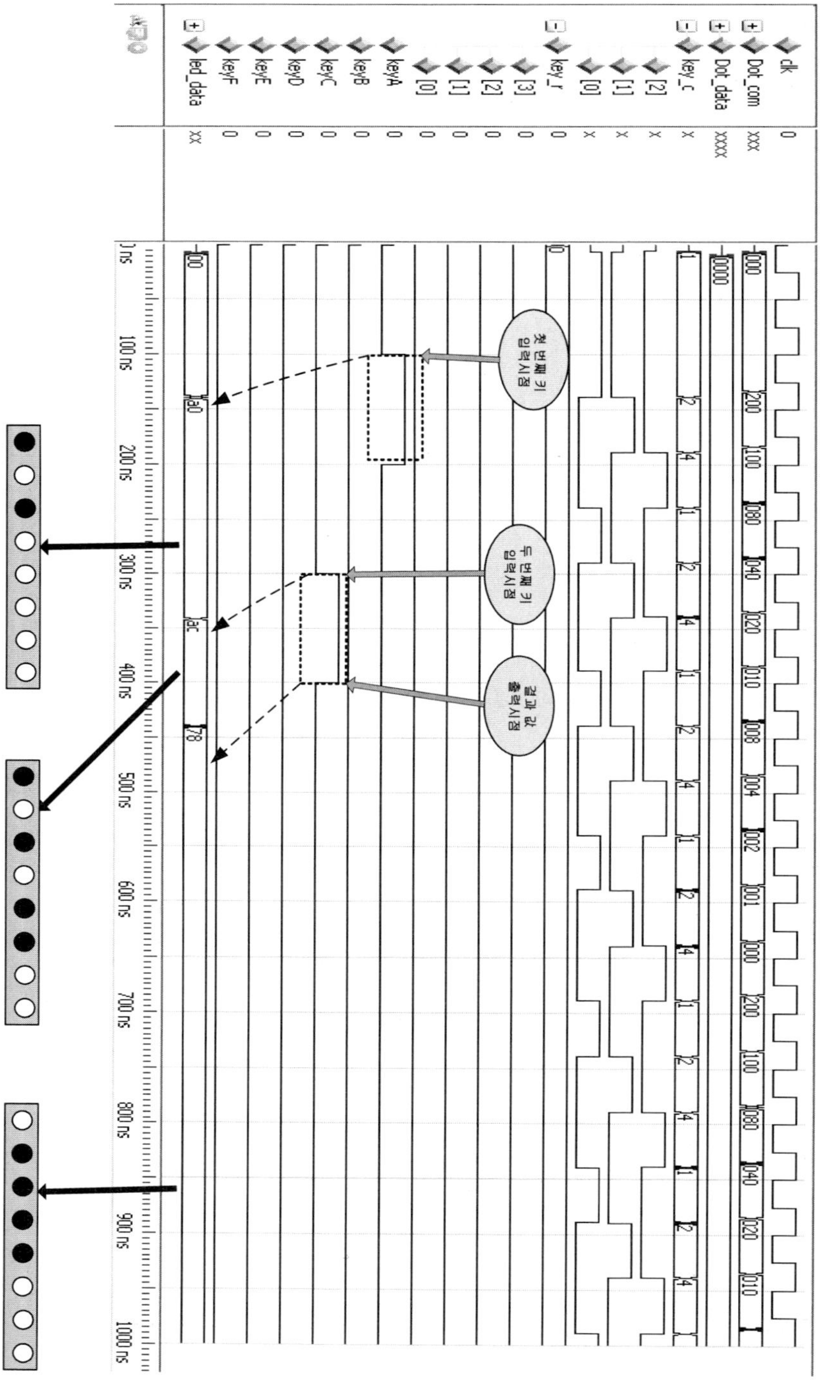

그림 13.5.2 타이밍 시뮬레이션 결과 파형

13.6 HBE-COMBO Ⅱ 트레이닝 키트에 프로그래밍 하기 위한 핀 할당 정보

표 13.6.1 HBE-COMBO Ⅱ 트레이닝 키트에 프로그래밍 하기 위한 핀 할당 정보

입력 핀		출력 핀	
핀 이름	핀 번호	핀 이름	핀 번호
key_r[0]	PIN_AD10	led_data[0]	PIN_AC7
key_r[1]	PIN_AC10	led_data[1]	PIN_AD7
key_r[2]	PIN_V10	led_data[2]	PIN_AE6
key_r[3]	PIN_AF9	led_data[3]	PIN_AF6
keya	PIN_Y10	led_data[4]	PIN_W8
keyb	PIN_W10	led_data[5]	PIN_AB8
keyc	PIN_AA9	led_data[6]	PIN_AE7
keyd	PIN_V9	led_data[7]	PIN_AF7
keye	PIN_AE9	key_c[0]	PIN_V11
keyf	PIN_AC9	key_c[1]	PIN_AB10
clk	PIN_N1	key_c[2]	PIN_AA10
Clock Select : 8 (10KHz)		Dot_data[0]	PIN_U3
		Dot_data[1]	PIN_U6
		Dot_data[2]	PIN_U5
		Dot_data[3]	PIN_U9
		Dot_data[4]	PIN_U7
		Dot_data[5]	PIN_T2
		Dot_data[6]	PIN_U10
		Dot_data[7]	PIN_T6
		Dot_data[8]	PIN_T3
		Dot_data[9]	PIN_T8
		Dot_data[10]	PIN_T7
		Dot_data[11]	PIN_T10
		Dot_data[12]	PIN_T9
		Dot_data[13]	PIN_R3
		Dot_com[0]	PIN_W4
		Dot_com[1]	PIN_V3
		Dot_com[2]	PIN_V2
		Dot_com[3]	PIN_V5
		Dot_com[4]	PIN_V4
		Dot_com[5]	PIN_V7
		Dot_com[6]	PIN_V6
		Dot_com[7]	PIN_U2
		Dot_com[8]	PIN_U1
		Dot_com[9]	PIN_U4

CHAPTER 14

Verilog HDL을 사용하여 설계한 4비트 2진 곱셈기를 HBE COMBOR II 트레이닝 키트의 7-segment로 출력하기

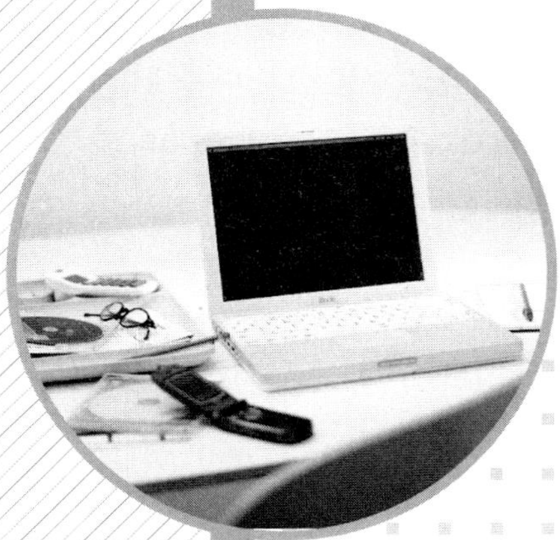

14.1 HBE-COMBO II 트레이닝 키트 상에서의 동작 설명

14.2 HBE-COMBO II 트레이닝 키트의 7-segment에 4비트 2진 곱셈기를 디스플레이 하는 전체블록 개요

14.3 HBE-COMBO II 트레이닝 키트의 7-segment에 4비트 2진 곱셈기를 디스플레이 하는 전체블록의 Verilog HDL 설계하기

14.4 4비트 2진 코드를 BCD 코드로 변환하고 곱하는 블록의 Verilog HDL 설계하기

14.5 HBE-COMBO II 트레이닝 키트의 7-segment에 디스플레이 하는 블록의 Verilog HDL 설계하기

14.6 타이밍 시뮬레이션 파형에 의한 분석 및 검증

14.7 HBE-COMBO II 트레이닝 키트에 프로그래밍 하기 위한 핀 할당 정보

14.1 HBE-COMBOII 트레이닝 키트 상에서의 동작 설명

이 예제는 그림 14.1.1과 같이 사용자가 HBE-COMBOII 트레이닝 키트 내에 있는 0에서 F까지의 키보드를 사용하여 2개의 4비트 데이터를 연속적으로 넣게 되면, 입력된 2개의 4비트 데이터가 BCD 코드로 변환되고 2개의 데이터가 곱해지게 되고, 입력된 4비트 데이터와 곱셈된 결과 값이 HBE-COMBOII 트레이닝 키트의 7-segment에 나타나게 된다. 예를 들어 사용자가 8 키와 5 키를 연속적으로 누르게 되면 먼저 HBE-COMBOII 트레이닝 키트에 2개의 4비트 데이터 키 입력에 대한 7-segment가 점등된다. 즉 첫 번째 비트 데이터인 8은 8개의 7-segment중에서 첫 번째 그룹인 A그룹 7-segment에 8의 형태로 점등되고, 두 번째 비트 데이터인 5는 두 번째 그룹인 B그룹 7-segment에 5의 형태로 점등된다. 다음에 2개의 4비트 데이터에 대한 곱셈된 결과 값인 40이 세 번째 그룹인 C그룹 7-segment에 40의 형태로 점등된다. 한편, dotmatrix 블록에서는 "Verilog HDL"이라는 문자열이 우에서 좌로 이동하면서 디스플레이 된다.

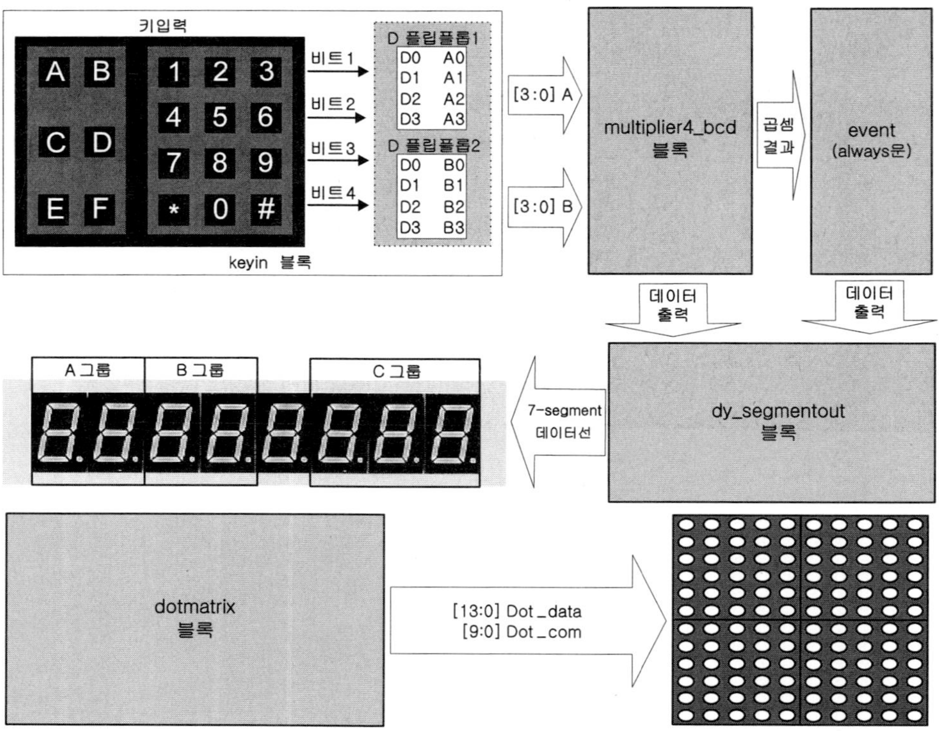

그림 14.1.1 HBE-COMBO II 트레이닝 키트 상에서의 동작 개요

14.2 HBE-COMBO II 트레이닝 키트의 7-segment에 4비트 2진 곱셈기를 디스플레이 하는 전체블록 개요

HBE-COMBO II 트레이닝 키트의 7-segment에 4비트 2진 곱셈기를 디스플레이 하는 kit_4multiplier_7seg 전체블록은 그림 14.2.1과 같이 크게 keyin 블록, multiplier4_bcd 블록, 7-segment decoder 블록 등으로 구성된다. HBE-COMBO II 트레이닝 키트의 keypad는 3×4 keypad와 6개의 버튼 스위치로 구성되어 있다. 버튼 스위치는 A 키에서 F 키까지로서 직접 입력이 되도록 구성되어져 있으며, 3×4 keypad는 0에서 9까지의 키들과 *, # 등의 키들로 구성되어있다. 한편, 3×4 keypad는 스캔방식 구조로써 가로라인과 세로라인에서 동시에 제어하여 입력을 받아 사용할 수 있도록 구성되어 있다. 따라서 0에서 9까지의 스위치 입력값을 받기 위해서는 키 데이터 스캔 블록(keymatrix)이 필요하다. keymatrix 블록에서 스캔한 키 값의 출력은 encoder always문으로 보내진다. 또한, A ~ F까지의 버튼 스위치로 입력되는 데이터는 1비트의 데이터 정보이기 때문에 바로 encoder always문으로 키 값이 보내진다. 따라서 HBE-COMBO II 트레이닝 키트의 keypad로부터 입력되는 데이터는 16비트가 된다. 그러나 multiplier4_bcd 블록에 적용하기에는 데이터의 비트 수가 다르기 때문에 keypad의 데이터 정보를 변환하고, 출력된 데이터를 A그룹 데이터와, B그룹 데이터로 저장하는 D 플립플롭이 필요하다. 이러한 기능들은 keyin 블록에서 수행된다. 한편, keyin 블록에서 출력되는 2개의 4비트 데이터는 multiplier4_bcd 블록에서 BCD 코드로 변환하고 변환된 BCD 코드는 곱해져서, 곱해진 결과는 HBE-COMBO II 트레이닝 키트의 7-segment에 출력된다. 한편, dotmatrix 블록에서는 "Verilog HDL"이라는 문자가 우에서 좌로 이동하면서 디스플레이 된다.

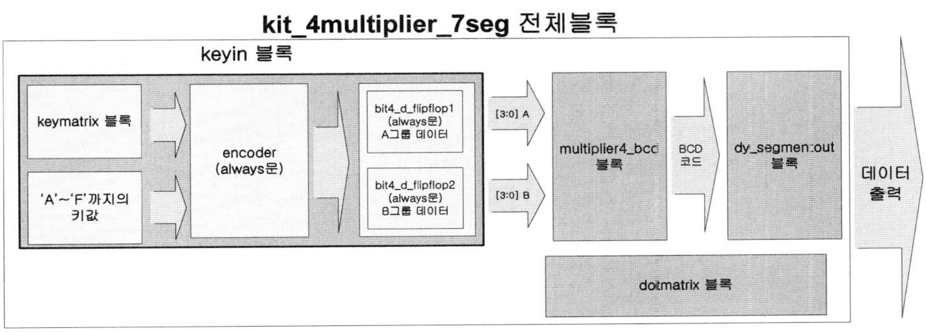

그림 14.2.1 HBE-COMBO II 트레이닝 키트의 7-segment에 4비트 2진 곱셈기를 디스플레이 하는 kit_4multiplier_7seg 전체블록 개요

14.3 HBE-COMBO II 트레이닝 키트의 7-segment에 4비트 2진 곱셈기를 디스플레이 하는 전체블록의 Verilog HDL 설계하기

14.3.1 모듈 선언 및 입출력 포트 선언(module and input/output port declaration)

그림 14.3.1은 Verilog HDL로 설계하려는 kit_4multiplier_7seg 전체블록의 모듈 선언 및 입출력 포트 선언을 심볼 형태로 표현한 것이며, 그림 14.3.2는 Verilog HDL로 설계하려는 kit_4multiplier_7seg 전체블록의 모듈 선언 및 입출력 포트 선언을 나타내고 있다. 한편, module 다음에 오는 kit_4multiplier_7seg는 이 블록의 모듈명이며, 지정어 input과 output 다음에는 입력과 출력 포트들을 나타낸다. 설계하려는 kit_4multiplier_7seg 전체블록은 지정어 input에 입력 신호를 위한 [3:0] key_r, keyA, keyB, keyC, keyD, keyE, keyF, clk 포트들과 지정어 output에 출력 신호를 위한 [6:0] seg_data, [7:0] sel_dec, [9:0] Dot_com, [13:0] Dot_data, [2:0] key_c 포트들을 기술한다.

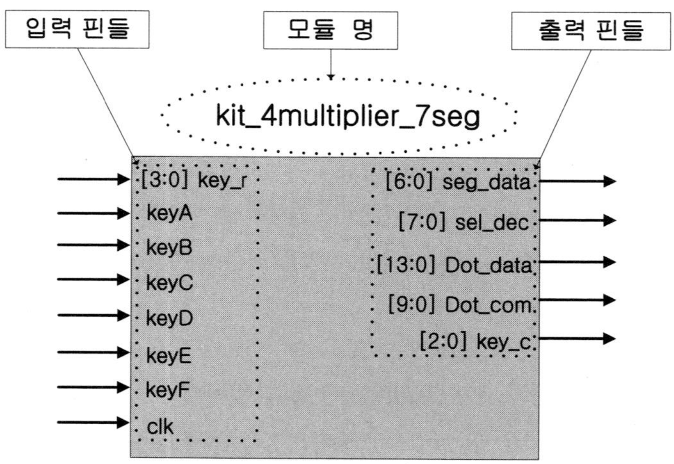

그림 14.3.1 Verilog HDL로 설계하려는 kit_4multiplier_7seg 전체블록의 모듈 선언 및 입출력 포트 선언을 심볼 형태로 표현한 것

```
module kit_4multiplier_7seg (clk, key_c, key_r, keyA, keyB, keyC, keyD, keyE, keyF,
                              seg_data, sel_dec, Dot_com, Dot_data);
    input clk, keyA, keyB, keyC, keyD, keyE, keyF;
    input [3:0] key_r;
    output [2:0] key_c;
    output [7:0] sel_dec;
    output [6:0] seg_data;
    output [9:0] Dot_com;
    output [13:0] Dot_data;

                    ~

endmodule
```

그림 14.3.2 Verilog HDL로 설계하려는 kit_4multiplier_7seg 전체블록의 모듈 선언 및 입출력 포트 선언

14.3.2 논리회로 표현(logic circuit representation)

모듈 선언 및 입출력 포트 선언이 되었으므로 설계 블록의 내부 동작 또는 연결 구조를 기술하는 논리회로 표현을 하여야 한다. 설계하려는 kit_4multiplier_7seg 전체블록에서 부품간의 연결에 사용되는 신호선 key_clk, seg10a, seg10b 등과 버스 신호선 [3:0] dataa_buf, [3:0] datab_buf, [3:0] seg1a, [3:0] seg1b, [3:0] seg_1s, [3:0] seg_10s, [3:0] seg_100s 등을 지정어인 wire로 선언한다. 또한 [3:0] seg1s, [3:0] seg10s, [3:0] seg100s, count 등은 always문의 출력으로 사용되므로 지정어인 reg로 선언한다. 선언이 끝나면 하드웨어의 내부동작을 기술해야 하는데 여기서는 앞서 이미 설계한 하위모듈들을 이용하여 이들 상호간을 연결하여 블록을 설계하는 구조적 표현 방법과 always문을 사용하여 kit_4multiplier_7seg 전체블록을 설계하는 동작적 표현 방법을 혼합하여 사용하기로 한다.

그림 14.3.3은 Verilog HDL로 설계하려는 kit_4multiplier_7seg 전체블록의 논리회로를 심볼 형태로 표현 한 것이다. 먼저 keyin 하위모듈에 8 키와 5 키가 입력이 되면 이 값을 4비트 2진 코드로 바꿔서 [3:0] dataa와 [3:0] datab에 저장한다. 다음에 keyin 하위모듈에서 넘겨받은 2개의 4비트 2진 코드 [3:0] dataa와 [3:0] datab는 multiplier4_bcd 블록에서 bit4bin2bcd1(태스크)를 통해 BCD 코드로 변환이 되고, 두 값이 곱셈 된다. 그리고 입력받은 [3:0] dataa, [3:0] datab와 두 값이 곱셈된 결과를 모두 BCD로 변환하여 출력한다. 한편,

dy_segmentout 하위모듈은 multiplier4_bcd 하위모듈에서 변환된 seg10a, [3:0] seg1a, seg10b, [3:0] bcd1b와 곱셈 결과인 [3:0] seg10s, [3:0] seg1s를 입력으로 받는다. 입력받은 값들은 HBE-COMBO II 트레이닝 키트의 7-segment에 동적 디스플레이 되는데, 초기동작에서 7-segment는 모두 OFF되어진다. 이때 k1, k2, k3 등은 0으로 초기화 되어 있다. 만약 8 키가 눌리게 되면 A그룹의 7-segment가 [3:0] dataa_buf의 변환된 BCD 코드를 출력하고 k1은 1, 5 키가 눌리면 B그룹의 7-segment가 [3:0] datab_buf의 변환된 BCD 코드를 출력하고 k2가 1로 된다. 다음에 5 키가 눌렸다 떨어지게 되면 C그룹의 7-segment가 두 입력 값을 곱셈해서 BCD 코드로 변환한 값을 출력하고 k3이 1로 된다. 한편 kit_4multiplier_7seg 전체블록에서 두 번째 키가 눌렸다 떨어지는 시점은 count 신호가 1이고 k_clk1 신호가 하강에지 신호 일때 이며, 이때 event always문에서 [3:0] seg_1s → [3:0] seg1s, [3:0] seg_10s → [3:0] seg10s, [3:0] seg_100s → [3:0] seg100s로 출력한다. A, B 그룹의 7-segment중 10의 자리 7-segment는 값이 0일 경우 OFF 되고, C 그룹의 7-segment중 10의 자리와 100의 자리 7-segment는 값이 0일 경우 OFF 된다. 2번 이상의 키 입력이 들어오면 A, B, C 그룹의 7-segment는 계속해서 ON 된다. 한편, dotmatrix 블록에서는 "Verilog HDL"이라는 문자가 우에서 좌로 이동하면서 디스플레이 된다. 그림 14.3.4는 Verilog HDL로 설계하려는 kit_4multiplier_7seg 전체블록의 논리회로 표현을 나타내고 있다. 한편, keyin 하위모듈은 5장에서 설계한 Verilog HDL 코드를, dotmatrix 하위모듈은 4장에서 설계한 Verilog HDL 코드를 사용한다.

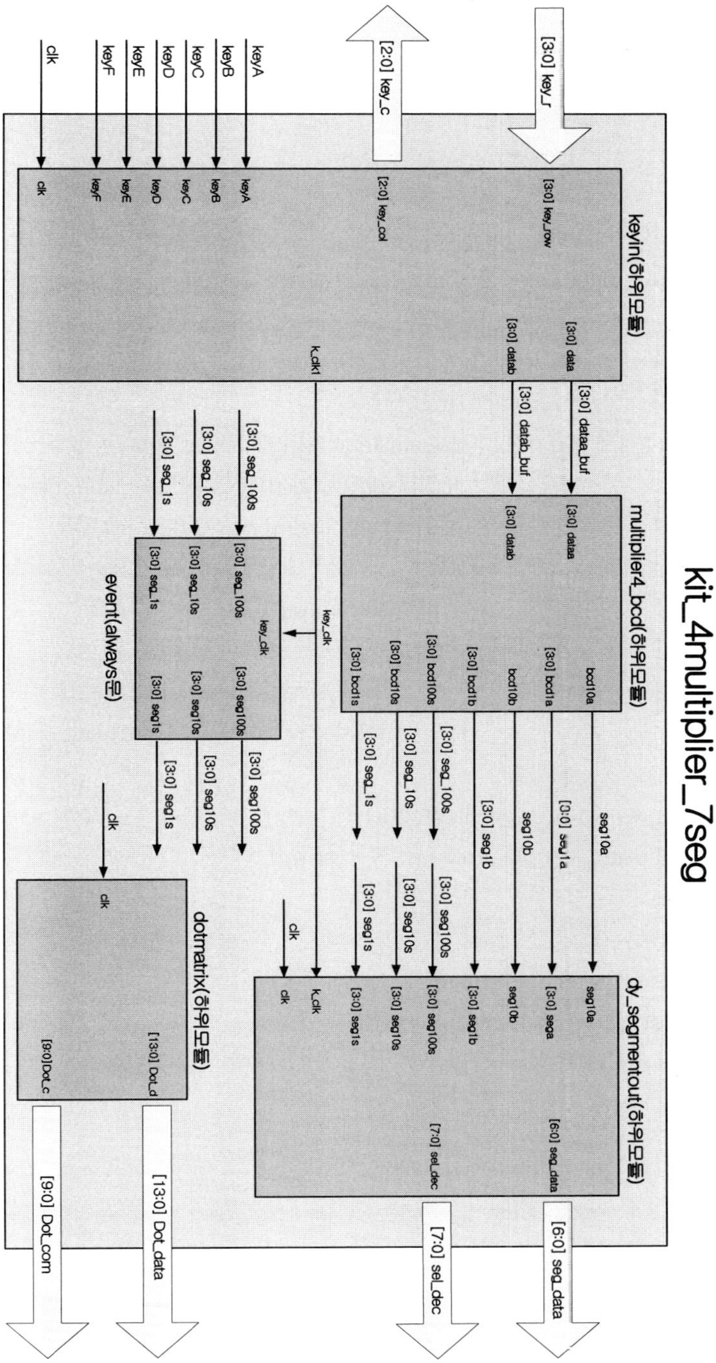

그림 14.3.3 Verilog HDL로 설계하려는 kit_4multiplier_7seg 전체블록의 논리회로를 심볼 형태로 표현한 것

```
wire [3:0] dataa_buf, datab_buf, seg1a, seg1b, seg_1s, seg_10s, seg_100s;
wire seg10a, seg10b, key_clk;
reg [3:0] seg1s, seg10s, seg100s;
reg count;

  dotmatrix dotmatrix_display (.clk(clk), .Dot_c(Dot_com), .Dot_d(Dot_data));
  keyin key_input (.key_col(key_c), .key_row(key_r), .clk(clk), .keyA(keyA),
                   .keyB(keyB), .keyC(keyC), .keyD(keyD), .keyE(keyE),
                   .keyF(keyF), .k_clk1(key_clk), .dataa(dataa_buf),
                   .datab(datab_buf));
  multiplier4_bcd bcd_trans (.dataa(dataa_buf), .datab(datab_buf), .bcd10a(seg10a),
                             .bcd1b(seg1b), .bcd10b(seg10b), .bcd1s(seg_1s),
                             .bcd10s(seg_10s), .bcd100s(seg_100s));
  dy_segmentout dynamic_display (.clk(clk), .k_clk(key_clk), .seg1a(seg1a),
                                 .seg10a(seg10a), .seg1b(seg1b),
                                 .seg10b(seg10b), .seg1s(seg1s),
                                 .seg10s(seg10s), .seg100s(seg100s),
                                 .sel_dec(sel_dec), .seg_data(seg_data));

  always @ (negedge key_clk)                    // event
     if (count == 0)   count <= count + 1;
     else
     begin
        seg1s   <= seg_1s;
        seg10s  <= seg_10s;
        seg100s <= seg_100s;
        count   <= 0;
     end
```

그림 14.3.4 Verilog HDL로 설계하려는 kit_4multiplier_7seg 블록의 논리회로 표현

14.4 4비트 2진 코드를 BCD 코드로 변환하고 곱하는 블록의 Verilog HDL 설계하기

14.4.1 모듈 선언 및 입출력 포트 선언(module and input/output port declaration)

그림 14.4.1은 Verilog HDL로 설계하려는 multiplier4_bcd 블록의 모듈 선언 및 입출력 포트 선언을 심볼 형태로 표현한 것이며, 그림 14.4.2는 Verilog HDL로 설계하려는 multiplier4_ bcd 블록의 모듈 선언 및 입출력 포트 선언을 나타내고 있다. 한편, module 다음에 오는 multiplier4_bcd는 이 블록의 모듈명이며 지정어 input과 output 다음에는 입력과 출력 포트들을 나타낸다. 설계하려는 multiplier4_bcd 블록은 지정어 input에 입력 신호를 위한 [3:0] dataa, [3:0] datab 포트들과 지정어 output에 출력 신호를 위한 [3:0] bcd1a, bcd10a, [3:0] bcd1b, bcd10b, [3:0] bcd1s, [3:0] bcd10s, [3:0] bcd100s 포트들을 기술한다.

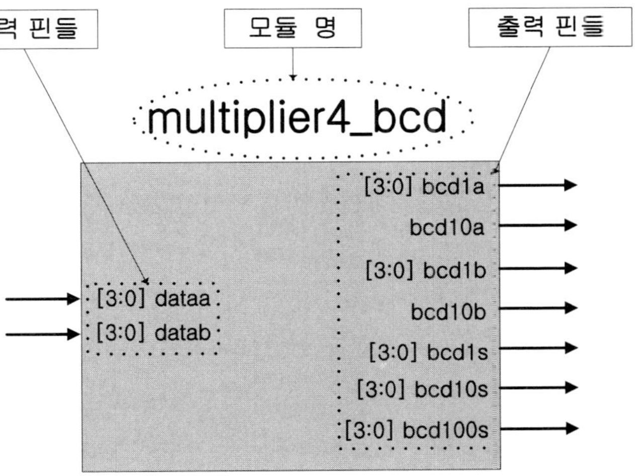

그림 14.4.1 Verilog HDL로 설계하려는 multiplier4_bcd 블록의 모듈 선언 및 입출력 포트 선언을 심볼 형태로 표현한 것

```
module multiplier4_bcd(dataa, datab, bcd1a, bcd10a, bcd1b, bcd10b, bcd1s, bcd10s,
                       bcd100s);
   input  [3:0] dataa, datab;
   output [3:0] bcd1a, bcd1b, bcd1s, bcd10s, bcd100s;
   output bcd10a, bcd10b;

                  ~

endmodule
```

그림 14.4.2 Verilog HDL로 설계하려는 multiplier4_bcd블록의 모듈 선언 및 입출력 포트 선언

14.4.2 논리회로 표현(logic circuit representation)

모듈 선언 및 입출력 포트 선언이 되었으므로 설계 블록의 내부 동작 또는 연결 구조를 기술하는 논리회로 표현을 하여야 한다. 설계하려는 multiplier4_bcd에서 부품간의 연결에 사용되는 버스 신호선 [7:0] num을 지정어인 wire로 선언한다. 또한 [3:0] bcd1a, [3:0] bcd1b, bcd10a, bcd10b 등은 always문의 출력으로 사용되므로 지정어 reg로 선언한다. 선언이 끝나면 하드웨어의 내부동작을 기술해야 하는데 여기서는 앞서 이미 설계한 하위모듈들을 이용하여 이들 상호간을 연결하여 블록을 설계하는 구조적 표현 방법과 always문을 사용하여 multiplier4_bcd 블록을 설계하는 동작적 표현 방법을 혼합하여 사용하기로 한다.

그림 14.4.3은 Verilog HDL로 설계하려는 multiplier4_bcd 블록의 논리회로를 심볼 형태로 표현 한 것이다. 먼저 입력된 4비트 2진 코드를 bcd1a, bcd10a, bcd1b, bcd10b로 분리하여 BCD 코드로 변환하기 위해 bit4bin2bcd1의 태스크를 이용하였다. bit4bin2bcd1의 태스크는 입력된 4비트 2진 코드를 BCD 코드로 변환하는 역할을 수행한다. 만약 입력된 값이 10을 넘는다면 1의 자리 수(s)는 입력 값에 +6을 하여 반환하고, 캐리(c)는 1로 반환한다. 그렇지 않으면 입력 값을 1의 자리 수(s)로 반환하고, 캐리(c)는 0을 반환한다. 변수 [3:0] bcd1a는 BCD 코드로 변환된 A데이터의 1의 자리, bcd10a는 BCD 코드로 변환된 A데이터의 10의 자리, [3:0] bcd1b는 BCD 코드로 변환된 B데이터의 1의 자리, bcd10b는 BCD 코드로 변환된 B데이터의 10의 자리를 의미한다. 한편 변환된 데이터는 dy_segmentout 블록으로 입력된다. 다음에 변환된 2진 코드는 by4x4multiplier 하위모듈 안으로 들어가게 되고 각 자리는 변환되어 총 8비트의 2진 코드가 나오게 된다. 이렇게 나온 8비트는 다시 BCD 코드로 변환해 줄 필요가 있다. 예를 들어 1000과 0101을 곱을 하게 되면 결과는

00101000이라는 값이 나오게 된다. 이 값은 bit8bin2bcd 하위모듈로 들어가게 된다. 이것은 8비트의 2진 값을 바로 BCD 로 변환해 주는 하위모듈이다. 이렇게 8비트의 값은 BCD 값으로 나오게 되고 그 값은 각각 100의 자리, 10의 자리, 1의 자리의 값으로 나오게 된다. 00101000의 값은 bcd로 0000 0100 0000의 값을 나타나게 된다. 처음의 4비트가 100의 자리가 되고 두 번째가 10의 자리 마지막이 1의 자리가 된다. 이렇게 출력된 [3:0] bcd100s, [3:0] bcd10s, [3:0] bcd1s 값은 dy_segmentout 블록의 입력으로 들어가서 7-segment로 출력되게 된다. 한편, 그림 14.4.4는 Verilog HDL로 설계하려는 multiplier4_bcd 블록의 논리회로 표현을 나타내고 있다. 한편, by4x4multiplier 하위모듈은 13장에서 설계한 Verilog HDL 코드를 사용한다.

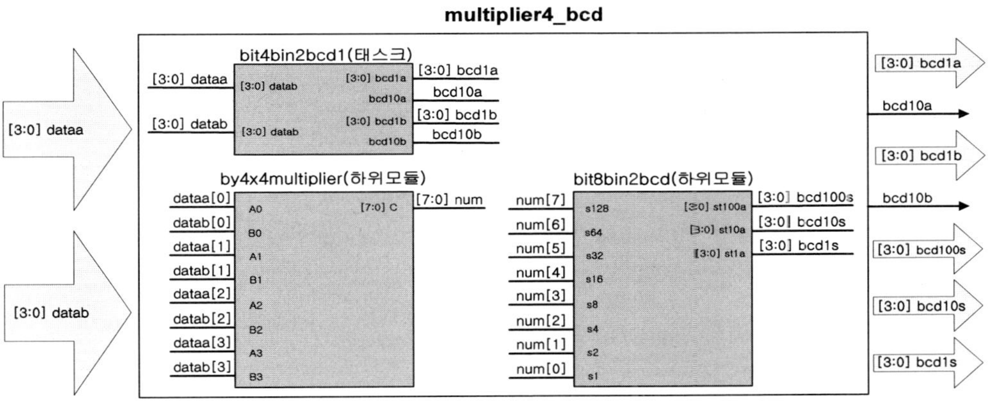

그림 14.4.3 Verilog HDL로 설계하려는 multiplier4_bcd 블록의 논리회로를 심볼 형태로 표현한 것

```
reg [3:0] bcd1a, bcd1b;
reg bcd10a, bcd10b;
wire [7:0] num;

    task bit4bin2bcd1;
       input [3:0] a;
       output [3:0] s;
       output c;
       reg [3:0] a;
       reg c;
       begin
          if (a >= 10)
          begin
```

```
            s <= a + 6;
            c <= 1;
        end
        else
        begin
            s <= a;
            c <= 0;
        end
    end
endtask

always @(dataa or datab)
begin
    bit4bin2bcd1(dataa, bcd1a, bcd10a);
    bit4bin2bcd1(datab, bcd1b, bcd10b);
end

by4x4multiplier by4x4multiplier1 (.A0(dataa[0]), .B0(datab[0]), .A1(dataa[1]),
                                  .B1(datab[1]), .A2(dataa[2]), .B2(datab[2]),
                                  .A3(dataa[3]), .B3(datab[3]), .C(num));
bit8bin2bcd BCD (.s128(num[7]), .s64(num[6]), .s32(num[5]), .s16(num[4]),
                 .s8(num[3]), .s4(num[2]), .s2(num[1]), .s1(num[0]),
                 .st100a(bcd100s), .st10a(bcd10s), .st1a(bcd1s));
```

그림 14.4.4 Verilog HDL로 설계하려는 multiplier4_bcd 블록의 논리회로 표현

14.4.3 8비트의 2진 코드를 BCD로 변환하는 블록의 Verilog HDL 설계하기

어떤 숫자의 체계에서든지 가장 큰 수는 항상 그 체계의 숫자보다 항상 1이 작다. 예를 들어 9는 10진 코드에서 가장 큰 수이다. 그리고 1은 2진수에서 가장 큰 수이다. 그리고 1001은 BCD(2진 10진 코드)에서 가장 큰 수이다. 한 체계의 숫자를 다른 체계로 변환하기 위해서는 가장 기본이 되는 숫자에 의한 나눗셈이 필요하다. 게다가, 이 기본이 되는 숫자는 항상 같은 체계의 숫자와 같아야만 한다. 예를 들어 우리가 10진 코드를 2진 코드로 변환한다고 할 때 우리는 이 10진 코드를 2로 나누어 준다. 이와 유사하게 2진 코드를 BCD로 변환하고자 할 때 우리는 2진 코드를 1010으로 나누어 주면 된다. 여기에도 특별한 규칙이 발생하게 되는데, 그 규칙은 처음의 2진 코드를 1010으로 더 이상 나눠지지 않을 때 까지 연산했을

때 그 마지막 값은 BCD 코드의 마지막 숫자가 된다. 그리고 그 몫을 다시 1010으로 나누어 몫과 나머지를 구하면 나머지가 10의 자리가 되고 몫이 더 이상 1010으로 나누어 지지 않을 때 그 값은 BCD 의 최상위의 숫자가 되는 것이다. 그리고 그 값을 계속 나눠 나갈 때 마다 자리가 올라간다. 그림 14.4.5와 같이 간단한 예를 들어 보면 2진 코드 11000010을 BCD로 변환하면, 11000010은 10진수로 변화했을 때 194이고 이것을 다시 BCD로 표현 했을 때는 0001 1001 0100이라는 숫자가 나오는 것을 확인 할 수 있다.

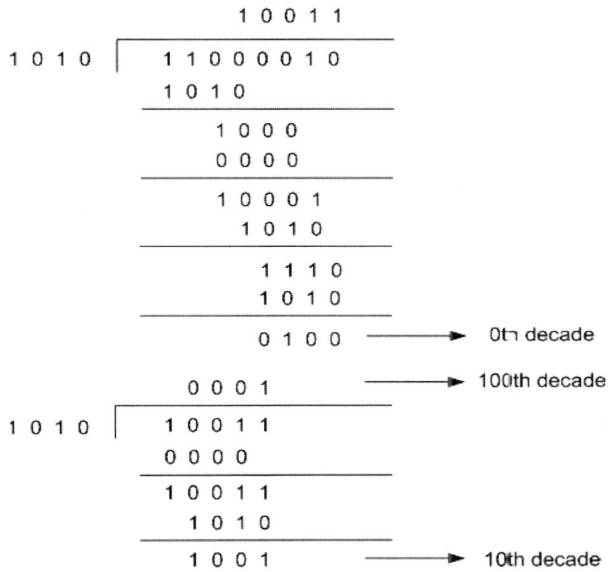

그림 14.4.5 2진 코드를 BCD로 변환하기 위한 나누기 수행 과정

한편, 그림 14.4.6과 같이 2진 코드를 1010으로 나누었을 때와 101로 나누었을 때의 값이 같음을 확인 할 수 있다.

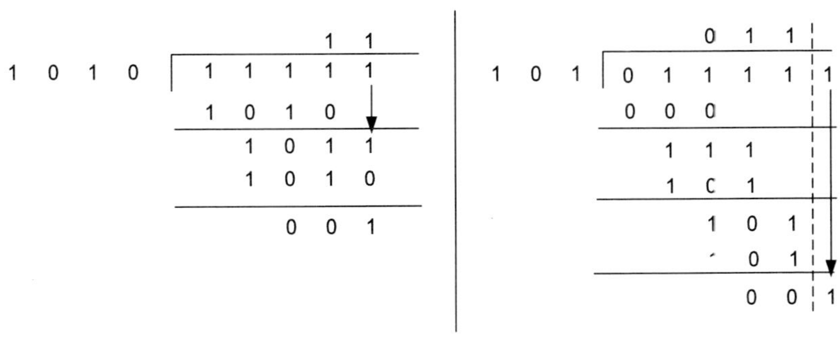

그림 14.4.6 2진 코드를 1010과 101로 나누었을 때 같다는 것을 보이는 과정

나누는 수인 2진 코드 1010의 마지막 4번째 자리의 수가 항상 0 이므로 이것은 뺄셈에서는 의미가 없다. 그러므로 우리는 4비트 뺄셈 대신에 3개의 뺄셈으로 할 수 있다. 그림 14.4.7의 알고리즘은 2진 코드를 101로 나누는 과정을 나타낸 것이다.

① X 의 값을 가져온다.(처음에는 맨 상위비트에 0을 추가한다.)
② 값 D2D1X ≧ 101 을 비교한다.
③ 값이 크거나 같으면, 뺄셈을 수행하고, C의 값을 1로 한다.
④ 값이 작다면 D3의 값이 0인지 1인지를 확인하고, 값이 0이면 뺄셈을 수행하지 않는다. 그리고 D2D1X를 다음 단계로 가지고 오고 C의 값을 0으로 한다.
⑤ D3의 값이 1이면 뺄셈을 수행하고 C의 값을 1로 한다.
⑥ 이러한 방법을 계속적으로 수행한다.
⑦ 2진 코드의 마지막 끝자리 수는 그대로 X 값으로 한다.

그림 14.4.7 2진 코드를 101로 나누는 과정의 알고리즘

그림 14.4.8은 2진 코드를 BCD 코드로 변환하는 과정에서 각각의 자리수의 대한 설명을 나타내고 있으며 그림 14.4.9는 그림 14.4.8의 계산식의 과정을 논리회로로 표현한 것을 나타내고 있다.

① X, X, X, X, X, X, X', X'', X'''……… : 나누워질 2진 비트열을 말함
② D3, D2, D1, D3', D2', D1', D3'', D2'', D1''………. : 각각의 다른 단계의 차
③ C, C', C'', C'''………… : 몫 비트 그리고 다음 나눗셈을 위한 비트

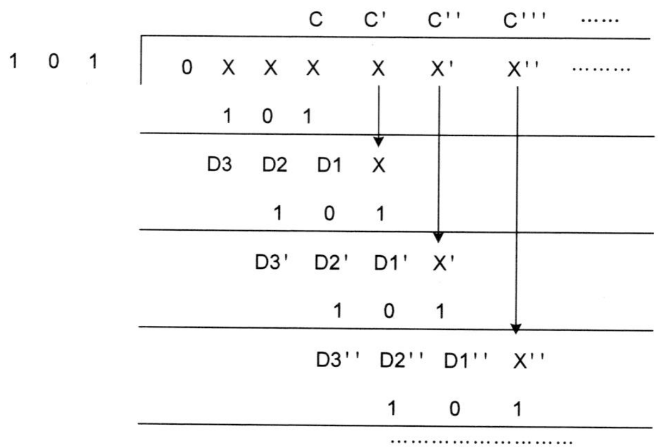

그림 14.4.8 2진 코드를 BCD 코드로 변환하는 과정에서 각각의 자리수의 대한 설명

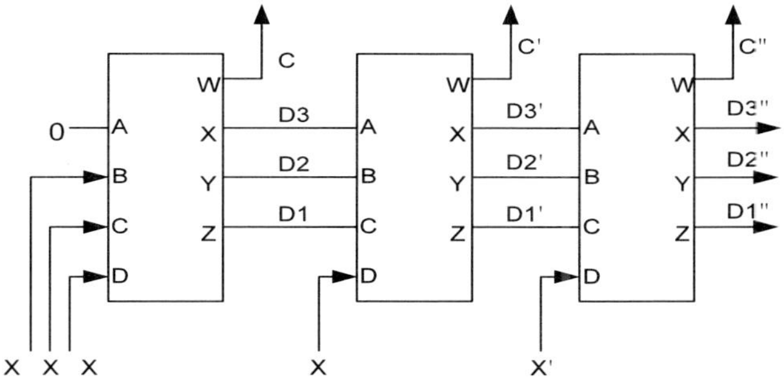

그림 14.4.9 그림 14.4.8의 계산식의 과정을 논리회로로 표현한 것

그림 14.4.10은 2진 코드를 101로 나누는 과정의 알고리즘에 의하여 2진 코드 11111111(255)를 BCD 코드로 변환하였을 때 0010(2) 0101(5) 0101(5)가 생성되는 것을 확인 할 수 있다.

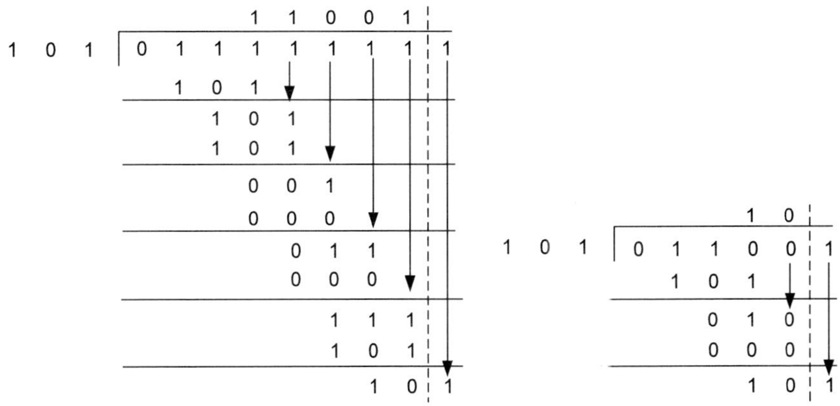

그림 14.4.10 2진 코드를 101로 나누는 과정의 알고리즘에 의하여 2진 코드 11111111을 BCD 코드로 변환하는 과정

(1) 모듈 선언 및 입출력 포트 선언(module and input/output port declaration)

그림 14.4.11은 Verilog HDL로 설계하려는 bit8bin2bcd 블록의 모듈 선언 및 입출력 포트 선언을 심볼 형태로 표현한 것이며, 14.4.12는 Verilog HDL로 설계하려는 bit8bin2bcd 블록의 모듈 선언 및 입출력 포트 선언을 나타내고 있다. 한편, module 다음에 오는 bit8bin2bcd는 이 블록의 모듈명이며 지정어 input과 output 다음에는 입력과 출력 포트들을 나타낸다. 설계하려는 bit8bin2bcd 블록은 지정어 input에 입력 신호를 위한 s128, s64, s32, s16, s8, s4, s2, s1 포트들과 지정어 output에 출력 신호를 위한 [3:0] st100a, [3:0] st10a, [3:0] st1a 포트들을 기술한다.

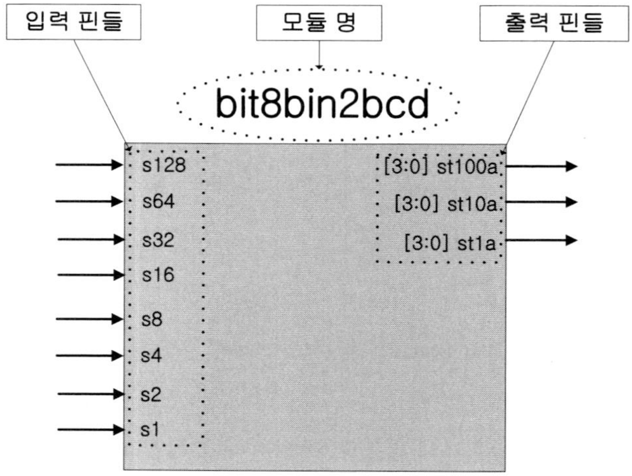

그림 14.4.11 Verilog HDL로 설계하려는 bit8bin2bcd 블록의 모듈 선언 및 입출력 포트 선언을 심볼 형태로 표현한 것

```
module bit8bin2bcd(s128, s64, s32, s16, s8, s4, s2, s1, st100a, st10a, st1a);
   input  s128, s64, s32, s16, s8, s4, s2, s1;
   output [3:0] st100a, st10a, st1a;

                    ~

endmodule
```

그림 14.4.12 Verilog HDL로 설계하려는 bit8bin2bcd 블록의 모듈 선언 및 입출력 포트 선언

(2) 논리회로 표현(logic circuit representation)

모듈 선언 및 입출력 포트 선언이 되었으므로 설계 블록의 내부 동작 또는 연결 구조를 기술하는 논리회로 표현을 하여야 한다. 설계하려는 bit8bin2bcd에서 부품간의 연결에 사용되는 신호선 gnd와 버스 신호선 [15:0] tmp, [3:0] tmp2, [8:0] answer 등을 지정어인 wire로 선언한다. 선언이 끝나면 하드웨어의 내부동작을 기술해야 하는데 여기서는 앞서 이미 설계한 하위모듈들을 이용하여 이들 상호간을 연결하여 블록을 설계하는 구조적 표현 방법과 연속 할당문 등을 사용하여 bit8bin2bcd 블록을 설계하는 자료흐름적 표현 방법을 혼합하여 사용하기로 한다.

그림 14.4.7은 Verilog HDL로 설계하려는 bit8bin2bcd 블록의 논리회로를 심볼 형태로 표현 한 것이다. 블록의 동작을 보면, 8비트의 2진 코드를 BCD 코드로 변환해주는 블록이

다. 앞서 설명한 것과 같이 101로 나누는 과정을 반복하여 BCD 코드의 각 자리를 구하는 블록이다. bit4bin2bcd2 하위모듈은 8비트를 4비트로 나눌 경우에 발생하는 하나의 나눗셈 과정을 수행한다. 각 bit4bin2bcd2 하위모듈의 상위의 비트 W는 몫을 의미하고, 나머지 하위 비트 XYZ는 나머지를 의미한다. 4비트와 4비트를 곱하면 결과 값이 최고 8비트까지 출력된다. BCD 코드는 4비트로 표현되기 때문에 곱한 결과 값 8비트를 4비트로 나눌 경우에 5번의 나눗셈 과정이 필요하므로 5개의 bit4bin2bcd2 하위모듈이 필요하다. 마지막 bit4bin2bcd2 하위모듈의 하위 비트 XYZ는 BCD 코드의 1의 자릿수를 출력하는데 사용되고, 상위 비트 W는 10의 자리의 마지막 비트가 된다. 한편, 각 bit4bin2bcd2 하위모듈의 상위 비트인 W는 몫을 형성하는데 사용된다. 따라서 5번의 나눗셈 과정에 의하여 몫이 5비트가 되므로, 다시 5비트를 4비트로 나눌 경우에 나눗셈의 과정이 2번이 수행되므로 2개의 bit4bin2bcd2 하위모듈이 필요하게 된다. 2개의 bit4bin2bcd2 하위모듈 중에서 마지막 bit4bin2bcd2 하위모듈의 하위 비트 XYZ는 BCD 코드의 10의 자릿수를 출력하는데 사용되고, 각 bit4bin2bcd2 하위모듈의 상위 비트인 W는 100의 자릿수를 출력하는데 사용된다. 한편, 100의 자리 수는 15와 15를 곱했을 경우에 나오는 최고의 수가 225이므로 2를 표현해 줄 수 있는 2비트만 사용하였다. 이렇게 bit8bin2bcd 블록의 [3:0] st100a → 100의 자리, [3:0] st10a → 10의 자리, [3:0] st1a → 1의 자리를 출력한다. 한편, 그림 14.4.13은 Verilog HDL로 설계하려는 bit8bin2bcd 블록의 논리회로 표현을 나타내고 있다.

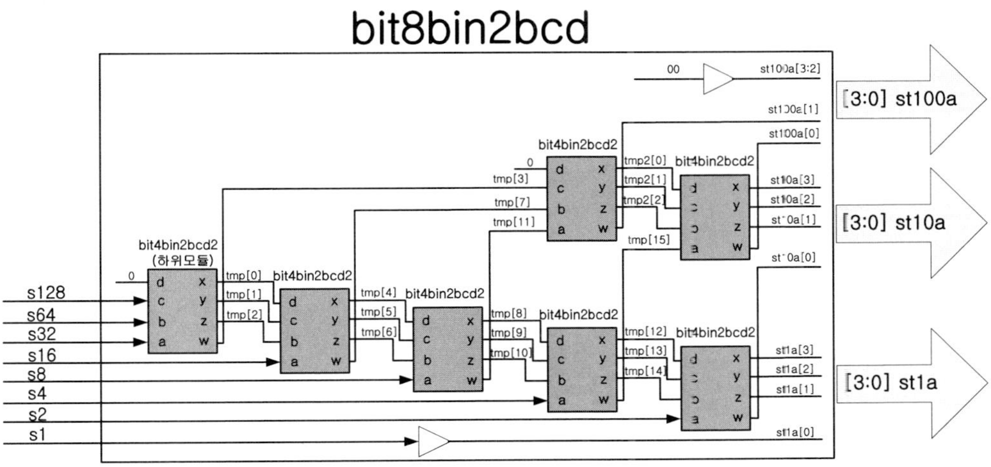

그림 14.4.13 Verilog HDL로 설계하려는 bit8bin2bcd 블록의 논리회로를 심볼 형태로 표현한 것

```
wire [15:0] tmp;
wire [3:0] tmp2;
wire [8:0] answer;
wire gnd;

   assign gnd = 1'b0;
   assign answer[0] = s1;

   bit4bin2bcd2 bcd1 (.d(gnd), .c(s128), .b(s64), .a(s32), .w(tmp[0]),
                      .x(tmp[1]), .y(tmp[2]), .z(tmp[3]));
   bit4bin2bcd2 bcd2 (.d(tmp[1]), .c(tmp[2]), .b(tmp[3]), .a(s16), .w(tmp[4]),
                      .x(tmp[5]), .y(tmp[6]), .z(tmp[7]));
   bit4bin2bcd2 bcd3 (.d(tmp[5]), .c(tmp[6]), .b(tmp[7]), .a(s8), .w(tmp[8]),
                      .x(tmp[9]), .y(tmp[10]), .z(tmp[11]));
   bit4bin2bcd2 bcd4 (.d(tmp[9]), .c(tmp[10]), .b(tmp[11]), .a(s4), .w(tmp[12]),
                     .x(tmp[13]), .y(tmp[14]), .z(tmp[15]));
   bit4bin2bcd2 bcd5 (.d(tmp[13]), .c(tmp[14]), .b(tmp[15]), .a(s2),
                      .w(answer[4]), .x(answer[3]), .y(answer[2]),
                      .z(answer[1]));
   bit4bin2bcd2 bcd6 (.d(gnd), .c(tmp[0]), .b(tmp[4]), .a(tmp[8]), .w(tmp2[0]),
                      .x(tmp2[1]), .y(tmp2[2]), .z(tmp2[3]));
   bit4bin2bcd2 bcd7 (.d(tmp2[1]), .c(tmp2[2]), .b(tmp2[3]), .a(tmp[12]),
                      .w(answer[8]), .x(answer[7]), .y(answer[6]),
                      .z(answer[5]));


   assign st100a[3:2] = 2'b00;
   assign st100a[1]   = tmp2[0];
   assign st100a[0]   = answer[8];
   assign st10a[3:0]  = answer[7:4];
   assign st1a[3:0]   = answer[3:0];
```

그림 14.4.14 Verilog HDL로 설계하려는 bit8bin2bcd 블록의 논리회로 표현

14.4.4 4비트 2진 코드를 101코드로 나누기 위한 bit4bin2bcd2 블록의 Verilog HDL설계하기

(1) 모듈 선언 및 입출력 포트 선언(module and Input/Output port declaration)

그림 14.4.15는 Verilog HDL로 설계하려는 bit4bin2bcd2 블록의 모듈 선언 및 입출력 포트 선언을 심볼 형태로 표현한 것이며, 그림 14.4.16은 Verilog HDL로 설계하려는 bit4bin2bcd2 블록의 모듈 선언 및 입출력 포트 선언을 나타내고 있다. 한편, module 다음에 오는 bit8bin2bcd는 이 블록의 모듈명이며 지정어 input과 output 다음에는 입력과 출력 포트들을 나타낸다. 설계하려는 bit4bin2bcd 블록은 지정어 input에 입력 신호를 위한 d, c, b, a 포트들과 지정어 output에 출력 신호를 위한 w, x, y, z 포트들을 기술한다.

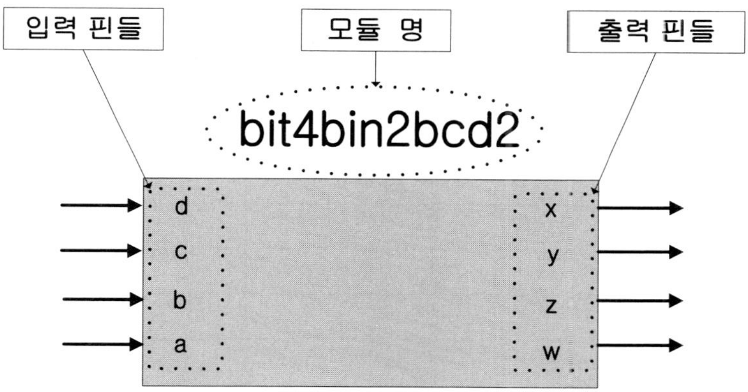

그림 14.4.15 Verilog HDL로 설계하려는 bit4bin2bcd2 블록의 모듈 선언 및 입출력 포트 선언을 심볼 형태로 표현한 것

```
module bit4bin2bcd2(d, c, b, a, w, x, y, z);
   input  d, c, b, a;
   output w, x, y, z;

                 ~

endmodule
```

그림 14.4.16 Verilog HDL로 설계하려는 bit8bin2bcd2 블록의 모듈 선언 및 입출력 포트 선언

(2) 논리회로 표현(logic circuit representation)

모듈 선언 및 입출력 포트 선언이 되었으므로 설계 블록의 내부 동작 또는 연결 구조를 기술하는 논리회로 표현을 기술해야 하는데 여기서는 bit4bin2bcd2 블록 내의 신호 및 제어의 흐름을 나타내는 자료흐름적 표현 방법을 사용하기로 한다.

표 14.4.1은 4비트 2진 코드를 101 코드로 나눈 결과를 나타내고 있다. d, c, b, a는 각 D3, D2, D1, W에 해당하고, w, x, y, z는 각각 C, D3', D2', D1'에 해당된다.

표 14.4.1 4비트 2진 코드를 101 코드로 나눈 결과

입력				출력			
d	c	b	a	w	x	y	z
D3	D2	D1	X	C	D3'	D2'	D1'
0	0	0	0	0	0	0	0
0	0	0	1	0	0	0	1
0	0	1	0	0	0	1	0
0	0	1	1	0	0	1	1
0	1	0	0	0	1	0	0
0	1	0	1	1	0	0	0
0	1	1	0	1	0	0	1
0	1	1	1	1	0	1	0
1	0	0	0	1	0	1	1
1	0	0	1	1	1	0	0
1	0	1	0	1	1	0	1
1	0	1	1	1	1	1	0
1	1	0	0	1	1	1	1
1	1	0	1	1	0	0	0
1	1	1	0	1	0	0	1
1	1	1	1	1	0	1	0

한편, 표 14.4.2의 출력 값을 카르노 맵에 적용하면 그림 14.4.17과 같다.

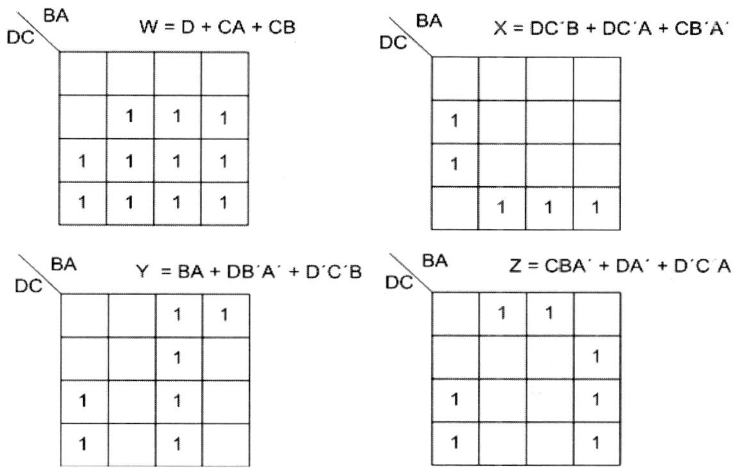

그림 14.4.17 표 14.4.1의 출력 값을 카르노 맵에 적용

그림 14.4.18은 Verilog HDL로 설계하려는 bit4bin2bcd2 블록의 논리회로를 심볼 형태로 표현 한 것이다. 그림 14.4.19는 Verilog HDL로 설계하려는 bit4bin2bcd2 블록의 논리회로 표현을 나타내고 있다.

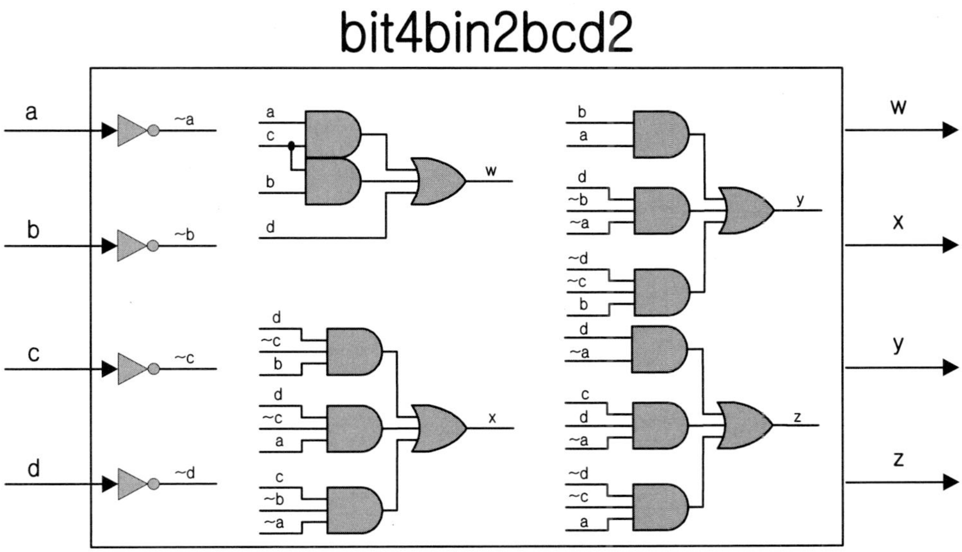

그림 14.4.18 Verilog HDL로 설계하려는 bit4bin2bcd2 블록의 논리회로를 심볼 형태로 표현한 것

```
assign w = (d | (a & c) | (b * c));
assign x => ((d & (~c) & b) | (d & (~c) & a) | (c & (~b) & (~a)));
assign y = ((b & a) | (d & (~b) & (~a)) | ((~d) & (~c) & b));
assign z = ((c & b & (~a)) | (d & (~a)) | ((~d) & (~c) & a));s
```

그림 14.4.19 Verilog HDL로 설계하려는 bit4bin2bcd2 블록의 논리회로 표현

14.5 HBE-COMBO II 트레이닝 키트의 7-segment에 디스플레이 하는 블록의 Verilog HDL 설계하기

14.5.1 모듈 선언 및 입출력 포트 선언(module and input/output port declaration)

그림 14.5.1은 Verilog HDL로 설계하려는 dy_segmentout 블록의 모듈 선언 및 입출력 포트 선언을 심볼 형태로 표현한 것이며, 그림 14.5.2는 Verilog HDL로 설계하려는 dy_segmentout 블록의 모듈 선언 및 입출력 포트 선언을 나타내고 있다. 한편, module 다음에 오는 dy_segmentout는 이 블록의 모듈명이며 지정어 input과 output 다음에는 입력과 출력 포트들을 나타낸다. 설계하려는 dy_segmentout 블록은 지정어 port 괄호 안에 입력 신호를 위한 clk, k_clk, seg10a, seg10b, [3:0] seg1a, [3:0] seg1b, [3:0] seg1s, [3:0] seg10s, [3:0] seg100s 포트들과 출력 신호를 위한 [6:0] seg_data, [7:0] sel_dec 포트들을 기술한다.

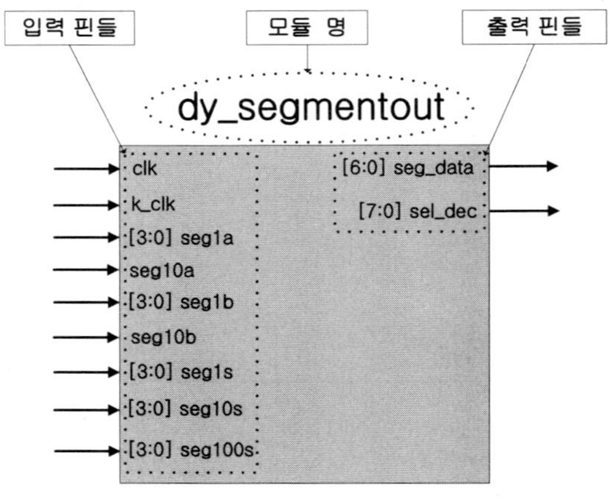

그림 14.5.1 Verilog HDL로 설계하려는 dy_segmentout 블록의 모듈 선언 및 입출력 포트 선언을 심볼 형태로 표현한 것

```
module dy_segmentout(clk, k_clk, seg1a, seg10a, seg1b, seg10b, seg1s, seg10s,
                     seg100s, seg_data, sel_dec);
   input clk, k_clk, seg10a, seg10b;
   input [3:0] seg1a, seg1b, seg1s, seg10s, seg100s;
   output [6:0] seg_data;
   output [7:0] sel_dec;

                 ~

endmodule
```

그림 14.5.2 Verilog HDL로 설계하려는 dy_segmentout 블록의 모듈 선언 및 입출력 포트 선언

14.5.2 논리회로 표현(logic circuit representation)

모듈 선언 및 입출력 포트 선언이 되었으므로 설계 블록의 내부 동작 또는 연결 구조를 기술하는 논리회로 표현을 하여야 한다. 설계하려는 dy_segmentout 블록에서 부품간의 연결에 사용되는 신호선 k1, k2, k3 등과 버스 신호선 [3:0] mid_data, [2:0] count, [2:0] sel_select 등과 모듈 선언 및 입출력 포트 선언에서 선언된 [7:0] sel_dec는 always문의 출력으로 사용되므로 지정어인 reg로 선언한다. 한편, k_count는 integer로 선언하며, 범위는 default 값인 32비트가 된다. 다음에 세그먼트에 출력될 데이터를 결정하는 segment_data 함수를 설계하였다. 선언이 끝나면 하드웨어의 내부동작을 기술해야 하는데 여기서는 always문을 사용하여 dy_segmentout 블록을 설계하는 동작적 표현 방법을 사용하기로 한다.

그림 14.5.3은 Verilog HDL로 설계하려는 dy_segmentout 블록의 논리회로를 심볼 형태로 표현 한 것이다. dy_segmentout 블록은 입력받은 7개의 BCD 코드를 HBE-COMBO II 트레이닝 키트의 7-segment에 동적 디스플레이하기 위한 블록이다. 그림 14.5.4는 입력받은 7개의 BCD 코드를 HBE-COMBO II 트레이닝 키트의 7-segment에 동적 디스플레이하기 위한 블록이다. 이 블록의 주요 동작은 출력할 7-segment를 선택하는 제어 선을 만드는 것이다. 실제 출력되는 7-segment 수는 7개이므로 7진 카운터를 설계해야 하지만 HBE-COMBO II 트레이닝 키트에 장착된 7-segment의 수가 8개 이므로 8진 카운터를 설계한다. 이 예제에서는 8진 카운터를 count를 변수로 선언하여 범위를 0부터 7까지 반복적으로 출력하게 설계 하였다. fnd_data_select always문에서는 clk가 상승에지일 때 count 변수가 0부터 7까지 반복적으로 카운트되어 8개의 7-segment를 가리키게 된다. 예를 들어

count 값이 0이면 첫 번째 7-segment를 가리키며 이 위치에는 첫 번째 키 값의 10의 자리가 디스플레이 된다. 함수 segment_data는 0부터 9까지의 값을 7-segment로 디스플레이 할 수 있는 데이터를 만들어 낸다. 예를 들어 1은 0000110으로 변환되어 7-segment에 디스플레이 되어진다. 또한 fnd_select always문에서는 카운트 값인 sel_select의 값에 따라 sel_dec 값을 출력하여 디스플레이 할 7-segment를 선택한다. up_counter always문에서는 k_clk1입력에 따라 32비트까지 카운터로 동작하며, 그 값은 display_onoff always문으로 입력된다. display_onoff always문의 동작을 보면, 첫 번째 키가 눌리는 시점에 k1은 1이 되고, 두 번째 키가 눌리는 순간에 k2가 1이 된다. D 플립플롭 always문은 k_clk1의 하강에지에서 k2신호의 값을 k3로 출력한다. k3가 High가 되는 순간은 두 번째 키 입력이 눌렀다 떼어지는 순간이다. 그림 14.5.4는 k_clk1, k1, k2, k3 등의 동작 파형을 나타내고 있다. 한편, dy_segmentout 블록은 같은 형태의 데이터 흐름이 반복되는 것이므로 8개의 7-segment 중에서 7번째 7-segment가 ON, OFF 되는 시기를 예를 들어 설명하기로 한다. 7번째 7-segment가 ON 되는 시기는 count의 값이 6이고, seg10s가 0000의 값이 아니며 k3이 1일 때이다. 이때 mid_data의 값은 [3:0] seg10s의 데이터가 되므로 7번째 7-segment에 [3:0] seg10s가 출력된다. 예를 들어 [3:0] seg10s의 값이 0001이면, mid_data는 0001이 된다. 다음에 mid_data 데이터를 segment_data 함수의 매개변수로 적용시키고 반환되는 값 0000110은 seg_data의 값이 되므로 7번째 7-segment에는 1이 디스플레이 된다. 여기서 seg_data는 7-segment의 데이터 선을 제어하는 출력선이다. 한편, 7번째 7-segment가 OFF 되는 시기는 count의 값이 6이고, seg10s가 0000의 값을 가지거나 k3이 0일 때이다. 이때 mid_data는 1111이 된다. 다음에 mid_data 데이터를 segment_data 함수의 매개변수로 적용시키고 반환되는 값 0000000은 seg_data의 값이 되므로 7-segment는 OFF 된다. 그림 14.5.5는 7-segment의 ON, OFF를 나타내고 있다. 한편, k1, k2, k3 등의 초기 값이 0이기 때문에 초기에 7-segment는 모두 OFF 된다. 그림 14.5.6은 Verilog HDL로 설계하려는 dy_segmentout 블록의 논리회로 표현을 나타내고 있다.

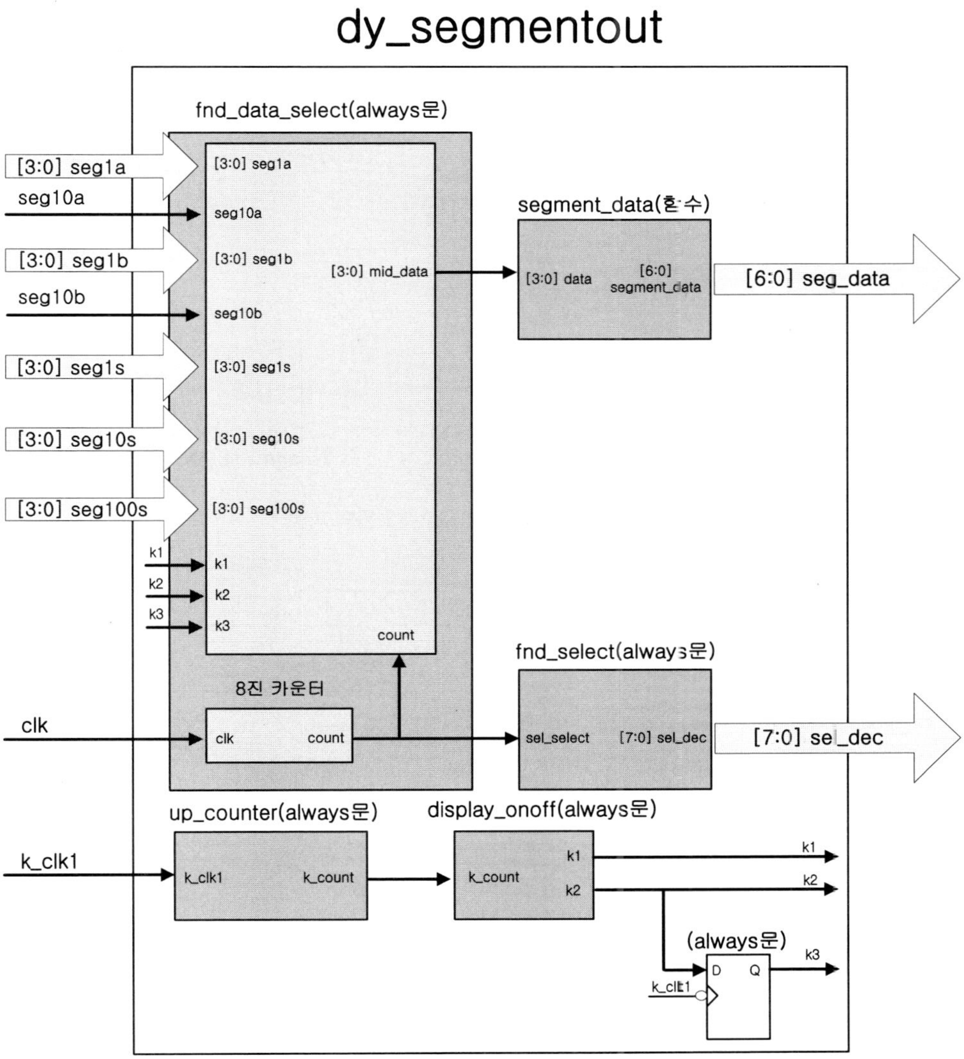

그림 14.5.3 Verilog HDL로 설계하려는 dy_segmentout 블록의 논리회로를 심볼 형태로 표현한 것

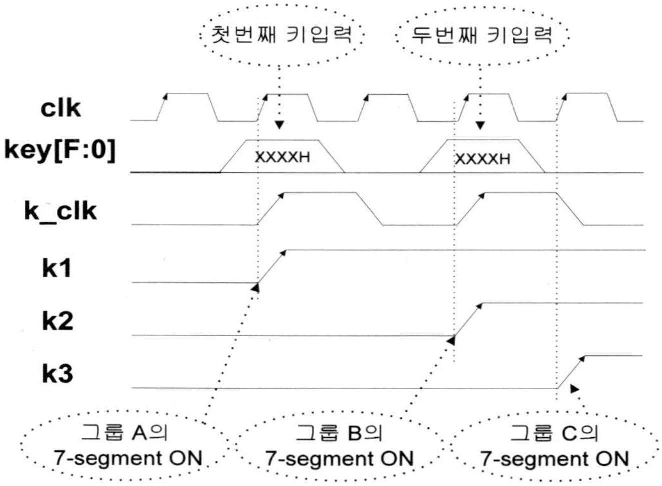

그림 14.5.4 k_clk1, k1, k2, k3 등의 파형

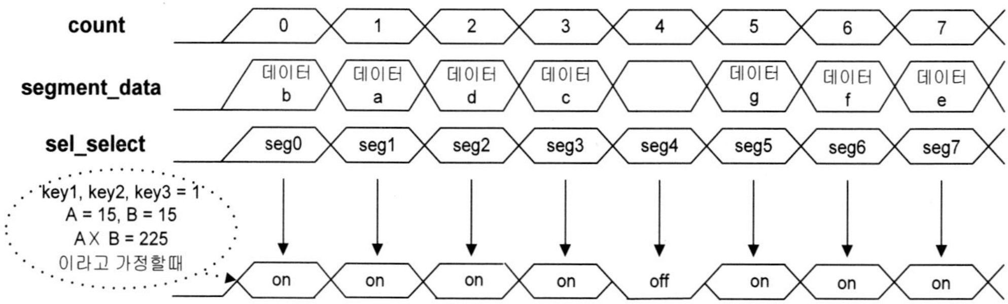

그림 14.5.5 동적 디스플레이의 타이밍 도와 7-segment ON, OFF의 예

```
reg k1, k2, k3;
reg [7:0] sel_dec;
reg [3:0] mid_data;
reg [2:0] count;
reg [2:0] sel_select;
integer k_count;

    assign seg_data = segment_data(mid_data);
    function [6:0] segment_data;
        input [3:0] data;
            case(data)
                4'b0000 : segment_data = 7'b0111111;
                4'b0001 : segment_data = 7'b0000110;
                4'b0010 : segment_data = 7'b1011011;
                4'b0011 : segment_data = 7'b1001111;
                4'b0100 : segment_data = 7'b1100110;
                4'b0101 : segment_data = 7'b1101101;
                4'b0110 : segment_data = 7'b1111101;
                4'b0111 : segment_data = 7'b0100111;
                4'b1000 : segment_data = 7'b1111111;
                4'b1001 : segment_data = 7'b1100111;
                4'b1010 : segment_data = 7'b1000000;
                default  : segment_data = 7'b0000000;
            endcase
    endfunction

    always @ (posedge k_clk)                    // up_counter
        k_count <= k_count + 1;

    always @ (k_count)                          // display_onoff
    begin
        if (k_count == 0)
        begin
            k1 <= 0; k2 <= 0;
        end
        else if (k_count == 1)
        begin
            k1 <= 1; k2 <= 0;
        end
        else
        begin
            k1 <= 1; k2 <= 1;
        end
```

```
    end

    always @ (negedge k_clk)                                // D F/F
       k3 <= k2;

    always @ (posedge clk)                                  //  fnd_data_select
    begin
       count <= count + 1;
       if ((count == 0) && seg10a && k1)                        mid_data <= 4'b0001;
       else if ((count == 1) && k1)                             mid_data <= seg1a;
       else if ((count == 2) && seg10b && k2)                   mid_data <= 4'b0001;
       else if ((count == 3) && k2)                             mid_data <= seg1b;
       else if ((count == 5) && seg100s != 4'b0000 && k3) mid_data <= seg100s;
       else if ((count == 6) && k3)
       begin
          if (seg100s == 4'b0000 & seg10s  ==4'b0000)      mid_data <= 4'b1111;
          else                                                  mid_data <= seg10s;
       end
       else if (count == 7 & k3)                                mid_data <= seg1s;
       else                                                     mid_data <= 4'b1111;
       sel_select <= count;
    end

    always @(sel_select)                                    // fnd_select
    begin
       case(sel_select)
          3'b000 : sel_dec <= 8'b11111110;
          3'b001 : sel_dec <= 8'b11111101;
          3'b010 : sel_dec <= 8'b11111011;
          3'b011 : sel_dec <= 8'b11110111;
          3'b100 : sel_dec <= 8'b11111111;
          3'b101 : sel_dec <= 8'b11011111;
          3'b110 : sel_dec <= 8'b10111111;
          3'b111 : sel_dec <= 8'b01111111;
       endcase
    end
endmodule
```

그림 14.5.6 Verilog HDL로 설계하려는 dy_segmentout 블록의 논리회로 표현

14.6 타이밍 시뮬레이션 파형에 의한 분석 및 검증

그림 14.6.1은 ModelSim-Altera Edition 6.5e를 이용하여 타이밍 시뮬레이션 과정을 수행하기 위한 Test Bench 파일이며, 그림 14.6.2는 타이밍 시뮬레이션 결과 파형을 나타내고 있다. 그림 14.6.2의 타이밍 시뮬레이션 결과 파형을 분석해보면 다음과 같다. 먼저 첫 번째 A 키를 누르면 keyA가 High가 되는 순간에 출력 값(seg_data)이 0000110이 되어 A그룹 7-segment의 10의 자리에 1, sel_dec는 11111110, 출력 값(seg_data)이 0111111이 되어 A그룹 7-segment의 1의 자리에 0, sel_dec는 11111101이 된다. 두 번째 C 키를 누르면 keyC가 High가 되는 순간에 출력 값(seg_data)이 0000110이 되어 B그룹 7-segment의 10의 자리에 1, sel_dec는 11111011, 출력 값(seg_data)이 1011011이 되어 B그룹 7-segment의 1의 자리에 2, sel_dec는 11110111이 된다. 한편, 곱셈된 결과 값인 120은 두 번째 키 입력이 눌렸다 떼어지는 순간(Low → High)에 출력 값(seg_data)이 0000110이 되어 C그룹 7-segment의 100의 자리에 1, sel_dec는 11011111, 출력 값(seg_data)이 1011011이 되어 7-segment의 10의 자리에 2, sel_dec는 10111111, 출력 값(seg_data)이 0111111이 되어 C그룹 7-segment의 1의 자리에 0, sel_dec는 01111111이 된다.

```
`timescale 1ns / 1ns
module tb_kit_4multiplier_7seg;
   reg clk;
   reg [3:0] key_r;
   reg keyA;
   reg keyB;
   reg keyC;
   reg keyD;
   reg keyE;
   reg keyF;
   wire [2:0] key_c;
   wire [6:0] seg_data;
   wire [7:0] sel_dec;
   wire [9:0] Dot_com;
   wire [13:0] Dot_data;
   parameter sec = 25;
      kit_4multiplier_7seg uut (.clk(clk), .key_c(key_c), .key_r(key_r), .keyA(keyA),
                                .keyB(keyB), .keyC(keyC), .keyD(keyD), .keyE(keyE),
                                .keyF(keyF), .seg_data(seg_data), .sel_dec(sel_dec),
                                .Dot_com(Dot_com), .Dot_data(Dot_data));
      always #(sec) clk = ~clk;
      initial begin
         clk = 0;  key_r = 0;  keyA = 0;  keyB = 0;  keyC = 0;  keyD = 0;  keyE = 0;
         keyF = 0; #0;
         keyA = 0; #100;
         keyA = 1; #100;
         keyA = 0; #100;
         keyC = 1; #100;
         keyC = 0; #600;   $stop;
      end
endmodule
```

그림 14.6.1 kit_4multiplier_7seg 전체블록을 ModelSim-Altera Edition 6.5e를 이용하여 타이밍 시뮬레이션 하기 위한 Test Bench 파일

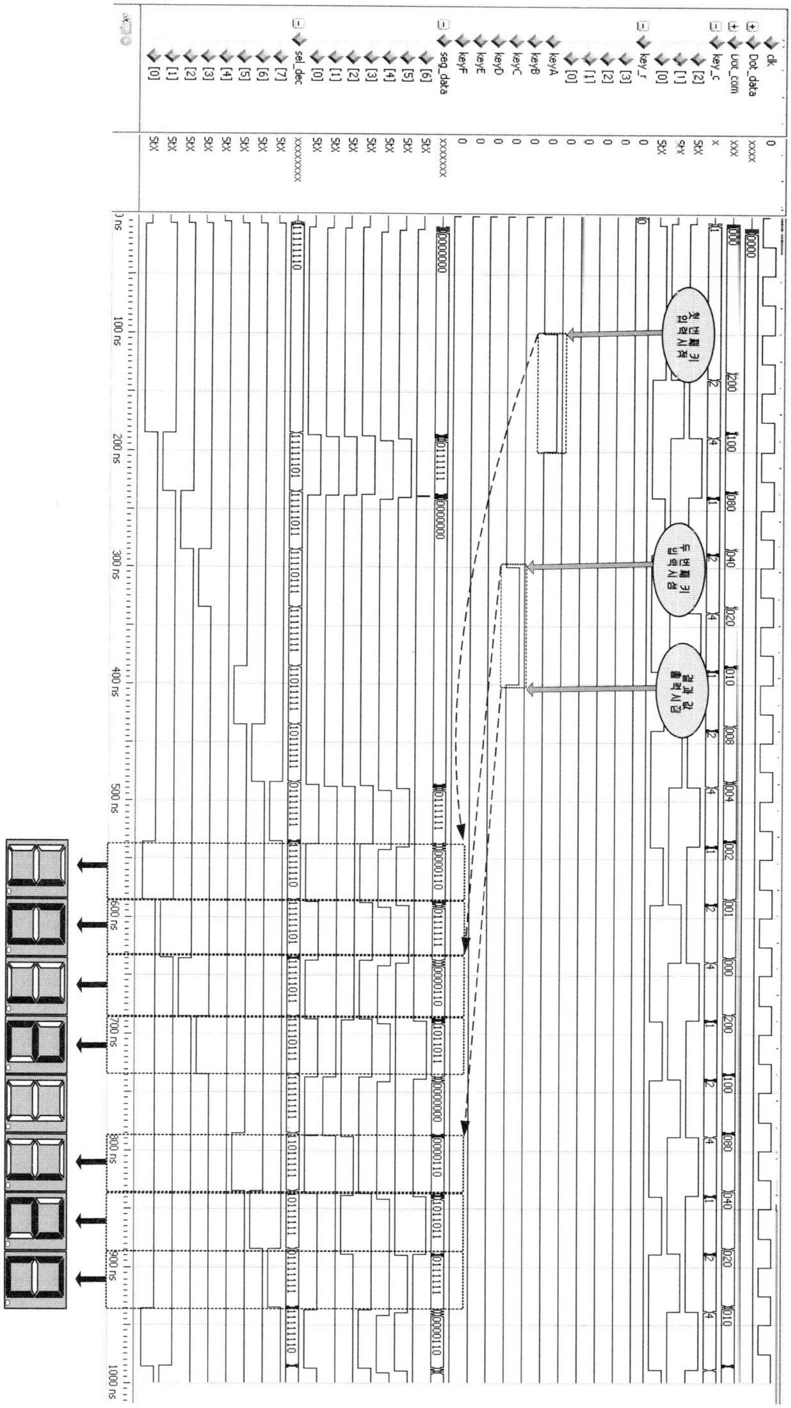

그림 14.6.1 타이밍 시뮬레이션 결과 파형

14.7 HBE-COMBO II 트레이닝 키트에 프로그래밍 하기 위한 핀 할당 정보

표 14.7.1 HBE-COMBO II 트레이닝 키트에 프로그래밍 하기 위한 핀 할당 정보

입력 핀		출력 핀	
핀 이름	핀 번호	핀 이름	핀 번호
key_r[0]	PIN_AD10	seg_data[0]	PIN_AF5
key_r[1]	PIN_AC10	seg_data[1]	PIN_AE5
key_r[2]	PIN_V10	seg_data[2]	PIN_AD6
key_r[3]	PIN_AF9	seg_data[3]	PIN_AC6
keya	PIN_Y10	seg_data[4]	PIN_AA2
keyb	PIN_W10	seg_data[5]	PIN_AA1
keyc	PIN_AA9	seg_data[6]	PIN_AA6
keyd	PIN_V9	sel_dec[0]	PIN_Y1
keye	PIN_AE9	sel_dec[1]	PIN_Y4
keyf	PIN_AC9	sel_dec[2]	PIN_Y3
clk	PIN_N1	sel_dec[3]	PIN_W1
		sel_dec[4]	PIN_Y5
		sel_dec[5]	PIN_W3
		sel_dec[6]	PIN_W2
		sel_dec[7]	PIN_V1
		key_c[0]	PIN_V11
		key_c[1]	PIN_AB10
		key_c[2]	PIN_AA10
		Dot_data[0]	PIN_U3
		Dot_data[1]	PIN_U6
		Dot_data[2]	PIN_U5
		Dot_data[3]	PIN_U9
		Dot_data[4]	PIN_U7
		Dot_data[5]	PIN_T2
		Dot_data[6]	PIN_U10
		Dot_data[7]	PIN_T6
		Dot_data[8]	PIN_T3
		Dot_data[9]	PIN_T8
		Dot_data[10]	PIN_T7
		Dot_data[11]	PIN_T10
		Dot_data[12]	PIN_T9
		Dot_data[13]	PIN_R3
Clock Select : 8(10KHz)		Dot_com[0]	PIN_W4
		Dot_com[1]	PIN_V3
		Dot_com[2]	PIN_V2
		Dot_com[3]	PIN_V5
		Dot_com[4]	PIN_V4
		Dot_com[5]	PIN_V7
		Dot_com[6]	PIN_V6
		Dot_com[7]	PIN_U2
		Dot_com[8]	PIN_U1
		Dot_com[9]	PIN_U4

CHAPTER 15

Verilog HDL을 사용하여 설계한 4비트 2진 곱셈기를 HBE-COMBO II 트레이닝 키트의 vfd로 출력하기

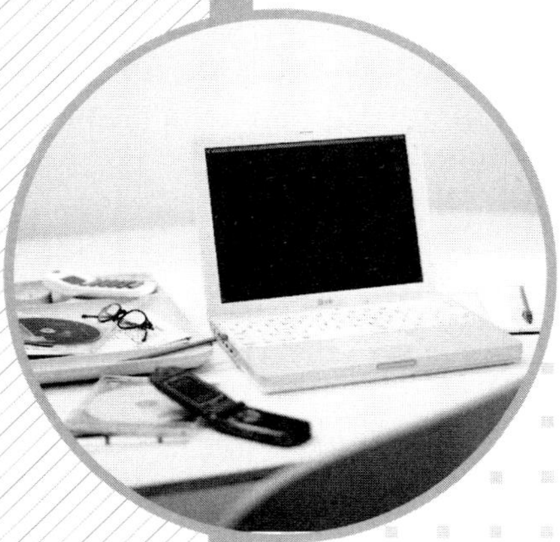

15.1 HBE-COMBOⅡ 트레이닝 키트의 vfd에 문자와 4비트 2진 곱셈기를 디스플레이 하는 전체블록의 개요 및 동작 설명

15.2 HBE-COMBOⅡ 트레이닝 키트의 vfd에 문자와 4비트 2진 곱셈기를 디스플레이 하는 전체블록의 Verilog HDL 설계하기

15.3 HBE-COMBOⅡ 트레이닝 키트의 vfd에 출력하는 vfd_display 블록의 Verilog HDL 설계

15.4 타이밍 시뮬레이션 파형에 의한 분석 및 검증

15.5 HBE-COMBOⅡ 트레이닝 키트에 프로그래밍 하기 위한 핀 할당 정보

15.1 HBE-COMBO II 트레이닝 키트의 vfd에 문자와 4비트 2진 곱셈기를 디스플레이 하는 전체블록의 개요 및 동작 설명

그림 15.1.1은 트레이닝 키트의 vfd에 문자와 4비트 2진 곱셈기를 디스플레이 하는 전체 블록도이다. 전체 블록은 HBE-COMBO II 트레이닝 키트의 keypad로부터 2개의 데이터를 입력받아 2진 코드로 출력하는 keyin 블록, keyin 블록에서 넘어온 데이터를 BCD 코드로 변환해서 출력하고 두 값을 곱한 결과를 BCD 코드로 출력하는 multilplier4_bcd 블록, multilplier4_bcd 블록에서 넘어온 데이터를 vfd에 내보내는 vdf_display 블록으로 구성된다. 한편, dotmatrix 블록에서는 "Verilog HDL"이라는 문자가 우에서 좌로 이동하면서 디스플레이 된다. 그림 15.1.2는 실제적으로 vfd에 출력될 데이터와 데이터가 출력될 칸 정보이다. 첫 번째 라인은 문자 데이터가 출력되고 두 번째 라인은 입력 값, 문자 정보, 출력 값이 함께 출력된다.

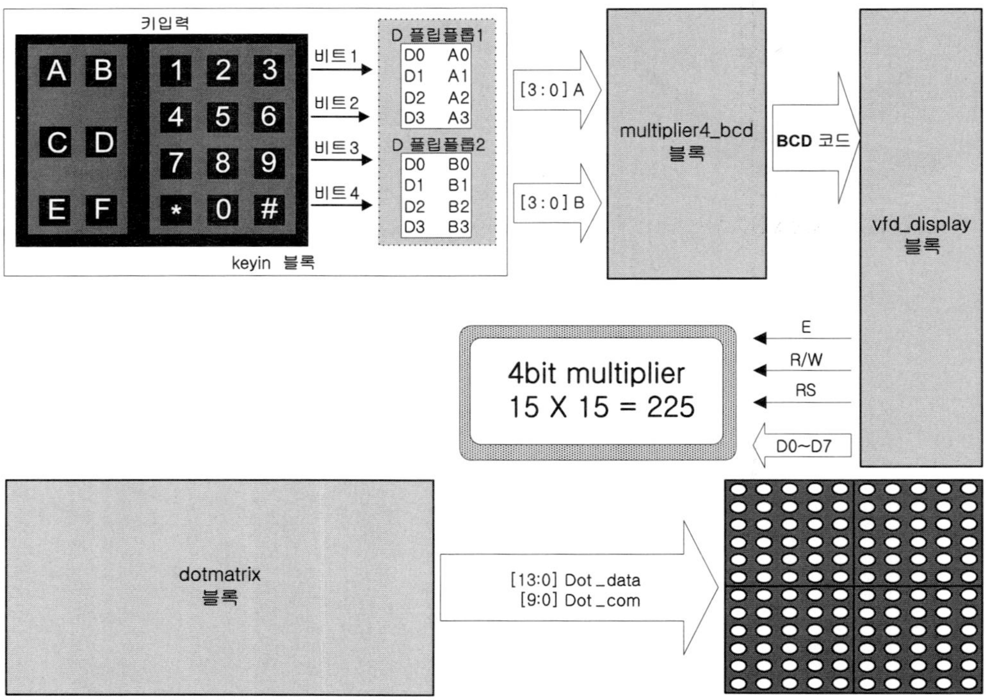

그림 15.1.1 HBE-COMBO II 트레이닝 키트의 vfd에 문자와 4비트 2진 곱셈기를 디스플레이 하는 전체블록도

4	b	i	t			m	u	l	t	i	p	l	i	e	r
	a10	a1		X		b10	b1		=		s100	s10	s1		

그림 15.1.2 vfd에 실제적으로 출력될 문자와 칸 정보

15.2 HBE-COMBO II 트레이닝 키트의 vfd에 문자와 4비트 2진 곱셈기를 디스플레이 하는 전체블록의 Verilog HDL 설계하기

15.2.1 모듈 선언 및 입출력 포트 선언(module and input/output port declaration)

그림 15.2.1은 Verilog HDL로 설계하려는 kit_4multiplier_vfd 전체블록의 모듈 선언 및 입출력 포트 선언을 심볼 형태로 표현한 것이며, 그림 15.2.2는 Verilog HDL로 설계하려는 kit_4multiplier_vfd 전체블록의 모듈 선언 및 입출력 포트 선언을 나타내고 있다. 한편, module 다음에 오는 kit_4multiplier_vfd는 이 블록의 모듈명이며, 지정어 input과 output 다음에는 입력과 출력 포트들을 나타낸다. 설계하려는 kit_4multiplier_vfd 전체블록은 지정어 input에 입력 신호를 위한 clk, keyA, keyB, keyC, keyD, keyE, keyF, [3:0] key_r 포트들과 지정어 output에 출력 신호를 위한 [9:0] Dot_com, [13:0] Dot_data, rs, rw, e, [7:0] vfd_data, [2:0] key_c 포트들을 기술한다.

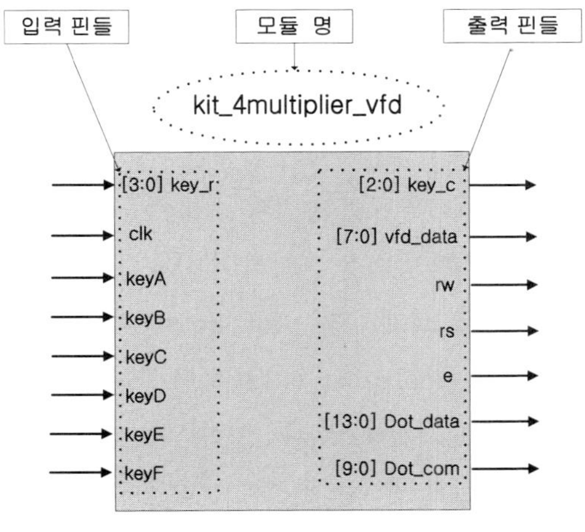

그림 15.2.1 Verilog HDL로 설계하려는 kit_4multiplier_vfd 전체블록의 모듈 선언 및 입출력 포트 선언을 심볼 형태로 표현한 것

```
module kit_4multiplier_vfd (clk, keyA, keyB, keyC, keyD, keyE, keyF, key_c,
                         key_r, Dot_com, Dot_data, rs, rw, e, vfd_data);
   input clk, keyA, keyB, keyC, keyD, keyE, keyF;
   input [3:0] key_r;
   output [2:0] key_c;
   output [9:0] Dot_com;
   output [13:0] Dot_data;
   output [7:0] vfd_data;
   output rs, rw, e;

              ~

endmodule
```

그림 15.2.2 Verilog HDL로 설계하려는 kit_4multiplier_vfd 전체블록의 모듈 선언 및 입출력 포트 선언

15.2.2 논리회로 표현(logic circuit representation)

모듈 선언 및 입출력 포트 선언이 되었으므로 설계 블록의 내부 동작 또는 연결 구조를 기술하는 논리회로 표현을 하여야 한다. 설계하려는 kit_4multiplier_vfd 전체블록에서 부품간의 연결에 사용되는 신호선 bcd10a, bcd10b, k_clk 등과 버스 신호선 [3:0] dataa_buf, [3:0] datab_buf, [3:0] bcd1a, [3:0] bcd1b, [3:0] bcd1s, [3:0] bcd10s, [3:0] bcd100s 등을 지정어인 wire로 선언한다. 또한 [3:0] bcd1s_out, [3:0] bcd10s_out, [3:0] bcd100s_out, count 등은 always문의 출력으로 사용되므로 지정어인 reg로 선언한다. 선언이 끝나면 하드웨어의 내부동작을 기술해야 하는데 여기서는 앞서 이미 설계한 하위모듈들을 이용하여 이들 상호간을 연결하여 블록을 설계하는 구조적 표현 방법과 always문을 사용하여 kit_4multiplier_vfd 전체블록을 설계하는 동작적 표현 방법을 혼합하여 사용하기로 한다.

그림 15.2.3은 Verilog HDL로 설계하려는 kit_4multiplier_vfd 전체블록의 논리회로를 심볼 형태로 표현한 것이다. kit_4multiplier_vfd 블록의 동작을 보면, keyin 하위모듈에서는 HBE-COMBO II 트레이닝 키트의 keypad로부터 입력되는 16비트 데이터를 4비트 데이터 형태로 변환하고, 키 입력에 의해서 발생하는 k_clk1 신호를 클록과 동기하여 출력한다. 한편, keyin 하위모듈에서 출력되어지는 4비트의 [3:0] dataa과 [3:0] datab은 multiplier4_bcd 하위

모듈의 입력이 되어져서 16진수의 데이터를 BCD로 변환한 다음에 곱셈되어진다. multiplier4_bcd 하위모듈에서 출력되어지는 결과 값인 [3:0] bcd1s, [3:0] bcd10s, [3:0] bcd100s는 event always문으로 입력된다. event always문에서는 두 번째 키가 눌렸다 떼어지는 순간에 [3:0] bcd1s → [3:0] bcd1s_out, [3:0] bcd10s → [3:0] bcd10s_out, [3:0] bcd100s → [3:0] bcd100s_out으로 출력하게 된다. 두 번째 키가 떼어지는 순간은 event always문의 count의 값이 1일 때이다. 한편, vfd_display 하위모듈에서는 [3:0] bcd1a, [3:0] bcd1b, bcd10a, bcd10b, [3:0] bcd1s_out, [3:0] bcd10s_out, [3:0] bcd100s_out등의 BCD 입력을 vfd에 디스플레이 한다. 한편, dotmatrix 하위모듈에서는 "Verilog HDL"이라는 문자열이 우에서 좌로 이동하면서 디스플레이 된다. 그림 15.2.4는 Verilog HDL로 설계하려는 kit_4multiplier_vfd 전체블록의 논리회로 표현을 나타내고 있다. 한편, keyin 하위모듈은 5장에서 설계한 Verilog HDL 코드를, multiplier4_bcd 하위모듈은 14장에서 설계한 Verilog HDL 코드를, dotmatrix 하위모듈은 4장에서 설계한 Verilog HDL 코드를 사용한다.

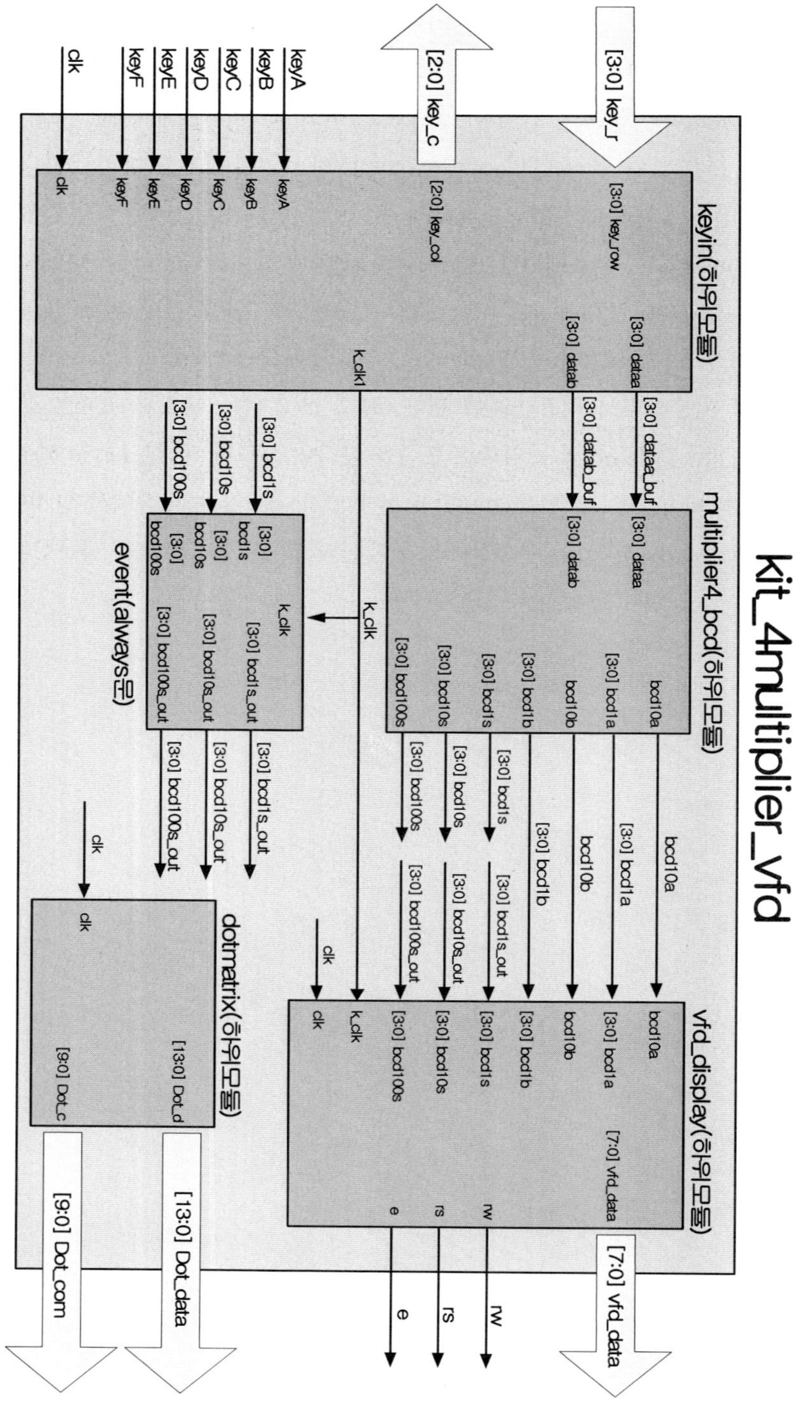

그림 15.2.3 Verilog HDL로 설계하려는 kit_4multiplier_vfd 전체블록의 논리회로를 심볼 형태로 표현한 것

```
wire [3:0] dataa_buf, datab_buf, bcd1a, bcd1b, bcd1s, bcd10s, bcd100s;
wire bcd10a, bcd10b, k_clk;
reg [3:0] bcd1s_out, bcd10s_out, bcd100s_out;
reg count;

   dotmatrix dotmatrix_display (.clk(clk), .Dot_c(Dot_com), .Dot_d(Dot_data));
   keyin key_input (.key_col(key_c), .key_row(key_r), .clk(clk), .keyA(keyA),
                    .keyB(keyB), .keyC(keyC), .keyD(keyD), .keyE(keyE),
                    .keyF(keyF), .k_clk1(k_clk), .dataa(dataa_buf), .datab(datab_buf));
   multiplier4_bcd bcd_trans (.dataa(dataa_buf), .datab(datab_buf), .bcd1a(bcd1a),
                              .bcd10a(bcd10a), .bcd1b(bcd1b), .bcd10b(bcd10b),
                              .bcd1s(bcd1s), .bcd10s(bcd10s), .bcd100s(bcd100s));
   vfd_display vfd_control (.clk(clk), .k_clk(k_clk), .bcd1a(bcd1a), .bcd10a(bcd10a),
                            .bcd1b(bcd1b), .bcd10b(bcd10b), .bcd1s(bcd1s_out),
                            .bcd10s(bcd10s_out), .bcd100s(bcd100s_out), .rs(rs),
                            .rw(rw), .e(e), .vfd_data(vfd_data));

   always @ (negedge k_clk)                  // event
   begin
      if (count == 0)    count <= count + 1;
      else
      begin
         bcd1s_out   <= bcd1s;
         bcd10s_out  <= bcd10s;
         bcd100s_out <= bcd100s;
         count       <= 0;
      end
   end
```

그림 15.2.4 Verilog HDL로 설계하려는 kit_4multiplier_vfd 전체블록의 논리회로 표현

15.3 HBE-COMBO II 트레이닝 키트의 vfd에 출력하는 vfd_display 블록의 Verilog HDL 설계

15.3.1 모듈 선언 및 입출력 포트 선언(module and input/output port declaration)

그림 15.3.1은 Verilog HDL로 설계하려는 vfd_display 블록의 모듈 선언 및 입출력 포트 선언을 심볼 형태로 표현한 것이며, 그림 15.3.2는 Verilog HDL로 설계하려는 vfd_display 블록의 대한 모듈 선언 및 입출력 포트 선언을 나타내고 있다. 한편, module 다음에 오는 vfd_display는 이 블록의 모듈명이며, 지정어 input과 output 다음에는 입력과 출력 포트들을 나타낸다. 설계하려는 vfd_display 블록은 지정어 input에 입력 신호를 위한 clk, k_clk, [3:0] bcd1a, bcd10a, [3:0] bcd1b, bcd10b, [3:0] bcd1s, [3:0] bcd10s, [3:0] bcd100s 포트들과 지정어 output에 출력 신호를 위한 rs, rw, e, [7:0] vfd_data 포트들을 기술한다.

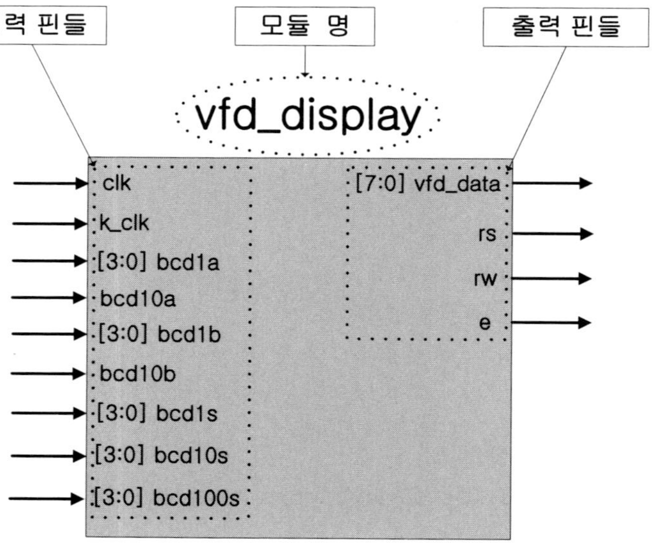

그림 15.3.1 Verilog HDL로 설계하려는 vfd_display 블록의 모듈 선언 및 입출력 포트 선언을 심볼 형태로 표현한 것

```
module vfd_display (clk, k_clk, bcd1a, bcd10a, bcd1b, bcd10b, bcd1s, bcd10s,
                    bcd100s, rs, rw, e, vfd_data);
   input clk, k_clk, bcd10a, bcd10b;
   input [3:0] bcd1a, bcd1b, bcd1s, bcd10s, bcd100s;
   output rs, rw, e;
   output [7:0] vfd_data;

                    ~

endmodule
```

그림 15.3.2 Verilog HDL로 설계하려는 vfd_display 블록의 모듈 선언 및 입출력 포트 선언

15.3.2 논리회로 표현(logic circuit representation)

모듈 선언 및 입출력 포트 선언이 되었으므로 설계 블록의 내부 동작 또는 연결 구조를 기술하는 논리회로 표현을 하여야 한다. 설계하려는 vfd_display 블록에서 부품간의 연결에 사용되는 버스 신호선 [7:0] a1ascii, [7:0] a10ascii, [7:0] b1ascii, [7:0] b10ascii, [7:0] s1ascii, [7:0] s10ascii, [7:0] s100ascii, [7:0] cross_ascii, [7:0] equ_ascii 등을 지정어인 wire로 선언한다. 선언이 끝나면 하드웨어의 내부동작을 기술해야 하는데 여기서는 vfd_display 블록 내의 각 하위모듈들을 이용하여 이들 상호간을 연결하는 구조적 방법을 사용하기로 한다.

그림 15.3.3은 Verilog HDL로 설계하려는 vfd_display 블록의 논리회로를 심볼 형태로 표현한 것이다. vfd_display 블록에서는 선언된 신호선 및 신호 버스선을 이용하여 data_select 하위모듈과 vfd 하위모듈을 상호 연결한다. 그림 15.3.4는 Verilog HDL로 설계하려는 vfd_display 블록의 논리회로 표현을 나타내고 있다.

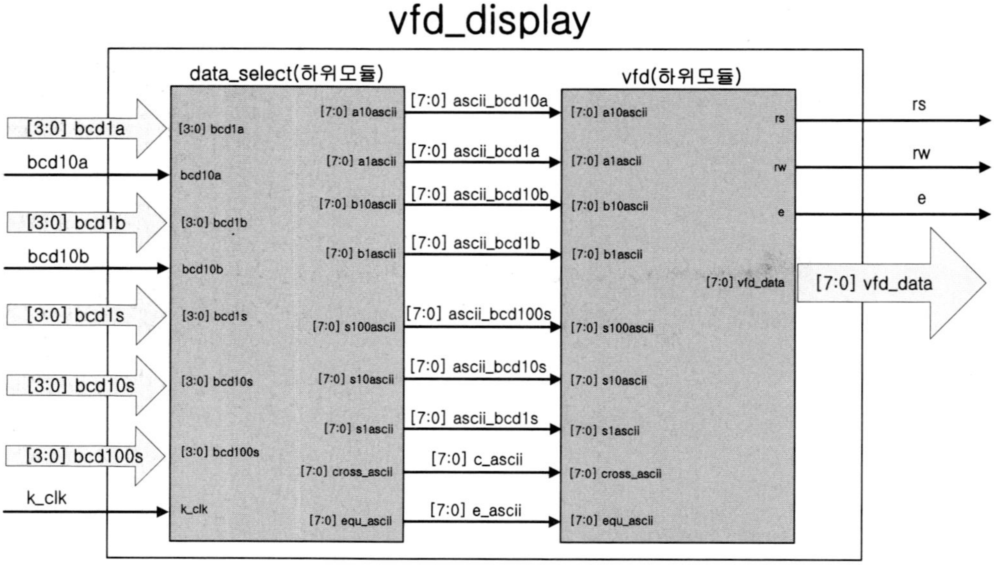

그림 15.3.3 Verilog HDL로 설계하려는 vfd_display 블록의 논리회로를 심볼 형태로 표현한 것

```
wire [7:0] a1ascii, a10ascii, b1ascii, b10ascii, s1ascii, s10ascii, s100ascii,
        cross_ascii, equ_ascii;

  data_select data_selector(.k_clk(k_clk), .bcd1a(bcd1a), .bcd10a(bcd10a),
                          .bcd1b(bcd1b), .bcd10b(bcd10b), .bcd1s(bcd1s),
                          .bcd10s(bcd10s), .bcd100s(bcd100s),
                          .a1ascii(a1ascii), .a10ascii(a10ascii), .b1ascii(b1ascii),
                          .b10ascii(b10ascii), .s1ascii(s1ascii),
                          .s10ascii(s10ascii), .s100ascii(s100ascii),
                          .cross_ascii(cross_ascii), .equ_ascii(equ_ascii));
  vfd vfd_control(.clk(clk), .a1ascii(a1ascii), .a10ascii(a10ascii), .b1ascii(b1ascii),
                .b10ascii(b10ascii), .s1ascii(s1ascii), .s10ascii(s10ascii),
                .s100ascii(s100ascii), .cross_ascii(cross_ascii), .equ_ascii(equ_ascii),
                .rs(rs), .rw(rw), .e(e), .vfd_data(vfd_data));
```

그림 15.3.4 Verilog HDL로 설계하려는 vfd_display 블록의 논리회로 표현

15.3.3 data_select 블록의 Verilog HDL 설계

(1) 모듈 선언 및 입출력 포트 선언(module and input/output port declaration)

그림 15.3.5는 Verilog HDL로 설계하려는 data_select 블록의 모듈 선언 및 입출력 포트 선언을 심볼 형태로 표현한 것이며, 그림 15.3.6은 Verilog HDL로 설계하려는 data_select 블록의 모듈 선언 및 입출력 포트 선언을 나타내고 있다. 한편, module 다음에 오는 data_select는 이 블록의 모듈명이며, 지정어 input과 output 다음에는 입력과 출력 포트들을 나타낸다. 설계하려는 data_select 블록은 지정어 input에 입력 신호를 위한 k_clk, bcd10a, bcd10b, [3:0] bcd1a, [3:0] bcd1b, [3:0] bcd1s, [3:0] bcd10s, [3:0] bcd100s 포트들과 출력 신호를 위한 [7:0] a10ascii, [7:0] a1ascii, [7:0] b10ascii, [7:0] b1ascii, [7:0] s100ascii, [7:0] s10ascii, [7:0] s1ascii, [7:0] cross_ascii, [7:0] equ_ascii 포트들을 기술한다.

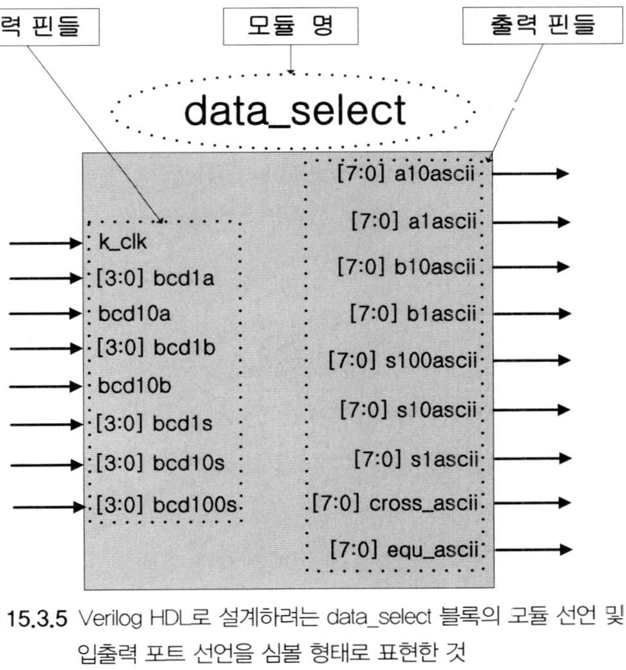

그림 15.3.5 Verilog HDL로 설계하려는 data_select 블록의 모듈 선언 및 입출력 포트 선언을 심볼 형태로 표현한 것

```
module data_select(k_clk, bcd1a, bcd10a, bcd1b, bcd10b, bcd1s, bcd10s, bcd100s,
                   a10ascii, a1ascii, b10ascii, b1ascii, s100ascii, s10ascii, s1ascii,
                   cross_ascii, equ_ascii);
   input k_clk, bcd10a, bcd10b;
   input [3:0] bcd1a, bcd1b, bcd1s, bcd10s, bcd100s;
   output [7:0] a10ascii, a1ascii, b10ascii, b1ascii, s100ascii, s10ascii, s1ascii,
                cross_ascii, equ_ascii;

                        ~

endmodule
```

그림 15.3.6 Verilog HDL로 설계하려는 data_select 블록의 모듈 선언 및 입출력 포트 선언

(2) 논리회로 표현(logic circuit representation)

모듈 선언 및 입출력 포트 선언이 되었으므로 설계 블록의 내부 동작 또는 연결 구조를 기술하는 논리회로 표현을 하여야 한다. 설계하려는 data_select 블록에서 k1, k2, k3, k4, [3:0] bcda, [3:0] bcdb, [3:0] bcdc, [3:0] bcdd, [3:0] bcde, [3:0] bcdf, [3:0] bcdg, [3:0] c_ascii, [3:0] e_ascii 등은 always문의 출력으로 사용되므로 지정어인 reg로 선언한다. 한편, k_count는 integer로 선언하며, 범위는 default 값인 32bit가 된다. 다음에 BCD 코드를 ASCII 코드로 변환하는 역할을 하는 ascii_data 함수를 선언하였다. 선언이 끝나면 하드웨어의 내부동작을 기술해야 하는데 여기서는 always문을 사용하여 data_select 블록을 설계하는 동작적 표현 방법을 사용하기로 한다.

그림 15.3.7은 Verilog HDL로 설계하려는 data_select 블록의 논리회로를 심볼 형태로 표현한 것이다. 먼저 up_counter always문에서는 k_clk의 입력이 들어올 때 마다 1씩 증가하는 업 카운터로 동작한다. 이는 vfd에 디스플레이 되는 데이터가 표시되기 위한 타이밍을 결정하는데 필요한 신호인 k1, k2, k3, k4 신호들을 제어하기 위해서이다. 초기의 vfd의 두 번째 라인에는 k1, k2, k3, k4 신호들에 공백문자가 출력되고 있지만 첫 번째 키 입력이 들어오면 display_key_data always문에 의해 k1 신호는 High가 되고, 두 번째 키를 누르면 k2 신호가 High가 되며 이후로는 계속 High 값을 가진다. display_result always문에서는 k_clk 클록의 하강에지에 따라 k1, k2 신호들을 동기화 하여 k3과 k4 신호를 출력하는 2비트 D 플립플롭으로 동작한다. 한편, data_selector always문에서 초기에 k1, k2, k3, k4 신호들이 모두 0의 값을 갖기 때문에 [3:0] bcda, [3:0] bcdb, [3:0] bcdc, [3:0] bcdd, [3:0] bcde, [3:0] bcdf, [3:0] bcdg, [3:0] c_ascii, [3:0] e_ascii 등의 신호들은 모두 1111이 되고, 이 출력

신호들을 ascii_data 함수의 매개변수로 적용시켜 반환되는 값은 공백 문자에 대한 ASCII 코드 값인 00100000(0x20)이 된다. 따라서 data_select 블록의 출력선 [7:0] a10ascii, [7:0] a1ascii, [7:0] b10ascii, [7:0] b1ascii, [7:0] s100ascii, [7:0] s10ascii, [7:0] s1ascii, [7:0] cross_ascii, [7:0] equ_ascii 등의 출력 신호들은 모두 공백 ASCII 코드 값인 00100000(0x20)을 출력하게 된다. 다음에 첫 번째 키가 눌리는 순간에 k_clk의 신호가 Low에서 High로 된다. 이 시점에 k1 신호는 1이 되고 눌린 키 값의 BCD 코드를 ascii_data 함수의 매개변수로 적용시켜 ASCII 코드 값으로 변환하여 [7:0] a10ascii, [7:0] a1ascii 등의 출력 신호로 출력 한다. 한편, 첫 번째 키가 눌렸다가 떼어지는 순간에 k_clk의 신호가 High에서 Low로 된다. 이 시점에 k4는 1이 되고 X 부호에 대한 BCD 코드를 ascii_data 함수의 매개변수로 적용시켜 ASCII 코드 값으로 변환하여 [7:0] cross_ascii의 출력 신호로 출력한다. 다음으로 두 번째 키가 눌리는 순간에 k_clk의 신호가 Low에서 High로 된다. 이 시점에 k2 신호는 1이 되고 눌린 키 값의 BCD 코드를 ascii_data 함수의 매개변수로 적용시켜 ASCII 코드 값으로 변환하여 [7:0] b10ascii, [7:0] b1ascii의 출력 신호로 출력 한다. 한편, 두 번째 키가 눌렸다가 떼어지는 순간에 k_clk의 신호가 High에서 Low로 된다. 이 시점에 k3은 1이 되어 = 부호와 곱셈 결과의 BCD 코드를 ascii_data 함수의 매개변수로 적용시켜 ASCII 코드 값으로 변환하여 [7:0] equ_ascii, [7:0] s100ascii, [7:0] s10ascii, [7:0] s1ascii 등의 출력 신호들로 출력한다. 그림 15.3.8은 Verilog HDL로 설계하려는 data_select 블록의 논리회로 표현을 나타내고 있다.

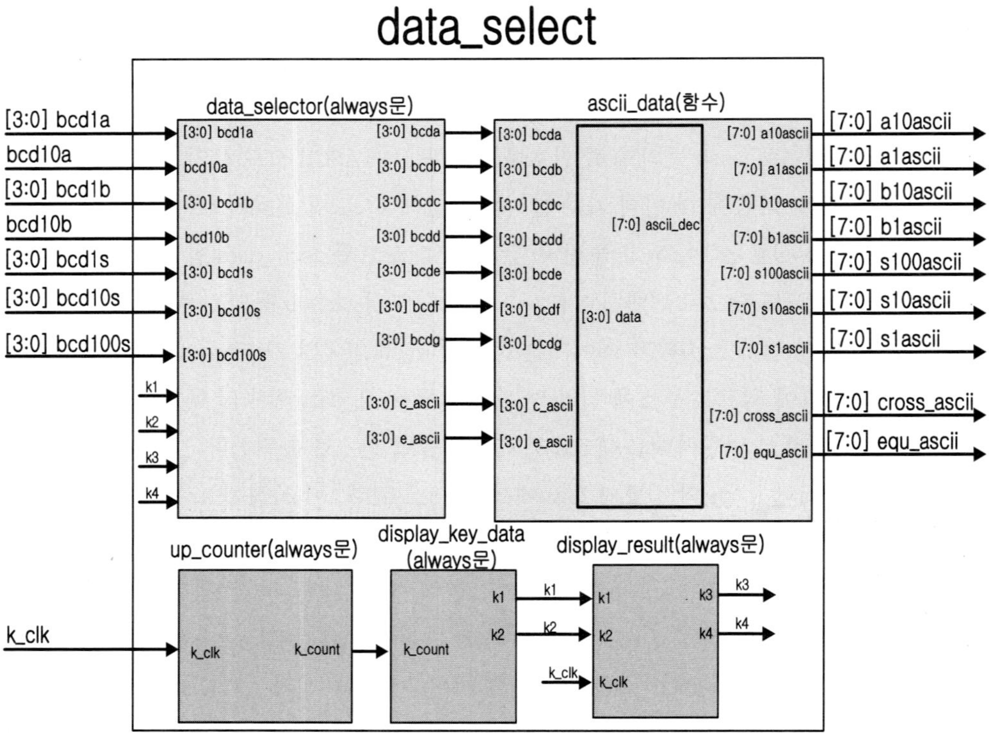

그림 15.3.7 Verilog HDL로 설계하려는 data_select 블록의 논리회로를 심볼 형태로 표현한 것

```
reg k1, k2, k3, k4;
reg [3:0] bcda, bcdb, bcdc, bcdd, bcde, bcdf, bcdg, c_ascii, e_ascii;
integer k_count;

    assign a10ascii = ascii_data(bcda);
    assign a1ascii = ascii_data(bcdb);
    assign b10ascii = ascii_data(bcdc);
    assign b1ascii = ascii_data(bcdd);
    assign s100ascii = ascii_data(bcde);
    assign s10ascii = ascii_data(bcdf);
    assign s1ascii = ascii_data(bcdg);
    assign cross_ascii = ascii_data(c_ascii);
    assign equ_ascii = ascii_data(e_ascii);
    function [7:0] ascii_data;
        input [3:0] data;
            case(data)
                4'b0000 : ascii_data = 8'b00110000;
                4'b0001 : ascii_data = 8'b00110001;
                4'b0000 : ascii_data = 8'b00110000;
                4'b0001 : ascii_data = 8'b00110001;
                4'b0010 : ascii_data = 8'b00110010;
                4'b0011 : ascii_data = 8'b00110011;
                4'b0100 : ascii_data = 8'b00110100;
                4'b0101 : ascii_data = 8'b00110101;
                4'b0110 : ascii_data = 8'b00110110;
                4'b0111 : ascii_data = 8'b00110111;
                4'b1000 : ascii_data = 8'b00111000;
                4'b1001 : ascii_data = 8'b00111001;
                4'b1010 : ascii_data = 8'b01011000;
                4'b1011 : ascii_data = 8'b00111101;
                default  : ascii_data = 8'b00100000;
            endcase
    endfunction

    always @ (posedge k_clk)                          // up_counter
        k_count <= k_count + 1;

    always @ (k_count)                               // display_key_data
    begin
```

```
    if (k_count == 0)
    begin
       k1 <= 0; k2 <= 0;
    end
    else if (k_count == 1)
    begin
       k1 <= 1; k2 <= 0;
    end
    else
    begin
       k1 <= 1; k2 <= 1;
    end
end

always @ (negedge k_clk)                      // display_result
begin
   k3 <= k2;   k4 <= k1;
end

always @ (k1 or k2 or k3 or k4)              // data_selector
begin
   if ({k1, k4, k2, k3} == 4'b1000)
   begin
      case (bcd10a)
         4'b0001 : bcda <= 4'b0001;
         default : bcda <= 4'b1111;
      endcase
      bcdb    <= bcd1a;
      bcdc    <= 4'b1111;
      bcdd    <= 4'b1111;
      bcde    <= 4'b1111;
      bcdf    <= 4'b1111;
      bcdg    <= 4'b1111;
      c_ascii <= 4'b1111;
      e_ascii <= 4'b1111;
   end
   else if ({k1, k4, k2, k3} == 4'b1100)
   begin
      case (bcd10a)
```

```
        1 : bcda <= 4'b0001;
        default : bcda <= 4'b1111;
    endcase
    bcdb    <= bcd1a;
    bcdc    <= 4'b1111;
    bcdd    <= 4'b1111;
    bcde    <= 4'b1111;
    bcdf    <= 4'b1111;
    bcdg    <= 4'b1111;
    c_ascii <= 4'b1010;
    e_ascii <= 4'b1111;
end
else if ({k1, k4, k2, k3} == 4'b1110)
begin
    case (bcd10a)
        4'b0001 : bcda <= 4'b0001;
        default  : bcda <= 4'b1111;
    endcase
    case (bcd10b)
        4'b0001 : bcdc <= 4'b0001;
        default  : bcdc <= 4'b1111;
    endcase
    bcdb    <= bcd1a;
    bcdd    <= bcd1b;
    bcde    <= 4'b1111;
    bcdf    <= 4'b1111;
    bcdg    <= 4'b1111;
    c_ascii <= 4'b1010;
    e_ascii <= 4'b1111;
end
else if ({k1, k4, k2, k3} == 4'b1111)
begin
    case (bcd10a)
        4'b0001 : bcda <= 4'b0001;
        default  : bcda <= 4'b1111;
    endcase
    case (bcd10b)
        4'b0001 : bcdc <= 4'b0001;
        default  : bcdc <= 4'b1111;
```

```
            endcase
            if (bcd100s != 4'b0000)
            begin
               bcde <= bcd100s;
               bcdf <= bcd10s;
            end
            else
            begin
               bcde <= 4'b1111;
               if (bcd10s != 4'b0000) bcdf <= bcd10s;
               else                   bcdf <= 4'b1111;
            end
            bcdb <= bcd1a;
            bcdd <= bcd1b;
            bcdg <= bcd1s;
            c_ascii <= 4'b1010;
            e_ascii <= 4'b1011;
         end
         else
         begin
            bcda    <= 4'b1111;
            bcdb    <= 4'b1111;
            bcdc    <= 4'b1111;
            bcdd    <= 4'b1111;
            bcde    <= 4'b1111;
            bcdf    <= 4'b1111;
            bcdg    <= 4'b1111;
            c_ascii <= 4'b1111;
            e_ascii <= 4'b1111;
         end
      end
      end
```

그림 15.3.8 Verilog HDL로 설계하려는 data_select 블록의 논리회로 표현

15.3.4 vfd 블록의 Verilog HDL 설계

(1) 모듈 선언 및 입출력 포트 선언(module and input/output port declaration)

그림 15.3.9는 Verilog HDL로 설계하려는 vfd 블록의 모듈 선언 및 입출력 포트 선언을 심볼 형태로 표현한 것이며, 그림 15.3.10은 Verilog HDL로 설계하려는 vfd 블록의 모듈 선언 및 입출력 포트 선언을 나타내고 있다. 한편, module 다음에 오는 vfd는 이 블록의 모듈명이며, 지정어 input과 output 다음에는 입력과 출력 포트들을 나타낸다. 설계하려는 vfd 블록은 지정어 input에 입력 신호를 위한 clk, [7:0] a10ascii, [7:0] a1ascii, [7:0] b10ascii, [7:0] b1ascii, [7:0] s100ascii, [7:0] s10ascii, [7:0] s1ascii, [7:0] cross_ ascii, [7:0] equ_ascii 포트들과 출력 신호를 위한 rs, rw, e, [7:0] vfd_data 포트들을 기술한다.

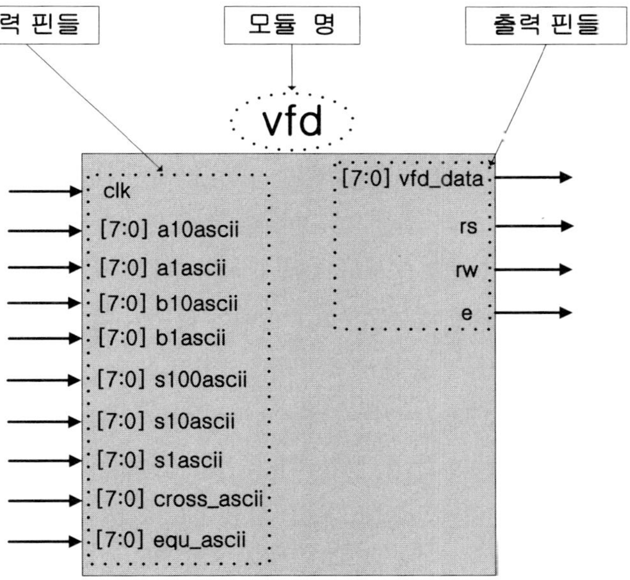

그림 15.3.9 Verilog HDL로 설계하려는 vfd 블록의 모듈 선언 및 입출력 포트 선언을 심볼 형태로 표현한 것

```
module vfd (clk, a10ascii, a1ascii, b10ascii, b1ascii, s100ascii, s10ascii, s1ascii,
            cross_ascii, equ_ascii, rs, rw, e, vfd_data);
   input clk;
   input [7:0] a10ascii, a1ascii, b10ascii, b1ascii, s100ascii, s10ascii, s1ascii,
               cross_ascii, equ_ascii;
   output rs, rw, e;
   output [7:0] vfd_data;

                    ~

endmodule
```

그림 15.3.10 Verilog HDL로 설계하려는 vfd 블록의 모듈 선언 및 입출력 포트 선언

(2) 논리회로 표현(logic circuit representation)

모듈 선언 및 입출력 포트 선언이 되었으므로 설계 블록의 내부 동작 또는 연결 구조를 기술하는 논리회로 표현을 하여야 한다. 설계하려는 vfd 블록에서 모듈 선언 및 입출력 포트 선언에서 출력포트로 선언했던 [7:0] vfd_data, rs, e 등과 신호선 [1:0] vfd_mod, [1:0] t, [4:0] counter 등은 always문의 출력으로 사용되므로 지정어인 reg로 선언한다. 한편, vfd_mod의 모드를 상태머신으로 구성하기 위해 파라미터로 vfd_set, line1, line2를 선언한다. 선언이 끝나면 하드웨어의 내부동작을 기술해야 하는데 여기서는 always문을 사용하여 vfd 블록을 설계하는 동작적 표현 방법을 사용하기로 한다.

그림 15.3.11은 Verilog HDL로 설계하려는 vfd 블록의 논리회로를 심볼 형태로 표현한 것이다. 먼저 vfd_dis_data always문에서는 clk의 신호 변화를 감지하여 동작한다. clk 신호가 상승에지(Low→High)일 때 t 신호가 3진 업 카운트로 동작한다. t 신호가 1일 때 e 신호는 1로 출력되고, t 신호가 0과 2일 경우에는 e 신호에 대한 셋업 및 홀드 시간을 의미하며 e 신호는 0으로 출력한다. 다음에 t 신호가 2일 때 t 신호는 0으로 초기화 되고, counter 변수의 값은 1이 증가한다. 한편, vfd_mod의 변화에 따라 counter 변수의 최대 카운트 값이 결정된다. 예를 들어 vfd_mod가 vfd_set(vfd 초기화)일 경우에 counter 변수의 최대는 2가 된다. vfd_mod가 line1일 경우와 line2일 경우에는 count 신호의 최대값은 17이다. 이때 count 신호의 최대 값이 된 경우에는 counter 신호를 0으로 초기화시킨다. vfd_dis_data always문의 동작을 보면, clk 신호가 상승에지(Low→High)일 때, vfd_mod와 count의 값에 따른 동작을 한다. 이는 vfd의 각 라인에서 실행될 명령어와 디스플레이 될 ASCII 코드

값을 의미한다. 먼저 vfd_mod의 초기값은 0이므로 vfd_set 조건인 vfd의 초기화 과정 vfd_set(Function_Set, Display_On/Off)을 수행하고 counter 값이 2가 되면 line1에 대한 데이터를 출력한다. vfd_mod의 값이 1이 되면 line1의 조건이 되므로 line1에 대한 데이터를 출력한다. 다음에 line1에 대한 데이터의 디스플레이가 끝나면 line2에 대한 데이터의 디스플레이만 반복적으로 수행하게 된다. 즉, vfd 초기화 과정 및 line1에 대한 데이터의 디스플레이 과정은 1번만 수행하게 되는 것이다. 그림 15.3.12는 Verilog HDL로 설계하려는 vfd 블록의 논리회로 표현을 나타내고 있다.

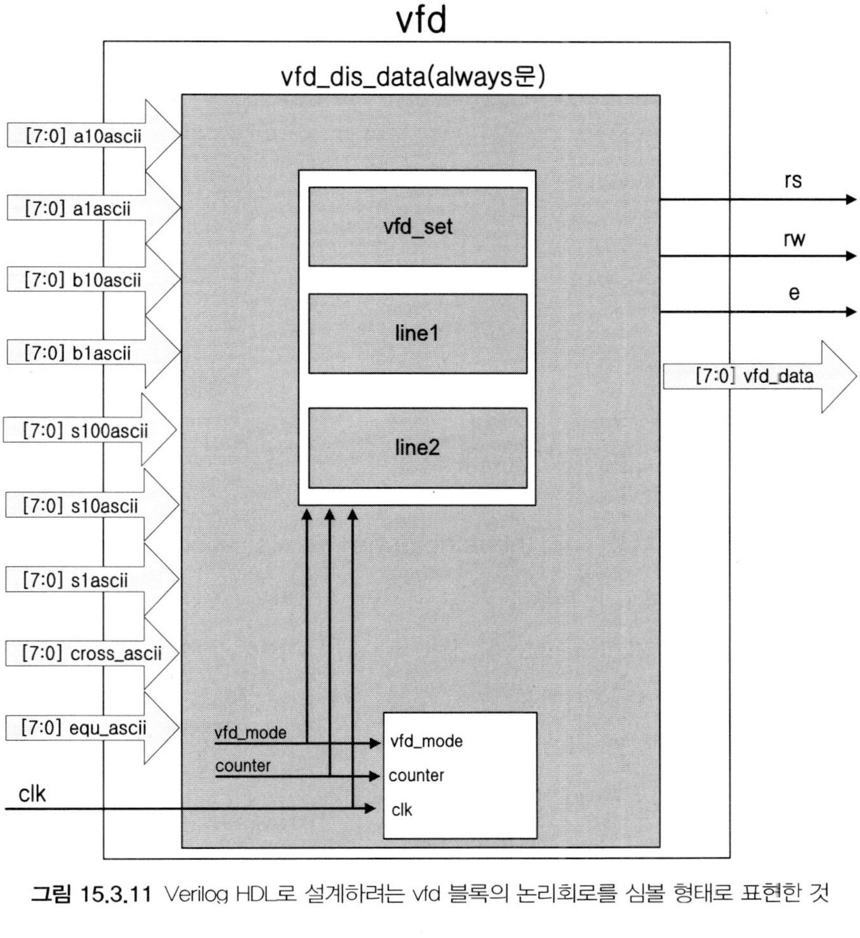

그림 15.3.11 Verilog HDL로 설계하려는 vfd 블록의 논리회로를 심볼 형태로 표현한 것

```
reg rs, e;
reg [1:0] t, vfd_mod;
reg [4:0] counter;
reg [7:0] vfd_data;
parameter vfd_set = 0, line1 = 1, line2 = 2;

   assign rw = 0;

   always @ (posedge clk)                   // vfd_dis_data
   begin
      case (t)
         0 : begin
                e <= 0;
                t <= 1;
             end
         1 : begin
                e <= 1;
                t <= 2;
             end
         2 : begin
                e <= 0;
                t <= 0;
                counter <= counter + 1;
             end
         default : begin
                      e <= 0;
                      t <= 0;
                   end
      endcase
      if (vfd_mod == vfd_set)
      begin
         if (counter == 2)
         begin
            counter <= 0;   vfd_mod <= line1;
         end
         else
         begin
            case (counter)
               0 : {rs, vfd_data} <= 9'b000111100;
```

```
            1 : {rs, vfd_data} <= 9'b000001100;
            default : rs <= 0;
        endcase
    end
end
else if (vfd_mod == line1)
begin
    if (counter == 17)
    begin
        counter <= 0;  vfd_mod <= line2;
    end
    else
    begin
        case (counter)
            0 : {rs, vfd_data} <= 9'b010000000;
            1 : {rs, vfd_data} <= 9'b100110100;
            2 : {rs, vfd_data} <= 9'b101100010;
            3 : {rs, vfd_data} <= 9'b101101001;
            4 : {rs, vfd_data} <= 9'b101110100;
            7 : {rs, vfd_data} <= 9'b101101101;
            8 : {rs, vfd_data} <= 9'b101110101;
            9 : {rs, vfd_data} <= 9'b101101100;
            10 : {rs, vfd_data} <= 9'b101110100;
            11 : {rs, vfd_data} <= 9'b101101001;
            12 : {rs, vfd_data} <= 9'b101110000;
            13 : {rs, vfd_data} <= 9'b101101100;
            14 : {rs, vfd_data} <= 9'b101101001;
            15 : {rs, vfd_data} <= 9'b101100101;
            16 : {rs, vfd_data} <= 9'b101110010;
            default : {rs, vfd_data} <= 9'b100100000;
        endcase
    end
end
else if (vfd_mod == line2)
begin
    if (counter == 17)
    begin
        counter <= 0;   vfd_mod <= line2;
    end
```

```
        else
        begin
            case (counter)
                0 : {rs, vfd_data} <= 9'b011000000;
                2 : {rs, vfd_data} <= {1'b1, a10ascii};
                3 : {rs, vfd_data} <= {1'b1, a1ascii};
                5 : {rs, vfd_data} <= {1'b1, cross_ascii};
                7 : {rs, vfd_data} <= {1'b1, b10ascii};
                8 : {rs, vfd_data} <= {1'b1, b1ascii};
                10 : {rs, vfd_data} <= {1'b1, equ_ascii};
                12 : {rs, vfd_data} <= {1'b1, s100ascii};
                13 : {rs, vfd_data} <= {1'b1, s10ascii};
                14 : {rs, vfd_data} <= {1'b1, s1ascii};
                default : {rs, vfd_data} <= 9'b100100000;
            endcase
        end
    end
end
```

그림 15.3.12 Verilog HDL로 설계하려는 vfd 블록의 논리회로 표현

15.4 타이밍 시뮬레이션 파형에 의한 분석 및 검증

그림 15.4.1은 ModelSim-Altera Edition 6.5e를 이용하여 타이밍 시뮬레이션 과정을 수행하기 위한 Test Bench 파일이며, 그림 15.4.2, 그림 15.4.3에 타이밍 시뮬레이션을 수행한 결과 파형을 나타내고 있다. 그림 15.4.2는 vfd의 초기 설정인 Function Set, Display On/Off, line1, 첫 번째 칸에 표시될 데이터인 숫자 4(34)가 출력되는 것을 보이고 있다.

```
`timescale 1ns / 1ns
module tb_kit_4multiplier_vfd;
   reg clk;
   reg keyA;
   reg keyB;
   reg keyC;
   reg keyD;
   reg keyE;
   reg keyF;
   reg [3:0] key_r;
   wire [2:0] key_c;
   wire [9:0] Dot_com;
   wire [13:0] Dot_data;
   wire rs;
   wire rw;
   wire e;
   wire [7:0] vfd_data;
   parameter sec = 25;

     kit_4multiplier_vfd uut (.clk(clk), .keyA(keyA), .keyB(keyB), .keyC(keyC),
                              .keyD(keyD), .keyE(keyE), .keyF(keyF), .key_c(key_c),
                              .key_r(key_r), .Dot_com(Dot_com), .Dct_data(Dot_data),
                              .rs(rs), .rw(rw), .e(e), .vfd_data(vfd_data));
     always #(sec) clk = ~clk;
     initial begin
        clk = 0;   key_r = 0;   keyA = 0;   keyB = 0;   keyC = 0;   keyD = 0;
        keyE = 0;
        keyF = 0; #0;
        keyA = 0; #2500;
        keyA = 1; #100;
        keyA = 0; #100;
        keyB = 1; #100;
        keyB = 0; #3000;    $stop;
     end
endmodule
```

그림 15.4.1 kit_4multiplier_vfd 전체블록을 ModelSim-Altera Edition 6.5e를 사용하여 타이밍 시뮬레이션 하기 위한 Test Bench 파일

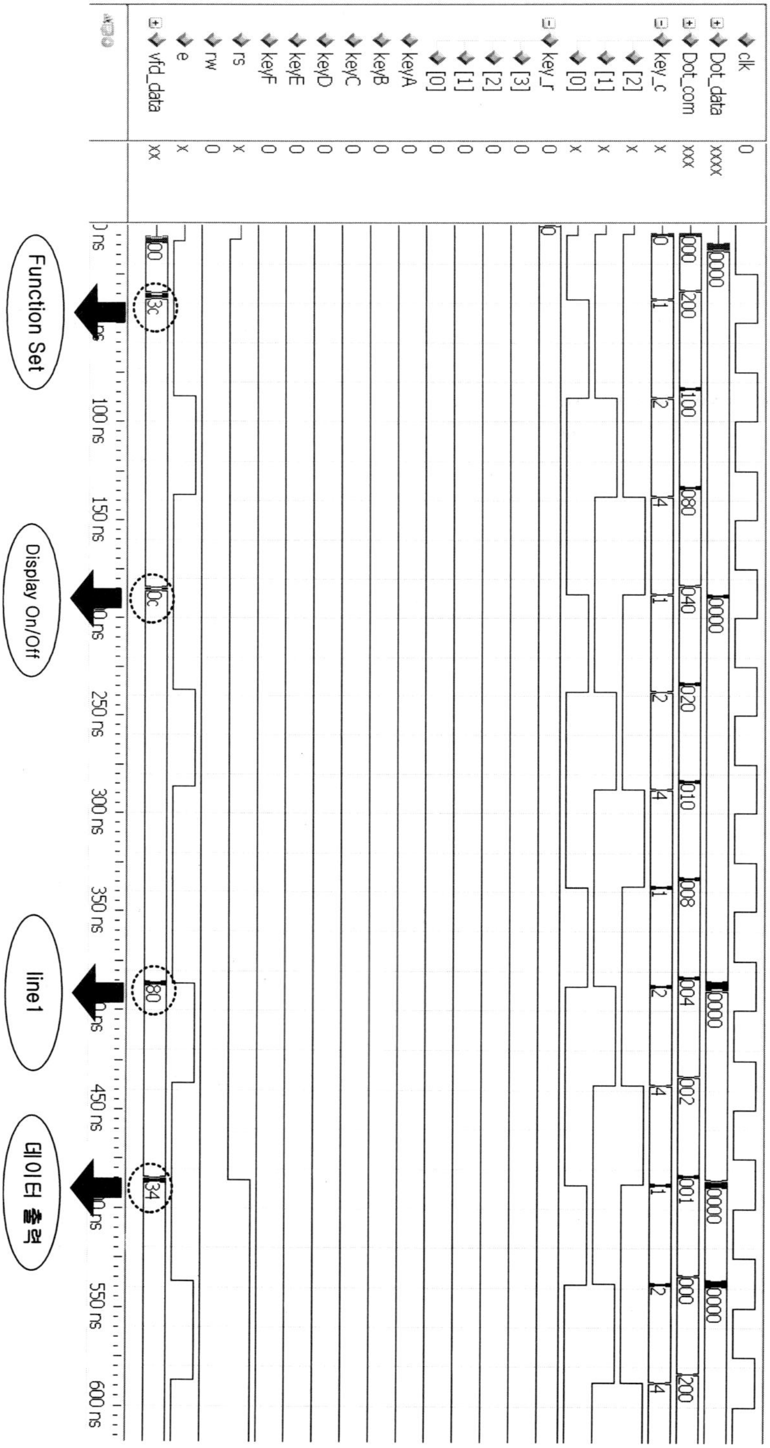

그림 15.4.2 vfd의 초기 설정 데이터의 타이밍 시뮬레이션 결과 파형

그림 15.4.3의 타이밍 시뮬레이션 결과 파형을 분석해보면 다음과 같다. 먼저 vfd의 두 번째 라인은 16칸으로 구성되어져 있는데 rs 신호가 High, rw 신호는 Low, e 신호가 High가 될 때 각 칸에 데이터 값이 출력되고 어드레스가 증가하면서 데이터 출력이 다음 칸으로 옮겨짐을 알 수 있다. 이제 첫 번째 A 키를 누르면 keyA가 High가 되는 순간에 A의 10진수 값이 10이므로 1의 ASCII 코드 값인 31이 vfd의 2번째 칸에, 0의 ASCII 코드 값인 30이 vfd의 3번째 칸에 출력되어진다. 이때 첫 번째 A 키를 눌렀다 떼어지는 순간(Low → High)에 X의 ASCII 코드 값인 58이 vfd의 5번째에 동시에 출력되어진다. 한편, 공백은 ASCII 코드 값 20으로 vfd의 각 칸에 출력되어진다. 두 번째 B 키를 누르면 keyB가 High가 되는 순간에 B의 10진수 값이 11이므로 1의 ASCII 코드 값인 31이 vfd의 7번째 칸과 8번째 칸에 출력되어진다. 이때 두 번째 B 키를 눌렀다 떼어지는 순간에 =의 ASCII 코드 값인 3d가 vfd의 10번째에 동시에 출력되어진다. 한편, 곱셈된 결과 값인 110은 두 번째 키 입력이 눌렀다 떼어지는 순간(Low → High)에 1의 ASCII 코드 값인 31이 vfd의 12번째와 13번째에, 0의 ASCII 코드 값인 30이 vfd의 14번째에 출력되어진다.

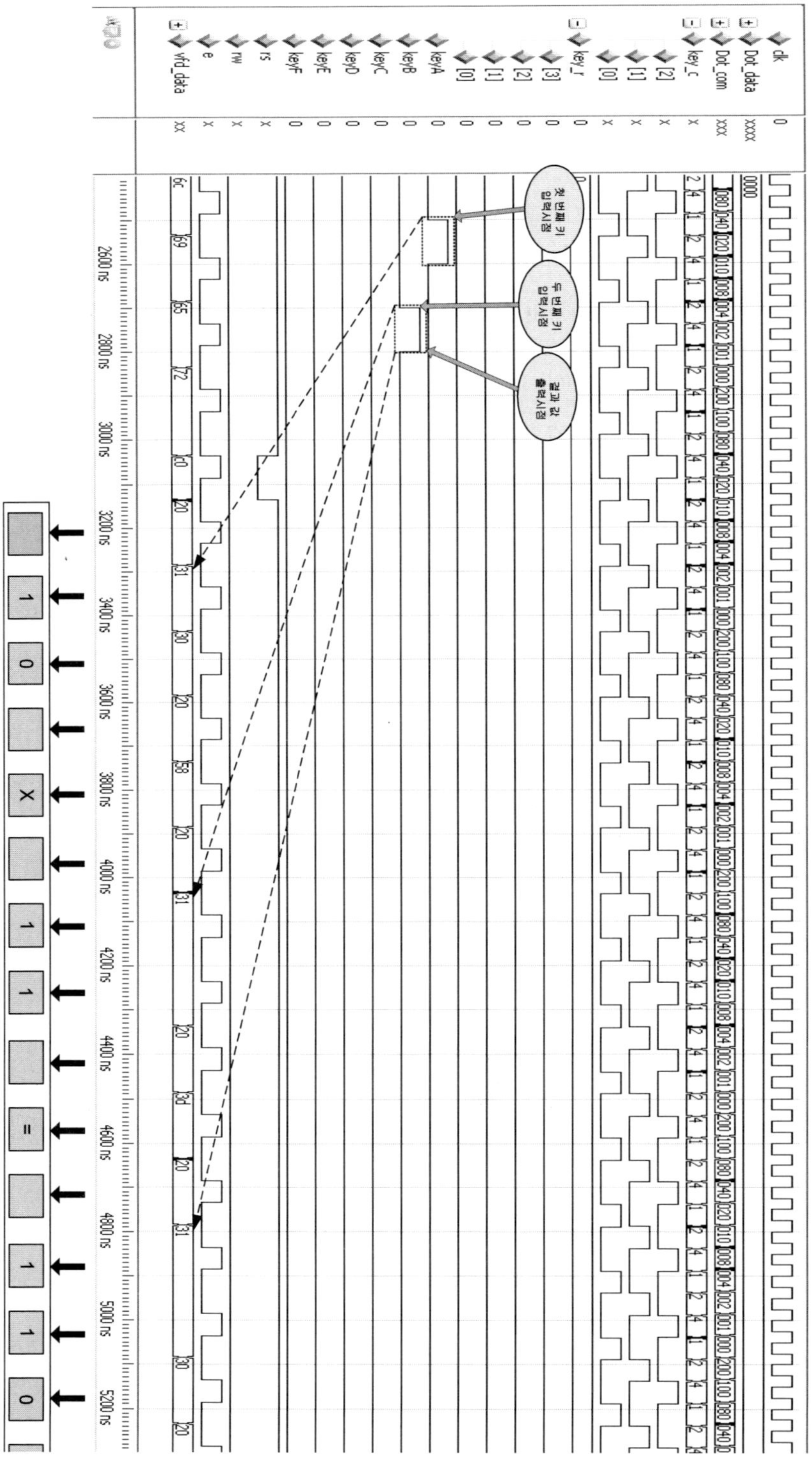

그림 15.4.3 vfd의 두 번째 라인에 출력될 데이터의 타이밍 시뮬레이션 결과 파형

15.5 HBE-COMBO II 트레이닝 키트에 프로그래밍 하기 위한 핀 할당 정보

표 15.5.1 HBE-COMBO II 트레이닝 키트에 프로그래밍 하기 위한 핀 할당 정보

입력 핀		출력 핀	
핀 이름	**핀 번호**	**핀 이름**	**핀 번호**
key_r[0]	PIN_AD10	vfd_data[0]	PIN_R7
key_r[1]	PIN_AC10	vfd_data[1]	PIN_R6
key_r[2]	PIN_V10	vfd_data[2]	PIN_P3
key_r[3]	PIN_AF9	vfd_data[3]	PIN_R8
keyA	PIN_Y10	vfd_data[4]	PIN_P6
keyB	PIN_W10	vfd_data[5]	PIN_P4
keyC	PIN_AA9	vfd_data[6]	PIN_P9
keyD	PIN_V9	vfd_data[7]	PIN_P7
keyE	PIN_AE9	rs	PIN_R2
keyF	PIN_AC9	rw	PIN_R5
clk	PIN_N1	e	PIN_R4
		key_c[0]	PIN_V11
		key_c[1]	PIN_AB10
		key_c[2]	PIN_AA10
		Dot_data[0]	PIN_U3
		Dot_data[1]	PIN_U6
		Dot_data[2]	PIN_U5
		Dot_data[3]	PIN_U9
		Dot_data[4]	PIN_U7
		Dot_data[5]	PIN_T2
		Dot_data[6]	PIN_U10
		Dot_data[7]	PIN_T6
		Dot_data[8]	PIN_T3
		Dot_data[9]	PIN_T8
		Dot_data[10]	PIN_T7
		Dot_data[11]	PIN_T10
		Dot_data[12]	PIN_T9
		Dot_data[13]	PIN_R3
		Dot_com[0]	PIN_W4
Clock Select : 8(10KHz)		Dot_com[1]	PIN_V3
		Dot_com[2]	PIN_V2
		Dot_com[3]	PIN_V5
		Dot_com[4]	PIN_V4
		Dot_com[5]	PIN_V7
		Dot_com[6]	PIN_V6
		Dot_com[7]	PIN_U2
		Dot_com[8]	PIN_U1
		Dot_com[9]	PIN_U4

CHAPTER 16

Verilog HDL을 사용하여 설계한 4비트 2진 나눗셈기를 HBE-COMBO II 트레이닝 키트의 7-segment로 출력하기

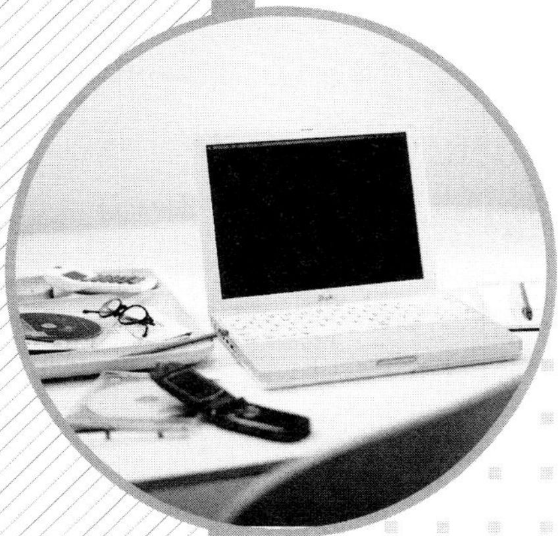

16.1 HBE-COMBO II 트레이닝 키트 상에서의 동작 설명

16.2 HBE-COMBO II 트레이닝 키트의 7-segment에 4비트 2진 나눗셈기를 디스플레이 하는 전체블록 개요

16.3 HBE-COMBO II 트레이닝 키트의 7-segment에 4비트 2진 나눗셈기를 디스플레이 하는 전체블록의 Verilog HDL 설계하기

16.4 4비트 2진 코드를 BCD 코드로 변환하고 나눗셈하는 블록의 Verilog HDL 설계하기

16.5 HBE-COMBO II 트레이닝 키트의 7-segment에 디스플레이하는 블록의 Verilog HDL 설계하기

16.6 타이밍 시뮬레이션 파형에 의한 분석 및 검증

16.7 HBE-COMBO II 트레이닝 키트에 프로그래밍 하기 위한 핀 할당 정보

16.1 HBE-COMBO II 트레이닝 키트 상에서의 동작 설명

이 예제는 그림 16.1.1과 같이 사용자가 HBE-COMBO II 트레이닝 키트 내에 있는 0에서 F까지의 키보드를 사용하여 2개의 4비트 데이터를 연속적으로 넣게 되면, 입력된 2개의 4비트 데이터가 BCD 코드로 변환되고 2개의 데이터가 나누어지게 되고, 입력된 4비트 데이터와 나눗셈된 결과 값이 HBE-COMBO II 트레이닝 키트의 7-segment에 나타나게 된다. 예를 들어 사용자가 5 키와 3 키를 연속적으로 누르게 되면 먼저 HBE-COMBO II 트레이닝 키트에 2개의 4비트 데이터 키 입력에 대한 7-segment가 점등된다. 즉 첫 번째 비트 데이터인 5는 8개의 7-segment중에서 첫 번째 그룹인 A 그룹 7-segment에 5의 형태로 점등되고, 두 번째 비트 데이터인 3는 두 번째 그룹인 B 그룹 7-segment에 3의 형태로 점등된다. 다음에 2개의 4비트 데이터에 대한 나눗셈된 결과 값의 몫인 1이 세 번째 그룹인 C 그룹 7-segment에 1의 형태로 점등된다. 이 나눗셈은 나누어 떨어지지 않기 때문에 소수점과 함께 D 그룹에 소수점 셋째자리에서 반올림한 67의 형태로 출력된다. 한편, dotmatrix 블록에서는 "Verilog HDL"이라는 문자열이 우에서 좌로 이동하면서 디스플레이 된다.

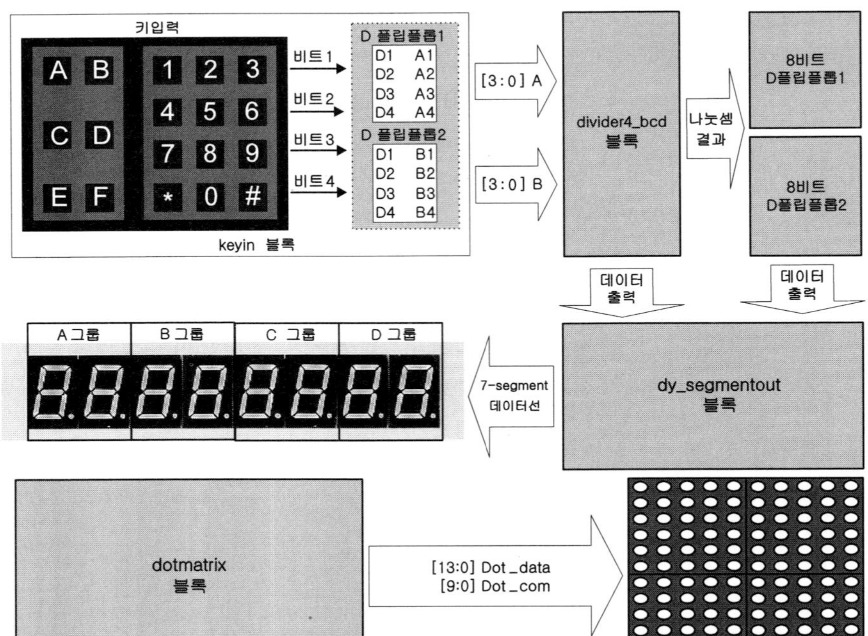

그림 16.1.1 HBE-COMBO II 트레이닝 키트 상에서의 동작 개요

16.2 HBE-COMBO II 트레이닝 키트의 7-segment에 4비트 2진 나눗셈기를 디스플레이 하는 전체블록 개요

HBE-COMBO II 트레이닝 키트의 7-segment에 4비트 2진 나눗셈기를 디스플레이 하는 kit_4divider_7seg 전체블록의 논리회로는 그림 16.2.1과 같이 크게 keyin 블록, divider4_bcd 블록, dy_segmentout 블록, dotmatrix 블록 등으로 구성된다. HBE-COMBO II 트레이닝 키트의 keypad는 3x4 keypad와 6개의 버튼 스위치로 구성되어 있다. 버튼 스위치는 A 키에서 F 키까지로서 직접 입력이 되도록 구성되어져 있으며, 3x4 keypad는 0에서 9까지의 키들과 *, # 등의 키들로 구성되어있다. 한편, 3x4 keypad는 스캔방식 구조로써 가로라인과 세로라인에서 동시에 제어하여 입력을 받아 사용할 수 있도록 구성되어 있다. 따라서 0에서 9까지의 스위치 입력 값을 받기 위해서는 키 데이터 스캔 블록(keymatrix)이 필요하다. keymatrix 블록에서 스캔한 키 값의 출력은 encoder always문으로 보내진다. 한편, A ~ F까지의 버튼 스위치로 입력되는 데이터는 1비트의 데이터 정보이기 때문에 바로 encoder always문으로 키 값이 보내진다. 따라서 HBE-COMBO II 트레이닝 키트의 keypad로부터 입력되는 데이터는 16비트가 된다. 그러나 divider4_bcd 블록에 적용하기에는 데이터의 비트 수가 다르기 때문에 keypad의 데이터 정보를 변환하고, 출력된 데이터를 A그룹 데이터와, B그룹 데이터로 저장하는 D 플립플롭이 필요하다. 이러한 기능들은 keyin 블록에서 수행된다. 다음에 keyin 블록에서 출력되는 2개의 4비트 데이터는 divider4_bcd 블록에서 BCD 코드로 변환하고 변환된 BCD 코드는 나뉘어져서, 나눗셈된 결과 값은 HBE-COMBO II 트레이닝 키트의 7-segment에 출력된다.

한편, dotmatrix 블록에서는 "Verilog HDL"이라는 문자열이 우에서 좌로 이동하면서 디스플레이 된다.

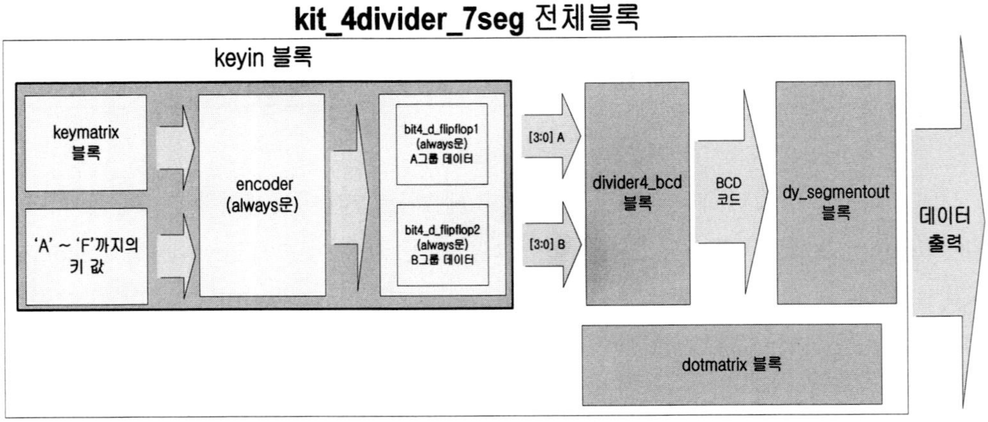

그림 16.2.1 HBE-COMBO II 트레이닝 키트의 7-segment에 4비트 2진 나눗셈기를 디스플레이 하는 kit_4divider_7seg 전체 블록도

16.3 HBE-COMBO II 트레이닝 키트의 7-segment에 4비트 2진 나눗셈기를 디스플레이 하는 전체블록의 Verilog HDL 설계하기

16.3.1 모듈 선언 및 입출력 포트 선언(module and input/output port declaration)

그림 16.3.1은 Verilog HDL로 설계하려는 kit_4divider_7seg 전체블록의 모듈 선언 및 입출력 포트 선언을 심볼 형태로 표현한 것이며, 그림 16.3.1는 Verilog HDL로 설계하려는 kit_4divider_7seg 전체블록의 모듈 선언 및 입출력 포트 선언을 나타내고 있다. 한편, module 다음에 오는 kit_4divider_7seg는 이 블록의 모듈명이며, 지정어 input과 output 다음에는 입력과 출력 포트들을 나타낸다. 설계하려는 kit_4divider_7seg 전체블록은 지정어 input에 입력 신호를 위한 [3:0] key_r, keyA, keyB, keyC, keyD, keyE, keyF, clk 포트들과 지정어 output에 출력 신호를 위한 [7:0] seg_data, [7:0] sel_dec, [9:0] Dot_com, [13:0] Dot_data, [2:0] key_c 포트들을 기술한다.

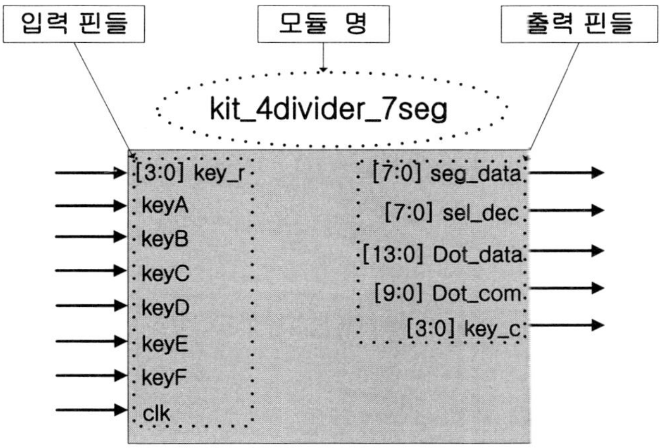

그림 16.3.1 Verilog HDL로 설계하려는 kit_4divider_7seg 전체블록의 모듈 선언 및 입출력 포트 선언을 심볼 형태로 표현한 것

```
module kit_4divider_7seg (clk, key_c, key_r, keyA, keyB, keyC, keyD, keyE, keyF,
seg_data, sel_dec, Dot_com, Dot_data);
    input clk, keyA, keyB, keyC, keyD, keyE, keyF;
    input [3:0] key_r;
    output [2:0] key_c;
    output [7:0] sel_dec;
    output [7:0] seg_data;
    output [9:0] Dot_com;
    output [13:0] Dot_data;

                        ~

endmodule
```

그림 16.3.2 Verilog HDL로 설계하려는 kit_4divider_7seg 전체블록의 모듈 선언 및 입출력 포트 선언

16.3.2 논리회로 표현(logic circuit representation)

모듈 선언 및 입출력 포트 선언이 되었으므로 설계 블록의 내부 동작 또는 연결 구조를 기술하는 논리회로 표현을 하여야 한다. 설계하려는 kit_4divider_7seg 전체블록에서 부품 간의 연결에 사용되는 신호선 seg10a, seg10b, seg_10c, dot, k_clk 등과 버스 신호선 [3:0] data_a, [3:0] data_b, [3:0] seg1a, [3:0] seg1b, [3:0] seg_1c, [3:C] seg_dec1, [3:0] seg_dec2 등을 지정어인 wire로 선언한다. 또한 seg10c, dott, count, [3:0] seg1c, [3:0] segdec1, [3:0] segdec2 등은 always문의 출력으로 사용되므로 지정어인 reg로 선언한다. 선언이 끝나면 하드웨어의 내부동작을 기술해야 하는데 여기서는 앞서 이미 설계한 하위모듈들을 이용하여 이들 상호간을 연결하여 블록을 설계하는 구조적 표현 방법과 always문을 사용하여 kit_4divider_7seg 전체블록을 설계하는 동작적 표현 방법을 혼합하여 사용하기로 한다.

그림 16.3.3은 Verilog HDL로 설계하려는 kit_4divider_7seg 전체블록의 논리회로를 심볼 형태로 표현 한 것이다. 먼저 keyin 하위모듈에 5 키와 3 키가 입력이 되면 이 값을 4비트 2진 코드로 바꿔서 [3:0] datab와 [3:0] datab에 저장한다. 다음에 keyin 하위모듈에서 넘겨받은 2개의 4비트 2진 코드 [3:0] dataa와 [3:0] datab는 divider4_bcd 블록에서 bit4bin2bcd1(태스크)를 통해 BCD 코드로 변환되어 출력 되고, 입력받은 [3:0] dataa, [3:0] datab와 두 값이 나눗셈된 결과의 몫을 BCD로 변환하여 출력하고, 나눗셈이 발생하였을 경우에 소수점과 함께 나머지를 출력한다. 한편, dy_segmentout 하위모듈은 divider4_bcd 하위모듈에서 변환된 seg10a, [3:0] seg1a, seg10b, [3:0] seg1b와 나눗셈 결과의 몫인 seg1c, seg10c[3:0]와 나머지인 [3:0] decimal1, [3:0] decimal2 그리고 소수점 신호인 dot를 입력으로 받는다. 입력받은 값들은 트레이닝 키트의 7-segment에 동적 디스플레이 되는데, 초기동작에서 7-segment는 모두 OFF 되어진다. 이때 k1, k2, k3 등은 0으로 초기화 되어 있다. 만약 5 키가 눌리게 되면 A그룹의 7-segment가 [3:0] dataa의 변환된 BCD 코드를 출력하고 k1은 1, 3 키가 눌리면 B그룹의 7-segment가 [3:0] datab의 변환된 BCD 코드를 출력하고 k2가 1로 된다. 다음에 3 키가 눌렸다 떨어지게 되면 C그룹의 7-segment가 두 입력값을 나눗셈해서 BCD 코드로 변환한 값을 출력하고 k3이 1로 된다. 한편 kit_4divider_7seg 전체블록에서 두 번째 키가 눌렸다 떨어지는 시점은 count 신호가 1이고 k_clk1 신호가 하강에지 신호일 때이며, 이때 event always문에서 [3:0] seg_1c → [3:0] seg1c, seg_10c → seg10c, [3:0] seg_dec1 → [3:0] segdec1, [3:0] seg_dec2 → [3:0] segdec2, dot → dott로 출력한다. 여기서 나머지 신호인 dot 신호가 0이면 소수점자리 숫자가 없으므로 몫만 출력이 되고 1 이면 소수점자리 숫자가 있으므로 몫과 나머지가 함께 출력이 된다. A, B, C 그룹의 7-segment중 10의 자리는 7-segment는 값이 0일 경우 OFF 된다. 2번 이상의 키 입력이 들어오면 A, B, C그룹의 7-segment는 계속해서 ON 되고, D 그룹은 나머지가 발생할 경우에만 ON이 된다. 그림 16.3.4는 Verilog HDL로 설계하려는 kit_4divider_7seg 전체블록의 논리회로 표현을 나타내고 있다. 한편, keyin 하위모듈은 5장에서 설계한 Verilog HDL 코드를, dotmatrix 하위모듈은 4장에서 설계한 Verilog HDL 코드를 사용한다.

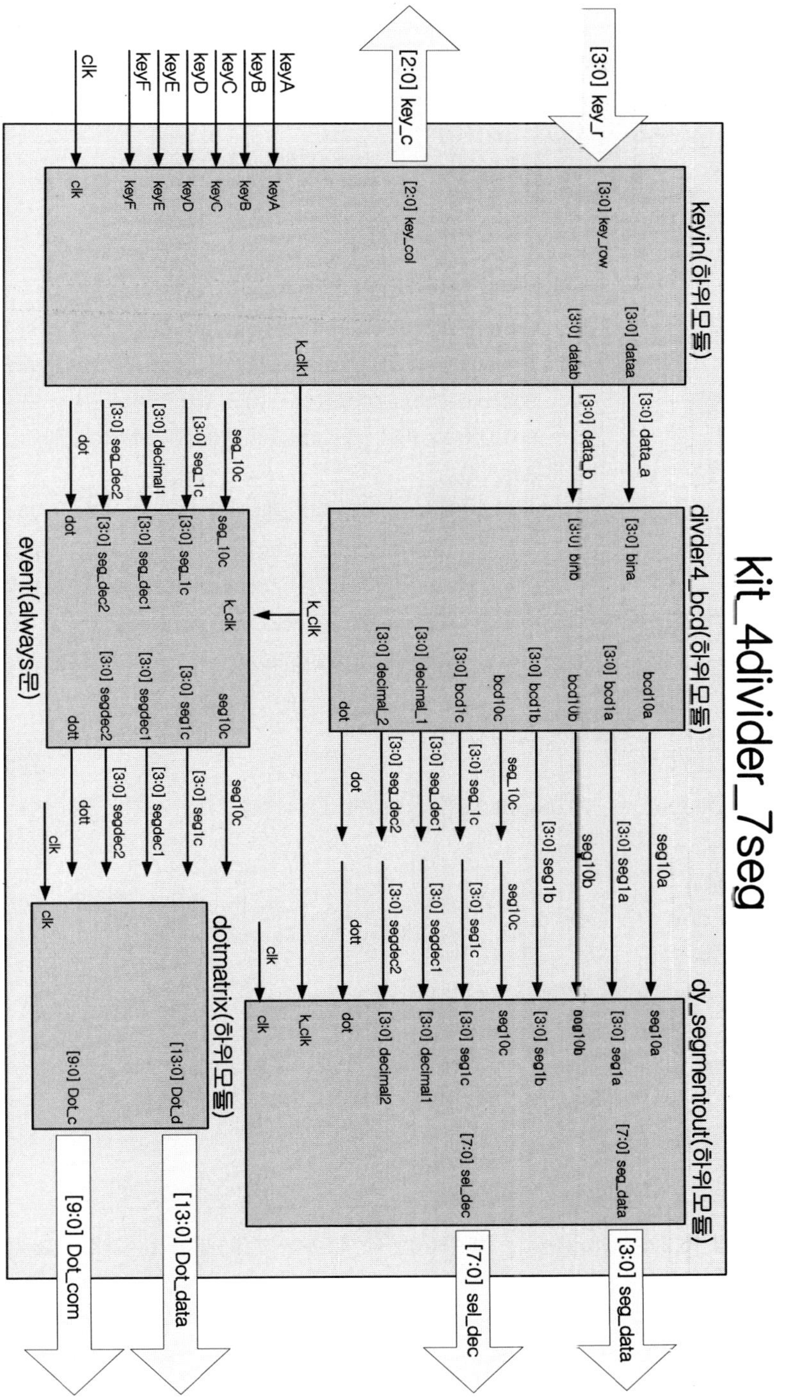

그림 16.3.3 Verilog HDL로 설계하려는 kit_4divider_7seg 전체블록의 논리회로를 심볼 형태로 표현한 것

```
wire [3:0] data_a, data_b, seg1a, seg1b, seg_1c, seg_dec1, seg_dec2;
wire seg10a, seg10b, seg_10c, dot, k_clk;
reg [3:0] seg1c, segdec1, segdec2;
reg seg10c, dott, count;

  dotmatrix dotmatrix_display (.clk(clk), .Dot_c(Dot_com), .Dot_d(Dot_data));
  keyin key_input (.key_col(key_c), .key_row(key_r), .clk(clk), .keyA(keyA),
                   .keyB(keyB), .keyC(keyC), .keyD(keyD), .keyE(keyE),
                   .keyF(keyF), .k_clk1(k_clk), .dataa(data_a), .datab(data_b));
  divider4_bcd bcd_trans (.bina(data_a), .binb(data_b), .bcd1a(seg1a), .bcd10a(seg10a),
                          .bcd1b(seg1b), .bcd10b(seg10b), .bcd1c(seg_1c),
                          .bcd10c(seg_10c), .decimal_1(seg_dec1), .decimal_2(seg_dec2),
                          .dot(dot));
  dy_segmentout dynamic_display (.clk(clk), .k_clk(k_clk), .seg1a(seg1a), .seg10a(seg10a),
                                 .seg1b(seg1b), .seg10b(seg10b), .seg1c(seg1c),
                                 .seg10c(seg10c), .decimal1(segdec1), .dot(dott),
                                 .decimal2(segdec2), .sel_dec(sel_dec),
                                 .seg_data(seg_data));

  always @ (negedge k_clk)                      // event
  begin
    if (count == 0) count <= count + 1;
    else
    begin
      dott     <= dot;
      seg1c    <= seg_1c;
      seg10c   <= seg_10c;
      segdec1  <= seg_dec1;
      segdec2  <= seg_dec2;
      count    <= 0;
    end
  end
```

그림 16.3.4 Verilog HDL로 설계하려는 kit_4divider_7seg 블록의 논리회로 표현

16.4 4비트 2진 코드를 BCD 코드로 변환하고 나눗셈하는 블록의 Verilog HDL 설계하기

16.4.1 모듈 선언 및 입출력 포트 선언(module and input/output port declaration)

그림 16.4.1은 Verilog HDL로 설계하려는 divider4_bcd 블록의 모듈 선언 및 입출력 포트 선언을 심볼 형태로 표현한 것이며, 그림 16.4.2는 Verilog HDL로 설계하려는 divider4_bcd 블록의 모듈 선언 및 입출력 포트 선언을 나타내고 있다. 한편, module 다음에 오는 divider4_bcd는 이 블록의 모듈명이며, 지정어 input과 output 다음에는 입력과 출력 포트들을 나타낸다. 설계하려는 divider4_bcd 블록은 지정어 input에 입력 신호를 위한 [3:0] bina, [3:0] binb 포트들과 지정어 output에 출력 신호를 위한 [3:0] bcd1a, bcd10a, [3:0] bcd1b, bcd10b, [3:0] bcd1c, bcd10c, [3:0] decimal_1, [3:0] decimal_2, dot의 포트들을 기술한다.

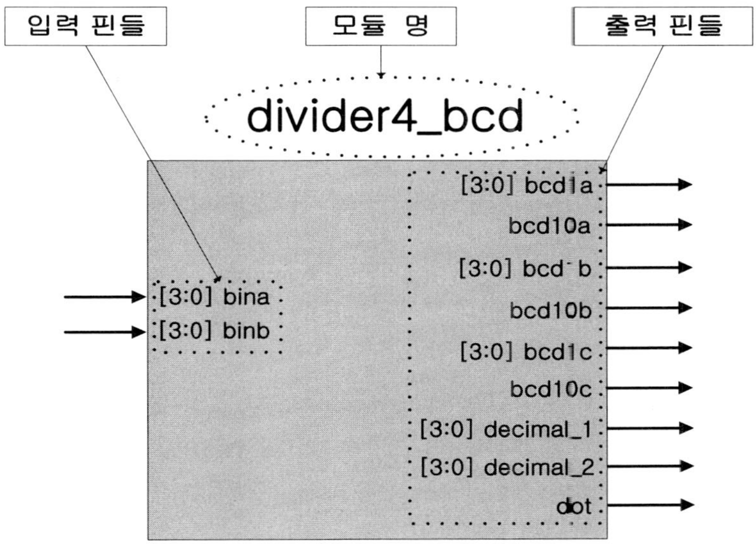

그림 16.4.1 Verilog HDL로 설계하려는 divider4_bcd 블록의 모듈 선언 및 입출력 포트 선언을 심볼 형태로 표현한 것

```
module divider4_bcd(bina, binb, bcd1a, bcd10a, bcd1b, bcd10b, bcd1c, bcd10c, decimal_1,
                    decimal_2, dot);
   input [3:0] bina, binb;
   output [3:0] bcd1a, bcd1b, bcd1c, decimal_1, decimal_2;
   output bcd10a, bcd10b, bcd10c, dot;

                      ~

endmodule
```

그림 16.4.2 Verilog HDL로 설계하려는 divider4_bcd블록의 모듈 선언 및 입출력 포트 선언

16.4.2 논리회로 표현(logic circuit representation)

모듈 선언 및 입출력 포트 선언이 되었으므로 설계 블록의 내부 동작 또는 연결 구조를 기술하는 논리회로 표현을 하여야 한다. 설계하려는 divider4_bcd에서 부품간의 연결에 사용되는 버스 신호선 [3:0] sig1, [3:0] sig2, [3:0] sig4, [3:0] sig6, [3:0] sig7, [3:0] sig9, [3:0] seg10, [7:0] sig3, [7:0] sig5, [7:0] sig8 등을 wire로 선언한다. 또한 [3:0] bcd1a, [3:0] bcd1b, [3:0] bcd1c, bcd10a, bcd10b, bcd10c, dot 등은 always문의 출력으로 사용되므로 지정어인 reg로 선언한다. 선언이 끝나면 하드웨어의 내부동작을 기술해야 하는데 여기서는 앞서 이미 설계한 하위모듈들을 이용하여 이들 상호간을 연결하여 블록을 설계하는 구조적 표현 방법과 always문을 사용하여 divider4_bcd 블록을 설계하는 동작적 표현 방법을 사용하기로 한다.

그림 16.4.3은 Verilog HDL로 설계하려는 divider4_bcd 블록의 논리회로를 심볼 형태로 표현 한 것이다. 먼저 입력된 4비트 2진 코드를 bcd1a, bcd10a, bcd1b, bcd10b, bcd1c, bcd10c로 분리하여 BCD 코드로 변환하기 위해 bit4bin2bcd1의 태스크를 이용하였다. bit4bin2bcd1의 태스크는 입력된 4비트 2진 코드를 BCD 코드로 변환하는 역할을 수행한다. 만약 입력된 값이 10을 넘는다면 1의 자리 수(s)는 입력 값에 +6을 하여 반환하고, 캐리(c)는 1로 반환한다. 그렇지 않으면 입력 값을 1의 자리 수(s)로 반환하고, 캐리(c)는 0을 반환한다. 변수 [3:0] bcd1a는 BCD 코드로 변환된 A데이터의 1의 자리, bcd10a는 BCD 코드로 변환된 A데이터의 10의 자리, [3:0] bcd1b는 BCD 코드로 변환된 B데이터의 1의 자리,

bcd10b는 BCD 코드로 변환된 B데이터의 10의 자리를 의미한다. 한편 변환된 데이터는 dy_segmentout 블록으로 입력된다. 그리고 integer_divider 하위모듈에서 첫 번째 키 입력 값을 피제수로, 두 번째 키 입력 값을 제수로 하여 나눗셈을 수행하는데 피제수의 상위 3비트에 000을 추가해서 7비트로 만들어 제수로 나눈 몫이 4비트가 되도록 한다. 몫은 위에서 설명했던 것과 같이 bit4bin2bcd1의 태스크를 이용해서 BCD코드로 변환된 [3:0] bcd1c과 bcd10c 신호로 나오게 되어서 정수 부분의 몫으로 출력된다. 나머지가 발생할 경우 dot신호에 1이 발생하고 나머지는 divider_expansion 하위모듈을 통하여 4비트인 나머지를 10진수 나눗셈할 때와 마찬가지로 4비트 2진 코드인 나머지를 10진 코드로 변환 값에 0을 추가하고 다시 2진 코드로 바꾸게 되면 8비트 2진 코드의 피제수로 바뀌게 된다. 그 다음에 decimal_divider 하위모듈을 통해서 소수점 나눗셈이 실행되는데 피제수가 8비트 2진 코드이므로 제수의 상위비트에 0을 추가해서 몫이 4비트가 되도록 한다. 이때 나머지가 생기게 되면 다시 이 과정을 반복하게 된다. 나머지가 연속해서 발생할 경우 이 과정이 최대 3번이 수행하게 되는데 그 이유는 소수점 셋째자리에서 반올림을 해서 소수둘째자리까지 출력하기 위해서이다. 여기서 소수점 셋째자리에서 소수점의 나눗셈의 몫이 5보다 크거나 같으면 round 하위모듈을 통해 반올림이 되어서 결과적으로 소수둘째자리 까지 몫이 출력된다.

한편, integer_divider 하위모듈의 나머지 값이 0인 경우에는 몫의 소수점이 없는 경우이므로 dot 신호를 0으로 만들어 7-segment에 소수점 이하의 값에 0이 출력되지 않도록 한다. 그림 16.4.4는 Verilog HDL로 설계하려는 divider4_bcd 블록의 논리회로 표현을 나타내고 있다.

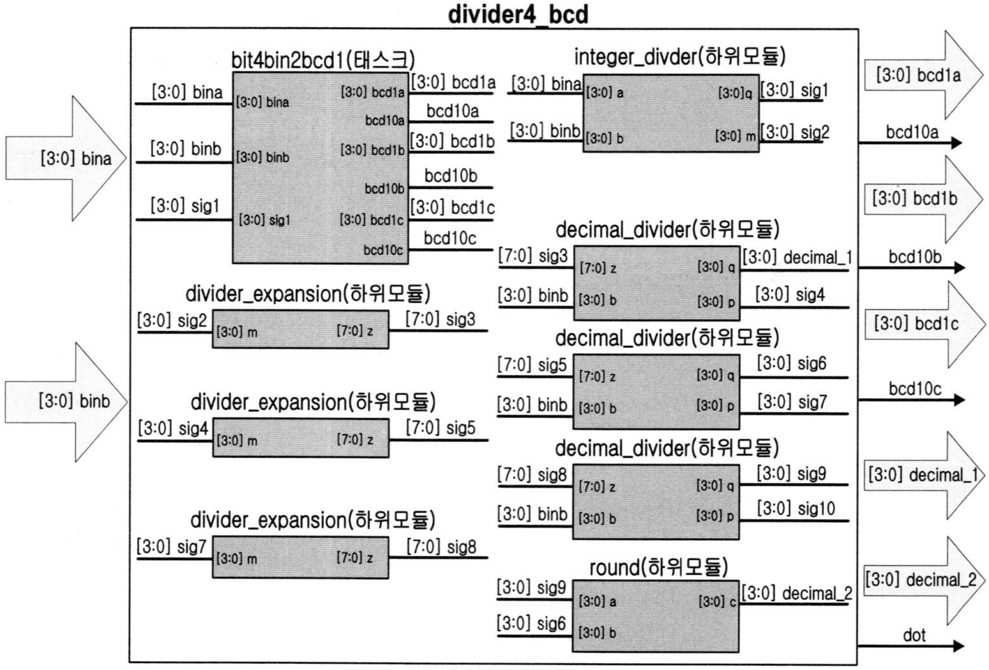

그림 16.4.3 Verilog HDL로 설계하려는 divider4_bcd 블록의 논리회로를 심볼 형태로 표현한 것

```
wire [3:0] sig1, sig2, sig4, sig6, sig7, sig9, seg10;
wire [7:0] sig3, sig5, sig8;
reg [3:0] bcd1a, bcd1b, bcd1c;
reg bcd10a, bcd10b, bcd10c, dot;

   task bit4bin2bcd1;
      input [3:0] a;
      output [3:0] s;
      output c;
      reg [3:0] a;
      reg c;
      begin
         if (a >= 10)
         begin
            s <= a + 6;
            c <= 1;
         end
         else
         begin
            s <= a;
            c <= 0;
         end
      end
   endtask

   integer_divider idivider(.a(bina), .b(binb), .q(sig1), .m(sig2));
   divider_expansion expansion1(.m(sig2), .z(sig3));
   decimal_divider ddvider1 (.a(sig3), .b(binb), .q(decimal_1), .p(sig4));
   divider_expansion expansion2 (.m(sig4), .z(sig5));
   decimal_divider ddvider2 (.a(sig5), .b(binb), .q(sig6), .p(sig7));
   divider_expansion expansion3 (.m(sig7), .z(sig8));
   decimal_divider ddvider3 (.a(sig8), .b(binb), .q(sig9), .p(sig10));
   round bround (.a(sig9), .b(sig6), .c(decimal_2));

   always @(bina or binb)
   begin
      bit4bin2bcd1(bina, bcd1a, bcd10a);
      bit4bin2bcd1(binb, bcd1b, bcd10b);
      bit4bin2bcd1(sig1, bcd1c, bcd10c);
      if (sig2 == 4'b0000 | binb == 4'b0000) dot <= 1'b0;
      else                                   dot <= 1'b1;
   end
```

그림 16.4.4 Verilog HDL로 설계하려는 divider4_bcd 블록의 논리회로 표현

16.4.3 4비트의 2진 코드를 나누어 정수 부분의 몫과 나머지를 출력하는 integer_divider 블록의 Verilog HDL 설계하기

(1) 모듈 선언 및 입출력 포트 선언(module and input/output port declaration)

그림 16.4.5는 Verilog HDL로 설계하려는 integer_divider 블록의 모듈 선언 및 입출력 포트 선언을 심볼 형태로 표현한 것이며, 16.4.6은 Verilog HDL로 설계하려는 integer_divider 블록의 모듈 선언 및 입출력 포트 선언을 나타내고 있다. 한편, module 다음에 오는 integer_divider는 이 블록의 모듈명이며 지정어 input과 output 다음에는 입력과 출력 포트들을 나타낸다. 설계하려는 integer_divider 블록은 지정어 input에 입력 신호를 위한 [3:0] a, [3:0] b 포트들과 지정어 output에 출력 신호를 위한 [3:0] q, [3:0] m 포트들을 기술한다.

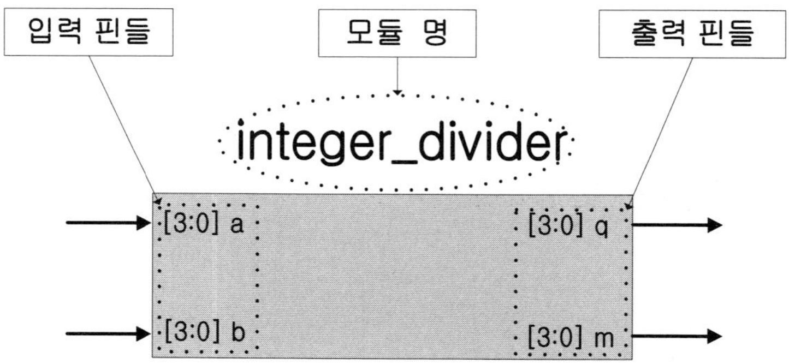

그림 16.4.5 Verilog HDL로 설계하려는 integer_divider블록의 모듈 선언 및 입출력 포트 선언을 심볼 형태로 표현한 것

```
module integer_divider(a, b, q, m);
   input  [3:0] a, b;
   output [3:0] q, m;

                    ~

endmodule
```

그림 16.4.6 Verilog HDL로 설계하려는 integer_divider 블록의 모듈 선언 및 입출력 포트 선언

(2) 논리회로 표현(logic circuit representation)

모듈 선언 및 입출력 포트 선언이 되었으므로 설계 블록의 내부 동작 또는 연결 구조를 기술하는 논리회로 표현을 하여야 한다. 설계하려는 integer_divider에서 부품간의 연결에 사용되는 [18:0] tmp, [3:0] q, [3:0] m 등은 always문의 출력으로 사용되므로 지정어인 reg로 선언한다. 선언이 끝나면 하드웨어의 내부동작을 기술해야 하는데 여기서는 always문을 사용하여 integer_divider 블록을 설계하는 동작적 표현 방법을 사용하기로 한다.

그림 16.4.10은 Verilog HDL로 설계하려는 integer_divider 블록의 논리회로를 심볼 형태로 표현 한 것이다. integer_divider 블록의 동작을 보면, 첫 번째 키 입력 값을 피제수로, 두 번째 키 입력 값을 제수로 하여 정수부분의 나눗셈을 실행해 몫과 나머지를 출력하는 블록이다. 제수가 0일 경우 피제수에 어떤 값이 와도 몫은 0이고 나머지는 피제수와 같은 값을 가지게 되므로 제수가 0일 경우에는 몫은 0으로 출력하게 되고 나머지는 피제수를 그대로 출력한다. 제수가 0이 아닌 다른 값을 가지면 나눗셈을 실행하게 되는데 몫을 4비트로 만들기 위하여 4비트의 피제수에 000의 3비트를 추가시켜 7비트로 확장하여 정수 부분의 몫과 나머지를 생성하게 된다. 나눗셈을 하는 과정은 bit4divider 태스크를 이용하여 4비트의 제수와 7비트의 피제수 중에서 상위 4비트를 비교하여 피제수가 제수보다 크거나 같은 경우에 몫의 최상위 비트를 1로 하고 뺄셈을 수행하고 피제수가 제수보다 작은 경우에는 몫의 최상위 비트를 0으로 한다. 다음에는 피제수의 결과 값을 신호 tmp[15:12]에 저장한다. 이때 tmp[15]의 값이 1이 발생하는 경우는 존재 하지 않으며 비트수를 맞추기 위해 사용되었다. 그러므로 tmp[14:12]의 하위 3비트에 피제수의 다음 하위 1비트를 추가시켜 피제수를 4비트로 만들고 다시 bit4divider 태스크를 이용한다. 이과정이 몫이 4비트가 될 때까지 과정을 반복하게 되고 그 결과를 차례대로 신호 tmp[11:8], tmp[7:4], tmp[3:0]에 저장시킨다. 최종적으로 나온 신호 tmp[3:0]의 값의 값을 [3:0] m을 대입하여 나머지로 출력하게 되는 것이다. 그림 16.4.7은 integer_divider 블록에서 나눗셈을 하는 과정을 예로 표현한 것이고, 그림 16.4.11은 Verilog HDL로 설계하려는 integer_divider 블록의 논리회로 표현을 나타내고 있다.

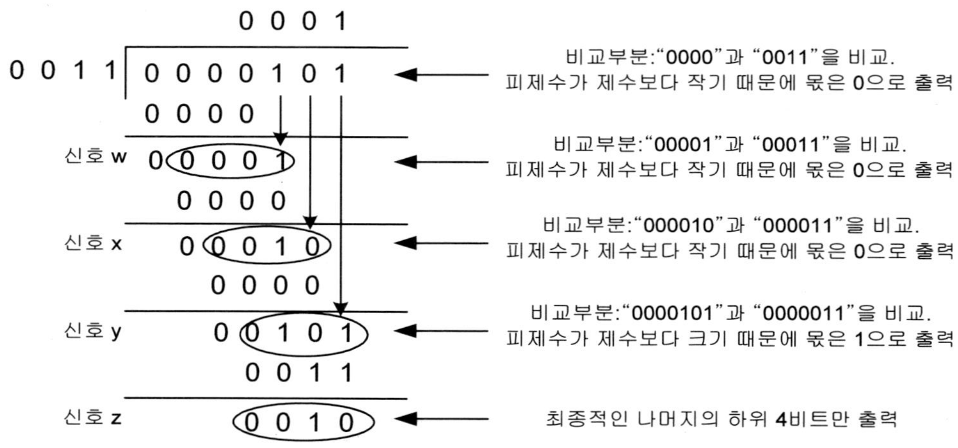

그림 16.4.7 integer_divider 블록에서 나눗셈을 하는 과정을 예로 표현

그림 16.4.8은 integer_divider 블록에서 나눗셈을 하는 나누는 과정의 알고리즘을 나타낸 것이다.

Ⓐ 제수가 '0000'일 경우 나눗셈이 실행되지 않으므로 몫은 '0000'으로 출력하고 나머지 는 피제수의 값으로 출력한다.

Ⓑ 제수가 '0000'이상일 경우 나눗셈이 실행한다.

① 피제수X의 값을 가져온다.(상위비트에 0을 추가시켜 피제수를 7비트로 만든다)
② 7비트피제수의 상위4비트 ≥ 제수4비트(Y3Y2Y1Y0)을 비교한다.
③ 값이 크거나 같으면, 빼셈을 수행하고, Q의 값을 1로 한다.
④ 값이 작으면, 빼셈을 수행하지 않으며, Q의 값을 0로 한다.
⑤ ③,④ 결과의 하위 3비트와 피제수의 하위 1비트를 추가시킨다.
⑥ ②,③,④과 같은 방법을 반복하여 수행한다.
⑦ 빼셈을 4번 수행한 후(몫이 4비트가 되도록)에 'Q' 값은 몫으로 'N' 값은 나머지로 출력된다.

그림 16.4.8 integer_divider 블록에서 나눗셈을 하는 과정의 알고리즘

- '0 0 0 X3 X2 X1 X0' 7비트로 변환된 피제수
- 'Y3 Y2 Y1 Y0' 4비트 제수
- 'Q3 Q2 Q1 Q0' 4비트 몫
- 'N3 N2 N1 N0' 4비트 나머지

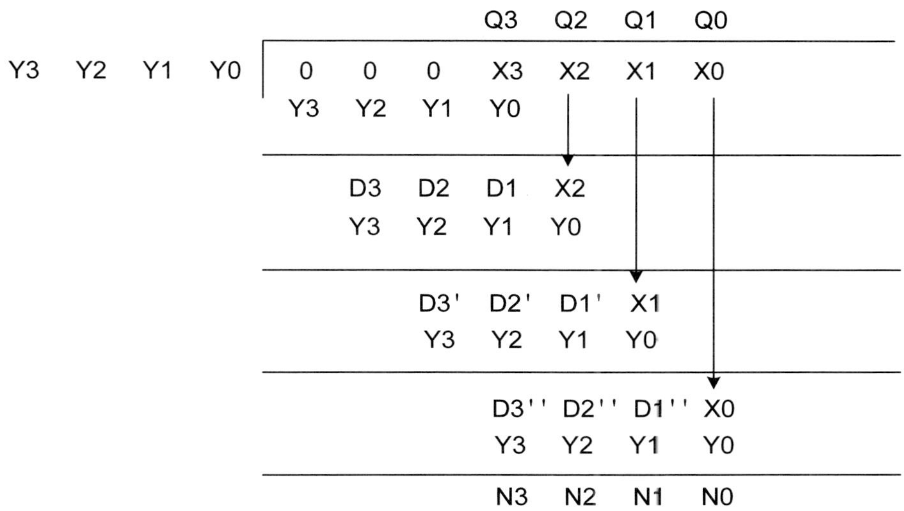

그림 16.4.9 integer_divider 블록에서 나눗셈을 하는 과정의 알고리즘 표현

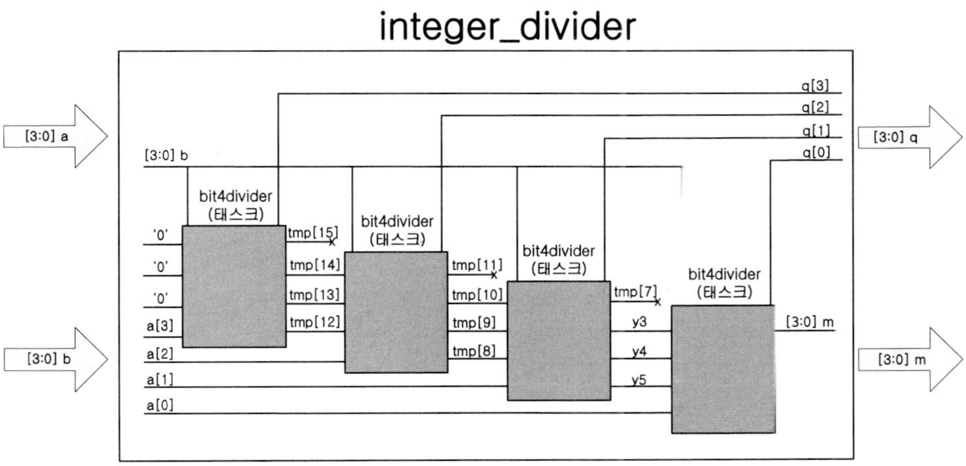

그림 16.4.10 Verilog HDL로 설계하려는 integer_divider 블록의 논리회로를 심볼 형태로 표현한 것

```
reg [18:0] tmp;
reg [3:0] q;
reg [3:0] m;

 task bit4divider;
   input [3:0] d1, d2;
   output [3:0] r;
   output q;
   reg [3:0] r;
   reg q;
   begin
      if (d1 != 4'b0000 & d2 != 4'b0000)
      begin
         if (d1 >= d2)
         begin
            r <= d1 - d2;
            q <= 1'b1;
         end
         else
         begin
            r <= d1;
            q <= 1'b0;
         end
      end
      else
      begin
         r <= 4'b0000;
         q <= 1'b0;
      end
   end
 endtask

 always @(a or b)
 begin
   tmp[18:16] <= 3'b000;
   bit4divider ({tmp[18:16], a[3]}, b, tmp[15:12], q[3]);
   bit4divider ({tmp[14:12], a[2]}, b, tmp[11:8], q[2]);
   bit4divider ({tmp[10:8], a[1]}, b, tmp[7:4], q[1]);
   bit4divider ({tmp[6:4], a[0]}, b, tmp[3:0], q[0]);
   m <= tmp[3:0];
 end
```

그림 16.4.11 Verilog HDL로 설계하려는 integer_divider 블록의 논리회로 표현

16.4.4 integer_divider 블록에서 생성된 나머지에 0을 붙여 4비트의 데이터를 8비트로 변환하여 피젯수로 만드는 divider_expansion 블록의 Verilog HDL 설계

(1) 모듈 선언 및 입출력 포트 선언(module and input/output port declaration)

그림 16.4.12는 Verilog HDL로 설계하려는 divider_expansion 블록의 모듈 선언 및 입출력 포트 선언을 심볼 형태로 표현한 것이며, 그림 16.4.13은 Verilog HDL로 설계하려는 divider_expansion 블록의 모듈 선언 및 입출력 포트 선언을 나타내고 있다. 한편, module 다음에 오는 divider_expansion은 이 블록의 모듈명이며 지정어 input과 output 다음에는 입력과 출력 포트들을 나타낸다. 설계하려는 divider_expansion 블록은 지정어 input에 입력 신호를 위한 [3:0] m과 지정어 output에 출력 신호를 위한 [7:0] z 포트를 기술한다.

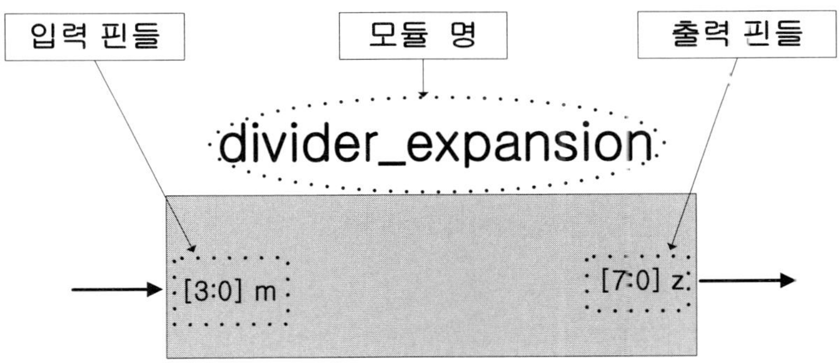

그림 16.4.12 Verilog HDL로 설계하려는 divider_expansion 블록의 모듈 선언 및 입출력 포트 선언을 심볼 형태로 표현한 것

```
module divider_expansion(m, z);
    input  [3:0] m;
    output [7:0] z;

                 ~

endmodule
```

그림 16.4.13 Verilog HDL로 설계하려는 divider_expansion 블록의 모듈 선언 및 입출력 포트 선언

(2) 논리회로 표현(logic circuit representation)

모듈 선언 및 입출력 포트 선언이 되었으므로 설계 블록의 내부 동작 또는 연결 구조를 기술하는 논리회로 표현을 하여야 한다. 설계하려는 divider_expansion 블록에서 모듈 선언 및 입출력 포트 선언에서 선언했던 출력포트 [7:0] z가 always문의 출력으로 사용되므로 지정어인 reg로 선언한다. 선언이 끝나면 하드웨어의 내부동작을 기술해야 하는데 여기서는 always문을 사용하여 divider_expansion 블록을 설계하는 동작적 표현 방법을 사용하기로 한다.

그림 16.4.15는 Verilog HDL로 설계하려는 integer_divider 블록의 논리회로를 심볼 형태로 표현 한 것이다. 이 블록은 integer_divider 블록에서 생성된 나머지에 0을 붙여 4비트의 데이터를 8비트로 변환하여 피젯수로 만드는 블록이다. 예를 들어 5를 3으로 나누면 몫은 1이고 나머지는 2가 된다. 이때 나머지가 발생하면 소수점 자리수의 몫이 있다는 것이므로, 나머지의 뒷부분에 0을 붙여 소수점 자리수의 몫을 계산하도록 한다. 그림 16.4.14는 divider_expansion 블록의 논리회로에서 5(0000101)을 3(0011)으로 나누어 발생한 나머지 2를 20으로 확장하여 소수 부분의 나눗셈을 수행하는 과정의 나타내는 예이다. 한편, 그림 16.4.16은 Verilog HDL로 설계하려는 integer_divider 블록의 논리회로 표현을 나타내고 있다.

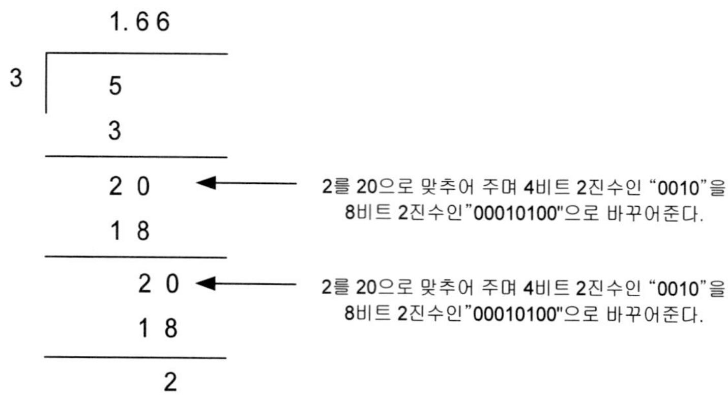

그림 16.4.14 나머지를 확장하여 소수 부분의 나눗셈을 수행하는 과정

한편, 제수가 4비트이므로 최대 15까지 나올 수 있으므로 나머지는 0부터 14까지 존재하게 된다. 따라서 표 16.4.1은 0부터 14까지의 4비트 나머지를 8비트로 변환하는 방법을 나타내고 있다.

표 16.4.1 0부터 14까지 4비트 나머지를 8비트로 변환하는 방법

	입력					출력							
	m[3]	m[2]	m[1]	m[0]		z[7]	z[6]	z[5]	z[4]	z[3]	z[2]	z[1]	z[0]
0	0	0	0	0	0	0	0	0	0	0	0	0	0
1	0	0	0	1	10	0	0	0	0	1	0	1	0
2	0	0	1	0	20	0	0	0	1	0	1	0	0
3	0	0	1	1	30	0	0	0	1	1	1	1	0
4	0	1	0	0	40	0	0	1	0	1	0	0	0
5	0	1	0	1	50	0	0	1	1	0	0	1	0
6	0	1	1	0	60	0	0	1	1	1	1	0	0
7	0	1	1	1	70	0	1	0	0	0	1	1	0
8	1	0	0	0	80	0	1	0	1	0	0	0	0
9	1	0	0	1	90	0	1	0	1	1	0	1	0
10	1	0	1	0	100	0	1	1	0	0	1	0	0
11	1	0	1	1	110	0	1	1	0	1	1	1	0
12	1	1	0	0	120	0	1	1	1	1	0	0	0
13	1	1	0	1	130	1	0	0	0	0	0	1	0
14	1	1	1	0	140	1	0	0	0	1	1	0	0

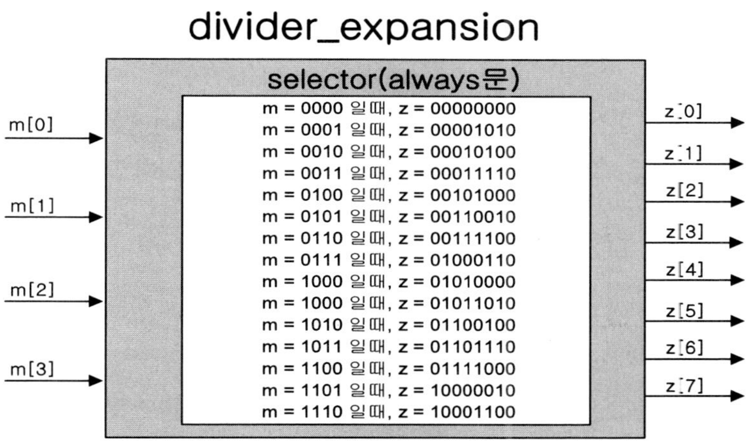

그림 16.4.15 Verilog HDL로 설계하려는 divider_expansion 블록의 논리회로를 심볼 형태로 표현한 것

```
  reg [7:0] z;

    always @(m)                          // selector
    begin
      case (m)
        4'b0001 : z <= 8'b00001010;
        4'b0010 : z <= 8'b00010100;
        4'b0011 : z <= 8'b00011110;
        4'b0100 : z <= 8'b00101000;
        4'b0101 : z <= 8'b00110010;
        4'b0110 : z <= 8'b00111100;
        4'b0111 : z <= 8'b01000110;
        4'b1000 : z <= 8'b01010000;
        4'b1001 : z <= 8'b01011010;
        4'b1010 : z <= 8'b01100100;
        4'b1011 : z <= 8'b01101110;
        4'b1100 : z <= 8'b01111000;
        4'b1101 : z <= 8'b10000010;
        4'b1110 : z <= 8'b10001100;
        default  : z <= 8'b00000000;
      endcase
    end
endmodule
```

그림 16.4.16 Verilog HDL로 설계하려는 divider_expansion 블록의 논리회로 표현

6.4.5 8비트의 2진 코드인 나머지를 제수로 나누어 몫의 소수점 자리를 출력하는 decimal_divider 블록의 Verilog HDL 설계하기

(1) 모듈 선언 및 입출력 포트 선언(module and input/output port declaration)

그림 16.4.15는 Verilog HDL로 설계하려는 decimal_divider 블록의 모듈 선언 및 입출력 포트 선언을 심볼 형태로 표현한 것이며, 그림 16.4.17은 Verilog HDL로 설계하려는 decimal_divider 블록의 모듈 선언 및 입출력 포트 선언을 나타내고 있다. 한편, module 다음에 오는 decimal_divider는 이 블록의 모듈명이며 지정어 input과 output 다음에는 입력과 출력 포트들을 나타낸다. 설계하려는 decimal_divider 블록은 지정어 input에 입력 신호를 위한 [7:0] a, [3:0] b 포트들과 지정어 output에 출력 신호를 위한 [3:0] q, [3:0] p 포트들을 기술한다.

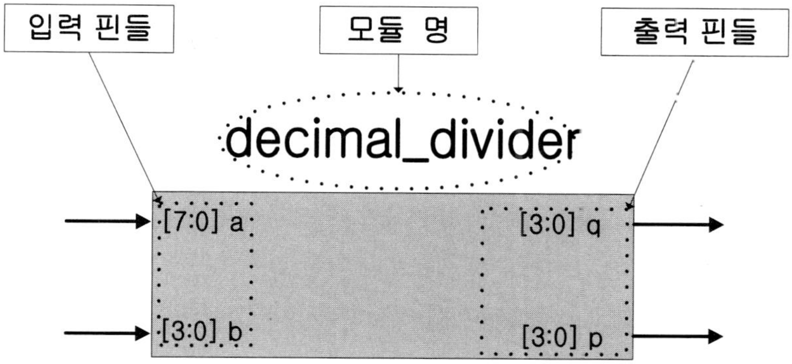

그림 16.4.15 Verilog HDL로 설계하려는 integer_divider블록의 모듈 선언 및 입출력 포트 선언을 심볼 형태로 표현한 것

```
module decimal_divider(a, b, q, p);
   input [7:0] a;
   input [3:0] b;
   output [3:0] p, q;

                    ~

endmodule
```

그림 16.4.16 Verilog HDL로 설계하려는 decimal_divider 블록의 모듈 선언 및 입출력 포트 선언

(2) 논리회로 표현(logic circuit representation)

모듈 선언 및 입출력 포트 선언이 되었으므로 설계 블록의 내부 동작 또는 연결 구조를 기술하는 논리회로 표현을 하여야 한다. 설계하려는 decimal_divider 블록에서 모듈 선언 및 입출력 포트 선언에서 선언했던 [3:0] p, [3:0] q, 신호선 [19:0] tmp 등은 always문의 출력으로 사용되므로 지정어인 reg로 선언한다. 선언이 끝나면 하드웨어의 내부동작을 기술해야 하는데 여기서는 always문을 사용하여 decimal_divider 블록을 설계하는 동작적 표현 방법을 사용하기로 한다.

그림 16.4.20은 Verilog HDL로 설계하려는 decimal_divider 블록의 논리회로를 심볼 형태로 표현 한 것이다. 블록의 동작을 보면, divider_expansion 블록에서 8비트로 확장된 나머지를 피제수로 하고, 두 번째 키 입력 값을 제수로 하여 소수점부분의 나눗셈을 실행해 몫과 나머지를 출력하는 블록이다. 먼저 5비트 데이터를 제수와 피제수를 입력으로 받아서 나눗셈 동작을 하는 bit5divider 태스크를 선언한다. bit5divider 태스크의 동작을 살펴보

면, 제수와 피제수의 값이 같거나 피제수의 값이 클 경우 몫을 1로 출력하고, 피제수에서 제수를 뺀 값을 나머지로 출력한다. 만약 제수의 값이 피제수의 값보다 클 경우에는 몫을 0으로, 나머지는 피제수 값이 그대로 전달된다.

나눗셈을 하는 과정은 선언한 bit5divider 태스크를 이용하여 5비트의 제수와 8비트의 피제수 중 상위 5비트를 비교하여 피제수가 제수보다 크거나 같은 경우에 몫의 최상위 비트를 1로 하고 뺄셈을 수행하고 피제수가 제수보다 작은 경우에는 몫의 최상위 비트를 0으로 한다. 피제수의 결과 값을 신호 tmp[4:0]에 저장한다. 이때 tmp[4]의 값이 1이 발생하는 경우는 존재 하지 않으며 비트수를 맞추기 위해 사용되었다. 그러므로 tmp[3:0]의 하위 4비트에 피제수의 다음 하위 1비트를 추가시켜 피제수를 5비트로 만들고 다시 bit5divider 태스크를 이용한다. 이 과정이 몫이 4비트가 될 때까지 과정을 반복하게 된다. 그 결과를 차례대로 신호 tmp[9:5], tmp[14:10], tmp[19:15]에 저장시킨다. 최종적으로 나온 신호 tmp[19:15] 중 tmp[18:15]이 최종적인 나머지가 되는데 그 이유는 tmp[9], tmp[14], tmp[19]의 값은 자리를 맞춰주기 위한 비트이기 때문에 [18:15]만 나머지로 출력하게 되는 것이다. 그림 16.4.17은 decimal_divider 블록에서 나눗셈을 하는 과정을 예로 표현한 것이고, 그림 16.4.18은 decimal_divider 블록에서 나눗셈을 하는 과정의 알고리즘을 표현한 것이다. 한편, 그림 16.4.21은 Verilog HDL로 설계하려는 decimal_divider 블록의 논리회로 표현을 나타내고 있다.

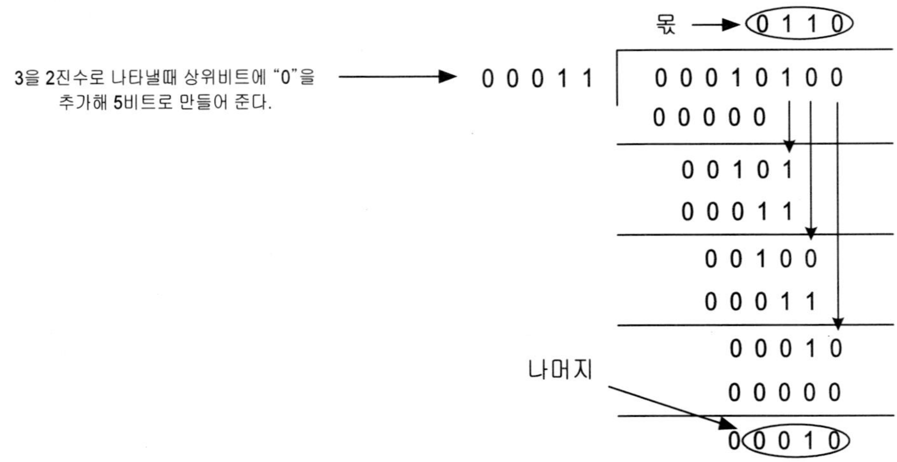

그림 16.4.17 decimal_divider 블록에서 나눗셈을 하는 과정을 예로 표현

Ⓐ 제수가 '0000'일 경우 나눗셈이 실행되지 않으므로 몫은 '0000'으로 출력하고 나머지 는 피제수의 값으로 출력한다.
Ⓑ 제수가 '0000' 이상일 경우 나눗셈이 실행한다.
  ① 피제수X의 값을 가져온다.
  ② 제수Y의 값을 가져온다. (상위비트에 0을 추가시켜 제수를 5비트로 만든다.)
  ③ 8비트피제수의 상위5비트 ≥ 제수5비트(0Y3Y2Y1Y0)을 비교한다.
  ④ 값이 크거나 같으면, 뺄셈을 수행하고, Q의 값을 1로 한다.
  ⑤ 값이 작으면, 뺄셈을 수행하지 않으며, Q의 값을 0로 한다.
  ⑥ ④,⑤ 결과의 4비트와 피제수의 상위1비트를 추가시킨다
  ⑦ ③,④,⑤과 같은 방법을 반복하여 수행한다.
  ⑧ 뺄셈을 4번 수행한 후(몫이 4비트가 되도록)에 'Q'값은 몫으로 'N' 값은 나머지로 출력된다.

그림 16.4.18 decimal_divider 블록에서 나눗셈을 하는 과정의 알고리즘

그림 16.4.19는 decimal_divider 블록에서 나눗셈을 하는 과정의 알고리즘 표현한 것이다.

- '0 0 0 0 X3 X2 X1 X0' 8비트로 변환된 피제수
- '0 Y3 Y2 Y1 Y0' 5비트 제수
- 'Q3 Q2 Q1 Q0' 4비트 몫
- 'N3 N2 N1 N0' 4비트 나머지

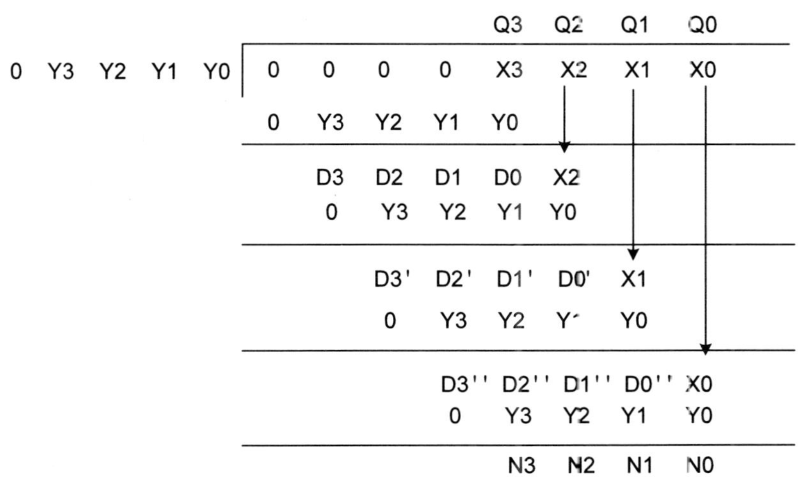

그림 16.4.19 decimal_divider 논리회로에서 나눗셈을 하는 과정의 알고리즘 표현

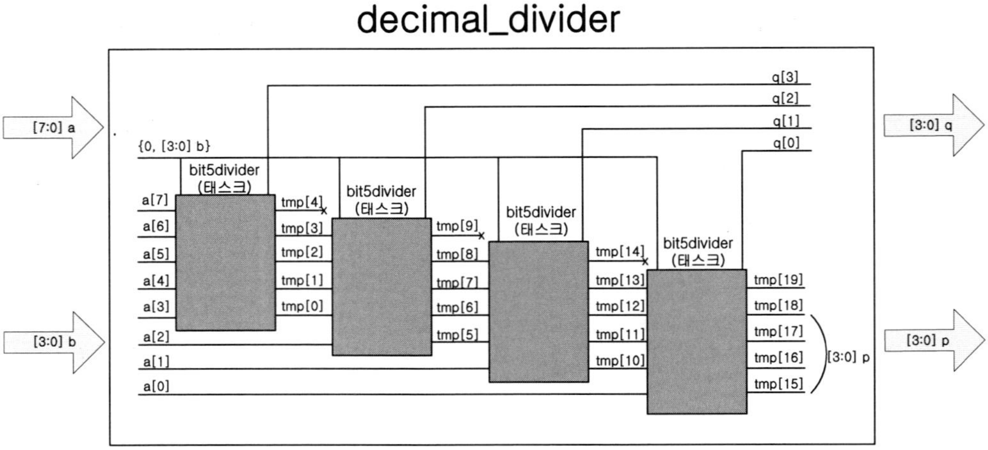

그림 16.4.20 Verilog HDL로 설계하려는 decimal_divider 블록의 모듈 선언 및 입출력 포트 선언을 심볼 형태로 표현한 것

```
reg [19:0] tmp;
reg [3:0] p, q;

  task bit5divider;
    input [4:0] d1, d2;
    output [4:0] r;
    output q;
    reg [3:0] r;
    reg q;
    begin
      if (d1 != 5'b00000 & d2 != 5'b00000)
      begin
        if (d1 >= d2)
        begin
          q <= 1'b1;
          r <= d1 - d2;
        end
        else
        begin
          q <= 1'b0;
          r <= d1;
        end
```

```
        end
        else
        begin
            q <= 1'b0;
            r <= 5'b00000;
        end
    end
endtask

always @(a or b)
begin
    bit5divider(a[7:3], {1'b0, b}, tmp[4:0], q[3]);
    bit5divider({tmp[3:0], a[2]}, {1'b0, b}, tmp[9:5], q[2]);
    bit5divider({tmp[8:5], a[1]}, {1'b0, b}, tmp[14:10], q[1]);
    bit5divider({tmp[13:10], a[0]}, {1'b0, b}, tmp[19:15], q[0]);
    p <= tmp[18:15];
end
```

그림 16.4.21 Verilog HDL로 설계하려는 decimal_divider 블록의 논리회로 표현

16.4.6 소수점 셋째자리에서 반올림을 실행하는 round 블록의 논리회로 설계하기

(1) 모듈 선언 및 입출력 포트 선언(module and input/output port declaration)

그림 16.4.22는 Verilog HDL로 설계하려는 round 블록의 모듈 선언 및 입출력 포트 선언을 심볼 형태로 표현한 것이며, 그림 16.4.23은 Verilog HDL로 설계하려는 round 블록의 모듈 선언 및 입출력 포트 선언을 나타내고 있다. 한편, module 다음에 오는 round는 이 블록의 모듈명이며 지정어 input과 output 다음에는 입력과 출력 포트들을 나타낸다. 설계하려는 round 블록은 지정어 input에 입력 신호를 위한 [3:0] a, [3:0] b 포트들과 지정어 output에 출력 신호를 위한 [3:0] c 포트를 기술한다.

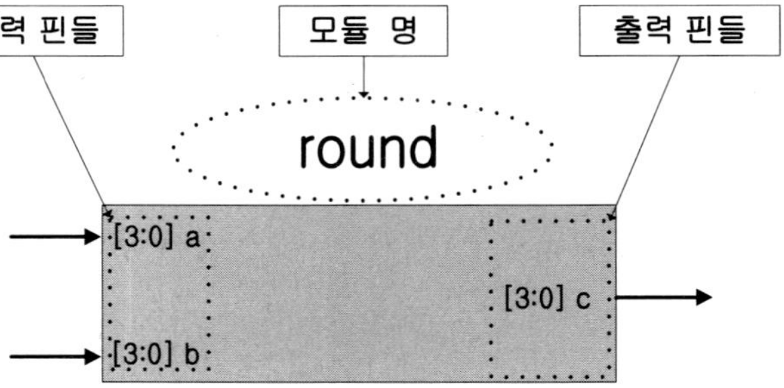

그림 16.4.22 Verilog HDL로 설계하려는 round 모듈 선언 및 입출력 포트 선언을 심볼 형태로 표현한 것

```
module round(a, b, c);
   input  [3:0] a, b;
   output [3:0] c;

              ~

endmodule
```

그림 16.4.23 Verilog HDL로 설계하려는 round 모듈 선언 및 입출력 포트 선언

(2) 논리회로 표현(logic circuit representation)

모듈 선언 및 입출력 포트 선언이 되었으므로 설계 블록의 내부 동작 또는 연결 구조를 기술하는 논리회로 표현을 하여야 한다. 설계하려는 round 블록에서 모듈 선언 및 입출력 포트 선언에서 선언했던 출력포트 [3:0] c가 always문의 출력으로 사용되므로 지정어인 reg로 선언한다. 선언이 끝나면 하드웨어의 내부동작을 기술해야 하는데 여기서는 always문을 사용하여 round 블록을 설계하는 동작적 표현 방법을 사용하기로 한다.

그림 16.4.24는 Verilog HDL로 설계하려는 round 블록의 논리회로를 심볼 형태로 표현한 것이다. 동작적 흐름을 살펴보면 소수점 셋째자리인 [3:0] a와 0101(5)의 크기를 비교해서 [3:0] a가 5보다 작을 경우 소수점 둘째자리인 [3:0] b가 그대로 소수점 둘째자리로 출력되고, 5보다 크거나 같을 경우에는 [3:0] b에 0001(1)을 더하여 반올림을 실행하게 되는 논리회로이다. 예를 들어 5를 3으로 나누었을 때 몫을 소수 셋째자리까지 나타내면 1.666이 된다. 이때 소수점 셋째자리의 숫자가 5보다 크기 때문에 반올림을 실행하여 소수점 둘째자리에 1을 더하면 몫은 1.67이 된다. 그림 16.4.25는 Verilog DHL로 설계하려는 round의 논리회로 표현을 나타내고 있다.

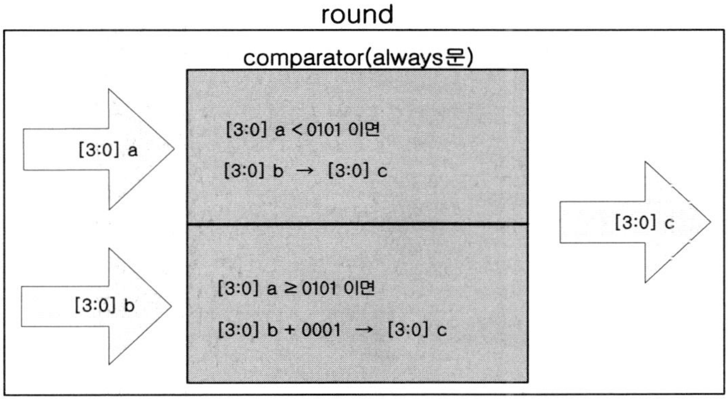

그림 16.4.24 Verilog HDL로 설계하려는 round 블록의 논리회로를 심볼 형태로 표현한 것

```
reg [3:0] c;

   always @(a or c)          // comparator
   begin
      if (a < 4'b0101) c <= b;
      else             c <= b + 1'b1;
   end
```

그림 16.4.25 Verilog HDL로 설계하려는 round 블록의 논리회로 표현

16.5 HBE-COMBO II 트레이닝 키트의 7-segment에 디스플레이 하는 블록의 Verilog HDL 설계하기

16.5.1 모듈 선언 및 입출력 포트 선언(module and input/output port declaration)

그림 16.5.1은 Verilog HDL로 설계하려는 dy_segmentout 블록의 모듈 선언 및 입출력 포트 선언을 심볼 형태로 표현한 것이며, 그림 16.5.2는 Verilog HDL로 설계하려는 dy_segmentout 블록의 모듈 선언 및 입출력 포트 선언을 나타내고 있다. 한편, module 다음에 오는 dy_segmentout는 이 블록의 모듈명이며 지정어 input과 output 다음에는 입력과 출력 포트들을 나타낸다. 설계하려는 dy_segmentout 블록은 지정어 input에 입력 신호를 위

한 clk, k_clk, seg10a, seg10b, seg10c, dot, [3:0] seg1a, [3:0] seg1b, [3:0] seg1c, [3:0] decimal1, [3:0] decimal2 포트들과 지정에 output에 출력 신호를 위한 [7:0] seg_data, [7:0] sel_dec 포트들을 기술한다.

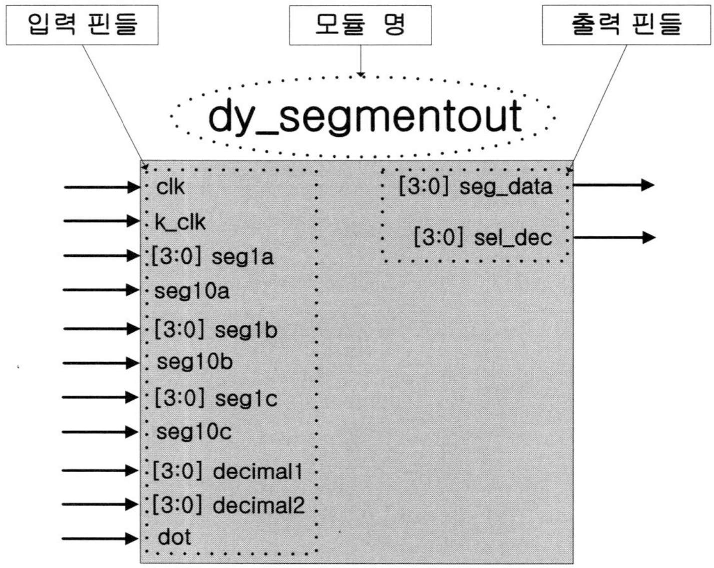

그림 16.5.1 Verilog HDL로 설계하려는 dy_segmentout 블록의 모듈 선언 및 입출력 포트 선언을 심볼 형태로 표현한 것

```
module dy_segmentout(clk, k_clk, seg1a, seg10a, seg1b, seg10b, seg1c, seg10c,
                     decimal1, decimal2, dot,
                     seg_data, sel_dec);
   input clk, k_clk, seg10a, seg10b, seg10c, dot;
   input [3:0] seg1a, seg1b, seg1c, decimal1, decimal2;
   output [7:0] seg_data;
   output [7:0] sel_dec;

                     ~

endmodule
```

그림 16.5.2 Verilog HDL로 설계하려는 dy_segmentout 블록의 모듈 선언 및 입출력 포트 선언

16.5.2 논리회로 표현(logic circuit representation)

모듈 선언 및 입출력 포트 선언이 되었으므로 설계 블록의 내브 동작 또는 연결 구조를 기술하는 논리회로 표현을 하여야 한다. 설계하려는 dy_segmentcut 블록에서 부품간의 연결에 사용되는 신호선 k1, k2, k3 등과 버스 신호선 [4:0] mid_data, [2:0] count, [2:0] sel_select 등과 모듈 선언 및 입출력 포트 선언에서 선언된 [7:0] sel_dec는 always믄에서 출력으로 사용되므로 지정어인 reg로 선언한다. 한편, k_count는 integer로 선언하며, 범위는 default 값인 32비트가 된다. 다음에 세그먼트에 출력될 데이터를 결정하는 segment_data 함수를 설계하였다. 선언이 끝나면 하드웨어의 내부동작을 기술해야 하는데 여기서는 always문을 사용하여 dy_segmentout 블록을 설계하는 동작적 표현 방법을 사용하기로 한다.

그림 16.5.3은 Verilog HDL로 설계하려는 dy_segmentout 블록의 논리회로를 심볼 형태로 표현 한 것이다. dy_segmentout 블록은 입력받은 7개의 BCD 코드를 HBE-COMBO II 트레이닝 키트의 7-segment에 동적 디스플레이하기 위한 블록이다. 그림 16.5.4는 입력받은 7개의 BCD 코드를 HBE-COMBO II 트레이닝 키트의 7-segment에 동적 디스플레이하기 위한 블록이다. 이 블록의 주요 동작은 출력할 7-segment를 선택하는 제어선을 만드는 것이다. 실제 출력되는 7-segment 수는 7개이므로 7진 카운터를 설계해야 하지만 HBE-COMBO II 트레이닝 키트에 장착된 7-segment의 수가 8개 이므로 8진 카운터를 설계한다. 이 예제에서는 8진 카운터를 count를 변수로 선언하여 범위를 0부터 7까지 반복적으로 출력하게 설계 하였다. fnd_data_select always문에서는 clk가 상승에지일 때 count 변수가 0부터 7까지 반복적으로 카운트되어 8개의 7-segment를 가리키게 된다. 예를 들어 count 값이 0이면 첫 번째 7-segment를 가리키며 이 위치에는 첫 번째 키 값의 10의 자리가 디스플레이 된다. 함수 segment_data는 0부터 9까지의 값을 7-segment로 디스플레이 할 수 있는 데이터를 만들어 낸다. 예를 들어 1은 0000110으로 변환되어 7-segment에 디스플레이 되어진다. 또한 fnd_select always문에서는 카운트 값인 sel_select의 값에 따라 sel_dec 값을 출력하여 디스플레이 할 7-segment를 선택한다. up_counter always문에서는 k_clk1입력에 따라 32비트까지 카운터로 동작하며, 그 값은 display_onoff always문으로 입력된다. display_onoff always문의 동작을 보면, 첫 번째 키가 눌리는 시점에 k1은 1이 되고, 두 번째 키가 눌리는 순간에 k2가 1이 된다. D 플립플롭 always문은 k_clk1의 하강에지에서 k2신호의 값을 k3로 출력한다. k3가 High가 되는 순간은 두 번째 키 입력이 눌렀다 떼어지는 순간이다. 그림 16.5.4는 k_clk1, k1, k2, k3 등의 동작 파형을 나타내고 있다. 한편, dy_segmentout 블록은 같은 형태의 데이터 흐름이 반복되는 것이므로 8개의

7-segment 중에서 6번째, 7번째 7-segment가 ON, OFF 되는 시기를 예를 들어 설명하기로 한다. 6번째 7-segment가 ON 되는 시기는 count의 값이 5이고, k3이 1일 때이다. 이때 mid_data의 값은 [3:0] seg1c의 데이터가 되므로 6번째 7-segment에 [3:0] seg1c가 출력된다. 예를 들어 [3:0] seg1c의 값이 0001이면, mid_data는 0001이 된다. 다음에 mid_data 데이터를 segment_data 함수의 매개변수로 적용시키고 반환되는 값 0000110은 seg_data의 값이 되므로 6번째 7-segment에는 1이 디스플레이 된다. 여기서 seg_data는 7-segment의 데이터 선을 제어하는 출력선이다. 7번째 7-segment가 ON 되는 시기는 count의 값이 6이고, k3가 1이고 dot가 1일 때이다. 이때 mid_data의 값은 [3:0] decimal1의 데이터가 되므로 7번째 7-segment에 [3:0] decimal1이 출력된다. 여기서 dot는 나머지가 발생할 경우 생기게 되는 신호이다. 한편, 6번째 7-segment가 OFF 되는 시기는 count의 값이 5이고, k3이 0일 때이다. 이때 mid_data는 1111이 된다. 다음에 mid_data 데이터를 segment_data 함수의 매개변수로 적용시키고 반환되는 값 0000000은 seg_data의 값이 되므로 7-segment는 OFF 된다. 7번째 7-segment가 OFF 되는 시기는 2가지 예가 있는데 하나는 count의 값이 6이고, k3가 0 일 때에는 6번째 7-segment와 같고 다른 하나는 dot가 0 일 때, 즉, 나머지가 발생하지 않아서 dot의 값이 0인 경우이다. 그림 16.5.5는 7-segment의 ON, OFF를 나타내고 있다. 한편, k1, k2, k3 등의 초기 값이 0이기 때문에 초기에 7-segment는 모두 OFF 된다. 그림 16.5.6은 Verilog HDL로 설계하려는 dy_segmentout 블록의 논리회로 표현을 나타내고 있다.

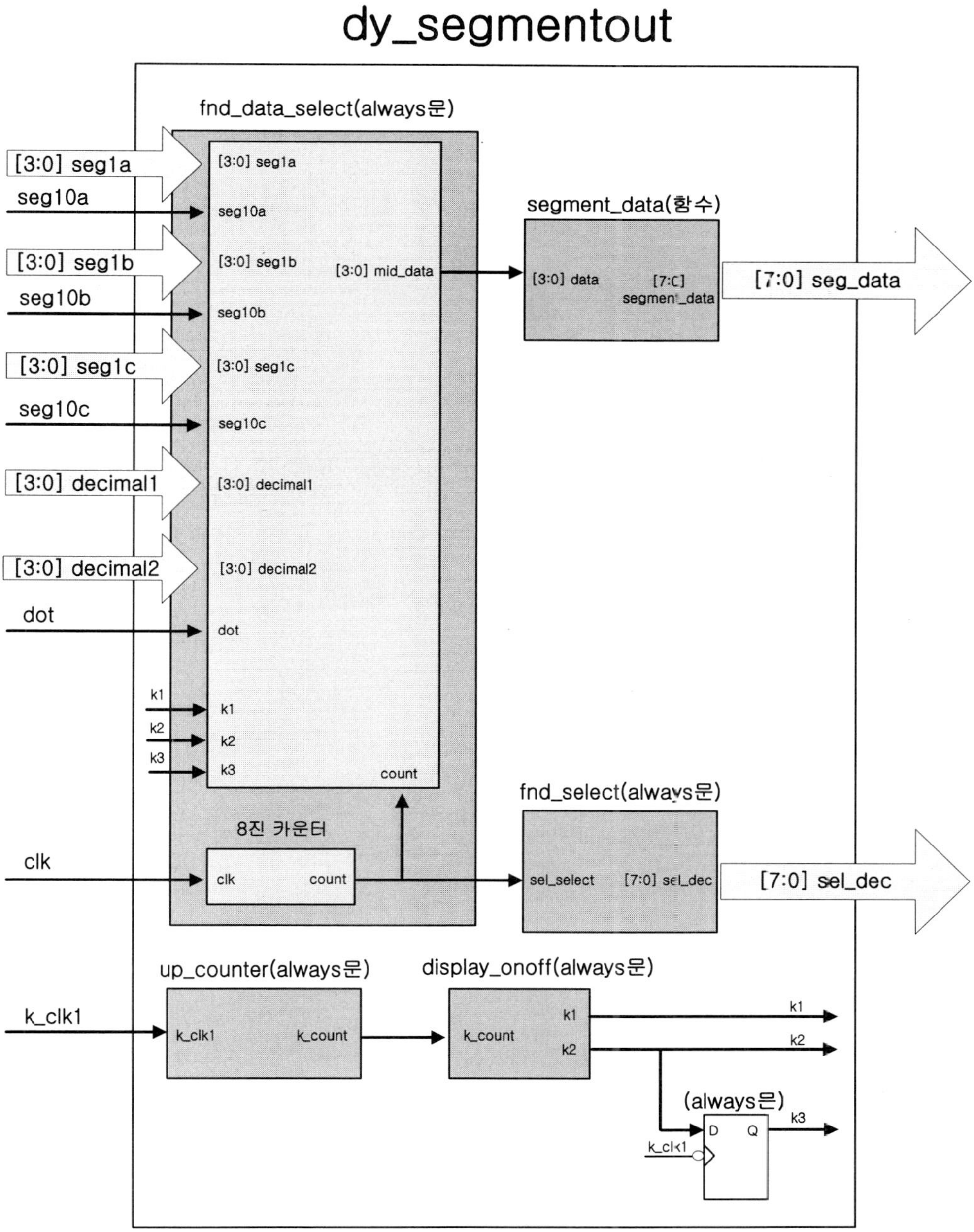

그림 16.5.3 Verilog HDL로 설계하려는 dy_segmentout 블록의 논리회로를 심볼 형태로 표현한 것

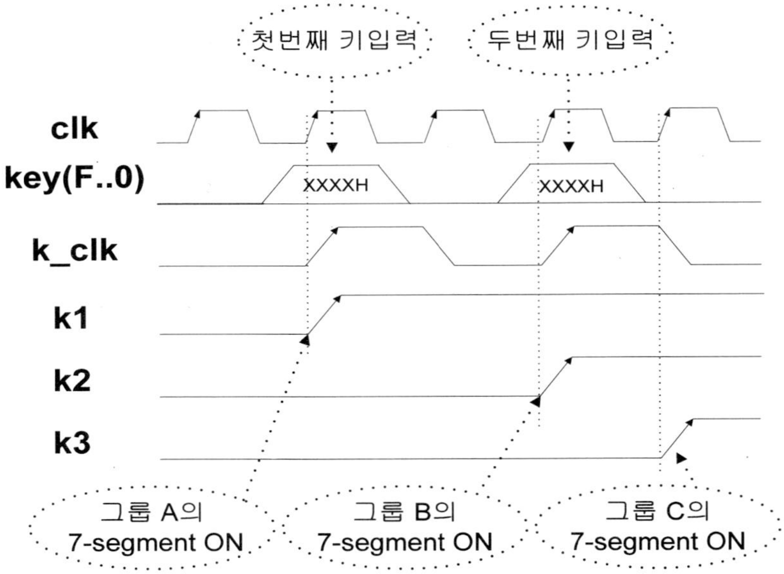

그림 14.5.4 k_clk1, k1, k2, k3 등의 파형

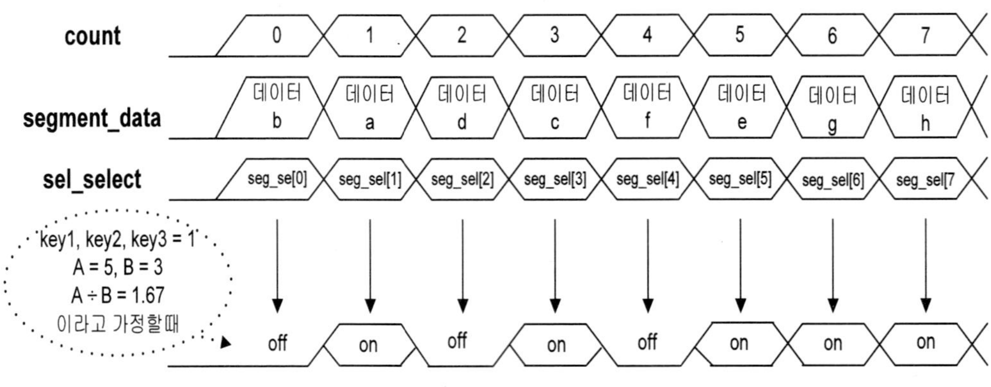

그림 16.5.5 동적 디스플레이의 타이밍도, 7-segment ON/OFF의 예

```
reg k1, k2, k3;
reg [7:0] sel_dec;
reg [4:0] mid_data;
reg [2:0] count;
reg [2:0] sel_select;
integer k_count;

    assign seg_data = segment_data(mid_data);
    function [7:0] segment_data;
        input [4:0] data;
            case(data)
                5'b00000 : segment_data = 8'b00111111;
                5'b00001 : segment_data = 8'b00000110;
                5'b00010 : segment_data = 8'b01011011;
                5'b00011 : segment_data = 8'b01001111;
                5'b00100 : segment_data = 8'b01100110;
                5'b00101 : segment_data = 8'b01101101;
                5'b00110 : segment_data = 8'b01111101;
                5'b00111 : segment_data = 8'b00100111;
                5'b01000 : segment_data = 8'b01111111;
                5'b01001 : segment_data = 8'b01100111;
                5'b10000 : segment_data = 8'b10111111;
                5'b10001 : segment_data = 8'b10000110;
                5'b10010 : segment_data = 8'b11011011;
                5'b10011 : segment_data = 8'b11001111;
                5'b10100 : segment_data = 8'b11100110;
                5'b10101 : segment_data = 8'b11101101;
                5'b10110 : segment_data = 8'b11111101;
                5'b10111 : segment_data = 8'b10100111;
                5'b11000 : segment_data = 8'b11111111;
                5'b11001 : segment_data = 8'b11100111;
                default   : segment_data = 8'b00000000;
            endcase
    endfunction

    always @ (posedge k_clk)                          // up_counter
        k_count <= k_count + 1;
    always @ (k_count)                                // display_onoff
    begin
```

```
        if (k_count == 0)
        begin
            k1 <= 0; k2 <= 0;
        end
        else if (k_count == 1)
        begin
            k1 <= 1; k2 <= 0;
        end
        else
        begin
            k1 <= 1; k2 <= 1;
        end
    end
    always @ (negedge k_clk)                         //  D F/F
        k3 <= k2;
    always @ (posedge clk)                           //  fnd_data_select
    begin
        count <= count + 1;
        if ((count == 0) && seg10a && k1)        mid_data <= 5'b00001;
        else if ((count == 1) && k1)             mid_data <= {1'b0, seg1a};
        else if ((count == 2) && seg10b && k2)   mid_data <= 5'b00001;
        else if ((count == 3) && k2)             mid_data <= {1'b0, seg1b};
        else if ((count == 4) && seg10c && k3)   mid_data <= 5'b00001;
        else if ((count == 5) && k3)             mid_data <= {dot, seg1c};
        else if ((count == 6) && k3 && dot)      mid_data <= {1'b0, decimal1};
        else if (count == 7 && k3)
        begin
            if (decimal2 == 4'b0000)             mid_data <= 5'b11111;
            else                                 mid_data <= {1'b0, decimal2};
        end
        else                                     mid_data <= 5'b11111;
        sel_select <= count;
    end
    always @(sel_select)                             // fnd_select
    begin
        case(sel_select)
            3'b000 : sel_dec <= 8'b11111110;
            3'b001 : sel_dec <= 8'b11111101;
            3'b010 : sel_dec <= 8'b11111011;
```

```
        3'b011 : sel_dec <= 8'b11110111;
        3'b100 : sel_dec <= 8'b11101111;
        3'b101 : sel_dec <= 8'b11011111;
        3'b110 : sel_dec <= 8'b10111111;
        3'b111 : sel_dec <= 8'b01111111;
    endcase
end
```

그림 16.5.6 Verilog HDL로 설계하려는 dy_segmentout 블록의 논리회로 표현

16.6 타이밍 시뮬레이션 파형에 의한 분석 및 검증

그림 16.6.1은 ModelSim-Altera Edition 6.5e를 이용하여 타이밍 시뮬레이션 과정을 수행하기 위한 Test Bench 파일이며, 그림 16.6.2는 타이밍 시뮬레이션 결과 파형을 나타내고 있다. 그림 16.6.2의 타이밍 시뮬레이션 결과 파형을 분석해보면 다음과 같다. 먼저 이때 첫 번째 C 키를 누르면 출력 값(seg_data)의 10의 자리데 00000110이 되어 A그룹 7-segment의 10의 자리에 1, sel_dec는 11111110이 되고, 1의 자리에 01011011이 되어 A그룹 7-segment의 1의 자리에 2, sel_dec는 11111101이 된다. 두 번째 9 키를 누르면 key_c[2]와 key_r[2]가 High가 되는 순간에 출력 값(seg_data)이 01100111이 되어 B그룹 7-segment의 1의 자리에 7, sel_dec는 11110111이 된다. 한편, 나눗셈된 결과 값인 1.33은 두 번째 키 입력이 눌렸다 떼어지는 순간(Low → High)에 C그룹 7-segment의 10의 자리에는 데이터가 출력되지 않고, sel_dec는 11101111, 출력 값(seg_data)이 10000110이 되어 7-segment의 1의 자리에 1과 dot 신호가 출력되고, sel_dec는 11011111, 그리고 D그룹 7-segment의 소수점 첫째자리의 출력 값(seg_data)이 01001111이 되어 3, sel_dec는 10111111, 출력 값(seg_data)이 01001111이 되어 D그룹 7-segment의 소수점 둘째 자리에 3, sel_dec는 01111111이 된다. 여기서 두 번째로 눌린 키 값이 9라는 것은 [3:0] key_r 값을 입력파형으로 0100로 설정하였고 출력 값인 [2:0] key_c가 100 값이 출력되었으므로 표 4.5.1에서 나타난 바와 같이 7이 눌린 것으로 인식되어진다.

```
`timescale 1ns / 1ps
module tb_kit_4divider_7seg;
   reg clk;
   reg [3:0] key_r;
   reg keyA;
   reg keyB;
   reg keyC;
   reg keyD;
   reg keyE;
   reg keyF;
   wire [2:0] key_c;
   wire [7:0] seg_data;
   wire [7:0] sel_dec;
   wire [9:0] Dot_com;
   wire [13:0] Dot_data;
   parameter sec = 25;

      kit_4divider_7seg uut (.clk(clk), .key_c(key_c), .key_r(key_r), .keyA(keyA),
                             .keyB(keyB), .keyC(keyC), .keyD(keyD), .keyE(keyE),
                             .keyF(keyF), .seg_data(seg_data), .sel_dec(sel_dec),
                             .Dot_com(Dot_com), .Dot_data(Dot_data));

      always #(sec) clk = ~clk;
      initial begin
         clk = 0;   key_r = 0;   keyA = 0;   keyB = 0;   keyC = 0;   keyD = 0;
         keyE = 0;
         keyF = 0; #0;
         keyC = 0; #100;
         keyC = 1; #100;
         keyC = 0; #200;
         key_r = 4; #100;
         key_r = 0; #600;   $stop;
      end
endmodule
```

그림 16.6.1 kit_4divider_7seg 전체 블록을 ModelSim-Altera Edition 6.5e를 이용하여 타이밍 시뮬레이션 하기 위한 Test Bench 파일

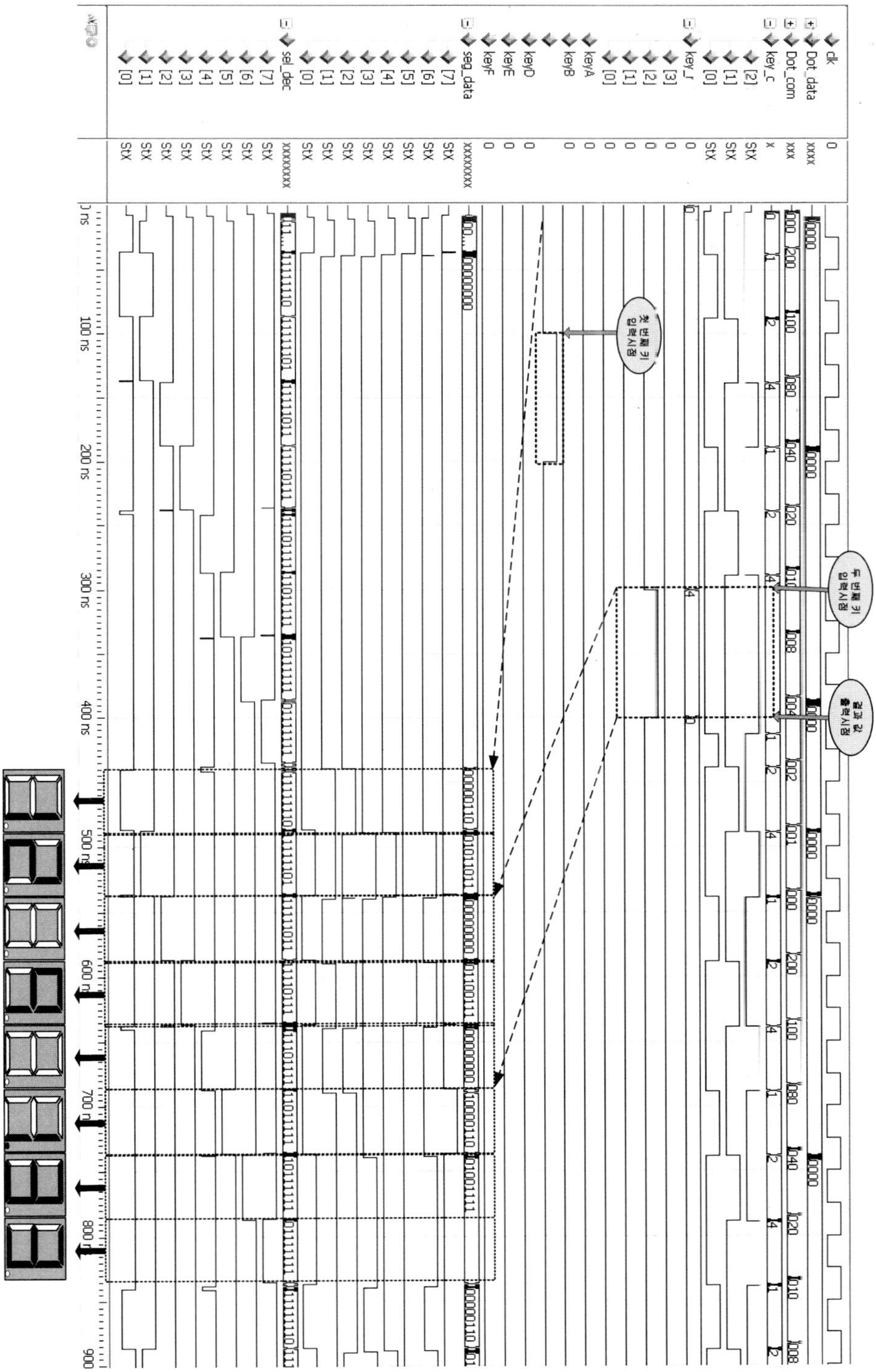

그림 16.6.2 타이밍 시뮬레이션 결과 파형

16.7 HBE-COMBO II 트레이닝 키트에 프로그래밍 하기 위한 핀 할당 정보

표 16.7.1 HBE-COMBO II 트레이닝 키트에 프로그래밍 하기 위한 핀 할당 정보

입력 핀		출력 핀	
핀 이름	핀 번호	핀 이름	핀 번호
key_r[0]	PIN_AD10	seg_data[0]	PIN_AF5
key_r[1]	PIN_AC10	seg_data[1]	PIN_AE5
key_r[2]	PIN_V10	seg_data[2]	PIN_AD6
key_r[3]	PIN_AF9	seg_data[3]	PIN_AC6
keya	PIN_Y10	seg_data[4]	PIN_AA2
keyb	PIN_W10	seg_data[5]	PIN_AA1
keyc	PIN_AA9	seg_data[6]	PIN_AA6
keyd	PIN_V9	seg_data[7]	PIN_AA5
keye	PIN_AE9	sel_dec[0]	PIN_Y1
keyf	PIN_AC9	sel_dec[1]	PIN_Y4
clk	PIN_N1	sel_dec[2]	PIN_Y3
		sel_dec[3]	PIN_W1
		sel_dec[4]	PIN_Y5
		sel_dec[5]	PIN_W3
		sel_dec[6]	PIN_W2
		sel_dec[7]	PIN_V1
		key_c[0]	PIN_V11
		key_c[1]	PIN_AB10
		key_c[2]	PIN_AA10
		Dot_data[0]	PIN_U3
		Dot_data[1]	PIN_U6
		Dot_data[2]	PIN_U5
		Dot_data[3]	PIN_U9
		Dot_data[4]	PIN_U7
		Dot_data[5]	PIN_T2
		Dot_data[6]	PIN_U10
Clock Select : 8(10KHz)		Dot_data[7]	PIN_T6
		Dot_data[8]	PIN_T3
		Dot_data[9]	PIN_T8
		Dot_data[10]	PIN_T7
		Dot_data[11]	PIN_T10
		Dot_data[12]	PIN_T9
		Dot_data[13]	PIN_R3
		Dot_com[0]	PIN_W4
		Dot_com[1]	PIN_V3
		Dot_com[2]	PIN_V2
		Dot_com[3]	PIN_V5
		Dot_com[4]	PIN_V4
		Dot_com[5]	PIN_V7
		Dot_com[6]	PIN_V6
		Dot_com[7]	PIN_U2
		Dot_com[8]	PIN_U1
		Dot_com[9]	PIN_U4

CHAPTER 17

Verilog HDL을 사용하여 설계한 4비트 2진 나눗셈기를 HBE-COMBO II 트레이닝 키트의 vfd로 출력하기

17.1 HBE-COMBO II 트레이닝 키트의 vfd에 문자와 4비트 2진 나눗셈기를 디스플레이 하는 전체블록의 논리회로 개요 및 동작 설명

17.2 HBE-COMBO II 트레이닝 키트의 vfd에 문자와 4비트 2진 나눗셈기를 디스플레이 하는 전체블록의 Verilog HDL 설계하기

17.3 HBE-COMBO II 트레이닝 키트의 vfd에 출력하는 vfd_display 블록의 Verilog HDL 설계하기

17.4 타이밍 시뮬레이션 파형에 의한 분석 및 검증

17.5 HBE-COMBO II 트레이닝 키트에 프로그래밍 하기 위한 핀 할당 정보

17.1 HBE-COMBO II 트레이닝 키트의 vfd에 문자와 4비트 2진 나눗셈기를 디스플레이 하는 전체블록의 논리회로 개요 및 동작 설명

그림 17.1.1은 HBE-COMBO II 트레이닝 키트의 vfd에 문자와 4비트 2진 나눗셈기를 디스플레이 하는 전체 블록도이다. 전체블록은 HBE-COMBO II 트레이닝 키트의 keypad로부터 2개의 데이터를 입력받아 2진 코드로 출력하는 keyin 블록, keyin 블록에서 넘어온 데이터를 BCD 코드로 변환해서 출력하고 두 값을 나눈 결과를 BCD 코드로 출력하는 divider4_bcd 블록, divider4_bcd 블록에서 넘어온 데이터를 vfd에 내보내는 vdf_display 블록으로 구성된다. 한편, dotmatrix 블록에서는 "Verilog HDL"이라는 문자가 우에서 좌로 이동하면서 디스플레이 된다. 그림 17.1.2는 실제적으로 vfd에 출력될 데이터와 데이터가 출력될칸 정보이다. 첫 번째 라인은 문자 데이터가 출력되고 두 번째 라인은 입력 값, 문자 정보, 출력 값이 함께 출력된다.

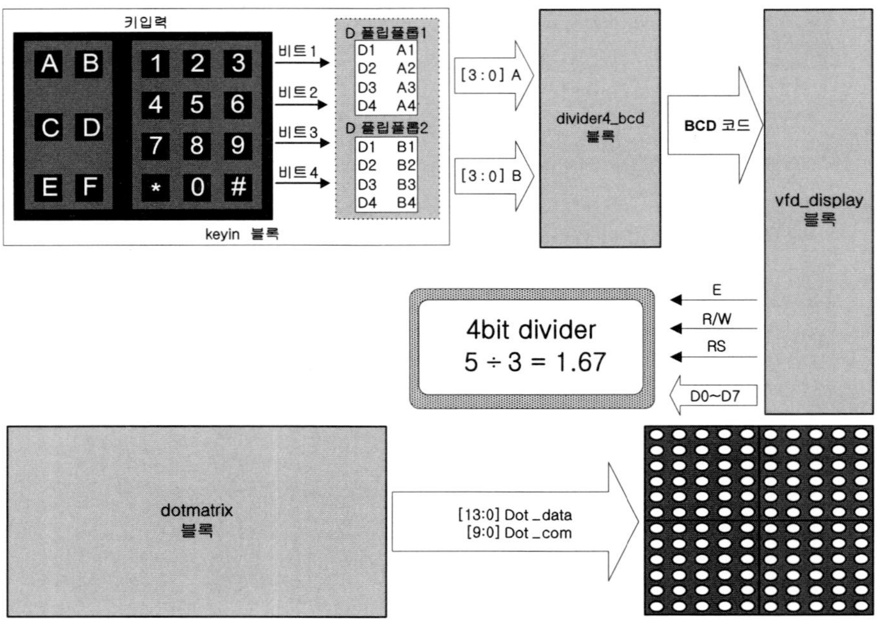

그림 17.1.1 HBE-COMBO II 트레이닝 키트의 vfd에 문자와 4비트 2진 나눗셈기를 디스플레이 하는 전체 블록도

1	2	3	4	5	6	7	8	9	10	11	12	13	14	15	16
		4	b	i	t		d	i	v	i	d	e	r		
	a10	a1		÷		b10	b1		=		q10	q1	.	d1	d2

그림 17.1.2 vfd에 실제적으로 출력될 문자와 칸 정보

17.2 HBE-COMBO II 트레이닝 키트의 vfd에 문자와 4비트 2진 나눗셈기를 디스플레이 하는 전체블록의 Verilog HDL 설계하기

17.2.1 모듈 선언 및 입출력 포트 선언(module and input/output port declaration)

그림 17.2.1은 Verilog HDL로 설계하려는 kit_4divider_vfd 전체블록의 모듈 선언 및 입출력 포트 선언을 심볼 형태로 표현한 것이며, 그림 17.2.2는 Verilog HDL로 설계하려는 kit_4divider_vfd 전체블록의 모듈 선언 및 입출력 포트 선언을 나타내고 있다. 한편, module 다음에 오는 kit_4divider_vfd는 이 블록의 모듈명이며, 지정어 input과 output 다음에는 입력과 출력 포트들을 나타낸다. 설계하려는 kit_4divider_vfd 전체블록은 지정어 input에 입력 신호를 위한 clk, keyA, keyB, keyC, keyD, keyE, keyF, [3:0] key_r 포트들과 지정어 output에 출력 신호를 위한 [9:0] Dot_com, [13:0] Dot_data, rs, rw, e, [7:0] vfd_data, [2:0] key_c 포트들을 기술한다.

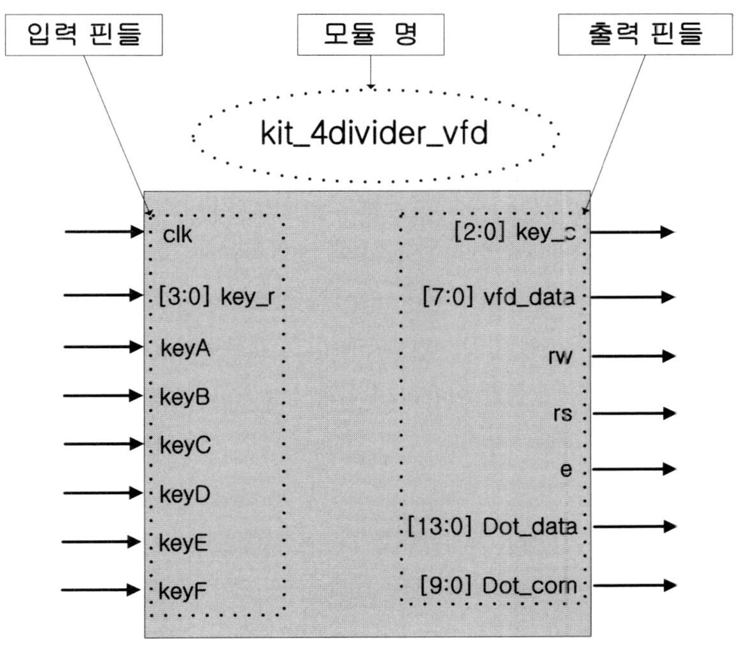

그림 17.2.1 Verilog HDL로 설계하려는 kit_4divider_vfd 전체블록의 모듈 선언 및 입출력 포트 선언을 심볼 형태로 표현한 것

```
module kit_4divider_vfd (clk, keyA, keyB, keyC, keyD, keyE, keyF, key_c, key_r, Dot_com,
Dot_data, rs, rw, e, vfd_data);
    input clk, keyA, keyB, keyC, keyD, keyE, keyF;
    input [3:0] key_r;
    output [2:0] key_c;
    output [9:0] Dot_com;
    output [13:0] Dot_data;
    output [7:0] vfd_data;
    output rs, rw, e;

                    ~

endmodule
```

그림 17.2.2 Verilog HDL로 설계하려는 kit_4divider_vfd 전체블록의 모듈 선언 및 입출력 포트 선언

17.2.2 논리회로 표현(logic circuit representation)

모듈 선언 및 입출력 포트 선언이 되었으므로 설계 블록의 내부 동작 또는 연결 구조를 기술하는 논리회로 표현을 하여야 한다. 설계하려는 kit_4divider_vfd 전체블록에서 부품간의 연결에 사용되는 신호선 bcd10a, bcd10b, bcd10c, k_clk, dot 등과 버스 신호선 [3:0] dataa_buf, [3:0] datab_buf, [3:0] bcd1a, [3:0] bcd1b, [3:0] bcd1c, [3:0] decimal1, [3:0] decimal2 등을 지정어인 wire로 선언한다. 또한 [3:0] bcd1c_out, [3:0] bcd10c_out, [3:0] decimal1_out, [3:0] decimal2_out, dot_out, count 등은 always문의 출력으로 사용되므로 지정어인 reg로 선언한다. 선언이 끝나면 하드웨어의 내부동작을 기술해야 하는데 여기서는 앞서 이미 설계한 하위모듈들을 이용하여 이들 상호간을 연결하여 블록을 설계하는 구조적 표현 방법과 always문을 사용하여 kit_4divider_vfd 전체블록을 설계하는 동작적 표현 방법을 혼합하여 사용하기로 한다.

그림 17.2.3은 Verilog HDL로 설계하려는 kit_4divider_vfd 전체블록의 논리회로를 심볼 형태로 표현한 것이다. kit_4divider_vfd 전체블록의 동작을 보면, keyin 하위모듈에서는 HBE-COMBO II 트레이닝 키트의 keypad로부터 입력되는 16비트 데이터를 4비트 데이터 형태로 변환하고, 키 입력에 의해서 발생하는 k_clk1 신호를 클록과 동기하여 출력한다. 한편, keyin 하위모듈에서 출력되어지는 4비트의 [3:0] dataa과 [3:0] datab은 divider4_bcd

하위모듈의 입력이 되어져서 16비트 데이터를 BCD로 변환한 다음에 나눗셈되어진다. divider4_bcd 하위모듈에서 출력되어지는 결과 값인 bcd10c, [3:0] bcd1c, [3:0] decimal_1, [3:0] decimal_2는 event always문으로 입력된다. event always문에서는 두 번째 키가 눌렀다 떼어지는 순간에 bcd10c → bcd10c_out, [3:0] bcd1c → [3:0] bcd1c_out, [3:0] decimal1 → [3:0] decimal1_out, [3:0] decimal2 → [3:0] decimal2_out로 출력하게 된다. 두 번째 키가 떼어지는 순간은 event always문의 count의 값이 1일 때이다. 한편, vfd_display 하위모듈에서는 [3:0] bcd1a, [3:0] bcd1b, bcd10a, bcd10b, bcd10c_out, [3:0] bcd1c_out, [3:0] decimal1_out, [3:0] decimal2_out 등의 BCD 입력을 vfd에 디스플레이 한다. 한편, dotmatrix 하위모듈에서는 "Verilog HDL"이라는 문자열이 우에서 좌로 이동하면서 디스플레이 된다. 그림 17.2.4는 Verilog HDL로 설계하려는 kit_4divider_vfd 전체블록의 논리회로 표현을 나타내고 있다. 한편, keyin 하위모듈은 5장에서 설계한 Verilog HDL 코드를, divider4_bcd 하위모듈은 16장에서 설계한 Verilog HDL 코드를, dotmatrix 하위모듈은 4장에서 설계한 Verilog HDL 코드를 사용한다.

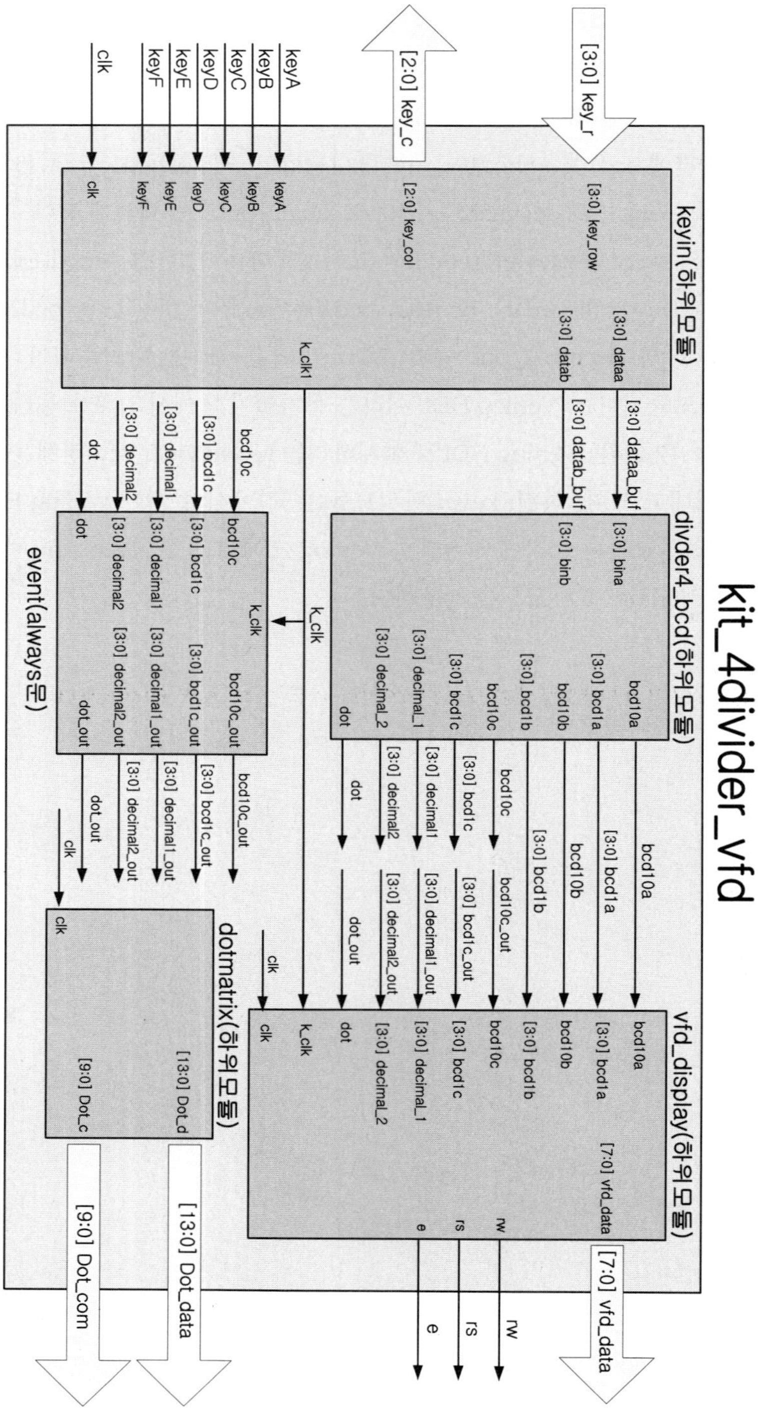

그림 17.2.3 Verilog HDL로 설계하려는 kit_4divider_vfd 전체블록의 논리회로를 심볼 형태로 표현한 것

```
wire [3:0] dataa_buf, datab_buf, bcd1a, bcd1b, bcd1c, decimal1, decimal2;
wire bcd10a, bcd10b, bcd10c, k_clk, dot;
reg [3:0] bcd1c_out, bcd10c_out, decimal1_out, decimal2_out;
reg dot_out, count;
   dotmatrix dotmatrix_display (.clk(clk), .Dot_c(Dot_com), .Dot_d(Dot_data));
   keyin key_input (.key_col(key_c), .key_row(key_r), .clk(clk), .keyA(keyA), .keyB(keyB),
                    .keyC(keyC), .keyD(keyD), .keyE(keyE), .keyF(keyF), .k_clk1(k_clk),
                    .dataa(dataa_buf), .datab(datab_buf));
   divider4_bcd bcd_trans (.bina(dataa_buf), .binb(datab_buf), .bcd1a(bcd1a), .bcd10a(bcd10a),
                           .bcd1b(bcd1b), .bcd10b(bcd10b), .bcd1c(bcd1c), .bcd10c(bcd10c),
                           .decimal_1(decimal1), .decimal_2(decimal2), .dot(dot));
   vfd_display vfd_control (.clk(clk), .k_clk(k_clk), .bcd1a(bcd1a), .bcd10a(bcd10a),
                           .bcd1b(bcd1b), .bcd10b(bcd10b), .bcd1c(bcd1c_out),
                           .bcd10c(bcd10c_out), .decimal_1(decimal1_out),
                           .decimal_2(decimal2_out), .dot(dot_out), .rs(rs), .rw(rw), .e(e),
                           .vfd_data(vfd_data));

    always @ (negedge k_clk)                              // event
    begin
       if (count == 0)    count <= count + 1;
       else
       begin
          bcd1c_out    <= bcd1c;
          bcd10c_out   <= bcd10c;
          decimal1_out <= decimal1;
          decimal2_out <= decimal2;
          dot_out      <= dot;
          count        <= 0;
        end
    end
```

그림 17.2.4 Verilog HDL로 설계하려는 kit_4divider_vfd 전체블록의 논리회로 도현

17.3 HBE-COMBO II 트레이닝 키트의 vfd에 출력하는 vfd_display 블록의 Verilog HDL 설계하기

17.3.1 모듈 선언 및 입출력 포트 선언(module and input/output port declaration)

그림 17.3.1은 Verilog HDL로 설계하려는 vfd_display 블록의 모듈 선언 및 입출력 포트 선언을 심볼 형태로 표현한 것이며, 그림 17.3.2는 Verilog HDL로 설계하려는 vfd_display 블록의 대한 모듈 선언 및 입출력 포트 선언을 나타내고 있다. 한편, module 다음에 오는 vfd_display는 이 블록의 모듈명이며, 지정어 input과 output 다음에는 입력과 출력 포트들을 나타낸다. 설계하려는 vfd_display 블록은 지정어 input에 입력 신호를 위한 clk, k_clk, [3:0] bcd1a, bcd10a, [3:0] bcd1b, bcd10b, [3:0] bcd1c, bcd10c, [3:0] decimal_1, [3:0] decimal_2, dot 포트들과 출력 신호를 위한 rs, rw, e, [7:0] vfd_data 포트들을 기술한다.

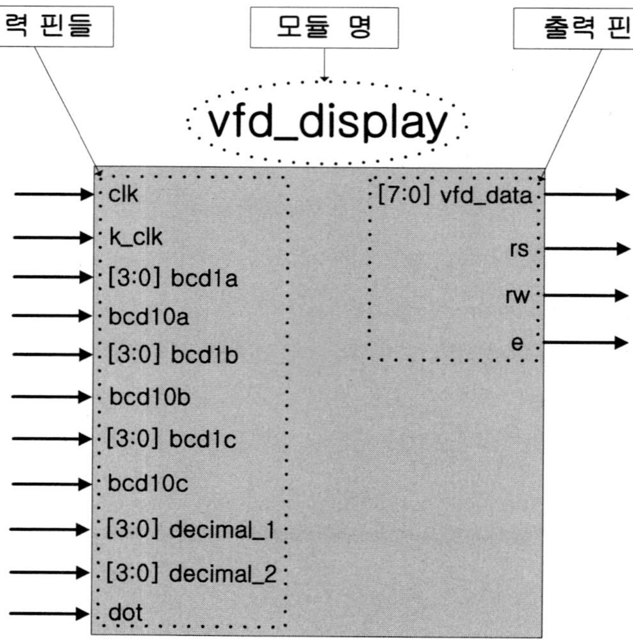

그림 17.3.1 Verilog HDL로 설계하려는 vfd_display 블록의 모듈 선언 및 입출력 포트 선언을 심볼 형태로 표현한 것

```
module vfd_display (clk, k_clk, bcd1a, bcd10a, bcd1b, bcd10b, bcd1c, bcd10c,
                    decimal_1, decimal_2, dot, rs, rw, e, vfd_data);
    input clk, k_clk, bcd10a, bcd10b, dot;
    input [3:0] bcd1a, bcd1b, bcd1c, bcd10c, decimal_1, decimal_2;
    output rs, rw, e;
    output [7:0] vfd_data;

                    ~

endmodule
```

그림 17.3.2 Verilog HDL로 설계하려는 vfd_display 블록의 모듈 선언 및 입출력 포트 선언

17.3.2 논리회로 표현(logic circuit representation)

모듈 선언 및 입출력 포트 선언이 되었으므로 설계 블록의 내부 동작 또는 연결 구조를 기술하는 논리회로 표현을 하여야 한다. 설계하려는 vfd_display 블록에서 부품간의 연결에 사용되는 버스 신호선 [7:0] a1ascii, [7:0] a10ascii, [7:0] b1ascii, [7:0] b10ascii, [7:0] c1ascii, [7:0] c10ascii, [7:0] decimal1ascii, [7:0] decimal2ascii, [7:0] divider_ascii, [7:0] equ_ascii, [7:0] dot_ascii 등을 지정어인 wire로 선언한다. 선언이 끝나면 하드웨어의 내부 동작을 기술해야 하는데 여기서는 vfd_display 블록 내의 각 하위모듈들을 이용하여 이들 상호간을 연결하는 구조적방법을 사용하기로 한다.

그림 17.3.3은 Verilog HDL로 설계하려는 vfd_display 블록의 논리회로를 심볼 형태로 표현한 것이다. vfd_display 블록에서는 선언된 신호선 및 신호 버스선을 이용하여 data_select 하위모듈과 vfd 하위모듈을 상호 연결한다. 그림 17.3.4는 Verilog HDL로 설계하려는 vfd_display 블록의 논리회로 표현을 나타 내고 있다.

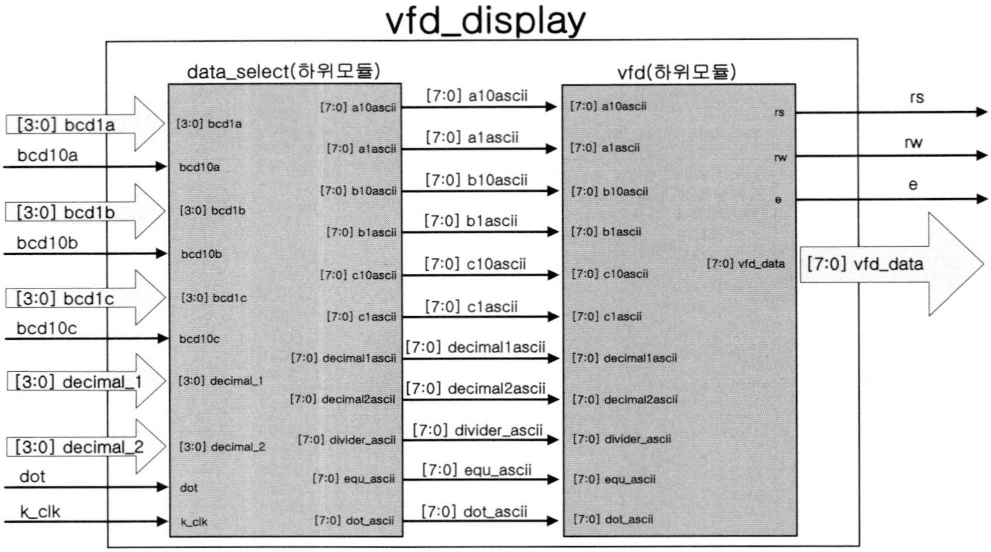

그림 17.3.3 Verilog HDL로 설계하려는 vfd_display 블록의 논리회로를 심볼 형태로 표현한 것

```
wire [7:0] a1ascii, a10ascii, b1ascii, b10ascii, c1ascii, c10ascii, decimal1ascii,
            decimal2ascii, divider_ascii, equ_ascii, dot_ascii;

   data_select data_selector(.k_clk(k_clk), .bcd1a(bcd1a), .bcd10a(bcd10a),
                             .bcd1b(bcd1b), .bcd10b(bcd10b), .bcd1c(bcd1c),
                             .bcd10c(bcd10c), .decimal_1(decimal_1), .dot(dot),
                             .decimal_2(decimal_2), .a10ascii(a10ascii), .a1ascii(a1ascii),
                             .b10ascii(b10ascii), .b1ascii(b1ascii), .c10ascii(c10ascii),
                             .c1ascii(c1ascii), .decimal1ascii(decimal1ascii),
                             .decimal2ascii(decimal2ascii), .divider_ascii(divider_ascii),
                             .equ_ascii(equ_ascii), .dot_ascii(dot_ascii));
   vfd vfd_control(.clk(clk), .a1ascii(a1ascii), .a10ascii(a10ascii), .b1ascii(b1ascii),
                   .b10ascii(b10ascii), .c1ascii(c1ascii), .c10ascii(c10ascii),
                   .decimal1ascii(decimal1ascii), .decimal2ascii(decimal2ascii),
                   .divider_ascii(divider_ascii), .equ_ascii(equ_ascii), .dot_ascii(dot_ascii),
                   .rs(rs), .rw(rw), .e(e), .vfd_data(vfd_data));
```

그림 17.3.4 Verilog HDL로 설계하려는 vfd_display 블록의 논리회로 표현

17.3.3 data_select 블록의 Verilog HDL 설계하기

(1) 모듈 선언 및 입출력 포트 선언(module and input/output port declaration)

그림 17.3.5는 Verilog HDL로 설계하려는 data_select 블록의 모듈 선언 및 입출력 포트 선언을 심볼 형태로 표현한 것이며, 그림 34.3.6은 Verilog HDL로 설계하려는 data_select 블록의 모듈 선언 및 입출력 포트 선언을 나타내고 있다. 한편, module 다음에 오는 data_select는 이 블록의 모듈명이며 지정어 input과 output 다음에는 입력과 출력 포트들을 나타낸다. 설계하려는 data_select 블록은 지정어 input에 입력 신호를 위한 k_clk, bcd10a, bcd10b, bcd10c, [3:0] bcd1a, [3:0] bcd1b, [3:0] bcd1c, [3:0] decimal_1, [3:0] decimal_2, dot 포트들과 지정어 output에 출력 신호를 위한 [7:0] a10ascii, [7:0] a1ascii, [7:0] b10ascii, [7:0] b1ascii, [7:0] c10ascii, [7:0] c1ascii, [7:0] decimal1ascii, [7:0] decimal2ascii, [7:0] divider_ascii, [7:0] equ_ascii, [7:0] dot_ascii 포트들을 기술한다.

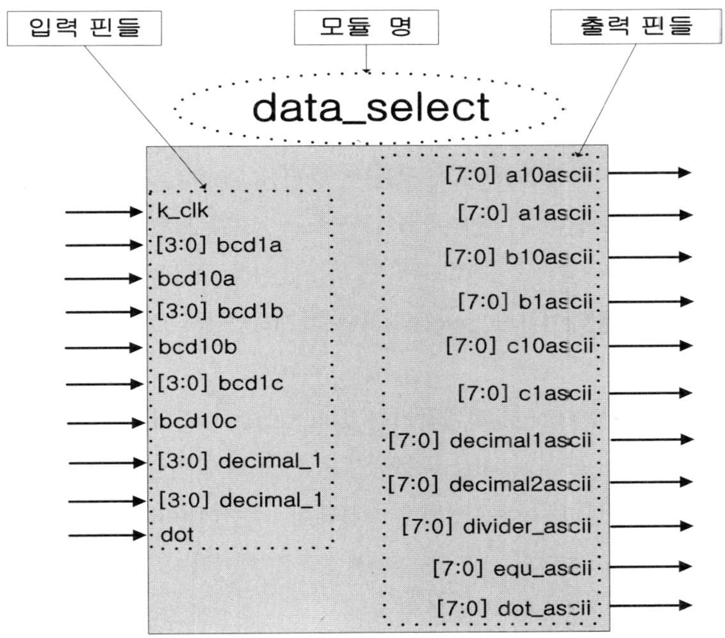

그림 17.3.5 Verilog HDL로 설계하려는 data_select 블록의 모듈 선언 및 입출력 포트 선언을 심볼 형태로 표현한 것

```
module data_select(k_clk, bcd1a, bcd10a, bcd1b, bcd10b, bcd1c, bcd10c, decimal_1,
                   decimal_2, dot, a10ascii, a1ascii, b10ascii, b1ascii, c10ascii, c1ascii,
                   decimal1ascii, decimal2ascii, divider_ascii, equ_ascii, dot_ascii);
   input k_clk, bcd10a, bcd10b, bcd10c, dot;
   input [3:0] bcd1a, bcd1b, bcd1c, decimal_1, decimal_2;
   output [7:0] a10ascii, a1ascii, b10ascii, b1ascii, c10ascii, c1ascii, decimal1ascii,
               decimal2ascii, divider_ascii, equ_ascii, dot_ascii;

                              ~

endmodule
```

그림 17.3.6 Verilog HDL로 설계하려는 data_select 블록의 모듈 선언 및 입출력 포트 선언

(2) 논리회로 표현(logic circuit representation)

모듈 선언 및 입출력 포트 선언이 되었으므로 설계 블록의 내부 동작 또는 연결 구조를 기술하는 논리회로 표현을 하여야 한다. 설계하려는 data_select 블록에서 부품간의 연결에 사용되는 신호선 k1, k2, k3, k4, [3:0] bcda, [3:0] bcdb, [3:0] bcdc, [3:0] bcdd, [3:0] bcde, [3:0] bcdf, [3:0] bcdg, [3:0] bcdh, [3:0] dv_ascii, [3:0] e_ascii, [3:0] d_ascii 등은 always문의 출력으로 사용되므로 지정어인 reg로 선언한다. 한편, k_count는 integer로 선언하며, 범위는 default 값인 32비트가 된다. 다음에 BCD 코드를 ASCII 코드로 변환하는 역할을 하는 ascii_data 함수를 선언하였다. 선언이 끝나면 하드웨어의 내부동작을 기술해야 하는데 여기서는 always문을 사용하여 data_select 블록을 설계하는 동작적 표현 방법을 사용하기로 한다.

그림 17.3.7은 Verilog HDL로 설계하려는 data_select 블록의 논리회로를 심볼 형태로 표현한 것이다. 먼저 up_counter always문에서는 k_clk의 입력이 들어올 때 마다 1씩 증가하는 업 카운터로 동작한다. 이는 vfd에 디스플레이 되는 데이터가 표시되기 위한 타이밍을 결정하는데 필요한 신호인 k1, k2, k3, k4 신호들을 제어하기 위해서이다. 초기의 vfd의 두 번째 라인에는 k1, k2, k3, k4 신호들에 공백문자가 출력되고 있지만 첫 번째 키 입력이 들어오면 display_key_data always문에 의해 k1 신호는 High가 되고, 두 번째 키를 누르면 k2 신호가 High가 되며 이후로는 계속 High 값을 가진다. display_result always문에서는 k_clk 클록의 하강에지에 따라 k1, k2 신호들을 동기화 하여 k3과 k4 신호를 출력하는 2비트 D 플립플롭으로 동작한다. 한편, data_selector always문에서 초기에 k1, k2, k3, k4 신

호들이 모두 0의 값을 갖기 때문에 [3:0] bcda, [3:0] bcdb, [3:0] bcdc, [3:0] bcdd, [3:0] bcde, [3:0] bcdf, [3:0] bcdg, [3:0] c_ascii, [3:0] e_ascii 등의 신호들은 모두 1111이 되고, 이 출력 신호들을 ascii_data 함수의 매개변수로 적용시켜 반환되는 값은 공백 문자에 대한 ASCII 코드 값인 00100000(0x20)이 된다. 따라서 data_select 블록의 출력선 [7:0] a10ascii, [7:0] a1ascii, [7:0] b10ascii, [7:0] b1ascii, [7:0] s100ascii, [7:0] s10ascii, [7:0] s1ascii, [7:0] cross_ascii, [7:0] equ_ascii 등의 출력 신호들은 모두 공백 ASCII 코드 값인 00100000(0x20)을 출력하게 된다. 다음에 첫 번째 키가 눌리는 순간에 k_clk의 신호가 Low에서 High로 된다. 이 시점에 k1 신호는 1이 되고 눌린 키 값의 BCD 코드를 ascii_data 함수의 매개변수로 적용시켜 ASCII 코드 값으로 변환하여 [7:0] a10ascii, [7:0] a1ascii 등의 출력 신호로 출력 한다. 한편, 첫 번째 키가 눌렸다가 떼어지는 순간에 k_clk의 신호가 High에서 Low로 된다. 이 시점에 k4는 1이 되고 ÷ 부호에 대한 BCD 코드를 ascii_data 함수의 매개변수로 적용시켜 ASCII 코드 값으로 변환하여 [7:0] divider_ascii의 출력 신호로 출력한다. 다음으로 두 번째 키가 눌리는 순간에 k_clk의 신호가 Low에서 High로 된다. 이 시점에 k2 신호는 1이 되고 눌린 키 값의 BCD 코드를 ascii_data 함수의 매개변수로 적용시켜 ASCII 코드 값으로 변환하여 [7:0] b10ascii, [7:0] b1ascii의 출력 신호로 출력 한다. 한편, 두 번째 키가 눌렸다가 떼어지는 순간에 k_clk의 신호가 High에서 Low로 된다. 이 시점에 k3은 1이 되어 = 부호와 나눗셈 결과의 BCD 코드를 ascii_data 함수의 매개변수로 적용시켜 ASCII 코드 값으로 변환하여 [7:0] equ_ascii, [7:0] c10ascii, [7:0] c1ascii, [7:0] decimal1ascii, [7:0] decimal2ascii 등의 출력 신호들로 출력한다. 그림 17.3.8은 Verilog HDL로 설계하려는 data_select 블록의 논리회로 표현을 나타내고 있다.

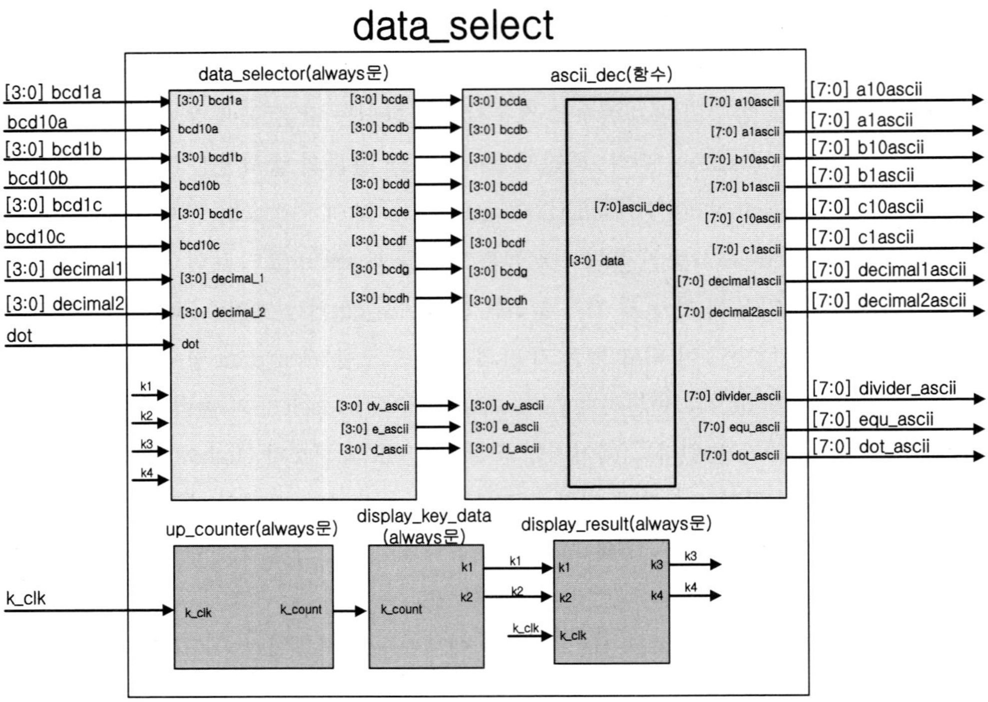

그림 17.3.7 Verilog HDL로 설계하려는 data_select 블록의 논리회로를 심볼 형태로 표현한 것

```
reg k1, k2, k3, k4;
reg [3:0] bcda, bcdb, bcdc, bcdd, bcde, bcdf, bcdg, bcdh, dv_ascii, e_ascii, d_ascii;
integer k_count;

   assign a10ascii = ascii_data(bcda);
   assign a1ascii = ascii_data(bcdb);
   assign b10ascii = ascii_data(bcdc);
   assign b1ascii = ascii_data(bcdd);
   assign c10ascii = ascii_data(bcde);
   assign c1ascii = ascii_data(bcdf);
   assign decimal1ascii = ascii_data(bcdg);
   assign decimal2ascii = ascii_data(bcdh);
   assign divider_ascii = ascii_data(dv_ascii);
   assign equ_ascii = ascii_data(e_ascii);
   assign dot_ascii = ascii_data(d_ascii);
   function [7:0] ascii_data;
      input [3:0] data;
         case(data)
```

```
            4'b0000 : ascii_data = 8'b00110000;
            4'b0001 : ascii_data = 8'b00110001;
            4'b0010 : ascii_data = 8'b00110010;
            4'b0011 : ascii_data = 8'b00110011;
            4'b0100 : ascii_data = 8'b00110100;
            4'b0101 : ascii_data = 8'b00110101;
            4'b0110 : ascii_data = 8'b00110110;
            4'b0111 : ascii_data = 8'b00110111;
            4'b1000 : ascii_data = 8'b00111000;
            4'b1001 : ascii_data = 8'b00111001;
            4'b1010 : ascii_data = 8'b11110111;
            4'b1011 : ascii_data = 8'b00111101;
            4'b1100 : ascii_data = 8'b00101110;
            default  : ascii_data = 8'b00100000;
        endcase
    endfunction

    always @ (posedge k_clk)                // up_counter
        k_count <= k_count + 1;

    always @ (k_count)                      // display_key_data
    begin
        if (k_count == 0)
        begin
            k1 <= 0; k2 <= 0;
        end
        else if (k_count == 1)
        begin
            k1 <= 1; k2 <= 0;
        end
        else
        begin
            k1 <= 1; k2 <= 1;
        end
    end

    always @ (negedge k_clk)                // display_result
    begin
        k3 <= k2;   k4 <= k1;
```

```
end
always @ (k1 or k2 or k3 or k4)   // data_selector
begin
   if ({k1, k4, k2, k3} == 4'b1000)
   begin
      case (bcd10a)
         4'b0001 : bcda <= 4'b0001;
         default  : bcda <= 4'b1111;
      endcase
      bcdb    <= bcd1a;
      bcdc    <= 4'b1111;
      bcdd    <= 4'b1111;
      bcde    <= 4'b1111;
      bcdf    <= 4'b1111;
      bcdg    <= 4'b1111;
      bcdh    <= 4'b1111;
      dv_ascii <= 4'b1111;
      e_ascii  <= 4'b1111;
      d_ascii  <= 4'b1111;
   end
   else if ({k1, k4, k2, k3} == 4'b1100)
   begin
      case (bcd10a)
         1 : bcda <= 4'b0001;
         default : bcda <= 4'b1111;
      endcase
      bcdb    <= bcd1a;
      bcdc    <= 4'b1111;
      bcdd    <= 4'b1111;
      bcde    <= 4'b1111;
      bcdf    <= 4'b1111;
      bcdg    <= 4'b1111;
      bcdh    <= 4'b1111;
      dv_ascii <= 4'b1010;
      e_ascii  <= 4'b1111;
      d_ascii  <= 4'b1111;
   end
   else if ({k1, k4, k2, k3} == 4'b1110)
   begin
```

```
        case (bcd10a)
            4'b0001 : bcda <= 4'b0001;
            default  : bcda <= 4'b1111;
        endcase
        case (bcd10b)
            4'b0001 : bcdc <= 4'b0001;
            default  : bcdc <= 4'b1111;
        endcase
        bcdb      <= bcd1a;
        bcdd      <= bcd1b;
        bcde      <= 4'b1111;
        bcdf      <= 4'b1111;
        bcdg      <= 4'b1111;
        bcdh      <= 4'b1111;
        dv_ascii <= 4'b1010;
        e_ascii  <= 4'b1111;
        d_ascii  <= 4'b1111;
    end
    else if ({k1, k4, k2, k3} == 4'b1111)
    begin
        case (bcd10a)
            4'b0001 : bcda <= 4'b0001;
            default  : bcda <= 4'b1111;
        endcase
        case (bcd10b)
            4'b0001 : bcdc <= 4'b0001;
            default  : bcdc <= 4'b1111;
        endcase
        case (bcd10c)
            4'b0001 : bcde <= 4'b0001;
            default  : bcde <= 4'b1111;
        endcase
        if (dot == 1'b0)
        begin
            bcdg <= 4'b1111;
            bcdh <= 4'b1111;
            d_ascii <= 4'b1111;
        end
        else
```

```
        begin
            bcdg <= decimal_1;
            d_ascii <= 4'b1100;
            if (decimal_2 != 4'b0000) bcdh <= decimal_2;
            else                      bcdh <= 4'b1111;
        end
        bcdb <= bcd1a;
        bcdd <= bcd1b;
        bcdf <= bcd1c;
        dv_ascii <= 4'b1010;
        e_ascii  <= 4'b1011;
        end
    else
    begin
        bcda     <= 4'b1111;
        bcdb     <= 4'b1111;
        bcdc     <= 4'b1111;
        bcdd     <= 4'b1111;
        bcde     <= 4'b1111;
        bcdf     <= 4'b1111;
        bcdg     <= 4'b1111;
        bcdh     <= 4'b1111;
        dv_ascii <= 4'b1111;
        e_ascii  <= 4'b1111;
        d_ascii  <= 4'b1111;
    end
  end
endmodule
```

그림 17.3.8 Verilog HDL로 설계하려는 data_select 블록의 논리회로 표현

17.3.4 vfd 블록의 Verilog HDL 설계하기

(1) 모듈 선언 및 입출력 포트 선언(module and input/output port declaration)

그림 17.3.9는 Verilog HDL로 설계하려는 vfd 블록의 모듈 선언 및 입출력 포트 선언을 심볼 형태로 표현한 것이며, 그림 17.3.10은 Verilog HDL로 설계하려는 vfd 블록의 모듈 선언 및 입출력 포트 선언을 나타내고 있다. 한편, module 다음에 오는 vfd는 이 블록의 모듈

명이며 지정어 input과 output 다음에는 입력과 출력 포트들을 나타낸다. 설계하려는 vfd는 지정어 input에 입력 신호를 위한 clk, [7:0] a10ascii, [7:0] a1ascii, [7:0] b10ascii, [7:0] b1ascii, [7:0] c10ascii, [7:0] c1ascii, [7:0] decimal1ascii, [7:0] decimal2ascii, [7:0] divider_ascii, [7:0] equ_ascii, [7:0] dot_ascii 포트들과 출력 신호를 위한 rs, rw, e, [7:0] vfd_data 포트들을 기술한다.

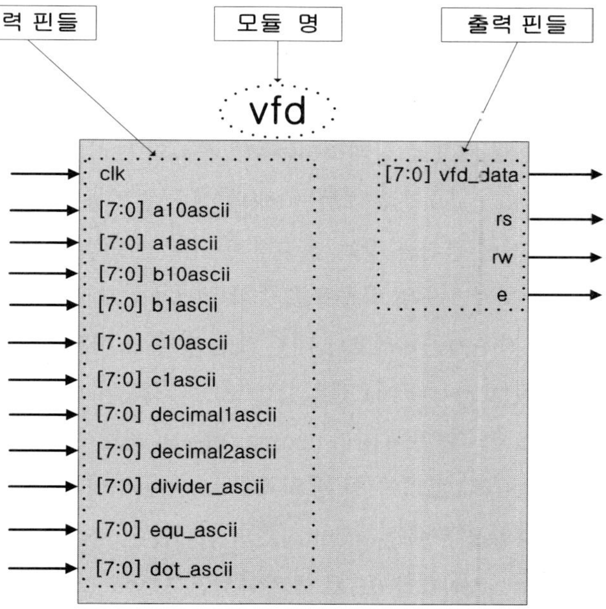

그림 17.3.9 Verilog HDL로 설계하려는 vfd 블록의 모듈 선언 및 입출력 포트 선언을 심볼 형태로 표현한 것

```
module vfd (clk, a10ascii, a1ascii, b10ascii, b1ascii, c10ascii, c1ascii, decimal1ascii,
            decimal2ascii, divider_ascii, equ_ascii, dot_ascii, rs, rw, e, vfd_data);
  input clk;
  input [7:0] a10ascii, a1ascii, b10ascii, b1ascii, c10ascii, c1ascii, decimal1ascii,
              decimal2ascii, divider_ascii, equ_ascii, dot_ascii;
  output rs, rw, e;
  output [7:0] vfd_data;

                ~

endmodule
```

그림 17.3.10 Verilog HDL로 설계하려는 vfd 블록의 모듈 선언 및 입출력 포트 선언

(2) 논리회로 표현(logic circuit representation)

모듈 선언 및 입출력 포트 선언이 되었으므로 설계 블록의 내부 동작 또는 연결 구조를 기술하는 논리회로 표현을 하여야 한다. 설계하려는 vfd 블록에서 모듈 선언 및 입출력 포트 선언에서 출력포트로 선언했던 [7:0] vfd_data, rs, e 등과 신호선 [1:0] vfd_mod, [1:0] t, [4:0] counter 등은 always문의 출력으로 사용되므로 지정어인 reg로 선언한다. 한편, vfd_mod의 모드를 상태머신으로 구성하기 위해 파라미터로 vfd_set, line1, line2를 선언한다. 선언이 끝나면 하드웨어의 내부동작을 기술해야 하는데 여기서는 always문을 사용하여 vfd 블록을 설계하는 동작적 표현 방법을 사용하기로 한다.

그림 17.3.11은 Verilog HDL로 설계하려는 vfd 블록의 논리회로를 심볼 형태로 표현한 것이다. 먼저 vfd_dis_data always문에서는 clk의 신호 변화를 감지하여 동작한다. 한편, counter를 0부터 17까지의 범위를 갖는 정수형 변수로 선언하였다. clk 신호가 상승에지(Low→High)일 때 t 신호가 3진 업 카운트로 동작한다. t 신호가 1일 때 e 신호는 1로 출력되고, t 신호가 0과 2일 경우에는 e 신호에 대한 셋업 및 홀드 시간을 의미하며 e 신호는 0으로 출력한다. 다음에 t 신호가 2일 때 t 신호는 0으로 초기화 되고, counter 변수의 값은 1이 증가한다. 한편, vfd_mod의 변화에 따라 counter 변수의 최대 카운트 값이 결정된다. 예를 들어 vfd_mod가 vfd_set(vfd 초기화)일 경우에 counter 변수의 최대는 2가 된다. vfd_mod가 line1일 경우와 line2일 경우에는 count 신호의 최대값은 17이다. 이때 count 신호의 최대 값이 된 경우에는 count 신호를 0으로 초기화시킨다. vfd_dis_data always문의 동작을 보면, clk 신호가 상승에지(Low→High)일 때, vfd_mod와 count의 값에 따르는 동작을 한다. 이는 vfd의 각 라인에서 실행될 명령어와 디스플레이 될 ASCII 코드 값을 의미한다. 먼저 vfd_mod의 초기값은 0이므로 vfd_set 조건인 vfd의 초기화 과정 vfd_set(Function_Set, Display_On/Off)을 수행하고 counter 값이 2가 되면 line1에 대한 데이터를 출력한다. vfd_mod의 값이 1이 되면 line1의 조건이 되므로 line1에 대한 데이터를 출력한다. 다음에 line1에 대한 데이터의 디스플레이가 끝나면 line2에 대한 데이터의 디스플레이만 반복적으로 수행하게 된다. 즉, vfd 초기화 과정 및 line1에 대한 데이터의 디스플레이 과정은 1번만 수행하게 되는 것이다. 그림 17.3.12는 Verilog HDL로 설계하려는 vfd 블록의 논리회로 표현을 나타내고 있다.

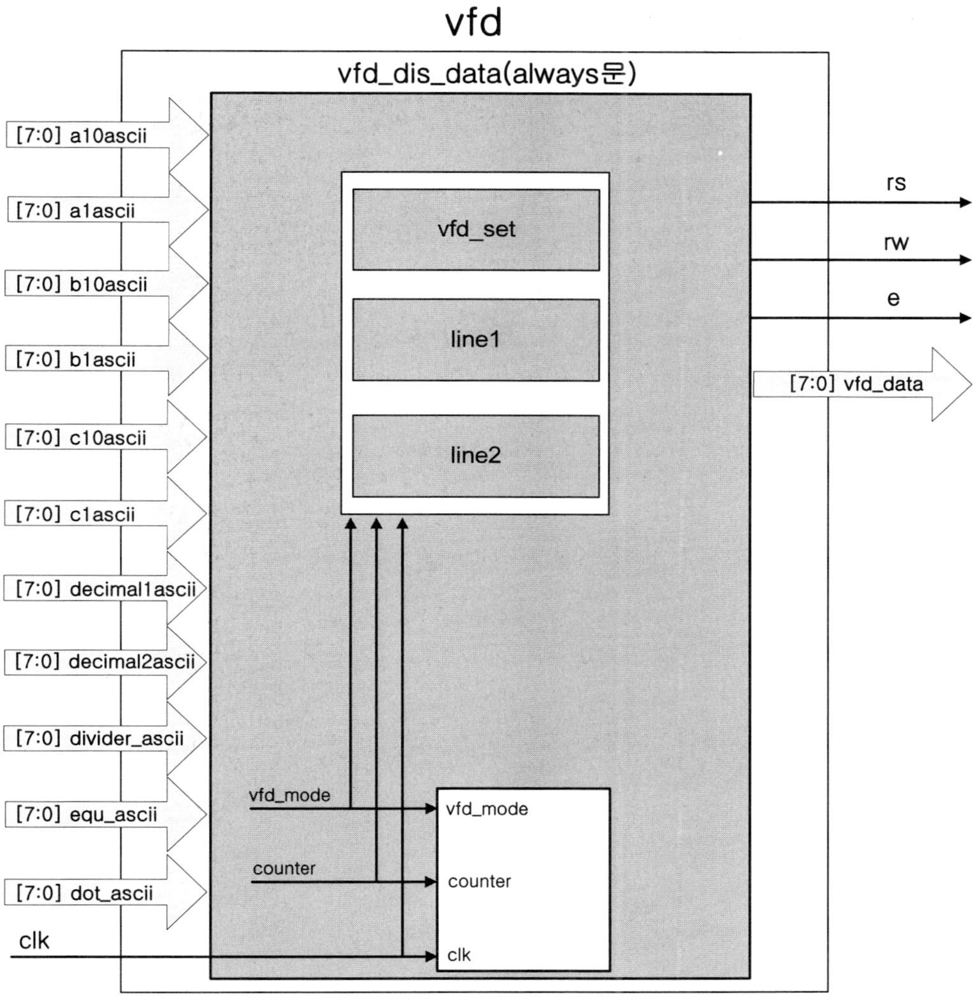

그림 17.3.11 Verilog HDL로 설계하려는 vfd 블록의 논리회로를 심볼 형태로 표현한 것

```
reg rs, e;
reg [1:0] t, vfd_mod;
reg [4:0] counter;
reg [7:0] vfd_data;
parameter vfd_set = 0, line1 = 1, line2 = 2;

    assign rw = 0;

    always @ (posedge clk)                   // vfd_dis_data
    begin
        case (t)
            0 : begin
                    e <= 0;
                    t <= 1;
                end
            1 : begin
                    e <= 1;
                    t <= 2;
                end
            2 : begin
                    e <= 0;
                    t <= 0;
                    counter <= counter + 1;
                end
            default : begin
                          e <= 0;
                          t <= 0;
                      end
        endcase
        if (vfd_mod == vfd_set)
        begin
            if (counter == 2)
            begin
                counter <= 0;   vfd_mod <= line1;
            end
            else
            begin
                case (counter)
                    0 : {rs, vfd_data} <= 9'b000111100;
```

```
            1 : {rs, vfd_data} <= 9'b000001100;
            default : rs <= 0;
        endcase
    end
end
else if (vfd_mod == line1)
begin
    if (counter == 17)
    begin
        counter <= 0;  vfd_mod <= line2;
    end
    else
    begin
        case (counter)
            0 : {rs, vfd_data} <= 9'b010000000;
            3 : {rs, vfd_data} <= 9'b100110100;
            4 : {rs, vfd_data} <= 9'b101100010;
            5 : {rs, vfd_data} <= 9'b101101001;
            6 : {rs, vfd_data} <= 9'b101110100;
            8 : {rs, vfd_data} <= 9'b101100100;
            9 : {rs, vfd_data} <= 9'b101101001;
            10 : {rs, vfd_data} <= 9'b101110110;
            11 : {rs, vfd_data} <= 9'b101101001;
            12 : {rs, vfd_data} <= 9'b101100100;
            13 : {rs, vfd_data} <= 9'b101100101;
            14 : {rs, vfd_data} <= 9'b101110010;
            default : {rs, vfd_data} <= 9'b100100000;
        endcase
    end
end
else if (vfd_mod == line2)
begin
    if (counter == 17)
    begin
        counter <= 0;   vfd_mod <= line2;
    end
    else
    begin
        case (counter)
```

```
                0 : {rs, vfd_data} <= 9'b011000000;
                2 : {rs, vfd_data} <= {1'b1, a10ascii};
                3:  {rs, vfd_data} <= {1'b1, a1ascii};
                5 : {rs, vfd_data} <= {1'b1, divider_ascii};
                7 : {rs, vfd_data} <= {1'b1, b10ascii};
                8 : {rs, vfd_data} <= {1'b1, b1ascii};
                10 : {rs, vfd_data} <= {1'b1, equ_ascii};
                12 : {rs, vfd_data} <= {1'b1, c10ascii};
                13 : {rs, vfd_data} <= {1'b1, c1ascii};
                14 : {rs, vfd_data} <= {1'b1, dot_ascii};
                15 : {rs, vfd_data} <= {1'b1, decimal1ascii};
                16 : {rs, vfd_data} <= {1'b1, decimal2ascii};
                default : {rs, vfd_data} <= 9'b100100000;
            endcase
        end
    end
end
```

그림 17.3.12 Verilog HDL로 설계하려는 vfd 블록의 논리회로 표현

17.4 타이밍 시뮬레이션 파형에 의한 분석 및 검증

그림 17.4.1은 ModelSim-Altera Edition 6.5e를 이용하여 타이밍 시뮬레이션 과정을 수행하기 위한 Test Bench 파일이며, 그림 17.4.2, 그림 17.4.3에 타이밍 시뮬레이션을 수행한 결과 파형을 나타내고 있다. 그림 17.4.2는 vfd의 초기 설정인 Function_Set, Display_On/Off, line1, 첫 번째 칸에 표시될 데이터인 공백(20)이 출력되는 것을 보이고 있다.

```
`timescale 1ns / 1ps
module tb_kit_4divider_vfd;
   reg clk;
   reg keyA;
   reg keyB;
   reg keyC;
   reg keyD;
   reg keyE;
   reg keyF;
   reg [3:0] key_r;
   wire [2:0] key_c;
   wire [9:0] Dot_com;
   wire [13:0] Dot_data;
   wire rs;
   wire rw;
   wire e;
   wire [7:0] vfd_data;
   parameter sec = 25;

      kit_4divider_vfd uut (.clk(clk), .keyA(keyA), .keyB(keyB), .keyC(keyC), .keyD(keyD),
                            .keyE(keyE), .keyF(keyF), .key_c(key_c), .key_r(key_r),
                            .Dot_com(Dot_com), .Dot_data(Dot_data), .rs(rs), .rw(rw), .e(e),
                            .vfd_data(vfd_data));

      always #(sec) clk = ~clk;
      initial begin
         clk = 0;   key_r = 0;   keyA = 0;   keyB = 0;   keyC = 0;   keyD = 0;
         keyE = 0;
         keyF = 0; #0;
         keyB = 0; #2500;
         keyB = 1; #100;
         keyB = 0; #100;
         key_r = 4; #100;
         key_r = 0; #3000;   $stop;
      end
endmodule
```

그림 17.4.1 kit_4divider_vfd 전체블록을 ModelSim-Altera Edition 6.5e를 사용하여 타이밍 시뮬레이션 하기 위한 Test Bench 파일

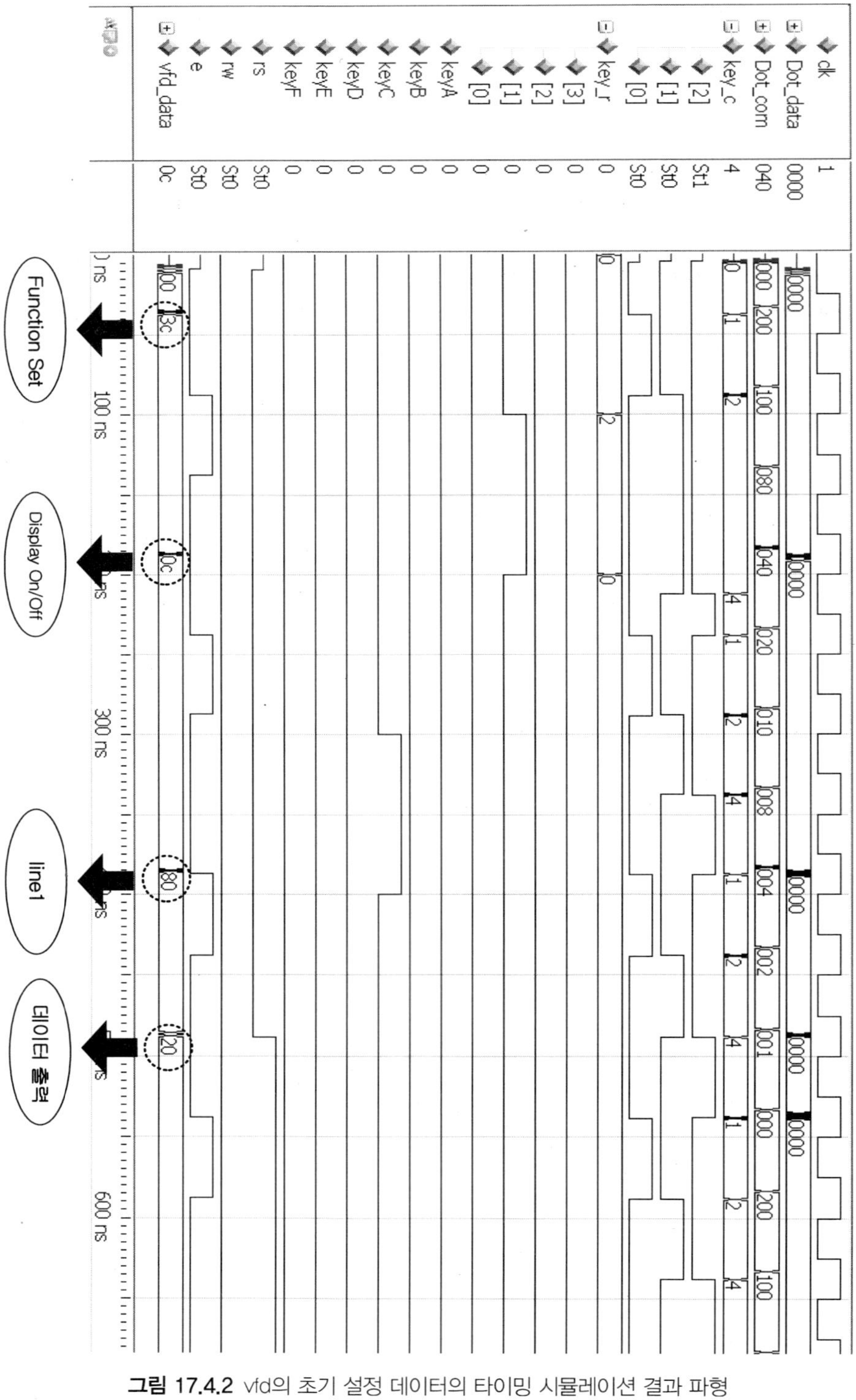

그림 17.4.2 vfd의 초기 설정 데이터의 타이밍 시뮬레이션 결과 파형

그림 17.4.3의 타이밍 시뮬레이션 결과 파형을 분석해보면 다음과 같다. 먼저 vfd의 두 번째 라인은 16칸으로 구성되어져 있는데 rs 신호가 High, rw 신호는 Low, e 신호가 High가 될 때 각 칸에 데이터 값이 출력되고 어드레스가 증가하면서 데이터 출력이 다음 칸으로 옮겨짐을 알 수 있다. 이제 첫 번째 B키를 누르면 keyB가 High가 되는 순간에 B의 10진수 값이 11이므로 1의 ASCII 코드 값인 31이 vfd의 2번째와 3번째 칸에 출력되어진다. 이때 첫 번째 B 키를 눌렀다 떼어지는 순간(Low → High)에 ÷의 ASCII 코드 값인 f7이 vfd의 5번째에 동시에 출력되어진다. 한편, 공백은 ASCII 코드 값 20으로 vfd의 각 칸에 출력되어진다. 두 번째 9 키를 누르면 key_c[2]와 key_r[2]가 High가 되는 순간에 9의 의 ASCII 코드 값인 9의 ASCII 코드 값인 39가 vfd의 8번째 칸에 출력되어진다. 이때 두 번째 9 키를 눌렀다 떼어지는 순간에 =의 ASCII 코드 값인 3d가 vfd의 10번째에 동시에 출력되어진다. 한편, 나눗셈된 결과 값인 1.22는 두 번째 키 입력이 눌렀다 떼어지는 순간(Low → High)에 1의 ASCII 코드 값인 31이 vfd 13번째, 소수점(.)의 ASCII 코드 값인 2e가 vfd 14번째에, 2의 ASCII 코드 값인 32가 vfd에 각각 15, 16번째에 출력되어진다. 여기서 드 번째로 눌린 키 값이 9 키라는 것은 [3:0] key_r 값을 입력파형으로 0100로 설정하였고 출력 값인 [2:0] key_c가 100 값이 출력되었으므로 표 4.5.1에서 나타난 바와 같이 9 키가 눌린 것으로 인식되어진다.

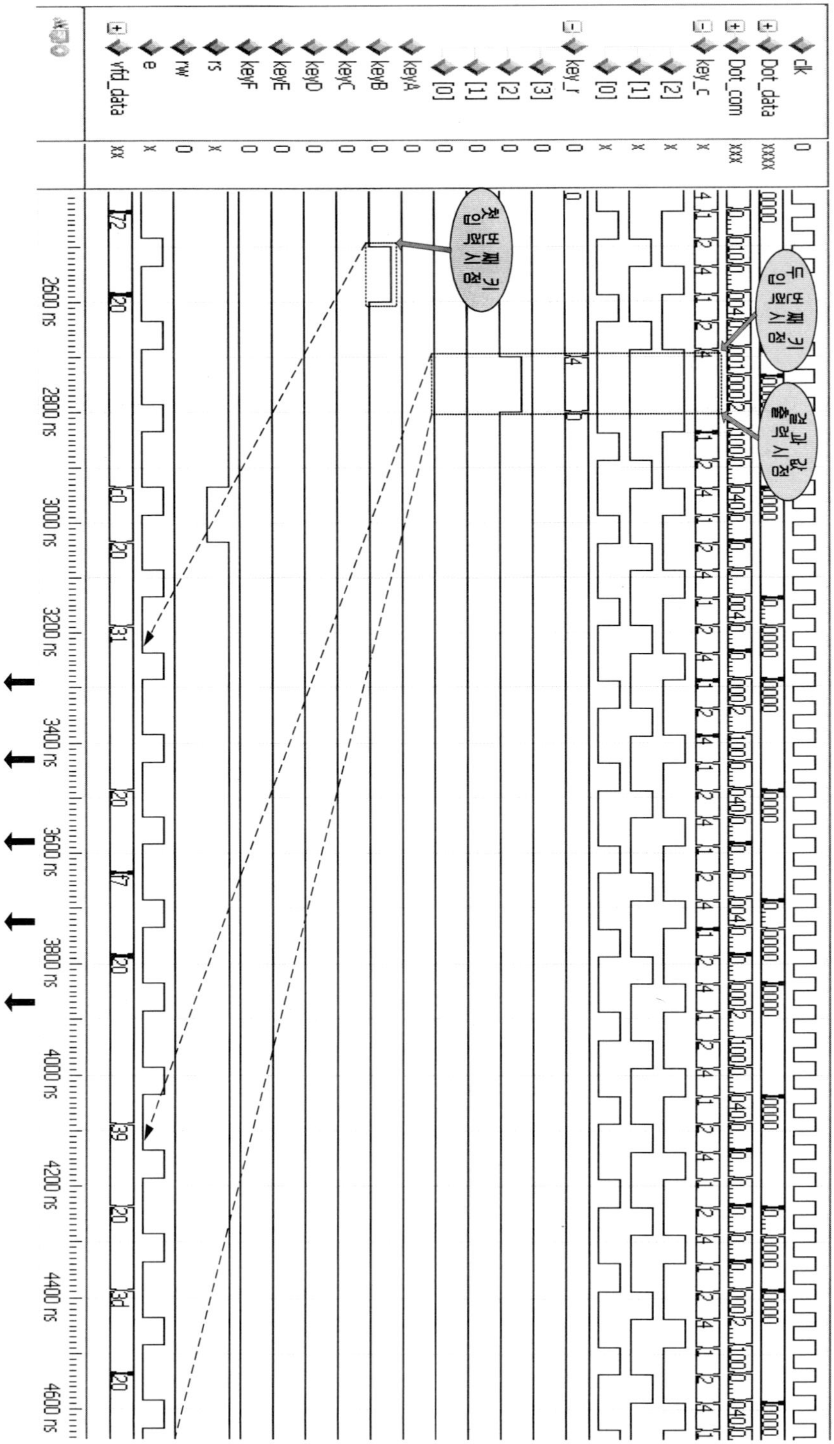
clk
Dot_data
Dot_com
key_c
key_r
keyA
keyB
keyC
keyD
keyE
keyF
rs
rw
e
vfd_data
첫 번째 키 입력 시점
두 번째 키 입력 시점
결과 값 출력 시점

17.5 HBE-COMBO II 트레이닝 키트에 프로그래밍 하기 위한 핀 할당 정보

표 17.5.1 HBE-COMBO II 트레이닝 키트에 프로그래밍 하기 위한 핀 할당 정보

입력 핀		출력 핀	
핀 이름	핀 번호	핀 이름	핀 번호
key_r[0]	PIN_AD10	vfd_data[0]	PIN_R7
key_r[1]	PIN_AC10	vfd_data[1]	PIN_R6
key_r[2]	PIN_V10	vfd_data[2]	PIN_P3
key_r[3]	PIN_AF9	vfd_data[3]	PIN_R8
keya	PIN_Y10	vfd_data[4]	PIN_P6
keyb	PIN_W10	vfd_data[5]	PIN_P4
keyc	PIN_AA9	vfd_data[6]	PIN_P9
keyd	PIN_V9	vfd_data[7]	PIN_P7
keye	PIN_AE9	rs	PIN_R2
keyf	PIN_AC9	rw	PIN_R5
clk	PIN_N1	e	PIN_R4
Clock Select : 8(10KHz)		key_c[0]	PIN_V11
		key_c[1]	PIN_AB10
		key_c[2]	PIN_AA10
		Dot_data[0]	PIN_U3
		Dot_data[1]	PIN_U6
		Dot_data[2]	PIN_U5
		Dot_data[3]	PIN_U9
		Dot_data[4]	PIN_U7
		Dot_data[5]	PIN_T2
		Dot_data[6]	PIN_U10
		Dot_data[7]	PIN_T6
		Dot_data[8]	PIN_T3
		Dot_data[9]	PIN_T8
		Dot_data[10]	PIN_T7
		Dot_data[11]	PIN_T10
		Dot_data[12]	PIN_T9
		Dot_data[13]	PIN_R3
		Dot_com[0]	PIN_W4
		Dot_com[1]	PIN_V3
		Dot_com[2]	PIN_V2
		Dot_com[3]	PIN_V5
		Dot_com[4]	PIN_V4
		Dot_com[5]	PIN_V7
		Dot_com[6]	PIN_V6
		Dot_com[7]	PIN_U2
		Dot_com[8]	PIN_U1
		Dot_com[9]	PIN_U4

INDEX

#

\# 133

$

$stop 134

'

`include 185

'timescal 133

1

1비트 2진 덧셈기 293

1의 보수 579

2

2×1 MUX 243, 251

2×4 디코더 255

2의 보수 511

3

3×4 keypad 329

3×8 디코더 257

3상태 NOT 게이트 164

3상태 버퍼 게이트 161

3입력 다수결 논리회로 180

4

4×1 MUX 245, 253

4비트 2진 곱셈기 615, 631, 663

4비트 2진 나눗셈기 693, 733

4비트 2진 덧셈기 283, 425, 457

4비트 2진 뺄셈기(1의 보수 사용) 571, 587, 603

4비트 2진 뺄셈기(2의 보수 사용) 503, 519, 543

4비트 병렬 2진 가산기 190, 209, 275

7

7-segment 425, 443, 519, 587, 631, 693

7-Segment Array 54, 63

A

actual port 272

adder4 블록 302

adder4_bcd 433

Address Counter:AC 462

ALTERA Configuration PROM 디바이스 420

ALTERA FPGA 디바이스 418

ALTERA Quartus II Web Edition 10.0 22

ALTERA 디바이스 52

always문 217

Analysis & Synthesis 37

AND 게이트 146

anode 443

Architecture 42
arrays type 143
Assembler 37
asynchronous reset 226

B

basic logic type 136
behavioral representation 117, 216
bit14_d_flipflop 블록 378
bit4bin2bcd2 블록 649
bit8bin2bcd 블록 645
bitadder 블록 293
Bus Switch 76
Busy Flag:BF 462
Button Switch 74
by4×4multiplier 블록 623
ByteBlaster II 416
ByteBlasterMV 417
ByteBlaster II 417

C

Carry Chain 43
case statement 248
case-generate문 278
casex문 250
casez문 250
Case문 248
cathode 443
CGRAM 461
CGRAM 어드레스 설정 468
Character Generator RAM:CGRAM 464
Character Generator ROM:CGROM 463
Clear Display 466
comment 126
common cathode 443
Compiler 37
Configuration PROM 416, 420
connecting ports by name 123, 272
connecting ports by order 123, 272
continuous assignment statement 207
Cursor or Display Shift 467
Cyclone II 42, 46

D

D 래치 234
D 플립플롭 224, 226
Data Register:DR 461
dataflow representation 117, 207
data_select 블록 484, 553, 673, 743
Daughter 56
DDRAM 461
DDRAM 어드레스 설정 468
decimal_divider 블록 714
decoder 215, 255
defparam 198
demultiplexer 259
Design Entry 35
Display Data RAM:DDRAM 462
Display ON/OFF Control 466

divider4_bcd 블록 701
divider_expansion 블록 711
Dotmatrix LED 54, 68
dotmatrix led 모듈 347
dotmatrix 전체블록 386
dotmatrix.mif 357
dot_com 블록 370
dot_data 블록 354
dynamic display 444
dy_segmentout 블록 446, 532, 652, 721

E

EDA 툴 290
Embedded Multiplier Block 42, 46
encoder 262
encoder always문 285, 427, 439, 505, 521, 573, 589, 617, 633, 695
Entry Mode Set 466
EP2C35F672C8 디바이스 290, 301, 328, 353, 368, 377, 385, 396
EPCS16 420
even parity 236
even parity generator 236

F

falling edge 218
Fitter 37
Flash Memory 106
for-generate문 278
for-loop문 264, 265
FPGA 42
FPGA 디바이스 416
FPGA 모듈 52
function 192
Function Set 468

G

gate level representation 117, 202
generate statement 278

H

high impedance 161, 200
High light LED 54

I

ICR(In Circuit Reconfigurability) 417
identifier 126
if statement 231
if-else 233
if-generate문 278
if문 231
initial문 217
inout 117, 132
input 117, 132
instance name 123
instantiation 123
Instruction Register:IR 461
integer 141

integer_divider 블록 706
Interconnection Bus 44
IOEs 42
IrDA 55, 86
ISP(In System Programmability) 417

J

JK 플립플롭 221
JTAG 커넥터 416

K

keyin 블록 438
keyin 전체블록 339
Keypad 54, 71
kit_4adder_7seg 전체블록 431
kit_4adder_led 전체블록 401
kit_4adder_vfd 전체블록 480
kit_4divider_7seg 전체블록 699
kit_4divider_vfd 전체블록 738
kit_4multiplier_7seg 전체블록 637
kit_4multiplier_led 전체블록 621
kit_4multiplier_vfd 전체블록 668
kit_4subtractor1_7seg 전체블록 593
kit_4subtractor1_led 전체블록 577
kit_4subtractor1_vfd 전체블록 608
kit_4subtractor2_7seg 전체블록 525
kit_4subtractor2_led 전체블록 509
kit_4subtractor2_vfd 전체블록 548

L

LAB(Logic Array Block) 43
latch 234
LED 66
led 283, 503, 571, 615
literal 128
local port 272
Logic Array Block 42
Logic Element 42
Look-Up Table(LUT) 42
loop statement 264
loop문 264
lpm_rom 195

M

M4K Block 42
M4K RAM Block 45
mask system 172
Memory 55
memory type 144
Message 39
mixed representation 117
mode 131
ModelSim 310
ModelSim-Altera Edition 6.5e 29
module 131
module declaration 131
module 모듈이름 116
multiplexer 243, 251

multiplier4_bcd 블록 639

N

NAND 게이트 151
nets type 137
NOR 게이트 154
NOT 게이트 144

O

odd parity 236
operator 175, 208
OR 게이트 149
output 117, 132

P

Package 46
parameter type 144
parity 236
parity checker 238
parity checker 236
parity generator 236
Piezo 54, 78
PLL 42
port signal 117
port_signal_name 131
primitive 연산자 117, 175, 177, 203
priority encoder 212
procedural statements 229
Programming 38
Project Navigator 39
Projects 39
PS/2 포트 56, 98
Pull-down Menu 39

R

RAM 200
Read Busy Flag & Address 469
real 141
reg 140
register type 140
repeat-loop문 265
reserved word 127
Return Home 466
ring counter 332
rising edge 218
ROM 195
round 블록 719
RS-232 통신 포트 56

S

Serial Configuration PROM 420
Serial-In Serial-Out, SISO 273, 279
Set CGRAM Address 468
Set DDRAM Address 468
shift register 273, 279
Simulator 37
special symbol 130
SRAM 80

static display 444
Step Motor 55, 83
strings 129
structural procedure 217
structural representation 117, 271
subprogram 188
subtractor1 블록 579
subtractor2 블록 511
subtractor4_bcd 블록 527, 595
synchronous reset 226

T

T 플립플롭 223
task 189
Tasks 화면 39
Test Bench 133
time 142
Timing Analyzer 37
Title Bar 39
Toolbar 39

U

UART 88
USB to Serial 포트 56
USB/Serial 포트 90

V

variable 140
vectors type 142
Verilog HDL의 역사 114
Verilog HDL 표현 115
VFD 53, 59
vfd 457, 543, 603, 663, 733
vfd 블록 491, 559, 681, 750
vfd(vacuum fluorescent display) 458
vfd_display 블록 482, 550, 670, 740
VGA 92
VGA 포트 56

W

while-loop문 265
white space 125
wire 138

X

Xilinx 디바이스 52
XOR, XNOR 게이트 157

ㄱ

게이트 레벨 표현 117, 202
결합_리스트 272
고 임피던스 161, 164
공통 음극 443
구조적 표현 117, 271
구조적 프로시쥬어 217
기능 설정 468
기능적인 시뮬레이션 321
기본 논리형 136

ㄴ

네트 137
논 블록킹(non-blockig) 대입문 218
논리회로 표현 117, 132

ㄷ

다운로드 416
데이터 레지스터 461
동기식 리셋 226
동작 타이밍 61
동작적 표현 117, 216
동적 디스플레이 444
디멀티플렉서 259
디바이스 구조 42
디스플레이 데이터 RAM 462
디스플레이 제어 466
디스플레이 클리어 466
디코더 215, 255

ㄹ

래치 234
레지스터 140
루프 생성문 278
리터럴 128

ㅁ

마스크 시스템 172
멀티플렉서 243, 251
메모리 144
명령어 레지스터 461
모듈 선언 116, 131
모듈_이름 116, 131
모드 131
문자발생기 RAM 464
문자발생기 ROM 463
문자열 129

ㅂ

배열 143
버스 스위치 55, 76
버튼 스위치 55, 74, 329
버퍼 게이트 159
벡터 142
변수 140
부레벨 234
부프로그램 188
블록킹(blocking) 대입문 218
비동기식 리셋 226
비지 플래그 462
비지 플래그와 어드레스 읽기 469

ㅅ

상승 에지 218
생성문 278
설명문 126
수평 아이콘 40
스캔방식 329
시프트 레지스터 273, 279

식별어 126
실제포트 123, 272

ㅇ

애노드 443
어드레스 카운터 462
엔트리 모드 설정 466
여백 125
연산자 175, 208
연속 할당문 207
우선순위 인코더 212
위치에 의한 포트연결 123, 272
이름에 의한 포트연결 123, 272
인스턴스명 123
인코더 262
입출력 포트 선언 117, 131

ㅈ

자료흐름적 표현 117, 207
작업 공간 39
정레벨 234
정적 디스플레이 444
조건 생성문 278
주석 126
지역포트 123, 272
지정어 127
직렬입력 직렬출력 273, 279
짝수 패리티 236
짝수 패리티 발생기 236

ㅋ

캐소드 443
커서 또는 디스플레이 시프트 467
컴파일 308, 407
케이스 생성문 278
크기 비교기 183, 193
크기 비교기 241
클록 제어 블록 53, 57

ㅌ

타이밍 다이어그램 460
타이밍 시뮬레이션 315, 414
타이틀 바 39
태스크 188, 189
툴바 39, 40
특수기호 130

ㅍ

파라미터 144
팝업메뉴 317
패리티 236
패리티 검사기 236, 238
패리티 발생기 236
포트신호 117
포트신호_이름 116, 131
풀다운 메뉴 39, 40
프로그래밍 과정 416
프로시쥬어문 229
핀 할당 405

ㅎ

하강 에지 218
하위 모듈문 271
하위모듈 사례화문 271
함수 188, 192
혼합적 표현 117
홀수 패리티 236
홈 커서 466
확장 포트 56, 100